U. Lüttge, M. Kluge, G. Bauer

Botanik

Zweite Auflage

VCH

Vertrieb:
VCH, Postfach 101161, D-69451 Weinheim (Bundesrepublik Deutschland)
Schweiz: VCH, Postfach, CH-4020 Basel (Schweiz)
Großbritannien und Irland: VCH (UK) Ltd., 8 Wellington Court, Cambridge CB1 1HZ (England)
USA und Canada: VCH, 220 East 23rd Street, New York, NY 10010–4606 (USA)
Japan: VCH, Eikow Building, 10-9 Hongo 1-chome, Bunkyo-ku, Tokyo 113 (Japan)

ISBN 3-527-30031-7

U. Lüttge, M. Kluge, G. Bauer

Botanik

Zweite Auflage

VCH

Weinheim · New York
Basel · Cambridge · Tokyo

Prof. Dr. Ulrich Lüttge
Prof. Dr. Manfred Kluge
Institut für Botanik der
TH Darmstadt
Schnittspahnstraße 3–5
64287 Darmstadt

Gabriela Bauer
Johann-Baptist-Straub-Weg 18
85250 Altomünster

1. Auflage 1988
1. korrigierter Nachdruck 1989
2. Auflage 1994

Fremdsprachige Ausgaben:
Französisch: *Botanique – Traité fondamental*
Tec & Doc Lavoisier, Paris, 1992
(aus 1. korr. Nachdruck)

Spanisch: *Botánica.* Interamericana · McGraw Hill,
Madrid, 1993 (aus 1. korr. Nachdruck)

Italienisch: Zanichelli Editore S.p.A., Bologna, in Vorbereitung
(aus 2. Auflage)

Lektorat: Dr. Hans-Joachim Kraus
Herstellerische Betreuung: Dipl. Wirt-Ing. (FH) Hans-Jochen Schmitt

Die Deutsche Bibliothek – CIP Einheitsaufnahme
Lüttge, Ulrich:
Botanik / U. Lüttge ; M. Kluge ; G. Bauer. – 2. Aufl. –
Weinheim ; New York ; Basel ; Cambridge ; Tokyo : VCH, 1994
ISBN 3-527-30031-7
NE: Kluge, Manfred:; Bauer, Gabriela:

Gedruckt auf säurefreiem und chlorfrei gebleichtem Papier.

Satz: Hagedornsatz, D-68519 Viernheim
Druck: betz-druck gmbh, D-64291 Darmstadt
Bindung: Großbuchbinderei Josef Spinner, D-77833 Ottersweier
Printed in the Federal Republic of Germany

Vorwort zur 1. Auflage

Botanik, die Wissenschaft von den Pflanzen, ist eine Teildisziplin der Biologie, in der man es mit einer schier unermeßlichen Fülle von Formen und Strukturen und den daran gebundenen Lebensvorgängen zu tun hat. Versuche, durch umfassende Darstellung aller Phänomene einen möglichst lückenlosen Überblick zu geben, erwecken leicht den Anschein, es handele sich um ein Fach, in dem die große Stoffmenge praktisch nicht mehr zu bewältigen ist. Dieser Eindruck verstärkt sich, wenn versucht wird, aufgrund der sicherlich berechtigten Appelle zur Eingrenzung der zu langen Studienzeiten den Stoff zeitlich zu komprimieren. Hinzu kommen schwindende Stundenzahlen für biologische Lehrveranstaltungen im Grundstudium der Biologie, vor allem zugunsten der immer unerläßlicher werdenden Bewältigung von Chemie, Physik und Mathematik durch angehende Biologen.

Hochschullehrer und Studienanfänger befinden sich in einem Dilemma: Auf der einen Seite führt die frühzeitige Spezialisierung in den höheren Schulen dazu, daß die Abiturienten für das Studium unberechenbare und hoffnungslos ungleiche Voraussetzungen mitbringen. Wird Biologie als Leistungsfach gewählt, so werden innerhalb des Faches eng umgrenzte Schwerpunkte mit ehrgeizigen Zielen verfolgt und mit Hilfe von Schulbüchern oder Materialien behandelt, die inhaltsreich, aber wortarm und damit oft kaum verständlich sind. Auf der anderen Seite stehen Hochschullehrbücher, die immer umfassender werden, immer mehr den Charakter von Handbüchern annehmen und somit weniger zum Lernen als vielmehr zum Nachschlagen für Fachleute geeignet erscheinen. Diese Situation hat uns dazu geführt, in unserer Lehre nach neuen Ansätzen für eine Darstellung der Botanik zu suchen. Nach langjährigen Erfahrungen als Lehrende und Prüfende haben wir Vorstellungen entwickelt, wie Anfänger sich in das gesamte Gebiet der Botanik einarbeiten sollten. Der „Mut zur Lücke“ erscheint uns dabei ebenso wichtig wie das Bestreben, keine Teildisziplin auszulassen. In diesem Buch präsentieren wir unsere Auffassung über einen gangbaren Weg, der beides vereinigt.

Die Gliederung des Stoffes sprengt die Grenzen der klassischen Disziplinen der Botanik – Morphologie, Physiologie, Systematik, Ökologie und Pflanzenverbreitung – und umfaßt sie doch alle. Wir beginnen unsere Darstellung mit der Evolution des Lebens, bei der frühzeitig photoautotrophe, pflanzenähnliche Stadien aufgetreten sind, und versuchen, wo immer dies möglich ist, dem Gang der Evolution, die zunehmend komplexere Formen geschaffen hat, als rotem Faden zu folgen. Dies soll es dem Leser erleichtern, einerseits größere Zusammenhänge zu sehen und andererseits doch immer wieder auf einfache Grundlagen und chemische oder physikalische Voraussetzungen zurückzukommen. Es schien uns dabei richtig, die Wahl der Beispiele und Details in allen Teilbereichen stark zu beschränken. Wir haben dafür versucht, alle ausgesuchten Phänomene ausführlich zu beschreiben, ihre Bedeutung aufzuzeigen und sie soweit wie möglich verständlich zu machen. Kausale Erklärungen sind zwar nur in seltenen Fällen lückenlos möglich, doch wird zunehmend deutlich, daß sich alle Lebensvorgänge auf bestimmte Grundprozesse zurückführen lassen und die Biologie aus der Phase rein beschreibender Darstellungen immer mehr heraustritt.

Wir haben uns bemüht, für den Fluß des Textes eine Sprache zu finden, die als angenehm empfunden wird und zum Lesen verführt. Wenn dies geglückt ist, sollten sich vielleicht sogar einige Leser finden, die außerhalb der Notwendigkeiten von Studium und Examina Interesse an der Botanik haben, denn die Faszinationen des Pflanzenlebens können in der Tat in hohem Maße unterhaltend sein. Dies darf allerdings nicht darüber hinwegtäuschen, daß wirklich einprägendes Verstehen Arbeit erfordert. Hierzu bieten wir in den Text eingeschobene Kästen mit besonders hoher Informationsdichte. Beim ersten Lesen können sie überschlagen werden; für das vertiefende Lernen bringen sie wichtige Begriffe und Inhalte in übersichtlicher Form. Wir hoffen, damit dazu beizutragen, daß der Botaniklehrstoff durch verstehendes Lernen an Stelle von rein rezeptivem Lernen bewältigt werden kann. Bei dem Gestalten der Seiten wurde große Aufmerksamkeit darauf verwandt, zusammengehörige Inhalte soweit wie möglich auch zusammen darzustellen.

Wir tragen der unterschiedlichen Vorbildung der Studienanfänger Rechnung, indem wir lediglich die Grundrechenarten, einfachste Gesetze der Physik und aus der Chemie das Verständnis der chemischen Symbole, der verschiedenen Bindungsmöglichkeiten zwischen den Elementen und den chemischen Reaktionsformalismus voraussetzen. Jeder Benutzer des Buches, der sich den gebotenen Stoff erarbeitet hat, sollte für die Botanikprüfung im Vordiplom der Biologie gerüstet sein. Dieses Botanikwissen kann auch für diejenigen Biologen weitgehend ausreichen, die sich anschließend in der Biologie in nicht-botanischer Richtung spezialisieren.

Wir haben versucht, neben den sachlichen Inhalten auch die Schönheit der Botanik zu zeigen, soweit ein solches ästhetisches Anliegen sich mit den Kostenplanungen des Verlages einigermaßen vereinbaren ließ. Nahezu alle Illustrationen wurden neu geschaffen. Frau Gabriela Bauer, die Dritte im Bunde der Autoren, konnte hier ihre reichen Erfahrungen beim Illustrieren von Lehrbüchern und ihr künstlerisches Gespür beisteuern; die meisten Zeichnungen stammen von ihrer Hand. Sehr viele der Photographien wurden von uns selbst aufgenommen. Dabei haben wir für die Erlaubnis, eine Sammlung mikroskopischer Unterrichtspräparate zu benutzen, der Jungner Instrument GmbH (Hamburg) zu danken. Auch in anderen Fällen danken wir für die Bereitstellung von Material, vor allem Prof. Dr. Martin Bopp (Moosprotonemen), Dr. Dieter Mollenhauer (Geosiphon), Dr. Barbara Streitz (Frullania, Pollenpräparate) und Dr. Eckhard Wollenweber (Flechtenmaterial). Manche Abbildungen haben wir der Großzügigkeit von Schülern, Mitarbeitern und Kollegen zu verdanken, die uns Originalaufnahmen zur Verfügung gestellt oder vermittelt haben. Obwohl bei den entsprechenden Abbildungen jeweils der Name vermerkt ist, wollen wir uns an dieser Stelle noch einmal ausdrücklich bei allen bedanken: Prof. Dr. Jürgen Brickmann, Dr. Bernd Bussian, Prof. Dr. Andreas Bresinsky, Dr. Inge Dörr, Dr. Hans-Peter Haschke, Dr. Hans-Peter Hofmann, Prof. Dr. Hans Martin Jahns, Prof. Dr. Ragnar Kinzelbach, Thomas Kluge, Dr. Detlef Kramer, Dr. Bruno P. Kremer, Angela Kreuzer, Dr. Manfred Küppers, Prof. Dr. Anne Marie Lambert, Prof. Dr. Hartmut Lichtenthaler, Sabine Marx, Dr. Dieter Mollenhauer, Prof. Dr. Otmar Seuffert, Dr. Ralf Stelzer, Ernst Stengl, S. Sutari, Dr. Siegfried Treichel, Prof. Dr. Wolfram Ullrich, Dr. Nicole Vartanian, Prof. Dr. Hubert Ziegler und Prof. Dr. Ulrich Zimmermann.

Die Fertigstellung eines neuen Lehrbuches ist eine umfangreiche Gemeinschaftsleistung. Neben der großen Wissenschaftlergemeinschaft, die das Wissen erarbeitet und fortwährend korrigiert, den im Unterricht engagierten Studenten aller Semester, die zur ständigen kritischen Überprüfung der Darstellungsweise zwingen, und dem Lektorat des Verlages, das das Entstehen von Inhalt und Form kritisch überwacht, gehört dazu ein umfangreicher Stab erfahrener Techniker. Wir danken unseren Sekretärinnen Frau Barbara Reinhards und Frau Irene Schmidt für die schwierige Arbeit an dem Manuskript, Frau Rosl Heger für die vielen im Dunkeln des Photolabors mit unseren Abbildungen verbrachten Stunden, und Frau Dr. Angela Weber, die aus den verschiedenen Text- und Abbildungs-Bausteinen die Seiten des Buches gestaltete. Wir denken an die Zeichner und Setzer und an die Mitarbeiter der Herstellungsabteilung des Verlages, die sich mit unseren zahlreichen Sonderwünschen auseinandersetzen mußten. Unser ganz besonderer Dank gilt Herrn Dr. Hans-Joachim Kraus vom Lektorat, der in vielen tagelangen Besprechungen mit den drei Autoren ein enges Mitglied im Team wurde und alles koordiniert hat. Dank gebührt nicht zuletzt auch unseren Familien. Sie haben mit Geduld und Verständnis ertragen, daß die Arbeit an dem Buch sehr viel von unserer Aufmerksamkeit und Zeit absorbierte.

Nun hoffen wir, daß unser Werk dem Leser Freude beim Kennenlernen und Begreifen des großen Gebietes der Botanik machen wird. Wenn dies eintritt, hat sich alle Mühe gelohnt.

Darmstadt und Altomünster,
im Juni 1988

Gabriela Bauer,
Manfred Kluge,
Ulrich Lüttge

Vorwort zur 2. Auflage

Wir sind glücklich, daß unser Buch so viele Freunde gefunden hat und wir schon nach wenigen Jahren die zweite Auflage vorlegen können. Nach der Veröffentlichung der ersten Auflage haben wir sehr viele Zuschriften erhalten und Besprechungen lesen können. Es hat uns besonders gefreut, daß darunter auch viele Äußerungen von Studierenden – nicht selten mit wichtigen Verbesserungsvorschlägen – waren. Wir danken allen, auch denen, die uns nicht zustimmen konnten, denn auch ihre Kritik hat uns geholfen. Viele Hinweise haben uns Ergänzungen nahegelegt. Bei der überwiegenden Zustimmung, die unser Konzept erfahren hat, mußten wir jedoch der Versuchung widerstehen, hier zuviel zu tun. Dies war die schwierigste Aufgabe bei der Vorbereitung der Neuauflage. Wir haben uns bemüht, Fehler weiter auszumerzen und Ergänzungen so behutsam vorzunehmen, daß die Verständlichkeit verbessert und dem wissenschaftlichen Fortschritt Rechnung getragen wurde, ohne daß die Stoffmenge zu sehr erweitert werden mußte. Herrn Professor Dr. Karl Mägdefrau danken wir für mancherlei Hinweise auf den richtigen Gebrauch wissenschaftlicher Fachausdrücke aus der Sicht des Kenners alter Sprachen. So haben wir durchgehend die Substantive *Pro-, Eukaryonten* mit *n*, aber die Adjektive *pro-, eukaryotisch* ohne *n* geschrieben. Obwohl bei der Sproßgliederung die Begriffe im Plural als *Nodi* und *Internodi* (Singular: *Nodus, Internodus*) zu setzen wären, konnten wir uns hier aber doch nicht entschließen, uns über den eingebürgerten Gebrauch *Nodien* und *Internodien* hinwegzusetzen.

Eine ganze Reihe von Kommentaren haben sich auf das Botanikwissen bezogen, das für das Vordiplom in Biologie notwendig ist. Sicher geht unser Text hier und da etwas weiter. Andererseits muß eine gewisse Vielfalt zur Auswahl geboten werden. Unser Buch wendet sich aber weiterhin in erster Linie an diejenigen, die einen Einstieg in das Gebiet der Botanik suchen, und an alle, die sich in der Biologie und in verwandten Wissenschaften in nichtbotanischer Richtung weiterspezialisieren. Diejenigen, die sich später im Hauptfach vertiefend mit der Botanik beschäftigen, brauchen dabei sicher zusätzlich viel umfassendere und tiefergehende Lektüre.

Zusätzliche Bildvorlagen verdanken wir Prof. Dr. Wilhelm Barthlott (*Conocephalum conicum, Primula pulverulenta*), Dr. Peter Keller (*Dracena draco*) und Prof. Dr. Eckhard Wollenweber (*Primula pulverulenta*). Wir danken wiederum allen Beteiligten und dem Verlag für die Herstellung des Werkes und hoffen, daß es weiterhin seinen Weg machen wird.

Darmstadt und Altomünster, im August 1994

Gabriela Bauer,
Manfred Kluge,
Ulrich Lüttge

Inhalt

A Anfänge . . . 1

1 **Die Evolution bis zu den einfachsten Pflanzen: Photoautotrophe Bakterien – Cyanobakterien – Flagellaten** . . . 3

1.1 Einleitung . . . 3

1.2 Die ersten Schritte der Evolution von Lebewesen . . . 3

1.3 Die Evolution der Photosynthese . . . 11

1.4 Der Vergleich der lichtabhängigen Energiegewinnung bei einfachen und hochentwickelten rezenten Organismen . . . 12

1.4.1 Halobakterien . . . 12

1.4.2 Photosynthese betreibende Bakterien . . . 13

1.4.3 Photosynthese höher entwickelter Formen . . . 17

1.4.4 Evolution der photosynthetischen Elektronentransportwege . . . 17

1.5 Die Evolution der Ribulose-bisphosphat-Carboxylase . . . 19

1.6 Die Evolution der Atmung . . . 19

1.7 Die Prokaryonten . . . 20

1.7.1 Bakterien (Archaebacteria, Eubacteria) . . . 21

1.7.2 Blaugrüne Bakterien (Cyanobacteria) . . . 22

1.8 Die eukaryotischen Zellen . . . 24

1.8.1 Organisation: *Euglena* . . . 24

1.8.2 Schema der Eukaryonten-Zelle . . . 26

1.8.3 Endosymbiontenhypothese der Evolution eukaryotischer Zellen . . . 27

1.9 Die Organismenreiche . . . 28

Zum weiteren Studium . . . 30

2 **Die Bioenergetik** . . . 31

2.1 Fließgleichgewichte und Bioenergetik . . . 31

2.2 Wärme und Arbeit sind verschiedene Formen von Energie . . . 33

2.3 Die Entropie bestimmt die Richtung von Prozessen . . . 34

2.4 Die „Freie Energie“ ist ein Maß für nutzbare Energie . . . 35

2.5 Die Energiekoppelung . . . 35

2.6 Die Enzyme . . . 38

2.6.1 Aktivierungsenergie und Biokatalyse . . . 38

2.6.2 Stoffliche Eigenschaften von Enzymen . . . 39

2.6.3 Wirkungsweise der Enzyme . . . 39

2.6.4 Kinetik der Biokatalyse . . . 41

2.6.5 Regulierbare Enzyme . . . 43

2.6.6 Benennung von Enzymen . . . 46

Zum weiteren Studium . . . 46

B Bau und Funktion der Pflanzenzelle 47

3 Die Pflanzenzelle als System von Organellen 49

4 Das Plasmalemma und der Tonoplast 53

4.1 Der Membranaufbau 53

4.2 Die passive Permeation 54

4.3 Der primär aktive Transport von Protonen 58

4.4 Die Carrier-Mechanismen 60

4.5 Die Kanäle 60

4.6 Der sekundär aktive Transport 62

Zum weiteren Studium 63

5 Die Vakuole 65

5.1 Speicherfunktionen und hydrolytische Enzyme 65

5.2 Die Osmose und der Turgor 65

5.3 Die Wasserpotentialgradienten und der Volumenfluß 68

5.4 Die Messung der Wasserhaushaltsparameter 70

5.5 Die turgorabhängigen Lebensvorgänge 71

Zum weiteren Studium 73

6 Das Cytosol und die Glykolyse 75

6.1 Die Begriffe 75

6.2 Die Struktur des Cytosols 75

6.3 Die Stoffwechselprozesse im Cytosol 77

6.3.1 Kohlenhydrate als Energiereserven 77

6.3.2 Mobilisierung der Reservekohlenhydrate 80

6.3.3 Glykolyse 80

6.3.3.1 Umformung des Hexose-Moleküls und seine Spaltung 80

6.3.3.2 ATP-Bildung bei der Glykolyse 83

6.3.3.3 Energiebilanz der Glykolyse 84

6.3.3.4 Anaerobe Reoxidation von $NADH+H^+$: Gärungen 85

6.3.3.5 Regulation der Glykolyse 85

6.3.4 Oxidativer Pentosephosphat-Zyklus 88

6.3.5 Lipidstoffwechsel 90

Zum weiteren Studium 90

7 Die Mitochondrien und die Atmung 91

7.1 Die Struktur der Mitochondrien 91

7.2 Die Atmung 93

7.2.1 Oxidative Decarboxylierung des Pyruvats 93

7.2.2 Zitronensäure-Zyklus 94

7.2.3 Atmungskette 96

7.2.4 ATP-Bildung in der Atmung 97

7.2.5 Koppelung zwischen Elektronentransport und ATP-Bildung 101

7.2.6 Energiebilanz des Abbaus der Glucose in der Atmung 102

7.2.7 Transport von Metaboliten durch die Mitochondrienmembran 102

7.2.8 Kohlenhydrat-Abbau als Sammelbecken im Stoffwechsel 103

7.3	Der Abbau von Fettsäuren	105
7.3.1	Transport durch die Mitochondrienmembran	105
7.3.2	Zerlegung der Fettsäure-Kette	108
7.3.3	ATP-Ausbeute der Fettsäure-Oxidation	108
	Zum weiteren Studium	108
8	**Die Plastiden und die Photosynthese**	109
8.1	Die Chloroplasten	109
8.1.1	Größe und Gestalt	109
8.1.2	Struktureller Feinbau	111
8.1.3	Molekularer Aufbau der Thylakoidmembran	113
8.2	Die Photosynthese	115
8.2.1	Photochemische Reaktionen der Photosynthese	115
8.2.1.1	Elektromagnetische Strahlung: Lichtquanten, Wellenlänge und Energie	115
8.2.1.2	Absorptionsspektren des Chlorophylls und Rolle der akzessorischen Pigmente	115
8.2.1.3	Anregung des Chlorophylls durch Lichtabsorption	120
8.2.1.4	Photosysteme	122
8.2.1.5	Elektronentransport bei der Lichtreaktion	123
8.2.1.6	Mechanismus der Photophosphorylierung	126
8.2.2	CO_2-Assimilation	129
8.2.2.1	Carboxylierung	130
8.2.2.2	Reduktion des fixierten Kohlenstoffs	132
8.2.2.3	Regeneration des CO_2-Akzeptors	132
8.2.2.4	Synthese photosynthetischer Endprodukte	132
8.2.3	Bilanz der Photosynthese	135
8.2.4	Biosynthese der Fettsäuren	136
	Zum weiteren Studium	138
9	**Die Cytosomen**	139
9.1	Die Lysosomen	139
9.2	Die Glyoxysomen	139
9.2.1	Mobilisierung der Fette und Glyoxylsäure-Zyklus	140
9.2.2	Gluconeogenese	144
9.3	Die Peroxisomen	145
9.3.1	Photorespiration	145
9.3.2	Glykolatweg	145
	Zum weiteren Studium	147
10	**Die Zellwand**	149
10.1	Die chemische Zusammensetzung der Zellwände	149
10.1.1	Protopectin	150
10.1.2	Hemicellulosen	150
10.1.3	Cellulose	150
10.1.4	Proteine	151
10.1.5	Chitin	151
10.2	Der Feinbau der Zellwand	153
10.3	Die Entwicklung der Zellwand	153
10.3.1	Mittellamelle	153
10.3.2	Dictyosomen und Zellwandbildung	155
10.3.3	Primärwand	156

10.3.4 Sekundärwand . . . 157
10.3.5 Durchbrechungen in Zellwänden . . . 159
Zum weiteren Studium . . . 160

11 Die metabolische Regulation . . . 161
11.1 Allgemeine Gesichtspunkte der Regulation . . . 161
11.2 Die Mechanismen der Regulation auf der zellulären Ebene . . . 163
11.3 Die Basis der metabolischen Regulation . . . 163
11.4 Das Instrumentarium der metabolischen Regulation . . . 164
11.4.1 Cofaktoren . . . 164
11.4.2 Analoge Enzymreaktionen . . . 164
11.4.3 Transportmetabolite . . . 164
11.5 Beispiele metabolischer Regulation . . . 165
11.5.1 Glykolyse . . . 165
11.5.2 Glykolyse – Atmung – Photosynthese . . . 166

12 Das Kontrollzentrum der Zelle: der Zellkern mit den Chromosomen . . . 169
12.1 Der Zellkern . . . 169
12.2 Das Chromatin und die Chromosomen . . . 170
12.3 Die Kern- und Zellteilung: Mitose . . . 171
Zum weiteren Studium . . . 175

13 Die genetische Regulation . . . 177
13.1 Die MENDELschen Regeln . . . 177
13.2 Die extrachromosomale Vererbung . . . 180
13.3 Die Modifikationen und die Mutationen . . . 181
13.4 Die Regulation durch DNA . . . 182
13.4.1 Genetischer Code . . . 182
13.4.2 Autokatalytische Funktion der DNA: Replikation . . . 184
13.4.3 Steuerung der Enzymsynthese . . . 184
13.4.4 Regulation . . . 190
Zum weiteren Studium . . . 192

14 Die Aminosäuren und Proteine . . . 193
14.1 Die Aminosäuren und ihre Eigenschaften . . . 193
14.2 Die Kondensation von Aminosäuren zu Peptiden . . . 196
14.3 Die Eigenschaften der Proteine . . . 197
14.4 Die Struktur-Hierarchie der Proteine . . . 201
14.4.1 Primärstruktur . . . 201
14.4.2 Sekundärstruktur . . . 201
14.4.3 Tertiärstruktur . . . 203
14.4.4 Quartärstruktur . . . 205
14.5 Die Funktionen der Proteine . . . 206
14.6 Der Stoffwechsel der Aminosäuren und Proteine . . . 206
14.6.1 Synthese von Aminosäuren . . . 206
14.6.2 Umsatz der Proteine . . . 207
Zum weiteren Studium . . . 208

15 **Die Naturstoffe: Pflanzen als vielseitige Synthetiker** 209
15.1 Ein Überblick 209
15.2 Die Terpenoide 209
15.3 Die Phenole 212
15.4 Die Alkaloide und organischen Basen 212
15.5 Die Porphyrine 222
Zum weiteren Studium 223

C **Phylogenie der Pflanzen und Besiedelung der Lebensräume** 225

16 **Die Algen** 227
16.1 Die vegetativen Entwicklungstendenzen und Lebensweisen der Algen 227
16.1.1 Monadale Organisationsstufe 227
16.1.2 Entwicklung von einzelligen Flagellaten zu mehrzelligen Kolonien mit Arbeitsteilung . 228
16.1.3 Coccale Organisationsstufe: Verlust der freien Beweglichkeit 230
16.1.4 Trichale Organisationsstufe 234
16.1.5 Siphonale Organisationsstufe 235
16.1.6 Entwicklung von einfachen Zellfäden zu komplexen Thalli 237
16.1.6.1 Heterotriche Thalli 237
16.1.6.2 Plektenchyme der Rotalgen 237
16.1.6.3 Scheitelzellen als Bildungszentren 237
16.1.6.4 Thallus der Charophyceae 240
16.1.6.5 Gewebethalli der Braunalgen 240
16.2 Die generativen Entwicklungstendenzen 245
16.2.1 Mitosen, Sexualität und Meiose 245
16.2.2 Isogamie, Anisogamie, Oogamie 248
16.2.3 Gametangien und Sporangien 252
16.2.4 Generationswechsel 253
16.2.4.1 Grundbegriffe und allgemeine Betrachtung 253
16.2.4.2 Chlorophyta 256
16.2.4.3 Phaeophyceae 256
16.2.4.4 Rhodophyta 258
16.3 Ein phylogenetischer Überblick 259
Zum weiteren Studium 259

17 **Der Übergang zum Landleben** 261
17.1 Generelle Probleme und deren Lösung beim Übergang der Pflanzen vom Wasser- zum Landleben 261
17.1.1 Thallophyten und Kormophyten 261
17.1.2 Erfordernisse des Lebens an Land 261
17.2 Die Ur-Landpflanzen und von ihnen ausgehende Evolutionstendenzen 264
17.2.1 Evolution der Kormophyten 264
17.2.2 *Rhynia* – eine ursprüngliche Sproßpflanze 265
17.2.3 Telomtheorie 265
17.3 Die Moose 270
17.3.1 Systematische Gliederung der Moose 270
17.3.1.1 Lebermoose (Klasse Marchantiopsida) 270
17.3.1.2 Laubmoose (Klasse Bryopsida) 271

17.3.2 Fortpflanzung und Vermehrung der Moose 277
17.3.3 Wasserhaushalt und Lebensweise der Moose 281
Zum weiteren Studium 282

18 Die Schleimpilze und die Pilze 283
18.1 Ein allgemeiner Überblick 283
18.2 Ein systematischer Überblick 283
18.2.1 Organisationsform Schleimpilze (Myxomyceten) 283
18.2.2 Organisationsform Pilze 285
18.3 Die Bedeutung der Pilze 290
Zum weiteren Studium 292

19 Der Generationswechsel bei Farnen, Gymnospermen und Angiospermen und die Evolution von Blüten, Samen und Früchten 293
19.1 Der Generationswechsel der isosporen Farne 293
19.2 Die Evolution der Blüten 295
19.3 Der Generationswechsel der heterosporen Farne 298
19.4 Die Gymnospermen: Evolution der Samen 298
19.4.1 Männliche Blüten und Pollenkörner 301
19.4.2 Weibliche Blüten und Samenanlagen 301
19.4.3 Bestäubung, Befruchtung und Samenbildung 304
19.4.4 Phylogenetische Tendenzen 304
19.5 Der versteckte Generationswechsel der Angiospermen 307
19.5.1 Staubblätter und Pollenkörner 307
19.5.2 Fruchtknoten und Samenanlagen 308
19.5.3 Bestäubung, Befruchtung, Samen- und Fruchtbildung 309
19.5.4 Phylogenetische Tendenzen 311
19.6 Die Pollenübertragung 313
19.6.1 Bestäubungsmechanismen 313
19.6.2 Phylogenetische Tendenzen 316
19.7 Die Früchte 317
19.8 Die Entwicklungstendenzen bei den Angiospermen 322
19.9 Zusammenfassung 322
Zum weiteren Studium 329

20 Die Pflanzen in ihren Lebensräumen 331
20.1 Die kleinräumige Gliederung der Vegetation: die Pflanzengesellschaften 331
20.2 Die großräumige Gliederung der Vegetation: die Biome 334
20.3 Die Biome verschiedener geographischer Breiten 336
20.4 Die Zonierung der Vegetation durch die Höhenlage 343
Zum weiteren Studium 344

D Arbeitsteilung der Organe der Kormophyten 345

21 Die Wurzel: Bau und Funktionsweise 347
21.1 Der äußere Bau der Wurzeln 347
21.2 Der innere Bau der Wurzeln 348

21.2.1 Primärer Bau 348
21.2.1.1 Wurzelhaube und Vegetationspunkt 348
21.2.1.2 Streckungszone und Wurzelhaarzone 350
21.2.1.3 Seitenwurzeln 353
21.2.2 Sekundäres Dickenwachstum 354

21.3 Die Aufnahme von Wasser und Nährsalzen durch die Wurzeln 356
21.3.1 Boden 356
21.3.2 Radialer Transport von Wasser und Nährstoffen durch die Wurzeln 356

21.4 Die Metamorphosen der Wurzel 358

Zum weiteren Studium 363

22 Die Sproßachse: Bau und Funktionsweise 365

22.1 Die äußere Gliederung der Sproßachse 365

22.2 Die Verzweigung der Sproßachse 367

22.3 Der Vegetationskegel 367

22.4 Der Bau der primären Sproßachse 370
22.4.1 Gewebe der primären Sproßachse 370
22.4.2 Leitbündel 372
22.4.2.1 Xylem 373
22.4.2.2 Phloem 378
22.4.2.3 Anordnung der Leitbündel 378

22.5 Das sekundäre Dickenwachstum 380
22.5.1 Kambium 382
22.5.2 Holz 384
22.5.3 Sekundäre Rinde (Bast) 385
22.5.4 Sekundäres Abschlußgewebe 388
22.5.5 Sekundäres Dickenwachstum der Monokotyledonen 388

22.6 Die Metamorphosen der Sproßachse 388

22.7 Die physiologischen Leistungen der Sproßachse 394
22.7.1 Wassertransport im Xylem 394
22.7.1.1 Transpiration 394
22.7.1.2 Transpirationsstrom 395
22.7.1.3 Kräftebedarf 396
22.7.1.4 Kohäsion der Wassermoleküle im Xylem 398
22.7.1.5 Wasser- und Nährsalzversorgung durch die Leitbahnen des Xylems 398
22.7.1.6 Xylem-Transport unter Druck: Guttation 398
22.7.2 Ferntransport der Assimilate im Phloem 399
22.7.2.1 Transportierte Stoffe 399
22.7.2.2 Mechanismus des Assimilattransportes 400
22.7.2.3 Beladen des Phloems 401

Zum weiteren Studium 401

23 Das Blatt: Bau und Funktionsweise 403

23.1 Die Entwicklung der Blätter 403

23.2 Die Blatt-Typen: ein Überblick 403

23.3 Die Keimblätter und die Niederblätter 404
23.4 Die Laubblätter 404
23.4.1 Äußere Gestalt 404

23.4.2 Innerer Aufbau der Blattspreite . . . 407
23.4.2.1 Epidermis . . . 407
23.4.2.2 Mesophyll . . . 411
23.5 Die Hochblätter . . . 417
23.6 Die Stellung und Ausrichtung der Blätter . . . 417
23.7 Die Metamorphosen des Blattes . . . 418
23.8 Die Funktionsweise der Blätter . . . 422
23.8.1 Liebigs „Gesetz des begrenzenden Faktors" . . . 422
23.8.1.1 Lichtsättigungskurve der Photosynthese . . . 422
23.8.1.2 Sonnen- und Schattenpflanzen . . . 424
23.8.1.3 Einfluß der Temperatur auf die Photosynthese . . . 428
23.8.1.4 Einfluß der CO_2-Konzentration auf die Photosynthese . . . 429
23.8.2 Gasaustausch . . . 430
23.8.2.1 Diffusionswiderstände . . . 430
23.8.2.2 Einfluß äußerer und innerer Faktoren auf die Spaltöffnungsbewegungen . . . 432
23.8.3 Wasserverlust und CO_2-Aufnahme – ein Dilemma der Landpflanzen . . . 433
23.8.3.1 Morphologisch-anatomische Auswege aus dem Dilemma: Xerophyten . . . 434
23.8.3.2 Physiologische Auswege aus dem Dilemma: Austrocknungstoleranz . . . 436
23.8.3.3 Biochemische Auswege aus dem Dilemma: Crassulaceen-Säurestoffwechsel und C_4-Photosynthese . . . 436
23.8.4 Hygrophyten und Hydrophyten . . . 445
Zum weiteren Studium . . . 446

24 Die Pflanzenernährung . . . 447
24.1 Die essentiellen Elemente . . . 447
24.2 Die Rolle von Pflanzen im Stickstoff- und Schwefel-Kreislauf von Ökosystemen . . . 447
24.3 Der Stoffwechsel des Stickstoffs . . . 450
24.3.1 Nitrat-Aufnahme und Nitrat-Reduktion . . . 450
24.3.2 Fixierung von Luftstickstoff . . . 452
24.4 Der Stoffwechsel des Schwefels . . . 454
24.5 Der Stoffwechsel des Phosphors . . . 454
24.6 Anorganische Ionen als spezielle Standortfaktoren . . . 454
24.6.1 Salinität . . . 455
24.6.2 Calcium und Eisen . . . 459
Zum weiteren Studium . . . 461

25 Ernährungsphysiologische Besonderheiten: Symbiose, Parasitismus, Carnivorie . . . 463
25.1 Definitionen und allgemeine Gesichtspunkte . . . 463
25.2 Die Symbiosen . . . 464
25.2.1 N_2-fixierende Symbiosen . . . 464
25.2.2 Symbiosen zwischen Pflanzen und Pilzen . . . 465
25.2.2.1 Mykorrhiza . . . 465
25.2.2.2 Flechten . . . 469
25.3 Der Parasitismus bei Angiospermen . . . 471
25.3.1 Halbschmarotzer (Hemiparasiten) . . . 473
25.3.2 Vollschmarotzer (Holoparasiten) . . . 474
25.4 Die Carnivorie . . . 477
Zum weiteren Studium . . . 480

26 Wachstum, Entwicklung, Altern und Tod . . . 483
26.1 Einzeller, annuelle und perennierende Pflanzen . . . 483
26.2 Die Polarität . . . 485
26.3 Differenzierung und Korrelationen . . . 487
26.4 Zell- und Gewebekulturen und die Totipotenz somatischer Zellen . . . 490
26.5 Die „Signalübermittlung“ zwischen Zellen, Geweben und Organen . . . 492
26.5.1 Elektrische Signale . . . 492
26.5.1.1 Aktionspotentiale . . . 492
26.5.1.2 Erregungsleitung . . . 492
26.5.1.3 Reaktionen . . . 495
26.5.1.4 Organe der Reizaufnahme . . . 495
26.5.2 Phytohormone . . . 499
26.5.2.1 Chemische Charakterisierung der Phytohormone . . . 500
26.5.2.2 Wirkungen der Phytohormone . . . 500
26.5.2.3 Wirkungsweise der Phytohormone . . . 504
26.5.2.4 Nachweis von Phytohormonen: biologische Tests . . . 507
26.6 Die Wirkungen von Außenfaktoren . . . 508
26.6.1 Das biologische Streßkonzept . . . 508
26.6.2 Temperaturwirkungen . . . 510
26.6.2.1 Temperaturabhängigkeit der Lebensvorgänge . . . 510
26.6.2.2 Signalwirkung der Temperatur: Stratifikation und Vernalisation . . . 512
26.6.3 Lichtwirkungen . . . 513
26.6.3.1 Photomorphosen und das Phytochromsystem . . . 513
26.6.3.2 Photoperiodismus . . . 517
26.7 Von der Samenkeimung bis zur Samenbildung, zum Altern und zum Tod . . . 520
26.7.1 Samenkeimung . . . 520
26.7.2 Fruchtwachstum und Samenbildung . . . 521
26.7.3 Abscission . . . 521
26.7.4 Altern und Tod der ganzen Pflanze . . . 522
Zum weiteren Studium . . . 523

27 Die Ausnutzung des Lebensraumes: die Bewegungen . . . 525
27.1 Phänomene . . . 525
27.1.1 Äußerer Bewegungsverlauf . . . 525
27.1.2 Reaktionsarten . . . 525
27.1.3 Reizarten . . . 527
27.1.4 Bewegungsmechanismen . . . 527
27.2 Die Orientierung im Raum . . . 528
27.2.1 Gravitropismus . . . 528
27.2.1.1 Nachweis des Gravitropismus . . . 528
27.2.1.2 Reizaufnahme und Bewegungsmechanismus . . . 530
27.2.2 Phototropismus . . . 535
Zum weiteren Studium . . . 536

28 Die endogenen Rhythmen und die biologische Uhr . . . 537
28.1 Phänomene . . . 537
28.2 Circadiane Rhythmen . . . 537
28.3 Der Mechanismus der biologischen Uhr . . . 538
Zum weiteren Studium . . . 542

E Pflanzen und die Krisen der Gegenwart 543

29 Umwelt – Ernährung – Energieversorgung 545
29.1 Die Motive für die Arbeit mit Pflanzen 545
29.2 Die Umwelt: Die Ökosysteme und ihre Stoffkreisläufe 546
29.3 Die Nutzung der Primärproduktion der Pflanzen 549
29.3.1 Ernährung 549
29.3.1.1 Agrarökosysteme und die Ausnutzung der Sonnenenergie 549
29.3.1.2 Pflanzenzüchtung 550
29.3.1.3 Molekularbiologische Techniken 555
29.3.1.4 Nutzung der Wüsten 559
29.3.2 Energieversorgung 561
29.4 Globale Veränderungen 562
29.4.1 Diagnosen 562
29.4.2 Verlust der Artenvielfalt 563
29.4.3 Klimaänderungen 563
Zum weiteren Studium 564

Register 565

A Anfänge

1 Die Evolution bis zu den einfachsten Pflanzen: Photoautotrophe Bakterien – Cyanobakterien – Flagellaten

1.1 Einleitung

Die Biologie, und natürlich auch ein so großes Teilgebiet der Biologie wie die Botanik, konfrontiert den Neuling mit einer zunächst unübersehbaren *Fülle von Formen und Erscheinungen*. Er hat zwei verschiedene Möglichkeiten des Eindringens. Einmal kann man in der Natur schon ohne besondere Vorkenntnisse und Ausrüstung sehr viele Beobachtungen machen; man kann beginnen, mehr oder weniger erschöpfende Erklärungen zu erarbeiten, langsam zu schwierigeren Fragestellungen vordringen und schließlich versuchen, allgemeine Gesetzmäßigkeiten zu verstehen. Ein anderer Weg fängt bei der Betrachtung der einfachsten heute lebenden (rezenten) Einzeller an und schreitet zu immer höher organisierten Pflanzen fort, so wie die Evolution der Organismen (Kasten 1-1) vor $4 \cdot 10^9$ Jahren von ganz einfachen Urzellen ausgegangen ist und nun zu hochkomplizierten Lebewesen, wie etwa den Blütenpflanzen, geführt hat. Der bekannte Evolutionsforscher THEODOSIUS DOBZHANSKY (1900–1975) hat gesagt: *„Erst Evolution gibt der Biologie ihren Sinn"*. Wir wollen deshalb in diesem Kapitel den zweiten Weg beschreiten. Es ist der Weg, den auch die biologische Systematik geht, z. B. die Pflanzensystematik, die versucht, ein natürliches System der Pflanzen zu erarbeiten, in dem die etwa eine halbe Million bisher bekannter lebender Pflanzenarten möglichst nach ihren natürlichen Verwandtschaftsbeziehungen, d. h. nach ihrem „Stammbaum", geordnet wird.

1.2 Die ersten Schritte der Evolution von Lebewesen

Die heute am weitesten akzeptierte naturwissenschaftliche Kosmologie beginnt mit dem *Urknall* („big bang") und den gewaltigen Umsetzungen von Materie und Energie, die schließlich auch zur Entstehung unseres Planetensystems und der Erde geführt haben. Kasten 1-2 faßt die wichtigsten Daten zusammen.

Für das Verständnis der Entstehung von Lebewesen ist es wichtig zu wissen, daß in der *Uratmosphäre* der Sauerstoff fehlte, der heute 21 % unserer Atmosphäre ausmacht. Die Uratmosphäre war reduzierend und bestand zunächst im wesentlichen aus Wasserstoff. Durch Urgewitter konnten auf der sich abkühlenden Erdoberfläche die *Urmeere* entstehen. Verschiedene, mehr oder weniger reduzierte Gas-

Kasten 1-1 Evolution

- Evolution ist der Angelpunkt für die Erklärung der Vielfalt des Lebens (G. L. STEBBINS).
- Evolution bedeutet, daß sich verschiedene Formen des Lebens auseinander entwickelt haben (Biogenese nach R. W. KAPLAN).

Kasten 1-2
Zeittafel wichtiger Ereignisse der Evolution

Zeitpunkt in Milliarden (10^9) Jahren in der Vergangenheit	Ereignisse und Zustände
15–14	Urknall
6– 5	Entstehung unseres Planetensystems
5	Verfestigung der Erdkruste, H_2 (Wasserstoff) Hauptbestandteil der Erdatmosphäre
5– 4	Entstehung der Urozeane
4– 3	Chemische Evolution

Gase der Erdatmosphäre: H_2, H_2O (Wasserdampf), CH_4 (Methan), NH_3(Ammoniak),H_2S(Schwefelwasserstoff)

Erste Reaktionsprodukte: $H{-}C{\equiv}N$ (Blausäure), $H_2C{=}CH_2$ (Ethylen), $H_3C{-}CH_3$ (Ethan), 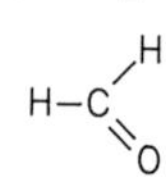 (Formaldehyd), 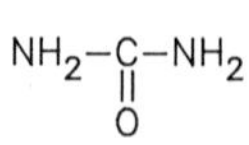 (Harnstoff)

Biologisch wichtige Moleküle:
Monomere: 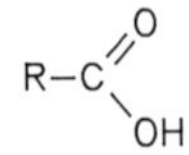 (Carbonsäuren), 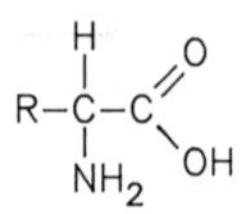 (Aminosäuren),

Zucker; organische Basen wie Pyrrol, Purine, Pyridine, Pyrimidine

Oligo- und Polymere: Lipide und Fette; Peptide, Proteinoide, Proteine; Nucleotide; Porphyrine

Entstehung der ersten Urzellen

Kasten 1-2 (Fortsetzung)

Zeitpunkt in Milliarden (10^9) Jahren in der Vergangenheit	Ereignisse und Zustände
3	Erste Ansätze zur Photosynthese
3 – 2	Giftwirkung der photosynthetischen Sauerstoff(O_2)-Anreicherung in der Atmosphäre
2	Abtrennung des Reiches Pilze
2,0–1,5	Photosynthese voll entwickelt, 0,2 % O_2 in der Atmosphäre, Evolution der Atmung
1,8	Trennung der Reiche Animalia und Plantae
1,0–0,5	Entstehung höher entwickelter mariner Lebewesen
0,5–0,4	Frühes Silur (Ordovizium), alle großen Algengruppen voll entwickelt, viele der heute bekannten großen Tierstämme existent, Übergang der Organismen zum Landleben: die ersten Sproßpflanzen als Landpflanzen, 2 % O_2 in der Atmosphäre
0,2–0,1	Auftreten der ersten Angiospermen (Unter-Kreide)

moleküle in der Atmosphäre dienten dann wohl als Substrate für die *chemische Evolution*. Die Energie von Blitzentladungen ermöglichte die Synthese einfacher organischer Moleküle, und aus den ersten Reaktionsprodukten entstanden in Milliarden Jahren die Monomeren und schließlich die Oligo- und Polymeren biologisch wichtiger Moleküle (Kasten 1-2). Zur Entwicklung dieser Modellvorstellungen zur präbiotischen Synthese von Biopolymeren trugen die von dem Chemiestudenten STANLEY MILLER 1953 in Chicago durchgeführten Versuche entscheidend bei. Er stellte in einem Glaskolben ein Gemisch aus Methan (CH_4), Ammoniak (NH_3) und Wasser (H_2O) als Modell einer Uratmosphäre her und simulierte Gewitterblitze durch starke elektrische Funkenentladungen. Nach 24 Stunden fand er in dem Kolben eine ganze Reihe verschiedener Verbindungen, u. a. die wichtigen Aminosäuren Glycin, Alanin und Asparaginsäure. Aminosäuren lagern sich über die Peptid-Bindung zu Peptiden, mit steigender Zahl der Bausteine zu Oligo- und Polypeptiden und schließlich zu *Proteinen* zusammen (Kasten 1-3, Kap. 14.2).

Andere einfache Moleküle von großer Bedeutung waren stickstoffhaltige organische Basen, Zucker wie z. B. Pentosen (C_5-Zucker) und Phosphorsäure, die *Nucleotide* bilden konnten (Kasten 1-4), sowie Fette und *Lipide* (Kasten 1-5).
In den Urozeanen, einer „Ursuppe“ mit einfachen Lipiden und den beiden wichtigen Biopolymerenarten, den Peptiden und Nucleotiden, sind wohl die ersten einfachen Vorstufen des Lebens entstanden. Die drei genannten Stoffgruppen (Kasten 1-3 bis 1-5) ermöglichten die drei grundlegenden Ereignisse, die dafür ausschlaggebend waren:

- *Lipide* → Abgrenzung,
- *Proteine* → Emanzipation von der Umgebung,
- *Nucleotide* → Speicherung und Weitergabe der Information über die erreichte Organisationsstufe.

- *Abgrenzung*. Durch ihren hydrophilen „Kopf“ und ihre hydrophoben oder lipophilen „Schwänze“ sind Lipid-Moleküle amphipolar (Kasten 1-5). Sie können im wäßrigen Milieu Doppelfilme bilden und dadurch kleine Tröpfchen von der Lösungsphase abgrenzen (Abb. 1-1). In den Doppelfilmen sind die lipophilen Kohlenwasserstoff-Ketten gegenüberliegender Moleküle aufeinander zu gerichtet und bilden den lipophilen Bereich der *Lipid-Doppelmembran.* Die hydrophilen Pole grenzen an zwei wäßrige Phasen an, die Außenphase und die Innenphase des Tröpfchens. Die Tröpfchen können Einschlüsse enthalten; solche *Koazervate* könnten in der Ursuppe entstanden sein.

Würde ein Koazervat durch seine Membran von der Umgebung hermetisch abgeschlossen, wäre jede weitere Entwicklung ausgeschlossen. Also mußte für die Entstehung lebender Zellen die Membranbarriere von Anfang an eine Doppelfunktion haben. Sie mußte Abgrenzung und zugleich Kommunikation durch kontrollierten Stoffaustausch gewährleisten. Enthielt ein Koazervat nach seiner zufälligen Bildung zunächst andere Konzentrationen an gelösten Stoffen als die Ursuppe selbst, konnten die Konzentrationsunterschiede zu einem Transport durch Diffusion durch die Membran führen. Aber mit dem Ausgleich der Konzentrationsunterschiede mußte das Tröpfcheninnere wieder identisch mit dem Hauptteil der Ursuppe werden, und auch damit wäre keine weitere Entwicklung mehr möglich gewesen.

- *Emanzipation von der Umgebung.* Entwicklungsmöglichkeiten konnten sich erst ergeben, wenn das koarzervate Tröpfchen durch Zufall ein Polypeptid (Kasten 1-3) mit eingefangen hatte. Durch Oberflächeneffekte bei der Anlagerung kleinerer Moleküle können diese Polymere die kleinen Substratmoleküle reaktionsbereiter machen; sie wirken katalytisch. Wenn auf diese Weise eine chemische Reaktion A → B im Tröpfcheninnern sehr viel rascher ablief als im Hauptteil der Ursuppe, so konnte sich das Tröpfchen wirklich von der Ursuppe emanzipieren. Nun wäre im Innern die Konzentration von A immer kleiner und die von B immer größer als außen gewesen. Die Konzentrationsunterschiede von A und B wären mit der Zeit nicht mehr verschwunden, sondern hätten für eine dauernde Netto-Aufnahme von A und Netto-Abgabe von B gesorgt. Auch diese Systeme hat man sich nicht nur ausgedacht, sondern im Experiment nachgebaut (Abb. 1-1).
Hier zeigt sich eine grundlegende Eigenschaft aller Organismen:

  Alle Organismen sind *offene Systeme,* durch die ein ständiger Fluß von Materie und Energie erfolgt, und deren Zusammensetzung und Gestalt im Zustand eines *Fließgleichgewichtes* (Kap. 2.1) von der Zeit unabhängig sein kann.

- *Speicherung und Weitergabe der Information über die erreichte Organisationsstufe.* Die Informationsspeicherung und Weitergabe ist an die Polynucleotide (Kasten 1-4) gebunden. Die Information wird in Form der Reihenfolge verschiedener organischer Basen an den Polynucleotidsträngen festgehalten. Damit beschäftigt sich die molekulare Genetik. (Zur Definition des Begriffes Gen vgl. Kasten 1-6.) Speicherung und Weitergabe von Informationen werden in der Regel wesentlich stärker als Grundvoraussetzungen des Lebens hervorgehoben, als die beiden anderen, vorher genannten Aspekte. Man ist soweit gegangen, sich vorzustellen, daß ausgehend von den primitivsten Urzellen mit einfachen Strängen von Desoxyribonucleinsäure (engl. deoxyribonucleic acid, abgek. DNA) die ganze weitere Evolution der Lebewesen durch den egoistischen „Trieb" dieser Makromoleküle zu überleben, sich selbst identisch zu vermehren und immer neue Räume zu erobern, bewegt wurde. (RICHARD DAWKINS: *„The selfish gene").* Nach dieser Auffassung haben sich die Nucleinsäuren und die aus ihnen aufgebauten Gene zu diesem Zwecke immer kompliziertere Maschinerien geschaffen, nämlich die Lebewesen zunehmend höherer Organisationsstufen.

Kasten 1-3
Die Peptidbindung

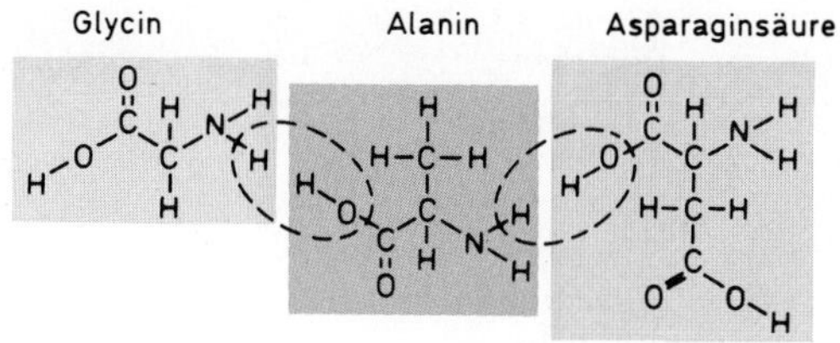

Zwischen Aminogruppe $(-NH_2)$ und Carboxylgruppe $(-COOH)$ entsteht die Peptidbindung.

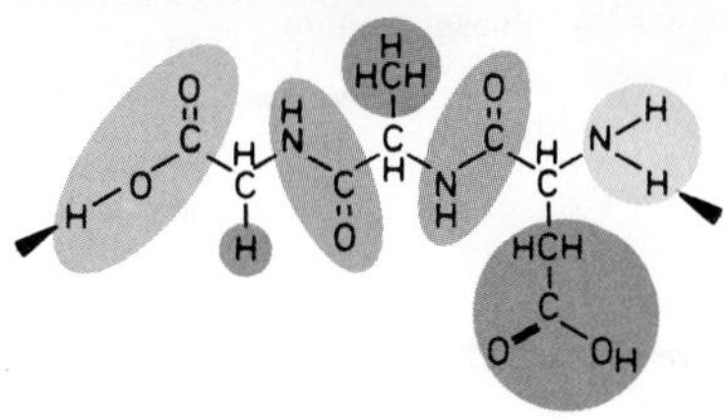

Durch Kettenverlängerung am Amino-Ende ($-NH_2$) und am Carboxyl-Ende ($-COOH$) (Pfeile!) entstehen höhere Oligopeptide, Polypeptide, Proteine.

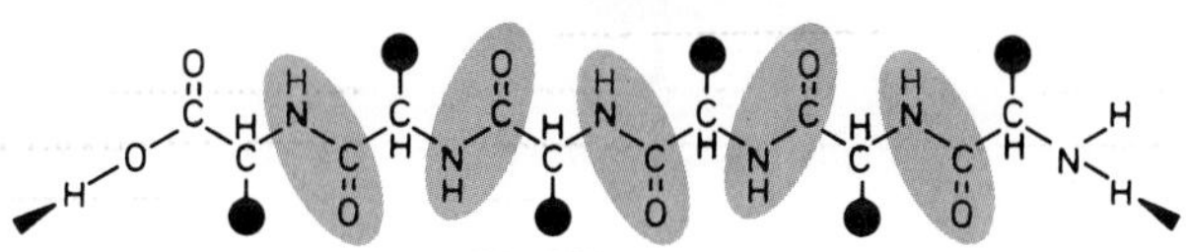

Kasten 1-4
Nucleoside und Nucleotide

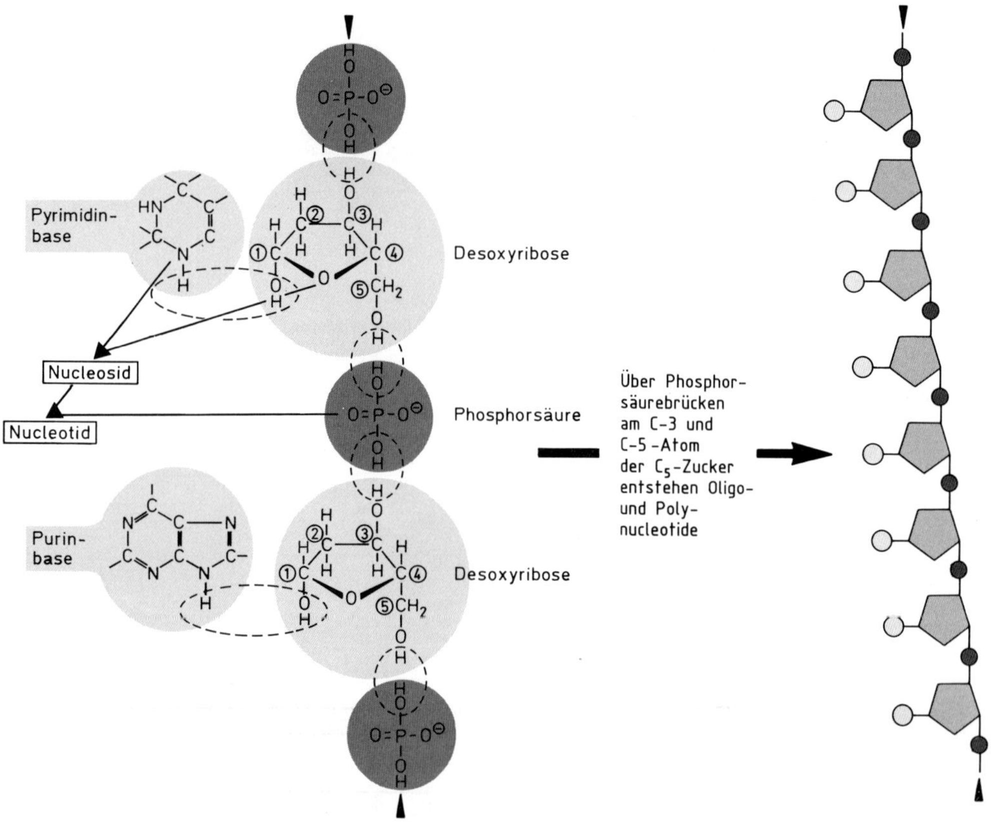

Organische Basen und C_5-Zucker vereinigen sich zu Nucleosiden. Nucleoside und Phosphorsäurereste bilden Nucleotide. Mit der Pentose Desoxyribose entstehen Polynucleotide der Desoxyribonucleinsäure (DNA); tritt an ihre Stelle die Pentose Ribose, bildet sich Ribonucleinsäure (RNA).

Kasten 1-5
Fette und Lipide

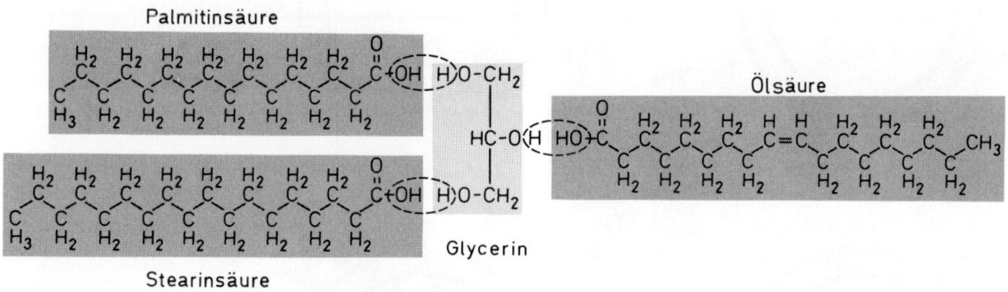

Durch Esterbildung über die Carboxylgruppe (-COOH) von Fettsäuren (wie Palmitinsäure, Stearinsäure, Ölsäure, u.a.) und die alkoholische Hydroxyl- (-OH) Gruppe von Glycerin entstehen Fette:

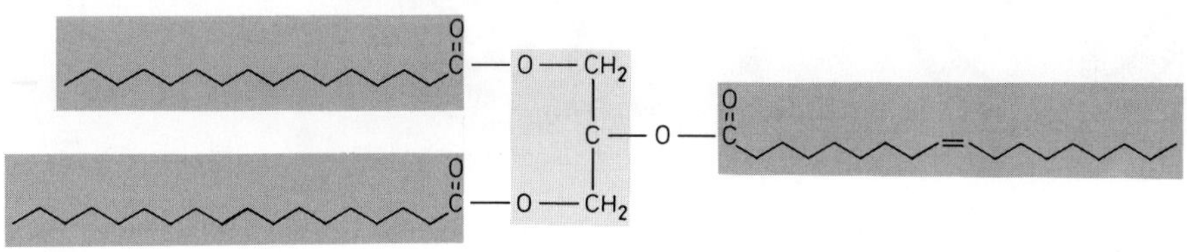

Kleine polare oder hydrophile Moleküle können beteiligt sein:

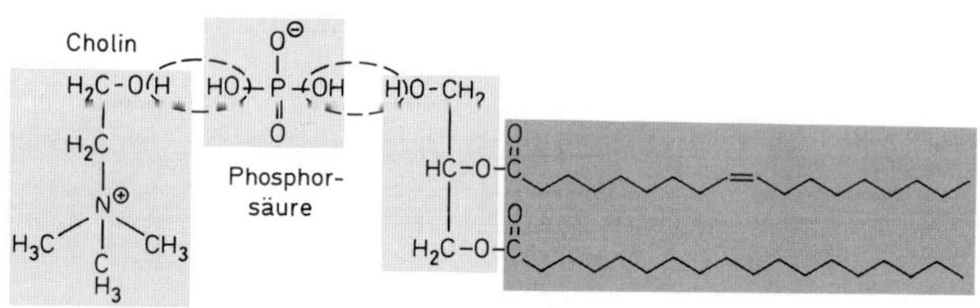

Es entstehen Lipide mit einem hydrophilen Pol oder Kopf und den Kohlenwasserstoffketten der Fettsäuren als hydrophobe Molekülschwänze:

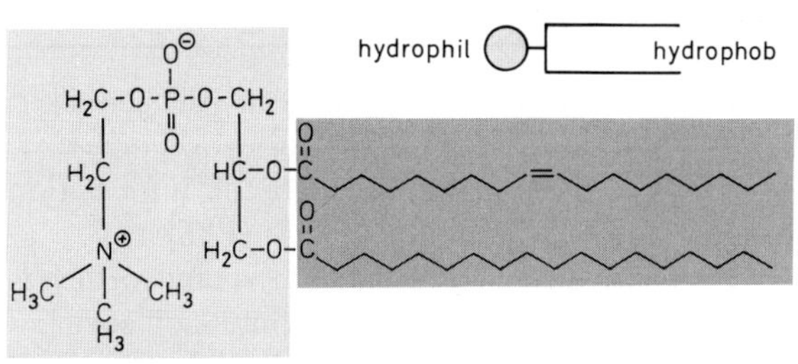

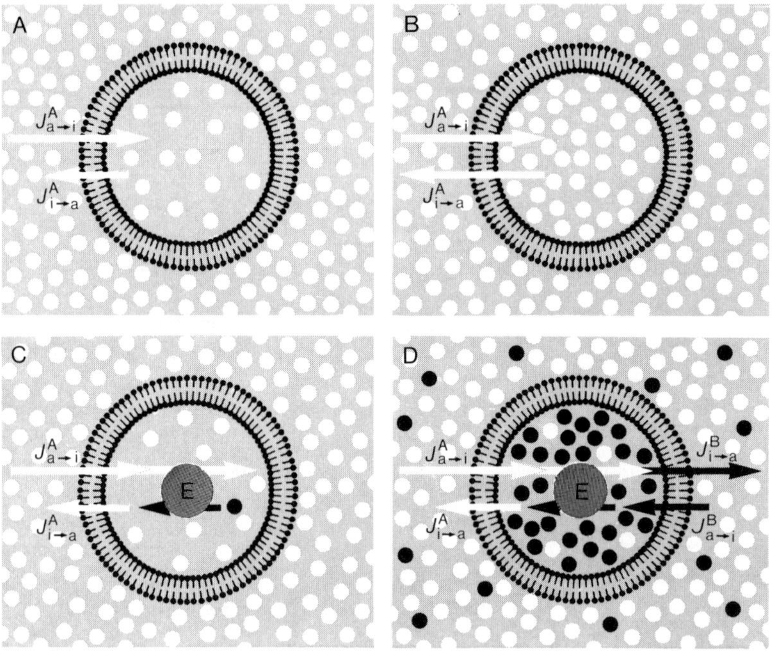

Abb. 1-1. Koazervate Tröpfchen und die Substanzflüsse an ihren Membranen. Die Substanzflüsse, J, sind Diffusionsprozesse (s. Kap. 4.2); sie sind durch Pfeile und die Reihenfolge der Indizes *a* (außen) und *i* (innen) sowie die Buchstaben A bzw. B für die diffundierenden Teilchen gekennzeichnet. (A)→(B): Die Konzentration der Substanz A (A: weiße Kreise) ist zunächst außen (*a*) größer als innen (*i*): $[A]_a > [A]_i$. Der Influx $J^A_{a \to i}$ ist größer als der Efflux $J^A_{i \to a}$. Mit der Zeit gleicht sich der Konzentrationsunterschied aus, $[A]_a - [A]_i$ und $J^A_{a \to i} = J^A_{i \to a}$. (C)→(D): Die Ausgangssituation (C) entspricht der von (A): $[A]_a > [A]_i$. Aber das Tröpfchen hat ein Polypeptid (E) eingeschlossen, das die Reaktion A→B (B: schwarze Kreise) katalysiert; im Inneren des Tröpfchens wird die Substanz B gebildet. Dadurch bleiben $[A]_a > [A]_i$, $[B]_i > [B]_a$, $J^A_{a \to i} > J^A_{i \to a}$, $J^B_{i \to a} > J^B_{a \to i}$. Das Tröpfchen ist ein offenes System.

Kasten 1-6
Das Gen (Die Erbeinheit)

- Die kleinste Funktionseinheit eines DNA-Makromoleküls, die jeweils eine funktionsfähige Proteinkette codiert (D. von Denffer).
- Ein Sequenzabschnitt der DNA, der die gesamte genetische Information für die Erzeugung eines bestimmten Genprodukts – RNA, Protein – umfaßt (P. Sitte)
- Der Musterabschnitt der DNA, der für eine Proteinkette verantwortlich ist (C. Bresch).
- Jedes beliebige Stück Chromosomenmaterial, welches potentiell soviele Generationen überdauert, daß es als eine Einheit der natürlichen Auslese dienen kann (R. Dawkins).

1.3 Die Evolution der Photosynthese

Die ursprünglichen (primordialen) Zellen waren für den Aufbau ihrer Strukturen und für ihren Stoffwechsel auf die Aufnahme organischer Moleküle aus der Ursuppe angewiesen. Sie ernährten sich heterotroph (Kasten 1-7). Der damit verbundene Verbrauch an Resourcen der Ursuppe mußte allmählich zur *ersten Ernährungs- und Energiekrise* führen. Einen Ausweg aus dieser Krise bot die Evolution der direkten Ausnutzung der Sonnenenergie durch die Lebewesen.

Voraussetzung dafür ist die Absorption von Lichtquanten durch geeignete Pigmente. Bei rezenten Organismen dient Chlorophyll der photosynthetischen Lichtabsorption. Die Grundstruktur der Chlorophylle ist ein Tetrapyrrolring oder Porphyrin (Abb. 15-9). Porphyrine können unter den Bedingungen des STANLEY-MILLER-Versuches entstehen und konnten somit auch in der Ursuppe enthalten sein. Grüne, chlorophyllhaltige Zellen waren unabhängig von den Energieumsetzungen in der Ursuppe und nicht mehr auf die organischen Substanzen in dem sie umgebenden Milieu angewiesen. Sie konnten die Energie absorbierter Lichtquanten für die Assimilation anorganischer Substanzen als Bau- und Betriebsstoffe für ihren Stoffwechsel ausnutzen. Damit erwarben sie einen außerordentlichen Vorteil. Sie waren *photo-autotroph* oder *photo-lithotroph* (Kasten 1-7). Wenn wir die ernährungsphysiologische Gliederung der Organismenreiche (s. Abb. 1-13) ein wenig strapazieren, könnten wir sagen, daß es die ersten „Pflanzen" waren.

Wir grenzen die Pflanzen von den übrigen Lebewesen nämlich durch die ernährungsphysiologische Charakterisierung als autotrophe Organismen ab, die alle Bau- und Betriebsmaterialien aus einfachen anorganischen Ausgangsverbindungen der unbelebten Umwelt aufbauen können. Dies gilt für die Kohlenstoff-Gerüste, die in der Photosynthese aus Kohlendioxid (CO_2) und Wasser (H_2O) gebildet werden. Es gilt auch für den Einbau von Stickstoff aus Nitrat-Ionen (NO_3^-), Nitrit-Ionen (NO_2^-), Ammoniak (NH_3) und von Schwefel aus Sulfat-Ionen (SO_4^{2-}) und

Kasten 1-7
Begriffe zur Ernährungsweise

Begriff	Ernährungsweise
heterotroph	Aufnahme von organischen Molekülen aus der Umgebung (Saprophyten), von autotrophen Pflanzen (Herbivoren) oder von anderen heterotrophen Organismen (Carnivoren).
auxothroph	Notwendigkeit der Aufnahme spezieller organischer Verbindungen, z. B. Vitamine u. a. Wirkstoffe.
photo-organotroph	Licht liefert Energie; einfache organische Moleküle aus der Umgebung liefern Reduktionsäquivalente.
autotroph	Ausschließlich anorganische Moleküle aus der Umgebung werden für den Bau-und Betriebsstoffwechsel benötigt.
chemo-autotroph (chemo-lithotroph)	Die Oxidation reduzierter anorganischer Moleküle liefert Energie und Reduktionsäquivalente.
photo-autotroph (photo-lithotroph)	Licht liefert Energie; reduzierte anorganische Moleküle liefern Reduktionsäquivalente.
mixotroph	Gleichzeitiges Ausnützen verschiedener Möglichkeiten der Ernährungsweise.

Sulfid-Ionen (S^{2-}) in organische Verbindungen. In der Ökologie der Stoffkreisläufe bezeichnet man die autotrophen Pflanzen als *Primärproduzenten,* als die ersten Glieder von Nahrungsketten.
Bei der *Photosynthese* wird Kohlendioxid zu Kohlenhydraten reduziert; die dabei benötigten Reduktionsäquivalente [2H] entstehen bei der Photolyse von Wasser, wobei Sauerstoff (O_2) freigesetzt wird. Die Photosynthese wird deshalb hauptsächlich dafür verantwortlich gemacht, daß sich in der ursprünglich reduzierenden Uratmosphäre allmählich Sauerstoff anreicherte, bis zu der heutigen Konzentration von 21%. Allerdings werden daneben auch Hinweise diskutiert, daß der Sauerstoff im Frühstadium der Entstehung der Erdatmosphäre durch Photodissoziation von Wasser und Kohlendioxid unter dem Einfluß der UV-Strahlung der Sonne gebildet wurde.

1.4 Der Vergleich der lichtabhängigen Energiegewinnung bei einfachen und hochentwickelten rezenten Organismen

Eine wichtige Methode der Evolutionsforschung oder Phylogenetik ist der *Vergleich abgestufter Ähnlichkeiten bei rezenten Organismen.* Man kann annehmen, daß die einfachsten lebenden Organismen den Urformen des Lebens besonders nahestanden. Natürlich werden auch sie sich von den Urformen weg entwickelt haben, aber wesentlich langsamer als die hochentwickelten Organismen. Ein Vergleich der lichtabhängigen Energiegewinnung bei rezenten Organismen fördert unsere Vorstellungen von der Evolution der Photosynthese.

1.4.1 Halobakterien

Salzliebende (halophile) Bakterien, z.B. *Halobacterium halobium,* leben in Salzseen und Salzlaken bei einer Kochsalz-(NaCl-)Konzentration von 3 mol $\cdot$ l^{-1}, d.h. etwa der sechsfachen NaCl-Konzentration des Meerwassers. Sie haben den einfachsten bekannten Mechanismus der Umsetzung von Sonnenenergie in Stoffwechselenergie.
In bestimmten Bereichen ihrer Membran besitzen diese Bakterien ein purpurrotes Pigment, das *Retinal,* das an ein Protein gebunden ist und mit diesem zusammen das *Bakteriorhodopsin* bildet. Bei Absorption von Lichtquanten ($h\nu$; h: PLANCKsche Konstante, ν: Frequenz) der Wellenlänge $\lambda = 570$ nm gibt das Bakteriorhodopsin ein Proton (H^+) ab (Abb. 1-2). Das Bakteriorhodopsin ist so in der Außenmembran der Halobakterien verankert, daß das Proton nur auf die Außenseite gelangen kann. Das bedeutet, daß der lichtabhängige Vorgang einer *Ladungstrennung* der Komponenten des Wassers ($H_2O \rightleftharpoons H^+ + OH^-$) dem folgenden Schema entspricht:

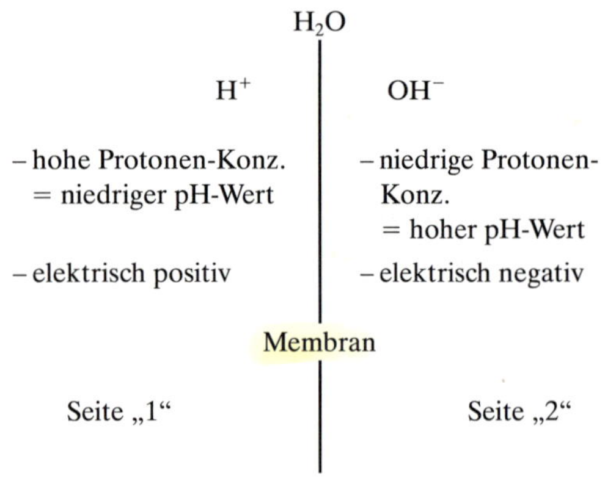

Man sieht, daß ein Gradient aufgebaut wird, der eine elektrische Komponente (Ladung) und eine chemische Komponente (Protonen-Konzentration) hat. Dieser *elektrochemische Protonengradient,* $\Delta\bar{\mu}_{H^+}$ (Kasten 1-8), enthält Energie, die nun in chemische Energie in Form von *Adenosintriphosphat* (ATP) umgewandelt werden kann und so für die verschiedenen Zwecke des Stoffwechsels nutzbar wird (Kasten 1-8 und Abb. 1-3). Es erfolgen also Energieumwandlungen über verschiedene Stationen:

$$h\nu \rightarrow \Delta\bar{\mu}_{H^+} \rightarrow \text{ATP} \rightarrow \text{Stoffwechsel.}$$

Außer zur direkten ATP-Gewinnung im Licht können die Halobakterien den Gradienten $\Delta\bar{\mu}_{H^+}$ auch zum Ionentransport benutzen. Durch verschiedene Kopplungsmöglichkeiten in den Membranen können die Zellen im Licht Natrium-Ionen (Na^+) ausscheiden und im Inneren Kalium-Ionen (K^+) anreichern. Im Dunkeln kann der dadurch aufgebaute *elektrochemische K^+-Gradient,* $\Delta\bar{\mu}_{K^+}$, zur ATP-Gewinnung herangezogen werden, d.h. $\Delta\bar{\mu}_{K^+}$ schiebt sich als weiteres Glied in die Kette der Energieumwandlungen:

$$h\nu \rightarrow \Delta\bar{\mu}_{H^+} \rightarrow \Delta\bar{\mu}_{K^+} \rightarrow \text{ATP} \rightarrow \text{Stoffwechsel.}$$

Auf diese Weise sind die Halobakterien an ihr hochkonzentriertes NaCl-Milieu ausgezeichnet angepaßt. Allerdings handelt es sich bei ihrer lichtabhängigen Energiegewinnung nicht um Photosynthese.

1.4.2 Photosynthesebetreibende Bakterien

Die photosynthesebetreibenden Bakterien haben ein *Bakteriochlorophyll* enthaltendes Pigmentsystem, das Photosystem I (PS I). Durch Absorption von Lichtquanten werden in diesem System Elektronen angeregt und auf ein höheres Energieniveau angehoben. Die Elektronen werden dann entlang einer Kette von Elektronenakzeptoren und -donatoren übertragen. Zum Verständnis dieses Vorgangs ist eine kurze Diskussion des Oxidations-und Reduktionsbegriffes erforderlich:

- Eine Oxidation ist eine Reaktion mit Sauerstoff oder ein Entzug von Wasserstoff oder ein Entzug von Elektronen.
- Eine Reduktion ist eine Reaktion mit Wasserstoff oder ein Entzug von Sauerstoff oder eine Zufuhr von Elektronen.
- Bei einer *Redoxreaktion* wird immer der eine Reaktionspartner (das Oxidationsmittel) reduziert, der andere (das Reduktionsmittel) oxidiert.

Wichtige biologische Redoxsysteme sind z. B. das Metabolitenpaar Äpfelsäure/Oxalessigsäure und das Nicotinsäureamid-adenin-dinucleotid (NAD^+/ $NADH + H^+$) bzw. das Nicotinsäureamid-adenin-dinucleotid-phosphat ($NADP^+$/$NADPH + H^+$). Sie können in einer *Redoxkette* angeordnet sein (Kasten 1-9).

Ob ein Redoxsystem ein anderes Redoxsystem reduzieren kann oder von ihm reduziert wird, hängt von seinem *Redoxpotential* ab. Dieses ist ein Maß für

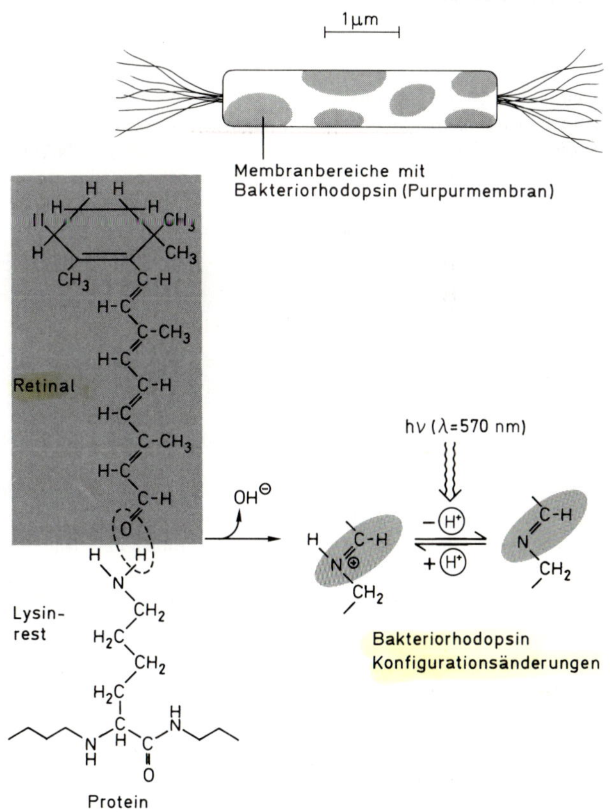

Abb. 1-2. *Halobacterium halobium* mit Bakteriorhodopsin.

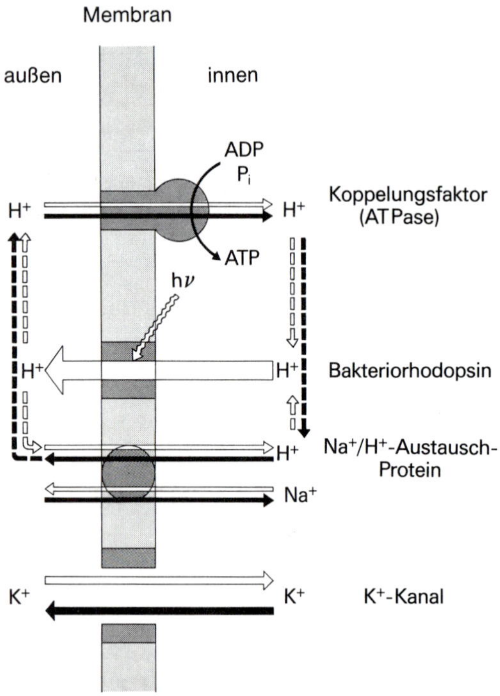

Abb. 1-3. Energie- und Ionenfluß-Koppelungen an der Außenmembran von *Halobacterium halobium*.
Licht (helle Pfeile):
- Protonenefflux durch Bakteriorhodopsin.
- ATP-Bildung durch Koppelungsfaktor.
- Na^+/H^+-Austausch; Na^+-Abgabe > H^+-Aufnahme.
- K^+-Aufnahme durch K^+-Kanal: K^+-Aufnahme = Na^+-Abgabe minus H^+-Aufnahme am Na^+/K^+-Austauschprotein.

Dunkel (dunkle Pfeile):
- K^+-Abgabe durch K^+-Kanal entlang des im Licht aufgestellten $\Delta\bar{\mu}_{K^+}$ (Kaliumkonzentration c_{K^+} außen $\simeq 0{,}03$ mol · l^{-1}, c_{K^+} innen $\simeq 3$ mol · l^{-1}).
- K^+-Abgabe treibt H^+-Aufnahme durch den Koppelungsfaktor und ATP-Bildung.
- Rückläufiger Na^+/H^+-Austausch.

(Nach Ergebnissen von Wagner, Hartmann und Oesterhelt, in Anlehnung an Abb. 12, *Eur. J. Biochem.* *89*: 169, 1978)

seinen „Elektronendruck" oder seine Bereitschaft, Wasserstoff oder Elektronen abzugeben. Letztere ist umso größer je negativer das Redoxpotential ist. Die Anordnung verschiedener Redoxsysteme in einer Redoxkette wird also von der relativen Größe ihrer Redoxpotentiale bestimmt.

Der Nullpunkt der Redoxpotentialskala wurde durch Definition festgelegt. Man wählte dazu das Redoxsystem

$$H^+ + e^- \rightleftharpoons 1/2\ H_2$$

(e^-: Elektron) und definierte sein Redoxpotential bei chemischen Normalbedingungen, d. h. u. a. bei einmolaren Konzentrationen der Reaktionspartner und einem pH-Wert von 0, als $E_o = 0$ Volt. Für biologische Systeme benutzt man eine modifizierte Definition, E'_o, für einen physiologischen pH-Wert von 7, d. h. eine Wasserstoffionen-Konzentration von 10^{-7} mol · l^{-1}.

E'_o von $NAD^+/NADH + H^+$ ist –0,32 Volt, E'_o von Sauerstoff/Wasser ist +0,81 Volt. Somit beträgt das Redoxpotentialgefälle zwischen $NAD^+/NADH + H^+$ und O_2/H_2O $\Delta E'_o = 1{,}13$ Volt. Das dadurch gegebene Energiegefälle errechnet sich als

$$\Delta G'_o = z \cdot F \cdot \Delta E'_o. \qquad \text{(Gl. 1-1)}$$

$\Delta G'_o$ ist als Änderung der freien Energie unter physiologischen Bedingungen definiert (Kap. 2.4); z die Anzahl der pro Molekül des Reduktionsmittels bei der Oxidation abgegebenen Elektronen und F die Faraday-Konstante (vgl. Kasten 1-8). Bei der Reaktion

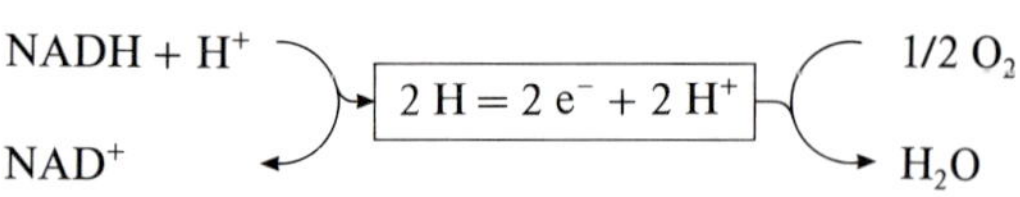

beträgt also die Änderung der freien Energie (vergl. Kap. 2.4)

$$\Delta G'_o = -2 \cdot 96550\ \text{J} \cdot \text{mol}^{-1} \cdot \text{V}^{-1} \cdot 1{,}13\ \text{V}$$
$$= -218\ \text{kJ} \cdot \text{mol}^{-1}.$$

Umgekehrt muß eine Energieschwelle von dieser Größe überwunden werden, um die Reduktionsäquivalente aus dem Wasser dem Redoxpotentialgradienten entgegen auf das NAD^+ zu übertragen.

Bei der Photosynthese der rezenten Bakterien finden wir verschiedene Möglichkeiten, die wahrscheinlich die Evolution der Photosynthese widerspiegeln (Abb. 1-4). Die meisten photosynthesebetreibenden Bakterien haben nur ein Photosystem, das PS I. Wir betrachten hier zunächst die *Purpurbakterien*, nämlich die *Schwefelpurpurbakterien (Chromatiaceen)* und die *schwefelfreien Purpurbakterien (Rhodospirillaceen)* (Abb. 1-4 A). Durch Absorption von zwei Lichtquanten werden am PS I zwei Elektronen ange-

Kasten 1-8
Energiekopplungen

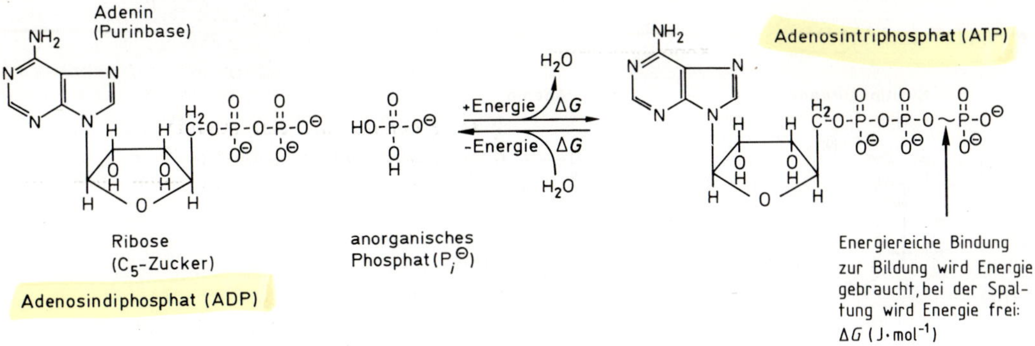

Elektrochemische Ionengradienten

Wie der Name sagt, setzen sich elektrochemische Ionengradienten aus einer chemischen Komponente (Konzentrationsgradient: $\Delta c = c_1 - c_2$) und einer elektrischen Komponente (Membranpotentialgradient: $\Delta E = E_1 - E_2$) zusammen und können folgendermaßen als $\Delta\bar{\mu}$ formuliert werden (Einzelheiten s. Kap. 4.2):

$$\Delta\bar{\mu} = zF\Delta E_{2\text{-}1} + RT \ln \frac{c_1}{c_2}$$

z ≡ elektrische Ladung des Ions, z.B. +1 für H^+ oder K^+, +2 für Ca^{2+} (dimensionslose Zahl)

F ≡ Faraday Konstante: die Elektrizitätsmenge, die 1 Mol Elektronen entspricht = 96 550 $J \cdot mol^{-1} \cdot V^{-1}$

R ≡ Gaskonstante = 8,3 $J \cdot mol^{-1} \cdot K^{-1}$

T ≡ absolute Temperatur in K

c ≡ Ionenkonzentration, auf der "1"-Seite und der "2"-Seite der Membran (Einheit: $mol \cdot m^{-3}$)

ΔE ≡ elektrische Membranpotentialdifferenz zwischen den beiden Membranseiten (Einheit: V)

Elektrochemische Ionengradienten an Membranen haben also die Dimension einer Energie:

$$\Delta\bar{\mu}_{H^+},\ \Delta\bar{\mu}_{K^+} \equiv J \cdot mol^{-1}$$

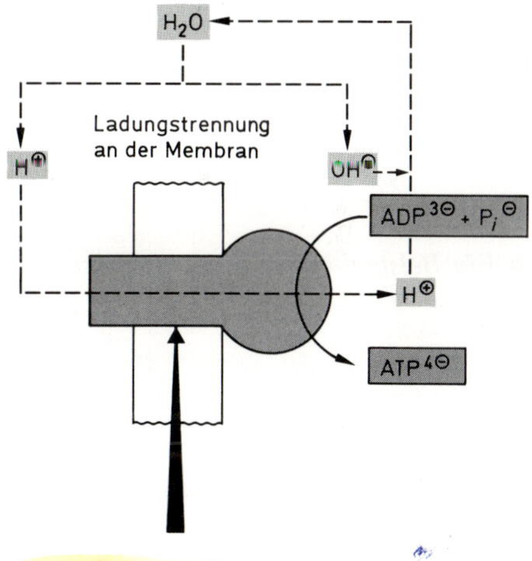

Kopplungsfaktor (ATPase) in der Membran:

Die mit dem Rückstrom der Protonen durch den Koppelungsfaktor in der Membran bei dem damit verbundenen Abbau von $\Delta\bar{\mu}_{H^+}$ frei werdende Energie wird in die chemische Energie der energiereichen Phosphorsäureanhydridbindung im ATP umgewandelt.

Kasten 1-9
Redoxsysteme

- *NAD$^+$ und NADP$^+$:*

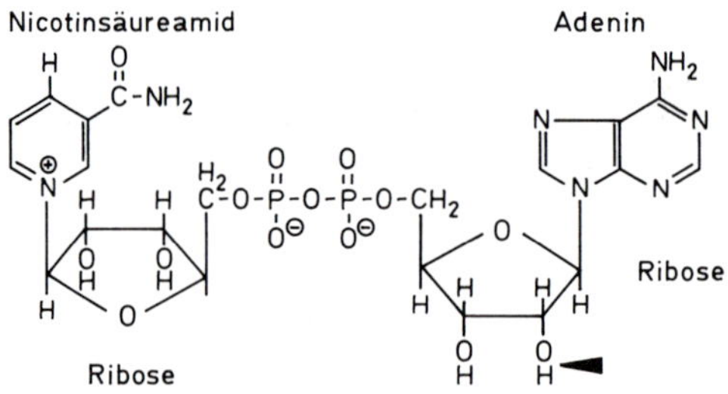

Nicotinsäureamid-Adenin-Dinucleotid (NAD$^+$)

► Das Nicotinsäureamid-Adenin-Dinucleotid-Phosphat (NADP$^+$) enthält an dieser Stelle noch eine weitere Phosphorsäuregruppe

- *Redoxreaktionen erfolgen am Nicotinsäureamid:*

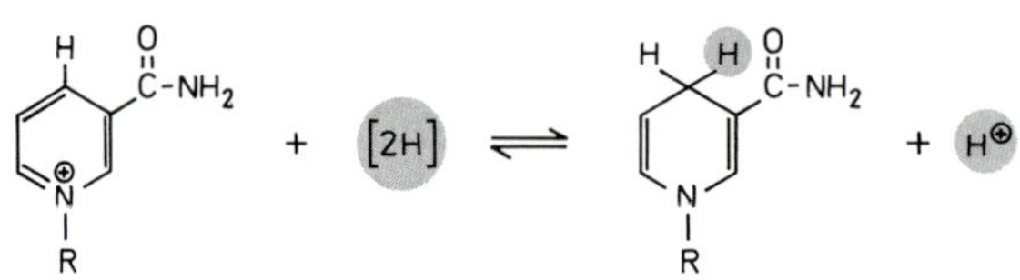

NAD(P)$^\oplus$ NAD(P)H + H$^\oplus$

- *Ein Beispiel einer kurzen Redoxkette aus zwei Redoxsystemen:*

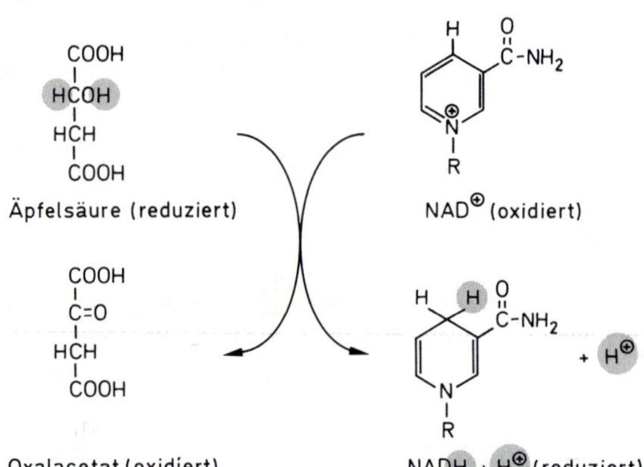

regt, so daß das Photosystem ein negativeres Redoxpotential als im nicht angeregten Zustand erhält. Die Elektronen fließen entlang einer Redoxkette zum PS I zurück, das damit wieder seinen nicht angeregten Zustand erreicht. Bei diesem Elektronenfluß wird an Membranen im Inneren der Bakterienzellen (an Thylakoidmembranen, die Einstülpungen der Außenmembran sind, Abb. 1-5) ein *elektrochemischer Protonengradient*, $\Delta\bar{\mu}_{H^+}$, aufgebaut, der zur *ATP-Bildung* genutzt werden kann (vgl. Abb. 1-3). Dieser *zyklische Elektronentransportweg*, der die Elektronen wieder zum Ausgangspunkt zurückführt, stellt bei den Purpurbakterien die einzige Möglichkeit des photosynthetischen Elektronenflusses dar. Das dabei gewonnene ATP dient als Energiequelle für die photosynthetische CO_2-Reduktion. Ein Teil der Energieäquivalente aus dem zyklischen Elektronentransport wird auch gebraucht, um die Reduktionsäquivalente in Form von NADH + H^+ für die CO_2-Reduktion bereitzustellen. Dabei müssen Elektronen unter Energieverbrauch gegen einen Redoxpotentialgradienten eine Redoxkette „bergauf" gedrückt werden.

Bei den *grünen Schwefelbakterien (Chlorobiaceen)* gibt es neben dem zyklischen Elektronentransportweg, der wiederum der ATP-Bildung dient, einen *nicht-zyklischen Elektronentransport* (Abb. 1-4 B). Die Elektronen können hier vom angeregten Zustand des PS I über eine Kette von Redoxsystemen direkt zum NAD^+ fließen und dieses zu NADH reduzieren.

Die Purpurbakterien und die grünen Schwefelbakterien sind obligatorische Anaerobier. Sie entnehmen die Reduktionsäquivalente für die CO_2-Reduktion entweder aus Schwefelwasserstoff (H_2S) und reichern statt des O_2 elementaren Schwefel an (Schwefelpurpurbakterien, grüne Schwefelbakterien) oder aus einfachen reduzierten organischen Substanzen (H_2A; z.B. Brenztraubensäure) (schwefelfreie Purpurbakterien). Die letzteren sind damit gar nicht *photo-autotroph* sondern *photo-organotroph* (Kasten 1-7).

Ein Photosynthesemechanismus wie der dieser Gruppen von rezenten Bakterien hätte nie zur O_2-Anreicherung in der Erdatmosphäre führen können. Bereits bei den zellkern- und organellenlosen Prokaryonten (vgl. Kap. 1.7) ist die Evolution aber schon zur Ausbildung eines zweiten Photosystems (PS II) mit O_2-Entwicklung fortgeschritten, nämlich bei den *schwefelfreien grünen Bakterien (Chloroflexaceen)* und den *Cyanobakterien* (Abb. 1-4 C).

1.4.3 Photosynthese höher entwickelter Formen

Die *Photosynthese der höheren Pflanzen*, aber auch aller *Algen* und unter den Prokaryonten der Chloroflexaceen und Cyanobakterien, basiert auf der kooperativen Funktion von zwei Photosystemen (vgl. Kap. 8.2.1.4). Am Photosystem I kann *zyklischer Elektronentransport* (vgl. Kap. 8.2.1.5) ablaufen und ATP gebildet werden. Das PS I kann aber auch Bestandteil einer offenen Kette *nicht-zyklischen Elektronentransportes* sein. Dabei wird durch die Absorption von zwei Lichtquanten im zweiten Photosystem (PS II) Wasser photolytisch gespalten und O_2 freigesetzt. Die Elektronen werden im PS II angeregt und fließen dann entlang einer Redoxkette den Redoxpotentialgradienten abwärts zum PS I. Dabei erfolgt an Thylakoidmembranen Ladungstrennung und $\Delta\bar{\mu}_{H^+}$-getriebene ATP-Bildung. Die Elektronen werden im PS I erneut angeregt und fließen einen Redoxpotentialgradienten abwärts zum $NADP^+$, das hier als Cofaktor für die CO_2- Reduktion fungiert. Durch die Absorption von zwei Mol Lichtquanten pro Mol nicht-zyklisch transportierter Elektronen können auf diese Weise ATP **und** Reduktionsäquivalente für die CO_2-Assimilation gewonnen werden (Abb. 1-4, vgl. Kap. 8.2.1.5).

1.4.4 Evolution der photosynthetischen Elektronentransportwege

Zwischen den Purpurbakterien und grünen Schwefelbakterien einerseits und den Chloroflexaceen und Cyanobakterien andererseits klafft innerhalb der Prokaryonten die große *Lücke zwischen dem anaeroben Photosynthesemechanismus mit einem Photosystem und dem bereits perfektionierten Mechanismus mit zwei Photosystemen.* In jüngster Zeit hat man aber entdeckt, daß Cyanobakterien je nach ihren Umweltbedingungen alternativ zur Photosynthese mit beiden Photosystemen und O_2-Entwicklung auch allein mit PS I *anaerobe* Photosynthese betreiben können. Dabei dient H_2S als [2H]-Donator. Diese Fähigkeit verleiht den Cyanobakterien in abwechselnd anaerobem und aerobem Milieu eine besondere Konkurrenzfähigkeit. Das PS II wird durch H_2S gehemmt.

Diese Beobachtung erleichtert die Entwicklung von Vorstellungen über die Evolution der photosyntheti-

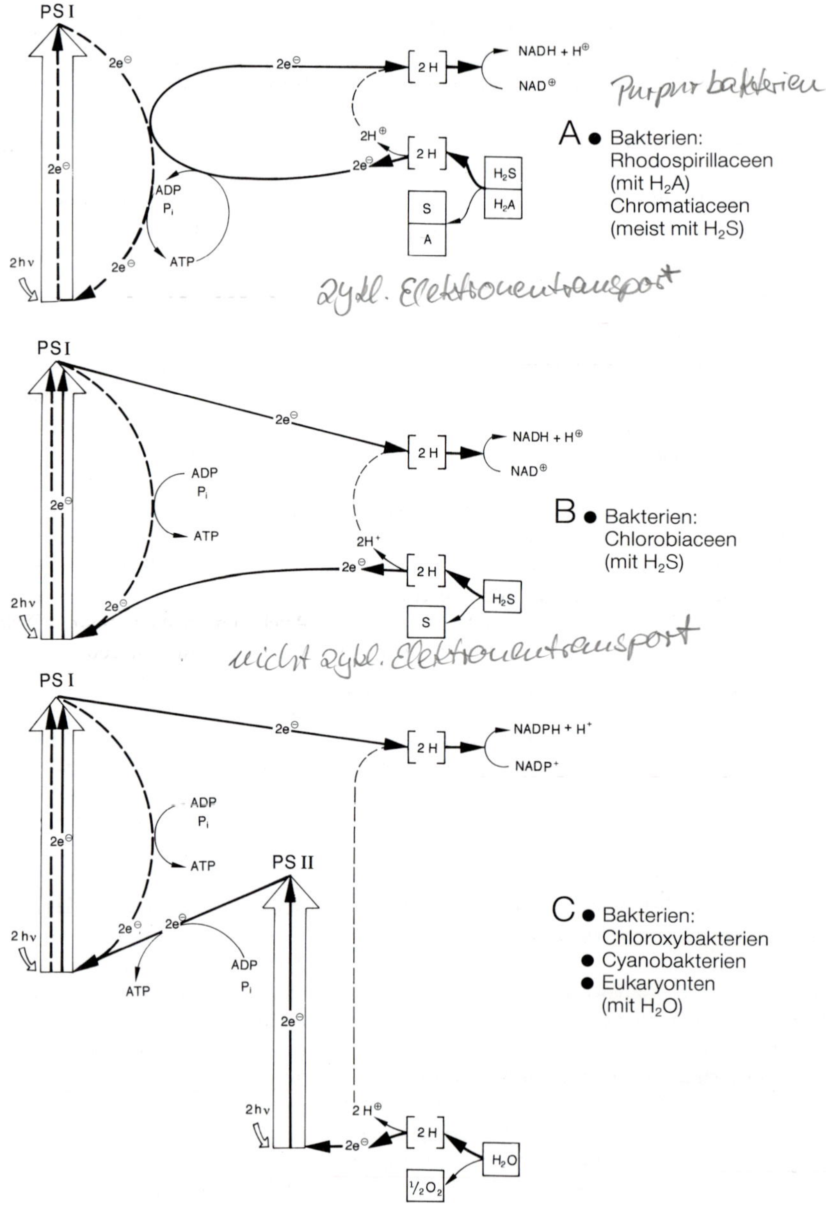

Abb. 1-4. Vergleich der Lichtreaktionen der Photosynthese bei verschiedenen Organismengruppen. (A) Nur zyklischer Elektronentransport an einem Photosystem (PS I); H_2S oder H_2A als [2H]-Donatoren: Schwefelpurpurbakterien (Chromatiaceen) und schwefelfreie Purpurbakterien (Rhodospirillaceen). (B) Zyklischer und nicht-zyklischer Elektronentransport an einem Photosystem (PS I); H_2S als [2H]-Donator: Grüne Schwefelbakterien (Chlorobiaceen). (C) Nicht-zyklischer Elektronentransport an zwei Photosystemen (PS I, PS II) und zyklischer Elektronentransport am PS I; H_2O als [2H]-Donator: Chloroxybakterien (Chloroflexaceen), Cyanobakterien, Eukaryonten. Bei den Diagrammen soll man sich vorstellen, daß nach oben das Energieniveau zunimmt und das Redoxpotential negativer wird. Die dicken gestrichelten Pfeile geben den zyklischen Elektronenfluß, die dicken ausgezogenen Pfeile den nicht-zyklischen Elektronenfluß wieder.

schen Elektronentransportwege, die etwa folgendermaßen ausgesehen haben könnte:

- Ursprünglich waren alle Prokaryonten heterotroph.
- Dann hat sich zunächst das Photosystem I herausgebildet, mit der Möglichkeit der ATP-Bildung auf dem Weg des zyklischen Elektronentransportes als einem ersten Ausweg aus der „Energiekrise".
- Die Einspeisung von Reduktionsäquivalenten aus H_2S oder H_2A lieferte dann zusätzlich die Möglichkeit zur Bereitstellung von Reduktionsäquivalenten in Form von NADH + H^+, indem Elektronen unter Aufwendung von Energieäquivalenten aus dem zyklischen Transportweg wieder auf ein höheres Redoxniveau angehoben oder auf einem nicht-zyklischen Transportweg direkt zum NAD^+ fließen konnten. Im letzteren Falle müssen die Elektronen sowohl auf dem zyklischen Weg (ATP-Bildung) als auch auf dem nicht-zyklischen Weg (NADH + H^+-Bildung) fließen. Durch ATP und NADH kann CO_2 reduziert und assimiliert werden (Ausweg aus der „Ernährungskrise").
- Die Evolution von Photosystem II führte dann zu der Möglichkeit, die Reduktionsäquivalente aus dem Wasser zu entnehmen *(Photolyse des Wassers)* und auf dem Wege des nicht-zyklischen Elektronentransportes gleichzeitig ATP und NADPH zu bilden, wobei der zyklische Elektronentransport als Alternative weiterbesteht.

1.5 Die Evolution der Ribulose-bisphosphat-Carboxylase

Die chemischen Reaktionsschritte, die vom CO_2 unter Beteiligung von NAD(P)H+H^+ und ATP zum Kohlenhydrat führen, sind bei *photo-lithotrophen* und *photo-organotrophen Bakterien* und bei *autotrophen Cyanobakterien* und *höheren Pflanzen* im wesentlichen die gleichen. Das CO_2-fixierende Enzym ist in allen Fällen die Ribulose-bisphosphat-Carboxylase, die CO_2 an Ribulose-bisphosphat bindet. Es ist ein sehr altes, in den Anfängen der Evolution der Organismen entstandenes Enzymprotein (Kap. 8.2.2.1).

Das gleiche Enzym ist sogar bei einer lichtunabhängigen Variante der Autotrophie bei Bakterien, bei der CO_2-Assimilation durch *chemo- oder litho-autotrophe Formen,* beteiligt. Die Energiegewinnung und ATP-Bildung erfolgt hier aerob durch Oxidation reduzierter anorganischer Verbindungen des Milieus. Wenn das Redoxpotential der anorganischen Ausgangsverbindung negativer als das von NAD^+/NADH + H^+ ist, können die Elektronen für die NAD^+-Reduktion direkt aus diesem Substrat stammen. Sonst muß ATP aufgewandt werden, um die Elektronen eine Redoxkette hinaufzutreiben. (Beispiele *Chemosynthese* betreibender Bakterien sind in Kasten 1-10 zusammengefaßt.)

1.6 Die Evolution der Atmung

Man stellt sich vor, daß die *Redoxkette der Atmung* in der Evolution *nach der Photosynthese* entstanden ist, und zwar unter dem Evolutionsdruck des steigenden O_2-Gehaltes der Atmosphäre.

Die O_2-Anreicherung in unserer Atmosphäre erfolgte in den frühen Stadien der Erdgeschichte graduell. Vor 2 bis $1{,}5 \cdot 10^9$ Jahren, als die O_2-produzierende Photosynthese voll entwickelt war, betrug die O_2-Konzentration der Atmosphäre erst etwa 0,2%. Auch im frühen Silur (Ordovizium) vor etwa $0{,}48 \cdot 10^9$ Jahren waren es schätzungsweise erst 2% O_2, obwohl zu dieser Zeit schon alle großen Algengruppen voll entwickelt waren, die ersten Sproßpflanzen als Landpflanzen aufzutreten begannen und viele der heute bekannten großen Tierstämme existierten (Kasten 1-2).

Zu Beginn der Evolution der O_2-produzierenden Photosynthese war der Sauerstoff für die daran nicht angepaßten Urorganismen ein Gift, sie drohten durch Oxidation der Selbstzerstörung anheimzufallen. So mündete der Ausweg aus der ersten Energie- und Rohstoffkrise in die *erste Umweltkrise.*

O_2 konnte durch Reduktion in Wasser-Molekülen gebunden und damit als aggressives Oxidationsmittel unschädlich gemacht werden. Bei der Knallgasreaktion

$$H_2 + 1/2\ O_2 \rightarrow H_2O$$

wird eine beträchtliche Menge Energie frei. Wenn die Elektronen vom Wasserstoff nicht direkt auf den Sauerstoff übertragen werden, sondern die Elektronenübertragung über eine Reihe von Zwischenstufen erfolgt, wird die freiwerdende Energie in kleinen Portionen umgesetzt. Dann geht sie dem System nicht verloren (Kap. 2), sondern kann zumindest teilweise in eine im Stoffwechsel der Zellen nutzbare Energieform umgewandelt werden. Dieses Prinzip finden wir in der *Redoxkette* bei *der Atmung rezenter Organis-*

men wieder (Kap. 7.2.3). Der Elektronentransport der Atmungskette ist an Membranen gebunden, an denen Ladungstrennung erfolgt, ein elektrochemischer Protonengradient, $\Delta\bar{\mu}_{H^+}$, aufgebaut und ATP gebildet wird.
Auf diese Weise führte die Evolution der Atmung nicht nur zur O_2-Entgiftung, sondern erlaubte auch die Nutzung der freiwerdenden Energie. Schließlich wurden obligat aerobe Organismen für ihre Energiegewinnung von der Veratmung reduzierter Substanzen und damit vom Sauerstoff abhängig. Unter den rezenten Bakterien gibt es aber noch viele obligat anaerobe Formen, für die O_2 als starkes Oxidationsmittel ein Gift geblieben ist.

1.7 Die Prokaryonten

Die Diskussion der Frühstadien der Evolution hat gezeigt, welche Ausstattung lebende Zellen mindestens haben müssen:

- Membranen zur Abgrenzung und zum kontrollierten Kontakt mit der Umgebung;
- Makromoleküle zur Oberflächenbildung und Katalyse (Proteine, Enzyme);
- Makromoleküle zur Informationsspeicherung und -weitergabe (DNA, RNA);
- membrangebundene Redoxsysteme zur Energieübertragung.

Eine Betrachtung der einfachsten rezenten Organismen, prokaryotischer Einzeller, zeigt, wie diese Erfordernisse strukturell gelöst sind.
Der Ausdruck *prokaryotisch* bedeutet, daß die DNA noch nicht in Chromosomen in einem Zellkern organisiert ist. Aber auch in anderer Hinsicht sind diese Zellen noch wenig gegliedert; z. B. sind die Redoxketten der Atmung und Photosynthese noch nicht in besonderen Organellen enthalten, die von einer eigenen Membran umgeben sind. Prokaryotische Zellen bilden dazu lediglich mehr oder weniger komplizierte Einfaltungen der das Cytoplasma nach

obligate Aerobier: Organismen die ausschließlich auf ein Leben mit Sauerstoff angewiesen sind.

Kasten 1-10
Chemosynthese betreibende Bakterien

- Nitrifikanten:

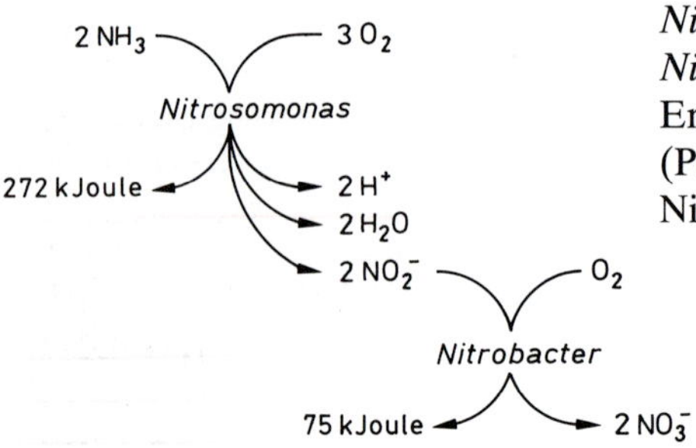

Nitrosomonas und *Nitrobacter* nitrifizieren in Ernährungsgemeinschaft (Parabiose) Ammoniak zu Nitrat.

- Farblose Schwefelbakterien:
  $2\,S^{2-} + 4\,H^+ + O_2 \rightarrow 2\,S + 2\,H_2O + 209$ kJoule
  $2\,S + 2\,H_2O + 3\,O_2 \rightarrow 2\,SO_4^{2-} + 4\,H^+ + 498$ kJoule

- Eisenbakterien:
  $4\,Fe^{2+} + 4\,H^+ + O_2 \rightarrow 4\,Fe^{3+} + 2\,H_2O + 67$ kJoule

- Knallgasbakterien:
  $H_2 + \frac{1}{2}\,O_2 \rightarrow H_2O + 239$ kJoule

außen begrenzenden Membran, der Plasmamembran oder des Plasmalemmas, gegen das Innere der Zellen.

1.7.1 Bakterien (Archaebacteria, Eubacteria)

In 2 bis $3 \cdot 10^9$ Jahre alten Ablagerungen und Gesteinen findet man Einschlüsse, die man mit mehr oder weniger großer Sicherheit als *Mikrofossilien* deuten kann. Sie sind kugelig oder häufig auch fädig und ähneln so den rezenten Bakterien. Verschiedene Formen rezenter Bakterien sind in Kasten 1-11 dargestellt. Die kleinsten Bakterien haben einen Durchmesser von etwa $2 \cdot 10^{-4}$ mm.

Die mechanische Stabilisierung der Zellform wird durch eine *Zellwand* gewährleistet, die gleichzeitig der Zelle einen äußeren Schutz bietet (Abb. 1-5). Wir haben die Zellwand oben bei den Grundeigenschaften lebender Zellen nicht mit aufgeführt. Sie fehlte den hypothetischen Urformen der Zellen (Progenoten). Als vor mehr als $3 \cdot 10^9$ Jahren die ersten Bakterien entstanden, entwickelten sich verschiedene

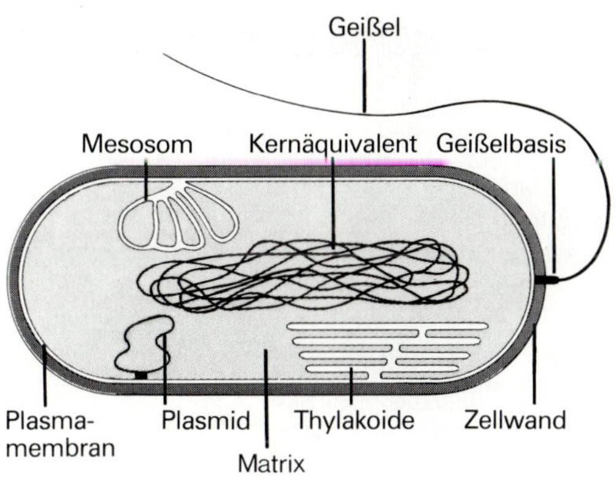

Abb. 1-5. Schema einer Bakterienzelle.

Arten der Zellwand. Die morphologische und chemische Struktur der Zellwand ist ein wichtiges Merkmal für die Systematik der großen Gruppen der Prokaryonten (Kasten 1-12). Man kann die Bakterienzellwand als ein einziges Makromolekül, als ein makromolekulares Netz *(Sacculus)* ansehen, in das die Zelle eingehüllt ist. Ein wichtiges Unterscheidungsmerkmal bietet die GRAMsche Färbung. Einschichtige (monomolekulare) Sacculi sind *gram-negativ;* der Farbstoff wird leicht wieder ausgewaschen. Vielschichtige Sacculi sind *gram-positiv.*

Auf die Zellwand der Bakterien folgt nach innen die äußere Plasmabegrenzung, die *Plasmamembran.* In ihr sind die Systeme des kontrollierten Stoffaustausches mit dem umgebenden Milieu *(Carrier* oder Träger; *Permeasen)* lokalisiert. Sie trägt die Redoxsysteme der Atmungskette. Dazu können zur Oberflächenvergrößerung auch Membraneinstülpungen in das Innere der Zellen gebildet werden *(Mesosomen).* Bei den photo-autotrophen Bakterien bilden andere Einstülpungen der Plasmamembran die *Thylakoid-*

Kasten 1-11 Formen rezenter Bakterien

kugelig	Kokken	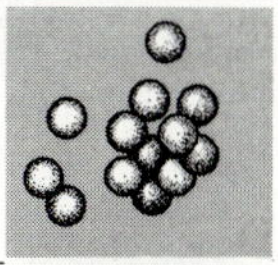
stäbchenförmig	Bacillen	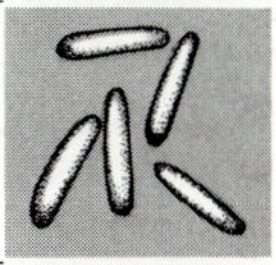
gebogen	Vibrionen	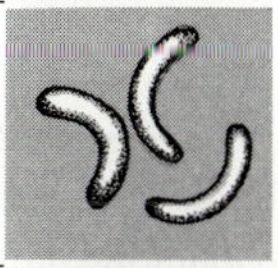
schraubig gedreht	Spirillen	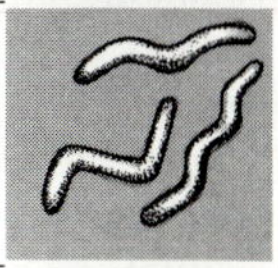
keulenförmig	Corynebacterien	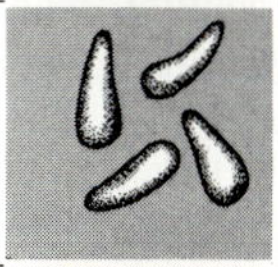
verzweigt, mycelbildend, fadenbildend (Zellen bleiben nach der Teilung miteinander verbunden)	Mykobacterien	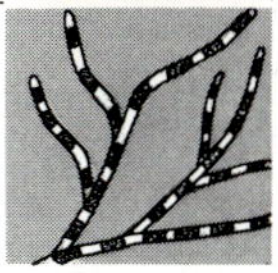

stapel. Unter Thylakoiden versteht man die durch diese Membranen abgegrenzten Räume innerhalb des Cytoplasmas. Die Thylakoidmembranen tragen das Chlorophyll und die Redoxsysteme der photosynthetischen Elektronentransportkette.

Die DNA der Bakterien liegt in Form eines ringförmig in sich geschlossenen Doppelstranges vor, der bei einer Zelle des Darmbakteriums *Escherichia coli* 1,4 mm lang und $5 \cdot 10^{-5}$ mm dick ist. Die *E. coli*-Zelle selbst ist etwa $2 \cdot 10^{-3}$ mm lang und 10^{-3} mm dick. Der *DNA-Doppelstrang* liegt zusammengeknäult im zentralen Cytoplasma der Zelle und erscheint als fädiges Netzwerk des sogenannten *Kernäquivalents.* Zusätzlich finden wir in Bakterienzellen noch kleinere DNA-Ringe, die *Plasmide.*

Besonders erwähnenswert sind noch die *Geißeln,* mit denen viele Bakterien gerichtete, aktive Schwimmbewegungen im Substrat durchführen können (z. B. bei bestimmten Bazillen mit einer Geschwindigkeit von 200 μm s^{-1}). Die Geißeln bestehen aus spiralig angeordneten globulären Protein-Molekülen *(Flagellin)* (Abb. 1-9).

Einige stoffwechselphysiologische Besonderheiten der Bakterien wurden bereits geschildert (Bakterien-Photosynthese; Chemosynthese). Unter den heterotrophen Bakterien findet man Möglichkeiten der Verwertung einer unglaublichen Vielfalt von Substraten. Dies erklärt das breite Spektrum ökologischer Bedingungen, unter denen Bakterien existieren können.

Spezialisten mit Anpassungen an extremste Standorte finden wir vor allem unter den *Archaebakterien.* Hierzu gehören die *Halobakterien* (Kap. 1.4.1), *methanbildende Bakterien* und *thermophile Formen,* die unter geologisch bedingtem hohen Druck noch bei über 100° C lebensfähig sind und ihr Wachstumsoptimum finden. Vielleicht ist dieses Leben unter so ungewöhnlichen Bedingungen ein Hinweis auf die Evolution, und die Archaebakterien sind als ursprünglichste rezente Organismengruppe Relikte der Urzeit, die sich nur außerhalb der Konkurrenz mit höher entwickelten Lebewesen halten können.

Ihre Kleinheit und Leichtigkeit sichert den Bakterien eine weite Verbreitung. Zur Überdauerung ungünstiger Bedingungen werden Sporen als widerstandsfähige Dauerstadien gebildet.

1.7.2 Blaugrüne Bakterien (Cyanobacteria)

Die innerste Schicht der *Cyanobakterienzellwand* entspricht dem monomolekularen Murein-Sacculus gram-negativer Bakterien. Durch äußere Lagen von Pektinen und Hemicellulosen kann sie leicht zu einer *Gallerte* verschleimen (Kasten 1-12 und Abb. 1-6). Die DNA liegt wie bei den Bakterien frei als *Kern-*

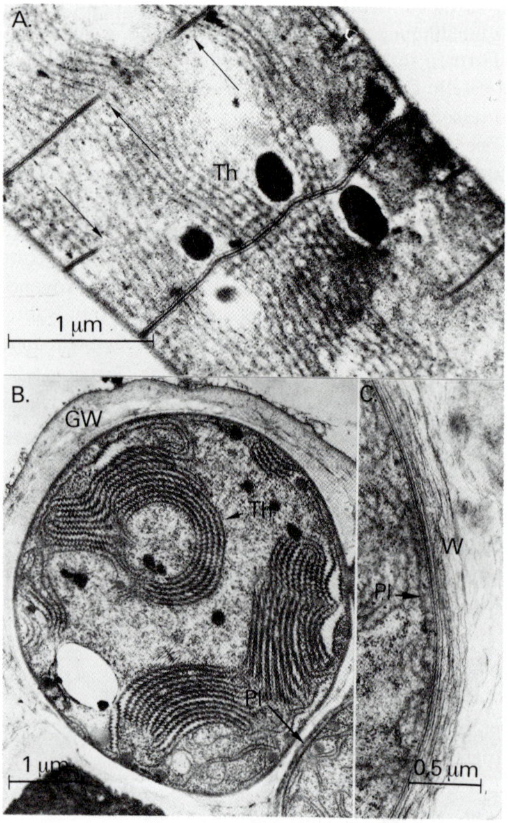

Abb. 1-6. Cyanobakterienzellen (elektronenmikroskopische Aufnahmen von E. STENGL). (A) Längsschnitt durch einen *Oscillatoria*-Faden mit irisblendenartiger Ausbildung neuer Querwände (Pfeile). (B) *Nostoc*-Zelle; endosymbiontisch (Kap. 25.1) in Wurzelzellen der Angiosperme *Gunnera.* (C) *Nostoc*-Zelle mit nach außen verschleimender Zellwand. GW, *Gunnera*-Zellwand; Pl, Plasmalemma (Außenmembran) der Cyanobakterien; Th, Thylakoidmembranen mit perlschnurartig aufsitzenden Phycobilisomen; W, Cyanobakterienzellwand.

äquivalent im Cytoplasma. Die von der Cytoplasmamembran eingestülpten *Thylakoide* durchziehen die Zellen in mehr oder weniger regelmäßiger Anordnung (Abb. 1-6). Ihnen sitzen die *Phycobilisomen* auf. Es handelt sich dabei um Komplexe aus gefärbten Proteiden (Chromoproteide, Kap. 14.3). Die farbgebenden prosthetischen Gruppen der Phycobiline werden von dem blauen Pigment *Phycocyan* und bei manchen Arten dem roten Pigment *Phycoerythrin* gebildet. Diese Farbstoffe bestehen aus einem offenen Tetrapyrrolsystem, wie die Gallenfarbstoffe und das Phytochrom (Kap. 15.5, Tab. 15-2). Das blaue Pigment hat der ganzen Gruppe den Namen gegeben, die früher auch vielfach als *Blaualgen* bezeichnet wurde. BRESINSKY spricht von *prokaryotischen Algen*.

Die Cyanobakterien vermehren sich vegetativ (ungeschlechtlich) durch einfache Zellteilungen. Die neuen Zellwände werden irisblendenartig vom Rand der Zelle aus gebildet (Abb. 1-6). Jede Tochterzelle erhält eine Kopie der DNA des Kernäquivalents. Durch die verschleimenden Zellwände können die Tochterzellen nach der Teilung zusammenbleiben, so daß Kolonien *(Coenobien)* entstehen. So bilden die kugeligen Zellen der *Chroococcales* oft gallertige Überzüge auf dem Untergrund. Bei den *Hormogonales* entstehen Zellfäden (Abb. 1-7). Zwischen den einzelnen Zellen dieser Fäden können durch unvollständige Zellwandbildung bei der Zellteilung Plasmabrücken erhalten bleiben.

Bestimmte Fadenzellen verlieren die Pigmente und bilden eine dickere Zellwand aus. Diese sogenannten *Heterocyten* haben besondere stoffwechselphysiologische Funktionen. Durch den Verlust der Fähigkeit zur Photosynthese und O_2-Bildung und wegen der diffusionshemmenden Wirkung der dicken Zellwand können im Inneren dieser Zellen niedrige Sauerstoff-Konzentrationen aufrecht erhalten werden. Dies schafft die Voraussetzung für die Aktivität des Enzymkomplexes der *Nitrogenase*, mit dem viele Cyanobakterien zur Stickstoff-Ernährung Luftstickstoff (N_2) zu Ammoniak (NH_3) reduzieren können (Kap. 24.3.2).

Durch Schleimabscheidung können Cyanobakterien langsame Kriechbewegungen durchführen (bis zu 4 $\mu m\ s^{-1}$) oder eigenartige Schwingungen vollziehen (z.B. die Gattung *Oscillatoria*). Geißeln besitzen Cyanobakterien nie.

Von ganz wenigen Ausnahmen abgesehen sind Cyanobakterien photo-autotroph. Die etwa 2000 bekannten Arten besiedeln sehr verschiedene Standorte; Gewässer, hauptsächlich Süßwasser (in heißen Thermen bis zu 75°C), Böden, Baumrinden, Felsen (z.B. werden die bekannten „Tintenstriche“ an den Felswänden der Dolomiten von Cyanobakterien gebildet). Dunkle Überzüge an Tontöpfen in Gewächshäusern oder in Gießkannen im Wohnraum sind meistens Cyanobakterienkolonien. Cyanobakterien leben auch symbiontisch mit anderen Pflanzen, Tieren und Pilzen zusammen. Die bedeutendste Form dieser Symbiosen findet sich bei den Flechten. Flechten stellen *Exosymbiosen* zwischen Cyanobakterien- und Grünalgenzellen und Pilzfäden (Hyphen) dar (vgl. Kap. 25.2.2.2). Bei Exosymbiosen bleiben

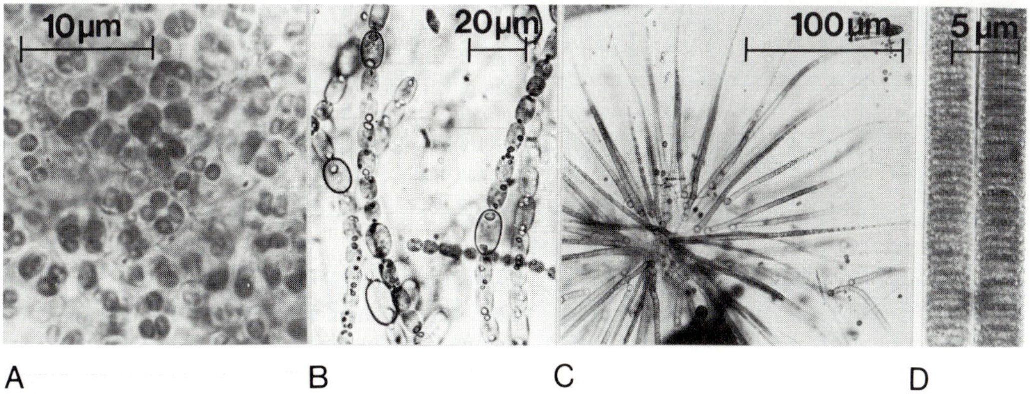

Abb. 1-7. Cyanobakterien. (A) Chroococcales-Coenobium. (B-D) Hormogonales; (B) *Nostoc* mit Heterocyten, (C) *Rivularia,* (D) *Oscillatoria.*

Kasten 1-12
Wichtige Merkmale zur Unterscheidung der großen Gruppen der Prokaryonten

Prokaryontengruppe	Archaebacteria	Eubacteria	Cyanobacteria
Ernährungsweise	heterotroph teilweise chemo-lithotroph	heterotroph, autotroph	autotroph
Zellwand	kein Sacculus oder Proteinhülle oder Heteropolysaccharid oder Pseudomurein	Mureinsacculus: Muropeptide aus Aminozuckern und Aminosäuren gram-positiv: Sacculus vielschichtig gram-negativ: Sacculus monomolekular	Pectine, Hemicellulosen, Cellulose, monomolekularer Mureinsacculus

die Zellen der Partner frei. Dagegen werden bei *Endosymbiosen* Zellen des einen Partners in das Cytoplasma des anderen Partners aufgenommen. Die Beobachtung von Cyanobakterien als Endosymbionten spielt bei der Deutung der Evolution von eukaryotischen Zellen eine große Rolle (vgl. Abb. 1-6, Abb. 25.6).

Die ersten Cyanobakterien haben schon im Präkambrium vor 10^9 Jahren gelebt. Dichte Matten von Cyanobakterien können durch Kalkabscheidungen (s. auch Kap. 16.1.5) Krusten, sog. *Stromatolithen*, bilden. Solche Stromatolithen sind als Fossilien aus der präkambrischen Zeit bekannt. Cyanobakterienmatten bedecken auch heute z. B. in den feuchten Tropen fast jede vegetationsfreie Fläche, wie Felsen und offene Böden (Abb. 1-8).

Abb. 1-8. Cyanobakterienmatten zwischen Grashorsten in einer Savanne in Venezuela. (Die Matten zerreißen bei Trockenheit in einzelne Stücke, die sich an den Rändern einrollen.)

1.8 Die eukaryotischen Zellen

1.8.1 Organisation: *Euglena*

Die ursprünglichsten Formen eukaryotischer Einzeller sind die freibeweglichen Flagellaten. Besonders interessant ist die Gattung *Euglena*, z. B. *Euglena gracilis*, die nach der ernährungsphysiologischen Definition zwischen Pflanze und Tier steht. Bei Anzucht im Licht bilden sich grüne, autotrophe Individuen (also „Pflanzen"), bei Anzucht im Dunkeln und mit organischen Nährstoffen (Glucose oder Acetat) im Medium aber nicht-grüne, heterotrophe Individuen (also „Tiere").

Hier sind nun erstmals bestimmte Zellfunktionen in besonderen *Organellen* lokalisiert, die durch Membranen vom sogenannten Grundplasma *(Cytosol)* abgegrenzt sind (Abb. 1-9). Das heißt, die eukaryotischen Zellen sind kompartimentiert. Die DNA ist in Form der *Chromosomen* organisiert, die im *Zellkern*

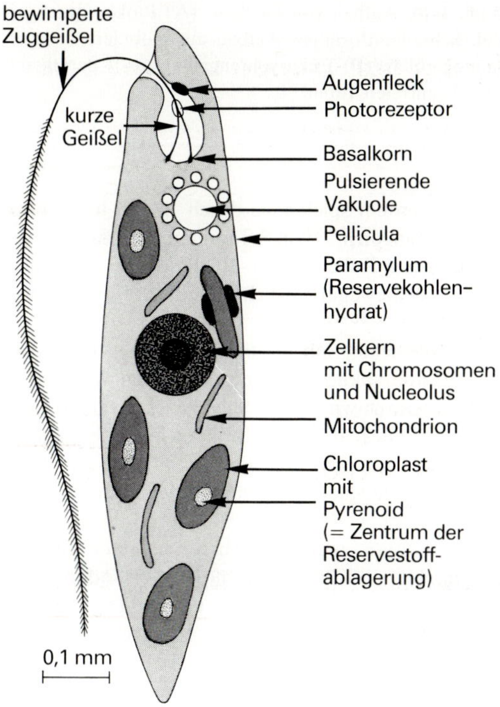

Abb. 1-9. Organisation der *Euglena*-Zelle.

lokalisiert sind, der von der Kernmembran umgeben ist. Als Besonderheit sind bei den Euglenen auch im Interphasekern kontrahierte Chromosomen sichtbar (vgl. Kap. 12.3). Die Enzyme und Redoxsysteme der Atmung befinden sich in den *Mitochondrien*. Die entsprechende Ausrüstung zur Photosynthese liegt in den *Chloroplasten.* Mitochondrien und Chloroplasten sind bei den typischen Eukaryontenzellen vom Cytosol durch doppelte Membranhüllen abgegrenzt. Als weitere Besonderheit haben Euglenen eine dreischichtige Chloroplastenhülle (vgl. Kap. 18.2 und 18.3).

Die äußere Begrenzung bildet bei *Euglena* keine feste Zellwand, sondern eine einfache, hauptsächlich aus Proteinen bestehende flexible Hülle *(Pellicula)*, die den Zellen einen gewissen Gestaltswechsel erlaubt. Andere Flagellaten besitzen aber *starre Zellwände* aus Pectinen, Hemicellulosen und Cellulose. Der Name der Flagellaten beruht auf ihrer Begeißelung (*Flagellum*: Geißel). *Euglena* hat eine lange und eine kurze Geißel. Beide Geißeln sind mit je einem Basalkörper am Grunde einer *Geißelkammer* im Cytoplasma verankert. Die kurze Geißel verschmilzt mit der langen Geißel noch im Innern der Geißelkammer. Hier befindet sich eine lichtempfindliche Stelle *(Photorezeptor)*. Darüber liegt ein rotgefärbter „*Augenfleck*" aus Carotinen, der den Photorezeptor bei bestimmten Stellungen der Zelle durch Lichtabsorption beschattet, so daß die Zelle beim Herumschwimmen die Lichtrichtung wahrnehmen kann. Die lange Geißel wirkt als Zuggeißel. Die *Euglena*-Zelle kann sich damit in der Sekunde um das Zwei- bis Dreifache ihrer Körperlänge fortbewegen.

Sehr charakteristisch ist der Feinbau der Geißeln. Einzellige bewegliche Formen mit einer, mehreren oder vielen Geißeln treten nicht nur bei den Flagellaten auf. In bestimmten vegetativen oder generativen Entwicklungsstadien finden sie sich noch bei den meisten höher entwickelten Organismen; als männliche Gameten (Spermatozoiden) im Tierreich bis hin zu den Wirbeltieren einschließlich der Hominiden und im Pflanzenreich bis zu den Gymnospermen (Nacktsamern wie Cycadeen, *Ginkgo*-Baum). Erst bei den Coniferen und Angiospermen (Bedecktsamern) ist dieses freibewegliche, „monadale" Stadium der Organisation ganz aus dem Entwicklungszyklus verschwunden.

Bau und Funktion der *Geißeln* sind in allen diesen Fällen die gleichen. Es handelt sich bei diesen Geißeln um einen Grundbaustein der Eukaryontenzelle. Durch die im Cytoplasma verankerten Balsalkörper, von denen die Bildung der Geißeln ausgeht, sind sie auf fundamentale intrazelluläre Strukturen der Eukaryontenzelle zurückzuführen.

Die Geißel besteht aus neun peripheren und zwei zentralen Protein-Tubuli (Abb. 1-10). Die *zentralen Tubuli* sind spiralig umeinandergewunden. Sie haben eine stabilisierende und richtunggebende Funktion, eine Geißelkrümmung kann nur senkrecht zu ihrer Verbindungsebene erfolgen. Der eigentliche Bewegungsmechanismus liegt in den *peripheren Doppeltubuli* aus A- und B-Tubulus. Diese bestehen im wesentlichen aus dem *Tubulin*, einem dem Actin der Muskeln entsprechenden Protein. Die Arme des A-Tubulus bestehen dagegen aus *Dynein*, und dies entspricht dem Myosin der Muskeln. Wie bei der Muskelbewegung verkürzen und strecken sich die einzelnen beteiligten Proteine nicht selbst, sondern gleiten aneinander vorbei. Wellenförmig laufen Verkürzungen und Verlängerungen an der Geißel entlang. Den Dynein-Armen kommt dabei eine besondere Bedeutung zu. Sie haben ATP-spaltende Funktion (ATPase-Funktion) und vermitteln dadurch die Koppelung der Bewegung mit der Stoffwechselener-

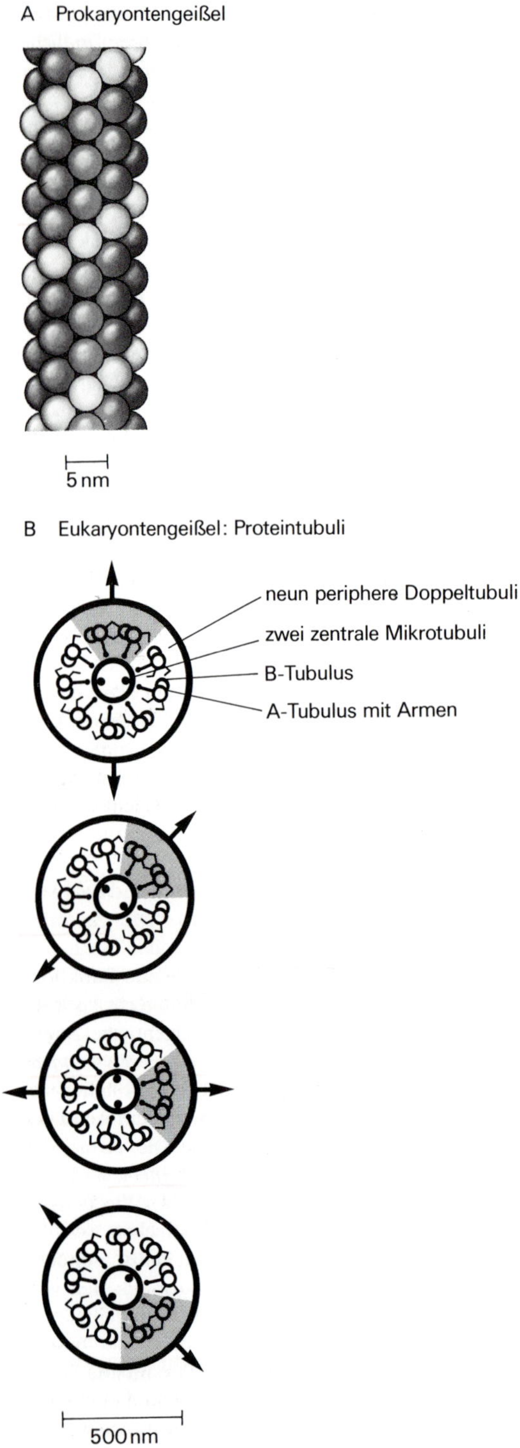

Abb. 1-10. Aufbau von Geißeln. (A) Prokaryontengeißel: Schraubenförmiger Aufbau aus globulären Flagellinmolekülen. (B) Eukaryontengeißel aus 9 peripheren und 2 zentralen Tubuli.

gie. Außerdem spielen sie durch Bilden und Lösen von Bindungen mit dem B-Tubulus bei der Kraftübertragung eine Rolle (Abb. 1–10, gerasterte Sektoren). Die Geißelbewegung gleicht damit der Muskelbewegung.

Zur Osmoregulation besitzt die *Euglena*-Zelle eine pulsierende Vakuole. Wegen der hohen Konzentration osmotisch wirksamer Substanzen im Innern der Zelle unterliegt die im Süßwasser lebende *Euglena* einem fortwährenden Einstrom von Wasser (Kap. 5.2). Da eine starre Zellwand fehlt, an der sich ein hydrostatischer Gegendruck (Turgordruck) aufbauen könnte, wird das Wasser in einer Vakuole gesammelt und in bestimmten Abständen nach außen entleert. Diese *pulsierende Vakuole* schrumpft, wächst und schrumpft in rhythmischen Abständen.

1.8.2 Schema der Eukaryonten-Zelle

Wenn man sich eine eukaryotische Zelle im elektronenmikroskopischen Schnittbild ansieht, begegnet man auf den ersten Blick einer verwirrenden Fülle von Kompartimenten und Membransystemen. Neben den im vorangegangenen Abschnitt erwähnten Organellen (Zellkern, Chloroplasten, Mitochondrien) durchzieht die Zelle noch ein Endomembransystem, das *endoplasmatische Retikulum* (ER). Durch den Fluß kleiner Vesikel, die sich von ihm abschnüren oder mit ihm verschmelzen, steht es mit der äußeren Plasmamembran, dem Plasmalemma in Verbindung. Auf diese Weise bildet es auch weitere Organellen, z. B. die *Dictyosomen* und die *Zellvakuolen*. Das ER legt sich als *Kernhülle* um den Zellkern (Nucleus) herum.

Mit einer einfachen Deutung der Membrangrenzen in diesem System gewinnen wir nach E. Schnepf schlagartig einen Überblick und erschließen uns das Verständnis der Evolution der eukaryotischen Zelle (Abb. 1-11): *Jede Membran trennt eine wäßrige Phase von einer plasmatischen Phase.* Wäßrige Phasen sind dabei das Außenmedium, die vom ER abgegrenzten Räume oder Zisternen und Vesikel und die Zell-

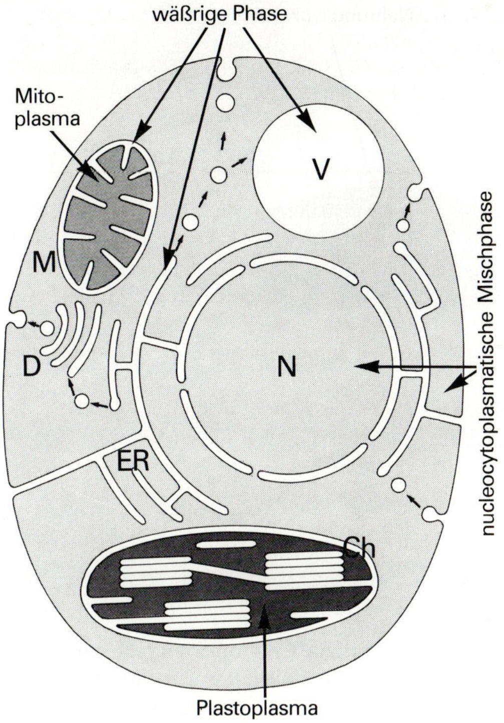

Abb. 1-11. Kompartimentierungsschema der Eukaryonten-Zelle nach E. SCHNEPF mit wäßrigen Phasen und drei plasmatischen Phasen: nucleocytoplasmatische Mischphase, Mitoplasma (= „Matrix" der Mitochondrien) und Plastoplasma (= „Stroma" der Chloroplasten).
Ch, Chloroplast; D, Dictyosom; ER, endoplasmatisches Retikulum; M, Mitochondrion; N, Zellkern (Nucleus); V, Vakuole.

vakuolen. Wäßrige Phasen befinden sich auch zwischen den äußeren und inneren Membranen der Chloroplasten und Mitochondrien und in den Chloroplasten-Thylakoiden. Plasmatische Phasen sind das Cytosol, das Kernplasma, das Stroma der Chloroplasten und die Matrix der Mitochondrien.
In der aktiven, lebenden Zelle ist das Membransystem in ständiger Bewegung. Mitochondrien und Chloroplasten können sich teilen. Dabei bleibt ihr Plasma aber immer für sich und verschmilzt nie mit dem Grundplasma der Zelle. Die übrigen Kompartimente können Teile abschnüren oder mit anderen Kompartimenten verschmelzen. Dabei findet ein Membranfluß innerhalb der Zellen statt. Wir unterscheiden also neben der wäßrigen Phase drei plasmatische Phasen, die *nucleocytoplasmatische Mischphase* (Cytosol und Kernplasma), das *Mitoplasma* (Mitochondrien) und das *Plastoplasma* (Chloroplasten).

1.8.3 Endosymbiontenhypothese der Evolution eukaryotischer Zellen

Unter den heterotrophen Einzellern gibt es viele Formen, die ihre Nahrung durch *Phagocytose* aufnehmen. Nahrungspartikel werden vom Cytoplasma umflossen und in eine membranumgebene Nahrungsvakuole eingeschlossen, in der sie schließlich verdaut werden (Abb. 1-12).
Auf ähnliche Weise könnten die eukaryotischen Zellen in den Frühstadien ihrer Evolution die Organellen Chloroplasten und Mitochondrien erworben haben. Eine heterotrophe, allein von reduzierten organischen Substanzen des Außenmediums lebende prokaryotische Zelle konnte einen großen Selektionsvorteil dadurch gewinnen, phagocytotisch aufgenommene, zur Atmung oder zur Photosynthese befähigte prokaryotische Zellen nicht zu verdauen, sondern sie als *Endosymbionten* in ihrem Cytoplasma zu behalten und sich ihrer speziellen Fähigkeiten zu bedienen.
Viele Eigenschaften des Systems der eukaryotischen Zelle sprechen für diese ursprünglich 1883 von A. F. W. SCHIMPER formulierte Hypothese:

- *Die Doppelmembranen von Mitochondrien und Chloroplasten:* Die äußeren Membranen dieser Organellen könnten den Membranen der Phagocytose-Vakuolen entsprechen, die inneren Membranen den Plasmamembranen der phagocytierten prokaryotischen Zellen. Bei Chloroplasten mit einer drei- oder gar vierschichtigen Hülle, wie wir sie bei bestimmten Algen finden (z. B. dreifache Hülle bie *Euglena*, s. Kap. 1.8.1), denkt man daran, daß es nicht Prokaryonten waren, die phagocytotisch geschluckt wurden, sondern bereits Chloroplasten von Eukaryonten (doppelte Chloroplastenmembran + Phagocytosemembran → dreifache Hülle) oder gar ganze Eukaryontenzellen, von denen dann Teile abgebaut wurden (doppelte Chloroplastenmembran + Plasmamembran + Phagocytosemembran → vierfache Hülle).

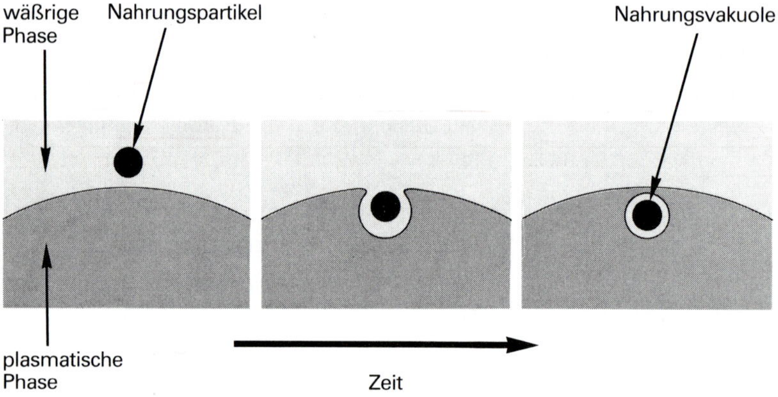

Abb. 1-12. Phagocytose.

- Die *Chloroplasten* der eukaryotischen Zellen mit ihren Thylakoiden *entsprechen rezenten prokaryotischen Cyanobakterienzellen*.
- *Mitochondrien* und *Chloroplasten* sind selbständig *teilungsfähig*.
- *Mitochondrien und Chloroplasten enthalten ihre eigene DNA*, die in ihrer fädigen Form den ringartigen DNA-Molekülen der rezenten Prokaryonten entspricht. Die DNA-gesteuerte Protein-Biosynthese läuft an den aus Proteinen und Ribonucleinsäure aufgebauten *Ribosomen* ab (Kap. 13.4.3). Nach dem Bau der Ribosomen und der Zusammensetzung der ribosomalen RNA stehen die Mitochondrien und Chloroplasten den Prokaryonten näher als den eukaryotischen Zellen (Kasten 1-13).
- Es gibt zahlreiche Beispiele *rezenter Endosymbiosen*, bei denen der Symbiont in das Cytoplasma des Wirtes aufgenommen wird:
  - Eukaryotische einzellige Algen in Hydrozoen (z. B. in der Süßwasserhydra und in Korallen, *Pocilopora*) und Meermuscheln (*Tridacna*).
  - Prokaryotische Cyanobakterienzellen in Zellen von Pilzen oder höheren Pflanzen (Abb. 1-6, Abb. 25-6).
  - Chloroplasten aus eukaryotischen Algenzellen in den Zellen von Ciliaten oder Schnecken. Die Zellbestandteile außer den Chloroplasten werden verdaut; die Chloroplasten gelangen phagocytotisch in die Zellen der Verdauungsdrüse des Wirtes, wo sie sechs Wochen bis drei Monate photosynthetisch aktiv bleiben, aber nicht mehr teilungsfähig sind und dann ersetzt werden müssen.
- *Cyanome* (Wirt und Cyanelle, d. h. blau-grüner Endosymbiont), die taxonomisch dadurch auffallen, daß sie keiner der bekannten großen systematischen Gruppen zuzuordnen sind, und die möglicherweise Relikte der Evolution darstellen. Hier sind die Endosymbionten außerhalb ihrer Wirtszellen nicht mehr lebensfähig und haben funktionell bereits den Charakter einer Zellorganelle angenommen.

1.9 Die Organismenreiche

Die Evolution und die Gliederung der Organismen in *Reiche* sind in Abbildung 1-13 zusammengefaßt. Die wichtigsten Merkmale für diese Gliederung sind *ernährungsphysiologische Charakteristika* (Kasten 1-7), *Zellwandstrukturen* (vgl. Kasten 1-12) und abgestufte *Ähnlichkeiten der ribosomalen RNA* (Kasten 1-13).

Die Analyse der ribosomalen RNA zeigt, daß die Kluft zwischen den Archaebakterien und Eubakte-

Kasten 1-13
Abgestufte Ähnlichkeit der ribosomalen RNA

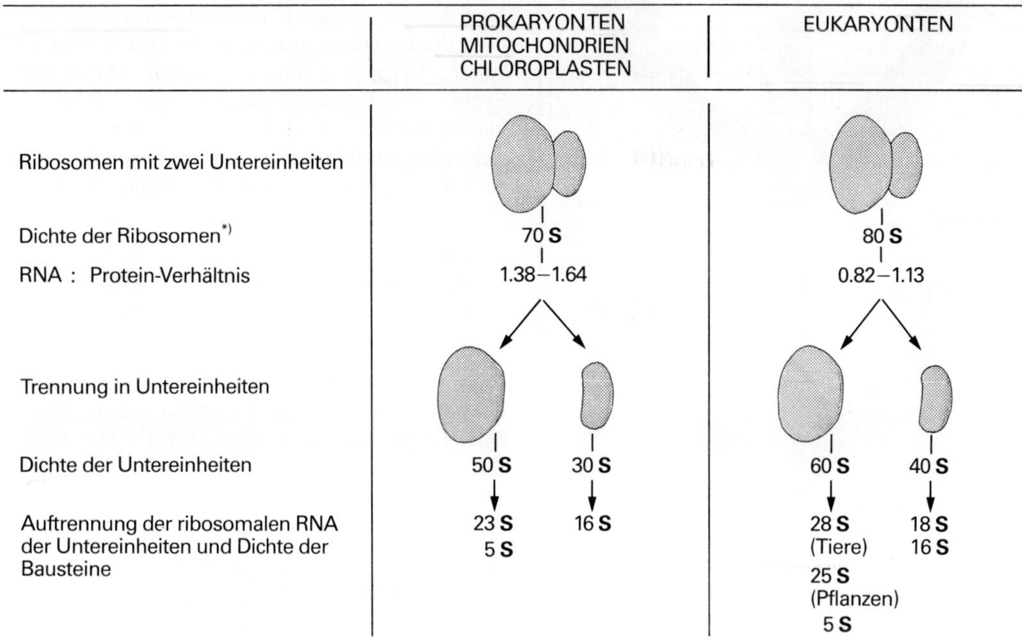

Vergleichbare Bausteine bei allen Ribosomen:
5 **S** RNA der großen Untereinheit; 16 **S** RNA der kleinen Untereinheit.

Zur Analyse von Ähnlichkeitsbeziehungen (S_{AB}) wird vor allem die 16 **S** RNA herangezogen. Die Polynukleotide der 16 **S** RNA von 2 zu vergleichenden Proben (***A*** und ***B***) werden in Oligonukleotid-Bruchstücke gespalten.

$$S_{AB} = \frac{2 \times \text{Anzahl der in } \boldsymbol{A} \text{ und } \boldsymbol{B} \text{ gemeinsamen Oligonukleotide}}{\text{Gesamtzahl der Oligonukleotide in } \boldsymbol{A} \text{ plus } \boldsymbol{B}}$$

(NB: sind ***A*** und ***B*** identisch, stimmen alle Oligonukleotide überein, $S_{AB} = 1$; bestehen überhaupt keine Beziehungen zwischen ***A*** und ***B***, ist die Zahl der gemeinsamen Oligonukleotide = 0, $S_{AB} = 0$.)

S_{AB}-Faktoren für den Vergleich von Organismen innerhalb verschiedener Taxa**)

Reiche (Archaebakterien, Eubakterien, Eukaryonten)	0.1
Abteilungen	0.2
Klassen	0.2–0.3
Ordnungen	0.4
Familien	0.5
Gattungen	0.6
Arten	0.7

*) ***S*** ist die Svedbergeinheit der Dichte.
**) Taxa (Einz. = Taxon) sind hierarchische Kategorien der Taxonomie.

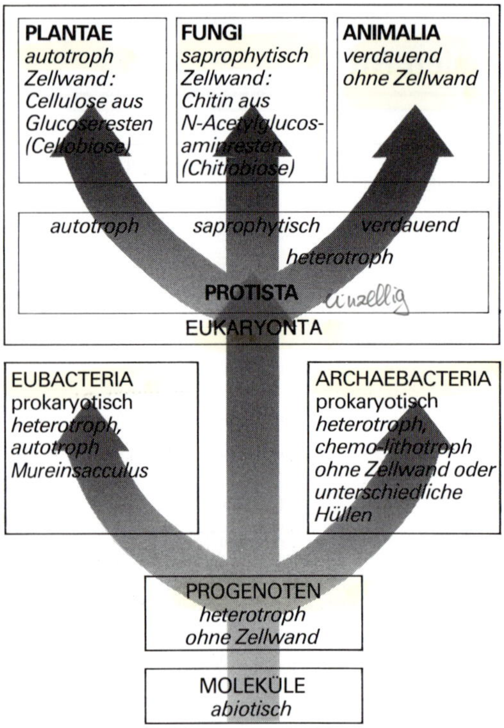

Abb. 1-13. Organismenreiche.

rien ebenso groß ist, wie zwischen jeder dieser beiden prokaryotischen Gruppen und den Eukaryonten (Kasten 1-13). So muß man schließen, daß aus gemeinsamen Vorfahren *(Progenoten) drei Urreiche* entstanden sind, die *Archaebakterien,* die *Eubakterien* und die *Eukaryonten.* Aus einzelligen Eukaryonten (Protista) entwickelten sich dann durch ernährungsphysiologische Differenzierung die autotrophen Pflanzen *(Plantae),* die Pilze *(Fungi)* als Zersetzer von Biomasse (Saprophyten) und die Tiere *(Animalia)* als Konsumenten mit verdauender Ernährungsweise.

Heute nutzt man sehr viel die Analyse von Homologien in den Sequenzen von Makromolekülen (Proteine, besonders aber Polynucleotide); z. B. von *homologen* und in der Evolution *konservierten Enzymen,* die bei allen Organismen die gleiche Funktion haben. Besonders intensiv wurden Aminosäure-Sequenzen des Atmungsketten-Enzyms Cytochrom *c* bei verschiedenen Organismen verglichen. Bei paarweisen Vergleichen ergeben sich die folgenden Übereinstimmungen in den Aminosäure-Sequenzen:

Prokaryonten	– Eukaryonten	40 %
Pilz	– Mensch	52 %
Weizenpflanze	– Mensch	55 %
Vögel	– Säuger	88 %
Schimpanse	– Mensch	100 %

Daraus folgert man u. a., daß sich das Reich der Fungi vor $2{,}0 \cdot 10^9$ Jahren abgegliedert hat und die Reiche der Plantae und Animalia vor $1{,}8 \cdot 10^9$ Jahren getrennt wurden.

Zum weiteren Studium

DAWKINS, R.: *Das egoistische Gen.* Springer, Berlin - Heidelberg - New York 1978.

KAPLAN, R. W.: *Der Ursprung des Lebens.* Thieme, Stuttgart 1978.

MONOD, J.: *Zufall und Notwendigkeit.* Piper, München 1971.

SCHLEGEL, H. G.: *Allgemeine Mikrobiologie.* Thieme, Stuttgart 1985.

STEBBINS, G. L.: *Evolutionsprozesse.* G. Fischer, Stuttgart 1980.

WERNER, D.: *Pflanzliche und mikrobielle Symbiosen.* Thieme, Stuttgart 1987.

2 Die Bioenergetik

2.1 Fließgleichgewichte und Bioenergetik

Bei der Betrachtung der ersten Schritte der Evolution von Lebewesen (Kap. 1.2) wurde deutlich, daß Lebewesen als *offene Systeme* grundsätzlich von *geschlossenen Systemen* zu unterscheiden sind. In geschlossenen Systemen gelangen chemische Reaktionspartner zu einem chemischen Gleichgewicht, und das System ist dann nicht mehr weiter entwicklungsfähig. Dieses geschieht beispielsweise auch dann, wenn wir die Reaktionspartner einer uns interessierenden biochemischen Reaktion mit dem die Reaktion katalysierenden Enzym in einem Reagenzglas zusammenbringen.

Die in Lebewesen ablaufenden Reaktionen verhalten sich jedoch wesentlich anders. Hier werden einerseits die Produkte der Reaktion laufend dem System entnommen, so daß andererseits mit entsprechender Geschwindigkeit laufend Energie und Materie wieder zugeführt werden müssen, damit sich das System nicht verzehrt. Man bezeichnet gleichgewichtsähnliche Zustände, die sich unter ständigem Zu- und Abfluß von Materie und Energie einstellen, als *Fließgleichgewichte*. Ein Fließgleichgewicht gleicht also dem auf einer bestimmten Höhe bleibenden Wasserspiegel in einem Gefäß, aus dem ständig Wasser ausläuft, dem aber ständig die entsprechende Menge Wasser wieder zugeführt wird (Abb. 2-1).

Nicht nur die chemischen Prozesse des Stoffwechsels sind Beispiele für Fließgleichgewichte. Vielmehr befinden sich lebende Zellen, Organismen, Lebensgemeinschaften, ja die ganze Biosphäre im Zustand des Fließgleichgewichts.

Wir wollen uns noch einige Eigenschaften von Fließgleichgewichten vor Augen führen, die für die Lebensprozesse wichtig sind.

- Fließgleichgewichte lassen sich durch Kontrolle des Zu- und Abflusses regulieren. Hierauf beruhen viele *Regulationsmechanismen,* die wir bei lebenden Systemen, z. B. im Stoffwechsel, antreffen. Häufigster Modus: bei beistimmten „Schrittmacher-Reaktionen" (enzymatischen Engpässen) werden Enzymaktivitäten geändert (Kap. 2.6).

- Da Fließgleichgewichte auf ständigem Austausch von Materie und Energie mit der Umgebung beruhen, können sie ständig *Arbeit* leisten (vgl. Abb. 2-1).

- Fließgleichgewichtssysteme können in einer Kette in Form einer Kaskade hintereinandergeschaltet werden, wobei der Ausfluß des einen Systems gleichzeitig als Zulauf des nächsten Systems wirkt (Abb. 2-1). Mittels solcher *Fließgleichgewichtsketten* läßt sich der Gesamtbetrag an freier Energie eines energieliefernden Prozesses in kleinere und damit „handlichere" Portionen zerlegen. Dieses Prinzip der Energiezerlegung durch Fließgleichgewichtskaskaden begegnet uns im Zusammenhang mit der Atmungskette oder dem Elektronentransport bei der Photosynthese.

„Leben" bedeutet also das ständige Aufrechterhalten von Fließgleichgewichten. „Tod" bedeutet demgegenüber das Zusammenbrechen der Fließgleichgewichte. Die Lehre vom Energieumsatz in lebenden Systemen bezeichnet man als *Bioenergetik*. Trotz der Besonderheiten des Lebens gelten aber auch hier die grundlegenden Gesetze der Thermodynamik, die auch die Beziehungen zwischen Materie und Energie in der anorganischen Welt beschreiben. Lebewesen müssen den Gesetzen der Physik folgen, und wir wollen uns hier mit einigen Aussagen der Thermodynamik vertraut machen.

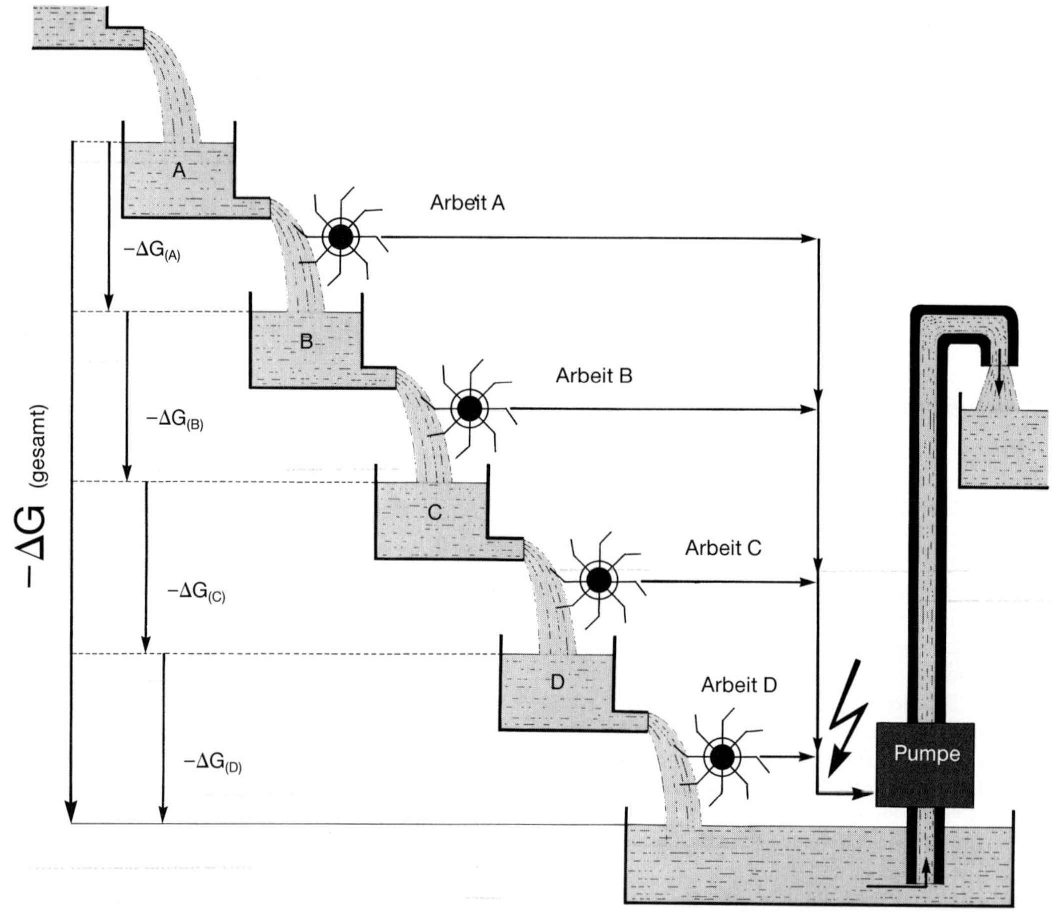

Abb. 2-1. Eine Wasserkaskade als Modell für eine Serie hintereinander geschalteter Fließgleichgewichtssysteme. Der Gesamtbetrag an freier Energie ΔG wird in die Teilbeträge $\Delta G_{(A)}$ bis $\Delta G_{(D)}$ zerlegt. Jedes der Systeme leistet Arbeit, z. B. durch Produktion von elektrischem Strom, der eine Pumpe antreiben kann.

2.2 Wärme und Arbeit sind verschiedene Formen von Energie

Die Thermodynamik beschreibt Energieumsetzungen von Systemen in einem abgegrenzten Raum. Alles außerhalb dieses Raumes ist die Umgebung. Über die Energiebilanz eines Systems und seiner Umgebung gibt der *1. Hauptsatz der Thermodynamik* Auskunft. Dieser besagt:

- Die Gesamtenergie eines Systems und seiner Umgebung ist konstant.

Das bedeutet: Nimmt die Gesamtenergie in einem System ab, muß die Energie der Umgebung um einen entsprechenden Betrag zunehmen, und umgekehrt. Energie kann somit weder geschaffen noch vernichtet, sondern nur umgeformt, gespeichert oder zwischen einem System und seiner Umgebung verschoben werden.
Mathematisch formuliert lautet der 1. Hauptsatz der Thermodynamik

$$\Delta U = Q - A. \qquad \text{(Gl. 2-1)}$$

Dabei ist

ΔU: Änderung der inneren Energie des Systems während eines Prozesses;
Q: die dem System zugeführte Wärmemenge;
A: die von dem System gegenüber dessen Umgebung geleistete Arbeit.

Läuft ein Prozeß isobar, also unter konstantem Druck ab (wie es in biologischen Systemen in der Regel der Fall ist), wird Q in Gleichung 2-1 auch als *Enthalpieänderung (ΔH)* bezeichnet. Eingesetzt in Gleichung 2-1 ergibt sich dann

$$\Delta U = \Delta H - A. \qquad \text{(Gl. 2-2)}$$

Läuft ein Prozeß isobar und zudem bei konstantem Volumen ab, leistet das System gegenüber der Umgebung keine Arbeit. Es gilt dann:

$$\Delta U = \Delta H \qquad \text{(Gl. 2-3)}$$

Es ist wichtig zu merken: Der Gesamtbetrag der Energieänderung des Systems (ΔU) ist ausschließlich abhängig von der Lage des Energiezustandes vor und nach Abschluß der Energieänderung, nicht jedoch vom Weg, auf dem ΔU zustande gekommen ist. Dieser kann durchaus verschieden sein. Der Weg bestimmt aber den relativen Anteil, den Q und A am Gesamtbetrag von ΔU haben (Gl. 2-1).

Gleichung 2-1 enthält die Größe „Arbeit", die wir nun noch näher betrachten müssen. Naheliegend ist uns meist der Begriff der *mechanischen Arbeit.* Hebt man beispielsweise unter Aufwendung von Kraft (K) ein Gewicht der Masse m (kg) vom Boden auf und verändert dadurch die Lage des Gewichts um die Höhe Δh (m), gilt:

$$A_{\text{mechanisch}} = K \cdot \Delta h. \qquad \text{(Gl. 2-4)}$$

Man kann auch sagen:

$$\text{Arbeit} = \text{Kraft x Weg.} \qquad \text{(Gl. 2-5)}$$

Da aber gilt

$$\text{Kraft} = \text{Masse x Beschleunigung,} \qquad \text{(Gl. 2-6)}$$

können wir für die Arbeit im Schwerefeld der Erde (mit der Erdbeschleunigung g in $m \cdot s^{-2}$) Gleichung 2-4 umschreiben:

$$A_{\text{Schwerefeld}} = m \cdot g \cdot \Delta h. \qquad \text{(Gl. 2-7)}$$

Hieraus ergeben sich zwei wichtige Punkte:

- *Arbeit verkörpert* nichts anderes als *eine spezielle Form von Energie*. Arbeit und Energie werden mit derselben Maßeinheit, dem Joule, gekennzeichnet, dessen Definition

  $$1\ \text{Joule} = 1\ \text{kg} \cdot 1\ \text{m}^2 \cdot 1\ \text{s}^{-2}$$

  aus den Gleichungen 2-4 bis 2-7 folgt (vgl. Kasten 5-1).
- Die Gleichungen 2-4, 2-5 und 2-7 zeigen, daß Arbeit durch einen die treibende Kraft charakterisierenden *Kapazitätsfaktor* (hier die Masse m) und einen die Lageveränderung charakterisierenden *Intensitätsfaktor* (hier die Höhe Δh) bestimmt wird.

Auf dieser allgemeinen Definition des Begriffes Arbeit fußend, können wir über den Fall der mechanischen Arbeit hinaus auch andere Fälle von Energieumsetzungen, die in biologischen Systemen eine Rolle spielen, als Arbeit beschreiben. Bei der Formulierung der folgenden Beispiele bedeutet das negative

Vorzeichen, daß Arbeit an der Umgebung des Systems geleistet wird, also dem System selbst verloren geht. Die zugehörigen Kapazitäts- und Intensitätsfaktoren sind in Tab. 2-1 zusammengestellt.

- *Oberflächenarbeit* wird geleistet, wenn eine Oberflächenzunahme (ΔO) eines Pflanzenorgans gegen die Spannung (Γ) der äußeren Abschlußgewebe bewirkt wird:

$$A_{\text{Oberfläche}} = -\Delta O \cdot \Gamma. \qquad \text{(Gl. 2-8)}$$

- *Elektrische Arbeit* wird geleistet, wenn in einer Zelle Ionen oder Elektronen mit einer Gesamtladung (Δq) aufgrund eines elektrischen Potentials (E) transportiert werden:

$$A_{\text{elektrisch}} = -\Delta q \cdot E. \qquad \text{(Gl. 2-9)}$$

- *Chemische Arbeit* wird geleistet, wenn Moleküle dem System durch chemische Umsetzung oder durch Transport in die Umgebung verlorengehen. Der Intensitätsfaktor wird hierbei durch das chemische Potential ($\bar{\mu}_i$), der Kapazitätsfaktor durch die Anzahl der Mole (Δn_i) der bei der Umsetzung beteiligten Verbindung repräsentiert. Der Index i soll die Art der beteiligten Moleküle kennzeichnen.

$$A_{\text{chemisch}} = -\Delta n_i \cdot \bar{\mu}_i. \qquad \text{(Gl. 2-10)}$$

Wir halten zusammenfassend fest:
Das Aufrechterhalten der Lebensprozesse erfordert ständige Leistung von Arbeit in verschiedener Ausprägung, sei es als mechanische Arbeit, chemische Arbeit, Transportarbeit usw. Es ist Aufgabe vieler Stoffwechselprozesse, Energie so zu transformieren, daß sie von den lebenden Systemen zur Leistung dieser Arbeit genutzt werden kann.

2.3 Die Entropie bestimmt die Richtung von Prozessen

Der 1. Hauptsatz der Thermodynamik gibt uns lediglich Auskunft über Energiebilanzen. Er erlaubt uns jedoch keine Voraussage, in welcher *Richtung* ein bestimmter Prozeß spontan ablaufen wird. Gerade diese Frage aber stellt sich im Zusammenhang mit biologischen Prozessen sehr oft.
Unsere Erfahrung sagt uns, daß Prozesse eine *Richtung* haben und daß Voraussagen über diese Richtung möglich sind: Bringen wir einen wärmeren Metallblock mit einem kälteren in Berührung, so wird die Wärme vom warmen zum kalten Block strömen, nicht umgekehrt, bis beide Blöcke gleich warm sind. Oder: Moleküle werden vom Ort hoher zum Ort niedriger Konzentration strömen, nicht umgekehrt, bis der Konzentrationsausgleich erreicht ist. Was ist das Spontaneitätskriterium, die treibende Kraft, die einen Prozeß spontan in einer bestimmten Richtung ablaufen läßt? Das gesuchte Kriterium ist die *Entropie (S)*. Die Entropie ist ein abstrakter Begriff, ein mathematischer Index für die Zufallsverteilung von Materie und Energie im Universum oder, in anderen Worten, für die „Unordnung" im Universum. Die Maßeinheit der Entropie ist $J \cdot mol^{-1} \cdot K^{-1}$.

Der *2. Hauptsatz der Thermodynamik* macht eine allgemeine Aussage über die Entropie:

- Die Entropie des Universums nimmt zu.

Diese Aussage bedeutet: Im Zustand völliger statistischer Gleichverteilung von Energie und Materie im

Tab. 2-1. Kapazitäts- und Intensitätsfaktoren bei verschiedenen Formen der Arbeit (oder Energie).

Arbeit (Energie)	Kapazitätsfaktor	Intensitätsfaktor
mechanisch	Masse (m)	Strecke (l) oder Höhe (h)
Oberfläche	Fläche (O)	Oberflächenspannung (Γ)
elektrisch	Ladung (q)	Spannung (E)
chemisch	Molzahl (n)	chemisches Potential (μ)

Universum, also im Zustand größtmöglicher „Unordnung“, weist die Entropie den höchsten Betrag auf. Da aber Gleichverteilung (also „Unordnung“) wahrscheinlicher ist als Ungleichverteilung (also „Ordnung“), laufen alle die Prozesse spontan ab, bei denen die Entropieänderung des Systems und die seiner Umgebung zusammengenommen eine Entropiezunahme ergeben und die damit, zusammen betrachtet, zur Entropiezunahme des Universums beitragen. Hieraus ergibt sich aber auch, daß durchaus Prozesse möglich sind, bei denen die Entropie des *Systems* selbst *ab*nimmt, vorausgesetzt die Entropie der *Umgebung* nimmt dabei *zu*, und zwar um einen Betrag, der größer ist als die Entropieabnahme im System. Das ist eine wichtige Aussage. Sie bedeutet nämlich, daß Lebewesen, die wegen der für sie typischen Erzeugung und steten Aufrechterhaltung einer hohen inneren Ordnung dem 2. Hauptsatz der Thermodynamik zunächst zu widersprechen scheinen, eben doch den Gesetzen der Thermodynamik gehorchen.

2.4 Die „Freie Energie“ ist ein Maß für nutzbare Energie

Grundsätzlich können wir auf der Basis des Entropiebegriffes die Richtung eines Prozesses voraussagen. Dabei müßten allerdings die Entropieänderungen sowohl im betrachteten System als auch in dessen Umgebung bestimmt werden. Diese Forderung läßt sich in der Praxis nur sehr schwer erfüllen. J. W. Gibbs hat das Problem gelöst, indem er die Größe „*Freie Energie*“ einführte. Gibbs zu Ehren trägt die Freie Energie das Symbol G. Die mathematische Definition lautet:

$$\Delta G = \Delta H - T \cdot \Delta S. \qquad \text{(Gl. 2-11)}$$

Dabei bedeuten

- ΔG: Änderung der Freien Energie bei einem Prozeß, der unter konstantem Druck (isobar) und konstanter Temperatur (isotherm) stattfindet;
- ΔH: Änderung der Enthalpie des Systems;
- ΔS: Änderung der Entropie des Systems;
- T: absolute Temperatur in Kelvin.

Die Definition von ΔG nach Gleichung 2-11 setzt also den 1. Hauptsatz der Thermodynamik (Aussage über die Enthalpie, H; vgl. Gl. 2-2) mit dem 2. Hauptsatz (Aussage über die Entropie, S) in Beziehung. Mit anderen Worten: Der Begriff Freie Energie sagt sowohl etwas über die Enthalpieänderung während des betrachteten Prozesses als auch über dessen Richtung aus.

Dabei gilt:

- Prozesse, bei denen die Freie Energie abnimmt und damit für Arbeit zur Verfügung steht, bezeichnet man als *exergon*. Sie laufen spontan ab, und ΔG ist negativ.
- Prozesse mit einer Zunahme an Freier Energie sind zwar möglich, jedoch laufen sie nicht spontan ab, sondern nur unter Zufuhr der Energie von außen. Solche energiebedürftigen Prozesse bezeichnet man als *endergon*, und ΔG ist positiv.
- Ein Prozeß läuft solange spontan ab, bis die Freie Energie ihren niedrigsten dem System zukommenden Wert erreicht hat. Diesen Endzustand bezeichnet man als *Gleichgewicht*. Im Gleichgewichtszustand findet eine Reaktion in keiner Richtung bevorzugt statt, und ΔG ist gleich Null.

ΔG hängt nicht nur von der chemischen Natur der Reaktionspartner, sondern auch von deren Konzentration ab. Zur Vergleichbarkeit der Werte müssen daher *Standardbedingungen* für ΔG definiert werden. Als Standardbedingungen für biochemische Prozesse wurden der pH-Wert von 7 und einmolare Konzentrationen aller Reaktionspartner festgelegt. Die Änderung der Freien Energie unter diesen Standardbedingungen symbolisiert man mit ΔG_o'. Wir dürfen dabei aber nicht übersehen, daß in den Zellen meist weder für den pH-Wert noch für die Konzentrationen der Reaktionspartner die Standardbedingungen vorliegen. Daher kann die Änderung der Freien Energie einer in der lebenden Zelle ablaufenden Reaktion beträchtlich von ΔG_o' abweichen. (Im folgenden sind aber stets nur Werte für Standardbedingungen angegeben.)

2.5 Die Energiekoppelung

Viele Lebensvorgänge stellen endergone Prozesse dar, die nur dann ablaufen können, wenn Freie Energie zugeführt wird. Die Synthese von komplizierten Verbindungen aus einfachen Molekülen, der Transport von Molekülen gegen ein Konzentrationsgefälle

oder der Aufbau komplexer Zellstrukturen aus einfachen Materiebausteinen sind Beispiele für endergone Prozesse.
Man kann sagen: „Leben" bedeutet das ständige Aufrechterhalten endergoner Prozesse durch Zufuhr von Freier Energie. Da nach dem 1. Hauptsatz der Thermodynamik die erforderliche Energie nicht spontan entstehen kann, muß sie von einem energieliefernden Vorgang abgezweigt werden. Mit anderen Worten: *Exergone Reaktionen können endergone Prozesse antreiben.* Man bezeichnet dies als *Energiekoppelung.*
Ein mechanisches Modell für Energiekoppelung ist in Abb. 2-2 gezeigt (siehe auch Kasten 1-8).

Energiekoppelung ist deshalb möglich, weil sich bei einer Folge von Prozessen (z. B. chemischen Reaktionen) die Gesamtänderung der Freien Energie für diese Folge aus den ΔG-Werten der Einzelschritte zusammenaddiert. Die Gesetze der Thermodynamik lassen daher zu, daß einzelne Schritte der Reaktionsfolge mit einer Zunahme der Freien Energie verbunden sein können, wenn nur insgesamt für die Reaktionsfolge gesehen die Freie Energie abnimmt, die Folge insgesamt also zur Entropiezunahme des Universums beiträgt.
Bei der Energiekoppelung biologischer Prozesse erfolgt die Energieübertragung zwischen endergonem und exergonem Vorgang durch das *ATP/ADP-*

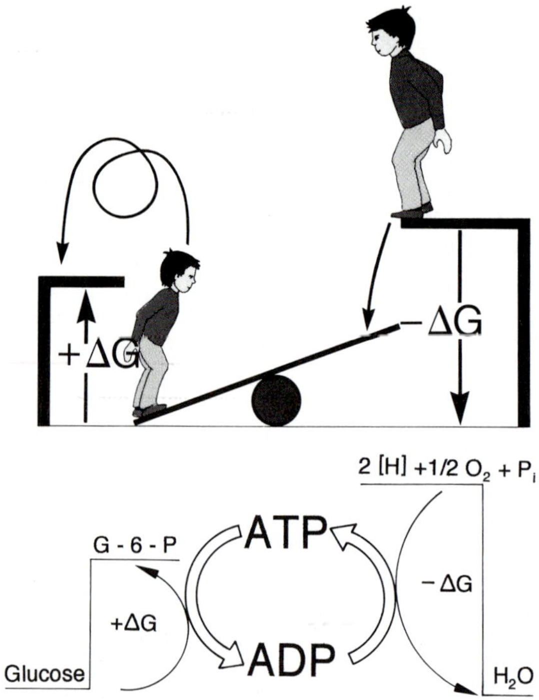

Abb. 2-2. Das Prinzip der Energiekoppelung. Oben ein mechanisches Modell: Der linke Springer wird auf das Podest hinaufgeschleudert (energieverbrauchender Vorgang), indem sein Partner von einem anderen (höheren) Podest auf die Wippe springt (energieliefernder Vorgang). Die Koppelung beider Prozesse wird durch die Wippe bewirkt. Unten die Formulierung der Koppelung zwischen einem energieliefernden (rechts) und einem energieverbrauchenden biochemischen Prozeß (links). Die Koppelung wird durch das ATP-System bewirkt. Als Beispiel für den energieliefernden (exergonen) Vorgang ist hier die biologische Oxidation von Wasserstoff mit Sauerstoff, wie sie in der Atmungskette (Kap. 7.2.4) vorkommt, dargestellt. Als Beispiel für den energieverbrauchenden (endergonen) Vorgang dient die Phosphorylierung der Glucose, wobei durch Übertragung eines vom ATP stammenden Phosphatrestes Glucose-6-Phosphat (G-6-P) entsteht. Die abwärts gerichteten Pfeile bedeuten exergone Prozesse, die endergone Prozesse (aufwärts gerichtete Pfeile) antreiben.

System (Kasten 1-8). Die in der energiereichen Phosphat-Bindung des ATP gespeicherte Energie wird zum Antrieb endergoner Prozesse, d. h. zur Leistung chemischer Arbeit, genutzt. Dabei wird ATP in das energieärmere ADP überführt. Dieses wiederum wird auf Kosten stark exergoner Prozesse, z. B. in der Atmungskette, wieder zu ATP regeneriert (Abb. 2-3). Das ATP/ADP-System befindet sich somit in einem fortwährenden „turnover". So setzt ein Mensch im Verlauf eines Tages ungefähr die seinem Körpergewicht entsprechende Menge an ATP um. Dabei ist die zu einem gegebenen Moment in einer lebenden Zelle anzutreffende Menge ATP mit weniger als 1 g pro kg Frischgewicht sehr gering.

Wir wollen das in Abb. 2-2 dargestellte Beispiel einer unter Beteiligung des ATP/ADP-Systems zustandekommenden energetischen Koppelung noch etwas näher betrachten.

Die im Stoffwechsel häufig auftretende Bindung eines Phosphorsäurerestes an ein Zuckermolekül (hier Glucose) wird auch als Phosphorylierung des Zuckers bezeichnet und stellt formal eine Veresterung einer Hydroxylgruppe des Zuckers (hier am Kohlenstoffatom 6 der Glucose) mit Phosphorsäure (P_i) dar. Der Ester ist energiereicher als die Ausgangsverbindung und die Phosphorylierung damit ein endergoner Vorgang:

$$\text{Glucose} + P_i \rightarrow \text{Glucose-6-Phosphat} + H_2O$$
$$\Delta G_o' = +13{,}8 \text{ kJ mol}^{-1}$$

Die Phosphorylierung läßt sich jedoch an die Abspaltung eines Phosphatrestes von ATP, einen exergonen Prozeß, koppeln:

$$ATP + H_2O \rightarrow ADP + P_i$$
$$\Delta G_o' = -30{,}5 \text{ kJ mol}^{-1}$$

Die Energiebilanz beider Teilprozesse lehrt:

Endergoner Prozeß: $\Delta G_o' = +13{,}8 \text{ kJ mol}^{-1}$
Exergoner Prozeß: $\Delta G_o' = -30{,}5 \text{ kJ mol}^{-1}$
Summe beider Prozesse: $\Delta G_o' = -16{,}7 \text{ kJ mol}^{-1}$

Die energetische Koppelung beider Prozesse bei der Phosphorylierung läßt sich also wie folgt formulieren:

$$\text{Glucose} + ATP \rightarrow \text{Glucose-6-Phosphat} + ADP$$
$$\Delta G_o' = -16{,}7 \text{ kJ mol}^{-1}$$

Aus dieser Formulierung läßt sich ablesen:

1. *Insgesamt* ist das Anknüpfen eines Phosphatrestes an die Glucose unter Verbrauch von ATP ein *exergoner Prozeß.*

2. Bei der Phosphorylierung der Glucose geht die in der energiereichen Phosphat-Bindung des ATP gespeicherte Energie zum Teil auf die Glucose über und bleibt somit erhalten. Durch die Phosphorylierung wird die Glucose auf ein höheres Energieniveau gehoben. Dieses ist der eigentliche energieverbrauchende Schritt der Reaktionsfolge.

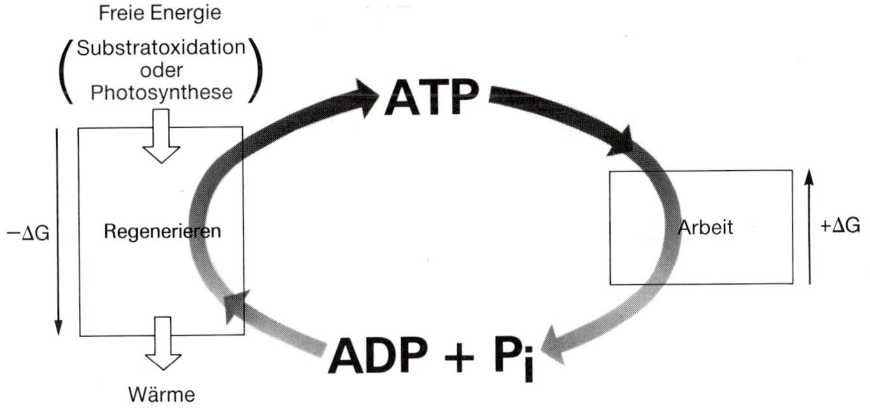

Abb. 2-3. Der Kreislauf des ATP/ADP-Systems in einer Zelle.

2.6 Die Enzyme

2.6.1 Aktivierungsenergie und Biokatalyse

Exergone Reaktionen laufen zwar spontan ab, jedoch dauert es bei physiologischen Temperaturen oft sehr lang, bis das thermodynamische Gleichgewicht erreicht ist. Diesem Umstand ist u. a. zu verdanken, daß organische Moleküle (z. B. Cellulose) nicht sofort durch den Sauerstoff der Luft oxidiert werden und verbrennen. Sie sind *„metastabil“*. Die Einstellung des Gleichgewichts läßt sich im Reagenzglas dadurch beschleunigen, daß dem Reaktionssystem ein bestimmter Energiebetrag, z. B. in Form von Wärme, zugeführt wird, oder beim Holz eben dadurch, daß man es anzündet. Diese Energie, die aufgewendet werden muß, damit eine Reaktion meßbar in Gang kommt, bezeichnet man als *Aktivierungsenergie* (Abb. 2-4). Im Stoffwechsel werden Reaktionen allerdings nicht durch Zufuhr von Aktivierungsenergie beschleunigt; hier laufen die Reaktionen unter Beteiligung von Katalysatoren ab. *Katalysatoren vermindern die eigentlich erforderliche Aktivierungsenergie*. Dieser Vorgang heißt *Katalyse*. Reaktionen des Stoffwechsels werden durch Biokatalysatoren, *Enzyme* genannt, katalysiert.

Unter Einwirkung von Enzymen laufen Stoffwechselprozesse bis zu 10^7mal schneller ab als ohne Katalysator. Außerdem sind Enzyme sowohl hinsichtlich der Art der von ihnen katalysierten Reaktion als auch hinsichtlich der von ihnen umgesetzten Verbindungen spezifisch. Daher wird nahezu jede Reaktion im Stoffwechsel von einem eigenen Enzym katalysiert. Wir werden später sehen, daß die Zellen viele Stoffwechselprozesse mittels der beteiligten Enzyme kontrollieren können. Enzyme spielen daher eine zentrale Rolle bei der Regulation der Lebensprozesse.

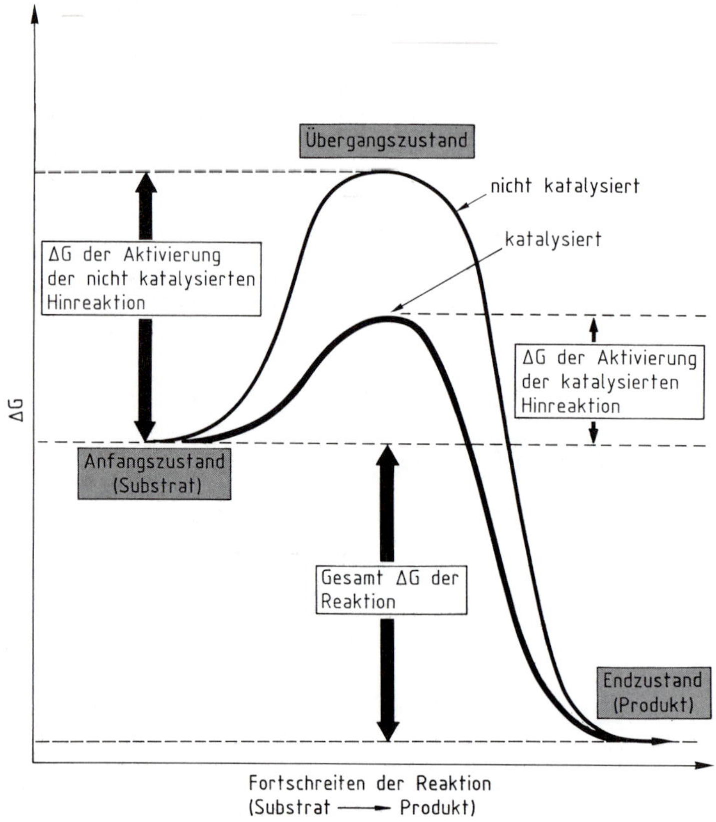

Abb. 2-4. Energiediagramm für den Verlauf einer nicht katalysierten (dünne Linie) und einer katalysierten (dicke Linie) chemischen Reaktion (nach LEHNINGER).

2.6.2 Stoffliche Eigenschaften von Enzymen

Enzyme sind Proteine. Die *Enzymproteine* nehmen neben den Struktur- und Speicherproteinen einen beträchtlichen Anteil am Protein-Gehalt pflanzlicher Zellen ein.
Manche Enzymproteine benötigen zur Entfaltung ihrer katalytischen Wirksamkeit jedoch noch Hilfsmoleküle. Diese werden als *Cofaktoren* bezeichnet und können organischer oder anorganischer Natur sein. Sind die Cofaktoren durch kovalente Bindung fest an das Enzymprotein angeheftet, bezeichnet man sie als *prosthetische Gruppe*. Hingegen werden Cofaktoren, die leicht vom Enzymprotein abdissoziieren und somit eigentlich selbständige Verbindungen darstellen, als *Coenzyme* bezeichnet (Kasten 2-1).

2.6.3 Wirkungsweise der Enzyme

Enzyme beschleunigen zwar eine Reaktion, verändern dabei aber deren ΔG und somit die Lage des Gleichgewichtes nicht.
Bei der Enzymkatalyse kommt es zunächst zu einer reversiblen Koppelung der umzusetzenden Verbindung (Substrat genannt, *S*) an das Enzym (*E*). Dabei entsteht ein *Enzym-Substrat-Komplex* (*ES*), der schließlich in das Produkt der Reaktion (*P*) und freies Enzym überführt wird:

$$S + E \rightleftharpoons ES \rightleftharpoons P + E.$$

Die Bindung des Substrates an das Enzym erfolgt an einer bestimmten Stelle des Enzymmoleküls, dem *katalytischen („aktiven") Zentrum*. Die Struktur des Enzymproteins bedingt, daß das katalytische Zentrum eine bestimmte räumliche Gestalt hat. Die räumliche Gestalt des aktiven Zentrums und die des Substrates müssen zueinander passen, damit die Bindung des Substrates an das Enzym erfolgen kann. Hierauf gründet sich die *Substratspezifität* eines Enzyms.
Die Bindung des Substrates an das Enzym bedingt eine Veränderung in der räumlichen Struktur (Tertiärstruktur, Kap. 14.4.3) des Enzymproteins (Abb. 2-5). Durch diese Veränderung wirken auf das Substrat mechanische Kräfte (Druck, Zug) ein, welche bestimmte Bindungen „deformieren". Dadurch wird die Umwandlung des Substrates in das Produkt energetisch begünstigt, also die für die Reaktion erforderliche Aktivierungsenergie herabgesetzt.

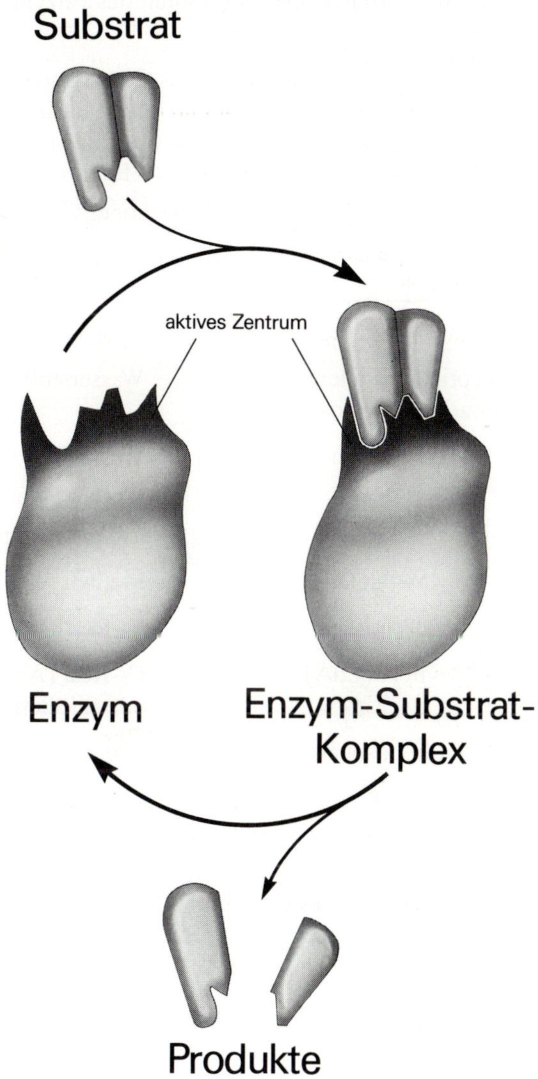

Abb. 2-5. Modell für die Bindung eines Substratmoleküls an ein Enzymmolekül, mit anschließender Bildung der Produkte. Man beachte, daß sich bei der Bildung des Enzym-Substratkomplexes die Form des aktiven Zentrums der des Substrates anpaßt („induced fit").

Kasten 2-1
Coenzyme

Manche Enzyme benötigen bestimmte niedermolekulare Cofaktoren, um die spezifische Reaktion katalysieren zu können. Diese Cofaktoren sind mehr oder weniger eng mit dem Enzym assoziiert, ohne fester Bestandteil des Enzymmoleküls zu sein. Man bezeichnet diese Cofaktoren als Coenzyme.

Folgende Eigenschaften sind für Coenzyme besonders charakteristisch:
- Die Aufgabe der Coenzyme besteht darin, bestimmte chemische Gruppen zu übertragen.
- Viele Coenzyme gehören zur Stoffklasse der Nucleotide.
- Viele Coenzyme enthalten ein Vitamin als wichtigen Bestandteil des Moleküls.

Hier eine Auswahl besonders wichtiger Coenzyme:

Coenzym	Übertragene Gruppe	Zugehöriges Vitamin
Adenosintriphosphat (ATP)	Phosphatrest	–
Nicotinamid-adenin-dinucleotid(-phosphat)	Wasserstoff	Nicotinsäureamid
Flavin-Coenzyme (FMN, FAD)	Wasserstoff	Riboflavin
Biotin	Carboxylgruppe	Biotin
Adcnylmcthionin	Methylgruppe	–
Tetrahydrofolsäure (CoF)	C_1-Rest (Formyl-Rest)	Folsäure
Coenzym A (CoA)	C_2-Rest (Acetyl-Rest oder größere Acylreste)	Pantothensäure
Uridindiphosphatglucose (UDP-Glucose)	Glucose-Rest	–

Die Struktur und die Funktionsweise von ATP, NADH (NADPH) und der Flavin-Coenzyme (FMN, FAD) werden in anderem Zusammenhang besprochen (siehe Kasten 1-9, Kasten 7-1) Hier stellen wir das Coenzym A (CoA) vor, dem wir bei der Abhandlung der Stoffwechselwege noch häufiger begegnen werden.

Das Coenzym A überträgt **A**cetyl- oder **A**cylreste: daher der Name Co**A**.

Acetyl-Rest

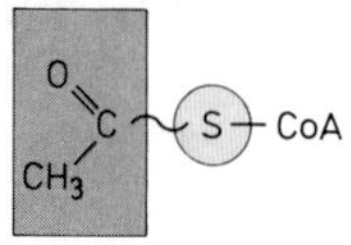

Acetyl-CoA

Acyl-Rest

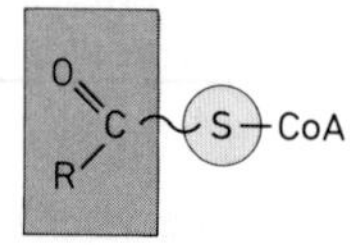

Acyl-CoA

(z.B. Succinyl-CoA, Palmityl-CoA, u.a.)

Kasten 2-1 (Fortsetzung)

Das Molekül ist aus Adenosin-3,5-Diphosphat und Pantethein-Phosphat zusammengesetzt. Letzteres wiederum setzt sich aus Thioethanolamin, β-Alanin und Pantoinsäure zusammen. β-Alanin und Pantoinsäure bilden zusammen das Vitamin Pantothensäure. Der zu übertragende Rest wird an die endständige HS-Gruppe angehängt, wobei eine energiereiche Bindung entsteht.

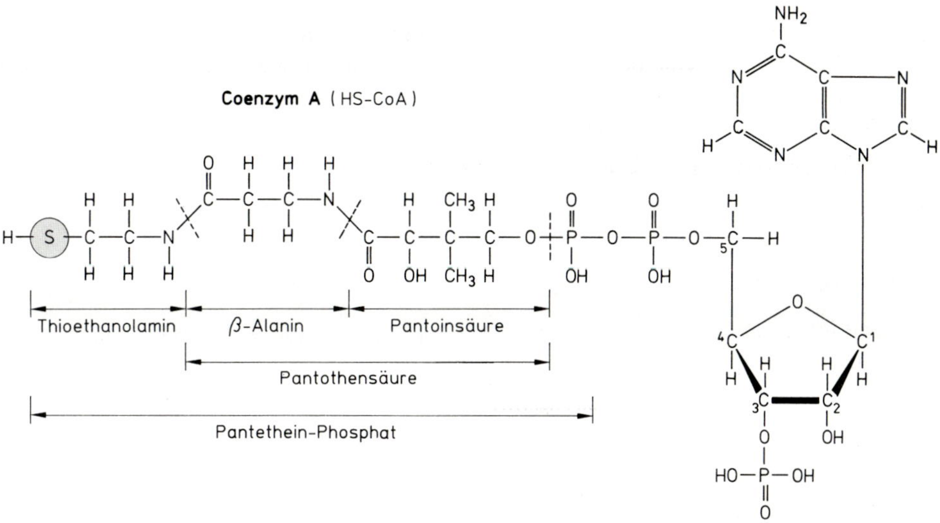

2.6.4 Kinetik der Biokatalyse

Zwischen der Reaktionsgeschwindigkeit von enzymkatalysierten Reaktionen und der Substratkonzentration besteht eine Abhängigkeit, die sich als *hyperbolische Sättigungskurve* ausdrückt (Abb. 2-6). Dieser Kurvenverlauf entsteht dadurch, daß zunächst mit steigendem Angebot an Substrat zunehmend mehr katalytische Zentren der vorliegenden Enzymmoleküle besetzt werden. Dies führt zur Steigerung der Reaktionsgeschwindigkeit (V), bis schließlich alle verfügbaren katalytischen Zentren mit Substrat besetzt sind. Dann läuft die Reaktion unabhängig von der weiteren Steigerung der Substratkonzentration mit maximaler Geschwindigkeit (V_{max}) *ab.*

Die Substratkonzentration, bei der die Maximalgeschwindigkeit erreicht wird, ist für jedes Enzym verschieden. Den Wert kann man aus der Substratsättigungskurve nur recht ungenau ablesen. Besser ermitteln läßt sich dagegen die Substratkonzentration, bei der die halbe Maximalgeschwindigkeit erreicht wird. Man bezeichnet diesen Wert als MICHAELIS-*Konstante* (K_M). K_M hat die Dimension einer Konzentration. Die MICHAELIS-Konstante ist eine wichtige Kenngröße für jedes Enzym, denn sie gibt die Substratkonzentration an, bei der die Hälfte der im System vorhandenen Enzymmoleküle als Enzym-Substrat-Komplex vorliegen. Damit ist K_M ein Maß für die *Affinität* eines Enzyms zu seinem Substrat. Je niedriger der Zahlenwert für K_M, umso höher ist die Affinität des Enzyms zum betreffenden Substrat. Konkurrieren im Stoffwechsel mehrere Enzyme um das gleiche Substrat, so wird dieses Substrat bevorzugt durch das Enzym mit der höchsten Substrat-Affinität umgesetzt. Auf diese Weise kann es bei Verzweigungen von Stoffwechselwegen zur Bevorzugung einer bestimmten Richtung kommen.

Die Enzymaktivität hängt jedoch nicht nur vom

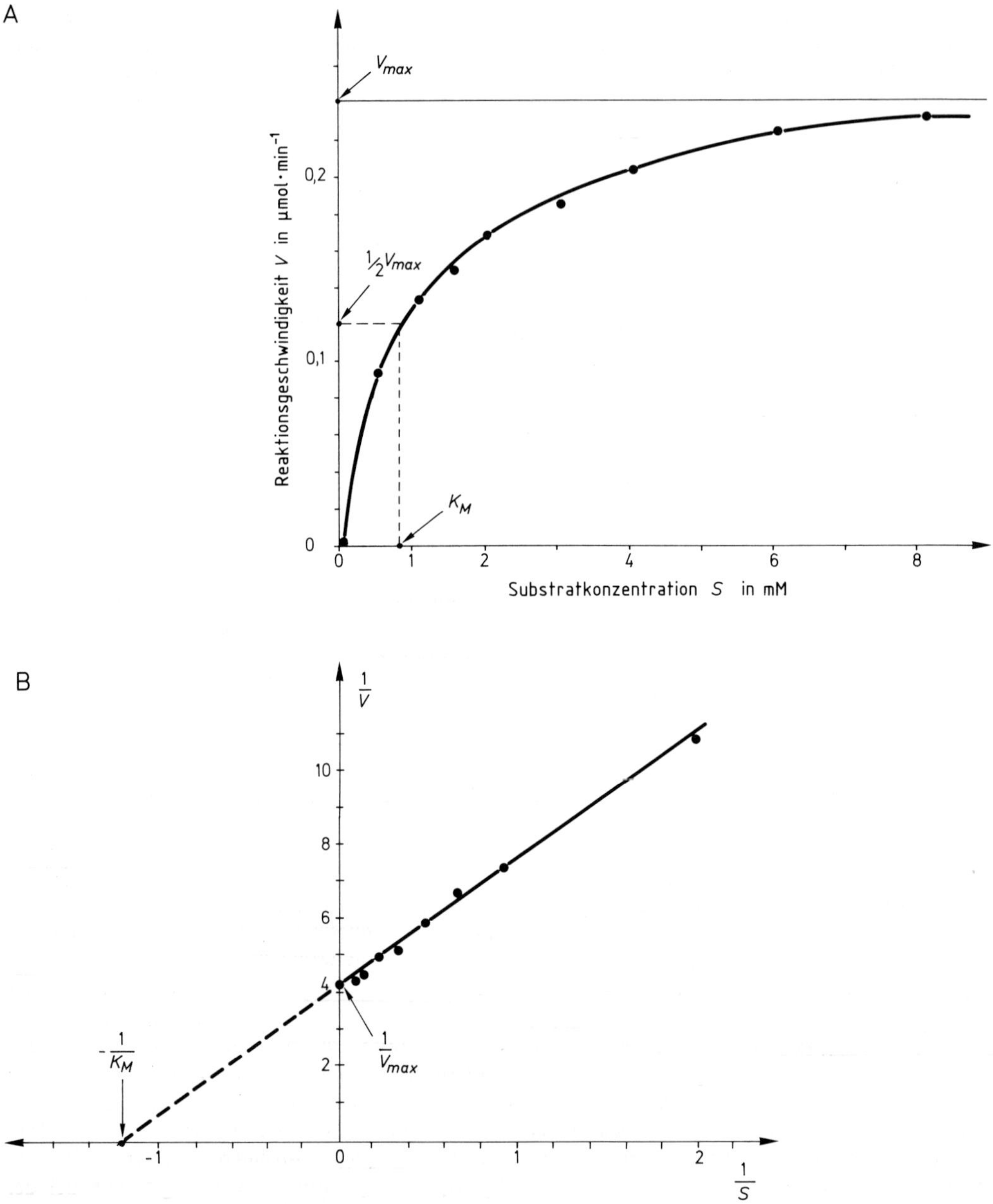

Abb. 2-6. Abhängigkeit der Reaktionsgeschwindigkeit (V) einer Enzymreaktion von der Konzentration des Substrates (S), und die Ableitung der Kardinalwerte V_{max} und K_M. Gezeigt sind mit dem Enzym Stärke-Phosphorylase erhaltene Daten aus einem von M. Fekete geleiteten Praktikum. (A) Direkte Auftragung der Meßwerte. (B) Auftragung der gleichen Meßwerte nach Lineweaver und Burk.

Substratangebot ab, sondern auch vom pH-Wert, der Temperatur und oft auch von der Konzentration von Ionen und Cofaktoren. Die Abhängigkeit der Enzymaktivität von bestimmten Ionen und Cofaktoren folgt ebenso wie die Substratabhängigkeit einer Sättigungskurve. Die Abhängigkeit von der Temperatur und dem pH-Wert folgt dagegen Optimumskurven, die für die einzelnen Enzym-Substrat-Kombinationen recht verschieden sein können. Meist liegt das *Temperaturoptimum* der Enzyme bei etwa 40 °C. Höhere Temperaturen als 50 °C führen, von Ausnahmen abgesehen, zu einer irreversiblen Änderung der Tertiärstruktur und damit zur Abnahme der Enzymaktivität (vgl. Abb. 26-23).

Das *pH-Optimum* der Enzyme liegt meist im Bereich von 6,0 bis 8,5. Aufgrund individueller Unterschiede im pH-Optimum der einzelnen Enzyme können Veränderungen im pH-Milieu der Zelle oder auch Unterschiede im pH-Wert der einzelnen Zellkompartimente (z. B. zwischen Vakuole und Cytoplasma oder innerhalb der Chloroplasten und Mitochondrien) wesentlich zur Regulation der katalytischen Enzymaktivität beitragen.

2.6.5 Regulierbare Enzyme

Es gibt Enzyme, deren Aktivität durch niedermolekulare Verbindungen geändert und damit reguliert werden kann. Man bezeichnet diese Verbindungen allgemein als Effektoren und unterscheidet dabei *isosterische und allosterische Effektoren.*

Isosterische Effektoren sind solche, die am katalytischen Zentrum des Enzyms angreifen. Verbindungen, die nicht selbst Substrat sind, aber eine dem Substrat gleichende räumliche Struktur besitzen, können das katalytische Zentrum des Enzyms besetzen und so das echte Substrat ausschließen. Die Reaktion ist dann gehemmt. Da in diesem Fall ein Verdrängungswettbewerb (Kompetition) zwischen dem Substrat und dem substratähnlichen Effektor um das verfügbare katalytische Zentrum stattfindet, spricht man hier von *kompetitiver Hemmung* des Enzyms.

Allosterische Effektoren haben keine strukturelle Ähnlichkeit mit dem Substrat. Enzyme, die durch allosterische Effektoren regulierbar sind, bezeichnet man als *allosterische Enzyme.* Diese Enzyme sind stets aus mehreren Untereinheiten aufgebaut und besitzen außer dem *katalytischen Zentrum* noch spezielle Bindungsstellen für die Effektoren *(allosterische Zentren)*. Die Veränderung der Enzymaktivität durch die Effektoren beruht darauf, daß das beteiligte Enzym in einem katalytisch aktiven oder in einem weniger aktiven Konformationszustand vorliegen kann (Abb. 2-7). Der Übergang vom einen in den anderen Zustand ist dabei reversibel und wird durch das Binden bzw. Ablösen der Effektoren beeinflußt. Die beiden Zustände unterscheiden sich wahrscheinlich in Veränderungen der räumlichen Struktur des katalytischen Zentrums. Solche Änderungen begünstigen oder hemmen die Substratumsetzung. Die Wirkung von positiven allosterischen Effektoren *(Aktivatoren)* besteht darin, daß sie einseitig den katalytisch aktiven Konformationszustand stabilisieren. Negative Effektoren *(Inhibitoren)* hingegen stabilisieren den weniger aktiven Zustand (Abb. 2-7).

Bei allosterischen Enzymen kann das Substrat selbst als positiver Effektor (Aktivator) des Enzyms wirken, indem die Bindung der ersten Substratmoleküle am katalytischen Zentrum die Bindung weiterer Substratmoleküle begünstigt (Abb. 2-8). Dadurch kommt es zu einer Steigerung der Reaktionsgeschwindigkeit. Man bezeichnet diesen Effekt als *positive Kooperativität* zwischen Substrat und Enzym. Enzyme, die positive Kooperativität mit dem Substrat aufweisen oder die allosterisch regulierbar sind, zeigen keinen hyperbolischen, sondern einen sigmoiden Verlauf der Substratabhängigkeitskurve (Abb. 2-9). Die Reaktionsgeschwindigkeit steigt mit wachsender Substratkonzentration erst langsam an, nimmt dann mit dem Binden weiterer Substratmoleküle immer rascher zu, bis schließlich auch hier eine Sättigung erreicht wird.

Die Regulierbarkeit mancher Enzyme kann durch Binden und Lösen von Phosphatresten an bestimmte Aminosäuren des Enzymproteins reversibel geändert werden. Man bezeichnet das Anknüpfen eines Phosphatrestes als Enzymphosphorylierung. Sie wird durch Proteinkinasen katalysiert, wobei ATP als Phosphatdonor fungiert. Da sowohl die Proteinkinasen als auch ihre Gegenspieler, d. h. die aus Proteinen Phosphat abspaltenden Enzyme (Proteinphosphatasen), reguliert sind, ergibt sich bei der Regulation bestimmter Stoffwechselprozesse oft ein sehr kompliziertes regulatorisches Netzwerk (s. Kap. 11.5).

Regulierbare Enzyme, insbesondere allosterische Enzyme, spielen bei der Kontrolle des Stoffwechsels in den Zellen eine besonders wichtige Rolle. Sie werden uns in diesem Zusammenhang noch wiederholt beschäftigen.

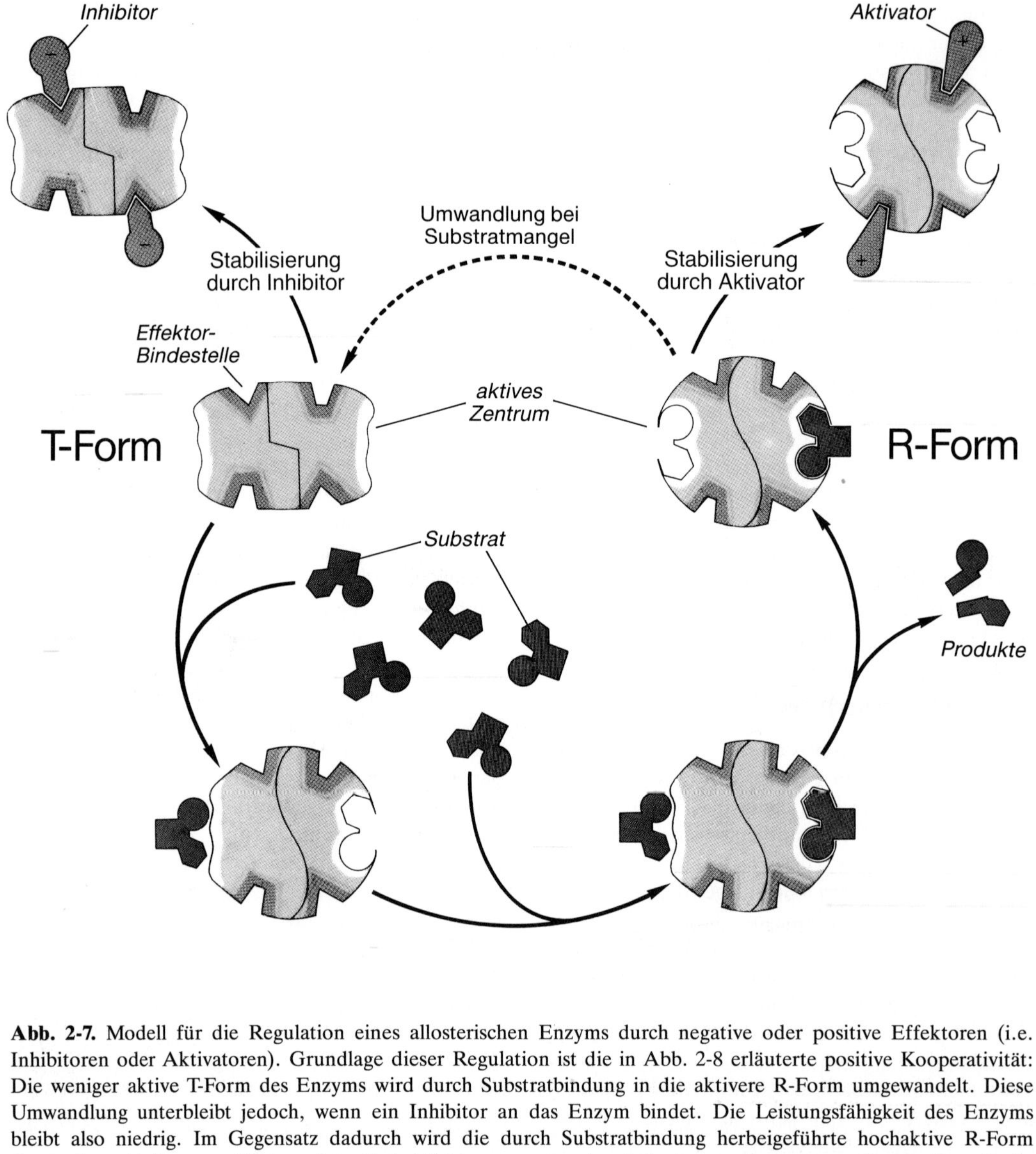

Abb. 2-7. Modell für die Regulation eines allosterischen Enzyms durch negative oder positive Effektoren (i.e. Inhibitoren oder Aktivatoren). Grundlage dieser Regulation ist die in Abb. 2-8 erläuterte positive Kooperativität: Die weniger aktive T-Form des Enzyms wird durch Substratbindung in die aktivere R-Form umgewandelt. Diese Umwandlung unterbleibt jedoch, wenn ein Inhibitor an das Enzym bindet. Die Leistungsfähigkeit des Enzyms bleibt also niedrig. Im Gegensatz dadurch wird die durch Substratbindung herbeigeführte hochaktive R-Form durch einen Aktivator stabilisiert, d. h. die bei Subtratmangel andernfalls eintretende spontane Umwandlung in die T-Form unterbleibt. Der Katalysator wird durch den Aktivator also im leistungsfähigen Zustand erhalten.

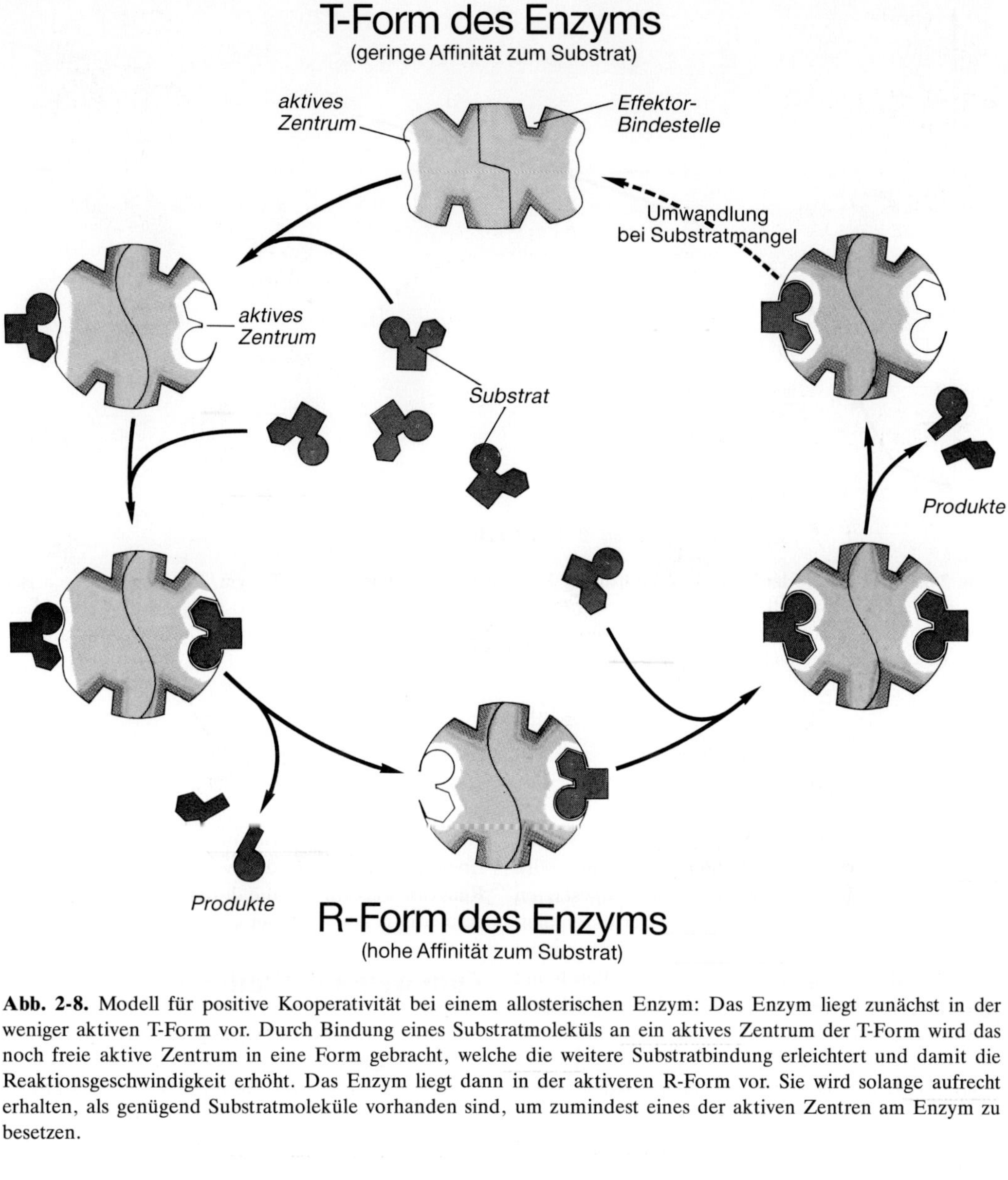

Abb. 2-8. Modell für positive Kooperativität bei einem allosterischen Enzym: Das Enzym liegt zunächst in der weniger aktiven T-Form vor. Durch Bindung eines Substratmoleküls an ein aktives Zentrum der T-Form wird das noch freie aktive Zentrum in eine Form gebracht, welche die weitere Substratbindung erleichtert und damit die Reaktionsgeschwindigkeit erhöht. Das Enzym liegt dann in der aktiveren R-Form vor. Sie wird solange aufrecht erhalten, als genügend Substratmoleküle vorhanden sind, um zumindest eines der aktiven Zentren am Enzym zu besetzen.

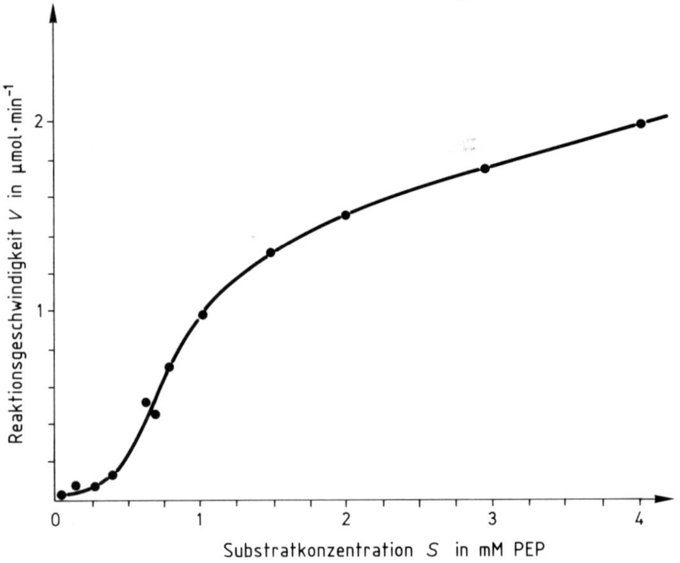

Abb. 2-9. Sigmoider Verlauf der Substratsättigungskurve bei einem allosterischen Enzym. Bei dem gezeigten Beispiel handelt es sich um die Carboxylierung von Phosphoenol-Pyruvat (PEP) durch das Enzym PEP-Carboxylase. Das Enzym wurde aus einer CAM-Pflanze (vergl. Kap. 23.8.3.3) extrahiert und in Tris-HCl-Puffer (200 mM) getestet (Daten: Praktikums-Experiment)

2.6.6 Benennung von Enzymen

Die Bezeichnungen für Enzyme tragen die Endsilbe *-ase.* Bei Enzymen, die Bindungen spalten, wird diese Endsilbe an die Bezeichnung des umgesetzten Substrates angehängt, z. B. Ester*ase* bei Ester spaltenden Enzymen oder Phosphat*ase* bei Enzymen, die Phosphat-Reste abspalten. In anderen Fällen hängt man die Endsilbe an einen den Reaktionstyp kennzeichnenden Begriff, z. B. Transamin*asen* bei Enzymen, die Amino-Gruppen übertragen, oder Carboxyl*asen* bei Enzymen, die CO_2 an ein Kohlenstoff-Skelett knüpfen. Außerdem existieren für verschiedene Enzyme Trivialnamen, z. B. Trypsin und Papain für bestimmte Proteine spaltende Enzyme.

Um diese recht uneinheitliche und oft nicht eindeutige Nomenklatur zu vereinfachen, wurde eine internationale Klassifizierung eingeführt, in der die Enzyme hinsichtlich der von ihnen katalysierten Reaktion klassifiziert und durch eine Code-Nummer eindeutig gekennzeichnet sind.

Zum weiteren Studium

Broda, E.: *The Evolution of the Bioenergetic Processes.* Pergamon Press, Oxford 1975.

Lehninger, A. L.: *Bioenergetik.* Thieme, Stuttgart 1974.

Stryer, L.: *Biochemie.* Spektrum der Wissenschaft – Verlag, Weinheim 1991.

B Bau und Funktion der Pflanzenzelle

3 Die Pflanzenzelle als System von Organellen

Am Ende des ersten Kapitels haben wir gesehen, daß sich die Eukaryontenzelle durch Membranen kompartimentiert. Dadurch wird eine mannigfaltige *Arbeitsteilung* innerhalb der Zelle möglich; eine vereinfachte Übersicht vermittelt Abb. 3-1. Nach dem gleichen Prinzip wie bei der Emanzipation der Probionten in der Ursuppe erfordert die Arbeitsteilung eine gegenseitige Abgrenzung der einzelnen *Kompartimente* bei gleichzeitiger kontrollierter Durchlässigkeit der Kompartimentsbarrieren. Zusätzlich wird zur harmonischen Funktion der ganzen Zelle eine *Regulation* der Aktivitäten in den einzelnen Kompartimenten notwendig. Dadurch kann die *Zelle als System* Eigenschaften erlangen, die in den Kompartimenten oder Organellen für sich allein nicht enthalten sind.

Abb. 3-1 versucht auch nahezulegen, daß alle Funktionen eine strukturelle Basis haben, daß *Struktur und Funktion immer eng verknüpft* sind. Dieses gilt auf allen *Ebenen der Integration*, also für die Moleküle in einer Lösung oder in einer Membran, die Kompartimente in einer Zelle, die Zellen in Geweben, die Gewebe in Organen, die Organe in ganzen Pflanzen oder Tieren, die Organismen in ökologischen Systemen usw. Die höheren Ebenen der Integration zeigen immer Eigenschaften, die über die der einzelnen Komponenten, aus denen sie aufgebaut sind, hinausgehen.

Techniken der Zellfraktionierung und Isolierung einzelner Organelle und Membranen (Kasten 3-1) spielen für die Erforschung der Einzelfunktionen der Kompartimente eine große Rolle. Die teilweise Rekonstitution integrierter Systeme durch Zusammenführen isolierter Teile und die Betrachtung der Regulation in intakten Zellen sind aber aus den genannten Gründen ebenso unerläßlich. Beiden Aspekten – der isolierten Betrachtung der Struktur und Funktion der einzelnen Teile und der Beschreibung ihrer Integration – soll im folgenden unsere Aufmerksamkeit gelten.

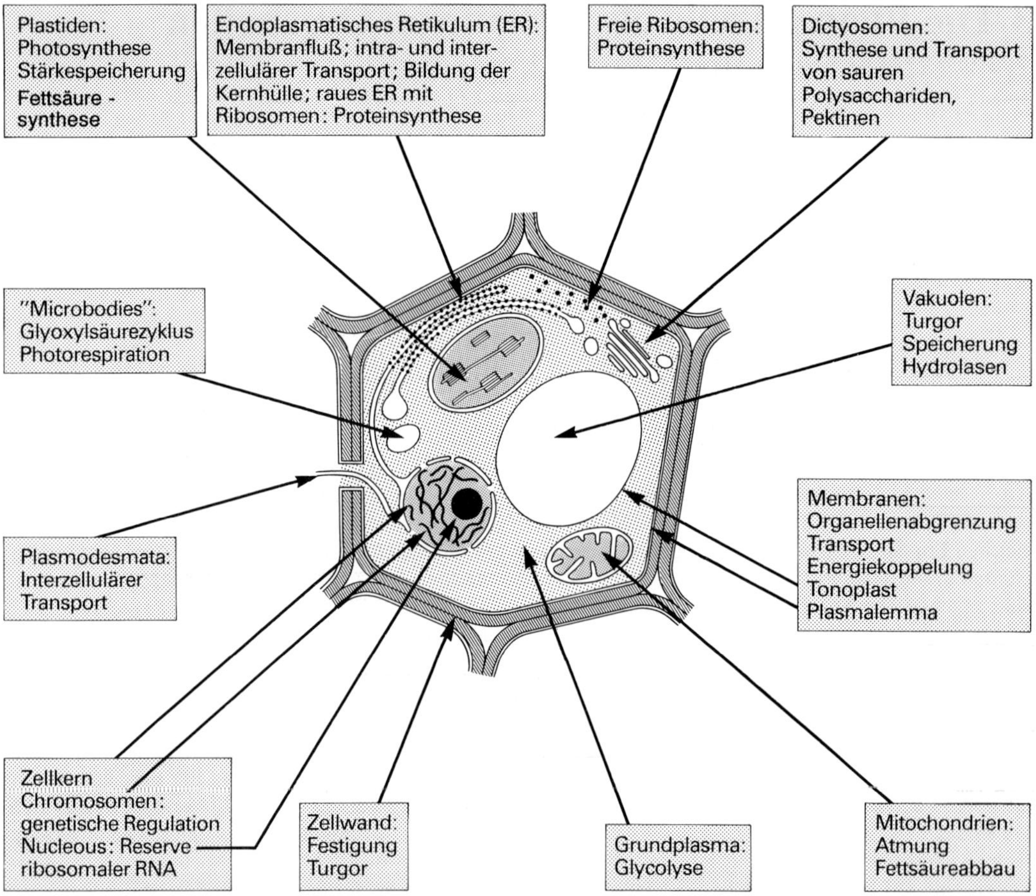

Abb. 3-1. Kompartimente der Pflanzenzelle und ihre wichtigsten Funktionen.

Kasten 3-1
Zellfraktionierung und Organellenisolierung

A. Fraktionierte Zentrifugation

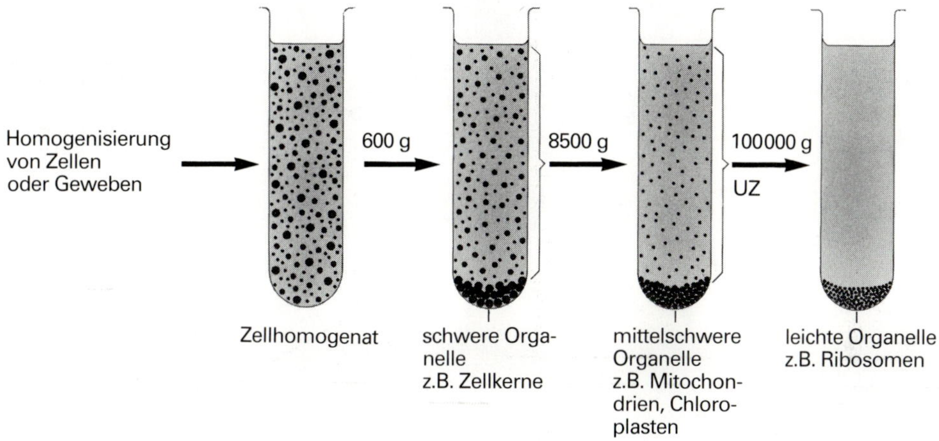

Zentrifugationsschritte mit steigender Zentrifugalkraft, zum Schluß in der Ultrazentrifuge (UZ); Zellbestandteile mit der höchsten Dichte werden zuerst sedimentiert, das Sediment wird gesammelt, der Überstand erneut zentrifugiert, usf.

B. Dichtegradientenzentrifugation: diskontinuierlich

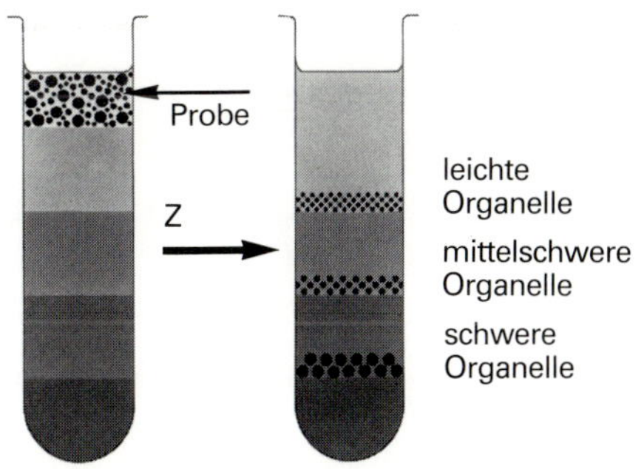

Lösungen verschiedener Dichte werden vorsichtig übereinandergeschichtet, sodaß ein diskontinuierlicher Gradient entsteht. Die Probe wird oben aufgebracht. Nach Zentrifugation (Z) haben sich die Organelle unterschiedlicher Dichte an den Dichtegrenzen angesammelt.

C. Dichtegradientenzentrifugation: kontinuierlich

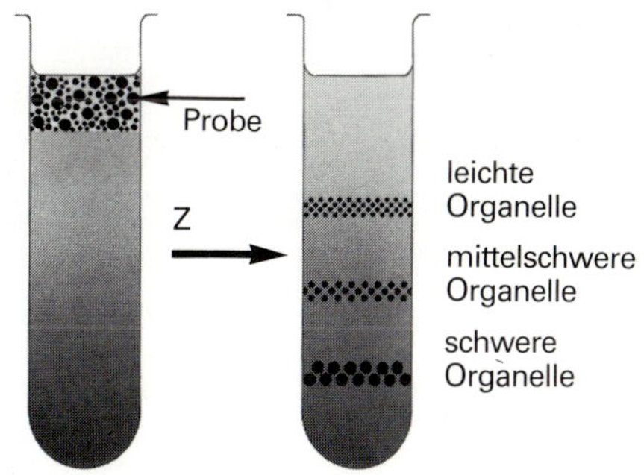

Lösungen verschiedener Dichte werden vorsichtig gemischt, sodaß ein kontinuierlicher Gradient entsteht. Die Probe wird oben aufgebracht.
Nach Zentrifugation (Z) haben sich die Organelle unterschiedlicher Dichte an den Stellen des Gradienten angesammelt, die ihrer Dichte entsprechen.

4 Das Plasmalemma und der Tonoplast

Plasmalemma und Tonoplast sind nicht-spezialisierte Membranen. Sie grenzen das Cytoplasma gegen die wäßrigen Phasen des Apoplasten nach außen bzw. der Vakuole nach innen ab.

Unter *Apoplast* versteht man alle Räume der Zellen und Gewebe außerhalb und unter *Symplast* alle Räume innerhalb des Plasmalemmas. Da das Plasmalemma sich über die Plasmodesmen von Zelle zu Zelle fortsetzt (Abb. 3-1), entsteht in Geweben ein *symplastisches Kontinuum.*

4.1 Der Membranaufbau

Die wichtigsten Bestandteile der Membranen rezenter Organismen sind *Lipide* (Kasten 1-5) *und Proteine.* Nach dem heute weitgehend akzeptierten Modell von Singer und Nicolson sind Membranen flächig ausgebreitete dreidimensionale Strukturen aus Proteinen und Lipiden (Abb. 4-1). Die Proteine tauchen auf beiden Seiten in den Lipid-Doppelfilm ein *(periphere Proteine)* oder durchdringen ihn ganz *(integrale Proteine)*. Proteine besitzen hydrophile Bereiche, in denen sich polare Gruppen der Aminosäure-Bausteine häufen, und lipophile Bereiche, die durch apolare Kohlenwasserstoff-Ketten der Aminosäuren bedingt sind (Kap. 14.4.3). Die lipophilen Bereiche der Proteine treten mit den lipophilen Schwänzen der Lipid-Moleküle, die hydrophilen Bereiche der Proteine mit den hydrophilen Membranoberflächen in Wechselwirkung, und so stabilisiert sich die Membranstruktur. Die Membranproteine und -lipide können an der dem Cytoplasma abgewandten extraplasmatischen Oberfläche glykosidisch gebundene verzweigte oder unverzweigte Ketten von aus verschiedenen monomeren Zuckern zusammengesetzten Polysacchariden (Hetereopolysacchariden) tragen.

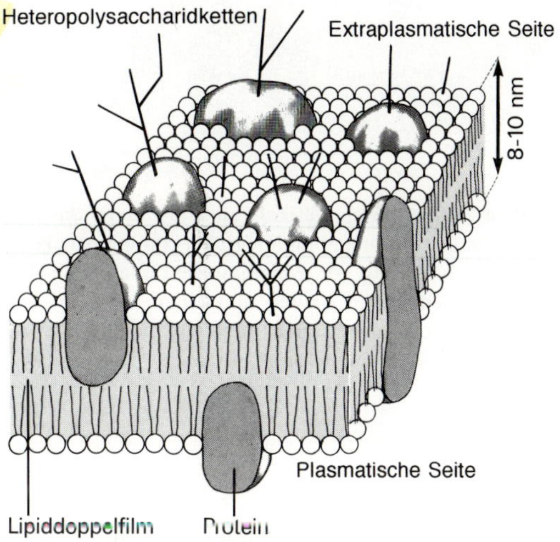

Abb. 4-1. Membranmodell nach Singer und Nicolson.

Die Membranproteine lassen sich durch die Gefrierbruchelektronenmikroskopie sichtbar machen. Dabei werden Suspensionen von Membranvesikeln tiefgefroren und im Vakuum mit einem scharfen Glasmesser aufgebrochen. Durch Bedampfen mit einem Platin-Kohle-Film erhält man naturgetreue Abdrücke, die im Elektronenmikroskop untersucht werden können (Abb. 4-2). Die Proteine von gereinigten Membranfraktionen können auch durch Detergentien in Lösung gebracht und elektrophoretisch aufgetrennt und analysiert werden (s. Abb. 14-3).

Der Aufbau aus Lipiden und Proteinen verleiht den Membranen *passive, rein strukturbedingte Eigenschaften.* Obwohl Plasmalemma und Tonoplast, anders als z. B. die Thylakoidmembranen der Chloroplasten und die inneren Membranen der Mitochon-

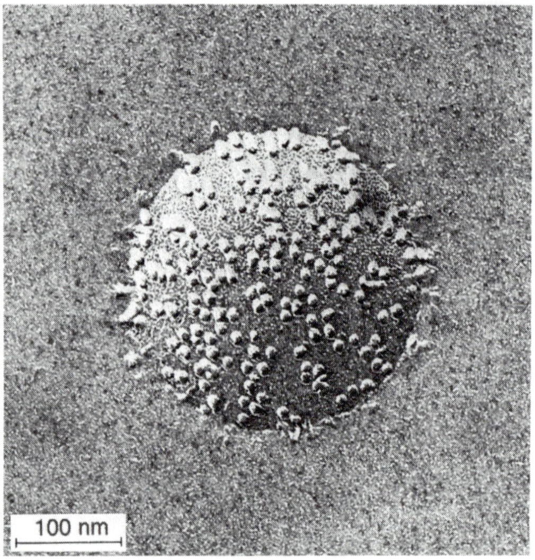

Abb. 4-2. Tonoplasten-Vesikel von *Mesembryanthemum crystallinum* mit membranintegralen Proteinpartikeln. (Bei der Isolierung von Membranfraktionen schließen sich die Membranen wieder zu kleinen Vesikeln. Die Aufnahme zeigt eine Gefrierbruchpräpation im Platin-/Kohleabdruckverfahren von R. KLINK.)

drien, nicht für biochemische Reaktionsabläufe großer Stoffwechselwege spezialisiert sind, können ihre Proteine doch bestimmte katalytische Funktionen wahrnehmen, die auch mit Energie aus dem Zellstoffwechsel gekoppelt sind. Dadurch erhalten diese Membranen *aktive Eigenschaften.*

4.2 Die passive Permeation

Das Durchtreten von gelösten Substanzen durch Membranen bezeichnet man als *Permeation*, die Eigenschaften der Membranen in bezug auf die Durchlässigkeit für die durchtretenden Teilchen als *Permeabilität:*

- *Die passive Permeation hydrophiler Substanzen* erfolgt in den hydrophilen Membranbereichen, wahrscheinlich im Zentrum der die Membran durchdringenden Proteine (Abb. 4-3). Die Permeabilität hängt dabei von der Größe der permeierenden Teilchen ab *(Ultrafiltertheorie der Permeation).*

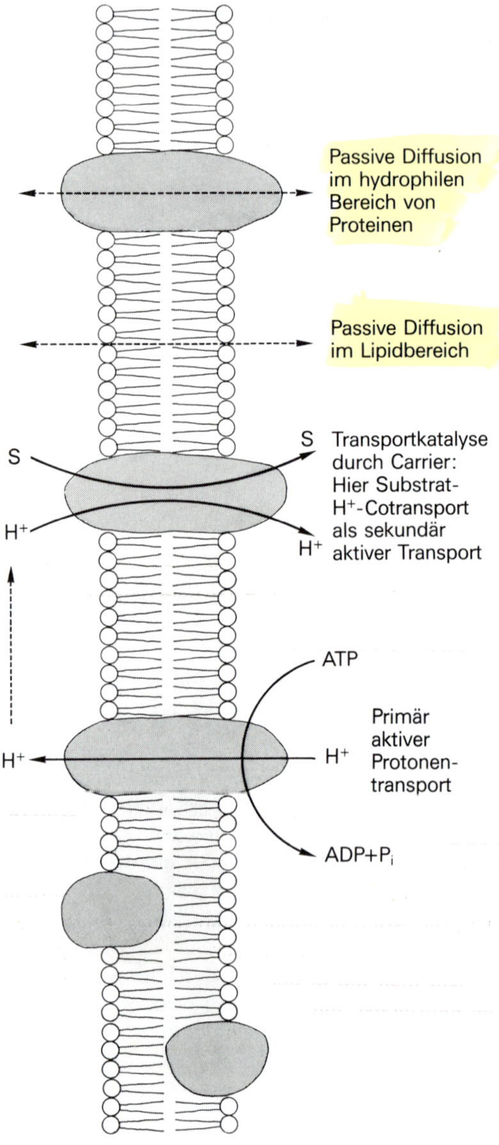

Abb. 4-3. Transportprozesse an Membranen.

- *Die passive Permeation lipophiler Substanzen* erfolgt in den lipophilen Membranbereichen (Abb. 4-3). Die Permeabilität hängt dabei von der Lipid-Löslichkeit der permeierenden Teilchen ab *(Lipid-Theorie der Permeation).*

Die passive Permeation bezeichnet man auch als *Diffusion* durch Membranen. Bei ihrer quantitativen

Beschreibung muß man unterscheiden, ob es sich um elektrisch neutrale Substanzen oder um elektrisch geladene Ionen handelt.

Die *Diffusion elektrisch neutraler Teilchen* in freier Lösung wird durch das 1. FICK*sche Gesetz* beschrieben:

$$\frac{dQ}{dt} = -D\,\frac{\delta c}{\delta x} \cdot A. \qquad \text{(Gl. 4-1)}$$

Dabei sind

- dQ: eine Substanzmenge;
- dt: ein Zeitintervall;
- dQ/dt: in der Zeiteinheit diffundierende Substanzmenge;
- $-$: das Minuszeichen deutet die Richtung der Diffusion aus Bereichen höherer Konzentration in Bereiche niedrigerer Konzentration an;
- D: Diffusionskoeffizient; er hängt von der Art der gelösten Teilchen und des Lösungsmittels ab;
- $\delta c/\delta x$: Konzentrationsabfall (δc) entlang der Strecke (δx), treibende Kraft für die Diffusion;
- A: Querschnittsfläche, durch die die Diffusion erfolgt.

Bei der Beschreibung der Diffusion durch Membranen geht man in der Regel davon aus, daß die permeierenden Teilchen in den beiden durch die Membran getrennten Lösungsphasen homogen verteilt sind; die Konzentrationen sind dann c' und c'', der Konzentrationsgradient ist $\Delta c = c' - c''$ (Kasten 4-1). Bezieht man die in der Zeiteinheit diffundierende Substanzmenge auf eine Flächeneinheit der Membran, so ergibt sich der Teilchenfluß, J, bei der Diffusion als

$$J = \frac{dQ}{dt \cdot A} \qquad \text{(Gl. 4-2)}$$

oder

$$J = -P \cdot \Delta c. \qquad \text{(Gl. 4-3)}$$

Dabei ist P der *Permeabilitätskoeffizient*, das quantitative Maß für die Permeabilität. P hängt von den Membraneigenschaften und den Eigenschaften der permeierenden Teilchen ab; P hat die Einheit $m \cdot s^{-1}$, wenn man J in $mol \cdot s^{-1} \cdot m^{-2}$ und Δc in $mol \cdot m^{-3}$ ausdrückt. (NB: Der Diffusionskoeffizient D hat die Einheit von $m^2 \cdot s^{-1}$, s. o.!)

Die passive Diffusion führt im Laufe der Zeit zu einem Gleichgewichtszustand, bei dem der Konzentrationsgradient an der Membran ausgeglichen ist ($c' = c''$, $\Delta c = 0$). Wegen der thermischen Agitation diffundieren dann immer noch Teilchen durch die Membran, aber es sind in beiden Richtungen gleich viele, und $J = 0$. Wir sehen, daß J sich aus zwei einander entgegengesetzten Einzelflüssen zusammensetzt. J ist ein Nettofluß, der sich aus der Differenz der Flüsse von der ′-Phase zur ″-Phase ($J'^{\to''}$) und in der umgekehrten Richtung ($J''^{\to'}$) ergibt (Kasten 4-1).

Bei der *Diffusion von dissoziierenden Elektrolyten* in freier Lösung entsteht ein *elektrisches Diffusionspotential*, weil Anionen und Kationen unterschiedliche Beweglichkeit (eigentlich unterschiedliche Diffusionskoeffizienten) haben:

Kasten 4-1
Diffusion durch Membranen

A. Diffusion elektrisch neutraler Teilchen

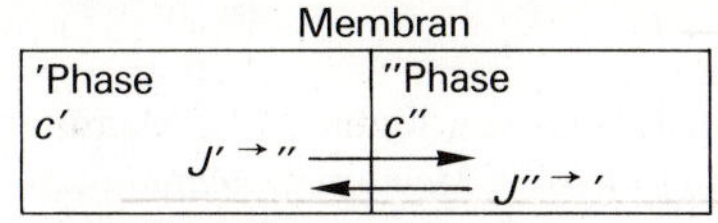

$J = J'^{\to''} - J''^{\to'} = -P\,(c' - c'') = -P\,\Delta c$
im Gleichgewichtszustand ist $J = 0$

B. Diffusion von Ionen

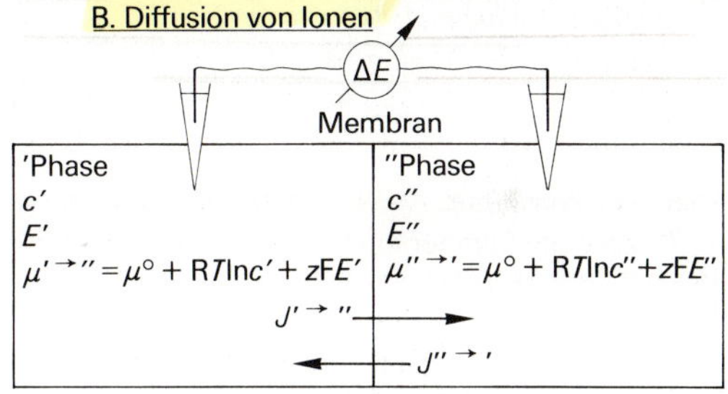

im Gleichgewichtszustand ist $J = 0$, d.h.
$\mu'^{\to''} = \mu''^{\to'}$ und $\Delta E = E'' - E' = -\frac{RT}{zF} \ln \frac{c''}{c'}$

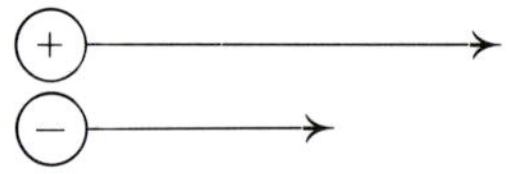

oder

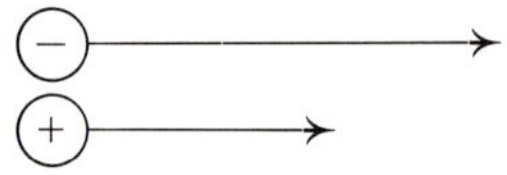

Bei der Diffusion von Ionen durch Membranen bilden sich *elektrische Membranpotentiale* aus (Diffusionspotentiale). Die treibenden Kräfte für die Ionenwanderung setzen sich aus dem chemischen und dem elektrischen Potential zusammen:

chemisches Potential: $RT \cdot \ln c$;
elektrisches Potential: $z \cdot F \cdot E$.

Dabei sind

R: Gaskonstante;
T: absolute Temperatur;
c: Konzentration;
z: elektrische Ladung des Ions;
F: FARADAY-Konstante;
E: elektrische Spannung.

(Vgl. Kasten 1-8).

Bezieht man die Potentiale auf einen als μ^o definierten Grundzustand, so sind die treibenden Kräfte für $J'^{\rightarrow''}$ und $J''^{\rightarrow'}$:

$$\mu'^{\rightarrow''} = \mu^o + RT \cdot \ln c' + z \cdot F \cdot E' \qquad \text{(Gl. 4-4)}$$

und

$$\mu''^{\rightarrow'} = \mu^o + RT \cdot \ln c'' + z \cdot F \cdot E''. \qquad \text{(Gl. 4-5)}$$

Setzen wir $E'' - E' = \Delta E$, dann erhalten wir für den Gleichgewichtszustand, d.h. für $J'^{\rightarrow''} = J''^{\rightarrow'}$ und $\mu'^{\rightarrow''} = \mu''^{\rightarrow'}$, die NERNST*sche Gleichung*

$$\Delta E = -\frac{RT}{z \cdot F} \ln \frac{c''}{c'} \qquad \text{(Gl. 4-6)}$$

Die elektrische Potentialdifferenz ΔE zwischen zwei Lösungsphasen kann man mit Hilfe von Elektroden abgreifen, die in die beiden Lösungen eintauchen (Kasten 4-1). Zu Messungen in Zellen benutzt man Glasmikroelektroden. Feine Glaskapillaren (Spitzendurchmesser 0,1 bis 0,5 μm) werden mit KCl-Lösung ($c = 3 \text{ mol} \cdot l^{-1}$) gefüllt und über Ag/AgCl-Kontakte mit einem Voltmeter elektrisch leitend verbunden. Eine Glaskapillare wird mittels eines Mikromanipulators in eine Zelle eingestochen, eine zweite Elektrode (Referenzelektrode) befindet sich in der Außenlösung. Meistens dringt die in eine Parenchymzelle eingestochene Elektrode direkt in die große zentrale Vakuole ein. Man mißt dann die Summe der Potentiale am Tonoplasten, d.h. zwischen der Vakuole (v) und dem Cytoplasma (c), und am Plasmalemma, d.h. zwischen dem Cytoplasma und dem äußeren Milieu (o) (Abb. 4-4),

$$\Delta E = E^{v \rightarrow c} + E^{c \rightarrow o}. \qquad \text{(Gl. 4-7)}$$

Die NERNSTsche Gleichung berücksichtigt die Verteilung einer einzelnen Ionenart im Gleichgewicht. Die Zusammenhänge zwischen ΔE, den Permeabilitäten und Konzentrationen verschiedener Ionen bei einem System im gleichgewichtsfernen Zustand sind durch die GOLDMAN- *Gleichung* gegeben:

$$\Delta E = -\frac{RT}{F} \ln \frac{P_{K^+} \overset{i}{c}_{K^+} + P_{Na^+} \overset{i}{c}_{Na^+} + P_{Cl^-} \overset{o}{c}_{Cl^-} + \ldots}{P_{K^+} \overset{o}{c}_{K^+} + P_{Na^+} \overset{o}{c}_{Na^+} + P_{Cl^-} \overset{i}{c}_{Cl^-} + \ldots}. \qquad \text{(Gl. 4-8)}$$

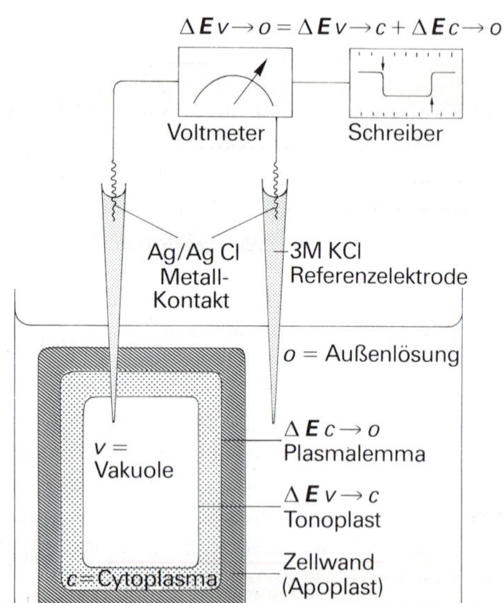

Abb. 4-4. Messung elektrischer Membranpotentiale.

Kasten 4-2
Ionengradienten in Pflanzenzellen

Ionenkonzentrationen im Cytoplasma *(c),* in der Vakuole *(v)* und außen *(o),* gemessene elektrische Membranpotentiale E^M und nach der GOLDMAN-Gleichung berechnete elektrische Diffusionspotentiale (E^G):

	o	Plasmalemma	*c*	Tonoplast	*v*
Nitella translucens					
c_{K^+} (mM):	0,1		119		75
c_{Na^+} (mM):	1,0		14		65
c_{Cl^-} (mM):	1,3		76		160
ΔE^G (mV):		–137		+8	
ΔE^M (mV):		–140		+18	
Avena sativa					
c_{K^+} (mM):	10		78		174
c_{Na^+} (mM):	10		15		27
c_{Cl^-} (mM):	10		83		65
ΔE^G (mV):		–70		±0	
ΔE^M (mV):		–110		±0	

Typische Werte für α und β, die bei der Berechnung von E^G zugrunde gelegt wurden, sind $\alpha = 0{,}2$, $\beta = 0{,}003$. Eine Rechenübung kann darin bestehen, unter Benutzung von Gleichung 4–10 die Berechnung von E^G nachzuvollziehen. Man beachte dabei, daß die Vorzeichen der Membranpotentialdifferenzen (ΔE^G, ΔE^M) dadurch gegeben sind, daß die jeweilige äußere Phase gegenüber der jeweiligen inneren Phase als Null angenommen wird *(o* gegenüber *c* und *c* gegenüber *v).*

Dabei geben *P* und *c* die Permeabilitäten bzw. die Konzentrationen der einzelnen Ionen (gekennzeichnet durch die chemischen Symbole) wieder; *i* steht für innen, *o* für außen. Gleichung 4-8 ist nur für univalente Ionen formuliert, also ist der absolute Wert von $z = 1$. Man beachte aber, daß wegen des entgegengesetzten Ladungszeichens im Zähler des Logarithmus die Innenkonzentrationen für die Kationen und die Außenkonzentrationen für die Anionen stehen. Für mehrwertige Ionen wird die Gleichung komplizierter.

Die einzelnen *Ionenpermeabilitäten* sind oft schwer zu bestimmen. Leichter erhält man die relativen Permeabilitäten, wie z. B.

$$\alpha = \frac{P_{Na^+}}{P_{K^+}}\;;\; \beta = \frac{P_{Cl^-}}{P_{K^+}}\;; \qquad \text{(Gl. 4-9)}$$

damit vereinfacht sich Gleichung 4-8 zu

$$\Delta E = -\frac{RT}{F} \ln \frac{\overset{i}{c}_{K^+} + \alpha \overset{i}{c}_{Na^+} + \beta \overset{o}{c}_{Cl^-}}{\overset{o}{c}_{K^+} + \alpha \overset{o}{c}_{Na^+} + \beta \overset{i}{c}_{Cl^-}} \text{. (Gl. 4-10)}$$

Kasten 4-2 gibt Zahlenbeispiele für Messungen an den großen Internodialzellen der Characee *Nitella translucens* und an Koleoptilzellen des Hafers (*Avena sativa*) wieder.

4.3 Der primär aktive Transport von Protonen

Die enge Übereinstimmung von ΔE^G und ΔE^M am Plasmalemma und am Tonoplasten von *N. translucens* und am Tonoplasten von *A. sativa* bei den Beispielen in Kasten 4-2 zeigt, daß in diesen Fällen die gemessenen Membranpotentialdifferenzen weitgehend auf die Ionendiffusion zurückzuführen sind. Abweichungen des tatsächlich gemessenen Membranpotentials (ΔE^M) vom errechneten Diffusionspotential (ΔE^G) deuten aber darauf hin, daß noch andere Kräfte beteiligt sind, die mit den Gesetzen der passiven Diffusion nicht erfaßt werden. So muß im Beispiel von Kasten 4-2 am Plasmalemma von *A. sativa* ein *elektrogener Mechanismus* wirken, der zusätzlich negative Ladungen in die Zelle hineintransportiert oder positive Ladungen aus der Zelle heraustransportiert, da ΔE^M negativer ist als ΔE^G. Untersuchungen an höheren Pflanzen haben ergeben, daß noch sehr viel höhere Membranpotentialdifferenzen auftreten können, zwischen Cytoplasma und außen mit negativen Werten bis zu −300 mV und zwischen Vakuole und Cytoplasma mit positiven Werten bis zu +70 mV, die stark von ΔE^G abweichen.

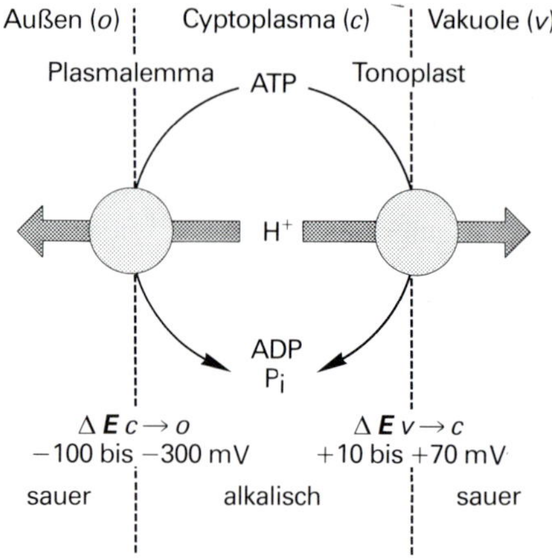

Abb. 4-5. „Protonenpumpen" am Plasmalemma und am Tonoplasten.

Dies kommt durch den *ATP-abhängigen Protonentransport* zustande (Abb. 4-5). In Plasmalemma- und Tonoplasten-Fraktionen hat man ATP-spaltende Proteine (ATPasen) gefunden, die die ATP-Energie in einen Transport von Protonen aus dem Cytoplasma nach außen bzw. in die Vakuolen umsetzen. Sie bauen elektrochemische Protonengradienten ($\Delta\bar{\mu}_{H^+}$) an den Membranen auf, wirken also in umgekehrter Richtung wie der in Kasten 1-8 dargestellte Koppelungsfaktor, der $\Delta\bar{\mu}_{H^+}$ zur ATP-Synthese nutzt (s. auch Kasten 8-4). Da aber hier der Teilchentransport (Protonentransport) unmittelbar mit dem Verbrauch von ATP-Energie gekoppelt ist, sprechen wir von primär aktivem Transport.
Die ursprüngliche Bedeutung der Plasmalemma- und Tonoplasten-ATPase war in der Evolution wohl die

Kasten 4-3
Begriff des pH-Wertes – neutrale, alkalische und saure Lösungen

$pH = -\log_{10} c$
(c = H^+-Konzentration)
Neutrale Lösungen: $c = 10^{-7}$M; pH = 7.
Alkalische Lösungen: $c < 10^{-7}$M; pH > 7.
Saure Lösungen: $c > 10^{-7}$M; pH < 7.

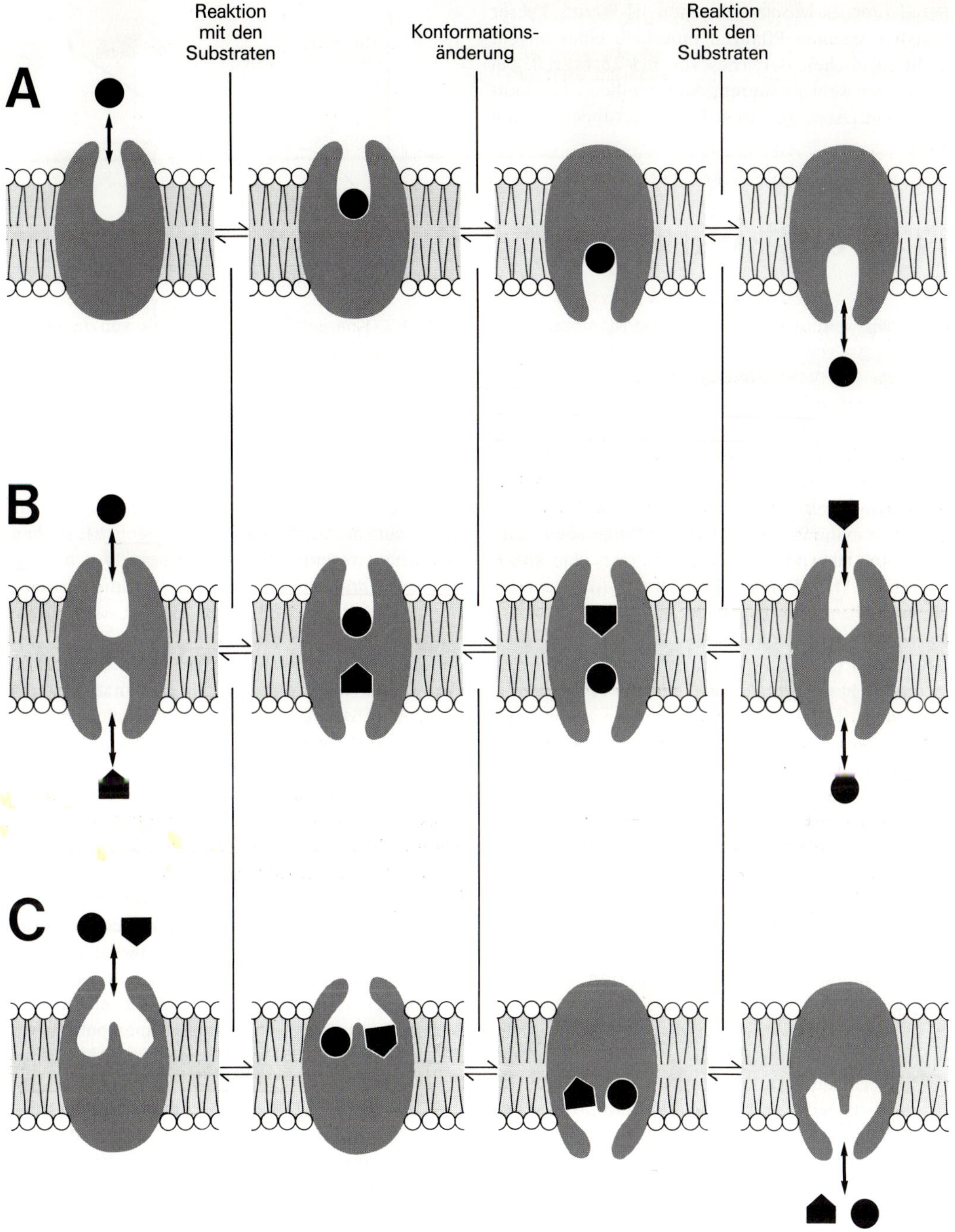

Abb. 4-6. Carrier-Mechanismen. (A) Einfacher Carrier-Mechanismus. (B) Austauschmechanismus. (C) Cotransport.

Regulation des cytoplasmatischen pH-Wertes. Dieser liegt bei rezenten Pflanzen innerhalb eines engen, leicht alkalischen Bereiches von pH 7,5 bis 8,0, bei mehr oder weniger saurem Außenmilieu und Vakuoleninhalt (Abb. 4-5; Begriffserläuterungen Kasten 4-3).

4.4 Die Carrier-Mechanismen

Bevor wir weitere energieabhängige Membrantransportprozesse verstehen können, müssen wir uns kurz mit Carrier-Mechanismen beschäftigen. *Carrier* (engl. Träger) *oder Permeasen sind katalytische Proteine in Membranen, die den Membrantransport katalysieren,* ebenso wie Enzyme eine biochemische Reaktion katalysieren. Einen Versuch der Veranschaulichung zeigt Abb. 4-6A. Der wesentliche Punkt ist die Vorstellung, daß das Carrier-Protein beim Binden des zu transportierenden Substrates eine Struktur- oder Konformationsänderung durchmacht, durch die das Substrat von der einen auf die andere Membranseite gelangt.

Abb. 4-6A läßt auch erkennen, daß der Carrier-Zyklus nicht unbedingt mit der Stoffwechselenergie gekoppelt sein muß. Es kann sich um einen rein passiven Vorgang handeln, der nur zur rascheren katalytischen Einstellung des Gleichgewichtes zwischen chemischen oder elektrochemischen Potentialunterschieden auf beiden Membranseiten beiträgt. Dies wird auch durch die in der Abbildung angedeutete Reversibilität der einzelnen Schritte deutlich. Wir sprechen von *katalysierter Diffusion.*

Wie Enzymreaktionen zeigen katalysierte Diffusionsprozesse Substratsättigung (Kap. 2.6.4). Von einer bestimmten Konzentration der transportierten Teilchen an, bei der alle Bindeorte an den vorhandenen Carrier-Molekülen abgesättigt sind, steigt die Transportgeschwindigkeit mit wachsender Konzentration nicht mehr. Demgegenüber zeigt die freie Diffusion normalerweise eine lineare Konzentrationsabhängigkeit. Das ist einer der wichtigsten Unterschiede zwischen den beiden Prozessen (Abb. 4-7).

Die Konformationsänderungen von Carrier-Proteinen können auch von der Bindung von mehr als einem Liganden (hier: zu transportierende Teilchen) abhängen. Auf diese Weise kann man *Austauschmechanismen* (Abb. 4-6B) und *Cotransportmechanismen* (Abb. 4-6C) erklären.

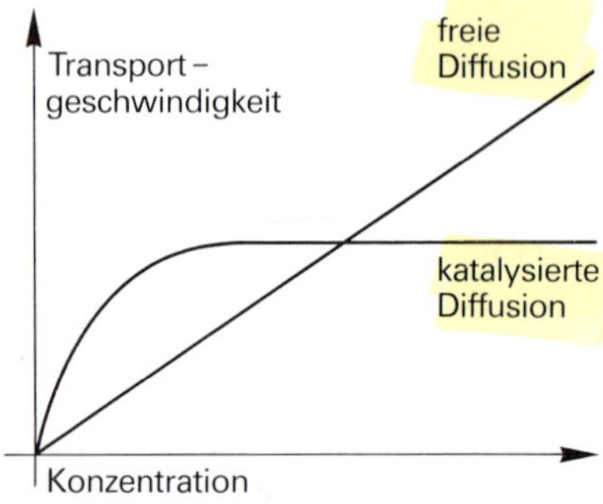

Abb. 4-7. Konzentrationsabhängigkeit von freier und katalysierter Diffusion.

4.5 Die Kanäle

Etwas anders geartete Transportwege durch die Membran sind die Kanäle (engl. *channels*). Es handelt sich im wesentlichen um Ionenkanäle, d. h. *Anionen- und Kationenkanäle.* Sie wurden durch die elektrophysiologischen Messungen mit der von SAKMANN und NEHER entwickelten *Patch-Clamp-Technik* entdeckt. Dabei werden die sauberen Membranoberflächen von isolierten Protoplasten (z. B. nach enzymatischem Abbau der Zellwand) oder isolierten Vakuolen mit einer feinen Pipette so angesaugt, daß sich ein dichtes Anheften mit hohem elektrischen Abdichtwiderstand (10-50 GΩ, daher auch *„Gigaseal"* genannt) ergibt (Abb. 4-8 A). Durch verschiedene weitere Manipulationen lassen sich dann Messungen mit angeheftetem Protoplasten oder angehefteter Vakuole, mit zum Pipetteninneren offenem(r) Protoplasten/Vakuole oder mit angeklemmten Membranflecken (*„patch-clamp"*) unterschiedlicher Orientierung durchführen. Dabei können die Lösungen auf beiden Seiten der Membran und die elektrischen Membranpotentiale experimentell manipuliert werden. Messungen des von Ionen getragenen elektrischen Stroms durch die Membranen zeigen die Aktivität der Kanäle an. Kleine Membranflecken enthalten manchmal nur einen einzigen Kanal, so daß Einzelkanalströme gemessen werden können (Abb. 4-8 B).

Die Kanäle können mehr oder weniger spezifisch für bestimmte Ionen sein. Sie öffnen und schließen sich zeitabhängig. Sie können in Abhängigkeit vom elektrischen Membranpotential, d. h. spannungsabhängig gerichtet sein, so daß die Ionen und der Strom

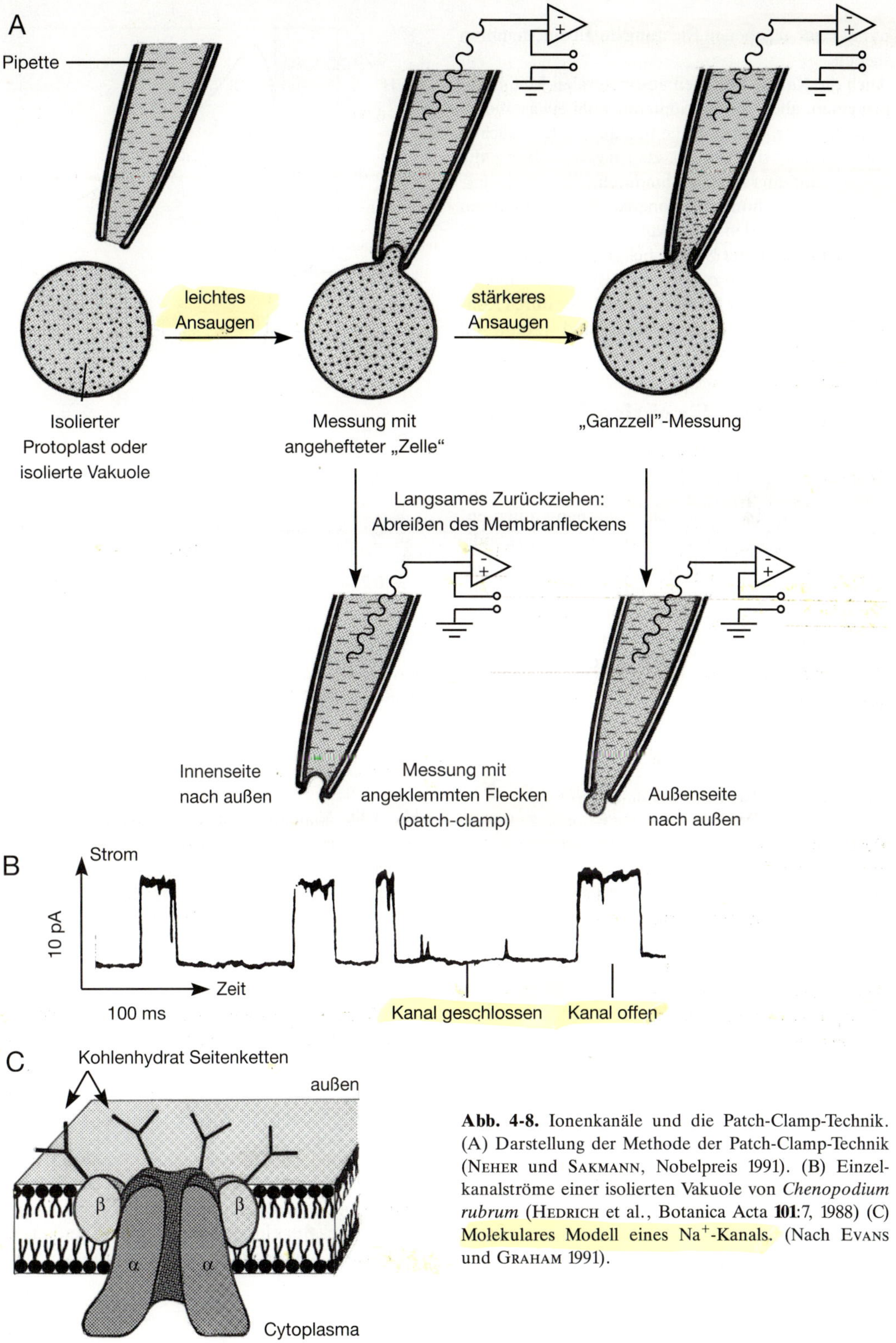

Abb. 4-8. Ionenkanäle und die Patch-Clamp-Technik. (A) Darstellung der Methode der Patch-Clamp-Technik (Neher und Sakmann, Nobelpreis 1991). (B) Einzelkanalströme einer isolierten Vakuole von *Chenopodium rubrum* (Hedrich et al., Botanica Acta **101**:7, 1988) (C) Molekulares Modell eines Na^{+}-Kanals. (Nach Evans und Graham 1991).

nur in einer gegebenen Richtung durch die Membran fließen.

Auch die Kanäle bestehen aus integralen Membranproteinen, aber sie funktionieren wohl etwas anders als die Carrier, indem sie die transportierten Teilchen nicht binden, sondern im geöffneten Zustand die Ionen spannungsabhängig hindurchdiffundieren lassen. Es sind schon viele Ionenkanäle bei Pflanzen identifiziert worden. Molekular ist am besten der Na^+-Kanal tierischer Nerven bekannt. Er besteht aus einer großen (α) und zwei kleinen (β) Polypetidunter-einheiten, die an der Membranoberfläche durch Kohlenhydratseitenketten glykosiliert sind (Abb. 4-8 C).

4.6 Der sekundär aktive Transport

Der primär aktive Transport von Protonen durch die ATPase oder „Protonenpumpe" kann über den aufgebauten elektrochemischen Protonengradienten, $\Delta\bar{\mu}_{H^+}$, eine Vielzahl anderer Transportprozesse indirekt mit Energie versorgen. Abb. 4-9 zeigt die *Möglichkeiten sekundärer Koppelungen mit der Protonenpumpe.* Der von der Stoffwechselenergie abhängige Transport von elektrisch neutralen Substraten oder von Anionen kann durch *H^+-Cotransport,* der Transport von Kationen durch *Austausch* an Carriern, erklärt werden. Außerdem kann die elektrische Komponente des primär aktiven Protonentransportes Energie für einzelne Anionen- und Kationen-Transportmechanismen bereitstellen, die wir zur

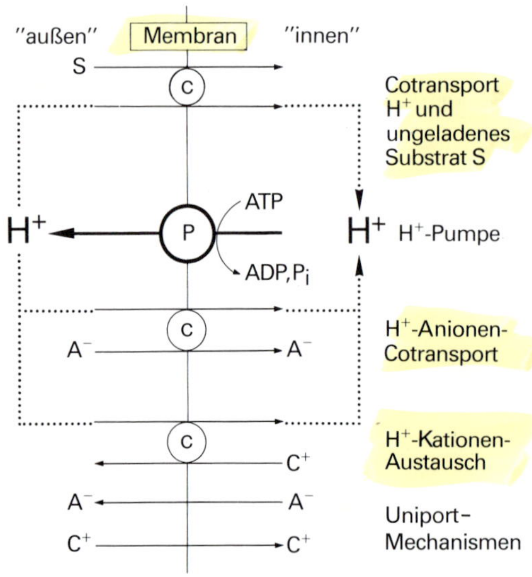

Abb. 4-9. Flußkoppelungen an einer Membran. *A^-*, Anion; *C^+*, Kation; *c*, Carrier; *P*, Protonenpumpe; *S*, elektrisch neutrales, ungeladenes Substrat.

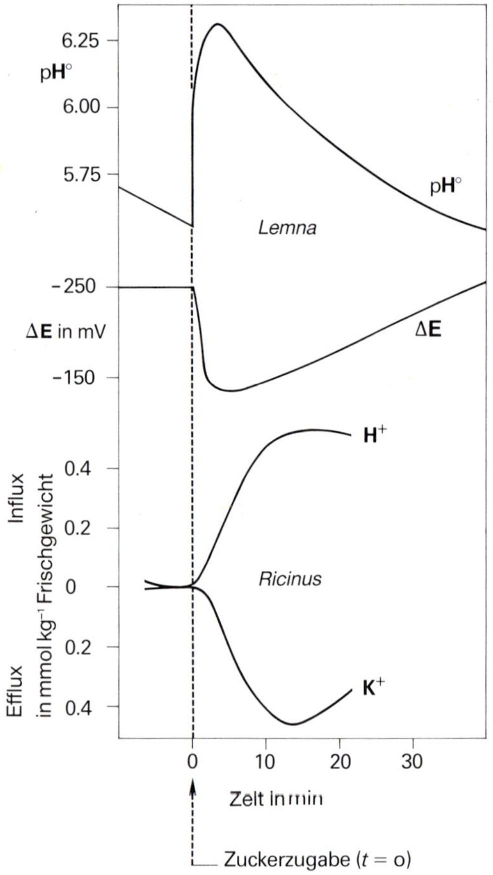

Abb. 4-10. Membranprozesse bei einsetzendem H^+-Zucker-Cotransport. Die beiden oberen Kurven: Alkalisierung des Außenmediums (pH°) und Depolarisierung der elektrischen Potentialdifferenz zwischen Vakuole und Außenmedium (ΔE) von Wasserlinsenzellen *(Lemna)* bei Zugabe von 50 mM Glucose zum Außenmedium (nach Novacky et al., *Planta* **149**: 321, 1980). Die beiden unteren Kurven: H^+-Aufnahme (Influx) und K^+-Abgabe (Efflux) durch Zellen von *Ricinus*keimblättern bei Zugabe von 10 mM Saccharose zum Außenmedium (nach Cho und Komor, *Plant Sci. Lett.* **17**: 425, 1980).

Unterscheidung von den Cotransport- und Austauschmechanismen als *Uniporte* bezeichnen. Sie können ebenfalls durch Carrier, vor allem aber auch durch Kanäle vermittelt werden. Alle diese energieabhängigen Mechanismen fassen wir als sekundär aktive Transporte zusammen. Für quantitative energetische Betrachtungen gelten dieselben Gesetze, wie sie bei der Diskussion von $\Delta\bar{\mu}_{H^+}$ in Kasten 1-8 dargestellt sind.

Man muß sich vorstellen, daß mehrere der in Abb. 4-9 gezeigten Flußkoppelungen gleichzeitig verwirklicht sind. So kann durch eine Kombination von H^+-Anionen-Cotransport und Kationen-Uniport eine Salzaufnahme, durch die Kombination von H^+-Kationen-Austausch und Anionen-Uniport eine Salzabgabe zustande kommen.

Als Beispiel für den experimentellen Nachweis solcher Transportvorgänge zeigt Abb. 4-10 Membranprozesse bei einsetzendem H^+-Zucker-Cotransport. Unmittelbar nach der Zugabe des Zuckers zum Medium setzt die Zuckeraufnahme ein. Dabei erhöht sich der pH-Wert im Medium durch die H^+-Aufnahme mit dem Substrat, und die elektrische Membranpotentialdifferenz erniedrigt sich. Das heißt, die chemische und die elektrische Komponente von $\Delta\bar{\mu}_{H^+}$ werden momentan kleiner. Zum Ladungsausgleich für die plötzlich einsetzende H^+-Aufnahme beim beginnenden H^+-Zucker-Cotransport strömen zunächst K^+-Ionen aus der Zelle aus. Alle diese Vorgänge laufen jedoch nur vorübergehend ab. Ein verstärkter primär aktiver H^+-Transport durch die ATPase sorgt innerhalb einiger Minuten für einen Ausgleich, während der H^+-Zucker-Cotransport kontinuierlich weitergeht.

Zum weiteren Studium

EVANS, W. H. und GRAHAM, J. M.: *Struktur und Funktion biologischer Membranen.* Thieme, Stuttgart 1991.

LÜTTGE, U.: *Stofftransport der Pflanzen.* Springer, Berlin – Heidelberg – New York 1973.

LÜTTGE, U. and HIGINBOTHAM, N.: *Transport in Plants.* Springer, New York – Heidelberg – Berlin 1979.

NOBEL, P. S.: *Biophysical Plant Physiology and Ecology.* Freeman, San Francisco 1983.

5 Die Vakuole

5.1 Speicherfunktionen und hydrolytische Enzyme

Große zentrale Vakuolen sind typische Charakteristika ausdifferenzierter Pflanzenzellen. Sie nehmen oft weit über 90 %, in besonderen Fällen 98 bis 99 % des gesamten Zellvolumens ein.
Vakuolen enthalten eine Vielzahl verschiedener Substanzen in wäßriger Lösung. Dadurch können sie Speicherfunktionen erfüllen. Es kann sich dabei um die *reversible Speicherung* von Produkten und Substraten des Stoffwechsels handeln, z. B. Zucker beim Zuckerrohr und bei Zuckerrüben oder Äpfelsäure beim Crassulaceen-Säurestoffwechsel (Kap. 23.8.3.3). Andererseits werden auch toxische Substanzen in den Vakuolen abgelagert und damit aus dem stoffwechselaktiven Cytoplasma entfernt. In diesem Zusammenhang kann man die Vakuolen auch als *Exkretionsorganelle* betrachten.
Die Entgiftung des Cytoplasmas durch den Einschluß schädlicher Stoffe durch die Membranbarriere des Tonoplasten spielt bei den oberirdischen Organen von Landpflanzen eine sehr wichtige Rolle, da die Möglichkeit der Abgabe in ein Außenmedium anders als bei Wasserpflanzen und teilweise bei Wurzeln nicht besteht und ein Abtransport nur begrenzt möglich ist.
Die Vakuolen enthalten auch die *hydrolytischen Enzyme*, die durch Wasseranlagerung Makromoleküle in ihre Bausteine zerlegen. Sie sorgen damit unter anderem für einen ständigen Turnover als Grundlage für die Regulation des Zellstoffwechsels (Kap. 13.4.4). Auch hier ist die Membranbarriere des Tonoplasten wichtig, die die Abbauvorgänge von den Stoffwechselvorgängen im Cytoplasma trennt.

5.2 Die Osmose und der Turgor

Von ganz entscheidender Bedeutung für die Pflanzen sind die in der Vakuole gelösten Substanzen aber vor allem wegen ihrer osmotischen Wirksamkeit.
Um dies zu verstehen, müssen wir zunächst ein einfaches osmotisches System betrachten (Abb. 5-1). Dabei soll eine Membran die wäßrige Lösung einer Substanz S in dem Kompartiment i von reinem Wasser in dem Kompartiment ii trennen. Nach dem 1. FICKschen Gesetz haben die gelösten Teilchen der Substanz S die Tendenz von i nach ii zu wandern, denn es besteht ein von i nach ii gerichteter Gradient des chemischen Potentials von S.
Aber auch für die Moleküle des Lösungsmittels Wasser besteht ein Gradient des chemischen Potentials. Die Konzentration von H_2O ist im reinen Wasser (Kompartiment ii) natürlich größer als in der Lösung von S in Wasser (Kompartiment i). Also haben die H_2O-Moleküle die Tendenz, von ii nach i zu wandern. Damit läßt sich auch der Begriff des Wasserpotentials, ψ, verstehen. Man definiert das *Wasserpotential* als das chemische Potential des Wassers, μ_{H_2O}, bezogen auf einen Grundzustand, $\overset{o}{\mu}_{H_2O}$, dividiert durch das partielle Molvolumen, $\overline{V}_{H_2O}$:

$$\Psi = \frac{\mu_{H_2O} - \overset{o}{\mu}_{H_2O}}{\overline{V}_{H_2O}} \quad \text{(Gl. 5-1)}$$

$\overset{o}{\mu}_{H_2O}$ ist das chemische Potential von reinem Wasser, d. h. das *Wasserpotential von reinem Wasser ist definitionsgemäß gleich Null* (da $\mu_{H_2O} = \overset{o}{\mu}_{H_2O}$). Sind andere Moleküle oder Ionen im Wasser gelöst enthalten, wird das Wasserpotential niedriger, d. h. es nimmt je nach der Konzentration der gelösten Substanzen mehr oder weniger große negative Werte an. Kasten 5-1 zeigt, daß Ψ die Dimension eines Druckes hat. In

Systemen wie dem der Abb. 5-1 hat Wasser immer die Tendenz, vom Kompartiment mit dem weniger negativen Wasserpotential in das Kompartiment mit dem negativeren Wasserpotential zu diffundieren.

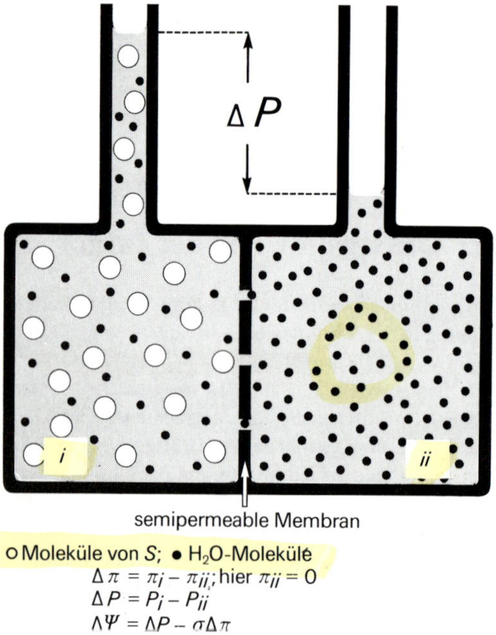

Abb. 5-1. Osmotisches System.

Nehmen wir nun zunächst an, daß die Membran in Abb. 5-1 für die Teilchen von *S* vollkommen undurchlässig (impermeabel) und für die H_2O-Teilchen vollkommen durchlässig (permeabel), d.h. ideal *semipermeabel* ist. Dann können nur H_2O-Teilchen von *ii* nach *i*, nicht aber *S*-Teilchen von *i* nach *ii* wandern. Durch diesen Wassertransport wird sich das Lösungsvolumen im Kompartiment *i* erhöhen. So wie unser System konstruiert ist, kann dies nur durch Aufsteigen der Lösung in einem Steigrohr erfolgen. Dadurch baut sich ein zunehmend größer werdender hydrostatischer Gegendruck (ΔP) auf. Das System erreicht ein Gleichgewicht, wenn ΔP dem osmotischen Druck der Lösung im Kompartiment *i* gerade die Waage hält.

Den *hydrostatischen Druck* ΔP können wir direkt aus der Steighöhe entnehmen (Kasten 5-1). Warum aber können wir bei einer Lösung von einem *osmotischen Druck* (π) sprechen? Der Zusammenhang mit der Konzentration, *c*, einer Lösung ergibt sich aus dem VAN'T HOFF*schen Gesetz:*

$$\pi = c \cdot R \cdot T. \qquad \text{(Gl. 5-2)}$$

Kasten 5-1 zeigt auf, daß π die Dimension eines Druckes hat.

Für die Gradienten des hydrostatischen Druckes (ΔP), des osmotischen Druckes ($\Delta\pi$) und des Wasserpotentials ($\Delta\Psi$) zwischen den Kompartimenten *i* und *ii* läßt sich nun formulieren:

$$\Delta\Psi = \Delta P - \Delta\pi. \qquad \text{(Gl. 5-3)}$$

Im Gleichgewichtszustand ist $\Delta P = \Delta\pi$ und $\Delta\Psi = 0$. Wenn $\Delta P < \Delta\pi$ ist, dann ist $\Delta\Psi$ negativ und Kompartiment *i* kann H_2O aufnehmen. Wenn $\Delta P > \Delta\pi$ ist, gibt Kompartiment *i* H_2O ab.

Biologische Membranen sind meist nicht ideal semipermeabel, sondern haben eine gewisse Durchlässigkeit für gelöste Substanzen, die natürlich auch von der Natur der betreffenden Substanzen abhängt. Man berücksichtigt diesen Sachverhalt in Gleichung 5-4 durch die Einführung des dimensionslosen *Reflexionskoeffizienten* σ:

$$\Delta\Psi = \Delta P - \sigma\Delta\pi. \qquad \text{(Gl. 5-4)}$$

Im Gleichgewichtszustand ($\Delta\Psi = 0$) ergibt sich

$$\sigma = \frac{\Delta P}{\Delta\pi}. \qquad \text{(Gl. 5-5)}$$

Wenn die Membran für die gelöste Substanz *S* vollkommen undurchlässig ist (d.h. die Teilchen von *S* an der Membran total „reflektiert" werden), ist $\sigma = 1$; $\Delta\pi$ wirkt sich osmotisch voll aus. Wenn die Membran für *S* absolut permeabel ist, ist $\sigma = 0$ und $\Delta\Psi = \Delta P$, d.h. $\Delta\pi$ wirkt sich überhaupt nicht aus, und das System verhält sich als wäre gar keine Membran vorhanden. σ nimmt also Werte zwischen 0 und 1 an und bestimmt, wie stark sich der osmotische Gradient $\Delta\pi$ auswirken kann. Einige Beispiele für σ-Werte pflanzlicher Membranen sind:

Saccharose	0,97 bis 1,00
Glucose	0,95
Glycerin	0,80
Äthanol	0,34.

Die anhand von Abb. 5-1 angestellten Überlegungen lassen sich unmittelbar auf pflanzliche Zellen übertragen. Dabei tritt anstelle des hydrostatischen Druckes der Wassersäule der *elastische Gegendruck der Zellwand.* (Dies kann man sich leicht vorstellen, wenn man an einen aufgepumpten Reifen oder Lederball denkt, bei dem der Mantel oder die Lederhülle eine entsprechende Funktion haben.) Die Funktion der semipermeablen Membran wird von Tonoplast und Plasmalemma gemeinsam ausgeübt, denn direkt am Tonoplasten kann sich kein elastischer Gegendruck aufbauen.

In Abb. 5-2 betrachten wir eine Zelle in einer wäßrigen Lösung. Die Diskussion einiger möglicher Gleichgewichtszustände zeigt, daß sich an der Zellwand ein elastischer Druck aufbaut, wenn der osmotische Druck in der Vakuole (π_V) größer ist als in der Außenlösung oder im Apoplasten (π_A). Diesen elastischen Wanddruck nennen wir *Turgor.* Sind beide osmotischen Drucke gleich ($\pi_A = \pi_V$), liegt der Protoplast der Zellwand gerade lose an. Bei geringfügiger Erhöhung von π_A gegenüber π_V beginnt der Protoplast durch H_2O-Abgabe weiter an Volumen zu verlieren und sich von der Wand zurückzuziehen. Im fort-

Kasten 5-1
Physikalische Definitionen zum Wasserpotential und osmotischen Druck

■ Wasserpotential

- Definition des Wasserpotentials s. Gleichung 5–1
- Partielles Molvolumen, $\overline{V}_W$, des Wassers:
  Molekulargewicht von H_2O = 18 g mol^{-1}
  1 l Wasser hat bei 20 °C die Masse von 0,9982 kg oder 1 l Wasser entspricht 55,5 Mol H_2O.
  $\overline{V}_W$ ist also bei 20 °C 0,01803 l · mol^{-1} oder 18,03 · 10^{-6} m^3 · mol^{-1}.
- Das chemische Potential μ hat die Dimension einer Energie (Joule mol^{-1}; s. Kasten 1–8). Somit erhält ψ in Gleichung 5–1 die Dimension Joule m^{-3}.
- Aufgrund der Definitionen von Energie und Kraft läßt sich zeigen, daß die Dimension Joule m^{-3} einem Druck entspricht:
  – Druck = Kraft pro Flächeneinheit
  – Die Einheiten des Druckes sind:
  10,332 m Wassersäule = 1 atm (Atmosphäre)
  760 mm Quecksilbersäule = 1 atm
  1 bar = 1,0133 atm
  1 bar = 10^5 Pa (Pascal) = 0,1 MPa
  – Energie (Joule) = Kraft (N) × Weg (m)
  – Kraft (N) = Masse (kg) × Beschleunigung (m · s^{-2})
  – Die Einheit der Kraft, das Newton (N), entspricht der Beschleunigung einer Masse von 1 kg um 1 m · s^{-2}
  – 1 Pa = 1 Nm^{-2}
  – Also: Joule m^{-3} ≡ Nm^{-2} ≡ Pa.

■ Osmotischer Druck

- Definition des osmotischen Druckes s. Gleichung 5–2
- Wenn R in Joule mol^{-1} Kelvin^{-1}, c in mol m^{-3} und T in Kelvin ausgedrückt werden, hat π nach Gleichung 5–2 die Dimension Joule m^{-3}, d. h. die Dimension eines Druckes (s. o.).

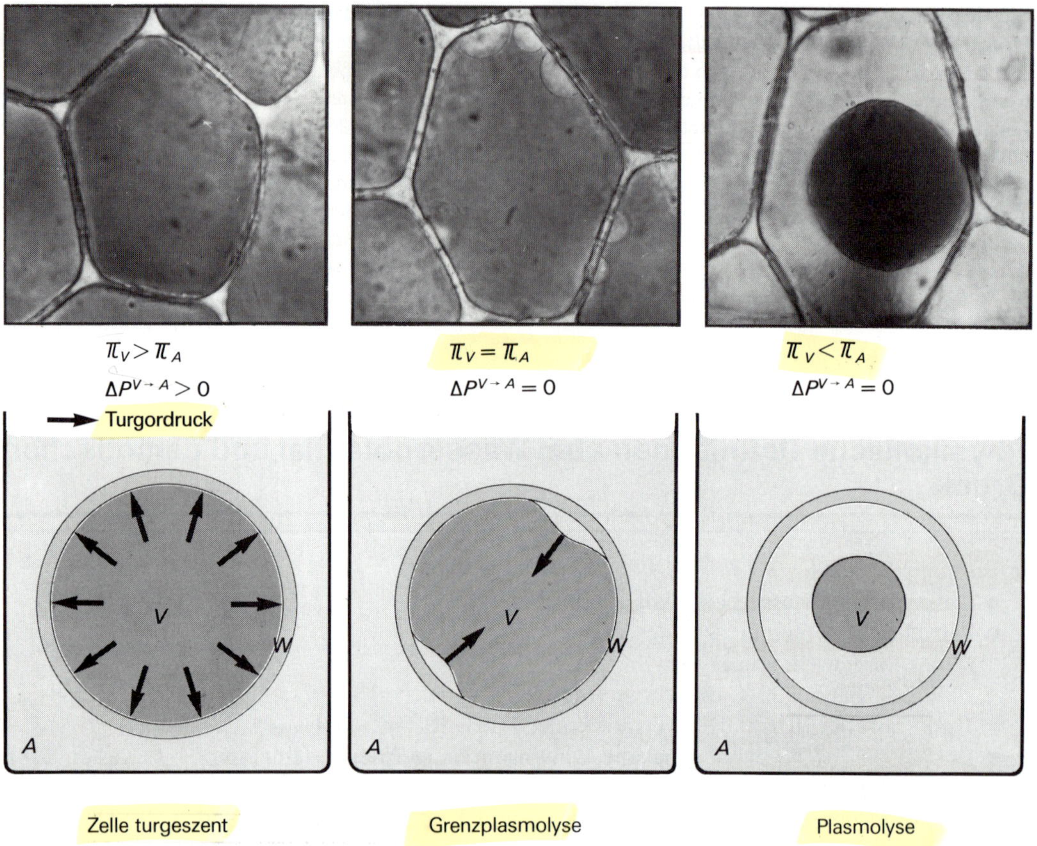

Abb. 5-2. Turgor und Plasmolyse. Die Photographien zeigen Zellen der unteren Blattepidermis von *Rhoeo discolor. A*, Apoplast und Außenlösung; *V*, Vakuole; *W*, Zellwand.

geschrittenen Zustand ($\pi_A > \pi_V$) bezeichnen wir dies als *Plasmolyse*. Den Gleichgewichtszustand bei $\pi_A = \pi_V$ nennen wir dementsprechend *Grenzplasmolyse*. Für Zellen in Geweben sind die Verhältnisse komplizierter, da die Wände benachbarter Zellen aufeinanderdrücken *(Gewebedruck)*.

5.3 Die Wasserpotentialgradienten und der Volumenfluß

Weitere Komplikationen ergeben sich bei der Betrachtung von Pflanzenorganen in ihrem natürlichen Milieu, z. B. von Blättern in Luft, durch zahlreiche *Grenzübergangsphänomene*. Im Prinzip läßt sich aber leicht erkennen, daß z. B. für Übergänge zwischen der Lösungsphase in Blattzellvakuolen und der Gasphase der Atmosphäre das gleiche gilt, wie für die Zelle im wäßrigen Medium in Abb. 5-2.

Abb. 5-3 zeigt ein Beispiel, in dem die Blattzellen ein Wasserpotential von $\Psi_{\text{Blatt}} = -13{,}1$ bar haben. Bei 25 °C und 50 % relativer Luftfeuchte hat die Atmosphäre (Atm) ein Wasserpotential von $\Psi_{\text{Atm}} = -936$ bar. Es besteht also ein sehr großer Wasserpotentialgradient zwischen den Blattzellen und der umgebenden Luft, $\Delta\Psi_{\text{Atm-Blatt}} = -923$ bar. (NB: Das Vorzeichen beachten, das die Richtung angibt; vgl. Abb. 5-3, wo $\Delta\Psi_{\text{Blatt-Atm}} = +923$ bar). Die Wasserpotentialgradienten zwischen Boden und Wurzel und innerhalb der Pflanze sind um etwa zwei Größenordnungen niedriger.

Verschiedene *Widerstände* im Blatt und an der Blattoberfläche (Abb. 23-19) sorgen dafür, daß das Blatt trotz des großen Wasserpotentialgradienten an seiner Oberfläche nicht schlagartig sein ganzes Wasser verliert. In Analogie zum Ohmschen Gesetz der Elektrizitätslehre

$$I = \frac{U}{R} \qquad \text{(Gl. 5-6)}$$

(I: Strom, U: Spannung, R: Widerstand) kann man für den Wassertransport in der Pflanze schreiben:

$$\text{Volumenfluß } \textit{proportional } \frac{\Delta\Psi}{\Sigma r}, \qquad \text{(Gl. 5-7)}$$

wobei Σr die Summe aller Widerstände der Transportwege wiedergibt.
Der Widerstand für den Wassertransport aus dem Blatt in die Atmosphäre ist einige hundertmal größer als der Widerstand für den Übertritt von Wasser aus dem Boden in die Wurzel. Trotzdem erfolgt eine kontinuierliche Abgabe von Wasserdampf aus den Blättern in die Atmosphäre. Wir nennen dies *Transpiration* (Kap. 22.7.1.1). Durch die Wasserabgabe würden die Blattzellen ihren Turgor verlieren, wenn sie nicht über die Wurzeln Nachschub erhalten könnten. Das ist dann möglich, wenn im gut durchfeuchteten Boden das Wasserpotential weniger negativ ist als im Wurzelgewebe und, wie im Beispiel der Abb. 5-3, ein Wasserpotentialgefälle zwischen Boden, Wurzeln und Blättern besteht, so daß ein Wasserfluß vom Boden zu den Blättern erfolgen kann. Bei eingeschränkter Wasserversorgung kann die Transpiration dagegen zum Turgorverlust führen. Das äußert sich sichtbar in der Erscheinung des *Welkens*.
Damit wird die Notwendigkeit einer dynamischen Betrachtung des Wasserhaushalts unterstrichen. Die Diskussion der Gleichungen 5-3 und 5-4 hat schon

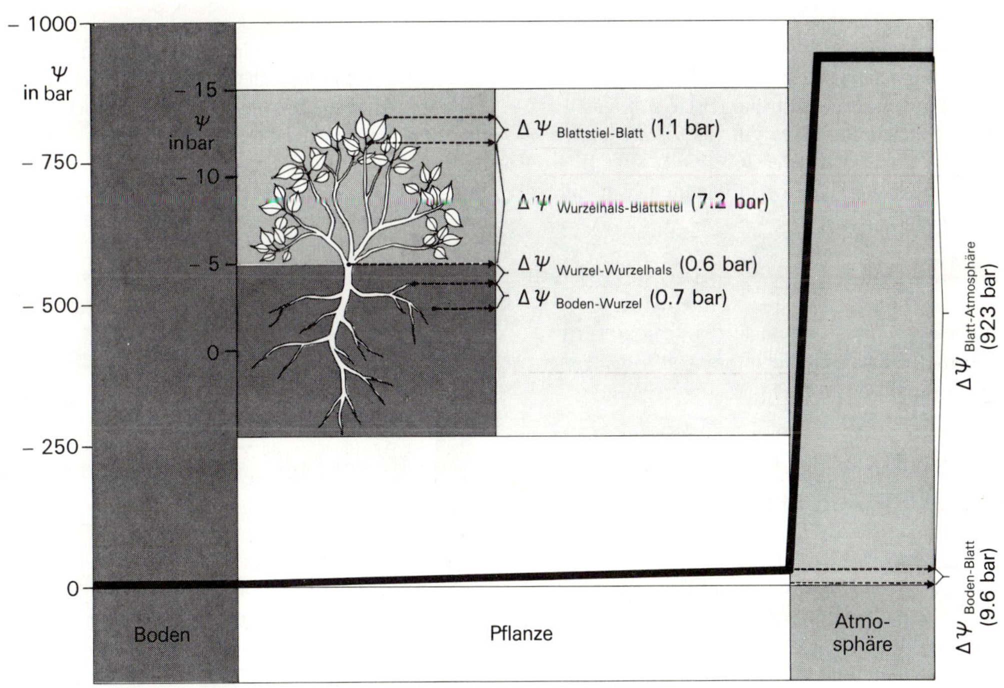

Abb. 5-3. Wasserpotentialgradienten zwischen Boden, Pflanze und Atmosphäre (bei 20 °C und 50 % relativer Luftfeuchte) und innerhalb einer Pflanze zwischen Wurzeln und Blättern (Inset). (Die Daten für die Pflanze, die Composite *Encelia farinosa* in Californien, stammen von Nobel und Jordan, *J. Exp. Bot.* **34**: 1379, 1983.)

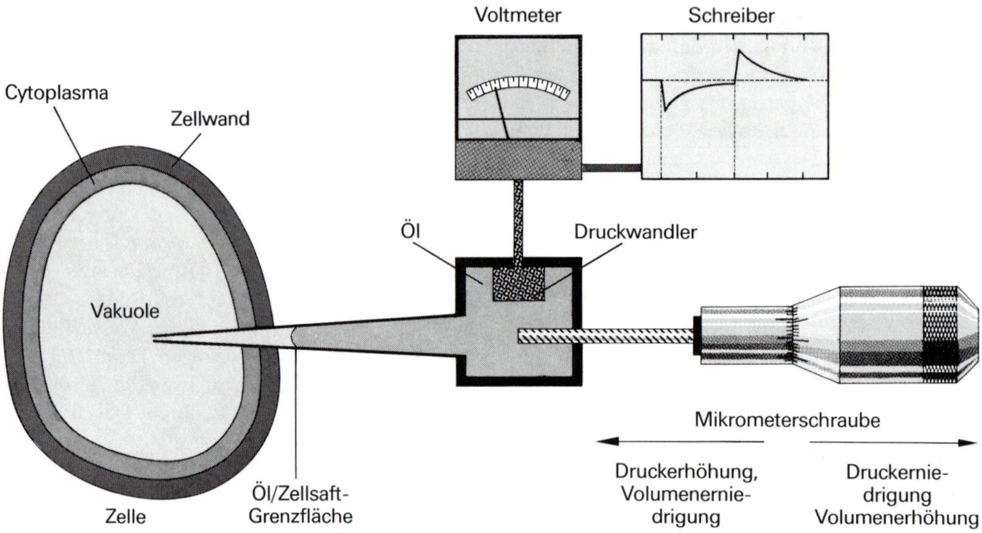

Abb. 5-4. Druckmeßsonde nach ZIMMERMANN und STEUDLE.

deutlich gemacht, daß $\Delta\Psi$ die treibende Kraft für den Wassertransport ist, wie es analog für die Gradienten des chemischen bzw. elektrochemischen Potentials beim Transport elektrisch neutraler bzw. geladener Lösungsteilchen gilt. Ist L_p *die hydraulische Leitfähigkeit einer Membran und* J_v *der Wasserfluß, den wir auch Volumenfluß* nennen (Einheit: $m^3 \cdot s^{-1}$), so ergibt sich

$$J_v = L_p \cdot \Delta\Psi = L_p \cdot (\Delta P - \sigma\Delta\pi). \qquad \text{(Gl. 5-8)}$$

(Man beachte, daß – anders als der analoge Permeabilitätskoeffizient – L_p *die Einheit* $m^3 \cdot s^{-1} \cdot bar^{-1}$ *hat.)*

5.4 Die Messung der Wasserhaushaltsparameter

Den *Turgordruck (P)* von Zellen kann man direkt messen, wenn man eine mit Öl gefüllte Glaskapillare als Sonde in die Zellen einsticht; der Druck wird über das Öl auf einen Druckwandler übertragen und als elektrische Spannung ablesbar (Abb. 5-4). *Osmotische Drucke (π)* von Lösungen und Pflanzenpreßsäften bestimmt man meist kryoskopisch durch Messung der Gefrierpunktserniedrigung. Das *Wasserpotential (Ψ)* eines Gewebes oder Organs, z. B. eines Blattes, kann man mit einer Druckkammer bestimmen (Abb. 5-5). Das Blatt wird so eingespannt, daß mit Hilfe eines Preßluftzylinders ein variierbarer Druck auf das ganze Organ ausgeübt werden kann, die Schnittfläche des abgetrennten Stiels sich aber unter Atmosphärendruck befindet. Der über die Gasflasche applizierte Gleichgewichtsdruck, bei dem das Wasser

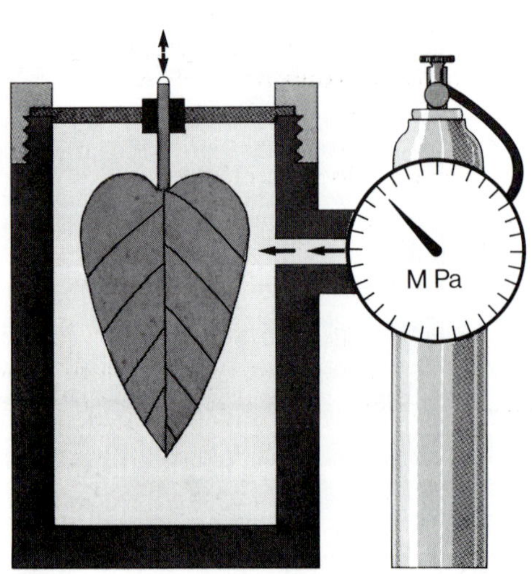

Abb. 5-5. Druckkammer nach SCHOLANDER und HAMMEL.

im Xylem bis zur Schnittfläche zurückgedrückt und gerade der erste Wasseraustritt am Blattstiel deutlich wird, entspricht dem Wasserpotential des Blattgewebes.

Die Druckmeßsonde erlaubt auch eine quantitative Bestimmung der *Zellwandelastizität.* Wir haben bereits gesehen, daß die elastischen Eigenschaften der Zellen für den Wasserhaushalt von entscheidender Bedeutung sind. Die Druckänderung ΔP ist bei einer, z. B. durch einen bestimmten Volumenfluß hervorgerufenen Volumenänderung ΔV umso größer, je kleiner die Zelle und je starrer die Zellwand ist:

$$\Delta P = \frac{1}{V} \cdot \varepsilon \cdot \Delta V. \qquad \text{(Gl. 5-9)}$$

Dabei ist V das Zellvolumen und ε der volumetrische Elastizitätsmodulus. Je kleiner ε, desto elastischer, je größer ε, desto starrer ist die Zellwand. Genau definierte Volumenänderungen (ΔV) kann man mit der Druckmeßsonde vornehmen, indem man die Öl-Zellsaft-Grenzfläche mittels einer Mikrometerschraube verschiebt (Abb. 5-4). Liest man die damit verbundene Druckänderung ab, und ist das Zellvolumen bekannt, läßt sich ε berechnen.

Schließlich kann man mit der Drucksonde die *hydraulische Leitfähigkeit* bestimmen. Erhöht man den Druck, indem man das Öl in Richtung auf die Zelle schiebt, erfolgt eine exponentielle Relaxation durch H_2O-Abgabe aus der Zelle. Erniedrigt man den Druck durch Zurücknehmen der Öl-Zellsaft-Grenzfläche, führt die exponentielle Relaxation durch Wassereinstrom zum Ausgangszustand zurück (Abb. 5-6). Die Zeitkonstante, t_e, dieser exponentiellen Relaxationen ist umso kleiner, je kleiner das Volumen-Oberflächen-Verhältnis der Zelle (V/A) und je größer die hydraulische Leitfähigkeit ist:

$$t_e = \frac{V}{A} \cdot \frac{1}{L_p} \cdot \frac{1}{(\varepsilon + \pi^{Zelle})}. \qquad \text{(Gl. 5-10)}$$

Anschaulicher als die Zeitkonstante, t_e, ist die Halbwertszeit, $T_{1/2}$, die angibt, wie lange es dauert bis der Volumenausgleich zur Hälfte abgeschlossen ist:

$$\frac{1}{2} = \frac{e^{-T_{1/2}}}{t_e}. \qquad \text{(Gl. 5-11)}$$

Damit wird die Gleichung (5-10) zu

$$L_p = \frac{V}{A} \cdot \frac{1}{T_{1/2}} \cdot \frac{\ln 2}{(\varepsilon + \pi^{Zelle})}. \qquad \text{(Gl. 5-12)}$$

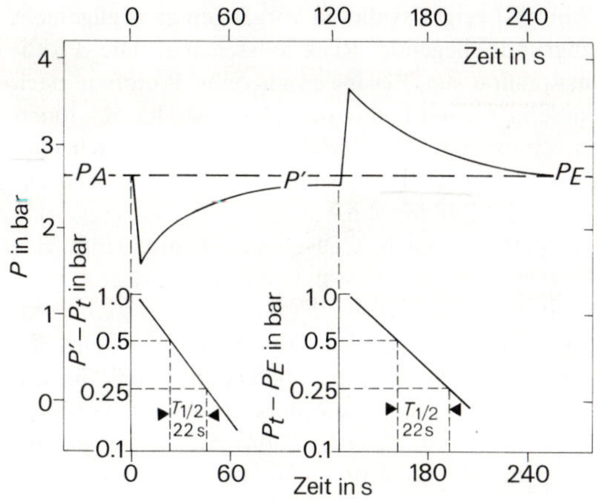

Abb. 5-6. Druckrelaxationen von Mesokarp-Parenchymzellen der Paprikafruchtwand nach Druckerniedrigung (Volumenerhöhung) bzw. Druckerhöhung (Volumenerniedrigung), s. auch Abb. 5-4. P_t, der zu jedem Zeitpunkt t gemessene Druck; P_A, Ausgangsdruck; P', Gleichgewichtsdruck nach Relaxation aufgrund einer Volumenerhöhung; P_E, Gleichgewichtsdruck nach Relaxation aufgrund einer Volumenerhöhung, gefolgt von einer gleich großen Volumenerniedrigung. *Nota bene:* $P_A > P'$; $P' < P_E$; $P_E = P_A$. Bei der logarithmischen Auftragung der Druckänderungen während der Relaxationen gegen die Zeit ergeben sich Geraden, aus denen man die Halbwertszeit ($T_{1/2}$) des Wasseraustausches ablesen kann. (Nach Messungen von RYGOL und LÜTTGE, *Plant Cell and Environment* **6**: 515, 1983.)

5.5 Die turgorabhängigen Lebensvorgänge

Die fundamentale Bedeutung des Turgors für den Wasserhaushalt der Pflanzen und für die *Erhaltung der äußeren Gestalt,* die beim Welken zusammenbrechen kann, haben wir bereits erkannt. Andere für Pflanzen lebenswichtige Vorgänge, an denen Turgormechanismen beteiligt sind, sind die turgorabhängigen *Variationsbewegungen* und das *Streckungswachstum.* Die grundlegenden Mechanismen dieser ganz offensichtlich sehr verschiedenen Zwecken dienenden Vorgänge sind erstaunlich ähnlich. Primär aktiver Transport von Protonen, sekundär aktiver Transport von Ionen und osmotische Prozesse greifen dabei ineinander.

Abb. 5-7 zeigt das diesen Vorgängen ganz allgemein zugrunde liegende Reaktionsschema. Die Protonenpumpe am Plasmalemma gibt Protonen nach außen ab. Zum Ladungsausgleich werden K^+-Ionen aufgenommen. Das Cytoplasma würde durch eine kontinuierliche H^+-Abgabe zu alkalisch werden. Durch die Bildung von Äpfelsäure wird ein Ausgleich geschaffen. Durch CO_2-Fixierung mit Hilfe des Enzyms Phosphoenolpyruvat-Carboxylase wird Oxalessigsäure synthetisiert, aus der nach Reduktion Äpfelsäure entsteht. Die Dissoziation der neugebildeten Carboxyl-Gruppen liefert Protonen für die H^+-ATPase. K^+ und die Äpfelsäure-Anionen (Malat) können als osmotisch wirksame Substanzen in der Vakuole akkumuliert werden. Wasser strömt osmotisch nach; durch diesen Volumenfluß baut sich ein erhöhter Turgordruck auf.

Beim *Streckungswachstum* (Zellstreckung) ist die Protonenabgabe und -anreicherung in der Zellwand wichtig. Durch von der Ansäuerung abhängige chemische Reaktionen wird die Zellwand für die Streckung unter dem Druck des Turgors plastisch dehnbar (sogenanntes Säurewachstum). Das das Streckungswachstum fördernde Phytohormon IES (Kap. 26.5.2) steigert die Protonenabgabe und die Äpfelsäure-Synthese.

Zu den *Turgor- oder Variationsbewegungen* gehören die nyktinastischen Schlafbewegungen von Blättern oder Fiederblättern (Abb. 26-34) und die erschütterungsbedingten (seismonastischen) Bewegungen der *Mimosa pudica* (Abb. 26-16). Sie kommen durch lokale Turgoränderungen in bestimmten Gelenkzellen zustande. Bei der Mimose ist die Bewegung durch momentanes Zusammenbrechen des Turgors (Per-

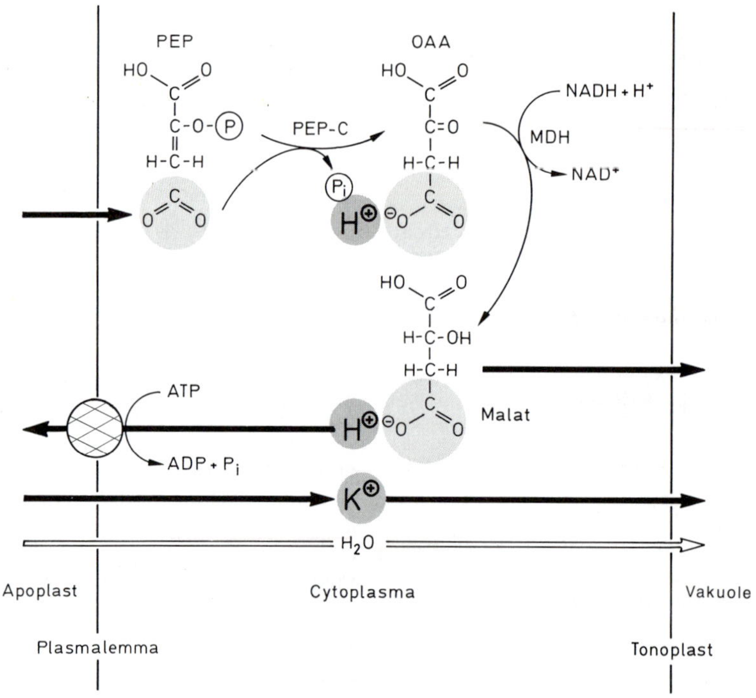

Abb. 5-7. Malat-Synthese und energieabhängiger H^+/K^+-Austausch für die Erhöhung des osmotischen Druckes in der Zelle. Turgorerhöhung erfolgt durch osmotische Wasseraufnahme. PEP, Phosphoenolpyruvat; PEP-C, Phosphoenolpyruvat-Carboxylase; MDH, Malatdehydrogenase; OAA, Oxalacetat.

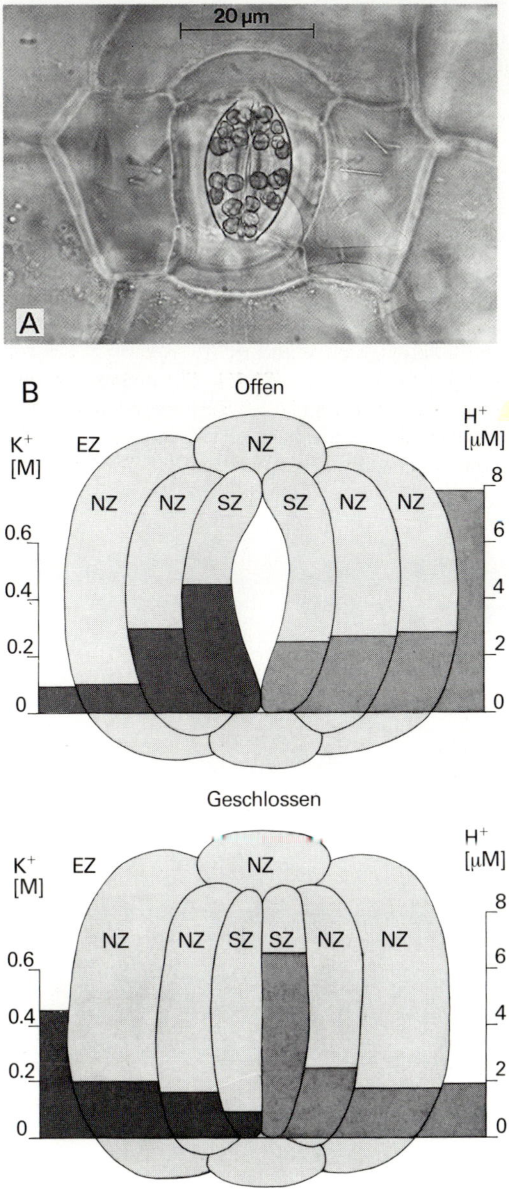

Abb. 5-8. (A) Spaltöffnungsapparat von *Commelina benghalensis* in der Aufsicht auf die Blattepidermis. Die plastidenhaltigen Schließzellen sind von Nebenzellen umgeben. (B) K^+- und H^+-Gradienten (dunkle bzw. helle Säulen in den Zellen) im Spaltöffnungsapparat von *Commelina communis* bei offenen und geschlossenen Stomata. (Nach Ergebnissen von PENNY und BOWLING, *Planta* **119**: 17, 1974; **122**: 209, 1975.) EZ, Epidermiszelle; NZ, Nebenzelle; SZ, Schließzelle.

meabilitätsänderungen und rasche Ionenflüsse) besonders schnell. Die Restitution des Turgors erfolgt langsam durch aktiven Transport.

Die wichtigste Turgorbewegung bei Pflanzen ist das Öffnen und Schließen der *Stomata* (oder Spaltöffnungen, Kap. 23.4.2.1 und 23.8.2.2). Stomata sind kleine Öffnungen in der Oberfläche von Blättern und anderen oberirdischen Organen der Pflanzen. Sie liegen zwischen zwei besonders geformten Zellen der Epidermis, den *Schließzellen* (Abb. 5-8). Es gibt verschiedene Typen von Spaltöffnungsapparaten. In allen Fällen sorgt die spezifische anatomische Struktur, insbesondere die Ausgestaltung der Zellwände dafür, daß die Spalten bei zunehmendem Volumen und zunehmender Turgeszenz der Schließzellen weiter und bei abnehmendem Volumen enger werden, bis zum vollkommenen Verschluß (Kap. 23.4.2.1, Kasten 23-2). Bei geschlossenen Stomata ist der Widerstand für den Wasserverlust (Transpiration) sehr stark erhöht. Damit stellen die turgorabhängigen Schließzellbewegungen einen ganz entscheidenden Mechanismus zur Regulation des Wasserhaushaltes der Pflanzen dar.

Die Turgorerhöhung in Schließzellen erfolgt durch Anhäufung von K^+ und Malat in den Vakuolen (Abb. 5-7). Bei der Turgorerniedrigung, dem Schließen der Stomata, müssen die gezeigten Vorgänge in umgekehrter Richtung ablaufen. Dabei spielen auch spannungsabhängig gerichtete K^+-Kanäle eine wichtige Rolle. Abb. 5-8 zeigt, daß bei offenen Stomata die K^+-Konzentration in den Schließzellen höher ist als in den Nachbarzellen, während der Gradient der Protonen-Konzentration die entgegengesetzte Richtung hat. Bei geschlossenen Stomata sind die Verhältnisse gerade umgekehrt.

Es gibt allerdings auch Ausnahmen, die vom Schema der Abb. 5-7 abweichen, z.B. die Küchenzwiebel (*Allium cepa*). Hier erfolgen keine größeren H^+-Verschiebungen und keine Malat-Bildung, und die Schließzellen verwenden KCl als Osmotikum.

Zum weiteren Studium

s. Angaben zu Kapitel 4.

6 Das Cytosol und die Glykolyse

6.1 Die Begriffe

Den lebenden Inhalt von Zellen, also bei Pflanzenzellen den vom Plasmalemma und Tonoplasten eingeschlossenen Raum, bezeichnen wir als das *Protoplasma.* Seine Gliederung in Organelle haben wir bei der ersten Betrachtung von Eukaryonten-Zellen schon beschrieben (Kap. 1.8) und dabei die einzelnen plasmatischen Phasen klar unterschieden (Kap. 1.8.2). Das *Cytoplasma* ist demnach der außerhalb der Membranen von Zellorganellen liegende Bereich. Um Verwechslungen mit dem Protoplasma, das ja die Organellen mit einschließt, zu vermeiden, nennt man dieses „Grundplasma" oft auch *Cytosol.* Auch dieser Begriff ist nicht ideal. Das Grundplasma kann in einem mehr flüssigen, *sol*artigen Zustand, aber auch in einem festeren, *gel*artigen Zustand vorliegen. Manchmal kommen beide Zustände nebeneinander vor, z. B. bei Schleimpilzen (Kap. 18.2.1) oder in den großen Internodialzellen von Characeen (Kap. 16.1.6.4).

6.2 Die Struktur des Cytosols

Das Cytosol besteht zu 20% seines Gewichtes aus Proteinen. Im Elektronenmikroskop erscheint es weitgehend unstrukturiert. Trotzdem ist es nicht vollkommen strukturlos. Es ist vom *Cytoskelett* durchzogen, das von filamentösen, kontraktilen Elementen mit charakteristischem Feinbau gebildet wird (Abb. 6-1). Das Cytoskelett verleiht dem Protoplasten eine stabile Form. Es ist auch am Zustandekommen intrazellulärer Bewegungen beteiligt (z. B. Plasmaströmung, Bewegungen von Zellorganellen, Anaphase und Telophase der Mitose, Kap. 12.3). Auch die amöboide Fortbewegung, zu der gewisse pflanzliche Einzeller fähig sind, beruht auf Kontraktion und Erschlaffung der Elemente des Cytoskeletts.

Die erwähnte Plasmaströmung ist eine zirkulierende oder rotierende Bewegung des Cytosols, wobei Zellorganellen (z. B. Mitochondrien, Chloroplasten) im Strom mitgeführt werden können. Das Phänomen ist nur in lebenden Zellen anzutreffen und läßt sich besonders gut z. B. bei den Internodialzellen der Armleuchteralge *Chara,* den Blättchen der Wasserpest *(Elodea canadensis)* und bei Zellen lebender Pflanzenhaare beobachten.

Beim Cytoskelett lassen sich zwei Elemente unterscheiden, die Mikrotubuli und die Mikrofilamente. Die *Mikrotubuli* sind röhrenähnliche Gebilde mit einem Innendurchmesser von ca. 15 nm (Abb. 6-2). Die Wand dieser Röhren ist aus globulären Protein-Einheiten (Monomere) so aufgebaut, daß 13 parallel zur Längsachse gerichtete Reihen von Monomeren (Protofilamente) entstehen.

Am Aufbau der Monomere sind zwei einander sehr ähnliche Proteine beteiligt, das α- und β-*Tubulin.* Dabei wechselt stets ein aus α-Tubulin bestehendes Monomer mit einem solchen aus β-Tubulin ab. Bemerkenswerterweise ist die Struktur des Tubulins bei allen Eukaryonten identisch. Es muß sich also um ein stammesgeschichtlich gesehen sehr ursprüngliches Protein handeln.

Die *Mikrofilamente* sind ebenfalls aus Monomeren aufgebaut. Diese sind hier allerdings nicht röhrenförmig, sondern in Form eines umeinander gewundenen Doppelstranges angeordnet. Die Mikrofilamente bestehen aus *Actin*, das bei der Krafterzeugung mit einem weiteren Protein, dem *Myosin* zusammenwirkt. Diese beiden Proteine spielen auch beim Aufbau der tierischen Muskeln und der Geißeln von Eukaryonten (Kap. 1.8.1; Abb. 1-9) eine wichtige Rolle.

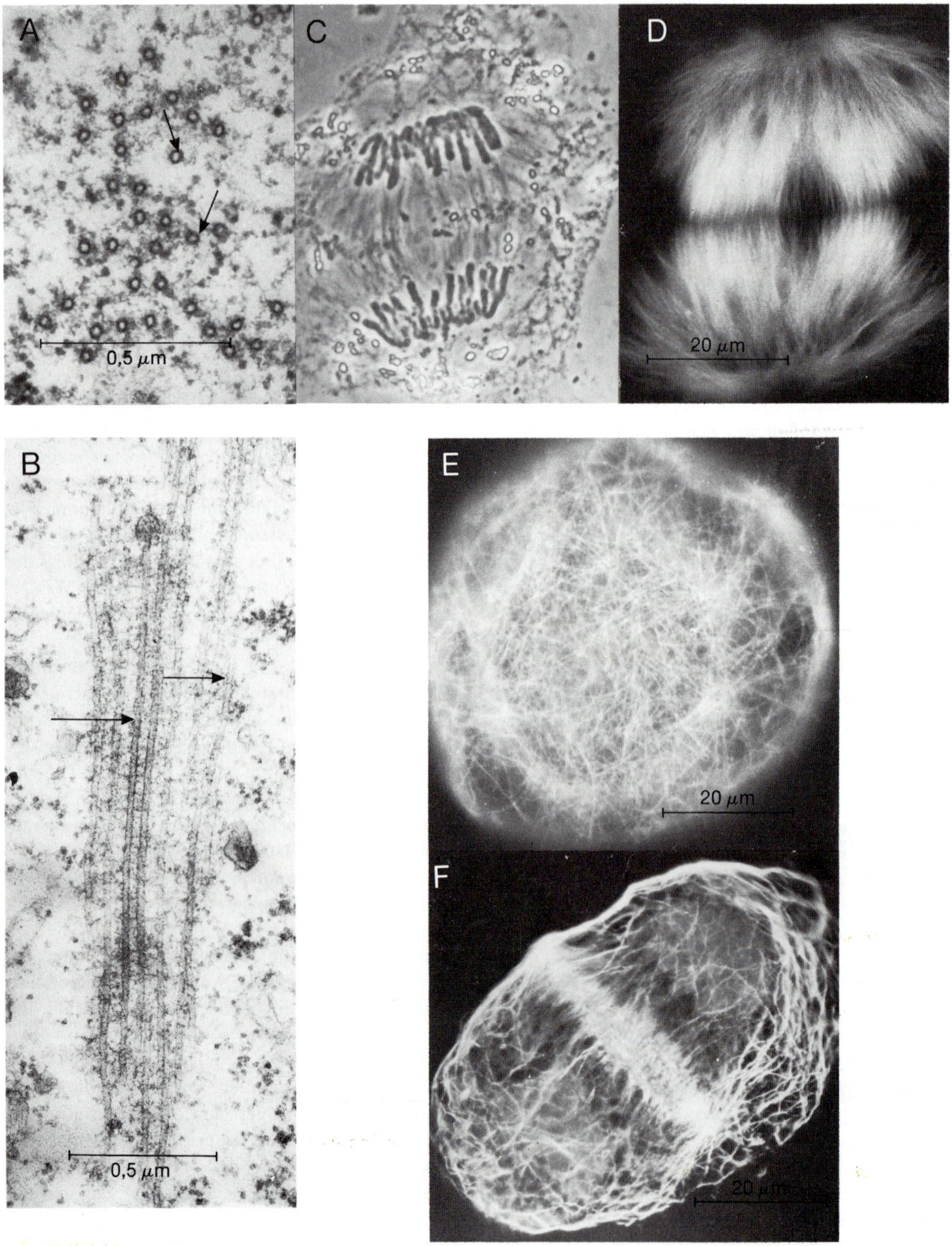
A
0,5 μm
C
D
20 μm
B
0,5 μm
E
20 μm
F
20 μm

◄ **Abb. 6-1.** Elemente des Cytoskeletts in Endosperm-Zellen einer *Haemanthus*-Art. (A) und (B) Quer- bzw. Längsschnitte von Mikrotubuli (Pfeile) aus der Zellteilungsspindel (EM-Aufnahme: A. M. Lambert). (C) Phasenkontrast-Aufnahme einer sich teilenden Zelle (Telophase der Mitose). Man sieht die zu den Polen abgewanderten Chromosomen, die Fasern des Phragmoplasten zwischen den Chromosomen und die sich ausbildende Zellplatte. (D) Immunhistochemische Darstellung des Spindelapparates der in (C) gezeigten Zelle. In einem Kaninchen wurde ein spezifisch gegen Tubulin gerichteter Antikörper erzeugt und anschließend aus dem Blut des Tieres isoliert. Der Antikörper wurde dann mit im UV-Licht fluoreszierendem Farbstoff markiert. Mit diesem markierten, tubulin-spezifischen Antikörper wurde die Zelle für eine Weile inkubiert und dann gewaschen. Während der Inkubation wurde der Antikörper von den aus Tubulin bestehenden Zellstrukturen, also den Mikrotubuli, gebunden. Unter dem UV-Mikroskop erscheinen dann die Mikrotubuli als hell fluoreszierendes Fasersystem (Aufnahme: A. C. Smitt und A. M. Lambert). (E) Das Netzwerk der Mikrotubuli in einer Interphasen-Zelle. Auch hier wurde das Tubulin mit der immun-histochemischen Methode dargestellt (Aufnahme: A. C. Smitt und A. M. Lambert). (F) Darstellung der aus F-Actin bestehenden Mikrofilamente in einer Telophasen-Zelle. In diesem Falle wurde Actin spezifisch durch das im UV-Licht fluoreszierende Phalloidin, einem im Knollenblätterpilz vorkommenden hochgiftigen Alkaloid, angefärbt (Aufnahme: A. C. Smitt und A. M. Lambert)

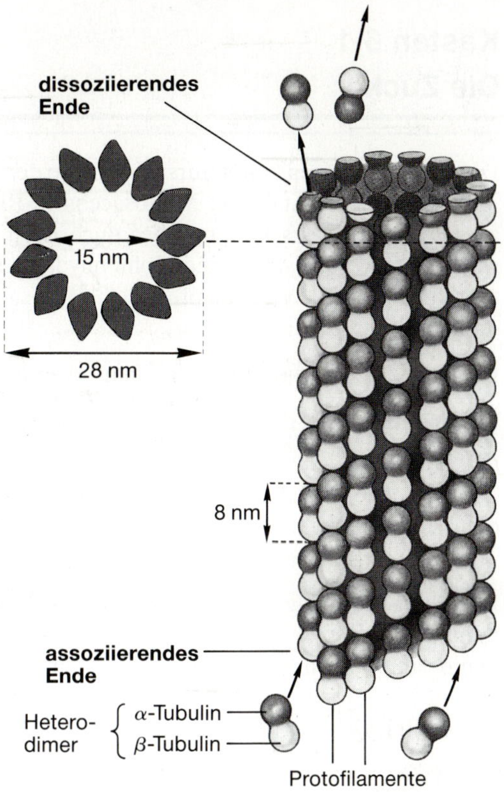

Abb. 6-2. Mikrotubuli. Rechts ein räumliches Modell eines Mikrotubulus und des Aufbaus aus Tubulin-Untereinheiten. Links ein schematischer Querschnitt durch einen Mikrotubulus (in Anlehnung an Alberts, Bray, Lewis, Raff, Roberts und Watson).

6.3 Die Stoffwechselprozesse im Cytosol

Das Cytosol vermittelt nicht nur den Stoffaustausch zwischen einzelnen Zellorganellen, sondern ist selbst Träger vieler Stoffwechselprozesse. Im Cytosol werden z. B. Nucleotide und Aminosäuren synthetisiert. Auch Teilschritte des Lipidstoffwechsels sind hier lokalisiert (vgl. Kap. 6.3.5). Bei manchen Stoffwechselwegen findet ein enges Zusammenwirken zwischen Cytosol und Zellorganellen statt. Ein typisches Beispiel solcher Kooperation ist der oxidative Abbau von Kohlenhydraten, der im Cytosol eingeleitet und in den Mitochondrien vollendet wird. Wir wollen uns im folgenden mit der Glykolyse befassen, dem Teil dieses Stoffwechselprozesses, der im Cytosol lokalisiert ist. Das Cytosol leistet mit der Glykolyse einen wichtigen Beitrag zum Gesamtstoffwechsel der Zellen.

6.3.1 Kohlenhydrate als Energiereserven

Bevor wir die Glykolyse im einzelnen behandeln, ist es erforderlich, die Substrate zu charakterisieren, die in der Glykolyse umgesetzt werden (Kasten 6-1). Als Ausgangssubstrat für die Energiegewinnung dient vor allem Glucose. Da es nicht möglich ist, in den Zellen große Mengen niedermolekularer Verbindungen, wie sie die Glucose darstellt, anzuhäufen, ohne das osmotische Gleichgewicht der Zellen zu gefährden, wird die Glucose in Form von osmotisch unwirksamen Makromolekülen, die aus vielen Glucose-Untereinheiten aufgebaut sind, gespeichert. Diese aus Glucose-Resten aufgebauten Speicherkohlenhydrate

Kasten 6-1
Die Zucker

Die Zucker gehören zur Naturstoff-Klasse der Kohlenhydrate. Einfache Zuckermoleküle heißen *Monosaccharide.* Aus zwei Monosaccharid-Resten zusammengesetzte Zucker bezeichnet man als *Disaccharide.* Es können aber auch noch mehr Monosaccharid-Reste aneinandergeknüpft werden. *Oligosaccharide* sind Kohlenhydrate mit bis zu 10, *Polysaccharide* mit über 10 Monosaccharid-Resten. Wichtige pflanzliche Polysaccharide (Stärke, Cellulose, Chitin) sind in Abbildung 10-3 dargestellt.

Bei den Zuckern unterscheidet man zwischen Aldosen und Ketosen. Aldosen besitzen eine Aldehyd-Gruppe ($R-C\begin{smallmatrix}\nearrow O\\ \searrow H\end{smallmatrix}$). Bei ihnen tritt Spiegelbildisomerie auf (D- und L-Formen der Zucker; näheres siehe Kasten 14-2). Ketosen besitzen eine Ketogruppe ($R_1-\overset{\overset{\displaystyle O}{\|}}{C}-R_2$). Außerdem kann man die Zucker hinsichtlich der Anzahl der C-Atome folgendermaßen benennen: Triosen (C_3), Tetrosen (C_4), Pentosen (C_5), Hexosen (C_6) und Heptosen (C_7).

In wässriger Lösung liegen die Zucker nur zu einem geringen Teil als offene Kohlenstoffketten (aliphatische Moleküle) vor, sondern es kommt zu intramolekularem Ringschluß. Dabei entstehen α- und β-Formen der Zucker (Einzelheiten siehe Abb. 10-3).

Einige Beispiele für Monosaccharide

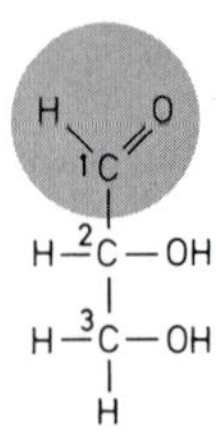

D-Glycerinaldehyd
(eine Aldo-Triose)

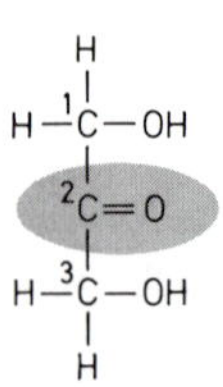

Dihydroxyaceton
(eine Keto-Triose)

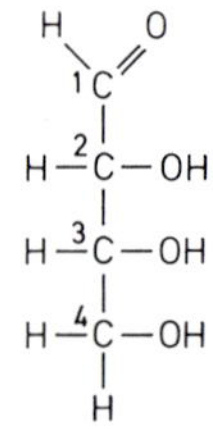

D-Erythrose
(eine Aldo-Tetrose)

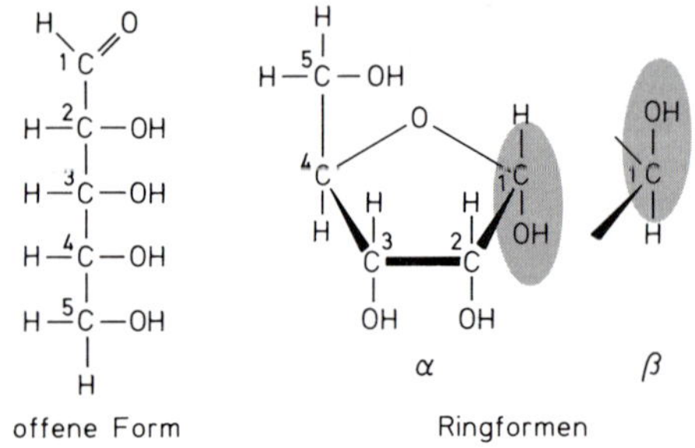

D-Ribose (eine Aldo-Pentose)

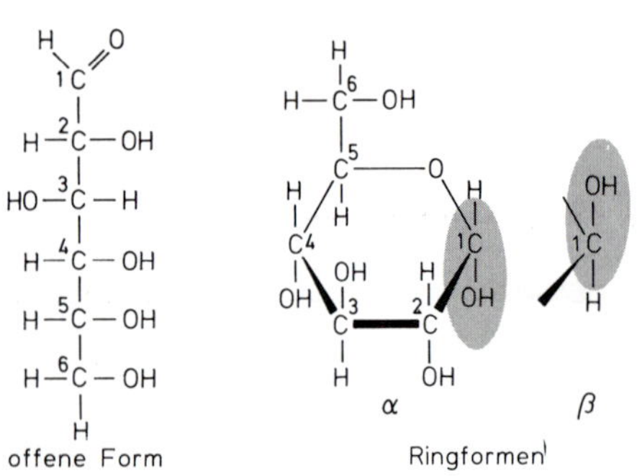

D-Glucose (eine Aldo-Hexose)

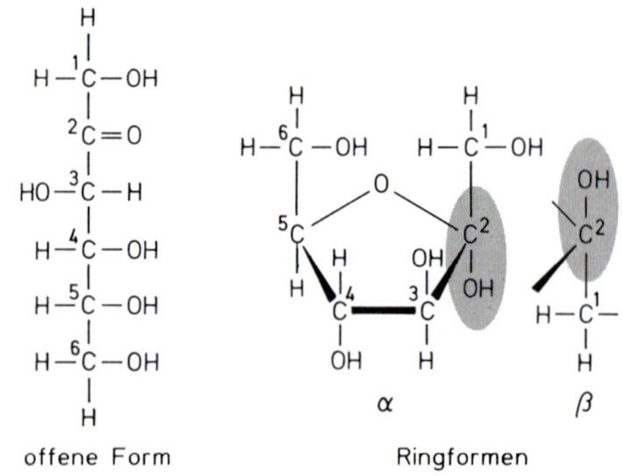

D-Fructose (eine Keto-Hexose)

Kasten 6-1 (Fortsetzung)

Disaccharide

Das in Pflanzen häufigste Disaccharid ist die Saccharose. Hier ist ein Molekül α-Glucose an seinem ursprünglich die Aldehyd-Gruppe tragenden C_1-Atom („glykosidisches C-Atom") mit dem C_2-Atom eines Fructose-Moleküls verbunden („glykosidische Bindung"):

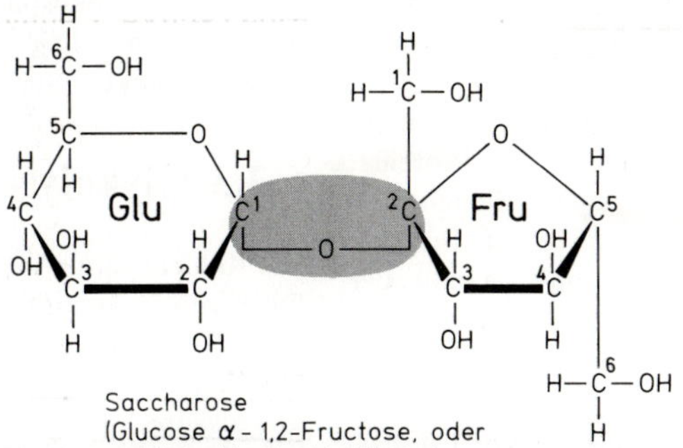

Saccharose
(Glucose α - 1,2-Fructose, oder
vereinfacht: Glu-(1→2)-Fru)

Oligosaccharide

Oligosaccharide sind in Pflanzen weit verbreitet. Besonders häufig ist das *Trisaccharid* Raffinose [Gal-(1→6)-Glu-(1→2)-Fru]. Es dient manchen Pflanzen als Transportform der Assimilate im Phloem. Die ebenfalls häufige Stachyose ist ein *Tetrasaccharid* aus Galactose, Glucose und Fructose mit der Abfolge Gal-(1→6)-Gal-(1→6)-Glu-(1→2)-Fru.

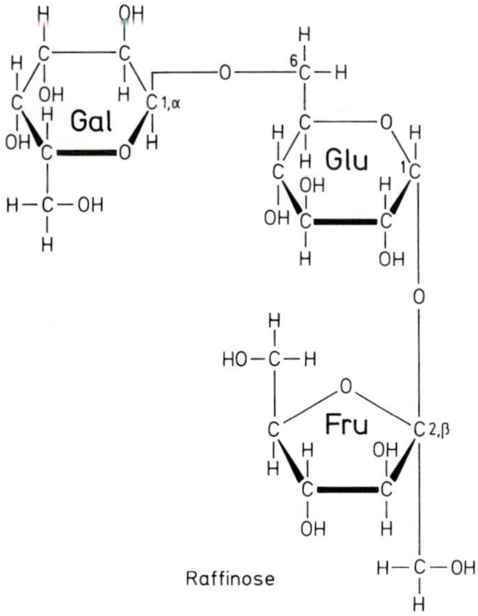

Raffinose

bezeichnet man als *Glucane.* Die für den Energiestoffwechsel wichtigsten und im Tier- und Pflanzenreich am weitesten verbreiteten Glucane sind *Stärke* und *Glykogen,* wobei die Stärke in den Pflanzen, Glykogen in Pilzen und bei Tieren vorkommt. Die Stärkebildung und -speicherung findet in den Chloroplasten oder in speziell hierfür dienenden Plastiden *(Amyloplasten)* statt. Bestimmte Organe höherer Pflanzen, vor allem Wurzeln, Sproßknollen, Früchte und Samen, können als Stärkespeicher fungieren und sind daher dann oft für die menschliche Ernährung von besonderer Bedeutung.

Außer den Kohlenhydraten können auch andere Stoffe, vor allem Lipide und in Samen auch Proteine, als Reserven für die Energiegewinnung dienen. Das Einschleusen dieser Reservestoffe in den Energiestoffwechsel erfolgt dadurch, daß zunächst entweder eine Umwandlung in Zucker oder aber eine Umwandlung in ein mit dem Zuckerabbau gemeinsames Zwischenprodukt stattfindet.

6.3.2 Mobilisierung der Reservekohlenhydrate

Die Nutzung der Glucane wird durch deren Zerlegung in die Grundbausteine, also in Glucose-Moleküle, eingeleitet. Bei dieser Spaltung unterscheiden wir zwei Reaktionstypen, die Hydrolyse und die Phosphorolyse. Bei der *Hydrolyse* erfolgt die Spaltung von ($1 \rightarrow 4$)- oder ($1 \rightarrow 6$)-Bindungen der Glucane durch eine Einführung von Wassermolekülen. Die an der Stärkespaltung beteiligten hydrolytischen Enzyme werden als *Amylasen* bezeichnet (Abb. 6-3). Die α-Amylase spaltet die Makromoleküle im Inneren des Moleküls. Dabei entstehen Bruchstücke von etwa 6 Glucose-Einheiten. Die β-Amylase baut die Makromoleküle von den Enden her ab. Endprodukt des hydrolytischen Stärkeabbaus durch Amylasen ist das Disaccharid Maltose. Die Maltose kann durch das Enzym Maltase vollends zu Glucose hydrolysiert werden. Der Abbau der Glucane durch Hydrolyse liefert also letztlich stets Glucose.

Bei der *Phosphorolyse* erfolgt die Spaltung der Bindung zwischen den Glucose-Einheiten durch anorganisches Phosphat (statt durch Wasser wie im Falle der Hydrolyse). Dabei wird die endständige Glucose-Einheit vom Makromolekül abgetrennt und auf einen Phosphat-Rest übertragen. Die Produkte dieses Vorgangs sind Glucose-1-phosphat und das um eine Glucose-Einheit verkürzte Makromolekül, von dem anschließend ein weiterer Glucose-Rest phosphorolytisch abgespalten werden kann.

Wir werden später sehen, daß die weitere Umsetzung der Glucose im Stoffwechsel stets von der phosphorylierten Form des Zuckers ausgeht. Vom Energieaufwand her betrachtet ist daher die Phosphorolyse der Glucane günstiger als deren Hydrolyse. Die bei der Hydrolyse entstehende Glucose muß vor ihrer Weiterverarbeitung im Stoffwechsel unter Verbrauch von ATP erst in die phosphorylierte Form überführt werden. Diese entsteht jedoch bei der Phosphorolyse der Glucane direkt.

6.3.3 Glykolyse

Der Kohlenhydrat-Abbau wird im Cytosol durch eine Folge von Reaktionen eingeleitet, die die Bezeichnung Glykolyse *(„Zuckerspaltung“)* trägt. Endprodukt der Glykolyse ist die Brenztraubensäure, eine α-Oxosäure.

Im Ablauf der Glykolyse können wir zwei charakteristische Abschnitte unterscheiden. Im ersten Abschnitt erfolgt eine Umformung der Glucose und schließlich die Spaltung des C_6-Skeletts in zwei C_3-Bruchstücke, im zweiten Abschnitt die Oxidation dieser Bruchstücke zur Brenztraubensäure, verbunden mit der Gewinnung von ATP.

Die Glykolyse kann sowohl in Gegenwart von Sauerstoff (also aerob) als auch ohne Sauerstoff (also anaerob) ablaufen und liefert auch unter anaeroben Bedingungen ATP (Abb. 6-4). Der aerobe und der anaerobe Abbau der Glucose unterscheiden sich erst in der Weiterverarbeitung der bei der Glykolyse entstandenen Brenztraubensäure. Sowohl die Hexose-Moleküle als auch die aus ihnen entstandenen C_3-Bruchstücke werden im Verlauf der Glykolyse stets in der phosphorylierten Form umgesetzt (Abb. 6-5).

6.3.3.1 Umformung des Hexose-Moleküls und seine Spaltung

Wird in den Glykolyseweg *freie Glucose* eingeschleust, muß zunächst unter Verbrauch von ATP eine Phosphorylierung des Moleküls erfolgen. Dabei entsteht der Phosphat-Ester der Glucose, das Glucose-6-phosphat. Dieser Aufwand an ATP wird eingespart, wenn direkt *Glucose-1-phosphat,* wie es bei der phosphorolytischen Spaltung der Reservekohlenhydrate entsteht, in die Glykolyse eintritt. In diesem Fall bedarf es zur Bildung von Glucose-6-phosphat

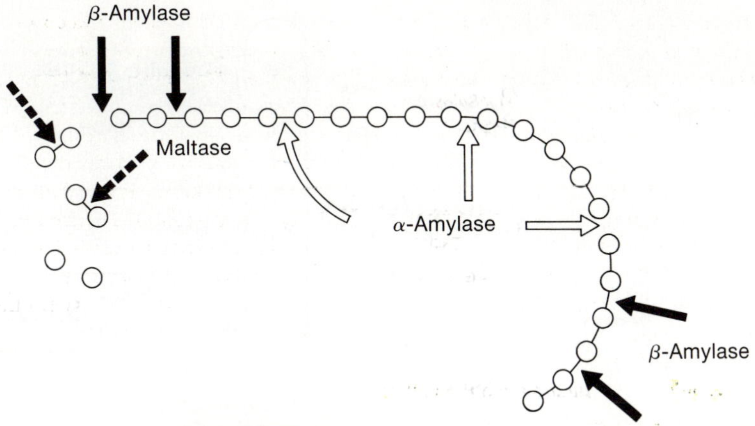

Abb. 6-3. Die Wirkungsweise der α-Amylase, β-Amylase und Maltase bei der Zerlegung von Stärke in Glucose-Moleküle. Die Kreise bedeuten die Glucose-Reste des Stärkemoleküls.

nur noch einer intramolekularen Umlagerung der Phosphat-Gruppe.

Glucose-6-phosphat, die Eingangsverbindung der Glykolyse, wird durch das Enzym Hexose-Isomerase zunächst in eine isomere Hexose, das *Fructose-6-phosphat*, umgeformt (Abb. 6-5). Der hierauf folgende Schritt ist irreversibel und stellt daher den eigentlichen „Einstieg" in die Glykolyse dar. Er besteht darin, daß eine weitere Phosphat-Gruppe auf das Hexose-Molekül übertragen wird. Dabei wird wiederum ATP verbraucht. Es entsteht *Fructose-1,6-bisphosphat*, also eine Hexose, die an beiden Molekülenden eine Phosphat-Gruppe trägt. Das diesen Schritt katalysierende Enzym, die Phosphofructo-Kinase, ist maßgeblich an der Regulation der Glykolyse beteiligt. Dies wird uns später noch beschäftigen.

Mit dem Fructose-1,6-bisphosphat ist die Hexose in eine Form überführt worden, die eine Spaltung des Moleküls in zwei weitgehend symmetrische phosphorylierte C_3-Moleküle ermöglicht. Diese Spaltung führt zur Bildung von je einem Molekül *Dihydroxy-aceton-phosphat* und *Glycerinaldehyd-3-phosphat*. Dabei umfaßt das Dihydroxyaceton-phosphat die C-Atome 1 bis 3 der Hexose, das Glycerinaldehyd-3-phosphat hingegen deren C-Atome 4 bis 6.

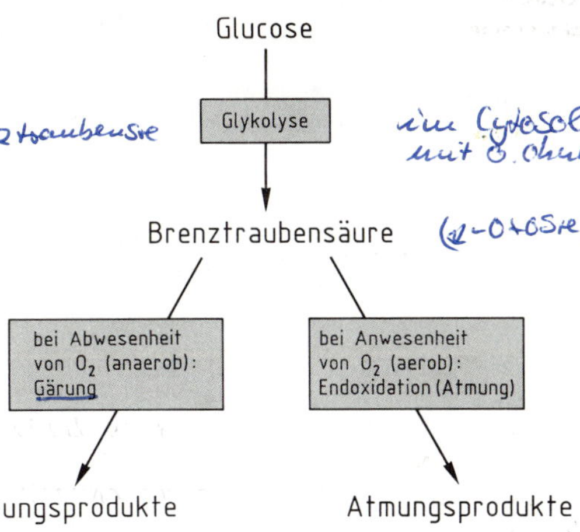

Abb. 6-4. Die Weiterverarbeitung der im Energiestoffwechsel entstehenden Brenztraubensäure.

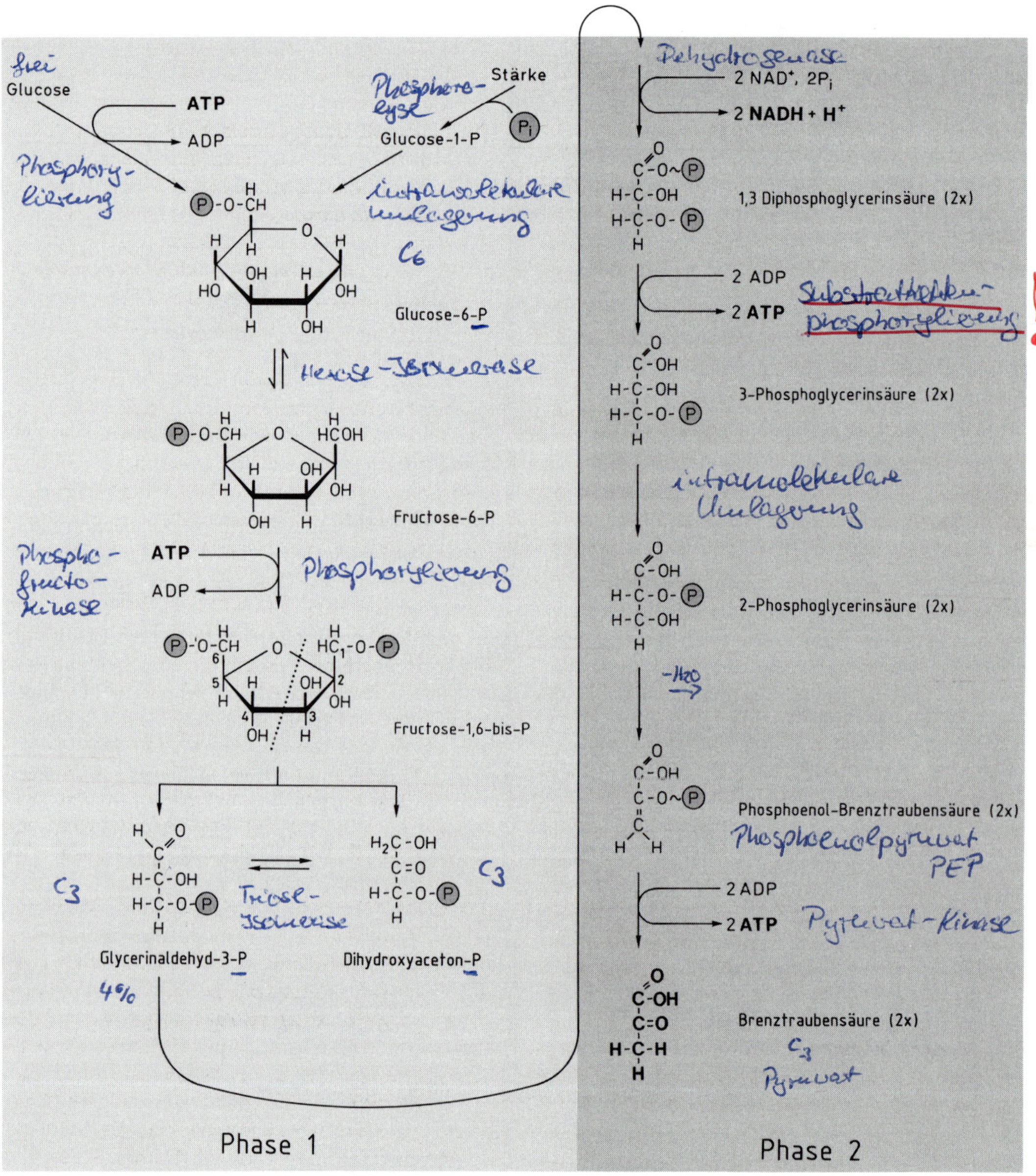

Abb. 6-5. Die Reaktionsfolge bei der Glykolyse.

– 2 ATP pro Glucose

+ 4 ATP
+ 2 NADPH + H⁺

=> 1 Glucose -> 2 Pyruvat
+ 2 ATP
+ 2 NADPH + H⁺

2% Rest in Pyruvat

Beide bei der Hexose-Spaltung entstandenen C_3-Verbindungen können durch das Enzym Triose-Isomerase ineinander umgewandelt werden. Im Gleichgewicht dieser Reaktion liegt von den beiden C_3-Bruchstücken das Glycerinaldehyd-3-phosphat nur mit einem Anteil von 4 % vor, obwohl im nächsten Schritt der Glykolyse nur diese Verbindung verwertet werden kann. Es ist also erforderlich, daß das durch den weiteren Stoffwechsel verbrauchte Glycerinaldehyd-3-phosphat sofort aus dem Vorrat an Dihydroxyaceton-phosphat nachgeliefert wird. Die Triose-Isomerase ist diesem Erfordernis gut angepaßt. Sie ist in der Lage, mehrere hunderttausend Moleküle Substrat pro Minute zu verarbeiten, so daß die Nachlieferung des Glycerinaldehyd-3-phosphats aus dem Vorrat an Dihydroxyaceton-phosphat die Rate der Glykolyse nicht verlangsamt. Somit brauchen wir nur den Weg des Glycerinaldehyd-3-phosphats im weiteren Stoffwechsel zu verfolgen.

Mit der Spaltung der Hexose-Moleküle ist der erste Abschnitt der Glykolyse abgeschlossen. Wir halten fest, daß bisher noch keine Energie gewonnen, vielmehr zunächst 2 Moleküle ATP pro Molekül Glucose investiert wurden. Das mag im Hinblick auf die Rolle der Glykolyse als energieliefernder Prozeß widersinnig erscheinen. Der Energieaufwand im ersten Teil ist jedoch erforderlich, um den Gesamtprozeß Glykolyse in Gang zu setzen, und hat damit auch regulatorische Funktion. Wir werden sehen, daß im zweiten Abschnitt der Glykolyse so viel ATP entsteht, daß die anfängliche Investition an ATP zunächst ausgeglichen wird und letztendlich ein ATP-Gewinn zu verzeichnen ist.

6.3.3.2 ATP-Bildung bei der Glykolyse

Der zweite Abschnitt der Glykolyse wird durch einen komplexen Prozeß eingeleitet, in dessen Verlauf dem Glycerinaldehyd-3-phosphat Wasserstoff entzogen und auf NAD^+ übertragen, sowie anorganisches Phosphat in die Reaktionsfolge einbezogen wird. Es entstehen dabei *$NADH + H^+$ und 1,3-Diphosphoglycerinsäure.* Der Prozeß wird von dem Enzym Glycerinaldehyd-3-phosphat-Dehydrogenase katalysiert und soll etwas näher betrachtet werden.

Zunächst: Die Oxidation des Glycerinaldehyd-3-phosphats ist mit einer Abnahme an Freier Energie von $\Delta G_o = -67\ \text{kJ} \cdot \text{mol}^{-1}$ eine stark exergone Reaktion. Es gilt daher, einerseits den aus dem Glycerinaldehyd-3-phosphat stammenden Wasserstoff, andererseits aber auch den recht hohen Energiebetrag für den weiteren Stoffwechsel zu erhalten.

Das geschieht folgendermaßen (Abb. 6-6): Zunächst wird das Substrat Glycerinaldehyd-3-phosphat mit seiner Aldehyd-Gruppe an einer HS-Gruppe im aktiven Zentrum des beteiligten Enzyms gebunden. Dadurch wird das Substratmolekül in eine Konfiguration gebracht, die die Wasserstoff-Übertragung auf NAD^+ ermöglicht. Diese Wasserstoff-Übertragung führt zu einer energiereichen Bindung zwischen dem Kohlenstoff-Skelett und dem Schwefel der vormaligen HS-Gruppe des Enzyms. Die Spaltung dieser Bindung ist stark exergon, sie erfolgt jedoch nicht durch Hydrolyse, sondern durch Einfügung eines Phosphat-Restes (Phosphorolyse). Damit entsteht das nun zwei Phosphat-Reste tragende Produkt 1,3-Diphosphoglycerinsäure, und das Enzym wird in seine ursprüngliche reaktive Form zurückgeführt.

Da die 1,3-Diphosphoglycerinsäure über ein hohes Phosphat-Gruppenübertragungspotential verfügt, kann sie den am C_1-Atom energiereich gebundenen Phosphat-Rest auf ADP übertragen. Dabei entstehen *ATP* und *3-Phosphoglycerinsäure.* Man bezeichnet eine solche ATP-Bildung durch Übertragung eines Phosphat-Restes von einem Substrat auf ADP als *Substratkettenphosphorylierung.*

Die Zwischenbilanz zeigt: In der Eingangsphase der Glykolyse wurden 2 ATP investiert, um die Glucose „aufzubereiten“. Durch den Umsatz von zwei C_3-Hälften der Hexose bei der Substratkettenphosphorylierung sind 2 ATP gebildet worden. Damit ist die ATP-Bilanz ausgeglichen.

Schließlich vollzieht sich der eigentliche ATP-Gewinn. Zunächst findet an der 3-Phosphoglycerinsäure eine intramolekulare Umlagerung der Phosphat-Gruppe vom C_3- zum C_2-Atom statt. Dabei entsteht *2-Phosphoglycerinsäure.* Dann erfolgt die Umwandlung der energiearmen Esterbindung des Phosphat-Restes in eine energiereiche Bindung. Das geschieht durch Eliminierung von einem Molekül Wasser aus der 2-Phosphoglycerinsäure. Das Produkt dieser Reaktion ist die phosphorylierte Form einer α-Oxosäure, nämlich *Phosphoenolbrenztraubensäure* (Phosphoenolpyruvat, PEP). Auch die Phosphoenolbrenztraubensäure hat ein hohes Gruppenübertragungspotential für Phosphat. Sie vermag daher den Phosphat-Rest auf ADP zu übertragen. Dabei entstehen *ATP* und *Brenztraubensäure* als das (vorläufige) Endprodukt des Glykolyseweges. Diese zweite ATP-Bildung bei der Glykolyse stellt den eigentlichen Energiegewinn der Glykolyse dar. Die Umwandlung der Phosphoe-

PEP → Pyruvat + 2ATP
Energiegewinn $\Delta G_o < 0$
exergon

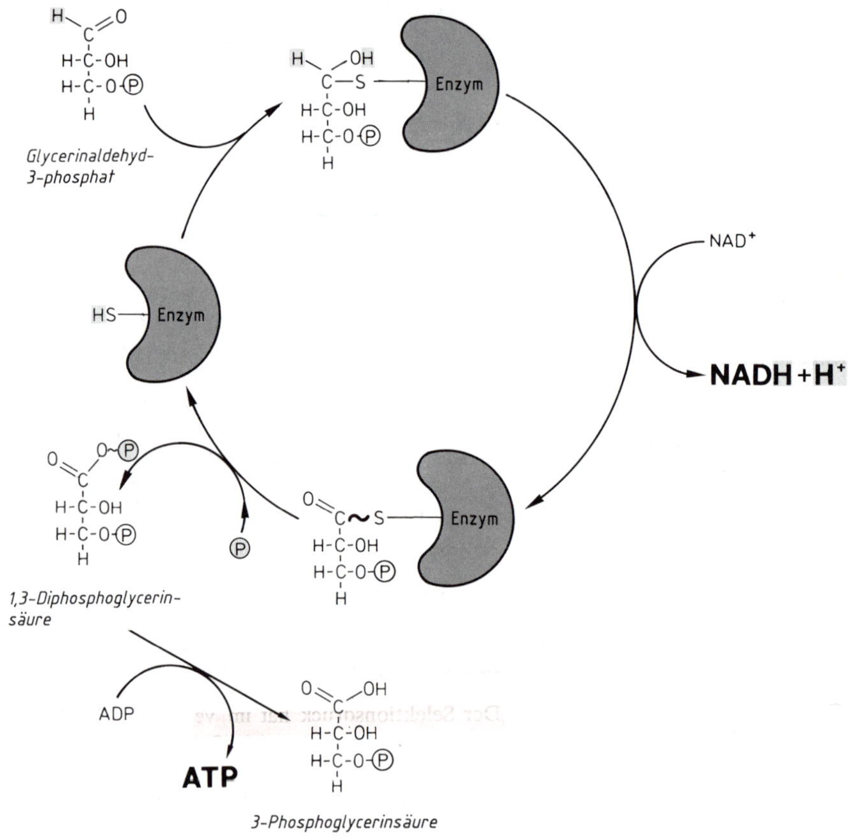

Abb. 6-6. Die Teilschritte bei der Substratkettenphosphorylierung der Glykolyse. Zunächst wird das Substrat (Glycerinaldehyd-3-phosphat) durch eine HS-Gruppe im aktiven Zentrum des Enzyms (Glycerinaldehyd-3-phosphat-Dehydrogenase) gebunden. Es folgt die Oxidation, wobei der Wasserstoff auf NAD^+ übertragen wird. Dabei entsteht eine energiereiche Schwefelacylbindung zwischen Enzym und Substrat. Diese wird durch Aufnahme eines Phosphatrestes gespalten, was zur Bildung von 1,3-Diphosphoglycerinsäure führt. Das energiereich gebundene Phosphat am Kohlenstoffatom 1 kann exergon auf ADP übertragen werden.

nolbrenztraubensäure in Brenztraubensäure unter Bildung von ATP ist mit einem Abfall von $\Delta G_o = -34$ kJ · mol^{-1} verbunden. Die Reaktion ist also stark exergon und damit praktisch irreversibel.

6.3.3.3 Energiebilanz der Glykolyse

In der Glucose ist Energie von rund 2870 kJ · mol^{-1} gespeichert. Der Nettoenergiegewinn der Glykolyse bis zum Produkt Brenztraubensäure mit freier Glucose als Ausgangsverbindung beträgt, wie bereits gezeigt wurde, 2 Mole ATP pro Mol Glucose. Mit einem Energieinhalt von 33,5 kJ · mol^{-1} ATP (Kasten 1-8) extrahiert also die Glykolyse nur rund 2 % der in der Glucose gespeicherten Energie in der Form von ATP. Das ist eine geringe Ausbeute. In der Tat müssen Organismen oder Zellen, die das benötigte ATP lediglich über die Glykolyse bereitstellen können, große Mengen Substrat über diesen Stoffwechselweg laufen lassen, um genügend ATP zu erhalten.
Die Hauptmenge der Energie der Glucose ist noch in der Brenztraubensäure, dem Endprodukt der Glykolyse, und in den gebildeten Reduktionsäquivalenten ($NADH + H^+$) enthalten. Wir werden sehen, daß dieses Energiereservoir in Gegenwart von Sauerstoff genutzt werden kann.

6.3.3.4 Anaerobe Reoxidation von NADH + H⁺: Gärungen

Bei der Glykolyse wird Wasserstoff auf NAD^+ übertragen und damit $NADH + H^+$ gebildet. Das Nicotinsäureamid-adenin-dinucleotid liegt als Cofaktorsystem aber in wesentlich geringerer Menge vor als an Substrat mengenmäßig umgesetzt wird. Der kontinuierliche Ablauf der Glykolyse ist daher nur dann möglich, wenn der Wasserstoff-Akzeptor NAD^+ ständig regeneriert, das heißt, wenn $NADH + H^+$ oxidiert wird. Unter aeroben Bedingungen kann der Wasserstoff vom $NADH + H^+$ in der Atmungskette auf Sauerstoff übertragen werden. Ist jedoch kein Sauerstoff verfügbar, wird die Brenztraubensäure zum Wasserstoff-Akzeptor. Gleichzeitig wird dabei die instabile Brenztraubensäure in ein stabiles Endprodukt umgewandelt. *Man bezeichnet eine* Glykolyse mit anschließender *Reduktion der Brenztraubensäure durch das bei der Glykolyse gebildete $NADH + H^+$ als Gärung*. Dabei erfolgt aber gegenüber der Glykolyse kein zusätzlicher Energiegewinn. Je nach Art des Endproduktes der Gärung lassen sich verschiedene Typen von Gärungen unterscheiden. Wir wollen zwei Beispiele von Gärungen betrachten.

- *Die alkoholische Gärung.* Das Endprodukt dieser Gärung ist der Ethylalkohol. Zunächst wird die Brenztraubensäure decarboxyliert (Abb. 6-7). Das Produkt dieser Reaktion, Acetaldehyd, wird durch das in der Glykolyse entstandene $NADH + H^+$ reduziert. Dabei entsteht der Ethylalkohol.
  Alkoholische Gärung wird vor allem von Mikroorganismen, insbesondere von Hefepilzen durchgeführt. Aber auch Gewebe höherer Pflanzen sind unter Sauerstoffmangel zur alkoholischen Gärung fähig. Das wurde z. B. bei Meristemen beobachtet, die aufgrund fehlender Interzellularen eine erschwerte O_2-Versorgung haben, oder bei Samen, die unter Sauerstoffabschluß zu keimen beginnen, und schließlich bei Wurzeln in schlecht durchlüfteten Böden.
  Die alkoholische Gärung wird vom Menschen in großem Umfang zur Herstellung alkoholischer Getränke und von reinem Alkohol genutzt. Bei der Bäckerhefe dient das bei der Gärung entstehende CO_2 zur Auflockerung des Teiges. Neuerdings geht man dazu über, Abfallkohlenhydrate (z. B. Zuckerrohr- und Maisabfälle) zu vergären, um auf diesem Weg Alkohol zur technischen Nutzung (Treibstoff) zu gewinnen. Dieses Beispiel zeigt den hohen Energieinhalt des Endprodukts der alkoholischen Gärung besonders deutlich.
- *Die Milchsäuregärung.* Bei der Milchsäuregärung wird die durch die Glykolyse gebildete Brenztraubensäure nicht decarboxyliert, sondern dient direkt als Akzeptor für den Wasserstoff des $NADH + H^+$ (Abb. 6-8).
  Die Milchsäuregärung kommt vornehmlich bei Bakterien vor, wurde aber auch bei einigen einzelligen Grünalgen (z. B. *Scenedesmus, Ankistrodesmus*) beobachtet. Von technischer Bedeutung ist die Milchsäuregärung in der Molkereiwirtschaft. Milchsäurebakterien (z. B. *Streptococcus lactis, Lactobacillus* spec.) sorgen durch die Produktion von Milchsäure für das Koagulieren der Milchproteine (Dickwerden der Milch). Auch die Konservierung von Nahrungsmitteln (Sauerkraut, saure Gurken usw.) oder Grünfutter (Silage) durch Säuern beruht auf Milchsäuregärung. Die produzierte Milchsäure unterbindet die Vermehrung von anderen Mikroorganismen und verhindert damit Fäulnisprozesse.

6.3.3.5 Regulation der Glykolyse

Der Selektionsdruck hat im Verlauf der Evolution dafür gesorgt, daß nur solche Systeme überleben, die möglichst große Nutzeffekte bei möglichst geringem Aufwand an Materie und Energie erzielen können. Diese Ökonomie wird ganz besonders eindrucksvoll beim Energiestoffwechsel deutlich. Hier findet eine Regulation statt, die Überproduktion an ATP und damit unnötiges „Verbrennen" wertvoller Reservestoffe verhindert, auf der anderen Seite jedoch dafür sorgt, daß stets genügend ATP vorhanden ist. Das äußerliche Anzeichen solcher Regulation des Energiestoffwechsels wurde bereits im vorigen Jahrhundert von LOUIS PASTEUR bei Hefepilzen entdeckt und nach ihm „PASTEUR-*Effekt*" genannt: Bei Überführung von Hefezellen aus O_2-freien Kulturbedingungen in O_2-haltige Atmosphäre geht der Glucose-Abbau über den Weg der Glykolyse auf ca. 15 % des ursprünglichen Wertes zurück. In Gegenwart von O_2 ist, wie noch ausführlich besprochen werden wird, die ATP-Ausbeute beim Glucose-Abbau wesentlich größer als in dessen Abwesenheit. Es ist daher plausibel, daß die Rate der Glykolyse gedrosselt und damit der Glucose-Verbrauch dieser verbesserten ATP-Ausbeute angepaßt wird. Interessanterweise ist es das Adenylat-System selbst, das die Regulation des Energiestoffwechsels steuert.

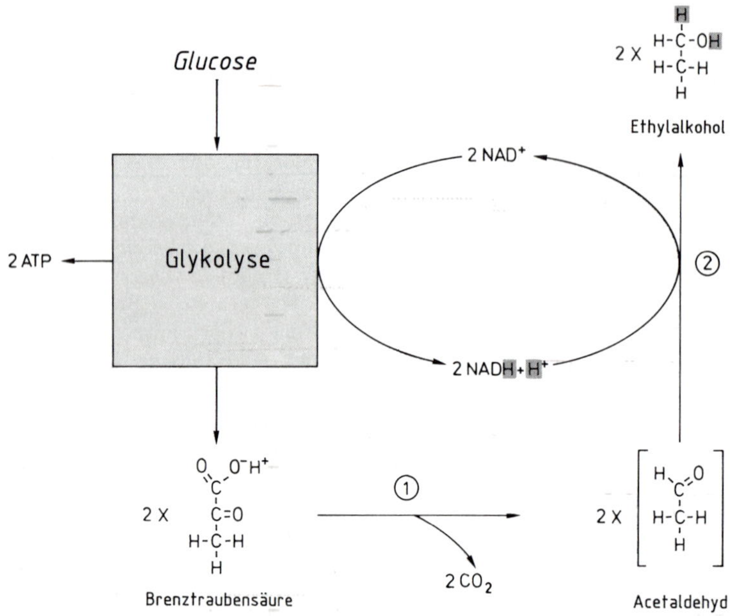

Abb. 6-7. Schema der alkoholischen Gärung. 1: Pyruvat-Decarboxylase; 2: Alkohol-Dehydrogenase. Der Acetaldehyd tritt bei der Reaktion als instabiles Zwischenprodukt auf.

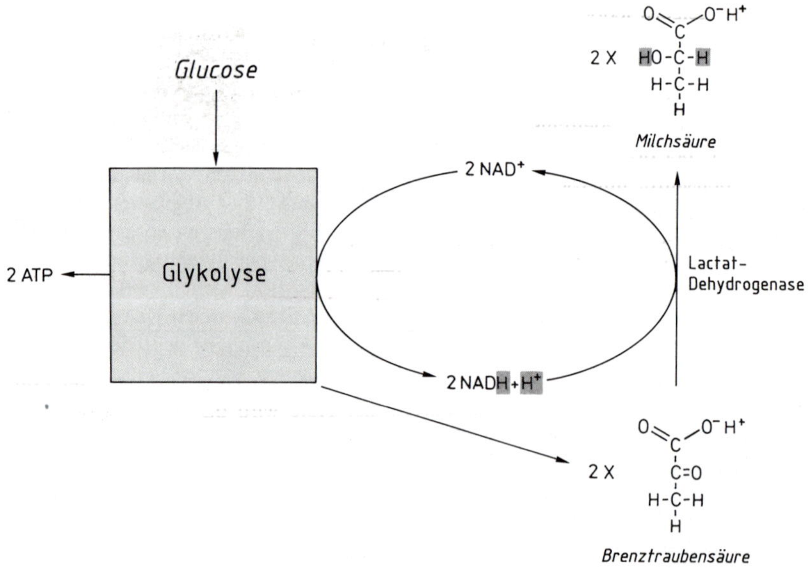

Abb. 6-8. Schema der Milchsäuregärung.

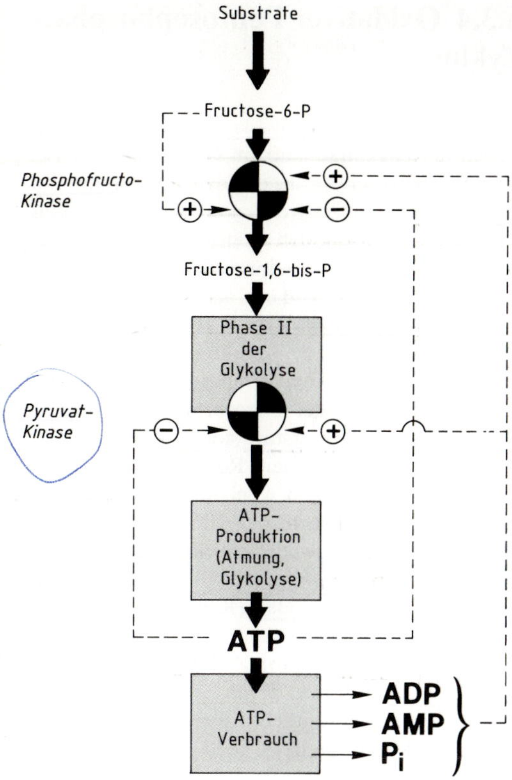

Abb. 6-9. Der an der Regulation der Glykolyse beteiligte Regelkreis. Die dicken Pfeile symbolisieren den Stoffwechselweg, die gestrichelten Pfeile die Wirkung von Aktivatoren (+) bzw. von Inhibitoren (−) auf die allosterischen Enzyme. Diese sind als Schalter (Sektoren-Scheiben) dargestellt. Sind die weißen Sektoren in Reaktionsrichtung gestellt (Wirkung von Aktivatoren), so ist der Stoffwechselweg offen. Sind hingegen die Schwarzen Sektoren in Reaktionsrichtung gestellt (Wirkung von Inhibitoren), ist der Stoffwechselweg blockiert. ATP wirkt als allosterischer Inhibitor, ADP und AMP wirken als Aktivatoren.

Stünde man vor der Aufgabe, den Fluß von Wasser durch eine Kette von miteinander verbundenen Gefäßen zu regulieren, würde man naheliegenderweise die Regulation am Eingang und am Ausgang des Systems vornehmen. Ebendies ist bei der Regulation der Glykolyse verwirklicht. Der Eingang der Glykolyse wird durch ein allosterisches Enzym, die *Phosphofructo-Kinase*, kontrolliert. Wie bereits bekannt, katalysiert dieses Enzym die irreversible Umwandlung von Fructose-6-phosphat in Fructose-1,6-bisphosphat (Abb. 6-5). Die bei der Regulation der Phosphofructo-Kinase wirkenden Effektormoleküle entstammen dem Stoffwechsel selbst. ATP, Phosphoenolbrenztraubensäure und Citrat hemmen das Enzym, indem sie seine Affinität für das Substrat Fructose-6-phosphat herabsetzen. AMP, Fructose-6-phosphat und anorganisches Phosphat hingegen wirken durch Erhöhung der Affinität aktivierend (Abb. 6-9).

Diese Regulation hat folgende physiologisch sinnvolle Konsequenz: Liegt in den Zellen durch fehlenden Bedarf ein überhöhter ATP-Spiegel vor, so sorgt dieser für eine Hemmung der Phosphofructo-Kinase, die damit weniger Substrat in die Glykolyse einschleust. Wird jedoch mehr ATP verbraucht als nachgeliefert, liegt das Adenylat-System in erhöhtem Maß als ADP oder gar als AMP vor, und auch der Spiegel an anorganischem Phosphat steigt an. Erhöhte Konzentrationen dieser Aktivatoren steigern jedoch die Aktivität der Phosphofructo-Kinase und kurbeln damit die ATP-Produktion an.

Wie bereits erwähnt, ist auch der letzte Schritt der Glykolyse reguliert. Dieser Schritt besteht ebenfalls aus einer irreversiblen Reaktion, bei der Pyruvat, d.h. das Anion der Brenztraubensäure, umgesetzt wird. Die Reaktion (Abb. 6-5) wird von der *Pyruvat-Kinase* katalysiert. Auch die Pyruvat-Kinase ist ein allosterisches Enzym, das analog zur Phosphofructo-Kinase durch ATP gehemmt, durch anorganisches Phosphat dagegen aktiviert wird.

Die zwischen den irreversiblen Eingangs- bzw. Ausgangsreaktionen der Glykolyse liegenden Reaktionen sind isergonisch und damit reversibel. Die Richtung dieser Reaktionen wird daher durch die aktuellen Konzentrationen der jeweiligen Ausgangsverbindung bzw. der Produkte bestimmt.

Bei Hefepilzen, die Glucose aus dem Außenmedium aufzunehmen vermögen, kann die Rate dieser Glucose-Aufnahme und damit die Versorgung der Glykolyse mit Substrat reguliert sein. Die Aufnahme exogener Glucose wird durch einen Carrier (Kap. 4.4) in der äußeren Plasmamembran katalysiert. Der *Glucose-Carrier* der Hefe wird durch Glucose-6-phosphat (Startmetabolit der Glykolyse) gehemmt. Läuft die Glykolyse gedrosselt ab, häuft sich Glucose-6-phosphat an und verhindert durch Hemmung des Glucose-Carriers die weitere Aufnahme von Glucose in die Zelle. Bei bestimmten einzelligen Grünalgen (*Chlorella vulgaris*) wird ein Glucose-Carrier im Plasmalemma durch Glucose im Außenmedium induziert (Kap. 13.4.4, Abb. 13-12).

6.3.4 Oxidativer Pentosephosphat-Zyklus

Neben der Glykolyse läuft im Cytoplasma ein weiterer Stoffwechselweg ab, der dem Abbau der Glucose dient: der oxidative Pentosephosphat-Zyklus. Der Begriff sagt aus, daß es sich um einen zyklisch verlaufenden Stoffwechselprozeß handelt, bei dem das Substrat oxidiert wird und als Zwischenprodukte phosphorylierte C_5-Zucker (Pentosephosphate) beteiligt sind.

Im oxidativen Pentosephosphat-Zyklus wird das Kohlenstoff-Skelett der Glucose in CO_2-Moleküle zerlegt und der Wasserstoff auf *NADP*$^+$ übertragen. Die so entstandenen Reduktionsäquivalente $(NADPH + H^+)$ werden weniger für den Energiestoffwechsel, als vielmehr bei wichtigen NADPH + H^+ verbrauchenden Synthesen eingesetzt. Typische Beispiele sind die Biosynthesen von Fettsäuren (Kap. 6.3.5) und von Terpenoiden (Kap. 15.2).

Außerdem dient der oxidative Pentosephosphat-Zyklus als ein Reservoir von Zwischenprodukten für Biosynthesen. (Beispiel: *Pentosen* für die Synthese von Nucleinsäuren, Kap. 1.2, Kasten 1-4, Kap. 13.4.1, Abb. 13-4, Kasten 13-2.)

Wir können zwei funktionell unterschiedliche Phasen des oxidativen Pentosephosphat-Zyklus differenzieren (Abb. 6-10). In der oxidierenden Phase wird die Glucose in den Zyklus eingeschleust und durch Übertragung des Wasserstoffs auf $NADP^+$ oxidiert. In der regenerierenden Phase hingegen wird der Zyklus wieder für die erneute Umsetzung von Glucose aufnahmebereit gemacht.

Die Reaktionsfolge der *oxidativen Phase* geht wie bei der Glykolyse von Glucose-6-phosphat aus. Die Oxidation erfolgt in zwei Schritten durch $NADP^+$ spezifische wasserstoffübertragende Enzyme (Dehydrogenasen). Nach dem zweiten oxidativen Schritt wird das C_6-Skelett der Hexose decarboxyliert, d. h. um ein Kohlenstoff-Atom verkürzt (Abb. 6-11). Die dabei entstehende Pentose ist die Ausgangsverbindung für die regenerierende Phase. Diese führt über phosphorylierte C_3-Zucker (Triose-Phosphate), C_4-Zukker (Tetrose-Phosphat) und C_7-Zucker (Heptose-Phosphat) zurück zum Hexose-Phosphat.

Das Schema der *regenerierenden Phase* zeigt die Bilanz der Kohlenstoff-Skelette (Abb. 6-11). Im einzelnen stimmt die Reaktionsfolge der regenerierenden Phase des oxidativen Pentosephosphat-Zyklus weitgehend mit dem in den Chloroplasten ablaufenden reduktiven Pentosephosphat-Zyklus (CALVIN-Zyklus, vgl. Kap. 8.2.2.1, Abb. 8-14) überein.

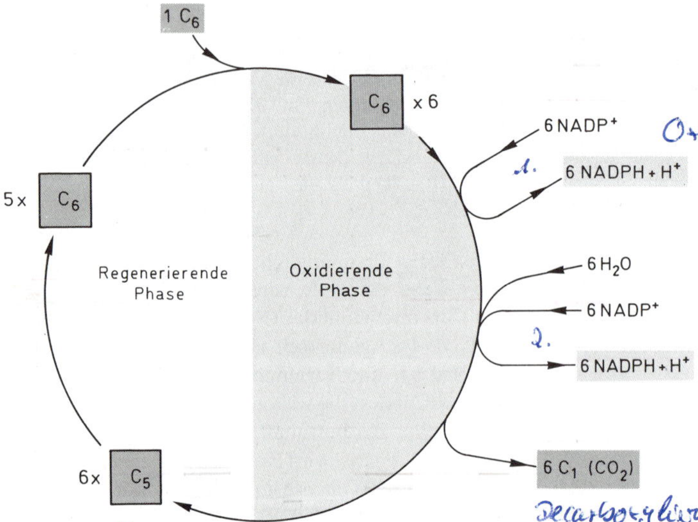

Abb. 6-10. Schema des Abbaus eines Hexosemoleküls (C_6) über den oxidativen Pentosephosphatzyklus. Die Kästen im Kreislauf bedeuten Kohlenstoffskelette mit entsprechender Anzahl von C-Atomen.

Abb. 6-11. Einzelheiten des oxidativen Pentosephosphat-Zyklus (vergl. Abb. 6-10). Der obere Teil der Abbildung zeigt den Ablauf der Oxidation von Glucose-6-phosphat zu Ribulose-5-phosphat. Unten ist ein Schema der Regeneration von 5 Hexosephosphatmolekülen aus 6 Pentosephosphat-Molekülen dargestellt. Die Zahlen neben dem Symbol für den Kohlenstoff geben die Anzahl der Kohlenstoffatome in der betreffenden Verbindung an.

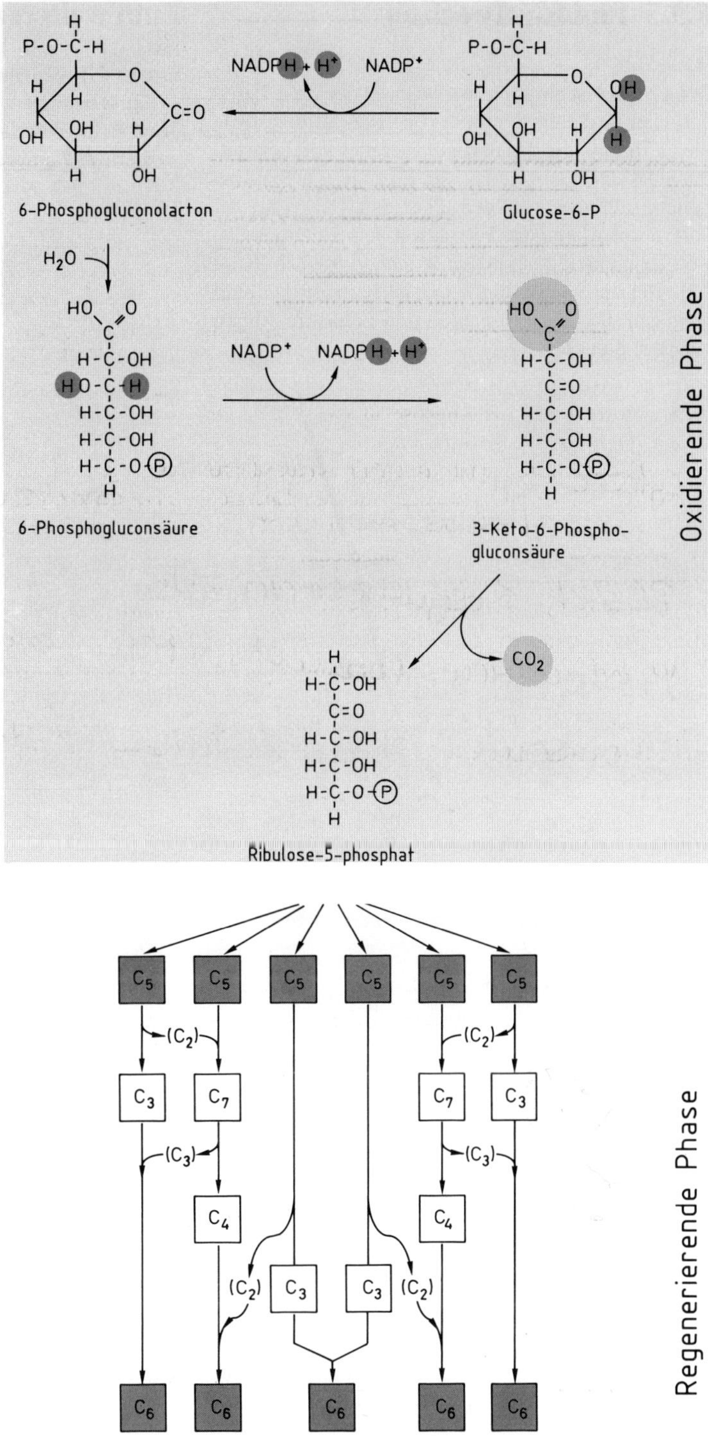

6.3.5 Lipidstoffwechsel

Das Cytosol ist am Lipidstoffwechsel der Zelle beteiligt. Hier findet die Synthese von Triglyceriden sowie die Herabsetzung des Sättigungsgrades von Fettsäuren statt. Die *Biosynthese der Fettsäuren* erfolgt bei höheren Pflanzen in den Plastiden (Kap. 8.2.4). Sofern der *Abbau* der Fettsäuren dem Energiestoffwechsel dient, läuft er in den *Mitochondrien* ab (Kap. 7.3). Bei der Umwandlung der Fette in Zucker sind hingegen die *Glyoxysomen* in den Fettsäure-Abbau eingeschaltet (Kap. 9.2.1).

Zum weiteren Studium

KINDL, H.: *Biochemie der Pflanzen.* Springer, Berlin–Heidelberg–New York 1991.

STRYER, L.: *Biochemie.* Spektrum der Wissenschaft-Verlag, Weinheim 1991.

Cytosol: Synthese von Triglyceriden
Herabsetzung d. Sättigungsgrades von Fettsren

Plastide: Biosynthese der Fettsren

Mitochondrien: Abbau der Fettsren -> Energie

Glyoxysomen: Abbau der Fettsren -> Zucker

7 Die Mitochondrien und die Atmung

Eine wesentliche Aufgabe der Mitochondrien ist die Versorgung der Zelle mit Energie in Form von ATP. Ohne die Mitochondrien wären Zellen, die über keine Chloroplasten verfügen, ausschließlich auf die geringe ATP-Ausbeute der Glykolyse angewiesen. Der in den Mitochondrien ablaufende ATP liefernde Prozeß ist die Atmung. Diese besteht letztlich darin, daß Wasserstoff mit molekularem Sauerstoff zu Wasser oxidiert und ein großer Teil der dabei frei werdenden Energie in Form von ATP aufgefangen wird. Wir wollen uns zunächst mit der Struktur der Mitochondrien befassen und uns anschließend Einzelheiten der in den Mitochondrien ablaufenden Stoffwechselprozesse zuwenden.

7.1 Die Struktur der Mitochondrien

Mitochondrien sind stäbchenförmige, fädige, manchmal auch verzweigte Organellen mit einer Länge von wenigen Mikrometern und einem Durchmesser von ca. 0,7 µm. Mitochondrien sind daher bereits im Lichtmikroskop sichtbar. Man hat beobachtet, daß sie ihre Form verändern und im Cytosol mit der Plasmaströmung (vgl. Kap. 6.2) verfrachtet werden können. Die Zahl der Mitochondrien pro Zelle differiert in den verschiedenen Zelltypen und reicht von einigen wenigen bis zu vielen hundert. Dabei spiegelt die Anzahl der Mitochondrien den Energiebedarf der Zellen wider. So sind z. B. Zellen des Xylem-Parenchyms, in denen intensive Transportarbeit geleistet wird, besonders reich an Mitochondrien. Ähnliches gilt auch für die Geleitzellen der Siebröhren und für Drüsenzellen.

Die Mitochondrien besitzen eine *äußere Membran,* die eine Art *Hülle* darstellt, und eine in ihrer Oberfläche *stark vergrößerte Innenmembran* (Abb. 7-1; vgl. Kap. 1.8). Zwischen beiden Membranen befindet sich ein mit wäßriger Lösung gefüllter Zwischenraum, der *perimitochondriale Raum.* Die äußere Membran der Mitochondrien ist für alle Moleküle bis zu einem Molekulargewicht von ungefähr 10 kDa (Definition s. Kap. 14.2) praktisch frei durchlässig. Die Innenmembran umschließt den Innenraum, die *Matrix,* des Mitochondriums (Abb. 7-1). Im Gegensatz zur Außenmembran ist sie für Ionen und organische Moleküle nicht frei permeabel. *Substratspezifische Carrier* vermitteln und kontrollieren den Transport durch die innere Mitochondrienmembran.

Die der Matrix zugewandte Seite der Innenmembran weist eine dichte Auflage von Protein-Partikeln auf (Abb. 7-1). Diese Partikel haben einen Durchmesser von 9 nm. Sie sitzen an einem die Membran durchdringenden Protein. Es handelt sich um die *ATPase,* die die ATP-Bildung der Mitochondrien vermittelt. Wir werden die Funktion dieses Enzyms später noch näher kennenlernen. Die Innenmembran der Mitochondrien hat eine mindestens fünfmal größere Oberfläche als die Außenmembran. Das wird durch taschen- oder schlauchförmige Einstülpungen der Membran gegen den Innenraum hin erreicht. Die Membraneinstülpungen heißen *Cristae* bzw. *Tubuli* und können je nach Zelltyp verschieden geformt sein.

Die den Innenraum des Mitochondriums ausfüllende Matrix enthält die Enzyme der Pyruvat-Oxidation (Kap. 7.2.1), des Zitronensäure-Zyklus (Kap. 7.2.2) und des Fettsäure-Abbaus (Kap. 7.3). Die Matrix enthält auch ringförmige DNA (Kap. 1.8.3), Ribosomen, m-RNA und t-RNA (Kap. 13.4.3).

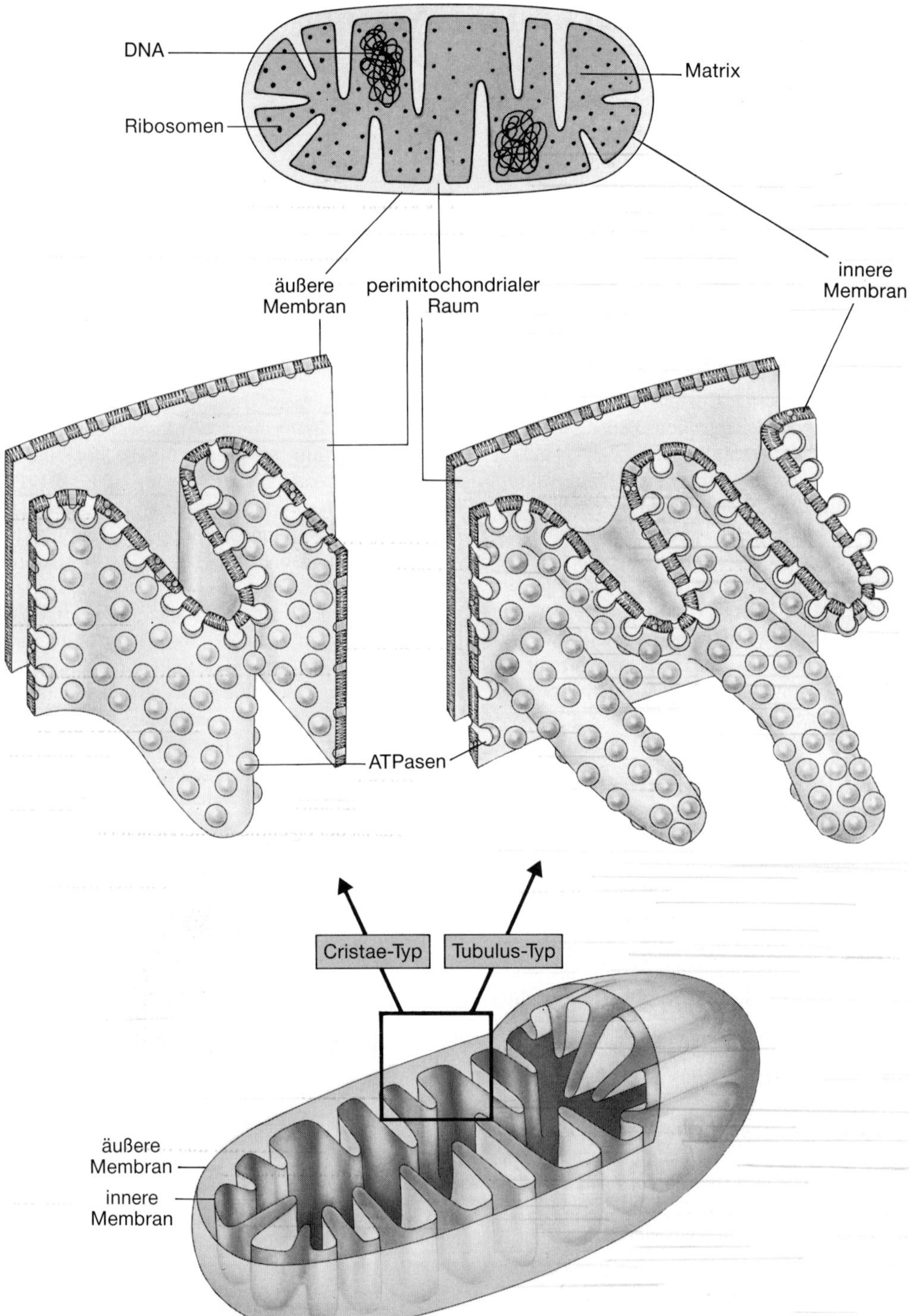
DNA
Matrix
Ribosomen
äußere Membran
perimitochondrialer Raum
innere Membran
ATPasen
Cristae-Typ
Tubulus-Typ
äußere Membran
innere Membran

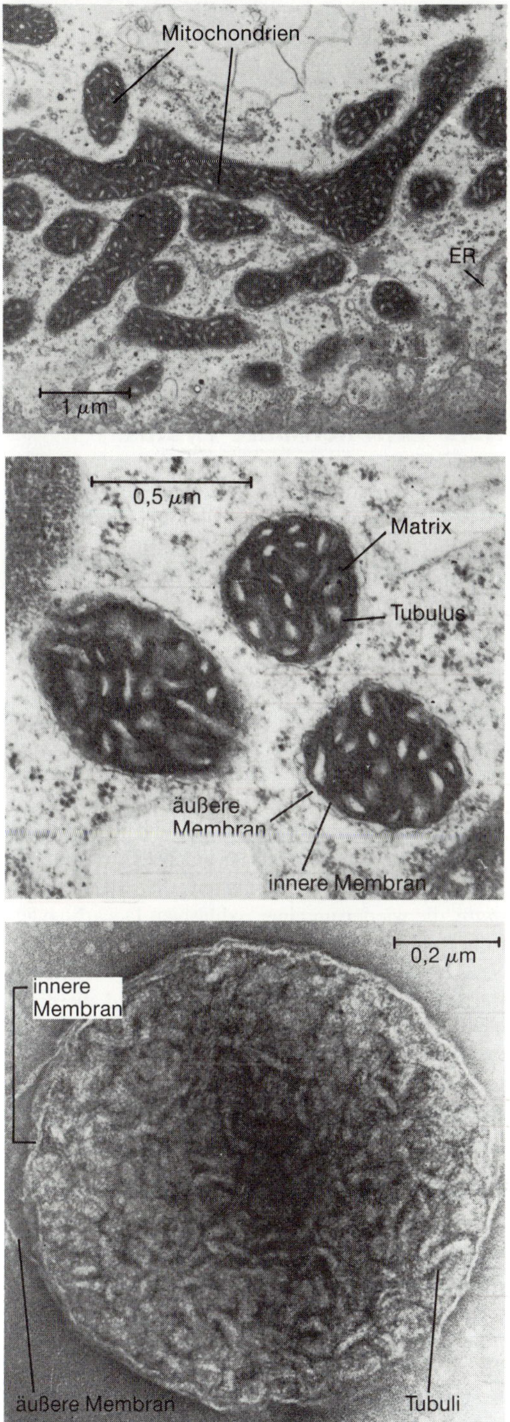

Abb. 7-1. Der Feinbau von Mitochondrien. Linke Seite, oben: schematischer Längsschnitt; unten: räumliches Modell (Cristae-Typ); Mitte: vergrößerte Anschnitte aus einem räumlichen Modell, mit Gestaltung der Innenmembran nach dem Cristae-Typ (links) bzw. Tubulus-Typ (rechts). Rechte Seite, oben und Mitte: Schnitte durch Mitochondrien aus Zellen der Bündelscheide von *Moricandia arvensis.* (EM-Aufnahmen: D. KRAMER). Unten: Isoliertes und mit NH_4-Molybdat kontrastiertes Mitochondrion aus dem Blattgewebe von *Kalanchoë daigremontiana*. Die äußere Membran ist teilweise aufgeplatzt. Man beachte die große Dichte der Tubuli im Innern des Organells. (Präparat: V. FRIEMERT, EM-Aufnahme: D. KRAMER).

7.2 Die Atmung

Wie bereits erwähnt wird in Gegenwart von Sauerstoff das bei der Glykolyse entstandene Pyruvat nicht in Gärungsprodukte umgewandelt, sondern vollständig oxidiert. Dieser Prozeß läuft in den Mitochondrien ab und gliedert sich in zwei typische Abschnitte. Im ersten Abschnitt wird das Pyruvat in die Mitochondrien eingeschleust. Dort wird das Kohlenstoff-Gerüst zerlegt und vollständig zu CO_2 oxidiert. Als Oxidationsmittel dienen dabei Coenzyme, die selbst reduziert werden. Der auf die Coenzyme übertragene Wasserstoff wird im zweiten Abschnitt auf molekularen Sauerstoff übertragen, wobei Wasser entsteht. Das ist der eigentliche energieliefernde Prozeß. Man bezeichnet ihn als *Endoxidation.*

Die Zerlegung des Pyruvats findet in der Matrix der Mitochondrien statt. Die an der Endoxidation beteiligten Redoxsysteme und Enzymkomplexe sind dagegen in die innere Mitochondrienmembran eingebaut.

7.2.1 Oxidative Decarboxylierung des Pyruvats

Die Aufnahme des Pyruvats aus dem Cytosol in die Matrix der Mitochondrien wird durch einen *Pyruvat-Carrier* in der inneren Mitochondrienmembran vermittelt. Die erforderliche Energie liefert der elektrochemische Protonengradient, der sich (wie noch ausführlich dargestellt wird) über der Mitochondrien-Innenmembran als Folge des in ihr ablaufenden Elektronentransportes aufbaut.

In der Matrix wird das *Pyruvat oxidativ decarboxyliert.* Dieser komplexe Vorgang bewirkt insgesamt folgendes (Abb. 7-2): Es wird Wasserstoff auf NAD^+ übertragen und damit $NADH + H^+$ gebildet (oxidativer Schritt); die Carboxyl-Gruppe des Pyruvats wird als CO_2 abgespalten (Decarboxylierung); der verbleibende C_2-Rest (Essigsäure- oder Acetyl-Rest) wird an ein Trägermolekül, das Coenzym A (CoA-SH), gekoppelt und damit in eine reaktionsfähige Form gebracht. Man bezeichnet den an das Coenzym A geknüpften Acetyl-Rest als *Acetyl-CoA* oder wegen seiner gesteigerten Reaktionsfähigkeit auch als *„aktivierte Essigsäure"*. Der Gesamtvorgang läßt sich in folgender Gleichung zusammenfassen:

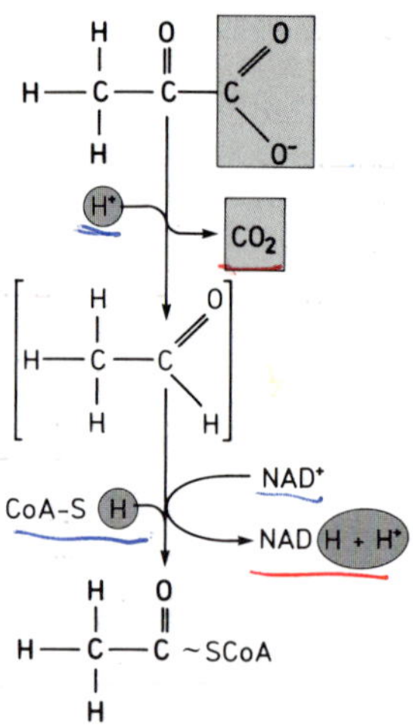

Abb. 7-2. Die Bildung von aktivierter Essigsäure (Acetyl-SCoA) durch oxidative Decarboxylierung der Brenztraubensäure. Es ist ein stark vereinfachtes Schema des Reaktionsablaufs dargestellt. Der Vorgang wird durch einen Multienzym-Komplex („Pyruvatdehydrogenase-Komplex") vermittelt, der die Coenzyme Thiaminpyrophosphat (TPP, ein Thiamin, d. h. Vitamin B_1 enthaltendes Coenzym), Liponsäure und HS-CoA benötigt. Zunächst wird die Brenztraubensäure unter Freisetzung von CO_2 decarboxyliert (erforderliches Coenzym: TPP). Der dabei entstehende Rest (Acetaldehyd; eckige Klammer) bleibt am Multienzym-Komplex gebunden und wird unter Bildung von $NADH + H^+$ oxidiert (erforderliches Coenzym der Oxidation: Liponsäure). Der Acetylrest wird schließlich auf HS-CoA übertragen und löst sich vom Multienzym-Komplex in Form der aktivierten Essigsäure ab.

$$\text{Pyruvat} + NAD^+ + \text{CoA-SH} \rightarrow \text{Acetyl-S-CoA} + NADH + H^+ + CO_2 \qquad \Delta G_0' = -33{,}5\ \text{kJ} \cdot \text{mol}^{-1}.$$

Das bei der Pyruvat-Decarboxylierung gebildete CO_2 wird ausgeschieden. Dem gebildeten $NADH + H^+$ werden wir später im Zusammenhang mit der Endoxidation wieder begegnen. Die aktivierte Essigsäure ist eine der bedeutendsten Schlüsselverbindungen im Stoffwechsel der Zellen. Sie kann einerseits im Energiestoffwechsel abgebaut werden, von ihr gehen jedoch andererseits auch wichtige Synthesewege aus.

7.2.2 Zitronensäure-Zyklus

Zunächst soll uns der weitere oxidative Abbau des C_2-Restes der aktivierten Essigsäure beschäftigen. Dies geschieht in einer zyklischen Abfolge von Reaktionen. Bei der Eingangsreaktion entsteht Zitronensäure; man bezeichnet daher den für die Zerlegung des Acetyl-Restes verantwortlichen Stoffwechselweg als Zitronensäure-Zyklus oder, zu Ehren seiner Entdecker, als KREBS-MARTIUS-Zyklus (Abb. 7-3).

Der Zitronensäure-Zyklus beginnt mit der Übertragung des C_2-Restes vom Acetyl-CoA auf die *Oxalessigsäure.* Die gebildete *Zitronensäure* wird in *Isozitronensäure* umgewandelt. Der folgende Schritt besteht in der Abspaltung von CO_2 und gleichzeitiger Übertragung von Wasserstoff auf NAD^+ (oxidative Decarboxylierung). Es entsteht die *α-Oxoglutarsäure,* die wiederum einer oxidativen Decarboxylierung unterworfen wird. Dabei werden CO_2, $NADH + H^+$ und der aus 4 C-Atomen bestehende Bernsteinsäure-Rest gebildet. Dieser wird allerdings nicht frei, sondern in energiereicher Bindung an das Coenzym A gebunden. Das so entstandene *Bernsteinsäure-CoA* wird unter Aufnahme von Wasser in *Bernsteinsäure* und HS-CoA gespalten. Die Energie der energiereichen Bindung bleibt durch Bildung von ATP erhalten.

Die Bernsteinsäure wird dehydriert. In diesem Fall ist der Wasserstoff-Akzeptor nicht NAD^+, sondern das Flavin-adenin-dinucleotid (FAD). Dabei wird *Fumarsäure* gebildet, die unter Aufnahme von Wasser in *Äpfelsäure* umgewandelt wird. Durch die Übertragung von Wasserstoff auf NAD^+ entsteht schließlich *Oxalessigsäure.* Indem diese erneut einen C_2-Rest von Acetyl-CoA aufnimmt, schließt sich der Zyklus.

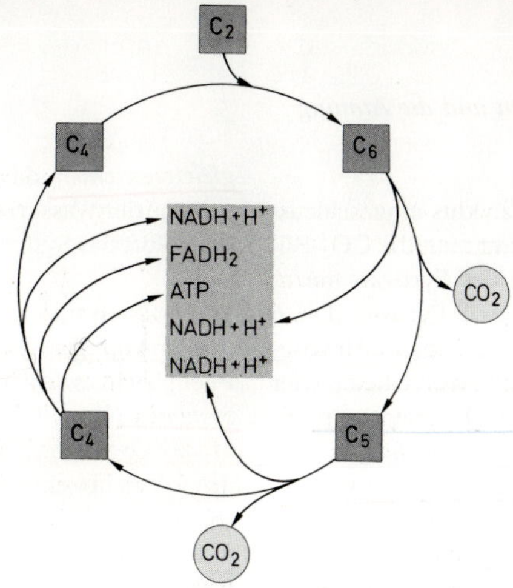

Abb. 7-3. Der Zitronensäure-Zyklus. *Oben* ist ein vereinfachtes Schema dargestellt. Die Ziffern in den Kästen geben die Anzahl der C-Atome wieder. *Unten* sind die Einzelheiten der Reaktionsfolge gezeigt.

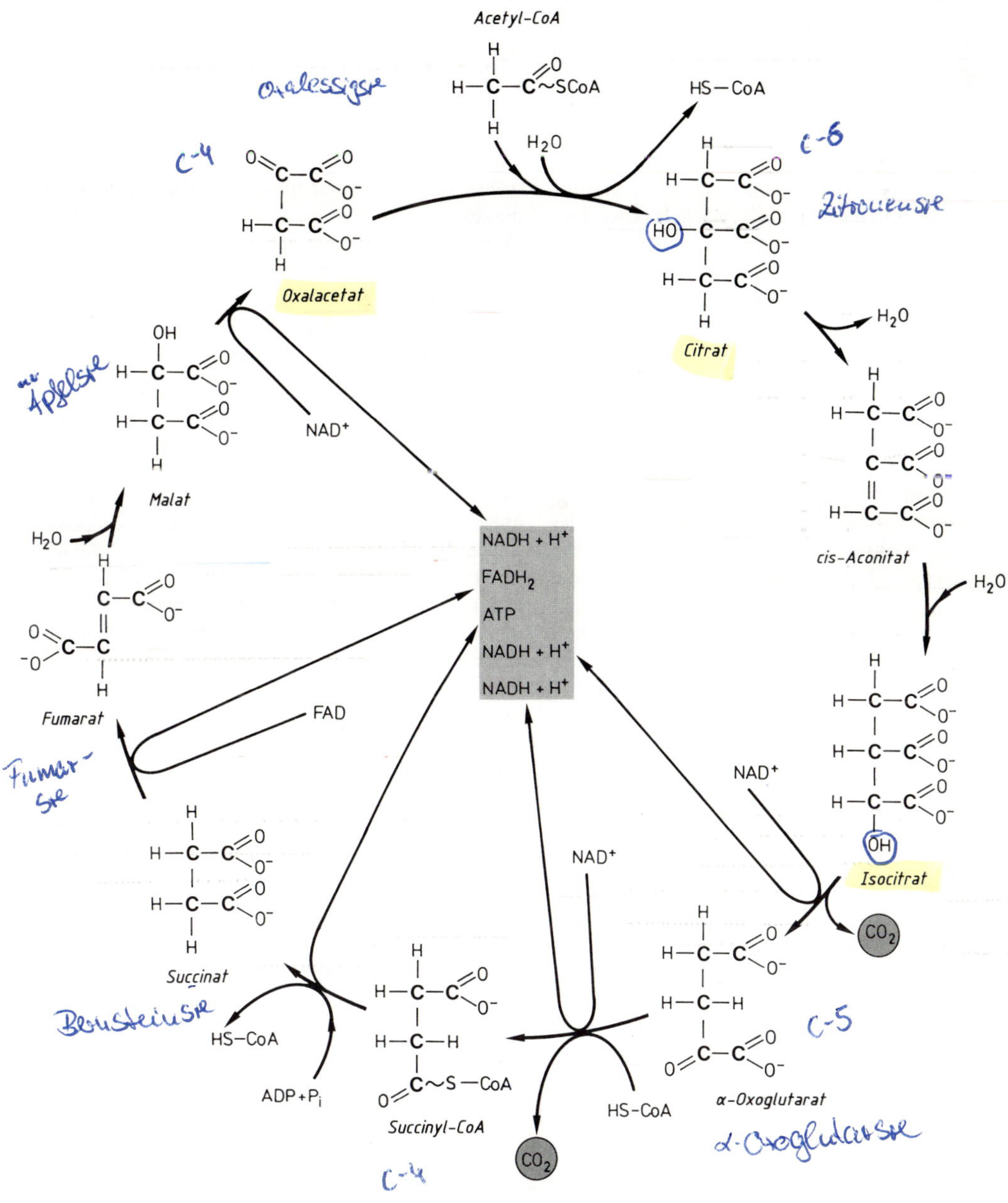

Wie sieht die *Bilanz* aus?
Jeder Acetyl-Rest, der in den Zyklus eingeschleust wurde, hat 2 CO_2 geliefert. Nimmt man die CO_2-Bildung bei der Decarboxylierung des Pyruvats hinzu, so sind also 3 CO_2 für jedes Molekül Pyruvat, d. h. 6 CO_2 für jedes über die Glykolyse abgebaute Hexose-Molekül entstanden. Das Kohlenstoff-Skelett der Hexose ist also indirekt völlig zu CO_2 zerlegt worden. Weiterhin wurden bei jedem Umlauf des Zyklus, also für jeden eingeschleusten Acetyl-Rest, 3 NADH + H^+ und 1 $FADH_2$ gebildet. Beziehen wir die bei der oxidativen Decarboxylierung des Pyruvats sowie im Verlauf der Glykolyse selbst entstandenen reduzierten Coenzyme mit in die Betrachtung ein, so ergibt sich für jedes umgesetzte Triose-Molekül die Bildung von 5 NADH + H^+ und 1 $FADH_2$. Für jedes über die Glykolyse und den Zitronensäure-Zyklus abgebaute Hexose-Molekül ist die Ausbeute doppelt so groß. Der direkte Energiegewinn im Zitronensäure-Zyklus ist gering. Er beschränkt sich auf 1 ATP für jeden Umlauf, also letztlich auf 2 ATP je Hexose. Der eigentliche Energiegewinn beim aeroben Energiestoffwechsel wird aus der Vereinigung des Wasserstoffs der reduzierten Coenzyme mit Sauerstoff erzielt. Der Wasserstoff stammt letztlich aus dem abgebauten Substrat.

7.2.3 Atmungskette

Die direkte Vereinigung von Wasserstoff mit molekularem Sauerstoff ist ein stark exergoner Vorgang, der Energie explosionsartig in Form von Wärme freisetzt (*Knallgasreaktion*). In den Mitochondrien läuft diese Oxidation des Wasserstoffs jedoch schrittweise ab. Auf diese Weise wird der in der Gesamtreaktion umgesetzte Energiebetrag in kleinere Portionen zerlegt. Diese kleinen Energieportionen können leichter gespeichert werden, und die Verluste als Entropie sind geringer als dies bei einmaliger Freisetzung der gesamten Energie der Fall wäre.
Das Prinzip einer solchen *Energiezerlegung* läßt sich mit einem einfachen mechanischen Modell darstellen (Abb. 2-1): Aus einem Hochbehälter fällt Wasser in ein darunterliegendes Becken, aus diesem in ein nächstes usw. Auf jeder Stufe dieser Kaskade ist ein vom Wasserstrahl getriebenes Rad in den Strom eingebaut und wird von diesem gedreht, d. h. auf jeder Stufe der Kaskade wird ein Teil der Gesamtenergie des Systems dazu genutzt, Arbeit zu leisten. Unser Modell stellt nichts anderes als eine *Serie von Fließgleichgewichten* dar. Dieses System leistet Arbeit, solange der Wasserzustrom anhält. Wird er unterbunden, läuft das System leer und hört auf, Arbeit zu leisten.
Wir können unser Modell auf die Energiezerlegung in den Mitochondrien übertragen. Hier besteht die Fließgleichgewichtskette aus einer *Serie von Redoxsystemen* (Kap. 1.4.2; Kasten 1-9). Die Sequenz der an der Oxidation des Wasserstoffs in den Mitochondrien beteiligten Redoxsysteme heißt *Atmungskette* (Kap. 1.6). Die Atmungskette ist in der Innenmembran der Mitochondrien lokalisiert. Abb. 7-4 zeigt die Einzelheiten der Atmungskette. Zunächst halten wir fest: Im Bereich der negativeren Redoxpotentiale finden sich Redoxsysteme, bei denen Wasserstoff-Atome, d. h. Protonen zusammen mit Elektronen weitergegeben werden. Später erfolgt eine Trennung von Protonen und Elektronen, und lediglich die Elektronen wandern in der Atmungskette weiter, während die verbleibenden Protonen aus der Kette ausscheren.
Der Elektronentransport in der Atmungskette wird eingeleitet, indem NADH + H^+ zunächst *Flavinmononucleotid* (FMN) zu $FMNH_2$ reduziert. Das Redoxsystem FMN/$FMNH_2$ ist die Wirkgruppe der NADH-Dehydrogenase, eines Enzymkomplexes, der auch Eisen-Schwefel-Proteine enthält.
$FMNH_2$ reduziert *Ubichinon*, das dabei in Ubihydrochinon übergeht. Das Ubichinon kann aber auch durch das $FADH_2$ reduziert werden, das im Zitronensäure-Zyklus bei der Oxidation der Bernsteinsäure entsteht. Bei NAD^+, FAD, FMN und den Chinonen werden zwei H-Atome pro Molekül des Cofaktors übertragen.
Beim nächsten Schritt in der Atmungskette erfolgt die schon erwähnte *Trennung von Protonen und Elektronen*. Zwei Protonen scheren aus, während die zwei Elektronen weiter durch die Redoxkette wandern. Diese besteht in ihrem letzten Abschnitt aus einer *Serie von Cytochromen* (Kasten 7-1). Das eigentliche Redoxsystem ist dabei das zentrale Eisen-Atom des Cytochroms, das durch Aufnahme eines Elektrons reduziert bzw. durch Abgabe eines Elektrons oxidiert wird. Da jedes Cytochrom-Molekül ein Eisen-Atom enthält, wird für jedes zu transportierende Elektron ein Cytochrom benötigt.
Nachdem Cytochrom b die Elektronen vom Ubihydrochinon übernommen hat und diese an Cytochrom c weitergegeben wurden, findet die Atmungskette durch Übertragung zweier Elektronen von Cytochrom a auf *molekularen Sauerstoff* ihren Abschluß.

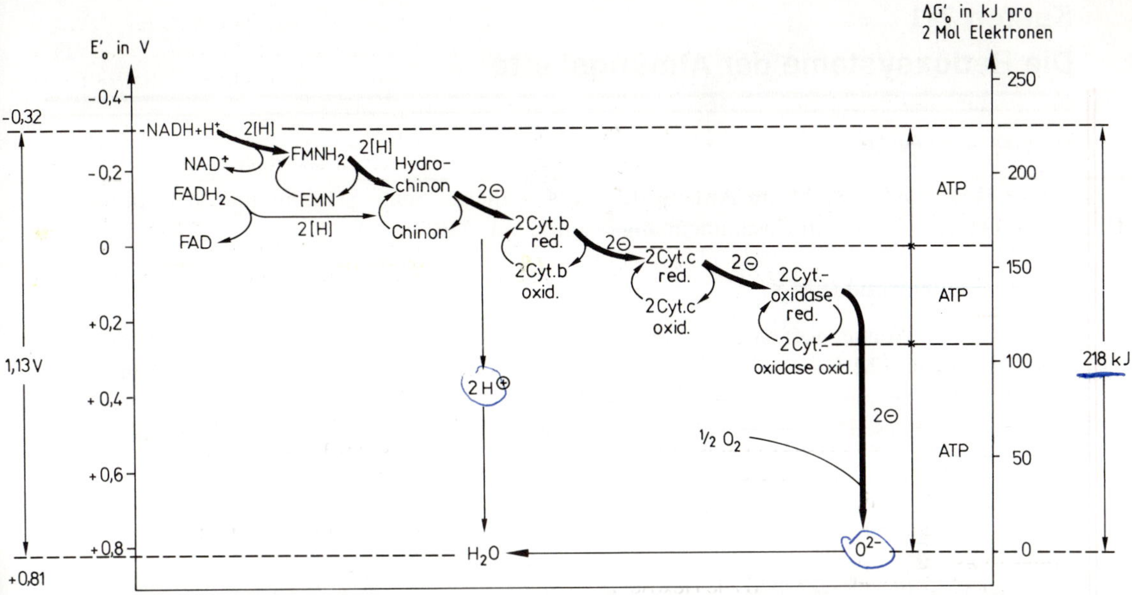

Abb. 7-4. Verlauf und Energiediagramm der Atmungskette. Die horizontalen gestrichelten Linien begrenzen die Bereiche der Atmungskette, in denen ATP-Bildung stattfindet.

Der Sauerstoff ist also der endgültige Elektronenakzeptor. Er geht durch die Elektronenaufnahme in den zweifach negativ geladenen Zustand über und vereinigt sich mit den beiden aus der Atmungskette ausgescherten Protonen zu Wasser.

7.2.4 ATP-Bildung in der Atmung

Wir haben oben den Elektronentransport entlang der Atmungskette mit einem mechanischen Modell verglichen, bei dem eine Kaskade von Wasserfällen Wasserräder angetrieben hat, die Arbeit leisten konnten. Es ist vorstellbar, daß die Wasserräder an Turbinen angeschlossen sind, so daß die Energie des Wasserfalls in elektrische Energie überführt werden kann. Dann läßt sich die maximal zu gewinnende elektrische Energie (A_{max}-elektrisch) aus der Masse (m, kg) des fließenden Wassers, der Erdbeschleunigung (g, m · s^{-2}) und der Höhe des Wasserfalls (h, m) berechnen, wenn

$$A_{max}\text{-elektrisch} = A_{max}\text{-mechanisch},$$

und bei Benutzung der Gleichungen 2-9 und 2-7

$$\Delta q \cdot E = m \cdot g \cdot \Delta h.$$

In Wirklichkeit gibt es bei der Koppelung zwischen den beiden Energieformen mehr oder weniger große Energieverluste als Wärme. Man spricht dabei dann auch vom *Wirkungsgrad* einer Maschine. Der Wirkungsgrad von wassergetriebenen Turbinen liegt in der Regel bei etwa 50 %.

Ganz entsprechende Überlegungen lassen sich nun für den Elektronentransport entlang der Atmungskette anstellen. Das Energiediagramm der Abb. 7-4 zeigt, daß es sich um einen stark exergonen Vorgang handelt. Wenden wir für die 2 Mole Elektronen, die ausgehend von 1 Mol NADH + H$^+$ auf 1/2 Mol O_2 übertragen werden, die Überlegungen an, die schon in Kap. 1.4.2 und Kasten 1-8 dargestellt wurden, und ersetzen wir Δq in Gleichung 2-9 durch $z \cdot F$ (wobei Gleichung 2-9 zu Gleichung 1-1 wird), so erhalten wir für die *Energiefreisetzung bei der Atmungskette* ein $\Delta G_0'$ von -218 kJ · mol^{-1}. Dieser Energiebetrag würde ausreichen, um 6 bis 7 Mole ADP zu phosphorylieren, also 6 bis 7 Mole ATP zu bilden. Tatsächlich

$\Delta G_0^{0\prime} = 2 \cdot F \cdot \Delta E_0'$ 1-1

Kasten 7-1
Die Redoxsysteme der Atmungskette

NADH + H^+/NAD^+

Dieses Redoxsystem steht am Anfang der Atmungskette. Seine Struktur und Wirkungsweise wurde bereits in anderem Zusammenhang besprochen (Kasten 1-9).

Flavinmononucleotid (FMN)

Es übernimmt Wasserstoff vom NADH + H^+ und geht dabei in den reduzierten Zustand ($FMNH_2$) über. FMN kann aber auch Wasserstoff von reduziertem Flavinadenindinucleotid ($FADH_2$) übernehmen (Abb. 7-4). Das FAD unterscheidet sich vom FMN durch den Besitz eines Adenylrestes. Die Flavinnucleotide sind als Wirkgruppen fest mit Proteinen verbunden (Flavoproteide).

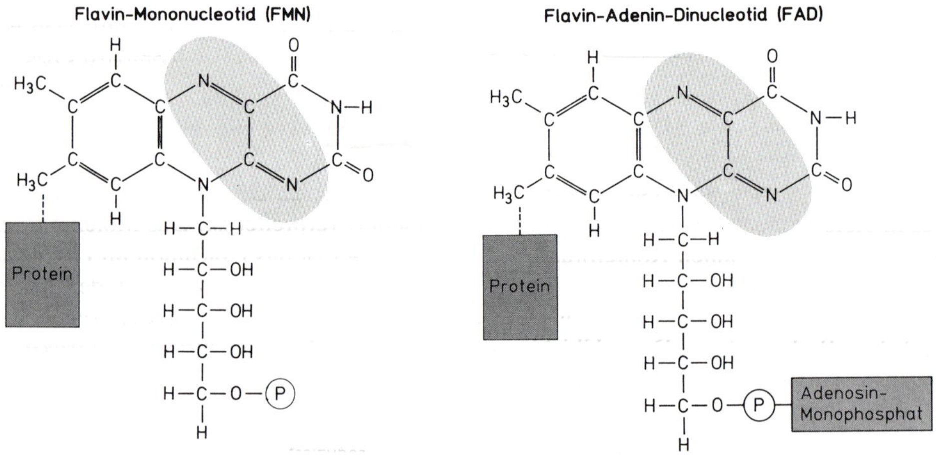

Redoxvorgänge beim FMN und FAD

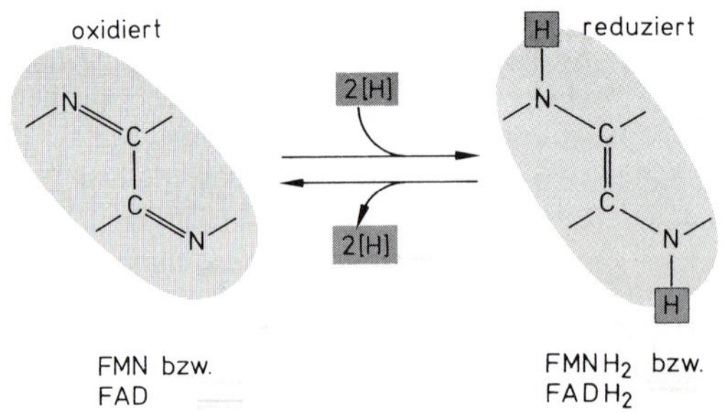

Kasten 7-1 (Fortsetzung)

Das FMN ist Bestandteil eines in der inneren Mitochondrienmembran lokalisierten Enzymkomplexes (NADH-Dehydrogenase-Komplex). Dieser enthält zudem eisen- und schwefelhaltige Proteine (Eisen-Schwefel-Komplexe).
Der NADH-Dehydrogenase-Komplex vermittelt die Übertragung des Wasserstoffs auf das Ubichinon.

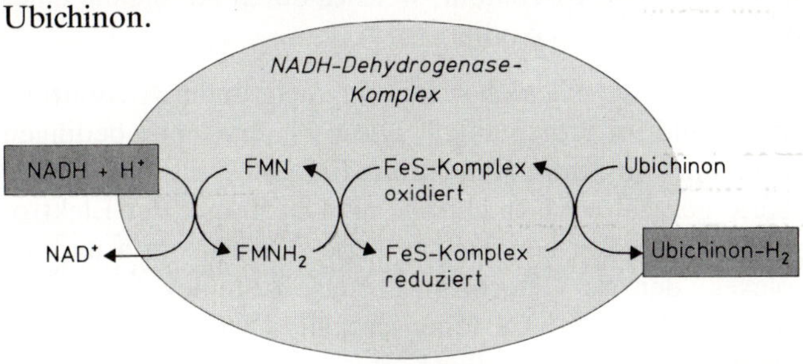

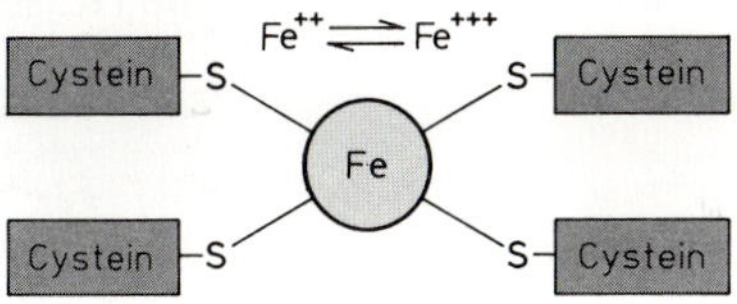

Beispiel eines einfachen Eisen-Schwefel-Komplexes des NADH-Dehydrogenasesystems (nach STRYER).

Ubichinon

Es handelt sich um ein wasserstoffübertragendes Chinonderivat. Die Bezeichnung drückt aus, daß es in biologischen Systemen „ubiquitär" (d. h. überall) verbreitet ist. Das Molekül trägt am Ringsystem einen lipophilen Kohlenwasserstoff-Rest. Daher ist das Ubichinon im Lipidfilm der Mitochondrienmembran löslich. Im Gegensatz zu den anderen Bestandteilen der Atmungskette ist Ubichinon nicht an Enzymproteine gebunden, sondern ein in der Membran frei bewegliches Redoxsystem. Dem Ubichinon der Mitochondrien entspricht in Struktur und Funktion das Plastochinon der Chloroplasten (Kasten 8-3).

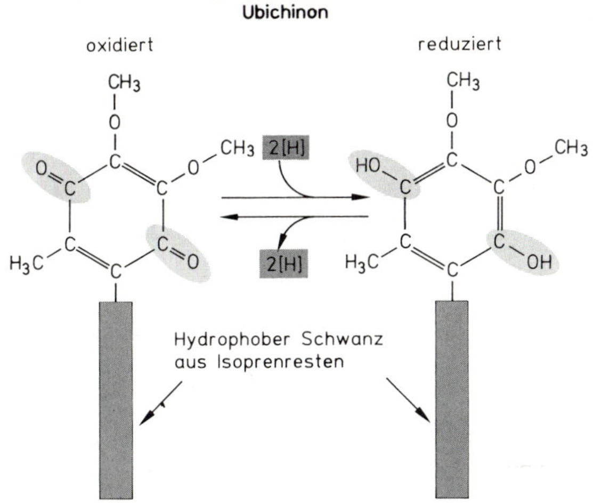

Kasten 7-1 (Fortsetzung)

Die Cytochrome

Ein Cytochrom ist ein Protein, welches als Wirkgruppe ein Tetrapyrrolsystem mit Eisen als Zentralatom, das Häm, enthält (Tab. 15-2) und das der Übertragung von Elektronen dient. Das eigentliche Redoxsystem ist dabei das zentrale Eisenatom, welches durch Aufnahme eines Elektrons reduziert und durch Abgabe eines Elektrons oxidiert wird.

Es gibt mehrere Arten von Cytochromen. Sie unterscheiden sich geringfügig in der Ausstattung des Porphyrinringes mit Anhangsgruppen und im Proteinanteil. Diese Unterschiede bedingen aber, daß sich die einzelnen Cytochrome auch in ihrem Redoxpotential unterscheiden. In der Atmungskette fungieren mehrere in Serie geschaltete Cytochrome als Überträger der Elektronen vom Ubichinon auf den Sauerstoff. Die letzten Glieder der Serie (Cytochrom a und a_3) sind Bestandteile eines Enzymkomplexes, der als Cytochrom-Oxidase-Komplex bezeichnet wird und außer dem Fe des Cytochroms auch noch 2 Cu-Ionen enthält. Cytochrome spielen auch beim photosynthetischen Elektronentransport eine Rolle (Kasten 8-3).

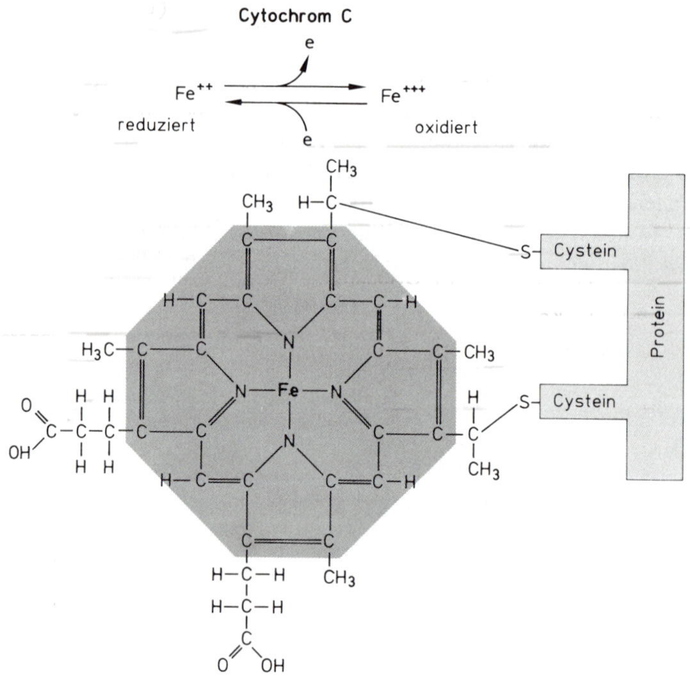

entstehen jedoch für jedes vom NADH + H^+ über die Atmungskette reduzierte Sauerstoff-Atom nur 3 ATP. Damit wird die Redoxenergie von 218 kJ · mol^{-1} in die chemische Bindungsenergie des ATP mit 33,5 kJ · mol^{-1}, also insgesamt 100,5 kJ umgewandelt. Der Wirkungsgrad dieses Vorgangs liegt demnach bei 46 %, also in der gleichen Größenordnung wie bei dem oben zitierten technischen System.

Man bezeichnet die durch den Elektronentransport in der Atmungskette angetriebene Phosphorylierung des ADP als *oxidative Phosphorylierung.*

Für die ATP-Bildung wird der Energieabfall in der Atmungskette zwischen NADH + H^+ und FMN, zwischen Cytochrom b und c und letztlich zwischen Cytochrom a und Sauerstoff genutzt (Abb. 7-4). Die Oxidation von $FADH_2$, das erst hinter der ersten ATP-Bildungsstelle in die Atmungskette eingeschleust wird, kann also nur 2 ATP liefern.

7.2.5 Koppelung zwischen Elektronentransport und ATP-Bildung

In unserem mechanischen Modell kann der Wasserfluß mit einer Turbine gekoppelt sein oder auch nicht. Ebenso kann der Elektronenfluß in der Atmungskette mit der ATP-Bildung gekoppelt sein oder auch nicht. Normalerweise liegt bei der Atmung eine Koppelung vor. Die thermodynamischen Energiebetrachtungen von Kap. 7.2.4 sagen über die Natur der Koppelung, d. h. im mechanischen Modell über Bau und Funktion der Turbine und beim biochemischen Prozeß über die molekularen Mechanismen, gar nichts aus.

Um zu versuchen, die letzteren zu verstehen, müssen wir das Energiediagramm der Atmungskette (Abb. 7-4) durch ein molekulares Schema (Abb. 7-5) ersetzen.

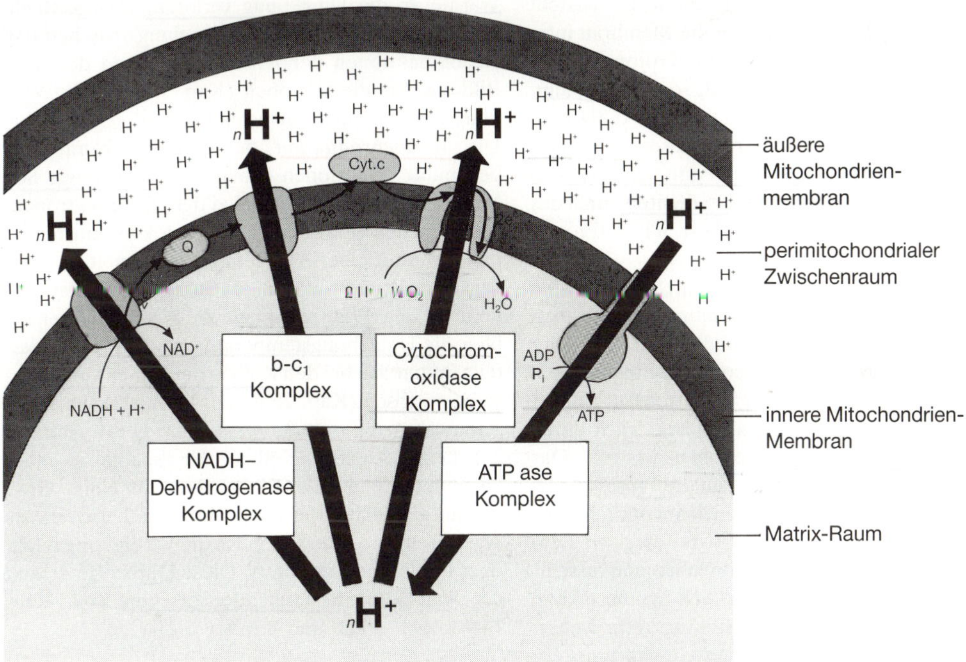

Abb. 7-5. Molekulares Modell der Koppelung zwischen dem Elektronentransport der Atmungskette und der ATP-Bildung. Angetrieben durch den Elektronentransport werden Protonen aus dem Matrix-Raum des Mitochondrions in den perimitochondrialen Zwischenraum transportiert und dort angereichert. Man nimmt an, daß dieser Protonenfluß durch drei in die innere Mitochondrienmembran integrierte Enzymkomplexe der Atmungskette (NADH-Dehydrogenase Komplex, „b-C_1 Komplex", Cytochromooxidase Komplex) vermittelt wird. Der sich so zwischen perimitochondrialem Zwischenraum und der Matrix aufbauende elektrochemische Protonengradient wird durch Rückstrom von Protonen in die Matrix wieder ausgeglichen. Der Rückstrom wird durch den ATPase Komplex vermittelt und treibt die ATP-Bildung an.

Die Enzyme der Atmungskette sind als Proteine so in die Membranen eingebaut, wie das für andere Proteine in den Abb. 4-1 und 4-2 gezeigt wird. Wichtig ist, daß beim Weg durch die Kaskaden der Atmungskette Protonen und Elektronen der Wasserstoff-Atome getrennt werden (Kap. 7.2.3). Das erfolgt in einem *molekular gerichteten Vorgang*, der längst noch nicht in allen Einzelheiten geklärt ist, so, daß die Protonen räumlich orientiert nur an die Außenseite der inneren Mitochondrienmembran gelangen können, während die Elektronen die Atmungskette entlang bis zum Sauerstoff an die Innenseite der inneren Mitochondrienmembran wandern. Dadurch erfolgt *Ladungstrennung*, und *ein elektrochemischer Protonengradient*, $\Delta\bar{\mu}_{H^+}$, wird *an der inneren Mitochondrienmembran aufgebaut* (Kasten 1-8, Abb. 7-5).
Nach der MITCHELL-*Hypothese* (Kasten 1-8) wird die Energie von $\Delta\bar{\mu}_{H^+}$ durch eine membrangebundene ATPase (Abb. 7-1, Kasten 8-4) in ATP-Energie umgewandelt. Die ATPase der Mitochondrien besteht aus zwei Teilen. Der F_o-Teil ist in die Membran integriert und bildet einen Kanal für die Protonen. Dem F_o-Protein sitzt der zweite Teil, das F_1-Protein, auf. Der Rückfluß der Protonen von der Außenseite in die Mitochondrien-Matrix, also der H^+-Transport abwärts dem in der Atmungskette aufgerichteten elektrochemischen Gradienten durch das F_o-Protein, treibt die ATP-Synthese am F_1-Protein an (ATPase).
Das F_1-Köpfchen läßt sich experimentell vom F_o-Stiel abtrennen. Dadurch wird die Membran für Protonen durchlässig, ohne daß ATP gebildet wird. Die über den elektrochemischen Protonengradienten bewirkte Koppelung zwischen Elektronentransport und ATP-Bildung kann im Experiment auch durch sogenannte *Entkoppler* aufgehoben werden. Das sind chemische Verbindungen, die die Protonenpermeabilität der inneren Mitochondrienmembran stark erhöhen und damit den die ATP-Synthese antreibenden Protonengradienten zusammenbrechen lassen.
Auch nach dem Abkoppeln der ATP-Synthese kann der Elektronentransport der Atmungskette weiterlaufen, u. U. sogar mit gesteigerter Geschwindigkeit. Dies äußert sich dann in erhöhtem Sauerstoffverbrauch. Da die frei werdende Energie dabei nicht für chemische Arbeit genutzt wird, geht sie in Form von Wärme verloren.

7.2.6 Energiebilanz des Abbaus der Glucose in der Atmung

Für den Gesamtprozeß des Glucose-Abbaus in der Atmung gilt die Bruttogleichung:

$$C_6H_{12}O_6 + 6\ O_2 + 6\ H_2O \rightarrow 6\ CO_2 + 12\ H_2O$$
$$\Delta G_o' = -2870\ \text{kJ} \cdot \text{mol}^{-1}.$$

Aus der Tab. 7-1 können wir entnehmen, daß der mit der Atmung verbundene Abfall der Freien Energie genutzt wurde, um insgesamt *36 Mol ATP pro Mol Glucose* zu bilden.
Zur Bildung von ATP wird Freie Energie von $\Delta G_o' = +33{,}5\ \text{kJ} \cdot \text{mol}^{-1}$ verbraucht, für 36 Mol ATP also 1206 kJ. Von der beim Glucose-Abbau freigesetzten Energie von 2870 kJ · mol^{-1} sind also 42 % als ATP gespeichert worden. Der Rest der Energie geht als Wärme an die Umgebung verloren. Das geschieht fast ausschließlich bei der Koppelung zwischen den Redoxreaktionen der Atmungskette und der ATP-Bildung, für die wir oben (Kap. 7.2.4) einen Wirkungsgrad von 46 % errechnet haben.
Die *Wärmeproduktion* der Atmung kann auch bestimmte Funktionen haben. Ein alternativer Seitenweg der Atmungskette, bei dem der Elektronentransport den Weg über andere Redoxsysteme nimmt und nicht mit einer ATP-Bildung gekoppelt ist, trägt sogar speziell zur Wärmeproduktion bei. Dadurch können sich Pflanzenorgane in gewissen Grenzen über die Umgebungstemperatur erwärmen. Sonderfälle finden sich bei den Kolben der Blüten von Aronstabgewächsen (Kap. 26.6.2.1). Beim einheimischen Aronstab *Arum maculatum* (s. Kap. 19.6.1, Abb. 19-20) heizt sich der Kolben der Spatha in einer bestimmten Phase der Blühperiode um einige Grad Celsius gegenüber der Umgebung auf. Durch dieses Aufheizen wird wahrscheinlich die Verbreitung flüchtiger Duftstoffe erleichtert. Diese Duftstoffe dienen der Anlockung bestäubender Insekten (vgl. Kap. 19.6.1, Abb. 19-20 und Kap. 26.6.2).

7.2.7 Transport von Metaboliten durch die Mitochondrienmembran

Bei der Atmung ist ein ständiger Stoffaustausch zwischen dem Cytoplasma und den Mitochondrien erforderlich. Die Glykolyseprodukte Pyruvat und NADH + H^+ sowie ADP und anorganisches Phos-

Tab. 7-1. Überblick über die ATP-Ausbeute, die sich ergibt, wenn ein Molekül Glucose über die Glykolyse und Atmung oxidiert wird (in Anlehnung an ZIEGLER).

Reaktionsbereich	Art der Reduktionsäquivalente	ATP-Ausbeute bei der Endoxidation der betreffenden Reduktionsäquivalente, bzw. direkter ATP-Gewinn
Glykolyse (Abb. 6-5)	2 NADH + H^+	4 ATP*
		2 ATP (direkt)
Oxidative Decarboxylierung der Brenztraubensäure (Abb. 7-2)	2 NADH + H^+	6 ATP
Zitronensäurezyklus (Abb. 7-3)	2 NADH + H^+	6 ATP
	2 NADH + H^+	6 ATP
	2 NADH + H^+	6 ATP
	2 $FADH_2$	4 ATP
		2 ATP (direkt)
	Bilanz:	36 ATP

* Wie Abb. 7-6 zeigt, werden die Reduktionsäquivalente des im Cytosol gebildeten NADH + H^+ über eine membrangebundene Dehydrogenase in die Mitochondrien verfrachtet und dort auf FAD übertragen. Damit ergibt sich bei der Endoxidation im Vergleich zu im Mitochondrion entstandenem NADH eine geringere ATP-Ausbeute.

rein: Pyruvat, NADH + H+, ADP, Pi
raus: ATP

phat müssen in die Mitochondrien gelangen, ATP muß jedoch von dort exportiert werden. Für all diese Moleküle ist die innere Mitochondrienmembran nicht frei durchlässig. Ihr Transport vollzieht sich vielmehr über spezifische Carrier (Kap. 4.4 und 4.6). Wir wollen einige typische Beispiele näher betrachten.

Reduktionsäquivalente, z. B. aus dem bei der Glykolyse gebildeten NADH + H^+, gelangen auf indirektem Wege in die Mitochondrien. Hierzu dient eine Dehydrogenase in der inneren Mitochondrienmembran (Abb. 7-6). Auch der *Carrier-Transport von Metaboliten-Paaren* kann in sogenannten „shuttle"- oder Pendelverkehrmechanismen den Transport von Redoxäquivalenten durch die Membran vermitteln. Abbildung 7-7 zeigt als Beispiel den Malat/Oxalacetat-shuttle.

Pyruvat gelangt durch einen *Pyruvat-Carrier*, anorganisches Phosphat durch *Cotransport* mit Protonen oder Austausch gegen OH^--Ionen in die Mitochondrien. Dabei wird also die Energie genutzt, die in dem durch die Atmungskette aufgebauten elektrochemischen Protonengradienten steckt. ADP wird durch einen *Adeninnucleotid-Carrier* gegen ATP ausgetauscht (Abb. 7-8). Dieser Schritt hat auch eine wichtige regulatorische Funktion: Nur bei Zulieferung von ADP in das Innere der Mitochondrien kann ATP exportiert werden.

7.2.8 Kohlenhydrat-Abbau als Sammelbecken im Stoffwechsel

Wir haben gesehen, daß bei der Veratmung von reduzierten Substraten (Kohlenhydraten) über die Glykolyse, die Erzeugung von Acetyl-CoA, den Zitronensäure-Zyklus und die Atmungskette ein sehr komplexer Stoffwechselweg durchlaufen wird, ehe endlich die Vereinigung des Wasserstoffs mit dem

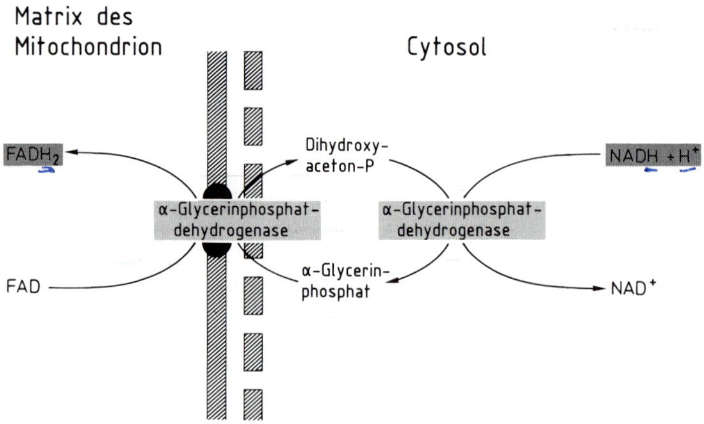

Abb. 7-6. Indirekter Transport von Reduktionsäquivalenten aus dem Cytosol in die Mitochondrien. Eine membrangebundene Dehydrogenase oxidiert aus dem Cytosol herangeführtes α-Glycerinphosphat und überträgt dessen Wasserstoff auf der Membraninnenseite auf FAD (oder auf NAD^+). Dabei entsteht außen Dihydroxyacetonphosphat, das durch eine cytosolische Dehydrogenase unter Verbrauch von $NADH + H^+$ wieder in α-Glycerinphosphat umgewandelt wird (in Anlehnung an Lüttge und Higinbotham).

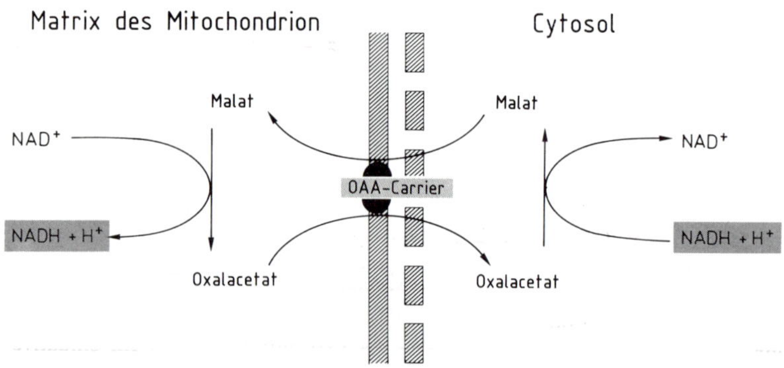

Abb. 7-7. Der Transport von Reduktionsäquivalenten vom Cytosol in die Mitochondrien mit Hilfe des Malat/Oxalacetat-„Shuttles".

Sauerstoff erfolgt. Angesichts der höchsten Zweckmäßigkeit der Lebensprozesse drängt sich die Frage auf, warum sich im Verlauf der Evolution nicht ein direkter Weg durchgesetzt hat. Offenbar hat der kompliziertere Weg entscheidende Vorteile. Ein Vorteil liegt sicherlich in der schon erwähnten Möglichkeit, das große durch die Reservestoffe verkörperte Energiepaket in kleinere, d. h. ökonomischer nutzbare Energieportionen zu zerlegen. Ein weiterer großer Vorteil liegt darin, daß auf dem komplexen Stoffwechselweg eine *Vielzahl von Zwischenprodukten* anfallen, die auch *Ausgangspunkt für andere Stoffwechselwege* sein können (Abb. 7-9).

Besonders bedeutsam sind in diesem Zusammenhang das Pyruvat, das Acetyl-CoA und die im Zitronensäure-Zyklus entstehenden α-Oxosäuren (α-Oxoglutarsäure und Oxalessigsäure). Als α-Oxosäuren können Pyruvat, α-Oxoglutarsäure und Oxalessigsäure je eine Amino-Gruppe aufnehmen und werden damit in *Aminosäuren* umgewandelt (Kap. 14.6.1). Damit werden die Glykolyse und der Zitronensäure-Zyklus zu wichtigen Zubringern für die

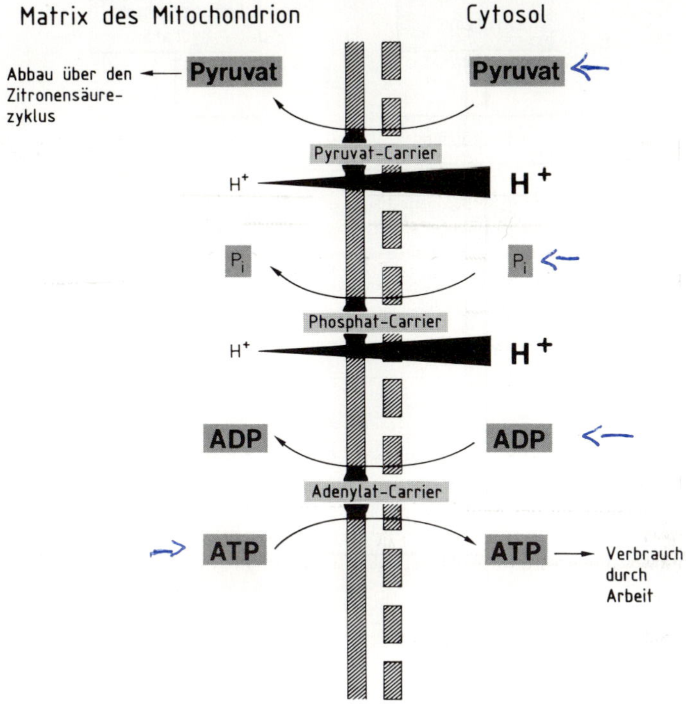

Abb. 7-8. Die Arbeitsweise des Pyruvat-Carriers, des Phosphat-Carriers und des Adenylat-Carriers (Adeninnucleotid-Carriers) beim Transport durch die innere Mitochondrienmembran (in Anlehnung an HELDT).

Protein-Synthese. Acetyl-CoA ist der C_2-Grundbaustein, aus dem die *Fettsäuren* und damit die Lipide synthetisiert werden.
Auf der anderen Seite mündet auch der Abbau der Proteine wieder in den genannten α-Oxosäuren und der Abbau der Lipide im Acetyl-CoA. Auf diese Weise können *Proteine* und *Lipide* der Energiegewinnung zugeführt werden. Die Zwischenprodukte des Energiestoffwechsels sind also ein großes Sammelbecken, aus dem Material für die Energiegewinnung, aber auch für vielfältige andere Synthesen abgezweigt wird.

7.3 Der Abbau von Fettsäuren

In den Mitochondrien findet der dem Energiestoffwechsel dienende Abbau der Fettsäuren (Kasten 9-1) statt. Dies hat den Vorteil, daß Reduktionsäquivalente und Acetyl-CoA dort entstehen, wo die Weiterverarbeitung dieser Abbauprodukte (Zitronensäure-Zyklus, Atmungskette) erfolgt.

7.3.1 Transport durch die Mitochondrienmembran

Der Abbau der Fettsäure-Ketten ist ein oxidativer Prozeß. Er läuft in der mitochondriellen Matrix ab. Um dorthin zu gelangen, müssen die langkettigen Fettsäuren die innere Mitochondrienmembran passieren. Das erfordert eine besondere Transportform der Fettsäuren. Zunächst wird das Fettsäure-Molekül an der äußeren Mitochondrienmembran durch Ankoppeln eines HS-CoA aktiviert. Anschließend wird der auch Acyl-Rest genannte Fettsäure-Rest auf ein Molekül *Carnitin* übertragen (Abb. 7-10). Dabei entsteht *Acylcarnitin, die Transportform der Fettsäuren.* Diese diffundiert durch die innere Mitochondrienmembran, auf deren Matrixseite das Carnitin abgespalten und der Acyl-Rest wieder auf HS-CoA übertragen wird.

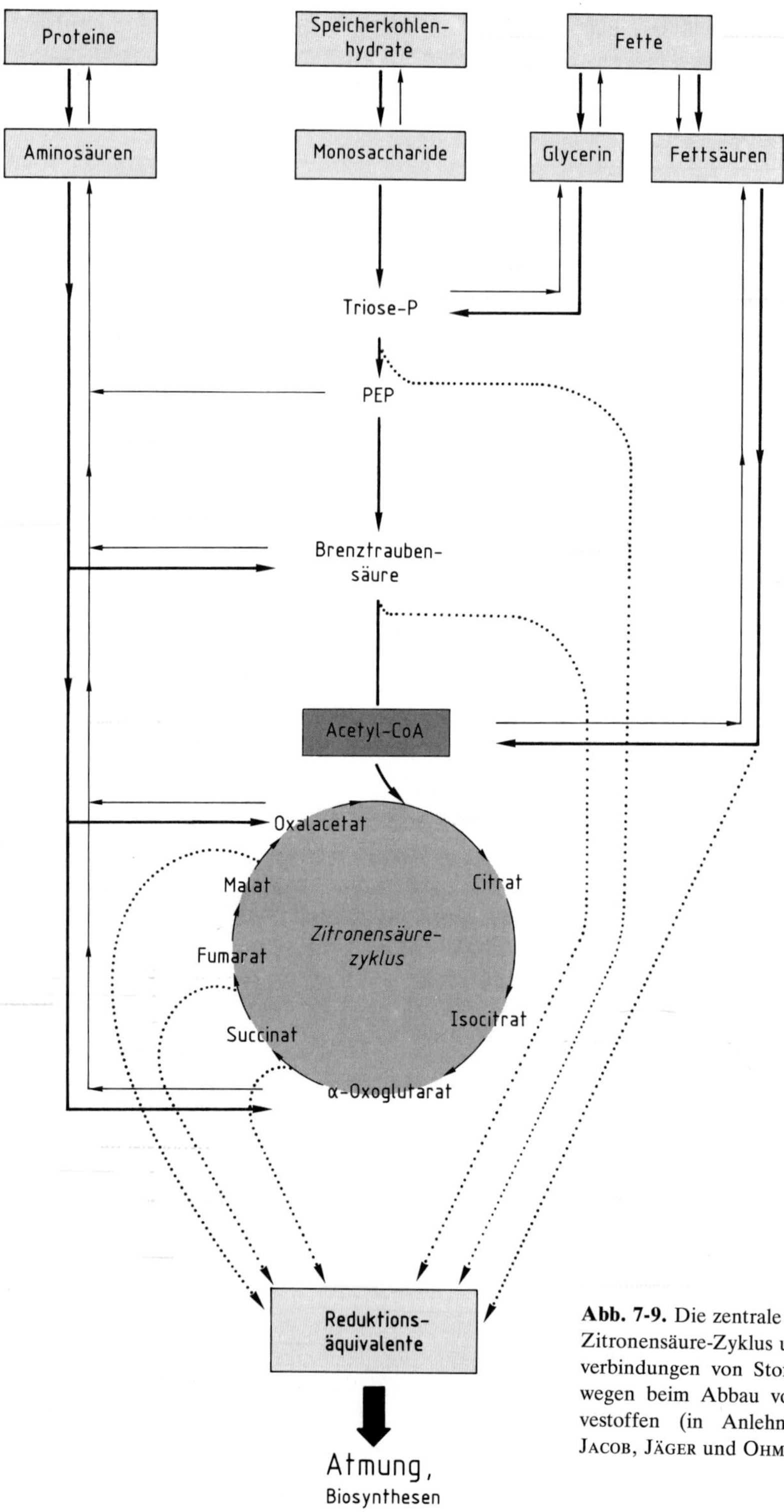

Abb. 7-9. Die zentrale Rolle des Zitronensäure-Zyklus und Querverbindungen von Stoffwechselwegen beim Abbau von Reservestoffen (in Anlehnung von JACOB, JÄGER und OHMANN).

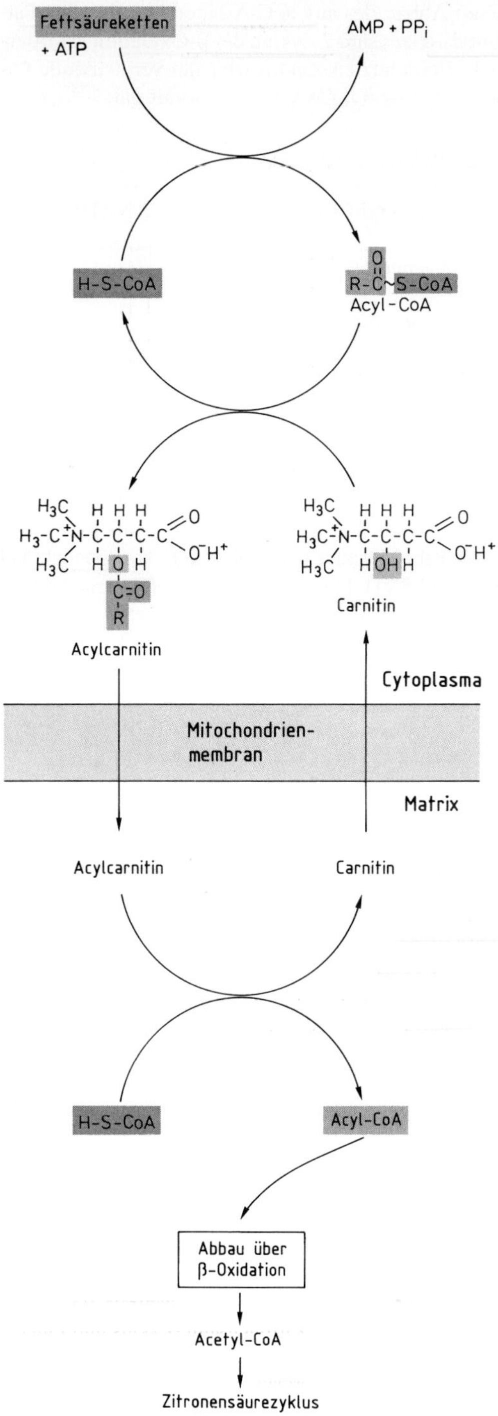

Abb. 7-10. Der Transport von Fettsäuren durch die innere Mitochondrienmembran mit Hilfe von Carnitin (in Anlehnung an HELDT aus LÜTTGE und HIGINBOTHAM).

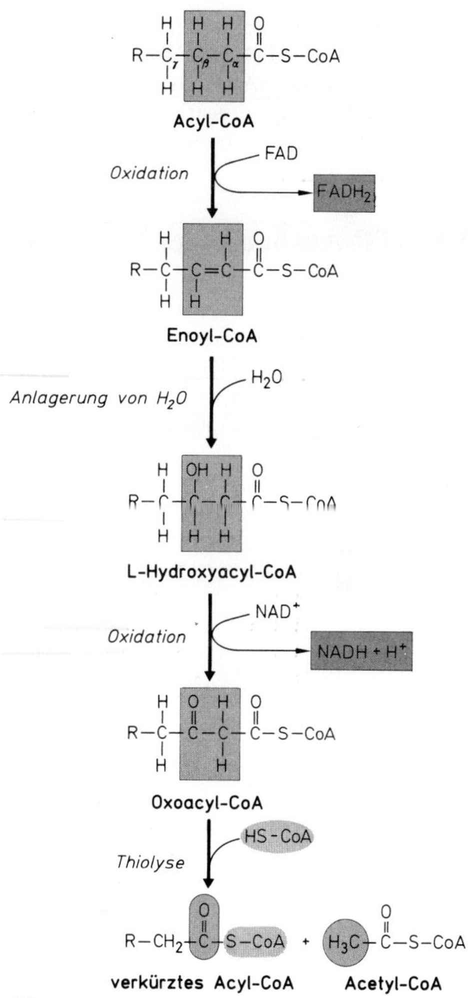

Abb. 7-11. Die Reaktionsfolge bei der β-Oxidation der Fettsäuren (in Anlehnung an STRYER).

7.3.2 Zerlegung der Fettsäure-Kette

Die Zerlegung der Fettsäure-Ketten erfolgt durch eine ständig sich wiederholende Abfolge von vier Reaktionen (Abb. 7-11). Man bezeichnet diesen Stoffwechselweg als *β-Oxidation*. Der erste Schritt besteht in einer Oxidation, bei der Wasserstoff der Fettsäure auf FAD übertragen wird. Es folgen eine Anlagerung von Wasser, erneute Oxidation (diesmal mit NAD^+ als Wasserstoff-Akzeptor) und schließlich die Abspaltung eines C_2-Restes durch HS-CoA (*Thiolyse*).
Die Produkte dieser Reaktionsfolge sind Acetyl-CoA, die um zwei Kohlenstoff-Atome verkürzte Fettsäure-Kette sowie $FADH_2$ und $NADH + H^+$. Der Fettsäure-Rest wird erneut einem Zyklus der β-Oxidation unterworfen, bis die ganze Kette in C_2-Bruchstücke zerlegt ist.

7.3.3 ATP-Ausbeute der Fettsäure-Oxidation

Die Abb. 7-11 zeigt, daß bei jedem Zyklus der β-Oxidation 1 Acetyl-CoA, 1 $FADH_2$ und 1 $NADH + H^+$ gebildet werden. Wir haben weiterhin gesehen, daß in der Atmungskette für jedes abgebaute Acetyl-CoA 12 ATP, für jedes $NADH + H^+$ 3 ATP und für jedes $FADH_2$ 2 ATP entstehen. Wir wollen die ATP-Ausbeute beim Fettsäure-Abbau am Beispiel der Palmitinsäure berechnen:

Zum Abbau des aus 16 C-Atomen bestehenden Palmityl-Restes sind 7 Zyklen der β-Oxidation erforderlich. Beim letzten Zyklus wird der verbleibende C_4-Rest in 2 Acetyl-CoA zerlegt. Somit gilt:

$$\text{Palmityl-CoA} + 7\,\text{FAD} + 7\,\text{NAD}^+ + 7\,\text{CoA-SH} + 7\,\text{H}_2\text{O} \rightarrow 8\,\text{Acetyl-CoA} + 7\,\text{FADH}_2 + 7\,\text{NADH} + \text{H}^+.$$

ATP-Ausbeute:

8 Acetyl-CoA	≙	96 ATP
7 $NADH + H^+$	≙	21 ATP
7 $FADH_2$	≙	14 ATP
Summe	≙	131 ATP

Da das Binden der Palmitinsäure an HS-CoA am Beginn des Abbaus ein ATP verbraucht, bleibt ein Nettogewinn von 130 ATP. Die β-Oxidation eines Mols Palmitinsäure liefert also $\Delta G_o' = -4355$ kJ (130 mal $-33{,}5$ kJ). Das ist ein sehr hoher Energiebetrag. Es wird nun verständlich, warum Fette besonders geeignete Speichersubstanzen für den Energiestoffwechsel sind.

Zum weiteren Studium:

S. Angaben am Ende von Kapitel 6.

8 Die Plastiden und die Photosynthese

Vorstufe: Proplastide
Plastiden ineinander umwandelbar
können sich durch Teilung vermehren

Plastiden sind Zellorganelle, die nur in den Zellen der eukaryotischen Pflanzen vorkommen. Die verschiedenen Plastiden können sich zwar in ihrem Feinbau und ihrer Funktion deutlich voneinander unterscheiden. Da jedoch alle Plastiden aus einer gemeinsamen Vorstufe, den Proplastiden, hervorgehen und die einzelnen Plastidenarten zudem ineinander umwandelbar sind, muß es sich hier um eine im Grunde einheitliche Familie von Organellen handeln (Abb. 8-1).
Die Plastiden lassen sich aufgrund ihrer Färbung und ihrer Funktion klassifizieren:

- Die *Chloroplasten* sind durch die in ihnen enthaltenen Chlorophylle grün gefärbt. Sie sind die Träger der Photosynthese.
- Die *Chromoplasten* enthalten Carotinoide und sind daher gelb bis orange gefärbt. Sie tragen zur Färbung von Pflanzenorganen bei. Der Farbumschlag bei reifenden Früchten der Tomaten- und der Paprikapflanzen kommt dadurch zustande, daß in den Zellen der Fruchtwände Chloroplasten in Chromoplasten umgewandelt werden.
- Die *Leukoplasten* enthalten keine Pigmente und befinden sich in den Zellen der chlorophyllfreien Gewebe. Sie können Proteine oder Stärke speichern. Stärkespeichernde Leukoplasten werden auch als *Amyloplasten* (Amylon: Stärke) bezeichnet.

Alle Plastiden sind von einer doppelten Membran umgeben, die das Stroma umschließt. Die Oberfläche der inneren Membran kann durch Einfaltung beträchtlich vergrößert sein. Das Stroma enthält ringförmige DNA, m-RNA, t-RNA und Ribosomen. Die Plastiden sind daher, ähnlich wie die Mitochondrien, genetisch teilweise autark und vermögen Proteine zu synthetisieren.

Bei der Zellteilung werden die *Proplastiden* zufällig auf beide entstehenden Tochterzellen verteilt und reifen dort zu fertigen Plastiden heran. Außerdem können sich Plastiden in den Zellen durch Teilung vermehren (vgl. Kap. 1.8.2 und 1.8.3).

8.1 Die Chloroplasten

Die Photosynthese läuft außer bei den Bakterien und Cyanobakterien in besonderen Organellen, den Chloroplasten, ab. Diese sind deshalb hinsichtlich Struktur und Funktion die am besten erforschten Plastiden. Die Funktion der Chloroplasten als Träger der Photosynthese läßt sich durch den Nachweis demonstrieren, daß isolierte und im Reagenzglas in geeignetem Medium suspendierte Chloroplasten Photosynthese auch außerhalb der Zellen durchführen können.

8.1.1 Größe und Gestalt

Die besonders intensiv erforschten und daher in der Literatur besonders häufig dargestellten Chloroplasten der höheren Pflanzen haben linsen- bis kugelförmige Gestalt mit einem Längsdurchmesser von 4 bis 10 µm und einer Dicke von ca. 1 µm (Abb. 8-2). Bei Algen kommen häufig jedoch auch andere, oft wesentlich kompliziertere Formen von Chloroplasten vor. Besonders auffällig sind die spiralig aufgewundenen, bandförmigen Chloroplasten der Alge *Spirogyra* (Abb. 16-22). In anderen Algen können die Chloroplasten plattenförmig, netzartig durchbrochen, sternförmig oder becherförmig eingestülpt sein. Bei einigen Algen enthalten die Zellen nur einen einzigen Chloroplasten. Bei den höheren Pflanzen befinden sich dagegen oft mehr als hundert Chloroplasten in einer photosynthetisch aktiven Zelle.

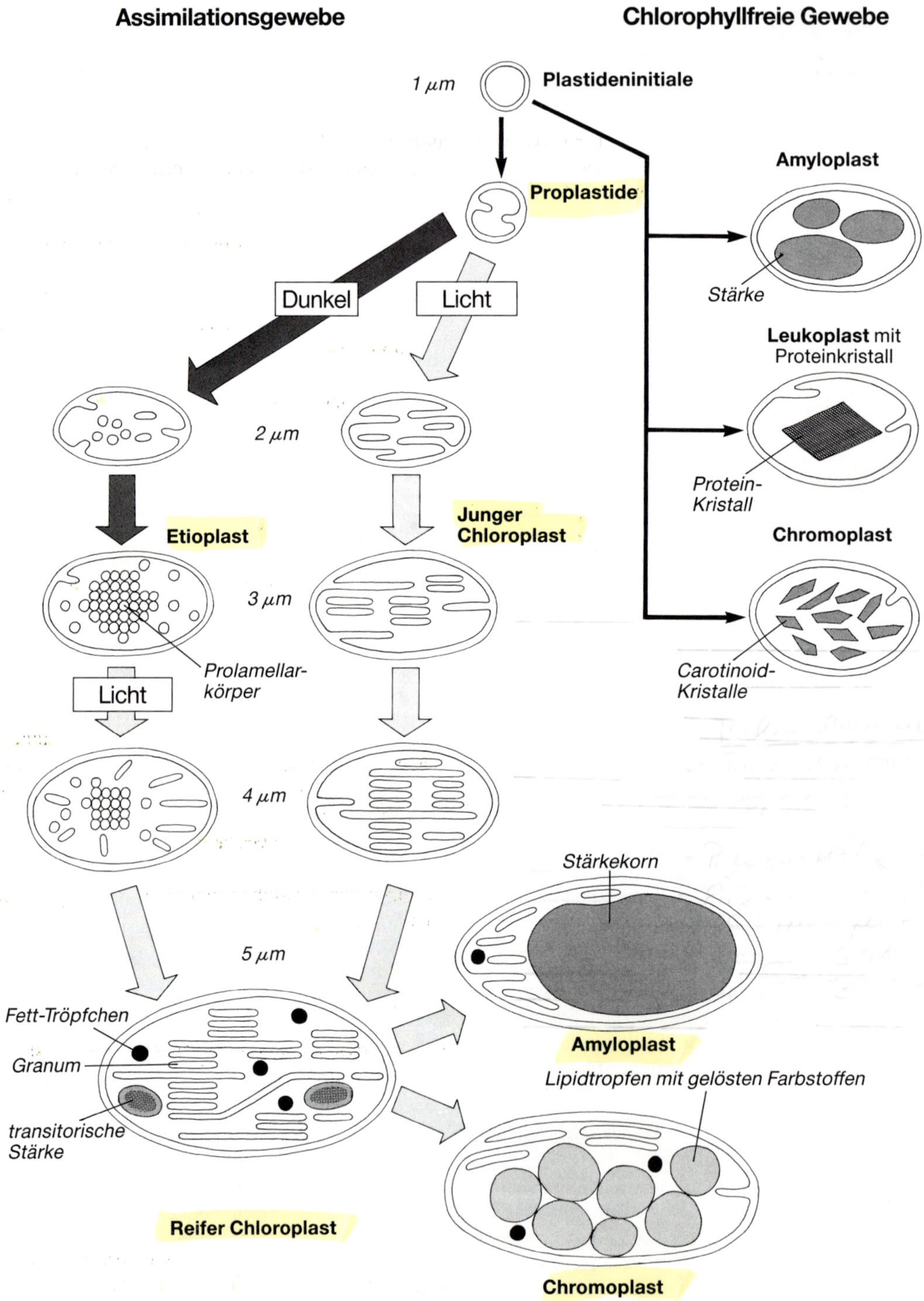
Assimilationsgewebe
Chlorophyllfreie Gewebe
1 µm
Plastideninitiale
Proplastide
Amyloplast
Stärke
Dunkel
Licht
Leukoplast mit Proteinkristall
2 µm
Protein-Kristall
Etioplast
Junger Chloroplast
Chromoplast
3 µm
Prolamellar-körper
Carotinoid-Kristalle
Licht
4 µm
Stärkekorn
5 µm
Fett-Tröpfchen
Granum
transitorische Stärke
Amyloplast
Lipidtropfen mit gelösten Farbstoffen
Reifer Chloroplast
Chromoplast

◀ **Abb. 8-1.** Schema der Entwicklung verschiedener Typen von Plastiden. Der wichtigste Trend verläuft vom Proplastiden und der Plastideninitiale zum photosynthetisch aktiven Chloroplasten. Dieser kann einerseits zu einem vor allem der Stärkespeicherung dienenden Amyloplasten umgewandelt werden. Er kann aber auch zum Chromoplasten degenerieren (reifende Früchte). Im Dunkeln entwickeln sich Etioplasten, die sich bei Belichtung in Chloroplasten umwandeln. In den chlorophyllfreien Geweben entstehen aus Plastideninitialen und Proplastiden direkt Amyloplasten, Leukoplasten oder Chromoplasten (in Anlehnung an LICHTENTHALER).

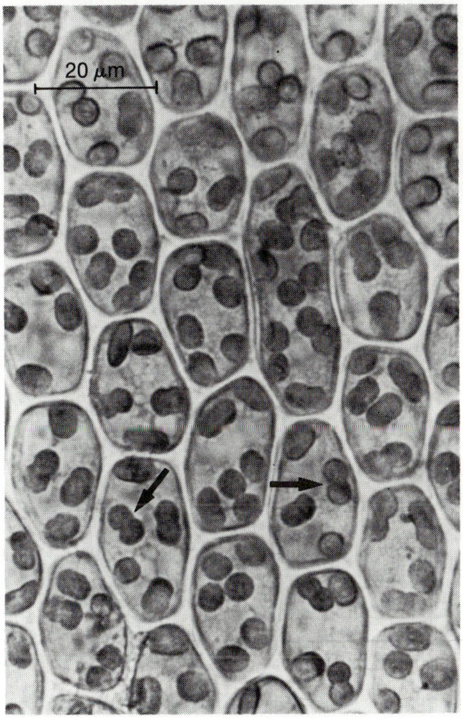

Abb. 8-2. Chloroplasten der Zellen eines Laubmoos-Blättchens (*Plagiomnium undulatum*). Die Pfeile zeigen auf sich teilende Chloroplasten.

Stroma: lamellenartiges Membransystem
- Ribosomen, Stärkekörner, Fett-Tröpfchen
- DNA, RNA, Enzyme

8.1.2 Struktureller Feinbau

Die beiden Membranen der doppelten *Chloroplastenhülle* (Abb. 8-3) haben einen Abstand von ca. 3 nm. Wie bei den Mitochondrien (Kap. 7.1) gibt es auch bei der Chloroplastenhülle Unterschiede zwischen beiden Membranen hinsichtlich der chemischen Zusammensetzung und der biochemischen Leistung. Die *äußere Membran* ist relativ durchlässig und besteht aus einer Doppellage von Phospholipid-Molekülen, in die an manchen Stellen auch Proteine eingebaut sind. Der Anteil der Proteine ist jedoch viel niedriger und der molekulare Aufbau allgemein weitaus einfacher als bei der *Innenmembran* der Chloroplastenhülle. Diese ist, ähnlich wie bei den Mitochondrien, die eigentlich selektive Barriere, die darüber entscheidet, welche Stoffe in die Chloroplasten aufgenommen werden und welche diese verlassen können.

Das elektronenmikroskopische Bild des Innern der Chloroplasten (Abb. 8-3) zeigt ein wenig strukturiertes *Plastoplasma*, das *Stroma*. In das Stroma ist ein auffälliges, lamellenartiges Membransystem eingebettet. Im Stroma lassen sich zudem *Ribosomen*, *Stärkekörner* und *Fett-Tröpfchen* erkennen. Außerdem enthält das Stroma *DNA*, *RNA* und die *Enzyme* des für die photosynthetische CO_2-Fixierung verantwortlichen Stoffwechselweges (CALVIN-Zyklus, Kap. 8.2.2). Man kann sich vorstellen, daß das innere Membransystem der Chloroplasten durch Einstülpung der Innenmembran der Chloroplastenhülle entstanden ist. Es bildet geschlossene, abgeflachten Bläschen gleichende Vesikel, die *Thylakoide* (Abb. 8-3). Die Thylakoidmembranen trennen den mit einer wäßrigen Phase gefüllten Innenraum der Thylakoide vom Stroma.

In bestimmten Bereichen können die Thylakoide wie Münzen einer Geldrolle dicht aufeinander gepackt sein. Ein solcher Thylakoidstapel wird, da er bereits im Lichtmikroskop innerhalb der Chloroplasten als partikelartige („granulöse") Struktur sichtbar ist, als *Granum* (Plural: *Grana*) bezeichnet (Abb. 8-3).

Die sich im Bereich der Grana befindenden Thylakoide heißen *Granathylakoide*. Die Grana eines Chloroplasten sind durch flächig ausgebildete, das Stroma lamellenartig durchziehende Thylakoide, die *Stromathylakoide*, miteinander verbunden (Abb. 8-3). Nicht in allen Chloroplasten sind die Thylakoide zu Grana zusammengelagert. Chloroplasten ohne Grana finden sich z. B. bei vielen Algen oder in den Zellen der Leitbündelscheiden tropischer Gräser mit C_4-Photosynthese (Kap. 23.8.3.3).

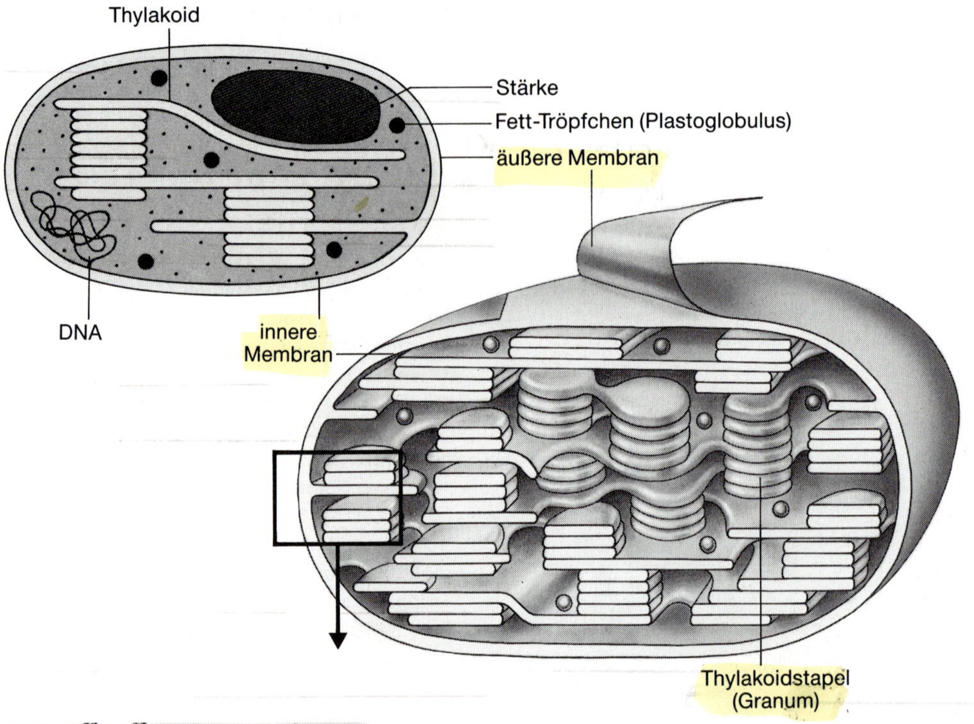

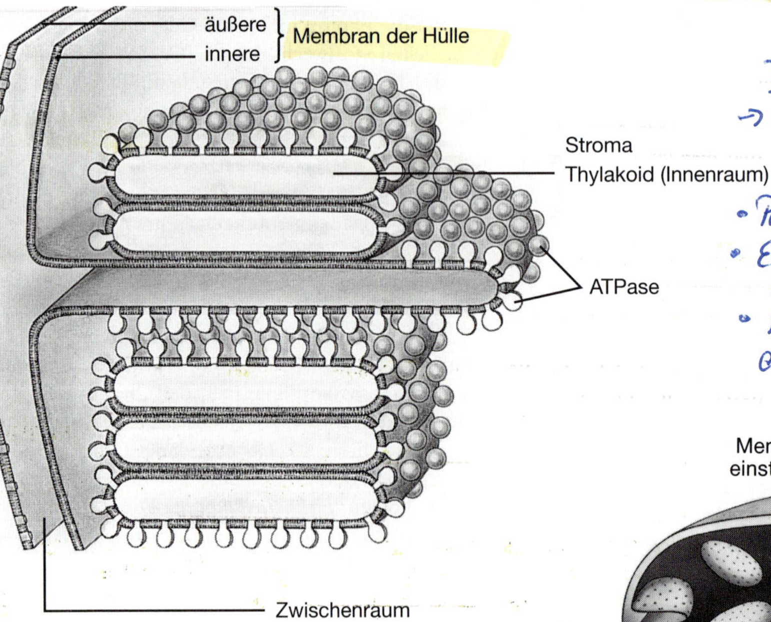

Thylakoidmembran
→ Träger d. photochem. Apparates
• Pigmentkollektive
• Enzymsysteme für e⁻-Transport
• Kopplungsfaktor d. ATP-Bildung

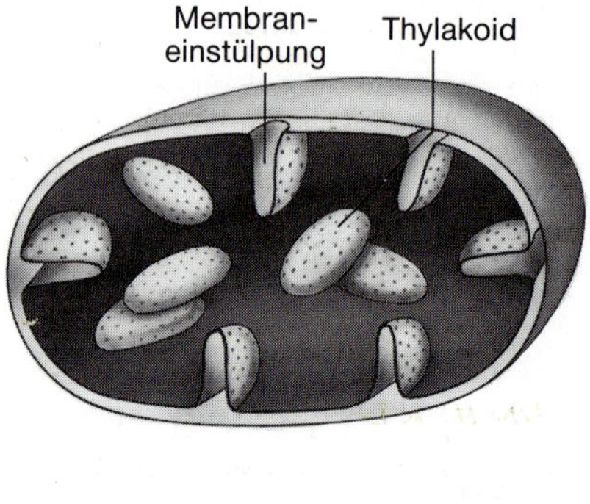

Thylakoidmembran
50 % Lipide → 15% Chlorophyll
50 % Proteine

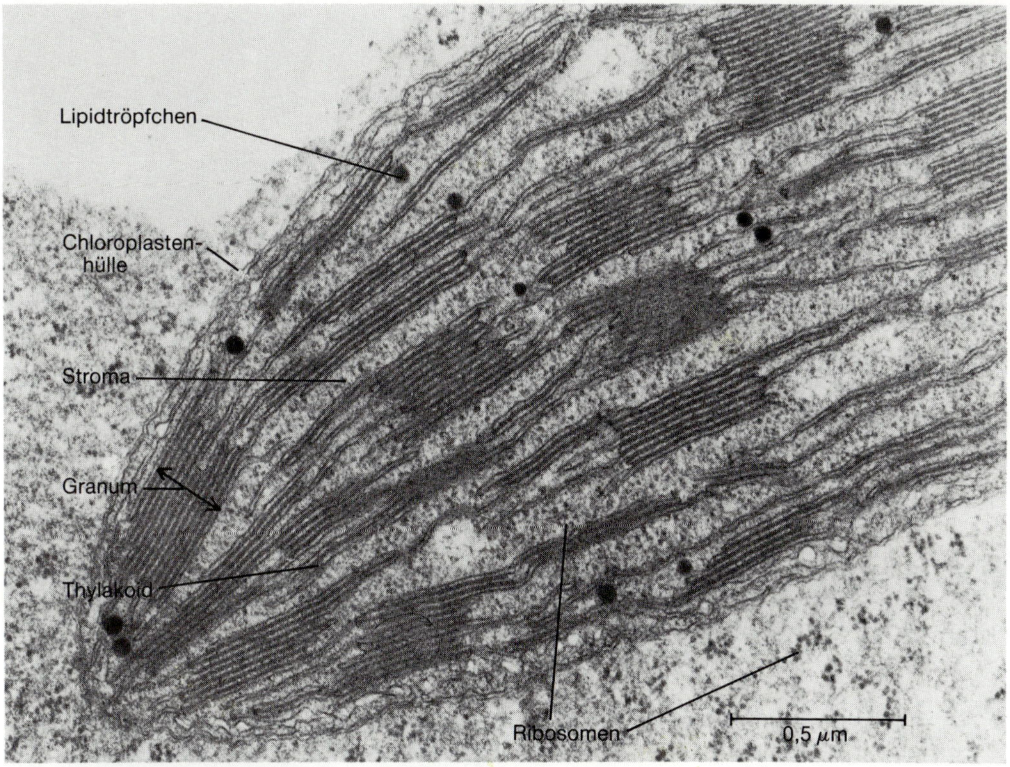

Abb. 8-3. Der Feinbau von Chloroplasten. Linke Seite, oben: schematischer Querschnitt, darunter ein räumliches Chloroplastenmodell mit einem stärker vergrößerten Ausschnitt; unten rechts ein Modell der Bildung von Thylakoiden durch Membraneinstülpung (nach ALBERTS, BRAY, LEWIS, RAFF, ROBERTS und WATSON). Rechte Seite: Das elektronenmikroskopische Bild zeigt den Querschnitt durch einen Chloroplasten von *Noea mucronata* (Aufnahme: D. KRAMER).

Die für höhere Pflanzen typischen Chloroplasten, wie wir sie z. B. beim Spinat antreffen, enthalten ca. 50 Grana pro Chloroplast und 2 bis 100 Thylakoide pro Granum.

Die Ausbildung des Thylakoidsystems bei der Ausdifferenzierung der Chloroplasten vollzieht sich nur im Licht. Wird die Pflanze dagegen im Dunkeln gehalten, also etioliert, bilden sich keine Chloroplasten, sondern sogenannte *Etioplasten* (Abb. 8-1 und 8-4). Diese besitzen kein Thylakoidsystem, sondern eine *Prolamellarkörper* genannte kristallgitterähnliche Struktur aus tubulären Membranelementen. Der Prolamellarkörper stellt ein Reservoir von Membranbausteinen dar, aus dem sich bei Belichtung der Pflanze Thylakoidmembranen ausbilden (Abb. 8-1 und 8-4), wobei ein normal ausgestatteter Chloroplast entsteht.

8.1.3 Molekularer Aufbau der Thylakoidmembranen

Die Thylakoidmembranen sind die *Träger des photochemischen Apparates der Photosynthese.* Sie enthalten die an der Lichtabsorption beteiligten Pigment-Kollektive, die Enzymsysteme des Elektronentransportes und den Koppelungsfaktor der ATP-Bildung. Die Thylakoidmembranen haben eine Dicke von ca. 6 bis 8 nm. Sie bestehen zu ca. 50 % aus Lipiden und zu 50 % aus Proteinen. Das Chlorophyll bildet etwa 15 % der Lipid-Fraktion. Außerdem sind noch Hilfspigmente der Photosynthese (z. B. die Carotinoide) und die Membranlipide vorhanden. Diese sind in einem bimolekularen Film angeordnet (Kap. 4.1, vgl. Abb. 4-1).

Etioplast: Prolamellarkörper statt Thylakoidsystem
entsteht aus Proplastid im Dunkeln
Reservoir von Membranbausteinen

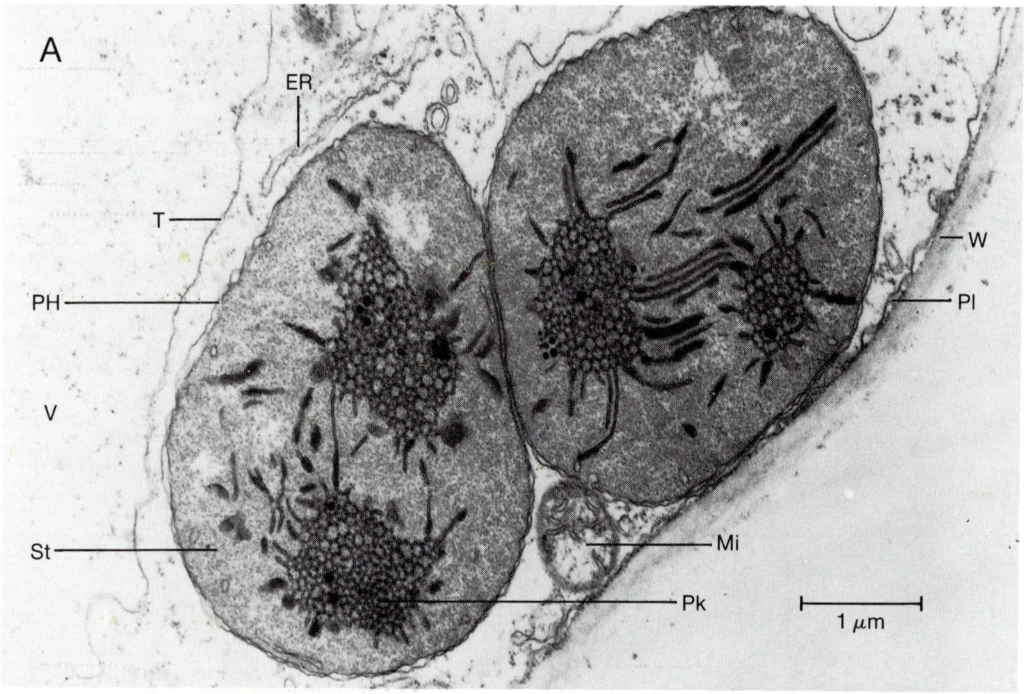

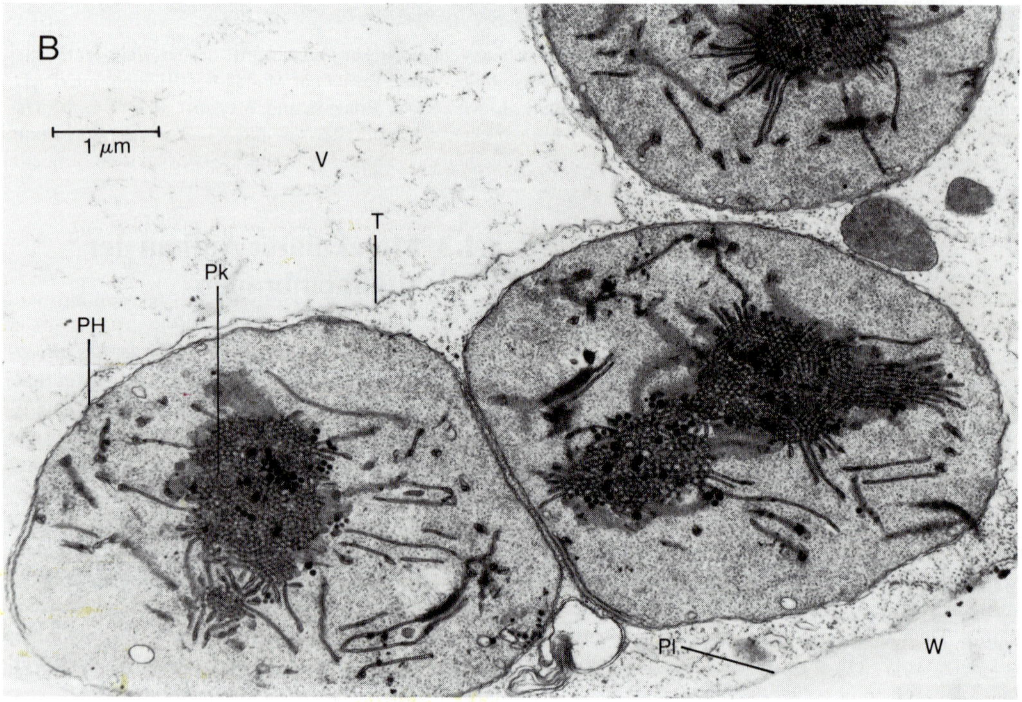

akzessorische Pigmente: nicht direkt -> erhöhen Wirkungsgrad
Chlorophyll b
Carotinoide

◄ **Abb. 8-4.** Etioplasten aus abgedunkelt gebildeten Blättern des Weizens (A) und des Roggens (B). Beide Arten zeigen unterschiedliche Typen von Prolamellarkörpern, PK, mit weiterem (A) und engerem Netzwerk (B). ER, Endoplasmatisches Reticulum; Mi, Mitochondrien; PH, Plastidenhülle; Pl, Plasmalemma; St, Stroma; T, Tonoplast; V, Vacuole; W, Zellwand (EM-Aufnahmen: J. KESSELMEIER).

Wir werden den Feinbau der Thylakoidmembranen im Zusammenhang mit ihrer Funktion noch näher kennenlernen (Kap. 8.2.1.6).

8.2 Die Photosynthese

Die Photosynthese ist der Prozeß, bei dem Pflanzen oder photo-autotrophe Prokaryonten Lichtenergie in stabile chemische Energie umwandeln.
Bei der Betrachtung der Evolutionstendenzen der Photosynthese haben wir bereits einige Grundprinzipien lichtabhängiger Energieumwandlungen kennengelernt (Kap. 1.3). Im folgenden wollen wir uns nun mit dem Mechanismus der Photosynthese näher befassen.
Der einleitende Schritt der Photosynthese besteht darin, daß Lichtquanten (vgl. Kap. 1.4.1) durch Empfängermoleküle (Pigmente) absorbiert werden und ihre Energie zu einem photochemischen Reaktionszentrum weitergeleitet wird. Hier wird die Energie der Lichtquanten letztlich in ATP und NADPH + H^+ umgewandelt. Mit diesen photochemischen Reaktionen ist der rein biochemische Prozeß der CO_2-Reduktion im Stroma der Chloroplasten durch seinen Bedarf an ATP und NADPH + H^+ eng gekoppelt.
Durch die Fixierung von CO_2 aus der Luft und seine Reduktion zu Kohlenhydraten werden Endprodukte der Photosynthese gebildet, welche die stabile chemische Energie beinhalten, von der bereits die Rede war.

8.2.1 Photochemische Reaktionen der Photosynthese

8.2.1.1 Elektromagnetische Strahlung: Lichtquanten, Wellenlänge und Energie

Licht ist elektromagnetische Strahlung. Diese Strahlung besteht aus diskontinuierlichen Energiepaketen (Quanten oder Photonen), die sich in Form von Wellen im Raum ausbreiten. Lichtquanten sind durch ihre Wellenlänge, λ, ihre Frequenz, ν, ihren Energieinhalt, E, und im sichtbaren Strahlungsbereich durch ihre Farbe gekennzeichnet. Die Zusammenhänge zwischen den genannten Größen werden in Kasten 8-1 durch die Gleichungen 8-1, 8-2 und 8-3 aufgezeigt. Ordnet man die von einer Strahlenquelle ausgehende Strahlung nach den Wellenlängen, erhält man das *Strahlungsspektrum.* Das Spektrum der von der Sonne ausgesandten Strahlung ist in Abb. 8-5 gezeigt. Die Sonnenstrahlung entsteht durch die Fusion der Atomkerne des Wasserstoffs, wobei Helium gebildet und Energie in Form von elektromagnetischer Strahlung frei wird.
Die die Erdoberfläche erreichende Sonnenstrahlung stellt aber nur einen recht kleinen Ausschnitt aus dem Gesamtspektrum dar (Abb. 8-5). Dies beruht u. a. auf der Filterwirkung der Atmosphäre. Der von der Atmosphäre zur Erdoberfläche durchgelassene Strahlenbereich umfaßt einen Teil der ultravioletten Strahlung, das sichtbare Licht sowie einen Teil der Infrarot-Strahlung. Der photosynthetisch nutzbare Anteil des Sonnenlichtes ist weitgehend identisch mit dem sichtbaren Licht, das sich bekanntlich wiederum in einzelne Spektralfarben zerlegen läßt.

8.2.1.2 Absorptionsspektren des Chlorophylls und Rolle der akzessorischen Pigmente

Die bei der Photosynthese beteiligten Pigmente („Photosynthese-Pigmente“) lassen sich in zwei Kategorien einteilen:

- die *primären Photosynthese-Pigmente* und
- die Hilfspigmente *(akzessorische Pigmente).*

Die *primären Photosynthese-Pigmente* sind am photochemischen Prozeß der Photosynthese direkt beteiligt. Bei den höheren Pflanzen, den Algen sowie den Cyanobakterien ist *Chlorophyll a,* bei den Bakterien *Bakteriochlorophyll* das primäre Photosynthese-Pigment (Abb. 15-9, Tab. 15-2). Bei höheren Pflanzen und einigen Algengruppen kommt neben dem Chlorophyll a auch noch Chlorophyll b vor, meist im Mengenverhältnis 3 : 1. Chlorophyll b gehört jedoch nicht zu den primären, sondern zu den akzessorischen Pigmenten.
Die *akzessorischen Pigmente* sind nicht direkte Bestandteile der photochemischen Reaktionskette der Photosynthese, sondern erhöhen den Wirkungsgrad beim Einfangen von Lichtquanten. Zu den

Kasten 8-1
Der Zusammenhang zwischen Wellenlänge und Energie von Lichtquanten

Der Energiegehalt eines Lichtquants *(E)* ist das Produkt aus der Wellenfrequenz *(ν)* mit der PLANCK'schen Konstante *h* ($h = 6{,}6 \cdot 10^{-34}$ J · s), also:

$$E = h \cdot \nu \qquad \text{(Gl. 8-1)}$$

Die Wellenfrequenz ist der Quotient aus der Lichtgeschwindigkeit *c* ($c = 3 \cdot 10^{8}$ m · s^{-1}) und der Wellenlänge λ, also:

$$\nu = \frac{c}{\lambda} \qquad \text{(Gl. 8-2)}$$

Aus Gl. 8-1 und Gl. 8-2 ergibt sich:

$$E = h \cdot \frac{c}{\lambda} \qquad \text{(Gl. 8-3)}$$

Wellenlängen, Farben und Energiegehalte verschiedener Lichtquanten sind in folgender Tabelle gegenübergestellt:

Wellenlänge in nm	Lichtfarbe	Energie in kJ · mol^{-1}
700	rot	171
650	hellrot	184
600	gelb	199
500	blaugrün	239
438	blau	272
400	violett	298

akzessorischen Pigmenten gehören neben dem *Chlorophyll b* die *Carotinoide*. Bei den Rotalgen und den Cyanobakterien kommen als akzessorische Pigmente die zu den Phycobilinen gehörenden Farbstoffe *Phycocyanin* und *Phycoerythrin* vor (Kap. 1.7.2, Tab. 16-1). Die primären und akzessorischen Pigmente liegen in den Thylakoidmembranen als sogenannte *Pigment-Kollektive* vor. Dadurch wird ein hoher Wirkungsgrad bei der Energieübertragung (Kap. 8.2.1.4) gewährleistet.

Die *Carotine* und *Xanthophylle* (Kasten 15-1, Kasten 8-2) sind rot bis gelb gefärbte Pigmente. Sie werden in den Chloroplasten der höheren Pflanzen farblich durch das grüne Chlorophyll überdeckt und treten deshalb äußerlich wenig in Erscheinung.

Bei bestimmten Algengruppen können jedoch die Carotinoide in den Photosynthese-Plastiden in so hoher Konzentration vorkommen, daß das Chlorophyll überdeckt wird, die Plastiden daher gelb bis bräunlich aussehen. Das ist besonders ausgeprägt bei den Kieselalgen und Braunalgen, deren Plastiden reich an *Fucoxanthin* (ein nach der Braunalge *Fucus* benanntes Xanthophyll) sind (Tab. 16-1).

Phycocyanin und Phycoerythrin kommen meist gemeinsam, aber in unterschiedlichen Mengenverhältnissen vor. Bei den Rotalgen dominiert das rote

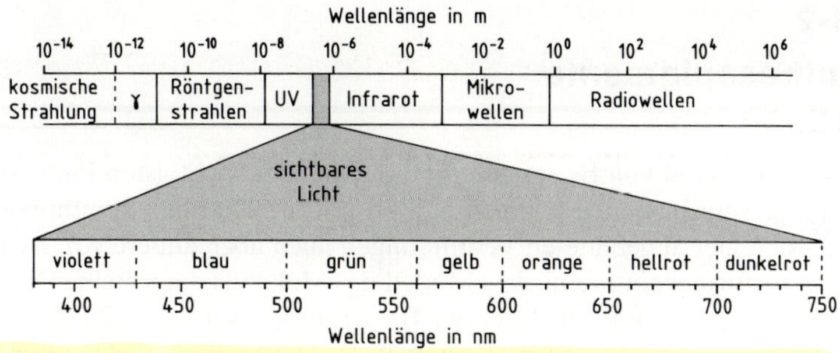

Abb. 8-5. Die Wellenlängen der von der Sonne ausgesandten elektromagnetischen Strahlung. Die photosynthetisch wirksame Strahlung (graues Feld) macht nur einen geringen Anteil des Strahlenspektrums aus.

Phycoerythrin, bei den blaugrünen Cyanobakterien hingegen das blaue Phycocyanin. Der relative Anteil der einzelnen Photosynthese-Pigmente an den Pigment-Kollektiven im Photosynthese-Apparat ist keine feste Größe, sondern kann sowohl durch die am Standort der Pflanzen anzutreffende Lichtintensität als auch durch die spektrale Zusammensetzung des Lichtes verändert und damit den jeweils herrschenden Lichtverhältnissen möglichst optimal angepaßt werden.

Die Strukturformeln der Photosynthese-Pigmente (Kasten 8-2) zeigen, daß häufig zwei Doppelbindungen zwischen C-Atomen durch eine Einfachbindung voneinander getrennt sind, also

$$R - \underset{|}{C} = \underset{|}{C} - \underset{|}{C} = \underset{|}{C} - R.$$

Man spricht bei einer solchen Struktur von *konjugierten Doppelbindungen*.

Die Knüpfung der Doppelbindungen erfolgt durch zwei energetisch ungleichwertige Elektronenpaare. Das eine dieser beiden Paare (σ-Elektronen) ist verhältnismäßig energiearm und bindet daher fester. Das andere, die sogenannten π-Elektronen enthaltende Paar ist energiereicher und daher reaktionsfähiger. Es bindet daher weniger stark. In einer konjugierten Doppelbindung wechseln die π-Elektronen bei unveränderter Stellung der C-Atome ständig ihren Platz. Dabei schwingen die π-Elektronen zwischen zwei Grenzzuständen hin und her und absorbieren dadurch elektromagnetische Strahlung. Liegt nur eine konjugierte Doppelbindung vor, so absorbiert das betreffende Molekül ultraviolette Strahlung. Besitzt hingegen ein Molekül mehrere konjugierte Doppelbindungen, so absorbiert es bestimmte Wellenlängen des sichtbaren Lichtes. Das zum Auge gelangende Licht ist dann, da bestimmte Wellenlängen vom Molekül absorbiert werden, nicht mehr weiß, sondern farbig. Es erscheint uns dabei in der zu der absorbierten Wellenlänge komplementären Farbe. Man bezeichnet solcherart farbig erscheinende Verbindungen als Farbstoffe (Pigmente).

Die einzelnen Photosynthese-Pigmente unterscheiden sich deutlich hinsichtlich der Wellenlängen des von ihnen bevorzugt absorbierten Lichtes. In anderen Worten: Die einzelnen Pigmente haben unterschiedliche, für sie charakteristische *Absorptionsspektren* (Abb. 8-6). Lichtquanten können nur durch Absorption mittels eines Pigmentes photosynthetisch wirksam werden. Das Absorptionsspektrum der Photosynthese-Pigmente sollte daher eigentlich mit dem *Wirkungsspektrum* der Photosynthese übereinstimmen (Abb. 8-6). Was können wir in dieser Hinsicht beobachten?

Das Absorptionsspektrum des Chlorophyll a, das als photosynthetisches Primärpigment angesehen wird, weist zwei Absorptionsmaxima auf, nämlich bei ca. 450 nm (blaues Licht) und bei ca. 650 nm (rotes Licht). In dem dazwischenliegenden, also vor allem im grünen bis gelben Spektralbereich des Lichtes wird dagegen vom Chlorophyll kaum Strahlung absorbiert (Abb. 8-6). Das ist der Grund, warum Chlorophyll vom Auge als grün wahrgenommen wird. Das Wirkungsspektrum der Photosynthese (Abb. 8-6) zeigt, daß blaues bzw. rotes Licht tatsächlich photosynthetisch besonders effektiv ist.

Auf der anderen Seite findet aber auch bei Wellenlängen, die vom Chlorophyll a selbst nicht absorbiert werden, durchaus Photosynthese statt. Das liegt daran, daß in dem vom Chlorophyll a nicht abgedeckten Spektralbereich die akzessorischen Pigmente Licht zu absorbieren vermögen. Diese Energie kann

Kasten 8-2
Photosynthesepigmente

Der Kasten zeigt an Hand von Beispielen die Struktur der wichtigsten Photosynthesepigmente. Innerhalb der vier verschiedenen Klassen (Chlorophylle, Carotine, Xanthophylle, Phycobiline) kommen außer den hier abgebildeten Verbindungen auch noch andere vor. Beim Chlorophyll ist neben der Strukturformel ein räumliches Modell des Moleküls dargestellt. Die gestrichelte Linie bei den Carotinoiden deutet an, daß bei der Biosynthese zwei aus je 20 C-Atomen bestehende gleiche Teile zusammengefügt werden (Kasten 15-1). Die Systeme der konjugierten Doppelbindungen bei den Pigmenten sind durch die bandförmigen grauen Flächen herausgehoben.

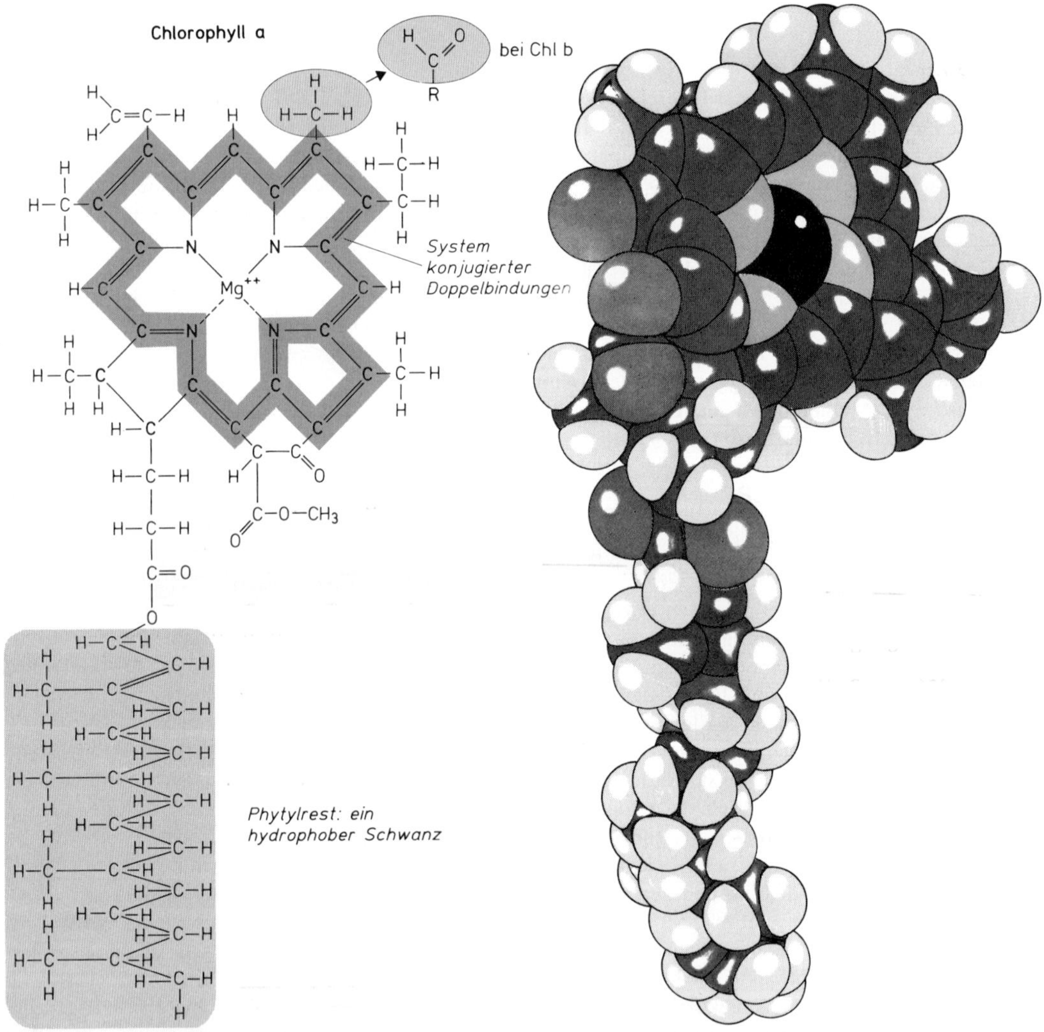

Kasten 8-2 (Fortsetzung)

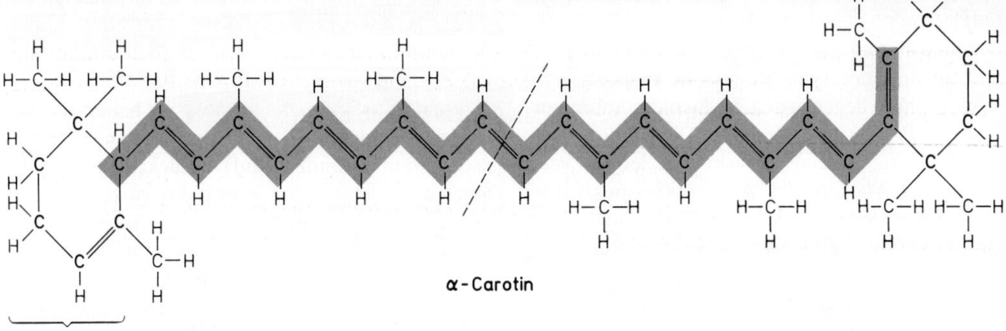

α-Carotin

α-Iononring

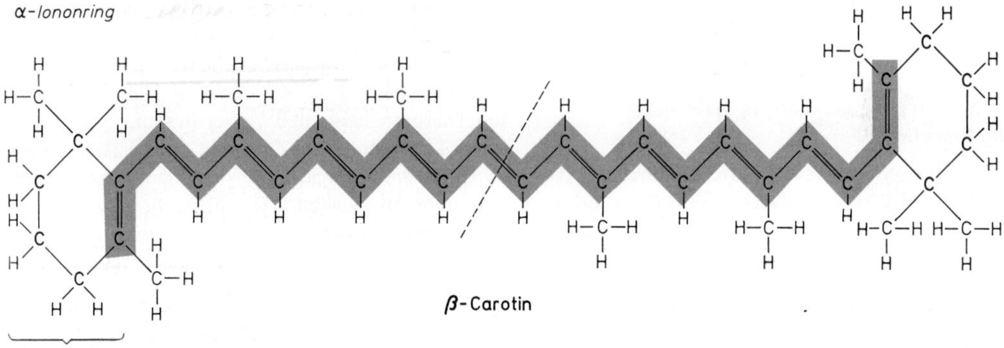

β-Carotin

β-Iononring

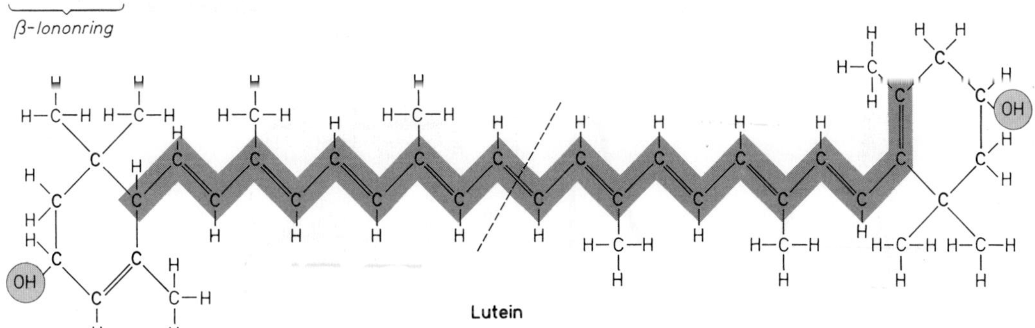

Lutein

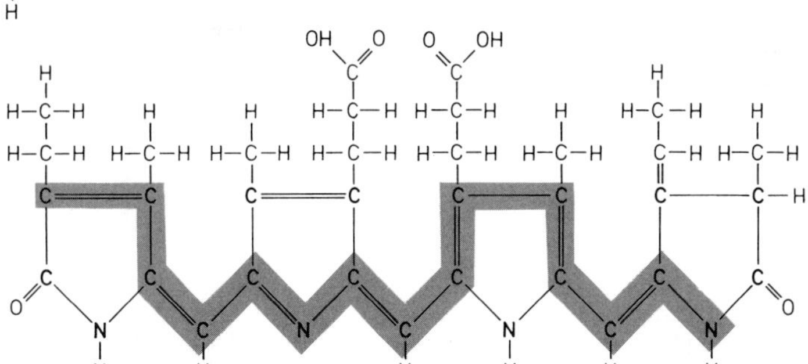

Phycocyanobilin

dann innerhalb der Pigment-Kollektive auf das Primärpigment übertragen werden. Die Rolle der akzessorischen Pigmente bei der Photosynthese besteht also darin, dem Primärpigment Zubringerdienste zu leisten, indem sie dessen Absorptionslücke ausfüllen und damit nahezu das ganze Spektrum des sichtbaren Lichtes für die Photosynthese nutzbar machen.

Die Chlorophylle liegen in den Thylakoidmembranen als *Pigment-Protein-Komplexe* vor. Die Bindung der Chlorophylle an Proteine bewirkt eine leichte Verschiebung der Maxima des Absorptionsspektrums gegenüber dem des gelösten freien Chlorophylls. Die Chlorophyll-Protein-Komplexe werden daher nach dem für sie typischen Absorptionsmaximum bezeichnet, z. B. als Chl. a-680 oder Chl. a-700 (oder auch einfach P 680 oder P 700, wobei das P als Abkürzung für „Pigment" steht).

8.2.1.3 Anregung des Chlorophylls durch Lichtabsorption

Bei der Absorption eines Lichtquants durch ein Pigment-Molekül, also z. B. durch Chlorophyll, erhöht sich dessen Energiegehalt um den dem Lichtquant innewohnenden Energiebetrag. Durch diese Energiezufuhr geht das Pigment-Molekül von einem energetischen *Grundzustand* in einen *„angeregten" Zustand* über. Diese Anregung besteht letztlich darin, daß mit Hilfe der absorbierten Lichtenergie ein π-Elektron auf ein energiereicheres Orbital gehoben und damit in einen energiereichen (d. h. arbeitsfähigen) Zustand versetzt wird.

Angeregte Zustände sind instabil. Sie haben also die Tendenz, wieder in den energieärmsten Zustand (also in den Grundzustand) zurückzukehren. Die Dauer eines angeregten Zustandes ist dabei umso kürzer, je höher der in ihn investierte Energiebetrag ist. Für ein Pigment-Molekül sind nur bestimmte Anregungszustände möglich. Es können lediglich solche Lichtquanten absorbiert werden und damit Anregung bewirken, die energetisch einem der möglichen Anregungszustände entsprechen.

Chlorophyll a absorbiert, wie sein Absorptionsspektrum ausweist (Abb. 8-6), blaue und rote Lichtquanten. Das besagt also, daß wir bei diesem Pigment zwei durch Licht anregbare Zustände zu erwarten haben, die in ihrem Energiegehalt den blauen bzw. roten Lichtquanten (Kasten 8-1) entsprechen (Abb. 8-7). Der energiereichere der Anregungszustände des Chlorophylls besteht eigentlich aus zwei Unterzu-

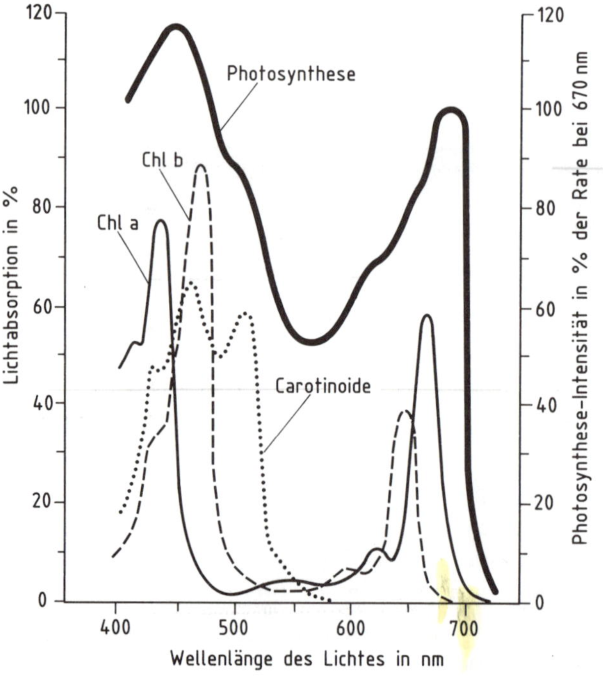

Abb. 8-6. Aktionsspektrum der Photosynthese (dicke Linie) und Absorptionssepktren der wichtigsten Photosynthesepigmente bei einem Buchenblatt (nach LIBBERT).

ständen, dem 2. und 3. angeregten Singulettzustand, wobei vor allem letzterer für die Photosynthese wichtig ist. Die Energiedifferenz im Vergleich zum Grundzustand beträgt etwa 272 kJ mol^{-1}, entspricht also der von blauen Lichtquanten lieferbaren Energie (vgl. Kasten 8-1). Daher kann der energiereichere Anregungszustand durch Absorption von blauen Lichtquanten erreicht werden. Dieser Anregungszustand ist mit einer Lebensdauer von 10^{-13} bis 10^{-15} s zu instabil, als daß seine Energie in Form photochemischer Arbeit nutzbar gemacht werden könnte. Er fällt vielmehr unter *Abgabe von Wärme* in den energieärmeren Anregungszustand zurück (Abb. 8-7).

Der energieärmere Anregungszustand (1. angeregter Singulettzustand) hat eine Energiedifferenz zum Grundzustand von ca. 171 kJ mol^{-1}. Das ist ein von roten Lichtquanten lieferbarer Energiebetrag. Daher kann der 1. Singulettzustand nicht nur indirekt über den hochangeregten Zustand, sondern auch direkt durch Absorption roter Lichtquanten angeregt werden.

Mit einer Lebensdauer von 10^{-9} bis 10^{-11} s ist der 1. Singulettzustand hinreichend stabil, um die in ihm enthaltene Energie für *photochemische Arbeit,* d.h. zum Erzeugen eines chemischen Potentials, zur Verfügung zu stellen. Dabei fällt das Pigment-Molekül wieder in den Grundzustand zurück. Da also nur vom 1. Singulettzustand aus photochemische Arbeit geleistet wird und auch der hochangeregte Zustand seine Energie nur über den 1. Singulettzustand einspeisen kann, ist dieser für die Photosynthese besonders wichtig.

Das angeregte Chlorophyll-Molekül kann aus dem 1. Singulettzustand aber auch dadurch in den Grundzustand zurückgehen, daß die *Energie auf ein benachbartes Pigment-Molekül übertragen* und dieses somit angeregt wird (Energietransfer).

Schließlich besteht auch die Möglichkeit, daß die beim Zurückfallen in den Grundzustand frei werdende Energie wieder als Lichtquant abgestrahlt wird. Diesen Vorgang bezeichnet man als *Fluoreszenz.* Die Photonen des vom Chlorophyll ausgesandten Fluoreszenzlichtes sind rot, da sie der Anregungsenergie des 1. Singulettzustandes entsprechen (Abb. 8-7).

Die Fluoreszenz des Chlorophylls stellt photoche-

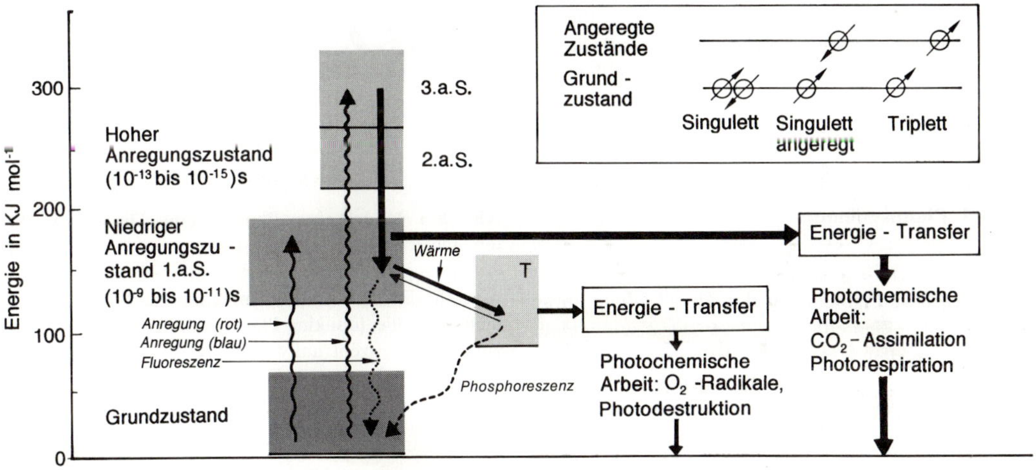

Abb. 8-7. Vereinfachtes Schema der Anregungszustände in einem Chlorophyllmolekül. Wegen intramolekularer Rotation und Vibration repräsentieren sich die einzelnen energetischen Zustände nicht als scharfe Linien, sondern als Bänder (graue Flächen). Die Abkürzungen 1. a. S., 2. a. S. und 3. a. S. kennzeichnen den ersten, zweiten und dritten angeregten Singulettzustand, T den Triplettzustand. Einschub (oben rechts): Darstellung der Drehrichtung (des „Spin") der anregbaren Elektronen im Molekül. Der Pfeil stellt die Spinachse dar. Singulettzustände: Die beiden Partner des Elektronenpaares haben einen entgegengesetzten („antiparallelen") Spin. Diese Modalität des Spin kann bei Angregung des Moleküls erhalten bleiben (angeregte Singulettzustände), oder eines der beiden Elektronen nimmt die Spinrichtung des Partners an („paralleler Spin"). Letztere Modalität ist das Merkmal des Triplettzustandes. Eine weitere Möglichkeit, nämlich das Auftreten eines unpaaren Elektrons (Duplettzustand), ist hier nicht dargestellt. Sie spielt bei der Photosynthese keine Rolle.

misch nicht genutzte und daher letztlich verschwendete Anregungsenergie dar. Chlorophyll-Fluoreszenz tritt zwar in nur geringem Ausmaß, aber doch deutlich meßbar auch in den lebenden Zellen auf und ist umso geringer, je effektiver die im 1. Singulettzustand investierte Anregungsenergie für photochemische Arbeit genutzt wird. Die Messung der Chlorophyll-Fluoreszenz liefert daher wichtige Anhaltspunkte über die unter bestimmten Bedingungen vorliegende Effektivität der photosynthetischen Lichtreaktion.

Es existiert noch ein weiterer niedrigangeregter Zustand, der erste Triplettzustand. Dieser unterscheidet sich vom Grundzustand und den angeregten Singulettzuständen durch die Richtung des „Spins" der anregbaren Elektronen des Moleküls (Abb. 8-7, Einschub). Der Triplettzustand hat eine relativ lange Lebensdauer von ca. 10^{-4} bis 10^{-2} s. Er kann unter Energieaufnahme wieder in den ersten angeregten Singulettzustand zurückkehren. Er kann aber auch direkt in den Grundzustand zurückfallen, wobei die Energie in Form von Licht frei wird (Phosphoreszenz, d.h. Nachleuchten nach Aufhören der Anregung). Schließlich kann der Grundzustand aus dem Triplettzustand durch die Leistung chemischer Arbeit erreicht werden. Diese Arbeit spielt jedoch für die Photosyntheseleistung eine eher negative Rolle: es werden schädliche Sauerstoffradikale gebildet, die zur Photodestruktion der Photosynthese-Pigmente und Thylakoide führen können.

8.2.1.4 Photosysteme

Wir haben bereits festgestellt, daß die Moleküle der Photosynthese-Pigmente in der Thylakoidmembran funktionell in Pigment-Kollektiven zusammengefaßt sind. Neben den verschiedenen Chlorophyll a-Protein-Komplexen sind auch die akzessorischen Pigmente Bestandteile dieser Pigment-Kollektive.

Die *Pigment-Kollektive werden* auch *als Photosysteme bezeichnet.* Ein Photosystem ist eine „Energiefalle", die aufgrund ihrer Konstruktion einen hohen Wirkungsgrad beim Einfangen von Lichtquanten erzielt. In diesem Zusammenhang können die Photosysteme mit der Wirkungsweise von Antennen verglichen werden. Antennen bestehen aus einem möglichst weit gespannten Schirm, der elektromagnetische Wellen einfängt und sozusagen gebündelt einem Empfänger zuführt.

Diesem Modell einer Antenne entsprechend besteht ein Photosystem aus zwei unterschiedlichen Funktionseinheiten, nämlich aus *Sammelpigmenten („Antennenpigmenten")* und aus den das Reaktionszentrum des Photosystems bildenden *„Fallenpigmenten"* (Abb. 8-8). Die Sammelpigmente übernehmen die Funktion des Antennenschirms. Sie fangen Lichtquanten ein und leiten deren Energie an das Reaktionszentrum weiter, wo das Fallenpigment diese Energie aufnimmt und in photochemische Arbeit umsetzt. Das Fallenpigment ist daher mit dem Empfänger unseres Antennenmodells vergleichbar.

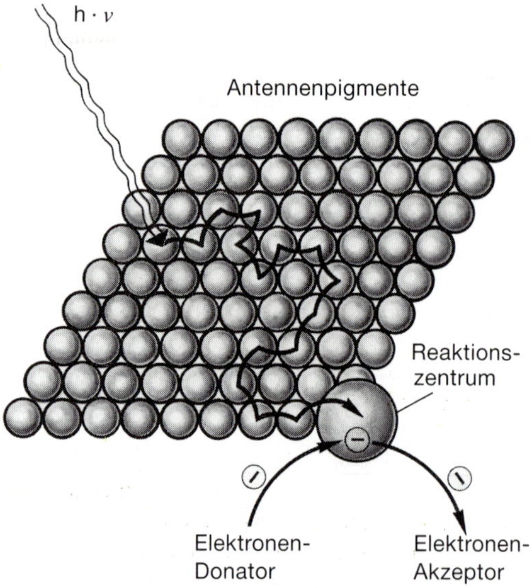

Abb. 8-8. Modell eines Photosystems. Die eingestrahlten Lichtquanten (offener Pfeil) werden von einem Antennenpigment absorbiert. Innerhalb der Antenne wird die Energie durch Anregung benachbarter Pigmentmoleküle (dunkler Pfeil im Antennenbereich) bis zum Reaktionszentrum weitergegeben.

Das Fallenpigment besteht stets aus der Chlorophyll a-Form mit dem am weitesten in den langwelligen Spektralbereich verschobenen Absorptionsmaximum. Dabei stehen jedem im Reaktionszentrum aktiven Chlorophyll-Molekül ungefähr 400 im Antennenbereich wirkende Pigment-Moleküle gegenüber.

Wir wollen nun die Funktionsweise der Pigment-Kollektive noch etwas näher betrachten.

Ein durch Lichtabsorption angeregtes Pigment-Molekül kann, wie erwähnt, die primäre Anregungsenergie auf ein benachbartes Pigment-Molekül übertragen. Es versetzt dabei das Nachbarpigment in den 1. Singulettzustand, regt es also an. Derartige *Energieübertragung* (Energietransfer) setzt sich innerhalb des Pigment-Kollektives *von Molekül zu Molekül* fort (Abb. 8-8). Da die Weitergabe der Anregungsenergie dem energetischen Gefälle folgen muß, verläuft sie stets zu dem Pigment-Molekül mit dem nächst längerwelligen Absorptionsmaximum (also mit geringerem Energiebedarf zum Erreichen des 1. Singulettzustandes). Somit landet die Anregungsenergie schließlich zwangsläufig beim Fallenpigment und versetzt dieses in den angeregten, d. h. arbeitsfähigen Zustand.

Die Weitergabe von Anregungsenergie von einem durch ein Photon angeregten Antennenpigment bis hin zum Reaktionszentrum dauert insgesamt 10^{-10} s und arbeitet fast verlustfrei. Dies wird vor allem durch die optimal dichte Packung der Pigment-Moleküle in der Thylakoidmembran bewirkt. Zudem verläuft die Übertragung von Anregungsenergie auf ein benachbartes Pigment-Molekül mit einer Dauer von 10^{-12} s um zwei Größenordnungen schneller als die Fluoreszenz, ist also dieser gegenüber begünstigt. Daher tritt auch kaum eine Energieeinbuße durch Fluoreszenz auf.

Der Energietransfer im Photosystem schließt mit der Anregung eines Fallenpigmentes, also mit der Schaffung eines energiereichen Elektrons in diesem Pigment-Molekül ab. Die Besonderheit bei den Fallenpigmenten besteht darin, daß das energiereiche Elektron das Pigment-Molekül verlassen und auf einen geeigneten Akzeptor übertragen werden kann (Abb. 8-8). Damit wird *das angeregte Fallenpigment* zum *Bestandteil eines Redoxsystems* (Kap. 1.4.2): Es kann durch Abgabe seines Elektrons einen Akzeptor reduzieren (d. h. es wirkt als Reduktionsmittel) und wird dabei selbst oxidiert. Das durch die Oxidation im Fallenpigment entstandene Elektronendefizit muß durch einen Elektronendonator wieder ausgeglichen werden.

8.2.1.5 Elektronentransport bei der Lichtreaktion

In Kapitel 1.4.3 (Abb. 1-4) wurde bereits dargelegt, daß bei den Organismen mit wasserspaltender Photosynthese zwei Photosysteme an der Lichtabsorption beteiligt sind, nämlich *PS I und PS II*. Das Fallenpigment des PS I besteht aus dem Chlorophyll a-700 (P 700), das des PS II aus Chlorophyll a-680 (P 680). Der Antennenbereich der beiden Photosysteme unterscheidet sich ebenfalls: PS I enthält Carotine und einen relativ geringen Anteil an Chlorophyll b, PS II hingegen Xanthophylle und relativ mehr Chlorophyll b. Auch die Phycobiline sind, wenn vorhanden, Bestandteil des Photosystems II.

Die Absorption von Anregungsenergie verwandelt die Fallenpigmente der Photosysteme in starke Reduktionsmittel, d. h. in Elektronendonatoren mit einem hohen „Elektronendruck". Sie geben Elektronen nach einem uns schon bekannten Prinzip weiter, nämlich „bergab" über eine in Serie geschaltete Kette von Redoxsystemen (Kasten 8-3). In Abb. 8-9 ist der photosynthetische Elektronentransport in einem Energiediagramm dargestellt.

Wir wollen nun die einzelnen Stationen dieses Elektronentransportes etwas näher betrachten und beginnen beim PS I. Das durch Lichtenergie angeregte Fallenpigment des *PS I (P 700)* besitzt ein Redoxpotential von $E_o' = -0{,}6$ Volt. Es überträgt sein Elektron auf einen bisher noch unbekannten primären Akzeptor. Dieser gibt das Elektron an *Ferredoxin* (Kasten 8-3) weiter. Das Ferredoxin reduziert letztlich $NADP^+$ zu $NADPH + H^+$. Das wollen wir nochmals besonders festhalten: Im Gegensatz zu Glykolyse und Atmung (Katabolismus), wo $NAD^+/NADH + H^+$ als wasserstoffübertragender Cofaktor beteiligt ist, spielt diese Rolle bei der Photosynthese das $NADP^+/ NADPH + H^+$.

Für die Reduktion des $NADP^+$ werden zwei Elektronen und zwei Protonen benötigt. Die beiden Elektronen stammen aus zwei Molekülen P 700, die beiden Protonen hingegen aus dem Medium. Die Übertragung von Elektronen auf das $NADP^+$ hinterläßt also zwei Moleküle P 700 mit Elektronendefizit. Dieses Defizit wird über das *PS II* ausgeglichen. Dabei reduzieren die Elektronen des durch Licht angeregten *P 680* einen primären Akzeptor Q, bei dem es sich um *gebundenes Plastochinon* handelt (Kasten 8-3). Der primäre Akzeptor Q hat ein negativeres Redoxpotential als das oxidierte P 700 und kann deshalb Elektronen auf dieses übertragen. Bei dieser Übertragung sind weitere Redoxsysteme, nämlich in der Thylakoidmembran *bewegliche Plastochinone („Chinon-pool"), Cytochrom f* und *Plastocyanin* (Kasten 8-3), zwischengeschaltet. Der Elektronentransport zwischen dem Plastochinon und dem oxidierten P 700 folgt einem thermodynamischen Gefälle und setzt damit Energie frei, die für die Phosphorylierung von ADP, also zur ATP-Bildung, genutzt wird. Man bezeichnet diese an den lichtgetriebenen Elektronentransport gekoppelte ATP-Bildung als *Photophosphorylierung*.

Kasten 8-3
Wichtige Redoxsysteme der photosynthetischen Elektronentransportkette.

Hier werden die Redoxsysteme erläutert, die im Schema des photosynthetischen Elektronentransportes (Abb. 8-9, 8-10) gezeigt sind.

P_{680}, Z und Q

Das Pigment P_{680} ist das Reaktionszentrum des Photosystems II. Es besteht aus proteingebundenem Chlorophyll a. P_{680} liegt wahrscheinlich in einem Komplex mit dem primären Elektronendonator Z (einem noch nicht näher identifizierten System) und dem primären Elektronenakzeptor Q vor. Q besteht in *membrangebundenem* Plastochinon. Q ist ein zu den Chinonen gehörendes Redoxsystem. Das Chinon wurde bereits im Zusammenhang mit der Atmungskette (Kasten 7-1) besprochen. Man bezeichnet die in Elektronentransport-Ketten der Plastiden vorkommenden Chinone als Plastochinone. Sie sind dem Ubichinon der Mitochondrien weitgehend ähnlich.

Plastochinon-Pool

Dies ist der mengenmäßig vorherrschende Elektronencarrier der Chloroplasten. Die Plastochinonmoleküle bilden innerhalb der Membran einen mobilen „Pool“ (d. h. einen Vorrat). Sie entsprechen also dem ebenfalls nicht ortsfesten Ubichinon in der Mitochondrienmembran. Wie das Ubichinon trägt auch das Plastochinon am Chinonring eine lipophile, aus neun Isoprenresten bestehende Seitenkette. Die Redoxvorgänge finden an den beiden Sauerstoffatomen des Ringes statt. Jedes oxidierte Molekül kann *zwei* Elektronen und *zwei* H^+ aufnehmen.

Plastocyanin

Es handelt sich um ein Protein, das pro Molekül zwei Kupferatome enthält. Jedes Molekül kann ein Elektron aufnehmen bzw. abgeben.

P_{700}

Das P_{700} ist das Reaktionszentrum des Photosystems I. Es besteht aus proteingebundenem Chlorophyll a.

X

Die stoffliche Natur dieses Redoxsystems ist noch unbekannt. Es wirkt als primärer Elektronenakzeptor des Photosystems I und gibt die Elektronen an Ferredoxin weiter.

Ferredoxin

Dies ist ein eisenhaltiges Protein (2 Atome Eisen pro Molekül). Die Eisenatome bilden das eigentliche Redoxsystem.

Cytochrome

Wie in der Atmungskette der Mitochondrien sind auch beim Elektronentransport in den Chloroplasten Cytochrome beteiligt. Die Cytochrome wurden bereits im Zusammenhang mit der Atmungskette (Kasten 7-1) besprochen.

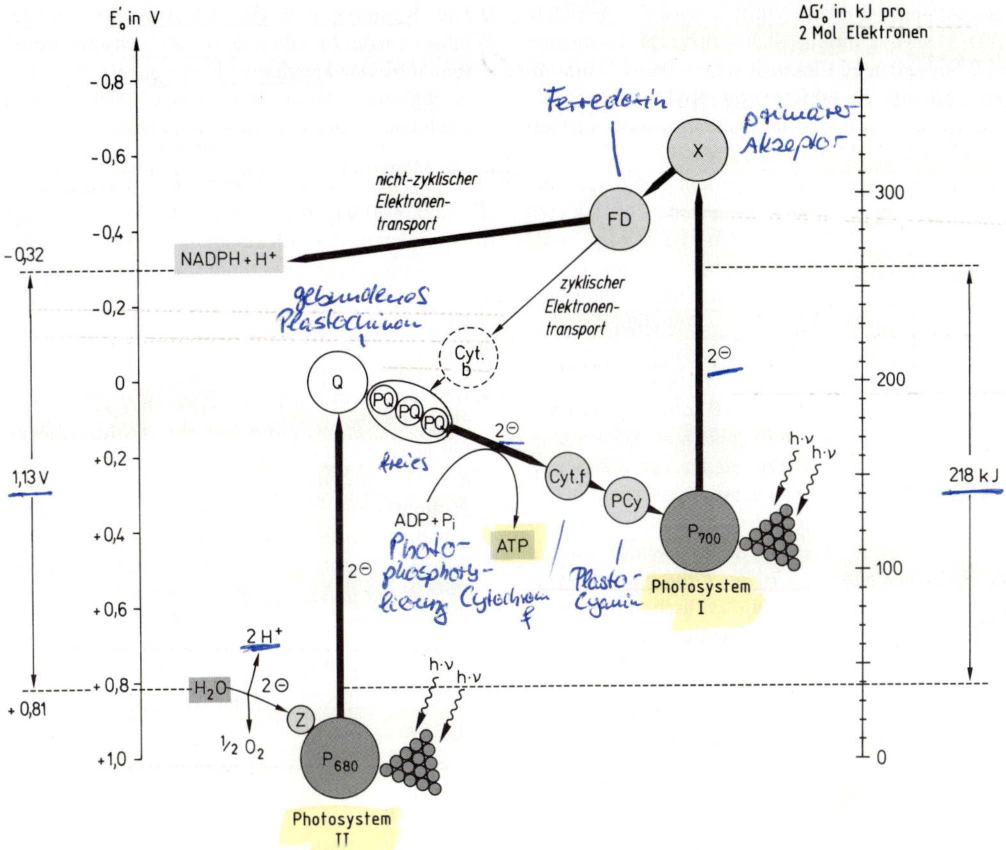

Abb. 8-9. Verlaufs- und Energiediagramm des Elektronentransportes bei der Lichtreaktion der Photosynthese.

Mit der Reduktion des Plastochinons durch Elektronen des angeregten P 680 hat sich das Elektronendefizit letztlich zum P 680 verlagert. Das oxidierte P 680 hat jedoch eine derart hohe Elektronenaffinität, stellt also ein so starkes Oxidationsmittel dar, daß es Elektronen dem Wasser (im Fall der Eukaryonten und Cyanobakterien, Kap. 1.4.3) oder einem anderen primären Elektronendonator (im Fall der Photosynthese betreibenden Bakterien, Kap. 1.4.2) entziehen und so sein Elektronendefizit ausgleichen kann. Der Elektronenentzug aus dem Wasser führt zu dessen Spaltung (Abb. 8-9). Man nimmt an, daß bei der Übertragung der Elektronen des Wassers auf das P 680 ein Redoxsystem zwischengeschaltet ist, das Mangan enthält (Abb. 8-9). Der bei der *photochemischen Wasserspaltung* entstehende Sauerstoff ist das Abfallprodukt der Photosynthese.

Fassen wir die Prozesse des photosynthetischen Elektronentransportes zusammen: Die bei den photochemischen Reaktionen geleistete Arbeit besteht darin, daß Elektronen des Wassers letztlich auf $NADP^+$ übertragen und damit auf ein hohes Energieniveau gehoben werden. Dieses Anheben der Elektronen ist ein endergoner Prozeß, bei dem eine Redoxpotentialdifferenz von 1,13 Volt überwunden, d.h. ein Energiebetrag von $\Delta G_o' = 109$ kJ $\cdot$ mol^{-1} Elektronen (oder 218 kJ $\cdot$ mol^{-1} NADPH + H^+) aufgebracht werden muß. Diese Energie wird durch das Licht geliefert, das zwei in Serie geschaltete „Elektronen-Lifts", nämlich die Photosysteme I und II, antreibt. Das Zusammenwirken von zwei Photosystemen bei dem Elektronenhub ermöglicht, daß die Elektronen unterwegs ein Stück „bergab" laufen und dabei Arbeit in Form von ATP-Synthese geleistet wird.

Beim Ablauf der Photosynthese wird das gebildete NADPH + H^+ kontinuierlich verbraucht. Es müssen daher laufend neue Elektronen dem Wasser entnommen und zur Reduktion von $NADP^+$ „bergauf" gepumpt werden. Der Elektronentransport verläuft also kontinuierlich und nicht-zyklisch.

Die Abb. 8-9 zeigt, daß bei jedem der beiden am *nicht-zyklischen Elektronentransport* beteiligten Photosysteme je 2 Photonen benötigt werden, um 2 Elektronen energetisch anzuheben. Für die Erzeugung eines NADPH + H^+ werden also 4 Photonen verbraucht. Gleichzeitig wird 1 ATP gebildet.

Neben dem nicht-zyklischen existiert auch ein *zyklischer Elektronentransport* (Abb. 8-9). Dabei entfällt die Reduktion des $NADP^+$ durch Elektronen des angeregten P 700. Die Elektronen kehren über Ferredoxin und Cytochrom wieder zum oxidierten P 700 zurück, gleichen also dessen Elektronendefizit selbst wieder aus. Beim zyklischen Elektronentransport werden keine Reduktionsäquivalente, sondern nur ATP gebildet (*zyklische Photophosphorylierung*). Man nimmt an, daß die zyklische Photophosphorylierung neben der nicht-zyklischen abläuft und für die Zelle eine zusätzliche ATP-Quelle darstellt.

8.2.1.6 Mechanismus der Photophosphorylierung

Wie bei der oxidativen Phosphorylierung (Kap. 7.2.5) sind bei der Photosynthese Elektronentransport und ATP-Synthese chemi-osmotisch gekoppelt. Bei der Photosynthese führt der in der Thylakoidmembran ablaufende Elektronentransport zur Bildung eines *elektrochemischen Protonengradienten*, $\Delta\bar{\mu}_{H^+}$ (Kasten 1-8). Wie bei den Mitochondrien treibt der Ausgleich dieses Gradienten über eine membrangebundene ATPase die Verknüpfung von ADP + P_i zum ATP an. Die ATPase der Chloroplasten-Thylakoide besteht ebenfalls aus einem die Membran durchsetzenden Stielprotein (F_o-Teil) und einem Kopfprotein (F_1-Teil) auf der Stromaseite der Membran (Abb. 8-10, Kasten 8-4). Hier findet die ATP-Synthese statt.

Wie im Falle der Mitochondrien müssen für das Funktionieren der chemi-osmotischen Koppelung zwischen Elektronentransport und Phosphorylierungsarbeit drei Bedingungen gegeben sein:

- Die die Elektronen transportierende Membran muß ein geschlossenes Kompartiment bilden, damit ein Protonengradient aufgebaut werden kann.
- Die Komponenten des Elektronentransportes müssen in der Membran asymmetrisch angeordnet sein, um einen gerichteten Elektronentransport zu ermöglichen. Diese Bedingungen sind in den Thylakoiden der Chloroplasten erfüllt.
- Die Membran muß relativ impermeabel sein.

Die Abb. 8-10 zeigt die mutmaßliche Anordnung der Komponenten des Elektronentransportes in der Thylakoidmembran zusammen mit den Vorgängen, die zum Aufbau des Protonengradienten führen. Hierfür sind folgende Schritte von besonderer Bedeutung:

- Bei der Reduktion des Plastochinons müssen außer Elektronen auch Protonen aufgenommen, bei dessen Oxidation beide wieder abgegeben werden. Die Aufnahme von H^+ erfolgt dabei auf der Stromaseite der Thylakoidmembran, die Abgabe jedoch in den Innenraum der Thylakoide. An diesem Protonentransport ist wahrscheinlich ein Cytochrom-b6f-Komplex genanntes Protein-Kollektiv beteiligt.
- Die Wasserspaltung durch das PS II mit der damit verbundenen Freisetzung von H^+ findet an der Innenseite der Thylakoidmembran statt.
- Die Reduktion von $NADP^+$ zu NADPH + H^+ erfolgt an der Stromaseite der Thylakoidmembran. Dort müssen $2H^+$ aus dem Stroma aufgenommen werden, was zu dessen Verarmung an Protonen beiträgt. Der Innenraum der belichteten Thylakoide säuert sich bis zu einem pH-Wert von 5 an, und das Stroma wird alkalisch mit einem pH-Wert von ca. 8.

Bei der zyklischen Photophosphorylierung – Wasserspaltung und $NADP^+$-Reduktion entfallen – trägt nur der über Plastochinon verlaufende Protonentransport zum Aufbau des Protonengradienten bei (Abb. 8-9).

Wenn man experimentell in Chloroplasten einen *künstlichen Protonengradienten* aufbaut, kann man auch im Dunkeln ATP-Synthese beobachten. Die ATP-Bildung unterbleibt in Gegenwart von *Entkopplern*, die den Aufbau eines Protonengradienten verhindern. Beides sind Beweise dafür, daß in den Chloroplasten ATP-Synthese und Elektronentransport chemi-osmotisch gekoppelt sind.

Auf den ersten Blick scheint zwischen Mitochondrien und Chloroplasten ein grundlegender Unterschied hinsichtlich der *Richtung des elektrochemischen Pro-*

Kasten 8-4 Familien von membrangebundenen ATPasen: ihre Anordnung, Struktur und Funktionsrichtung

Die Richtungen von membrangebundenen ATPasen bei Prokaryonten, Mitochondrien, Chloroplasten, Zellmembranen, etc. erscheinen auf den ersten Blick sehr unübersichtlich. Kapitel 1.8.2 und Abb. 1-11 zeigen aber, daß Membranen immer wäßrige und plasmatische Phasen trennen. Im Zusammenhang damit läßt sich sofort erkennen, daß die enzymatische Umsetzung ATP $\rightleftharpoons$ ADP + P_i immer in einem plasmatischen Raum (Cytosol, Mitochondrien-Matrix, Chloroplasten-Stroma) abläuft, was natürlich und zu erwarten ist. Wird $\Delta\bar{\mu}_{H^+}$ verbraucht, um ATP zu bilden, erfolgt der Protonenfluß von der wäßrigen Phase über die Membran in die plasmatische Phase. Wird ATP verbraucht, um $\Delta\bar{\mu}_{H^+}$ aufzubauen, erfolgt der Protonenfluß von der plasmatischen in die wäßrige Phase.

Auch für die Ladungstrennung beim Elektronentransport entlang membrangebundener Redoxsysteme ergibt sich nun ein einheitliches Bild: Die Protonen gelangen immer auf die Seite der wäßrigen Phase; die wäßrige Phase wird beim Elektronentransport saurer, die plasmatische Phase alkalischer.

Die membrangebundenen ATPasen können wir in 3 Familien einteilen:

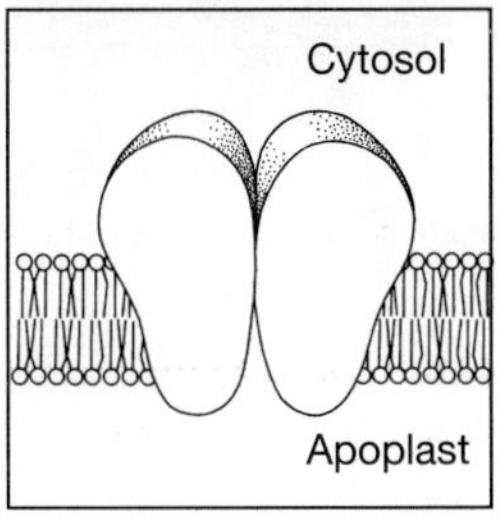

- Die *Plasmalemma-ATPase* kommt bei der Funktion in zwei Zuständen vor, einer phosphorylierten und einer nichtphosphorylierten Form (daher E_1/E_2-ATPase). Sie besteht aus einem doppelt vorhandenen Polypeptid.

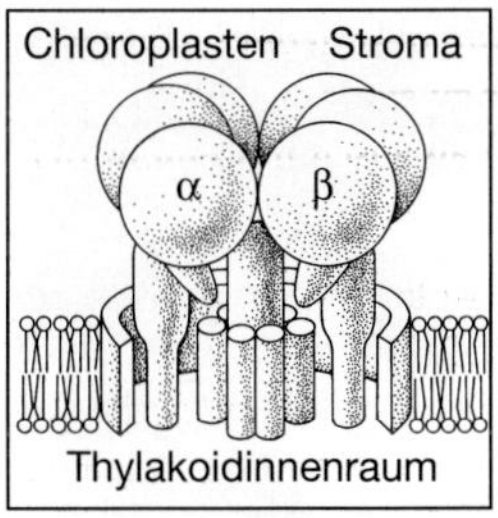

- Die ATPasen der Mitochondrien und Chloroplasten sind sich sehr ähnlich und werden als F_0/F_1-ATPasen zusammengefaßt. Sie sind komplex aufgebaut aus verschiedenen Polypeptiden, die den membranintegralen Teil, den Stiel und das Köpfchen bilden.

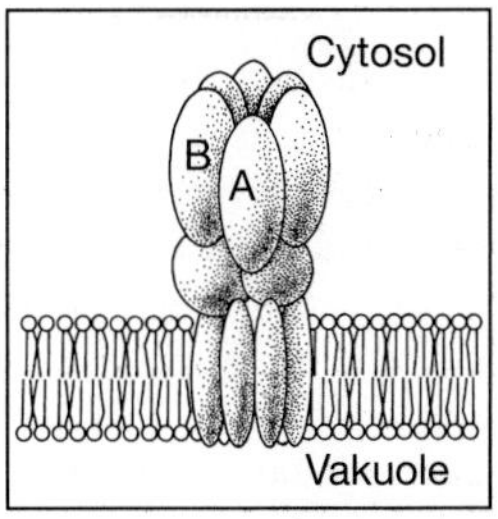

- Die Vakuolen-ATPasen stehen den F_0/F_1-ATPasen sehr nahe (daher V_0/V_1-ATPasen) und haben ebenfalls einen sehr komplizierten Bau.

Je drei Kopien der Untereinheiten α und β bzw. A und B bilden das F_1- bzw. das V_1-Köpfchen der F_0/F_1- bzw. V_0/V_1-ATPasen.

Kasten 8-4 (Fortsetzung)

1. ATP-Bildung unter Verbrauch von $\Delta\overline{\mu}_{H^+}$ (F_0F_1-ATPasen) :

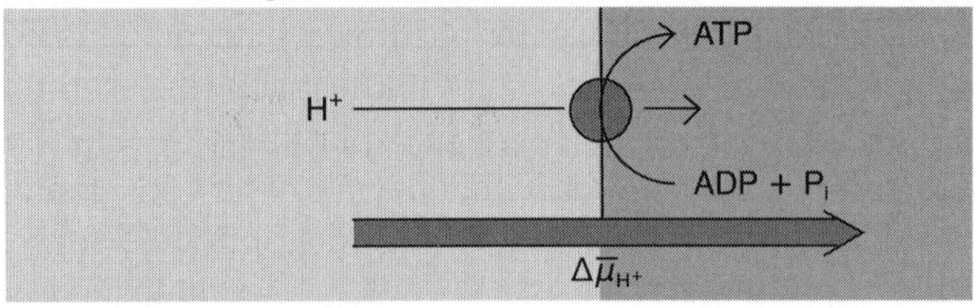

a) *Prokaryonten* (s. Kapitel 1.7.1):

wäßriges Medium im apoplastischen Raum oder Außenmilieu	Cytosol

b) *Mitochondrien* (s. Kapitel 7.2.5):

wäßrige Phase zwischen Außen- und Innenmembran	Matrix

c) *Chloroplasten* (s. Kapitel 8.2.1.5):

wäßrige Phase im Innern der Thylakoide	Stroma

2. Aufbau von $\Delta\overline{\mu}_{H^+}$ unter Verbrauch von ATP:

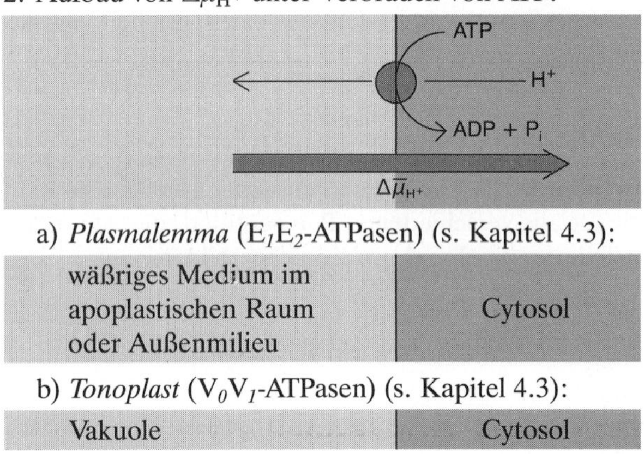

a) *Plasmalemma* (E_1E_2-ATPasen) (s. Kapitel 4.3):

wäßriges Medium im apoplastischen Raum oder Außenmilieu	Cytosol

b) *Tonoplast* (V_0V_1-ATPasen) (s. Kapitel 4.3):

Vakuole	Cytosol

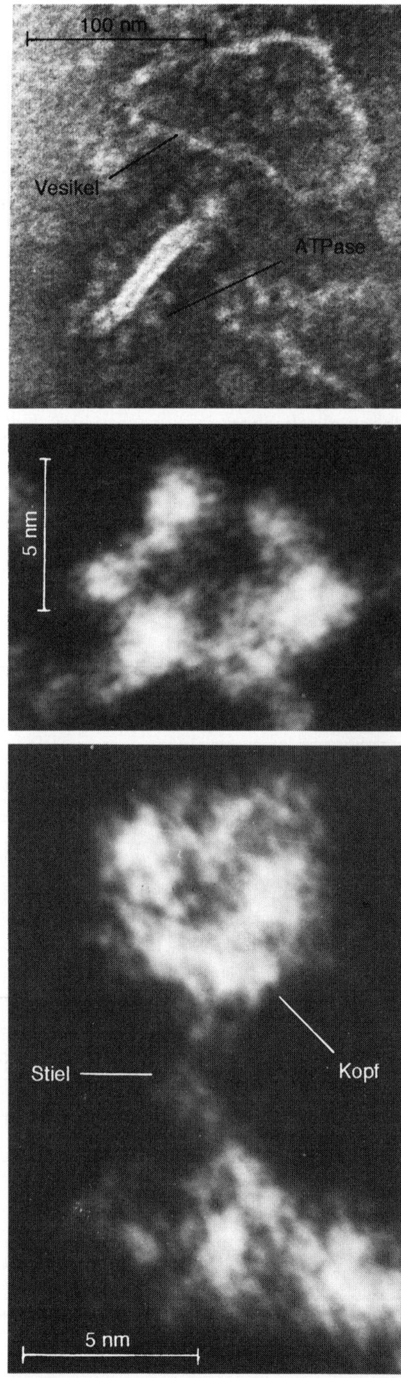

Die Photographien zeigen: (oben) Fragmente von Tubuli, die durch Behandlung von isolierten Mitochondrien aus dem Blattgewebe von *Kalanchoë daigremontiana* mit Ultraschall entstanden sind und mit NH_4-Molybdat kontrastiert wurden. Nach der Beschallung schließen sich die Fragmente zu Vesikeln, die auf der Außenseite die Köpfchen der ATPasen tragen (Präparat: V. FRIEMERT, EM-Aufnahme: D. KRAMER); (Mitte) die Tonoplasten-ATPase von *Mesembryanthemum crystallinum* in der Aufsicht, wobei die Zusammensetzung des Köpfchens aus den großen Untereinheiten zu erkennen ist; (unten) die Tonoplasten-ATPase von *M. crystallinum* von der Seite, wobei man die Gliederung in Kopf und Stiel erkennt (Präparate, mit Uranylacetat kontrastiert, und Aufnahmen R. KLINK).

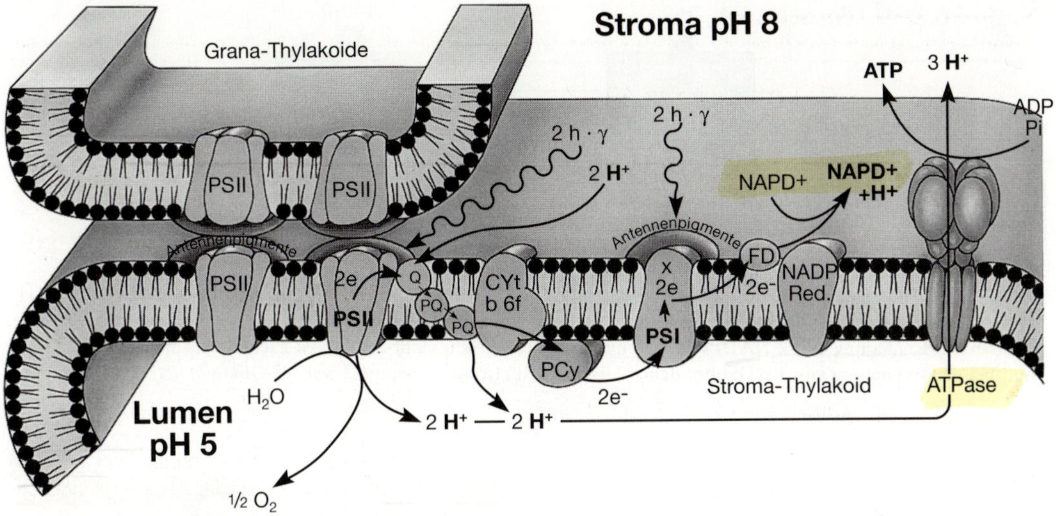

Abb. 8-10. Ein Modell für die Kompartimentierung der am photosynthetischen Elektronentransport beteiligten vier gerichtet arbeitenden Proteinkomplexe in den Thylakoidmembranen (Photosystem II, PS II; Cytochrom b_6f-Komplex, Cyt b_6f; Photosystem I, PS I; NADP-Reduktase, NADP-Red.) sowie der ATPase. Weitere beteiligte Redoxsysteme: Q, Quencher; PQ, Plastochinon; PCy, Plastocyanin; FD, Ferredoxin. Dargestellt ist ein Ausschnitt aus einem Stromathylakoid (rechte Bildhälfte) und einem Granathylakoid (linke Bildhälfte). Man beachte, daß sich die Komplexe des Photosystems II im Bereich der sich berührenden Membranabschnitte der Granathylakoide befinden.

hen: An der inneren Mitochondrienmembran ist der Protonengradient von außen nach innen, an den Thylakoiden von innen nach außen gerichtet. Ein Vergleich mit dem Eucytenschema (eukaryotische Zelle, Abb. 1-10) macht aber sofort klar, daß in beiden Fällen der Elektronentransport zur *Ansäuerung der wäßrigen Phase* führt (Raum zwischen Innen- und Außenmembran der Mitochondrien bzw. Thylakoid-Innenraum) und der *F_1-Kopf der ATPase auf der Seite der plasmatischen Phase* liegt (Mitochondrien-Matrix bzw. Chloroplasten-Stroma). Auch die anderen bereits besprochenen ATPasen, die unter Verbrauch von ATP einen Protonengradienten an Membranen aufbauen (z.B. Plasmalemma, Tonoplast), passen in dieses einfache Schema:

- Der Protonengradient ist immer von der wäßrigen zur plasmatischen Phase gerichtet; *die wäßrige Phase ist sauer, die plasmatische Phase alkalisch;*
- die Umsetzungen des Adenylat-Systems (ATP-Bildung oder ATP-Hydrolyse) erfolgen immer auf der plasmatischen Membranseite.

Damit haben wir nun insgesamt 3 Familien von ATPasen kennengelernt (Kasten 8-4).

8.2.2 CO_2-Assimilation

Die Fixierung von CO_2 und seine Reduktion zu Kohlenhydraten ist eine stark endergone Reaktionsfolge, bei der die in den photochemischen Reaktionen erzeugten Energie- und Reduktionsäquivalente (*„assimilatory power"*) genutzt werden (Abb. 8-11). Man bezeichnet den gesamten Vorgang auch als photosynthetische CO_2-Assimilation.

Wir können die Reaktionsfolge der photosynthetischen CO_2-Assimilation in vier Abschnitte unterteilen, nämlich

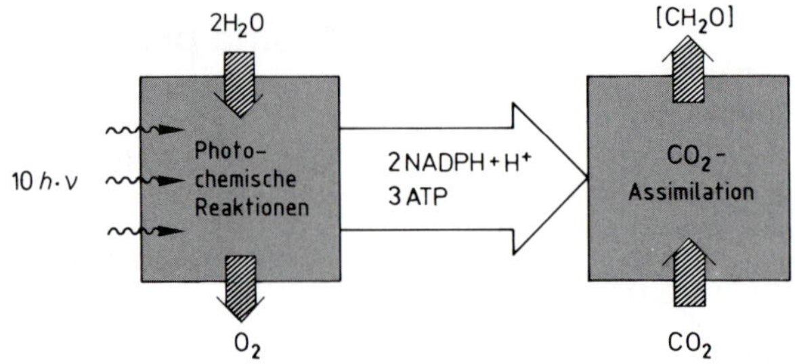

Abb. 8-11. Die Abhängigkeit der photosynthetischen CO_2- Assimilation von der Zulieferung von NADPH + H^+ und ATP aus den photochemischen Reaktionen. Der Bedarf von 10 Lichtquanten erklärt sich aus der Tatsache, daß bei der Erzeugung von 2 NADPH + H^+ und 2 ATP über den nicht-zyklischen Elektronentransport 8 Quanten und bei der Erzeugung von 1 ATP über den zyklischen Elektronentransport 2 weitere Quanten verbraucht werden.

- CO_2-Fixierung (Carboxylierung),
- Reduktion des fixierten Kohlenstoffs,
- Regeneration des CO_2-Akzeptors,
- Synthese von Endprodukten der CO_2-Assimilation.

Carboxylierung, Reduktion des Kohlenstoffs und Regeneration des CO_2-Akzeptors sind Bestandteile einer zyklischen Reaktionsfolge, die nach ihrem Entdecker (M. Calvin) als Calvin-*Zyklus* bezeichnet wird.

8.2.2.1 Carboxylierung

Die CO_2-Assimilation wird durch die Vereinigung von CO_2 mit einem aus 5 C-Atomen bestehenden Akzeptormolekül eingeleitet. *Das Anknüpfen von CO_2 an ein Akzeptormolekül bezeichnet man als Carboxylierung.* Die Carboxylierung des C_5-Akzeptormoleküls liefert als erstes stabiles Produkt zwei aus 3 C-Atomen bestehende Moleküle (C_3-Moleküle). Den solcherart eingeleiteten Weg der photosynthetischen CO_2-Assimilation nennt man daher auch *C_3-Photosynthese.* Pflanzen, die das CO_2 der Luft ausschließlich über die C_3-Photosynthese assimilieren, werden als *C_3-Pflanzen* bezeichnet.
Im Calvin-Zyklus (d.h. bei der C_3-Photosynthese) ist der CO_2-Akzeptor das *Ribulose-1,5-bisphosphat (RubP),* eine an den beiden endständigen C-Atomen phosphorylierte Pentose (Abb. 8-12). Als Produkte der Carboxylierung des RubP entstehen über eine instabile C_6-Verbindung 2 Moleküle *3-Phosphoglycerinsäure (3-PGS).*
Das carboxylierende Enzym ist die *RubP-Carboxylase.* Sie hat ein Molekulargewicht von ca. 500 kDa und ist aus acht kleinen und acht großen Untereinheiten zusammengesetzt. Die Proteine der großen Untereinheiten sind in der DNA der Chloroplasten, die der kleinen dagegen in der Kern-DNA codiert. Die so erforderliche Beteiligung der Kern-DNA an der Synthese einer wichtigen Komponente der Chloroplasten ist eines der *Argumente,* die *gegen die Endosymbionten-Hypothese der Evolution der Pflanzenzelle* (vgl. Kap. 1.8.3) angeführt werden.
Die RubP-Carboxylase hat die bemerkenswerte Eigenschaft, daß sie am gleichen katalytisch aktiven Zentrum nicht nur *CO_2*, sondern auch *O_2 als Substrat* umsetzen kann. Das Enzym katalysiert also nicht nur die Carboxylierung des RubP, sondern auch dessen Oxygenierung (Abb. 8-12). Daher bezeichnet man dieses Enzym auch als ***Ri**bulose-**bis**phosphat – **C**arboxylase-**O**xygenase (RUBISCO).*

Liegen CO_2 und O_2 gemeinsam vor, so konkurrieren beide Substrate um das aktive Zentrum des Enzyms. Fixiert daher die RUBISCO CO_2 in Gegenwart von O_2 (wie es in der rezenten Atmosphäre mit ca. 21% O_2 unvermeidlich ist), so entsteht neben der 3-PGS auch das Produkt der Oxygenierung, nämlich *Phospho-Glykolsäure* (Abb. 8-12). Diese Verbindung wird uns im Zusammenhang mit der *Photorespiration* (Kap. 9.3.1) noch beschäftigen. Für die weitere Besprechung der Verwertung des Kohlenstoffs im Calvin-Zyklus ist jedoch nur die 3-PGS wichtig.

Eines müssen wir in diesem Zusammenhang noch festhalten. Bei den großen Konzentrationsunterschieden zwischen O_2 und CO_2 (21% bzw. 0,03%) in der gegenwärtigen Atmosphäre kann effektive Carboxylierung durch die RUBISCO nur unter der Voraussetzung stattfinden, daß die Affinität des Enzyms gegenüber CO_2 beträchtlich höher ist als gegenüber

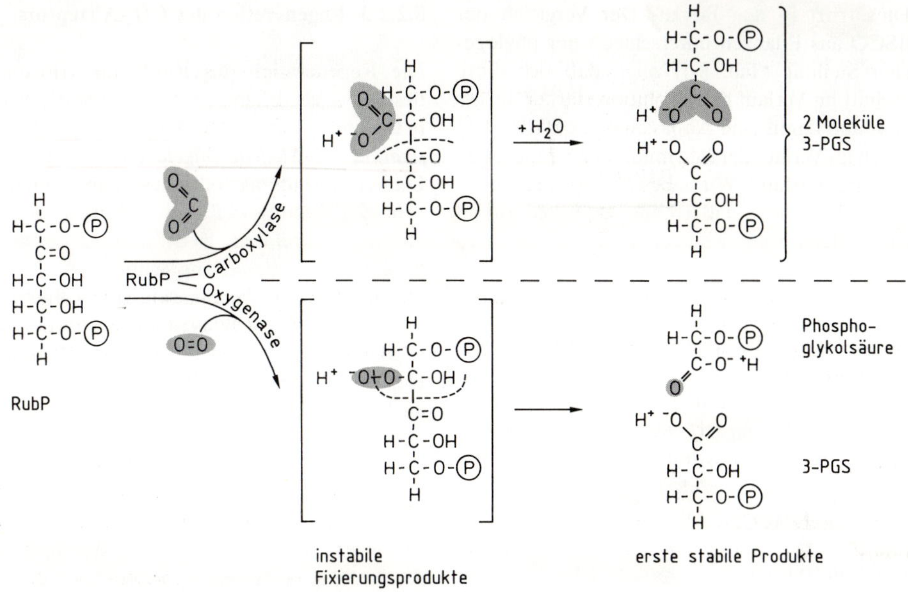

Abb. 8-12. Die Wirkungsweise der RUBISCO. Oberhalb der gestrichelten Linie ist die Carboxylierung des RubP durch die Carboxylaseaktivität gezeigt, unterhalb die Oxygenierung des RubP durch die Oxygenaseaktivität.

Tab. 8-1. Evolution der RUBISCO.

	$\frac{K_M^{O_2}}{K_M^{CO_2}} \cdot \frac{V_{max}^{CO_2}}{V_{max}^{O_2}}$
Rhodopseudomonas sphaeroides	9
Cyanobacteria	50
Euglena	54
Chlorococcales	62
C_3-Angiospermen	80
C_4-Angiospermen	64–80

$CO_2 : O_2$-Substratspezifität der RUBISCO von Einzellern zunehmender Organisationshöhe (erste vier Zeilen von oben nach unten: Bakterien – Blaualgen – Flagellaten – Grünalgen) und von C_3- und C_4-Angiospermen. Der Rückgang der CO_2/O_2-Substratspezifität bei einigen C_4-Pflanzen kann durch die CO_2-Konzentrierung an der RUBISCO (Kap. 23.8.3.3) bedingt sein. Das Maß der $CO_2 : O_2$-Spezifität ist hier das Produkt aus dem Verhältnis der Affinitäten (dem umgekehrten Verhältnis der Michaeliskonstanten: $K_M^{O_2}/K_M^{CO_2}$) und dem Verhältnis der Maximalgeschwindigkeiten ($V_{max}^{CO_2}/V_{max}^{O_2}$) (s. Kap. 2.6.4).

O_2. Dies trifft in der Tat zu. Der Vergleich der RUBISCO aus Pflanzen unterschiedlicher phylogenetischer Stellung (Tab. 8-1) zeigt, daß sich diese Eigenschaft im Verlauf der Evolution stärker ausgeprägt hat und damit eine Anpassung der RUBISCO an die sich im Verlauf der Jahrmillionen verändernde Atmosphäre stattfand. Wir haben hier also den interessanten Fall vor uns, daß Trends der Evolution an den Eigenschaften eines bestimmten Enzyms sichtbar werden.

8.2.2.2 Reduktion des fixierten Kohlenstoffs

Die aus der Carboxylierung des RubP hervorgehende 3-PGS muß reduziert werden, um die energetische Stufe der Kohlenhydrate zu erreichen. Diese Reduktion der 3-PGS ist endergon und erfordert das bei der Lichtabsorption gebildete ATP und NADPH + H^+.
Die Reaktion vollzieht sich in zwei Schritten (Abb. 8-13): Zuerst wird die 3-PGS unter Verbrauch von ATP zur *1,3-di-PGS* phosphoryliert. Diese wird dann reduziert, wobei NADPH + H^+ die erforderlichen Reduktionsäquivalente liefert.
Bei der Reduktion der 1,3-di-PGS entsteht *Glycerinaldehyd-3-phosphat*, also die phosphorylierte Form eines C_3-Zuckers mit Aldehyd-Gruppe (Aldotriose). Wir nennen diese Verbindung vereinfachend *Triose-phosphat.* Mit dem Triose-phosphat hat die photosynthetische CO_2-Assimilation die energetische Stufe der Kohlenhydrate erreicht.
Der Vorrat an Molekülen des Triose-phosphats kann auf zweierlei Weise genutzt werden. Einerseits liefert Triose-phosphat die Bausteine für die Regeneration des CO_2-Akzeptors RubP. Andererseits werden Triose-phosphat-Moleküle zur Bildung speicherfähiger Endprodukte der Photosynthese abgezweigt.

8.2.2.3 Regeneration des CO_2-Akzeptors

Die Regeneration des RubP aus Triose-phosphat besteht – als Bilanz und damit stark vereinfacht betrachtet – darin, daß *5 C_3-Skelette (Triose-phosphat) in 3 C_5-Skelette umgelagert* werden (Abb. 8-14). Diese Umwandlung vollzieht sich über einen komplexen, zyklischen Prozeß, dessen Aufklärung durch M. CALVIN (Nobelpreis 1960) zu den Großtaten der Photosynthese-Forschung gehört.
Das Prinzip der Kombination von Kohlenstoff-Skeletten im CALVIN-Zyklus ist im Schema der Abb. 8-14 wiedergegeben. Neben Triose-, Pentose- und Hexose-Phosphaten treten als Zwischenprodukte auch sonst ungewöhnliche Zuckerphosphate auf, nämlich der C_4-Zucker („Tetrose“) *Erythrose-phosphat* sowie der C_7-Zucker („Heptose“) *Sedoheptulose-phosphat.*
Diese Verbindungen dienen nicht nur der Regeneration von RubP, sondern können Ausgangsverbindungen für weitere Biosynthesewege sein.
Wir müssen außerdem beachten, daß nicht nur in der Reduktionsphase (Abb. 8-14), sondern auch bei der Regeneration des CO_2-Akzeptors ATP verbraucht wird. Hier ist *der ATP-verbrauchende Schritt* die den Zyklus abschließende *Umwandlung von Pentose-phosphat zum Ribulose-1,5-bisphosphat.*

8.2.2.4 Synthese photosynthetischer Endprodukte

Bei der photosynthetischen Kohlenstoff-Assimilation entstehen als Endprodukte primär Hexosen. Jedoch treten nicht nur Kohlenhydrate als Endprodukte auf. Ausgehend von den Triosen, Hexosen und den verschiedenen Zwischenprodukten der Regenerationsphase des CALVIN-Zyklus kann eine Vielzahl

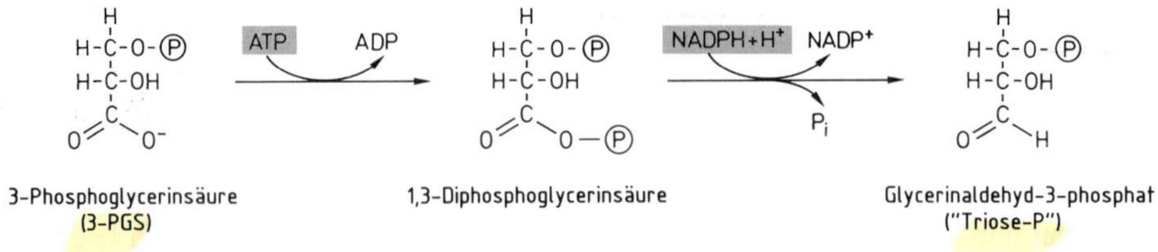

Abb. 8-13. Die Reduktion der 3-Phosphoglycerinsäure zum Glycerinaldehyd-3-phosphat im CALVIN-Zyklus. Die Reaktionsfolge entspricht in umgekehrter Richtung der in Abb. 6-6 dargestellten Reaktion der Glycerinaldehyd-3-phosphat-Dehydrogenase. Im CALVIN-Zyklus wird allerdings $NADP^+$ statt NAD^+ als Cofaktor benötigt.

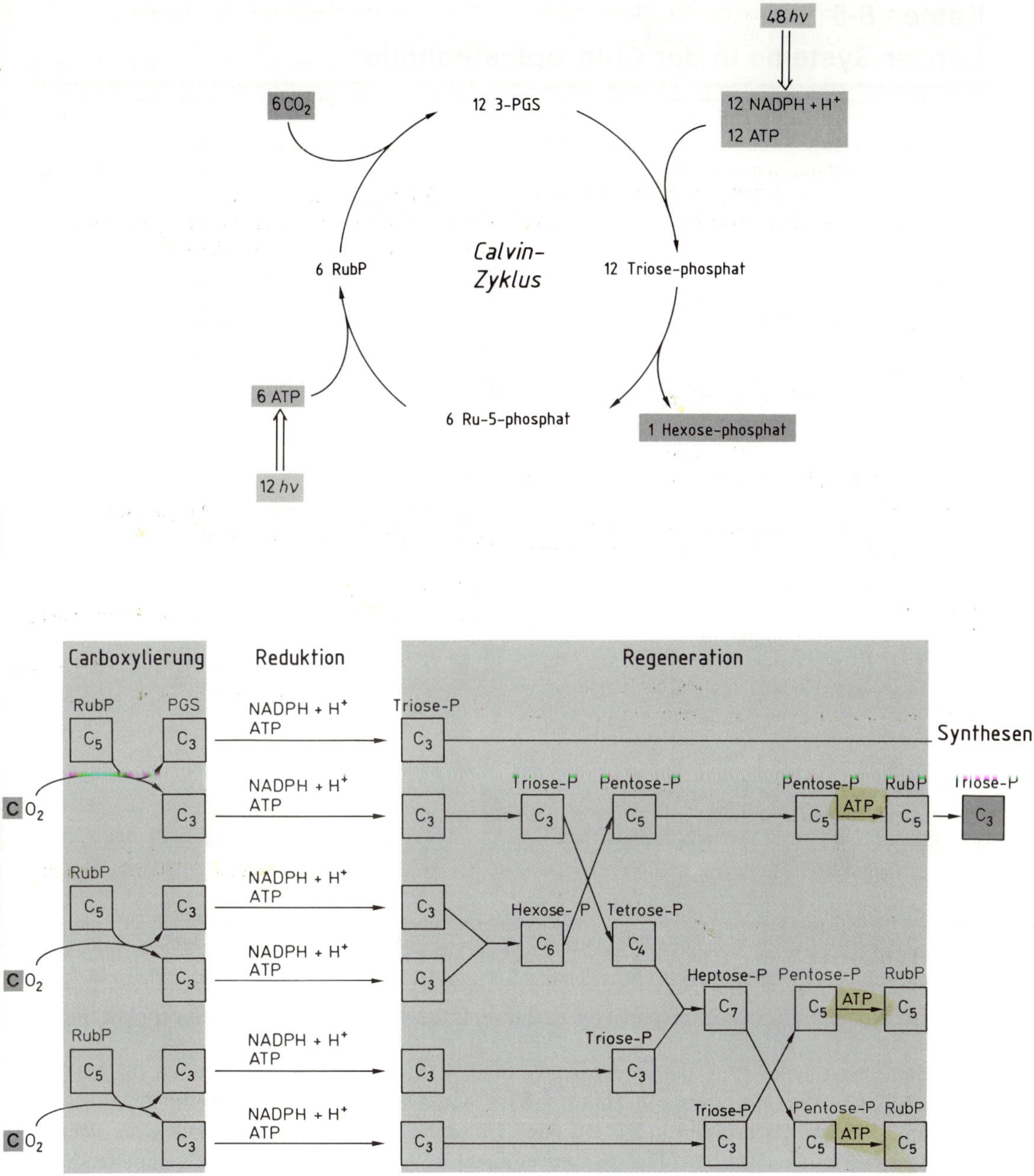

Abb. 8-14. Das Schema des CALVIN-Zyklus. Oben ist die Bilanz bei der Fixierung von 6 CO_2-Molekülen und damit der Herstellung eines Hexose-Moleküls gezeigt. Die Darstellung unten erläutert die einzelnen Phasen des CALVIN-Zyklus. Die Zahlen am Kohlenstoff bezeichnen die Kettenlängen der als Zwischenprodukte auftretenden Zuckermoleküle.

Kasten 8-5
Carrier-Systeme in der Chloroplastenhülle

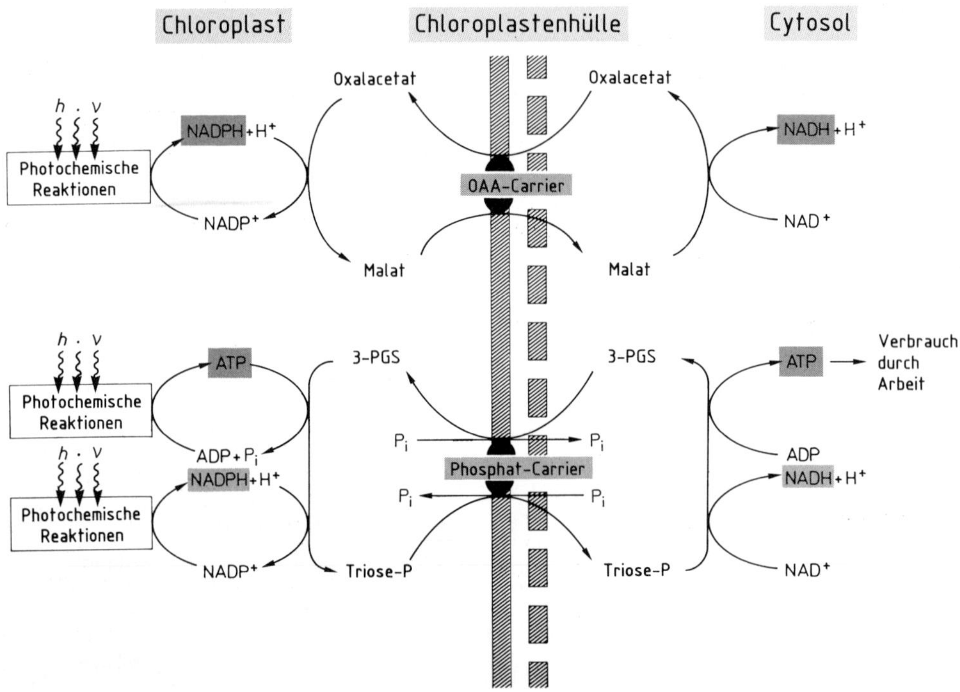

Der **Oxalacetat-Carrier** (OAA-Carrier) transportiert Oxalacetat, Malat und wahrscheinlich auch andere Moleküle mit zwei Carboxylgruppen (z. B. Asparaginsäure). Der OAA-Carrier kann auch dem *indirekten* Transport von Reduktionsäquivalenten durch die Chloroplastenhülle dienen.

Der **Phosphat-Carrier** (P_i-Carrier) vermag in beiden Richtungen Phosphat durch die Chloroplastenhülle zu transportieren. In einem jeweils entgegengerichteten Transport („Antiport") können 3-Phosphoglycerinsäure (3-PGS) oder Triosephosphat (in Form von Dihydroxyacetonphosphat) verfrachtet werden. Der P_i-Carrier dient u. a. dazu, im Calvinzyklus entstandenes Triosephosphat aus den Chloroplasten in das Cytosol zu transportieren, wo es z. B. zur Saccarosesynthese (Abb. 8-16) verwendet werden kann. Der P_i-Carrier kann aber auch, wie die Darstellung zeigt, den *indirekten* Export von Energieäquivalenten (ATP) oder Reduktionsäquivalenten vermitteln.

verschiedener Verbindungen, z. B. Fettsäuren, Aminosäuren, organische Säuren, Lipid-Bausteine, Nucleinsäure-Komponenten u. a., hergestellt werden. Diese Produkte bzw. deren Vorstufen werden über spezifische, in der Chloroplastenhülle lokalisierte Carrier (Kasten 8-5) aus den Chloroplasten heraus in die Zelle exportiert. Äußere Bedingungen, vor allem Lichtintensität, Temperatur, CO_2- und O_2-Konzentration, haben einen Einfluß darauf, welche Endprodukte bevorzugt gebildet werden. Verläuft die photosynthetische Bildung der Zucker in den Chloroplasten schneller als der Export und die Weiterverarbeitung in der Zelle oder der Abtransport über das Phloem (Kap. 22.4.2.2), werden die Zucker in den Chloroplasten in Stärke umgewandelt und dort in dieser Form gespeichert (Abb. 8-15). Im Dunkeln wird die Stärke durch Umwandlung in Zucker wieder mobilisiert und aus den Photosynthese-Organen abtransportiert. Man bezeichnet diese in den Chloroplasten nur kurzfristig gespeicherte Stärke als *transitorische Stärke.*

Die wichtigste *Transportform der Zucker* in der Pflanze *ist die Saccharose* (Kasten 6-1). Die innere Chloroplastenmembran ist jedoch für Saccharose undurchlässig. Die Assimilate werden vielmehr vor allem als Triosen, und zwar in Form von Dihydroxyacetonphosphat (DHAP) aus den Chloroplasten in das Cytosol exportiert. Dort dient das DHAP als Substrat für die Synthese von Saccharose (Abb. 8-16).

Abb. 8-15. Experiment zur Demonstration der Bildung von transitorischer Stärke. Kapuzinerkresse wurde für 16 Stunden abgedunkelt, um in dieser Zeit die transitorische Stärke zu mobilisieren und abzubauen. Ein derart stärkefrei gemachtes Blatt wurde mit einer Schablone aus Aluminiumfolie bedeckt und für mehrere Stunden belichtet (oben). Anschließend wurde das Chlorophyll mit heißem Alkohol extrahiert und das Blatt in eine verdünnte Jod-Kaliumjodid-Lösung eingetaucht. Das Jod färbt Stärke blau-schwarz. An den vom Licht getroffenen Stellen des Blattes (ausgeschnittene Teile der Schablone) hat sich durch Photosynthese erneut transitorische Stärke gebildet. Diese Stellen erscheinen durch die Anfärbung der Stärke dunkel, während die stärkefreien Partien hell bleiben.

8.2.3 Bilanz der Photosynthese

Um 1 Hexose-Molekül herzustellen, müssen 6 Moleküle des CO_2-Akzeptors RubP über den CALVIN-Zyklus bereitgestellt werden (Abb. 8-14). Daraus entstehen 12 C_3-Moleküle, von denen 2 zur Synthese des Hexose-Moleküls, das den Zyklus als Endprodukt verläßt, abgezweigt werden können. Die restlichen 10 C_3-Skelette werden zur Regeneration der Moleküle des CO_2-Akzeptors benötigt (Abb. 8-14). Wie hoch ist der energetische *Wirkungsgrad der Photosynthese?*

Abb. 8-11 faßte schon zusammen, daß zur Reduktion von 1 CO_2 2 NADPH + H^+ und 3 ATP gebraucht werden, und daß dazu mindestens 10 Photonen absorbiert werden müssen. Da Photonen der Wellenlänge 700 nm einen Energiebetrag von 171 kJ · mol^{-1} liefern (Kasten 8-1), repräsentieren die benötigten 10 Mole Photonen 1710 kJ. Auf der anderen Seite müssen

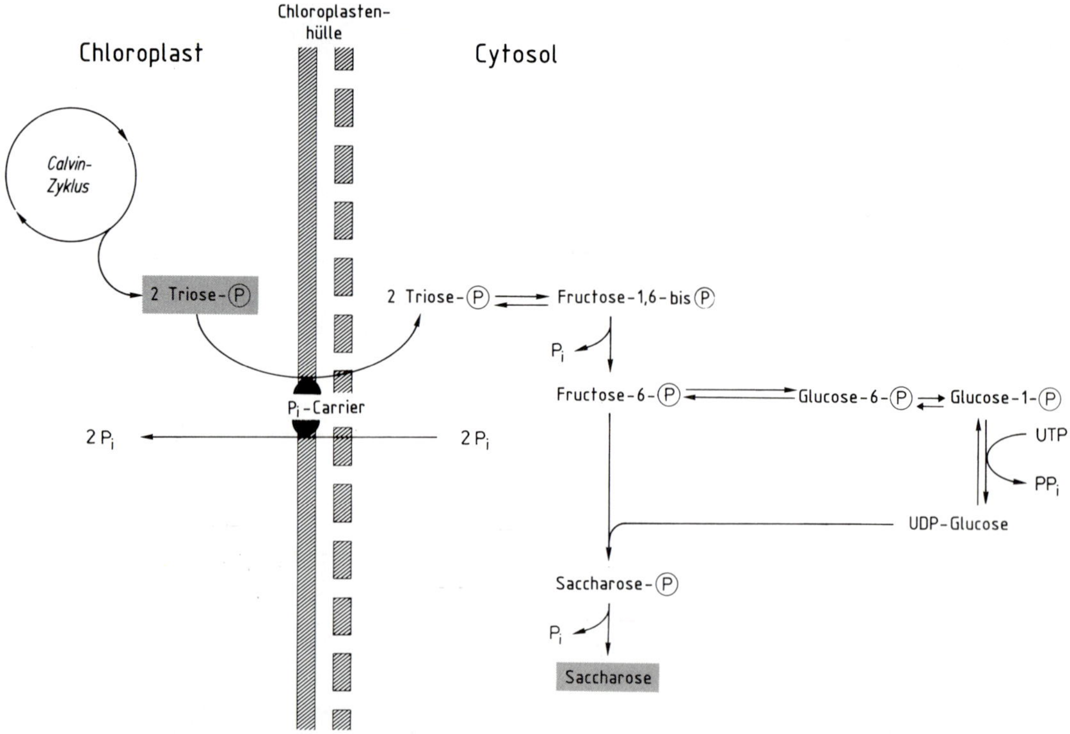

Abb. 8-16. Die Verknüpfung des CALVIN-Zyklus mit der im Cytosol ablaufenden Saccharose-Synthese. Über den Phosphatcarrier der Chloroplastenmembran wird Triose-Phosphat (in Form von Dihydroxyaceton-Phosphat) im Gegentransport mit Phosphat aus dem Stroma ins Cytosol exportiert. Dort dient es zur Synthese von Hexosen, die entsprechend dem Reaktionsschema zu Saccharose vereinigt werden. UTP = **U**ridin**tri**phosphat, UDP = **U**ridin**di**-**p**hosphat (nach HELDT, vereinfacht).

480 kJ aufgewandt werden, um CO_2 auf die Stufe der Kohlenhydrate zu reduzieren:

$$CO_2 + H_2O \rightarrow [CH_2O] + O_2$$
$$\Delta G_o' = +480 \text{ kJ}.$$

Von dem durch die 10 absorbierten Lichtquanten repräsentierten Energiebetrag (1710 kJ) bleiben also nur 480 kJ in den Produkten der Photosynthese erhalten. Der energetische Wirkungsgrad beträgt somit ca. 28 %.

Die hier angestellte energetische Betrachtung bezieht sich nur auf den Wirkungsgrad der Nutzung des bei der Photosynthese absorbierten Lichtes. Wir dürfen dies nicht mit der Tatsache verwechseln, daß von den Pflanzen nur etwa 1% der auf der Erde eintreffenden photosynthetisch verwertbaren Strahlung der Sonne absorbiert wird (Kap. 29.3.1.1 und 29.3.2, Tab. 29-1, Kasten 29-1).

8.2.4 Biosynthese der Fettsäuren

Die Biosynthese der Fettsäuren erfolgt bei den höheren Pflanzen vor allem in den Plastiden (Synthese der gesättigten C_{16} und C_{18}-Fettsäuren sowie der einfach ungesättigten C_{18}-Fettsäure). Im Gegensatz zum Abbau ist die Synthese der Fettsäuren ein reduktiver Vorgang, bei dem $NADPH + H^+$ als Reduktionsmittel fungiert. Dieses $NADPH + H^+$ stammt aus dem oxidativen Pentosephosphat-Zyklus oder, im Falle der Fettsäure-Synthese der Chloroplasten, aus der photochemischen Reaktion der Photosynthese.

Im Prinzip besteht die Fettsäure-Synthese aus einer ständig wiederholten Kondensation eines C_2-Bruchstückes an die zu verlängernde Fettsäure-Kette, bis eine Kettenlänge von 16 Kohlenstoff-Atomen (Palmitinsäure) erreicht ist. Durch spezielle Reaktionen können dann noch weitere Kettenverlängerungen

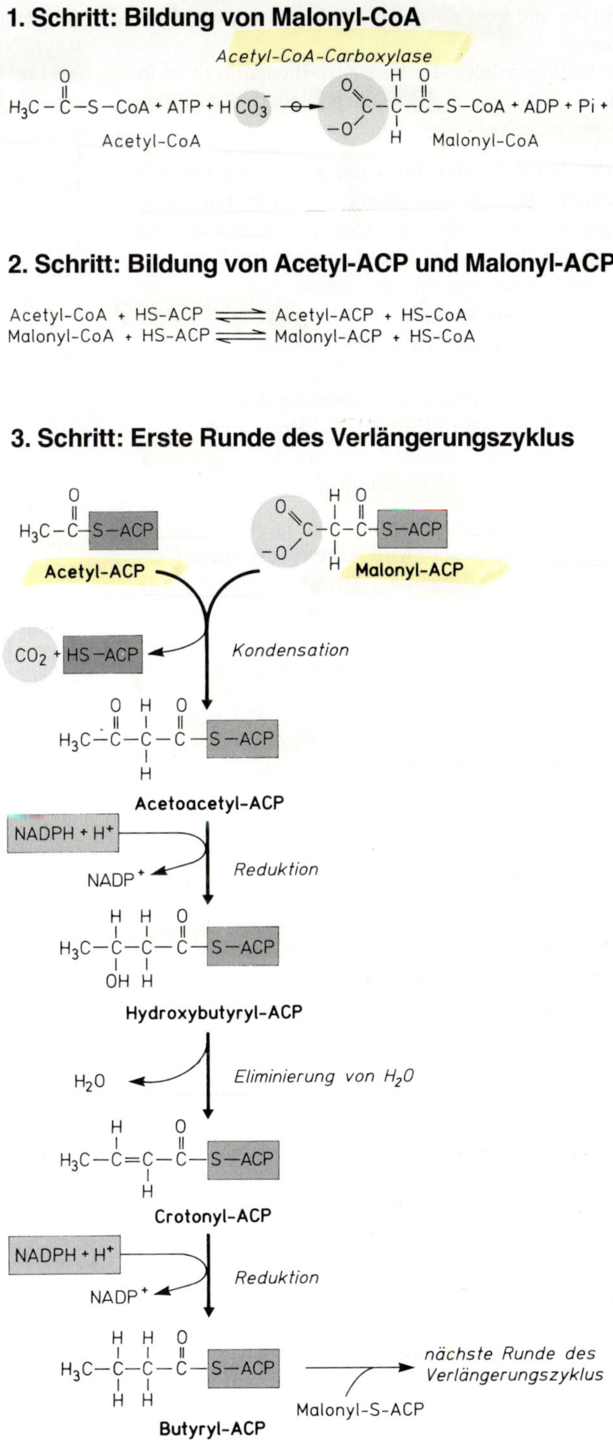

Abb. 8-17. Die Reaktionsfolge in der ersten Runde der Fettsäure-Biosynthese (in Anlehnung an STRYER).

erfolgen und ungesättigte $-C=C-$Bindungen entstehen.

Die Reaktionsfolge der Fettsäure-Biosynthese ist in Abb. 8-17 dargestellt. Wir wollen folgende Besonderheiten festhalten:

- Die Synthese der Fettsäure-Ketten wird durch einen *Multienzymkomplex, Fettsäuresynthetase* genannt, bewerkstelligt. Dieser Komplex besteht aus den die einzelnen Reaktionsschritte katalysierenden Enzymen und aus einem Protein, dessen Moleküle als Wirkgruppe einen Pantethein-Rest mit einer endständigen HS-Gruppe besitzen. Dieses Protein hat selbst keine enzymatische Wirkung, sondern wird zur Anheftung des zu verlängernden Fettsäure-Restes (Acyl-Rest) an die Fettsäuresynthetase benötigt. Es wird daher „acyl carrier protein" (ACP) genannt.
- Das Substrat der Fettsäure-Synthese ist *Acetyl-CoA.* Zunächst aber wird Acetyl-CoA durch Carboxylierung in einen C_3-Körper *(Malonyl-CoA)* umgewandelt. Malonyl-CoA ist reaktionsfreudiger als Acetyl-CoA. Daher ist eine Kettenverlängerung mit Malonyl-CoA energetisch günstiger.
- Die Synthese der Kette beginnt mit der Übertragung eines Acetyl-Restes von Acetyl-CoA auf eine HS-Gruppe der Fettsäuresynthetase. Dieser C_2-Rest ist das Anfangsglied der Fettsäure-Kette (Acyl-Rest). Es wird um zwei C-Atome verlängert, indem zunächst Malonyl-CoA den Malonyl-Rest auf die Pantethein-SH-Gruppe des ACP überträgt. Nach Abspaltung von CO_2 aus dem Malonyl-Rest wird der bereits vorhandene Acyl-Rest an den verbleibenden C_2-Rest gekoppelt (Kondensation). Nun folgt Reduktion der Oxo-Gruppe mit $NADPH + H^+$, Eliminierung von Wasser und erneute Reduktion mit $NADPH + H^+$. Die verlängerte Kette wird dann als Acyl-Rest auf eine HS-Gruppe der Fettsäuresynthetase übertragen. Damit ist das Pantethein-SH des ACP wieder frei zur Aufnahme eines neuen Malonyl-Restes.
Es erfolgt ein weiterer Durchgang, bis nach insgesamt sieben Umläufen die Fettsäure-Kette ihre volle Länge von 16 C-Atomen erreicht hat und sich vom Fettsäuresynthetase-Komplex ablöst.

Zum weiteren Studium

Clayton, R. K.: *Photobiologie. I. Physikalische Grundlagen.* Verlag Chemie – Physik Verlag, Weinheim 1975.

Edwards, G. und Walker, D.: *C_3, C_4: mechanisms, and cellular and environmental regulation, of photosynthesis.* Blackwell Scientific Publications, Oxford – London – Edinburgh – Boston – Melbourne 1983.

Lichtenthaler, H. und Pfister, K.: *Praktikum der Photosynthese.* Quelle & Meyer, Heidelberg 1978.

Mohr, H. und Schopfer, P.: Lehrbuch der Pflanzenphysiologie. Springer, Berlin – Heidelberg – New York 1992.

Strasburger, E.: *Lehrbuch der Botanik für Hochschulen.* Fischer, Stuttgart – Jena – New York 1991.

Tevini, M. und Häder, D.-P.: *Allgemeine Photobiologie.* Thieme, Stuttgart 1985.

9 Die Cytosomen

Cytosomen (auch Microbodies genannt) sind kugelige Zellorganellen mit einem Durchmesser von ca. 1 µm, die – anders als Chloroplasten und Mitochondrien – nur von einer einfachen Biomembran umgeben sind. Die Innenphase dieser Organellen erscheint im Elektronenmikroskop dicht und granulös.

Obwohl sich die verschiedenen Cytosomen in ihrer Feinstruktur recht ähnlich sind, ergeben sich hinsichtlich der biochemischen Ausstattung und damit der Funktion deutliche Unterschiede. Aufgrund solcher biochemischen Merkmale differenziert man:

- Lysosomen,
- Glyoxysomen,
- Peroxisomen.

9.1 Die Lysosomen

Diese Organelle enthalten *lytische* (d. h. spaltende) *Enzyme*. Daher findet in den Lysosomen der Abbau von Makromolekülen, z. B. Proteinen, Polysacchariden und Nucleinsäuren, statt. Durch den Einschluß in eine Membranhülle wird verhindert, daß die lytischen Enzyme wichtige Zellbestandteile angreifen und verdauen. Eine solche Selbstverdauung *(Autolyse)* tritt allerdings ein, wenn die Zelle abstirbt und dabei durch Auflösung der Membranen die lytischen Enzyme aus den Lysosomen austreten. Auch die *Vakuolen* (Vakuom) werden als *Lysosomen-Kompartimente* aufgefaßt (vgl. Kap. 5.1).

In der intakten Zelle müssen die abzubauenden Moleküle durch die Membran hindurch in die Lysosomen aufgenommen werden.

9.2 Die Glyoxysomen

Glyoxysomen sind Zellorganellen, die im Zusammenspiel mit Mitochondrien und Cytosol die *Umwandlung von Speicherfetten in Kohlenhydrate* bewirken. Da die Samen vieler höherer Pflanzen Fette als Speicherstoffe enthalten, spielt diese Umwandlung vor allem bei der Samenkeimung eine Rolle, und entsprechend sind Glyoxysomen besonders häufig in den Speichergeweben von Samen anzutreffen (Abb. 9-1).

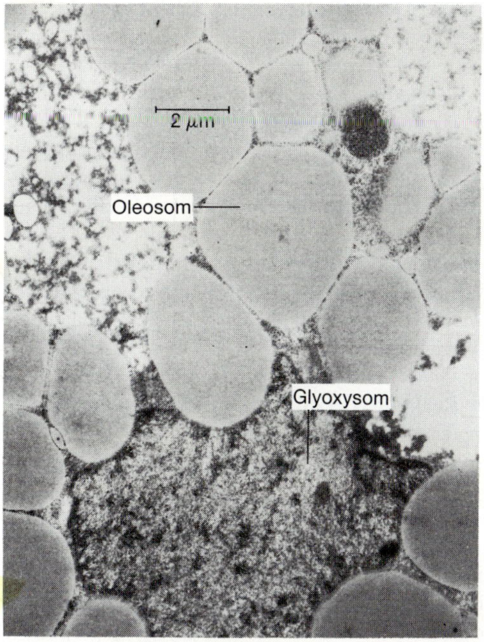

Abb. 9-1. Oleosomen und Glyoxysomen aus den Keimblättern eines Sonnenblumenkeimlings (Aufnahme: D. Kramer).

9.2.1 Mobilisierung der Fette und Glyoxylsäure-Zyklus

Kasten 9-1 gibt einen Überblick über die chemische Zusammensetzung der Fette (Lipide). Wir haben Lipide bereits als Komponenten der Biomembranen kennengelernt (Kap. 1.2, Kasten 1-5). Fette spielen aber auch eine wichtige Rolle als Reservestoffe. Werden die Reservefette zur Umwandlung in Kohlenhydrate verwendet, so sind die Glyoxysomen (Abb. 9-1) wesentlich beteiligt.

Die *Reservefette* liegen in den Speicherzellen meist als Öle vor, und zwar in Form lichtmikroskopisch sichtbarer Tröpfchen (Oleosomen, Abb. 9-1). Zunächst werden die Fette durch *Lipasen* hydrolysiert, d. h. in *Glycerin* und *Fettsäuren* zerlegt (Abb. 9-2). Glycerin kann im Cytosol phosphoryliert werden und so direkt in den Glykolyseweg eingehen. Die langkettigen Fettsäure-Moleküle hingegen treten in die Glyoxysomen ein. Bereits in der Hüllmembran erfolgt der Abbau der Fettsäuren durch *β-Oxidation* (Kap. 7.3.2). Der Wasserstoff der Fettsäuren wird auf FAD übertragen und somit $FADH_2$ gebildet. Letztlich übernimmt der Sauerstoff den Wasserstoff vom $FADH_2$ (Abb. 9-2). Bei diesem Schritt entsteht Wasserstoffperoxid, das durch das Enzym *Peroxidase* in H_2O und O_2 gespalten wird ($2\ H_2O_2 \rightarrow 2\ H_2O + O_2$). Die Peroxidase ist eines der für die Glyoxysomen typischen Enzyme.

Die für die Weiterverarbeitung der beim Fettsäure-Abbau entstehenden C_2-Bruchstücke verantwortliche Reaktionsfolge ist ein erneutes Beispiel eines zyklisch verlaufenden Stoffwechselprozesses. Nach dem charakteristischen Zwischenprodukt (Glyoxylsäure) bezeichnet man diesen Kreisprozeß als *Glyoxylat-Zyklus*. Er läuft in den nach ihm benannten Glyoxysomen ab.

Der Glyoxylat-Zyklus beginnt mit der *Malatsynthetase*-Reaktion, der Bildung von Malat durch Übertragung eines Acetyl-Restes vom Acetyl-CoA auf Glyoxylat (Abb. 9-2). Das so entstandene Malat wird zu Oxalacetat oxidiert. Die nächsten Schritte sind uns bereits aus dem Zitronensäure-Zyklus bekannt: Oxalacetat übernimmt vom Acetyl-CoA einen weiteren C_2-Rest. Das dabei entstandene Citrat wird in Isocitrat umgewandelt und dieses durch das Enzym *Isocitrat-Lyase* in Succinat und Glyoxylat gespalten. Mit der Bildung von Glyoxylat schließt sich der Zyklus. Das entstandene Succinat wird aus dem Kreislauf geschleust, verläßt das Glyoxysom und wird in den Mitochondrien weiterverarbeitet. Letztlich dient der Glyoxylsäure-Zyklus also dazu, zwei Acetyl-Reste zu Succinat zu kondensieren.

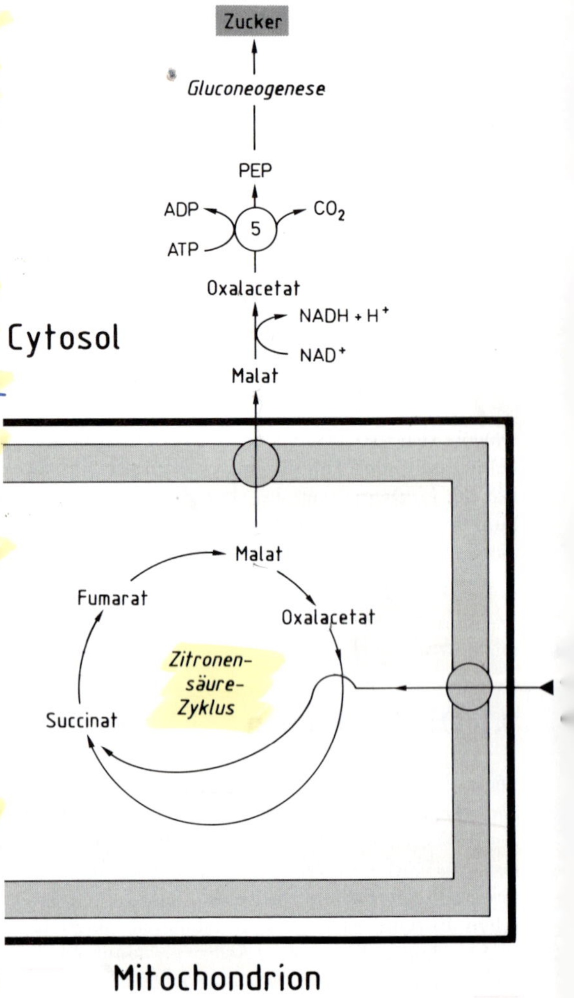

Abb. 9-2. Der Glyoxylsäure-Zyklus und die Zusammenarbeit von Glyoxysomen, Mitochondrien und Cytosol bei der Umwandlung von Reservefetten in Kohlenhydrate (in Anlehnung an KINDL). Die Ziffern bezeichnen die Enzyme des Glyoxylsäure-Zyklus: 1, Citrat-Synthase; 2, Isocitrat-Lyase; 3, Malat-Synthase; 4, Peroxidase.

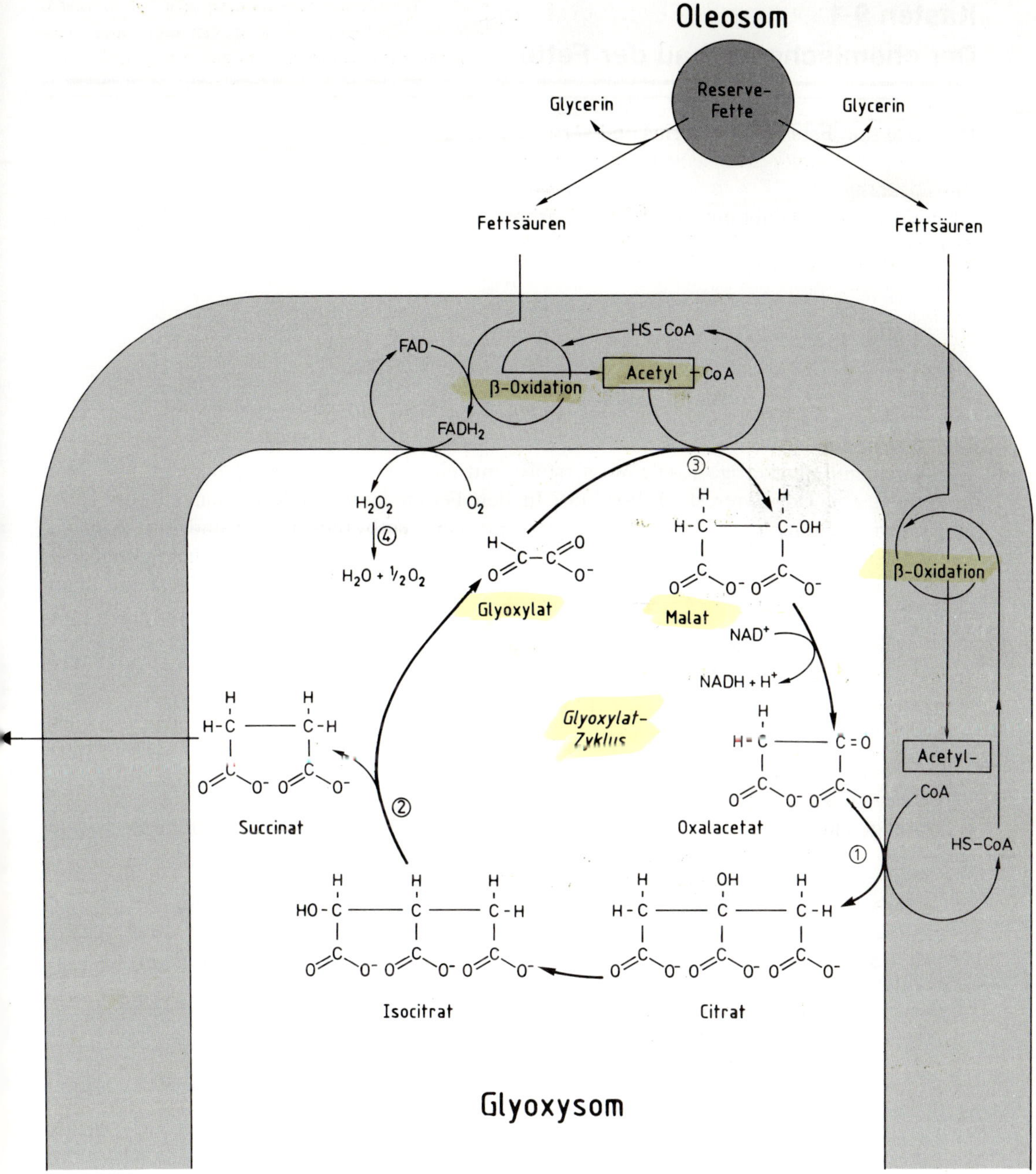
Oleosom
Reserve-Fette
Glycerin
Glycerin
Fettsäuren
Fettsäuren
HS-CoA
FAD
FADH2
β-Oxidation
Acetyl
CoA
H2O2
O2
④
H2O + 1/2 O2
③
Glyoxylat
Malat
NAD+
NADH + H+
β-Oxidation
Acetyl-
CoA
HS-CoA
Glyoxylat-Zyklus
Succinat
②
Oxalacetat
①
Isocitrat
Citrat
Glyoxysom

Kasten 9-1
Der chemische Aufbau der Fette

Die Fette sind Ester des Glycerins und verschiedener Fettsäuren (vergl. Kasten 1-5).

Das Glycerin

Glycerin ist ein Alkohol mit drei Hydroxylgruppen. Einen solchen Alkohol bezeichnet man als dreiwertig.

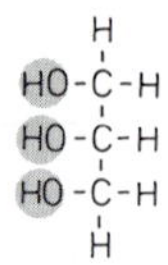

Glycerin

Die Fettsäuren

Fettsäuren sind langkettige Kohlenwasserstoffe mit einer endständigen Carboxylgruppe. Man bezeichnet den Fettsäurerest als *Acylrest.* In den Fetten kommen Kettenlängen von 14 bis 24 Kohlenstoffatomen vor. Besonders häufig sind dabei Fettsäuren mit 16 und 18 C-Atomen. Die Kohlenstoffketten der Fettsäuren können gesättigt oder ein- bis mehrfach ungesättigt sein. Ein Fett ist umso flüssiger, je mehr ungesättigte Fettsäuren es enthält. Flüssige Fette nennt man Öle.

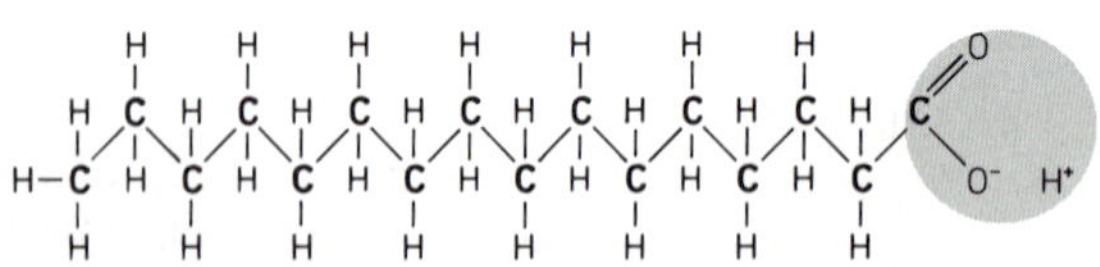

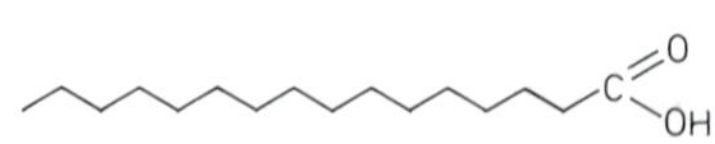

vollständige Formel *Palmitinsäure* ($C_{16}H_{32}O_2$) vereinfachte Formel

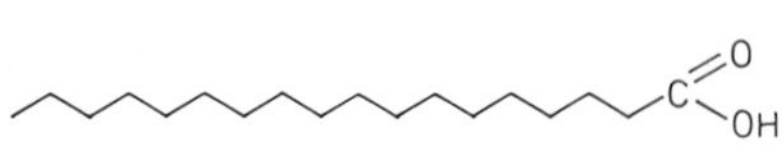

Stearinsäure ($C_{18}H_{36}O_2$)

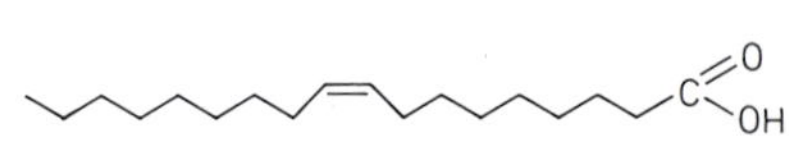

Ölsäure (einfach ungesättigt, $C_{18}H_{34}O_2$)

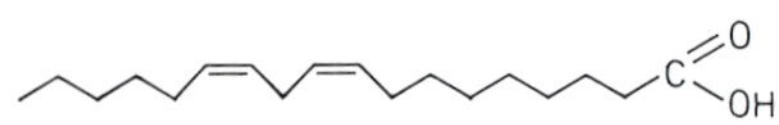

Linolsäure (zweifach ungesättigt, $C_{18}H_{32}O_2$)

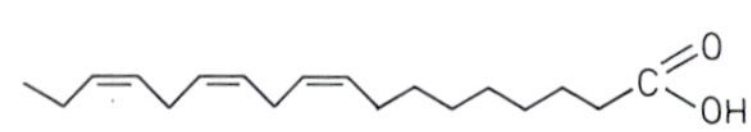

Linolensäure (dreifach ungesättigt, $C_{18}H_{30}O_2$)

Kasten 9-1 (Fortsetzung)

Veresterung und Verseifung

Jede der drei Hydroxylgruppen des Glycerins kann unter Austritt von Wasser mit einer Fettsäure verestern. Auf diese Weise entstehen Mono-, Di- und Triester des Glycerins. Sie werden als Mono-, Di- und Tri(acyl)glyceride bezeichnet. Die natürlich vorkommenden Fette sind Gemische verschiedener *Triacylglyceride*. Sie dienen vor allem der Energiespeicherung. Im Molekül eines Triacylglycerids können zwei oder drei verschiedene Fettsäuren vorkommen. Die Triacylglyceride können unter Einführung von Wasser wieder gespalten werden (Verseifung), wobei Glycerin und freie Fettsäuren entstehen. Die Verseifung wird von hydrolytischen Enzymen (Lipasen) katalysiert.

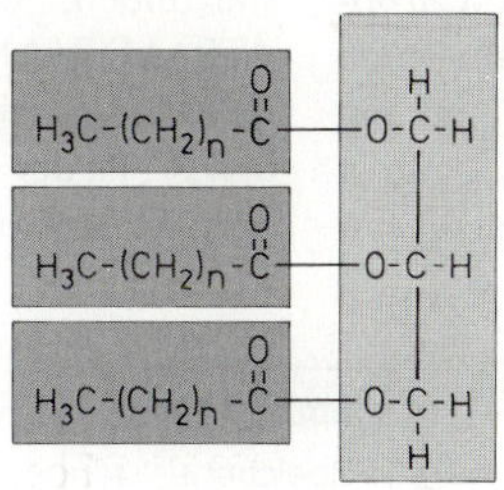

Fettsäurereste Glycerin

Allgemeine Strukturformel eines Triacylglycerids

Strukturlipide

Fettsäureester des Glycerins sind auch Grundbausteine vieler Strukturlipide. Man unterscheidet hier

- *Glycerinphosphatide* (Phospholipide, vergl. Kasten 1-5)
- *Glykolipide*
- *Sulfolipide*

Bei den *Glycerinphosphatiden* (Kasten 1-5) ist eine der Hydroxylgruppen des Glycerins mit einem Phosphorsäure-Rest verestert, und dieser wiederum mit einem weiteren Alkohol (z. B. Cholin, Inosit, Ethanolamin).

Bei den *Glykolipiden* trägt eines der Kohlenstoff-Atome des Glycerins ein Zuckermolekül (besonders häufig Galactose oder Glucose), ohne daß ein Phosphatrest dazwischengeschaltet ist.

Bei den *Sulfolipiden* trägt der Zucker-Rest eines Glykolipids eine zusätzliche schwefelhaltige Molekülgruppe. Sulfolipide sind wichtige Strukturlipide u. a. der Chloroplasten.

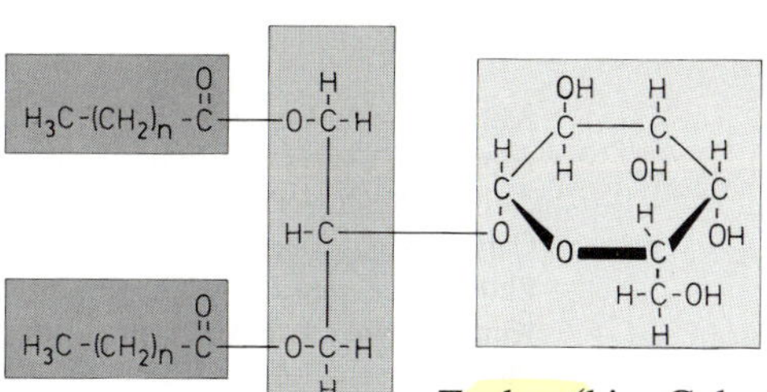

Zucker (hier Galactose)

Fettsäurereste Glycerin

Allgemeine Strukturformel eines Glykolipids

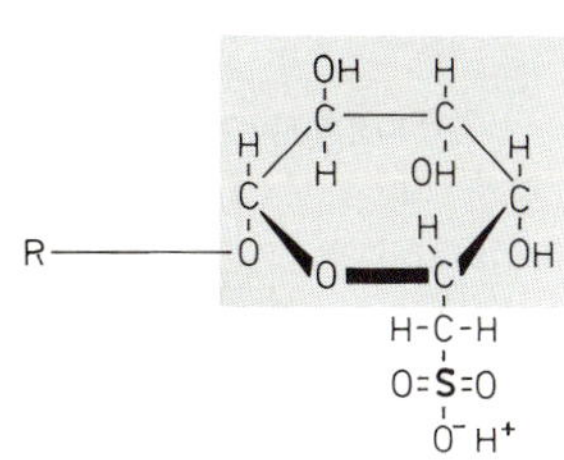

Zucker mit Sulfonsäurerest bei einem Sulfolipid

9.2.2 Gluconeogenese

Nachdem das Succinat über einen Carrier die innere Mitochondrienmembran passiert hat, durchläuft es in der Mitochondrien-Matrix den Zitronensäure-Zyklus bis zur Stufe des Malats. Dieses wird aus den Mitochondrien exportiert und im Cytosol wiederum zu Oxalacetat oxidiert. Das Oxalacetat kann als Ausgangsverbindung für einen Stoffwechselweg dienen, über den Hexosephosphate synthetisiert werden, und der letztlich eine Umkehrung der Glykolyse darstellt. Man bezeichnet ihn als *Gluconeogenese* (Abb. 9-3). Der erste Schritt wird von dem Enzym *PEP-Carboxykinase* katalysiert. Er besteht darin, daß durch Decarboxylierung das Oxalacetat-Molekül um ein C-Atom verkürzt und der verbleibende C_3-Rest durch Phosphorylierung auf ein hohes Energieniveau gehoben wird. Die so entstandene Verbindung, Phosphoenolpyruvat (PEP), haben wir als Bestandteil des Glykolyseweges kennengelernt. In der Tat überwindet die Bildung von PEP eine Energiebarriere, die sonst das Durchlaufen der Glykolyse in Richtung der Zuckersynthese verhindert (vgl. Kap. 6.3.3.2). Die Gluconeogenese wird besonders am Übergang von Fructose-1,6-bis-P zu Fructose-6-P reguliert (Abb. 9-3). Dieser Schritt wird von dem regulatorischen Enzym Fructose-bis-P-Phosphatase katalysiert. AMP ist ein starker allosterischer Inhibitor für dieses Enzym. Gluconeogenese kann also nur stattfinden, wenn das in der Zelle vorliegende ATP/ADP/AMP-Mengenverhältnis zugunsten von ATP verschoben, der Energiespeicher also aufgeladen ist. Ist der Energiespeicher hingegen leer, verhindert die damit hohe AMP-Konzentration den Ver-

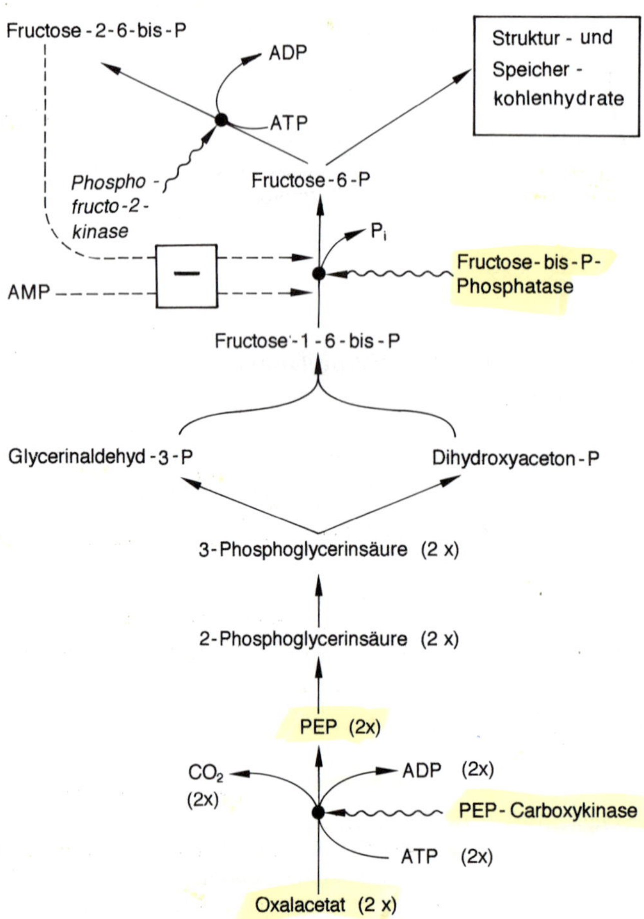

Abb. 9-3. Schema der Gluconeogenese und ihrer Regulation mit den drei Schlüsselenzymen PEP-Carboxykinase, Fructose-bis-P-Phosphatase und Phosphofructo-2-Kinase (nicht zu verwechseln mit der Phosphofructo-1-Kinase: Kap. 6.3.3.1 und 6.3.3.5). Die Phosphofructo-2-Kinase liefert in geringen Konzentrationen den regulatorischen Metaboliten Fructose-2,-6-bis-P.

brauch von Metaboliten für die Gluconeogenese und macht sie für die Energiegewinnung verfügbar. Ein kleiner Teil des Fructose-6-P kann in Fructose-2,6-bis-P umgewandelt werden. Diese Verbindung ist ein wichtiger allosterischer Effektor im Stoffwechsel, z. B. bei der Regulation der Fructose-1,6-bis-P-Phosphatase (Abb. 9-3). Die Gluconeogenese findet wahrscheinlich in Proplastiden oder im Cytosol statt. Speicherlipide dienen nicht ausschließlich der Zuckersynthese, sondern sie können auch direkt dem *Energiestoffwechsel* zugeführt werden. An einer derartigen Nutzung der Fette sind die Glyoxysomen nicht beteiligt. Vielmehr erfolgt die schon beschriebene Spaltung der Fettsäuren in C_2-Bruchstücke in der Matrix der Mitochondrien. Das dabei entstandene Acetyl-CoA beliefert direkt den Zitronensäure-Zyklus, wo die Acetyl-Reste in Reduktionsäquivalente und CO_2 zerlegt werden (vgl. Kap. 7.2.2). Die Reduktionsäquivalente speisen dann die Atmungskette.

9.3 Die Peroxisomen

Peroxisomen kommen in photosynthetisch aktiven Zellen höherer Pflanzen vor. In ihnen laufen wesentliche Schritte der Photorespiration ab.

9.3.1 Photorespiration

Unter dem Begriff Photorespiration versteht man eine *lichtabhängige Produktion von CO_2, verbunden mit Verbrauch von O_2* (Abb. 9-4). Die Übereinstimmung des Gaswechsels der Photorespiration mit dem der mitochondrialen Atmung (O_2-Aufnahme und CO_2-Abgabe) ist jedoch rein äußerlich. Es handelt sich sowohl im Ablauf als auch in der Bedeutung für den Organismus um zwei völlig verschiedene Prozesse (vgl. Abb. 7-3 und 7-4 mit Abb. 9-4).
Photorespiration tritt bei höheren C_3-Pflanzen auf. Will man die Photosyntheserate dieser Pflanzen durch Messung des Gasaustausches bestimmen, muß man beachten, daß dieser Gasaustausch durch zwei gegenläufige Prozesse bestimmt wird:

- Aufnahme von CO_2 und Abgabe von O_2 bei der Photosynthese,
- Abgabe von CO_2 und Aufnahme von O_2 bei der Photorespiration.

Es ist derzeit strittig, ob im Licht auch noch die mitochondriale Atmung abläuft und so die CO_2-Abgabe (bzw. O_2-Aufnahme) verstärkt. Aufgrund des Antagonismus zwischen CO_2 verbrauchenden und CO_2 produzierenden Vorgängen ist es sehr schwierig, die tatsächliche Photosyntheserate *(reelle Photosynthese)* zu bestimmen. Gaswechselmessungen können vielmehr nur die Differenz zwischen reeller Photosyntheserate und Photorespiration (und mitochondrialer Atmung) erfassen. Diese Differenz wird als *apparente Photosynthese* bezeichnet:

Reelle Photosynthese
− (Photorespiration + mitochondriale Atmung)
= apparente Photosynthese.

Die apparente Photosynthese zeigt den tatsächlichen Kohlenstoff-Gewinn (oder Verlust) der Pflanze an. Die Photorespiration vermindert den Gewinn an Kohlenstoff durch die photosynthetische Kohlenstoff-Assimilation beträchtlich. Man hat geschätzt, daß der Kohlenstoff-Gewinn durch die Photosynthese für die betroffene Pflanze um mindestens 30 % höher sein könnte, wenn es die Photorespiration nicht gäbe. Wir werden später einen Mechanismus kennenlernen (C_4-Photosynthese; Kap. 23.8.3.3), der es einigen Pflanzenarten erlaubt, die Photorespiration zu unterdrücken und damit deren nachteilige Wirkung auf den Kohlenstoff-Gewinn zu umgehen.

9.3.2 Glykolatweg

Wir wollen nun den Stoffwechselweg kennenlernen, welcher der Photorespiration zugrunde liegt. *Bei diesem Stoffwechselweg wirken Chloroplasten, Peroxisomen* und *Mitochondrien zusammen.* Deshalb liegen diese Organellen in der Zelle oft dicht beieinander (Abb. 9-5).
Ausgangsverbindung des photorespiratorischen Stoffwechsels ist das *Phosphoglykolat.* Es entsteht in den Chloroplasten durch die Oxygenase-Funktion der RUBISCO (Kap. 8.2.2.1). Diese unmittelbare Anbindung an die Photosynthese erklärt die Lichtabhängigkeit der Photorespiration. Außerdem ist die Oxygenierungsreaktion eine der beiden Stellen, an denen bei der Photorespiration Sauerstoff verbraucht wird (Abb. 9-4). Noch im Chloroplasten wird vom Phosphoglykolat der Phosphat-Rest abgespalten, und das so entstandene Glykolat wird anschließend in ein Peroxisom transportiert. Hier erfolgt zunächst

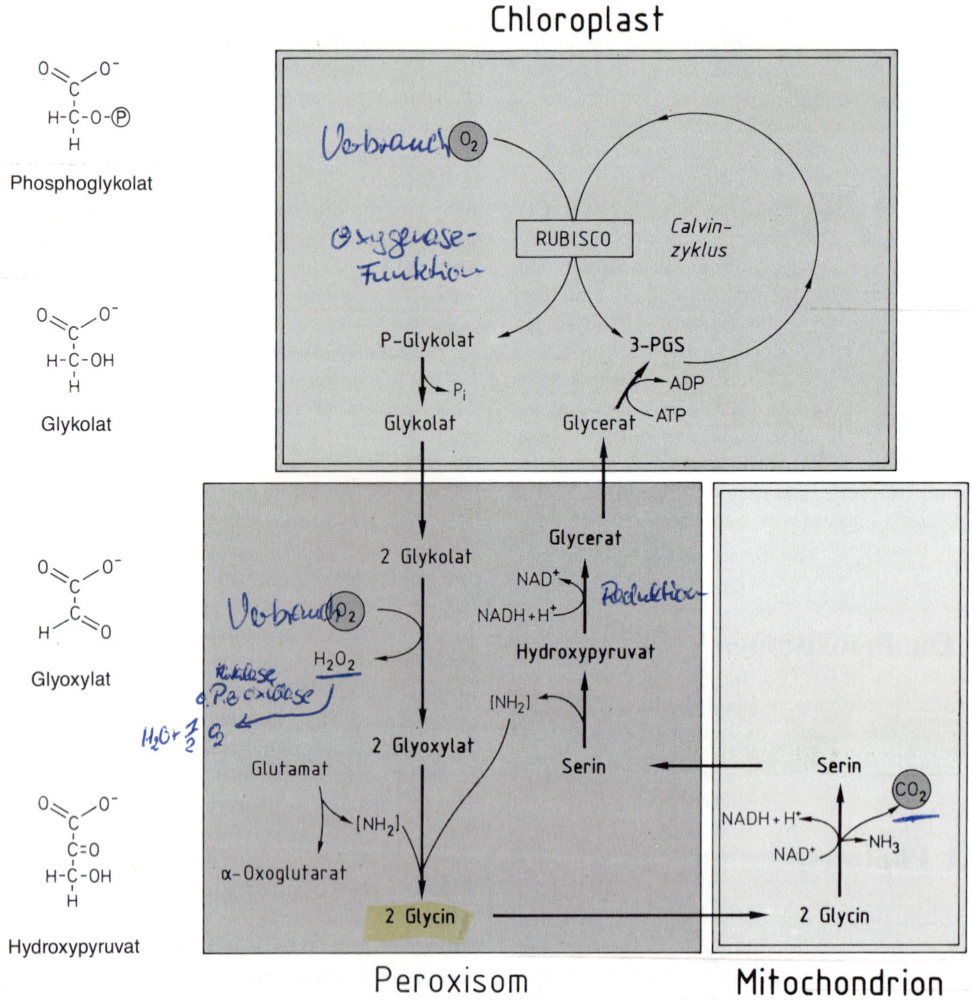

Abb. 9-4. Der Stoffwechselweg der Photorespiration (Glykolatweg). Die Abbildung zeigt die Verteilung der einzelnen Schritte auf Chloroplasten, Peroxisomen und Mitochondrien (vergl. Abb. 9-3). Links die Strukturformeln einiger Schlüsselmetabolite des Glykolatweges.

die Oxidation des Glykolats zu *Glyoxylat.* Bei dieser Reaktion wird wiederum Sauerstoff verbraucht, indem dieser den Wasserstoff des Glykolats übernimmt. Es entsteht Wasserstoffperoxid, welches durch das Enzym *Peroxidase* in H_2O und O_2 gespalten wird. Die Peroxidase (auch *Katalase* genannt) ist eines der Leitenzyme der Peroxisomen und oft im Elektronenmikroskop in Form auffälliger Proteinkristalle sichtbar.

Durch Übernahme einer Amino-Gruppe entsteht aus Glyoxylat die Aminosäure *Glycin.* Sie tritt in ein Mitochondrion ein. Hier werden je zwei Moleküle Glycin unter Abspaltung eines Moleküls CO_2 und eines Moleküls NH_3 in ein Molekül *Serin* umgewandelt. Das ist der CO_2 produzierende Schritt der Photorespiration.

Es erfolgt nun der Rücktransport des Serins in das Peroxisom. Hier wird vom Serin eine NH_2-Gruppe

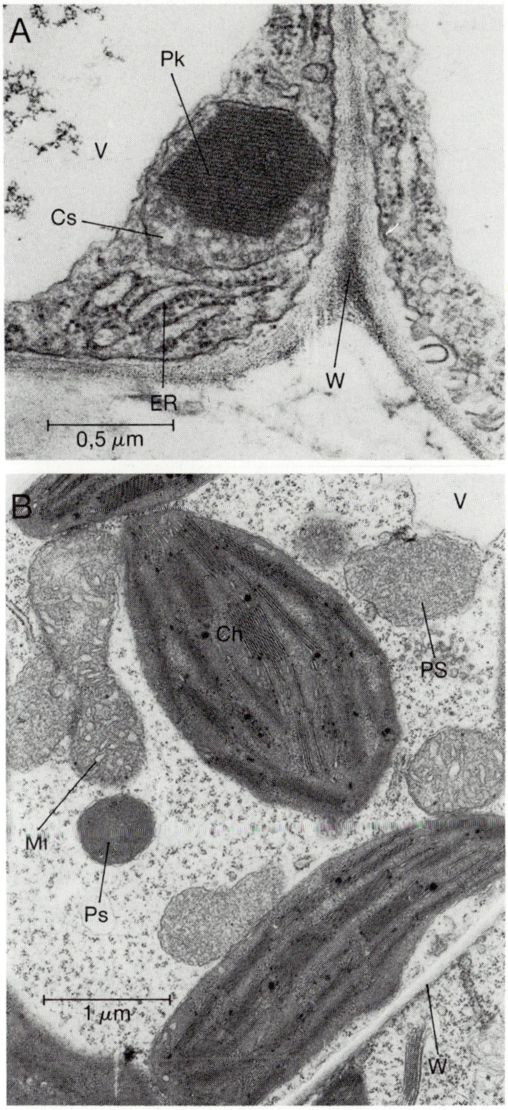

Abb. 9-5. (A) Cytosom, Cs, mit Proteinkristall, Pk, aus *Ricinus communis*. W, Zellwand; ER, Endoplasmatisches Reticulum; V, Vacuole. (B) Peroxisomen, PS, Chloroplasten, Ch, und Mitochondrien, Mi, in einer Mesophyll-Zelle von *Ricinus communis* . Diese Organellen bilden eine Funktionseinheit bei der Photorespiration. V, Vakuole; W, Zellwand (EM-Aufnahmen: D. KRAMER).

abgespalten. Das dabei entstandene *Hydroxypyruvat* wird zu *Glycerat* reduziert und dieses, nach Übertritt in einen Chloroplasten und Phosphorylierung, dem CALVIN-Zyklus zugeführt. Damit ist der Glykolatweg abgeschlossen.

Ein Blick auf das Schema des Glykolatweges (Abb. 9-4) macht deutlich, daß die Photorespiration – anders als die mitochondriale Atmung – keine Energie liefert, sondern vielmehr der Zufuhr von ATP und von Reduktionsäquivalenten bedarf, also Energie verbraucht. Hinzu kommt die schon besprochene nachteilige Wirkung der Photorespiration auf den Kohlenstoff-Gewinn. Es stellt sich daher die Frage, warum im Verlaufe der Evolution ein anscheinend so unvorteilhafter Stoffwechsel, wie ihn die Photorespiration darstellt, nicht eliminiert wurde. Diese Frage läßt sich folgendermaßen beantworten: Die CO_2-Fixierung durch die RUBISCO in Gegenwart von Sauerstoff führt, wie wir gehört haben, unausweichlich zur Produktion von Glykolat (Kap. 8.2.2.1), einem Produkt, das im Stoffwechsel offenbar nicht weiter benötigt wird. Algen scheiden diese Verbindung daher in das sie umgebende Wasser aus. Die höheren Pflanzen haben dagegen mit dem Glykolatweg eine Möglichkeit gefunden, das Glykolat abzubauen. Dieser Weg mildert die erwähnten Nachteile für den Kohlenstoff-Haushalt, denn über den Glykolatweg werden drei Viertel des im Glykolat investierten Kohlenstoffs wieder dem Photosynthese-Zyklus zugeführt. Zudem entstehen beim Glykolatweg die Aminosäuren Glycin und Serin, die in die Protein-Synthese eingeschleust werden können. Es wird sogar angenommen, daß der Glykolatweg für die grünen Pflanzen die Hauptquelle für Glycin und Serin ist. Die photorespiratorische Produktion von CO_2 könnte zudem die Photosynthese vor *Photoinhibition* (vgl. Kap. 23.8.1.1) schützen.

Zum weiteren Studium

KLEINIG, H. und SITTE, P.: *Zellbiologie.* Fischer, Stuttgart – New York 1986.

EDWARDS, G. und WALKER, D.: C_3, C_4*: mechanisms, and cellular and environmental regulation, of photosynthesis.* Blackwell Scientific Publications, Oxford – London – Edinburgh – Boston – Melbourne 1983.

MOHR, H. und SCHOPFER, P.: *Lehrbuch der Pflanzenphysiologie.* Springer, Berlin – Heidelberg – New York 1992.

10 Die Zellwand

Die Zellen von Pflanzen und Pilzen besitzen eine feste Zellwand. Sie unterscheiden sich darin von den tierischen Zellen, denn diese sind nur von einer Plasmamembran begrenzt.
Es gibt jedoch Ausnahmen. So fehlt die Zellwand bei einigen Flagellaten (Kap. 1.8.1), bei den amöboiden Zellen und Plasmodien der Schleimpilze (Kap. 18.2.1), bei manchen Zoosporen und schließlich bei Gameten vor der Befruchtung. Diese „nackten“ Zellen sind von einer Protein-Hülle, der *Pellicula*, umgeben.
Die Zellwand ist für pflanzliche Zellen deshalb erforderlich, weil diese osmotische Systeme darstellen, also auf osmotischem Wege Wasser in die Vakuolen aufnehmen (Kap. 5.2). Ohne eine feste Wand als Widerlager würde „die Zelle“ infolge dieser Wasseraufnahme übermäßig anschwellen und schließlich platzen. Die Zellwand ist jedoch kein starrer Panzer, sondern recht elastisch. Sie erlaubt daher – in gewissen Grenzen – reversible Volumenänderungen der Zelle (Kap. 5.4).
Die chemischen Bestandteile der Zellwand werden im Cytoplasma synthetisiert und nach außen abgeschieden. *Die Zellwand ist* somit *ein Produkt,* aber *nicht Bestandteil des lebenden Cytoplasmas.* Beweis hierfür ist die Tatsache, daß es im Experiment möglich ist, die Zellwand enzymatisch abzubauen und dadurch den Protoplasten freizusetzen, ohne daß dieser seine Lebensfähigkeit einbüßt.
Diese isolierten und in einem geeigneten Medium suspendierten Protoplasten sind neuerdings für die Zellforschung von großer Bedeutung. Zur Erhaltung der Lebensfähigkeit von Protoplasten im Reagenzglas muß allerdings dafür gesorgt werden, daß Medium und Protoplast das gleiche Wasserpotential haben, also isotonisch sind. Andernfalls besteht die Gefahr, daß sich die wandlosen Protoplasten infolge Wasseraufnahme aufblähen und schließlich platzen. Nach einiger Zeit bilden isolierte Protoplasten eine neue Zellwand aus.
Im Zellverband bleiben die Zellwände meist auch nach dem Absterben des Protoplasten erhalten. In manchen Fällen erfüllen die Zellwände ihre eigentliche Funktion überhaupt erst nach Absterben und Autolyse des Protoplasten. Dies ist z. B. der Fall bei den aus toten Zellen bestehenden Festigungsgeweben (Sklerenchym) und sekundären Abschlußgeweben (Kork) sowie bei den wasserleitenden Elementen der Leitbündel (Kap. 22.4.1, 22.4.2.1, 22.5.4).

10.1 Die chemische Zusammensetzung der Zellwände

Bei den eukaryotischen Pflanzen besteht die Zellwand zu *90 %* ihres Trockengewichtes aus *Kohlenhydraten* und zu *10 %* aus *Protein*. Aufgrund ihrer chemischen Zusammensetzung und ihrer submikroskopischen Struktur ist die Zellwand jedoch in der Lage, leicht Wasser aufzunehmen und festzuhalten. Die Zellwand der lebenden Zelle ist daher stark wasserhaltig, und ihre Bestandteile liegen in gequollenem Zustand vor.
Die Kohlenhydrate der Zellwand können in drei Stoffgruppen unterteilt werden, nämlich in

- Protopectin,
- Hemicellulose,
- Cellulose.

10.1.1 Protopectin

Protopectin ist ein *Gemisch* verschiedener *saurer Polysaccharide*. Diese zeichnen sich dadurch aus, daß sie aus Zuckersäuren, d. h. aus Carboxyl-Gruppen tragenden Zuckermolekülen aufgebaut sind. Die wesentliche Komponente des Protopectins ist die Pectinsäure, ein aus *D-Galacturonsäure*-Einheiten aufgebautes Makromolekül (Abb. 10-1). Die lange Polygalacturonsäure-Kette der Pectinsäure trägt kurze Seitenketten, die aus anderen Zuckern bestehen, wobei *Rhamnose, Galactose* und *Arabinose* besonders häufig vorkommen. Ein Teil der Carboxyl-Gruppen der Pectinsäure sind mit Methyl-Gruppen verestert, andere bleiben jedoch frei.

Für die Verknüpfung der Pectinsäure-Ketten untereinander sind die freien Carboxyl-Gruppen verantwortlich. Je zwei negativ geladene Carboxyl-Gruppen können mit zweiwertigen Kationen Ionenbindungen eingehen. Dabei bilden diese Ionen sozusagen eine Brücke und halten die Makromoleküle in einem dreidimensionalen Netz zusammen (Abb. 10-2). Ionenbindungen können, im Gegensatz zu Bindungen zwischen Atomen (kovalente Bindung), ohne großen Energieaufwand wieder gelöst werden. Die Vernetzung der Pectinsäure-Moleküle ist daher reversibel.

Protopectin hat die Beschaffenheit eines amorphen, plastisch verformbaren und sehr quellungsfähigen Gels.

10.1.2 Hemicellulosen

Bei den Hemicellulosen (auch Cellulosane genannt) handelt es sich ebenfalls um ein Gemisch von Polysacchariden, die hier allerdings keine Säuregruppen tragen und somit neutral reagieren. Die wesentlichen Bestandteile des Gemisches sind *Pentosane* und *Hexosane*. Pentosane sind aus Pentosen aufgebaute Makromoleküle, wobei als Grundbausteine *D-Xylose* und *L-Arabinose* besonders häufig auftreten. Hexosane sind Makromoleküle mit Hexosen (vor allem *D-Mannose, D-Galactose* und *D-Glucose*) als Grundbausteinen. Auch bei den Pentosanen und Hexosanen tragen die aus einer Zucker-Species aufgebauten Hauptketten aus anderen Zuckern bestehende kürzere Seitenketten.

10.1.3 Cellulose

Cellulose ist, wie Protopectin und Hemicellulose, ein Polysaccharid, an dessen Aufbau jedoch nur ein einziger Zucker beteiligt ist, nämlich *β-D-Glucose*. *Cel-*

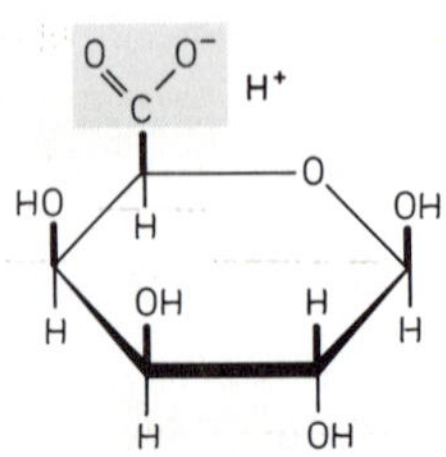

D-Galacturonsäure

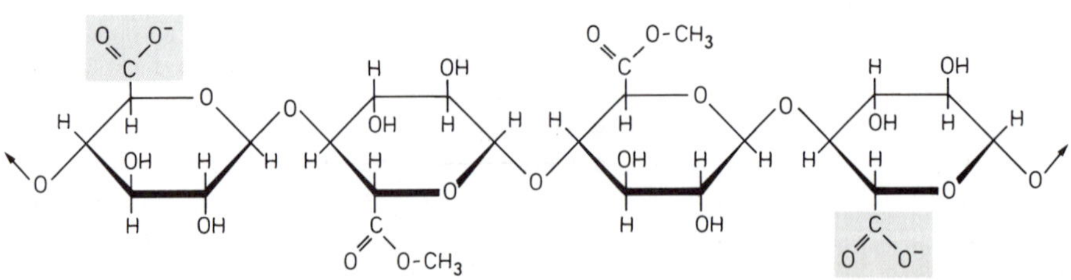

Pectinsäure (Ausschnitt)

Abb. 10-1. Der Aufbau der Pectinsäure.

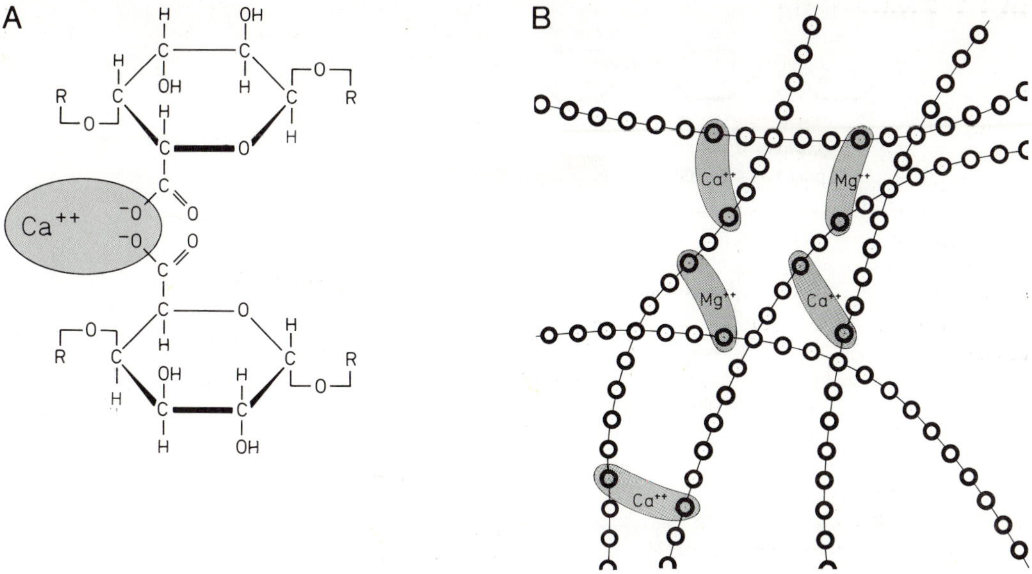

Abb. 10-2. (A) Ionenbindung (dunkles Feld) zwischen zwei Galacturonsäure-Molekülen unter Beteiligung eines Calcium-Ions. Der Rest R bedeutet eine Polygalacturonsäure-Kette. (B) Vernetzung von Polygalacturonsäure-Ketten durch Ionenbindungen im Pectin.

lobiose ist das Disaccharid der β-D-Glucose. Es besteht also aus zwei Glucose-Untereinheiten. Im Cellulose-Molekül sind mindestens 300, maximal jedoch 3000 Glucose-Untereinheiten dergestalt miteinander verknüpft, daß das C-Atom 1 der β-Glucose an das C-Atom 4 des folgenden Glucose-Restes bindet (β (1 → 4)-Bindung). Auf diese Weise entstehen die gestreckten, unverzweigten Makromoleküle der Cellulose (Abb. 10-3).

Die Cellulose ist mengenmäßig die häufigste von Organismen hergestellte Verbindung. Man schätzt, daß die Cellulose ca. 50% des gesamten organisch gebundenen Kohlenstoffs auf der Erde repräsentiert.

10.1.4 Proteine

Die Zellwandproteine gehören zu den *Glykoproteinen* (Kap. 14.3). Diese zeichnen sich dadurch aus, daß an die Polypeptid-Kette Seitenketten angeknüpft sind, die aus Zuckern bestehen. Außerdem sind die Zellwandproteine besonders reich an der Aminosäure *Hydroxyprolin*. Die mutmaßliche Bedeutung der Zellwandproteine wird im Zusammenhang mit dem Wachstum der Zellwände (Kap. 10.3.3) besprochen.

10.1.5 Chitin

Bei den meisten Pilzen besteht die Zellwand nicht aus Cellulose, sondern aus Chitin. Chitin ist ein aus *Acetyl-Glucosamin*-Untereinheiten aufgebautes Makromolekül. Es enthält also Stickstoff, ist aber sonst im Aufbau der Cellulose weitgehend ähnlich. Im Chitin-Molekül sind die Untereinheiten ebenfalls in β (1 → 4)-Bindung miteinander verknüpft (Abb. 10-3).

Wie die Cellulose bildet auch das Chitin Micellarstrukturen (Kap. 10.2). Es erhebt sich die Frage, warum sich bei den autotrophen Pflanzen im Verlauf ihrer Evolution Cellulose gegenüber Chitin als Zellwandbaustein durchgesetzt hat. Der Grund hierfür liegt wahrscheinlich darin, daß durch die Photosynthese Kohlenstoff in genügender Menge zur Verfügung steht, Stickstoff dagegen meist knapp ist. Bei den meist saprophytisch lebenden Pilzen steht jedoch relativ zum Kohlenstoff mehr Stickstoff zur Verfügung, so daß dessen Festlegung als Zellwandsubstanz keine Verschwendung bedeutet.

Eine mengenmäßig überwiegende Verbreitung hat Chitin allerdings nicht im Reich der Pilze, sondern im Tierreich (Exoskelett der Insekten) gefunden.

Saprophyten: leben auf totem org Material

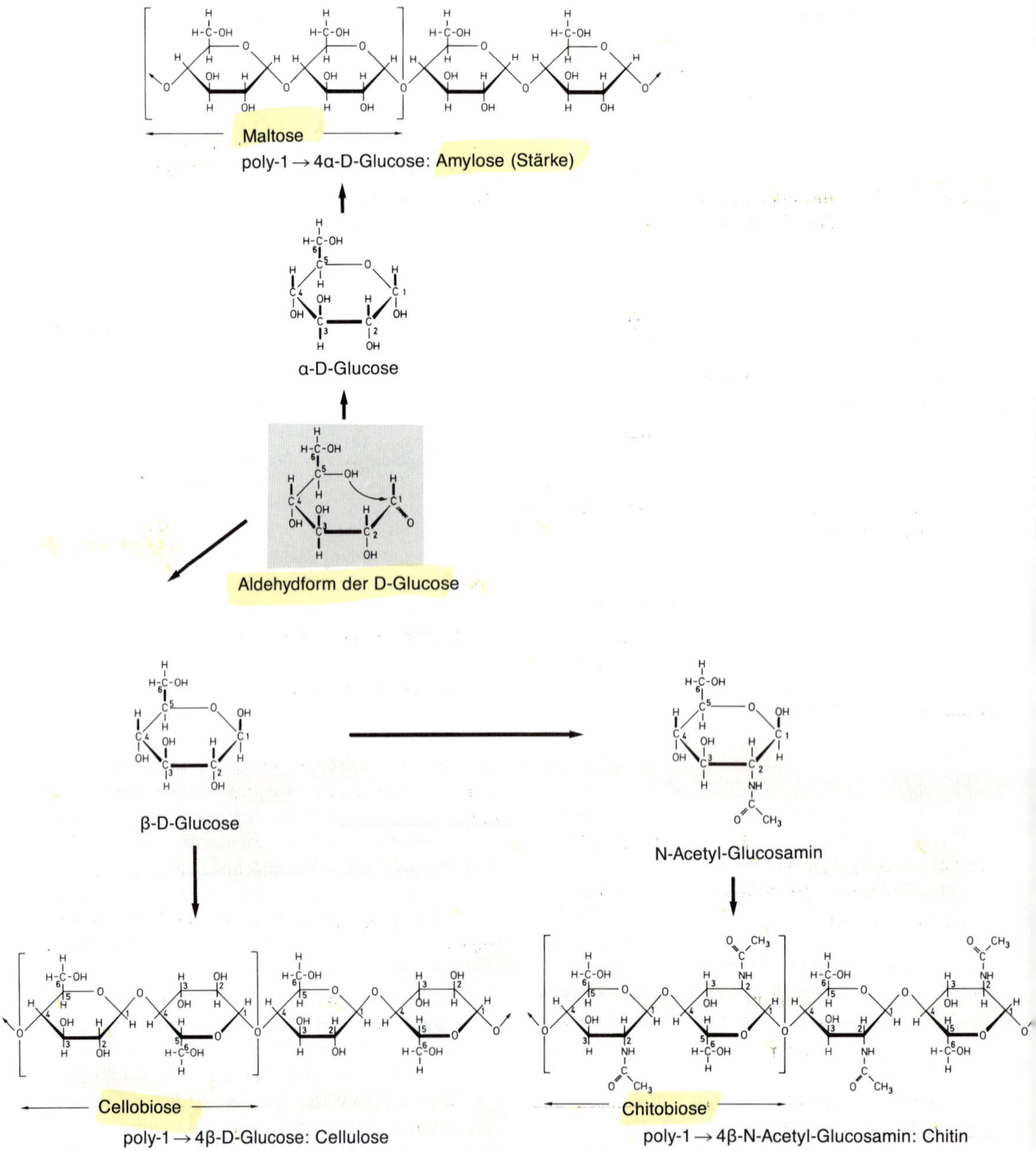

Abb. 10-3. Die Ableitung von Stärke (oben), Cellulose (links unten) und Chitin (rechts unten) von der Aldehydform der D-Glucose (Mitte). Beim Ringschluß bildet sich entweder α-D-Glucose, von der sich die Stärke ableitet, oder β-D-Glucose, von der sich Cellulose und Chitin ableiten.

10.2 Der Feinbau der Zellwand

Die Cellulose ist in der Zellwand nicht amorph verteilt, sondern bildet eine *Hierarchie fibrillärer Strukturen*, die teilweise durch eine homogene, aus Protopectin und Hemicellulose gebildete Matrix miteinander verkittet sind. Man kann daher die Cellulose als Skelett der Zellwand bezeichnen.

An der Basis der Fibrillenstrukturen stehen die *Kettenmoleküle der Cellulose*. Ungefähr 100 solcher Moleküle lagern sich parallel zu einer *Micellarstrang* oder *Elementarfibrille* genannten Struktur zusammen, wobei die Moleküle untereinander Wasserstoffbrücken ausbilden (Abb. 10-4). Diese Wasserstoffbrücken sorgen für einen gleichmäßigen Abstand der parallelgelagerten Cellulose-Moleküle im Micellarstrang und stabilisieren diesen gleichzeitig. Auf diese Weise sind die Cellulose-Moleküle in manchen Abschnitten des Micellarstranges räumlich so sehr geordnet, daß sich die Struktur eines Kristallgitters ergibt. Diese kristallinen Bereiche heißen Micellen (Abb. 10-4). Die Micellen wechseln mit Bereichen ab, wo die Cellulose-Ketten zwar parallel, nicht aber so regelmäßig wie im Kristallgitter verlaufen (Abb. 10-4). Man bezeichnet diese weniger geordneten Abschnitte des Micellarstranges als Fransen-Micelle. Der Durchmesser eines Micellarstranges beträgt 6 bis 7 nm.

Ungefähr 20 Micellarstränge lagern sich zu einer *Mikrofibrille* zusammen (Abb. 10-4). Die dabei zwischen den Micellarsträngen ausgesparten Zwickel heißen *Intermicellarräume*. Sie haben eine Weite von ca. 1 nm und sind daher für Wasser und andere kleine Moleküle zugänglich. Der Durchmesser der Mikrofibrillen beträgt ca. 20–30 nm. Sie sind im Elektronenmikroskop sichtbar.

Die Mikrofibrillen können sich zu *Makrofibrillen* zusammenlagern (Abb. 10-4). Diese haben einen Durchmesser von ca. 400 nm. Zwischen den Mikrofibrillen bleiben wiederum Zwischenräume, hier mit einer Weite von ca. 10 nm, frei. In diese *interfibrillären Räume* können daher nicht nur Wasser, sondern auch größere Moleküle, z. B. Hemicellulosen und Lignin (Kasten 15-3), eingelagert werden.

Die Art der Anordnung der Fibrillen in einer Ebene bezeichnet man als Textur. Man unterscheidet zwischen *Streuungstextur* und *Paralleltextur*. Streuungstextur liegt vor, wenn die Fibrillen regellos angeordnet sind. Bei Paralleltextur sind die Fibrillen parallel zueinander orientiert. In einer ausgewachsenen Zellwand liegen häufig mehrere Schichten jeweils mit Paralleltextur übereinander (Sekundärwand, Kap. 10.3.4). Dabei überkreuzt sich die Richtung der Textur einer Schicht mit der Texturrichtung der folgenden (Abb. 10-5).

Durch den fibrillären Aufbau entsteht in der Zellwand ein ausgedehntes System feinster Kapillaren, das zur Aufnahme und Leitung von Wasser und wäßrigen Lösungen geeignet ist. Man kann die Zellwand in dieser Hinsicht mit den Eigenschaften eines Dochtes oder Fließpapiers vergleichen.

10.3 Die Entwicklung der Zellwand

10.3.1 Mittellamelle

Bereits in der Telophase der mitotischen Kernteilung beginnt die Bildung der neuen Zellwand (Kap. 12.3). In diesem Stadium bilden die Mikrotubuli des früheren Spindelapparates zwischen den Tochterkernen den *Phragmoplasten* aus, eine mit der Gestalt eines Fasses vergleichbare Struktur (Abb. 10-6). In der Äquatorialebene des Phragmoplasten sammeln sich mit Protopectinen gefüllte GOLGI-*Vesikel* (Kap. 10.3.2) an, die zusammenfließen und auf diese Weise eine homogene Schicht, die *Zellplatte*, bilden. Die Zellplatte besteht also aus Protopectin. Durch weitere Anlagerung von Pectin-Vesikeln wächst die Zellplatte an ihrer Peripherie ringförmig nach außen und gewinnt so schließlich Anschluß an die Wand der Mutterzelle (Abb. 10-6). Gleichzeitig entsteht auf beiden Seiten der Zellplatte aus den Membranen der GOLGI-Vesikel neues Plasmalemma. Nach Anschluß der Zellplatte an die bereits vorhandenen Zellwände ist eine Trennung der neu entstandenen Tochterzellen erreicht.

Die Trennung ist jedoch nicht vollständig, da an den Stellen, an denen Mikrotubuli oder endoplasmatisches Retikulum die Zellplatte durchziehen, mit Cytoplasma erfüllte Poren bei der Zellwandbildung ausgespart bleiben. Diese Poren bilden später in der ausdifferenzierten Zellwand *Plasmodesmen* genannte plasmatische Brücken zwischen den Protoplasten der benachbarten Zellen. Wir werden auf die Funktion der Plasmodesmen später noch zu sprechen kommen.

Bereits während das Randwachstum der Zellplatte noch im Gange ist, lagert jede der beiden Tochterzellen neues Zellwandmaterial auf die ihr zugewandte Seite der Zellplatte auf. Diese Schicht heißt *Primär-*

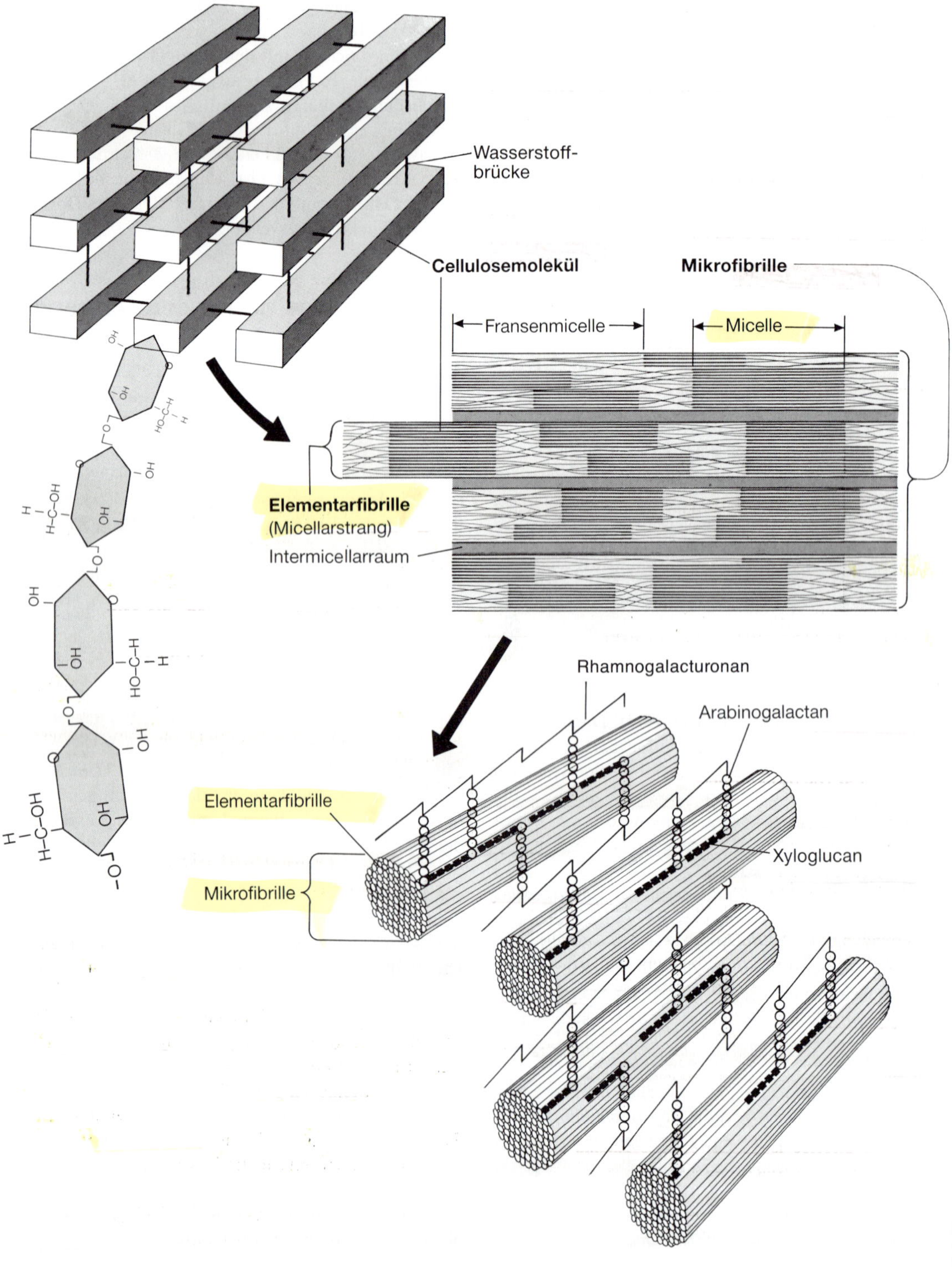

Wasserstoff-
brücke
Cellulosemolekül
Mikrofibrille
Fransenmicelle
Micelle
Elementarfibrille
(Micellarstrang)
Intermicellarraum
Rhamnogalacturonan
Arabinogalactan
Xyloglucan
Elementarfibrille
Mikrofibrille

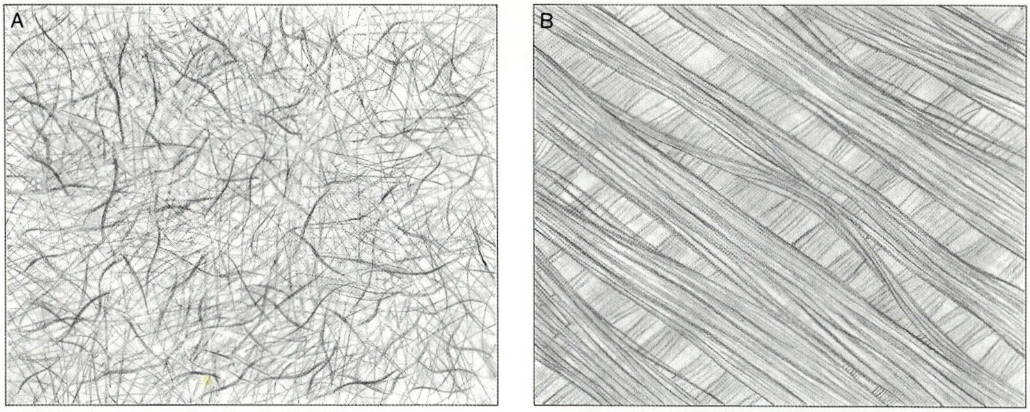

Abb. 10-5. Texturen in der Primärwand (A) und Sekundärwand (B) einer pflanzlichen Zelle. Die Cellulosemikrofibrillen sind in der Primärwand regellos angeordnet (Streuungstextur), während sie in der Sekundärwand parallel zueinander liegen (Paralleltextur). Dabei überkreuzen sich mehrere Schichten mit unterschiedlicher Streichrichtung der Fibrillen (in Anlehnung an EM-Aufnahmen von STEWARD und MÜHLETHALER).

wand. Die Primärwände der beiden Tochterzellen schließen so die ursprüngliche Zellplatte zwischen sich ein. Sie wird damit zur *Mittellamelle* (Abb. 10-7). Während also die Zellwand das Produkt einer Zelle ist, gehört sozusagen die Mittellamelle zwei benachbarten Zellen gemeinsam an. Die Mittellamelle kittet die Zellen zusammen (Abb. 10-7). Wird die Mittellamelle abgebaut, so fallen die Gewebeverbände in Einzelzellen auseinander. Das tritt natürlicherweise z. B. bei der Reifung mancher Früchte bei den Zellen des Fruchtfleisches auf („Mehligwerden" reifer Äpfel und Birnen).

◄ **Abb. 10-4.** Die Struktur der Cellulose-Fibrillen in einer Zellwand. Oben zeigt die Abbildung ein räumliches Modell der kristallinen Anordnung von Cellulosemolekülen im Micellenbereich einer Elementarfibrille. In der Mitte ist die Zusammenlagerung von Elementarfibrillen zu einer Mikrofibrille dargestellt (in Anlehnung an Frey-Wyssling), unten ein räumliches Modell der Verbindung von Mikrofibrillen zur Makrofibrille (nach Albersheim). Bei dieser Verbindung sind Brückenpolysaccharide beteiligt. An die Oberfläche der Cellulosefibrillen sind über Wasserstoffbrücken viele Xyloglucanmoleküle (Polymere bestehend aus Xylose und Glucose) gebunden. An jedes Xyloglucan-Molekül ist wiederum ein Arabinogalactan (polymeres Molekül bestehend aus Arabinose und Galactose) kovalent gebunden. Mehrere Arabinogalactan-Moleküle sind gemeinsam an dieselbe lange Kette eines Rhamnogalacturonat-Moleküls (polymeres Molekül bestehend aus Rhamnose und Galacturonsäure) gekoppelt. Jede der Rhamnogalacturonat-Ketten kann so mit mehreren Cellulose-Mikrofibrillen verbunden sein und sie zusammenhalten.

Im Gewebeverband wird in den Zwickeln, in denen die Zellwände aneinanderstoßen, die Mittellamelle aufgelöst. Die Zellwände weichen daher an diesen Stellen etwas auseinander und bilden so zwischen sich kanalartige, als *Interzellularen* bezeichnete Hohlräume. Die Interzellularen sind mit Luft erfüllt und erleichtern daher den für Atmung und Photosynthese wichtigen Gasaustausch der Zellen mit ihrer Umgebung.

10.3.2 Dictyosomen und Zellwandbildung

Bei der Bildung der Mittellamelle und später der Primärwand (Kap. 10.3.3) spielen Dictyosomen eine wichtige Rolle (Abb. 10-8).

Dictyosomen sind Zellorganelle, die aus dicht gepackten Stapeln scheibenförmiger Hohlräume (Zisternen) bestehen (Abb. 10-8). Die Zisternen sind durch eine Membran gegen das Cytosol abgegrenzt. Diese Membran entspricht in ihrer chemischen Zusammensetzung und ihren Eigenschaften weitgehend der des endoplasmatischen Retikulums (ER). Man nimmt daher an, daß die Dictyosomen aus diesem hervorgehen. Die Gesamtheit aller Dictyosomen einer Zelle wird als GOLGI-*Apparat* bezeichnet.

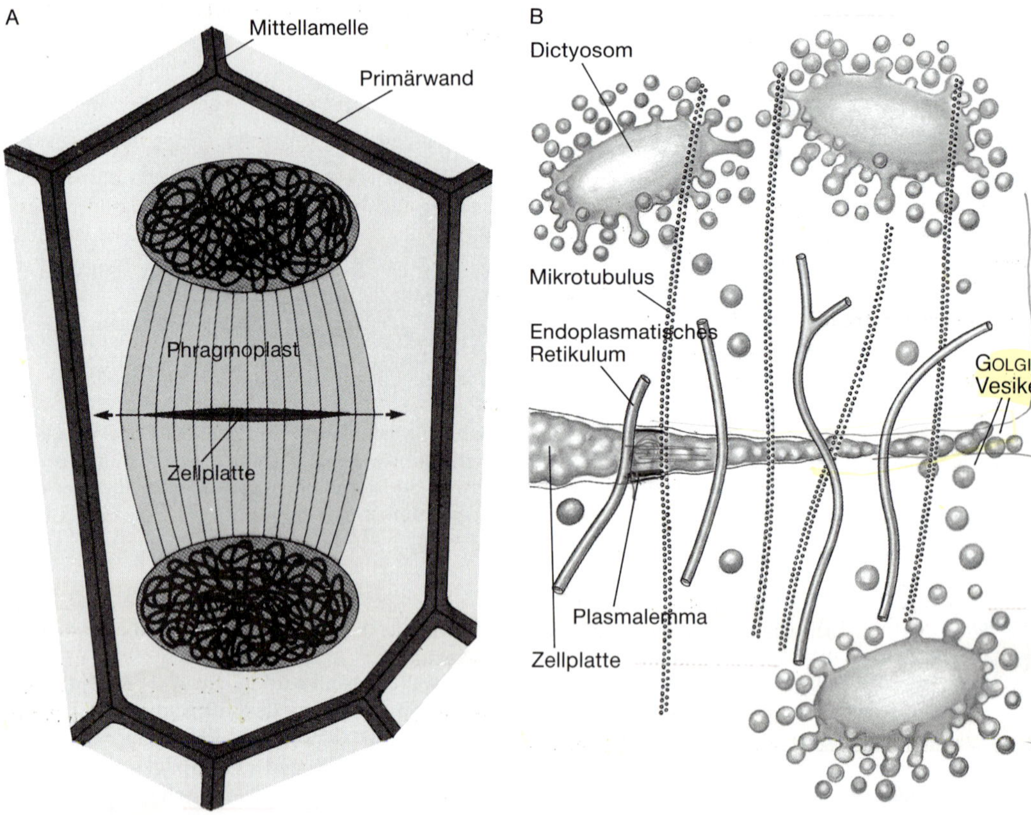

Abb. 10-6. Die Bildung der neuen Zellwand nach einer Zellteilung. (A) Übersicht, (B) Ausschnitt aus dem Randbezirk der wachsenden Zellplatte.

In den Zisternen der Dictyosomen werden am Aufbau der Mittellamelle und der Primärwand beteiligte Makromoleküle synthetisiert, also Protopectine und Hemicellulosen. An den Rändern der Zisternen schnüren sich mit den Syntheseprodukten gefüllte Bläschen (GOLGI-*Vesikel*) ab. Diese wandern an die Peripherie der Zelle. Dort verschmilzt ihre Membran mit dem Plasmalemma, wobei der Inhalt der Vesikel nach außen abgegeben wird und sich dort ablagert (*Exocytose* oder *granulocrine Sekretion*). Oft schnüren sich die (GOLGI-Vesikel) bevorzugt an dem einen Pol des Dictyosoms ab (Sekretionsseite), während am anderen Pol neue Zisternen (10/8) angelegt werden (Regenerationsseite).

In Dictyosomen werden nicht nur die genannten Zellwandsubstanzen gebildet. Die von manchen pflanzlichen Drüsen abgegebenen Schleimstoffe (z. B. bei den Tentakeln der insektenfangenden *Drosera;* Kap. 25.4, Abb. 27-1) und die Schleimstoffe der Wurzelhaube sind ebenfalls Produkte von Dictyosomen. Von dem Zellwandbaustoff Cellulose werden in den Dictyosomen wahrscheinlich nur Vorstufen, nicht aber das Makromolekül selbst gebildet.

10.3.3 Primärwand

Wie erwähnt, wird bereits vor Vollendung der Zellplatte von beiden Seiten her mit der Auflagerung einer Zellwandschicht, der Primärwand, begonnen (Abb. 10-6).

Die Primärwand besteht neben Protopectin vor allem aus Hemicellulosen. Sie enthält jedoch als Strukturelemente auch Cellulose-Mikrofibrillen. Mit einem Mengenanteil von ca. *10%* tritt die *Cellulose* in der Primärwand gegenüber *Protopectin* und *Hemicellu-*

losen zurück. Außerdem finden sich in der Primärwand auch *Zellwandproteine*.
Die *Cellulose-Fibrillen* sind in der primären Zellwand *in Streuungstextur* angeordnet und in die *amorphe Matrix* der *Protopectine* und *Hemicellulosen* eingebettet (Abb. 10-5).
An den Stellen, an denen sich die Cellulose-Fibrillen überkreuzen, haften sie reversibel aneinander. Wahrscheinlich liegen an den *Haftpunkten* Zellwandproteine vor, die das Aneinanderhaften der Fibrillen vermitteln. Diese Haftstellen können durch Anstieg der Protonenkonzentration („Ansäuerung") in der Zellwand wieder gelöst und anschließend neu geknüpft werden.
Die primäre Zellwand kann in ihrem Aufbau mit einem geschlossenen Netz verglichen werden, bei dem die Maschenstege aber nicht fest verknotet, sondern lediglich lose miteinander verklebt sind. Ein derartiges Netz kann auf leichte Weise gedehnt und in seiner Form vielseitig verändert werden. So auch die primäre Zellwand: Sie ist *plastisch* verformbar und – dank der Cellulose-Fibrillen – dehnbar und *elastisch*. Sie vermag deshalb bei Volumenzunahme des Protoplasten mitzuwachsen (Kap. 5.5) und im Verlauf der Zelldifferenzierung auch eine von der einfachen isodiametrischen Grundform abweichende Gestalt anzunehmen. Deshalb besitzen junge, in Wachstum und Differenzierung begriffene Zellen nur die primäre Wand.
Die Dicke der primären Zellwand beträgt ca. 0,5 µm. Man sollte erwarten, daß die Primärwand beim Zellwachstum infolge Dehnung des Fibrillen-Netzes dünner wird. Die Wand behält ihre Dicke jedoch annähernd bei. Das ist darauf zurückzuführen, daß auf das sich dehnende Netz stets neue Lagen von Cellulose-Fibrillen mit wiederum engerer Maschenweite aufgelagert werden. Man bezeichnet diesen Vorgang als *Apposition*. Gleichzeitig mit der Auflagerung neuer Fibrillen-Netze auf die vorhandene sich dehnende Zellwand werden die Zwischenräume zwischen den neu gebildeten Fibrillen mit Protopectin und Hemicellulosen gefüllt. Man bezeichnet Einlagerungen zwischen das Gerüstwerk der Cellulose-Fibrillen als *Inkrusten*.

10.3.4 Sekundärwand

Wenn die Zelle ihre endgültige Größe und Gestalt erreicht hat, wird auf die Primärwand eine weitere, als sekundäre Zellwand bezeichnete Schichtenfolge aufgelagert (Abb. 10-7). Die Sekundärwand ist deutlich dicker als die Primärwand. Sie enthält kein Protopectin mehr und besteht *vorwiegend aus Cellulose*.

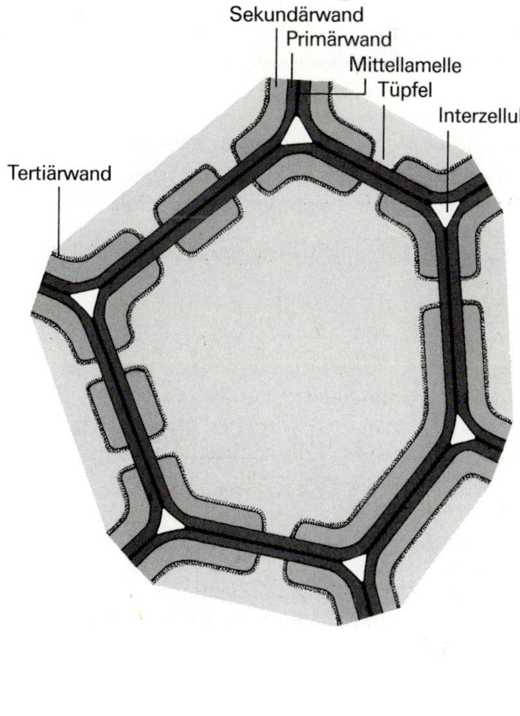

Abb. 10-7. Aufbau der Zellwand einer ausdifferenzierten Zelle. Die innerste Schicht der Sekundärwand wird häufig als Abschlußhaut oder Tertiärwand bezeichnet. Sie ist in der Abbildung besonders hervorgehoben.

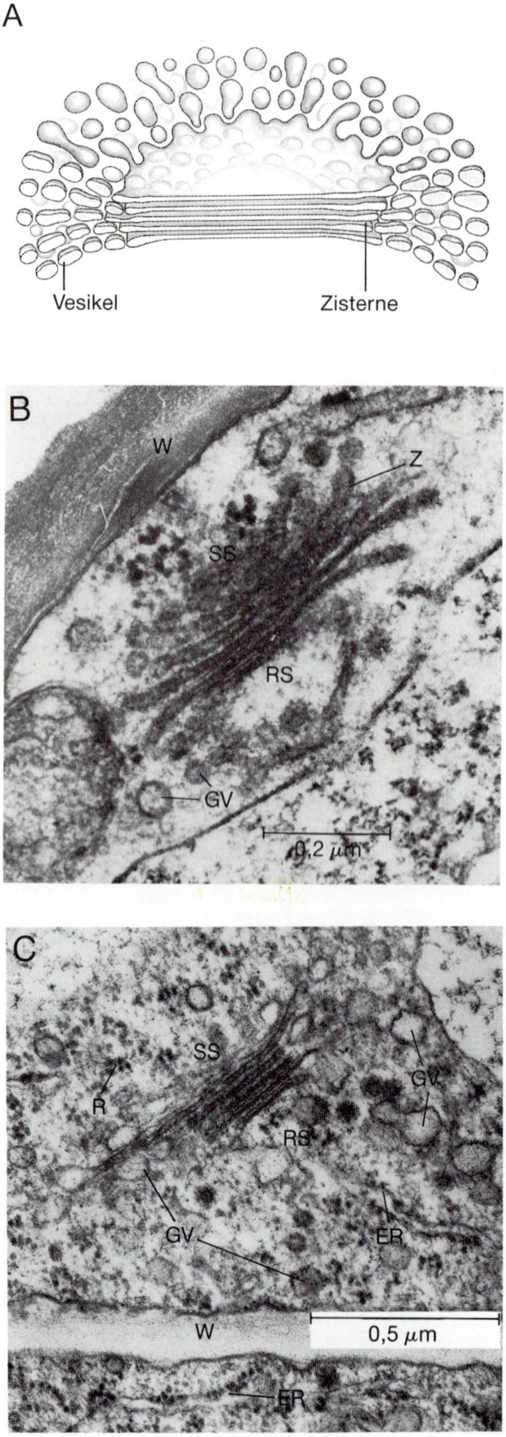

Die Cellulose-Fibrillen liegen in der Sekundärwand meist als *Makrofibrillen* vor, die *in Paralleltextur* angeordnet sind. Die Streichrichtung dieser Textur ändert sich in den einzelnen Schichten der Sekundärwand (Abb. 10-5).

Bei der Festlegung der Streichrichtung der Cellulose-Fibrillen spielen wahrscheinlich an der Zellperipherie liegende *Mikrotubuli des Cytoskeletts* eine maßgebliche Rolle. Die Mikrotubuli ordnen sich in der künftigen Richtung der Cellulose-Fibrillen an, und die Synthese der Fibrillen erfolgt dann entlang der ausgerichteten Mikrotubuli.

Die interfibrillären Räume der Sekundärwand können mit einer amorphen *Inkruste* ausgefüllt sein. Die wichtigste Inkruste der Sekundärwand ist das *Lignin* („Holzstoff") (Kasten 15-3). Die Lignin-Bausteine liegen in der Zelle zunächst an β-Glucose gekoppelt als β-Glucosid vor. Dadurch werden sie wasserlöslich, und zudem wird verhindert, daß sie vorzeitig polymerisieren. Erst am Ort der Lignin-Synthese erfolgt die Abspaltung des Zuckers und die Polymerisation der Bausteine zum dreidimensionalen Molekülgitter des Lignins.

Man bezeichnet die Einlagerung von Lignin in die Zellwand als *Verholzung*. Durch das Verholzen büßt die Wand viel von ihrer ursprünglichen Plastizität und Elastizität und damit ihrer Wachstumsfähigkeit ein. Auch die Leitfähigkeit für Wasser wird eingeschränkt. Die Zellwand gewinnt aber dafür an Festigkeit. Man kann die durch Lignin verfestigte Zellwand mit einer aus Eisenbeton gefertigten Wand vergleichen: Den Armierungseisen des Eisenbetons entsprechen die Cellulose-Fibrillen. Beide gewährleisten Zugfestigkeit. Dem Füllbeton zwischen den Armierungseisen entspricht das in die interfibrillären Räume eingelagerte Lignin. Beides gewährleistet Druckfestigkeit.

Das Lignin ist, nach der Cellulose, die in der Biosphäre zweithäufigst vorkommende organische Verbindung. Außer Lignin können auch Mineralien

Abb. 10-8. Dictyosom. (A) Räumliches Modell eines Dictyosoms. (B) Dictyosom aus einer Wurzelzelle von *Moranta leuconeura*. W, Zellwand; GV, GOLGI-Vesikel; RS, Regenerationsseite; SS, Sekretionsseite; Z, Zisterne. (C) Dictyosom in einer Wurzelzelle von *Helianthus annuus* mit Zellwandsynthese. Die Höcker auf der Zellwand, W, sind Stellen, an denen die GOLGI-Vesikel, GV, ihren Inhalt deponiert haben. ER, Endoplasmatisches Retikulum; R, Ribosomen; andere Zeichen wie unter (B); (Aufnahmen: D. KRAMER).

(z. B. Calciumcarbonat, Kieselsäure) oder sekundäre Pflanzenstoffe (z. B. Gerbstoffe, Tannine) als Inkrusten in die Zellwand eingelagert werden.
Neben Einlagerungen kommen auch Auflagerungen auf die Zellwand vor. Solche Auflagerungen werden als *Adkrusten* bezeichnet. Da Adkrusten meist die Passierbarkeit der Zellwand für Wasser vermindern oder ganz unterbinden, findet man Zellen mit adkrustierten Zellwänden besonders häufig in Abschlußgeweben, die dem Wasserverlust vorbeugen. Die wichtigsten Adkrusten sind das *Suberin* (Korkstoff) und das *Cutin*. Beides sind polymere, amorphe Stoffe, die aus Estern langkettiger, sauerstoffhaltiger Fettsäuren mit ebenfalls langkettigen Alkoholen bestehen. Suberin und Cutin sind also apolare Lipide und damit wasserabweisend. Das ist auch der Grund, warum sie nicht in eine gequollene Zellwand eingelagert, sondern als innere oder äußere Schicht auf diese aufgelagert werden. Die Verkorkung aller Wände einer Zelle erschwert oder verhindert den Stoffaustausch mit der Umgebung. Daher sterben solche Zellen nach Abschluß der Verkorkung ab. Mehrschichtige Lagen dieser abgestorbenen verkorkten Zellen bilden als Borke einen wirkungsvollen Verdunstungsschutz (Kap. 22.5.4).

10.3.5 Durchbrechungen in Zellwänden

Die Protoplasten vielzelliger pflanzlicher Organismen bilden ein *plasmatisches Kontinuum*, den *Symplasten*. Erst so wird die notwendige stoffliche Kommunikation bei Arbeitsteilung zwischen den Zellen in Geweben möglich. Strukturelle Voraussetzung für ein plasmatisches Kontinuum zwischen den Zellen ist, daß die festen Zellwände zumindest stellenweise durchbrochen sind, damit die benachbarten Protoplasten miteinander in Verbindung bleiben können. Meist wird die Zellwand von zahlreichen submikroskopisch kleinen Poren durchzogen, durch die feine Plasmastränge von einem Protoplasten zum anderen verlaufen. Eine solche Pore, einschließlich ihres plasmatischen Inhalts, wird als *Plasmodesmos* bezeichnet (Abb. 10-9). Der Plasmainhalt eines Plasmodesmos ist durch das Plasmalemma gegen die Zellwand hin abgegrenzt und umschließt häufig einen Strang des endoplasmatischen Retikulums (Abb. 10-9). Wie wir gesehen haben, können die Plasmodesmen bei der Zellwandbildung bereits von Anfang an ausgespart bleiben.
Größere, schon lichtmikroskopisch sichtbare Verbindungswege zwischen den Zellen werden als *Tüpfel* bezeichnet. Tüpfel entstehen dadurch, daß an bestimmten Stellen die sekundäre Verdickung der Zellwand unterbleibt (Abb. 10-9). Tüpfel sind also durch Mittellamelle und beiderseitige Primärwand verschlossene Zellwandporen. Dieser Verschluß wird als Schließhaut bezeichnet. Er ist von siebartigen Plasmodesmen-Feldern durchbrochen (Abb. 10-9).
Bei den besonders großen Tüpfeln der dem Wassertransport dienenden Xylem-Elemente kann die Schließhaut sehr aufgelockert oder ganz herausgelöst sein. Den kompliziertesten Tüpfel-Typus besitzen die Leitelemente der Coniferen (Tracheiden, Kap.

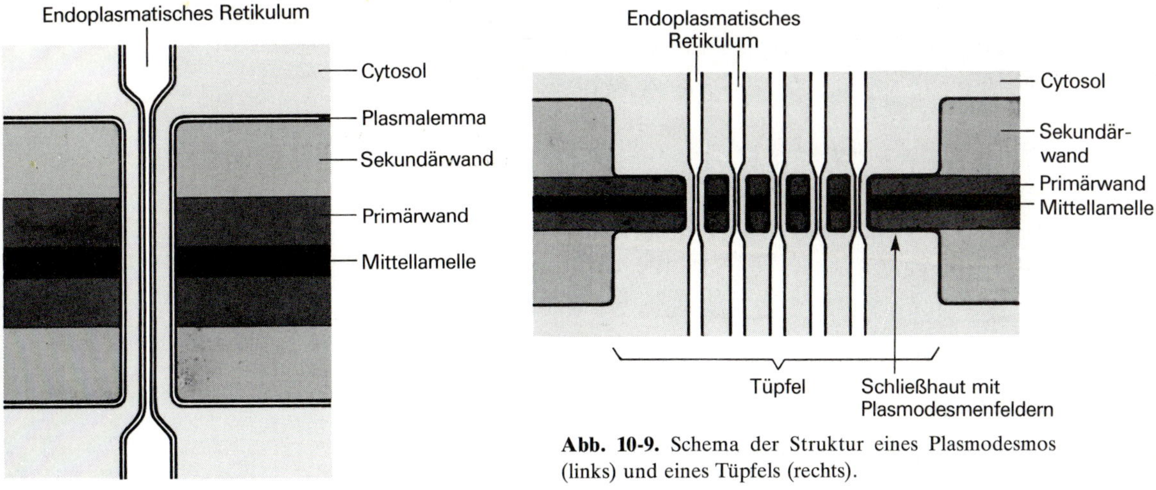

Abb. 10-9. Schema der Struktur eines Plasmodesmos (links) und eines Tüpfels (rechts).

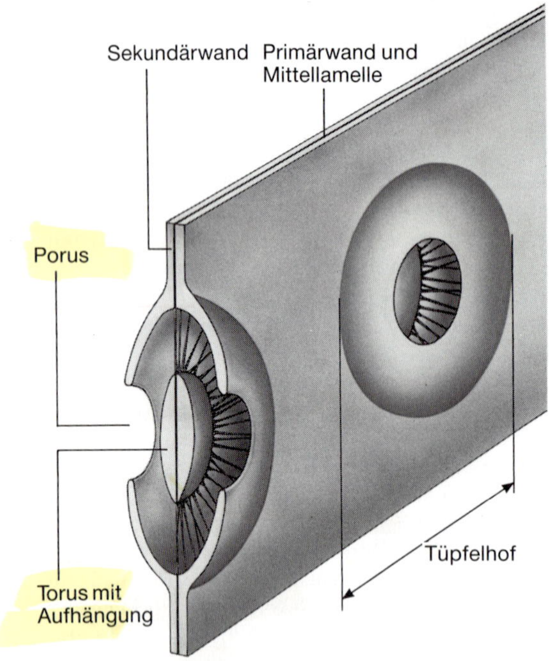

Abb. 10-10. Räumliches Modell eines Hoftüpfels in den verholzten Zellwänden der Coniferen.

22.4.2.1). Bei dieser als *Hoftüpfel* bezeichneten Struktur (Abb. 10-10) bilden die Sekundärwände beider benachbarter Zellen eine ein zentrales Loch *(Porus)* aussparende Umwallung (Hof). Unter dem Porus ist die Schließhaut verdickt *(Torus)*. Außerhalb des Torus ist die Schließhaut bis auf einige radial ausstrahlende und so die Aufhängung für den Torus bildende Fibrillenstränge aufgelöst (Abb. 10-10). Ein solcher Hoftüpfel wirkt wie ein Klappenventil. Bei einseitigem Unterdruck legt sich der Torus dem Porus einseitig an und verschließt damit den Hoftüpfel. Auf diese Weise kann verhindert werden, daß sich gelegentlich in den Leitbahnen auftretende Luftblasen ausdehnen und dabei den Wassertransport blockieren (Kap. 22.7.1.4).

Zum weiteren Studium

Kleinig, H. und Sitte, P.: *Zellbiologie.* Fischer, Stuttgart – New York 1986.

Robards, A. W.: *Ultrastruktur der pflanzlichen Zelle.* Thieme, Stuttgart 1974.

Strasburger, E.: *Lehrbuch der Botanik für Hochschulen.* Fischer, Stuttgart – Jena – New York 1991.

11 Die metabolische Regulation

Nach der Betrachtung der wichtigsten Organellen der Pflanzenzelle und ihrer Funktionen können wir zu einer Rückschau und Vorschau innehalten. Dabei wird dieses Kapitel gegenüber den anderen keine wesentlichen neuen Informationen und Inhalte bringen. Vielmehr wird versucht, die bisher behandelten Sachverhalte in einem anderen Rahmen zu sehen.

Es ist eine der wesentlichsten Funktionen des menschlichen Geistes bei der Bewältigung wissenschaftlicher Fragen, *Verknüpfungen von Erkenntnissen* herzustellen. Bei der äußerst komplexen Organisation von lebenden Zellen und Organismen in Raum und Zeit ist dieses Problem besonders groß. Eine Darstellung, sei es in einer Vorlesung oder einem Text wie diesem Buch, kann aber immer nur linear sein. Das heißt, eine bestimmte Stoffanordnung muß gewählt, und zu ihren Gunsten müssen andere, oft nicht weniger sinnvolle Möglichkeiten verworfen werden. Dadurch werden aber bestimmte Gesichtspunkte hervorgehoben, und andere treten in den Hintergrund. Die Bewältigung eines Stoffgebietes liegt aber nicht darin, es in einer vorgegebenen Form rezipiert zu haben und reproduzieren zu können. Über dieses Stadium hinaus ist noch ein weiter Weg zum Verständnis und zur krönenden Beherrschung aller Vernetzungen zu gehen. Und dann erst, beim Entdecken neuer Verknüpfungen, kann der Wissenschaftler kreativ werden. Jeder muß diesen Weg selber suchen. Dieses Kapitel möchte einige Anregungen geben. Das Thema der Regulation bietet sich dazu an, denn wie bei den angedeuteten Problemen in unserem Denken handelt es sich um komplexe Vernetzungen.

11.1 Allgemeine Gesichtspunkte der Regulation

Struktur und Funktion sind in der Biologie eng verknüpft. *Allen Funktionen liegen Strukturen zugrunde.* Das gilt auf den verschiedensten Ebenen der strukturellen Organisation (Abb. 11-1), den Ebenen der

- Moleküle,
- Organelle,
- Zellen,
- Gewebe,
- Organe,
- Organismen,
- Ökosysteme.

Funktionell erstreckt es sich von der komplexen Zusammensetzung einzelner Enzymmoleküle aus Polypeptiduntereinheiten und der Katalyse einer einzelnen Reaktion durch ein Enzym bis zum hochentwickelten Leben mit mannigfaltiger *Arbeitsteilung.* Der Begriff der Arbeitsteilung ist dabei sehr wichtig. Er begegnet uns bei der Betrachtung der fortschreitenden Evolution der Organismen immer wieder, z. B. bei der Emanzipation der Progenoten von der Umgebung (Kap. 1.2), der Evolution zu Prokaryonten-Zellen (Kap. 1.7) und zu Eukaryonten-Zellen (Kap. 1.8), der Evolution der ersten vielzelligen Kolonien (Kap. 16.1.2) usw. Er erschließt uns auch die Vorstellung, daß ein aus einzelnen Teilen zusammengesetztes Ganzes mehr leistet als die Summe der Teilfunktionen angibt (Kap. 3).

Arbeitsteilung erfordert aber *Regulation.* Bis zur Organisationsebene von eukaryotischen Zellen sind vor allem die genetische und die metabolische Regulation von Bedeutung.

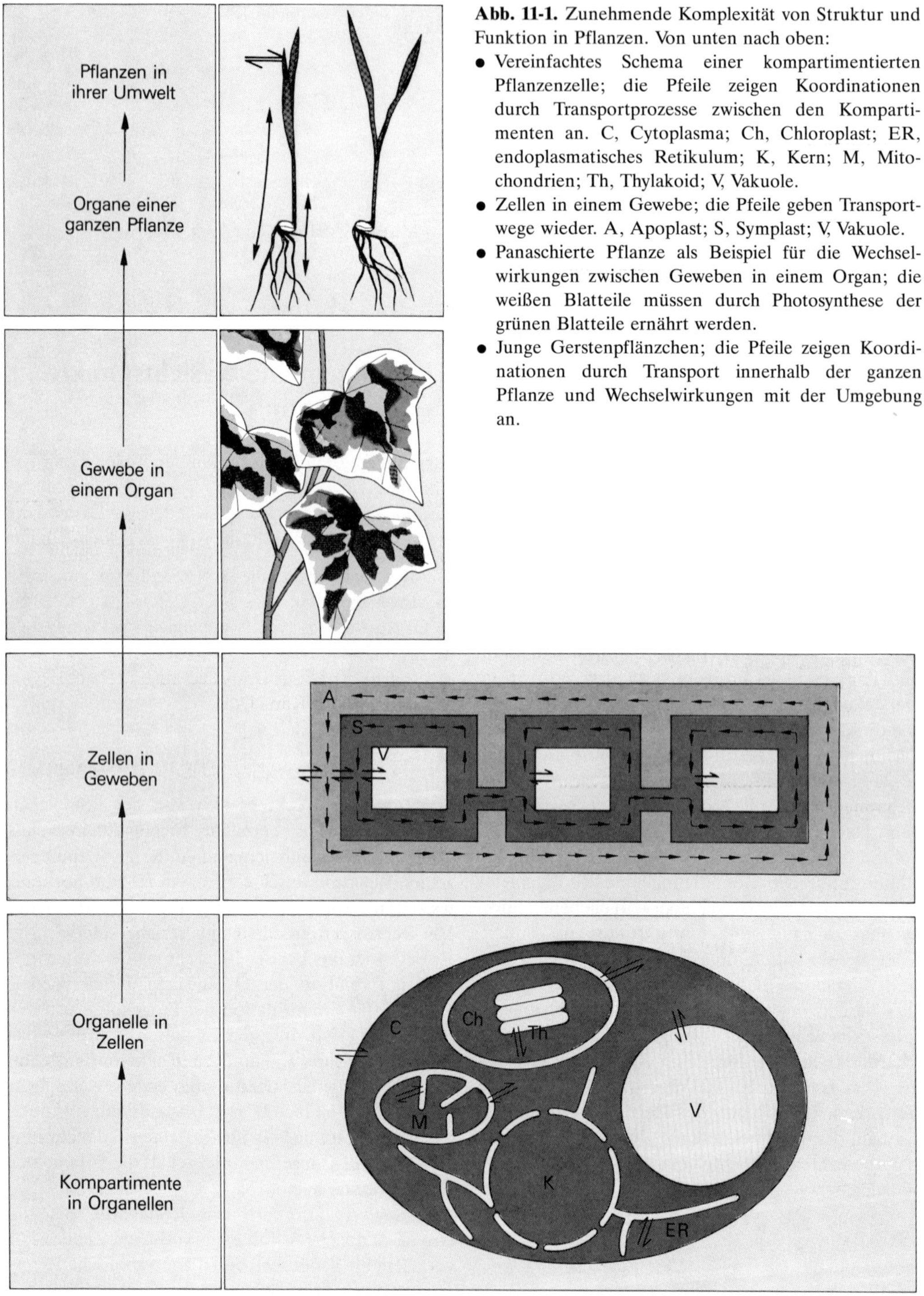

Abb. 11-1. Zunehmende Komplexität von Struktur und Funktion in Pflanzen. Von unten nach oben:

- Vereinfachtes Schema einer kompartimentierten Pflanzenzelle; die Pfeile zeigen Koordinationen durch Transportprozesse zwischen den Kompartimenten an. C, Cytoplasma; Ch, Chloroplast; ER, endoplasmatisches Retikulum; K, Kern; M, Mitochondrien; Th, Thylakoid; V, Vakuole.
- Zellen in einem Gewebe; die Pfeile geben Transportwege wieder. A, Apoplast; S, Symplast; V, Vakuole.
- Panaschierte Pflanze als Beispiel für die Wechselwirkungen zwischen Geweben in einem Organ; die weißen Blatteile müssen durch Photosynthese der grünen Blatteile ernährt werden.
- Junge Gerstenpflänzchen; die Pfeile zeigen Koordinationen durch Transport innerhalb der ganzen Pflanze und Wechselwirkungen mit der Umgebung an.

Auf höheren Ebenen der Integration, wie bei Zellen in Geweben, Geweben in Organen, Organen in ganzen Organismen und Organismen in ihrer Umgebung, sind weitere Mechanismen der Regulation erforderlich. Dazu gehören Determinationen und Korrelationen (Kap. 26.3, Kasten 26-1, Abb. 26-8). Sie greifen schon bei der Steuerung der Entwicklungsvorgänge (Ontogenese) ein.
Eine große Rolle spielt bei der Regulation ein komplexes *System von Signalen.* Man unterscheidet dabei externe Signale (Außenfaktoren) und interne Signale. Ein kurzer Überblick macht gleich den netzwerkartigen Charakter solcher Systeme deutlich.

- *Außenfaktoren* bedingen die materiellen Voraussetzungen des Lebens durch die Bereitstellung von Substraten (CO_2, H_2O, Mineralstoffe, Lichtenergie für die Assimilation). Sie können Lebensvorgänge unmittelbar beeinflussen (z. B. Temperatur-Abhängigkeiten, Abb. 26-28). Sie haben vielfach Signalwirkung (Signalwirkungen von Temperatur und Licht, Kap. 26.6), und erzielen dann ihre Wirkung immer über die Beeinflussung von Innenfaktoren (elektrischen und hormonellen Signalsystemen).

- *Pflanzeninterne Signale* sind verschiedener Natur.
  - Information ist bereits im Transport von Substraten enthalten (Einleitung Kap. 26.5). Daneben stehen
  - elektrische Signale (Kap. 26.5.1) und
  - hormonelle Signale (Kap. 26.5.2), die über die Beeinflussung von Membranen, Enzymen und Genen wirken (Abb. 26-22).

11.2 Die Mechanismen der Regulation auf der zellulären Ebene

Wir unterscheiden die genetische Regulation, die an der Bildung von Enzymen angreift, und die metabolische Regulation, die an vorhandenen Enzymen ansetzt:

- *Genetische Regulation.* Ihr Instrumentarium beruht auf
  - der Transkription der in der DNA zur Enzymbildung enthaltenen Information in Botschafter-RNA (m-RNA); dabei spielen differentielle Genaktivierungen, Substratinduktionen, Produkthemmungen eine Rolle (Kap. 13.4.4, Abb. 13-11);
  - dem Reifen der m-RNA (Kap. 13.4.3),
  - der Translation der m-RNA in Aminosäure-Sequenzen von Proteinen (Kap. 13.4.3).

- *Metabolische Regulation.* Sie regelt die Vernetzung von Reaktionsketten; dabei spielen besonders die Kreisprozesse der großen Reaktionszyklen mit ihren Metabolitenzuflüssen und -abflüssen eine Rolle:
  - Zitronensäure-Zyklus (Kap. 7.2.2),
  - oxidativer Pentosephosphat-Zyklus (Kap. 6.3.4),
  - reduktiver Pentosephosphat-Zyklus (Kap. 8.2.2),
  - Glyoxylsäure-Zyklus (Kap. 9.2.1).

- *Verknüpfung von genetischer und metabolischer Regulation.* Die Regulation durch die Neubildung von Enzymen (genetische Regulation) und durch die Beeinflussung vorhandener Enzyme (metabolische Regulation) sind ihrerseits miteinander verknüpft, denn die genetische Regulation funktioniert nicht ohne bereits vorhandene Enzyme:
  - Die Makromoleküle, RNA und Proteine, müssen durch Hydrolasen (Kap. 5.1) einem Turnover unterworfen sein, sonst kann die genetische Regulation nicht greifen (Kap. 13.4.4);
  - Enzyme sind zur DNA-, RNA- und Protein-Synthese nötig (Kap. 13.4).

11.3 Die Basis der metabolischen Regulation

Obwohl auch hier wieder enge Wechselwirkungen bestehen, erscheint es sinnvoll, zwischen einer thermodynamischen und einer molekularen Basis der metabolischen Regulation zu unterscheiden.

- *Thermodynamische Basis.* Sie erlaubt Regulation durch Energiezustände, Aktivierungen (Kap. 2.6.1) und Energiekoppelungen (Kap. 2.5).

- *Molekulare Basis.* Sie wird durch die vorhandenen Enzyme repräsentiert; es bestehen die Möglichkeiten
  - der direkten Beeinflussung durch Temperatur, pH und andere Faktoren,
  - der isosterisch-kompetitiven Hemmung (Kap. 2.6.5),
  - der allosterisch-kooperativen Beeinflussung (Kap. 2.6.5) und
  - der Enzymphosphorylierung (Kap. 2.6.5).

11.4 Das Instrumentarium der metabolischen Regulation

Das Instrumentarium der metabolischen Regulation wird im wesentlichen von einigen Cofaktor-Systemen, einigen analogen Enzymreaktionen und einigen Transportmetaboliten gebildet. Dazu kommen noch die Pools einiger anorganischer Ionen, z. B. vor allem von Magnesium, da bei allen Phosphorylierungsreaktionen nicht das ATP, sondern ein Mg-ATP-Komplex als Substrat fungiert, und das anorganische Phosphat wegen seiner allgemeinen Bedeutung bei der Aktivierung von Metaboliten.

11.4.1 Cofaktoren

In diesem Zusammenhang interessieren uns vor allem die Cofaktoren, die die Stoffwechselreaktionen mit dem Energiestoffwechsel verknüpfen, also die Überträger von energiereichem Phosphat und von Reduktionsäquivalenten. Für die Regulation ist essentiell, daß diese *Cofaktoren qualitativ und quantitativ beschränkt* sind.

Die qualitative Beschränkung zeigt sich im folgenden:
Eigentlich ist nur das *Adenylat-System*

$$ATP = ADP + P_i = AMP + PP_i = AMP + 2\ P_i$$

(Kasten 1-8) an der Übertragung von energiereichem Phosphat beteiligt. Wenige Reaktionen arbeiten mit anderen Nucleotiden oder Pyrophosphat (PP_i). Phosphat-Reste können zwischen den einzelnen Nucleotid-Systemen (X) aber isergonisch übertragen werden, z. B.

$$ATP + XDP = ADP + XTP.$$

Also ist auch hier eine Rückführung auf das Adenylat-System leicht möglich. Man nennt das ATP deshalb auch gerne die „allgemeine Energiewährung" der Zelle. Dadurch bestimmt der Energiebeladungszustand des Adenylat-Systems in der Zelle und in einzelnen Kompartimenten den Ablauf des Stoffwechsels und reguliert energieliefernde und energieverbrauchende Prozesse.
Man formuliert den Energiebeladungszustand (*„adenylate energy charge"*, AEC) als

$$AEC = \frac{1}{2} \cdot \frac{[ADP] + 2\,[ATP]}{[AMP] + [ADP] + [ATP]} \quad \text{(Gl. 11-1)}$$

(mit den Konzentrationen der einzelnen Adenosinphosphate in eckigen Klammern).
Ähnlich erfolgt die Übertragung von Redoxäquivalenten im wesentlichen nur durch das *Nicotinsäureamid-adenin-dinucleotid-System* (Kasten 1-9) oder läßt sich darauf zurückführen. Bei den meisten dissimilatorischen (katabolischen) Reaktionssequenzen mit Ausnahme des oxidativen Pentosephosphat-Zyklus wirkt das NAD^+, bei den assimilatorischen (anabolischen) Reaktionssequenzen und dem oxidativen Pentosephosphat-Zyklus das $NADP^+$. Durch die *Transhydrogenase* können Reduktionsäquivalente isergonisch zwischen beiden übertragen werden:

$$(NADH + H^+) + NADP^+ \leftrightarrows NAD^+ + (NADPH + H^+).$$

Die quantitative Beschränkung äußert sich darin, daß die Konzentrationen der Cofaktoren wesentlich niedriger sind als die der umgesetzten Substrate. Nur durch diese Beschränkung kann ihr Energiebeladungs- bzw. Redoxzustand regulierend wirken.

11.4.2 Analoge Enzymreaktionen

Die Vernetzung der einzelnen Stoffwechselwege erfolgt nicht nur direkt über gemeinsame Enzymreaktionen an den Verknüpfungsstellen. Sie kann auch indirekt über analoge Enzymreaktionen und gemeinsame Metaboliten erfolgen. Am besten wird anhand eines Beispieles deutlich, was damit gemeint ist (Kasten 11-1). Wir wählen dazu die Triose-phosphat-Oxidation im Cytosol (Glykolyse, Abb. 6-5) und die 3-Phosphoglycerinsäure-Reduktion in den Chloroplasten (reduktiver Pentosephosphat-Zyklus, Abb. 8-13).

11.4.3 Transportmetabolite

Die Notwendigkeit des Transportes an intrazellulären Membranbarrieren für die Regulation wurde in Kap. 3 veranschaulicht. Transportmetabolite der inneren Mitochondrienmembran und der Chloroplastenhülle wurden in Kap. 7.2.7 bzw. Kap. 8.2.2.4 gezeigt.
Für die Regulation ist entscheidend, daß nicht jeder beliebige Metabolit ein Transportmetabolit sein

kann. Wie bei den Cofaktor-Systemen ist eine qualitative Beschränkung wichtig.

11.5 Beispiele metabolischer Regulation

11.5.1 Glykolyse

Die Glykolyse ist ein linearer Reaktionsablauf, anhand dessen sich schon mit relativ geringem Detailwissen das Wirken der metabolischen Regulation veranschaulichen läßt. Dies ist in Kap. 6.3.3.5 geschehen. Das Beispiel der Glykolyse illustriert vor allem das *Wirken der Cofaktor-Systeme.* Die Glykolyse dient der Gewinnung von ATP. Der Verbrauch von ATP im Gesamtsystem reguliert die Glykolyse über das entscheidende regulatorische Enzym, die Phosphofructo-Kinase: ATP, das sich bei geringem Energieverbrauch anhäuft, hemmt, AMP, das sich bei starkem Energieverbrauch bildet, fördert die Phosphofructo-Kinase. Anaerob kann die Glykolyse nur ablaufen, wenn das NAD^+/ $NADH + H^+$-System im oxidierten Zustand erhalten bleibt, und dazu dienen die Gärungen.
Aber schon die Betrachtung der Regulation der Glykolyse ist nicht vollständig ohne die Berücksichtigung von Stoffwechselvernetzungen. Der wichtige *Regulationsschritt der Phosphofructo-Kinase kann* nämlich *umgangen werden,* und zwar durch den oxidativen Pentosephosphat-Zyklus, der unabhängig von der Phosphofructo-Kinase vom Hexose-monophosphat zum Triose-phosphat führt (Kap. 6.3.4). Dabei häufen sich aber Reduktionsäquivalente in Form von $NADPH + H^+$ an, deren Verbrauch – z. B. durch die Fettsäure-Biosynthese – wiederum den oxidativen Pentosephosphat-Zyklus reguliert.

Kasten 11-1
Analoge Enzymreaktionen in Glykolyse und reduktivem Pentosephosphat-Zyklus

- *Glykolyse (Cytosol)*

$$\text{Dihydroxyaceton-phosphat} \xrightarrow[\textit{Isomerase}]{\textit{Triose-phosphat-}} \text{Glycerinaldehyd-3-phosphat}$$

$$\text{Glycerinaldehyd-3-phosphat} + NAD^+ + P_i \xrightarrow[\textit{Dehydrogenase}]{\textit{Triose-phosphat-}} \text{1,3-Diphosphoglycerinsäure} + NADH + H^+$$

$$\text{1,3-Diphosphoglycerinsäure} + ADP \xrightarrow[\textit{Kinase}]{\textit{Phospho-glycerat-}} \text{3-Phosphoglycerinsäure} + ATP$$

- *Reduktiver Pentosephosphat-Zyklus (Chloroplasten)*

$$\text{3-Phosphoglycerinsäure} + ATP \xrightarrow[\textit{Kinase}]{\textit{Phospho-glycerat-}} \text{1,3-Diphosphoglycerinsäure} + ADP$$

$$\text{1,3-Diphosphoglycerinsäure} + NADPH + H^+ \xrightarrow[\textit{Dehydrogenase}]{\textit{Triose-phosphat-}} \text{Glycerinaldehyd-3-phosphat} + NADP^+ + P_i$$

$$\text{Glycerinaldehyd-3-phosphat} \xrightarrow[\textit{Isomerase}]{\textit{Triose-phosphat-}} \text{Dihydroxyaceton-phosphat}$$

11.5.2 Glykolyse – Atmung – Photosynthese

Ein komplizierteres, wenn auch mit den Kenntnissen aus den Kap. 6, 7 und 8 noch ganz gut überschaubares Beispiel ist die Vernetzung und Regulation von Glykolyse, Atmung und Photosynthese. Damit läßt sich anhand der Arbeitsteilung von drei verschiedenen Zellkompartimenten (Cytosol, Mitochondrien, Chloroplasten) das *Wirken des gesamten Instrumentariums* (Cofaktoren, analoge Enzymreaktionen und Transportmetabolite) exemplifizieren (Abb. 11-2).
Die entscheidenden Elemente des Beispiels sind folgende:

- Die Cofaktor-Systeme, Adenylat-System und NAD^+ bzw. $NADP^+$;
- die analogen Enzymreaktionen im Cytosol und im Chloroplastenstroma (Triose-phosphat-Isomerase, NAD^+-abhängige bzw. $NADP^+$-abhängige Triose-phosphat-Dehydrogenase, Phospho-glycerat-Kinase; wie in Kasten 11-1 aufgelistet);
- die Transportmetabolitenpaare Malat/Oxalacetat (Shuttle-System für Reduktionsäquivalente an der Mitochondrien- und Chloroplastenhülle; Abb. 7-7) und Dihydroxyaceton-phosphat/3-Phosphoglycerinsäure (Shuttle-System für energiereiches Phosphat und Reduktionsäquivalente in äquimolarem Verhältnis an der Chloroplastenhülle; Kasten 8-5).

Das System erlaubt eine Koordination der Energiebeladungs- und Redoxzustände in den *drei Kompartimenten.*
Die Mitochondrien können über ihren Adenylat-Translokator ATP exportieren; aber nur, wenn außerhalb der Mitochondrien ATP gebraucht wird, d. h. ADP und P_i zur Verfügung stehen, da der Translokator ein obligater Austauschmechanismus ist. Die Chloroplasten haben keinen effektiven Adenylat-Translokator. Sie können aber bei 3-Phosphoglycerinsäure-Reduktion über den Dihydroxyaceton-phosphat/3-Phosphoglycerinsäure-Shuttle energiereiches Phosphat exportieren, das im Cytosol bei Triose-phosphat-Oxidation als ATP zurückgewonnen wird. Umgekehrt können die Chloroplasten auch aus dem Cytosol energiereiches Phosphat aufnehmen. Dabei werden aber immer gleichzeitig stöchiometrische Mengen an Reduktionsäquivalenten mittransportiert. Durch den Malat/Oxalacetat-Shuttle kann nun ein Transport von Reduktionsäquivalenten in der Gegenrichtung erfolgen. Mit anderen Worten, es kann durch eine Kombination der beiden Shuttle-Systeme in der Bilanz energiereiches Phosphat allein durch die Chloroplastenhülle transportiert werden. Letzteres ist in der folgenden stoffwechselphysiologischen Situation von Bedeutung. Die zyklische Photophosphorylierung bildet ATP, das außerhalb der Chloroplasten gebraucht wird. Der nicht-zyklische photosynthetische Elektronentransport ist aus irgendeinem Grunde limitierend. Es wird also zwar ATP, aber es werden keine Reduktionsäquivalente zur Bildung von Dihydroxyaceton-phosphat in den Chloroplasten direkt bereitgestellt. Durch den Rückstrom der Reduktionsäquivalente mit dem Malat kann trotzdem die Bildung von Dihydroxyaceton-phosphat und der Export von energiereichem Phosphat aufrechterhalten werden.
Abb. 11-2 macht ohne viele weitere Worte klar, daß und wie Mitochondrien und Chloroplasten über das Cytosol miteinander koordiniert werden. Der Leser mag sich weitere stoffwechselphysiologische Situationen vorstellen und auf dem Pfeilschema der Abb. 11-2 ein wenig in Gedanken herumrangieren.

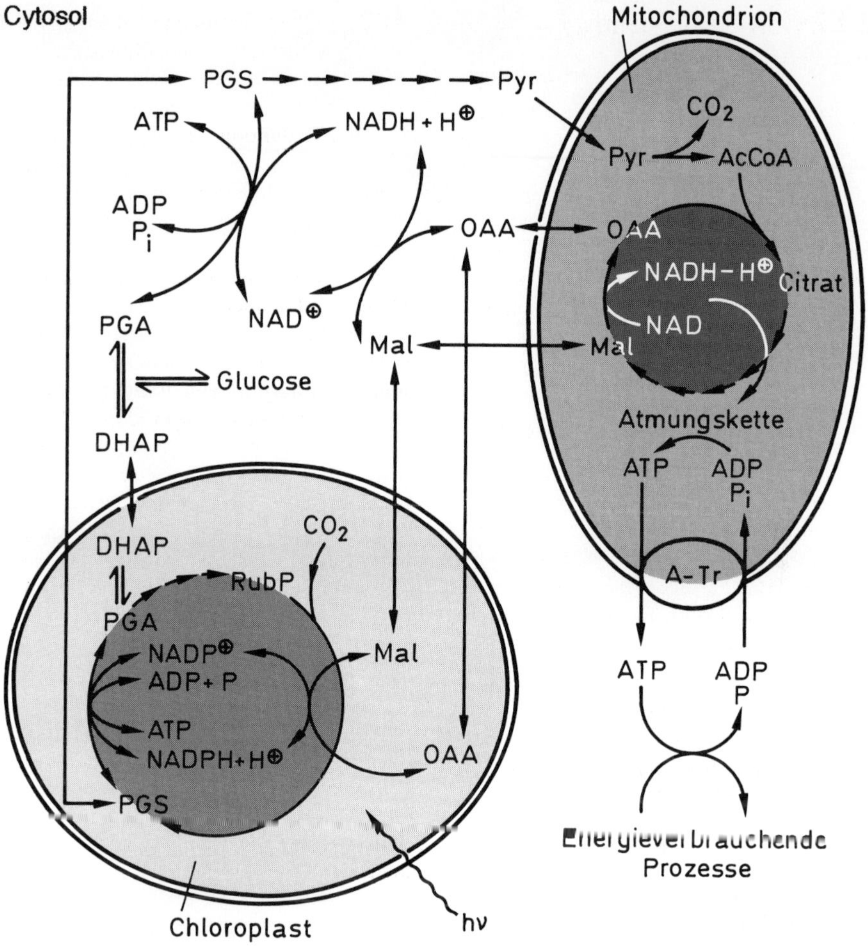

Abb. 11-2. Vernetzung von Glykolyse (Cytosol), Atmung (Mitochondrien) und Photosynthese (Chloroplasten). AcCoA, Acetyl-Coenzym A; A-Tr, Adenylat-Träger (-Carrier); DHAP, Dihydroxyaceton-phosphat; Mal, Malat; OAA, Oxalacetat; PGA, 3-Phosphoglycerinaldehyd; PGS, 3-Phosphoglycerinsäure; Pyr, Pyruvat; RubP, Ribulose-bis-phosphat.

12 Das Kontrollzentrum der Zelle: der Zellkern mit den Chromosomen

12.1 Der Zellkern

Der Zellkern gilt als das Kontrollzentrum der Zellen. Die Kontrollfunktionen im einzelnen liegen natürlich bei den *Nucleinsäuren,* DNA und RNA. Da die Prokaryonten ohne Zellkerne auskommen, wird auch schon deutlich, daß nicht der Zellkern als solcher die Kontrollfunktionen ausübt. Aber keine eukaryotische Zelle ist auf die Dauer ohne Zellkern lebensfähig. Die einzige Ausnahme bilden vielleicht die Siebröhrenglieder der Ferntransportleitbahnen für die Photosyntheseprodukte, aber hier besteht ein enger Kontakt mit Geleitzellen, deren Kerne die Kontrollfunktion für die Siebröhrenglieder mit übernehmen (Kap. 22.4.2.2).

Acetabularia-Zellen kann man durch Abschneiden des Rhizoids mit dem Primärkern kernlos machen (Kap. 16.1.5, Abb. 16-11). Sie überleben dann erstaunlich lange und können sogar noch Enzymsynthesen durchführen und bestimmte morphogenetische Entwicklungen durchmachen. Aber schließlich gehen sie zugrunde. Ihr Überleben war nur auf der Basis langlebiger Kontrollsubstanzen möglich, die der Kern ursprünglich in das Cytoplasma abgegeben hatte. Bei langgestreckten Wurzelhaarzellen befindet sich der Zellkern häufig in der Nähe der wachsenden Spitze, wo die meisten Synthesen nötig sind. Der Kern kontrolliert nicht nur, er muß alle Lebensvorgänge einer Zelle kontinuierlich in Gang halten. Dies führte auch zur Bezeichnung *Arbeitskern.*

Zellkerne wurden 1831 durch ROBERT BROWN (1773 bis 1858) in den Staubfadenhaaren von *Tradescantia* entdeckt (Abb. 12-1). Die Größe der Zellkerndurchmesser bei Pflanzen ist außerordentlich variabel. Sie reicht von unter 0,5 µm bei Pilzen über durchschnittlich 5–25 µm bis zu 600 µm bei den Eizellen von Cycadeen und Coniferen. Größere Zellkerne kann man auch mit dem bloßen Auge gut sehen.

Cytologisch gliedert sich der Zellkern in

- eine umhüllende *Kernmembran,*
- das *Kernplasma* (die Karyolymphe),
- das *Chromatin,*
- einen *Nucleolus* oder mehrere Nucleoli.

Die *Kernhülle* wird von einer Doppelmembran gebildet, d. h. von zwei Elementarmembranen. Der Raum zwischen diesen beiden Membranen bildet ein Kontinuum mit den Zisternen oder dem Innenraum des endoplasmatischen Retikulums (ER). Im Bereich des Zellkerns spricht man vom *perinucleären Raum.* Anders ausgedrückt: Die Kernhülle wird vom ER gebildet. Sie wird von 20 bis 100 nm weiten *Kernporen* durchbrochen. Die äußere Begrenzung der Kernporen (Anulus) trägt acht Grana, und im Zentrum befindet sich ein Zentralgranum (Abb. 12-2).

Das *Kernplasma* erscheint strukturlos wie das Grundplasma, über die Kernporen hinweg bildet es mit diesem die nucleo-cytoplasmatische Mischphase (Kap. 1.8.2).

Das *Chromatin* hat seinen Namen von seiner besonders starken Färbbarkeit, z. B. mit Karminessigsäure.

Der *Nucleolus* hebt sich auch im Lichtmikroskop sehr deutlich vom Kernplasma ab. Er hat aber keine eigene Membranhülle. Wie das Chromatin zeichnet sich der Nucleolus durch besonders starke Färbbarkeit aus.

Chemisch besteht der Zellkern aus

- 50–70 % Protein,
- einem wechselnden Gehalt an DNA,
- RNA, die meistens in geringerer Menge als die DNA vorliegt.

Das *Protein* baut in der Hauptsache das Kernplasma auf, ist aber zusammen mit der DNA auch am Aufbau des Chromatins, der Chromosomen und des Nucleolus beteiligt. Die *RNA* bildet den Nucleolus und findet sich zu einem geringeren Teil auch in den Chromosomen.

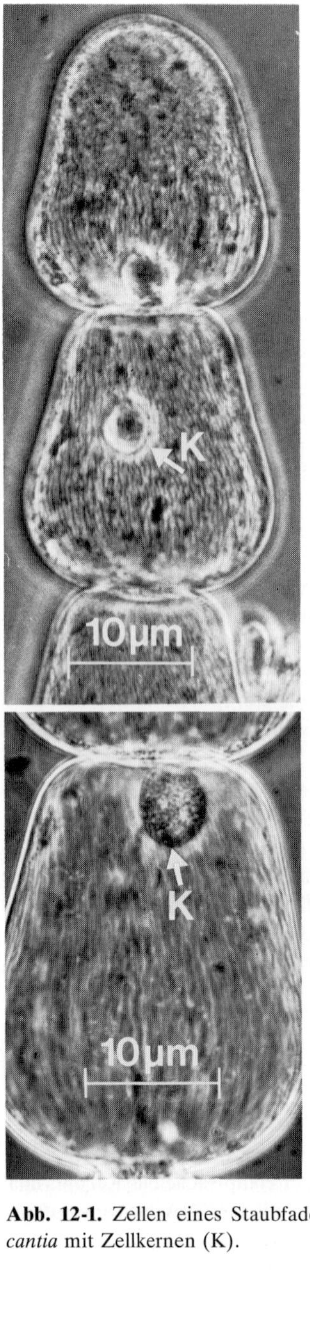

Abb. 12-1. Zellen eines Staubfadenhaares von *Tradescantia* mit Zellkernen (K).

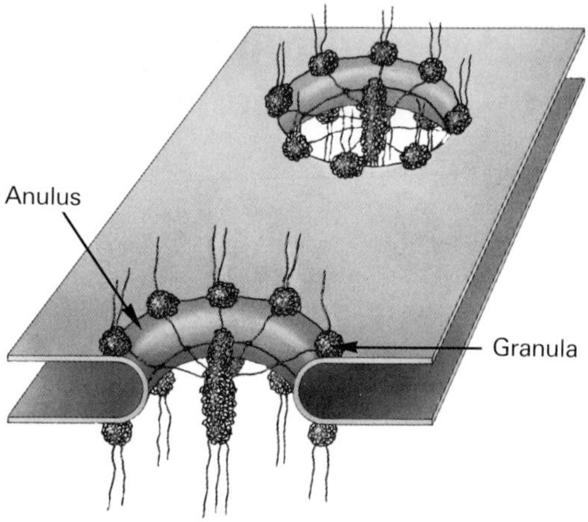

Abb. 12-2. Kernhülle mit Kernporen. Die 8 Granula des Anulus und das Zentralgranum bestehen aus fädiger RNA. Man kann sich vorstellen, daß die Makromoleküle der Messenger-RNA (s. Kap. 13) auf diese Weise durch die Kernporen gefädelt werden und aus dem Kerninneren in das Cytoplasma gelangen (nach Franke, *Z. Zellforsch. Mikroskop. Anat.* **105**: 405, 1970; Franke und Scheer, *J. Ultrastruct. Res.* **30**: 288, 1970).

12.2 Das Chromatin und die Chromosomen

Das *Chromatin,* die *Chromosomensubstanz,* ist im Zellkern in Form der *Nucleosomen* organisiert (Abb. 12-3, Kasten 12-1). Die Nucleosomen sind eigentlich Aggregate aus vier verschiedenen je 2fach vorhandenen *Histonen,* um die sich der DNA-Doppelstrang herumwindet. Bei den Histonen handelt es sich um *basische Proteine* mit einem hohen Anteil an den Aminosäuren *Arginin* und *Lysin.* Die Quartärstrukturen der Oktamere von Histonen (zur Quartärstruktur von Proteinen s. Kap. 14.4.4) werden im Nucleosom vom DNA-Doppelstrang (s. Abb. 13-4, 13-6) in Linksschrauben umwunden. Die Verbindung zwischen DNA und Histon erfolgt elektrostatisch, denn die sehr saure DNA wirkt als Polyanion und das sehr basische Histon als Polykation. So ist der größte Teil der nucleären DNA mit Histon komplexiert. Ein weiteres Histon bildet Brücken zwischen einzelnen Nucleosomen. Dadurch werden Suprastrukturen aus mehreren Nuclesosomen stabilisiert, und zwar Granula *(Nucleomeren)* oder helikale Gebilde mit 6

Nucleosomen pro Umlauf und einer insgesamt röhrenartigen Struktur *(Solenoid)*. So entsteht schließlich die Fadenstruktur des Chromatins, die *Chromatinfibrille*.
Bei der Kernteilung geht das Chromatin aus der Funktionsform durch noch stärkere Kondensation in die Transportform der *Chromosomen* (Abb. 12-3) über. Die Chromatinfibrillen werden zu den *Chromonemen* weiter spiralisiert, auf denen durch zusätzliche starke lokale Aufschraubung und Konzentrierung der DNA stark färbbare Knötchen, die *Chromomeren,* entstehen (Kasten 12-1). (Weitere Strukturen und Begriffe sind aus Abb. 12-3 und Kasten 12-1 ersichtlich.)
In der kompakten Transportform haben die Chromosomen stäbchenförmige, gekrümmte, winkelige, kugelige Gestalt. Sie werden dann als selbständige Einheiten sichtbar. Man kann sie zählen und auch feststellen, ob von einer bestimmten Form mehrere Homologe, z. B. bei diploiden Zellen zwei vorhanden sind. Die Zahl der verschieden gestalteten Chromosomen des einfachen Chromosomensatzes der haploiden Gametenzellen bezeichnet man als n, gegenüber $2n$ der diploiden Körperzellen von diploiden Organismen. Die Zahl n ist sehr variabel und nicht unbedingt mit dem phylogenetischen Entwicklungsniveau korreliert (n-Zahlen zwischen 2 und ~600 kommen im Pflanzenreich vor). Sie wird in manchen Floren für die einzelnen Arten angegeben. Die Länge der Chromosomen variiert zwischen 0,2 und 50 µm, die Breite zwischen 0,2 und 2 µm.

12.3 Die Kern- und Zellteilung: Mitose

Bei der grundlegenden Bedeutung des Zellkerns als Kontrollzentrum für jede einzelne Zelle eines Körpers ist es wichtig, daß alle diese durch Kern- und Zellteilungen auseinander hervorgehenden somatischen Zellen die gleiche Chromosomenausrüstung und damit die gleiche genetische Information erhalten. Dafür sorgt der Mechanismus der Kernteilung bei der Mitose. Die einzelnen Chromosomen verdoppeln sich, indem sie zwei vollkommen gleiche Längs-Spalthälften (*Chromatiden*) bilden:

- *identische Reduplikation.*

  Darauf folgt eine

- *gleichmäßige Verteilung der Spalthälften auf die beiden Tochterzellen,*

  und dann schließt sich die

- *Zellteilung*

an. Die eigentliche Mitose kann sich in ein paar Stunden (2–4 h) vollziehen. Ein voller Mitosezyklus in einem Meristem, in dem rasche mitotische Zellvermehrung erfolgt, dauert etwa 24 Stunden. Eine längere Interphase muß zwischen die eigentlichen Kernteilungen eingeschoben sein, damit die zur identischen Reduplikation der Chromosomen nötige DNA-Synthese ablaufen kann. Die einzelnen Schritte der Mitose verlaufen dann folgendermaßen (Abb. 12-4 und 12-5):

Prophase

- Die bereits in zwei Chromatiden gespaltenen Chromosomen beginnen sich durch spiraliges Aufrollen zur Transportform zu verkürzen.
- *Mikrotubuli* (s. Kap. 6.2) beginnen ihre Lage zu verändern. Die Mikrotubuli liegen während der Interphase unmittelbar unter dem Plasmalemma der Zellwand an. In der Prophase ordnen sie sich in der Äquatorialebene der Zelle um den Zellkern herum an.

Metaphase

- Die verkürzten Chromosomen lagern sich in der Mitte der Zelle zur *Äquatorialplatte* zusammen.
- Die Kernhülle verschwindet. Die Kernmembranen werden zu einfachen Bestandteilen des endoplasmatischen Retikulums.
- Der Nucleolus zerfällt in Ribosomen.
- Bündel von Mikrotubuli lagern sich zu Fasern zusammen, die an den Polen der Zelle zu beiden Seiten der Äquatorialplatte spindelförmige Kappen *(Polkappen)* bilden. Die Fasern schieben sich durch die sich auflösende Kernmembran an die Chromosomen heran, einzelne Fasern heften sich am Kinetochor fest und bilden insgesamt die *Kernspindel* aus (Abb. 6.1 C, D).

Anaphase

- Die Chromosomen erreichen ihren höchsten Kontraktionsgrad.

- Die beiden Chromatiden jedes Chromosoms werden an die entgegengesetzten Pole der Zelle transportiert. Die Mikrotubuli der Spindelfasern stellen den Bewegungsapparat. Dabei spielen dyneinähnliche ATPasen (vgl. Kap. 18.1), die mit

Kasten 12-1
Glossar zur Organisation des Chromatins und der Chromosomen

Centromer. Primäre Einschnürung, d. h. Dünnstelle, an der als plattenförmige Struktur das Kinetochor ausgebildet wird; gliedert das Chromosom in zwei gleich- oder verschieden lange Schenkel.

Chromatiden. Die beiden Längs-Spalthälften des Chromosoms, die nach der Kernteilung den beiden Tochterchromosomen entsprechen.

Chromatinfibrille. Fadenstruktur des Chromatins, ca. 35 nm dick.

Chromomeren. Stark färbbare Knötchen auf dem → Chromonema, die vermutlich durch starke lokale Aufschraubung und Konzentrierung der DNA entstehen.

Chromonema. Gut färbbares Grundelement, das das Chromosom als schraubiges Längselement durchzieht.

Chromozentren. Teile des Chromosoms, die auch während der Funktionsphase, d. h. im Arbeitskern, im kondensierten Zustand bleiben; sie bestehen aus → Heterochromatin.

Euchromatin. Gut färbbares Material, das bei der Kernteilung einem Formwechsel unterliegt und die Hauptmasse der Chromosomen bildet; Gegensatz → Heterochromatin.

Heterochromatin. Enge Kondensation des DNA-Fadens und besonders starke Anfärbbarkeit durch die damit verbundene DNA-Konzentrierung; bleibt auch im Interphasekern kondensiert; Gegensatz → Euchromatin.

Kinetochor. Ansatzstelle der Mikrotubuli der Kernteilungsspindel.

Nucleolus. Besteht aus ca. 40 % Eiweiß, ca. 60 % RNA und der DNA des Nucleolusorganisators. Wird bei der Kernteilung aufgelöst und seine RNA in Gestalt der Ribosomen in das Cytoplasma entlassen.

Nucleolusorganisator. Sekundäre Einschnürung, an der der → Satellit sitzt. Die nucleosomenfreie DNA dieser Dünnstelle bildet den Nucleolus aus, wenn das Chromosom von der Transportform in die Funktionsform übergeht. Die Anzahl der Nucleoli in einem Zellkern entspricht daher meist der Anzahl der Satelliten, bei Pflanzen meist nur 1 pro einfachem Chromosomensatz.

Nucleomeren. Suprastrukturen aus → Nucleosomen.

Nucleosomen. Aggregate aus Histonen, um die sich der DNA-Doppelstrang herumwindet.

SAT. Ursprünglich nahm man an, daß die → sekundären Einschnürungen DNA-frei seien. Damals benutzte man die Bezeichnung Thymonucleinsäure für DNA und für diese Einschnürungen „**s**ine **a**cido **t**hymonucleinico“. Heute weiß man, daß hier schwer färbbare DNA vorliegt. Die Abkürzung kommt also nicht von → Satellit.

Satellit. Chromosomenteil aus → Heterochromatin an einer Dünnstelle (→ sekundäre Einschnürung) → SAT.

Sekundäre Einschnürung. Nicht anfärbbarer Teil des Chromosoms.

Solenoid. Röhrenartige Suprastruktur mit helikaler Anordnung von → Nucleosomen.

Telomer. DNA-Sequenzen an den Enden der Chromosomen, die der Stabilisierung dienen.

Trabant. → Satellit.

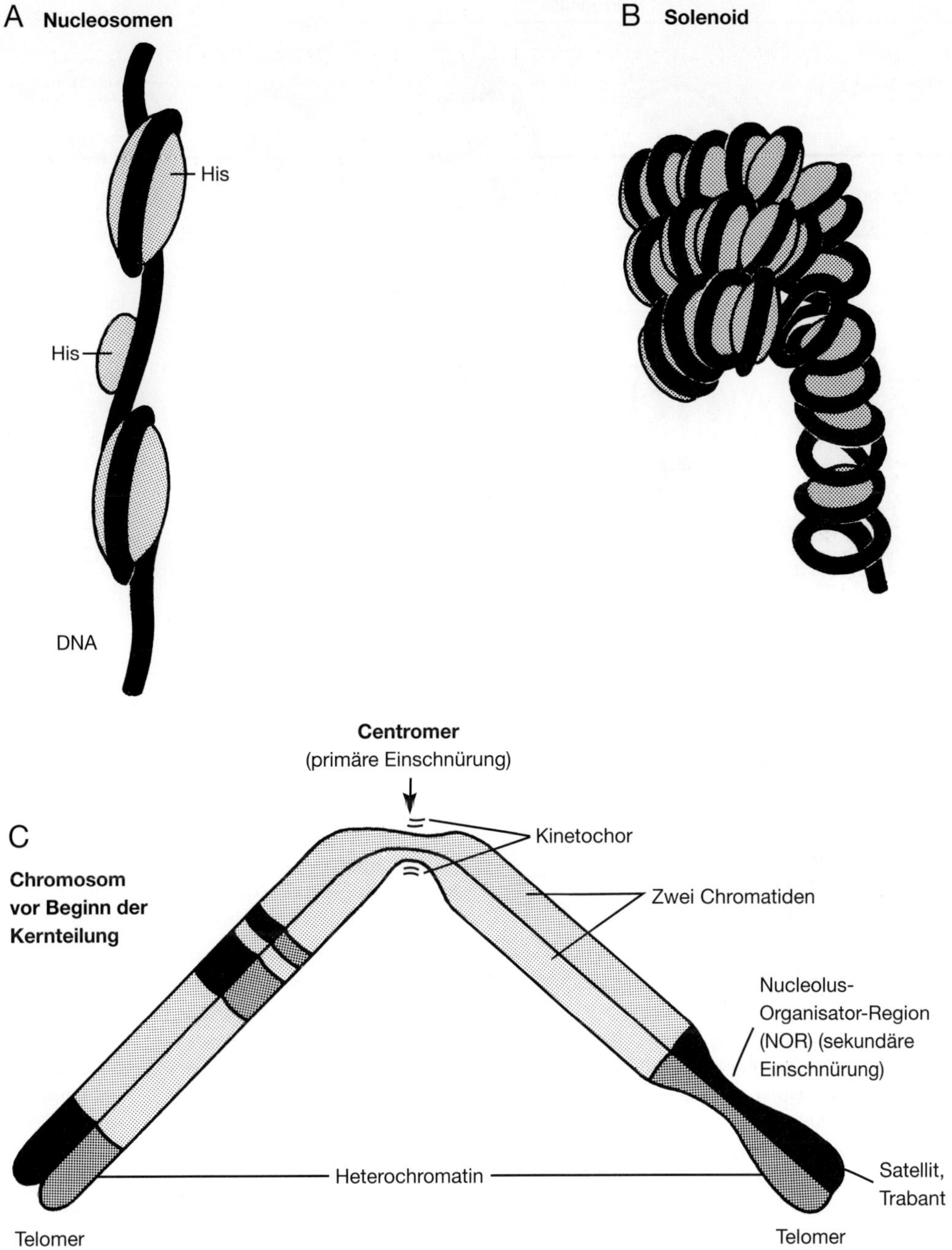

Abb. 12-3. Organisation des Chromatins und der Chromosomen mit den zur Beschreibung notwendigen Begriffen (s. auch Kasten 12-1) nach KINDL und nach SITTE. His = Histon, DNA = Desoxyribonucleinsäure.

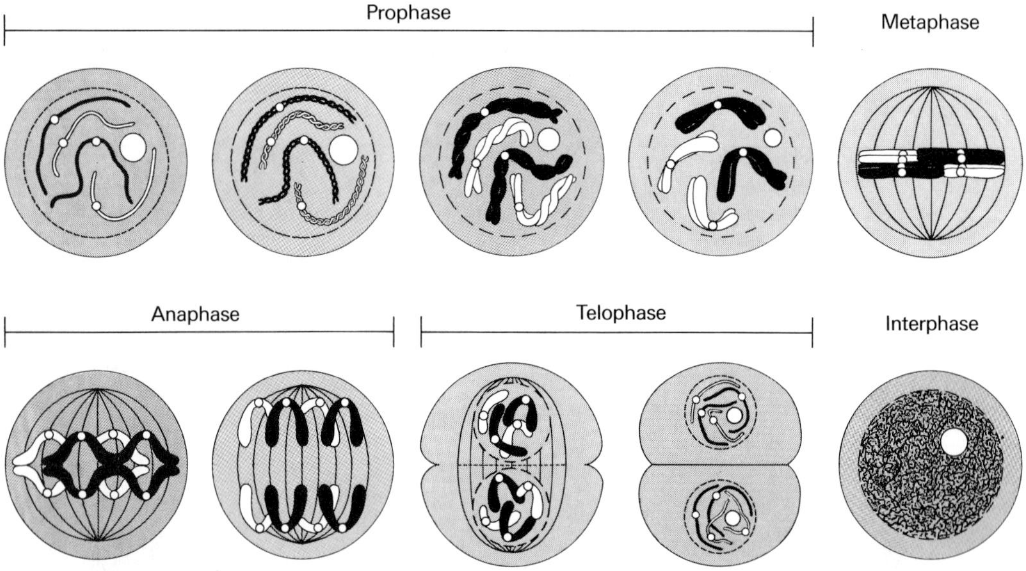

Abb. 12-4. Schema des Verlaufes der Mitose. Die angegebenen Phasen sind im Text charakterisiert.

den Mikrotubuli assoziiert sind, eine Rolle, und die Spindelhälften werden nach den beiden Zellpolen auseinandergeschoben.

Telophase

- Die auseinandergezogenen Chromatidenhälften sind jetzt als Tochterchromosomen zu bezeichnen.
- Die Schraubenwindungen lockern sich, die Chromosomen gehen wieder in die entspiralisierte langgestreckte Funktionsform über.
- Das endoplasmatische Retikulum bildet eine neue Kernhülle aus.
- Mikrotubuli bilden zwischen den Tochterkernen ein tonnenförmiges Gebilde aus, den *Phragmoplasten.* In der Äquatorialebene ordnen sich zahlreiche Golgi-Vesikel zur *Zellplatte* an; vermutlich bewirken die Mikrotubuli des Phragmoplasten ihren Transport. Die Golgi-Vesikel fusionieren, wobei ihre Membranen das Material für die Vergrößerung des Plasmalemmas jeder Tochterzelle bilden und ihr Inhalt zum Aufbau einer neuen Pectinlamelle dient, die vom Zentrum auf die Ränder der ursprünglichen Zelle zuwächst und sie schließlich vollständig in zwei Tochterzellen teilt (Kap. 10.3.1).

Interphase

- Im Arbeitskern erfolgt die Realisierung der genetischen Information der DNA durch kontinuierliche Synthese von RNA und Proteinen.
- Nach einer ersten Ruhephase läuft im Interphasekern auch die Verdoppelung der DNA, das Anfertigen einer zweiten identischen Kopie, ab.
- Vor jeder erneuten Mitose liegt ebenfalls noch eine Ruhephase, in der keine DNA synthetisiert wird.

Dieser Zeitpunkt der DNA-Reduplikation im Interphasekern zeigt schon, daß die identische Reduplikation und die gleichmäßige Verteilung auf zwei Tochterkerne voneinander unabhängige Prozesse sind. Dies wird auch bei den sogenannten *Endomitosen* deutlich, bei denen innerhalb der Kernmembran eine Reduplikation erfolgt ohne Verteilung auf zwei Tochterzellen. Trennen sich dabei auch keine Chromosomen, so entstehen polytäne Riesenchromosomen *(Polytänie).* Bilden sich noch voneinander abgegrenzte Chromosomen, führt dies zur *Polyploidie,* und zwar zur Endopolyploidie oder somatischen Polyploidie (im Gegensatz zur generativen Polyploidie, wo die Gameten bereits mehr als einen Chromosomensatz enthalten, Kap. 13.3); diploide Zellen werden zuerst tetraploid, bei Wiederholung entsteht

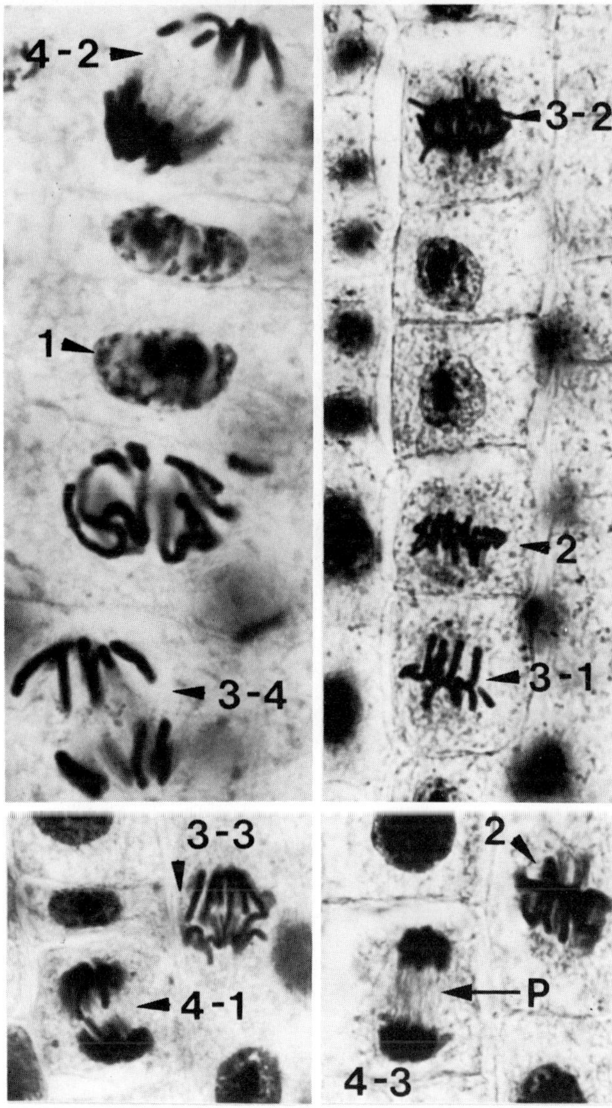

Abb. 12-5. Mitosestadien und Chromosomenbilder von Zellen der Wurzelspitze. (1) Prophase; (2) Metaphase; (3-1 bis 3-4) sukzessive Stadien der Anaphase; (4-1 bis 4-3) sukzessive Stadien der Telophase. P, Phragmoplast.

Octoploidie usw. Solche Endopolyploidisierungen erfolgen oft spontan aufgrund von im einzelnen noch unbekannten Störungen. Sie können auch in ganz bestimmten, z. B. stoffwechselphysiologisch besonders aktiven Zellen – wie Drüsenzellen – zu einer Vermehrung der DNA beitragen. Experimentell kann man Polyploidie durch das Gift der Herbstzeitlose, *Colchicum autumnale,* das Colchicin, auslösen. Colchicin hemmt die Ausbildung des Spindelapparates, der für den Chromosomentransport in der Mitose verantwortlich ist, nicht aber die Chromosomenteilung. So entstehen *Restitutionskerne* mit verdoppelter Chromosomenzahl.

Zum weiteren Studium

Strasburger, E.: *Lehrbuch der Botanik für Hochschulen.* Fischer, Stuttgart – Jena – New York 1991.

13 Die genetische Regulation

Charles Darwin (1809–1882) hat 1859 mit seinem Buch *„The Origin of Species"* die *Abstammungslehre* konzipiert. Aber er hat die Mechanismen der Vererbung nicht gekannt, die für uns heute die entscheidende Grundlage für das Verständnis phylogenetischer Prozesse sind. Gregor Mendel (1822–1884), der die *Regeln der Vererbung* entdeckte, kannte weder die DNA, noch die Gene, noch die Chromosomen. Dies läßt uns das Schöpferische in der Leistung dieser Forscher spüren.

Mendel hat seine Beobachtungen 1865 in zwei Vorträgen vor der naturhistorischen Gesellschaft in Brünn vorgestellt, die dann 1866 in den Abhandlungen dieser Gesellschaft veröffentlicht wurden. Er sprach dort nicht von Genen, sondern von Charakteren oder Merkmalen. Dominante Charaktere kennzeichnete er mit Großbuchstaben, rezessive Charaktere mit kleinen Buchstaben. Hybride Pflanzen, die ein Merkmal in der dominanten und der rezessiven Form enthalten, bezeichnete er zwar mit *Aa,* reinerbige Pflanzen aber nur mit *A* bzw. *a,* wo wir heute *AA* bzw. *aa* schreiben (Kasten 13-1). Wir bezeichnen damit die beiden Gene, die an der gleichen Stelle der beiden homologen Chromosomen von diploiden Zellen für das gleiche Merkmal verantwortlich sind.

Die Mendelschen Regeln wurden in ihrer Bedeutung nicht gleich allgemein erkannt. Im Jahre 1900 wurden sie von Correns, De Vries und Tschermak wiederentdeckt. Ausgehend von Mendels Kreuzungsversuchen mit pflanzlichen Objekten (Erbsenpflanzen) hat die Genetik eine stürmische Entwicklung genommen.

13.1 Die Mendelschen Regeln

Nehmen wir ein Chromosom an, das an einer bestimmten Stelle ein Gen *A* trägt, welches für die Ausprägung eines bestimmten Merkmals verantwortlich ist. In haploiden Zellen oder Organismen wird dann das tatsächlich zu beobachtende *Merkmal (Phän)* dem Gen *A* entsprechen; *Phänotyp* und *Genotyp* sind identisch. Da ein Gen in zwei oder mehreren Zuständen oder Konfigurationen vorliegen kann, kompliziert sich dies bei diploiden Zellen und Organismen. Beide homologen Chromosomen tragen an der gleichen Stelle Gene für das gleiche Merkmal. Ein Merkmal wäre zum Beispiel die Blütenfarbe oder die Form des Blattrandes usw. Man bezeichnet die Gene auf den homologen Chromosomen, die für das gleiche Merkmal verantwortlich sind, als *Allele* (Kasten 13-1). Sind die Allele auf den beiden homologen Chromosomen gleich, z. B. *AA,* dann ist der Organismus in bezug auf dieses Merkmal reinerbig oder *homozygot.* Der Phänotyp entspricht dem Gen *A*. Sind die Allele ungleich, z. B. *Aa,* ist der Organismus mischerbig oder *heterozygot.* Bezüglich der Ausprägung des Merkmals bestehen zwei verschiedene Möglichkeiten. Wenn das Gen *A dominant* und das Gen *a rezessiv* ist, bestimmt *A* die Ausprägung. Sind beide Gene gleichwertig, kommt es zu einer *intermediären* Ausprägung des Merkmals. Bei der japanischen Wunderblume *(Mirabilis jalapa)* ist z. B. *A* ein Allel für rote, *a* ein Allel für weiße Blüten. Homozygote Pflanzen sind rot (*AA*) oder weiß (*aa*), heterozygote Pflanzen (*Aa*) haben die intermediäre Blütenfarbe rosa. Bei der Brennessel *(Urtica)* gibt es ein Allel *A* für gezähnte Blätter und ein Allel *a* für ganzrandige Blätter. *A* ist dominant, *a* rezessiv. Die Homozygoten *AA* sind gezähnt; die Homozygoten *aa* sind ganzrandig; die Heterozygoten *Aa* sind gezähnt.

Kasten 13-1
Begriffe der klassischen Genetik

- Diploide Pflanzen haben einen doppelten Chromosomensatz, jeweils zwei Chromosomen entsprechen einander. Man nennt sie *homologe Chromosomen.*
- Beide homologen Chromosomen tragen an der gleichen Stelle Gene für ein bestimmtes Merkmal, man nennt sie *Allele.*

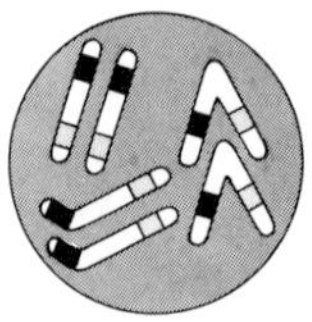

Drei Paare homologer Chromosomen, wobei je Chromosomenpaar zwei Allelpaare eingezeichnet sind.

- Sind beide Allele gleich, sind die Zellen in bezug auf dieses Merkmal reinerbig *(homozygot),* z. B.:

Abkürzung
AA

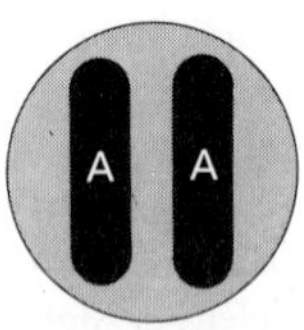

Abkürzung
aa

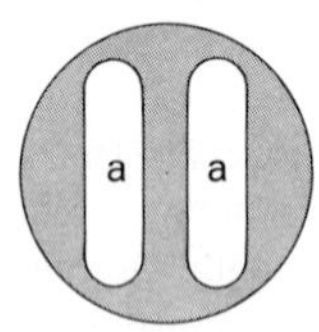

- Sind beide Allele verschieden, sind die Zellen in bezug auf dieses Merkmal mischerbig *(heterozygot),* z. B.:

Abkürzung
Aa

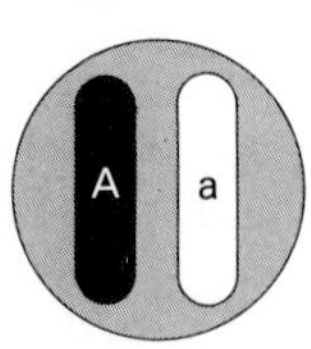

- *Hybride* sind Kreuzungen; aus reinerbigen Eltern entstehen dabei mischerbige Filialgenerationen (siehe Abb. 13-1).

Die Ergebnisse der Kreuzung zweier Homozygoten *AA* und *aa* sind aus Abb. 13-1 zu entnehmen. Gameten sind haploid. Bei der Bildung von Gameten in diploiden Organismen werden die homologen Chromosomen in einer Reduktionsteilung (Meiose; Kap. 16.2.1, Abb. 16-25, Kasten 16-1) getrennt. Die Individuen der ersten Tochtergeneration von *AA* und *aa* (1. Filial- oder F_1-Generation) sind alle heterozygot *Aa;* sie zeigen alle die gleiche Merkmalausprägung. Sie sind entweder alle intermediär zwischen *A* und *a,*

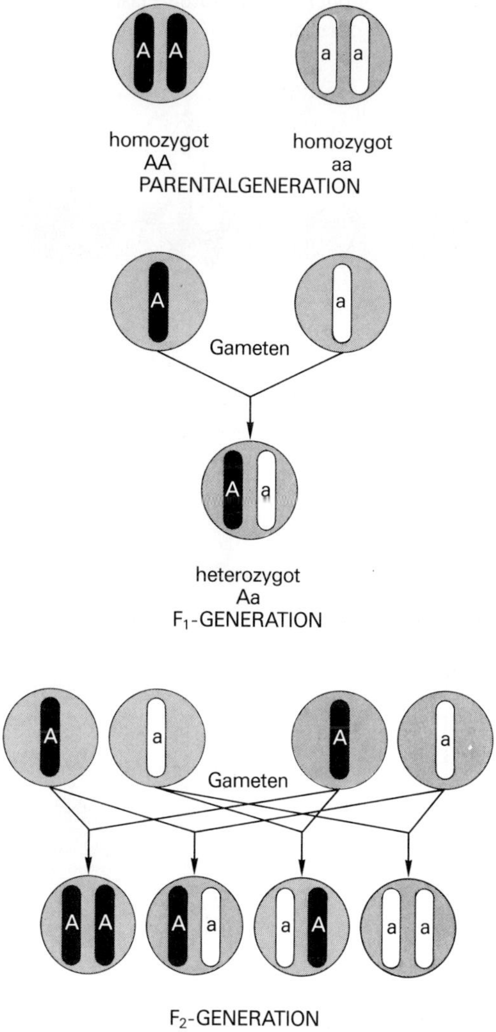

Abb. 13-1. Einfaktorenkreuzung homozygoter Eltern und Rekombination in der ersten und zweiten Filialgeneration.

z. B. rosa bei *M. jalapa (intermediärer Erbgang),* oder zeigen alle das Merkmal *A,* z. B. gezähnte Blätter bei *Urtica (dominanter Erbgang).* Daraus ergibt sich die

- 1. MENDELsche Regel: Uniformität der F_1-Generation.

Kreuzt man nun weiter die heterozygoten Individuen der F_1-Generation miteinander, so entstehen in der 2. Filialgeneration aus den möglichen Kombinationen die homozygoten und heterozygoten Nachkommen

AA Aa aa

bei einer statistisch genügend großen Zahl von Individuen der F_2-Generation im Verhältnis

1 : 2 : 1 .

Im intermediären Erbgang zeigen 1/4 dieser Individuen die Eigenschaft *A,* 1/4 die Eigenschaft *a* und 1/2 die intermediäre Eigenschaft; d. h. bei *M. jalapa* sind 25 % rot, 50 % rosa, 25 % weiß. Im dominanten Erbgang zeigen 3/4 der Individuen die Eigenschaft *A* und 1/4 die Eigenschaft *a;* d. h. bei *Urtica* sind 75 % gezähnt und 25 % ganzrandig. Hieraus ergibt sich die

- 2. MENDELsche Regel: Aufspaltung in der F_2-Generation.

Eine weitere Regel ist die der

- Reziprozität.

Es ist gleichgültig, welches der beiden Allele vom mütterlichen bzw. väterlichen Organismus kommt. Eine Ausnahme bildet die plasmatische Vererbung (s. u.).

Das Beispiel der Abb. 13-1 zeigt eine Einfaktorenkreuzung, d. h. eine Bastardisierung oder Hybridisierung von Eltern, die sich in einem Allelpaar unterscheiden. Betrachtet man Mehrfaktorenkreuzungen, so werden zwei weitere Vererbungsregeln deutlich. Für Gene, die auf verschiedenen Chromosomen lokalisiert sind, gilt die Regel der

- freien Kombinierbarkeit.

Die homologen Chromosomen der Eltern werden bei der Reduktionsteilung und der Gametenbildung unabhängig voneinander gemischt und somit natürlich auch die Gene, die auf ihnen liegen (Kap. 16.2.1). Für Gene, die auf demselben Chromosom lokalisiert sind, gilt dagegen die Regel der

● Genkoppelung.

Diese Gene werden nur gemeinsam, d. h. gekoppelt, vererbt. (Die Regel der Genkoppelung wird allerdings durchbrochen, wenn im Diplotän der Meiose durch Stückaustausch zwischen homologen Chromosomen eine Umkombinierung von Allelen der einzelnen Chromosomen erfolgt; Kap. 16.2.1.)
Um zu prüfen, ob in einem dominant-rezessiven Erbgang die F_2-Individuen mit gleicher Merkmalsausprägung homozygot oder heterozygot sind, kann man eine *Rückkreuzung* mit dem homozygot rezessiven Elter durchführen. Im ersteren Fall ist die Nachkommenschaft der Rückkreuzung wieder uniform. Im letzteren Fall erfolgt Aufspaltung nach dem Schema

homozygoter „Elter“	x	F_2–Generation
aa		*Aa*
	Gameten	
a a		*A a*
	Nachkommen der Rückkreuzung	
aa		*Aa*
1	:	1

13.2 Die extrachromosomale Vererbung

Es wurde bereits erwähnt, daß bei der *plasmatischen Vererbung* die Reziprozitätsregel durchbrochen ist. Ein gutes Beispiel für reziprok verschiedene Kreuzungsergebnisse ist das Merkmal der Grün-Weiß-Scheckung von Blättern (Panaschierung) (Abb. 13-2).
Die Erscheinung der *Panaschierung* beruht in vielen Fällen darauf, daß die betreffenden Pflanzen normale grüne und defekte farblose Plastiden enthalten. Plastiden vermehren sich, indem sie sich teilen. Grüne und farblose Plastiden können sich dabei in einer Zelle unabhängig voneinander vermehren. Bei der Zellteilung werden sie zufällig auf die Tochterzellen verteilt. Dadurch kann eine Entmischung stattfinden, wenn Tochterzellen mit nur grünen oder nur farblosen Plastiden entstehen. Beim weiteren Wachstum des Blattes durch fortgesetzte Zellteilungen bilden sich dann rein grüne und rein farblose oder bleiche Areale aus. Daneben kann es Zonen abgestufter Färbung mit Zellen geben, die grüne und bleiche Plastiden in verschiedenen Mischungsverhältnissen enthalten.
Diese drei Möglichkeiten bestehen auch bei der Bildung der Gameten. Oft enthalten die Pollenkörner (männliche Gameten) gar keine Plastiden, so daß sie zur Vererbung des Plastidenmerkmals nicht beitragen. Die Eizellen (weibliche Gameten) sind aber immer sehr reich an Plasma und Organellen. Eizellen mit nur grünen oder nur farblosen Plastiden erzeugen rein grüne oder rein weiße Nachkommen; Eizel-

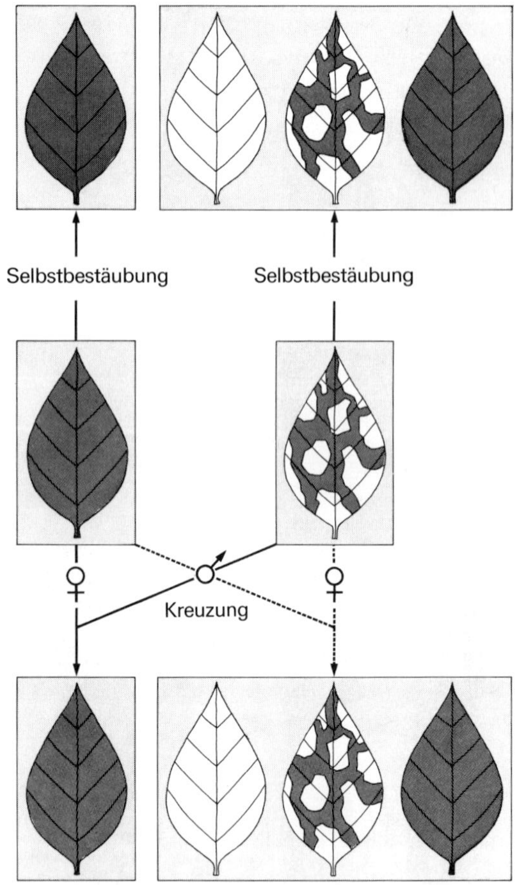

Abb. 13-2. Extrachromosomale Vererbung der Panaschierung von Blättern: Nur wenn die Eizelle von einer gescheckten Pflanze stammt, entstehen in der ersten Filialgeneration wieder panaschierte neben rein grünen und rein weißen Individuen (nach CORRENS).

len, die sowohl grüne als auch nicht-grüne Plastiden enthalten, bilden panaschierte Nachkommen aus. Das nicht den MENDELschen Regeln gehorchende Aufspalten in der F_1-Generation bei dieser *„mütterlichen Vererbung"* beruht also auf einer Verteilung der Plastiden, die ja unabhängig von der Meiose und der Gametenbildung erfolgt.

Die am Beispiel der Panaschüren erläuterte Art der Vererbung ist damit auch unabhängig von dem im Zellkern lokalisierten Erbgut, dem *Genom.* Deshalb spricht man von plasmatischer oder extrachromosomaler Vererbung. Sie beruht auf der Erbinformation der DNA der Mitochondrien *(Chondriom)* und Chloroplasten *(Plastom).* Die DNA der Mitochondrien und Chloroplasten codiert aber bei weitem nicht alle Komponenten dieser Organellen. Zur Ausbildung aller ihrer Funktionen ist ein kompliziertes Zusammenwirken von Chondriom oder Plastom und Genom erforderlich. Zum Beispiel wird eine Untereinheit der Ribulose-bisphosphat-Carboxylase vom Plastom und die andere vom Genom codiert (Kap. 8.2.2.1).

13.3 Die Modifikationen und die Mutationen

Die Realisierung der Merkmale wird von den Genen gesteuert. Sie wird natürlich auch von *Umweltfaktoren* beeinflußt (Kap. 26.6). Individuen von Pflanzen mit vollkommen gleichem Genom, Chondriom und Plastom, wie man sie z. B. durch vegetative Vermehrung erhält, können sich im Phänotyp stark unterscheiden, wenn sie unter Umweltbedingungen mit großen Unterschieden in den wachstumsbestimmenden Faktoren gedeihen. Ein bekanntes Beispiel sind die Flachland- und Hochgebirgsformen eines aus demselben Wurzelstock gezogenen Löwenzahns (Abb. 13-3). Solche umweltbedingten Änderungen im Phänotyp sind nicht vererbbar; man nennt sie *Modifikationen.*

Abb. 13-3. Modifikationen des Löwenzahns. Beide Pflanzen wurden aus dem gleichen Wurzelstock gezogen, die große Pflanze wuchs im Tiefland, die kleine im Hochgebirge (nach DONNIER).

Ihnen stehen die *vererbbaren Veränderungen* gegenüber, die *Mutationen.* Sie sind immer mit einer Abänderung des genetischen DNA-Materials verbunden. Mutationen treten spontan auf, aber mit einer sehr geringen Wahrscheinlichkeit. Bei einem Eukaryonten-Genom mit 10^5 Genen mutiert statistisch bei jeder Gametenbildung ein Gen. Oder anders ausgedrückt: die Mutationsrate eines Gens beträgt 10^{-5} pro Generation. Durch *UV-Strahlung,* durch *ionisierende Strahlung* und durch bestimmte Chemikalien *(Mutagene)* wird die Mutationsrate erhöht. Die meisten dieser Veränderungen sind für die Individuen nachteilig oder sogar letal. Vorteilhafte Mutationen treten nur äußerst selten auf.

Bei *Genmutationen* werden die Bausteine der DNA verändert. Aus der Struktur des genetischen Materials (s. u.) können wir ableiten, daß schon die Veränderung einer einzigen Base der DNA zur Synthese veränderter Proteine führen kann. Dies wäre eine *Punktmutation* im Gegensatz zur *Segmentmutation,* bei der ganze DNA-Abschnitte verändert sind. Bei *Chromosomenmutationen* handelt es sich um den Verlust oder die Anlagerung von Chromosomenstücken bei einzelnen Chromosomen, den Stückaustausch zwischen nicht-homologen Chromosomen (unabhängig von der Meiose), die Verdoppelung oder die Umkehr von Chromosomenabschnitten. Dabei wird deutlich, daß nicht nur das Vorhandensein eines Gens im Genom, sondern auch seine ganz bestimmte Lage auf einem Chromosom von Bedeutung ist *(Posi-*

tionseffekt). Bei Untersuchungen mit Mais wurden „mobile Gene“, Transposons, entdeckt. Es handelt sich um Mutationen, die auf die Insertion kleiner, mobiler DNA-Sequenzen an wechselnden Stellen im Genom zurückzuführen sind (BARBARA MCCLINTOCK, Nobelpreis 1983).
Bei *Genommutationen* ist die Anzahl der Chromosomen verändert. Hierzu gehört vor allem die *Polyploidie.* Wenn diploide Eltern Gameten ohne eine Reduktionsteilung ausbilden, entstehen bei der Verschmelzung tetraploide Zygoten und tetraploide Pflanzen. Ähnlich können dann weiterhin hexa- und octoploide Pflanzen entstehen usw. Die Polyploidisierung durch nicht-reduzierte Gameten nennt man auch *generative Polyploidisierung.* Sind die Genome gleich ($AA + AA$), werden *autopolyploide Pflanzen* ($AAAA$) gebildet, sind sie verschieden ($AA + BB$), entstehen *allopolyploide Pflanzen* ($AABB$). Enthält ein diploider Organismus von einem homologen Chromosomenpaar nur einen Partner, d. h. ein Chromosom zu wenig (2n – 1), spricht man von *Monosomie,* ist ein Chromosom in drei Homologen vorhanden (2n + 1), von *Trisomie.* Viele Kulturpflanzen sind polyploid. Polyploide Pflanzen sind oft kräftiger, widerstandsfähiger und ertragreicher (Kap. 29.3.1.2).

13.4 Die Regulation durch DNA

13.4.1 Genetischer Code

Die Speicherung und Weitergabe von Information in Form von Polynucleotid-Ketten haben wir als Voraussetzung für das Leben in seinem Ursprung kennengelernt (Kap. 1.2, Kasten 1-4).
Information ist in der Desoxyribonucleinsäure (DNA) durch die Reihenfolge der Basen in den Polynucleotid-Strängen gegeben. Eine Abfolge von drei Basen *(Triplett)* beinhaltet dabei die Information für den Einbau einer Aminosäure in ein Protein. Die Desoxyribonucleinsäuren der rezenten Organismen sind nicht einsträngig (Kasten 1-4), sondern liegen als schneckenförmig gewundene Doppelstränge aus Polynucleinsäure-Ketten vor (Abb. 13-4). Die Bausteine der DNA rezenter Organismen sind in Kasten 13-2 wiedergegeben. Da vier verschiedene Basen beteiligt sind, gibt es $4^3 = 64$ verschiedene Möglichkeiten für die Bildung von Tripletts. In nativen Proteinen kommen nur 20 verschiedene Aminosäurebausteine (proteinogene Aminosäuren; Kap. 14.1) vor. Es gibt also mehr Tripletts als notwendig, um jede einzelne Aminosäure durch ein spezifisches Triplett zu codieren. In Wirklichkeit werden manche Aminosäuren durch mehrere (bis zu 6) Tripletts codiert. Die codierenden Tripletts sind für alle Aminosäuren bekannt, d. h. der genetische Code der Polynucleotide ist entschlüsselt. Er ist universell, d. h. er ist bei allen Organismen derselbe.
Durch zwei verschiedene katalytische Funktionen erfüllt die DNA die Aufgaben der *Weitergabe und* der *Realisation der* in ihr gespeicherten *Information:*

- Die *autokatalytische Funktion* führt zur identischen Selbstreduplikation der DNA und sichert die Weitergabe der Information.
- Die *heterokatalytische Funktion* steuert die Protein-Synthese. Da alle Enzyme Proteine sind und

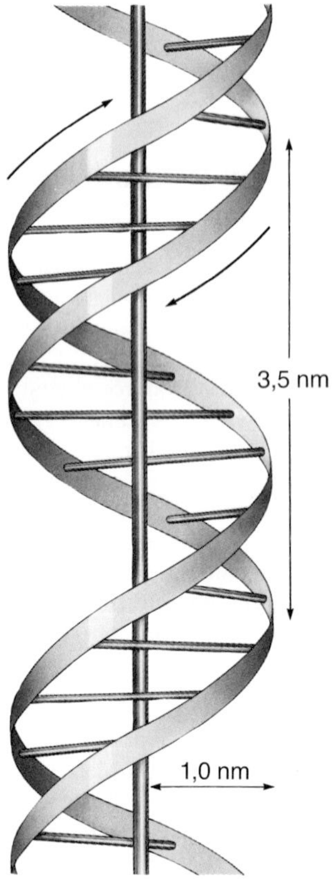

Abb. 13-4. DNA-Doppelhelix (WATSON-CRICK-Modell). Jede vollständige Windung enthält 10 Basenpaare und hat eine Länge von 3,5 nm.

Kasten 13-2
Bausteine von DNA und RNA

Purinbasen

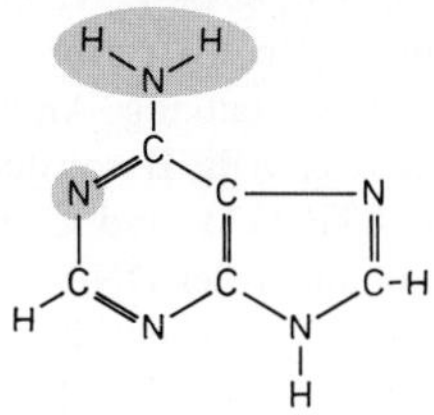

A = Adenin

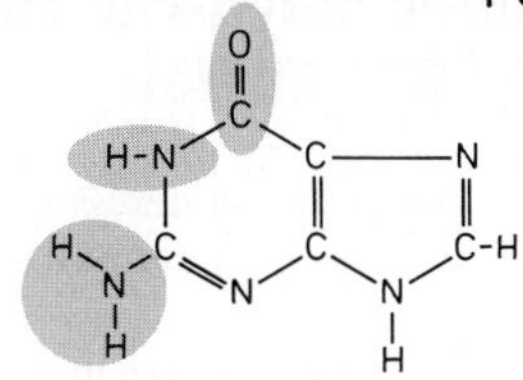

G = Guanin

Pyrimidinbasen

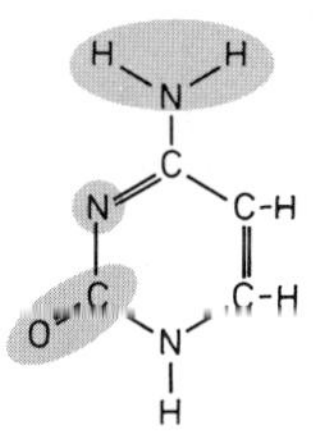

C = Cytosin

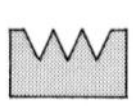

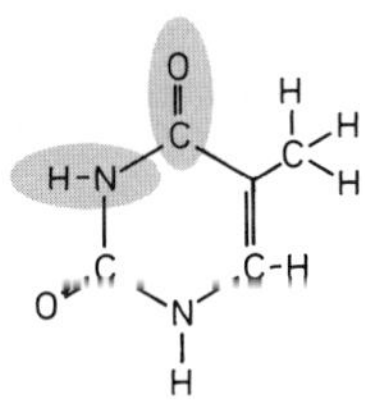

T = Thymin

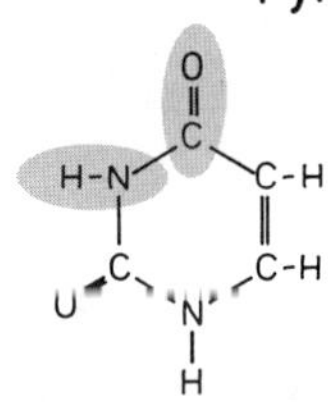

U = Uracil

Pentosen

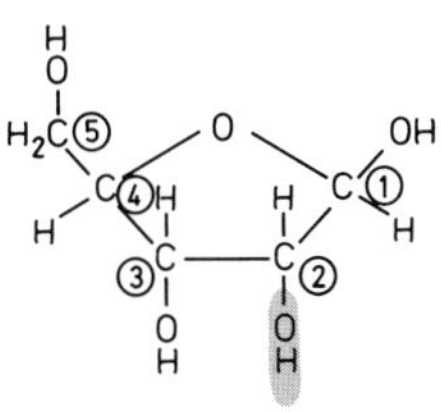

Ribose

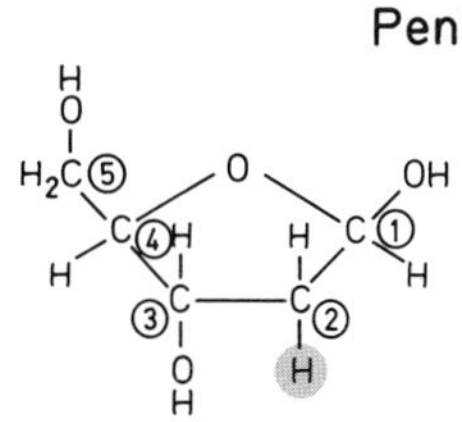

Desoxyribose

von ihnen alle Synthesen und Umsetzungen abhängen, kontrolliert die DNA die gesamte Gestaltbildung und alle Lebensvorgänge von Zellen und Organismen. Damit realisiert die DNA die in ihr enthaltene Information.

13.4.2 Autokatalytische Funktion der DNA: Replikation

Die *identische Reduplikation des genetischen Materials* der Zellen haben wir bei der Mitose (Kap. 12.3) kennengelernt.

Die beiden DNA-Stränge werden in der Doppelhelix durch Wasserstoffbrücken-Bindungen zwischen den Basen der beiden Stränge zusammengehalten. Dabei tritt jeweils eine Purin-Base einer Pyrimidin-Base gegenüber (Abb. 13-5). In Kasten 13-2 ist gezeigt, welche Gruppen der beteiligten Basenmoleküle Wasserstoffbrücken ausbilden. Bei Guanin (G) und Cytosin (C) sind es drei, bei Adenin (A) und Thymin (T) zwei Gruppen. Deshalb treten in der DNA-Duplex nur die Paarungen G-C und A-T auf (Abb. 13-5). Andere Paarungen sind nicht möglich.

Zur Replikation öffnet sich die DNA-Duplex an einem Ende Y-förmig, und an jedem Einzelstrang werden nach dem angegebenen Gesetz der Basenpaarung neue Nucleosidmonophosphate (vgl. Kasten 1-4) angelagert und verknüpft. Die Reaktion wird durch die DNA-abhängige *DNA-Polymerase* katalysiert. Es entstehen zwei Kopien der ursprünglichen Duplex (Abb. 13-6 und 13-7).

13.4.3 Steuerung der Enzymsynthese

Die heterokatalytische Funktion der DNA führt zunächst zu einem Umschreiben *(Transkription)*. Der DNA-Code wird in einen RNA-Code umgeschrieben. Die Ribonucleinsäure (RNA) unterscheidet sich in den drei folgenden Punkten von der DNA:

- Sie enthält als Pentose die Ribose anstelle der Desoxyribose (Namen! Kasten 13-2: Die Ribose hat eine OH-Gruppe am C-Atom 2, die bei der Desoxyribose durch ein H-Atom ersetzt ist).
- Sie enthält die Pyrimidin-Base Uracil (U) anstelle von Thymin (Kasten 13-2).
- Sie liegt in der Regel als Einzelstrang vor, es treten keine Doppelhelices auf.

Die Transkription wird von der *RNA-Polymerase* katalysiert. Dabei wird nur ein Strang der DNA abgelesen, der *„codogene Strang"*. Die beiden Stränge der DNA-Doppelhelix werden durch die RNA-Polymerase getrennt. Die DNA ist nur im Bereich des Euchromatins zugänglich, nicht im Bereich des Heterochromatins (Kap. 12.2). Die RNA-Polymerase wandert vom 3′-Ende zum 5′-Ende (s. Abb. 13-6) am codogenen Strang der DNA entlang. An die Basen des codogenen Stranges treten die Basen der Nucleosidtriphosphate (ATP, CTP, GTP und UTP) heran. Mit den Basen A, C, G und T der DNA paaren sich die Basen U, G, C und A der Nucleosidtriphosphate (Abb. 13-6).

Bei der Verknüpfung zum RNA-Strang wird Pyrophosphat abgespalten. Der Basen-Triplett-Code der DNA ist jetzt in den der RNA umgeschrieben. Da man den RNA-Code zuerst aufgeklärt hat, nennt man ihn *Codon,* den DNA-Code entsprechend *Codogen* (Abb. 13-7). Die beiden Stränge der DNA werden durch diesen Vorgang nur vorübergehend getrennt. Sie bleiben erhalten und vereinigen sich anschließend wieder, so daß beliebig viele Transkriptionen ablaufen können (Abb. 13-8).

In dieser RNA ist die Botschaft der DNA zur Protein-Synthese enthalten. Man nennt sie daher *Messenger-RNA* (engl. messenger: Botschafter, m-RNA). Bei Prokaryonten entsteht durch die Transkription der DNA unmittelbar die reife m-RNA, die ihre Information in der Proteinbiosynthese umsetzt. Die DNA der Eukaryonten ist viel komplizierter gebaut. Sie enthält neben den

- *codierenden Basensequenzen* auch zahlreiche
- *nicht-codierende Sequenzen.*

Darunter sind Sequenzen unbekannter Funktion und *regulative Sequenzen* oder *Kontrollsequenzen,* wie z. B.

- *Promotoren,* Anheftungsstellen für die RNA-Polymerase, die vor den Startstellen für die Transkription lokalisiert sind;
- *Enhancer,* Erkennungssequenzen für Transkriptionsfaktoren;
- *Spacer,* Sequenzen, die die Distanzen zwischen verschiedenen *Transkriptionseinheiten* markieren.

Die Transkriptionseinheiten stellen die Matrize für die RNA-Polymerase dar. Das durch die RNA-Polymerase synthetisierte *Primärtranskript* enthält dann neben den codierenden Sequenzen *(Exons)* zahlreiche nicht-codierende Sequenzen *(Introns)*. Die RNA

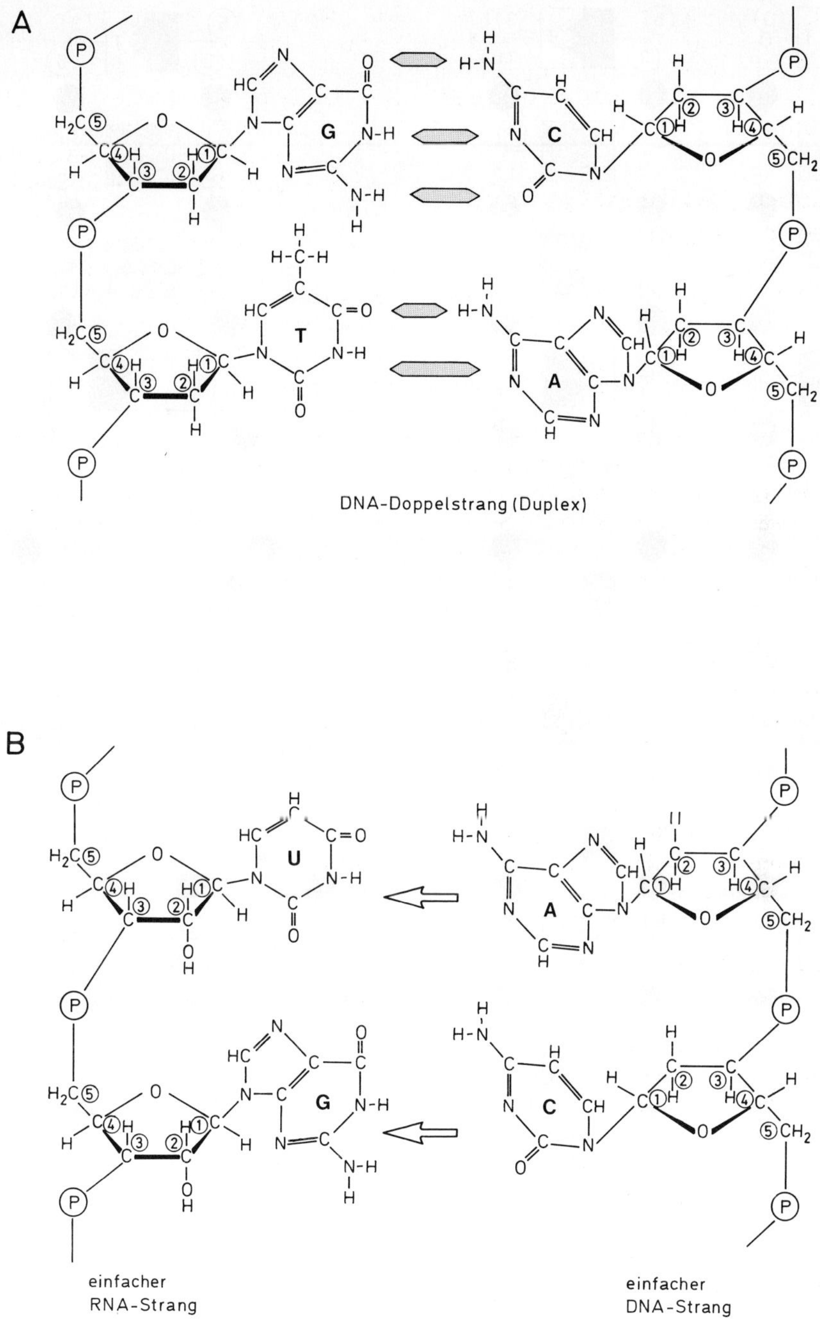

Abb. 13-5. Basenpaarungen. (A) Im DNA-Doppelstrang. (B) Bei der DNA→RNA-Transkription.

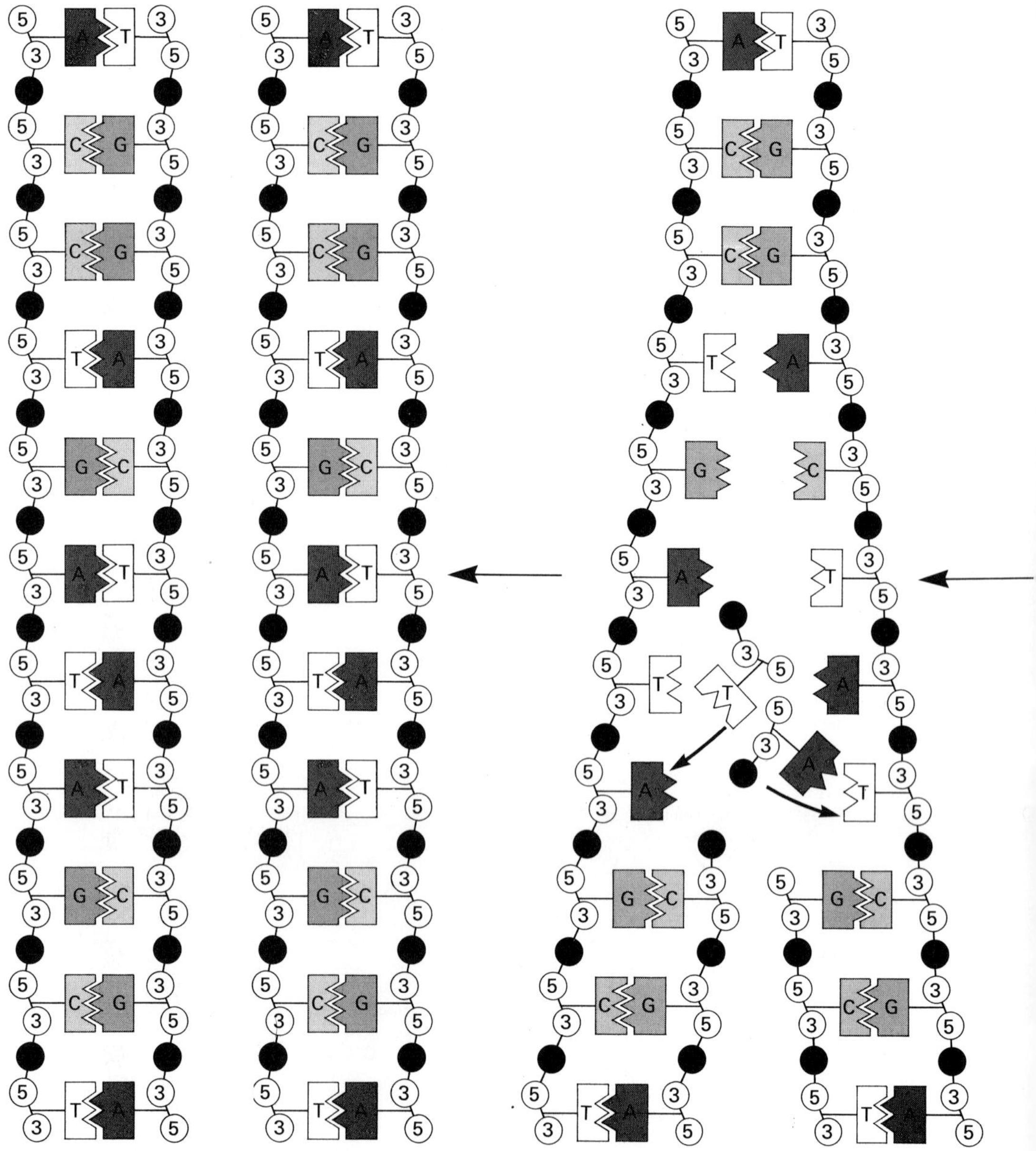

Abb. 13-6. Replikation (autokatalytische Funktion) und Transkription (heterokatalytische Funktion) der DNA. Die Einzelstränge verlaufen in allen Fällen gegenläufig, d. h. in unserer Darstellung ist im linken Strang jeweils das 5'-Ende und im rechten Strang das 3'-Ende oben.

Fortsetzung der Abb. ▶

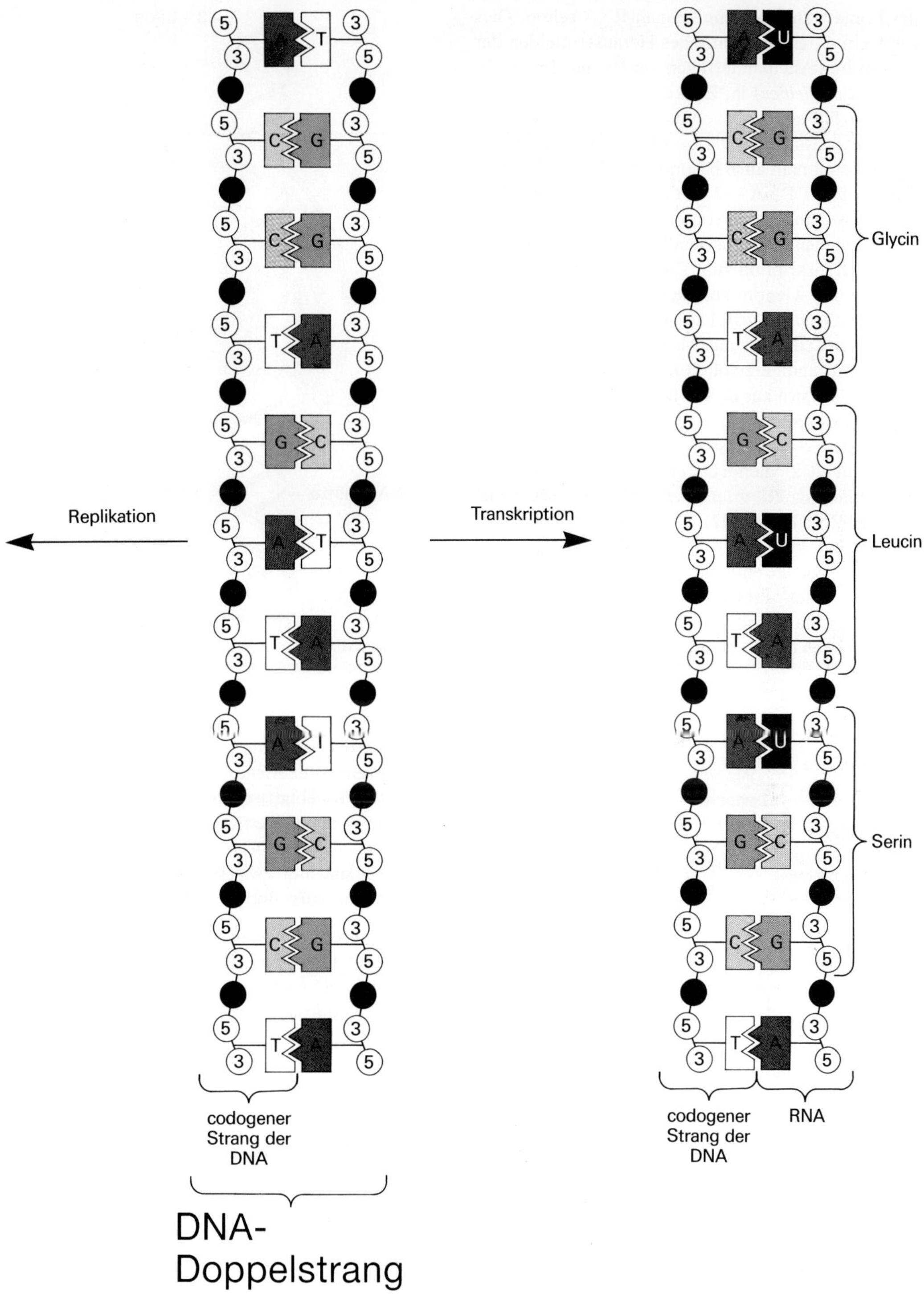
Replikation
Transkription
Glycin
Leucin
Serin
codogener Strang der DNA
codogener Strang der DNA
RNA
DNA-Doppelstrang

des Primärtranskripts muß zur m-RNA reifen. Dies geschieht durch enzymatisches Herausschneiden der Introns und Aneinanderfügen der Exons *(Prozessieren* durch *Spleißen)* im Zellkern.

Anfangs hat man angenommen, daß die Transkription nur in Richtung DNA → RNA ablaufen kann. Heute kennt man auch besondere Fälle von *inverser Transkription,* RNA → DNA (Abb. 13-7). Wenn beispielsweise eine Eukaryonten-Zelle von einem aus RNA bestehenden Virus befallen wird, kann es durch inverse Transkription zum Einbau von DNA in das Eukaryonten-Genom kommen, die der Virus-RNA entspricht *(Retrovirus).* Dies kann zur Krebsbildung führen. Im Hinblick auf Mobilität, Selbständigkeit und eigenständige Evolution von DNA (vgl. Kap. 1.2) ergeben sich aus diesen Beobachtungen weitreichende Konsequenzen.

Zur Protein-Synthese selbst tritt die reife m-RNA zuerst mit der kleineren Untereinheit eines Ribosoms in Verbindung. *Ribosomen* enthalten ebenfalls viel RNA (r-RNA) (Kap. 12). Der Basen-Triplett-Code der m-RNA wird durch die *Transfer-RNA* (t-RNA) abgelesen und in eine entsprechende Aminosäure-Sequenz eines Proteins übersetzt *(Translation).* Besondere Start- und Stop-Tripletts auf der m-RNA kennzeichnen den Beginn und das Ende eines jeden Proteins.

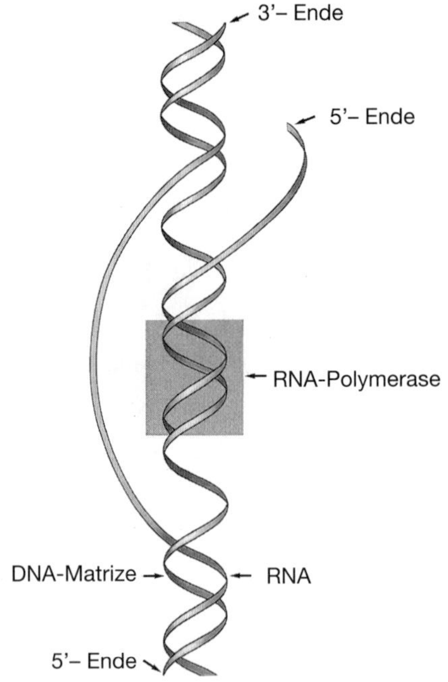

Abb. 13-8. Transkription des DNA-Code in den RNA-Code durch die RNA-Polymerase.

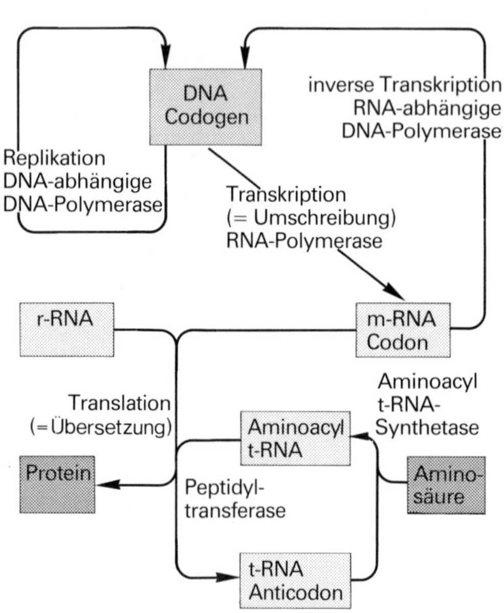

Abb. 13-7. Zusammenhänge zwischen DNA, RNA-Arten, Replikation, Transkription und Translation.

Die Ablesung des m-RNA-Codes wird dadurch möglich, daß es für jede der 20 proteinogenen Aminosäuren eine spezifische t-RNA gibt. Die t-RNA hat annähernd Kleeblattstruktur; d. h. sie besitzt drei Schleifen, an denen die Basen nicht gepaart sind, und dazwischen liegen Stücke mit gepaarten Basen. In Abb. 13-9 sind nur zwei Basentripletts der t-RNA besonders hervorgehoben:

- Das *Anticodon.* An einer Schleife der Polynucleotid-Kette trägt die t-RNA ein Triplett, das als „Anticodon" dem Codon-Triplett für die betreffende Aminosäure auf der m-RNA nach den Regeln der RNA-Basenpaarung entspricht (G-C; A-U).
- Das *ungepaarte C-C-A-Ende.* Alle t-RNAs tragen an dieser Stelle die Basensequenz C-C-A. Jede Aminosäure wird an dem terminalen Adenosin ihrer spezifischen t-RNA gebunden. Die Anheftungsreaktion wird durch die *Aminoacyl-t-RNA-Synthetasen* katalysiert, die für beide Partner (t-RNA und Aminosäure) spezifisch sind (Abb. 13-9).

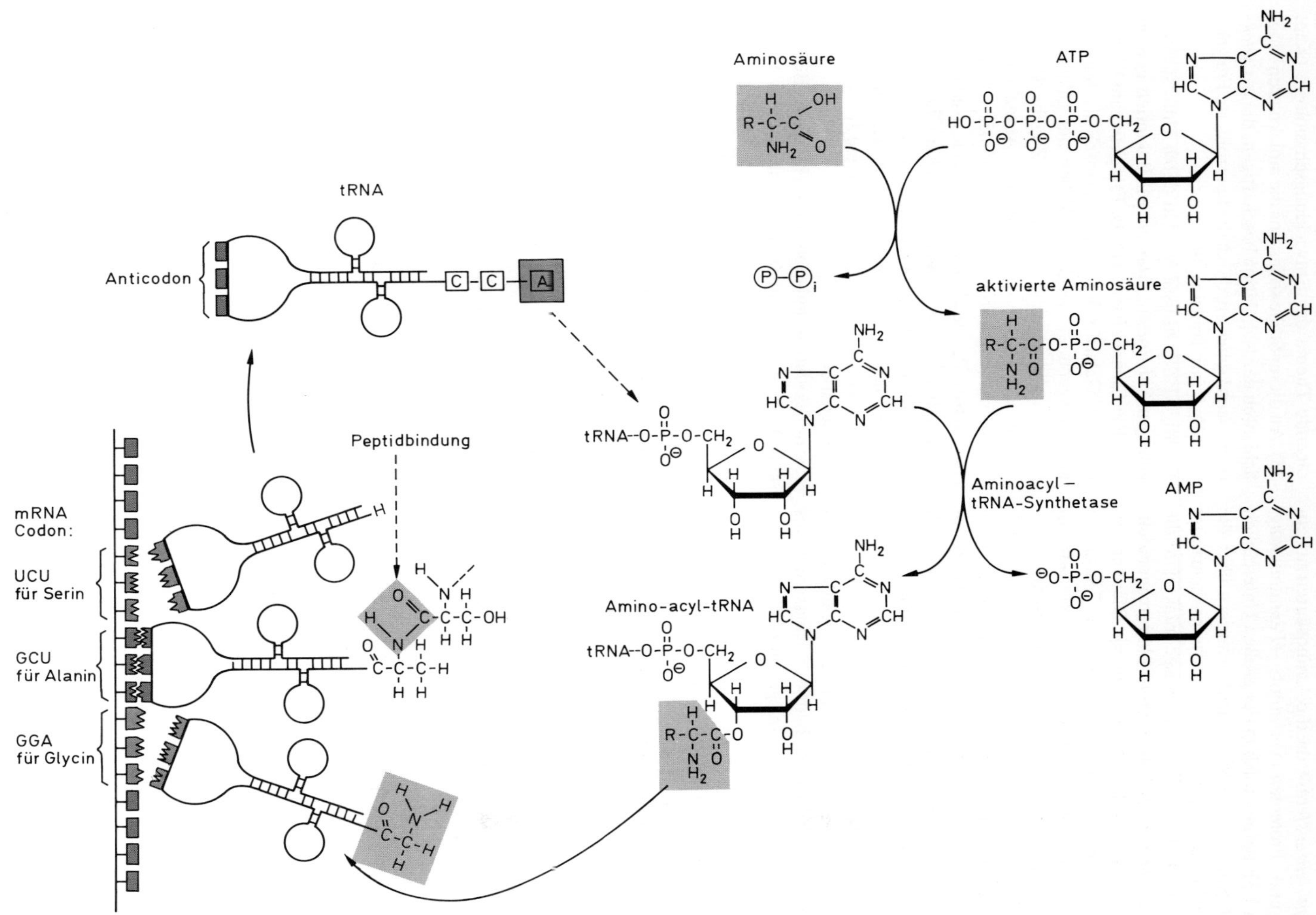

Abb. 13-9. Aktivierung der Aminosäuren, Übertragung auf die t-RNA und Peptidsynthese (Translation).

Die *Peptidyltransferase,* die die Aminosäuren zu Peptiden und Proteinen verknüpft *(Peptidbindung,* Kasten 1-3), befindet sich in der großen Untereinheit der Ribosomen. Die Ribosomen wandern über die m-RNA hinweg, deren Basentripletts nacheinander abgelesen werden. Umgekehrt ausgedrückt wird die m-RNA durch die Ribosomen hindurchgefädelt. Dies ist ein energieabhängiger Vorgang. Die synthetisierten Peptide liegen dabei etwa auf einer Länge von 40 Aminosäure-Resten im Innern der Ribosomen, treten dann aus und werden schließlich in das Cytoplasma freigesetzt.

Oft liegen die Ribosomen nicht einzeln frei im Cytoplasma, sondern sind zu Polysomen am endoplasmatischen Retikulum aufgereiht („rauhes“ ER). Nebeneinander liegende Ribosomen können dann auch gleichzeitig denselben m-RNA-Strang ablesen, was wesentlich zur Beschleunigung der Protein-Synthese beiträgt. Die gebildeten Proteine werden dabei durch die große Untereinheit der Ribosomen ins Innere der ER-Zisternen abgegeben (Abb. 13-10).

13.4.4 Regulation

Wenn alle Zellen eines komplexen Organismus mit Arbeitsteilung zwischen einer Vielzahl verschiedener Zelltypen genetisch identisch sind, muß die Expression der genetischen Information einer ebenso komplexen Regulation unterliegen. Dies ist das herausragende Thema der Entwicklungsphysiologie (Kap. 26). An dieser Stelle sollen uns die molekularen Möglichkeiten der Regulation beschäftigen, die zur *selektiven Genaktivierung* durch die kontrollierte Freigabe von DNA zur Transkription führen.

Wichtige Erkenntnisse wurden durch Untersuchungen von *Substratinduktionen* bei Bakterien gewonnen. Bei *Escherichia coli* ist die Fähigkeit zum Wachstum auf Galactosiden (z. B. Lactose) als Substrat nicht ausgebildet, wenn die Zellen auf galactosidfreiem Medium wachsen. Durch die Zugabe der Lactose als Substrat werden die für ihre Aufnahme und ihre Verwertung nötigen Enzyme induziert, nämlich die Lactose-Permease und die β-Galactosidase, die die Lactose in ihre Hexose-Bausteine Glucose und Galactose spaltet. Die Gene für das Wachstum auf Lactose sind also in Abwesenheit des Substrates „abgeschaltet“ und werden durch seine Anwesenheit „angeschaltet“.

Die molekulare Regulation konnte für dieses Beispiel aufgeklärt werden, und Jacob und Monod haben daraus ein allgemeines Modell für die Regulation durch DNA abgeleitet (Jacob-Monod-Hypothese oder Regulator-Operator-Hypothese, Abb. 13-11).

Die für die eigentliche Protein-Synthese verantwortlichen Gene nennt man *Strukturgene.* Ihnen ist auf der DNA ein *Operator-Gen* vorgeschaltet, und davor liegt noch eine *Promotor-Region.* Eine solche Gruppe von Genen nennt man ein *Operon.* Wenn das Operator-Gen reprimiert ist, können die Struktur-

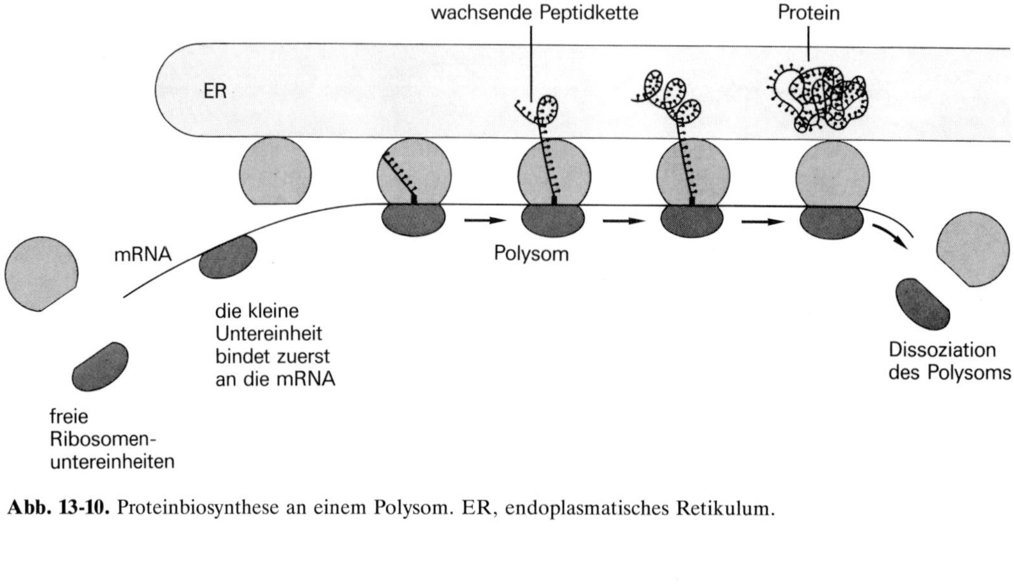

Abb. 13-10. Proteinbiosynthese an einem Polysom. ER, endoplasmatisches Retikulum.

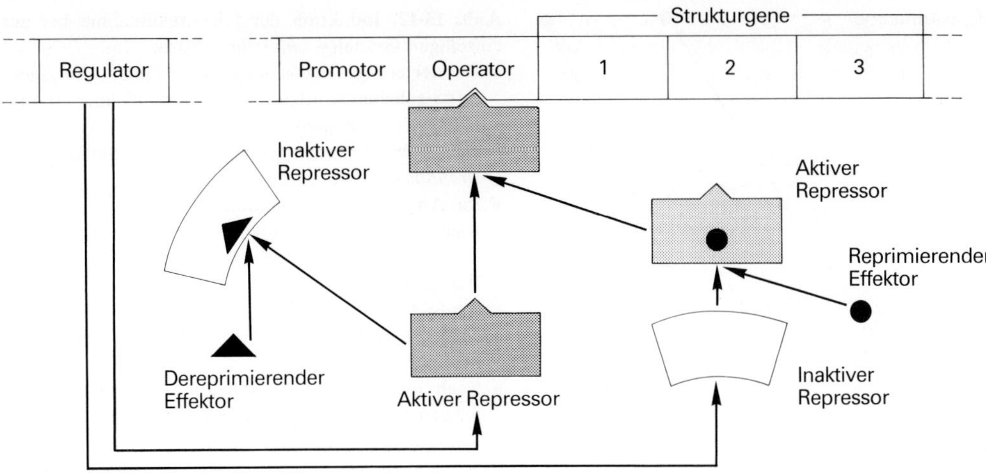

Abb. 13-11. Regulator-Operator- oder JACOB-MONOD-Hypothese der genetischen Regulation der Proteinbiosynthese: Wenn ein aktiver Repressor an den Operator gebunden ist, können die Strukturgene nicht abgelesen werden. Niedermolekulare Effektoren können aktive Repressoren inaktivieren oder inaktive Repressoren aktivieren (in Anlehnung an HESS).

gene aber nicht abgelesen werden. Durch Dereprimieren des Operator-Gens oder Induktion werden die Strukturgene frei für die Transkription. Die *Repressoren* sind Peptide oder Proteine, die von einem *Regulator-Gen* codiert werden, das außerhalb des Operons liegt. Sind die vom Regulator-Gen codierten Repressoren normalerweise aktiv, so wird das Operator-Gen reprimiert, und die Strukturgene sind abgeschaltet. Ein *Effektor,* im obigen Beispiel das Substratmolekül Lactose, kann den Repressor inaktivieren, der dadurch nicht mehr an das Operator-Gen bindet. Damit werden die Strukturgene angeschaltet. Umgekehrt kann ein inaktiver Repressor durch Effektoren aktiviert werden, so daß die Effektoren ein Abschalten der Strukturgene bewirken.

Neben Substraten können auch Produkte von Enzymreaktionen oder Hormone als Effektoren wirken. Es wird deutlich, daß durch Stimulierungen durch Substrate, Hemmungen durch Produkte und selektive Wirkungen von Hormonen über die DNA eine sinnvolle biologische Kontrolle der Lebensvorgänge möglich wird.

Das JACOB-MONOD-Modell kann im Prinzip auch auf Eukaryonten übertragen werden. Dort sind die Verhältnisse aber durch den komplexeren Bau der DNA mit ihren nicht-codierenden Kontrollsequenzen (Kap. 13.4.3) viel komplizierter. Auch bei Eukaryonten kennt man jedoch schon eine ganze Reihe von Substratinduktionen, z. B. die Induktion der Nitrat-Aufnahme und Reduktion (Kap. 24.3.1) und die Induktion der Hexose-Aufnahme der chlorococcalen Grünalge *Chlorella* (Abb. 13-12).

Eine sehr wichtige Voraussetzung für die Regulation durch die DNA ist die begrenzte Lebensdauer der m-RNA und der Proteine. Diese Makromoleküle unterliegen einem *„Turnover“,* d. h. einem ständigen Abbau, der im dynamischen Gleichgewicht durch eine ständige Neusynthese ausgeglichen wird. Die Halbwertszeit, das bedeutet hier die halbe Lebensdauer, von m-RNA liegt bei den Bakterien meist unterhalb einer Minute. Bei Eukaryonten gibt es kurz- und langlebige m-RNA. Bei *Acetabularia* konnte man beobachten, daß die m-RNA kernloser Stielstücke eine längere Lebensdauer hat als die kernhaltiger Zellen (vgl. Kap. 28.3). Hier bestimmt die DNA also auch noch die Lebensdauer der RNA. Das für die Hexose-Aufnahme in *Chlorella* verantwortliche Carrier-Protein hat eine Halbwertszeit von etwa 4 bis 6 Stunden (Abb. 13-12). Die begrenzte Lebensdauer der m-RNA und der Proteine erlaubt die anpassungsfähige kontinuierliche Kontrolle durch die DNA.

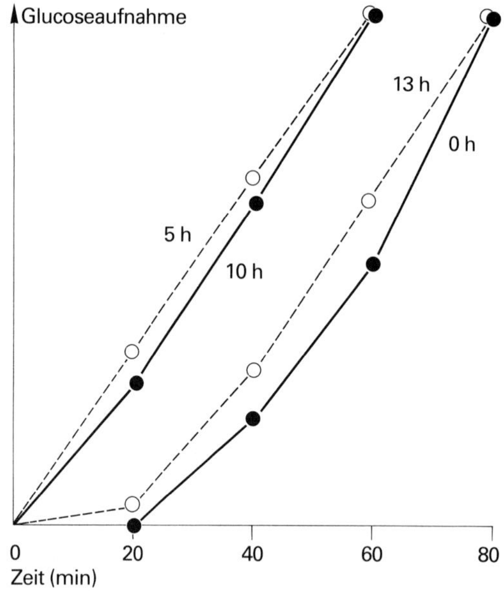

Abb. 13-12. Induktion der Glucoseaufnahme bei der einzelligen Grünalge *Chlorella vulgaris.*

- Bei der ersten Glucose-Zugabe zu Zellen, die glucosefrei gehalten wurden (0 h), dauerte es über 20 min, bis Glucoseaufnahme einsetzte, und die Aufnahme stieg während der folgenden 60 min weiter an: *Substratinduktion des Aufnahmesystems.*
- Im Anschluß an die Induktion wurden die Zellen wieder glucosefrei gehalten.
- Nach 5 h war das Aufnahmesystem noch voll aktiv. Bei Glucosezugabe setzte sofort rasche und konstante Aufnahme ein.
- Nach 10 h war die Glucoseaufnahme zu Beginn bereits etwas reduziert.
- Nach 13 h war das Aufnahmesystem bereits wieder nahezu vollständig verschwunden: *Turnover des Aufnahmesystems* (Halbwertszeit 6–7 h).

(Nach Daten von TANNER et al., *Z. Pflanzenphysiol.* **62**: 376, 1970.)

Zum weiteren Studium

BRESCH, C. und HAUSMANN, R.: *Klassische und molekulare Genetik.* Springer, Berlin–Heidelberg–New York 1972.

HESS, D.: *Pflanzenphysiologie. Molekulare und biochemisch-physiologische Grundlagen von Stoffwechsel und Entwicklung.* Ulmer, Stuttgart 1976.

KINDL, H.: *Biochemie der Pflanzen.* Springer, Berlin – Heidelberg – New York 1991.

STRASBURGER, E.: *Lehrbuch der Botanik für Hochschulen.* Fischer-Verlag, Stuttgart – Jena – New York 1991.

14 Die Aminosäuren und Proteine

14.1 Die Aminosäuren und ihre Eigenschaften

Aminosäuren sind die Grundbausteine der Proteine. Die am Aufbau der Proteine beteiligten Aminosäuren werden *proteinogene Aminosäuren* genannt. Sie zeichnen sich dadurch aus, daß sie am α-Kohlenstoff-Atom zwei funktionelle Gruppen tragen, nämlich eine *Carboxyl-Gruppe (-COOH)* und eine *Amino-Gruppe (-NH₂)*. Die allgemeine Darstellungsform der Aminosäuren ist daher

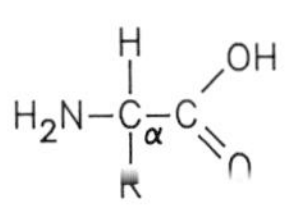

R steht für einen „Rest“ oder eine Seitenkette verschiedener Konfiguration. Eine solche Seitenkette kann mit weiteren funktionellen Gruppen, z. B. zusätzlichen Carboxyl- oder Amino-Gruppen, ausgestattet sein. Sie bestimmt wesentlich die Eigenschaften der betreffenden Aminosäure. Bei über 200 bekannten Aminosäuren gibt es 20 verschiedene proteinogene Aminosäuren (Kasten 14-1). Dazu zählen auch das Aspargin und das Glutamin, deren Rest (R) jeweils eine Säureamid-Gruppe

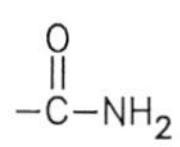

enthält.

Das α-C-Atom der Aminosäuren ist asymmetrisch substituiert, wenn R nicht nur aus einem H-Atom besteht. Diese Asymmetrie des C-Atoms trifft außer für Glycin für alle proteinogenen Aminosäuren zu. Bei asymmetrisch substituierten C-Atomen tritt Spiegelbildisomerie auf; d. h. es existieren von der Verbindung zwei Molekülarten, die sich in ihrem Aufbau zueinander verhalten wie ein Bild und dessen Spiegelbild (Kasten 14-2). Die chemischen und physikalischen Eigenschaften der spiegelbildlichen Moleküle stimmen weitestgehend überein. Sie unterscheiden sich aber dadurch, daß sie polarisiertes Licht in entgegengesetzter Richtung drehen. Man nennt die *Spiegelbildisomeren* daher „optische Antipoden“ und kennzeichnet sie als L- bzw. D-Form (Kasten 14-2). Alle proteinogenen Aminosäuren gehören der L-Reihe an, mit Ausnahme von Glycin, das optisch nicht aktiv ist.

Die Carboxyl-Gruppen und die Amino-Gruppen der Aminosäuren sind ionisierbar (Abb. 14-1). Dabei wirkt die Amino-Gruppe als Base, d. h. sie nimmt ein Proton auf und wird elektrisch positiv. Die Carboxyl-Gruppe wirkt hingegen als Säure, indem sie ein Proton abgibt und elektrisch negativ wird. Das Ausmaß der Ionisierung hängt von der H^+-Konzentration (pH-Wert) ab. Bei hoher H^+-Konzentration (niedriger pH-Wert) ist die Amino-Gruppe ionisiert, nicht aber die Carboxyl-Gruppe (Abb. 14-1). Das Molekül wird also insgesamt elektrisch positiv. Bei niedriger H^+-Konzentration (hoher pH-Wert) verhält es sich umgekehrt: Die Carboxyl-Gruppe ist ionisiert, nicht aber die Amino-Gruppe. Das Molekül wird also elektrisch negativ. Bei einem bestimmten, als *isoelektrischer Punkt* bezeichneten pH-Wert sind beide funktionellen Gruppen gleichermaßen ionisiert. Es entsteht ein *„Zwitterion“*, dessen Ladungen sich nach außen hin gegenseitig aufheben. Tatsächlich ungeladene Aminosäure-Moleküle kommen hingegen nicht vor.

Die Lage des isoelektrischen Punktes ist bei den einzelnen Aminosäuren vor allem wegen der unterschiedlichen Seitenketten verschieden. Bei einem bestimmten pH-Wert liegen die Aminosäure-Arten

Kasten 14-1
Die proteinogenen Aminosäuren

● Aminosäuren mit unpolaren Resten

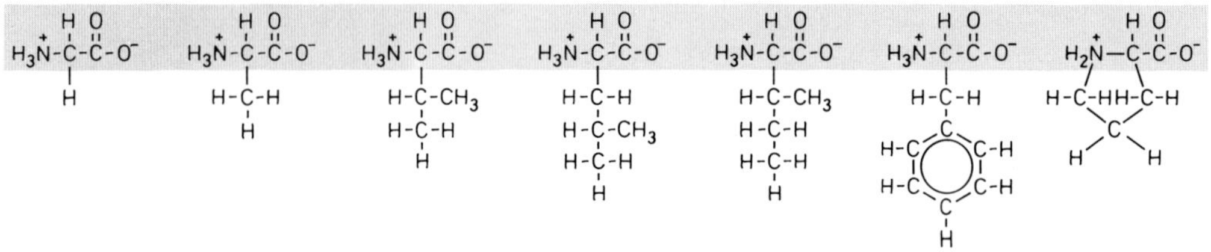

Glycin (Gly) | L-Alanin (Ala) | L-Valin (Val) | L-Leucin (Leu) | L-Isoleucin (Ileu) | L-Phenylalanin (Phe) | L-Prolin (Pro)

● Aminosäuren mit polar wirkenden, doch ungeladenen Gruppen (-OH; -SH; stickstoffhaltige Ringe)

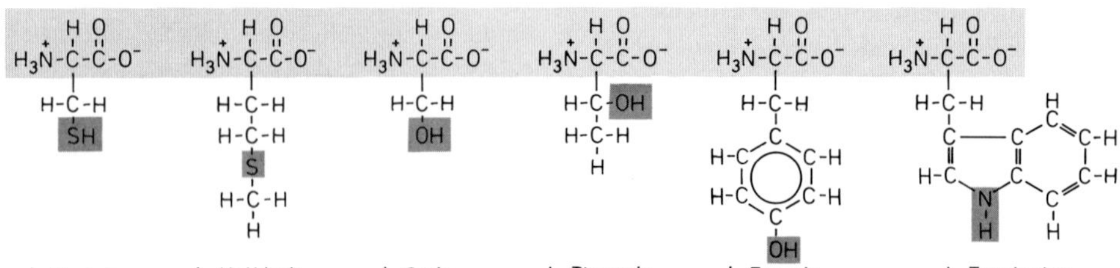

L-Cystein (Cys) | L-Methionin (Met) | L-Serin (Ser) | L-Threonin (Thr) | L-Tyrosin (Tyr) | L-Tryptophan (Try)

● Aminosäuren mit einer weiteren Carboxylgruppe ("saure Aminosäuren") und die zugehörigen Amide (bei der zweiten Carboxylgruppe ist -OH durch $-NH_2$ ersetzt)

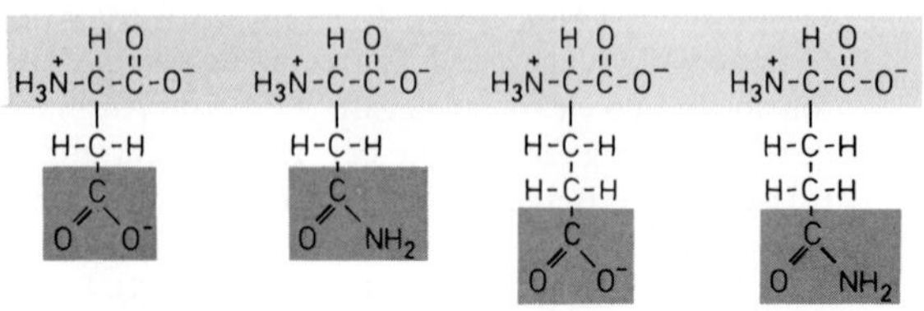

L-Asparaginsäure (Asp) | L-Asparagin (Asp N) | L-Glutaminsäure (Glu) | L-Glutamin (Glu N)

● Aminosäuren mit einer zusätzlichen basischen Gruppe ("basische Aminosäuren")

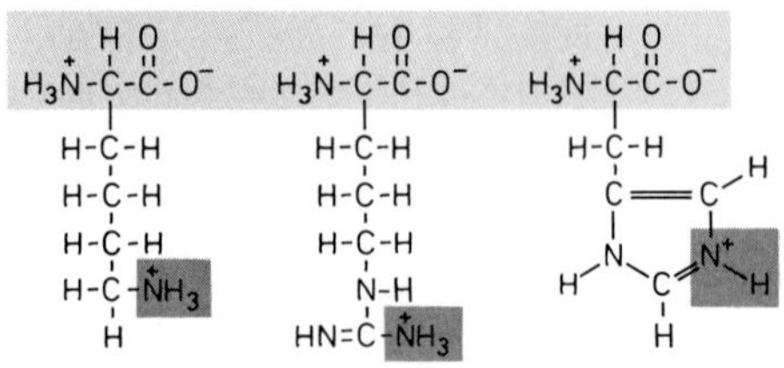

L-Lysin (Lys) | L-Arginin (Arg) | L-Histidin (His)

(in Anlehnung an VON DENFFER, verändert).

Kasten 14-2
Spiegelbildisomerie

Ist ein Kohlenstoffatom in einem Molekül asymmetrisch substituiert („asymmetrisches C-Atom"), so tritt Spiegelbildisomerie auf. Dies bedeutet: Es gibt von dem betreffenden Molekül zwei sich wie Bild und Spiegelbild verhaltende Varianten. Man bezeichnet sie als D- und L-Form. Für die Darstellung der Spiegelbildisomerie bedient man sich der von EMIL FISCHER eingeführten Projektionsformel, bei der folgende Regeln einzuhalten sind:
Wenn man sich die Zeichenebene durch das asymmetrische C-Atom gelegt denkt, so müssen die Kohlenstoffatome der Kette hinter der Ebene, die übrigen Substituenten des C-Atoms vor der Ebene erscheinen. Diese Anordnung projiziert man dann auf die Zeichenebene. Die Moleküle werden so geschrieben, daß das am höchsten oxidierte Kohlenstoffatom oben steht. Im Falle einer Aminosäure wäre dies die Carboxylgruppe. Die L-Formen schreibt man so, daß die funktionelle Gruppe des asymmetrischen C-Atoms links, die D-Formen so, daß sie rechts steht, also:

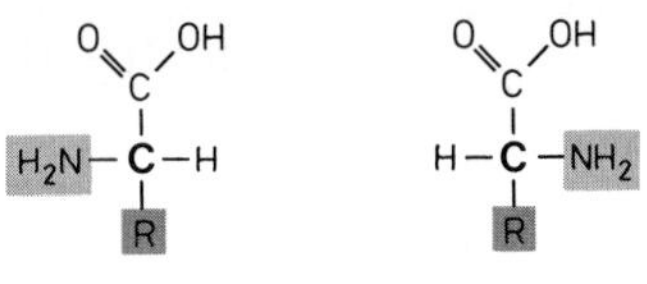

L-Aminosäure D-Aminosäure

Spiegelbildisomerie tritt auch bei anderen Verbindungsklassen als der der Aminosäuren auf, z. B. bei organischen Säuren oder bei Zuckern.

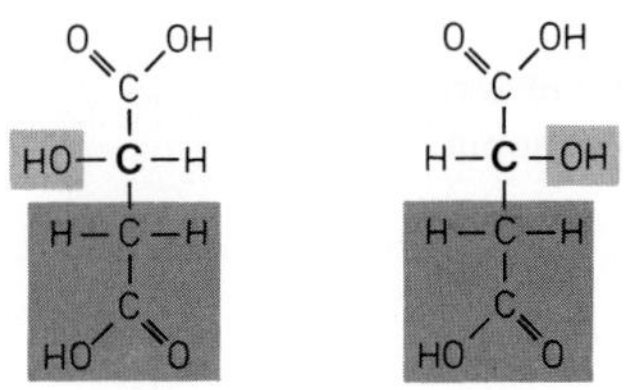

L-Äpfelsäure D-Äpfelsäure

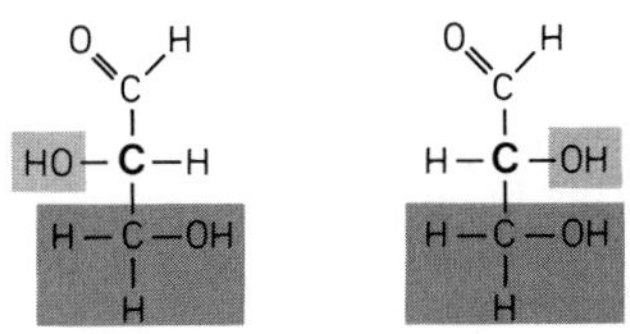

L-Glycerinaldehyd (Triose) D-Glycerinaldehyd (Triose)

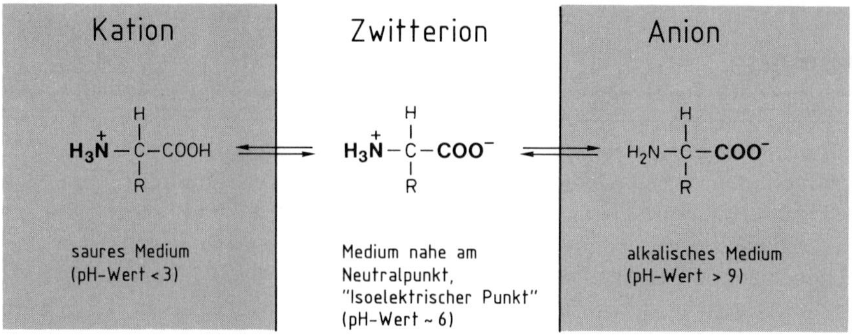

Abb. 14-1. Die Ladungszustände einer Aminosäure.

eines Gemisches daher in unterschiedlichem Ladungszustand vor. Hierauf beruht die Möglichkeit, ein solches Gemisch von Aminosäuren durch Anlegen einer elektrischen Spannung aufzutrennen. Man bezeichnet diese analytisch sehr wichtige Trennmethode als *Elektrophorese.*

Wie erwähnt, unterscheiden sich die einzelnen Aminosäuren hinsichtlich ihrer *Seitenketten* (Kasten 14-1). Diese können aus reinen Kohlenwasserstoff-Gruppierungen bestehen und sind dann apolar *(hydrophob).* Sie können auch zusätzliche Carboxyl-Gruppen oder Amino-Gruppen tragen. Solche Seitengruppen sind polar *(hydrophil)* und verleihen den betreffenden Aminosäuren zusätzlich basische oder saure Eigenschaften. Schließlich können die Seitenketten OH-Gruppen (im Falle des Serin) oder Schwefel in Form von HS-Gruppen enthalten. Letzteres ist bei den Aminosäuren Cystein und Methionin der Fall.

14.2 Die Kondensation von Aminosäuren zu Peptiden

Die α-Carboxyl-Gruppe einer Aminosäure kann mit der α-Amino-Gruppe einer weiteren Aminosäure verknüpft werden (Abb. 14-2). Man bezeichnet eine solche unter Wasseraustritt erfolgende Verknüpfung zweier Moleküle als Kondensation. Bei der Kondensation zweier Aminosäuren entsteht ein *Peptid.* Die dabei geknüpften Bindungen bezeichnet man als *Peptid-Bindungen* (Kasten 1-3). Durch solche Peptid-Bindungen lassen sich viele Aminosäure-Einheiten aneinanderreihen. Man spricht von *Dipeptiden,* wenn zwei Aminosäuren miteinander verknüpft sind. Ein natürlich vorkommendes *Tripeptid* ist das Glutathion. Hier sind je ein Molekül Glutamin, Cystein und Glycin peptidisch gebunden. Dank der HS-Gruppe seines Cystein-Bausteins kann Glutathion nach dem Schema

$$\text{R-SH} + \text{HS-R} \rightleftharpoons \text{R-S-S-R} + [2\text{H}]$$

als Redoxsystem wirken. Darin liegt auch seine biologische Bedeutung.

Sind weniger als zehn Aminosäuren miteinander verknüpft, spricht man von *Oligopeptiden,* darüber hinaus von *Polypeptiden.* Polypeptide mit mehr als 100 Aminosäure-Einheiten bezeichnet man als *Proteine* (Eiweiße). Der Begriff „Protein" wurde 1836 von Jöns J. Berzelius eingeführt und leitet sich vom griechischen Wort „proteios" (übersetzt: „an erster Stelle") ab. Der Begriff spiegelt treffend die überragende Bedeutung der Proteine für die Lebewesen wider.

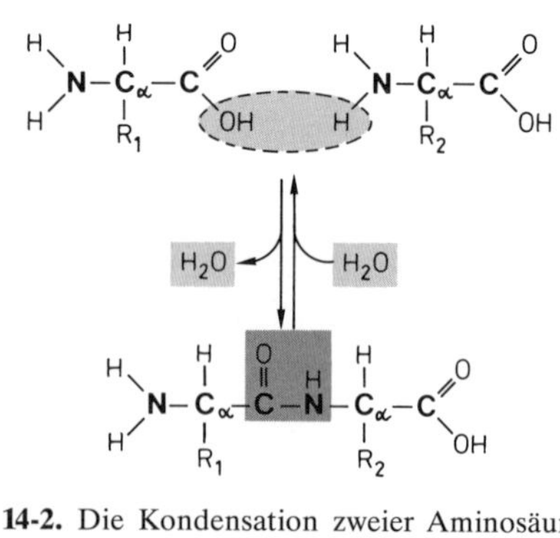

Abb. 14-2. Die Kondensation zweier Aminosäuren zu einem Peptid. Die Peptidbindung ist durch das graue Feld hervorgehoben.

Die *Masse eines Proteinmoleküls* wird durch die Masseneinheit „Dalton“ (Da) gekennzeichnet. Diese Einheit ist nach dem Schöpfer der Atomtheorie der Materie, John Dalton (1766–1844), benannt. 1 Da entspricht dem Wert von genau 1 auf der Atommassen-Skala. Die Masseneinheit von 1000 Da ist das Kilodalton (kDa). *Die meisten Proteine haben eine Molekülmasse zwischen 10 und 100 kDa.* Statt der Masseneinheit Da wird oft noch lediglich die relative Molekülmasse (bisher auch Molekulargewicht genannt) als dimensionslose Zahl angegeben.

14.3 Die Eigenschaften der Proteine

Durch die Peptid-Bindung entsteht in der Peptid-Kette eine regelmäßige Abfolge von Atomen, nämlich

$$-\mathrm{N}-\mathrm{C}-\overset{\overset{\large O}{\|}}{\mathrm{C}}-\mathrm{N}-\mathrm{C}-\overset{\overset{\large O}{\|}}{\mathrm{C}}-\mathrm{N}-$$

(Kasten 1-3). Sie bildet das stabile Rückgrat des Proteins, weil die Peptid-Bindungen starre Einheiten darstellen und damit eine freie Drehbarkeit der Aminosäure-Bausteine untereinander ausschließen. Von diesem Rückgrat zweigen die Seitenketten der diversen Aminosäuren ab. Wie Kasten 1-3 zeigt, besteht das eine der beiden freien Enden der Peptid-Kette aus einer Carboxyl-Gruppe („C-Terminus“), das andere aus einer Amino-Gruppe („N-Terminus“). Peptid-Ketten sind also gerichtet.

Durch das *Amino-Ende* und das *Carboxyl-Ende* sowie durch die sauren und basischen Gruppen der Seitenketten tragen auch die Proteine gegensätzliche elektrische Ladungen. Der Dissoziationsgrad der ionisierbaren Gruppen hängt, wie wir es bei den Aminosäuren gesehen haben, auch hier vom pH-Wert ab. Am *isoelektrischen Punkt* weist ein Protein die geringste Nettoladung auf. Die Lage des isoelektrischen Punktes wird dabei vor allem vom Mengenverhältnis basischer und saurer funktioneller Gruppen im Makromolekül bestimmt. Da also Proteine elektrische Ladung tragen und damit Ionen sind, kann man auch sie elektrophoretisch auftrennen (Abb. 14-3).

Die elektrischen Eigenschaften der Proteine sind aber auch von großer Bedeutung für die Funktion in der Zelle. Hier sind die Proteine von einem wäßrigen Milieu umgeben. Wassermoleküle stellen jedoch elektrische Dipole dar (Kasten 14-3). Diese Wasser-Dipole lagern sich mit ihrem positiven bzw. negativen Ende an Ionen entgegengesetzter Ladung an. Das geschieht auch bei den Proteinen: Ihre ionisierten Gruppen umgeben sich mit Wasser-Dipolen, d. h. mit einer *Hydrathülle.* Das Ausmaß der Hydratisierung und damit der *Quellungszustand eines Proteins* hängt also von dessen Ladungszustand und dieser – wie erwähnt – vom pH-Wert des Milieus ab. Wir verstehen nun, welch überragende Bedeutung der pH-Wert in der Zelle oder in ihren einzelnen Kompartimenten für den Zustand und damit für die Funktionsfähigkeit der Zellproteine hat.

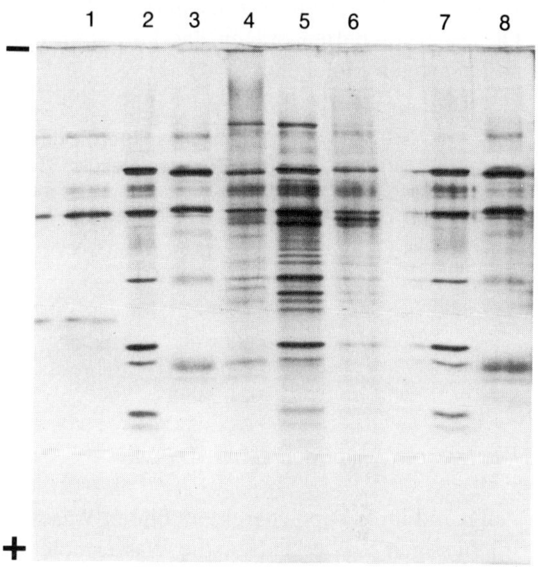

Abb. 14-3. Auftrennung von Proteinen in einem elektrischen Feld (Elektrophorese). Die Proteingemische werden auf den oberen Bereich (Start) eines mit Puffer getränkten Polyacrylamid-Gels aufgetragen. Nach Anlegen einer elektrischen Spannung wandern die Proteine unterschiedlich schnell in Richtung der Kathode. Dabei trennt sich das Gemisch in seine Komponenten auf. Diese werden nach Abschluß der Elektrophorese angefärbt. Jede dunkle Bande des Bildes stellt ein individuelles Protein dar.

Das hier gezeigte Beispiel ist eine Auftrennung der Proteine, die aus Tonoplasten von CAM-Pflanzen (Kap. 23.8.3.3) isoliert wurden. Die Bahnen 1 bis 8 bedeuten: Markerproteine zum Eichen der relativen Molekülmasse (1), ATPase aus *Mesembryanthemum crystallinum* (2), ATPase aus *Kalanchoë daigremontiana* (3), Gesamtproteine aus Tonoplasten der beiden Pflanzen (4, 5, 6), (7) und (8) wie (2) bzw. (3); (Aufnahme: H.-P. Haschke).

Kasten 14-3
Eigenschaften der Wassermoleküle

Wassermoleküle sind Dipole

Die Bilanz der positiven und negativen elektrischen Ladungen in einem Wassermolekül ist ausgeglichen, die Gesamtladung ist Null. Durch ungleiche Verteilung der Elektronen sind jedoch die Ladungen intramolekular ungleichmäßig verteilt: Das Sauerstoff-Ende ist im Vergleich zum Wasserstoff-Ende negativer. Wassermoleküle sind daher polar und in dieser Eigenschaft mit einer Magnetnadel vergleichbar. Wie eine Magnetnadel sind auch Wassermoleküle Dipole und verhalten sich wie diese: Gleichartige Pole stoßen sich ab, ungleichartige Pole ziehen sich an. Diese Eigenschaften prägen das Verhalten der Wassermoleküle untereinander und gegenüber andersartigen Molekülen.

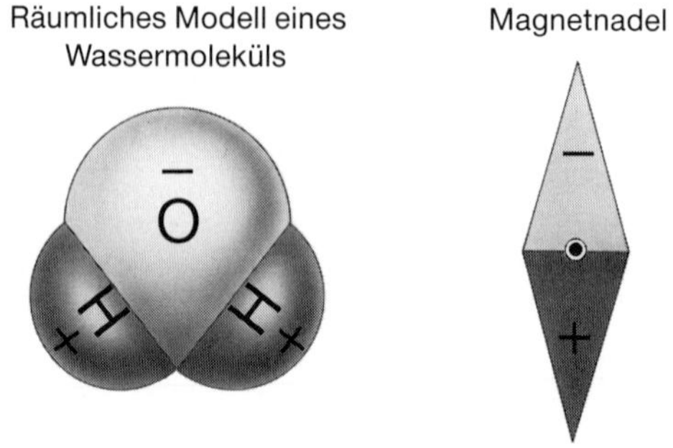

Wassermoleküle bilden einen Verbund

Aufgrund ihres Dipolcharakters bilden Wassermoleküle untereinander Wasserstoffbrücken aus. Im flüssigen Wasser haften die Wassermoleküle auf diese Weise aneinander (Kohäsion) und bilden dabei einen dreidimensionalen Verbund. Durch Wärmezufuhr werden die Wasserstoffbrücken aufgesprengt, und die Moleküle lösen sich aus dem Verbund: Das flüssige Wasser verdampft.

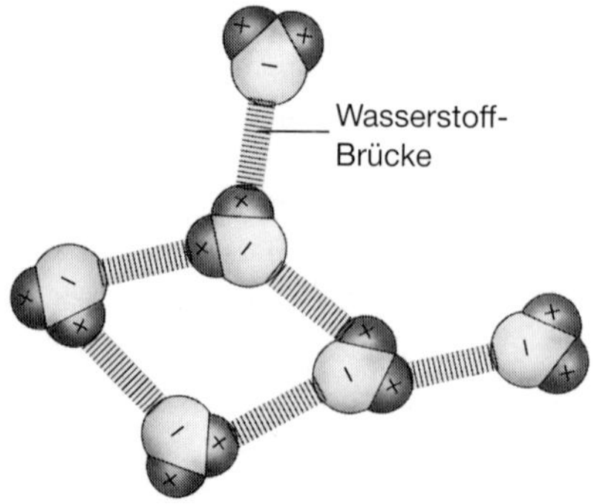

Kasten 14-3 (Fortsetzung)

Polare Moleküle ziehen Wassermoleküle an

Polare Moleküle ziehen Wassermoleküle an und bilden mit diesen Wasserstoffbrücken. Sie sind also hydrophil und damit wasserlöslich. Polarität in Kohlenstoffketten entsteht durch Anwesenheit von Hydroxyl(–OH)-, Carbonyl(>C=O)-, Carboxyl(–COOH)-, Amino(–NH_2)-, und Sulfhydryl(–SH)-Gruppen.

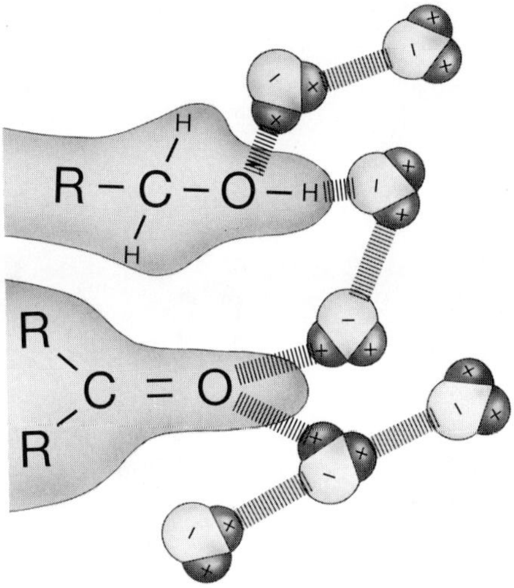

Unpolare Moleküle stoßen Wassermoleküle ab

Unpolare Moleküle stoßen Wassermoleküle ab und bilden mit ihnen keine Wasserstoffbrücken. Solche Moleküle sind deshalb hydrophob und damit wasserunlöslich. Hydrophobe Moleküle lagern sich fest zusammen („hydrophobe Wechselwirkung"), weil dadurch der dreidimensionale Verbund der Wassermoleküle am wenigsten gestört wird. Unpolar sind vor allem aliphatische (rechts) und aromatische (links) Kohlenwasserstoff-Konfigurationen.

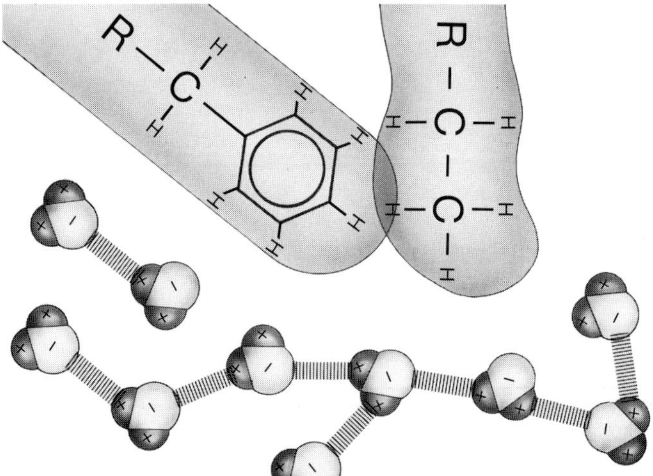

Kasten 14-3 (Fortsetzung)

Ionen umgeben sich mit einer Hydrathülle

Wasserdipole lagern sich entsprechend ihrer Ladungsverteilung an Ionen an und umgeben diese mit einer Hydrathülle. Der negative Pol der Wasserdipole orientiert sich dabei in Richtung positiver Ladung, der positive Pol gerade umgekehrt. Zwitterionen haben daher Hydrathüllen, bei denen die Wassermoleküle unterschiedlich orientiert sind.

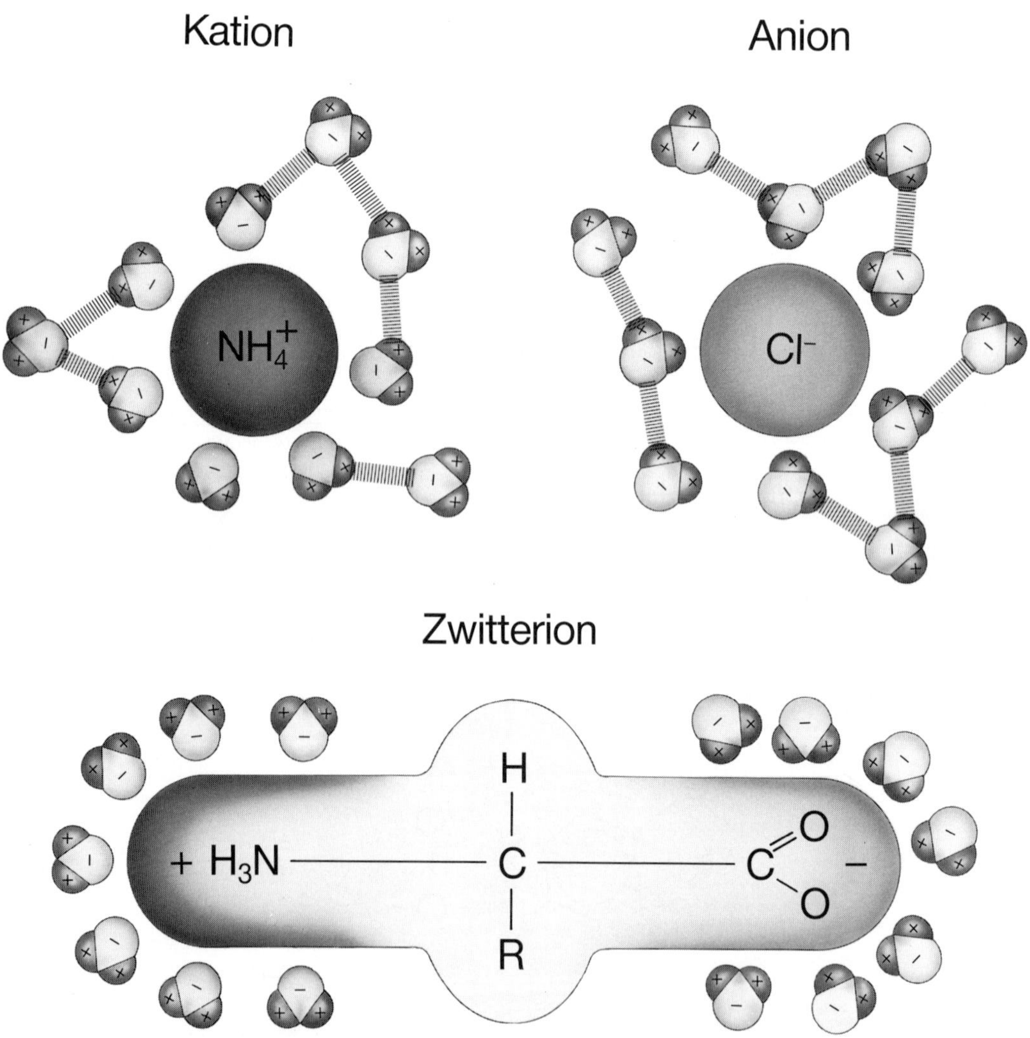

Wird den Proteinen ihre Hydrathülle entzogen, etwa durch die Konkurrenz seitens anderer Ionen um die Wassermoleküle oder durch Austrocknen bei Wassermangel, gehen sie in den entquollenen Zustand über und verlieren damit meist ihre Funktionsfähigkeit. Solches Entquellen kann reversibel sein, führt aber bei vielen Proteinen zu einer irreparablen Schädigung.

Eine Besonderheit stellen die *Speicherproteine* dar. Sie sind vielfach so weitgehend dehydratisiert, daß sie als feste, oft kristalline Körper in den Zellen der Speichergewebe abgelagert werden. Solch kristalline Speicherproteine sind die Aleuronkörner (Abb. 14-4), die im Endosperm vieler Samen auftreten. Sie können bei Getreidekörnern bis zu 10 % des Trokkengewichtes ausmachen.

An manche Proteine sind Molekülgruppierungen angehängt, die selbst keine Proteine darstellen, aber für die spezielle Funktion des betreffenden Proteins erforderlich sind. Man bezeichnet Proteine, die derartige Komponenten tragen, als *Proteide* und unterscheidet dabei:

- *Chromoproteide* (Anhang besteht aus Pigment-Molekülen, z. B. Chlorophyll, Phycobiline u. a.),
- *Lipoproteide* (Anhang besteht aus Lipid-Molekülen),
- *Glykoproteide* (Anhang besteht aus Zucker-Molekülen),
- *Phosphoproteide* (Anhang besteht aus Phosphat-Reste enthaltenden Gruppen),
- *Nucleoproteide* (Anhang besteht aus Nucleinsäuren),
- *Metallproteide* (Anhang besteht aus metallhaltigen Gruppen).

14.4 Die Struktur-Hierarchie der Proteine

Der linearen und räumlichen Anordnung der Polypeptid-Ketten liegt eine Hierarchie von verschiedenen Strukturen zugrunde. Man unterscheidet dabei zwischen Primär-, Sekundär-, Tertiär- und Quartärstruktur.

14.4.1 Primärstruktur

Die Primärstruktur der Proteine bildet die Basis ihrer Strukturhierarchie. Man versteht unter *Primärstruktur* die *Reihenfolge der einzelnen Aminosäuren („Aminosäure-Sequenz")* in der linearen Polypeptid-Kette. Bei der Ablesung der Aminosäure-Sequenz beginnt man entsprechend der Reihenfolge der Verknüpfung bei der Protein-Biosynthese (Abb. 13-9) vom N-Terminus der Kette her. Bei der Darstellung bedient man sich der für die einzelnen Aminosäuren verbindlich festgelegten Abkürzungen (Kasten 14-1). Die Aminosäure-Sequenz und damit die Primärstruktur ist durch die Basensequenz auf der DNA festgelegt (Kap. 13.4).

Die Position und die relative Häufigkeit der einzelnen Aminosäure-Arten in der Peptid-Kette bestimmen alle übergeordneten Strukturen der Hierarchie und dadurch bedingt alle Eigenschaften und Funktionen der Proteine. Es gibt Abschnitte auf den Protein-Ketten, wo bereits der Austausch einer einzigen Aminosäure die Eigenschaften und die Funktion des betreffenden Proteins entscheidend beeinflußt oder dieses ganz außer Funktion setzt. Man nennt diese wichtigen Stellen auf der Peptid-Kette *„essentielle Aminosäure-Positionen"*. Veränderungen der genetischen Information (Mutationen), welche die essentiellen Aminosäure-Positionen wichtiger Proteine (z. B. bestimmter Schlüsselenzyme) betreffen, haben daher für die Lebensvorgänge des Organismus unmittelbare Konsequenzen und können tödlich sein. Auf anderen Abschnitten der Protein-Ketten ist hingegen ein Austausch von Aminosäuren ohne schwerwiegende Veränderung der Eigenschaften des betroffenen Proteins möglich.

Die *Vielfalt der möglichen Primärstrukturen* und damit der unterschiedlichen Proteine ist unendlich groß. Bei einem Peptid aus 20 Bausteinen und dabei einmaligem Vorkommen jeder der 20 proteinogenen Aminosäuren ergeben sich bereits 20^{20} ($2,4 \times 10^{18}$) verschiedene Reihungsmöglichkeiten, d. h. Primärstrukturen. Proteine bestehen jedoch aus durchschnittlich 100 bis 300, oft sogar über 1000 Aminosäure-Einheiten. Damit wächst die Zahl der möglichen Primärstrukturen ins Unvorstellbare. Diese Betrachtung macht verständlich, daß es für die Vielfalt der Lebewesen auf der Erde vom protein-chemischen Standpunkt her gesehen keine Begrenzung gibt.

14.4.2 Sekundärstruktur

Die Seitengruppen der Aminosäuren einer Peptid-Kette können untereinander verschiedenartige Bindungen eingehen, wenn sie sich einander räumlich

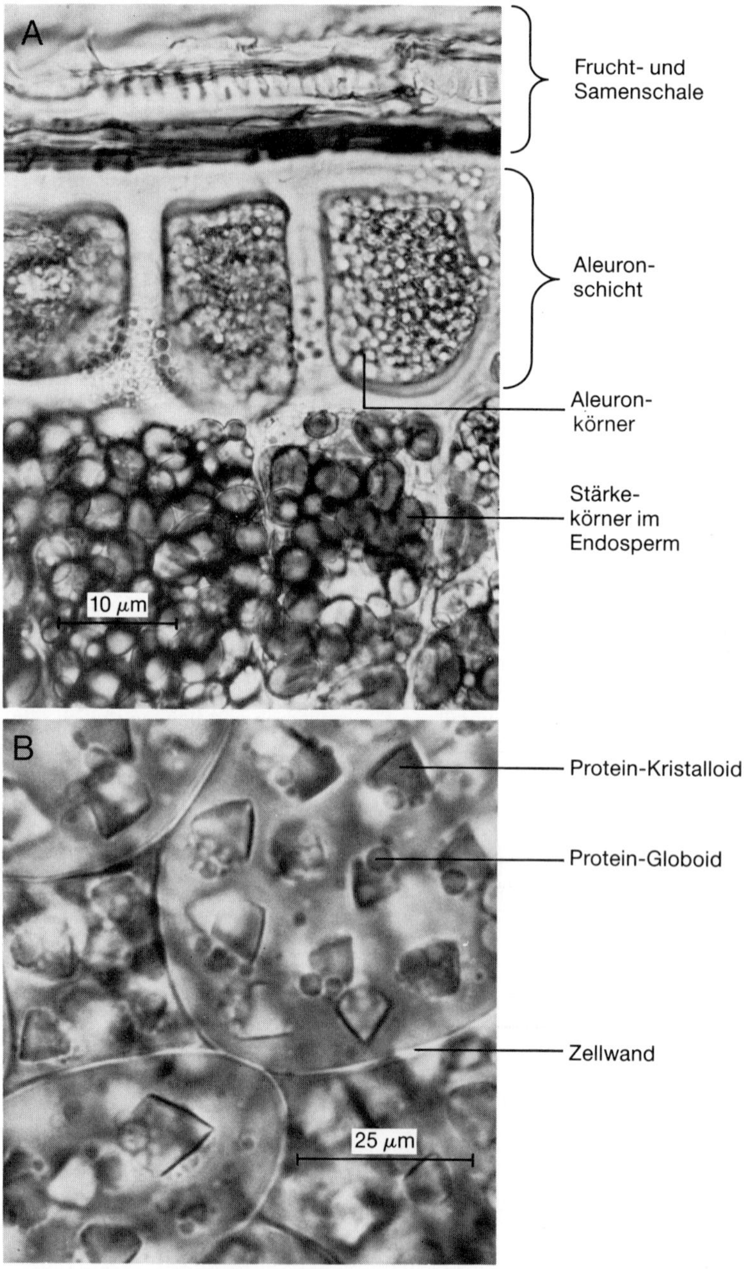

Abb. 14-4. Speicherproteine. (A) Querschnitt durch die äußeren Schichten eines Roggenkorns. Die Zellen der Aleuronschicht sind vollgepackt mit Vakuolen, die globuläre Speicherproteine (Aleuron-Körner) enthalten. Die Aleuronschicht mit ihrem ernährungsphysiologisch wertvollen Inhalt bleibt im Vollkornschrot von Getreidekörnern, nicht aber in stark raffiniertem Mehl erhalten. Dieses besteht vor allem aus den Stärkekörnern des Endosperms. (B) Speicherproteine in Zellen des Endosperms von *Rhizinus*. Jede Proteinvakuole enthält einen tetraedrischen Protein-Kristalloid und einen bis mehrere globuläre Proteinpartikel.

nähern. Dabei tritt nur bei gegenseitiger Annäherung zweier HS-Gruppen eine Atombindung (kovalente Bindung) auf. Es bildet sich dann eine *Disulfidbrücke.* Bei den anderen Bindungen handelt es sich um *Nebenvalenzen,* die weniger fest als kovalente Bindungen sind. Die am häufigsten auftretenden Bindungsarten zwischen Aminosäure-Resten sind in Abb. 14-5 dargestellt.

Die in einem Protein-Molekül von gegebener Primärstruktur überhaupt möglichen Bindungen zwischen Seitenketten sind nur dann vollständig abgesättigt, wenn die Peptid-Kette in einer speziellen Weise spiralig aufgewunden oder nach Art einer Ziehharmonika gefaltet vorliegt. Solche Windung oder Faltung der Peptid-Kette bezeichnet man als Sekundärstruktur. Dabei können bestimmte Abschnitte des Peptid-Stranges gefaltet, andere als *α-Helix* („Rechtsschraube", Abb. 14-6) vorliegen. Die Konfiguration der Rechtsschraube ist durch den Aufbau der Proteine aus Aminosäuren der L-Reihe bedingt.

Für die Stabilisierung der Sekundärstruktur sind vor allem *Wasserstoffbrücken* verantwortlich, die sich zwischen >C = O und den NH-Gruppen von Peptid-Bindungen ausbilden (Abb. 14-6).

14.4.3 Tertiärstruktur

Unter der Tertiärstruktur versteht man die übergeordnete räumliche Anordnung *(Konformation),* die sich aus weiterer Faltung und Knäuelung der sekundär strukturierten Peptid-Kette ergibt. Die Tertiärstrukturen sind weniger durch Wasserstoffbrücken als vielmehr durch *hydrophobe Wechselwirkungen*

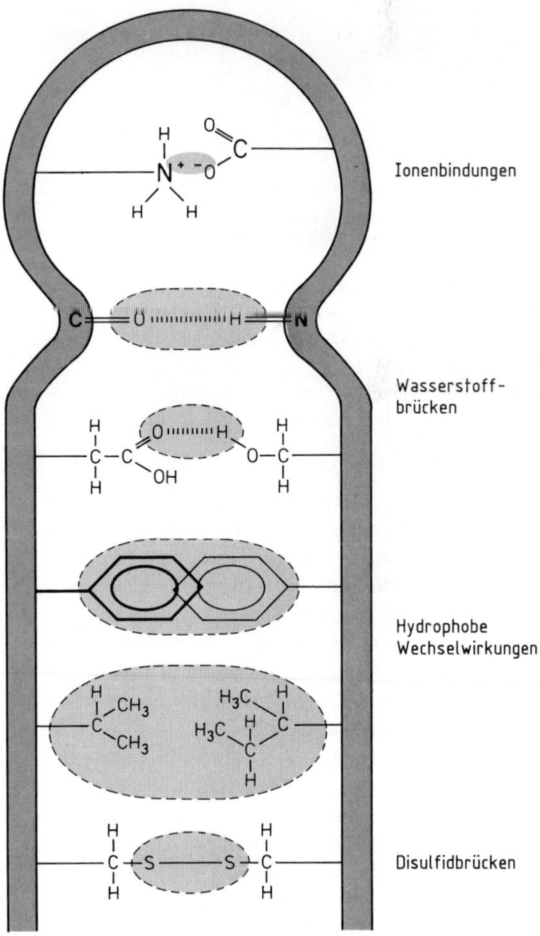

Abb. 14-5. Die häufigsten Bindungsarten zwischen Aminosäure-Resten, die für die Stabilisierung der Sekundär- und Tertiärstruktur von Peptidketten verantwortlich sind (nach LYNEN). Die Stabilisierung der Quartärstruktur ist auf hydrophobe Wechselwirkung zurückzuführen.

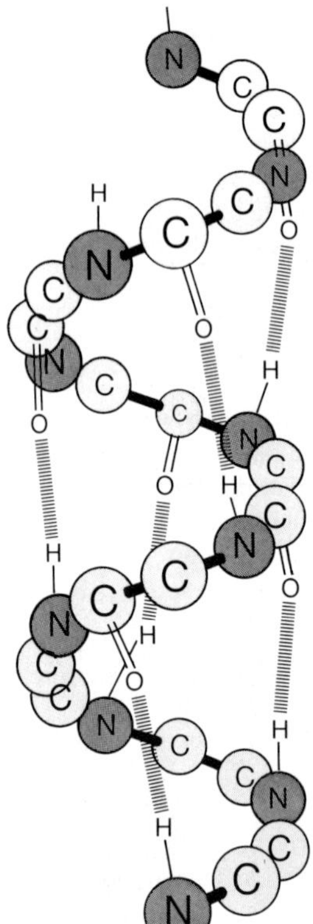

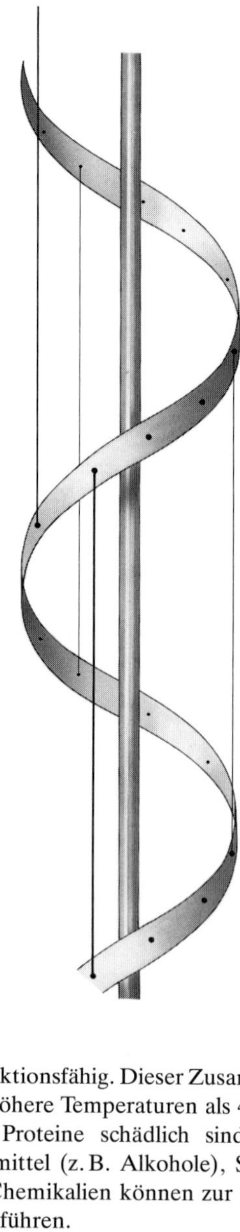

Abb. 14-6. (A) Ein sehr stark vereinfachtes Modell der α-Helix einer Peptidkette mit den stabilisierenden Wasserstoffbrücken. (B) Modell einer Rechtsschraube, wie sie der α-Helix entspricht. Die senkrechten dünnen Linien entsprechen Wasserstoffbrücken (in Anlehnung an D. v. DENFFER).

und *Ionen-Bindungen* (Abb. 14-5), vor allem aber durch die kovalente Bindung zwischen Schwefel-Atomen *(Disulfidbrücken)* fixiert und stabilisiert. Daher ist für die Ausbildung einer spezifischen Tertiärstruktur besonders wichtig, an welcher Stelle schwefelhaltige Aminosäuren in die Peptid-Kette eingebaut und andere Wechselwirkungen zwischen Seitenketten möglich sind. Somit ist auch die Tertiärstruktur eines Proteins bereits durch die genetische Information auf der DNA vorgegeben. Werden Proteine erhitzt, so kommt es zum Lösen der die Tertiärstruktur stabilisierenden Bindungen und zu einer Umfaltung des Proteins. Ist die Wärmezufuhr zu groß, so ist diese Umfaltung irreversibel: Das Protein „gerinnt", d. h. es wird denaturiert und ist dann nicht mehr funktionsfähig. Dieser Zusammenhang erklärt, warum höhere Temperaturen als 45 bis 50 °C für die meisten Proteine schädlich sind. Auch unpolare Lösungsmittel (z. B. Alkohole), Schwermetalle und andere Chemikalien können zur *Denaturierung der Proteine* führen.

Die genaue Tertiärstruktur eines Proteins läßt sich durch physikalische Methoden, etwa durch Beugung von Röntgenstrahlen, ermitteln. Ein Beispiel für eine Tertiärstruktur ist in Abb. 14-7 gezeigt.

Die Tertiärstruktur ist für die Funktion der Proteine von entscheidender Bedeutung. So beruht die räumliche Gestaltung der *aktiven Zentren von Enzymen* (Kap. 2.6.3) und damit deren Substratspezifität auf der Tertiärstruktur des Enzymproteins. Bei allosteri-

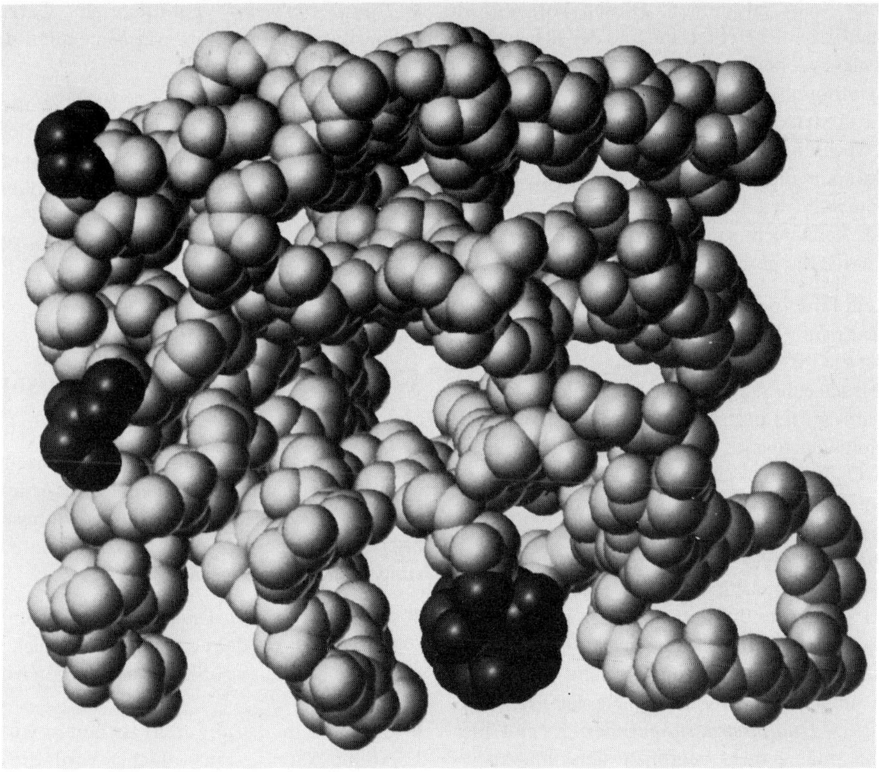

Abb. 14-7. Modell der Tertiärstruktur der Triosephosphat-Isomerase, eines Enzyms der Glykolyse (vergl. Kap. 6.3.3.1). Die Abbildung zeigt eine Computergraphik, die mit dem Programm MDLAD (Entwicklung: J. BRICKMANN) erstellt wurde (Aufnahme: B. M. BUSSIAN). Die dunklen Bereiche links stellen das C-terminale und das N-terminale Ende der Peptidkette dar. Die dunkle Struktur unten ist die Aufsicht auf einen sich nach hinten erstreckenden Bereich, in dem die Peptidkette eine α-Helix bildet.

schen Enzymen (Kap. 2.6.5) beeinflussen geringfügige und reversible Umformungen der Tertiärstruktur *(„Konformationsänderungen“)* die katalytische Aktivität. Die Tertiärstruktur ist also innerhalb gewisser Grenzen flexibel. Die Wirkungsweise der in den Biomembranen lokalisierten Transportproteine („Carrier“) beim Stofftransport beruht ebenfalls auf reversiblen Konformationsänderungen ihrer Tertiärstruktur (Kap. 4.4, Abb. 4-6).

Auch andere Proteine als die Enzyme verdanken viele ihrer funktionellen Eigenschaften der Tertiärstruktur. So können sich bei mehr oder weniger kugelige Partikel darstellenden Proteinen (globulären Proteinen) hydrophobe und hydrophile Bereiche ausbilden. Das kommt durch die räumliche Häufung von hydrophoben bzw. hydrophilen Aminosäure-Seitenketten zustande und ist u. a. für den Aufbau des Lipoprotein-Mosaiks der Biomembranen von größter Bedeutung (Kap. 4.1).

14.4.4 Quartärstruktur

Viele Proteine bestehen aus Aggregaten von kleineren tertiärstrukturierten Protein-Ketten *(Protomeren* oder *Untereinheiten)*. Man bezeichnet das durch solche Zusammenlagerung entstandene Gebilde als Quartärstruktur. Die Zusammenlagerung der Protomeren zur Quartärstruktur beruht auf spezifischen *Ladungs- und Struktureigenschaften* der Protomeren-Oberflächen. Dank dieser Eigenschaften lagern sich die Protomeren spontan in ganz

bestimmter Weise zusammen. Diesen Vorgang, an dem keine Enzyme beteiligt sind und der sich auch im Reagenzglas beobachten läßt, bezeichnet man als *Selbstorganisation („self-assembly")*.
Die Quartärstruktur wird durch schwache (hydrophobe) Wechselwirkungen (Abb. 14-5) stabilisiert. Daher können die Protomeren auch ohne großen Energieaufwand wieder voneinander getrennt werden. Dies kann nicht nur im Experiment, sondern auch in der Zelle geschehen.

Besteht ein Protein aus gleichartigen Protomeren, so liegt *identische Quartärstruktur* vor. Ein Beispiel hierfür ist die PEP-Carboxylase, das Schlüsselenzym des Crassulaceen-Säurestoffwechsels und der C_4-Photosynthese. Es besteht aus vier Protomeren mit einer Molekularmasse von je ca. 110 kDa. Die RUBISCO, das Schlüsselenzym des CALVIN-Zyklus, besteht hingegen aus acht kleineren und acht größeren Untereinheiten (Kap. 8.2.2.1). Das Enzym weist daher *nichtidentische Quartärstruktur* auf. Eine nicht-identische Quartärstruktur besitzen auch die aus einer großen und einer kleineren Untereinheit aufgebauten Ribosomen (Kasten 1-13). Liegt die Anzahl der Untereinheiten eines Proteins genau fest, wie dies für die genannten Beispiele zutrifft, so ist eine *limitierte Quartärstruktur* gegeben. Es gibt aber auch zahlenmäßig nicht begrenzte Zusammenlagerungen von Untereinheiten *(nicht-limitierte Quartärstruktur)*. Ein Beispiel zeigen uns die Mikrotubuli, die durch fortlaufende Anlagerung von Tubulin-Untereinheiten in die Länge wachsen können (Abb. 6-2).

14.5 Die Funktionen der Proteine

Proteine sind die wichtigsten Bestandteile des Cytoplasmas. Man kann sie entsprechend ihrer Funktion klassifizieren:

- *Strukturproteine* sind am Aufbau der zellulären Strukturen beteiligt und in dieser Eigenschaft z. B. Bestandteile der Biomembranen.
- *Enzymproteine* sind die den Stoffwechsel steuernden Biokatalysatoren.
- *Kontraktile Proteine* bewirken intrazelluläre Bewegungen, z. B. bei der Plasmaströmung, Bewegungen der Chromosomen durch den Spindelapparat, Geißelbewegungen usw.
- *Transportproteine* vermitteln als „Carrier" den spezifischen Transport von Molekülen durch die Biomembranen hindurch.
- *Speicherproteine* dienen als Reserve für organische Stickstoff-Verbindungen und befinden sich deshalb vor allem im Endosperm von Samen, aber auch in Speicherwurzeln und Sproßknollen. Ungefähr 70% der Weltversorgung mit Protein zur Ernährung des Menschen stammt von Pflanzen.

14.6 Der Stoffwechsel der Aminosäuren und Proteine

14.6.1 Synthese von Aminosäuren

Im Gegensatz zu tierischen Organismen – einschließlich des Menschen – vermögen die Pflanzen und die Mikroorganismen alle proteinogenen Aminosäuren selbst zu synthetisieren. Bei dieser Synthese werden zwei Wege eingeschlagen, nämlich primäre Aminierung und Transaminierung.

- Bei der *primären Aminierung* entstehen Aminosäuren *de novo* dadurch, daß Ammoniak reduktiv auf ein Kohlenstoff-Skelett übertragen wird (Abb. 24-6).
- Die *Transaminierung* greift auf bereits vorhandene Aminosäuren zurück. Dabei wird die Amino-Gruppe einer Aminosäure auf eine α-Oxosäure übertragen. Dieser NH_2-Akzeptor wird damit zur neuen Aminosäure, während aus dem NH_2-Donator die entsprechende α-Oxosäure entsteht. Transaminierungen werden von *Transaminasen (Aminotransferasen)* katalysiert. Diese Enzyme enthalten als Wirkgruppe *Pyridoxalphosphat* (ein Derivat des Vitamin B_6), welches intermediär die Amino-Gruppe übernimmt. Abb. 14-8 zeigt ein vereinfachtes Schema der Glutamat-Oxalacetat-Transaminierung.

Die *Glutaminsäure* ist ein wichtiges Bindeglied im Aminosäure-Stoffwechsel. Sie entsteht als Produkt primärer Aminierung und gibt die Amino-Gruppe über Transaminierung an andere Kohlenstoff-Skelette weiter (Abb. 24-6).
Als Lieferanten der für die Transaminierung benötigten *α-Oxosäuren* spielen die Glykolyse (Pyruvat) und der Zitronensäure-Zyklus (Oxalacetat und α-Oxoglutarat) eine wichtige Rolle. Auf diese Weise leisten Glykolyse und Zitronensäure-Zyklus (häufig auch Citrat-Zyklus genannt) Zubringerdienste für den Aminosäure-Stoffwechsel. In den photosynthetisie-

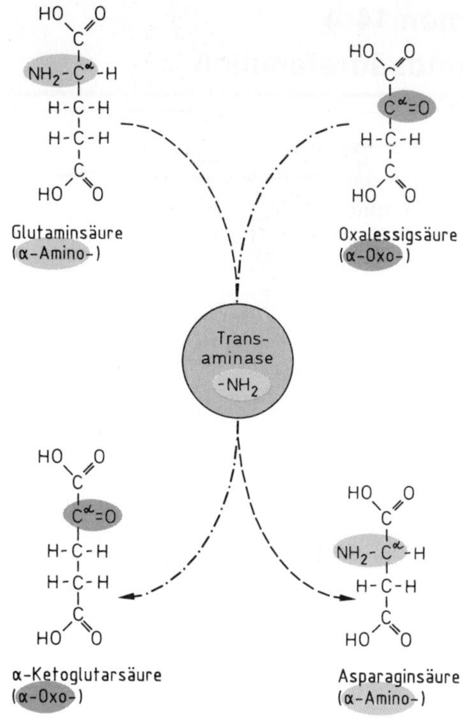

Abb. 14-8. Übertragung einer Aminogruppe (Transaminierung) durch eine Transaminase. In dem hier dargestellten Beispiel wird die Aminogruppe von der Glutaminsäure auf Oxalessigsäure übertragen. Das beteiligte Enzym ist die Glutamat-Oxalacetat-Transaminase (GOT).

renden Zellen entstehen die Aminosäuren Glycin und Serin als Intermediärprodukte des Glykolatweges der *Photorespiration* (Kap. 9.3.2). Aromatische Aminosäuren (Phenylalanin, Tyrosin, Tryptophan) werden über den *Shikimisäure-Weg* gebildet (Kap. 15.3, Abb. 15-5). Damit lassen sich die proteinogenen Aminosäuren nach ihrer Genese zu *Aminosäure-Familien* zusammenfassen (Kasten 14-4), im Gegensatz zur Zusammenstellung nach den charakteristischen chemischen Struktureigenschaften *(Aminosäure-Gruppen,* Kasten 14-1). (Zum Zusammenhang mit dem gesamten Stoffwechsel siehe Abb. 15-1.)

14.6.2 Umsatz der Proteine

Die Synthese der Proteine aus den Aminosäure-Bausteinen wurde bereits im Zusammenhang mit der Translation der genetischen Information besprochen (Kap. 13.4.3).

Wir wollen uns hier mit dem Abbau der Proteine befassen. Der Abbau findet im Zusammenhang mit dem allgemeinen Turnover der Zellproteine statt. Unter *Turnover* versteht man den gleichzeitigen Abbau und Wiederaufbau einer Molekülart. Die Turnover-Rate ist bei den einzelnen Proteinen je nach ihrer Funktion sehr verschieden. Sie ist bei Speicherproteinen sehr niedrig. Bei manchen Enzymproteinen hingegen kann sie wenige Stunden betragen. Durchschnittlich haben Proteine eine Lebensdauer von etwa 60 Stunden (vgl. Kap. 13.4.4).

Abbau von Proteinen findet aber außer beim Turnover auch noch bei der Mobilisierung von Speicherproteinen und der Verdauung der Beutetier-Proteine durch carnivore Pflanzen statt (Kap. 25.4).

Die Zerlegung der Proteine erfolgt hydrolytisch durch *Peptidhydrolasen (Proteasen).* Dabei wird die Peptid-Bindung zwischen den Aminosäuren-Bausteinen durch Einführung von Wasser gespalten, so daß wieder freie Aminosäuren entstehen. Die Proteasen unterscheiden sich hinsichtlich der Angriffspunkte beim Protein-Abbau. *Aminopeptidasen* spalten vom N-Terminus, *Carboxypeptidasen* vom C-Terminus und *Endopeptidasen* vom Innern der Polypeptid-Kette her beginnend. *Dipeptidasen* spalten schließlich Dipeptide. Das Fruchtfleisch der Ananas, insbesondere aber die Frucht des Melonenbaumes *(Carica papaya)* sind sehr reich an Peptidhydrolasen. Aus *Carica papaya* wird eine als Papain bezeichnete

Kasten 14-4
Aminosäurefamilien

Familie	Vertreter	Genese
Pyruvatfamilie	Alanin Valin Leucin	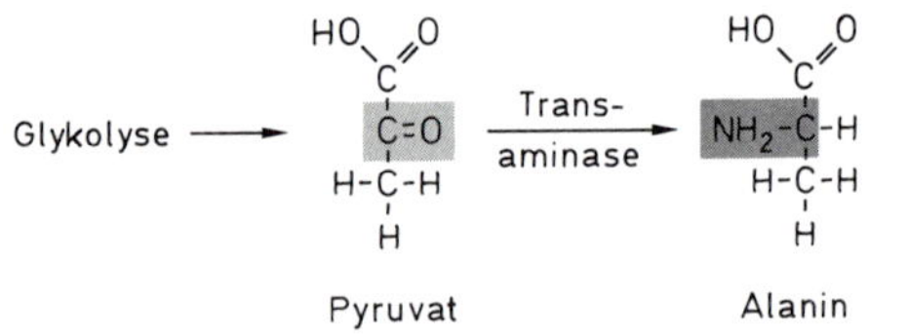
Glutamatfamilie	Glutaminsäure Glutamin Ornithin (nicht proteinogen) Arginin Prolin Hydroxyprolin (nicht proteinogen)	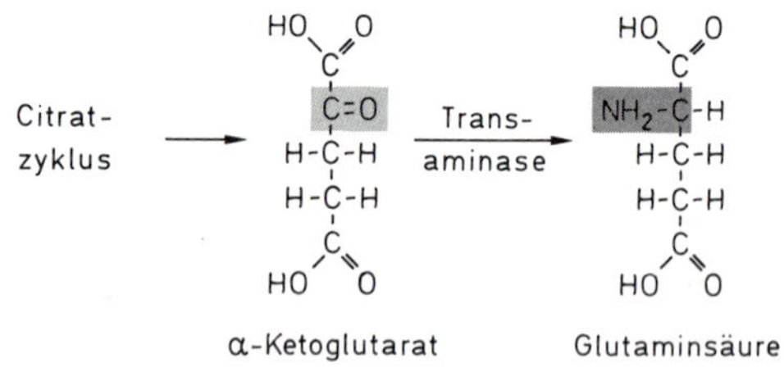
Aspartatfamilie	Asparaginsäure Asparagin Lysin Methionin Threonin Isoleucin	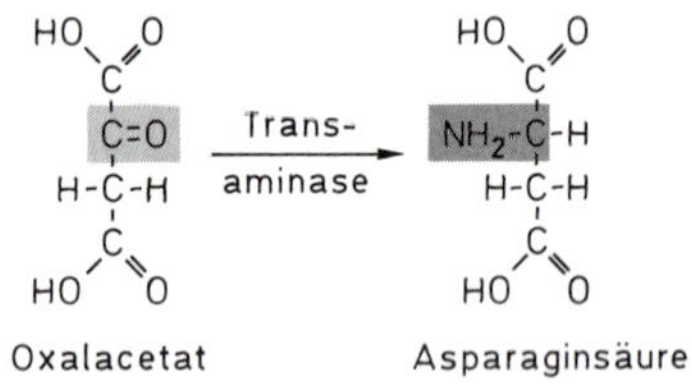
Serinfamilie	Serin Glycin Cystein	Photorespiration (s. Abb. 9-4)
aromatische Aminosäuren	Phenylalanin Tyrosin Tryptophan	Shikimisäureweg (s. Abb. 15-5)

Peptidhydrolase isoliert und als Medikament bei Störungen der Protein-Verdauung medizinisch genutzt. Die beim Protein-Abbau entstehenden Aminosäuren werden erneut in Proteine eingebaut. Abtransport der Aminosäuren findet vor allem vor dem Blattfall statt oder beim Abbau von Speicherproteinen in den speichernden Organen. Ein vollständiger Abbau der Aminosäuren kommt hingegen bei Pflanzen kaum vor.

Zum weiteren Studium

ALBERTS, B., BRAY, D., LEWIS, J., RAFF, M., ROBERTS, K. und WATSON, J. D.: *Molekularbiologie der Zelle.* VCH Verlagsgesellschaft, Weinheim 1986.

STRYER, L.: *Biochemie.* Spektrum des Wissenschaft-Verlag, Weinheim 1991.

15 Die Naturstoffe: Pflanzen als vielseitige Synthetiker

15.1 Ein Überblick

Autotrophe Pflanzen können eine Vielzahl von komplizierten organischen Verbindungen synthetisieren, die nicht in den großen Reaktionswegen und -zyklen des Grundstoffwechsels, d. h. des Energie- und Baustoffwechsels auftreten. Sie können aber für die Pflanzen selber und für die Konsumenten in den Nahrungsketten trotzdem von mannigfaltiger Bedeutung sein:

- Sie sind lebensnotwendig
  - als Cofaktoren von Enzymen und Redoxketten,
  - als Bestandteile der Polynukleotide,
  - als Pigmente in Zusammenhang mit der Photosynthese,
  - als Phytohormone;
- sie bilden wichtige Bausteine wie
  - das Lignin;
- sie haben ökologische Bedeutung, indem sie die Beziehungen von Pflanzen zu anderen Organismen bestimmen
  - als Duftstoffe,
  - als Farbstoffe von Blüten und Früchten,
  - als Schutzsubstanzen.

Die Pflanzen, denen durch die Photosynthese Energie und Kohlenstoff-Gerüste in reichlichem Maße zur Verfügung stehen, erweisen sich hier als vielseitige Synthetiker. In vielen Fällen sind Naturstoffe spezifisch für bestimmte Taxa, so daß sie sich gut als taxonomische Merkmale in der Systematik eignen *(Chemotaxonomie)*. Es ist schwer, diese *Naturstoffe* nach der chemischen Struktur oder nach der Funktion in Gruppen einzuteilen; zu sehr überlappen sich dabei die einzelnen Kriterien. Für eine praktische Übersicht eignet sich eine grobe Einteilung in

- *Terpenoide,*
- *Phenole,*
- *Alkaloide,*
- *Porphyrine.*

Abb. 15-1 stellt diese Verbindungen den *Grundstoffen*

- *Kohlenhydrate,*
- *Proteine,*
- *Fette*

gegenüber und zeigt die Zusammenhänge zwischen den Reaktionswegen des Grundstoffwechsels und den Biosynthesewegen der Naturstoffe auf.

15.2 Die Terpenoide

Terpenoide sind Polymere, die sich aus C_5-Einheiten (⩾ – –) zusammensetzen. Der Grundbaustein, von dem weitere Polymerisierungen ausgehen, ist das *Isopentenyl-pyrophosphat*. Es entsteht aus drei Molekülen Acetyl-CoA unter Abspaltung von einem Molekül CO_2 (Abb. 15-2). Das Isopentenyl-pyrophosphat steht durch eine Isomerase-Reaktion mit dem Dimethylallyl-pyrophosphat im Gleichgewicht. Beide Verbindungen bilden ein C_{10}-Gerüst. Dabei wird eine Pyrophosphat-Gruppe abgespalten, die zweite bleibt am Reaktionsprodukt, dem Geranyl-pyrophosphat, gebunden, so daß dieses aktiviert und reaktionsfähig für weitere Polymerisierungen bleibt. Diese führen nach dem gleichen Prinzip wie bei der „Kopf-an-Schwanz"-Reaktion der beiden C_5-Pyrophosphate oder durch „Schwanz-an-Schwanz"-Anlagerungen an den beiden Pyrophosphat-Enden, durch Addition weiterer C_5-Pyrophosphate oder bereits längerkettiger Reaktionsprodukte zu den verschiedenen Terpenen. Anschließend können Ringschlüsse erfolgen, so

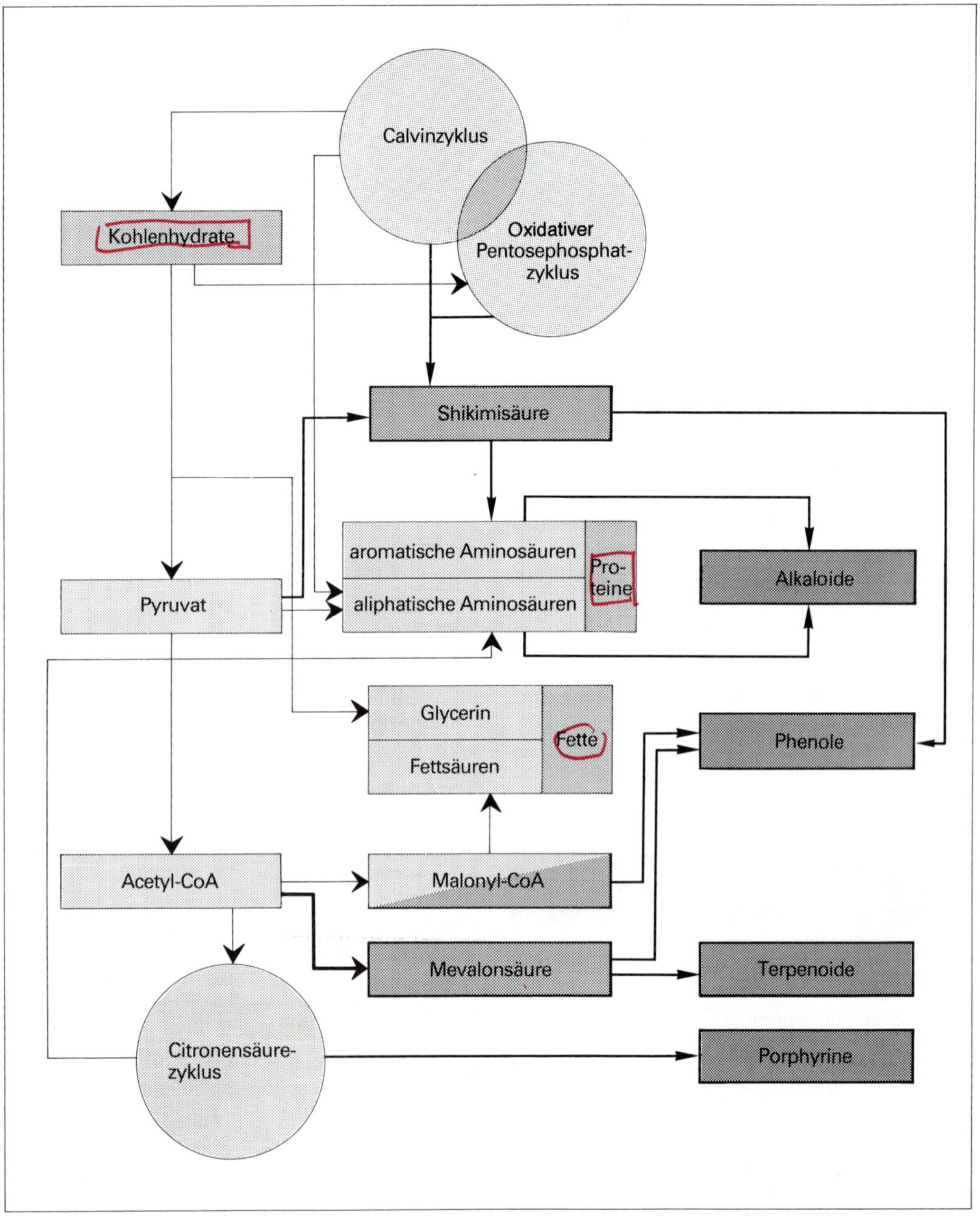

Abb. 15-1. Zusammenhänge zwischen dem Stoffwechsel von Energie- und Baustoffen (helle Raster und dünne Pfeile) und von Naturstoffen (dunkle Raster und dicke Pfeile) (in Anlehnung an HESS).

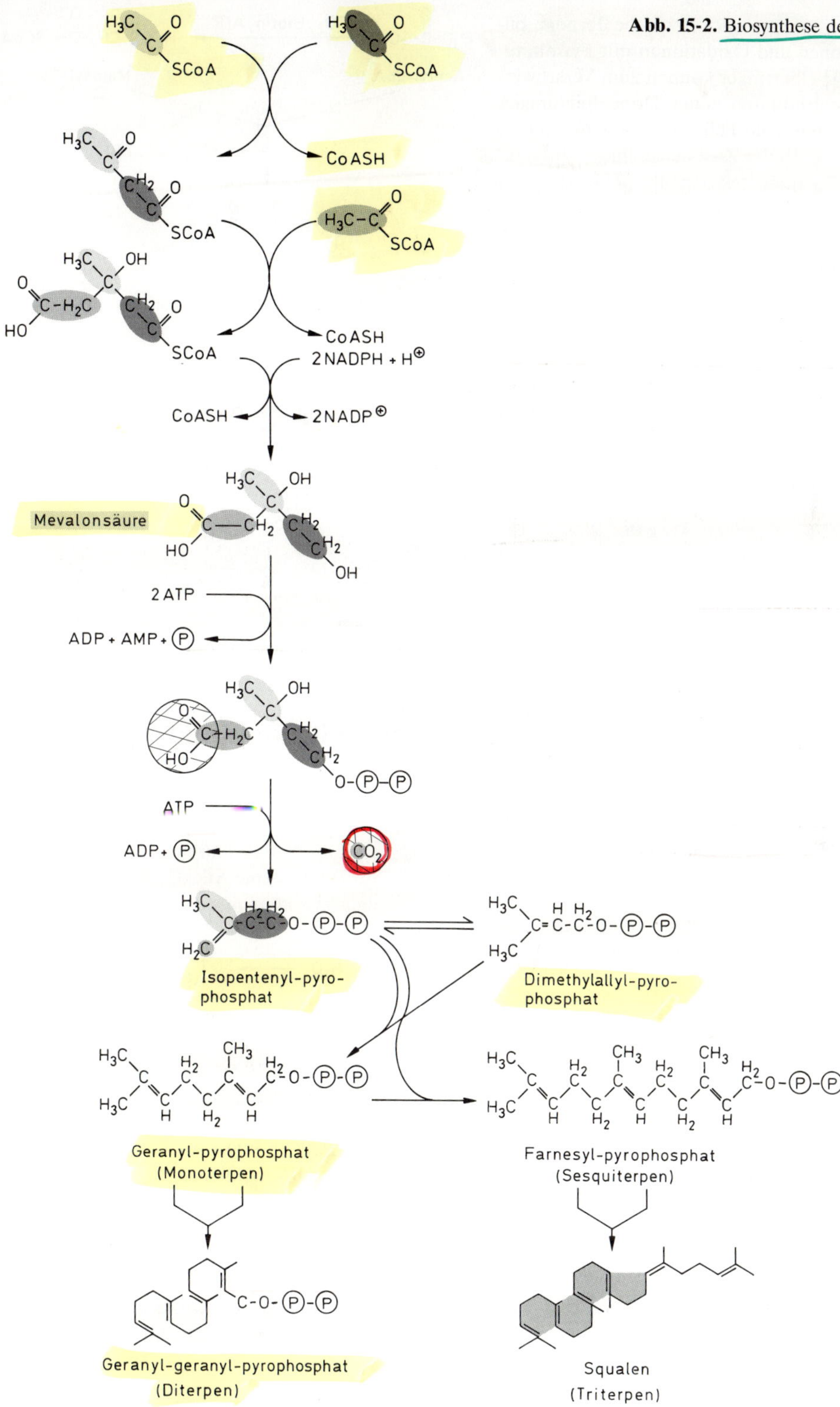

Abb. 15-2. Biosynthese der Terpenoide.

daß sich neben offenen auch zyklische Terpene bilden. Reduktionen und Oxidationen mit Pyridinnucleotid als [2H]-Überträger können zum Verschwinden bzw. zum Einführen neuer Doppelbindungen führen. So entsteht eine Fülle verschiedener Terpenoide, die man nach der Zahl der in ihnen enthaltenen C_5- bzw. C_{10}-Einheiten benennt (Abb. 15-2 und Kasten 15-1 mit Beispielen).

15.3 Die Phenole

Phenole sind definitionsgemäß Substanzen, die ein *aromatisches Ringsystem mit wenigstens einer Hydroxyl-Gruppe* besitzen. Das einfachste Phenol ist demnach

(weitere Beispiele Kasten 15-2).

Man kennt drei verschiedene Wege der Biosynthese aromatischer Verbindungen:

- Der *Acetat-Mevalonat-Weg* entspricht der Biosynthese zyklischer Terpene (Abb. 15-2), die dann durch Dehydrierung aromatisiert werden (Abb. 15-3: Das Monoterpen Thymol ist also zugleich ein Phenol).
- Der *Acetat-Malonat-Weg* erinnert an die Fettsäure-Biosynthese. Es entstehen Polyketonsäuren, die durch Ringschluß Phenole bilden (Abb. 15-4).
- Der *Shikimisäure-Weg*, benannt nach der aus den Früchten von *Illicium religiosum* (japanisch: shikimi-ki) isolierten Säure (Abb. 15-5), ist ein Reaktionsweg von größter Bedeutung; denn durch ihn entstehen auch die wichtigen Phenylpropan-Verbindungen (Kasten 15-3) und die aromatische Aminosäure Tryptophan, aus der sich auch das Phytohormon Indolessigsäure (IES, Kasten 26-3) ableitet (Abb. 15-5).
  Phenolische Substanzen haben als *Phytoalexine* eine wichtige Schutzfunktion gegen den Befall von Pflanzen durch pathogene Pilze.

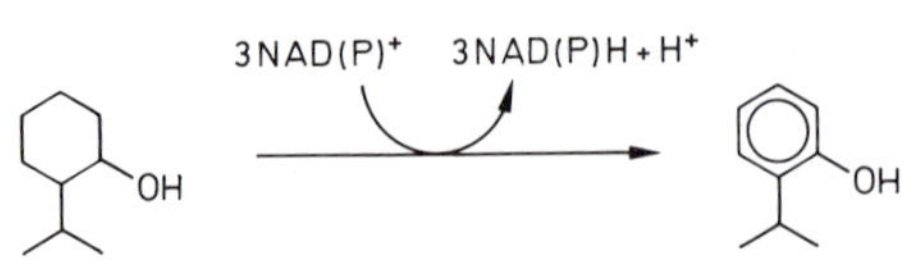

Menthol Thymol

Abb. 15-3. Bildung von Phenolen durch Oxidation ringförmiger Terpenoide.

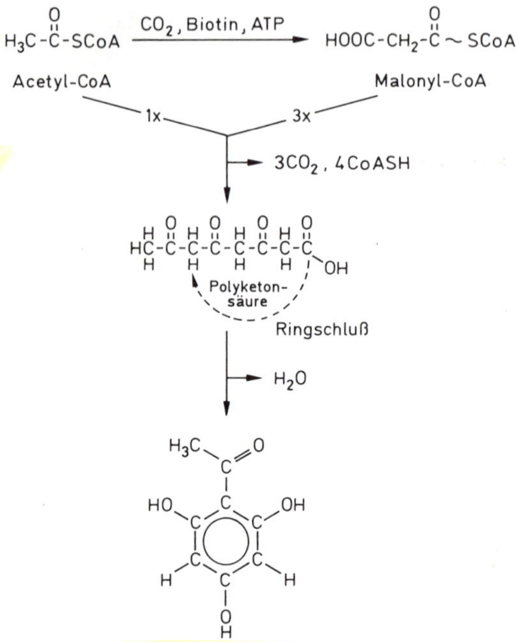

Abb. 15-4. Acetat-Malonat-Weg der Phenolbiosynthese aus Acetyl-CoA und Malonyl-CoA.

15.4 Die Alkaloide und organischen Basen

Alkaloide sind in der Regel *organische Basen*, d.h. alkalisch reagierende Substanzen. Dies beruht darauf, daß ihre Ringsysteme Stickstoff enthalten und H^+-Ionen anlagern können:

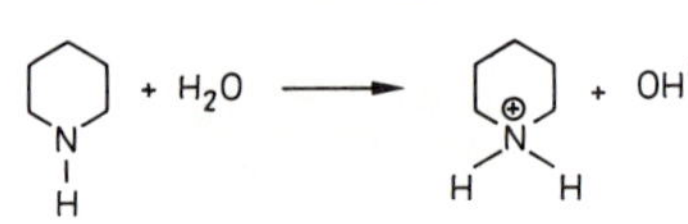

Man kennt heute etwa 3000 verschiedene Alkaloide, die in 4000 Pflanzenarten vorkommen (Tab. 15-1). Unter den Alkaloiden sind viele bekannte Drogen, Medikamente und Gifte. Die Alkaloide können den Pflanzen als Fraßschutz dienen. Sie stellen auch Stickstoff-Reserven dar. Oft ist die Funktion unbekannt, und es mag sich nur um Exkrete handeln. Einige N-Heterozyklen (Kasten 15-4), die Derivate der Basen *Pyridin, Purin* und *Pyrimidin*, haben aber als Bestandteile von Nucleotiden und Polynucleotiden (Cofaktoren von Enzymen, DNA und RNA)

Kasten 15-1
Terpenoide

Hemiterpene. 1 C_5-Einheit.

Monoterpene. 1 C_{10}-Einheit. Leicht verdunstende Substanzen (daher auch Bezeichnung ätherische Öle). Oft Abscheidung durch Drüsen, z. B. Drüsenhaare der Lamiaceae; Pfefferminze *(Mentha)*: Menthol. Ätherische Öle schützen vor Tierfraß, hemmen Bakterienwachstum (therapeutische Nutzung: z. B. Pfefferminze, Kamille, *Eucalyptus)*, dienen als Duftstoffe zur Anlockung bestäubender Tiere.

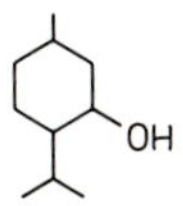

Menthol

Sesquiterpene. 3 C_5-Einheiten. Farnesol, ein offenkettiges Sesquiterpen, entsteht durch Phosphatabspaltung aus Farnesyl-pyrophosphat (Abb. 15-2) und ist Blütenduftbestandteil von Maiglöckchen und Linden. Abscisinsäure, ein zyklisches Sesquiterpen, ist ein wichtiges Phytohormon (Kasten 26-3).

Diterpene. 2 C_{10}-Einheiten. Offenkettig: Phytylrest der Chlorophylle (Kasten 8-2). Zyklisch: Gibberelline, wichtige Gruppe von Phytohormonen (Kasten 26-3).

Triterpene. 3 C_{10}-Einheiten. Squalen (Abb. 15-2) bildet durch Ringschluß das Steran, Grundgerüst der Steroide. Bedeutung in der Tierphysiologie als Sterine (Wirkung in Membranen), Gallensäuren, Steroidhormone. In Pflanzen vorkommende Steroide, als Aglyka an Zucker glykosidisch gebunden, dienen seit dem 18. Jahrhundert der Behandlung von Herzkrankheiten („Herzglykoside" des Fingerhuts, der Maiglöckchen).

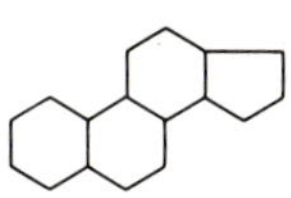

Steran

Tetraterpene. 4 C_{10}-Einheiten. Carotinoide; mit steigender Zahl von konjugierten Doppelbindungen in ihrer Kohlenwasserstoffkette farblos → gelb → orange → kräftig rot gefärbt (z. B. Karotten, Tomaten, Blütenfarben). Carotine und ihre Oxidationsprodukte, die Xanthophylle, spielen als akzessorische Pigmente bei der Photosynthese eine Rolle (s. auch Kasten 8-2), als Bestandteil des energiedissipativen Systems des Xanthophyllzyklus (Kap. 23.8.1.1, Abb. 23-15) tragen sie zur Vermeidung der Photoinhibition und -destruktion bei. α- und β-Carotin unterscheiden sich durch die Lage der Doppelbindungen in den Ringen an den Molekülenden (α- und β-Iononring). Spalthälften mit einem β-Iononring stellen Vitamin A dar (daher liefert α-Carotin ein und β-Carotin als Provitamin A zwei Moleküle Vitamin A).

Kasten 15-1 (Fortsetzung)

Tetraterpene:

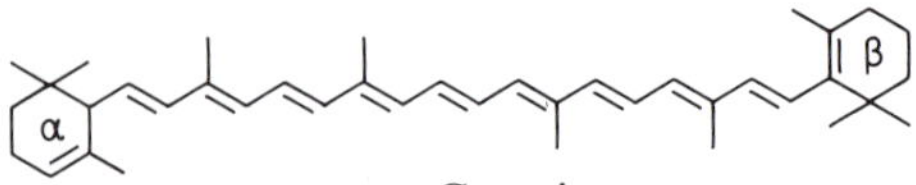

α-Carotin

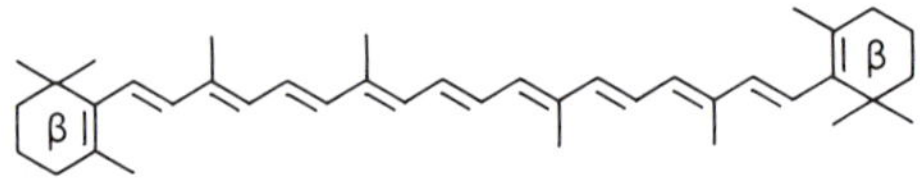

β-Carotin

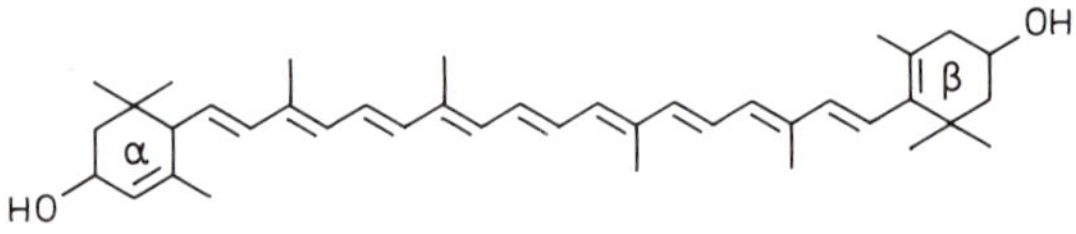

Lutein
(ein Xanthophyll)

Polyterpene. 500 bis 5 000 C_5-Einheiten. Kautschuk und Guttapercha unterscheiden sich stereochemisch nach Lage der CH_3-Seitengruppen. Polyterpene bilden als wäßrige Emulsion den Milchsaft (Latex) zahlreicher Pflanzen. Der weißliche und klebrige Latex entsteht aus dem protoplasmatischen Inhalt der Milchröhren und stellt ein Gemisch von Zellorganellen, vor allem Mitochondrien, Ribosomen, kleinen Vakuolen und von Enzymen dar. Aber nicht alle milchsaftproduzierenden Pflanzen bilden Kautschuk oder Guttapercha.

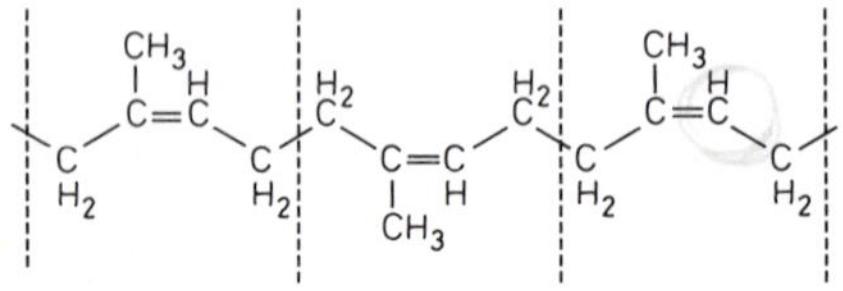

Kautschuk: cis-Stellung der Doppelbindungen

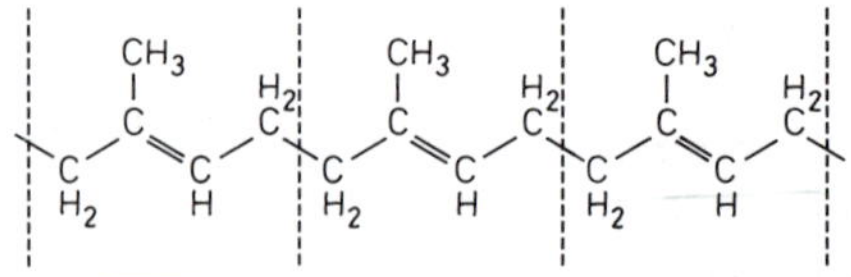

Guttapercha: trans-Stellung der Doppelbindungen

Hevea brasiliensis (Euphorbiaceae) ist die bedeutendste Kautschukpflanze; Ertrag in Plantagen tropischer Länder im Jahre 1987: $4{,}6 \cdot 10^6$ t Naturkautschuk. Der Weltbedarf für die Gummiherstellung wird heute zu ca. 1/3 aus Naturkautschuk und ca. 2/3 aus Synthesekautschuk gedeckt.

Kasten 15-2
Phenole

Hydrochinon, Chinon. Einfache Phenole als Bestandteile in Elektronenübertragungsketten nach nebenstehendem Schema. (Mitochondrien: Ubichinon; Chloroplasten: Plastochinon)

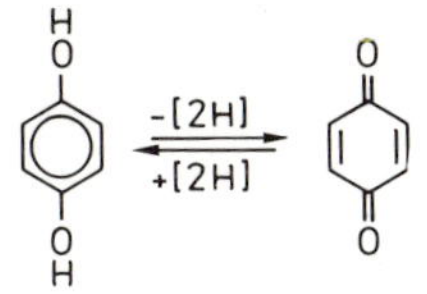

Hydrochinon Chinon

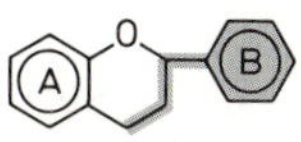

Flavan

Flavanderivate. Der *A*-Ring entsteht auf dem Acetat-Malonat-Weg, der *B*-Ring als Phenylpropanrest auf dem Shikimisäure-Weg. Derivate bilden weißliche, gelbe, rote und blaue Blütenfarbstoffe. Die wasserunlöslichen Substanzen kommen auch in vielen lipophilen Exkreten, z. B. in terpenoiden Harzen (Kap. 15.2) gelöst vor. Sie bilden gelbe und weiße Beläge auf der Unterseite von Farnwedeln und auf Blättern, Sproßachsen und Knospen höherer Pflanzen. Vorwiegend liegen sie aber als wasserlösliche Glykoside (mit Zuckern verknüpft) im Vakuolensaft vor.

Überzüge von Flavanen auf *Primula pulverulenta* Duthie (oben) mit Darstellung im Rasterelektronenmikroskop (unten). Aufnahmen E. WOLLENWEBER und W. BARTHLOTT.

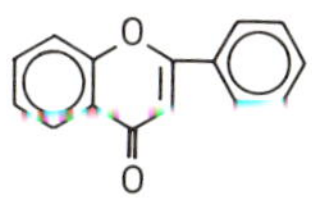

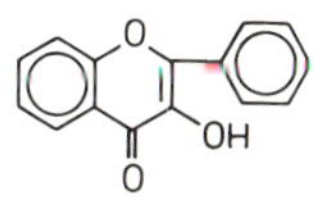

Flavone und *Flavonole*

sind weißlich bis gelb.

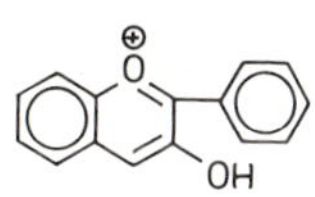

Anthocyanidine sind rot und blau.

Die Färbung der einzelnen Derivate hängt von den verschiedenen Substitutionen von H-Atomen an den einzelnen Ringen, von der Komplexbildung mit Metallionen (Fe^{3+}, Al^{3+}) und *in vitro* auch vom pH-Wert (Anlagerung bzw. Abspaltung von Protonen) ab. Diese Bedingungen beeinflussen die für die Farbe verantwortliche Elektronenkonfiguration der Moleküle. Durch gleichzeitiges Vorliegen verschiedener Farbstoffe können Mischfarben entstehen.

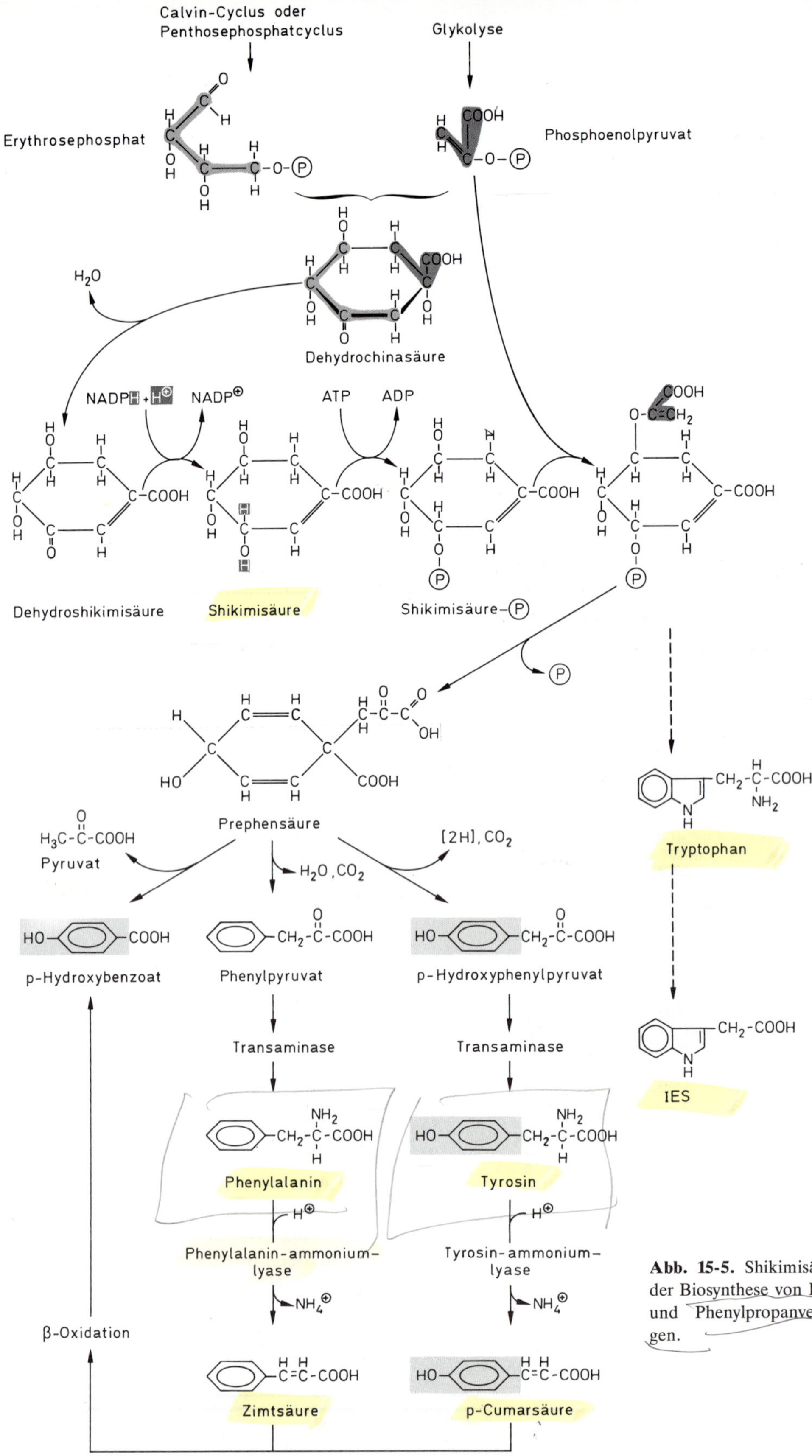

Abb. 15-5. Shikimisäure-Weg der Biosynthese von Phenolen und Phenylpropanverbindungen.

Kasten 15-3
Phenylpropanderivate

Phenylalanin, Tyrosin. Aromatische Aminosäuren.
Flavan, B-Ring. (S. Kasten 15-2: Phenole.)

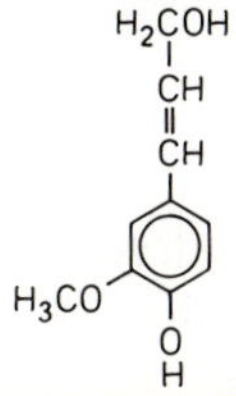

Coniferylalkohol

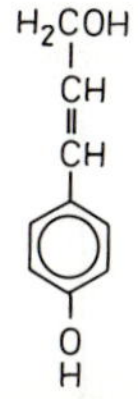

Cumarylalkohol

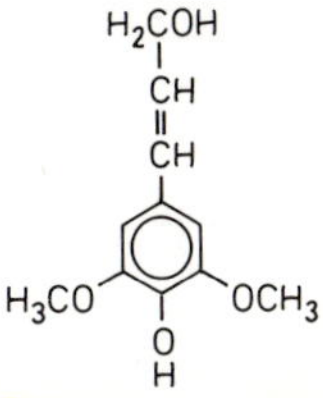

Sinapylalkohol

Diese Alkohole sind Vorstufen der *Lignine*. Mit der phenolischen OH-Gruppe an Zucker β-glykosidisch gebunden sind sie wasserlöslich, können durch das Plasmalemma in den Apoplasten transportiert werden und die interfibrillären Räume der Zellwand infiltrieren. Durch β-Glucosidasen werden die Zucker abgespalten. Die Monomere polymerisieren nach enzymatischer Dehydrierung spontan zu dreidimensionalen amorphen Strukturen, den Ligninen, die aufgrund der Zusammensetzung aus den einzelnen Bausteinen und der verschiedenen Polymerisierungsmöglichkeiten eine ganze Klasse von Verbindungen darstellen. Lignin ist nach der Cellulose die zweithäufigste organische Substanz auf der Erde. Der Übergang der Pflanzen vom Wasser- zum Landleben ist eng mit der Evolution der Ligninbiosynthese verknüpft. Erst durch die Inkrustierung der Zellwände mit Ligninen konnten die Pflanzen Festigungselemente entwickeln, die ohne den Auftrieb durch das Wasser die Stabilität größerer Pflanzenkörper gewährleisten. Lignifizierte Zellwände kann man mit Stahlbeton vergleichen (Cellulosefibrillen: Stahl; Lignin: Beton; siehe Kap. 10.3.4).

Lignin

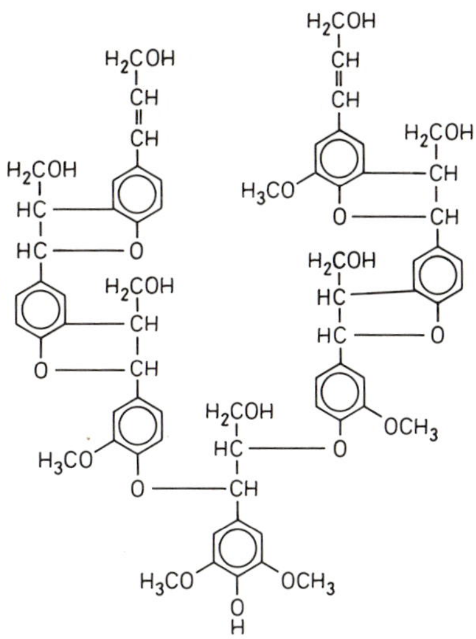

Tab. 15-1. Alkaloide.

Alkaloid	Vorkommen	Wirkung
Genußmittel:		
Nicotin	*Nicotiana tabacum* (Tabak); Blätter	Blutgefäßverengung
Coffein	*Coffea arabica* (Kaffee); Samen	Blutdrucksteigerung, Stimulation
Theophyllin	*Camellia sinensis* (Tee); Blätter	Blutdrucksteigerung, Stimulation
Theobromin	*Theobroma cacao* (Kakao); Samen	Blutdrucksteigerung, Stimulation
Therapeutika:		
Atropin	*Atropa bella-donna* (Tollkirsche); Frucht	Augenheilkunde
Chinin	*Cinchona succiruba* Rinde	Malaria-, Grippemittel; Wirkung auf Herzmuskel
Strychnin, Kurare	*Strychnos nux-vomica* (Brechnuß); Samen	Wirkung auf Muskulatur
Colchicin	*Colchicum autumnale* (Herbstzeitlose); Frucht	Mitosegift; Anwendung bei Gicht
Mittel mit Suchtgefahr:		
Opium-Alkaloide, Morphin	*Papaver somniferum* (Schlafmohn); unreife Frucht	Schmerzlinderung, Beruhigung
Cocain	*Erythroxylum coca* (Koka-Strauch); Blätter	Anästhetikum, Rauschgift
	Cola verticillata (Kola-Baum); Samen	
Mescalin	*Lophophora* (mexikanische Kakteenarten); Sproß	Halluzinogen
„Becher des Sokrates":		
Coniin	*Conium maculatum* (Schierling); Wurzel	Gift

Kasten 15-4
Alkaloide: Stickstoff-Heterozyklen und organische Basen

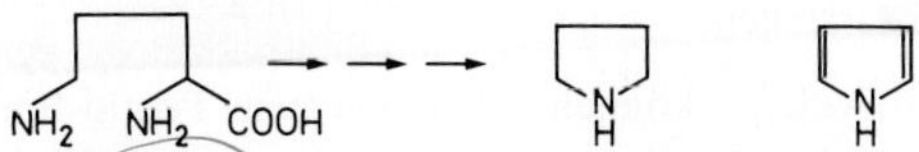

- Ornithin (Aminosäure) — *Pyrrolidin* — *Pyrrol*

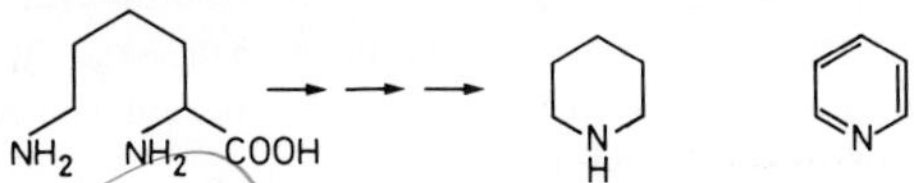

- Lysin (Aminosäure) — *Piperidin* — *Pyridin*

- Pyrrolidin, Piperidin und Pyridin sind Bestandteile der *Tabakalkaloide* :

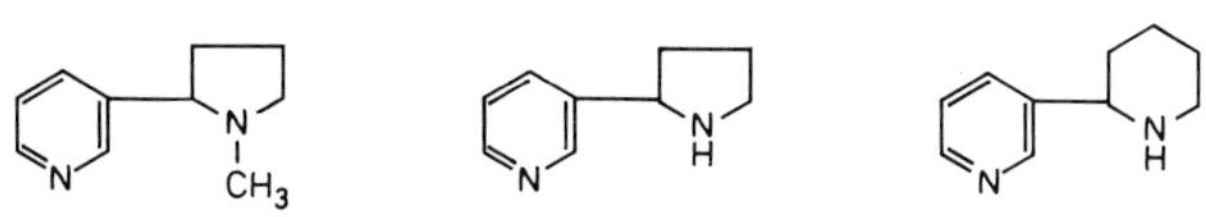

Nicotin *Nornicotin* *Anabasin*

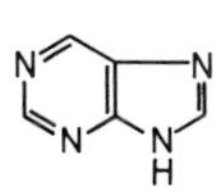

Purin

- Die wichtigsten Purinbasen sind *Adenin, Guanin, Inosin* und *Xanthosin.*
- Die Alkaloide *Coffein, Theophyllin* und *Theobromin* sind methylierte Derivate des Xanthosins.

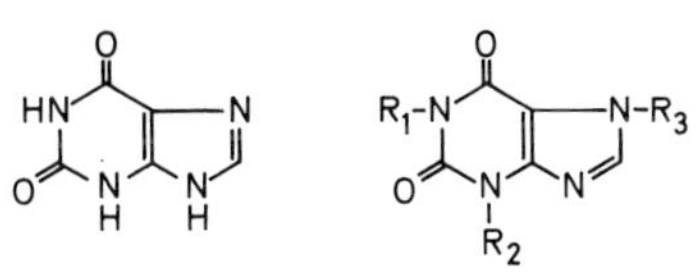

$R_1, R_2, R_3 = CH_3$: Coffein
$R_1, R_2 = CH_3$; $R_3 = H$: Theophyllin
$R_1 = H$; $R_2, R_3 = CH_3$: Theobromin

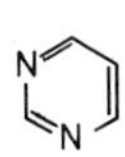

Pyrimidin

- Die Pyrimidinbasen sind *Cytosin, Thymin* und *Uracil*

fundamentale Bedeutung für die Grundfunktionen des Lebens. Ihre Biosynthese kann als Beispiel für die Betrachtung der Bildung von N-Heterozyklen im Stoffwechsel dienen. Sie geht in der Regel von Aminosäuren aus. Eine Ausnahme bilden die Steroidalkaloide, die N-haltige Triterpene darstellen.

- *Pyridin-Biosynthese.* N-Heterozyklen können durch Zyklisierung von Aminosäuren gebildet werden. So entsteht aus Lysin der 6er-Ring Piperidin, der zum Pyridin oxidiert werden kann (Kasten 15-4). Das Pyridin-System entsteht aber auch bei der Synthese von Nicotinsäure über Chinolinsäure, die bei Tieren und Pilzen einerseits und bei Bakterien und Pflanzen andererseits aus ganz unterschiedlichen Vorstufen gebildet wird (Abb. 15-6). Die Entstehung des Pyridin-Gerüstes auf ganz verschiedenen Reaktionswegen in verschiedenen Organismengruppen ist ein gutes Beispiel für *biochemische Konvergenz* (anatomisch-morphologische Konvergenz, Kap. 20.2).
- *Purin-Biosynthese.* Bei der Biosynthese der Purine werden gleich die Nucleotide der Basen gebildet. Zunächst wird eine Amino-Gruppe von Glutamin auf Phosphoribosyl-pyrophosphat übertragen und durch eine Peptid-Bindung ein Molekül Glycin angelagert. Dann wird das C-N-Gerüst des Purins buchstäblich Atom für Atom zusammengetragen, wobei die Cofaktoren der C_1-Fragmentübertragungen (Biotin und Tetrahydrofolsäure) als C- und die Aminosäuren Glutamin und Asparagin als N-Donatoren dienen. Als erstes Purin-Nucleotid entsteht auf diesem Wege Inosin-5'- P (Abb. 15-7).
- *Pyrimidin-Biosynthese.* Der Biosyntheseweg geht von CO_2, Glutamin und Asparaginsäure aus (Abb. 15-8).

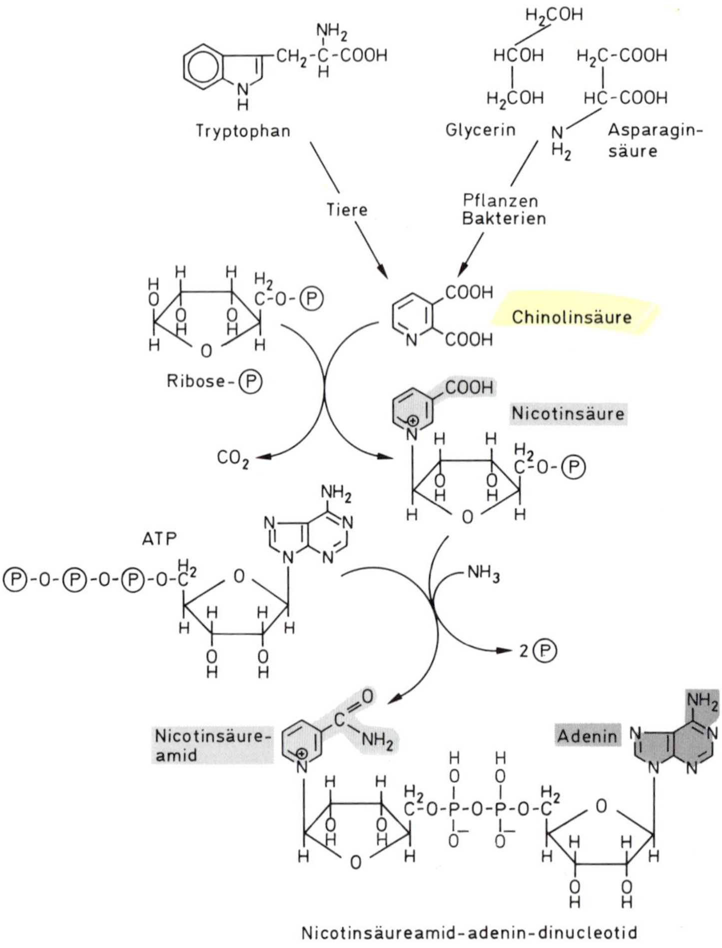

Abb. 15-6. Biosynthese des Pyridinringes der Chinolinsäure und Nicotinsäure und Bildung von NAD (Nicotinsäureamid-adenin-dinucleotid).

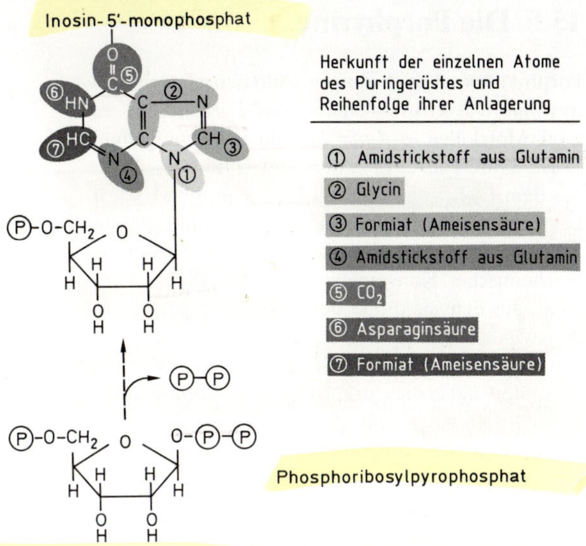

Abb. 15-7. Aufbau des Purin-Gerüstes.

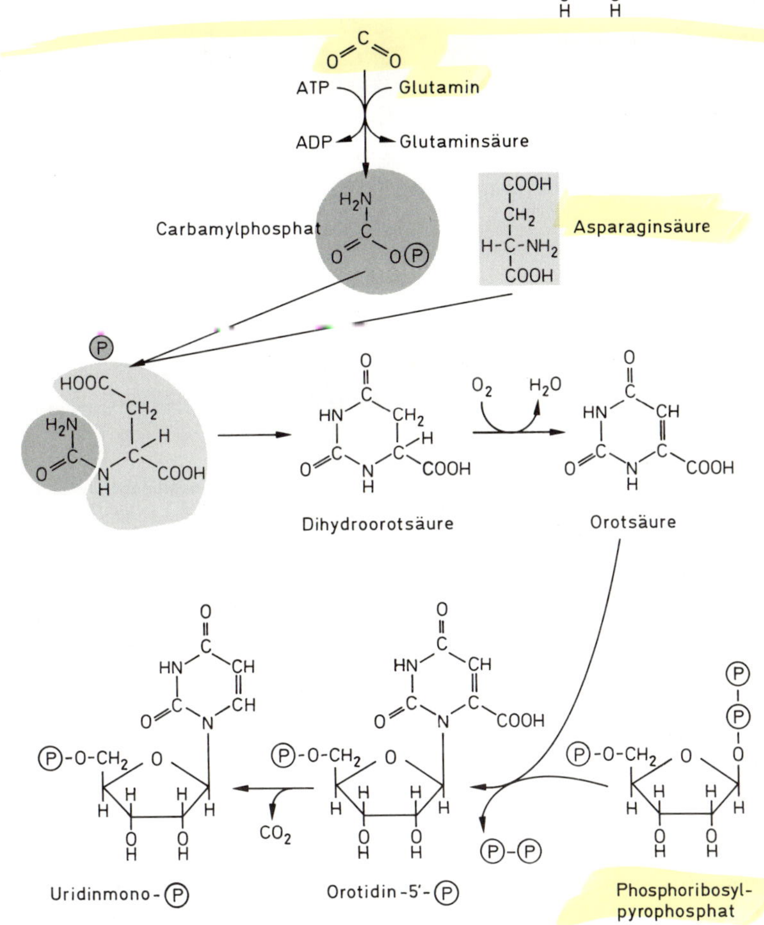

Abb. 15-8. Biosynthese des Pyrimidinringes der Orotsäure und Bildung von UMP (Uridinmonophosphat).

15.5 Die Porphyrine

Porphyrine sind ringförmig geschlossene *Tetrapyrrol-Systeme.* Das Grundelement, das *Pyrrol,* wird aus zwei Molekülen *δ-Aminolaevulinsäure* aufgebaut. Diese Säure entsteht bei den Tieren und den Pilzen aus dem C_4 Körper Succinyl-CoA und dem C_2-Körper Glycin unter CO_2-Abspaltung. Die Plastiden der Pflanzen verwenden dagegen – als weiteres Beispiel biochemischer Konvergenz – den C_5-Körper Glutamat, aus dem sie direkt den C_5-Körper der δ-Aminolaevulinsäure bilden. Dazu dient eine spezielle in den Plastiden kodierte t-RNA, an die das Glutamat gebunden und in diesem Zustand zum Glutamataldehyd reduziert wird (Abb. 15-9). Bei *Euglena* kommen beide Wege der δ-Aminolaevulinsäurebiosynthese vor.

Das erste ringförmige Tetrapyrrol-System, das auf dem Biosyntheseweg der Porphyrine auftritt, ist das Uroporphyrinogen III (Abb. 15-9). Daraus entstehen dann die verschiedenen Porphyrine (u. a. durch

Tab. 15-2. Tetrapyrrolsysteme.

Ringförmige Tetrapyrrolsysteme mit Zentralatom

Chlorophylle (Mg)
Cytochrome (Fe)
Peroxidasen, Katalase (Fe)
Hämin (roter Blutfarbstoff, Leghämoglobin) (Fe)
Cobalamin (Vitamin B_{12}) (Co)
Tetrapyrrolfaktor (F 430) bei der Methanbildung von Bakterien (Ni)

Offene Tetrapyrrolsysteme (Phycobiline)

Phytochrom
Phycocyane (Pigmente von Blaualgen)
Phycoërythrine
(Pigmente von Blau- und Rotalgen)
Gallenfarbstoffe bei Tieren

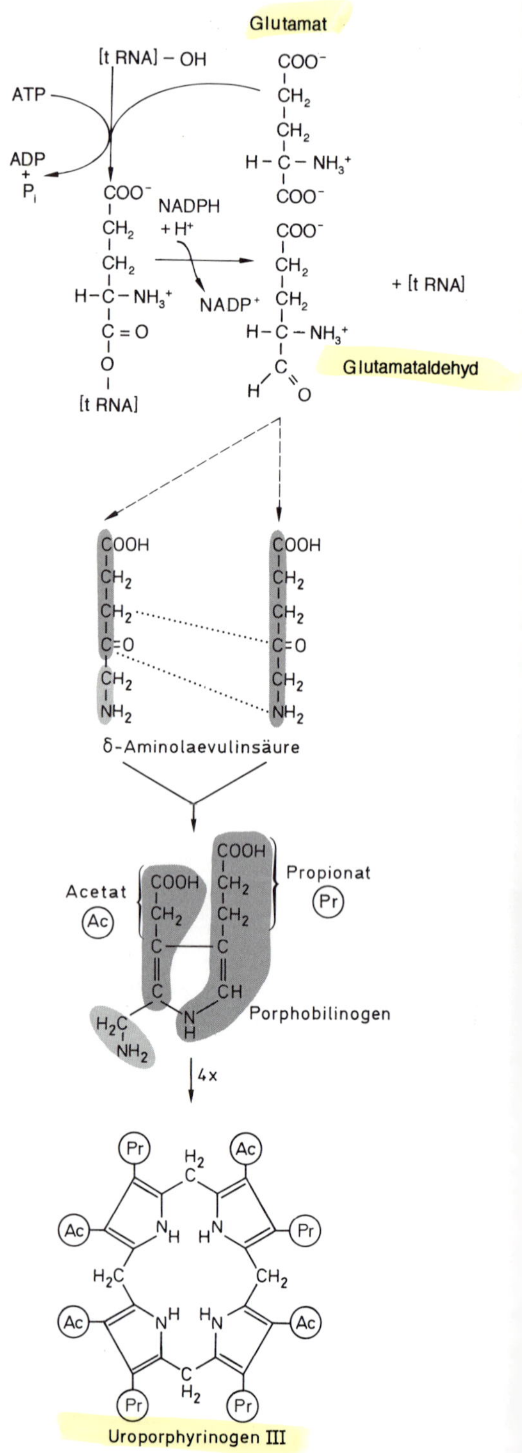

Abb. 15-9. Biosynthese des Pyrrolringes und Bildung eines Tetrapyrrolsystems (Porphyrin). ▶

Anlagerung von Metallen in ihrem Zentrum), die als prosthetische Gruppen von Enzymproteinen im Stoffwechsel der Organismen von größter Bedeutung sind (Tab. 15-2). Durch Öffnung des Tetrapyrrol-Ringes entstehen offene Tetrapyrrol-Systeme (Phycobiline), die ebenfalls gebunden an Proteine („Phycobiliproteide") wichtige Funktionen erfüllen (Tab. 15-2).

Zum weiteren Studium

HESS, D.: *Pflanzenphysiologie. Molekulare und biochemisch-physiologische Grundlagen von Stoffwechsel und Entwicklung.* Ulmer, Stuttgart 1976.

KINDL, H.: *Biochemie der Pflanzen.* Springer, Heidelberg 1991.

C Phylogenie der Pflanzen und Besiedelung der Lebensräume

16 Die Algen

Die eukaryotischen Algen sind in der Regel Wasserpflanzen. Ihre Chromatophoren sind durch verschiedene Pigmente unterschiedlich gefärbt. Das *phytochemische Merkmal* der Natur der *Pigmente* liefert das wichtigste Kriterium für die taxonomische Gliederung in einzelne Abteilungen (Tab. 16-1). Dies drückt sich auch in den Namen der größten Algengruppen aus:

- Abteilung *Chlorophyta* (Grünalgen),
- Klasse *Phaeophyceae* (Braunalgen), (in der Abteilung Heterokontophyta),
- Abteilung *Rhodophyta* (Rotalgen).

Diese Bezeichnungen spiegeln das Sichtbarwerden bestimmter Farben wider, die allerdings nicht auf dem Fehlen oder ausschließlichen Vorhandensein bestimmter Pigmente beruhen, sondern auf dem Dominieren von Pigmenten in Mischungen. Alle Algen enthalten Chlorophyll, Carotinoide und Xanthophylle. Chlorophyll a, das auch schon bei den prokaryotischen Cyanobakterien auftritt, kommt überall vor. Nur die Grünalgen und die Euglenophyta besitzen Chlorophyll b, und die grüne Farbe des Chlorophylls dominiert. Die anderen Algengruppen außer den Rotalgen enthalten anstelle des Chlorophylls b das Chlorophyll c. Bei den Braunalgen wird die Farbe des Chlorophylls von braunen Xanthophyllen überdeckt und bei den Rotalgen durch das rote Phycobilin Phycoerythrin. Unter den eukaryotischen Algen kommen Phycobiline auch noch bei den Cryptophyta vor, sind dort aber nicht wie bei den prokaryotischen Cyanobakterien (Kap. 1.7.2) und den eukaryotischen Rotalgen in Phycobilisomen organisiert.
Innerhalb jeder Abteilung der Algen lassen sich *Entwicklungstendenzen im vegetativen und im generativen Bereich* beobachten. Damit soll der rote Faden der Phylogenie vom Ende des ersten Kapitels wieder aufgegriffen werden.

16.1 Die vegetativen Entwicklungstendenzen und Lebensweisen der Algen

Entwicklungstendenzen werden hier anhand von Beispielen aus verschiedenen Abteilungen beschrieben. Sie reichen von einfachen amöboiden Organisationsformen mit Pseudopodien zur Fortbewegung und phagocytotischer Nahrungsaufnahme und frei beweglichen monadalen Einzellern bis zu hochentwickelten Geweben.

16.1.1 Monadale Organisationsstufe

Als typisches Beispiel für die monadale Organisationsstufe wurde bereits *Euglena* (Abteilung Euglenophyta) geschildert (Kap. 1.8.1, Abb. 1-9).
Unter den gelbbraunen bis rötlichen Dinoflagellaten (Abteilung Dinophyta) finden sich Formen, die einen Zellwandpanzer aus Cellulose-Platten tragen und mit mehr oder weniger bizarren Fortsätzen als Planktonorganismen im Wasser schweben können. Sie besitzen eine Schubgeißel, die in einer Längsfurche des Panzers entspringt, und eine Flimmergeißel, die in einer äquatorialen Querfurche liegt (Abb. 16-1). So können sie eine taumelnde Bewegung durchführen. Marine Arten sind zur Biolumineszenz befähigt und verursachen das Meeresleuchten (Kap. 28.2, Abb. 28-4).
Bei den goldbraunen bis braunen Chrysophyceae (Abteilung Heterokontophyta) gibt es noch einfache

zellwandlose, d.h. nackte Formen, die auch feste Nahrungspartikel durch Phagocytose aufnehmen können. *Ochromonas* kann sowohl in dieser amöboiden Form als auch als Flagellat vorkommen. Andere Vertreter dieser Abteilung bilden tütenförmige Cellulose-Gehäuse aus. Wenn sich die durch Längsteilung einer Zelle entstandenen Tochterzellen am Gehäuse der Mutterzellen festsetzen und neue Tüten bilden, entstehen dekorative buschige Kolonien, die im Plankton schweben *(Dinobryon,* Abb. 16-1).

16.1.2 Entwicklung von einzelligen Flagellaten zu mehrzelligen Kolonien mit Arbeitsteilung

Ein besonderer Weg zur Entwicklung der Mehrzelligkeit zeigt sich bei den Flagellaten der Grünalgen (Abteilung Chlorophyta).
Einzellige Flagellaten der Grünalgen sind durch einen becher- oder schüsselförmigen Chloroplasten gekennzeichnet (Abb. 16-1). Sie vermehren sich durch Längsteilung. Bei bestimmten Vertretern der Familie der *Volvocaceae* bleiben die Tochterzellen nach der Teilung lose miteinander verbunden. Sie werden durch eine Gallerte zusammengehalten. Dadurch bilden sich tafelförmige Kolonien oder Kugeln, bei denen die den Augenfleck tragenden begeißelten Vorderenden der Einzelflagellaten nach außen gerichtet sind. Die Geißeln schlagen synchron und bewegen die Kolonien (Abb. 16-2):

Oltmannsiella	4 Zellen,	kurzes Band
Gonium	4–16 Zellen,	flache Tafel
Pandorina	16 Zellen,	Kugel
Eudorina	32 Zellen	größere Kugeln mit einem zentralen Hohlraum
Pleodorina	128 Zellen	

Der Höhepunkt dieser Entwicklung wird in der Gattung *Volvox* erreicht (Abb. 16-3). *Volvox globator* hat bis zu 20000 Zellen. Bei der Teilung einer Mutterzelle und der Bildung neuer Zellwände und Gallerten bleiben zwischen den Tochterzellen *Plasmabrücken* erhalten. Sie bilden schließlich ein Netzwerk, das sich über die ganze von den Einzelzellen gebildete Oberfläche der *Volvox*-Hohlkugel hinzieht und alle Zellen in ein *cytoplasmatisches Kontinuum* einbindet. Dies

Tab. 16-1. Pigmente der Algen.

Algen Abteilungen (Abt.), Klassen (Kl.)	Chlorophylle a	b	c	Phycobiline	Xanthophylle	Carotine
Abt. Euglenophyta	+	+	–	–	+	+
Abt. Cryptophyta, Dinophyta, Haptophyta	+	–	+	+	+	+
Abt. Chlorophyta Kl.: Chlorophyceae, Zygnematophyceae, Charophyceae	+	+	–	–	+	+
Abt. Heterokontophyta, u. a. Kl.: Chrysophyceae, Diatomeae, Phaeophyceae	+	–	+	–	+	+
Abt. Rhodophyta	+	–	–	+	+	+

+ vorhanden, – fehlend
Die Schraffur hebt die Pigmentkombinationen hervor, die die einzelnen Abteilungen differenzieren.

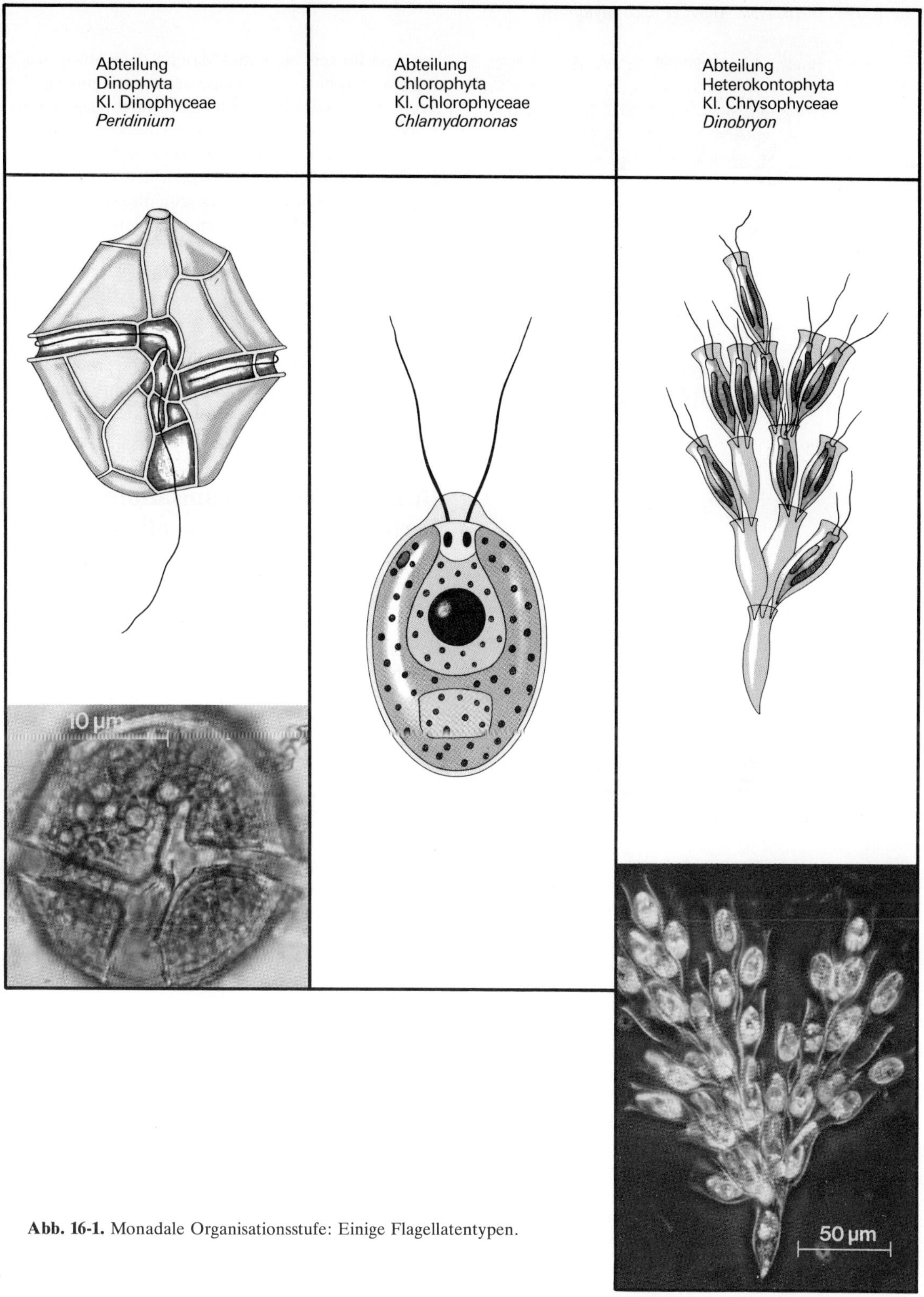

Abb. 16-1. Monadale Organisationsstufe: Einige Flagellatentypen.

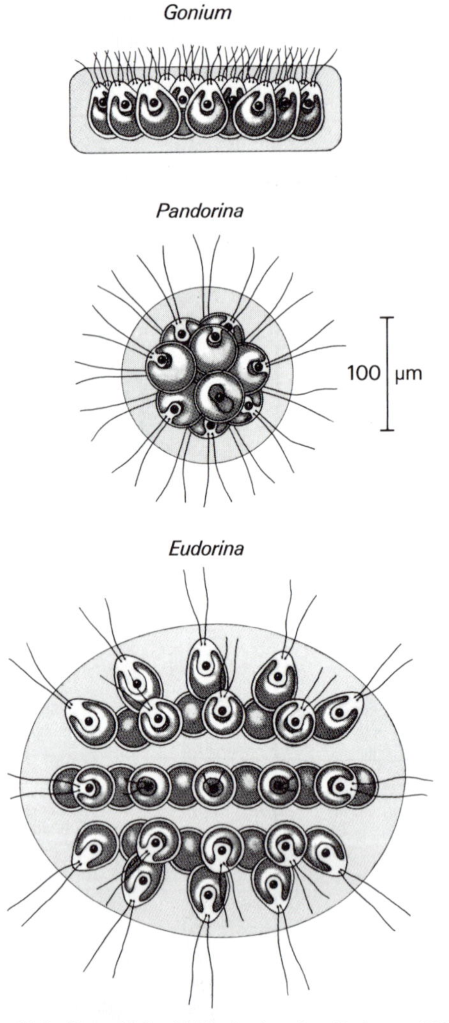

Abb. 16-2. Bewegliche Zellkolonien der Ordnung Volvocales (Kl. Chlorophyceae, Abt. Chlorophyta).

erlaubt eine stoffliche Kommunikation zwischen den Einzelzellen als Voraussetzung für eine *Arbeitsteilung.* Die Arbeitsteilung äußert sich bei *Volvox* in der Differenzierung eines vorderen und hinteren Kugelpols. Die Zellen des vorderen Pols haben normale Augenflecken, zum hinteren Pol zu werden diese Stigmen immer kleiner. Im hinteren Teil liegen die der Vermehrung dienenden Zellen.

Bei der Vermehrung einzelliger Flagellaten durch Zweiteilung wird das ganze Cytoplasma der Mutterzelle aufgeteilt und an die Tochterzellen weitergegeben. Es wird kein biotisches Material dem Absterben anheim gegeben. Die Flagellaten sind *potentiell unsterblich.* Bei *Volvox* bilden sich durch vegetative Zellvermehrung aus bestimmten Einzelzellen neue Tochterkugeln. Die Geißelpole sind zunächst gegen das Innere der Tochterkugeln gerichtet, dann stülpt sich das Ganze wie ein Handschuhfinger um. Die neue Tochterkugel fällt in den zentralen Hohlraum der Mutterkugel hinein. Dort können mehrere Tochterkugeln heranwachsen. Schließlich platzt die Mutterkugel, die Tochterkugeln werden frei, die Mutterkugel zerfällt und ihre Zellen sterben ab.

Die *Volvox*-Kugel ist nicht mehr nur eine Kolonie oder ein loser Zellverband. Sie bildet ein echtes *vielzelliges Individuum.* Dieser Fortschritt zur Mehrzelligkeit und Arbeitsteilung wurde mit dem *Verlust der potentiellen Unsterblichkeit* bezahlt.

16.1.3 Coccale Organisationsstufe: Verlust der freien Beweglichkeit

Die Beweglichkeit durch kompliziert gebaute Geißeln (Abb. 1-10) erscheint als besondere Errungenschaft der eukaryotischen Zellen (Kap. 1.8.1). Dennoch ist es ein wichtiger Schritt zur Weiterentwicklung mehrzelliger Algenformen gewesen, die Geißeln aufzugeben. Damit wird zunächst die coccale Organisationsstufe erreicht. Schon bei Algenklassen, in denen normalerweise nur monadale Vertreter vorkommen, können die Flagellaten unter besonderen Bedingungen bewegungslose Dauerstadien *(Cysten)* bilden, z. B. um die vorübergehende Austrocknung ihres Biotops zu überstehen.

In der Ordnung Chlorococcales (Abteilung Chlorophyta) finden wir Formen, die während der meisten Zeit ihrer Entwicklung oder dauernd unbeweglich sind. Die vegetative Vermehrung erfolgt hier nicht wie bei den Flagellaten durch Zweiteilung. Nach mehrfacher Kernteilung zerklüftet sich das Cytoplasma der Mutterzelle. Jeder Tochterkern erhält einen Teil des Cytoplasmas, ein Cytoplasmarest stirbt ab. Bei *Chlorococcum* sind die vegetativ gebildeten Tochterzellen *(Zoosporen)* begeißelt, verlieren dann aber die Geißeln und erreichen die coccale Organisationsstufe. Hierin kann man eine *capsale Organisationsstufe* als Übergang zwischen der monadalen und der coccalen Organisationsstufe sehen. Zur letzteren gehört *Chlorella,* die bei der Teilung gleich unbewegliche Tochterzellen ausbildet *(Aplanosporen,* Abb. 16-4).

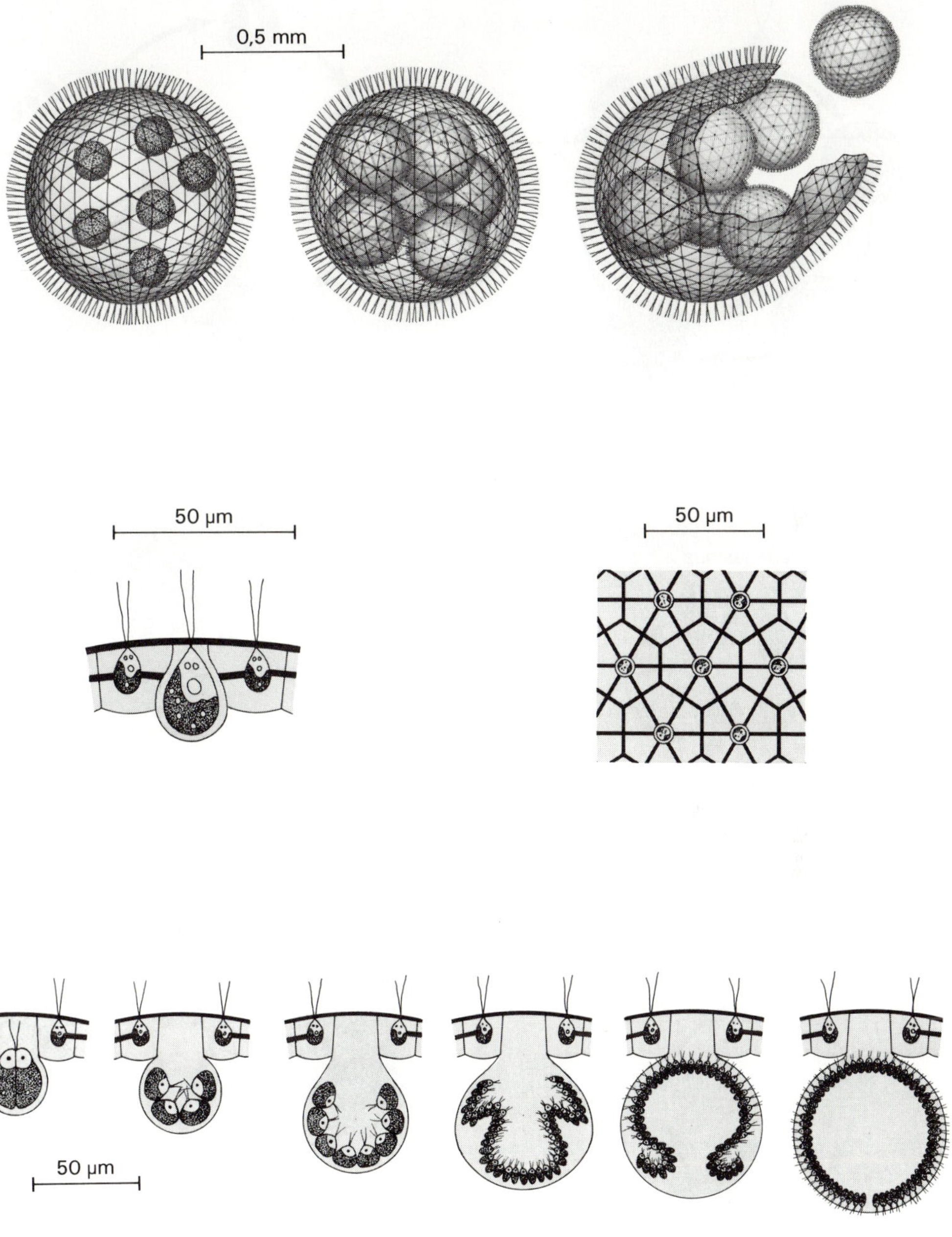

Abb. 16-3. *Volvox globator* (O. Volvocales, Kl. Chlorophyceae, Abt. Chlorophyta). Oben: Mutterkugeln mit heranwachsenden Tochterkugeln bis zum Austreten der Tochterkugeln und dem Zurückbleiben der aufgerissenen Mutterkugel als Leiche. Mitte: Plasmodesmen zwischen den Einzelzellen im Querschnitt (links) und in der Aufsicht (rechts). Eine Einzelzelle ist stärker herangewachsen. Unten: Mitosen ausgehend von einer stärker herangewachsenen Einzelzelle und vegetative Bildung einer Tochterkugel.

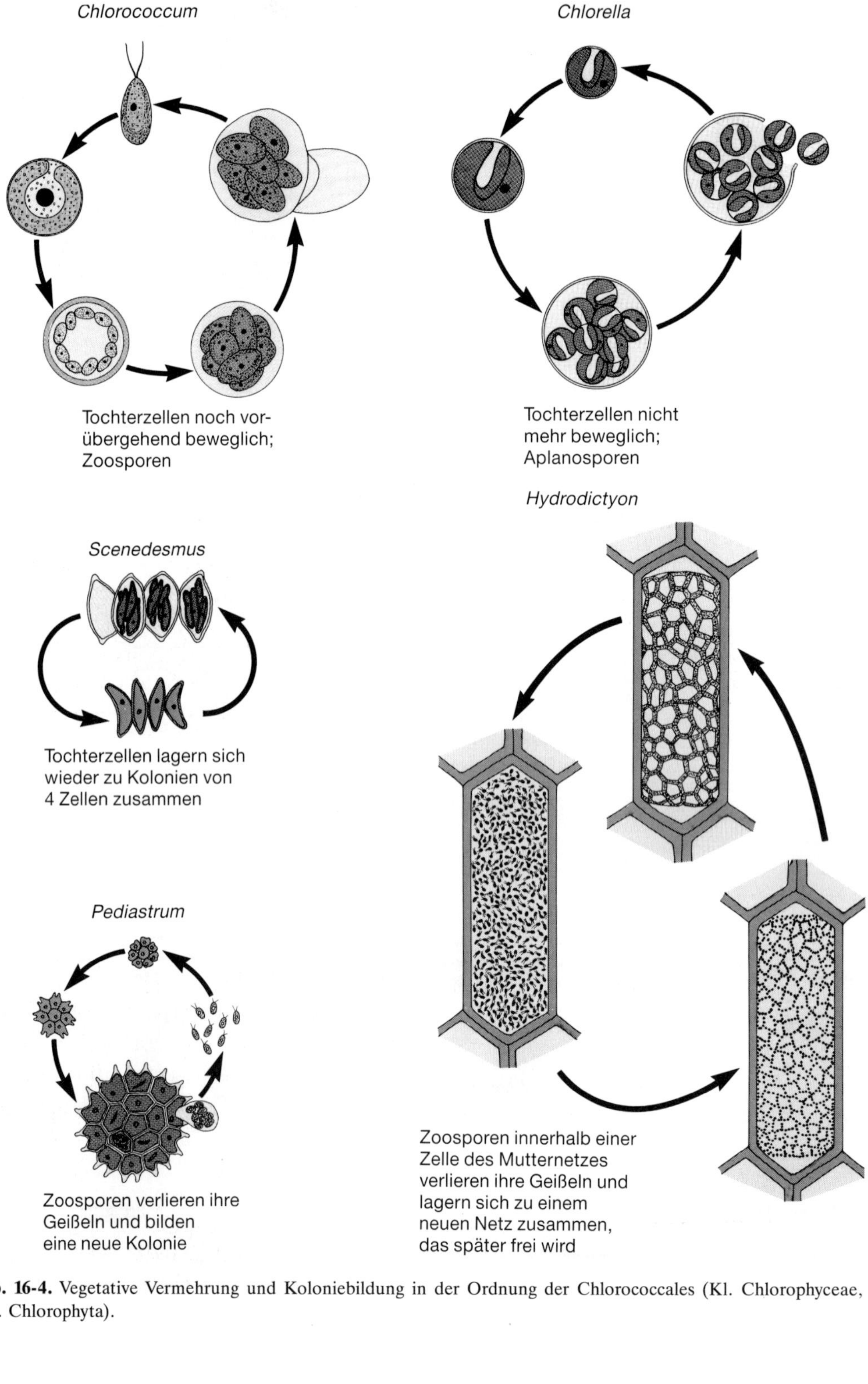

Abb. 16-4. Vegetative Vermehrung und Koloniebildung in der Ordnung der Chlorococcales (Kl. Chlorophyceae, Abt. Chlorophyta).

Ähnlich wie bei den Volvocales können bei den Chlorococcales Tochterzellen zu tafel- oder kugelförmigen Kolonien zusammentreten (Abb. 16-4 und 16-5):

Scenedesmus	4 Zellen, kurzes Band
Pediastrum	16 Zellen, sternartige Platte
Coelastrum	Hohlkugel.

Bei *Hydrodictyon reticulatum* (Wassernetz) bilden Einzelzellen ein bis zu einem halben Meter langes, schlauchförmiges Netz. In herangewachsenen Netz-Zellen entwickeln sich zahlreiche bewegliche Zoosporen, die sich nach Einschmelzen der Geißeln noch innerhalb der Mutterzelle zu einem neuen Netz zusammenlagern (Abb. 16-4).

Chlorococcale Grünalgen *(Chlorella, Ankistrodesmus, Scenedesmus)* sind wichtige Objekte physiologischer Forschung. Sie dienten als Versuchsobjekte bei der Aufklärung des Weges des Kohlenstoffes bei der Photosynthese (CALVIN-Zyklus). In diesem Zusammenhang ist auch die Technik der Synchronkultur von Interesse (Kap. 26.1, Abb. 26-2).

Ebenfalls zur Abteilung der Chlorophyta gehören die coccalen Zieralgen (Klasse Zygnematophyceae, Familie Desmidiaceae; Abb. 16-6).

Ästhetisch besonders ansprechende coccale Einzeller finden wir auch unter den vielfältigen Formen der etwa 10000 Arten der *Diatomeae* (Abteilung Heterokontophyta). Sie leben als Aufwuchs auf dem Untergrund oder auf anderen Algen oder als schwebende Planktonorganismen im Meer und im Süßwasser. Diatomeen sind besonders durch ihre Zellwand charakterisiert. Sie besteht aus Pectin mit einem ein- und aufgelagerten *Kieselsäure-Panzer,* der durch Verdikkungen, Aussparungen, Kammerungen und Porenbildungen auf die mannigfaltigste Art zu wunderbar ornamentalen Formen strukturiert sein kann.

Der Kieselsäure-Panzer ist in Form zweier ineinandergreifender Schalen ausgebildet. Modellhaft kann man sich am einfachsten ein Bild davon machen, wenn man Camembert-Schachteln zur Hand nimmt. Eine runde Schachtel kann die kreisförmigen Zellen der Ordnung Centrales der Diatomeen symbolisieren

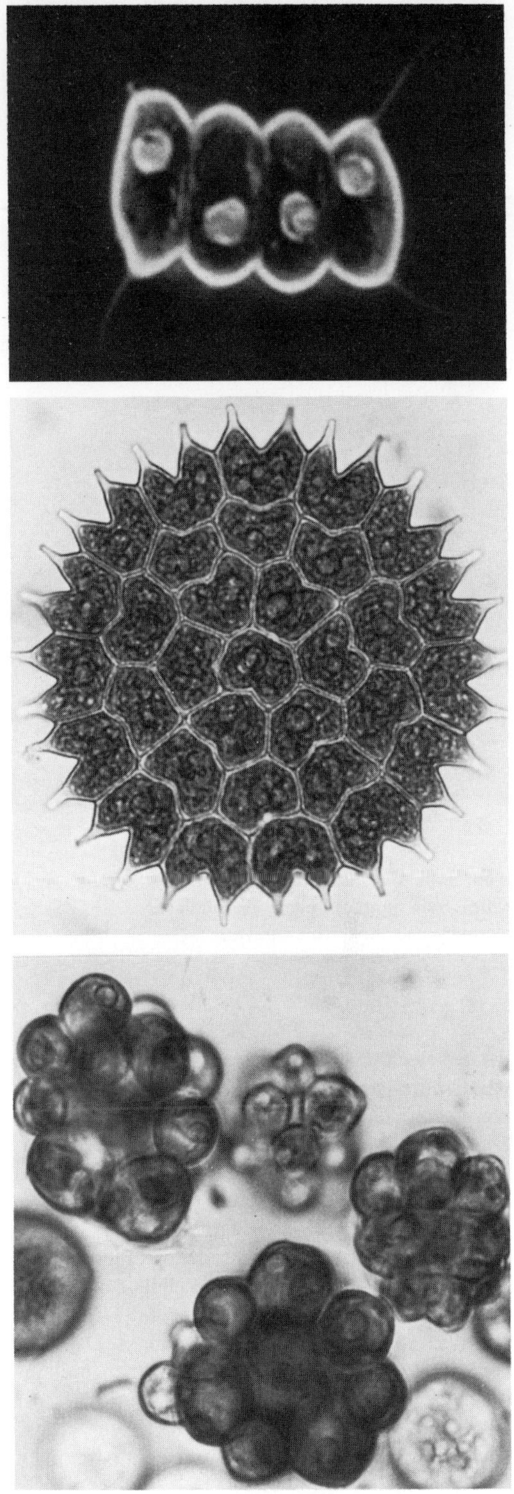

Abb. 16-5. Koloniebildende Formen der Ordnung Chlorococcales (Kl. Chlorophyceae, Abt. Chlorophyta). Oben (Phasenkontrast): *Scenedesmus communis* (Vergrößerung 1250-fach). Mitte: *Pediastrum boryanum* (Vergrößerung 1000-fach). Unten: *Coelastrum cambricum* (Vergrößerung 1000-fach).

(auch dreieckige Formen gehören zu dieser Ordnung), eine längliche Schachtel die stab-, schiffchen- oder keilförmigen Zellen der Ordnung Pennales. Die obere Hälfte nennen wir Epitheka, die untere Hälfte Hypotheka, die Aufsicht von oben oder unten Schalenansicht, die Ansicht von der Seite Gürtelansicht. Bei

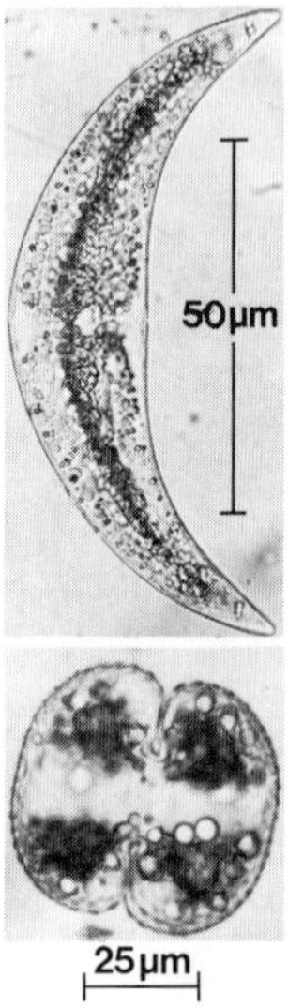

Abb. 16-6. Coccale Zieralgen: *Closterium* (oben) und *Cosmarium* (unten) (Fam. Desmidiaceae, Kl. Zygnematophyceae, Abt. Chlorophyta).

der Schalenansicht beobachten wir einen Spalt im Kieselsäure-Panzer, die Raphe. Hier steht das Cytoplasma mit dem Untergrund in direkter Verbindung. Durch Schleimabscheidung und durch die Plasmaströmung der Diatomeen-Zellen erlaubt die Raphe eine langsame Kriechbewegung (Abb. 16-7).
Diatomeen können sich vegetativ durch Zweiteilung vermehren. Dabei bekommt jede Tochterzelle eine Schalenhälfte der Mutterzelle und bildet dazu immer eine neue Hypotheka. Dies bedeutet, daß Diatomeen eigentlich immer kleiner werden müßten. Das wird aber durch das Einsetzen sexueller Vorgänge unterbrochen.
Diatomeen-Zellen können durch Gallerten verbunden bleiben und vielfältige Formen von Kolonien (Coenobien) bilden (Abb. 16-8).

16.1.4 Trichale Organisationsstufe

Bei der trichalen Organisationsstufe bleiben die einkernigen Zellen nach der Teilung durch gemeinsame Zellwände und durch Plasmabrücken *(Plasmodesmen)* verbunden. Die so entstehenden echten Zellfäden sind deutlich von fadenförmigen Coenobien zu unterscheiden, bei denen die Einzelzellen nur lose zusammengehalten werden. Wenn alle Zellen eines Fadens durch Querteilung zur Verlängerung beitragen, nennen wir das *interkalares Wachstum.* Wenn nur die vorderste Zelle des Fadens durch Teilung nach hinten Tochterzellen abgibt und damit neue Fadenzellen bilden kann, sprechen wir von einer *Scheitelzelle.* Diese Entwicklung bereitet den Weg zu komplexeren Differenzierungen. Eine echte Verzweigung von Zellfäden wird möglich, wenn weiter hinten gelegene Fadenzellen seitlich eine neue Fadenzelle abschnüren oder wenn sich die Scheitelzelle in Längsrichtung teilt (Abb. 16-9).
Wenn sich die Fadenzellen nicht nur quer (antiklinal), sondern auch längs (periklinal) teilen, entstehen lappenförmige Gebilde, die aber nur eine Zellage dick sind, z. B. *Ulva lactuca,* der Meersalat (Abb. 16-9).

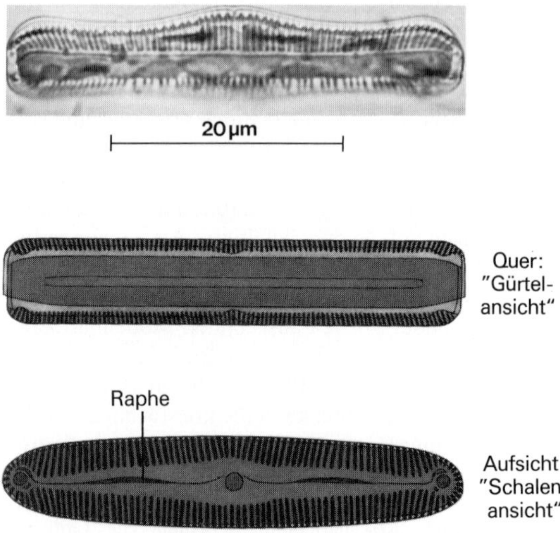

Abb. 16-7. Kieselalge der Ordnung Pennales (Kl. Diatomeae, Abt. Heterokontophyta) in verschiedenen Ansichten. Oben: Lichtmikroskopische Aufnahme. Mitte und unten: Schematische Zeichnungen.

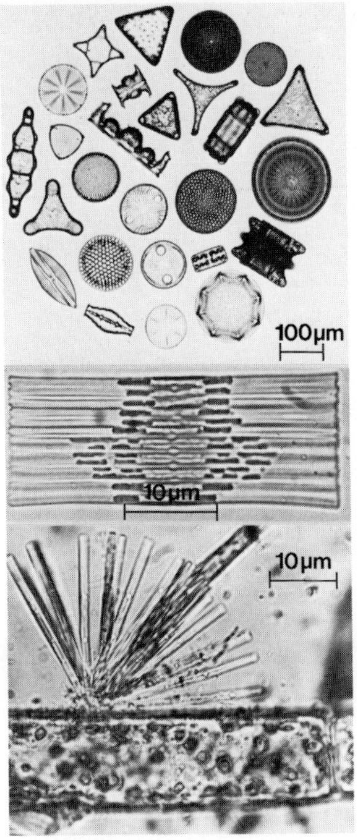

Abb. 16-8. Formenmannigfaltigkeit der Kieselalgen. Oben: Im Umriß kreisförmige und dreieckige Formen der Ordnung Centrales und längliche Formen der Ordnung Pennales. (Nach einer Aufnahme von B. KREMER.) Mitte: Freilebende Kolonie (O. Pennales). Unten: Epiphytische Kolonie (O. Pennales) auf einer eukaryontischen Fadenalge.

16.1.5 Siphonale Organisationsstufe

Eine andere Entwicklung hat in verschiedenen Abteilungen der Algen zur Ausbildung *schlauchförmiger Zellen* bis zu recht ansehnlicher Größe (Zentimeter bis Dezimeter) geführt. Durch zahlreiche Kernteilungen ohne Zellwandbildung sind diese Zellen vielkernig oder *polyenergid* geworden. (Unter einer *Energide* versteht man einen Zellkern mit dem dazugehörigen Cytoplasma.) Das Cytoplasma liegt den Zellwänden dicht an, im Inneren finden sich große Vakuolen.

Bei *Cladophora* (Abteilung Chlorophyta) ist die siphonale Organisation mit der trichalen verbunden (Abb. 16-9); die einzelnen Fadenzellen sind polyenergid. Man kann darin eine *siphonocladale Organisationsstufe* zwischen der echt trichalen mit einkernigen Fadenzellen und der rein siphonalen Organisationsstufe sehen. Große polyenergide Zellen finden sich auch in bestimmten Entwicklungsstadien beim Wassernetz *(Hydrodictyon,* Abb. 16-4). Ausschließlich marine siphonale Formen umfaßt die Ordnung Siphonales der Chlorophyta: die prallen Schläuche von *Valonia,* die großen Lappen der in Meerwasseraquarien beliebten *Caulerpa,* die hutbildenden Arten von *Acetabularia.* Rhizoide oder Haftorgane bilden sich aus Verzweigungen der Schläuche (Abb. 16-10). *Acetabularia* ist ein beliebtes Objekt der *Entwicklungsphysiologie.* In einem bestimmten Stadium seiner Entwicklung hat es nur einen Zellkern, der im Rhizoidteil liegt. Durch die Abtrennung des Rhizoids kann man deshalb leicht kernlose Stücke gewinnen. Man kann kernlose Stücke einer Art auf das kernhaltige Rhizoid einer anderen Art aufpfropfen. So lassen sich Regenerationsformen kernloser Stücke oder von Stücken mit einem fremden Kern studieren, und man gewinnt einen Einblick in die Steuerung von Entwicklungsprozessen durch den Zellkern (Abb. 16-11). *Acetabularia* gehört zur Familie der Dasycladaceae. Bei anderen Dasycladaceen sind die Schläuche wirtelig verzweigt. Durch Alkalisierung der Zellwände bei der photosynthetischen Assimilation von CO_2 aus Bikarbonat (HCO^-_3) *verkalken* die Dasycladaceen:

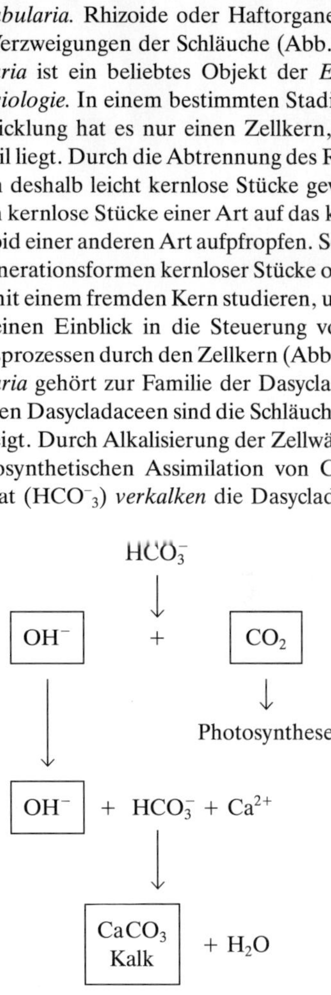

Fossile Dasycladaceen haben auf diese Weise wesentlich zur *Gesteinsbildung* beigetragen (alpine Trias). In der Klasse der Xanthophyceae (Abteilung Heterokontophyta) bilden die Süßwasseralgen *Botrydium* und *Vaucheria* siphonale Formen.

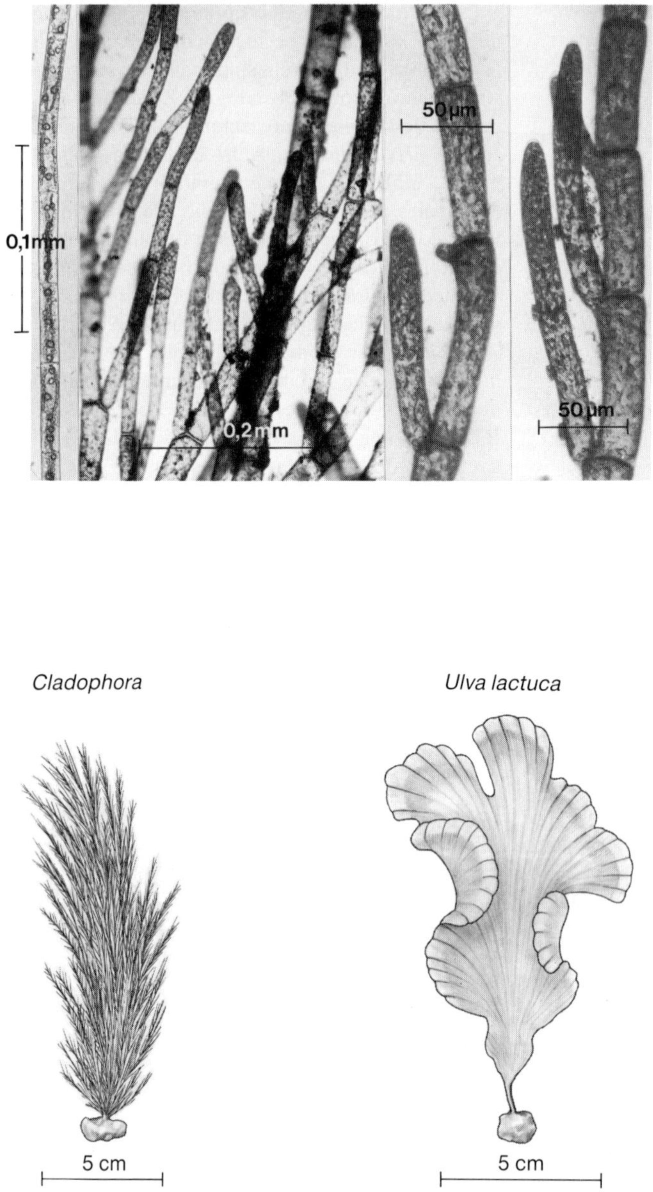

Abb. 16-9. Trichale Organisationsstufe. Photographie oben links: Einfacher, unverzweigter Zellfaden von *Mougeotia* (Fam. Zygnemataceae, Kl. Zygnematophyceae, Abt. Chlorophyta); die drei Photographien oben rechts und die Habituszeichnung unten links: Fadenthallus von *Cladophora* (O. Cladophorales, Kl. Chlorophyceae, Abt. Chlorophyta) mit echter Verzweigung durch seitliche Abschnürung neuer Fadenzellen; Habituszeichnung unten rechts: Einschichtiger, lappenförmiger Thallus von *Ulva lactuca* (O. Ulotrichales, Kl. Chlorophyceae, Abt. Chlorophyta), entstanden durch periklinale und antiklinale Teilungen.

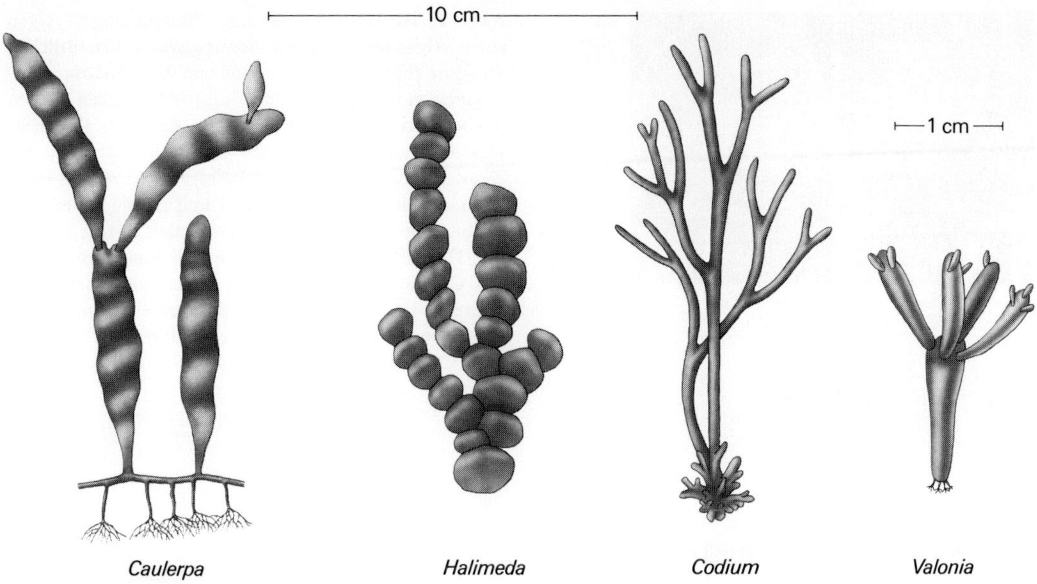

Abb. 16-10. Siphonale Organisationsstufe: Einige Schlauchalgentypen der Ordnung Siphonales (Kl. Chlorophyceae, Abt. Chlorophyta).

16.1.6 Entwicklung von einfachen Zellfäden zu komplexen Thalli

16.1.6.1 Heterotriche Thalli

Thalli (Einzahl: *Thallus*) nennen wir die Vegetationskörper der vielzelligen Algen, Pilze, Flechten und Moose aus Zellgeflechten oder -geweben, die nicht mit den Kormophyten und ihren Organen (Kap. 17.1.1) homologisiert werden können.
Bei einigen Vertretern der Ordnung Chaetophorales der Chlorophyta sind die verzweigten Fadenstrukturen gegliedert. Sie bilden einen heterotrichen Thallus. Die *heterotrichen Thalli* der Grünalgen *Stigeoclonium* und *Coleochaete* bestehen aus einer Sohle, d. h. einem dem Untergrund anliegenden Geflecht von Zellfäden, und Wasserfäden, die der Photosynthese dienen.

16.1.6.2 Plektenchyme der Rotalgen

Das Prinzip der *Verflechtung von Zellfäden* hat bei den Rotalgen (Rhodophyta) zu hochentwickelten Formen geführt, bei denen sich *blatt-, stiel- und wurzelähnliche Teile* unterscheiden lassen (Abb. 16-12). Durch Verflechtung und Verfilzung werden Plektenchyme gebildet. Nebeneinander liegende Fäden können sekundär verwachsen; die Zellwände können verquellen und wasserunlösliche Gallerten bilden, so daß schließlich Scheingewebe *(Pseudoparenchyme)* entstehen, die von echten Geweben oft kaum zu unterscheiden sind. Dann kann man nur durch eine mikroskopische Analyse der Verteilung der Plasmodesmen die ursprünglichen Fadenstrukturen rekonstruieren. Plasmodesmen befinden sich zwischen Zellen, die ein und demselben Faden angehören, nicht zwischen Zellen nachträglich verwachsener Fäden.
Nach einem ähnlichen Prinzip sind viele Pilze gebaut (Mutterkorn, Hutpilze, Kap. 18.2.2). Bei den Rotalgen unterscheidet man nach der Verzweigung der am Thallus-Aufbau beteiligten Zellfäden zwei Typen der Organisation: den Springbrunnen-Typus mit dichotomer Verzweigung und den Zentralfaden-Typus mit subapikaler Verzweigung (Abb. 16-12).

16.1.6.3 Scheitelzellen als Bildungszentren

Zellgeflechte sind nicht zur Entwicklung der höchsten Organisationsstufen der Pflanzen in der Lage.

Abb. 16-11. *Acetabularia.* Die Photographien zeigen einen Algenaufwuchs mit *Acetabularia* am natürlichen Standort (links) und einen Hut von *Acetabularia mediterranea* mit Kammern und darin befindlichen Cysten (rechts: Originalaufnahme von B. KREMER). Der Entwicklungsgang (unten links) zeigt die Keimung der Zygote zu einer zunächst einkernigen Pflanze mit sterilen und hinfälligen Haarwirteln und die anschließende Hutbildung im Zusammenhang mit den Kernteilungen. Der Hut ist gekammert, und in den Kammern entstehen Cysten, deren Kerne sich später teilen und dann Gameten bilden. Pfropfungsexperimente (unten rechts) werden im Einkernstadium durchgeführt.

Entwicklungsgang:
Der genaue Zeitpunkt der Meiose (R!) ist noch unbekannt

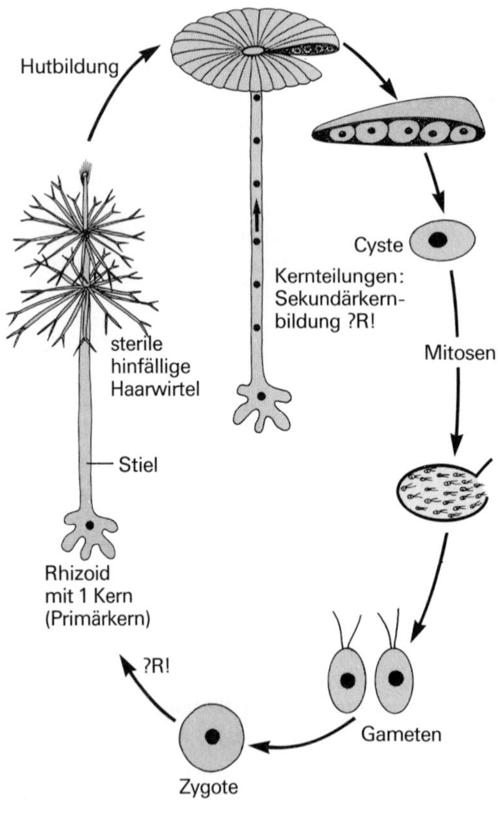

Propfungs- und Regenerationsexperimente:

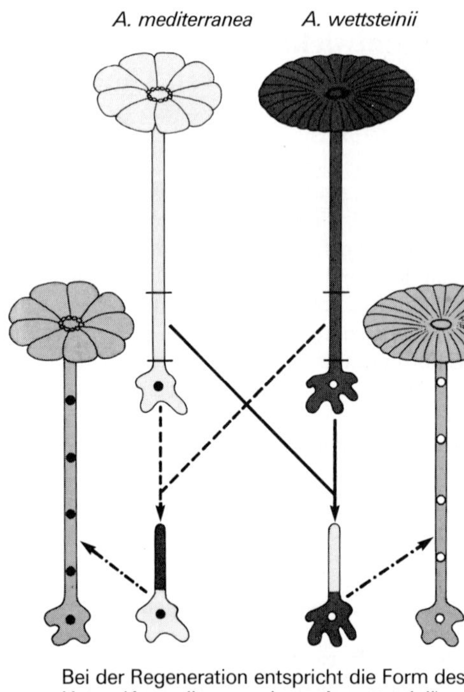

Bei der Regeneration entspricht die Form des Hutes *(A. mediterranea* bzw. *A. wettsteinii)* der Herkunft des Zellkerns und nicht der des Stielstückes.

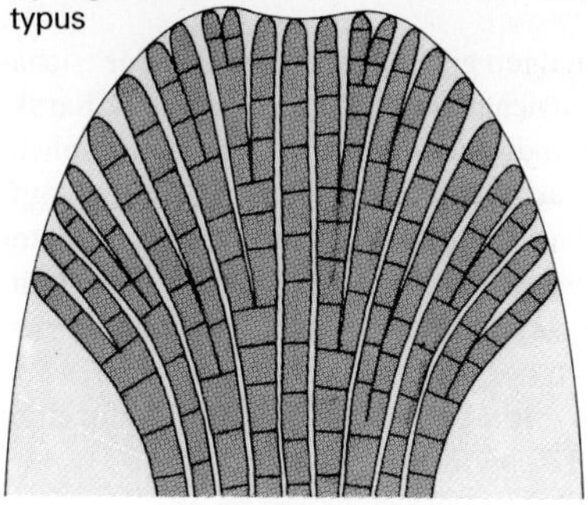

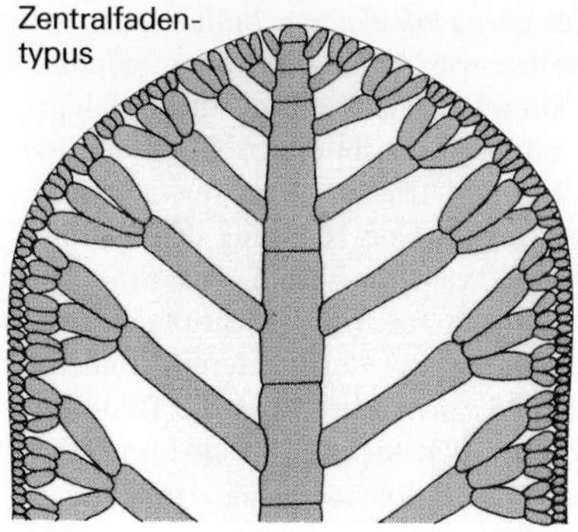

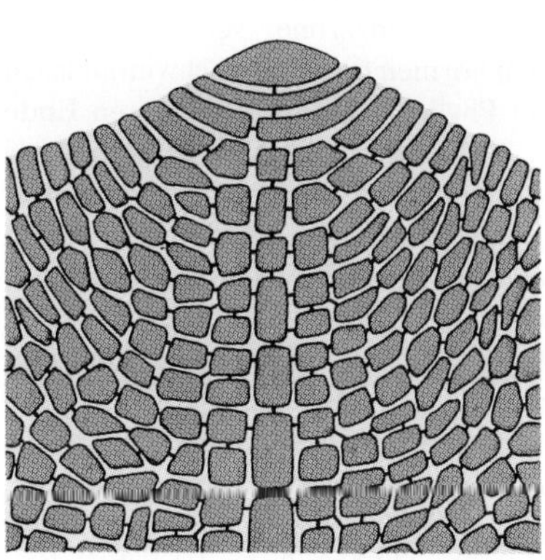

Abb. 16-12. Plektenchyme der Rotalgen. Darstellung des Zentralfadentyps nach FALKENBERG und des Springbrunnentyps nach NÄGELI. Die Verwachsung von Fäden zur Bildung von blattartigen Thalli ist nach SMITH gezeichnet, wobei die kurzen Verbindungsstriche die Zugehörigkeit von Zellen zum selben Fadenteil und die Verzweigung des Zentralfadens andeuten. Die Photographie zeigt *Antithamnion plumula* (Originalaufnahme von B. KREMER).

Hierzu bedarf es *streng lokalisierter Bildungszentren,* deren Tochterzellen von Anfang an zusammenhängende und zur komplexen Differenzierung befähigte *echte Gewebe* bilden. Einschneidige Scheitelzellen treten bereits bei der Trichales-Organisationsstufe auf. Sie gliedern nur in eine Richtung des Raumes Tochterzellen ab. Zwei-, drei- und vierschneidige Scheitelzellen bilden in mehrere Richtungen neue Zellagen (Abb. 16-13). Bei den niederen Pflanzen, Algen, Moosen und Farnen bestehen die Bildungszentren der Organe, z. B. auch der Sprosse und Wurzeln bei den Farnen, aus solchen Scheitelzellen. Erst bei den höheren Pflanzen sind sie aus Gruppen von Zellen (Spitzenmeristemen) aufgebaut. Eine Ausnahme finden wir unter den Algen bei der Phaeophycee *Dictyopteris polypodioides,* wo das Bildungszentrum am Scheitel der Thalli aus einer Gruppe von Initialzellen besteht.

16.1.6.4 Thallus der Charophyceae

Die Klasse Charophyceae (Abteilung Chlorophyta) enthält mit den verschiedenen Gattungen der Familie Characeae *(Chara, Nitella, Nitellopsis) die vegetativ am höchsten entwickelten Grünalgen.* Sie bilden auf dem Grunde flacher Gewässer auf Schlamm und Sand dichte, mehrere Dezimeter hohe Rasen. Lange fadenförmige Rhizoidzellen befestigen die Pflanzen im Untergrund. Die Thalli sind in Internodien und Knoten gegliedert und an den Knoten wirtelig verzweigt.
Der ganze komplexe Körper der Characeen entsteht aus den Abkömmlingen einer apikalen einschneidigen Scheitelzelle (Abb. 16-14). Jede zweite Tochterzelle bleibt kurz, teilt sich periklinal und bildet so die kleinen Knotenzellen, an denen sich durch seitliche Ausstülpungen neue Scheitelzellen abschnüren, mit deren Abkömmlingen sich das Ordnungsprinzip des Hauptastes wiederholt. Das führt zu der charakteristischen armleuchterartigen Verzweigung (Characeen: Armleuchteralgen). Die dazwischen liegenden Zellen strecken sich stark in die Länge und bilden die oft viele Zentimeter langen schlauchartigen und polyenergiden Internodialzellen. Durch Auswüchse aus den Knotenzellen können die Internodialzellen berindet, d. h. von außen durch eine zusätzliche Zelllage umhüllt werden. Meistens verkalken die Zellwände mehr oder weniger stark.

16.1.6.5 Gewebethalli der Braunalgen

Bei den Braunalgen gibt es noch Vertreter der trichalen und heterotrichalen Organisationsstufe. Charakteristisch sind in dieser Klasse der Heterokontophyta jedoch die aus echten mehrschichtigen Geweben aufgebauten derben Formen, die *Tange,* die viele Meter lang sein, ja bis zur gewaltigen Größe von über hundert Metern anwachsen können. Die aus den Abkömmlingen der Scheitelzelle gebildeten Gewebe differenzieren sich zu unterschiedlich geformten Thallusteilen (Abb. 16-15):

- *Phylloide:* lappenförmig, blattartig;
- *Cauloide:* stiel- oder sproßartig;
- *Rhizoide:* wurzelartig.

Die meisten Tange leben benthisch, d. h. sie sind mit ihren Rhizoiden am Untergrund, oft an Felsen der Gezeiten- und Brandungszone verankert (Abb. 16-16). Bei vielen Formen finden wir Schwimmblasen am Cauloid, im Phylloidteil oder am unteren Ende der Phylloide. Sie sorgen für Auftrieb und sind manchmal mit einem Gas besonderer Zusammensetzung gefüllt, z. B. enthalten die Schwimmblasen von *Nereocystis luetkeana* bis zu 2,5 % Kohlenmonoxid. Die streng gabelig (dichotom) verzweigten Thalluslappen von *Dictyota dichotoma* (Ordnung Dictyotales) geben ein anschauliches Beispiel für die Funktion einer einschneidigen Scheitelzelle (Abb. 16-17). Die dichotome Verzweigung kommt durch periklinale Teilung der Scheitelzelle selbst zustande. Durch periklinale Teilungen der Abkömmlinge der Scheitelzellen entstehen flache Thalluslappen, die durch weitere Längsteilungen ihrer Zellen dreischichtig werden. Zwei äußere Lagen kleiner Zellen dienen der Photosynthese, eine innere Lage großer Zellen hat die Funktion eines Speichergewebes (Abb. 16-17).
Tange mit mehrschneidigen Scheitelzellen (bis zu fünfschneidigen Scheitelzellen bei *Fucus serratus;* Ordnung Fucales) können kompliziertere dreidimensionale Gewebe bilden. Man kann *Grundgewebe, Rindengewebe* und *zentrales Stranggewebe* unterscheiden. Bei den Cauloiden vieler Tange (z. B. *Laminaria, Pelagophycus, Macrocystis;* Ordnung Laminariales) finden wir dem Ferntransport von Assimilaten dienende langgestreckte Zellen, die an ihren Querwänden trompetenartig erweitert sind. Die Querwände sind durch eine große Zahl von Plasmodesmen oder Poren von größerem Durchmesser perforiert, so daß sich *siebröhrenähnliche Stoffleitungsbahnen* bilden (Abb. 16-18).
Abb. 16-19 gibt einen Überblick über die morphologischen Entwicklungstendenzen bei den Algen.

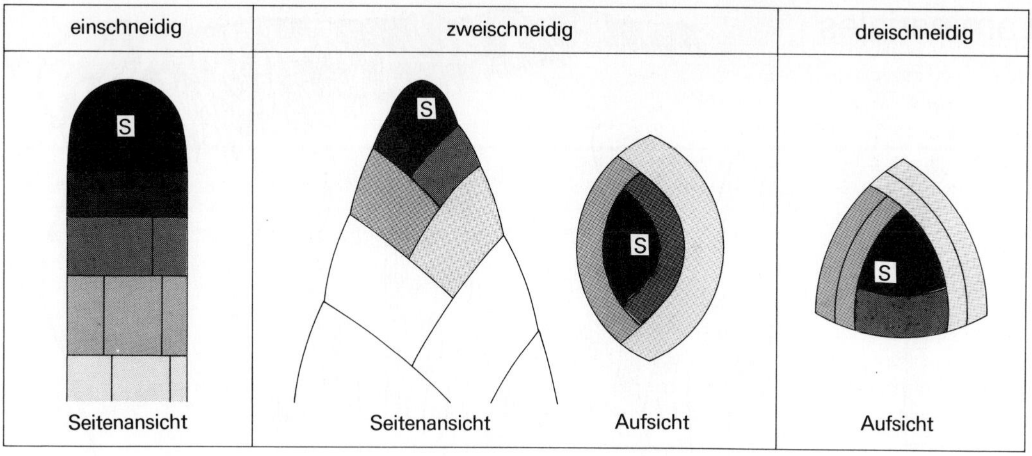

Abb. 16-13. Scheitelzellen (nach VOGEL und ANGERMANN). (Vierschneidige Scheitelzelle: s. Abb. 22-1.)

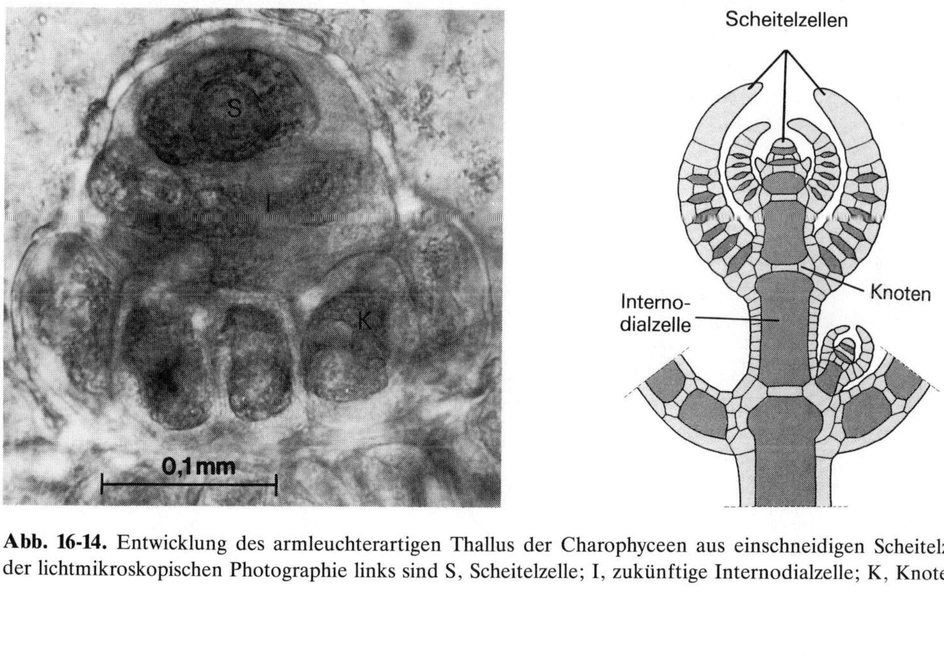

Abb. 16-14. Entwicklung des armleuchterartigen Thallus der Charophyceen aus einschneidigen Scheitelzellen. In der lichtmikroskopischen Photographie links sind S, Scheitelzelle; I, zukünftige Internodialzelle; K, Knoten.

Laminariales

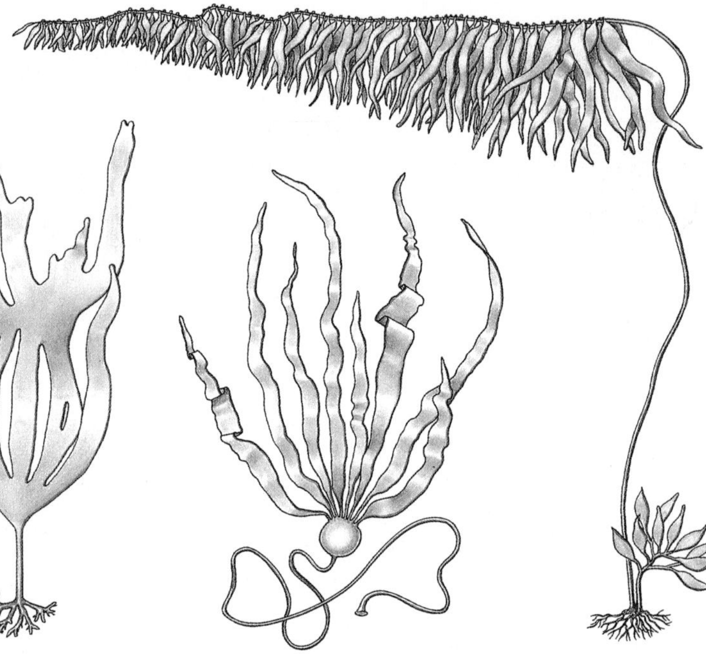

Fucales

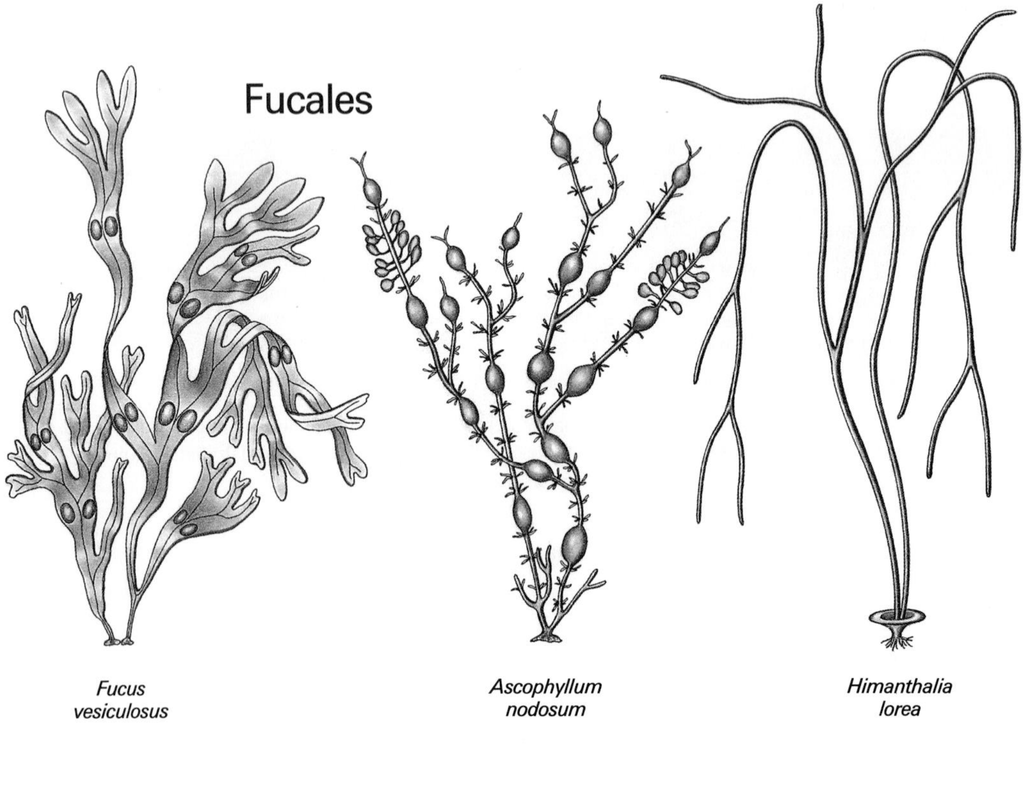

Abb. 16-16. Benthisch lebende Braunalgen in der Gezeiten- und Brandungszone. (Aufnahme unten rechts von B. KREMER: *Laminaria digitata*.)

◂ **Abb. 16-15.** Gewebethalli der Braunalgen (O. Laminariales und O. Fucales, Kl. Phaeophyceae, Abt. Heterokontophyta).

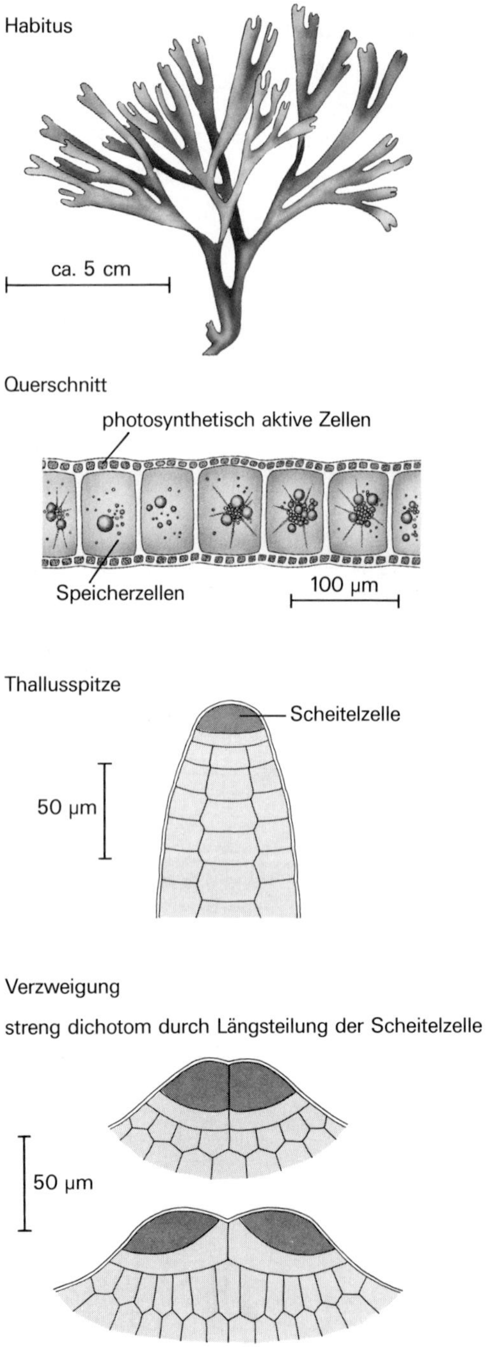

Abb. 16-17. Aufbau des Thallus der Braunalge *Dictyota dichotoma* aus einschneidigen Scheitelzellen (nach VON DENFFER).

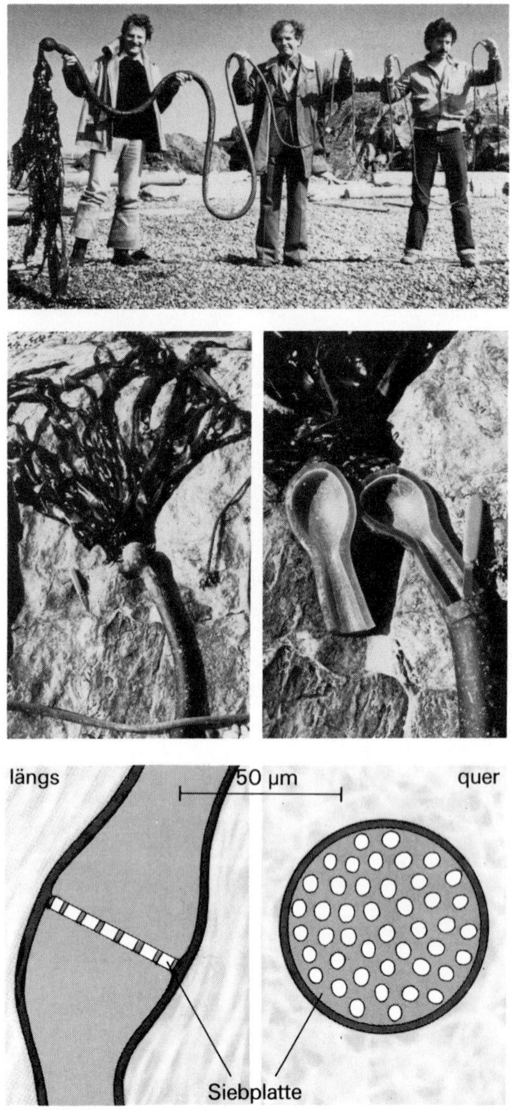

Abb. 16-18. *Macrocystis luetkeana* (O. Laminariales, Kl. Phaeophyceae, Abt. Heterokontophyta): Phylloide und am Ende zur Schwimmblase erweitertes Cauloid. Der an der inneren Oberfläche des aufgeschnittenen Cauloid-Endes erkennbare helle Gewebefilz besteht zum großen Teil aus siebröhrenähnlichen Assimilatleitbahnen, deren Siebplatten schematisch dargestellt sind.

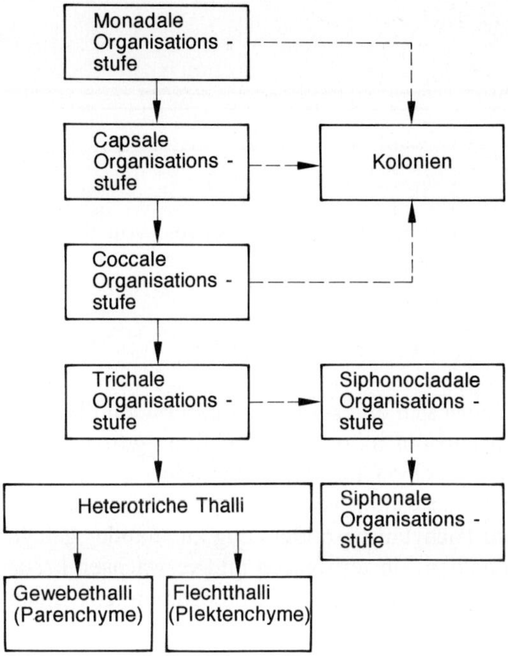

Abb. 16-19. Morphologische Entwicklungstendenzen bei den Algen.

16.2 Die generativen Entwicklungstendenzen

16.2.1 Mitosen, Sexualität und Meiose

Es wurde schon erwähnt, daß monadale Flagellaten durch Längsteilung zwei Tochterzellen bilden können. Coccale Algenzellen und Fadenzellen können durch mehrere sukzessive Kernteilungen und Aufteilung des Cytoplasmas viele Tochterzellen, bewegliche Zoosporen oder unbewegliche Aplanosporen bilden (Abb. 16-4). Bei allen diesen Teilungen handelt es sich um Mitosen. Die Chromosomen der Mutterzellen werden identisch redupliziert den Tochterzellen weitergegeben. Alle Tochterindividuen sind mit den Mutterindividuen und untereinander genetisch identisch. Sie bilden einen *Klon.* Bei einer solchen Population von Zellen handelt es sich um eine sich vegetativ vermehrende Generation. Unter einer *Generation* verstehen wir hier selbständige Individuen, die durch eine bestimmte Fortpflanzungsweise charakterisiert sind.

Im Prinzip kann sich dieser Vorgang gleichermaßen bei Zellen mit einem einfachen, haploiden Chromosomensatz (bei *Haplonten*) und bei Zellen mit einem doppelten, diploiden Chromosomensatz (bei *Diplonten*) abspielen. Die meisten einfachen Algen sind jedoch Haplonten.

Bei einigen monadalen Algen beobachten wir nun eine *fakultative Sexualität.* Zellen, die sich sonst nur durch Zweiteilung vegetativ vermehren, beginnen sich plötzlich wie Gameten zu verhalten und paarweise zu verschmelzen. Ihre haploiden Kerne vereinigen sich zu einer diploiden *Zygote.* Es hat ein *Kernphasenwechsel* vom haploiden zum diploiden Zustand stattgefunden. Anschließend kann aus der Zygote durch mitotische Teilungen eine diploide Generation entstehen. Ein erneuter Sexualvorgang, d. h. ein Verschmelzen zweier Zellen, kann aber in aller Regel nicht ohne vorherige Reduktion des doppelten Chromosomensatzes erfolgen *(Reduktionsteilung).* Die Chromosomenzahlen würden sonst exponentiell rasch ins Unermeßliche steigen.

Die Reduktionsteilung oder *Meiose* (Kasten 16-1, Abb. 16-20) ist also in engem Zusammenhang mit der Sexualität zu sehen. Sie ist eine klare Konsequenz des sexuellen Verschmelzens der Zellkerne von Gameten (Karyogamie) und muß in der Evolution zusammen mit der Sexualität entstanden sein, und zwar im Pflanzenreich an der Basis der eukaryotischen Algen. Die Meiose führt auch zur Neukombination von Genen (Diplotän der Prophase der 1. Reifeteilung, Kasten 16-1) und Chromosomen (Anaphase der 1. Reifeteilung, Kasten 16-1). Damit erzeugt die Meiose ein großes Angebot genetisch verschiedener Individuen für die Selektion der Evolution.

So stellen sich Sexualität und Meiose als notwendige Voraussetzung für Evolution dar. Dieser Schluß ist naheliegend aber auch problematisch, denn er „schließt ein, daß Populationen die Zukunft voraussehen und das Wirken der natürlichen Auslese entsprechend lenken können" (G. L. Stebbins). Die aus der Sexualität folgenden Meiosen sind zwar für das Fortschreiten der Evolution äußerst wichtig, sie sind aber für das Überleben einer Art über große Zeiträume hinweg nicht unbedingt erforderlich. Für eine gut an ein gegebenes Habitat angepaßte Art kann es viel nützlicher sein, durch vegetative Vermehrung einen Klon zu bilden, in dem die genetische Ausstattung konstant bleibt und die als nützlich bewährten Eigenschaften erhalten werden. Andererseits wird

Kasten 16-1
Meiose (s. auch Abb. 16–20)

Die Meiose besteht aus zwei Teilschritten:

① Erste Reifeteilung
Trennung der homologen Chromosomen des diploiden Chromosomensatzes, von denen je eines aus den beiden zur Zygote verschmolzenen Gameten stammt.

- Prophase
  - *Leptotän:* Allmähliche schraubige Verkürzung der Chromosomen.
  - *Zygotän:* Paarung der homologen Chromosomen.
  - *Pachytän:* Die homologen Chromosomen lagern sich eng zusammen und bilden die *Bivalente* oder *Gemini.* Da jedes Chromosom in zwei Chromatiden gespalten ist, bilden die Chromosomenpaare jeweils eine Chromatidentetrade.
  - *Diplotän:* Die homologen Chromosomen werden wieder voneinander getrennt; an Haftpunkten können verschiedene, im Pachytän besonders eng aneinander gelegte Chromatiden aneinander hängenbeiben; sie zerbrechen und verwachsen kreuzweise wieder, so daß zwischen zwei homologen Chromosomen ein Stückaustausch erfolgen kann.
    Durch dieses „crossing over" erfolgt eine Durchmischung und Rekombination genetischen Materials.
  - *Diakinese:* Schraubige Kontraktion der Bivalente, Auflösung der Kernhülle. Abschluß der Prophase.

- Metaphase
  Anordnung der Bivalente in der äquatorialen Kernplatte; Ausbildung der Kernspindel.

- Anaphase
  Trennung der Bivalente. Ganze Chromosomen werden auf zwei Tochterzellen verteilt.
  Die Trennung der aus den beiden Gameten stammenden homologen Chromosomen erfolgt rein zufällig, nicht nach ihrer Herkunft. Dadurch erfolgt eine Durchmischung und Rekombination genetischen Materials. Ist die Zahl der Chromosomen im einfachen, haploiden Chromosomensatz = n, ist die Zahl der neuen Kombinationsmöglichkeiten = 2^n.

- Telophase
  Die Chromosomen strecken sich nur geringfügig; sie sind bereits in fast ganz voneinander getrennte Chromatiden aufgeteilt; sie entsprechen den prophasischen Chromosomen einer normalen Mitose.

Interkinese
Normale Ruhekerne werden nicht gebildet. Während der kurzen Interkinese wird nur eine zarte Kernhülle ausgebildet.

② Zweite Reifeteilung
Chromosomenspalthälften werden wie in einer normalen Mitose voneinander getrennt. In der Telophase der zweiten Reifeteilung entstehen als Ergebnis der beiden Reifeteilungen insgesamt

4 Meiosporen oder Gonen.

Kasten 16-1 (Fortsetzung)

Funktionen der Meiose

- Reduktion der Chromosomen nach einer sexuellen Kernverschmelzung.
- Schaffung eines großen Angebotes genetisch verschiedener Individuen für die Auswahl der Selektion, durch
  - Umbau der Chromosomen, Stückaustausch und Neukombination der Gene (crossing over).
  - Gründliche Durchmischung und Neukombination der Chromosomen.

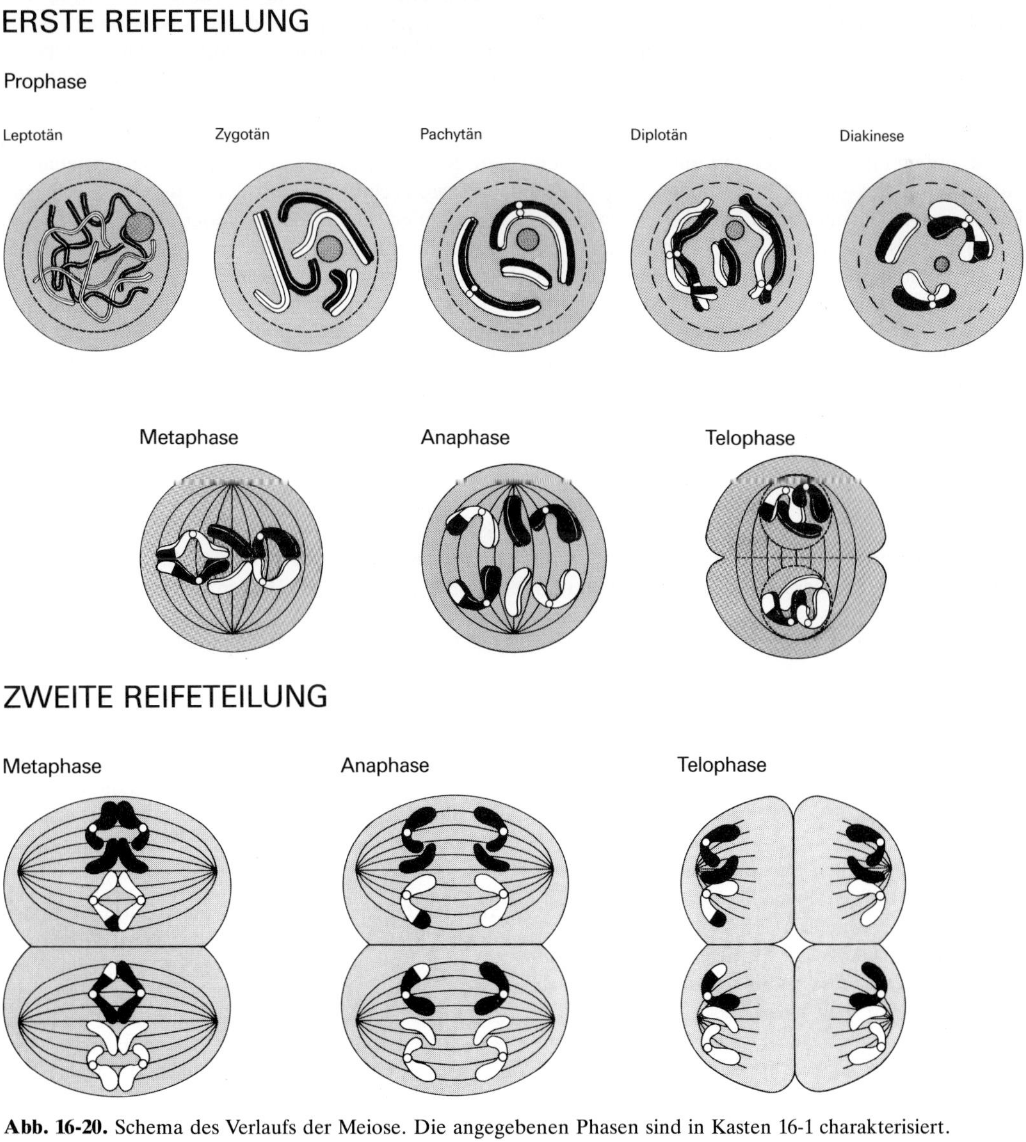

Abb. 16-20. Schema des Verlaufs der Meiose. Die angegebenen Phasen sind in Kasten 16-1 charakterisiert.

beim Besiedeln neuer Standorte oder ökologischer Nischen die Art besonders erfolgreich sein, die durch ein großes Angebot genetisch unterschiedlich ausgestatteter Individuen der Selektion für die Anpassung an den neuen Standort möglichst viele Möglichkeiten bietet. Aus dem gleichen Grund wird diese Art auch besser auf Veränderungen in ihrem Biotop reagieren können.
Wir erkennen also, daß Sexualität und Meiose, die wir erstmals bei einfachen monadalen Algen vorfinden, ein bedeutender Schritt der Weiterentwicklung sind. Allerdings dürfen wir dabei nicht übersehen, daß schon bei den Prokaryonten ein Austausch von DNA-Stücken, d. h. von genetischem Material, möglich ist, z. B. durch Konjugation von Bakterien *(Parasexualität)*. Den DNA-Austausch und seine Bedeutung bei der Umweltanpassung kann man leicht nachweisen, indem man Bakterien mit unterschiedlichen genetischen Defekten mischt und dann weiterkultiviert. Von dem Darmbakterium *Escherichia coli* gibt es beispielsweise einen Stamm, der kein Leucin (L^-), und einen anderen Stamm, der kein Methionin (M^-) synthetisieren kann. Die L^-- und M^--Stämme sind daher auf die Zufuhr der jeweiligen Aminosäure (Leucin bzw. Methionin) angewiesen. Auf einem Nährboden, der weder Leucin noch Methionin enthält, kann isoliert keiner der beiden Stämme wachsen. Mischt man nun eine ausreichend große Zahl von Individuen beider Stämme, so kann man auf einem Nährboden, der weder Leucin noch Methionin enthält, ein Wachstum von *E. coli*-Kolonien beobachten. Dies beweist, daß durch Rekombination die Gene für Leucin-Synthese aus dem M^--Stamm und für Methionin-Synthese aus dem L^--Stamm zusammengekommen sind. Durch das Mischen der Stämme sind *Rekombinanten* entstanden, die beide Aminosäuren synthetisieren können.

16.2.2 Isogamie, Anisogamie, Oogamie

Die monadalen Zellen, die fakultativ zu Gameten werden (Kap. 16.2.1), sind vollkommen gleich gestaltet. Wenn die verschmelzenden Gameten keine sichtbaren Unterschiede zeigen, spricht man von *Isogamie*. Die Gameten müssen aber trotzdem genotypisch verschieden sein; man bezeichnet sie als + und − Gameten *(physiologische Anisogamie!)*.
In verschiedenen Algengruppen hat sich nun eine Entwicklung vollzogen, die zu zunehmend unterschiedlicher Größe der Gameten geführt hat. Bei der *Anisogamie* lassen sich kleinere, männliche *Mikrogameten* und größere, weibliche *Makrogameten* unterscheiden. Beide sind begeißelt und beweglich. Bei der *Oogamie* werden die weiblichen Gameten als große unbewegliche *Eizellen* ausgebildet, während die Mikrogameten oder *Spermatozoiden* durch Begeißelung beweglich bleiben. Beispiele für die Entwicklung von der Isogamie zur Oogamie finden wir schon innerhalb der Grünalgen-Ordnung Volvocales und bei den Braunalgen (Abb. 16-21).
Sonderfälle haben sich in der Klasse der Conjugatae (Abteilung Chlorophyta) und der Klasse der Diatomeae (Abteilung Heterokontophyta) ausgebildet.
Zur Klasse der Conjugatae gehören zwei größere Familien, die coccalen Desmidiaceae (Abb. 16-6) und die trichalen Zygnemataceae. Sie sind Haplonten. Monadale Stadien werden niemals ausgebildet. Zur geschlechtlichen Fortpflanzung legen sich einzelne Zellen (Desmidiaceae) oder Fäden (Zygnemataceae) aneinander und bilden Papillen aus, die aufeinander zuwachsen und durch Auflösen der Wand an der Berührungsstelle einen Kopulationskanal entstehen lassen. Die männliche Zelle wird zu einem Wandergameten, der sich amöboid zu dem stationären weiblichen Gameten bewegt. Beide Zellen verschmelzen (Abb. 16-22). Die Zygote keimt durch Reduktionsteilung, und es entstehen wieder haploide Individuen.
Die Diatomeen sind Diplonten. Nach der Reduktionsteilung gehen von den vier Gonenkernen zwei zugrunde und werden von der Zelle resorbiert. Die anderen beiden Kerne bilden je einen Isogameten aus. Zwei Diatomeen-Zellen liegen dabei aneinander. Jeweils einer ihrer Gameten bleibt stationär, der andere wandert zur Nachbarzelle und vollzieht die Befruchtung des stationären Gameten. Die Zygote (Auxozygote oder Erstlingszelle) wächst stark heran, ehe sie einen neuen Kieselpanzer ausbildet (Abb. 16-23). Auf diese Weise wird dem durch die vegetativen Teilungen bedingten ständigen Kleinerwerden der Diatomeen (Kap. 16.1.3) eine Grenze gesetzt.

Abb. 16-21. Isogamie – Anisogamie – Oogamie. In der ► oberen Reihe dargestellt bei einzelligen Vertretern innerhalb der Ordnung Volvocales bei den Grünalgen; in der unteren Reihe innerhalb der Klasse Phaeophyceae, Braunalgen. Vergrößerungen: oben von links nach rechts 350-fach, 580-fach, 200-fach; unten von links nach rechts 2200-fach, 1700-fach, 440-fach (nach BRESINSKY in STRASBURGER, Lehrbuch der Botanik).

Abt. Chlorophyta, Kl. Chlorophyceae, O. Volvocales		
Isogamie *Chlamydomonas botryoides*	Anisogamie *Chlamydomonas braunii*	Oogamie *Chlorogonium oogamum*
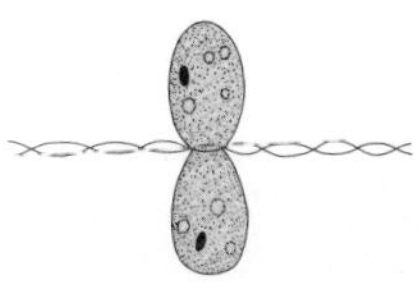	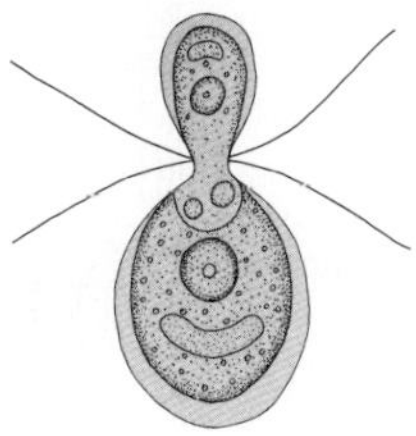	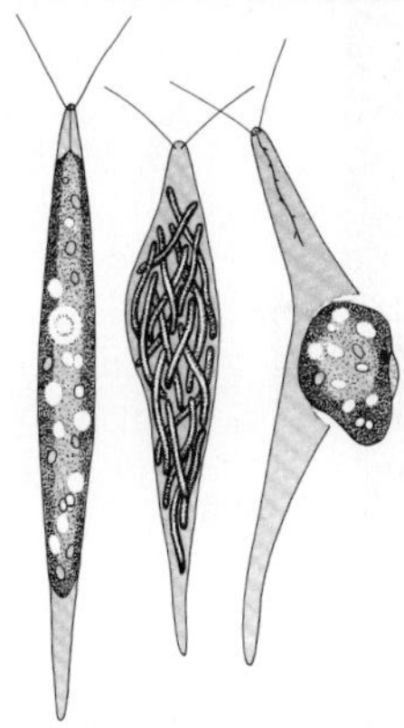
Abt. Heterokontophyta, Kl. Phaeophyceae		
Isogamie *Ectocarpus siliculosus* O. Ectocarpales	Anisogamie *Cutleria multifida* O. Cutleriales	Oogamie *Dictyota dichotoma* O. Dictyotales
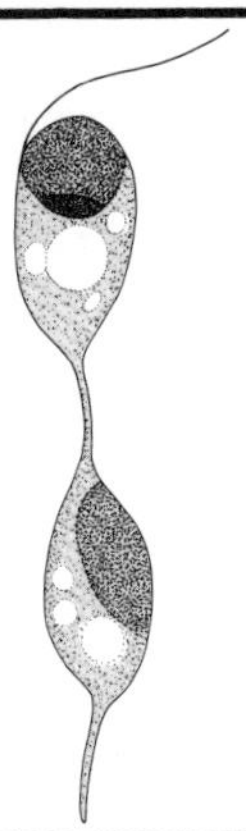	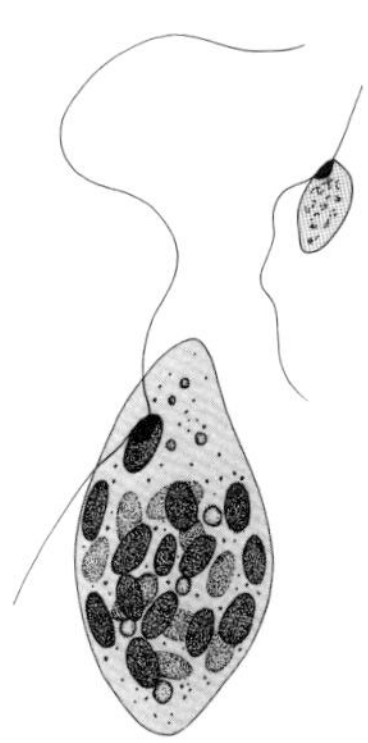	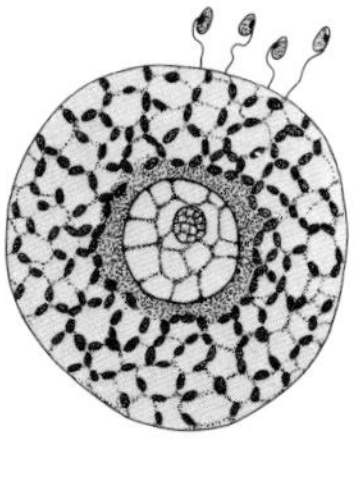

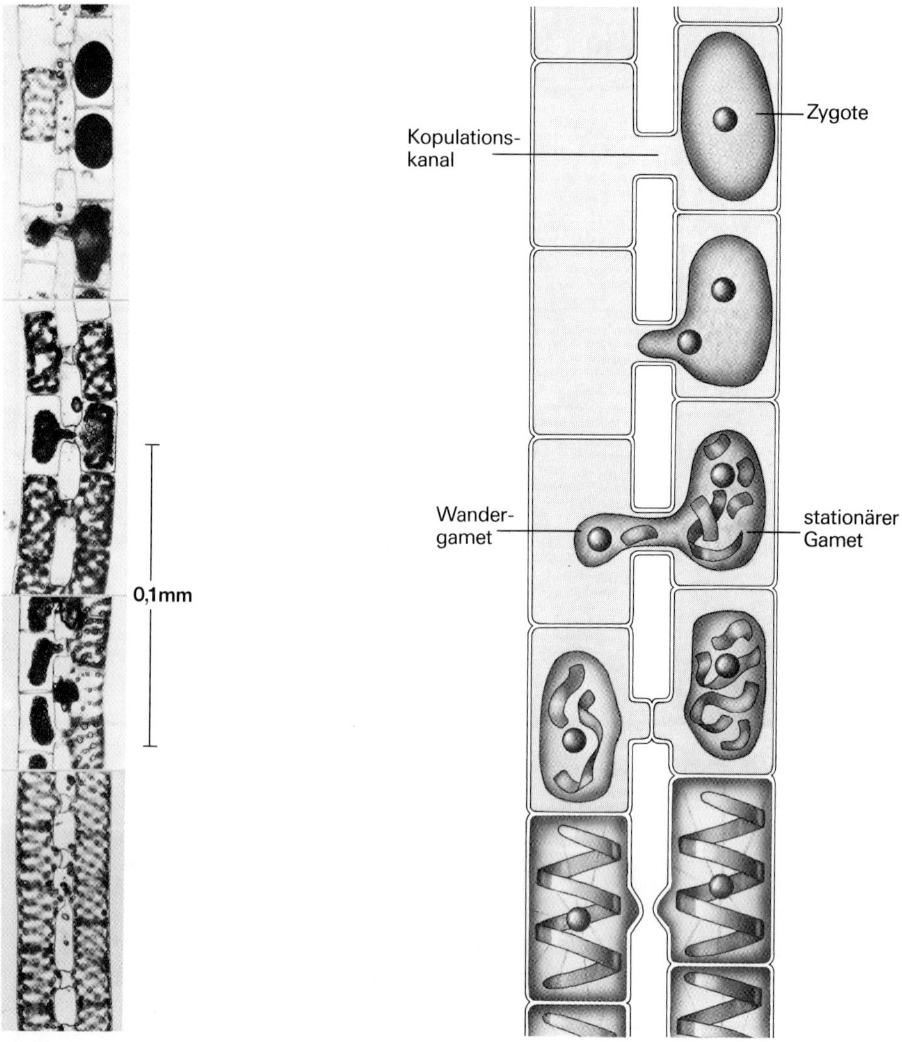

Abb. 16-22. Konjugation und Zygotenbildung bei *Spirogyra* (Kl. Zygnematophyceae, Abt. Chlorophyta).

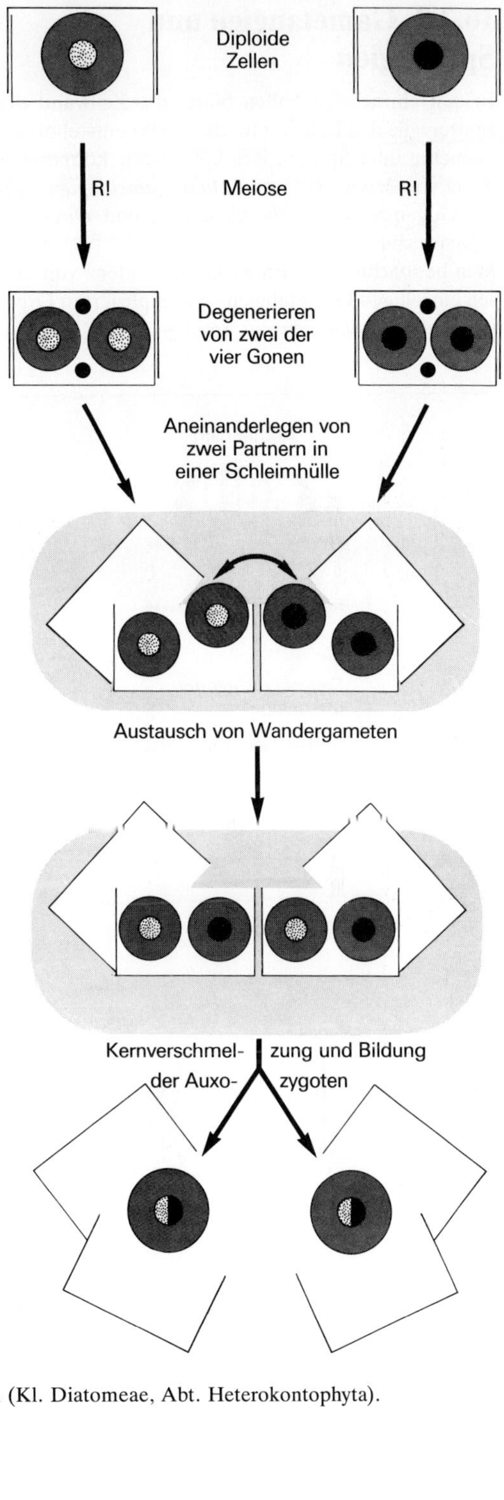

Abb. 16-23. Geschlechtliche Fortpflanzung bei Kieselalgen (Kl. Diatomeae, Abt. Heterokontophyta).

16.2.3 Gametangien und Sporangien

In den einfachsten Fällen bildet die Zellwand der Mutterzelle den Behälter für die aus ihr entstehenden Gameten oder Sporen. Bei Anisogamie können wir dabei von *Mikro-* (♂) und *Makrogametangien* (♀), bei Oogamie von *Antheridien* (♂) und *Oogonien* (♀) sprechen.

Man beobachtet eine Entwicklungstendenz von diesen einzelligen Gametangien zu komplizierten Organen mit *Umhüllungen aus sterilen Zellen.* Bei den Braunalgen finden wir bei *Dictyota* Antheridiengruppen mit sterilen Umwallungszellen, und bei *Fucus* sind Oogonien und Antheridienstände in Konzeptakeln, d.h. in krugförmigen Einsenkungen des vegetativen Thallusgewebes, versenkt. Bei einigen Grünalgen übt die Befruchtung einen Reiz auf die Fadenzellen des Tragastes des Oogoniums aus, die die Zygote daraufhin zu umwachsen beginnen. Die Characeen haben von sterilen Hüllzellen umgebene Oogonien und Antheridien. Nach der Befruchtung entstehen fruchtartige Gebilde *(Zygotenfrüchte,* Abb. 16-24).

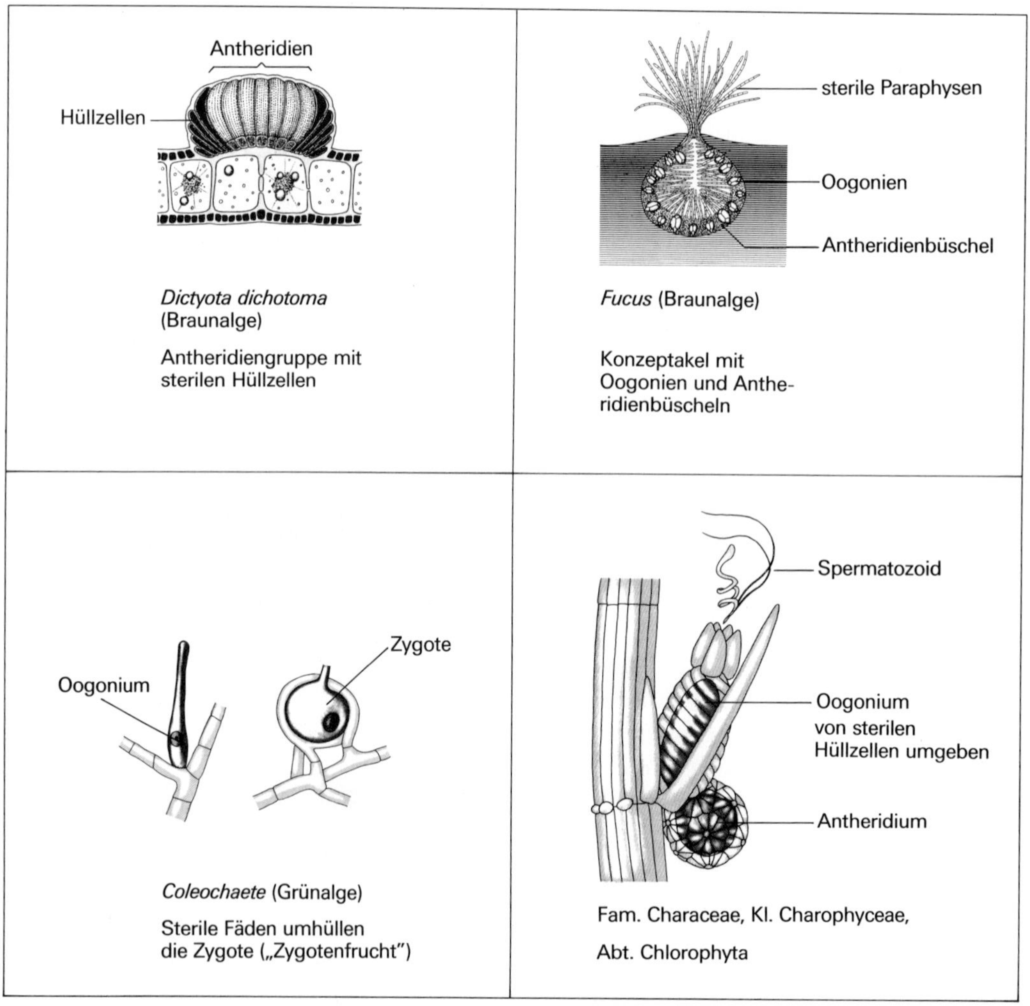

Abb. 16-24. Entwicklung komplexer Gametangien und „Zygotenfrüchte" durch Ausbildung von Umhüllungen aus sterilen Zellen.

16.2.4 Generationswechsel

16.2.4.1 Grundbegriffe und allgemeine Betrachtung

Ein Generationswechsel besteht aus dem Abwechseln zwischen Entwicklungsabschnitten (ontogenetischen Abschnitten), die durch selbständige Individuen mit unterschiedlichen Fortpflanzungsweisen repräsentiert sind.
Damit kann ein Kernphasenwechsel zwischen haploid und diploid verbunden sein. Ein Generationswechsel kann aber auch ohne Kernphasenwechsel erfolgen. (Begriffserläuterungen: Kasten 16-2, Abb. 16-25 und 16-26).

Abb. 16-26 zeigt von links nach rechts grundlegende Entwicklungstendenzen der Generationswechsel auf:

- Die einfachsten Formen der Algen sind *reine Haplonten.* Dann folgen *heteromorphe Generationswechsel* mit *mächtiger entwickelten Haplonten, isomorphe Generationswechsel,* heteromorphe Generationswechsel mit *mächtiger entwickelten Diplonten* und bei den höchstentwickelten Formen *reine Diplonten.* Nur wenige Algen haben den Entwicklungsgang reiner Diplonten verwirklicht (*Codium,* Abb. 16-27; Diatomeae, Abb. 16-23; *Fucus,* Abb. 16-27). Meistens erinnern mindestens einige wenige Mitosen der Meiosporen vor der

Kasten 16-2 Generationswechsel

- **Reine Haplonten**
  - Kein Generationswechsel.
  - Die haploiden Gameten verschmelzen zur Zygote (Kernphasenwechsel!).
  - Meiose unmittelbar nach der Zygotenbildung: zygotischer Kernphasenwechsel.
  - Die haploiden Meiosporen bilden eine neue haploide Generation aus, die später wieder aus Mitosen haploide Gameten (Mitogameten) entstehen läßt.
- **Diplo-Haplonten**
  - Antithetische (oder heterophasische ≙ verschiedene Kernphasen!) Generationswechsel.
  - Die haploiden Gameten verschmelzen zur Zygote (Kernphasenwechsel!).
  - Die Zygote bildet mitotisch die diploide Diplontengeneration. Auf dieser entstehen durch Meiose (Kernphasenwechsel!) die haploiden Meiosporen. Deshalb bezeichnet man die Diplontengeneration auch als den *Sporophyten.*
  - Die Meiosporen bilden durch Mitosen die haploide Haplontengeneration. Auf dieser entstehen ebenfalls durch Mitosen die Gameten (Mitogameten). Deshalb bezeichnet man die Haplontengeneration auch als *Gametophyten.*
  - Sporophyt und Gametophyt können völlig gleich gestaltet sein: *isomorpher Generationswechsel;* sie können sehr verschieden aussehen: *heteromorpher Generationswechsel.* Im zweiten Fall kann entweder der Gametophyt oder der Sporophyt mächtiger entwickelt sein.
- **Reine Diplonten**
  - Kein Generationswechsel.
  - Die haploiden Gonen (siehe Meiose!) sind die Gameten (Meiogameten; gametischer Kernphasenwechsel).
  - Die haploiden Gameten verschmelzen zur Zygote (Kernphasenwechsel!).
  - Durch Mitosen bildet sich eine neue diploide Generation aus.

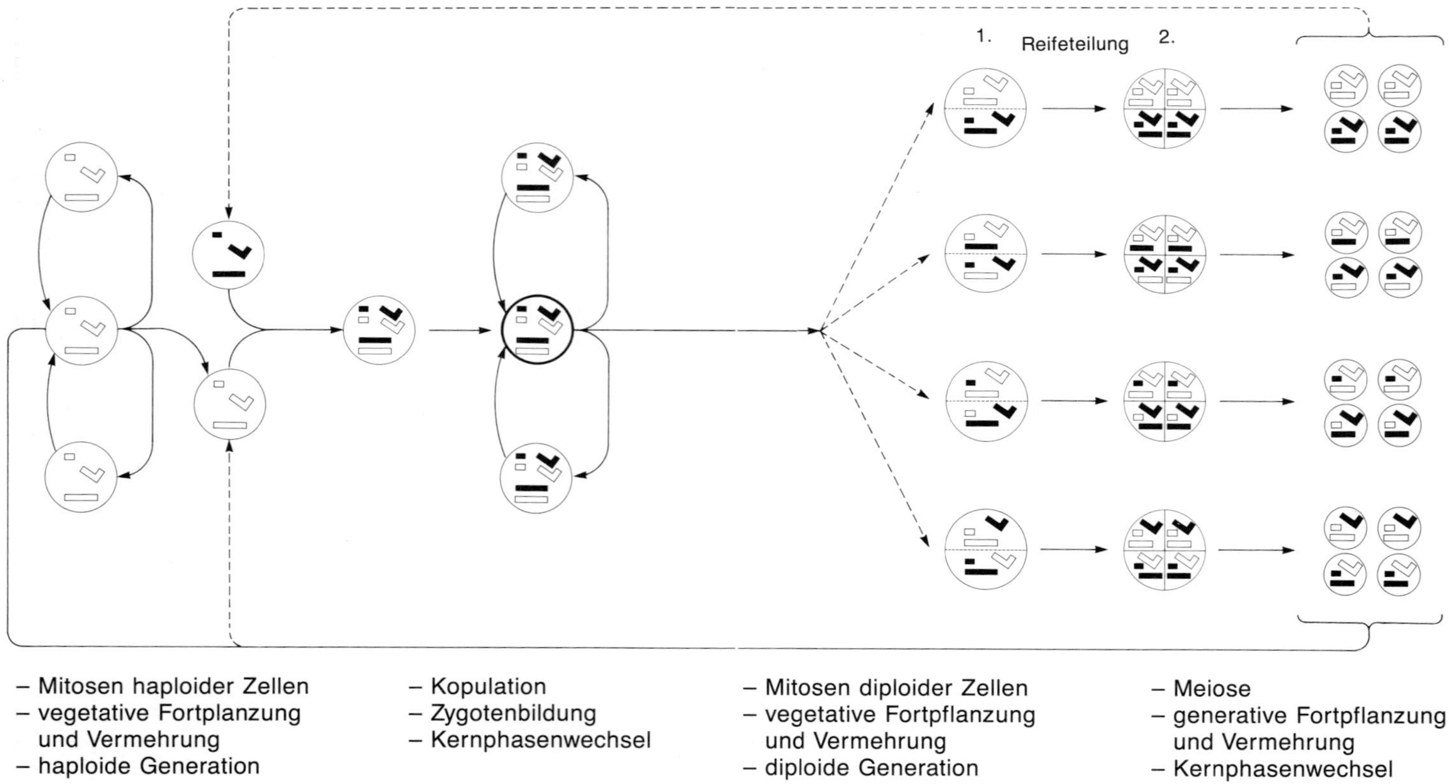

Abb. 16-25. Generationswechsel und Kernphasenwechsel, Kopulation und Meiose, schematisch dargestellt für angenommene Einzeller mit einem einfachen Chromosomensatz von n = 3. (Vergleiche auch Abb. 16-20 und Kasten 16-1 zum Verlauf der Meiose und Abb. 16-26, Abb. 16-27 und Kasten 16-2 zur weiteren Begriffserklärung und für Beispiele von Entwicklungsgängen bei Algen.)

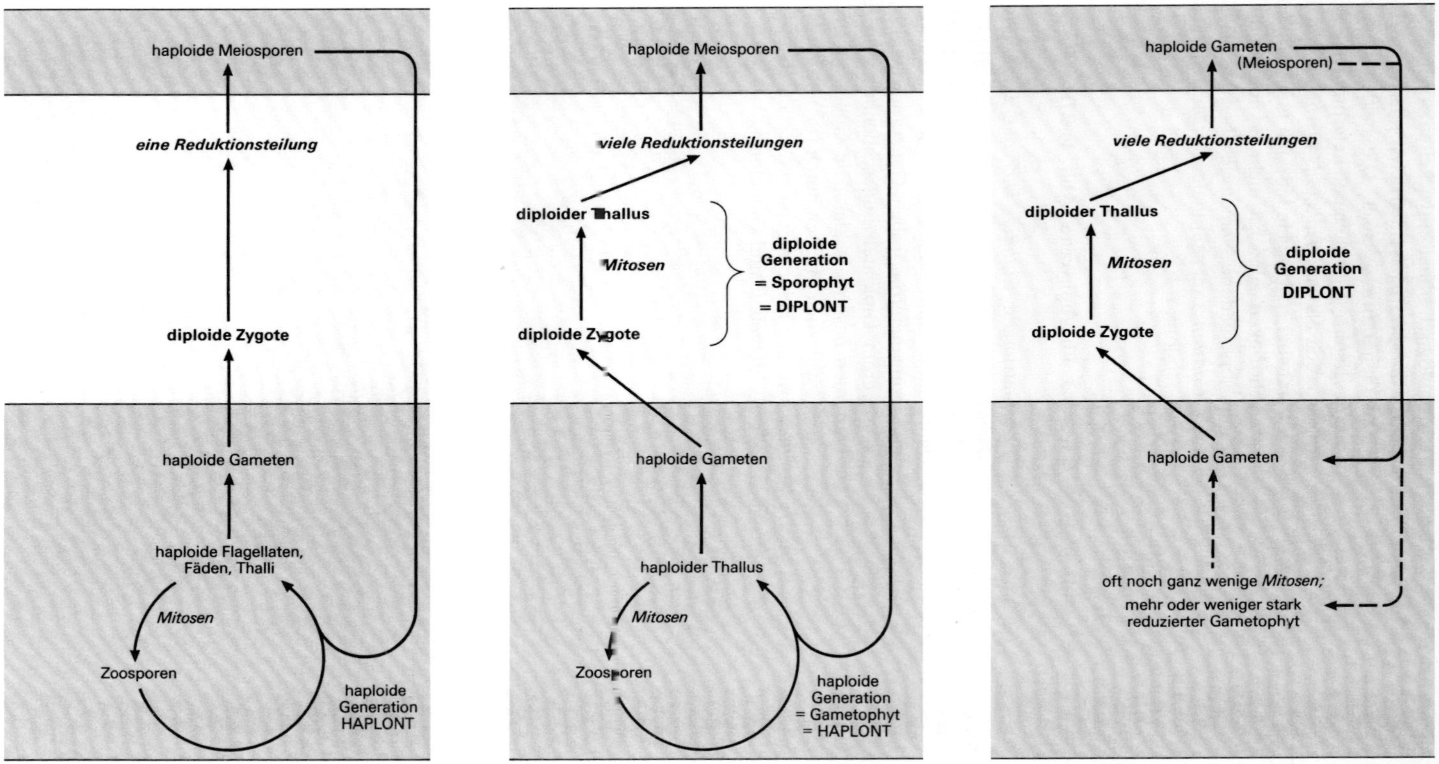

Abb. 16-26. Möglichkeiten von Entwicklungsgängen bei Algen mit einer phylogenetischen Tendenz von reinen Haplonten mit zygotischem Kernphasenwechsel über Diplohaplonten mit heterophasischem Generationswechsel, und hier von heteromorph mit betontem Gametophyten zu isomorph und dann zu heteromorph mit betontem Sporophyten bis zu reinen Diplonten mit gametischem Kernphasenwechsel. (Siehe auch Abb. 16-25 und Kasten 16-2; konkrete Beispiele für Grün- und Braunalgen sind in Abb. 16-27 dargestellt.)

Gametenbildung noch an den antithetischen Generationswechsel. Das ist auch noch bei den Blütenpflanzen so.

- Die *Verlegung der Meiose in die Diplontengeneration* bringt den Vorteil mit sich, daß auf jede einzelne Befruchtung viele Meiosen, viele Durchmischungen und Neukombinationen von Genen folgen können. Bei zygotischem Kernphasenwechsel ist pro Befruchtung nur eine einzige Meiose möglich. Der Übergang zum Generationswechsel wird bei Algen oft durch Änderung der Umweltbedingungen ausgelöst. Dazwischen liegen Phasen rein vegetativer Vermehrung (vgl. Abb. 16-25 und 16-26).
- Die *Lebensweise als Diplont* eröffnet die genetischen Möglichkeiten, die durch das Vorliegen aller Gene auf homologen Chromosomen gegeben sind (Kap. 13.1).

16.2.4.2 Chlorophyta (Abb. 16-27)

Viele Grünalgen sind reine Haplonten, z. B. die isogamen Zellfäden der Gattung *Ulothrix,* aber auch die morphologisch höher entwickelten oogamen Characeen. *Cladophora* hat einen heterophasischen isomorphen Generationswechsel. Die beiden Generationen des heterophasischen und heteromorphen Generationswechsels von *Halicystis-Derbesia* sind beide siphonal aber so verschieden, daß man ihre Zusammengehörigkeit zunächst nicht erkannt und ihnen daher verschiedene Namen gegeben hat. Die Gattung *Codium* mit siphonaler Organisation ist ein reiner Diplont.

16.2.4.3 Phaeophyceae (Abb. 16-27)

Die Gattungen *Cutleria, Dictyota, Laminaria* und *Fucus* zeigen die Entwicklung vom heteromorphen Generationswechsel mit kräftiger ausgebildeten Haplonten zum isomorphen Generationswechsel, dann zum heteromorphen Generationswechsel mit kräftigerem Diplonten und schließlich zum reinen Diplonten besonders klar. Die Gonen machen bei *Fucus* zwar noch Mitosen durch (♂ : 4; ♀ : 1), aber dabei werden keine vegetativen Zellen abgesondert, alle Tochterzellen sind Gameten.

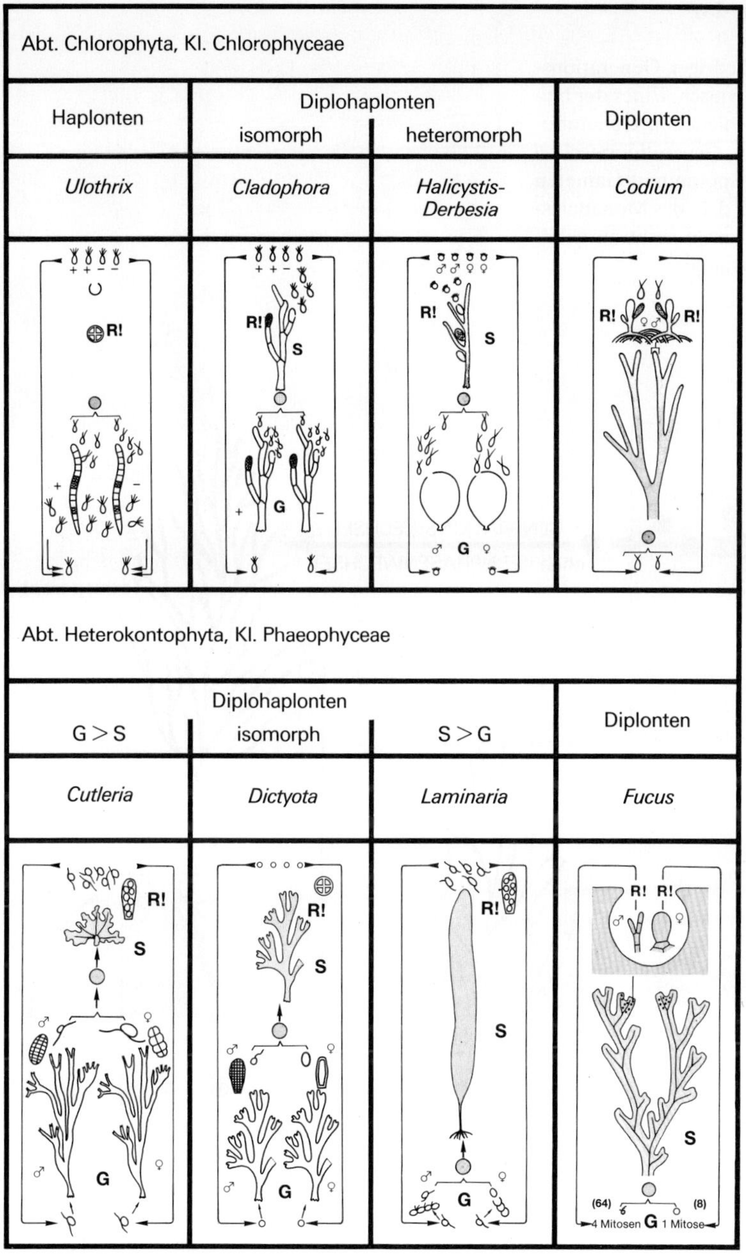

G = Gametophyt, S = Sporophyt, R! = Meiose

Abb. 16-27. Entwicklungsgänge bei Algen (vgl. hierzu Abb. 16-25, Abb. 16-26 und Kasten 16-2). (Nach HARDER und BRESINSKY, verändert.)

16.2.4.4 Rhodophyta (Abb. 16-28)

Für die Rotalgen ist ein dreigliedriger Generationswechsel mit *drei Generationen* typisch. Einer der beiden Übergänge zwischen verschiedenen Generationen ist ein Beispiel für einen *Generationswechsel ohne Kernphasenwechsel.* Die Sporen und Gameten aller Rotalgen sind unbegeißelt, d. h. das Monadales-Entwicklungsstadium wird hier nicht mehr ausgebildet. Es herrscht allgemein Oogamie.

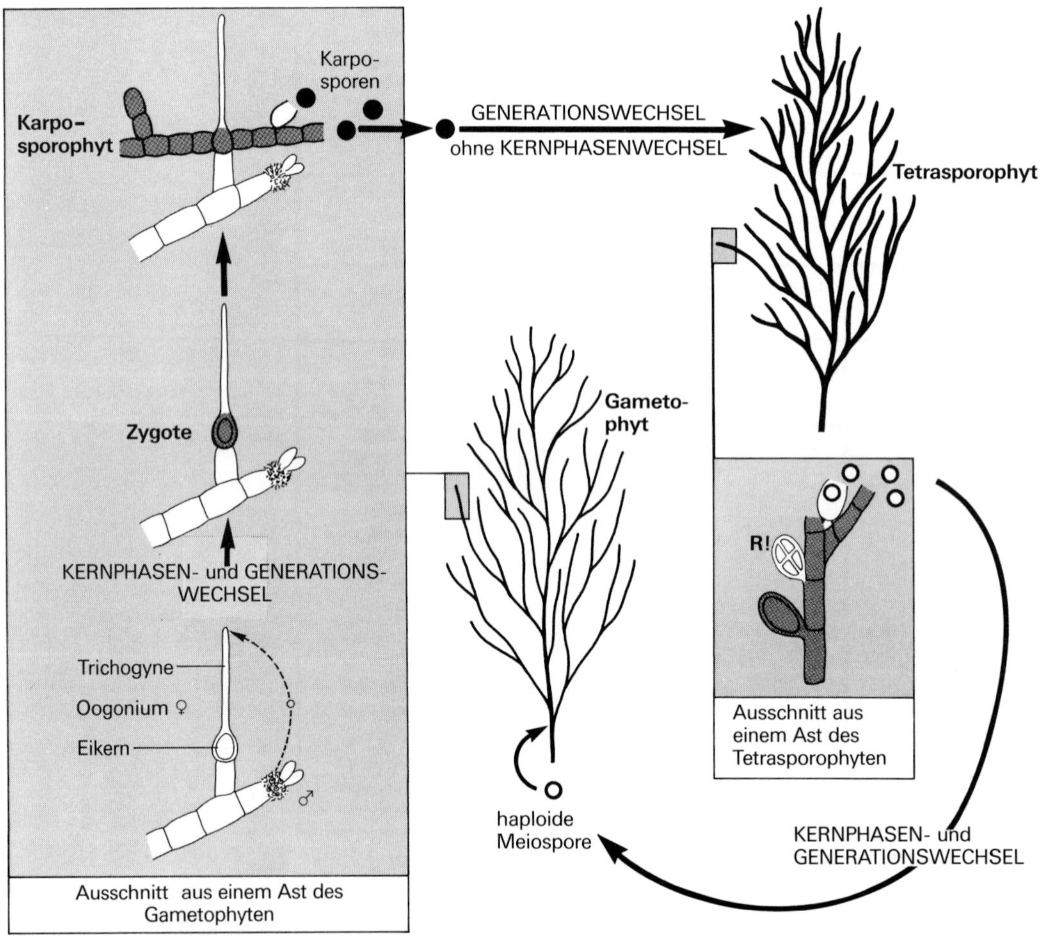

Abb. 16-28. Entwicklungsgang von Rotalgen (Abt. Rhodophyta) mit drei Generationen: Gametophyt, Karposporophyt und Tetrasporophyt.

16.3 Ein phylogenetischer Überblick

Die wichtigsten Entwicklungstendenzen bei den eukaryontischen Algen lassen sich folgendermaßen zusammenfassen:

- *Vegetativer Bereich.*
  - Monadale Flagellaten → echte Vielzelligkeit → komplex differenzierte Gewebethalli.
- *Generativer Bereich.*
  - Isogamie → Anisogamie → Oogamie,
  - einzellige Gametangien → Organe mit Umhüllungen aus sterilen Zellen,
  - reine Haplonten → Generationswechsel zwischen Haplonten und Diplonten mit zunehmender Betonung des Diplonten → reine Diplonten.

In allen Abteilungen (außer den Rhodophyta) treten noch monadale Organisationsformen auf, und sei es nur als bestimmte Stadien während des Entwicklungszyklus (z. B. männliche Gameten). In einigen Abteilungen ist die Evolution auf der Organisationsstufe der Monadales, Coccales oder höchstens Trichales stehengeblieben. In drei Gruppen sind unabhängig voneinander (d. h. polyphyletisch) kompliziertere mehrzellige Organismen entstanden: bei den Chlorophyta, den Rhodophyta und den Phaeophyta (auch Phaeophyceae).

Unter den Phaeophyceae finden wir nach der morphologischen Differenzierung und nach den generativen Fortpflanzungsvorgängen die höchst entwickelten Formen. Hervorzuheben sind im vegetativen Bereich die Ausbildung echter Parenchyme und die Differenzierung von Organen (Rhizoide, Cauloide, Phylloide) mit speziellen Stoffleitungsbahnen und im generativen Bereich die Oogamie mit gametischem Kernphasenwechsel und in einzelnen Fällen *(Fucus)* vollkommener Unterdrückung der haploiden Generation. Die Evolution zu den höheren Pflanzen ist aber nicht über die Phaeophyceen verlaufen (Abb. 16-29). Frühzeitig haben die Phaeophyceen einen Seitenast am Stammbaum der Pflanzen gebildet und sich von den ihnen bezüglich der Pigmentmuster nahestehenden aber einfacher organisierten Abteilungen der Cryptophyta, Dinophyta und Haptophyta getrennt.

Ganz unsicher ist die Phylogenie der Rotalgen. Durch den Besitz an Phycobilinen (Phycoerythrin und Phycocyan) stehen sie den prokaryotischen Cyanobakterien nahe (Abb. 16-29). Allerdings ist die Kluft zu den Prokaryonten groß, und man denkt auf Grund ähnlicher Merkmalsyndrome im Vergleich zu den Pilzen

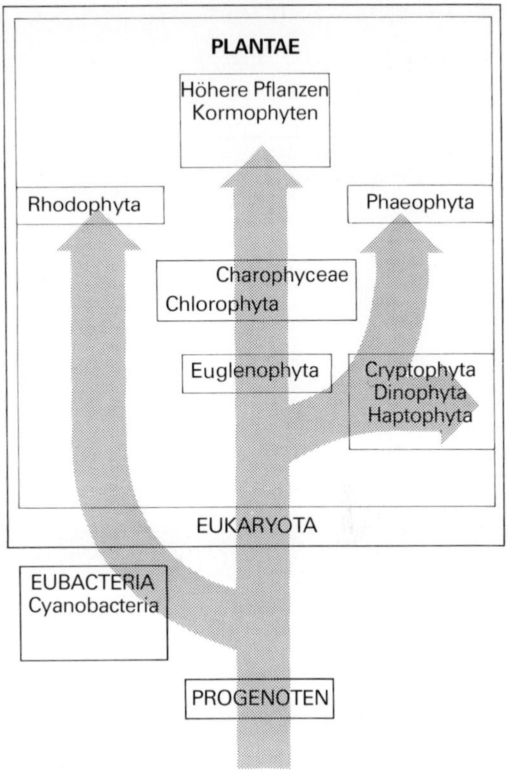

Abb. 16-29. Überblick über die phylogenetische Ableitung der großen Algengruppen und der Kormophyten.

auch an pilzähnliche Vorfahren, die durch endosymbiontische Aufnahme von Cyanobakterien zu Rhodophyten geworden sein könnten.

Hinsichtlich des Pigmentmusters

Chlorophyll a +
Chlorophyll b +
Chlorophyll c –

stehen die höheren Pflanzen den Euglenophyta und vor allem den Chlorophyta mit ihren höchstentwickelten Vertretern, den Charophyceae, viel näher als den vielfach schon komplexer differenzierten Algen der Rhodophyta und Phaeophyceae.

Zum weiteren Studium

Strasburger, E.: *Lehrbuch der Botanik für Hochschulen.* Fischer, Stuttgart – Jena – New York 1991.

17 Der Übergang zum Landleben

17.1 Generelle Probleme und deren Lösung beim Übergang der Pflanzen vom Wasser- zum Landleben

Wasser ist als Träger aller Lebensprozesse nicht nur unverzichtbarer Bestandteil der lebenden Zelle, sondern es darf als gesichert gelten, daß sich die ersten Organismen auf unserem Planeten im Wasser gebildet haben (Kap. 1.2). Das Wasser ist also sowohl für die tierischen als auch für die pflanzlichen Organismen der ursprüngliche Lebensraum auf der Erde. Den Tieren und Pflanzen ist es jedoch im Verlauf ihrer Evolution gelungen, das Land als neuen Lebensraum zu erobern, und heute gibt es – von wenigen ganz extrem lebensfeindlichen Räumen abgesehen – keine Bereiche der von Land bedeckten Erdoberfläche, die nicht von Pflanzen besiedelt wären.

17.1.1 Thallophyten und Kormophyten

Der phylogenetisch so einschneidende Übergang vom Leben im Wasser zum Leben auf dem Land stellt wegen der gewaltigen physikalischen und chemischen Unterschiede beider Lebensräume eine Reihe ganz neuer Anforderungen, die vom Organismus durch entsprechende Anpassungen in Gestalt und Lebensweise beantwortet werden mußten. Dabei sind zunächst die gestaltmäßigen Anpassungen am augenfälligsten. Anpassung an das Landleben erfordert, wie später noch weiter ausgeführt werden wird, eine ausgeprägte Arbeitsteilung zwischen einzelnen Teilen des Pflanzenkörpers. Diese stärkere Arbeitsteilung hat eine kompliziertere Organisationsform hervorgebracht, als wir sie bei den ursprünglichen Wasserbewohnern vorfinden. Bei diesen treffen wir noch den *Thallus* (Kap. 16.1.6) als typischen Vegetationskörper an, wobei bei komplexeren Thalli bereits einfache Arbeitsteilung verwirklicht sein kann. Bei den Landpflanzen tritt an die Stelle des Thallus als typische Organisationsform der *Kormus*. Er besteht aus den drei Grundorganen Sproßachse, Wurzel und Blatt (Abb. 17-1). Diejenigen Pflanzen, die einen solchen Kormus besitzen, werden als Kormophyten zusammengefaßt und den durch den Besitz eines Thallus gekennzeichneten und damit ursprünglicheren Thallophyten gegenübergestellt.

17.1.2 Erfordernisse des Lebens an Land

Die für die Pflanzen mit dem Landleben zu bewältigenden Anpassungsprobleme lassen sich in vier Gruppen zusammenfassen:

- *Wasserhaushalt,*
- *Ernährung,*
- *mechanische Probleme,*
- *Fortpflanzung, Vermehrung und Verbreitung.*

Wir wollen diese Probleme zunächst noch etwas näher charakterisieren. Die folgenden Kapitel sind dann der Frage gewidmet, auf welche Weise die Pflanzen die mit dem Übergang zum Landleben auftretenden Anpassungsprobleme gelöst haben.

- *Wasserhaushalt.* Die Landpflanzen befinden sich mit dem größten Teil ihres Körpers in der Atmosphäre, also in einer Umgebung, die wegen geringerer Wasserdampfsättigung meist ein beträchtlich

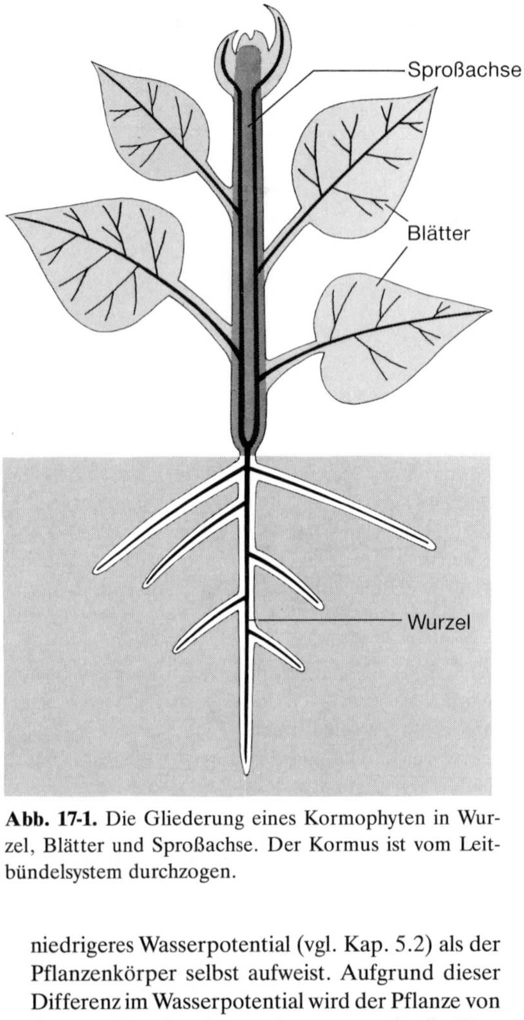

Abb. 17-1. Die Gliederung eines Kormophyten in Wurzel, Blätter und Sproßachse. Der Kormus ist vom Leitbündelsystem durchzogen.

niedrigeres Wasserpotential (vgl. Kap. 5.2) als der Pflanzenkörper selbst aufweist. Aufgrund dieser Differenz im Wasserpotential wird der Pflanze von der umgebenden Atmosphäre zwangsläufig Wasser entzogen (Kap. 5.3). Um nicht tödliche Wasserverluste zu erleiden, ist es für die Landpflanzen entweder oberstes Gebot, diesen Wasserentzug einzuschränken, wenn möglich sogar zu regulieren, oder aber eine vorübergehende völlige Austrocknung zu tolerieren. Wir werden im Verlauf der folgenden Kapitel Beispiele für beide Arten der Anpassung an die mit dem Landleben verbundene erhöhte Beanspruchung des Wasserhaushaltes kennenlernen.

- *Nahrungsaufnahme.* Im Wasser lebende Organismen sind mit ihrem ganzen Körper von einem Medium umgeben, das alle für die pflanzlichen Lebensprozesse erforderlichen Stoffe enthält. Deshalb nehmen im Wasser lebende Pflanzen die erforderlichen Nährstoffe in der Regel über die gesamte Körperoberfläche auf. Für die zum Landleben übergegangenen Pflanzen gilt dieser Vorteil nicht mehr in dem Maße. Der Luftraum enthält zwar die essentiellen Moleküle CO_2 und O_2, aber das lebenswichtige Wasser sowie die erforderlichen Nährstoffe befinden sich im Boden und müssen von dort her bezogen werden. Diese unterschiedliche Verteilung der Nahrungsquellen erzwingt bei den Landpflanzen eine *Arbeitsteilung* zwischen verschiedenen Teilen des Pflanzenkörpers. Hinzu kommt, daß die Landpflanzen ortsgebunden sind und ihnen somit die Möglichkeit fehlt, günstige Nahrungsquellen aufzusuchen. Sie müssen diesen Nachteil durch die Ausbildung möglichst großer Oberflächen ausgleichen, um der nötigen Menge an Nährstoffen habhaft werden zu können.
  Diese Notwendigkeit führte einerseits zur Ausbildung der *Blätter,* die der Aufnahme und Assimilation des CO_2 dienen, das in der Luft in der verschwindend niedrigen Konzentration von nur 0,03 bis 0,04 % enthalten ist. So beträgt die Blattoberfläche einer ausgewachsenen Buche ca. 120 m^2, die Oberfläche der in den Blattzellen vorhandenen assimilierenden Zellorganellen (Chloroplasten; Kap. 8.1) sogar etwa 20000 m^2.
  Andererseits müssen Wasser und Nährsalze aus dem Boden aufgenommen werden. Diese Aufgabe wird von den *Wurzeln* übernommen, die ebenfalls eine große Oberfläche ausbilden. Die Gesamtlänge aller Wurzeln einer Weizenpflanze beträgt z. B. rund 80 km.
  Der erforderliche Stofftransport zwischen Blättern und Wurzeln wird durch den *Sproß* vermittelt. Dieses Organ dient zugleich auch als Träger der Blätter und sorgt dafür, daß diese photosynthetisierenden Flächen möglichst günstig dem Licht exponiert werden.

- *Mechanische Probleme.* Wie bereits ausgeführt, müssen Landpflanzen große Oberflächen ausbilden, um der benötigten Menge an Nährstoffen habhaft werden zu können. Diese Notwendigkeit besteht übrigens auch in gewissem Ausmaß für ortsgebundene Wasserpflanzen. Für die im Wasser lebenden Pflanzen stellt die Ausbildung großer Pflanzenkörper kein schwerwiegendes mechanisches Problem dar, da der Auftrieb dafür sorgt, daß die Pflanzen nicht kollabieren und ihre Oberfläche auch voll entfalten. Die Braunalge *Macrocystis* (Abb. 16-15) ist hierfür ein gutes Beispiel. Ihre 90 m langen Thalli gehören zu den größten auf der Erde anzutreffenden Pflanzenkörpern.

Den Landpflanzen dagegen fehlt der Auftrieb durch das Wasser, und so muß hier das Kollabieren des Pflanzenkörpers durch dessen mechanische Verfestigung verhindert werden. Hierzu dienen die verschiedenen Festigungsgewebe. Jedoch erst die „Erfindung" des Holzstoffes *Lignin* (Kap. 10.3.4 und Kasten 15-3) durch die Pflanze ermöglichte die Ausbildung hinreichend fester Zellwände, die den Aufbau größerer selbsttragender und möglichst hoch aufragender Pflanzenkörper (Kampf ums Licht!) erlaubten. Pflanzenriesen wie der in Kalifornien beheimatete Mammutbaum *(Sequoia sempervirens)* und der australische Berg-Eukalyptus *(Eucalyptus regnans)* mit Wipfelhöhen um 120 m sind Höhepunkte solcher Entwicklung (Abb. 17-2).

Abb. 17-2. *Sequoia gigantea,* ein Mammutbaum aus dem Küstengebirge Kaliforniens (Aufnahme: TH. KLUGE).

Die Vegetationskörper der Landpflanzen müssen fest im Boden verankert werden, ebenfalls ein mechanisches Problem, das besonders deutlich wird, wenn man sich vor Augen führt, welch hoher seitlicher Winddruck auf einem Baum lasten kann. Die Verankerung des Pflanzenkörpers im Boden übernehmen ebenfalls die Wurzeln.

- *Fortpflanzung, Vermehrung und Verbreitung.* Bei den Pflanzen ist die Fortpflanzung und Vermehrung sehr oft mit der Verbreitung verbunden. Sporen, Gameten und andere der Fortpflanzung und Vermehrung dienende Gebilde müssen daher transportfähig sein und über ein Vehikel verfügen, das den Transport sichert. Bei den das Wasser bewohnenden Pflanzen ist das Wasser selbst dieses Vehikel. In diesen Fällen sind die der Fortpflanzung und Verbreitung dienenden Zellen sogar mit Geißeln ausgestattet (Kap. 1.8.1) und somit in der Lage, sich im Wasser aktiv in Richtung auf Licht, Nahrungsquelle oder Sexualpartner hin zu bewegen. Beim Übergang zum Landleben mußten sich die Pflanzen aber auch hier anpassen. Im einfachsten Fall übernimmt die Luft (Wind) die Verfrachtung von vegetativen Sporen, Geschlechtszellen und anderen Fortpflanzungs- und Vermehrungsstadien (Abb. 17-3). Diese Gebilde müssen, um durch Wind effektiv verbreitet werden zu können, entsprechend leicht sein. Sie müssen außerdem in sehr großer Zahl produziert werden, da es bei Verfrachtung durch Wind sehr vom Zufall abhängt, ob geeignete Sexualpartner aufeinander treffen oder Vermehrungsstadien in eine geeignete Umgebung gelangen. Höher entwickelte Landpflanzen bedienen sich beim Transport ihrer Fortpflanzungs- und Vermehrungsstadien oft der Tiere. Das beste Beispiel hierfür ist der Transport von Pollen und die Bestäubung der Blüten durch Insekten. Viele Eigentümlichkeiten im Bau von Blüten, Früchten und Samen bei Landpflanzen werden überhaupt oft erst vor dem Hintergrund der speziellen Anforderungen bei Fortpflanzung und Verbreitung unter den Bedingungen des Landlebens verständlich (Kap. 19).

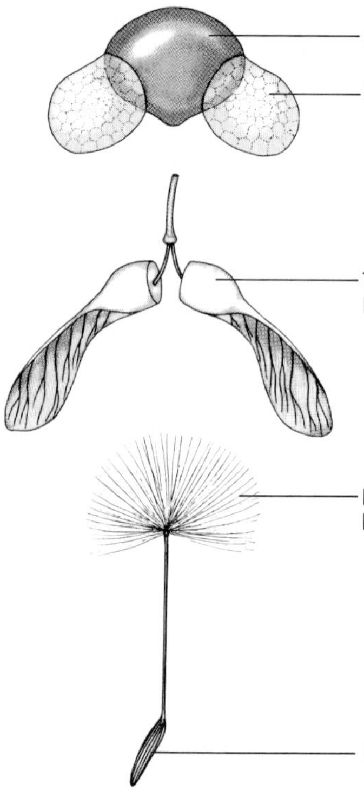

Abb. 17-3. Einrichtungen zur Verbreitung durch den Wind: Luftsäcke beim Pollenkorn der Kiefer (oben), Flügel der Teilfrüchte des Ahorns (Mitte), Flugschopf der kleinen Nußfrucht des Löwenzahns (unten).

17.2 Die Ur-Landpflanzen und von ihnen ausgehende Evolutionstendenzen

Das Studium fossiler Pflanzenreste hat zu dem Schluß geführt, daß die *Eroberung des Festlandes durch Pflanzen am Übergang vom Silur zum Devon,* also vor etwa 400 Millionen Jahren, stattgefunden haben muß (Kasten 1-2). Diese „Landnahme" läßt sich geistig nachvollziehen, wenn man die Algenvegetation der Gezeitenzone der Meere und die Anpassungen der hier vorkommenden Pflanzen an ihren Lebensraum beobachtet. Die ökologische Besonderheit der Gezeitenzone besteht darin, daß die hier lebenden Organismen während der Hochtide überflutet, bei Niedrigtide aber für viele Stunden trocken liegen (Abb. 17-4 und 16-16). Trotzdem sind viele der Gezeitenalgen gerade in der Zeit des Trockenliegens physiologisch aktiv und betreiben Photosynthese. Sie haben also in gewisser Weise bereits den ersten Schritt zur Eroberung des Festlandes getan.

Solche Gezeitenalgen müssen deshalb auch als direkte Vorläufer der ersten echten Landpflanzen angesehen werden. Da die heutigen Landpflanzen durchweg Chlorophyll a und b als Photosynthese-Pigmente besitzen, kommen als Vorfahren der Landpflanzen die Grünalgen in Frage, denn diese haben die gleiche Pigmentzusammensetzung (vgl. Kap. 16.3).

Man darf sich die Eroberung des Festlandes allerdings nicht so vorstellen, daß es einer einzelnen Pflanzenart gelungen ist, im neuen Lebensraum Fuß zu fassen, und daß dann alle späteren Landpflanzen von dieser Pionierart abstammen. Vielmehr hat sich der Prozeß der Landnahme wahrscheinlich in parallelen und voneinander unabhängigen Schüben vollzogen, von denen letztlich aber nur drei zum Erfolg, d. h. zur Herausbildung unterschiedlicher Gruppen von Landpflanzen geführt haben. Bei diesen drei Gruppen handelt es sich um

- die Sproß- oder Gefäßpflanzen (Kormophyten),
- die Moose (Bryophyten)

und (mit Einschränkungen)

- die Pilze (Fungi; zur Problematik der stammesgeschichtlichen Einordnung der Pilze vgl. Kap. 18 sowie Abb. 1-13).

Im folgenden wollen wir uns mit diesen Gruppen etwas näher befassen, wobei die Kormophyten angesichts ihrer Dominanz unter den heutigen Landpflanzen, ihrer überwältigenden Formenvielfalt und ihrer hochentwickelten Anpassungen an das Landleben im Vordergrund unserer Betrachtungen stehen sollen.

17.2.1 Evolution der Kormophyten

Wie bereits erwähnt, werden unter dem Begriff Kormophyten alle diejenigen Pflanzen zusammengefaßt, deren Vegetationskörper aus einem Kormus besteht. Der Begriff charakterisiert also eine bestimmte Organisationsstufe, nicht aber eine taxonomische Einheit. Zu den Kormophyten gehören in zwei Abteilungen des Systems zusammengefaßte Pflanzen, nämlich die Abteilung der Farnpflanzen *(Pteridophyta)* und die Abteilung der Samenpflanzen *(Spermatophyta)*. Die Zuordnung dieser Pflanzen zu den Kormophyten basiert auf der Organisationsstufe der Sporophyten-

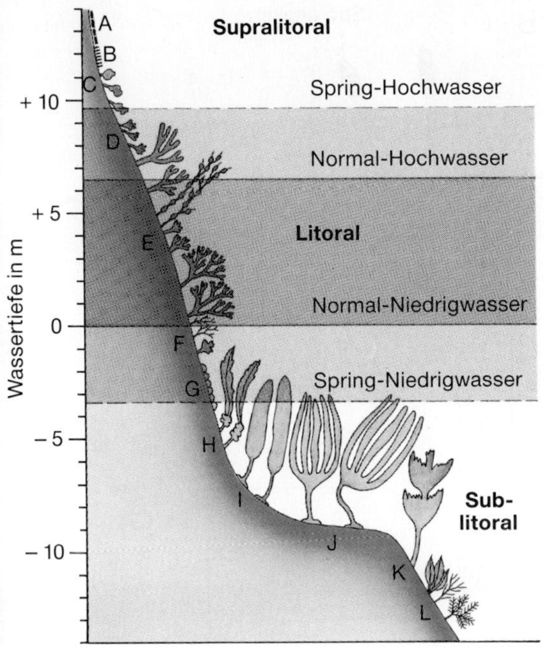

Abb. 17-4. Zonierung der Algenvegetation an den Felsküsten der Normandie (nach NIENBURG). (A) Salztolerante Krustenflechten; (B) Fädige Rot- und Grünalgen; (C) Flächige Rot- und Grünalgen *(Porphyra, Enteromorpha);* (D, E) Braunalgen-Tange *(Fucus-*Arten, *Ascophyllum nodosum);* (F) Litorale Buschalgen (u. a. die Rotalge *Chondrus crispus);* (G) Kalkkrusten bildende Rotalgen *(Corallina);* (H bis K) Ledertange (H: *Alaria,* I: *Laminaria saccharina,* J: *L. digitata,* K: *L. hyperborea);* (L) Sublitorale Buschalgen (u. a. die Rotalgen *Delesseria, Antithamnion* und *Furcellaria).*
Die horizontalen Linien geben die Begrenzungen der für die Gezeiten typischen Wasserstände an. Spring-Hochwasser: Höchster Stand bei Springflut; Normal-Hochwasser: Höchster Stand bei normaler Flut; Normal-Niedrigwasser: Niedrigster Stand bei normaler Niedrigtide („Ebbe“); Spring-Niedrigwasser: Niedrigster Stand bei Spring-Ebbe. Der Bereich des Supralitorals wird also nie überflutet, aber von der Brandungsgischt benetzt. Der Bereich des Sublitorals fällt nie trocken. Zwischen Normal-Hochwasser und Normal-Niedrigwasser vollzieht sich der tägliche Gezeitenwechsel. Spring-Hochwasser bzw. -Niedrigwasser werden beim Wechsel der Mondphasen erreicht.

Generation, die hier dominiert. Die Gametophyten-Generation der Kormophyten gehört dagegen noch der thallösen Organisationsstufe an (Kap. 19).

17.2.2 *Rhynia* – eine ursprüngliche Sproßpflanze

Die Kormophyten lassen sich auf eine Urform zurückführen, die heute zwar ausgestorben, aber durch Fossilien in vielen Einzelheiten bekannt ist. Der Ur-Kormophyt dürfte weitgehend *Rhynia,* dem ursprünglichsten Vertreter der Klasse Psilophytopsida („Urfarne“, Abb. 17-5), geglichen haben. Diese Pflanze wird als eine der Ur-Landpflanzen angesehen. Sie besaß noch keine Blätter, Blüten oder echte Wurzeln. Der Vegetationskörper bestand vielmehr aus etwa einen halben Meter hohen binsenartigen Trieben, die gabelig verzweigt waren, einen zentralen Leitstrang besaßen und endständige Sporangien trugen. Man bezeichnet derart einförmig gebaute Sprosse als *Telome.* Der Begriff (griech.) bedeutet Grundorgan. Es ist ungegliedert, radiärsymmetrisch und besteht aus einer zentralen Stele, einem Rindenmantel aus Grundgewebe sowie einer cutinisierten Epidermis mit Spaltöffnungen (Abb. 17-5). Die Verzweigung ist dichotom. Die Telome von *Rhynia* waren durch horizontal liegende Triebe (Rhizome) im Boden verankert. Die Wasser- und Nährsalzaufnahme aus dem Boden erfolgte mittels haarförmiger Gebilde (Rhizoide).
Zwar ist *Rhynia* heute ausgestorben, doch erinnert der mit *Rhynia* verwandte, aber heute noch lebende und in den Tropen beheimatete „Urfarn“ *Psilotum* (Ordnung Psilotales) noch stark an das Aussehen der ersten Landpflanzen (Abb. 17-5).

17.2.3 Telomtheorie

Vergleicht man den einfachen Bau von *Rhynia* mit der unerschöpflich anmutenden Formenvielfalt der heutigen Kormophyten, so erscheint es zunächst kaum vorstellbar, daß zwischen diesen beiden Extremen verwandtschaftliche Beziehungen bestehen sollen. Mit Hilfe der Telomtheorie wird versucht, die Vegetationskörper der rezenten Kormophyten mit ihren charakteristischen Organen vom *Urtelom,* wie wir es bei *Rhynia* antreffen, abzuleiten.
Die Telomtheorie besagt, daß – vom Urtelom ausgehend – *fünf Elementarprozesse,* nämlich *Übergipfe-*

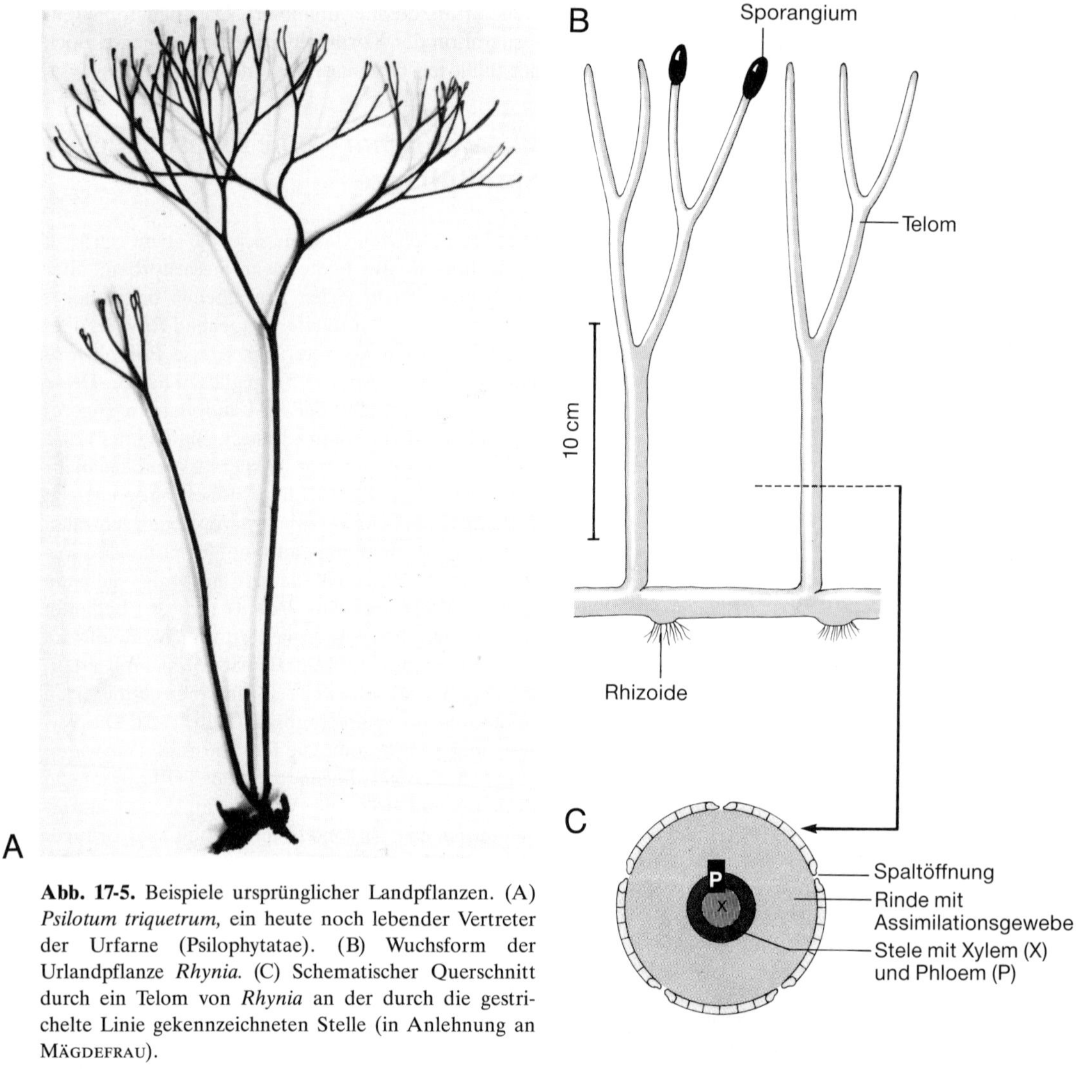

Abb. 17-5. Beispiele ursprünglicher Landpflanzen. (A) *Psilotum triquetrum,* ein heute noch lebender Vertreter der Urfarne (Psilophytatae). (B) Wuchsform der Urlandpflanze *Rhynia.* (C) Schematischer Querschnitt durch ein Telom von *Rhynia* an der durch die gestrichelte Linie gekennzeichneten Stelle (in Anlehnung an MÄGDEFRAU).

lung, Planation, Verwachsung, Reduktion und *Einkrümmung,* zum komplexen Bau der Kormophyten geführt haben. Die Merkmale dieser Elementarprozesse sind im Kasten 17-1 dargestellt.

Das Repertoire der im Kasten 17-1 erläuterten Elementarprozesse führte im Verlauf der weiteren Evolution zu der überwältigenden Formenfülle, die wir bei den heute lebenden und teilweise wieder ausgestorbenen Landpflanzen vor uns haben. Dabei wollen wir zwei Aspekte hervorheben:

Es ist die diploide Generation (also der Sporophyt) der Ur-Kormophyten, die durch die Elementarprozesse moduliert wird und deren Evolution schließlich im Vegetationskörper der höheren Pflanzen gipfelt. Die haploide Generation (also der Gametophyt) wird demgegenüber im Laufe der Evolution bis fast zur Unkenntlichkeit reduziert (Kap. 19).

Die Evolution der höheren Landpflanzen dürfte, von den Ur-Kormophyten ausgehend, in vier wahrscheinlich parallel verlaufenden Linien erfolgt sein. Diese Linien, deren Entwicklungshöhepunkte über verschiedene Erdzeitalter verteilt sind, werden von den *Bärlappgewächsen* (Klasse Lycopodiatae), den *Schachtelhalmen* (Klasse Equisetatae), den *Farnen*

(Klasse Filicatae) und den *Samenpflanzen* (Abteilung Spermatophyta) repräsentiert (Abb. 17-6 und 19-25). Die Unterscheidung dieser Verwandtschaftskreise fußt auf typischen Unterschieden im Bau der Fortpflanzungsorgane und des Kormus mit seinen Organen. Wir werden auf diese Unterschiede noch zu sprechen kommen.

Allgemein aber gilt, daß innerhalb der einzelnen oben genannten Verwandtschaftskreise ähnliche, aber voneinander unabhängige Tendenzen der Anpassung an das Landleben und damit Tendenzen der Höherentwicklung auftreten. Diese Tendenzen sind:

- Aus ursprünglich isosporen Formen entwickeln sich heterospore Formen, deren Sporophyten Mikro- bzw. Megasporen ausbilden *(Heterosporie)*. Diese Heterosporen bringen ungleich gestaltete weibliche bzw. männliche Gametophyten (Arbeitsteilung!) hervor (Kap. 19).
- Im weiteren Verlauf der Evolution treten krautige zugunsten baumförmiger Vegetationskörper in der Häufigkeit zurück. Hier kommt eine Anpassung der Pflanzen beim Kampf ums Licht zum Ausdruck. So sind bei den Bärlappgewächsen die Vertreter der Ordnungen Lycopodiales und Selagi-

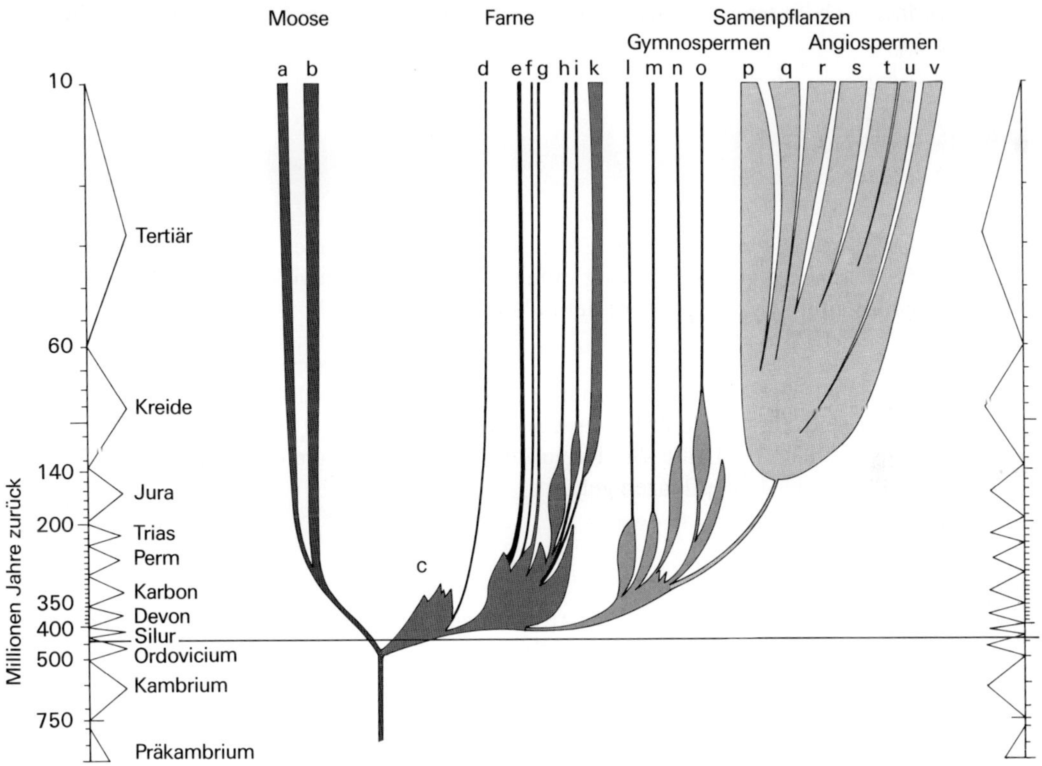

Abb. 17-6. Der vermutliche zeitliche Verlauf bei der Evolution der Landpflanzen (in Anlehnung an Jacob, Jäger und Ohmann). Die Breite der Felder deutet die relative Häufigkeit der jeweiligen Pflanzenarten zum betreffenden Zeitpunkt an. Die horizontale Linie kennzeichnet den Beginn der Besiedlung des Festlandes.
(a) Lebermoose; (b) Laubmoose; (c) Urfarne, mit heute noch lebenden Arten (*Psilotum,* d); (e–k) Farngewächse (e, Lycopodiales, Bärlappe; f, Isoetales, Brachsengewächse; g, Selaginellales, Moosfarne; h, Equisetatae, Schachtelhalme; i, Ophioglossidae, Natternzungenfarne; k, Polypodiidae, eigentliche Farne); (l–o) Gymnospermen (l, Taxidae, Eiben; m, Pinatae, Nadelhölzer; n, Ginkgoatae, Ginkgo-Bäume; o, Cycadophytinae, fiederblättrige Nacktsamer); (p–u) dikotyle Angiospermen (p, Magnoliidae; q, Hamamelididae; r, Rosidae; s, Dilleniidae; t, Caryophyllidae; u, Asteridae); (v) monokotyle Angiospermen.

Kasten 17-1
Die fünf Elementarprozesse der Telomtheorie

- *Die Übergipfelung*
  Dieser Prozeß führt dazu, daß eines der beiden ursprünglich gleichwertigen Telome einer gabeligen Verzweigung bevorzugt wächst, den Schwestertrieb also „übergipfelt". Dadurch ist die Unterteilung der Sprosse in Haupt- und Nebentriebe und die damit verbundene Arbeitsteilung eingeleitet.

- *Die Planation*
  Hier ordnen sich Telome von Seitentrieben, die ursprünglich hintereinanderlagen, in einer Ebene an.

- *Die Verwachsung*
  Zwei Varianten sind möglich:

  - Zwischen durch Planation in eine Ebene eingerückten Telomen bilden sich Gewebe aus, d. h. die Telome verwachsen flächig miteinander. Diese Entwicklung führt somit zu den typischen Blättern (Makrophyllen) der höheren Pflanzen.

  - Nicht in einer Ebene stehende Telomen verwachsen miteinander, so daß ein säulenförmiges Gebilde entsteht, das jedoch entsprechend seiner Herkunft mehr als nur ein Leitbündel (Stele) enthält. Im Laufe der Evolution hat so der Elementarprozeß „Verwachsung" zur Sproßachse der Landpflanzen geführt.

- *Die Reduktion*
  Einzelne Telome werden stark reduziert. Die als Mikrophylle bezeichneten einnervigen Blättchen, wie wir sie heute noch bei den Bärlappgewächsen finden, lassen sich als Ergebnis dieser Reduktion deuten.

- *Die Einkrümmung*
  Gegenüberliegende Flanken eines Teloms wachsen ungleichmäßig stark, so daß sich das ganze Gebilde nach einer Seite krümmt. Man stellt sich vor, daß durch extreme Einkrümmung Telomteile sogar vom Gewebe eingeschlossen werden können. Nach der Telomtheorie ist der Elementarprozeß „Einkrümmung" besonders für die Evolution der Fortpflanzungsorgane bedeutsam (s. Abb. 19-3).

Kasten 17-1 (Fortsetzung)

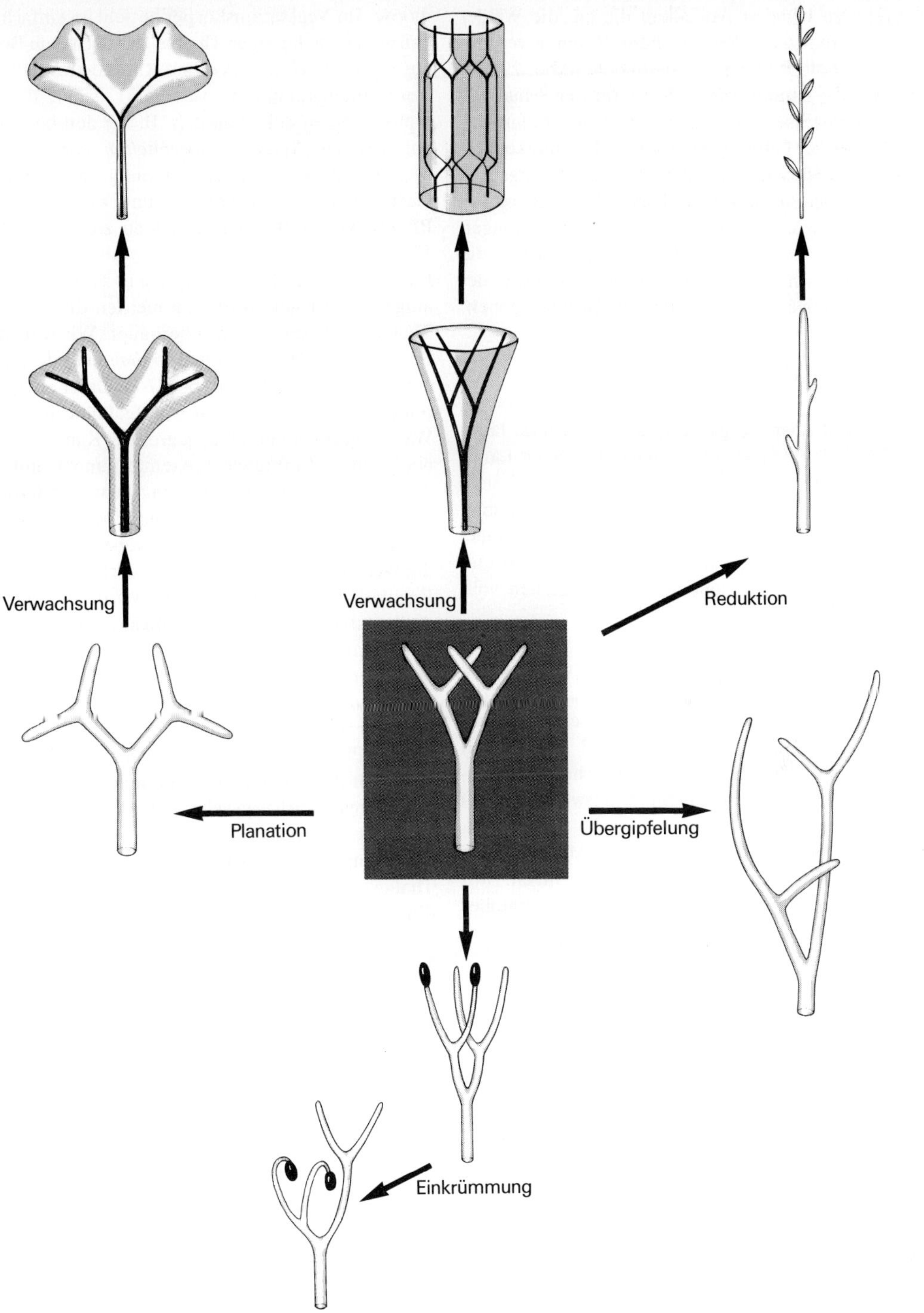

nellales noch krautige Pflanzen, während die am höchsten entwickelten, aber heute bereits wieder ausgestorbenen Lepidodendrales mächtige Baumgestalten bildeten. Vor allem diesen, die Wälder der Karbonzeit beherrschenden Bäumen verdanken wir die Bildung der Steinkohle (Abb. 29-10). Auch die baumförmigen Vertreter der Schachtelhalmgewächse, z. B. aus der Gattung *Calamites,* gehören zur Lebensgemeinschaft der Steinkohlenwälder und sind heute ausgestorben. Demgegenüber haben sich unter den Farnen bis heute baumförmige Arten (vor allem Vertreter der Gattungen *Cyathea, Alsophila* und *Dicksonia)* erhalten, die den tropischen und subtropischen Wäldern der Südhalbkugel ein eigentümliches Gepräge geben.

17.3 Die Moose

Moose sind über die ganze Erde verbreitete, landbewohnende Pflanzen. Die Anpassung an das Landleben ist bei diesen Pflanzen in mancher Hinsicht recht unvollkommen. Aus diesem Grund nimmt man an, daß die Moose die Eroberung des Landes parallel zu den bereits besprochenen Ur-Landpflanzen und den von ihnen ausgehenden Evolutionslinien vollzogen haben.

Die Zusammensetzung der bei den Moosen anzutreffenden Photosynthese-Pigmente (Chlorophyll a und b, Xanthophylle, Carotinoide) spricht dafür, daß die noch das Wasser bewohnenden Vorläufer der Moose unter den Grünalgen zu suchen sind. Von diesen dürfte auch der für die Moose so typische heterophasische und heteromorphe Generationswechsel (s. u.) übernommen worden sein.

Im Laufe der Evolution sind aus den Moosen keine höher entwickelten Formen hervorgegangen. Mit den Moosen endet somit ein Ast des Stammbaumes der Pflanzen blind.

17.3.1 Systematische Gliederung der Moose

Wir unterscheiden bei den Moosen drei systematisch getrennte Klassen, nämlich Hornmoose (Klasse Anthocerotopsida), die Lebermoose (Klasse Marchantiopsida) und die Laubmoose (Klasse Bryopsida). Die beiden letztgenannten Klassen sind vorherrschend und sollen uns daher näher beschäftigen.

17.3.1.1 Lebermoose (Klasse Marchantiopsida)

Die Lebermoose sind ursprünglicher als die Laubmoose. Ihr Vegetationskörper besteht im einfachsten Fall aus einem lappigen Thallus, der flach dem Boden aufliegt und sich in ihm durch Rhizoide festhält. Die Bezeichnung „Lebermoose" rührt daher, daß die typische Form des Thallus (z. B. bei den besonders auffallenden Arten *Conocephalum conicum* und *Marchantia polymorpha)* weitläufig an die lappige Gestalt einer Leber erinnert und man daher der Pflanze Heilkraft bei Leberleiden zuschrieb (Abb. 17-7).

Der Thallus der Marchantiopsida ist sehr kompliziert aufgebaut. Er gilt als der am meisten differenzierte Thallus im Pflanzenreich überhaupt. Wir wollen als Beispiel den Thallus von *Marchantia polymorpha* etwas näher betrachten (Abb. 17-7). Unter einer oberen Epidermis befinden sich luftgefüllte und durch Wände gegeneinander abgegrenzte Kammern, die über einen Luftkanal („Atemöffnung") mit der Außenluft in Verbindung stehen. Bei sich änderndem Wassergehalt des Thallus schrumpft oder schwillt das die Luftkanäle umgebende Gewebe, wodurch sich die Weite dieser Kanäle passiv ändert. Dies trägt zur Regulation des Gasaustausches zwischen Thallus und Außenluft bei und erinnert damit an die Funktion der Spaltöffnungen der höheren Landpflanzen (Abb. 5-8). Der Boden der Luftkammern ist mit sogenannten Assimilatoren besetzt. Hier handelt es sich um mitunter verzweigte, mehrzellige Gebilde, deren Zellen der Photosynthese dienen. Unter den Luftkammern mit den Assimilatoren befindet sich ein mehrschichtiges Speichergewebe, dessen Zellen teilweise verdickte Wände besitzen und Ölkörper als Reservestoffe eingelagert haben. Den unteren Abschluß des Thallus bildet wiederum eine Epidermis, die allerdings nicht durch Luftkanäle durchbrochen ist, aber Rhizoide ausbildet. Diejenigen Lebermoose, deren Vegetationskörper aus einem solchen lappigen Thallus besteht, bezeichnet man als *thallöse Lebermoose.*

Bei einer Gruppe von stärker gegliederten Arten ist der Thallus dergestalt abgewandelt, daß entlang eines verzweigten, jedoch kein Leitbündel besitzenden Stämmchens zwei Zeilen einschichtiger Seitenblättchen und eine Reihe Bauchblättchen (Amphigastrien) stehen, aufgrund der Entwicklung aus einer *dreischneidigen Scheitelzelle* (Abb. 16-13). Lebermoose mit derartigem Bau des Vegetationskörpers bezeichnet man als *foliose Lebermoose.* Sie machen

90 % der Artenzahl der Lebermoose aus. Die Blättchen der foliosen Lebermoose besitzen noch keine Mittelrippe, können jedoch in einen Ober- und einen Unterlappen gegliedert sein. Der Unterlappen bildet bei dem foliosen Lebermoos *Frullania* einen krugförmigen Hohlraum („Wassersack") aus, der sich kapillar mit Wasser füllen kann und damit eine Wasserspeicherung ermöglicht (Abb. 17-8).

17.3.1.2 Laubmoose (Klasse Bryopsida)

Bei den Laubmoosen ist der Vegetationskörper entweder einfach oder verzweigt, aber stets in ein Stämmchen und in Blättchen gegliedert (Abb. 17-9). Die Stämmchen sind mit Rhizoiden im Boden verankert, und manche besitzen schon je einen zentralen Gewebestrang, der als Vorläufer eines Leitbündels angesehen werden kann (Abb. 17-10). Diese *Prostele* besteht nämlich aus gestreckten, dünnwandigen und leeren Zellen *(Hydroïde),* die der Wasserleitung dienen, und aus phloemartigen Zellen *(Leptoïde),* in denen Assimilattransport stattfindet, sowie aus dickwandigen Festigungselementen. Der Stofftransport in der Prostele ist selbst bei den höchstentwickelten Laubmoosen noch nicht sehr leistungsfähig. So führen die Hydroïde nur einen Teil des von der Pflanze benötigten Wassers nach oben. Das Wasser kann vielmehr auch kapillar zwischen dem Stengel und den ihm eng anliegenden Blättchen aufsteigen. Diese Unvollkommenheit in der Wasserleitung ist sicher einer der Gründe dafür, daß sich bei Moosen keine großen Vegetationskörper entwickeln konnten.

Da die Moos-Sprößchen mit einer *dreischneidigen Scheitelzelle* wachsen (Abb. 16-13), sind die Blättchen der Laubmoose längs des Stengels in drei Zeilen (Orthostichen) angeordnet. Im Gegensatz zu den foliosen Lebermoosen besitzen sie eine mehrschichtige Mittelrippe, in welche die Hydroïden und Leptoïden aus dem Stengel eintreten. In der Regel bestehen die Blättchen aus dieser Mittelrippe und einem einschichtigen Assimilationsparenchym, doch treten auch Abweichungen von diesem einfachen Bau auf. So führen bei *Polytrichum,* dem Haarmützchenmoos, aus assimilierenden Zellen aufgebaute und der Oberfläche der Blättchen aufsitzende Lamellen zu einer beträchtlichen Vergrößerung der assimilierenden Oberfläche (Abb. 17-11).

Noch komplizierter sind die Blättchen der Torfmoose (Sphagnaceae) gebaut. Schmale lebende Zellen, die der Photosynthese dienen, bilden hier ein einschichtiges Netz, dessen Maschen von großlumigen toten Zellen ausgefüllt werden. Diese Zellen („Wasserzellen") werden durch ringförmige Wandversteifungen vor dem Kollabieren bewahrt und speichern Wasser (Abb. 17-12). Ihre Wände sind von großen Löchern durchbrochen, durch die das Wasser kapillar einströmt. Die durch den speziellen Bau der Torfmoos-Blättchen erzielte Kapazität für Wasserspeicherung ist ganz beträchtlich.

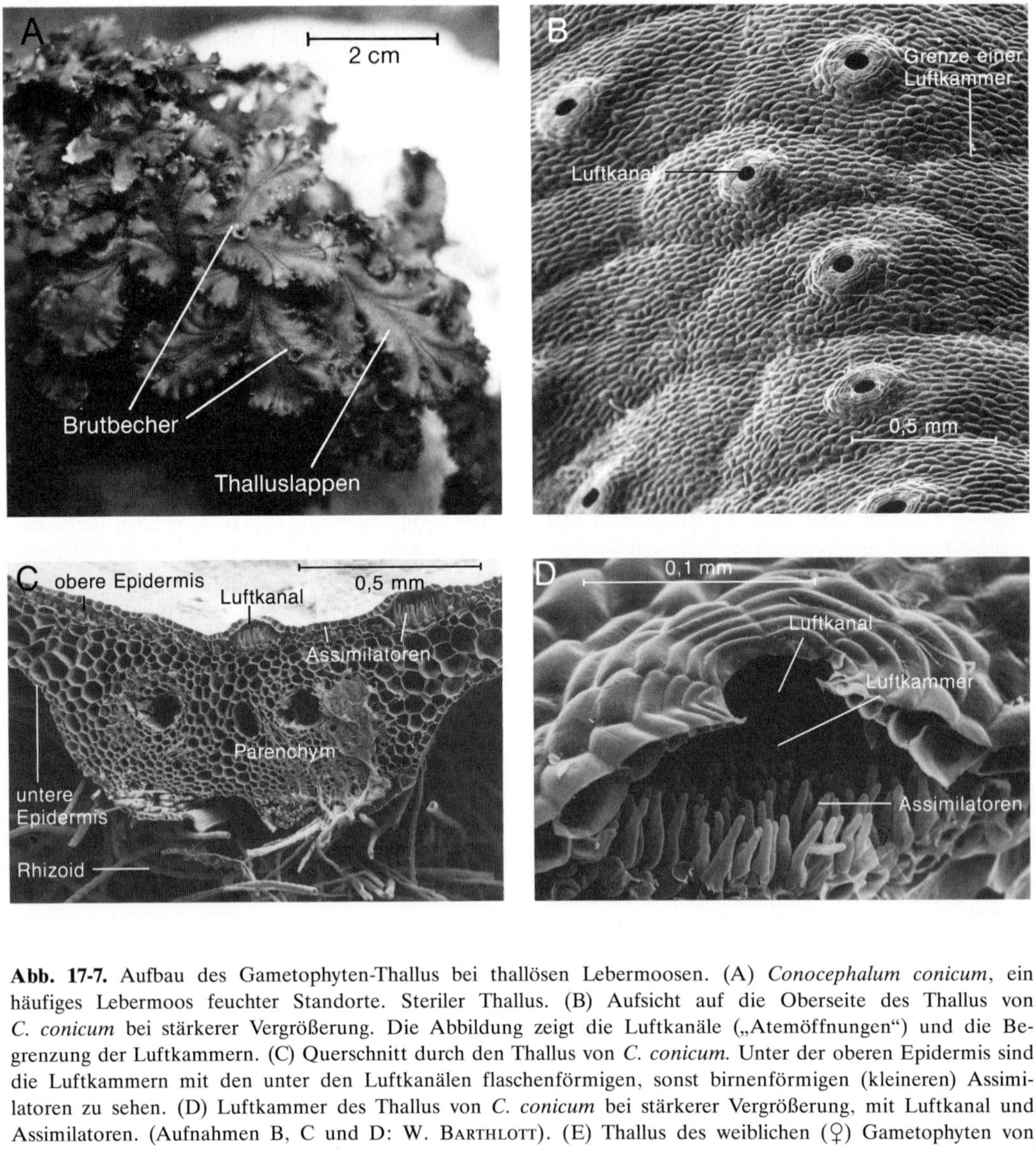

Abb. 17-7. Aufbau des Gametophyten-Thallus bei thallösen Lebermoosen. (A) *Conocephalum conicum*, ein häufiges Lebermoos feuchter Standorte. Steriler Thallus. (B) Aufsicht auf die Oberseite des Thallus von *C. conicum* bei stärkerer Vergrößerung. Die Abbildung zeigt die Luftkanäle („Atemöffnungen") und die Begrenzung der Luftkammern. (C) Querschnitt durch den Thallus von *C. conicum*. Unter der oberen Epidermis sind die Luftkammern mit den unter den Luftkanälen flaschenförmigen, sonst birnenförmigen (kleineren) Assimilatoren zu sehen. (D) Luftkammer des Thallus von *C. conicum* bei stärkerer Vergrößerung, mit Luftkanal und Assimilatoren. (Aufnahmen B, C und D: W. Barthlott). (E) Thallus des weiblichen (♀) Gametophyten von *Marchantia polymorpha* (Brunnenlebermoos) mit Archegonienstand. Das Bild zeigt die Lage der Archegonien auf einem in der angegebenen Ebene geführten Schnitt. (F) Weibliche (links) und männliche (rechts) Gametophyten von *Marchantia*. (G) Thallus des männlichen (♂) Gametophyten mit Antheridienstand.

Abb. 17-8. Thallus-Abschnitt des Sackmooses *(Frullania tamarisci)* mit „Wassersäcken“, von unten gesehen.

A
Sporenkapsel
Gametophyt
B
C
Sporenkapsel
Antheridienstand
D

◄ **Abb. 17-9.** Laubmoose. (A) Aufrechte, wenig verzweigte (orthotrope) Wuchsform des Gametophyten beim Katharinenmoos *(Atrichum undulatum)*. (B) Niederliegend (plagiotrop) wachsende, reich verzweigte Gametophyten des Thujamooses *(Thuidium tamariscinum)* (C) Gametophyten des Haarmützenmooses *(Polytrichum formosum)* mit endständigen reifen Antheridienständen. Die ebenfalls endständigen Archegonienstände sind weniger auffällig. (D) Die für Laubmoose typische Gliederung des Gametophyten in Stamm und Blättchen, bei einem Sternmoos *(Mnium affine)*.

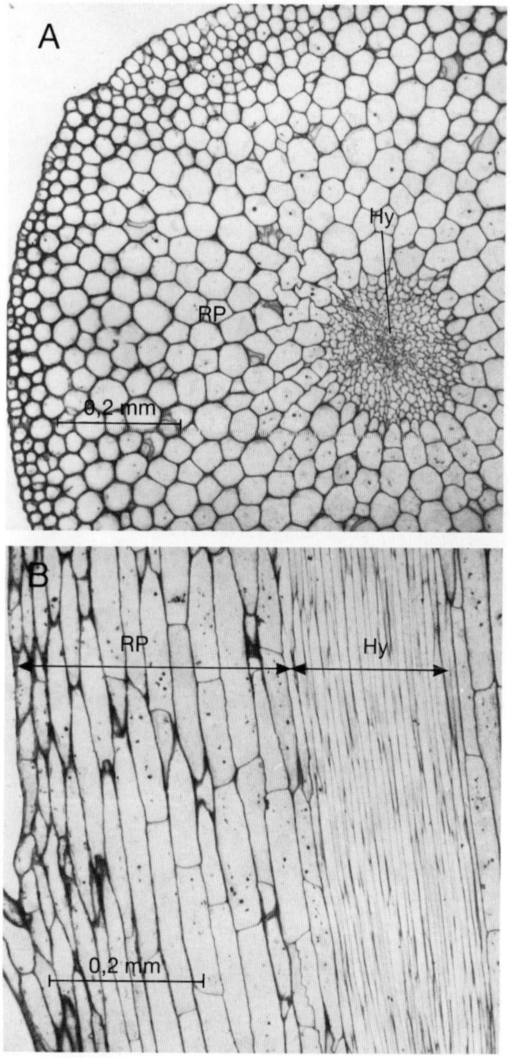

Abb. 17-10. Hydroiden. (A) Querschnitt durch das Stämmchen eines Laubmoos-Sporophyten *(Plagiomnium undulatum)*. In der Mitte die eine Art Leitstrang bildenden Hydroiden (Hy). Der Leitstrang ist von Rindenparenchym (RP) umgeben. (B) Längsschnitt durch das gleiche Objekt. Die Hydroide sind engerlumig, jedoch viel länger als die Zellen des Rindenparenchyms. Leptoide werden bei dem hier gezeigten Moos nicht ausgebildet. (Aufnahmen: R. LIGRONE).

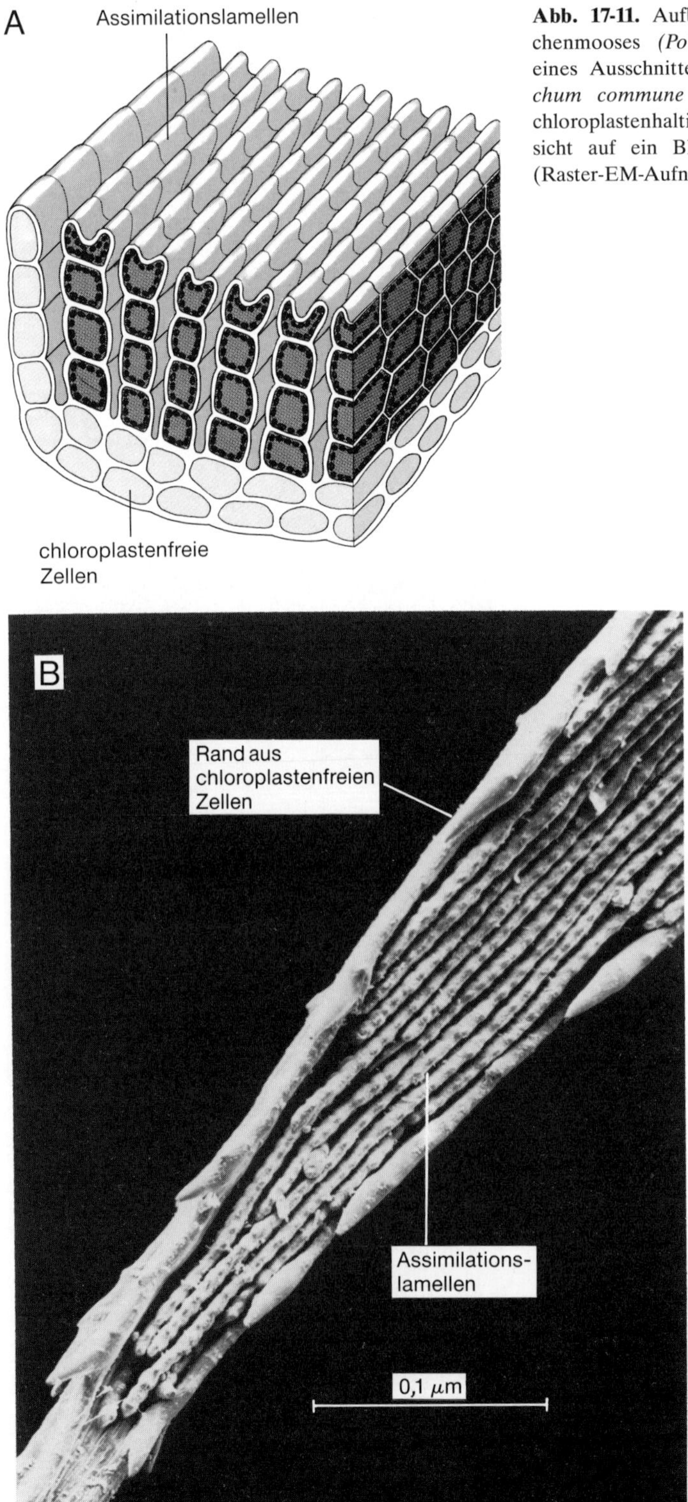

Abb. 17-11. Aufbau eines Blättchens des Haarmützchenmooses *(Polytrichum)*. (A) Räumliches Modell eines Ausschnittes aus einem Blättchen von *Polytrichum commune* mit Assimilationslamellen, die aus chloroplastenhaltigen Zellen aufgebaut sind. (B) Aufsicht auf ein Blättchen von *Polytrichum formosum* (Raster-EM-Aufnahme: R. STELZER).

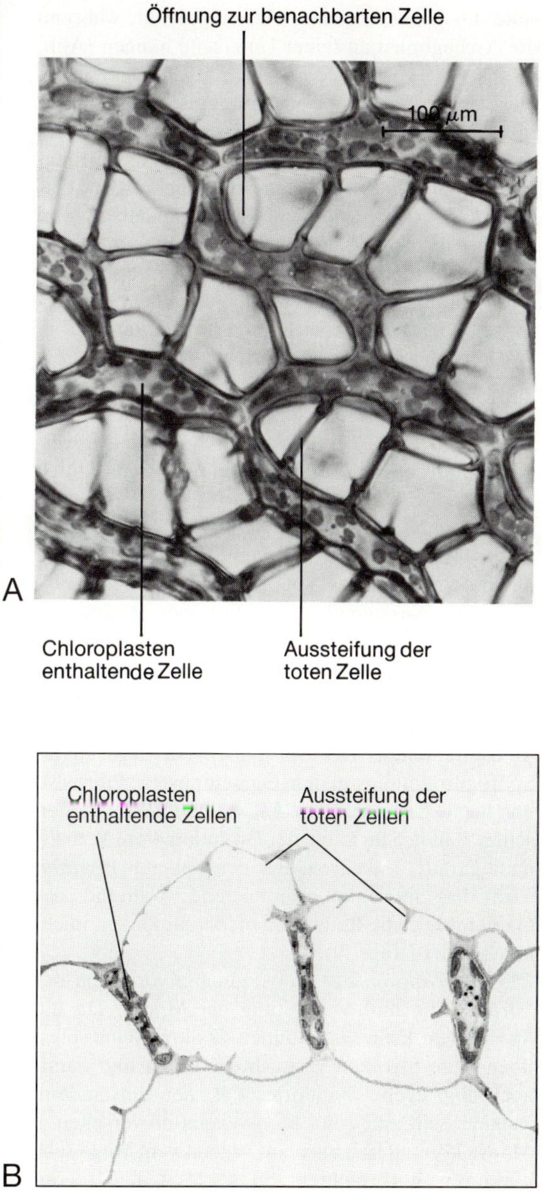

Abb. 17-12. Torfmoos *(Sphagnum)*. Aufbau eines Blättchens des Gametophyten aus lebenden, der Photosynthese dienenden Zellen, und toten, der Wasserspeicherung dienenden Zellen („Wasserzellen"). Diese sind durch ringförmige Wandverstärkungen ausgesteift. Durch die großen Öffnungen in der Wand füllen sich die Wasserzellen kapillar mit Wasser. (A) Aufsicht, (B) Querschnitt. (elektronenmikroskopische Aufnahme Dr. D. Kramer.)

17.3.2 Fortpflanzung und Vermehrung der Moose

Die Moose sind durch einen sehr typischen heteromorphen und heterophasischen *Generationswechsel* (Kap. 16.2.4) gekennzeichnet, den wir anhand eines Laubmooses charakterisieren wollen (Abb. 17-13, Abb. 17-14).

Aus einer haploiden Spore keimt ein fädiger und verzweigter Vorkeim, das *Protonema.* Dieser Vorkeim besteht aus photosynthetisierenden Zellen mit schräggestellten Querwänden. An diesem Protonema entstehen *Knospen,* aus denen sich durch fortlaufende Teilung einer dreischneidigen Scheitelzelle das in Sproß und Blättchen gegliederte Moospflänzchen entwickelt. Dieses Pflänzchen ist, da aus einer Haplospore entstanden, haploid und verkörpert somit den *Gametophyten.* Rhizoide verankern ihn im Boden. Am Ende des Sprosses entstehen die *Gametangien.* Bildet ein und dieselbe Moospflanze sowohl männliche als auch weibliche Gametangien aus, spricht man von einem einhäusigen, sind beide Geschlechter auf verschiedene Individuen verteilt, von einem zweihäusigen Moos.

Die Gametangien der Moose sind besonders typisch. Sie sind stets vielzellig, wobei das die Gameten bildende Gewebe immer von einer Hülle aus sterilen Zellen umgeben ist, die dem Schutz der Gameten vor Austrocknung dient und damit eine Anpassung an das Landleben darstellt.

Die männlichen Gametangien heißen *Antheridien* (Abb. 17-14). Sie stellen keulenförmige Gebilde dar. Die einschichtige sterile Hülle birgt ein vielzelliges spermatogenes Gewebe, in dem jede Zelle durch Mitose zwei männliche Geschlechtszellen *(Spermatozoiden)* produziert. Bei den Moosen besteht das Spermatozoid vor allem aus Kernmaterial und einem kleinen Cytoplasmarest. Es trägt zwei Geißeln. Dadurch können sich die Spermatozoiden im Wasser fortbewegen, nachdem sie durch eine Öffnung in der Antheridienwand ins Freie entlassen wurden.

Die weiblichen Gametangien der Moose heißen *Archegonien* (Abb. 17-14). Sie haben die Gestalt einer Flasche. Im Bauchteil des Archegoniums umschließt die sterile Hülle eine große, plasma- und plastidenreiche Zelle, die Eizelle. Der Hals des noch unreifen Archegoniums ist mit den Halskanalzellen ausgefüllt. Am Übergang zwischen Hals und Bauch des Archegoniums liegt eine Bauchkanalzelle, die zusammen mit der Eizelle von einer gemeinsamen

Mutterzelle abstammt. Bei der Reifung des Archegoniums lösen sich die Hals-und Bauchkanalzellen auf und geben den Weg zur Eizelle frei.
Da die begeißelten Spermatozoiden sich nur im Wasser fortbewegen können, sind die Moose für die Befruchtung der Eizelle auf Wasser angewiesen – eine Reminiszenz an das ursprüngliche Leben im Wasser. Bei Benetzung der Gametangien mit Wasser werden also die Spermatozoiden aus den Antheridien freigesetzt und schwimmen zum Ausgang des Halskanals des Archegoniums. Dabei werden sie chemotaktisch angelockt. Eines der angelockten Spermatozoiden befruchtet nach Passieren des Halskanals im Innern des Archegoniums die Eizelle. Damit entsteht die *Zygote.*
Die Zygote entwickelt sich sofort weiter zu einem diploiden *Sporogon* (Abb. 17-14), das mit seinem unteren Ende *(„Haustorium")* im Gewebe des Gametophyten verankert bleibt und fortan auch von diesem ernährt wird. Das Sporogon verkörpert den *Sporophyten.* Es streckt sich in die Länge und zerreißt dabei schließlich an seiner Basis die Wand des Archegoniums, das noch eine Zeitlang mitgewachsen ist. Der Rest des Archegoniums bleibt bei manchen Arten bis zur Reife des Sporogons an dessen Spitze sitzen und bildet dort das oft recht auffällige „Mützchen" *(Kalyptra).* Das reife Sporogon gliedert sich in einen Stiel *(Seta)* und eine endständige *Sporenkapsel* (Abb. 17-13). In dieser ist ein zentrales Nähr- und Wasserspeichergewebe *(Columella)* von einer Vielzahl sporogener Zellen umgeben, die eine Reduktionsteilung durchlaufen und damit haploide Sporen bilden. Durch eine kompliziert gebaute Öffnung *(Peristom)* am Kapselende werden die Sporen ins Freie entlassen. Die Öffnung ist mit Zähnchen besetzt, die aus den Wänden toter Zellen bestehen. Diese Peristomzähne (Abb. 17-14), übrigens ein wichtiges Merkmal bei der Artbestimmung der Laubmoose, führen Quellbewegungen aus. Bei trockenem Wetter krümmen sich die Zähne nach außen und öffnen damit die Kapsel; bei feuchtem Wetter tritt der umgekehrte Vorgang ein.
Bei den ursprünglicheren Lebermoosen verläuft der Generationswechsel ähnlich wie bei den Laubmoosen. Unterschiede bestehen vor allem in der Form der Gametangienstände und der Sporenkapseln.
Die Gametangienstände der Lebermoose sind manchmal zweihäusig, öfter aber einhäusig. Sie gleichen Schirmchen, die senkrecht dem Thallus aufsitzen (Abb. 17-7). Die Antheridien sind in die Oberseite des Gametangienstandes eingesenkt, während die Archegonien an seiner Unterseite hängen (Abb. 17-7).
Der Stiel der Gametangienstände entsteht durch Einrollung randständiger Thallusbezirke. Dabei bildet sich eine Rinne, in die die Rhizoide der ursprünglichen Thallusunterseite eingeschlossen werden. Das ergibt einen Docht, in dem Wasser kapillar bis zum Schirm aufsteigen kann. Beim Aufprall von Regentropfen auf die Gametangienstände wird Spermatozoide enthaltendes Wasser auf die Archegonien gespritzt, sodaß die Befruchtung erfolgen kann.
Wie bei den Laubmoosen entsteht aus der Zygote ein Sporogon mit Sporenkapsel, in der unter Reduktionsteilung Haplosporen, aber auch langgestreckte Zellen entstehen, deren Wände schraubenartig verdickt sind. Diese Zellen heißen Elateren. Durch hygroskopische Bewegungen (Quellbewegungen) lockern sie nach dem Öffnen der Kapsel die Sporenmasse auf und erleichtern damit deren Verbreitung durch den Wind.
Mit dem Auskeimen eines Protonemas aus der Haplospore ist der Kreislauf des Generationswechsels der Moose geschlossen. Bei diesem Generationswechsel dominiert somit noch die haploide Generation (Gametophyt). Sie repräsentiert das eigentliche Moospflänzchen. Der Sporophyt lebt dagegen als Sporogon ständig auf dem Gametophyten, führt also noch gar kein richtiges Eigenleben. Wir werden sehen, daß sich im Laufe der Evolution diese Verhältnisse gerade umkehren: Bei den höheren Pflanzen wird der Sporophyt dominierend, während der Gametophyt eine Reduktion oft bis zur Unkenntlichkeit erfährt (Kap. 19).
Die Haplosporen der Moose dienen vor allem der Vermehrung und Verbreitung der Moose. Da die Sporen sehr klein sind, können sie durch Wind selbst über weite Strecken verfrachtet werden und damit auch abgelegene Standorte, z.B. neu entstandene Vulkaninseln, mit einer Moosvegetation versehen.
Moose können sich auch auf vegetativem Wege sehr wirkungsvoll vermehren. So wachsen abgetrennte Sproßteile wieder zu vollständigen Moospflänzchen heran. Einige Lebermoose, z.B. die bereits genannte *Marchantia,* bilden auf dem Thallus becherförmige Behälter (Abb. 17-7), die sogenannte *Brutkörper* beherbergen. Diese Brutkörper fallen ab und wachsen zu neuen Thalli heran.

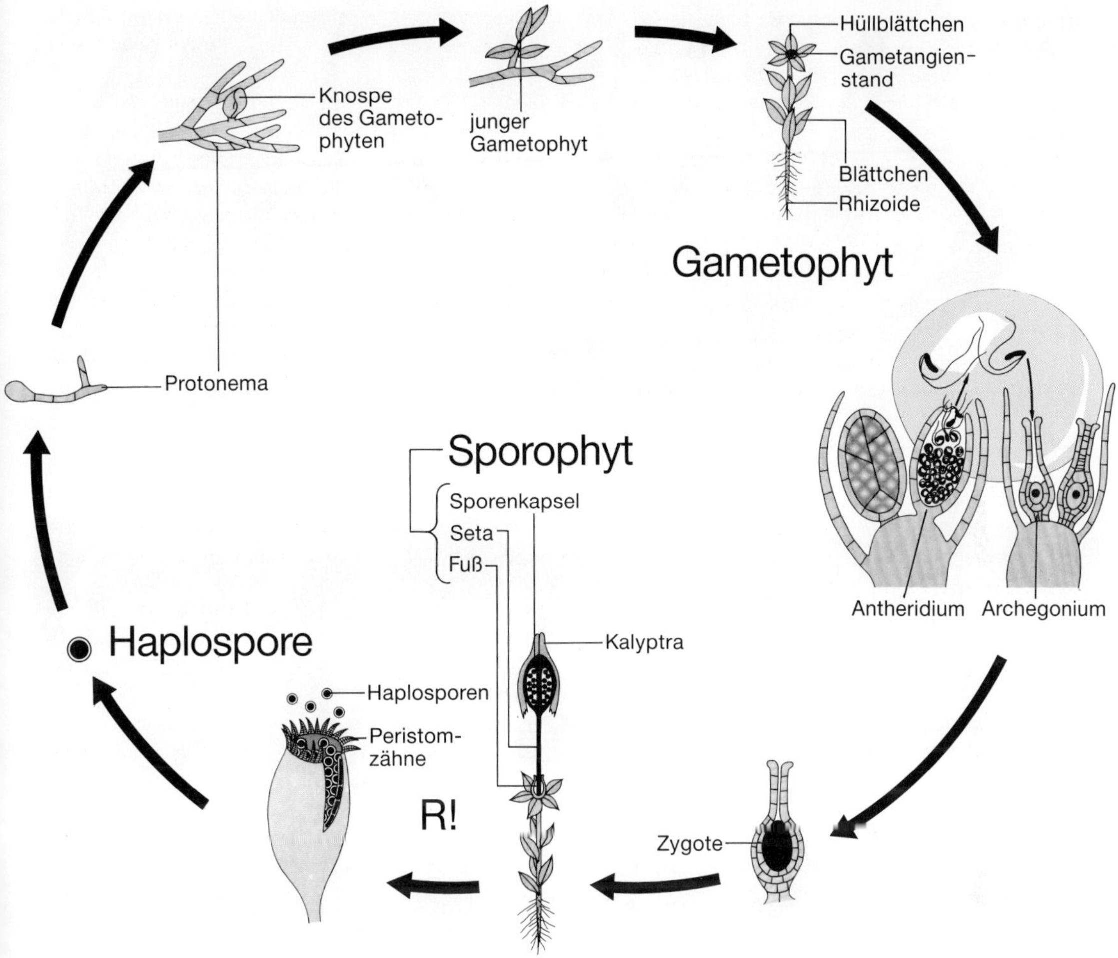

Abb. 17-13. Der Generationswechsel eines Laubmooses. Zygote und Sporophyt sind diploid, alle anderen Stadien des Generationswechsels sind haploid. Die Reduktionsteilung (R!) erfolgt bei der Bildung der Haplosporen in der Sporenkapsel.

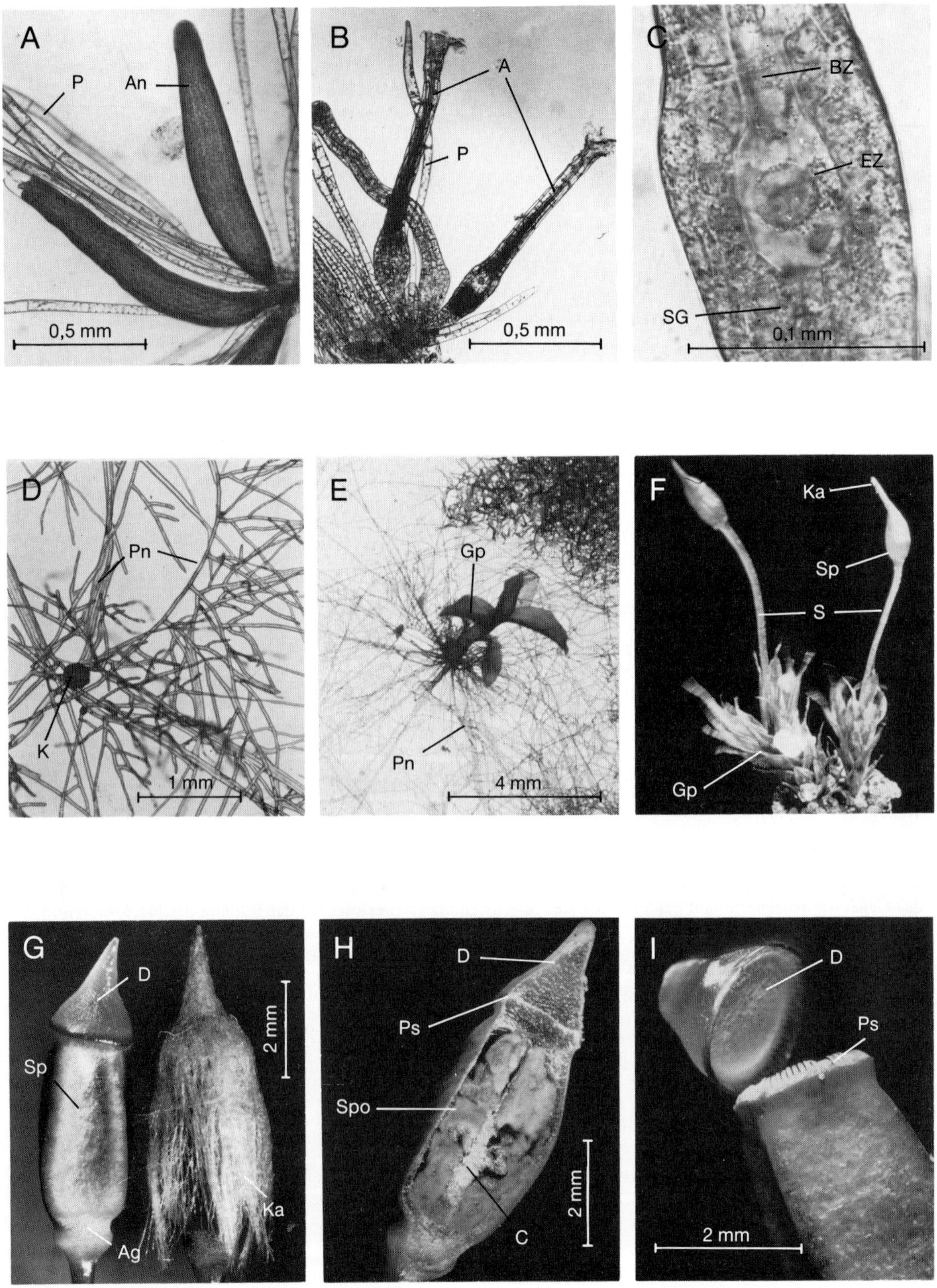
A
P
An
0,5 mm
B
A
P
0,5 mm
C
BZ
EZ
SG
0,1 mm
D
Pn
K
1 mm
E
Gp
Pn
4 mm
F
Ka
Sp
S
Gp
G
D
2 mm
Sp
Ka
Ag
H
D
Ps
Spo
2 mm
C
I
D
Ps
2 mm

◀ **Abb. 17-14.** Verschiedene Stadien im Generationswechsel der Laubmoose. (A) Antheridien, An, von *Polytrichum commune.* Zwischen den Antheriden stehen sterile Haare (Paraphysen, P). (B) Archegonien, A, von *Polytrichum commune.* (C) Bauchkanalzelle, BZ, und Eizelle, EZ, im Archegonium von *Polytrichum commune*, steriles Gewebe, SG. (D) Protonema-Fäden, Pn, eines Laubmooses *(Funaria hygrometrica)* mit Knospe, K, des Gametophyten, aus einer Mooskultur (von M. Bopp zur Verfügung gestellt). (E) Junger Gametophyt, Gp, und Protonema, Pn, eines Laubmooses. (F) Heranwachsender Sporophyt eines Laubmooses. Gp, Sproß des Gametophyten; S, Seta des Sporophyten; Sp, Sporenkapsel; Ka, Kalyptra. (G) Sporenkapsel, Sp, von *Polytrichum commune.* Die deutsche Bezeichnung „Haarmützchenmoos" bezieht sich auf die zerfaserte Kalyptra, Ka. Links eine noch unreife Sporenkapsel nach Entfernen der Kalyptra. Dabei werden der Dekkel, D, und, an der Basis der Sporenkapsel, das Stomata tragende Assimilationsgewebe, Ag, sichtbar. (H) Längsschnitt durch eine noch unreife Sporenkapsel von *Polytrichum commune.* D, Deckel; Ps, Peristom; Spo, Sporenmasse; C, Columella. (I) Sich öffnende Sporenkapsel. D, Deckel; Ps, Zahnkranz des Peristoms.

17.3.3 Wasserhaushalt und Lebensweise der Moose

Da den Assimilationsorganen der Moose Abschlußgewebe weitgehend fehlen und die vorhandene Cuticula sehr zart ist, sind Moospflanzen nicht in der Lage, sich wirkungsvoll gegen Austrocknung zu schützen. Hinzu kommt, daß auch der Nachschub von Wasser durch das Fehlen von Wurzeln und von leistungsfähigen Leitbahnen eingeschränkt ist. Die Moose sind also noch unvollkommen an das Landleben angepaßt. Angesichts dieser Schwierigkeiten mit ihrem Wasserhaushalt bevorzugen viele Moose als Lebensraum feuchte Standorte, z. B. Wälder und Gebiete mit hohen Niederschlägen und hoher relativer Luftfeuchte.

Einige Moose verfügen über Einrichtungen, kapillar aufgenommenes Wasser zu speichern. Hierher gehören die bereits erwähnten Wassersäcke bei *Frullania* und die Wasserzellen bei *Sphagnum.* Außerdem können auch zwischen den dicht beieinander stehenden Einzelpflänzchen der Moospolster große Mengen an Wasser kapillar gespeichert werden (Abb. 17-15). Moospolster wirken daher wie Schwämme und tragen mit dieser Eigenschaft ganz wesentlich zum Ausgleich des Wasserhaushaltes der Wälder und anderer von Moosen besiedelter Lebensräume bei.

Das extremste Beispiel für die von Moosen hervorgerufene Schwammwirkung ist das *Hochmoor,* eine von den oben bereits genannten Torfmoosen (Sphagnaceae) hervorgebrachte Pflanzengesellschaft. Neben ihrer Fähigkeit zur Wasserspeicherung ist bei den Sphagnaceen nämlich bemerkenswert, daß der Gametophyt in jedem Jahr an der Spitze weiterwächst. Dadurch entstehen jährlich dicker werdende Moosdecken, deren obere Schicht aus lebendem Material besteht, während die tieferen Schichten durch Lichtmangel absterben und unter Sauerstoffabschluß unvollständig verkohlen und in Torf umgewandelt werden. In Gebieten mit genügend hohen Niederschlagsmengen (in Deutschland z. B. die küstennahen Gebiete, die Kammlagen der Mittelgebirge und das Alpenvorland) kann das Wachstum der Torfmoose so intensiv sein, daß sich nicht nur geschlossene Moosdecken großer Ausdehnung bilden, die die übrige Vegetation ersticken lassen, sondern daß durch ständiges Wachstum und Absterben

Abb. 17-15. Demonstration der Fähigkeit von Moospolstern, Wasser zu speichern. Das abgebildete Polster eines Laubmooses wurde mit Wasser getränkt und dann ausgedrückt. Das Bild zeigt das ausgedrückte Moospolster und im Meßzylinder das aus dem Polster stammende Wasser (40 ml). Als Größenvergleich dient eine 2 DM-Münze.

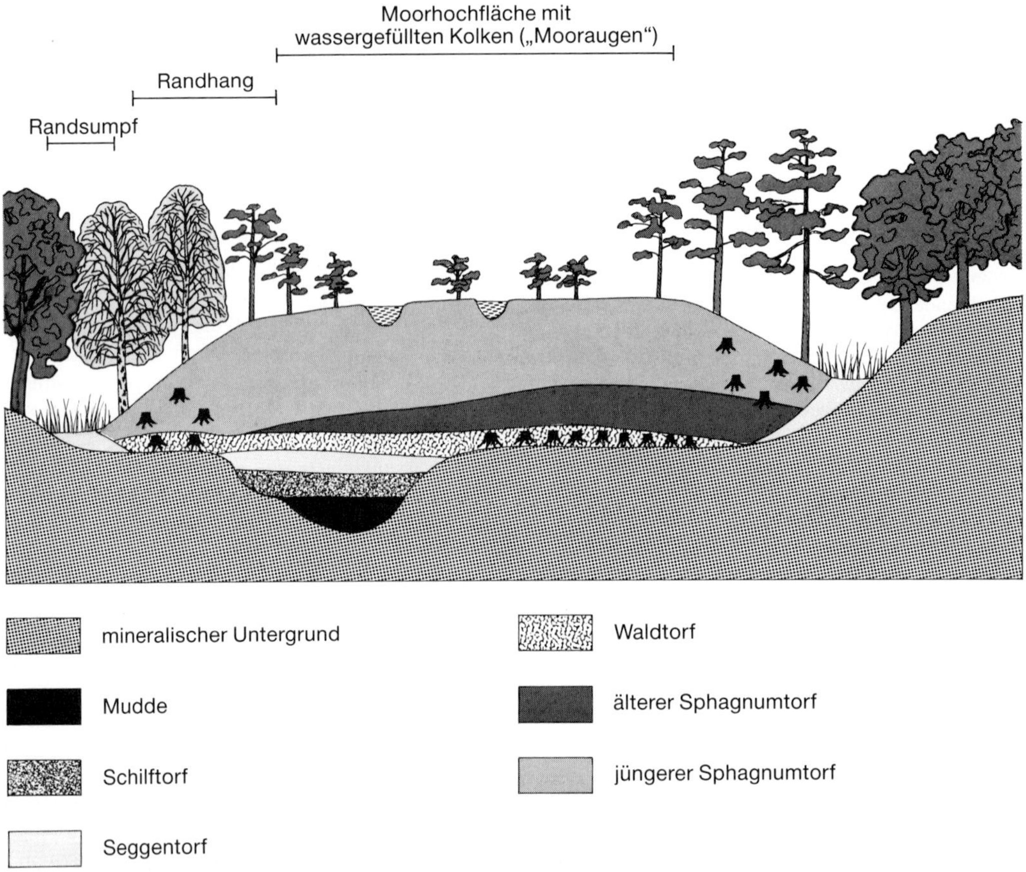

Abb. 17-16. Aufbau eines Hochmoores (nach FIRBAS). Die Bildung des Hochmoores beginnt oft mit der Verlandung eines stehenden Gewässers. Dessen Ablagerungen stellen die Mudde dar. Die Pflanzenreste der Verlandungsgesellschaft bilden den Schilf- und Seggentorf. Die Verlandungsgesellschaft wird nun von einer dichten Torfmoosdecke verdrängt. Diese erstickt die alte Vegetation einschließlich der ufernahen Bäume, deren Stümpfe im Waldtorf erhalten bleiben. In niederschlagsreichem Klima kommt es zu fortschreitendem Wachstum der Torfmoose. Die Ablagerungen (*Sphagnum*-Torfe) erheben sich schließlich wie eine mehr oder weniger flache Wölbung über die Umgebung. Diese Wölbung ist das eigentliche Hochmoor. Es wird nur mit Niederschlagwasser versorgt und ist daher sehr nährstoffarm. Das Hochmoor kann mit speziell angepaßten Bäumen (Kiefer, Birke) bestanden sein. Diese zeigen oft Krüppelwuchs.

schließlich eine Hochfläche entsteht, die sich über die Umgebung erhebt – das Hochmoor (Abb. 17-16). Solche Hochmoore sind Wasserspeicher „par excellence" und von größter Bedeutung für den Wasserhaushalt ganzer Landschaften.

Den feuchtigkeitsliebenden Moosen stehen andere Formen gegenüber, die über die Fähigkeit verfügen, bei geringer Luftfeuchte völlig austrocknen zu können, um bei Wiederbefeuchtung schnell wieder Wasser aufzunehmen und dann Photosynthese zu betreiben. Moosarten mit dieser Austrocknungsresistenz, z. B. das bei uns heimische Laubmoos *Tortula muralis,* können daher auch sehr wasserarme Standorte (u. a. Felsen und Mauern) besiedeln.

Zum weiteren Studium

STRASBURGER, E.: *Lehrbuch der Botanik für Hochschulen.* Fischer, Stuttgart – Jena – New York 1991.

18 Die Schleimpilze und die Pilze

18.1 Ein allgemeiner Überblick

Schleimpilze und Pilze stellen zwei Organisationsformen von eukaryotischen Organismen dar, deren Einordnung in das System der Lebewesen schwierig ist. Da ihre Entwicklungsgeschichte (Ontogenie) mit oft sehr typischem Generationswechsel (Kap. 16.2.4.1) in vielen Einzelheiten der von Pflanzen nahesteht, ist die systematische Zuordnung der Schleimpilze und Pilze zu dieser Organismengruppe begründet. Auf der anderen Seite bestehen in vielen Details sowohl zu den Pflanzen als auch zu den Tieren sehr weitgehende Unterschiede. Man ist daher heute geneigt, die Schleimpilze und Pilze den Pflanzen und Tieren als gleichwertige systematische Einheit gegenüberzustellen (Kap. 1.9, Abb. 1-12). Diese Bewertung trägt auch der Tatsache Rechnung, daß eine zwanglose stammesgeschichtliche Einteilung oder Zuordnung zu einer Gruppe der Pflanzen nahezu unmöglich ist. *Schleimpilze und Pilze sind stets heterotroph* und gewinnen ihre Nährstoffe entweder saprophytisch, d. h. durch Zerlegung organischer Substanz und Aufnahme der dabei entstehenden einfachen organischen Moleküle, oder parasitisch, d. h. durch Übernahme der benötigten Nährstoffe von lebenden Organismen. Die heterotrophe Lebensweise ist hier so stark ausgeprägt, daß Schleimpilze und Pilze keine Plastiden und demzufolge auch keine Photosynthese-Pigmente (Kap. 8.1) besitzen. Als Speicherstoffe kommen Fette sowie Glykogen, d. h. das auch für die Tiere typische Reservekohlenhydrat, niemals jedoch die sonst für Pflanzen charakteristische Stärke vor.

18.2 Ein systematischer Überblick

18.2.1 Organisationsform Schleimpilze (Myxomyceten)

Die Schleimpilze (Myxomyceten) gehören zu den einfachsten eukaryotischen Lebewesen auf der Erde, denn ihr vegetativer Körper besteht eigentlich nur aus einer undifferenzierten Plasmamasse, die das Substrat durch- oder überkriecht und oft eine Ausdehnung von mehreren Quadratdezimetern erreicht. Einen solch einfachen Vegetationskörper nennt man *Plasmodium.* Das Plasmodium ist polyenergid, d. h. es birgt eine Vielzahl von Zellkernen, die hier diploid sind. Da bei keinem anderen Organismus lebendes Cytoplasma so leicht und in so großen Mengen zugänglich ist wie bei den Schleimpilzen, sind sie für die Zellforschung von großer Bedeutung.
Zur geschlechtlichen Fortpflanzung (Abb. 18-1) kriecht das Plasmodium auf die Oberfläche des Substrats und verdichtet sich zu Sporangien, die eine feste, manchmal sehr auffällig gefärbte Hülle haben. Sie bergen im Innern Sporen, die aufgrund von Reduktionsteilungen entstanden und damit haploid sind. Die Haplosporen keimen im Wasser zu begeißelten, amöboiden Flagellaten *(Myxoflagellaten),* die alsbald die Geißel abwerfen und damit zu *Myxamöben* werden. Zwei dieser Myxamöben kopulieren, indem zunächst das Cytoplasma (Entstehung einer dikaryotischen, d. h. zweikernigen Amöbe) und schließlich auch die beiden Kerne verschmelzen. Dadurch ist eine monokaryotische, diploide Amöbe entstanden. Durch fortlaufende Teilung der Kerne und Heranwachsen des Cytoplasmas bildet sich wieder das Plasmodium.

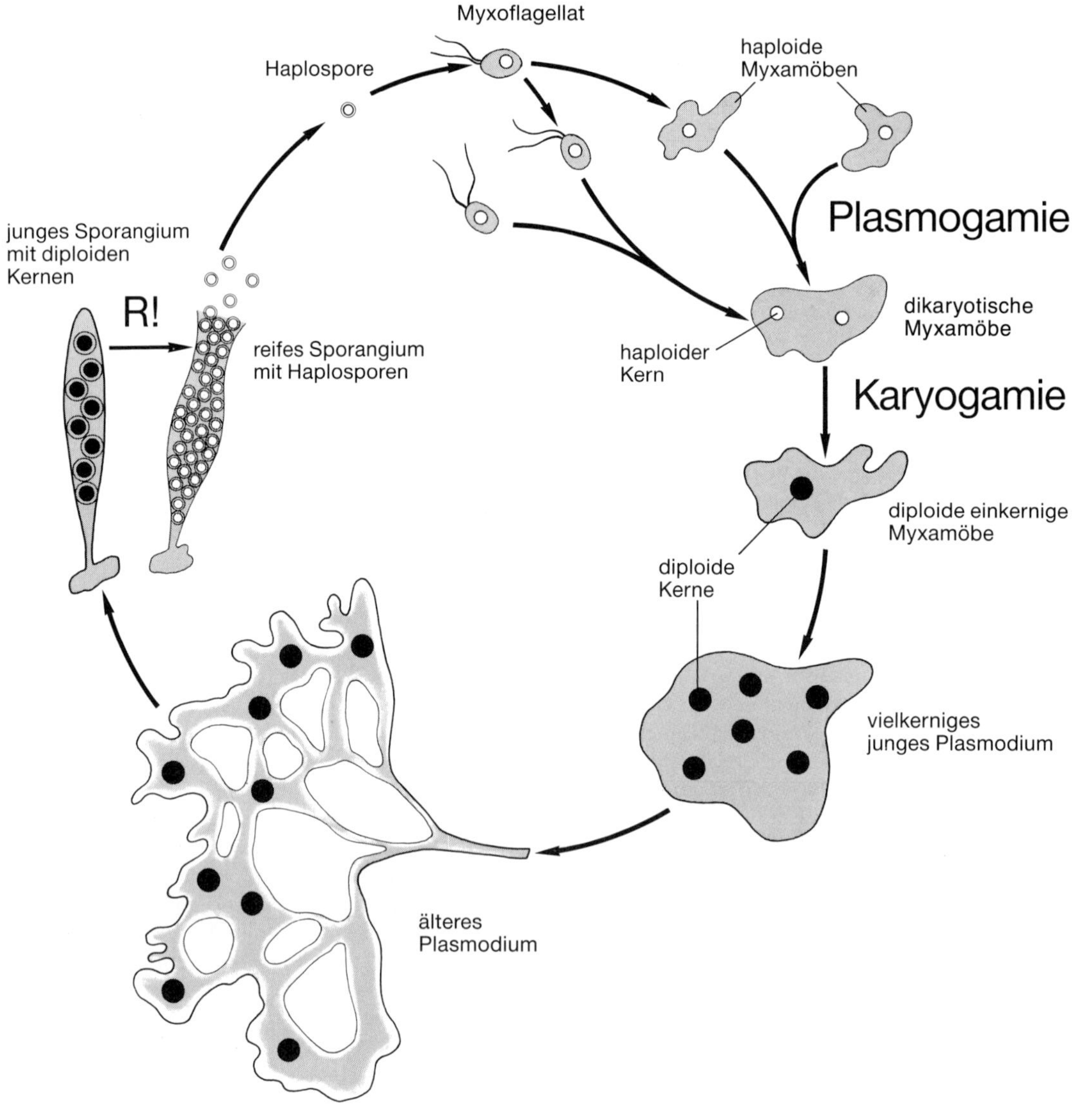

Abb. 18-1. Der Entwicklungskreislauf eines Myxomyceten.

Bei einer besonderen Gruppe der Myxomyceten, den Acrasiomycota, keimen die Haplosporen sofort zu Amöben, die sich zusammenlagern (aggregieren), nicht aber miteinander verschmelzen. Das Produkt dieser Zusammenlagerung von Einzelamöben ist ein *Pseudo-* oder *Aggregationsplasmodium.* Die einheitliche Bewegung der vielen Einzelamöben eines Aggregationsplasmodiums, besonders auffällig bei der Sporangienbildung, wird durch einen von den Amöben abgegebenen Stoff, das *zyklische Adenosinmonophosphat (c-AMP),* koordiniert (Abb. 18-2). Schleimpilze bewohnen feuchte Substrate, z. B. Laubstreu, Moospolster und moderndes Holz. Sie ernähren sich, indem das Plasmodium feste Nahrungspartikel umfließt und diese nach Phagocytose in Vakuolen verdaut.

Einige abgeleitete Arten der Schleimpilze leben parasitisch im Vegetationskörper höherer Pflanzen und

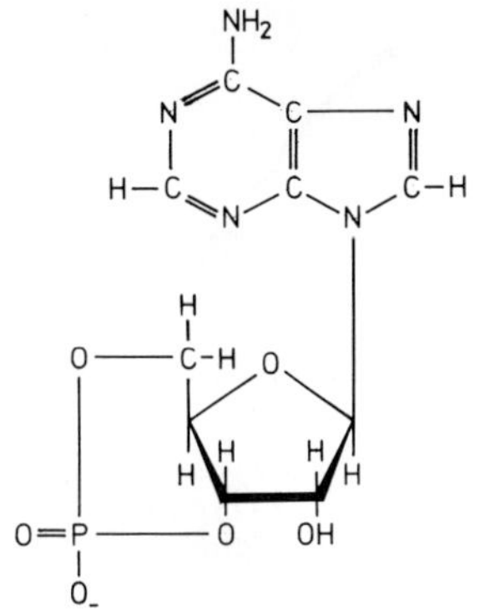

Abb. 18-2. Das zyklische Adenosinmonophosphat (c-AMP).

rufen dort Krankheitsbilder, z. B. wucherndes und dann faulend zerfallendes Gewebe, hervor. Hierher gehört die Kohlhernie (Erreger *Plasmodium brassicae),* die Kohlgemüse befällt und den Anbau von Kohl in den durch die Erreger verseuchten Böden unmöglich macht.

18.2.2 Organisationsform Pilze

Bisher sind ungefähr 40000 Pilzarten beschrieben worden, und man kann davon ausgehen, daß damit noch nicht einmal die Hälfte der tatsächlich vorkommenden Arten erfaßt ist. Wir können hier nur einen sehr groben Überblick über die enorme Vielfalt der Pilze geben und wenden uns zunächst den wichtigsten allgemeinen Merkmalen zu.

In der Regel besteht der Vegetationskörper der Pilze aus einem feinfädigen, verästelten *Thallus.* Man bezeichnet einen einzelnen Faden dieses Thallus als *Hyphe.* Die Hyphen bilden ein oft weit ausgedehntes und das Substrat durchsetzendes Geflecht, das *Myzel.* Die Hyphen können siphonal organisiert (ursprüngliches Merkmal) oder aber septiert, d. h. durch Zellwände unterteilt sein (fortgeschrittenes Merkmal). Die Zellwand besteht bei den meisten Pilzen aus *Chitin* (Kap. 10.1.5, Abb. 10-3), einer abgesehen von den Pilzen sonst nur im Tierreich vorkommenden Substanz (Exoskelett der Insekten). Nur wenige Pilze besitzen eine Zellwand aus Cellulose.

Die Pilze vermehren sich sowohl geschlechtlich als auch ungeschlechtlich. Auch hier herrscht eine außerordentliche Vielfalt. Einerseits können, wie bereits bei den Algen besprochen, *Gameten* miteinander kopulieren, wobei Isogamie, Anisogamie oder Oogamie vorkommen (Kap. 16.2.2). Bei einigen Pilzen kommt es zur Vereinigung ganzer Gametangien (Abb. 18-3) mit anschließender Verschmelzung von je zwei konträr geschlechtlichen Kernen, ohne daß vorher in den Gametangien einzelne Gameten ausdifferenziert wurden *(Gametangiogamie).*

Schließlich können auch vegetative Hyphen miteinander kopulieren *(Somatogamie).* Weder bei der Gametangio- noch bei der Somatogamie ist Wasser als Vehikel für Gameten erforderlich. Diese Formen der geschlechtlichen Fortpflanzung stellen daher Anpassungen an das Leben an Land dar.

Derartige Anpassungen lassen sich auch bei der ungeschlechtlichen Fortpflanzung erkennen. Sie erfolgt bei den noch an das Vorhandensein von Wasser gebundenen (d. h. ursprünglichen) Pilzen durch *Zoosporen.* Völlig an das Landleben angepaßte Pilze bilden dagegen unbegeißelte, durch eine Außenhaut geschützte Sporen, die oft in ungeheuren Mengen produziert und durch den Wind verbreitet werden. Pilzsporen sind auf der Erde praktisch allgegenwärtig, so daß es lediglich der Gegenwart eines geeigneten Substrates und geeigneter Bedingungen bedarf, damit Pilzwachstum auftritt. Entstehen diese Sporen innerhalb ihrer Mutterzelle und werden aus dieser freigesetzt, spricht man von *Endosporen;* entstehen sie durch Abschnürungen einzelner Zellen, d. h. außerhalb des Zellkörpers, so spricht man von *Exosporen* oder *Conidien.* Als *Oidien* bezeichnet man Vermehrungsstadien, die durch einfachen Zerfall von Hyphen entstehen.

Die Pilze werden taxonomisch in zwei Abteilungen untergliedert. Die *erste Abteilung, Oomycota,* umfaßt Pilze mit siphonalen Thalli, deren Wände aus *Cellulose* bestehen. Die geschlechtliche Fortpflanzung erfolgt über Gametangiogamie. Zu den Oomycota gehören wichtige Erreger von Pflanzenkrankheiten; so wird der „Falsche Mehltau" der Weinrebe und anderer Pflanzen durch *Plasmopara viticola,* die „Blauschimmelkrankheit" des Tabaks durch *Peronospora tabacina* und die „Umfallkrankheit" von Keimlingen durch *Phytium debaryanum* hervorgerufen.

Die *zweite Abteilung, Eumycota,* umfaßt Pilze, deren Hyphenwände aus *Chitin* bestehen. Phylogenetisch ursprüngliche Vertreter der Eumycota besitzen noch siphonal organisierte Hyphen. Bei höher entwickelten Formen sind diese dagegen septiert.

Bei vielen Arten der siphonal organisierten Eumycota erfolgt die ungeschlechtliche Fortpflanzung noch auf ursprüngliche Weise mittels Zoosporen. Einige

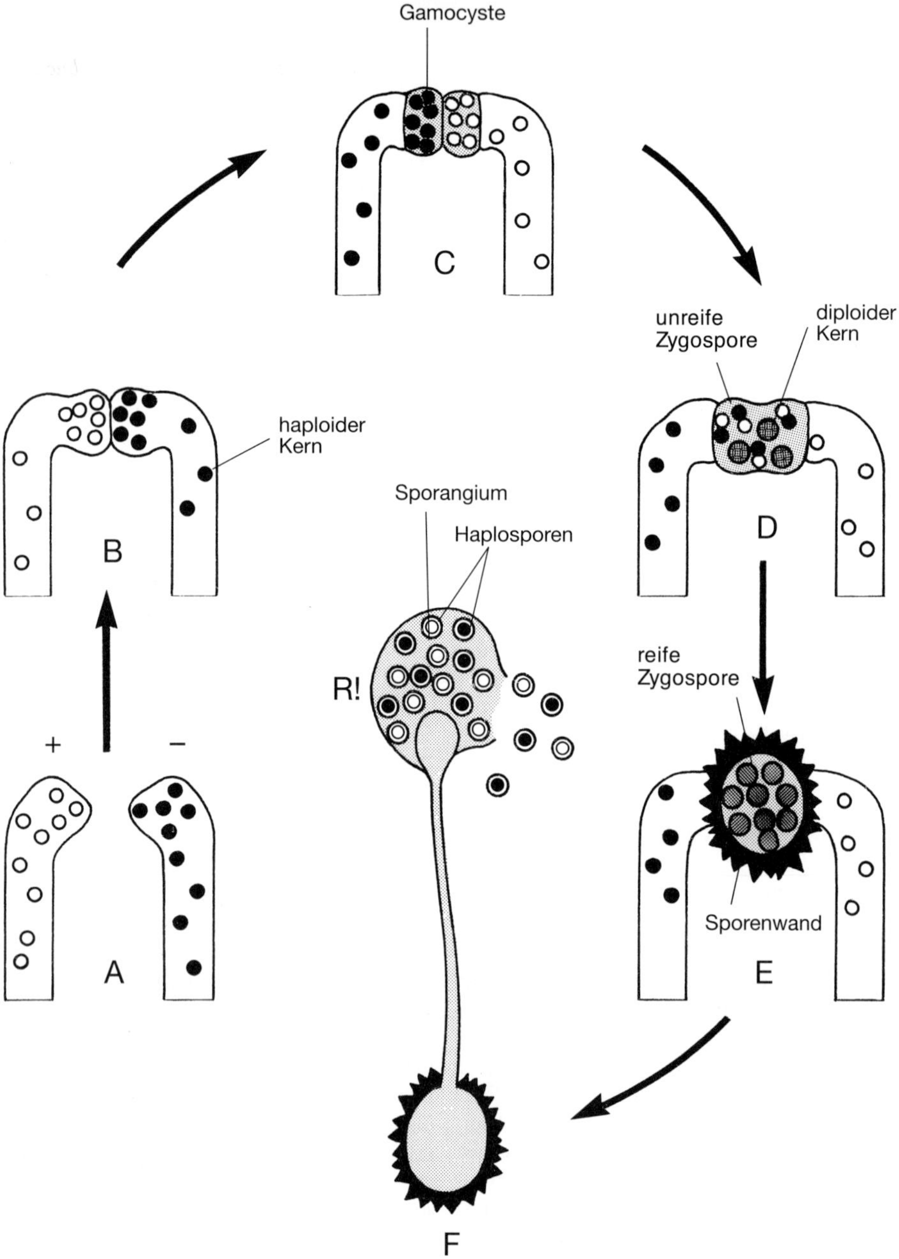

Abb. 18-3. Schema der Gametangiogamie beim Köpfchenschimmel *(Mucor mucedo)*. Die ungegliederten Hyphen dieses Pilzes sind mit vielen haploiden Kernen ausgestattet. Die Myzelien sind gleich gestaltet, aber verschiedengeschlechtlich (+ und − Typ). Treffen sich verschiedengeschlechtliche Hyphen, so krümmen sie sich chemotropisch zueinander (A). Nach der paarweisen Berührung der Hyphen (B) werden deren Spitzen je durch eine Zellwand abgegrenzt (C). Dadurch entstehen vielkernige Gametangien (Gamocysten), die miteinander verschmelzen, wobei zunächst das Cytoplasma der Gamocysten fusioniert (Plasmogamie). So kommt es zur Bildung der Zygospore (Coenozygote), bei deren Reifung sich die verschiedengeschlechtlichen haploiden Kerne zu diploiden Kernen vereinigen (Karyogamie; D). Die reife Zygospore ist mit einer derben, stacheligen Hülle umgeben (E) und keimt unter Bildung eines Sporangiums (F), in welchem unter Reduktionsteilung (R!) + und − determinierte Haplosporen entstehen. Diese keimen zu entsprechend + und − determinierten Myzelien, die sich ihrerseits ungeschlechtlich durch Haplosporen fortpflanzen oder erneut Gametangiogamie durchführen.

Vertreter haben aber bereits den Übergang zum Landleben vollzogen. Hier treffen wir bei der Fortpflanzung die entsprechenden Anpassungsmerkmale an, d. h. Ausbildung von Conidien bei der ungeschlechtlichen und Gametangiogamie bei der geschlechtlichen Fortpflanzung. Typische Beispiele sind der Köpfchenschimmel *(Mucor mucedo)* und andere terrestrische Schimmelpilze. Es ist zu beachten, daß der Begriff „Schimmel" kein taxonomischer Begriff ist. Er bezeichnet vielmehr allgemein auf der Substratoberfläche wachsende Pilzmyzelien.

Zu den höheren Eumycota gehören die *Klassen Ascomycetes* (Schlauchpilze) und *Basidiomycetes* (Ständerpilze). Die Vertreter dieser Klassen besitzen stets septierte Hyphen. Das Myzel bildet schüssel-, krug- oder schirmförmige *Fruchtkörper* aus, indem sich die Hyphen kompakt zu einem Scheingewebe *(Plektenchym,* vgl. Kap. 16.1.6.2) zusammenlagern. In diesen Fruchtkörpern entstehen die *Meiosporangien* (Abb. 18-4 und 18-5, Kasten 18-1). Bei den Ascomycetes ist das Meiosporangium schlauchförmig und wird deshalb *Ascus (Schlauch)* genannt. Innerhalb des Ascus befinden sich die aus der Reduktionsteilung hervorgegangenen *Ascosporen.* Sie sind, da sie innerhalb des Sporangiums liegen, *Endosporen* (Abb. 18-4). Die geschlechtliche Fortpflanzung der Ascomycetes erfolgt stets durch Gametangiogamie oder Somatogamie, die ungeschlechtliche durch Conidien.

Zu den Ascomyceten gehört z. B. die Trüffel, deren unterirdisch wachsender Fruchtkörper als wohl wertvollster Speisepilz geschätzt wird. Auch die *Hefepilze* zählen zu den Ascomyceten. Deren Thallus ist bis auf wenige, sich durch Sprossung vermehrende Zellen reduziert. Es werden also keine septierten Hyphen gebildet.

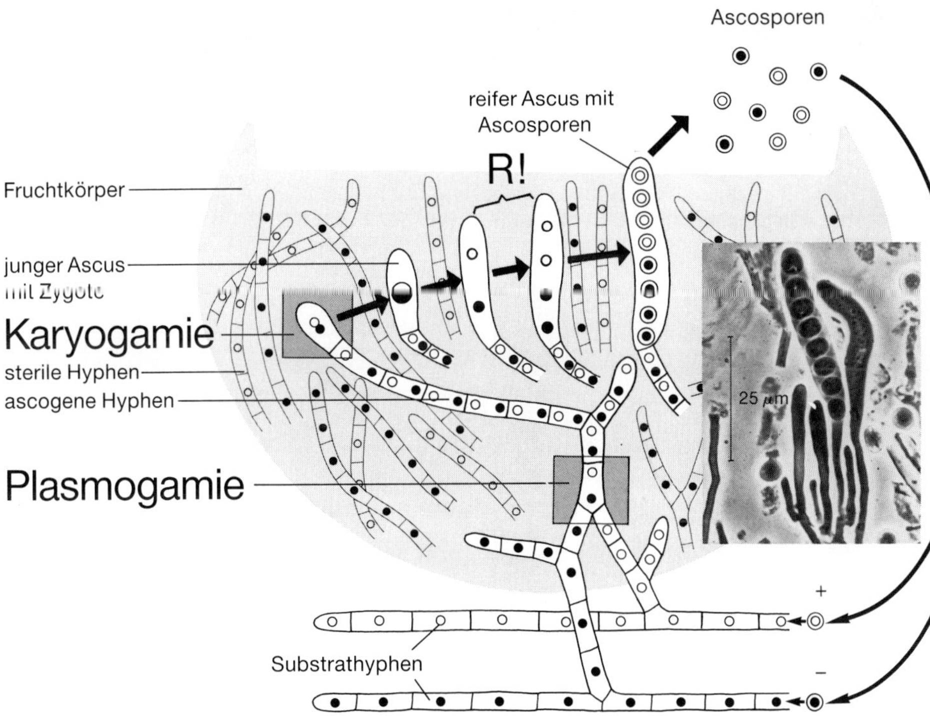

Abb. 18-4. Die geschlechtliche Fortpflanzung eines Ascomyceten. Aus Plus- und Minus-Sporen entstehen entsprechende Hyphen, welche das Substrat durchziehen und gemeinsam den Fruchtkörper aufbauen. Innerhalb des Fruchtkörpers vollzieht sich zunächst Plasmogamie (Fusion eines Ascogons mit einem Antheridium), wobei dikaryotische Hyphen entstehen, aus denen später die Asci hervorgehen („ascogene Hyphen"). Diese Vorgänge bei der Ascusbildung (hier sehr vereinfacht dargestellt) sind im Kasten 18-1 näher erläutert. Im reifen Ascus vollziehen sich Karyogamie, Reifeteilung (R!) und die Bildung der Ascosporen (Meiosporen). Die Mikrophotographie zeigt Asci von *Roesleria pallida* in verschiedenen Reifestadien (Aufnahme: H. J. PRILLINGER).

Kasten 18-1
Schnallenbildung bei Basidiomyceten und Hakenbildung bei Ascomyceten

Wachstum der dikaryotischen Hyphen der Basidiomyceten („Schnallenbildung")

Die Endzelle einer dicaryotischen (paarkernigen) Hyphe mit je einem + und −Kern (1) bildet eine seitliche Ausbuchtung (2). Einer der beiden Kerne wandert zum Eingang der Ausbuchtung (3). Nun teilen sich beide Kerne synchron, und zwar so, daß einer der Tochterkerne in die Ausbuchtung, der andere zur Basis der Endzelle wandern kann (4). Während die Ausbuchtung weiter wächst, sich dabei zur Basis der Endzelle krümmt und schließlich mit dieser Kontakt gewinnt, wandern zwei verschiedengeschlechtliche Kerne zur Spitze der Zelle (4 und 5). Diese wird nun durch Zellwandbildung von der Ausbuchtung und der Basis abgegrenzt (6). An der Kontaktstelle der Ausbuchtung mit der Hyphenzelle wird die Zellwand aufgelöst. Durch die Öffnung wandert der in der Ausbuchtung befindliche Kern zurück in die Hyphenzelle. Damit ist der dikaryotische Zustand wieder hergestellt. Man bezeichnet die mit der Hyphe verwachsene Ausbuchtung als „Schnalle".

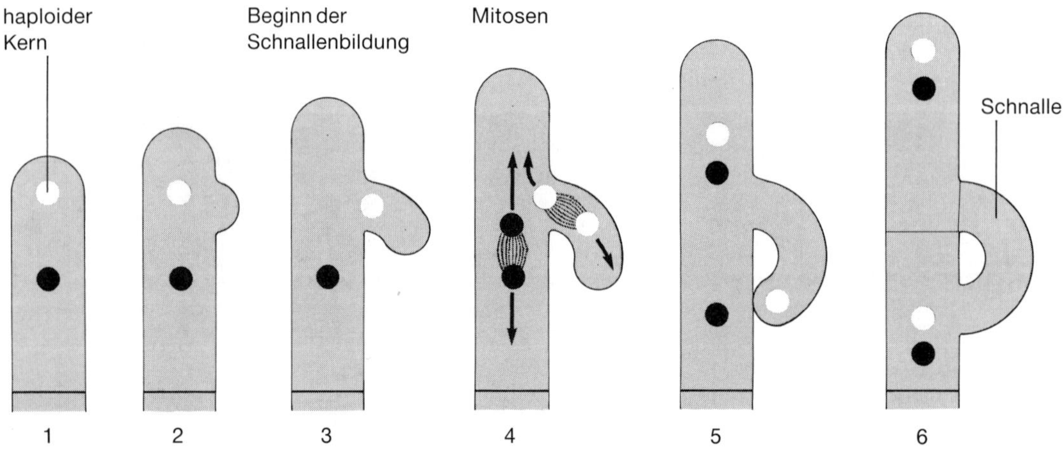

Kasten 18-1 (Fortsetzung)

Ascusbildung bei Ascomyceten nach dem „Hakentyp"

Eine paarkernige ascogene Hyphe (1) krümmt sich an ihrer Endzelle zu einem „Haken" (2). Die beiden +/−Kerne teilen sich synchron (2). Zwei der vier so entstandenen +/−Kerne wandern zur Spitze der Hakenkrümmung, während ein Kern an der Basis der Hakenzelle verbleibt, ein anderer in den Haken gelangt. Nun wird die Hakenkrümmung durch Zellwände abgegrenzt (3). Die paarkernige Hakenkrümmung wird damit zur Ascusanlage (Proascus). Hier erfolgt die Karyogamie (Verschmelzung der Zellkerne; 4). Aus dem diploiden Kern (5) werden durch Reduktionsteilung mit anschließender Mitose und Zellbildung innerhalb des Ascus meist 8 Meiosporen (Ascosporen) gebildet. Unterhalb des Ascus können Hakenbasis und Hakenende wieder verschmelzen. Damit ist der Paarkern-Zustand wieder hergestellt; eine erneute Ascusbildung kann erfolgen.

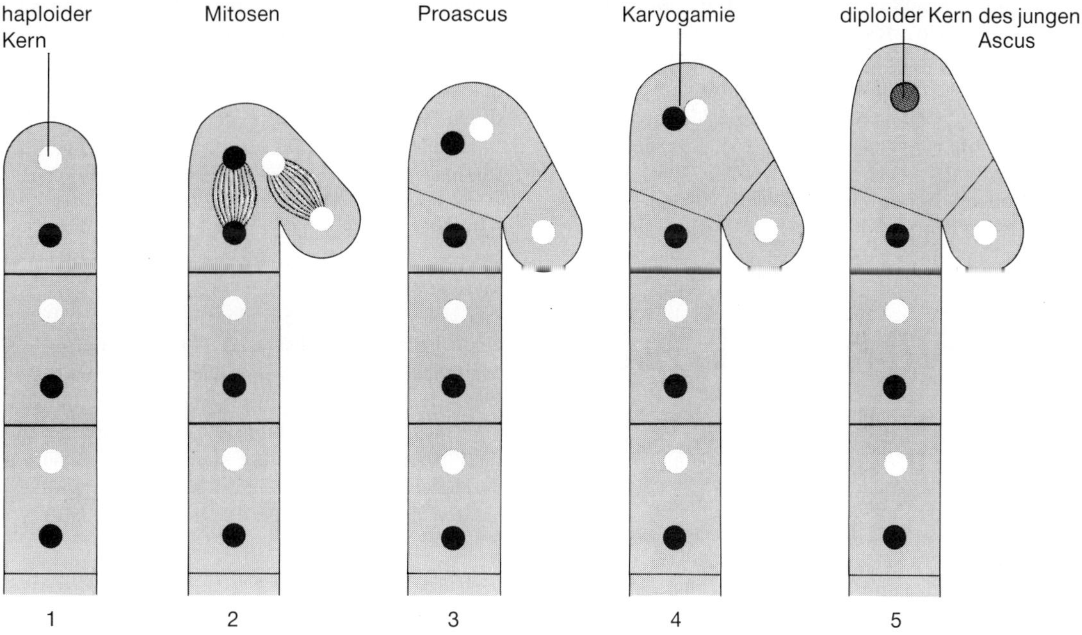

Kasten 18-1 (Fortsetzung)

Ascogonbildung bei Ascomyceten

Physiologisch gegenpolige (+ −) Hyphen wachsen aufeinander zu. Die Endzellen der Hyphen schwellen blasenartig an. In ihnen vermehren sich die haploiden Kerne, so daß vielkernige Gametangien entstehen (1). Aus dem einen Gametangientyp, dem Ascogon, wächst ein schlauchartiges Empfängnisorgan (Trichogyne) auf ein gegenpoliges Gametangium (Antheridium) zu und verschmilzt mit ihm, wobei ein brückenartiger Durchgang entsteht. Durch diesen wandern die Kerne des Antheridiums in das Ascogon (2). Aus dem Ascogon wachsen Hyphen aus (ascogene Hyphen), deren Zellen je einen der gegenpoligen Kerne aufnehmen (3). Diese paarkernigen Hyphen werden als ascogene Hyphen bezeichnet. Sie bilden später die Asci.

Für die Basidiomycetes ist das als *Basidie („Ständer“)* bezeichnete Meiosporangium charakteristisch. Die von einer Basidie hervorgebrachten Meiosporen entstehen als *Exosporen,* werden also vom Sporangium nach außen abgeschnürt. Die Basidiomyceten pflanzen sich geschlechtlich meist durch Somatogamie, ungeschlechtlich durch Conidien fort. Einige im Boden lebende Basidiomycetes bilden oberirdisch die als Speise- oder Giftpilze bekannten typischen schirmförmigen Fruchtkörper aus (Abb. 18-5, Kasten 18-1).

18.3 Die Bedeutung der Pilze

Saprophytische Pilze spielen zusammen mit Bakterien in den Ökosystemen die Rolle der Zersetzer *(Destruenten).* Sie sind daher von überragender Bedeutung für die Stoffkreisläufe in der Natur (Abb. 24-1, 24-2, 29-1, 29-2). Eine Humusschicht von 20 Zentimetern Dicke enthält pro Hektar ungefähr 5 Tonnen Pilze und Bakterien! Auf der anderen Seite zerstören Pilze aufgrund saprophytischer Lebensweise auch für den Menschen wertvolle Materialien, z. B. Nahrungsmittel, Bauholz, Textilien, Leder, die lichtempfindliche Schicht photografischer Filme u. a. Vor allem unter tropischen Bedingungen (hohe Luftfeuchte, hohe Temperatur) finden Pilze optimale Wachstumsbedingungen und richten durch ihre „zersetzende“ Tätigkeit hohe wirtschaftliche Schäden an. Aber auch in anderer Hinsicht haben die Pilze sowohl positive als auch negative Bedeutung für den Menschen. Sie sind Lieferanten wichtiger Antibiotika (z. B. Penicillin durch den Schimmelpilz *Penicillium* spec.), vermitteln wichtige Fermentationen (z. B. alkoholische Gärung bei der Wein- und Bierbereitung durch Hefen; Triebmittel in der Bäckerei; Käsebereitung) oder werden direkt als Nahrungsmittel genutzt (Speisepilze). Für die ausgedehnte Nutzung vieler Pilze durch den Menschen ist der Umstand günstig, daß sich saprophytische Pilze aufgrund ihrer Ernährungsweise selbst im großtechnischen Maßstab leicht kultivieren lassen.

Auf der anderen Seite finden sich unter den Pilzen gefährliche Krankheitserreger bei Mensch, Tier und besonders bei Pflanzen. Die Pilzerkrankungen *(Mykosen)* der Pflanzen nehmen in den landwirtschaftlichen Monokulturen, die sehr einseitige und daher besonders anfällige Lebensgemeinschaften darstellen, oft epidemischen Charakter an und vernichten dann große Teile der Ernte. Die Tab. 18-1

Tab. 18-1. Zahl der bekämpften Krankheiten bei Nutzpflanzen.

Gesamtzahl	100 %
davon	
Mykosen	83,0 %
Bakteriosen	7,4 %
Virosen	9,2 %

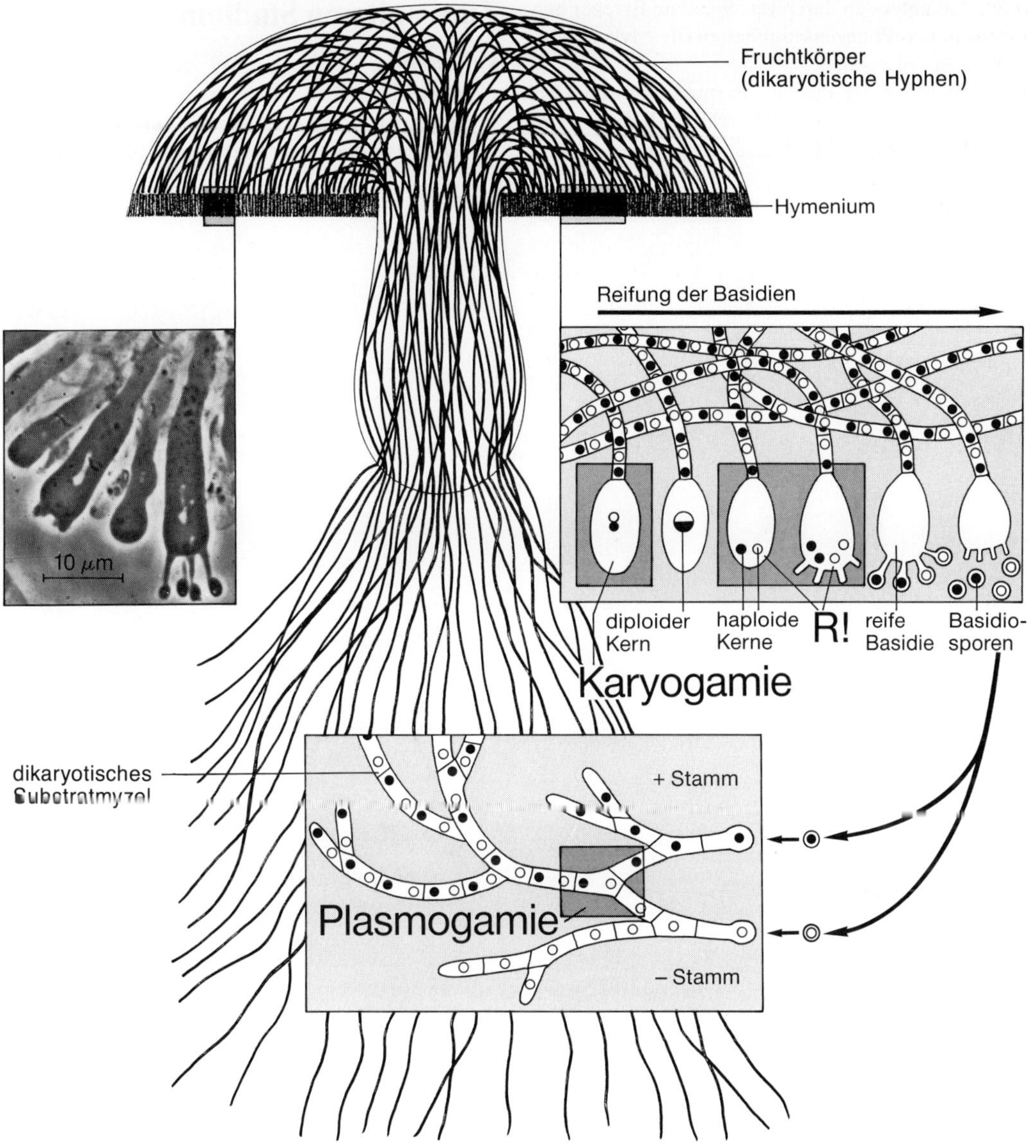

Abb. 18-5. Die geschlechtliche Fortpflanzung eines Basidiomyceten. Aus + und −Sporen entstehen entsprechende Myzelien. Treffen sie zusammen, kommt es zur Plasmogamie. Es entsteht ein dikaryotisches Myzel, welches das Substrat durchsetzt und später den Fruchtkörper aufbaut. Das Wachstum der dikaryotischen Hyphen (Schnallenbildung) vollzieht sich auf eine komplizierte Weise, die in Kasten 18-1 näher erläutert ist. Im Hymenium des Fruchtkörpers werden die Basidien angelegt. Hier vollzieht sich die Karyogamie, Reifeteilung (R!) und Bildung der Basidiosporen (Meiosporen). Die Mikrofotographie zeigt Basidien von *Merulius tremellosus* in verschiedenen Reifestadien (Aufnahme: H. J. PRILLINGER).

zeigt, daß unter den durch verschiedene Erreger hervorgerufenen Pflanzenkrankheiten die Mykosen bei weitem überwiegen.
Die Bedeutung der Pilze als Partnerorganismen bei pflanzlichen Symbiosen (Mykorrhiza, Flechten) wird an anderer Stelle (Kap. 25.2.2) besprochen.

Zum weiteren Studium

MÜLLER, E. UND LOEFFLER, W.: *Mykologie.* Thieme, Stuttgart 1982.

STRASBURGER, E.: *Lehrbuch der Botanik für Hochschulen.* Fischer, Stuttgart – Jena – New York 1991.

19 Der Generationswechsel bei Farnen, Gymnospermen und Angiospermen und die Evolution von Blüten, Samen und Früchten

1851 entdeckte Wilhelm Hofmeister (1824–1877) die *Homologien* zwischen den reduzierten Gametophyten der Samenpflanzen und den entsprechenden Entwicklungsstadien der Moose (Abteilung Bryophyta) und Farnpflanzen (Abteilung Pteridophyta; Kasten 19-1). Dadurch läßt sich die Entwicklung von den Farnen zu den höheren Pflanzen anhand der Veränderungen der Generationswechsel und des Ablaufes der generativen Fortpflanzung anschaulich nachzeichnen. Das ist eines der schönsten Beispiele für die Arbeitsweise der Systematik und Phylogenetik, bei der durch die *Erforschung abgestufter Ähnlichkeiten* Erkenntnisse über den Verlauf der Evolution und die Stammesgeschichte (Phylogenie) gewonnen werden. Funde von Fossilien runden das Bild ab.

19.1 Der Generationswechsel der isosporen Farne

Die isosporen Farne *(Klasse Filicatae, Unterklassen Leptosporangiatae und Eusporangiatae)* haben noch einen leicht sichtbaren heterophasischen und heteromorphen Generationswechsel (Abb. 19-1; vgl. Kap. 16.2.4 und 17.3.2). Im Gegensatz zu den Moosen ist der *Gametophyt* aber die weniger mächtig ausgebildete Generation. Er bleibt auf ein lappenförmiges, *thallöses Prothallium* beschränkt, das mit zahlreichen Rhizoiden im Erdreich verankert, sonst aber kaum differenziert ist. Es trägt zwischen den Rhizoiden zahlreiche Antheridien und näher am oberen, herzförmig eingeschnittenen Rand die Archegonien. Wie

Kasten 19-1
Wilhelm Hofmeister

„Vergleichende Untersuchungen der Keimung, Entfaltung und Fruchtbildung höherer Kryptogamen (Moose, Farne, Equisetaceen, Rhizocarpaceen und Lycopodiaceen) und der Samenbildung der Coniferen". Buchtitel von Wilhelm Hofmeister, Leipzig 1851, im Verlag seines Vaters Friedrich Hofmeister.

„Der Generationswechsel erwies sich als das oberste Entwicklungsgesetz."

„Als acht Jahre nach Hofmeisters vergleichenden Untersuchungen Darwins Deszendenzlehre erschien, lagen die verwandtschaftlichen Beziehungen der großen Abteilungen so offen, so tief begründet und so durchsichtig klar vor Augen, daß die Deszendenztheorie eben nur anzuerkennen brauchte, was hier die genetische Morphologie tatsächlich zur Anschauung gebracht hatte."

Julius Sachs in „Geschichte der Botanik vom 16. Jahrhundert bis 1860", Georg Olms Verlagsbuchhandlung, Hildesheim 1966, Nachdruck der Ausgabe München 1875.

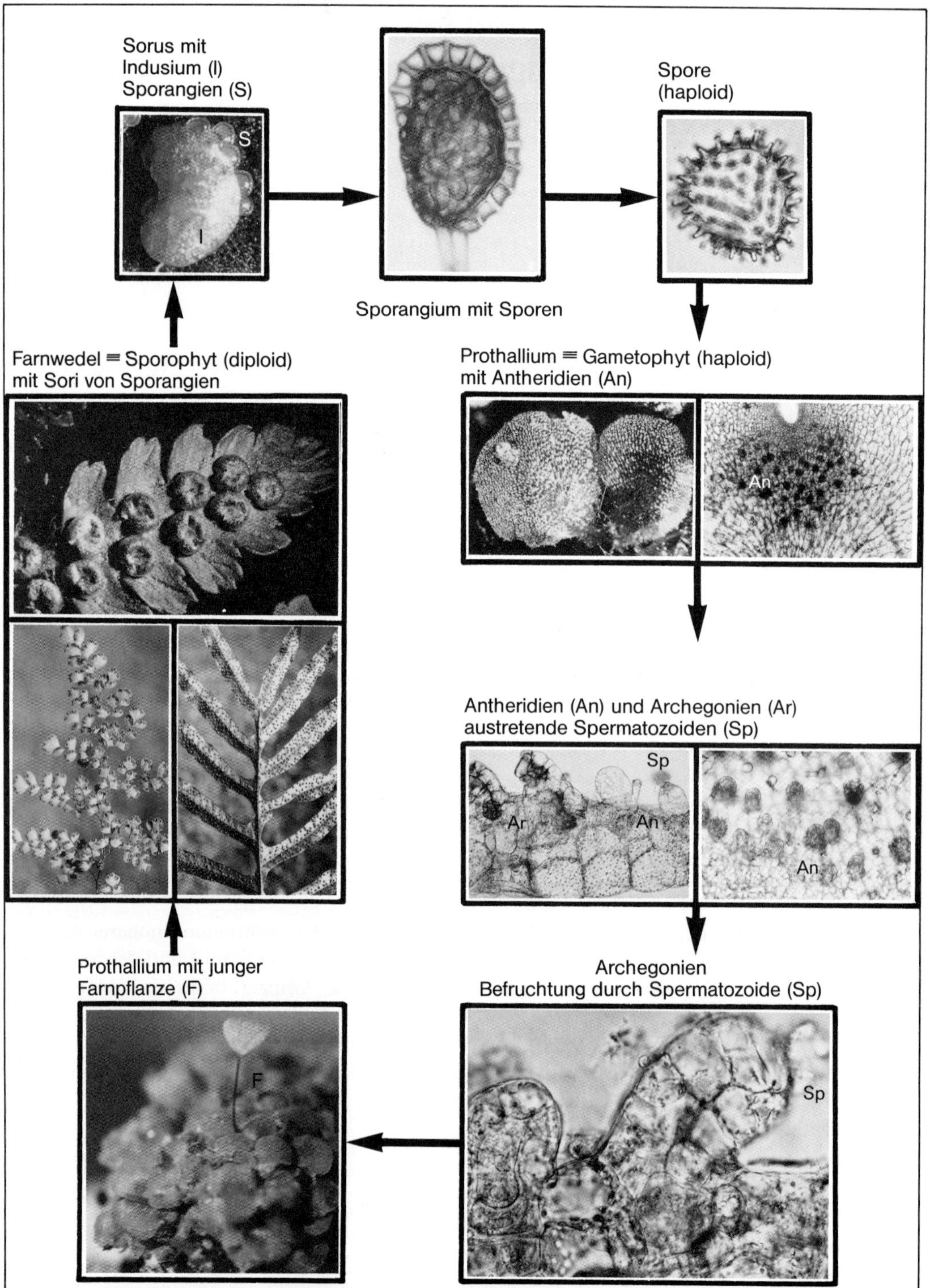
Sorus mit
Indusium (I)
Sporangien (S)
S
I
Sporangium mit Sporen
Spore
(haploid)
Farnwedel ≡ Sporophyt (diploid)
mit Sori von Sporangien
Prothallium ≡ Gametophyt (haploid)
mit Antheridien (An)
An
Antheridien (An) und Archegonien (Ar)
austretende Spermatozoiden (Sp)
Sp
Ar
An
An
Prothallium mit junger
Farnpflanze (F)
F
Archegonien
Befruchtung durch Spermatozoide (Sp)
Sp

bei den Moosen ist noch Benetzung mit Wasser nötig, damit die freibeweglichen Spermatozoiden zu den Archegonien schwimmen und durch den Halskanal zur Eizelle vordringen können.
Die eigentlichen Farnpflanzen sind Sporophyten. Nach der Keimung der Zygote sind sie nur noch kurze Zeit durch ein Haustorium mit dem bald degenerierenden Prothallium verbunden. Der junge Farnkeimling bildet einen Wurzel- und einen Sproßvegetationspunkt aus. Daraus entstehen Wurzel und Stamm und ein Blattscheitel, aus dem sich das erste Blatt (Keimblatt, Kotyledon) entwickelt. Der Farnkeimling nimmt die typische Gestalt der Kormophyten an. Die Folgeblätter, d. h. die typischen Farnwedel, entsprechen *Makrophyllen* (Kasten 17-1).
Die Sporenkapseln *(Sporangien)* sitzen zu Gruppen *(Sori)* zusammengefaßt in der Regel auf der Blattunterseite. Oft ist jeder einzelne Sorus noch von einem Auswuchs des Blattgewebes, dem *Indusium,* umgeben. Die *Wand der Sporangien* kann aus mehreren Zellschichten *(eusporangiate Farne)* oder nur aus einer Zellage *(leptosporangiate Farne)* bestehen. Sie umschließt das *Archespor,* das Gewebe, aus dem sich die Sporenmutterzellen entwickeln, die dann durch Meiose je vier haploide gleichgestaltete Sporen *(Isosporen)* bilden.
Vorher gliedern sich vom Archespor zur Sporangienwand hin aber noch eine bis mehrere Zellagen ab, die zur Ernährung der sich entwickelnden Sporen beitragen. Man bezeichnet dieses Gewebe als *Tapetum.* Es erfüllt seine Funktion durch Sekretion *(Sekretionstapetum)* oder durch Auflösung seiner Zellwände und Bildung eines Periplasmodiums, das amöboid in das Sporangieninnere wandert, die Sporen umgibt und ernährt *(Periplasmodialtapetum).*
In der Sporangienwand bildet sich bei vielen Farnen ein Ring aus Zellen mit einseitig verdickten Wänden aus *(Anulus).* Die Protoplasten der Anulus-Zellen sterben ab. Durch einen Kohäsionsmechanismus wird das Aufreißen der Sporangien und das Ausstreuen der Sporen bewirkt (Abb. 19-2).

◂ **Abb. 19-1.** Entwicklungsgang eines Farnes (Kl. Filicatae, Abt. Pteridophyta) mit Generationswechsel und Kernphasenwechsel dargestellt anhand von Photographien verschiedener Farnarten. Kernphasenwechsel von der diploiden zur haploiden Phase tritt bei der Reduktionsteilung in den Sporangien ein, wo sich aus den Sporenmutterzellen haploide Meiosporen bilden. Sie keimen zum haploiden Gametophyten, dem Prothallium aus, auf dem sich dann in Antheridien und Archegonien männliche bzw. weibliche Gameten, die Spermatozoiden und Eizellen bilden. Kernphasenwechsel von der haploiden zur diploiden Phase erfolgt bei der Befruchtung der Eizellen durch die Spermatozoiden zur Zygote, aus der sich die diploide Farnpflanze, d. h. die Sporophytengeneration, entwickelt (s. auch Text und Kasten 19-6).

19.2 Die Evolution der Blüten

Anhaltspunkte dafür, wie die endständigen Sporangien der blattlosen Telome von Psilophyten, z. B. von *Rhynia* (Kap. 17.2.2), bei der Evolution von Mikro- und Makrophyllen in den Blattbereich gelangt sind, erhalten wir aus der *Telomtheorie.* Abb. 19-3 zeigt diese Entwicklung für die Makrophylle der Filicatae mit den Sporangien auf der Unterseite. Hier dienen die Wedel sowohl der Ernährung durch die Photosynthese als auch der Fortpflanzung durch die Sporenbildung. Es sind *„Tropho-sporo-phylle".* Es gibt aber auch Vertreter der Filicatae, bei denen nur Teile des gefiederten Wedels fertil sind. Bei diesen Sporangien tragenden Teilen ist die Fläche reduziert, sie übernehmen die Funktion eines Sporophylls. Sporangienfreie Wedelteile bleiben flächig gestaltet und behalten nur die Trophophyll-Funktion. Diese Differenzierung kann soweit gehen, daß eine vollständige Trennung zwischen der Ernährung und der Fortpflanzung dienenden Makrophyllen erfolgt, d. h. daß *getrennte Tropho-und Sporophylle* ausgebildet werden (Abb. 19-4).
Bei anderen *Klassen* der Pteridophyta, den Bärlappgewächsen *(Lycopodiatae)* und den Schachtelhalmgewächsen *(Equisetatae)* hat die Spezialisierung noch weiter geführt. In diesen Gruppen entsprechen die Blätter Mikrophyllen (Kasten 17-1). Abb. 19-3 zeigt, wie die endständigen Sporangien der Telome auf die Oberseite von Mikrophyllen gelangt sein können.
Beim Bärlapp (Gattung *Lycopodium,* Ordnung Lycopodiales) und beim Moosfarn (Gattung *Selaginella,* Ordnung Selaginellales) finden wir gedrängt an bestimmten Sproßenden ausschließlich Sporangien tragende Blättchen, Sporophylle; die übrigen Sproßteile tragen nur Trophophylle. Die Sporophylle tragenden Sproßenden wachsen nicht mehr weiter, sie bilden keine neuen Sproßabschnitte mit Trophophyllen mehr aus. Wir bezeichnen sie als Blüten.

- *Blüten* sind Sporophyllstände: Sporophylle tragende Kurzsprosse mit begrenztem Wachstum.

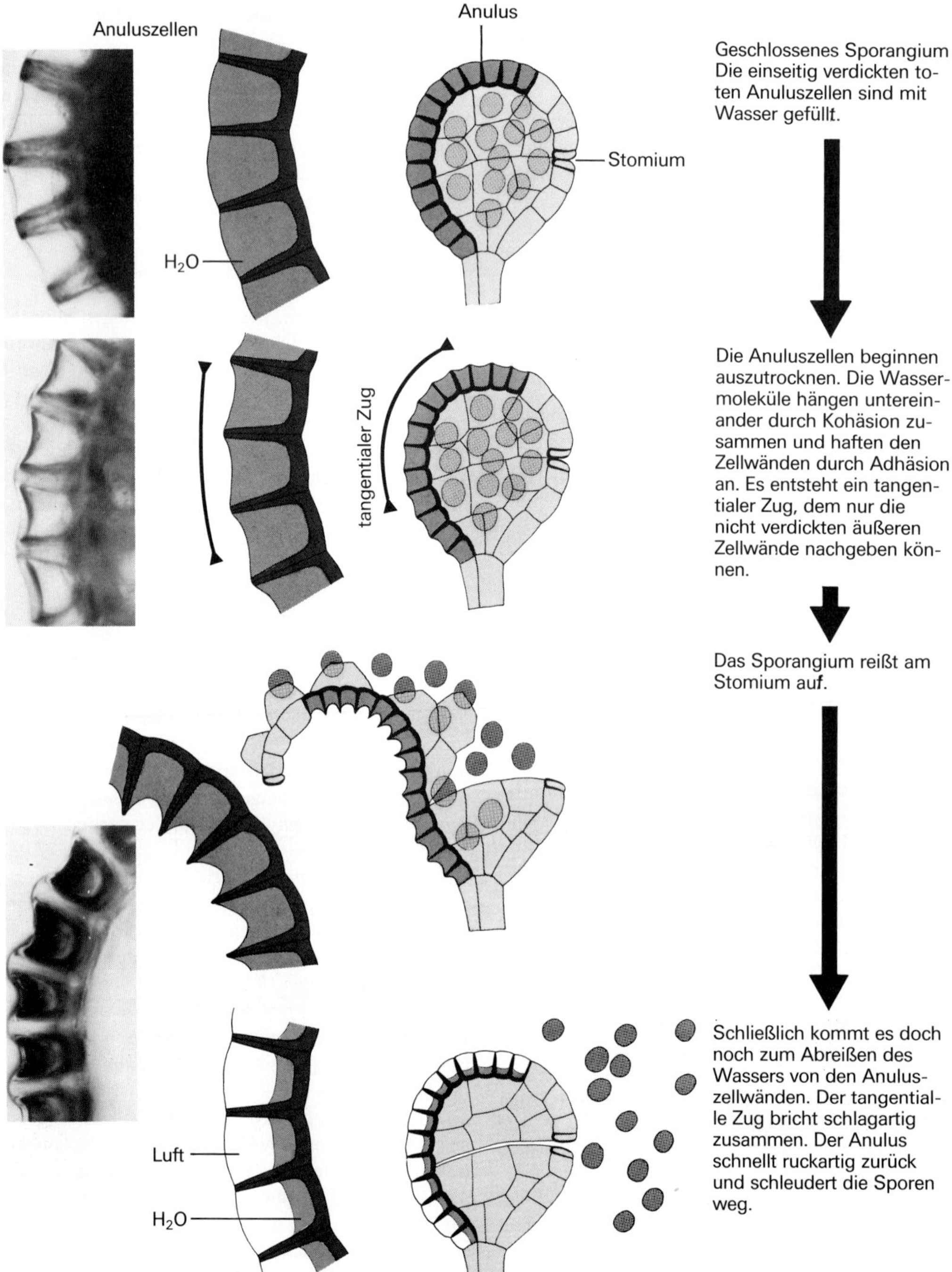

Abb. 19-2. Kohäsionsmechanismus beim Farnsporangium.

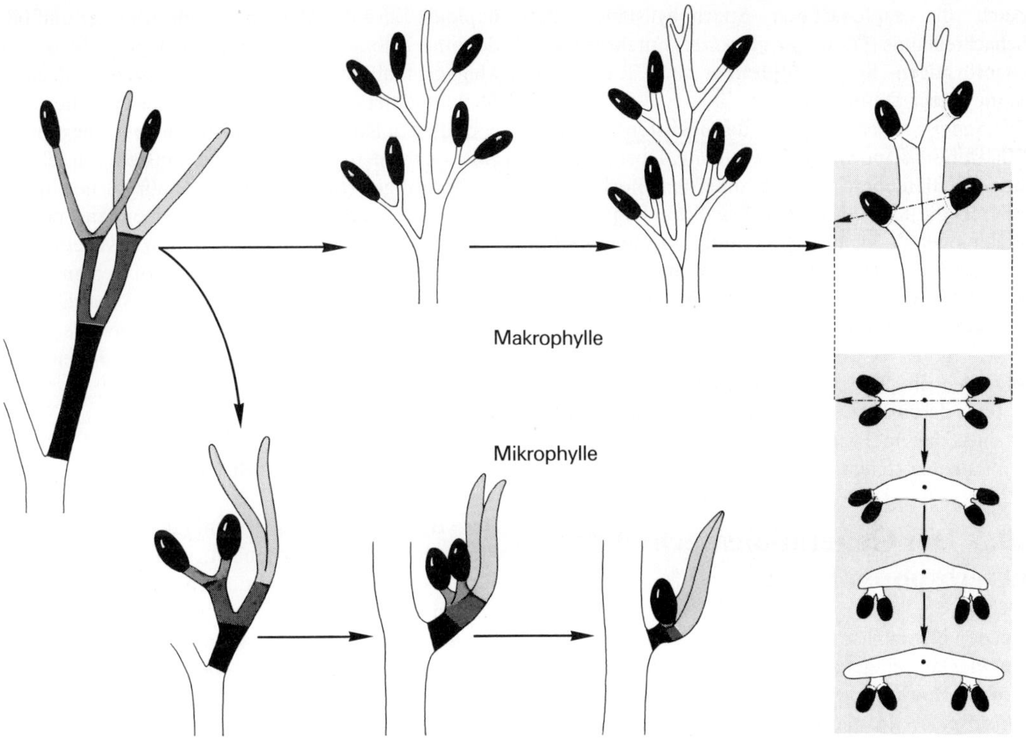

Abb. 19-3. Evolution von endständigen Sporangien der Telome (links) zu Sporangien auf der Unterseite von Makrophyllen (oben und ganz rechts) oder auf der Oberseite von Mikrophyllen (unten) (nach ZIMMERMANN).

Abb. 19-4. Übergang von Trophosporophyllen zu getrennten Trophophyllen und Sporophyllen bei den eusporangiaten Farnen (Kl. Filicatae, Abt. Pteridophyta). (A) Trophosporophyll, Ansicht der Unterseite mit Sori von Sporangien; (B und C) verschiedene Farnwedelteile mit Tropho- und Sporophyllfunktion (B: *Botrychium lunaria,* C: *Osmunda regalis*); (D) getrennte Tropho- und Sporophylle *(Osmunda cinnamomea).*

Auch die zapfenartigen Sporophyllstände der Schachtelhalme (Gattung *Equisetum*) mit ihren tischchenförmigen Sporangiophoren sind Blüten im Sinne dieser Definition.
Die *Staub- und Fruchtblätter* der höchstentwickelten Pflanzen *sind Sporophyllen homolog.* Dort befinden sich im Blütenbereich aber außerdem noch sterile Blätter, die als *Blütenhüllblätter* Schutzorgane darstellen oder als Schauapparat zur Anlockung bestäubender Insekten dienen. Es muß deshalb eine erweiterte Definition der Blüte gefunden werden, die die vorhergehende mit einschließt (Abb. 19-5):

- *Blüten* sind Kurzsprosse mit begrenztem Wachstum, deren Blätter Metamorphosen unterworfen sind, die im Dienste der geschlechtlichen Fortpflanzung stehen.

19.3 Der Generationswechsel der heterosporen Farne

Bei den blütenbildenden Selaginellen ist eine weitere Entwicklung eingetreten: Sie sind heterospor geworden. In *Mikrosporangien* entstehen zahlreiche kleine *Mikrosporen,* in *Megasporangien* je vier große *Megasporen.* Jedes Sporophyll trägt nur ein Mikro- oder Megasporangium; man kann also *Mikro-* und *Megasporophylle* unterscheiden. Beide kommen nebeneinander am selben Sporophyllstand vor (Abb. 19-6). In der Klasse Filicatae ist die Entwicklung zur Heterosporie bei den Wasserfarnen (Hydropterides) eingetreten.
Diese Entwicklung ist mit einer weiteren *Reduktion des Gametophyten* verknüpft. Die haploide Mikrospore von *Selaginella* macht bei ihrer Keimung, die schon innerhalb des Mikrosporangiums beginnt, nur noch ganz wenige Teilungen durch. Zunächst gliedert sich eine kleine linsenförmige Prothallium-Zelle ab, die keine weitere Funktion mehr hat. Aus der verbleibenden größeren Zelle entsteht ein Antheridium mit acht Wandzellen und zahlreichen Spermatozoiden. Diese ganze Entwicklung findet innerhalb der Mikrosporenwand statt, die erst zur Entlassung der Spermatozoiden aus dem Antheridium aufbricht. Der Mikrogametophyt oder, wie wir hier auch sagen können, der ♂ *Gametophyt,* ist also bis auf eine einzige Prothallium-Zelle und ein einziges Antheridium reduziert.
Die Reduktion des ♀ *Gametophyten* von *Selaginella* ist noch nicht ganz soweit fortgeschritten. Der haploide Kern der Megaspore teilt sich öfter und bildet innerhalb der Megasporenwand ein mehrzelliges Megaprothallium aus. Die Sporenwand reißt an einer Stelle entlang der drei Sporenkanten auf. Hier entwickeln sich Rhizoidbüschel und einige Archegonien. Aus der befruchteten Zygote entsteht an einem Embryoträger (Suspensor) der Embryo, der innerhalb der nur an einem Ende aufreißenden Sporenwand einen Sproß- und einen Wurzelvegetationspunkt entwickelt. Der Embryo kann zu Beginn seiner Entwicklung durch ein Haustorium Substrate aus dem Megaprothallium aufnehmen. *Das Megaprothallium übernimmt die Funktion eines Nährgewebes.*

19.4 Die Gymnospermen: Evolution der Samen

Der Begriff Gymnospermen, d.h. *nacktsamige Pflanzen,* ist sehr anschaulich, wenn er auch nicht mehr als Taxon benutzt wird. Zu den Gymnospermen werden die *Unterabteilungen Coniferophytina* und *Cycadophytina* der Spermatophyten gezählt (Kasten 19-7). Hierzu gehört der *Ginkgo*-Baum mit seinen charakteristischen von dichotom gegabelten Leitbündeln durchzogenen Blättern, der durch Gartenkultur in China und Japan als einziger Vertreter einer bis in das Ober-Devon (vor 3 bis 4 · 10^6 Jahren) zurückgehenden Gruppe (Klasse Ginkgoatae) überlebte. Weiterhin gehört die große Gruppe der nadelblättrigen Coniferen (Klasse Pinatae) zu den Gymnospermen. Diese Pflanzen bilden *Samenanlagen* und nach der

Abb. 19-5. Sporophyllstände und Blüten bei Pteridophyten, Gymnospermen (Cycadeen, Coniferen) und Angiospermen. (A) Synangium aus drei Sporangien auf schuppenförmigen „Mikrophyllen" bei *Psilotum* (Kl. Psilotatae, Abt. Pteridophyta), noch keine Blüte. (B) Sporophyllstand oder Blüte von *Lycopodium* (O. Lycopodiales, Kl. Lycopodiatae, Abt. Pteridophyta). (C) Sporophyllstand oder Blüte von *Selaginella selaginoides* (O. Selaginellales, Kl. Lycopodiatae, Abt. Pteridophyta). (D) Sporophyllstand oder Blüte von *Equisetum* (Kl. Equisetatae, Abt. Pteridophyta). (E) Mikrosporophyllstand oder männliche Blüte bei *Cycas media* (Kl. Cycadatae, U.-Abt. Cycadophytina, Abt. Spermatophyta). (F) Mikrosporophyllstände oder männliche Blüten bei *Pinus* (Kl. Pinatae, U.-Abt. Coniferophytina, Abt. Spermatophyta). (G) Zwittrige Blüte bei *Magnolia* (Kl. Dicotyledonae, U.-Abt. Angiospermae, Abt. Spermatophyta). ►

A B C D

E F G

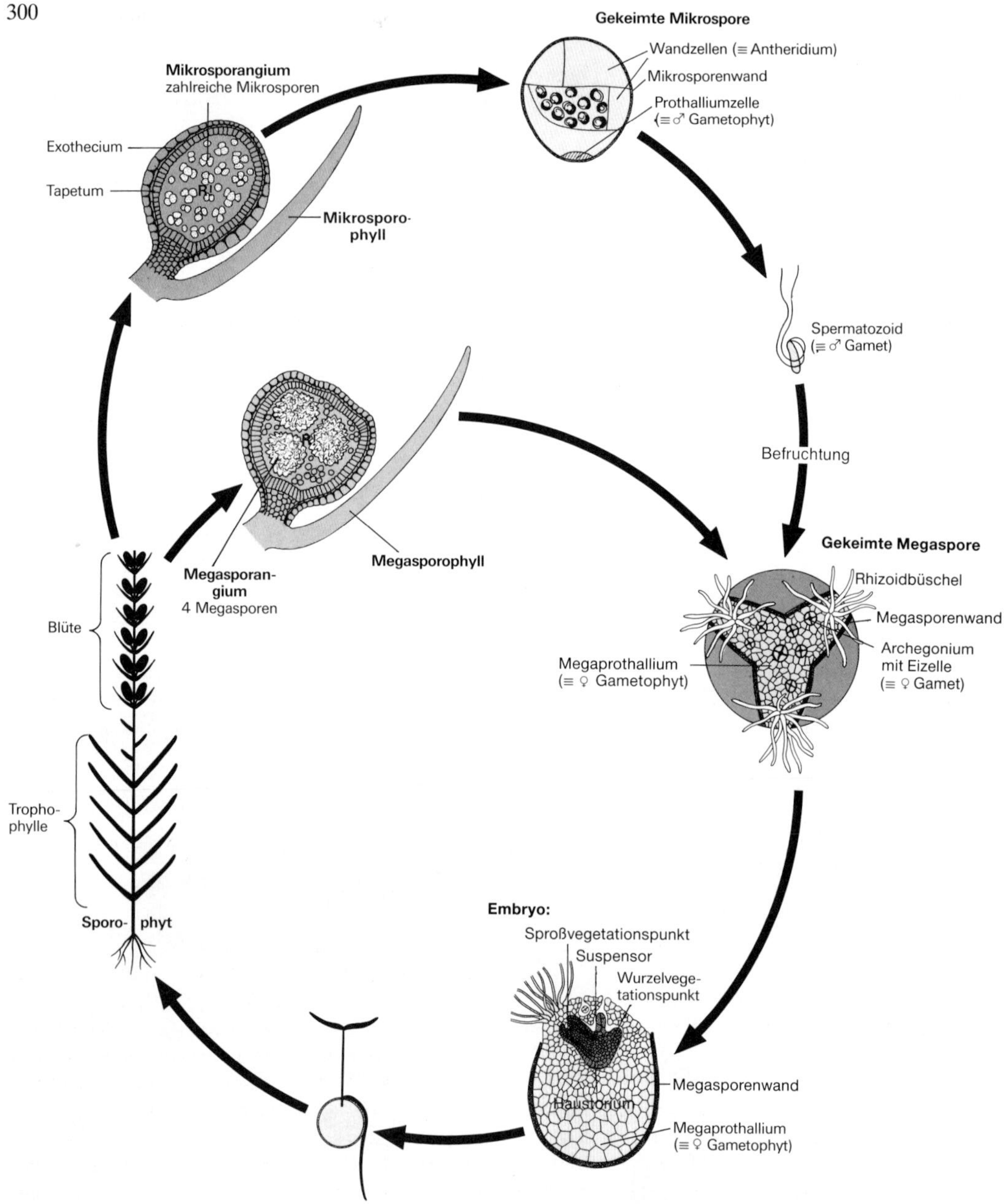

Abb. 19-6. Entwicklungsgang einer heterosporen Farnpflanze (*Selaginella,* O. Selaginellales, Kl. Lycopodiatae, Abt. Pteridophyta) mit Generationswechsel und Kernphasenwechsel. Kernphasenwechsel von der diploiden zur haploiden Phase erfolgt bei der Reduktionsteilung mit der Bildung von Mikro- und Megasporen. Der haploide männliche Gametophyt ist stark reduziert (Prothalliumzelle). Das Antheridium wird noch durch acht Wandzellen repräsentiert. Der haploide weibliche Gametophyt ist noch nicht so stark reduziert, verbleibt aber innerhalb der aufplatzenden Megasporenwand. Kernphasenwechsel von der haploiden zur diploiden Phase erfolgt bei der Zygotenbildung nach der Befruchtung einer Eizelle durch ein Spermatozoid. Aus der Zygote entwickelt sich die diploide Sporophytengeneration oder der Embryo, der sich zunächst noch auf Kosten des Megaprothalliums innerhalb der Megasporenwand entwickelt. (Siehe auch Text und Kasten 19-6.)

Befruchtung der Eizellen *Samen* aus, die nach außen hin frei liegen, d. h. „nackt“ sind. Die Evolution der Samen wird bei einem Vergleich des Entwicklungsganges der heterosporen Farnpflanze *Selaginella* (Abb. 19-6) mit dem einer Kiefer (Abb. 19-7) deutlich.
Die mächtigen Bäume der Coniferen sind diploide Sporophyten. An ihnen entstehen Sporophyllstände, die ausschließlich entweder Mikro- oder Megasporophylle enthalten. Die männlichen Mikrosporophyllstände und die weiblichen Megasporophyllstände können „einhäusig“ auf derselben Pflanze vorkommen oder „zweihäusig“ auf verschiedene Pflanzen verteilt sein.

19.4.1 Männliche Blüten und Pollenkörner

Die männlichen *Sporophyllstände* oder Blüten treten oft zu Gruppen zusammen; man könnte dann auch von einem *Blütenstand* sprechen. Aber dieser Begriff wird uns mehr bei den weiblichen Blüten der Coniferen beschäftigen. *Jede einzelne männliche Blüte besteht aus zahlreichen spiralig um die Mittelachse herum angeordneten Mikrosporophyllen.* Am unteren Ende der Achse finden sich einige sterile, häutige und schuppenförmige bräunliche Blättchen, die eine einfache Blütenhülle *(Perianth)* bilden.
Die einzelnen Mikrosporophylle sind auf ihrer Oberseite mehrschichtig und besitzen ein durch einen kurzen Stiel eintretendes Leitbündel. Auf der Unterseite tragen sie je zwei Mikrosporangien. Die Epidermis (oder Sporangienwand) besteht aus Zellen mit einseitig verdickten Wänden; sie bildet ein *Exothecium,* das durch einen Kohäsionsmechanismus das Aufreißen der reifen Sporangien bewirkt. Das erinnert an den Anulus der heterosporangiaten Filicatae, der ebenfalls epidermaler Herkunft ist. Bei anderen Pteridophyten ist wie bei den Gymnospermen die ganze äußere Zellage der Sporangien als Exothecium ausgebildet. Die Sporangienwände der Coniferen sind mehrschichtig, d. h. eusporangiat. Ein Tapetum ist ausgebildet. Die Mikrosporenmutterzellen bilden in meiotischer Teilung je vier Mikrosporen, die zunächst noch als Tetraden zusammenliegen und sich dann voneinander trennen.
Die Mikrosporen können wir nun auch als primäre, d. h. noch einkernige Pollenzellen bezeichnen. Ihre weitere Entwicklung erfolgt innerhalb der *Mikrosporangien* (≡ *Pollensäcke*). Die Mikrosporen sind von der Mikrosporen- oder Pollenkornwand (≡ *Sporoderm*) umgeben. Das Sporoderm gliedert sich in eine äußere *(Exine)* und eine innere Schicht *(Intine).* Diese Schichten entsprechen einem Exo- und einem Endospor der Farnpflanzen. Bei vielen Nadelbäumen hebt sich die äußerste Schicht der Exine von der Pollenwand ab, so daß zwei der Verbreitung der Pollen durch den Wind dienende Luftsäcke entstehen. Die Intine ist zart und bildet beim Keimen der Pollenkörner den Pollenschlauch aus. Die Exine besteht aus widerstandsfähigem Material, den Sporopolleninen, die chemisch gesehen im wesentlichen aus polymeren Terpenen aufgebaut sind.
Der haploide Mikrosporenkern führt noch wenige mitotische Teilungen durch. Es entstehen schließlich *zwei degenerierende Prothallium-Zellen, eine „vegetative Zelle“ und eine Antheridium-Zelle,* die sich ihrerseits in eine *„Stielzelle“* und eine *spermatogene Zelle* teilt. Bei der Pollenkeimung gehen aus der spermatogenen Zelle *zwei Spermazellen* hervor (Abb. 19-7). Die Reduktion des ♂ Gametophyten ist also im Vergleich mit *Selaginella* noch weiter fortgeschritten. Das Prothallium ist bei den Coniferen zwar durch zwei statt nur durch eine Zelle repräsentiert, aber das ganze „Antheridium“ ist auf eine einzige Zelle reduziert, und es entstehen nur noch zwei generative Kerne.

19.4.2 Weibliche Blüten und Samenanlagen

Der morphologische Bau der weiblichen Zapfen der Coniferen ist kompliziert. Man deutet heute *jede einzelne Schuppe* eines Kiefernzapfens als *eine ganze weibliche Blüte.* Eine Schuppe besteht danach aus einem Tragblatt (Deckschuppe) und einem in dessen Achsel entspringenden Kurzsproß, der ein einziges Megasporophyll (die Samenschuppe) trägt. Bei jungen Kiefernzapfen und noch besser bei Tannen *(Abies)* oder Douglastannen *(Pseudotsuga)* kann man diese einzelnen Teile noch gut erkennen (Abb. 19-8). Der ganze weibliche *Zapfen entspricht* also morphologisch einem *Blütenstand.*
Auf jedem Megasporophyll entwickeln sich zwei *Megasporangien (≡ Samenanlagen).* Diese bestehen aus einer äußeren Hülle sterilen Gewebes, dem *Integument* und dem darin eingeschlossenen *Nucellus*gewebe, in dem sich zunächst die *Megasporenmutterzelle* differenziert. Nach der Meiose der Megasporenmutterzelle (≡ *Embryosackmutterzelle*) gehen drei

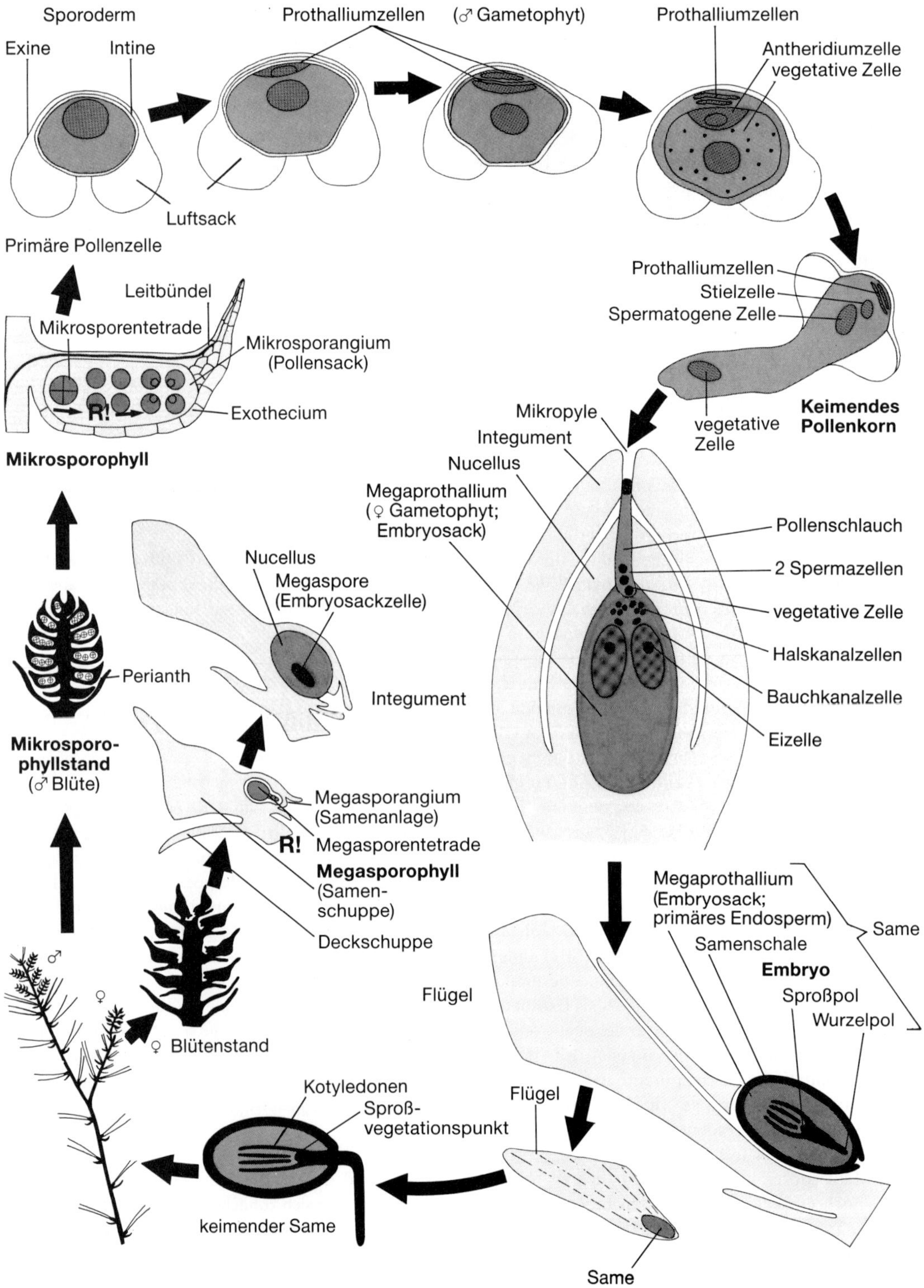

Sporoderm
Exine
Intine
Luftsack
Primäre Pollenzelle
Prothalliumzellen
(♂ Gametophyt)
Prothalliumzellen
Antheridiumzelle
vegetative Zelle
Prothalliumzellen
Stielzelle
Spermatogene Zelle
vegetative Zelle
Keimendes Pollenkorn
Leitbündel
Mikrosporentetrade
Mikrosporangium (Pollensack)
R!
Exothecium
Mikrosporophyll
Mikropyle
Integument
Nucellus
Megaprothallium (♀ Gametophyt; Embryosack)
Pollenschlauch
2 Spermazellen
vegetative Zelle
Halskanalzellen
Bauchkanalzelle
Eizelle
Nucellus
Megaspore (Embryosackzelle)
Integument
Perianth
Mikrosporophyllstand (♂ Blüte)
Megasporangium (Samenanlage)
R!
Megasporentetrade
Megasporophyll (Samenschuppe)
Deckschuppe
♂
♀
♀ Blütenstand
Megaprothallium (Embryosack; primäres Endosperm)
Same
Samenschale
Embryo
Sproßpol
Wurzelpol
Flügel
Flügel
Same
Kotyledonen
Sproß-vegetationspunkt
keimender Same

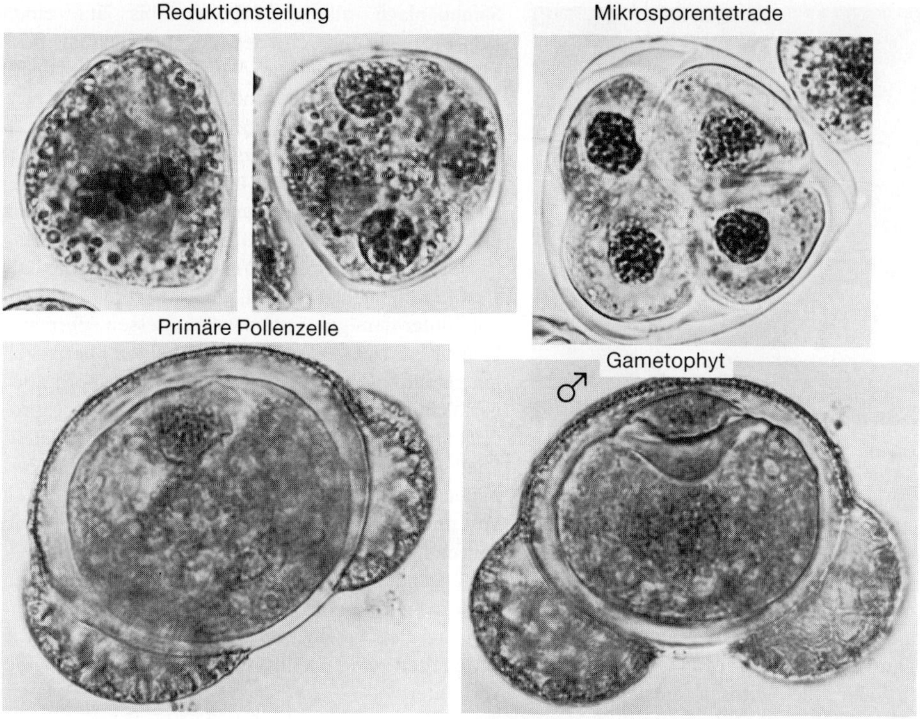

Abb. 19-7. Entwicklungsgang einer nacktsamigen Pflanze: Kiefer (*Pinus,* Kl. Pinatae, U.-Abt. Coniferophytina, Abt. Spermatophyta) mit Generationswechsel und Kernphasenwechsel. Kernphasenwechsel von der diploiden zur haploiden Phase erfolgt bei der Reduktionsteilung. In den männlichen Blüten erfolgt die Reduktionsteilung bei der Bildung der primären Pollenzellen aus den Pollenmutterzellen. Der haploide männliche Gametophyt entwickelt sich aus den primären Pollenzellen. Er bleibt aber auf wenige Zellen beschränkt (Prothalliumzellen). Das Antheridium wird noch durch die Stielzelle und den vegetativen Kern repräsentiert. In den weiblichen Blüten erfolgt die Reduktionsteilung bei der Bildung der Megasporen, von denen sich eine zum haploiden weiblichen Gametophyten, dem Megaprothallium weiter entwickelt. Kernphasenwechsel von der haploiden zur diploiden Phase erfolgt bei der Zygotenbildung nach der Befruchtung einer Eizelle durch einen Spermakern. Aus der Zygote entwickelt sich die diploide Sporophytengeneration (s. auch Text und Kasten 19-6). Stadien der Entwicklung des männlichen Gametophyten sind neben der Schemazeichnung (links) auch mikrophotographisch abgebildet (oben; Vergrößerung etwa 900fach).

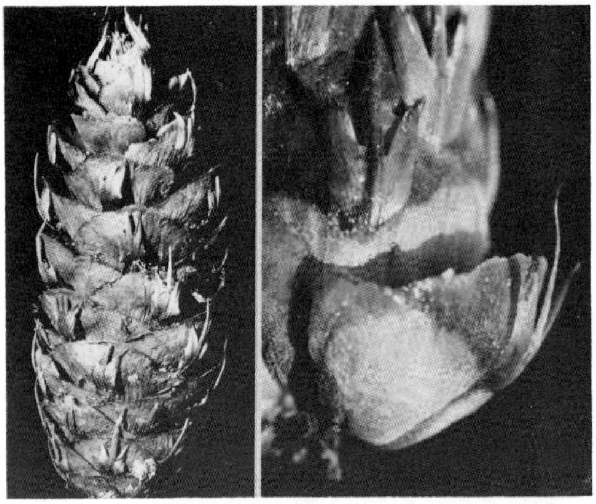

Abb. 19-8. Zapfen von *Pseudotsuga taxifolia* (Kl. Pinatae, U.-Abt. Coniferophytina, Abt. Spermatophyta). Die länglichen dreizipfeligen Tragblätter (Deckschuppen) und die breiten Megasporophylle (Samenschuppen oder weiblichen Blüten) sind gut zu unterscheiden.

der vier Gonen zugrunde. Jedes Megasporangium enthält also nur eine *Megaspore* (≡ *Embryosackzelle*). Durch zahlreiche Mitosen entsteht daraus innerhalb des Nucellusgewebes das vielzellige *Megaprothallium* (≡ ♀ *Gametophyt* ≡ *Embryosack*). Jedes Megaprothallium bildet zwei (Kiefer) bis zahlreiche Archegonien aus mit einigen Halswandzellen und bei der Kiefer auch einer Bauchkanalzelle.

19.4.3 Bestäubung, Befruchtung und Samenbildung

Das Integument läßt am Nucellus-Scheitel über den Archegonien eine kanalartige Öffnung frei, die *Mikropyle.* Der Nucellus-Scheitel der reifen Samenanlagen bildet durch Auflösen seiner Zellen ein nährstoffreiches Sekret, das aus der Mikropyle austritt. Die mit dem Wind verfrachteten Pollenkörner bleiben an diesen sogenannten *Bestäubungstropfen* haften und keimen einen Pollenschlauch aus. Der Kern der vegetativen Zelle (Pollenschlauchkern) liegt an der Spitze des Pollenschlauches, er steuert vermutlich die für das Pollenschlauchwachstum notwendigen Synthesen. Eine oder mehrere Eizellen werden durch je einen generativen Kern befruchtet. Aus den Zygoten entwickeln sich Embryonen mit Sproß- und Wurzelvegetationspunkten und zahlreichen Kotyledonen. Durch Ernährungskonkurrenz gehen in jeder Samenanlage alle Embryonen bis auf einen zugrunde. Das Gewebe des Megaprothalliums oder Embryosackes bildet ein *Nährgewebe, das primäre Endosperm* aus. Das Integument verhärtet zur *Samenschale* (Kasten 19-2).

Bei den Kiefern läuft der gesamte Vorgang sehr langsam ab und erstreckt sich über mehrere Jahre. Kiefern tragen ♀ Zapfen ganz verschiedenen Alters (Abb. 19-9). Im ersten Frühling seiner Entwicklung ist der ♀ Zapfen nur wenige Millimeter groß. Die Bestäubung erfolgt im Mai. Die Mikropyle schließt sich hinter dem gekeimten Pollen, dessen spermatogener Kern sich noch nicht in die beiden Spermazellen geteilt hat. Im Nucellus ist die Megaspore noch gar nicht entwickelt. Es ist also noch kein Megaprothallium mit Archegonien zur Befruchtung bereit. Dies geschieht erst im zweiten Frühjahr. Dann erst bilden sich auch die beiden spermatogenen Zellen aus, und es erfolgt die Befruchtung. Es liegt also ein ganzes Jahr zwischen Bestäubung und Befruchtung. Im folgenden Sommer wachsen die großen grünen Kiefernzapfen heran; aber erst im dritten Jahr werden aus den vertrocknenden braunen Zapfen die geflügelten Samen entlassen und durch den Wind verbreitet.

19.4.4 Phylogenetische Tendenzen

Vergleichen wir die weiblichen Organe der Coniferen mit denen von *Selaginella,* so erkennen wir keine weitere Reduktion des ♀ Gametophyten. Aber andere phylogenetische Tendenzen, die sich bei *Selaginella* andeuten, sind bei den Coniferen zur Vollendung gekommen. Die Entwicklung des ♀ Gametophyten beginnt bei *Selaginella* schon innerhalb der Megasporangien auf dem Muttersporophyten. Der Embryo ist eingebettet in das Megaprothallium, das die Funktion eines Nährgewebes übernimmt, und bleibt teilweise innerhalb der Megasporenwand. Bei den Coniferen läuft die ganze Entwicklung bis zu dem von einer widerstandsfähigen Samenschale umhüllten Samen auf dem Muttersporophyten ab.

Fossilfunde zeigen, daß die Phylogenie in dieser Richtung bei den Lycopodiatae schon weiter fortgeschritten war, als dies die rezenten Selaginellales heute erkennen lassen. Bei einer nah verwandten ausgestorbenen Ordnung, den karbonischen Lepidodendrales, gab es vor $3 \cdot 10^6$ Jahren schon samenähnliche Gebilde mit Megaprothallien, die von einem Integument, der Sporangien- und der Sporenwand umhüllt waren.

Kasten 19-2
Samen

- Coniferensamen
  - Samenschale aus dem Integument (diploides Gewebe des Muttersporophyten).
  - Nucellusreste (Megasporangium; diploides Gewebe des Muttersporophyten).
  - Primäres Endosperm (haploides Megaprothallium).
  - Embryo (diploider Tochtersporophyt).

- Angiospermensamen
  - Samenschale aus den Integumenten (diploides Gewebe des Muttersporophyten).
  - Speichergewebe
    - Morphogenetisch gibt es drei Möglichkeiten der Bildung des Speichergewebes:
      - aus dem Nucellus (Perisperm);
      - aus dem triploiden Endospermkern, der durch Mitosen das sekundäre Endosperm bildet (z. B. das stärkehaltige Endosperm der Getreidearten, Gräser); der Nucellus wird verdrängt;
      - in Organen des Embryos selbst; der Embryo braucht das Nucellus- und sekundäre Endospermgewebe vollkommen auf und speichert Reservestoffe meist in seinen Keimblättern, z. B. Hülsenfrüchte, Walnuß.
    - Chemisch sind Reservestoffe
      - Stärke (Getreidearten)
      - Eiweiße (Hülsenfrüchte)
      - Fette und Öle (s. Tab. 19-1)
      - selten Hemicellulosen (Samen der Dattelpalme).

Tab. 19-1. Fetthaltige Samen und Früchte einiger Kulturpflanzen in der Reihenfolge ihrer weltwirtschaftlichen Bedeutung.

1. Sojabohne *(Glycine max):*	20 %	Sojaöl im Samen (und 40 % Eiweiß)
2. Baumwolle *(Gossypium):*	30–40 %	Cottonöl im Samen
3. Erdnuß *(Arachis hypogaea):*	40–50 %	Öl im Samen
4. Oliven *(Olea europaea):*	40–60 %	Öl im Samen
5. Kokosnuß *(Cocos nucifera):*	60–70 %	Kokosöl im getrockneten Endosperm (Kopra)
6. Ölpalme *(Elaeis guinensis):*	60–70 %	Öl im Fruchtfleisch

Abb. 19-9. Kiefernzweig mit Zapfen verschiedenen Alters.

Als Anpassung an das Landleben (Kap. 17) ist bei den Gymnospermen der *Same als neues Verbreitungsorgan und Ruhestadium* entstanden. Bei den im Wasser lebenden Algen dienen frei umherschwimmende einzellige Stadien (Zoosporen, Meiosporen und Gameten) als Verbreitungsstadien. An Land versagt diese Methode. Bei den Moosen und Farnen werden die leichten, aber dadurch auch nährstoffarmen Sporen durch den Wind verbreitet; Kohäsionsmechanismen helfen bei der Ausstreuung der Sporen mit. Die ♀ Gameten haben schon bei der Oogamie der Algen ihre freie Beweglichkeit verloren. Bei den Moosen und Farnen erinnert aber noch an das frühere Leben im Wasser, daß die ♂ Gameten in Wassertropfen zu den Archegonien mit den Eizellen schwimmen müssen. Erst die Gymnospermen haben sich auch bei der Befruchtung ganz von der Notwendigkeit einer Bewegung im Wasser freigemacht. Die Unabhängigkeit vom Wasser bringt auch einen besseren *Schutz der ♂ Geschlechtszellen* mit sich, indem diese *als widerstandsfähige Sporen* oder stark reduzierte Mikroprothallien direkt in den Bereich des ♀ Gametophyten verfrachtet werden. Bei den Coniferen (Klasse Pinatae) sind erstmals in der Evolution der höheren Pflanzen die ♂ Gameten unbegeißelt und damit unbeweglich geworden (vgl. aber auch Rotalgen, Kap. 16.2.4.4). In nahe verwandten Gruppen, in der Klasse der Ginkgoatae beim *Ginkgo*-Baum und bei den Cycadophytina treten aber noch bewegliche Spermatozoiden auf, obgleich das funktionell nicht mehr notwendig erscheint: Ein Relikt der Evolution.

Die Cycadeen (Klasse Cycadatae, Unterabteilung Cycadophytina) haben große, fiedrige Makrophylle. Sie bilden Pollensackgruppen und Samenanlagen an Mikro- und Megasporophyllen und einfache Blüten aus (Abb. 19-10). Der Pollen wird durch den Wind, manchmal durch Käfer, auf den Bestäubungstropfen der Samenanlagen übertragen. Im keimenden Pollenschlauch entstehen bewegliche Spermatozoiden mit zahlreichen Geißeln. Die Samenanlagen bilden zwischen dem Nucellus und dem Megaprothallium eine mit Flüssigkeit gefüllte Archegonienkammer aus, in der die Spermatozoiden zu den Eizellen schwimmen.

Zur Überdauerung ungünstiger Bedingungen umgeben sich bei den Algen vor allem die Zygoten, aber auch einfache coccale Entwicklungsstadien mit einer derben Zellwand. Die Nährstoffreserven für die Keimung sind aber gering. Die Ernährung kann nach der Keimung auch bald durch Aufnahme von Substraten, insbesondere von Mineralstoffen aus dem umgebenden wäßrigen Milieu, und durch photosynthetische Eigenproduktion organischen Materials erfolgen. Für Landpflanzen ist es ungleich schwieriger, sich in ihrer Umgebung zu etablieren. Mit den Samen hat die Evolution ein Dauerstadium geschaffen, das sehr lange und unter recht extremen Bedingungen im keimfähigen Zustand bleiben kann (Kap. 26.7.4).

Die *Nährstoffreserven des Samens* erlauben es dem Embryo, bei der Keimung erst eine kräftige Wurzel zur Aufnahme von Mineralstoffen und ein Sproßsystem mit Keimblättern und ersten Folgeblättern auszubilden, ehe er auf sich allein gestellt ist. Die Reserven von Getreidesamen reichen z. B. beim Hafer eine ganze Woche; ein kräftiges, mehrere Zentimeter großes Keimpflänzchen entwickelt sich, ehe die Ionenaufnahme aus dem Wurzelmilieu und die eigene Photosynthese für das weitere Wachstum unerläßlich werden.

Abb. 19-10. Cycadeen (Kl. Cycadatae, U.-Abt. Cycadophytina, Abt. Spermatophyta). (A) Lichter Wald mit übermannshohen Pflanzen von *Cycas media* (Queensland, Australien); (B) Fruchtblätter (Megasporophylle) mit Samenanlagen; (C) Staubblätter mit Pollensäcken; um die Pollensäcke sichtbar zu machen, wurden vor der Aufnahme zwei kleine Steinchen (*) in die männliche Blüte geklemmt.

19.5 Der versteckte Generationswechsel der Angiospermen

Im Unterschied zu den Gymnospermen wachsen bei den Angiospermen *(Bedecktsamern)* die *Megasporophylle* (≡ *Fruchtblätter*) um die Samenanlagen herum, bedecken sie und schließen sie ein. Das führt zur Entstehung eines neuen Organs, der *Frucht.* Zunächst ist aber der versteckte Generationswechsel der Angiospermen zu schildern. Die Gametophyten sind hier extrem reduziert. Ohne den Vergleich mit den stufenweise weniger stark reduzierten Gametophyten der Gymnospermen und der hetero- und isosporen Farnpflanzen hätte nie erkannt werden können, daß die Verhältnisse bei den Angiospermen als der vorläufige Endpunkt einer langen phylogenetischen Entwicklung zu deuten sind.

19.5.1 Staubblätter und Pollenkörner

Den *männlichen Sporophyllen* (≡ *Mikrosporophyllen)* entsprechen die *Staubblätter.* Sie bestehen aus einem Filament (Stiel), das über ein Konnektiv mit den beiden Theken der Anthere verbunden ist. Jede Theka umfaßt zwei *Pollensäcke* oder *Mikrosporangien* (Abb. 19-11).

Die Wand der Pollensäcke ist mehrschichtig. Auf die Epidermis folgen nach innen eine oder mehrere Lagen von Faserzellen, deren antiklinale Zellwände durch Cellulose-Auflagerungen leistenartig versteift sind. Die Leisten laufen an der inneren periklinalen Wand zusammen und verdicken sie; die äußere periklinale Wand bleibt dünn. Die Faserzellen bilden ein *Endothecium.* Bei Wasserverlust entsteht wie beim Farn-Anulus und wie beim Exothecium der Sporangien anderer Pteridophyten und der Pollensäcke der Coniferen ein tangentialer Zug, der zum Aufreißen einer präformierten Stelle an der Trennungswand zwischen den beiden Pollensäcken einer Theka führt. Weiter nach innen folgt eine hinfällige Zwischenschicht und ein Tapetum, das als Sekretions- oder Plasmodialtapetum ausgebildet sein kann.

Aus dem Archespor der Mikrosporangien entstehen zahlreiche *Pollenmutterzellen,* die durch *Meiose* je vier haploide Mikrosporen, die *primären, einkernigen Pollenkörner* bilden. Die Pollen der Angiospermen zeigen eine außerordentlich große Formenvielfalt, die besonders durch unterschiedliche Zahl,

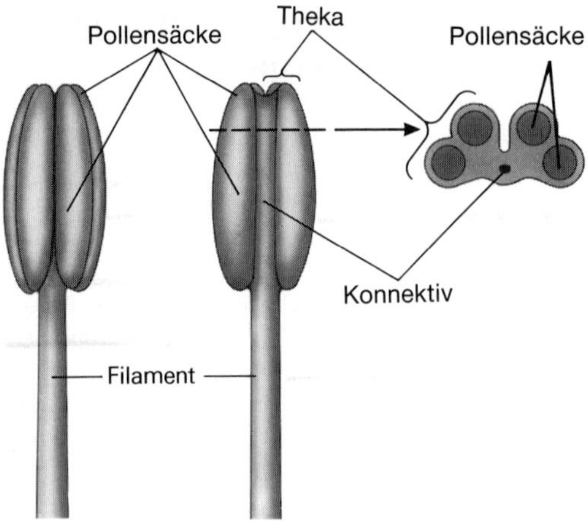

Abb. 19-11. Staubblatt (Mikrosporophyll, männliches Sporophyll) der Angiospermen.

Anordnung und Form von Aperturen bedingt ist (Abb. 19-12). Aperturen sind Dünnstellen in der Exine, die das Austreten des Pollenschlauches erlauben. Da die typische Gestalt der Pollen artspezifisch ist, kann man Pollen bestimmen. Wegen der widerstandsfähigen Exine bleiben die Pollen in Ablagerungen, z. B. in Torfmooren oder in Seen, lange erhalten. Die darauf beruhende *Pollenanalyse* hat viele Aufschlüsse über die jüngere Vegetationsgeschichte, insbesondere über die Waldgeschichte der Spät- und Nacheiszeit in Mitteleuropa geliefert. Pollen rufen beim Menschen oft unangenehme und gefährliche *Allergien* hervor (z. B. „Heuschnupfen"). Durch Sammeln und Bestimmen von durch den Wind verfrachteten Pollen über mehrere Vegetationsperioden hinweg kann man Pollenflugkalender aufstellen, die das Erkennen spezifischer Allergien erleichtern und die Einleitung von Desensibilisierungsbehandlungen beschleunigen.

Auf die Bildung des Kerns des *primären Pollenkorns* (≡ *haploide Mikrospore*) folgen nur noch zwei Mitosen. Die erste läuft noch im Mikrosporangium ab und bildet eine vegetative *Pollenschlauch-Zelle* und eine generative Zelle oder *Antheridium-Zelle.* Die zweite Mitose kann ebenfalls im Mikrosporangium oder auch erst im auskeimenden Pollenschlauch stattfinden; es entstehen aus der generativen Zelle *zwei Spermazellen,* die ♂ Gameten.

19.5.2 Fruchtknoten und Samenanlagen

Den *weiblichen Sporophyllen* (≡ *Megasporophyllen*) entsprechen die *Fruchtblätter* (≡ *Karpelle*). Zusammen mit den Samenanlagen bilden sie das *Gynoeceum* (≡ *Fruchtknoten*) der Angiospermenblüten (Abb. 19-13). Beim freiblättrigen oder *chorikarpen Gynoeceum* legen sich einzelne Fruchtblätter um die Samenanlagen herum und wachsen an ihren Rändern zusammen (Bauchnaht). Im *coenokarpen Gynoeceum* sind mehrere Fruchtblätter untereinander verwachsen.

Die *Samenanlagen* sitzen mit einem Stiel *(Funiculus)* der gut mit Leitbündeln versorgten *Plazenta* der Fruchtblätter an. Die untere Zone der eiförmigen Samenanlagen heißt *Chalaza;* bis hierher dringt das die Samenanlage versorgende Leitbündel durch den Funiculus ein. Im oberen Teil finden wir den meistens von *zwei Integumenten* umgebenen *Nucellus* und zwischen den Integumenten die *Mikropyle.* Die Samenanlagen können am Funiculus aufrecht *(atrop),* umgekehrt *(anatrop)* oder quer *(kampylotrop)* stehen (Abb. 19-14).

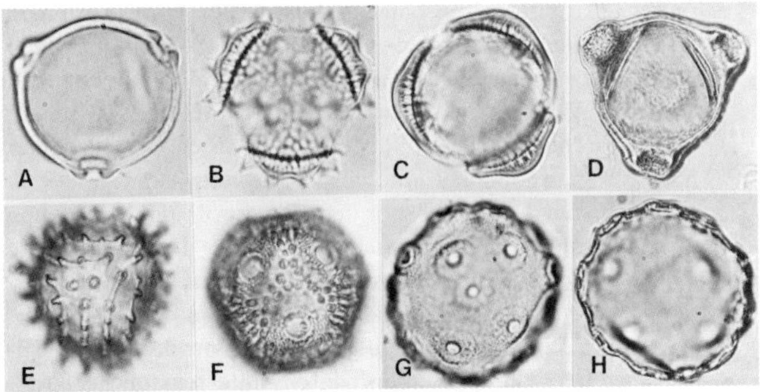

Abb. 19-12. Typen von Angiospermenpollen und zum Vergleich eine Farnspore (E). (A) *Betula pubescens;* (B) *Chrysanthemum vulgare;* (C) *Centaurea cyanus;* (D) *Epilobium angustifolium;* (E) Farnspore; (F) *Scleranthus perennis;* (G und H) *Juglans regia* in verschiedenen Focussierungen. (Vergr. A, B ca. 1350fach; C, E, F, G, H ca. 1050fach; D ca. 580fach.)

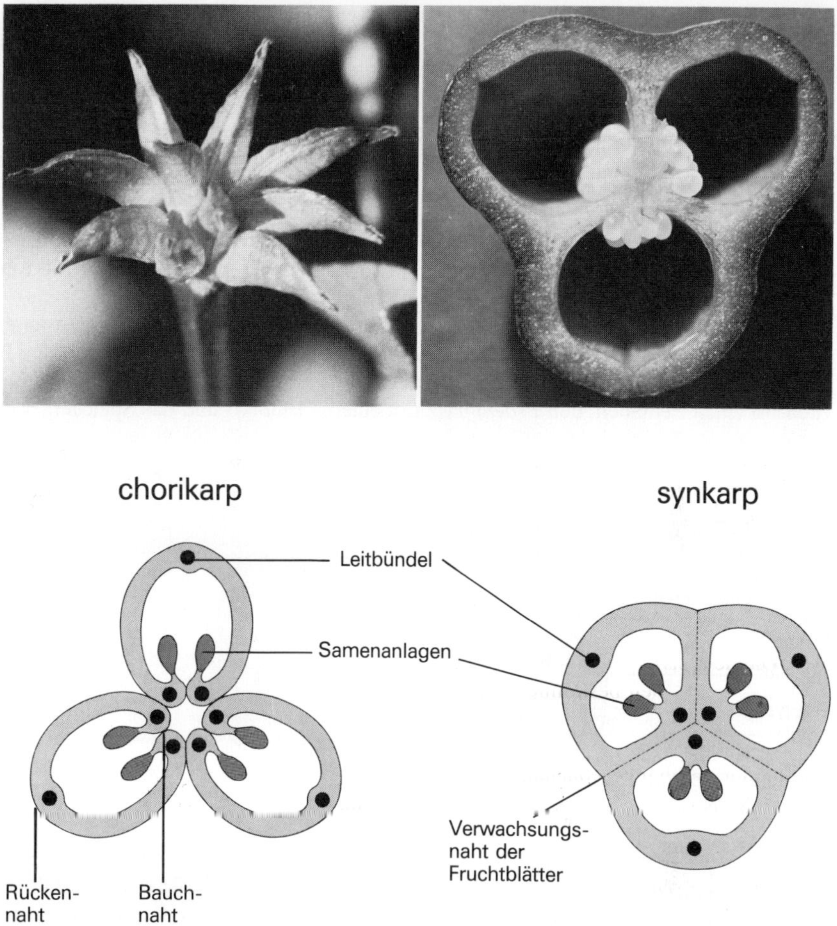

Abb. 19-13. Einfache Beispiele und schematische Zeichnungen chorikarper Fruchtknoten (Trollblume, Fam. Ranunculaceae) und synkarper (coenocarper) Fruchtknoten (Tulpe, Fam. Liliaceae).

Im Nucellus entwickelt sich eine *Megasporen- oder Embryosackmutterzelle.* Von den aus der Meiose hervorgehenden vier haploiden Megasporen gehen drei zugrunde. Aus der verbleibenden *Embryosackzelle* entstehen mitotisch acht haploide Kerne. Je drei davon wandern an die beiden Enden des Embryosackes und bilden dort selbständige Zellen. Die drei der Mikropyle zugewandten Zellen bauen den Eiapparat auf, mit der größeren *Eizelle* in der Mitte und an ihren Seiten je einer der beiden *Synergiden.* Die drei gegenüberliegenden *Antipoden* haben keine weitere Bedeutung mehr und können degenerieren. Die beiden verbleibenden Kerne wandern als *Polkerne* in das Zentrum des Embryosackes. Vor der Befruchtung verschmelzen die beiden Polkerne zum *diploiden sekundären Embryosackkern.*

19.5.3 Bestäubung, Befruchtung, Samen- und Fruchtbildung

Der Pollenschlauch wächst durch die Narbe und den Griffel des Fruchtknotens, der aus einem oder mehreren Karpellen gebildet sein kann, und durch die Mikropyle zu der Samenanlage. Der Pollenschlauch öffnet sich meist in eine der beiden Synergiden. Diese

Synergide und der vegetative Pollenschlauchkern gehen dann zugrunde. Beide Spermazellen führen eine Befruchtung durch, die für die Angiospermen typische *doppelte Befruchtung:*

- Der eine Spermakern verschmilzt mit dem Kern der Eizelle *zur diploiden Zygote.*
- Der andere Spermakern vereinigt sich mit dem diploiden sekundären Embryosackkern *zum triploiden Endospermkern.*

Aus der Zygote entwickelt sich der *Embryo,* aus dem Endospermkern ein Nährgewebe, das *sekundäre Endosperm.* Die Zygote bildet durch Querteilungen zunächst einen Zellfaden, den *Proembryo,* mit einer großen blasenförmigen Zelle am der Mikropyle zugekehrten Ende. Die viel kleinere Zelle am anderen Ende des Proembryos bildet durch weitere Teilungen den eigentlichen *Embryo.* Die anderen Zellen des Proembryos erhalten die Funktion eines Embryoträgers oder *Suspensors,* der den Embryo in das Nährgewebe hineindrückt. Der Embryo selber differenziert sich in die Keimblätter, den zur Chalaza gerichteten Sproßvegetationspunkt und eine Wurzelanlage in Richtung zur Mikropyle (Abb. 19-14 und 19-15).

Der fertige Angiospermensame wird wie der Gymnospermensame von der aus den Integumenten hervorgegangenen Samenschale umhüllt. Er enthält den Embryo und das Speichergewebe (Kasten 19-2).

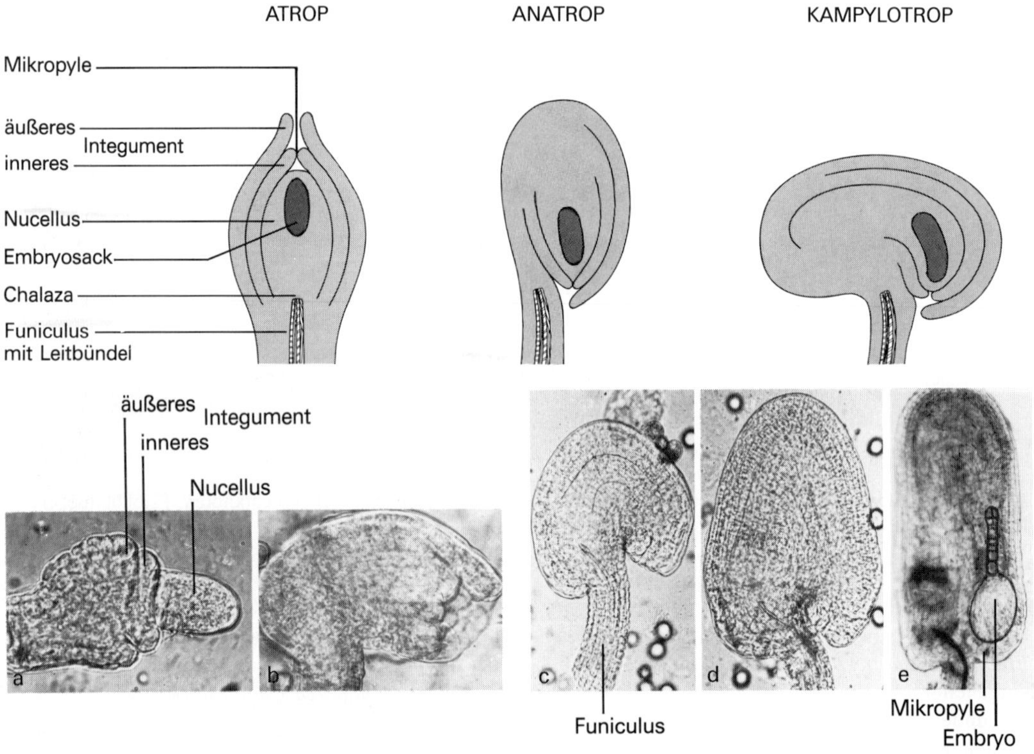

Abb. 19-14. Typen von Samenanlagen (Zeichnungen) und Entwicklung von Samenanlagen (Photographien) bei Angiospermen. Die Photographien zeigen von (a) bis (e) zunehmend ältere Samenanlagen von *Capsella bursa pastoris* (Hirtentäschelkraut, Fam. Brassicaceae). Man beachte hier, daß die anatrope Samenanlage aus einem der atropen Samenanlage entsprechenden Stadium (a; auch Pfeifenkopfstadium genannt) über ein der kampylotropen Samenanlage entsprechendes Stadium (c) entsteht. In (e) erkennt man den Embryo im Vierzellstadium, der etwas nachgezeichnet wurde. Es ist wichtig zu beachten, daß der Suspensor des Embryos (s. auch Abb. 19-15) zur Mikropyle hin gerichtet ist und den wachsenden Embryo in das Nährgewebe der Samenanlage hineindrückt. (Vergrößerungen: (a) 640fach, (b) 560fach, (c) 290fach, (d) 270fach, (e) 180fach.)

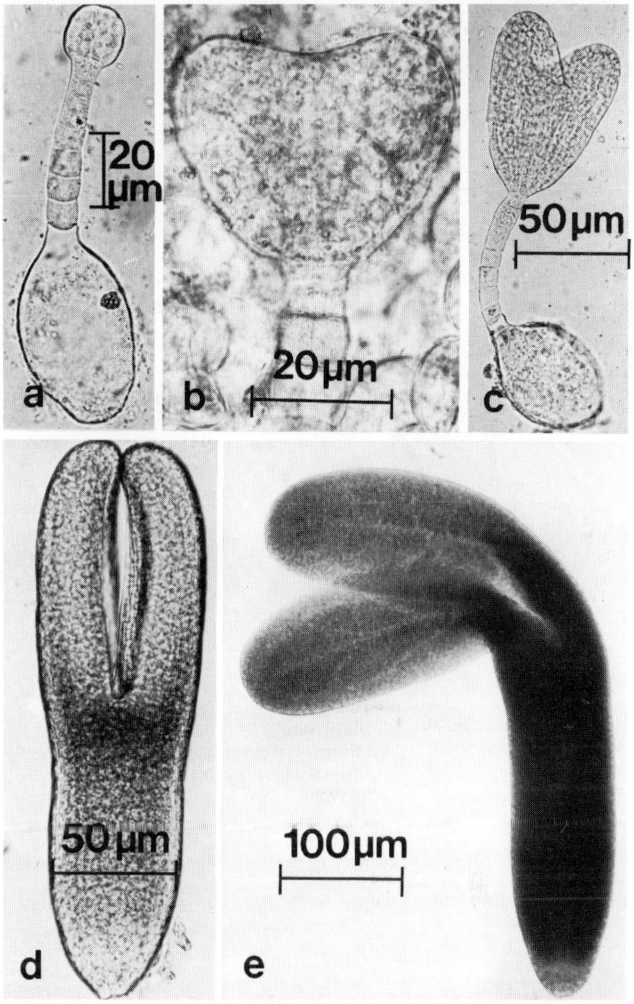

Abb. 19-15. Embryonalentwicklung von *Capsella bursa pastoris* (Hirtentäschelkraut, Fam. Brassicaceae). (a) Proembryo mit Zellfaden und blasenförmiger Zelle (Suspensor) am unteren Ende und der den Embryo bildenden Zelle am oberen Ende, die sich schon in vier Quadranten geteilt hat. (b, c) Ausbildung der Keimblätter. (d, e) Keimblätter und Keimwurzel sind ausgebildet.

19.5.4 Phylogenetische Tendenzen

Bei den Angiospermen, den am höchsten entwickelten Pflanzen, ist der Generationswechsel (Abb. 19-16) also nicht vollkommen unterdrückt wie bei den am höchsten entwickelten Algen (Braunalgen) und den Wirbeltieren.

Etwas völlig Neues, das nicht aus einer homologen Bildung ursprünglicherer Pflanzengruppen hergeleitet werden kann, ist das *triploide sekundäre Endosperm* der Angiospermen. Es hat eine dem primären haploiden Endosperm (≡ weiblichen Prothallium) der Gymnospermen analoge Nährfunktion, entsteht aber anders als dieses nur als *Folge der doppelten Befruchtung* synchron mit der Zygotenbildung und Embryoentwicklung. Den Selektionsvorteil, der dazu geführt hat, kann man in einem Ökonomieprinzip sehen. Die beträchtlichen Nährstoffreserven werden nur in die Samenanlagen transportiert, in denen sie auch wirklich von einem Embryo genutzt werden können.

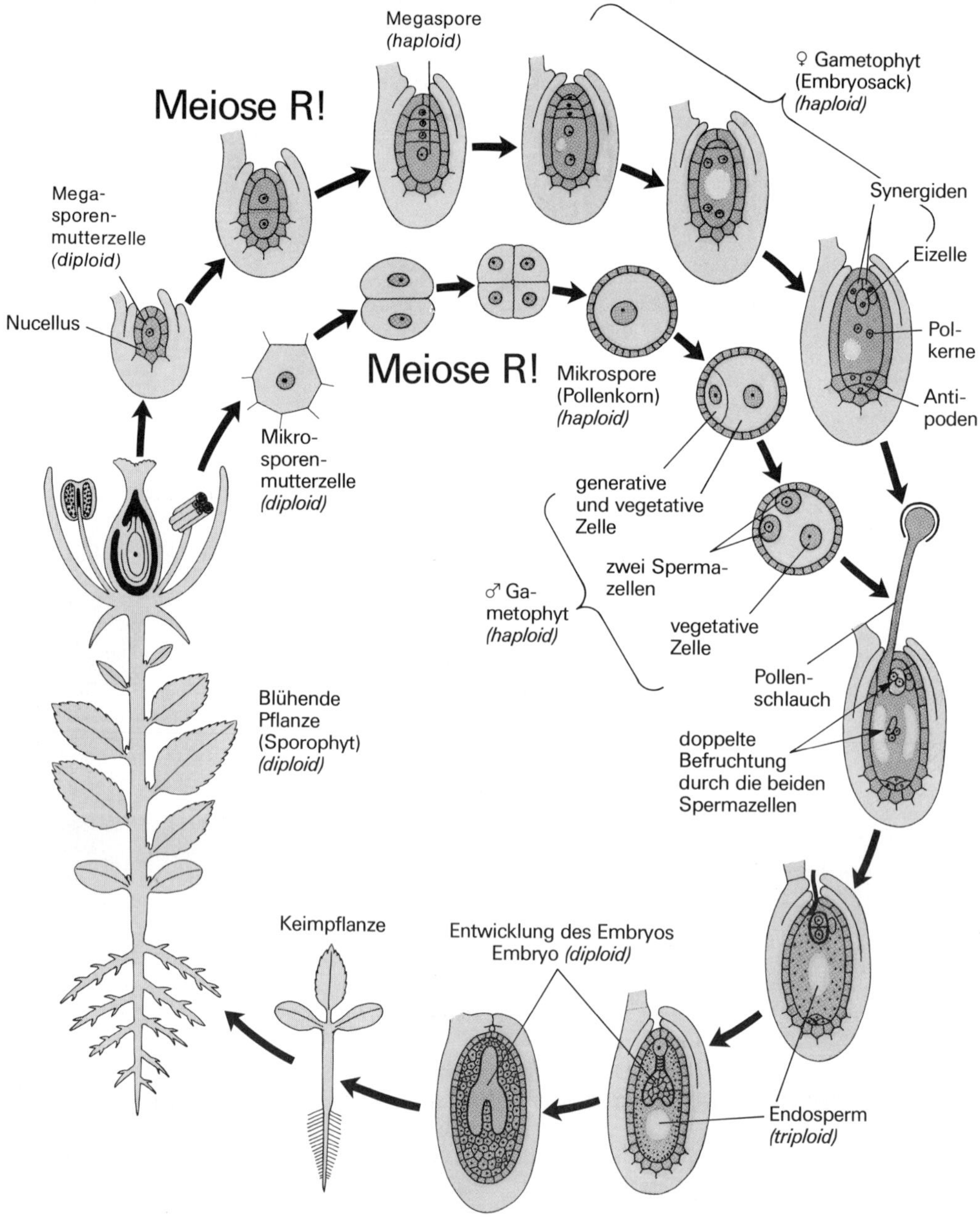
Megaspore
(haploid)
♀ Gametophyt
(Embryosack)
(haploid)
Meiose R!
Mega-
sporen-
mutterzelle
(diploid)
Synergiden
Eizelle
Nucellus
Pol-
kerne
Meiose R!
Mikrospore
(Pollenkorn)
(haploid)
Anti-
poden
Mikro-
sporen-
mutterzelle
(diploid)
generative
und vegetative
Zelle
zwei Sperma-
zellen
♂ Ga-
metophyt
(haploid)
vegetative
Zelle
Pollen-
schlauch
Blühende
Pflanze
(Sporophyt)
(diploid)
doppelte
Befruchtung
durch die beiden
Spermazellen
Keimpflanze
Entwicklung des Embryos
Embryo (diploid)
Endosperm
(triploid)

19.6 Die Pollenübertragung

19.6.1 Bestäubungsmechanismen

Bei den windblütigen Gymnospermen wird der mit dem Wind verbreitete Pollen direkt auf die Mikropyle übertragen, wo er auf dem Bestäubungstropfen haften bleibt. Als Folge der Bedecktsamigkeit ist dies bei den Angiospermen nicht mehr möglich. Der Pollen gelangt auf die Narben der Fruchtknoten. Der Pollenschlauch wächst dann durch die Narben und Griffel zu den im Fruchtknoten eingeschlossenen Samenanlagen. (Begriffe zur Pollenübertragung sind in Kasten 19-3 erklärt.)

Mit der Entwicklung der Bedecktsamer aus nacktsamigen Vorfahren geht auch der Übergang von der Windblütigkeit *(Anemophilie)* zur Tierblütigkeit *(Zoophilie)* einher, d. h. von einer zufälligen Verbreitung der Pollen zu einer gezielten Übertragung durch blütenbesuchende Tiere. Man kann argumentieren, daß die *Bedecktsamigkeit* sogar eine notwendige *Konsequenz der Zoophilie* wurde, um die empfindlichen Samenanlagen vor den Tieren zu schützen.

Sicher waren die Beziehungen zwischen Blüten und Tieren zunächst rein zufälliger Natur. So werden Cycadeen manchmal durch Käfer bestäubt. Bei der weiteren Evolution ergaben sich dann aber enge Wechselwirkungen zwischen beiden Partnern, so daß schließlich ganz spezifisch aufeinander abgestimmte Differenzierungen und beim tierischen Partner auch spezielle Verhaltensweisen entstanden. Dies ist ein wichtiges Beispiel für eine *Co-Evolution* verschiedener Organismen. Im hochentwickelten Stadium ist es gleichzeitig ein Beispiel für eine echte *Symbiose,* aus der beide Partner einen Vorteil ziehen, da sie für beide existenznotwendig geworden ist.

Zu den bestäubenden Tieren gehören vor allem Insekten, wie Schmetterlinge, Hummeln und Bienen, aber auch Vögel (Kolibris) und Fledermäuse. Zoophile Pflanzen locken die bestäubenden Tiere durch optische und chemische Reize an (Blütenfarben, Schauapparate, Duftstoffe), die sehr spezifisch auf die Sinneswahrnehmung der Tiere abgestimmt sein können. Es gibt Schauapparate, die nur für Insekten sichtbar sind, die mit ihren Augen ultraviolettes Licht wahrnehmen können. Andererseits sehen Hummeln und Bienen das langwelligere reine Rot nicht mehr; diese Blütenfarben locken aber Kolibris an. Die Tiere finden in den Blüten verschiedene Formen von Nahrung, den im Überschuß produzierten Pollen selbst, von Nektarien-Drüsen sezernierten Zucker (Nektar) oder fettes Öl. Es gibt allerdings auch Täuschblumen, die – von der Symbiose weit entfernt – eine reine Ausnutzung des tierischen Partners betreiben.

Die Blütenbiologie erlaubt eine Fülle von faszinierenden Beobachtungen über das Zusammenleben von Tieren und Blumen. Einige wenige Beispiele sollen hier geschildert werden, um die vorangegangenen allgemeineren Hinweise zu veranschaulichen.

Die Blüten des Salbeis, z. B. des Wiesensalbeis *(Salvia pratensis),* bieten Nektar am Grunde ihrer Kronblattröhre an. Sie besitzen nur zwei Staubblätter, bei denen nur jeweils eine Theka fertil ist. Die zweite Theka ist zu einer Platte umgebildet. Das Konnektiv ist stark verlängert, so daß die beiden Theken weit voneinander getrennt sind; es bildet einen Hebel, der mit einem kurzen Filament beweglich verbunden ist. Die plattenförmige Theka sitzt am kürzeren Hebelarm und verdeckt den Zugang zum Nektar. Die fertile Theka am längeren Hebelarm liegt der Oberlippe der Blüte an. Drückt eine Hummel nun gegen die Platte, kann sie den Nektar erreichen; gleichzeitig drückt der Hebelmechanismus die fertile Theka mit dem Pollen gegen den Rücken des Insektes. In der gleichen Lage befinden sich bei älteren Blüten die

◄ **Abb. 19-16.** Entwicklungsgang einer bedecktsamigen Pflanze (Kl. Dicotyledonae, U.-Abt. Angiospermae, Abt. Spermatophyta) mit Generationswechsel und Kernphasenwechsel. Kernphasenwechsel von der diploiden zur haploiden Phase erfolgt bei der Reduktionsteilung. In den Pollenkammern der Staubblätter erfolgt die Reduktionsteilung bei der Bildung der primären Pollenzellen (Mikrosporen) aus den Pollenmutterzellen (Mikrosporenmutterzellen). Der haploide männliche Gametophyt ist stark reduziert; er entspricht dem gekeimten Pollenkorn mit nur noch einer vegetativen Zelle. In den Samenanlagen erfolgt die Reduktionsteilung im Nucellus bei der Bildung der Megaspore aus der Megasporenmutterzelle. Dabei degenerieren drei der vier meiotisch gebildeten haploiden Kerne. Die Megaspore entwickelt sich weiter zum achtkernigen Embryosack, der den stark reduzierten weiblichen Gametophyten darstellt. Kernphasenwechsel von der haploiden zur diploiden Phase erfolgt bei der Zygotenbildung nach Befruchtung der Eizelle durch einen der beiden Spermakerne. Aus der Zygote entwickelt sich die diploide Sporophytengeneration. Der zweite Spermakern führt zur Bildung des triploiden Endosperms (s. auch Text und Kasten 19-6). Nach Strasburger, Sharp, Melchior und Nultsch, verändert.)

Narben. Die Salbeiblüten sind proterandrisch, d.h. die Pollen werden reif bevor die Narben bestäubungsreif werden. So tragen die Hummeln aus jüngeren Blüten den Pollen auf ihrem Rücken fort und streifen ihn beim Besuch anderer, älterer Blüten auf den Narben ab (Abb. 19-17).

Die Feigenbäume *(Ficus carica)* bilden Blütenstände aus, die krugförmig vom Achsengewebe umhüllt sind. Zur Bestäubung machen sie sich den *Fortpflanzungstrieb einer Gallwespe* zunutze. Ein Teil der Feigenbäume hat Blütenstände, die männliche Blüten und weibliche Blüten mit kurzen Griffeln enthalten. Die Legeröhre der Gallwespe ist lang genug, um ihre Eier in die Fruchtknoten der kurzgriffeligen weiblichen Blüten hineinzubringen, wo dann die Larvenentwicklung abläuft. Die Feigen dieser Bäume sind

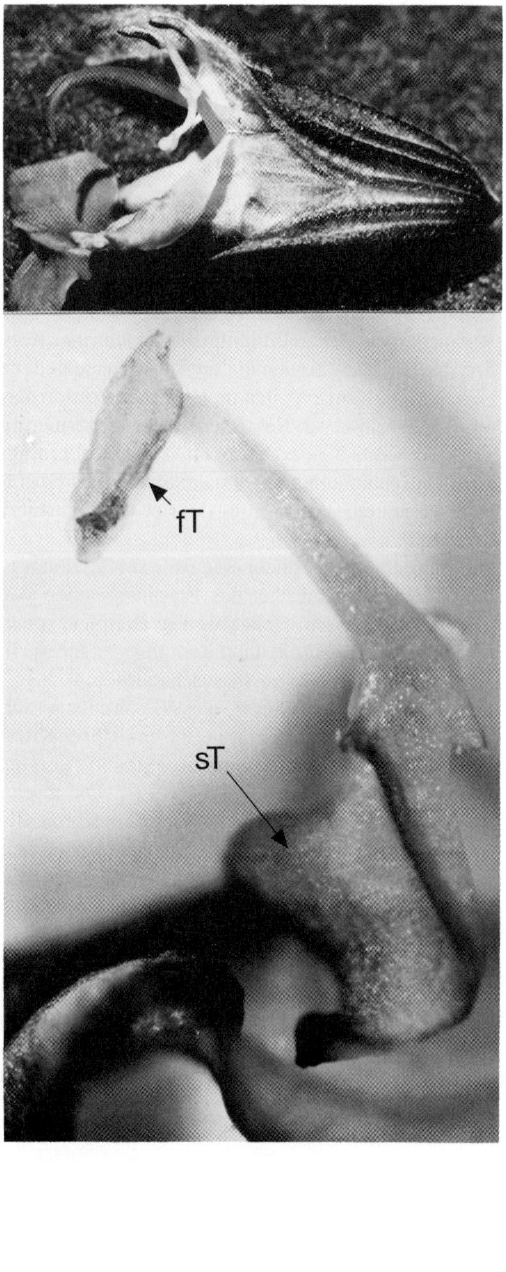

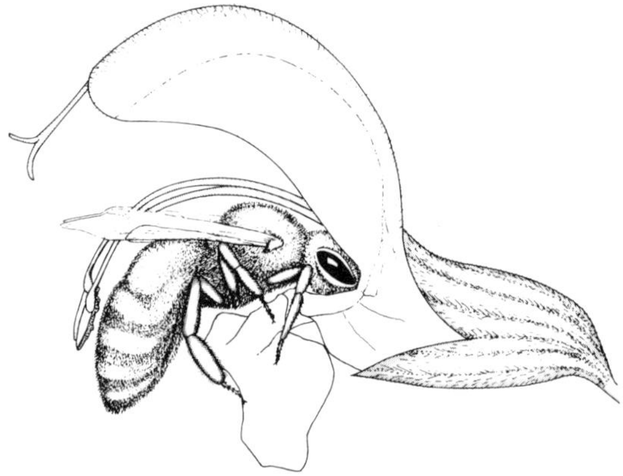

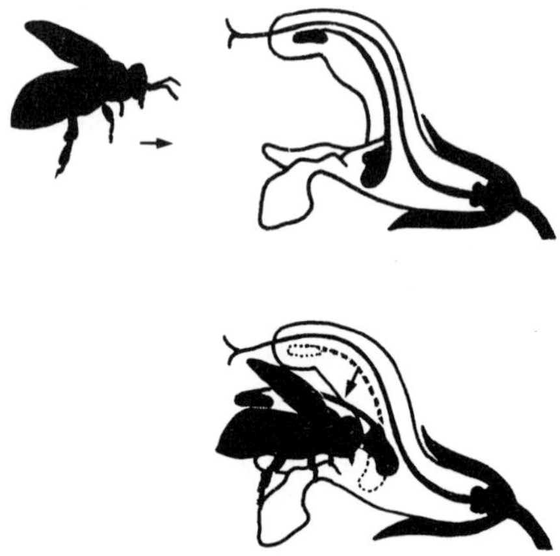

Abb. 19-17. Bestäubungsmechanismus der Salbei-Blüten (*Salvia,* Fam. Lamiaceae). Die Teilung der Staubblätter in eine fertile Theka (nach oben gerichtet fT) und eine plattenförmige sterile Theka (nach unten gerichtet sT) ist auf den Photographien gut zu erkennen. Das bestäubende Insekt drückt gegen die sterile Theka und preßt die fertile Theka an seinen Rücken.

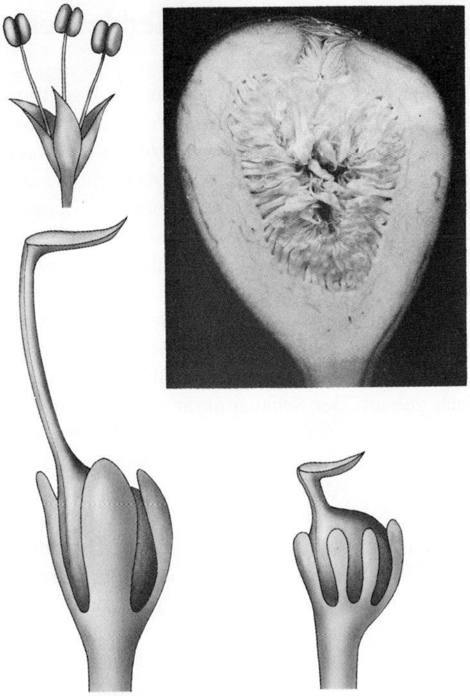

Abb. 19-18. Bestäubungsmechanismus von *Ficus carica* (Fam. Moraceae). Die Photographie zeigt den weiblichen Blütenstand (Feige), die Zeichnungen geben männliche und langgriffelige bzw. kurzgriffelige weibliche Blüten wieder (nach KARSTEN).

Abb. 19-19. Täuschblumen der Orchideengattung *Ophrys* (Fam. Orchidaceae), die das Abdomen von Insektenweibchen nachahmen.

ungenießbar (Ziegenfeigen, Caprificus); sie bilden auch keine Samen aus. Andere der Feigenbäume haben Blütenstände, in denen sich nur weibliche Blüten mit langem Griffel befinden. Diese werden von Gallwespen bestäubt, die sich in den Ziegenfeigen mit Pollen bedeckt haben. Die Gallwespen können in den langgriffeligen Blüten jedoch keine Eier ablegen. Schon im Altertum hat der Mensch diese Bestäubung durch Aufhängen von abgeschnittenen Ziegenfeigen-Zweigen in Eßfeigenbäumen künstlich gefördert (Caprifikation, Abb. 19-18).

Auch die Blüten der Orchideengattung *Ophrys* nutzen den Fortpflanzungstrieb von Insekten aus. Es sind aber *Täuschblumen,* denn die bestäubenden Tiere erhalten keine Nahrung. Die Blüten ahmen durch Form, Farbe, Behaarung und Duft die Weibchen der Insekten nach. Bei Kopulationsversuchen auf den *Ophrys*-Blüten führen die angelockten Insektenmännchen die Bestäubung durch (Abb. 19-19).

Täuschblumen sind auch die Blütenstände von *Arum maculatum,* dem Aronstab (Abb. 19-20). Ein helles Hochblatt (die Spatha) bildet einen bauchigen Kessel mit einer engen Öffnung, durch die ein an seinem Grunde entspringender Kolben hindurchtritt. Der Kolben trägt von unten nach oben zuerst eine Gruppe weiblicher Blüten, darüber sterile Blüten, die zu dicken Borsten umgewandelt sind, dann die männlichen Blüten und zum Abschluß nach oben wieder Borstenblüten. Der Kolben ist oben keulenförmig verdickt, hat eine schmutzig violette Farbe und läßt einen kotähnlichen Geruch ausströmen. Letzteres wird auch durch eine erhöhte Temperatur des Kolbens erreicht. Durch intensive Atmung, die nicht mit ATP-Bildung gekoppelt ist (Kap. 7.2.6), wird Energie in Form von Wärme freigesetzt. Die durch den Geruch und die Wärme angelockten Fliegen und Käfer gleiten auf der glatten und mit Öl überzogenen Spatha-Wand aus und stürzen in die *Kesselfalle.* Ein Entkommen wird durch die reusenartigen Hindernisblüten (Borsten) *zunächst* vereitelt. Sind die gefangenen Insekten schon mit *Arum*-Pollen in Berührung gekommen, bestäuben sie nun zunächst die weiblichen Blüten. Die Blütenstände des Aronstabs sind proterogyn. In der folgenden Nacht erst öffnen sich die Pollensäcke der männlichen Blüten. Die Hindernisblüten und der Kolben welken und geben den Ausgang frei, und der Geruch hört auf. Die Insekten bedecken sich beim Entweichen mit Pollen und stürzen sich aber bald wieder in die nächste Falle.

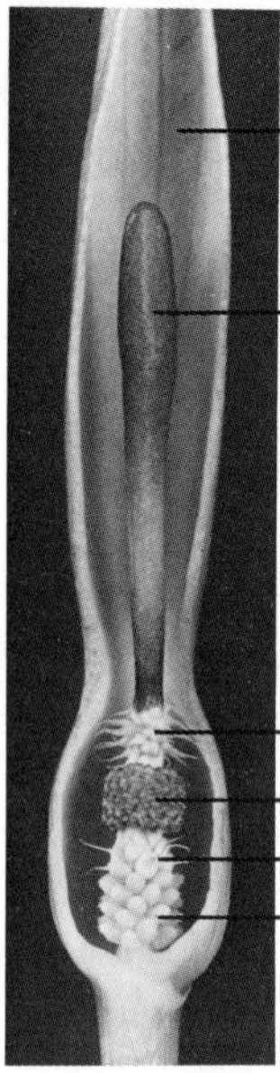

Abb. 19-20. Blütenstand des einheimischen Aronstabs, *Arum maculatum* (Fam. Araceae). Das Spathagewebe wurde zur Sichtbarmachung des unteren Kolbenteils mit den einzelnen Blütentypen und der Kesselöffnung auf der dem Beschauer zugewandten Seite entfernt.

19.6.2 Phylogenetische Tendenzen

Bei den Gymnospermen hat sich in der Evolution zuerst die *Windblütigkeit (Anemophilie)* entwickelt. Die ersten Andeutungen einer *Tierblütigkeit (Zoophilie)* sind bei den Cycadeen zu beobachten. Die Angiospermen sind dann zu obligatorischer Zoophilie übergegangen. Bei einer Reihe von Angiospermen-Gruppen ist aber *sekundär* wieder *Anemophilie* entstanden.

Bei der Bildung von Massenbeständen und an exponierten Standorten, die arm an Blumentieren sind, ist die Anemophilie von Vorteil. Die Blüten sind meist einfach gebaut, der Schauapparat und andere Vorkehrungen zur Anlockung und Belohnung von Tieren fehlen. Dafür muß eine große Menge leichter, schwebefähiger Pollen produziert werden, und die Griffel und Narben müssen große Oberflächen zum Auffangen der Pollen ausbilden. Erlen, Haselnußbüsche, Birken, Buchen, Eichen, Gräser und Brennnesseln gehören zu den sekundär anemophilen Angiospermen.

Einige Pflanzen stehen zwischen Zoophilie und Anemophilie. Bei der Eßkastanie *(Castanea)* ist der Pollen wie bei den zoophilen Pflanzen zunächst durch

Kasten 19-3
Glossar zur Pollenübertragung

- **Monözie.** Blüten eingeschlechtlich; ♂ und ♀ Blüten kommen auf derselben Pflanze vor (einhäusig).
- **Diözie.** Blüten eingeschlechtlich; ♂ und ♀ Blüten sind auf verschiedene Pflanzenindividuen verteilt (zweihäusig).
- **Allogamie.** Fremdbestäubung.
  - **Anemophilie.** Windbestäubung.
  - **Zoophilie.** Bestäubung durch Tiere.
    - Co-Evolution. Selektion aufeinander abgestimmter Differenzierungen bei verschiedenen Organismen.
- **Autogamie.** Selbstbestäubung.
    - **Cleistogamie.** Sonderfall der obligatorischen Autogamie, die Blüten öffnen sich nicht mehr.
- Mechanismen zur Verhinderung von Autogamie.
  - **Dichogamie.** Zeitlich verschobene Reife von ♂ und ♀ Teilen bei zwittrigen Blüten.
    - **Proterandrie.** ♂ vor ♀.
    - **Proterogynie.** ♀ vor ♂.
  - **Genetische Inkompatibilität.** Unverträglichkeit.

Pollenkitt klebrig und wird von Insekten verbreitet. Er trocknet dann aber und kann auch mit dem Wind verfrachtet werden.
Die Angiospermen-Blüten sind im typischen Fall zweigeschlechtlich oder zwittrig. Es gibt aber auch Sippen mit eingeschlechtlichen Blüten. Männliche und weibliche Blüten können auf ein und derselben Pflanze vorkommen (Einhäusigkeit: *Monözie*) oder auf verschiedene Pflanzen verteilt sein (Zweihäusigkeit: *Diözie*). Das sind sekundäre Entwicklungen, die besonders bei den anemophilen Angiospermen zu beobachten sind.
Bei Zwitterblüten und Blütenständen, die sowohl männliche als auch weibliche Blüten enthalten, werden bestimmte Mechanismen erforderlich, um eine Selbstbestäubung *(Autogamie)* zu verhindern und die Fremdbestäubung *(Allogamie)* sicherzustellen. Die bereits geschilderten besonderen Bestäubungsmechanismen des Salbeis, des Aronstabs und der Feigen können auch unter diesem Aspekt betrachtet werden, nicht nur als Beispiele für die komplexen Ergebnisse der Co-Evolution von Tieren und Blumen. Vielfach erschwert einfach das zeitlich verschobene Heranreifen der männlichen und weiblichen Blütenteile (die *Dichogamie)* mit *Proterandrie* (♂ vor ♀) und *Proterogynie* (♀ vor ♂) die Autogamie.
Interessante morphologische Differenzierungen unterstützen z. B. bei der Primel die Allogamie (Abb. 19-21). Primeln bilden langgriffelige Blüten mit an der Kronblattröhre tiefsitzenden Antheren und kurzgriffelige Blüten mit hochsitzenden Antheren aus. Bei den kurzgriffeligen Blüten kann der Pollen aus den eigenen Antheren auf die Narben fallen. Die Pollenkörner sind aber so groß, daß sie nicht zwischen die engen Narbenpapillen passen und auf der Narbe der eigenen Blüte nicht keimen können. Die langgriffeligen Primeln haben kleinere Pollenkörner, die zu den Narbenpapillen der kurzgriffeligen Blüten passen, und weite Narbenpapillen, die die Pollen der kurzgriffeligen Blüten aufnehmen können.
Besonders wichtig für das Vermeiden einer Autogamie ist aber die genetisch fixierte Selbststerilität *(Inkompatibilitätsgene)*.
Andererseits gibt es bei vielen Angiospermen auch fakultative Autogamie, wobei meistens gegen Ende der Blühzeit Selbstbestäubung möglich wird, wenn die Fremdbestäubung ausgeblieben ist. Daraus hat sich die *obligatorische Autogamie* entwickelt. Im Extremfall öffnen sich die Blüten überhaupt nicht mehr *(Cleistogamie:* z. B. bei Arten von *Lamium, Oxalis* und *Viola)*. Autogamie ist unter anderem ein

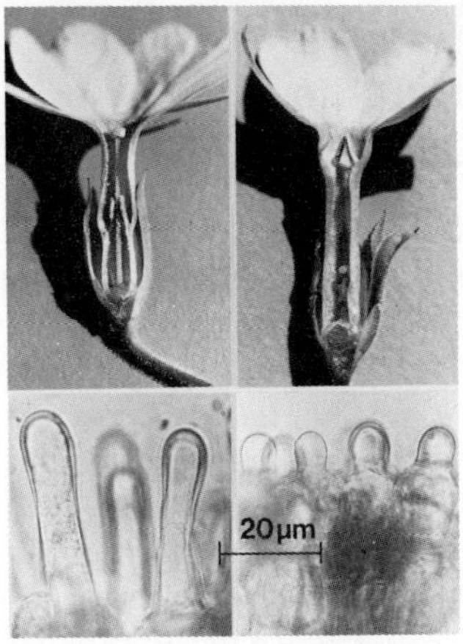

Abb. 19-21. Morphologische Differenzierungen zur Gewährleistung der Allogamie bei Primeln (Fam. Primulaceae). Links: Langgriffelige Blüte mit weiten Narbenpapillen. Rechts: Kurzgriffelige Blüte mit engen Narbenpapillen.

Vorteil für Pionierpflanzen, die neue Standorte besiedeln, wo bestäubende Tiere fehlen und wo sie möglicherweise zunächst nur als Einzelindividuen Fuß gefaßt haben.

19.7 Die Früchte

● *Früchte sind Blüten im Zustand der Samenreife.*

Von den verschiedenen Blütenteilen bleiben Reste von Kelchblättern und Staubblättern oft mehr oder weniger gut erhalten und werden in die Frucht mit einbezogen. Im wesentlichen werden Früchte aber von den Fruchtblättern (Karpellen) gebildet. Durch den Einschluß der Samenanlagen in den Karpellen, der phylogenetisch zunächst zum Schutz vor den bestäubenden Insekten notwendig wurde, entstand zuerst ein Problem für die Verbreitung der Samen. Dann entwickelte sich daraus aber eine Fülle neuer Möglichkeiten der Verbreitung.
Eine verbreitungsphysiologisch funktionelle Einheit nennt man *Diaspore.* Bei den Gymnospermen dienen die Samen als Diasporen. Bei den Angiospermen ist dies nur dann der Fall, wenn sich die Karpelle öffnen. Das geschieht bei den *Öffnungsfrüchten* (Kasten 19-4, I). Zu ihrer Verbreitung können die Samen dieser Pflanzen verschiedene Einrichtungen tragen, z. B. Flügel oder Haare für die Verbreitung durch den Wind; für die Verbreitung durch Ameisen

Kasten 19-4
Früchte

I. Öffnungs- und Schließfrüchte

- Öffnungsfrüchte: Diasporen sind die Samen.
  Chorikarpe Fruchtknoten
  (Fruchtblätter nicht untereinander verwachsen)
  Einblattfrüchte: nur ein Karpell.
  Sammelfrüchte: mehrere Karpelle werden durch Achsengewebe oder durch sekundäre Verwachsungen zusammengehalten.
  Aufspringen der Karpelle bei der Samenausstreuung:
  – An der Verwachsungsstelle (Bauchnaht): *Balgfrüchte.*
  – An der Rückennaht oder auch Bauch- und Rückennaht: *Hülsen.*
  Coenokarpe Fruchtknoten
  (Fruchtblätter untereinander verwachsen)
  Durch mannigfaltige Öffnungsmechanismen entstehen verschiedenartige Streufrüchte.

- Schließfrüchte: Diasporen sind die Früchte selber oder bei Spalt- und Bruchfrüchten Teile von Früchten.

II. Differenzierung der Fruchtwand (Perikarp)

Schichten der Fruchtwand (von außen nach innen):
– Exokarp
– Mesokarp
– Endokarp
} Perikarp

Nußfrüchte:	Das gesamte Perikarp ist trocken.
Beeren:	Das gesamte Perikarp ist fleischig.
Steinfrüchte:	Häutiges Exokarp, fleischiges Mesokarp, holziges Endokarp.

Ölkörper oder fleischiges Gewebe, das sich als Arillus aus dem äußeren Teil der Samenschale bildet (Kasten 19-4, III).
Den Öffnungsfrüchten stehen die *Schließfrüchte* gegenüber. Die Diasporen sind hier die Früchte selber oder bei *Spalt-* und *Bruchfrüchten* Teile davon. In besonderen Fällen werden auch ganze Fruchtstände (z. B. Feigen) zur Diaspore oder sogar ganze Pflanzen, die beim Vertrocknen versteifen, sich abrunden und vom Wind verschleppt werden („Steppenroller"). Bei der mannigfaltigen Ausbildung der Früchte zu den an verschiedene Verbreitungsmechanismen angepaßten Diasporen spielen Differenzierungen der aus den Karpellen gebildeten Fruchtwand eine große Rolle (Kasten 19-4, II und III).

An der *Selbstverbreitung* von Früchten sind bestimmte *Bewegungsmechanismen* beteiligt:
Das Springkraut *(Impatiens)* verfügt über einen durch Turgor bewirkten *Schleudermechanismus* (Abb. 19-22). Die Zellen des Mesokarps bilden ein Schwellgewebe. Sie haben ein sehr negatives Wasserpotential (weniger als −20 bar). Die dadurch bedingte osmotische Wasseraufnahme führt zu einer Volumenzunahme (Ausdehnungsbestreben des Schwellgewebes). Dem wirkt ein aus Faserzellen des Endokarps gebildetes Widerstandsgewebe entgegen. Mit zunehmender Fruchtreife bildet sich durch Auflösung von Mittellamellen an den Verwachsungsnähten der fünf Karpelle ein Trenngewebe. Bei leichter Berührung oder auch spontan kann es dann zu plötz-

Kasten 19-4 (Fortsetzung)

III. Verbreitungsökologische Anpassungen

Zoochorie:	Verbreitung durch Tiere.
Epizoochorie:	Früchte mit Hafteinrichtungen zum Hängen oder Kleben an der äußeren Oberfläche der Tiere (Kletten).
Endozoochorie:	Anlockung der Tiere durch Farbe und Geruch. *Saftige Früchte* werden gleich gefressen, die Samen sind widerstandsfähig und werden mit dem Kot wieder ausgeschieden. *Trockene Früchte* dienen der Vorratshaltung, wobei immer ein Teil nicht mehr aufgefunden wird und unverzehrt bleibt.
Sonderfälle der Zoochorie:	
Myrmecochorie:	Verbreitung durch Ameisen, von denen außen an Samen oder Früchten anhaftende Ölkörper *(Elaiosomen)* gefressen werden.
Anthropochorie:	Verbreitung durch Handel und Wandel des Menschen (Kulturpflanzen, Unkräuter).
Anemochorie:	Verbreitung durch den Wind. Früchte bilden verschiedenartige Anhängsel als Schwebeeinrichtungen aus. Orchideen bilden eine Unmenge winzig kleiner Samen ohne Speicherstoffe aus, die wie Staub durch den Wind verbreitet werden.
Hydrochorie:	Verbreitung durch das Wasser. Früchte bilden Schwimmeinrichtungen aus.
Autochorie:	Selbstverbreitung. Früchte bilden besondere Bewegungsmechanismen aus.

lichem Spannungsausgleich kommen. Die Karpelle reißen dabei an der Ansatzstelle des Fruchtstiels ab, rollen sich nach oben uhrfederartig auf und schleudern die Samen einige Meter weit fort.

Einen *Explosionsmechanismus* entwickelt die Spritzgurke, *Ecballium elaterium* (Abb. 19-22). Hier wird das Endokarp zum Schwellgewebe. Das Exokarp bildet ein bei der Fruchtreife stark elastisch gespanntes Widerstandsgewebe. Das Trenngewebe bildet sich am Fruchtstiel aus, der schließlich durch den steigenden Binnendruck der Frucht wie ein Sektkorken weggeschleudert wird, die Fruchtwand zieht sich zusammen und beschleunigt das explosionsartige Ausschleudern des flüssigen Fruchtinhalts mit den Samen, und die leere Fruchthülle fliegt durch den Rückstoß in die entgegengesetzte Richtung.

Am Aufspringen von Öffnungsfrüchten sind vielfach *hygroskopische Bewegungen* beteiligt. Die Cellulose-Fibrillen von Zellwänden können beim Quellen oder Entquellen relativ leicht ihre gegenseitigen Abstände, aber nicht ihre Länge verändern. Zellwände mit einem bestimmten Mikrofibrillenverlauf können deshalb durch Wasseraufnahme bzw. durch Austrocknung ihre Ausdehnung nur senkrecht zur Längsrichtung der Fibrillen ändern. Besteht eine Fruchtwand aus Zellagen mit unterschiedlichem Fibrillenverlauf, kommt es beim Quellen bzw. Entquellen zu Spannungen, die zum plötzlichen Aufreißen der Früchte und zum Wegschleudern der

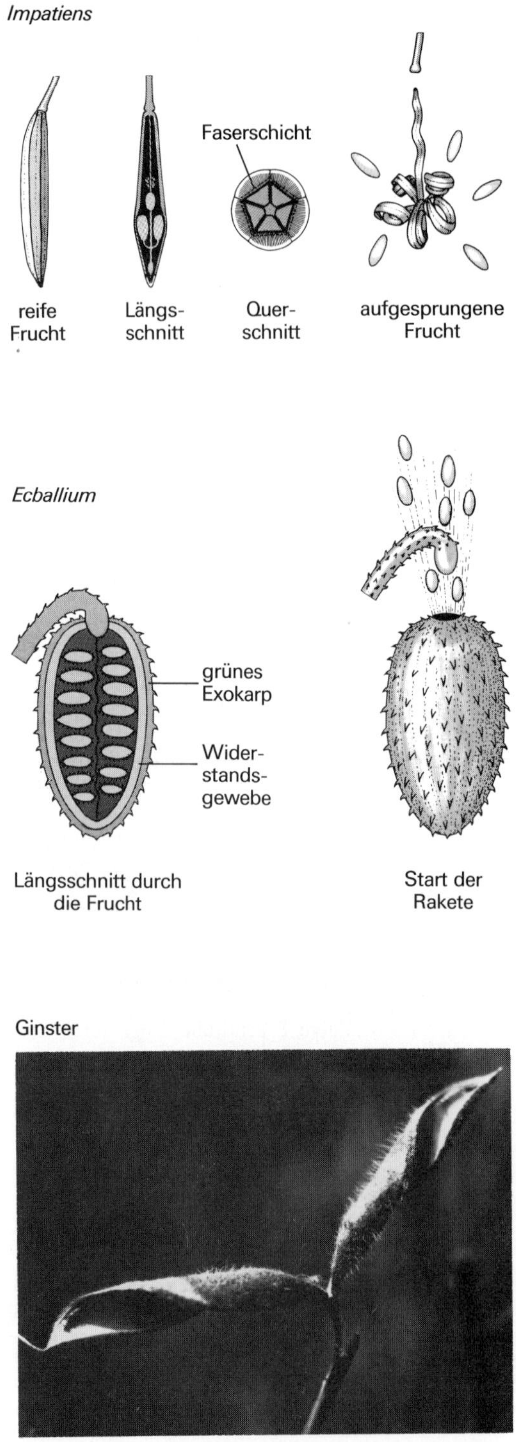

Abb. 19-22. Bewegungsmechanismen bei der Selbstverbreitung von Samen. Oben: Schleudermechanismus von *Impatiens* (Fam. Balsaminaceae) (nach Troll und Overbeck). Mitte: Explosionsmechanismus der Spritzgurke (*Ecballium,* Fam. Cucurbitaceae) (nach Overbeck). Unten: Hygroskopische Bewegung beim Ginster (Fam. Fabaceae).

Samen führen können (Abb. 19-22). Man kann diesen Vorgang auch durch ein Modell veranschaulichen, wenn man aus Papier mit einer bestimmten Faserrichtung verschieden orientierte Streifen ausschneidet, übereinanderklebt und dann anfeuchtet.

Es ist verschiedentlich versucht worden, die Mannigfaltigkeit der Früchte durch logisch konsequente Einteilungsschemata zu erfassen. Sie wirken allesamt unnatürlich. Die phylogenetisch spät entstandenen Früchte der Angiospermen sind noch in vielfältiger Entwicklung. Progressionen laufen unabhängig voneinander in vielen Sippen der Angiospermen ab.

Zur Illustration ist in Abb. 19-23 das Beispiel der chorikarpen Rosaceen gewählt, die auch besonders viele genießbare Früchte bilden. Nur die als Ziersträucher beliebten Spiraeen haben Öffnungsfrüchte, vielsamige Balgfrüchte oder daraus zusammengesetzte Sammelfrüchte. Die anderen Rosaceen bilden Schließfrüchte aus. Viele einsamige Nüßchen aus jeweils einem Fruchtblatt entstehen beim Fingerkraut *(Potentilla),* bei der Silberwurz *(Dryas)* und der Nelkenwurz *(Geum).* Bei *Dryas* und *Geum* tragen sie aus dem Griffel gebildete Schwebefortsätze. Die Hagebutten der Rosen und die Erdbeeren sind *Sammelfrüchte,* wo die Einblattnüßchen in den fleischigen Blütenboden eingesenkt sind (Hagebutten) bzw. von der saftigen kugelförmig anschwellenden Blütenachse hochgehoben werden (Erdbeeren). Himbeeren und Brombeeren dagegen sind *Sammelsteinfrüchte.* Die Früchte der Äpfel, Birnen und Quitten *(Malus sylvestris, Pirus communis, Cydonia oblonga)* bilden einen Sonderfall und werden als *„Apfelfrüchte"* bezeichnet. Die balgähnlichen Fruchtblätter werden hier zu einem pergamentartigen Gehäuse, um das herum das anschwellende Gewebe der Blütenachse das Fruchtfleisch bildet. Das Kernobst der *Prunus*-Arten entspricht *Einblattsteinfrüchten* (Kirschen: *P. avium, P. cerasus;* Pflaume: *P. domestica;* Pfirsich: *P. persica;* Aprikose: *P. armeniaca;* Mandel: *P. amygdalus).*

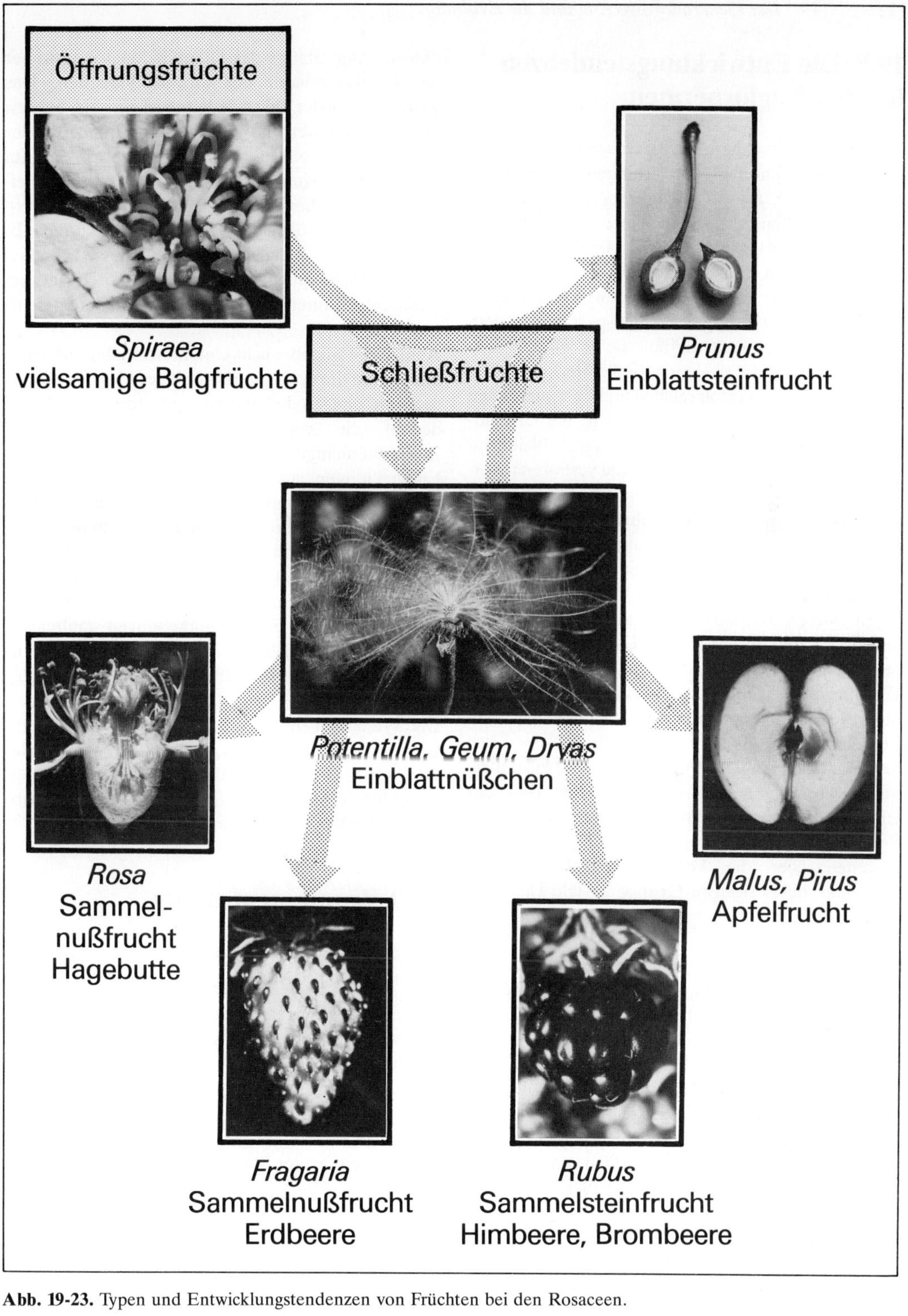

Abb. 19-23. Typen und Entwicklungstendenzen von Früchten bei den Rosaceen.

19.8 Die Entwicklungstendenzen bei den Angiospermen

Die Unterabteilung der *Angiospermen* ist mit 250 000 bis 300 000 Arten in 10 000 Gattungen und über 450 Familien *die größte Pflanzengruppe,* aber auch die jüngste. Fossilien, wie Pollen, Holz- und Blattreste, sind erst seit der Unter-Kreide ($0{,}2$ bis $0{,}1 \cdot 10^9$ Jahre zurück) bekannt. Fossilfunde zeigen dann in der Ober-Kreide die große Ausstrahlung, rasche Ausbreitung und Entfaltung der Angiospermen aus dem damaligen Tropengürtel heraus, sie geben aber keinen Hinweis auf die phylogenetische Herkunft. Der Ursprung dieser so erfolgreichen und dominierenden Pflanzengruppe der Gegenwart, d.h. der „Angiospermenzeit" oder des Neophytikums, bleibt im Dunkeln der jüngeren Erdgeschichte verborgen. Vergleiche rezenter Angiospermen und Gymnospermen und fossiler Gymnospermen führen zu verschiedenartigen interessanten Spekulationen über die Evolution der Angiospermen und ihrer charakteristischen Blüten. Mit einiger Sicherheit läßt sich aber nur sagen, daß die Vorfahren nicht innerhalb der Unterabteilung Coniferophytina der Gymospermen, sondern eher bei den Cycadophytina zu suchen sind.

Die unglaubliche Vielfalt und Pracht der Angiospermen-Blüten ist hauptverantwortlich für den Ehrentitel der Botanik als *scientia amabilis.* Es lassen sich innerhalb der Angiospermen einige Entwicklungstendenzen erkennen, insbesondere im Bau der Blüten, die für die Erarbeitung eines natürlichen Systems herangezogen werden können. Im einzelnen bestehen über die Verwandtschaftsbeziehungen innerhalb dieser riesigen Gruppe soviele Unsicherheiten, daß jeder Überblick vorläufigen Charakter haben muß.

Die wichtigsten Progressionen von ursprünglichen zu abgeleiteten Merkmalen im Blütenbau der Angiospermen sind in Kasten 19-5 zusammengefaßt.

Die Angiospermen sind in zwei Klassen gegliedert, die *Dikotyledonen* und die *Monokotyledonen.* Die Vertreter beider Klassen unterscheiden sich nicht nur durch die Zahl ihrer Keimblätter *(Zwei- bzw. Einkeimblättrigkeit),* sondern noch in einer ganzen Reihe anderer Merkmale. Durch den unterschiedlichen *Leitbündelverlauf im Sproß* ergibt sich die *Netznervatur* der Blätter der Dikotyledonen gegenüber der *Parallelnervatur* der Monokotyledonen. Das Wurzelsystem der Dikotyledonen ist *allorhiz,* bei den Monokotyledonen ist durch Unterdrückung der Hauptwurzel meistens *Homorhizie* ausgebildet. Im Blütenbereich sind für die Monokotyledonen *dreizählige Wirtel* charakteristisch, gegenüber den *zwei-, vier- oder fünfzähligen Wirteln* der Dikotyledonen. In allen diesen Merkmalen gibt es Übergänge zwischen Di- und Monokotyledonen. Phylogenetisch sind die Monokotyledonen aus den Dikotyledonen entstanden.

Abb. 19-24 zeigt die acht Unterklassen der Dikotyledonen und die drei Unterklassen der Monokotyledonen mit einigen bekannten Vertretern. Die Pfeile deuten die wahrscheinlichen phylogenetischen Zusammenhänge an. Es wird deutlich, daß einige Entwicklungen mehrfach, d.h. in verschiedenen Gruppen unabhängig voneinander verlaufen sind. Dies gilt auch für Progressionen innerhalb der Dikotyledonen und Monokotyledonen. In beiden Gruppen sind als vorläufige Höhepunkte der Entwicklung ausgehend von Einzelblüten, Rückbildungen von Blütenteilen und Zusammenfassungen zahlreicher Einzelblüten zu Blütenständen *Scheinblüten* entstanden. Auf den ersten Blick sehen diese Scheinblüten Einzelblüten täuschend ähnlich. Dies sind bei den Dikotyledonen die Körbchen der Asterales (früher Compositae: Korbblütler) und bei den Monokotyledonen die von einer Spatha umhüllten am Kolben sitzenden Blütenstände der Arecidae (Aronstab, *Anthurium*).

19.9 Zusammenfassung

Einen zusammenfassenden Überblick dieses Kapitels bieten:

- die Übersicht der Generations- und Kernphasenwechsel mit den wichtigsten Bezeichnungen der einzelnen Homologien (Kasten 19-6);
- die Übersicht der wichtigsten erwähnten Taxa bis zur Unterklasse, bzw. Ordnung (Kasten 19-7);
- ein vereinfachter Stammbaum der höheren Pflanzen (Abb. 19-25).

Kasten 19-5
Progressionen im Blütenbau der Angiospermen

BLÜTENTEILE

Perianth (Blütenhülle)

schraubige (azyklische) Anordnung zahlreicher Perianthblätter
↓
wirtelige (zyklische) Anordnung; definierte Zahl von Perianthblättern

zweikreisiger Perianth (2 Wirtel von Perianthblättern) ↓ einkreisiger Perianth (1 Wirtel von Perianthblättern) ↓ Perianth fehlt durch Reduktion	Perianthblätter frei ↓ Perianthblätter untereinander verwachsen

Androeceum (Staubblätter)

schraubige Anordnung zahlreicher Staubblätter (primäre Polyandrie)
↓
zweikreisige Anordnung einer definierten Zahl von Staubblättern
↓
einkreisige Anordnung einer definierten Zahl von Staubblättern

↓ Reduktion	↓ Vermehrung der Staubblätter innerhalb eines Wirtels (sekundäre Polyandrie)

Gynoeceum (Fruchtblätter)

Chorikarpie
↓
Coenokarpie

GANZE BLÜTEN

Radiärsymmetrie
↓
Monosymmetrische Blüten (Zygomorphie)

BLÜTENSTÄNDE

Große Einzelblüten
↓
Kleinere Blüten in Blütenständen
↓
Zusammenfassung reduzierter Einzelblüten in Scheinblüten

Abb. 19-24. Systematik und möglicher Stammbaum der Angiospermen dargestellt anhand besonders bekannter Vertreter der acht Unterklassen der Kl. Dicotyledonae und der drei Unterklassen der Kl. Monocotyledonae.

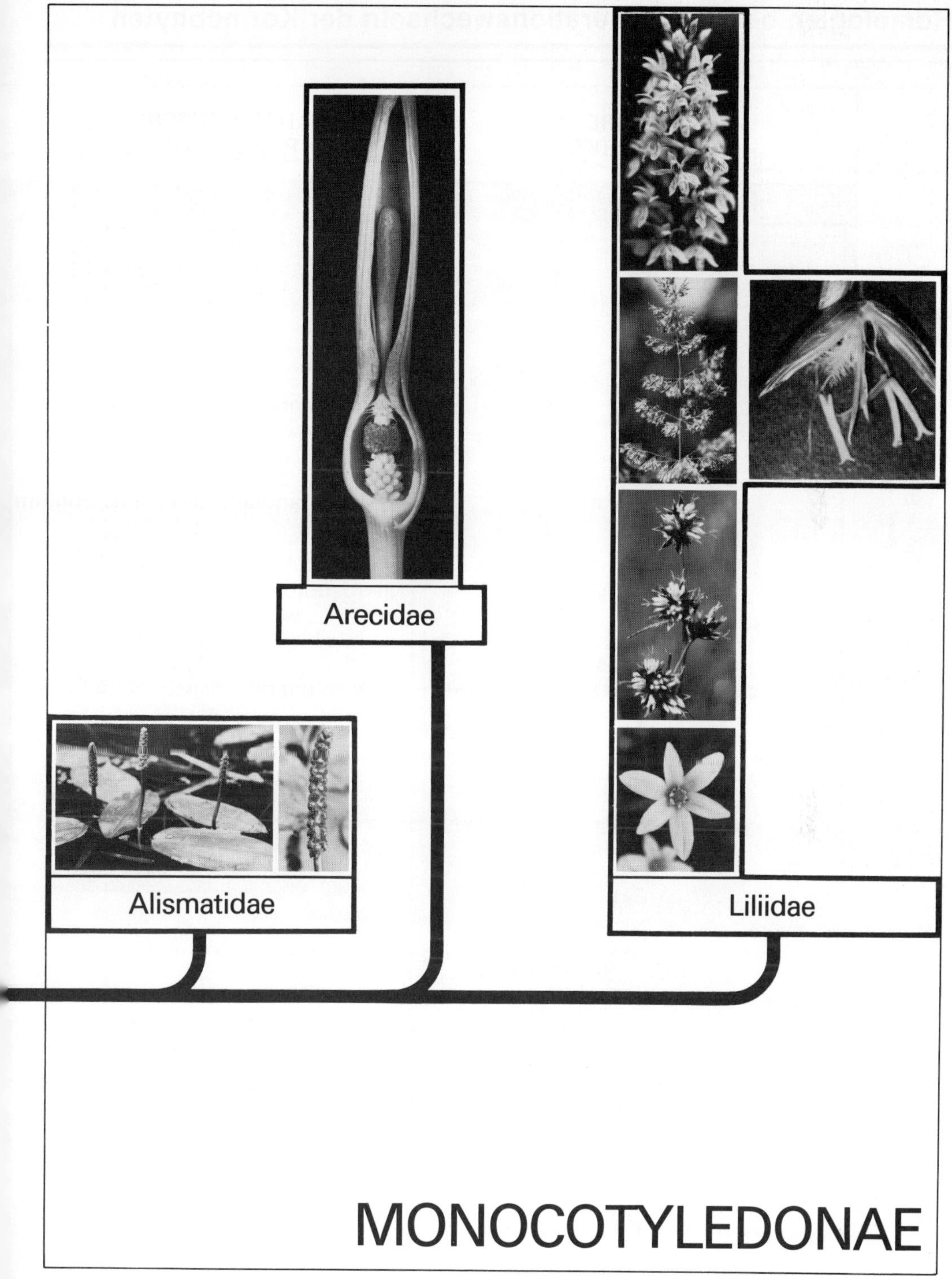
Arecidae
Alismatidae
Liliidae
MONOCOTYLEDONAE

Kasten 19-6
Homologien bei den Generationswechseln der Kormophyten

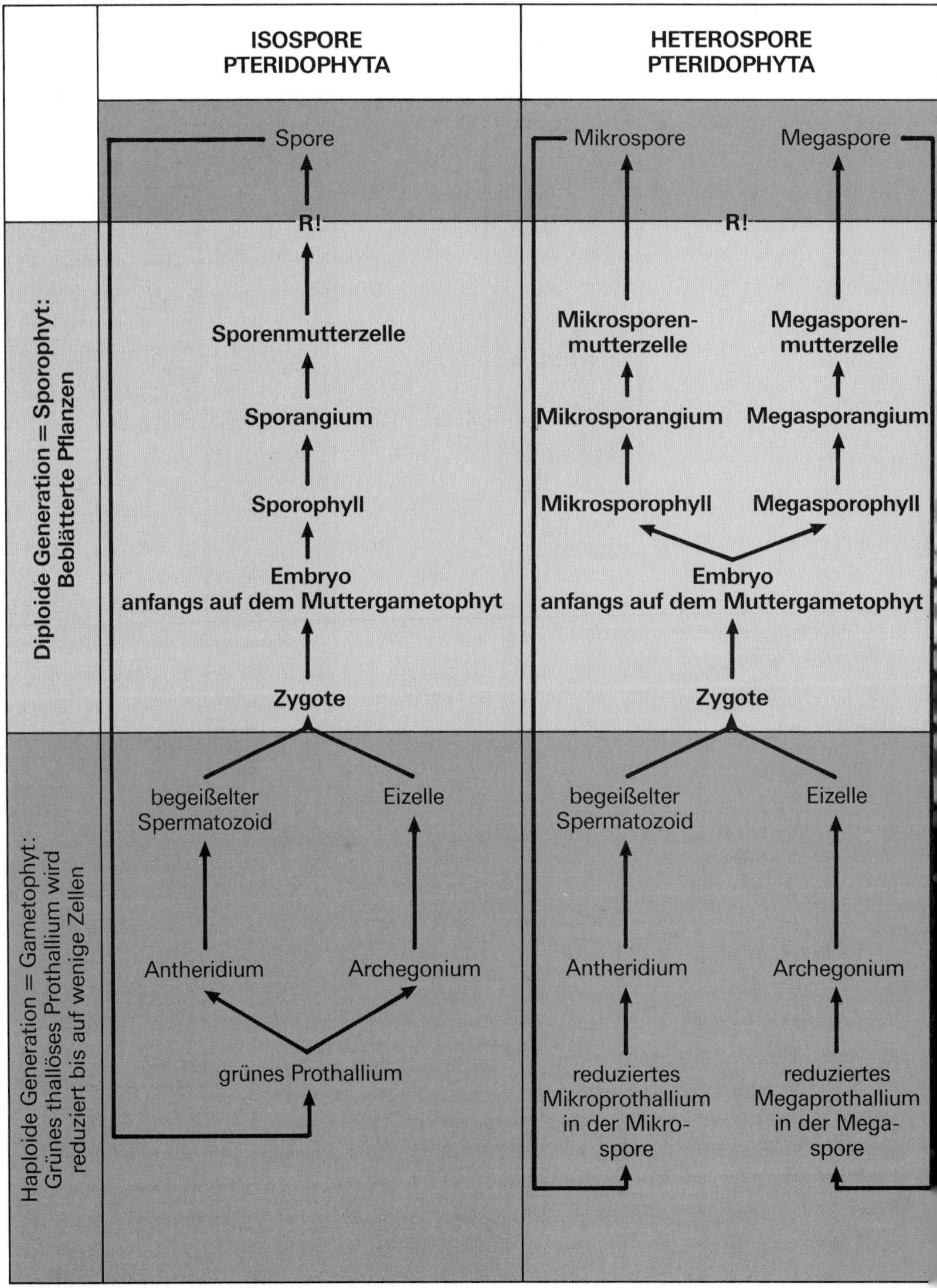

Kasten 19-6 (Fortsetzung)

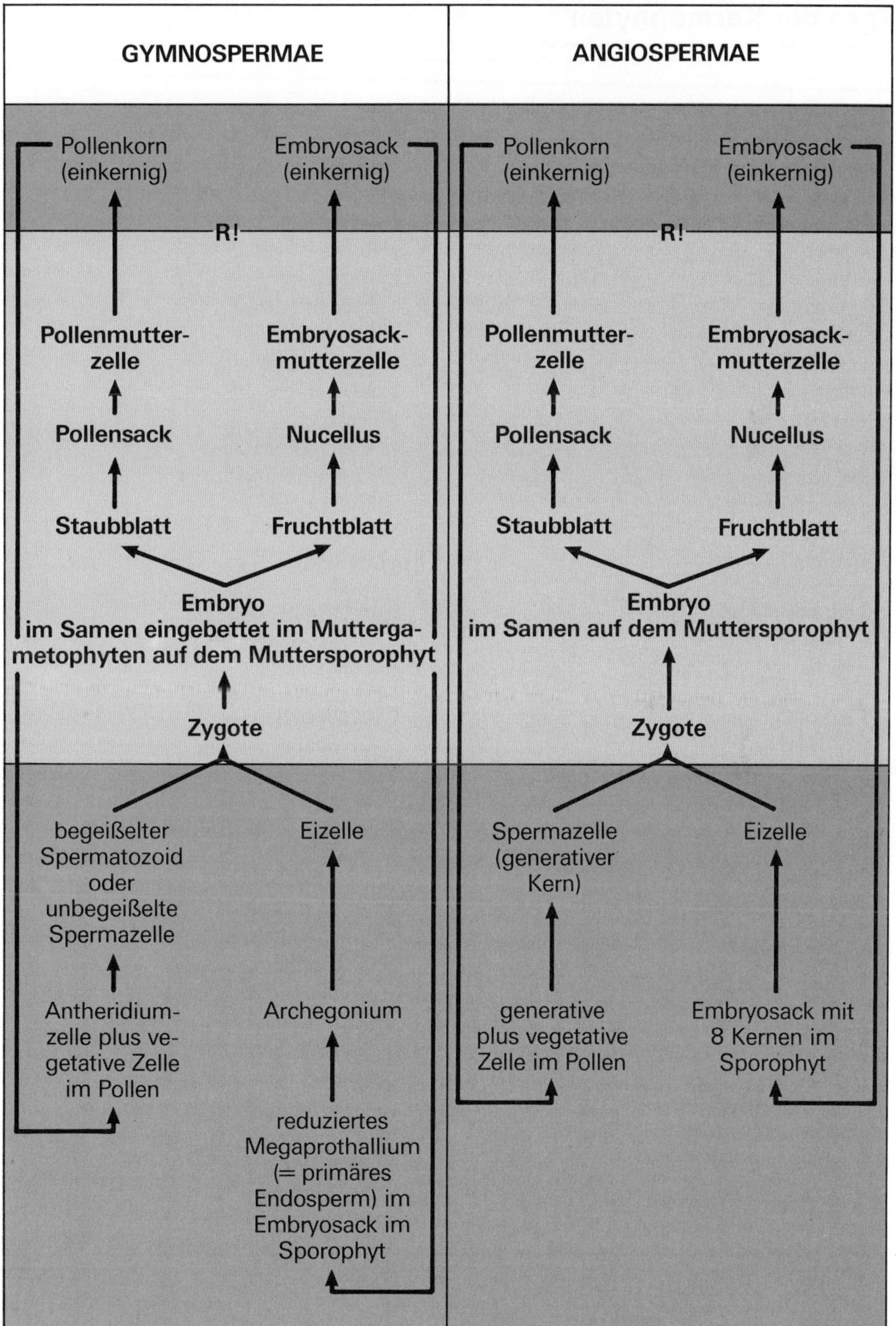

Kasten 19-7
Taxa der Kormophyten

Taxon	*Name*
Abteilung	Pteridophyta
Klasse	Psilophytatae
Klasse	Psilotatae
Klasse	Lycopodiatae
Ordnung	Lycopodiales
Ordnung	Selaginellales
Ordnung	Lepidodendrales
Klasse	Equisetatae
Klasse	Filicatae
Unterklasse	Eusporangiatae
Unterklasse	Leptosporangiatae
Unterklasse	Hydropterides
Abteilung	Spermatophyta
Unterabteilung	Coniferophytina
Klasse	Ginkgoatae
Klasse	Pinatae
Unterabteilung	Cycadophytina
Klasse	Cycadatae
Unterabteilung	Angiospermae
Klasse	Dicotyledoneae
Unterklasse	Magnoliidae
Unterklasse	Ranunculidae
Unterklasse	Caryophyllidae
Unterklasse	Hamamelididae
Unterklasse	Rosidae
Unterklasse	Dilleniidae
Unterklasse	Lamiidae
Unterklasse	Asteridae
Klasse	Monocotyledoneae
Unterklasse	Alismatidae
Unterklasse	Liliidae
Unterklasse	Arecidae

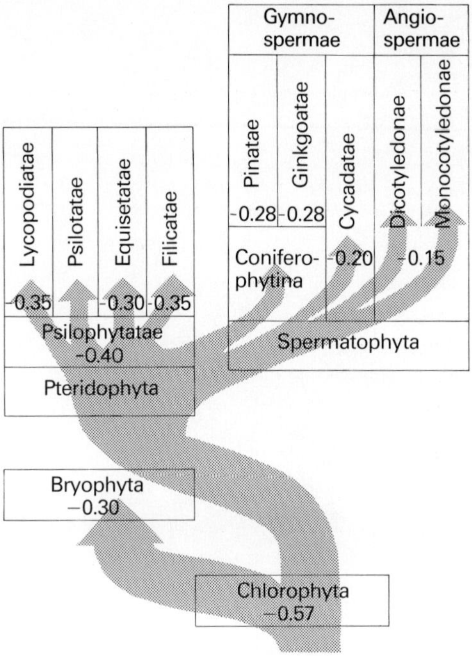

Abb. 19-25. Stammbaum der höheren Pflanzen. Die mit Minuszeichen versehenen Zahlen deuten das erste Auftreten in der Erdgeschichte an, in Milliarden Jahren in der Vergangenheit (vgl. auch Kasten 1-2).

Zum weiteren Studium

HESS, D.: *Die Blüte.* Ulmer, Stuttgart 1983.

STRASBURGER, E.: *Lehrbuch der Botanik für Hochschulen.* Fischer, Stuttgart – Jena – New York 1991.

20 Die Pflanzen in ihren Lebensräumen

Integration und Koordination von Einzelelementen ist ein wesentliches Merkmal des Lebens. Wir haben bei unseren bisherigen Betrachtungen solche Koordination auf allen Organisationsstufen des Pflanzenlebens angetroffen, angefangen auf der molekularen Ebene, sich fortsetzend über die Zellorganellen, Zellen, Gewebe und Organe und vorläufig gipfelnd im vollständigen Organismus.

Mit dem Organismus ist die Hierarchie der Integrationsstufen aber noch keineswegs abgeschlossen. Sie setzt sich vielmehr fort in den Lebensgemeinschaften der Organismen. Hier gewinnt die Integration der lebenden Systeme sogar globale Dimensionen. Die vielfältigen und wirkungsvollen Anpassungen, die im Verlauf der Evolution durch die Lebensbedingungen selektioniert wurden, haben es nämlich ermöglicht, daß heute praktisch die ganze Erdoberfläche von den Pflanzen als Lebensraum genutzt werden kann. Dabei treten *großräumige Verteilungsmuster* auf.

Außerdem begrenzt Anpassung die Lebensmöglichkeit der speziell angepaßten Arten und Rassen *(Ökotypen,* Kasten 20-1) auf Lebensräume mit derjenigen Faktorenkonstellation, auf welche die Anpassung ausgerichtet ist. Solche Lebensräume können manchmal sehr eingeengt sein. Sie sind dies umso mehr, je spezialisierter und damit vollkommener die Anpassung ist. Neben den globalen ergeben sich also bei den Pflanzen auch *lokale Verteilungsmuster.*

20.1 Die kleinräumige Gliederung der Vegetation: die Pflanzengesellschaften

Es bedarf keiner besonders scharfen Beobachtung und keiner Reisen in exotische Fernen, um feststellen zu können, daß die Pflanzen, welche als Vegetation das Festland überziehen, in immer wiederkehrender bestimmter Vergesellschaftung auftreten. Dabei bestehen offenbar Bezüge zum jeweiligen Standort. So haben Moore, Dünenlandschaften, Wiesen, Bergwälder, Alpenmatten u. a. jeweils für sie typische Artenmuster.

Man bezeichnet diese regelmäßige, an bestimmte Standorte gebundene Vergesellschaftung bestimmter Pflanzenarten als *Pflanzengesellschaft* (Abb. 20-1, Kasten 20-1).

Die einzelnen Pflanzengesellschaften sind räumlich oft recht scharf gegeneinander abgegrenzt. Ihre flächigen Ausdehnungen können sehr verschieden sein. Neben sich über viele Quadratkilometer erstreckenden Pflanzengesellschaften existieren solche mit Ausdehnungen von nur wenigen Quadratmetern, ja Quadratdezimetern. So trägt z. B. eine Felskuppe eine andere Vegetation als der sie umgebende Wald, und die unmittelbare Umgebung einer Sennhütte mit ihren Stallungen weist wegen des hier hohen Stickstoff-Gehaltes im Boden eine andere Pflanzengesellschaft auf als das umliegende Almgelände.

Pflanzengesellschaften sind durch den Besitz von *Charakterarten* gekennzeichnet. So spricht man z. B. von einem Eichen-Hainbuchen-Wald, um eine Pflanzengesellschaft zu benennen, für welche die beiden Baumarten charakteristisch sind. Ein weiteres Merkmal der Pflanzengesellschaften ist die relative Häufigkeit der Individuen der einzelnen Arten, und weiterhin der Anteil der einzelnen Arten an der pflanzlichen Biomasse der Gesellschaft. Letztlich ist wesentlich, daß in dem als Pflanzengesellschaft angesehenen Bestand die Arten räumlich homogen verteilt sind.

Artenbestand, relative Artenhäufigkeit und *Homogenität der Artenverteilung* sind also die Kriterien, mit denen sich Pflanzengesellschaften wiedererkennen und wissenschaftlich beschreiben lassen. Die Wissenschaft von den Pflanzengesellschaften ist die *Pflanzensoziologie.*

Für das Zustandekommen und Aufrechterhalten definierbarer Pflanzengesellschaften ist Auslese von grundlegender Bedeutung. Jeder Standort weist eine bestimmte Konstellation von Faktoren auf. Nur solche Pflanzenarten vermögen an einem Standort Fuß zu fassen und damit Bestandteile der für ihn typischen Pflanzengesellschaft zu werden, die an die herrschenden Bedingungen angepaßt sind und unter ihnen auch langfristig gedeihen können.

Man unterscheidet *abiotische* und *biotische Faktoren.* Abiotische Faktoren sind die physikalisch-chemischen Gegebenheiten des Standortes, allen voran Klima, Lichtverhältnisse, Nährstoffangebot und Bodenverhältnisse. Biotische Faktoren werden durch die *Biocönose* (Kasten 20-1) verursacht. Zu ihnen zählen die Konkurrenz der Arten untereinander, Veränderungen des Bodens durch die Lebenstätigkeit der Biozönose, gegenseitige Beschattung der Pflanzen. Auch die vom Menschen ausgehenden Einflüsse gehören strenggenommen zu den biotischen Faktoren. Hier zeigt sich jedoch, daß die eindeutige Klassifizierung der Standortfaktoren oft schwierig ist, denn der Mensch kann auch weiträumig abiotische Faktoren verändern.

Die oft sehr scharfe räumliche Abgrenzung der Pflanzengesellschaften ist vor allem auf die *Konkurrenz der Pflanzenarten* untereinander zurückzuführen. Läßt nämlich eine lokale Änderung der Standortfaktoren optimales Wachstum bestimmter Pflanzenarten nicht mehr zu, so werden diese durch Arten unterdrückt, die unter den geänderten Bedingungen konkurrenzfähiger sind. Daraus resultiert eine andersartige Konstellation von Arten, d.h. eine andersartige Pflanzengesellschaft.

Das gleiche Prinzip gilt nicht nur für räumliche, sondern auch für zeitliche Veränderungen von Pflanzengesellschaften. Eine solche zeitliche Veränderung bezeichnet man als *Sukzession* (Kasten 20-1). Sukzessionen lassen sich besonders eindrucksvoll bei der Besiedlung von neu entstandenem Land durch Pflanzen beobachten. Betrachten wir als Beispiel neu angeschwemmten Boden im Wattenmeer. Die erste Pflanze, die auf solchem Standort Fuß faßt, ist die Salzpflanze *Salicornia* (Queller, Abb. 20-2). Die Pflanze festigt den Boden und erlaubt die Ablagerung weiterer Bodenpartikel. Dadurch erhöht sich der Boden, und es finden nun weitere Arten von Salz-

Abb. 20-1. Auwald und Schilfrasen als typische Pflanzengesellschaften an einem verlandenden Altwasser des Rheines (Aufnahme: R. KINZELBACH).

Abb. 20-2. Bestand von *Salicornia europaea* (Queller) im Schlickwatt der Nordseeküste bei auflaufender Flut. Bei Hochtide sind die Pflanzen später von Wasser überdeckt.

pflanzen (Halophyten) geeignete Lebensbedingungen: Aus der Queller-Pioniergesellschaft entsteht als neue Pflanzengesellschaft die Salzwiese. Durch Regen wird das Salz aus dem Boden ausgewaschen. Damit werden die Salzpflanzen durch Glykophyten (Salzböden meidende Pflanzen) zurückgedrängt. Es entstehen also nicht-halophile Gras- und Kräuterfluren, später Gebüsch und schließlich Wald, sofern andere Standortfaktoren dies zulassen.
Weitere typische Beispiele für Sukzessionsgesellschaften kann man u. a. bei der Besiedlung von neu entstandenen Vulkaninseln, bei der Verlandung von Gewässern (Abb. 20-1) oder bei der Besiedelung von Kahlschlägen in Wäldern beobachten.
Eine Sukzession findet ihren Abschluß in einer unter den gegebenen Standortbedingungen stabilen und damit endgültigen Pflanzengesellschaft. Dieses Endstadium der Sukzession wird als *Klimax-Gesellschaft* bezeichnet (Kasten 20-1). Die Klimax-Gesellschaft zeigt an, daß sich das betreffende Ökosystem im Gleichgewicht befindet.
Echte Klimax-Gesellschaften sind heute in Mitteleuropa selten, da der Mensch ständig und umfassend in die Ökosysteme eingreift und damit die Pflanzengesellschaften beeinflußt. So sind die heute in unseren Mittelgebirgen oft anzutreffenden Monokulturen an Nadelbäumen keine Klimax-Gesellschaften, sondern von Menschen geschaffene „Holzplantagen". Die echte Klimax-Gesellschaft der mitteleuropäischen Mittelgebirge wäre ein Mischlaubwald. Er stellt sich dort wieder ein, wo einseitige Maßnahmen der Menschen unterbleiben und damit natürliche Regeneration der Pflanzengesellschaft gewährleistet ist.
Einige typische Beispiele: Viele der für die mitteleuropäische Hochgebirgslandschaft charakteristischen Almen sind Kahlschläge des ursprünglichen Bergwaldes und Krummholzgebüsches, vom Menschen angelegt zur Ausweitung der Milchwirtschaft. Heute, da Milchwirtschaft weniger lohnt als früher, werden viele Almen nicht mehr als Viehweide genutzt. Die Sämlinge der Bäume werden daher nicht mehr vom Vieh verbissen. An Stelle der Almen breitet sich wieder Bergwald aus.
Eine ganz ähnliche Sukzession kann man in den norddeutschen Heidelandschaften beobachten. Die Heidegesellschaften wurden infolge Beweidung durch Schafe stabilisiert. Nach dem Rückgang der Schafhaltung faßt wieder Wald fuß, sodaß heute in der Lüneburger Heide einige Schafherden einzig für den Zweck gehalten werden, wenigstens Teile der Heidelandschaft als „Freilichtmuseum" zu retten.
Die Orchideenwiesen des Kaiserstuhls am Oberrhein werden vor der Bewaldung bewahrt, indem Naturschützer diese Wiesen immer wieder mähen.
Wir fassen zusammen: Das Auftreten von Sukzessionen ist immer ein Zeichen dafür, daß sich das Ökosystem noch nicht oder nicht mehr im Gleichgewicht befindet. Dieses ist erst in der Klimax-Gesellschaft erreicht. Die ständige Beobachtung der Pflanzengesellschaften und ihrer Veränderung vermag daher Auskunft zu geben, ob und in welchem Ausmaß Störungen im Ökosystem vorliegen. Solche Aussagen sind z. B. im Zusammenhang mit sachgerechter Beurteilung der Wirkung von Umweltbelastung durch den Menschen wichtig.
Die Tatsache, daß Pflanzengesellschaften Sukzessionen unterliegen, zeigt besonders deutlich, daß es sich hier um *dynamische Systeme* handelt, die selbstregulatorisch auf Veränderungen der Umwelt reagieren können.

Sukzessionen der Pflanzengesellschaften haben auch in den Dimensionen geologischer Zeitalter stattgefunden. Ein Beispiel ist der Wechsel der Vegetation in Europa während der Eiszeiten und Zwischeneiszeiten. Solche Sukzessionen lassen sich durch die Analyse der in Ablagerungen enthaltenen Fossilien, Pflanzenreste und Pollen (Pollenanalyse; Kap. 19.5.1) selbst nach Jahrtausenden noch rekonstruieren.

20.2 Die großräumige Gliederung der Vegetation: die Biome

Da die Existenzmöglichkeit von Landpflanzen vor allem durch Klima und Boden bestimmt wird, haben die geophysikalisch bedingten *Klimagürtel der Erde* entscheidenden Einfluß auf die globale Gliederung der Pflanzendecke. Dabei spielen die Faktoren Niederschlagsmenge und Temperatur eine besonders wichtige Rolle. Im Gefolge der Klimazonen haben sich entsprechende Vegetationszonen herausgebildet. Sie spiegeln die Angepaßtheit der Pflanzen an die Bedingungen der jeweiligen Klimazone wider (Abb. 20-3).

Neuerdings wird der Begriff *Vegetationszone* häufig durch den umfassenderen Begriff *Biom* ersetzt (Kasten 20-1). Dieser bezieht sich nicht nur auf die Pflanzen, sondern auf *alle* Organismen, deren Vorkommen auf eine bestimmte Klimazone beschränkt ist. Da jedoch die Ökosysteme von der Existenzmöglichkeit der Primärproduzenten abhängen, werden die Biome entsprechend der in ihnen vorherrschenden *Pflanzenformationen* (Kasten 20-1) eingeteilt.

Wir werden die Charakteristika der wichtigsten Biome später noch kennenlernen, wollen vorher aber noch einen wichtigen Gesichtspunkt herausarbeiten:

Kasten 20-1
Wichtige Begriffe der Vegetationskunde

- **Biocönose:** Lebensgemeinschaft aller Organismen eines Standortes.
- **Biom:** Lebensgemeinschaft aller Organismen einer Klimazone. Biome werden nach den jeweils vorherrschenden Pflanzenformationen benannt.
- **Biotop:** Lebensraum einer bestimmten Lebensgemeinschaft (Biocönose). Im Zusammenhang mit Pflanzen wird hierfür oft der Begriff „Standort" verwendet. Ein Biotop ist durch eine bestimmte Konstellation äußerer Faktoren gekennzeichnet.
- **Klimaxgesellschaft:** Endstadium einer Sukzessionsfolge. Sie zeigt an, daß sich das betreffende Ökosystem im Gleichgewicht befindet.
- **Ökosystem:** Vollständiges Wirkungsgefüge zwischen den Organismen der Biocönose und den biotischen und abiotischen Faktoren des Biotops.
- **Ökotyp:** An bestimmte ökologische Faktoren angepaßte Rassen von Pflanzen-(oder Tier-) Arten. Die besonderen anatomischen und physiologischen Merkmale dieser Ökotypen sind durch die ökologische Beanspruchung geprägt.
- **Pflanzenformation:** Ein Vegetationskomplex mit gleichem Erscheinungsbild. So spricht man von Nadelwald, Laubwald, Sukkulentensteppe usw. Der Begriff bezieht sich also auf die vorherrschenden Lebensformen (Kasten 20-2), nicht aber auf die Artenzusammensetzung des Vegetationskomplexes.
- **Pflanzengesellschaft:** Ein Vegetationskomplex mit bestimmter Artenzusammensetzung. Diese wird durch die Standortfaktoren und durch die Konkurrenzfähigkeit der Arten bestimmt.
- **Sukzession:** Zeitliche Abfolge verschiedener Pflanzengesellschaften an einem Standort. Eine Sukzessionsfolge spiegelt die Entwicklung der Vegetation an einem Standort wider. Sie erreicht ihren Endzustand in der Klimaxgesellschaft.

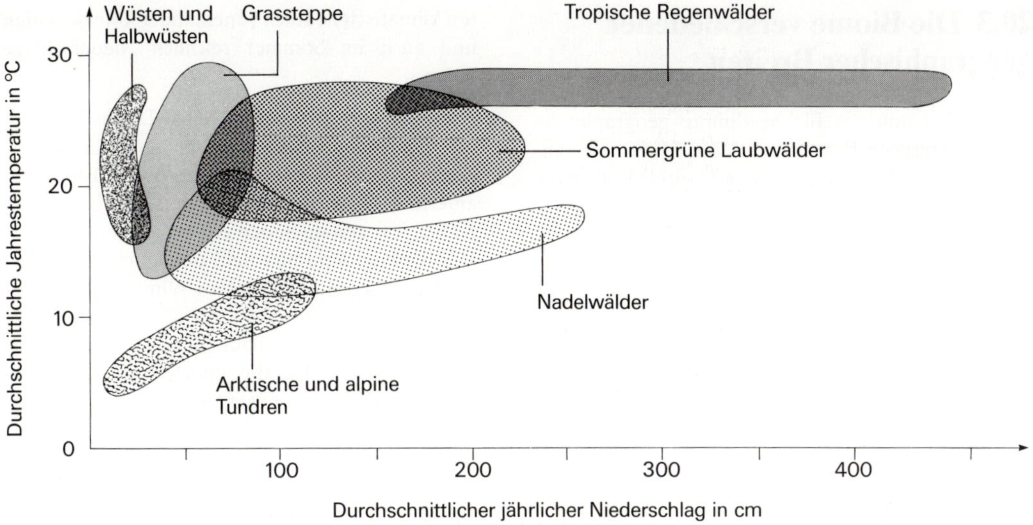

Abb. 20-3. Der Zusammenhang zwischen Jahrestemperatur und jährlichem Niederschlag bei der Ausprägung der Biome (nach LAETSCH).

Gleiche Biome verschiedener Länder und Erdteile gleichen sich in ihrem Erscheinungsbild, da sie morphologisch gleiche Pflanzentypen beheimaten. Die in den Biomen vertretenen Arten können jedoch sehr verschieden sein. Hier einige Beispiele: In den Nadelholzwäldern der Nordhalbkugel herrschen Tanne, Fichte, Kiefer, Lärche und verwandte Arten vor. Auf der Südhalbkugel hingegen werden die Nadelwälder vor allem durch Araucarien und Vertreter der Podocarpaceae gebildet. Ähnliche Unterschiede finden wir auch in den Laubwaldzonen. Auf der Nordhalbkugel ist die Buche einer der Charakterbäume dieses Bioms. Die Laubwälder der Südhalbkugel werden dagegen von *Nothofagus* („Südbuche“) geprägt. Die Halbwüsten der Neuen Welt werden durch die sukkulenten Kaktusgewächse beherrscht, die der Alten Welt hingegen von sukkulenten Wolfsmilchgewächsen und Korbblütlern.

Das Phänomen, daß sich entsprechende Biome trotz oft gewaltiger räumlicher Trennung in ihrem Erscheinungsbild so weitgehend gleichen, ist für das Verständnis der Evolution von großer Bedeutung. Es beweist nämlich im großen Maßstab, daß sich Pflanzen in sehr ähnlicher Weise anpassen, wenn sie ähnlichen Bedingungen und damit ähnlichem Selektionsdruck ausgesetzt sind. So nehmen Pflanzen, die gar nicht miteinander verwandt sind, oft sehr ähnliche Gestalt an oder bilden identische stoffwechselphysiologische Anpassungen aus, wenn sie unter gleichen ökologischen Bedingungen wachsen. Man bezeichnet diese Erscheinung als *Konvergenz*. Besonders markante Beispiele sind die konvergente Entwicklung der Stammsukkulenz (Abb. 20-4) und die konvergente Ausbildung des Crassulaceen-Säurestoffwechsels (Kap. 23.8.3.3) bei Pflanzen mit oft sehr weit auseinanderliegender Stellung im System.

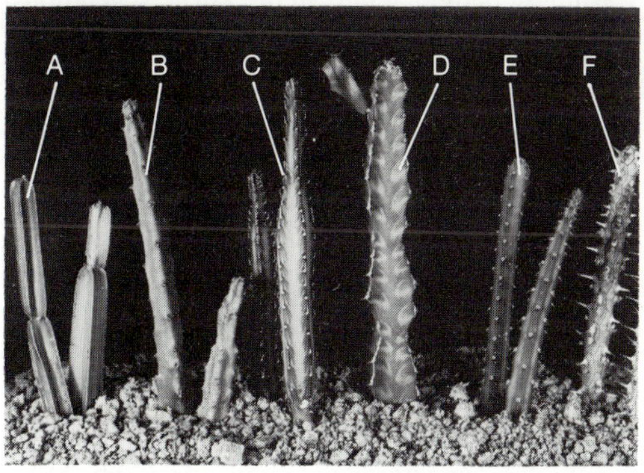

Abb. 20-4. Konvergenz am Beispiel der Stammsukkulenz. Die Abbildung zeigt Pflanzen aus sechs verschiedenen Familien. (A) *Cissus quadrangularis* (Fam. Vitaceae), (B) *Caralluma burchardii* (Fa. Asclepiadaceae), (C) *Senecio stapeliiformis* (Fa. Compositae), (D) *Euphorbia pseudocactus* (Fam. Euphorbiaceae), (E) *Selenicereus nelsonii* (Fam. Cactaceae), (F) *Alluaudia procera* (Fam. Didiereaceae).

20.3 Die Biome verschiedener geographischer Breiten

Wir wollen nun die für bestimmte geographische Breiten typischen Biome und deren Merkmale kennenlernen. Abb. 20-5 gibt einen Überblick über die geographische Verteilung der jeweiligen Biome.

- *Tundra* (Abb. 20-6). Die Tundra ist das für die arktischen und antarktischen Regionen typische Biom. Die beherrschenden Faktoren sind extreme Kälte während der Winter und die sehr kurze Dauer der Sommer. Der Boden taut im Sommer nur oberflächlich auf, während die tieferen Bodenschichten permanent gefroren bleiben (Permafrost). Daher haben Pflanzen mit tiefreichendem Wurzelsystem hier keine Existenzmöglichkeit. Die Tundra ist also baumlos. Die typische Vegetation besteht aus Flechten, Moosen, Gräsern, Seggen und einigen flach am Boden kriechenden Zwerggehölzen (Kasten 20-2), z. B. der nur ca. 50 cm Höhe erreichenden Zwergbirke *(Betula nana)* oder der nur 5 cm hohen Kraut-Weide *(Salix herbacea)*.
  Ein gewisser Ausgleich für die Kürze der Vegetationsperiode ergibt sich aus dem Umstand, daß in den Polarregionen die Tage im Sommer länger sind, ja für eine bestimmte Periode des Jahres die Sonne überhaupt nicht mehr untergeht. Dann können die Pflanzen „rund um die Uhr" Photosynthese betreiben und so die kurze Vegetationsperiode gut ausnutzen.

- *Nadelwaldzone* (Abb. 20-7). Dieses Biom ist durch die Dominanz immergrüner Nadelbäume gekennzeichnet. Der direkt an die nördliche Tundra angrenzende Bereich der Nadelwaldzone wird auch als *Taiga* bezeichnet. Hier findet sich neben den Nadelbäumen auch die Birke als Charakterbaum. Die Nadelwaldzone erstreckt sich über Landstriche, die durch lange, kalte Winter gekennzeichnet sind, in denen beträchtliche Schneemengen fallen. Die Sommer sind hier kurz und kühl.

- *Zone der sommergrünen Laubwälder* (Abb. 20-8). Zu dieser Zone gehören die Laubmischwälder Mitteleuropas. Sie sind gekennzeichnet durch die Vielzahl an Arten sommergrüner Laubgehölze, vor allem Buche, verschiedene Eichen- und Ahornarten, Linde, Ulme, Esche u. a.
  Sommergrüne Laubwälder kommen im Bereich des gemäßigten Klimas vor, wo sich die Jahreszeiten klimatisch deutlich voneinander unterscheiden und auch im Sommer reichlich Niederschläge fallen.

- *Hartlaubvegetation* (Abb. 20-9). Dieses Biom ist besonders charakteristisch für das Mittelmeergebiet, ist z. B. aber auch an der Westküste Nordamerikas (Kalifornien), in der südafrikanischen Kapregion und im Süden Australiens ausgebildet. Die Sommer sind hier heiß und trocken. Niederschläge fallen im Herbst und Winter. Die Winter sind mild.
  Solche Bedingungen erlauben die Existenz immergrüner Laubgehölze, die jedoch wegen der Trokkenheit im Sommer xeromorphe Anpassungsmerkmale zeigen (vgl. Kap. 23.8.3). Die Blätter der Gehölze sind meist kleinflächig oder nadelförmig, oft behaart und fühlen sich wegen verdickter Epidermen und des hohen Anteils an Festigungsgeweben hart an („Hartlaubgehölze").
  Die Hartlaubvegetation des Mittelmeerraumes zeigt nicht mehr ihr ursprüngliches Erscheinungsbild. Heute treffen wir hier ein dichtes Hartlaubgebüsch an, das als Macchie bezeichnet wird. Ursprünglich fanden sich jedoch an den mediterranen Standorten Hartlaubwälder mit Stein-Eichen *(Quercus ilex)*, Korkeichen *(Quercus suber)*, dem Ölbaum sowie verschiedenen Kiefernarten, z. B. der Mittelmeer-Kiefer *(Pinus maritima)*. Diese Wälder wurden jedoch bereits im Altertum bis auf wenige Reste abgeholzt. Die dadurch begünstigte Bodenerosion verhinderte erneutes Hochkommen von Wald. Daher ist die *Macchie* die jetzige Klimax-Gesellschaft der Hartlaubzone des Mittelmeerraumes.

- *Steppe* (Abb. 20-10). Steppen sind durch Pflanzengesellschaften gekennzeichnet, in denen Gräser, krautige Pflanzen und niedrige Sträucher vorherrschen und Bäume weitestgehend fehlen. Charakteristisch für Steppenzonen sind große Klimagegensätze zwischen Winter und Sommer. Die Winter sind streng, die Sommer sehr heiß und niederschlagsarm. Entsprechend ist die Anpassung der Vegetation. Sie besteht hauptsächlich aus Xerophyten. Die strengen Winter werden durch eine Vegetationsruhe überbrückt. Daher ist die Steppenvegetation reich an *Geophyten* (Kasten 20-2), die mittels Zwiebeln oder Rhizomen überwintern. Die Niederschläge fallen im Frühjahr, jedoch nicht reichlich genug, um auch tiefere Bodenschichten genügend und langfristig durchfeuchten zu kön-

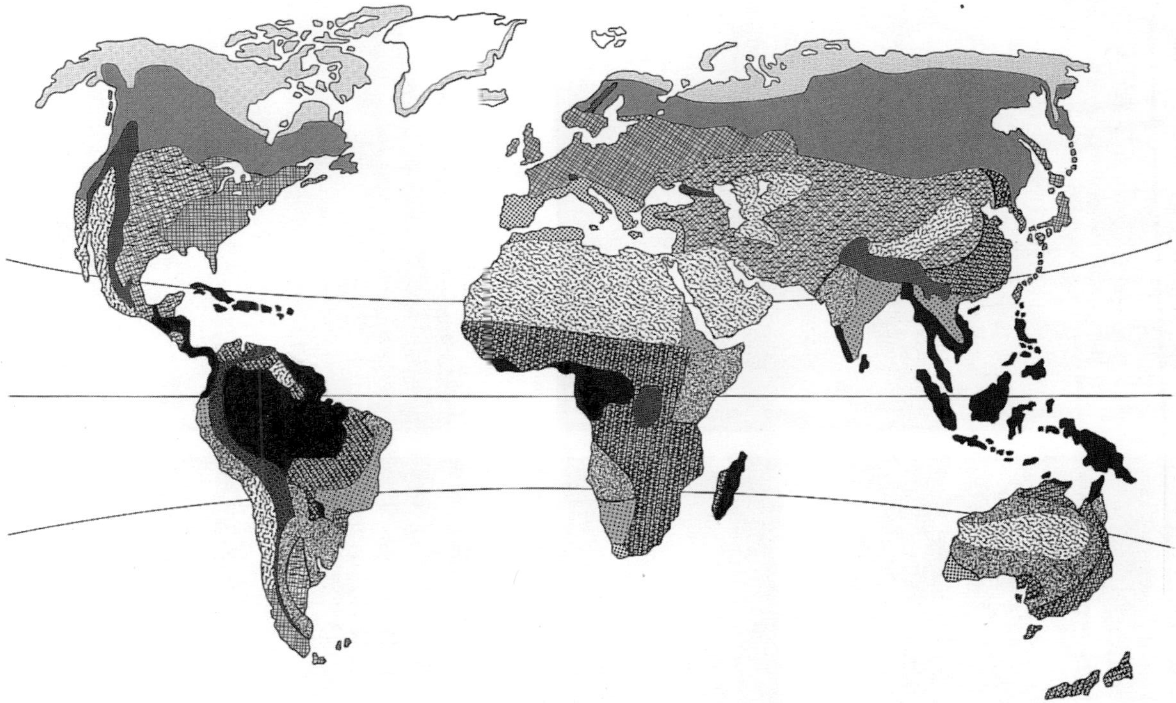

Abb. 20-5. Die geographische Verteilung der Biome. Man bezeichnet diese Verteilung auch als Vegetationszonen. (In Anlehnung an RAVEN, EWERT und CURTIS.)

- Eiswüsten
- Tundra
- Nadelwälder (Taiga)
- Sommergrüne Laubwälder
- Grassteppen gemäßigter Zonen
- Hartlaubvegetation
- Trocken- und Halbwüsten
- Tropischer Regenwald
- Tropische laubabwerfende Wälder
- Tropischer Busch
- Tropisches Grasland und Savannen
- Hochgebirge

Abb. 20-6. (oben links) Tundra im schwedischen Lappland, ca. 300 km nördlich des Polarkreises.

Abb. 20-7. (unten links) Nadelwald im Norden der USA.

Abb. 20-8. (oben rechts) Laubmischwald der deutschen Mittelgebirge im Herbst.

Abb. 20-9. (unten rechts) Mediterrane Hartlaubvegetation (Macchie) auf Sardinien (Aufnahme: O. SEUFFERT).

Abb. 20-10. (oben links) Nordamerikanische Grassteppe (Kurzgrasprärie) (Aufnahme: W. ULLRICH).

Abb. 20-11. (Mitte links) Afrikanische Halbwüste (Namibia) (Aufnahme: M. KÜPPERS).

Abb. 20-12. (unten links) Savanne auf der südamerikanischen Insel Trinidad.

Abb. 20-13. (oben rechts) Tropischer Regenwald auf der in Äquatornähe liegenden malaysischen Insel Pulau Tioman.

nen und damit das Wachsen der Bäume zu ermöglichen.
Während der Eiszeiten hatten die eisfreien Zonen Mitteleuropas Steppencharakter. Einige Pflanzenarten dieser eiszeitlichen Steppenvegetation haben sich auf trockenen, warmen Standorten heute noch in unserer Vegetation erhalten. Man bezeichnet Standorte, die derartige Relikte früherer Biome beherbergen, als *Reliktstandorte.* Solche Reliktstandorte sind vegetationsgeschichtlich sehr interessant und daher besonders schutzwürdig. Reliktpflanzen der eiszeitlichen Steppenvegetation sind in unserer rezenten Flora u. a. das Federpfriemgras *(Stipa pennata* und *Stipa capillata),* die Blausegge *(Koeleria glauca),* verschiedene Wermut-Arten *(Artemisia)* und einige Pflanzen mit halophilem Charakter, z. B. das Meldengewächs *Salsola kali.*
Steppengebiete findet man vor allem in Südrußland, Zentralasien, im zentralen Nordamerika („Prärie"), in Argentinien („Pampas"), Südafrika und Australien.

- *Wüsten und Halbwüsten* (Abb. 20-11). Eine Wüste ist ein Gebiet, wo aufgrund der herrschenden Bedingungen keine Pflanzen wachsen können. Man spricht von *Trockenwüsten,* wenn Pflanzenwuchs durch Trockenheit verhindert wird, von *Kältewüsten,* wenn der begrenzende Faktor die Kälte ist.
Wüsten im eigentlichen Sinne sind sehr selten, da selbst unter extremen Bedingungen angepaßte Spezialisten unter den Pflanzen noch Existenzmöglichkeiten finden. Gebiete, die im Sprachgebrauch als Wüste bezeichnet werden, sind daher in Wirklichkeit meist Halbwüsten. Halbwüsten tragen eine spärliche, aber sehr charakteristische Pflanzendecke.
Wir wollen uns mit den Halbwüsten befassen, die durch Trockenheit bedingt sind. Die Trockenheit ergibt sich hier dadurch, daß Niederschläge entweder selten, zudem unregelmäßig und wenig ergiebig fallen, oder daß sie auf wenige Wochen des Jahres beschränkt sind und dazwischen langdauernde Dürreperioden liegen.
Der das Pflanzenleben der Halbwüsten begrenzende Faktor ist also vor allem das Wasser, nicht hingegen das Licht und die Nährstoffversorgung. Dies zeigt sich darin, daß nach ausreichenden Niederschlägen die Wüstenstandorte zum Leben erwachen. Innerhalb kurzer Zeit keimen dann die im Boden ruhenden Samen verschiedenster Blütenpflanzen *(therophytische Lebensformen;* Kasten 20-2), und die Dauerformen der *Geophyten* (Kasten 20-2) treiben aus. So bildet sich auf dem vorher scheinbar pflanzenlosen Areal ein grüner Teppich von Pflanzen, die innerhalb weniger Tage blühen, fruchten und wieder vergehen. Übrig bleiben nur Pflanzen, die an Wassermangel angepaßt sind, also nicht-sukkulente *Xerophyten* und die verschiedenen Typen von *Sukkulenten.* Diese Pflanzen geben dann den Halbwüsten während der Trockenzeit ihr auffälliges Gepräge.

- *Savannen* (Abb. 20-12). Die Savanne ist ein Biom der Tropen. Savanne tritt dort auf, wo in den Tropen trockene mit feuchten Jahreszeiten abwechseln, bei geringer bis mäßiger Ergiebigkeit der Niederschläge. Oft wird das Biom noch weiter unterteilt in Feuchtsavanne, Trockensavanne und Dornbuschsavanne. Wir können auf derartige Feinheiten hier nicht eingehen. Das typische Erscheinungsbild der Savanne ist eine Graslandschaft mit lockerem Bestand an laubabwerfenden Bäumen, immergrünen Hartlaubsträuchern und Dornbüschen.

- *Tropische Regenwälder* (Abb. 20-13). Tropische Regenwälder sind die artenreichsten und am weitestgehend strukturierten Biome. Sie sind typisch für den Äquator-Bereich, wo die mittlere Jahrestemperatur zwischen 25 und 30 °C liegt und die niedrigste Temperatur 18 °C nicht unterschreitet. Die Niederschläge fallen über das ganze Jahr gleichmäßig verteilt und sind mit einer Jahressumme von 2000 bis mehr als 5000 mm außerordentlich ergiebig. Derart feuchtes und warmes Klima erlaubt äußerst üppige Vegetation.
Regenwälder bestehen aus immergrünen, großlaubigen Bäumen, die den unterschiedlichsten Familien angehören können. Der Unterwuchs besteht aus krautigen Hygrophyten (Kap. 23.8.4), Moosen, Farnen und Bärlappgewächsen.
Durch das üppige Wachstum sind fast alle Nährstoffe des Systems in der Biomasse investiert. Daher liegen in den Böden der Regenwälder, die aus einer sehr dünnen Humusschicht bestehen, kaum Nährstoffreserven vor: Es findet ein schnelles und vollständiges „Recycling" der Stoffe statt. Durch Rodung der tropischen Regenwälder und anschließende landwirtschaftliche Nutzung des Bodens ist dieser dann bereits nach wenigen Fruchtfolgen völlig ausgelaugt und wertlos; alsbald

setzt Bodenerosion ein, und der Wald ist unwiederbringlich verloren.

Der begrenzende Faktor im tropischen Regenwald ist das Licht. Der Kampf um das Licht führt zu einer vertikalen, etagenartigen Gliederung der Vegetation (Abb. 20-14). Jede dieser *Etagen* wird von Pflanzen gebildet, die ähnliche Anforderungen an die Lichtmenge stellen.

Die unterste Etage besteht aus den Pflanzen am Boden des Regenwaldes. Sie sind extreme Schattenpflanzen (Kap. 23.8.1.2) und stellen daher die geringsten Ansprüche hinsichtlich des Lichtes.

Über diese untere Schicht erheben sich Bäume, die mit ihren Kronen ein nahezu geschlossenes Dach bilden. Dieses Kronendach wird in größeren Abständen von Baumriesen durchbrochen, die ca. 60 m hoch werden und damit die oberste Etage bilden. Sie haben den größten Bedarf an Licht.

Der Kronenbereich der Bäume des Regenwaldes wird von lichtbedürftigen *Epiphyten* besiedelt, oder verschiedene *Lianen* versuchen, vom Boden aus möglichst schnell dem Licht entgegenzuwachsen (Abb. 20-13). Epiphyten und Lianen sind daher für die Regenwälder besonders typische Pflanzenformen (vgl. Kap. 23.8.1.2).

Innerhalb der Biome existieren speziellere, durch die jeweiligen Standortbedingungen geprägte Pflanzenformationen („edaphische Sonderformationen“). Die *Hochmoore* (Kap. 17.3.3, Abb. 17-16), die wärmeliebenden *Flaumeichenwälder* des Mittelmeerraumes und die in warmfeuchten Regionen der Tropen

Abb. 20-14. Der Etagenbau eines tropischen Regenwaldes (in Anlehnung an KLÖTZLI aus STRASBURGER).

vorkommenden reliktären *Lorbeerwälder* sind Beispiele für solche Formationen. Ein weiteres, besonders auffallendes Beispiel ist das folgende:

- *Mangrove* (Abb. 20-15). Es handelt sich um eine Formation, die entlang tropischer Flachküsten bis hinein in die Flußmündungen anzutreffen ist. Die Lebensbedingungen für die hier existierenden Pflanzen sind sehr speziell, und dem entsprechen ihre ökologischen Anpassungen. Die wichtigsten Faktoren, mit denen sich Mangrove-Pflanzen auseinanderzusetzen haben, sind der im *Gezeitenrhythmus* schwankende Wasserstand, der hohe Salzgehalt des Wassers und des Bodens und der Sauerstoffmangel im Boden.

Die Mangrove wird von verschiedenen Baumarten gebildet, vor allem von Vertretern der Gattungen *Aegialitis, Avicennia, Ceriops, Laguncularia, Rhizophora* und *Sonneratia.* Typisches morphologisches Merkmal der Mangrove-Bäume sind die Stelzwurzeln (Kap. 21.4). Von ihnen leitet sich die Bezeichnung Mangrove ab (port. „mangue" : Wurzelbaum, engl. „grove" : Gehölz). Atemwurzeln (Kap. 21.4) sind ein weiteres Charakteristikum. An die Salinität sind die Mangrove-Bäume durch Salzausschluß bei der Ionenaufnahme im Wurzelbereich, durch Salzausscheidung mit Hilfe von Drüsen der Blätter oder durch Salzakkumulation in den Vakuolen sukkulenter Blätter angepaßt (Kap. 24.6.1).

Kasten 20-2
Die Lebensformen

Unter diesem Begriff versteht man die Wuchsform einer Pflanze, wenn die Merkmale dieser Form als Anpassung an Faktoren des Standortes gedeutet werden können. Der Däne Raunkiaer (1934) hat ein einfaches System der verschiedenen Lebensformen von Pflanzen vorgeschlagen. Es ist auf die Lebensdauer des Sprosses und die Lage der Erneuerungsknospen während der ungünstigen Jahreszeit, also Winter oder sommerliche Dürreperiode, gegründet.

- **Phanerophyten:** Pflanzen, die ihre Erneuerungsknospen höher als 50 cm über dem Erdboden tragen. Zu ihnen gehören alle Bäume und Sträucher.
- **Chamaephyten:** Pflanzen, die ihre Erneuerungsknospen ca. 10–50 cm über dem Erdboden tragen. Diese Knospen sind daher im Winter durch Schnee bedeckt und somit vor strengem Frost geschützt. Zu den Chamaephyten gehören z. B. die niederliegenden Zwergsträucher der Tundren.
- **Hemikryptophyten:** Hier liegen die Erneuerungsknospen der Bodenoberfläche auf. Zu den Hemikryptophyten gehören die Horste bildenden Gräser (z. B. das Wintergetreide), die überwinternden Rosettenpflanzen, Stauden mit oberirdischen Ausläufern und Pflanzen, deren Knospen am Grunde im Sommer beblätterter, im Winter aber abgestorbener Stengel liegen.
- **Kryptophyten** oder **Geophyten:** Bei diesen Pflanzen befinden sich die Erneuerungsknospen unterirdisch, entweder an Rhizomen oder Sproßknollen (Rhizomgeophyten; Beispiel: Maiglöckchen, Kartoffel), oder in Zwiebeln (Zwiebelgeophyten; Beispiel: Tulpe, Krokus).
- **Therophyten** oder **Annuelle:** Diese Pflanzen überdauern die lebensfeindlichen Jahreszeiten in Form widerstandsfähiger Samen. Der eigentliche Vegetationskörper stirbt hingegen völlig ab.

A

B

Abb. 20-15. Mangrove-Wälder entlang der Meeresbuchten an der karibischen Küste Venezuelas. (A) Überblick und (B) Detail.

20.4 Die Zonierung der Vegetation durch die Höhenlage

Die Biome verändern sich nicht nur entlang der geographischen Breiten, sondern auch mit der Höhenlage. So begegnen uns beim Durchschreiten der einzelnen Höhenstufen der Alpen die gleichen Biome wieder – nur auf kleinerem Raum zusammengedrängt – wie wir sie bei einer Reise von der nördlichen Polarregion bis zum Mittelmeer durchqueren würden und wie wir sie im Vorangehenden besprochen haben. Abb. 20-16 zeigt ein Schema der Höhenstufung der Biome am Beispiel der Alpen.

- *Kolline Stufe.* Sie umfaßt die Ebene und das Hügelland und beheimatet wärmeliebende Laubwälder. Die kolline Stufe wird weitgehend als Kulturland genutzt.
- *Submontane Stufe.* Sie umfaßt die Höhenstufe zwischen 500–1000 m. Kennzeichnend ist der Buchenwald, der aber vom Menschen vielerorts durch Nadelbaumforste ersetzt wurde.
- *Montane Stufe.* Sie steigt bis ca. 1600 m auf und umfaßt im unteren Bereich Mischwälder aus Tanne, Fichte und Buche, im oberen Bereich reine Nadelwälder mit Fichte und Lärche.
- *Subalpine Stufe.* Ihre Obergrenze liegt bei etwa 2200 m. In dieser Stufe verläuft die natürliche Baumgrenze. Der Wald wird hier allmählich durch Krummholzgebüsch ersetzt, das – abhängig vom geologischen Untergrund – aus Latschenkiefern *(Pinus mugo)* oder aus Grünerlen *(Alnus viridis)* besteht. Infolge der Almwirtschaft und der Nutzung als Viehweiden herrschen in der subalpinen Stufe heute streckenweise Zwergsträucher und Grasfluren vor.
- *Alpine Stufe.* Sie erhebt sich bis ca. 3000 m und ist durch Zwergstrauch- und Grasheide-Gesellschaften geprägt. Sie entspricht der arktischen Tundra und zeigt mit dieser große Übereinstimmung in der Arten-Zusammensetzung. So finden sich viele Alpenpflanzen, z. B. die Silberwurz *(Dryas octopetala),* der Gletscherhahnenfuß *(Ranunculus glacialis),* verschiedene Enzianarten, Zwergsträucher *(Betula nana, Salix herbacea),* auch in der arktischen Tundra.
- *Subnivale Stufe.* Dies ist der Bereich unmittelbar unterhalb der Schneegrenze. Er erstreckt sich in den Alpen zwischen 3000 und 3300 m. Die Vegetation ist stark aufgelockert und besteht aus Polsterpflanzen.
- *Nivale Stufe.* Dies ist die Schnee- und Gletscherregion. An Felsen und vom Wind schneefrei gehaltenen Graten finden sich nur noch Flechten und einige Moose. An einigen besonders geschützten Stellen wächst der Gletscherhahnenfuß. Er ist die in den Alpen am höchsten aufsteigende Blütenpflanze.

Ursache für die Gliederung der Vegetation in Höhenstufen ist vor allem die Temperatur, die mit der Höhe abnimmt. Hinzu kommen die mit der Höhe zunehmenden Niederschlagsmengen, das Kürzerwerden der Vegetationsperiode, die Windgeschwindigkeit, die Dauer der Schneebedeckung und die Zunahme direkter Sonneneinstrahlung (Zunahme der UV-Strahlung).

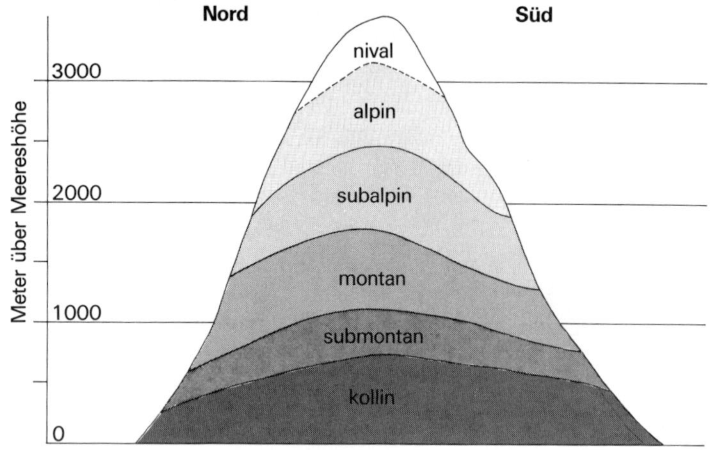

Abb. 20-16. Die Höhenstufung der Biome in den europäischen Alpen. Solche Höhenstufungen treten auch bei den anderen Gebirgen der Erde auf, wobei durch die geographische Lage und die Auswirkung von Luv und Lee die Höhengrenzen der Stufen nach oben oder unten verschoben sein können.

Der geologische Untergrund sowie klimatische Unterschiede zwischen Nord- und Südseite führen dazu, daß sich in den Alpen die Höhenstufen von Nord nach Süd merklich nach oben verschieben.

Zum weiteren Studium

CZIHAK, G., LANGER, H. und ZIEGLER, H. (eds): *Biologie.* Springer, Berlin – Heidelberg – New York 1976.

ELLENBERG, H.: *Vegetation Mitteleuropas mit den Alpen.* Ulmer, Stuttgart 1978.

STRASBURGER, E.: *Lehrbuch der Botanik für Hochschulen.* Fischer, Stuttgart – Jena – New York 1991.

WALTER, H.: *Vegetationszonen und Klima.* Ulmer, Stuttgart 1970.

WALTER, H.: *Allgemeine Geobotanik.* Ulmer, Stuttgart 1973.

WALTER, H. und BRECKLE, S. W.: *Ökologie der Erde. 1. Ökologische Grundlagen in globaler Sicht.* Fischer, Stuttgart 1983.

WALTER, H. und BRECKLE, S. W.: *Ökologie der Erde. 2. Spezielle Ökologie der tropischen und subtropischen Zonen.* Fischer, Stuttgart 1984.

D Arbeitsteilung der Organe der Kormophyten

Homorhizie:
bei Keimling der Farnpflanzen
keine Hauptwurzel

21 Die Wurzel: Bau und Funktionsweise

Wurzeln sind in der Regel unterirdische Organe der Pflanzen. Sie kommen bei den Farnen und den Samenpflanzen vor. Die phylogenetisch ursprünglicheren Thallophyten können über wurzelähnliche Anhänge verfügen, die nur der Verankerung auf der Unterlage dienen und keine Funktion bei der Stoffaufnahme haben. Derartige wurzelähnliche Gebilde heißen *Rhizoide.*

Wurzeln dienen vor allem der Aufnahme von Wasser und Nährsalzen sowie der Verankerung des Pflanzenkörpers im Boden. Wurzeln können aber auch als Speicher für Reservestoffe fungieren. Außerdem sind die Wurzeln Orte für Synthesen. So werden einige der Phytohormone (z. B. Cytokinin) in den Wurzeln gebildet und von dort aus in die anderen Pflanzenorgane exportiert. Auch Synthesen von Naturstoffen, z. B. Alkaloiden, finden in den Wurzeln statt. Ein Beispiel hierfür ist die Tabakpflanze. Das in ihren Blättern enthaltene Nicotin (ein Alkaloid) ist ein Produkt der Wurzeln.

21.1 Der äußere Bau der Wurzeln

Wurzeln sind zylindrische, sich an der Spitze verjüngende Organe. Sie tragen keine Blätter und sind daher nicht wie der Sproß in Nodien und Internodien gegliedert (Kap. 22.1). Wurzeln können sich jedoch durch Ausbildung von Seitenwurzeln mehrfach verzweigen.

An der Spitze der Wurzel befindet sich die Wurzelhaube oder *Kalyptra* (Abb. 21-1). Sie umschließt schützend das Bildungszentrum *(Vegetationspunkt)* der Wurzel. Dicht hinter dem Vegetationspunkt folgt ein Bereich, in dem die Wurzel mit Wurzelhaaren (Kap. 21.2.1.2) bedeckt ist (Abb. 21-2). Dieser *Wurzelhaarzone* genannte Abschnitt hat in der Regel eine Länge von nur wenigen Zentimetern; die Lebensdauer der Wurzelhaare beträgt nur einen bis wenige Tage.

Die Wurzeln bilden im Boden ein *Wurzelsystem.* Bei den *zweikeimblättrigen Pflanzen* besteht das Wurzelsystem aus einer positiv geotrop in die Tiefe wachsenden Hauptwurzel, die fortlaufend neue Nebenwurzeln bildet *(allorhizes Wurzelsystem,* Abb. 21-3). Die Nebenwurzeln erster Ordnung wachsen nicht wie die Hauptwurzel positiv geotrop (bzw. gravitrop), sondern plagiogeotrop in seitlicher Richtung (Kap. 27.2.1, Abb. 27-3). Seitenwurzeln höherer Ordnung zeigen überhaupt keine geotrope Reizbarkeit. Sie wachsen daher ungerichtet. Durch das unterschiedliche geotrope Verhalten von Hauptwurzel und Nebenwurzeln dringt die Wurzel nicht nur in die Tiefe, sondern breitet sich auch seitlich im Boden aus.

Bei den *monokotylen Pflanzen* stirbt die bei der Keimung des Samens zunächst gebildete (primäre) Wurzel bald ab und wird durch mehrere morphologisch gleichwertige, aus der Sproßbasis hervorwachsende Wurzeln ersetzt *(homorhizes Wurzelsystem,* Abb. 21-3).

Wurzelsysteme haben meist eine weit größere Gesamtlänge als das oberirdische Sproßsystem (Kap. 17.1.2). Sie breiten sich vorwiegend in den oberen Bodenschichten aus, die gut mit Wasser und Nährstoffen versorgt sind. In besonderen Fällen können die Wurzelsysteme aber auch weit in die Tiefe reichen. So wird berichtet, daß Wüstenpflanzen bis 30 m tief in den Boden eindringen, um dort Anschluß an das Grundwasser zu erlangen.

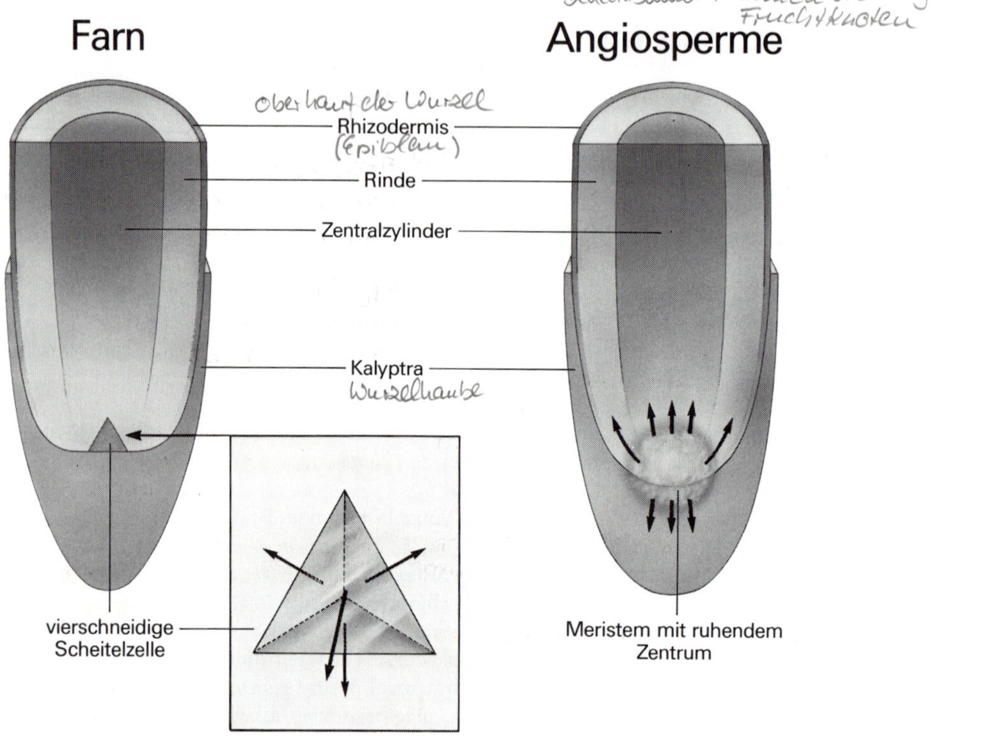

Abb. 21-1. Der Vegetationspunkt einer Farnwurzel (mit räumlicher Darstellung der vierschneidigen Scheitelzelle) und einer Angiospermenwurzel.

21.2 Der innere Bau der Wurzeln

21.2.1 Primärer Bau

Bevor die junge Wurzel durch Ausbildung neuer Gewebe an Dicke zunimmt (sekundäres Dickenwachstum), zeigt sie den primären Bau. Da die Wurzel sich von der Spitze her durch Neubildung von Gewebe verlängert, nimmt das Alter des Wurzelgewebes und damit dessen Differenzierungsgrad von der Spitze in Richtung Basis zu. Der Bau der primären Wurzel ist daher nicht überall gleich, sondern wir können einige charakteristische Abschnitte unterscheiden (Abb. 21-2).

21.2.1.1 Wurzelhaube und Vegetationspunkt

An der Wurzelspitze erkennen wir die schon erwähnte Wurzelhaube (Abb. 21-2). Die Wurzelhaube ist ein Gewebe, das als schützende Kappe den Vegetationspunkt umgibt. Ohne diesen Schutz bestünde Gefahr, daß der zarte Vegetationspunkt beim Vordringen der Wurzel im Boden mechanisch beschädigt wird.

Die randständigen Zellen der Wurzelhaube sondern Schleim ab und lösen sich schließlich aus dem Gewebeverband heraus. Durch die Schleimabsonderung und das fortlaufende Abschülfern von Zellen wirkt die Kalyptra beim Vorschub der Wurzel in den Boden wie ein Gleitmittel.

Außerdem stellt die Kalyptra eine Art Lagesinnesorgan dar. In den Kalyptra-Zellen befinden sich Stärkekörner (Statolithenstärke), die sich im Schwerefeld verlagern und damit der Richtungsfindung beim Gravitropismus der Wurzel dienen (Kap. 27.2.1.2, Abb. 27-9).

Der von der Kalyptra umschlossene Vegetationspunkt sorgt für das Spitzenwachstum der Wurzel, indem er fortlaufend neue Zellen erzeugt. Zwischen

Abb. 21-2. Räumliches Schema einer primären Wurzel (rechts unten), mit scheibenförmigen Ausschnitten aus den vier sukzessiven Zonen (A–D). (A) Differenzierungszone; (B) Wurzelhaarzone mit primärer Endodermis; (C) Zone der sekundären Endodermis; (D) Zone der Seitenwurzelbildung, Hypodermis und tertiären Endodermis. C, Rinde (Cortex); CS, CASPARYstreifen; En, Endodermis (pEn, primär; sEn, sekundär; tEn, tertiär); Ep, Epidermis; Hy, Hypodermis; LR, Seitenwurzelanlage; MX, Metaxylem (dies ist später gebildetes, leistungsfähigeres Xylem); P, Perizykel; PC, Durchlaßzelle; PX, Protoxylem (dies ist zuerst angelegtes, noch wenig leistungsfähiges Xylem); RC, Wurzelhaube; RH, Wurzelhaar; SL, Suberinlamelle; XP, Xylemparenchym (aus U. LÜTTGE, *Encyclopedia of Plant Physiology*, Vol. 15A, Springer, Heidelberg 1983).

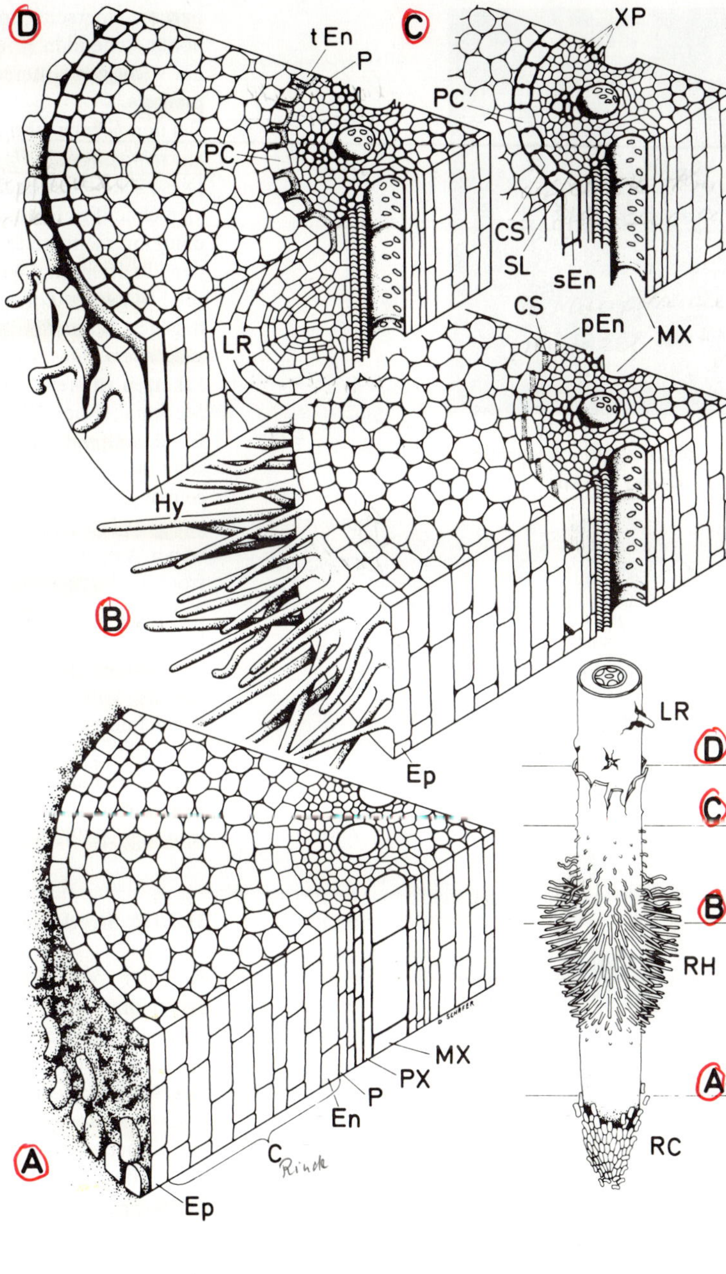

Hypodermis / Seitenwurzeln / tert. Endodermis

sek. Endodermis

Wurzelhaarzone prim. Endodermis

Differenzierungszone

Endodermis: Innenhaut zwischen Rinde u. Zentralzylinder (Wurzel, Sproß)

Hypodermis: Unterhautgewebe, unter Epidermis der Blätter -> Zellschicht

Abb. 21-3. Allorhize und homorhize Wurzelsysteme. Die Fotographie zeigt links eine Jungpflanze von *Hibiscus syriacus* (allorhiz), rechts eine von *Zea mays* (homorhiz).

Farnen einerseits und den übrigen phylogenetisch höher stehenden Kormophyten andererseits besteht ein wichtiger Unterschied im Bau des Vegetationspunktes.

Bei den *Farnen* wird der Vegetationspunkt von einer *vierschneidigen Scheitelzelle* (Abb. 21-1) gebildet. Diese Scheitelzelle scheidet in vier Richtungen (daher vierschneidig) fortlaufend Tochterzellen ab, die sich dann ihrerseits weiterteilen und so neue Gewebe bilden. In Richtung Wurzelspitze erzeugt die Scheitelzelle Kalyptra-Zellen, in drei seitliche Richtungen dagegen Zellen für den Aufbau des eigentlichen Wurzelkörpers. Das Vorkommen von Scheitelzellen bei Pflanzen ist stets ein phylogenetisch ursprüngliches Merkmal (Kap. 16.1.6.3, Abb. 16-13).

Bei den *Gymnospermen* und den *Angiospermen* besteht der Wurzelvegetationspunkt statt aus einer einzelnen Scheitelzelle aus einem *vielzelligen Bildungsgewebe (Meristem)*. Dieses Meristem ist hinsichtlich seiner Aufgaben gegliedert (Abb. 21-1). So sorgt der frontale Meristem-Komplex *(Kalyptrogen)* für die Neubildung der Kalyptra. Andere, hinter dem Kalyptrogen liegende Teile des Meristems bringen die Gewebe des Zentralzylinders und des Rindenbereiches der Wurzel (Kap. 21.2.1.2) hervor. Inmitten des Wurzelmeristems existiert ein Komplex, in dem sich die Zellen viel seltener teilen als im übrigen Meristem. Man bezeichnet diesen Komplex als *„ruhendes Zentrum“* und nimmt an, daß von hier aus die Steuerung der Zellbildung im Meristem erfolgt.

21.2.1.2 Streckungszone und Wurzelhaarzone

Auf den Vegetationspunkt folgt basalwärts die Streckungszone (Abb. 21-2). Hier finden kaum noch Zellteilungen statt, sondern die noch jungen, vom Vegetationspunkt erzeugten Zellen durchlaufen ein *Streckungswachstum.* Auch beginnt hier die *Ausdifferenzierung* der Wurzelgewebe.

Der Streckungszone folgt die Wurzelhaarzone (Abb. 21-2). Hier vollzieht die Wurzel die Wasser- und Nährsalzaufnahme, und die Gewebe sind dieser Aufgabe entsprechend ausdifferenziert. Wir wollen den Bau der primären Wurzel in der Wurzelhaarzone anhand eines Querschnittes diskutieren.

Die äußere Zellschicht ist das *Rhizodermis* genannte Abschlußgewebe (Wurzelepidermis). Es besteht aus Zellen, deren sehr dünne Wände weder suberinisiert (Kap. 10.3.4) noch mit einer Cuticula (Kap. 23.4.2.1) versehen sind, wie wir dies sonst als Verdunstungsschutz bei den Abschlußgeweben oberirdischer Pflanzenteile antreffen. Besondere Zellen (Idioblasten) in der Rhizodermis stülpen sich zu den 1 bis 10 mm langen Wurzelhaaren, aus. Durch die Wurzelhaare wird die bei der Stoffaufnahme aktive Oberfläche der Wurzel ganz beträchtlich vergrößert. Durch die Dünnwandigkeit der Rhizodermis-Zellen und der Wurzelhaare, das Fehlen einer Cuticula und schließlich die starke Oberflächenvergrößerung ist die Wurzelhaarzone für die Stoffaufnahme besonders ausgerüstet (s. Abb. 21-8 und 24-13).

Die Wurzelhaare haben nur eine begrenzte Lebensdauer. Nach dem Absterben der Rhizodermis mit ihren Wurzelhaaren bildet sich ein neues Abschlußgewebe, die *Exodermis*. Sie geht aus der unter der Rhizodermis liegenden äußersten Rindenschicht hervor (Abb. 21-2).

Die Exodermis-Zellen sind suberinisiert. Wasser- und Ionenaufnahme im Bereich der Exodermis ist daher stark eingeschränkt.

Der eigentliche Wurzelkörper gliedert sich in *Wurzelrinde* und *Zentralzylinder* (Abb. 21-2). Die Rinde besteht aus einem mehrschichtigen, gleichförmigen Parenchym, das den Zentralzylinder umgibt. Die Rinden-Zellen können als Speicher für Reservesubstanzen dienen.

Die innerste Zellschicht der Rinde ist die *Endodermis*. Deren radiäre Zellwände sind bandförmig mit einer dem Suberin ähnlichen lipophilen Substanz imprägniert. Diese Struktur wird als CASPARY*scher Streifen* bezeichnet (Abb. 21-4). Der CASPARYsche Streifen unterbricht die Wegsamkeit der Radiärwände der Endodermis-Zellen für den Transport von Wasser und im Wasser gelösten Substanzen. Damit wird die Endodermis zu einer physiologischen Barriere, deren Funktionieren und Bedeutung wir später (Kap. 21.3.2) ausführlicher besprechen wollen.

Die Endodermis umschließt den Zentralzylinder. Die äußerste und damit an die Endodermis angrenzende Zellschicht des Zentralzylinders heißt *Perizykel* (auch *Perikambium* genannt). Der Perizykel ist ein meristematisches Gewebe, das durch Neubildung von Zellen bei der Seitenwurzelbildung und beim sekundären Dickenwachstum der Wurzel mitwirkt. Im Innern des Zentralzylinders befinden sich die *Xylem- und Phloem-Stränge* (Kap. 22.4.1) des Leitbündels mit dem dazugehörigen Parenchym sowie Festigungsgewebe (Sklerenchym).

Wie aus dem Querschnitt durch den Primärbereich von Wurzeln besonders deutlich wird, besitzen diese ein *radiäres Leitbündel*. Das heißt: Die Elemente der Leitgewebe sind sternförmig angeordnet. Dabei verlaufen die Xylem-Stränge, vom Zentrum des Zentralzylinders ausgehend, wie die Speichen eines Rades nach außen.

In den Winkeln zwischen den Xylem-Teilen liegt jeweils Phloem. Derartige radiäre Leitbündel können je nach Pflanzenart zwei bis mehrere Xylem- bzw. Phloem-Strahlen aufweisen.

Durch die radiäre Anordnung der Leitbündelelemente bekommt die Wurzel die Struktur eines mehradrigen Kabels und ist deshalb, wie ein Kabel auch, durch *Zugkräfte* besonders beanspruchbar. Solchen Zugkräften sind die Wurzeln vor allem dann ausgesetzt, wenn der oberirdische Pflanzenkörper einseitig abgebogen wird, z. B. durch den Wind. Der radiäre Wurzelbau ist daher eine anatomische Anpassung in Hinsicht auf eine wirkungsvolle Verankerung der Pflanze im Boden.

Die dem Assimilattransport dienenden Phloem-Elemente werden früher ausdifferenziert als die Xylem-Elemente, die dem Wasser- und Nährsalztransport dienen. Das funktionsfähige Phloem reicht daher bereits bis in den oberen Abschnitt der Streckungszone hinein (Abb. 21-2). Dies ist erforderlich, weil der Vegetationspunkt der Wurzel möglichst effektiv mit Baustoffen versorgt werden muß. Die funktionsfähigen Xylem-Elemente werden erst in der Region der Wurzelhaare voll ausdifferenziert. Damit ist dieser Wurzelabschnitt nicht nur für die Aufnahme (Wurzelhaare), sondern auch für den Weitertransport von Wasser und Nährsalzen ausgerüstet.

Die Parenchymzellen des Zentralzylinders haben teilweise Spezialaufgaben. So sorgen bestimmte Zellen des Xylem-Parenchyms für die Abscheidung der aus dem Boden aufgenommenen Nährsalze in die toten Xylem-Bahnen. Diese Zellen sind als *Transfer-Zellen* ausgebildet (Abb. 21-5). Transfer-Zellen dienen der Stoffausscheidung oder Stoffaufnahme und sind für diese Aufgabe besonders ausgestaltet. Vielfältige Auswüchse der Zellwand (Protuberanzen) gegen das Zellinnere erzeugen ein Wandlabyrinth, das mit Plasmalemma ausgekleidet ist. Auf diese Weise wird die zum Stoffaustausch fähige Oberfläche beträchtlich vergrößert. Diese Transfer-Zellen sind oft auch besonders reich mit Mitochondrien ausgestattet; ein Zeichen dafür, daß die hier ablaufenden Transportprozesse Stoffwechselenergie erfordern.

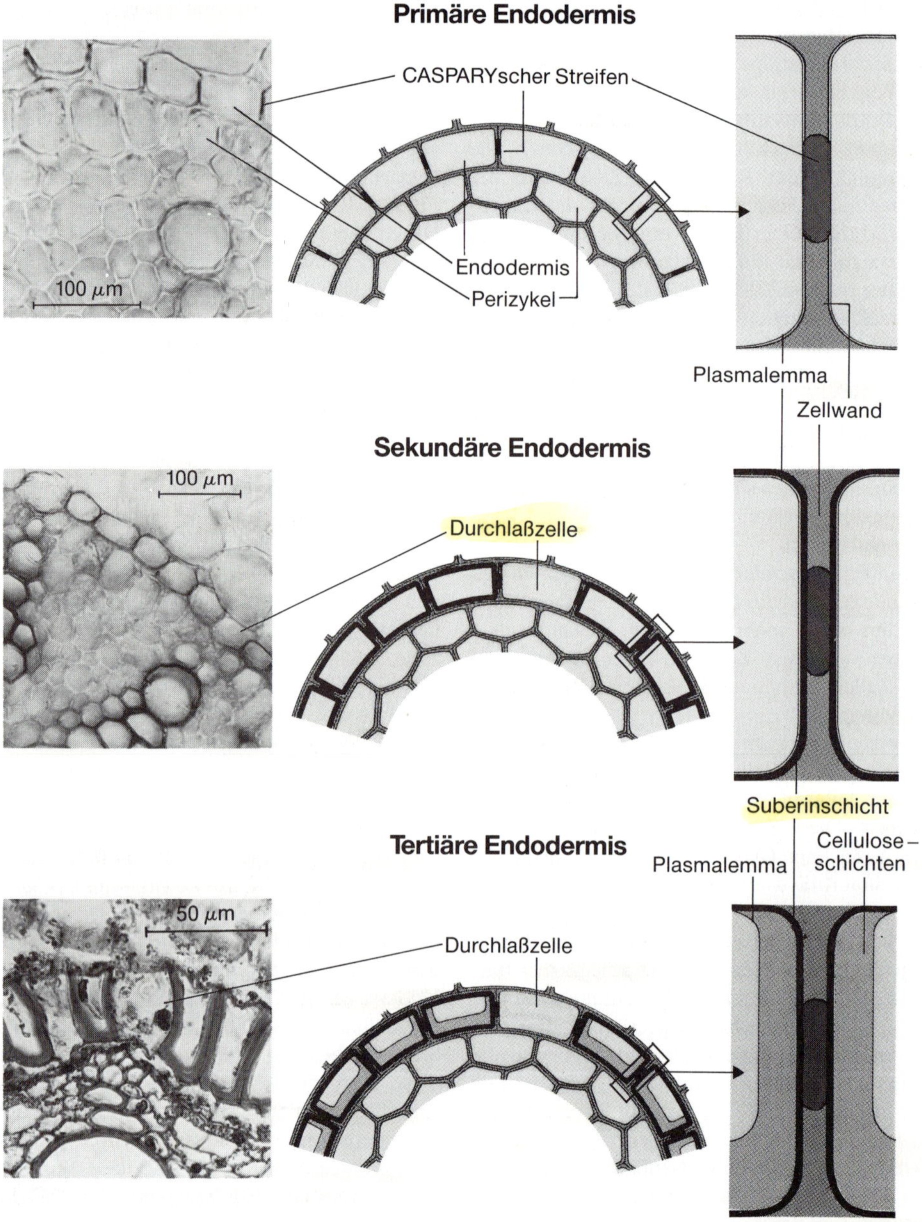

Abb. 21-4. Die Entwicklung der Endodermis. Die Abbildung zeigt in der Mitte einen schematischen Querschnitt durch eine primäre Wurzel im Bereich der Endodermis. Rechts sind die schematischen Darstellungen der radialen Zellwände der Endodermis zu sehen, und links mikroskopische Bilder von Wurzelquerschnitten im Endodermisbereich. Die Bilder der primären und sekundären Endodermis stammen vom Mais *(Zea mays)*, die der tertiären Endodermis von der Schwertlilie *(Iris germanica)*.

21.2.1.3 Seitenwurzeln

Oberhalb der Wurzelhaarzone beginnt die Bildung von Seitenwurzeln. In diesem Wurzelbereich ist die ursprüngliche Rhizodermis mitsamt den Wurzelhaaren abgestorben.

Die Endodermis wird im Bereich der einsetzenden Seitenwurzelbildung sekundär verändert, indem von innen eine Auflagerung von Suberinlamellen auf die Zellwände erfolgt (Abb. 21-4). Von dieser Verkorkung bleibt in nahezu regelmäßigen Abständen eine der Endodermis-Zellen ausgespart. Diese *„Durchlaß-Zellen"* ermöglichen das Aufrechterhalten eines begrenzten Stoffaustausches zwischen Rinde und Zentralzylinder im Bereich *der sekundär veränderten Endodermis.* Im weiteren Verlauf der Ausdifferenzierung können auf die Wände der sekundär veränderten Endodermis-Zellen noch mehrfache Schichten von Cellulose, die oft noch lignifiziert sind, aufgelagert werden *(tertiäre Endodermis,* Abb. 21-4). So schotten sich diese Zellen von den umliegenden Geweben ab, und ihre Protoplasten können schließlich absterben.

Die Bildung der Seitenwurzeln geht vom Zentralzylinder aus; d. h. die *Seitenwurzeln entstehen* im Innern der Wurzel *(endogen)* und müssen die Rinde durchbrechen, ehe sie mit ihrer Spitze nach außen gelangen. Hier besteht ein Unterschied zur Bildung der Anhangsorgane des Sprosses. Diese entstehen exogen (Kap. 22.3 und 23.1). Der erste Schritt zur Bildung der Seitenwurzel besteht darin, daß sich die über den Xylem-Strängen liegenden Zellen des Perizykels zu teilen beginnen. Die Zellteilung erfolgt zunächst periklin, d. h. die neuen Zellwände werden parallel zur Kreisperipherie angelegt. Später kommt antikline Zellteilung (Anlage der neuen Zellwände senkrecht zur Peripherie) hinzu. So entsteht als erste Anlage der Seitenwurzel ein Nest junger Zellen (Abb. 21-6). Durch fortgesetzte Zellteilung vergrößert sich diese Anlage in Richtung der Rinde. Sie durchbricht dabei die durch Zellteilung zunächst noch mitwachsende Endodermis, später dann auch Rinde und Exodermis. Beim Vordringen nach außen organisiert sich die Wurzelanlage zu einer jungen primären Wurzel. Gleichzeitig wird an der Basis der Seitenwurzelanlage im Zentralzylinder der Anschluß zu den Leitgeweben der Hauptwurzel und damit die Funktionseinheit von Haupt- und Seitenwurzel hergestellt.

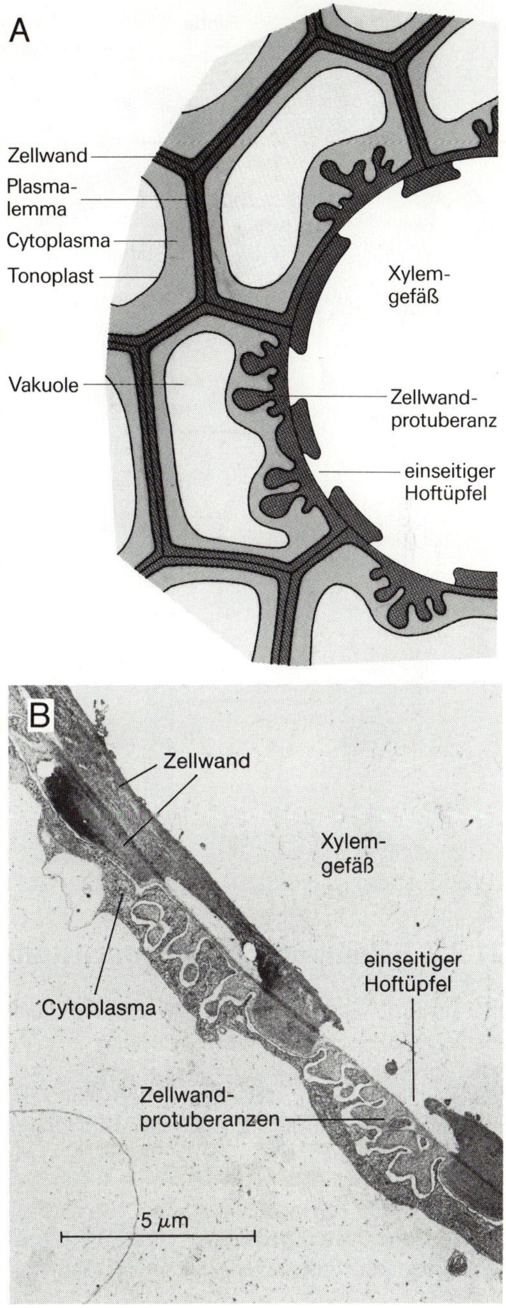

Abb. 21-5. Transfer-Zellen im Xylemparenchym der Wurzel. (A) Schema; (B) EM-Bild des Wandbereichs zwischen einer Xylemparenchymzelle und einem Xylemgefäß aus der Wurzel von *Phaseolus vulgaris* (Buschbohne), (Aufnahme: D. KRAMER).

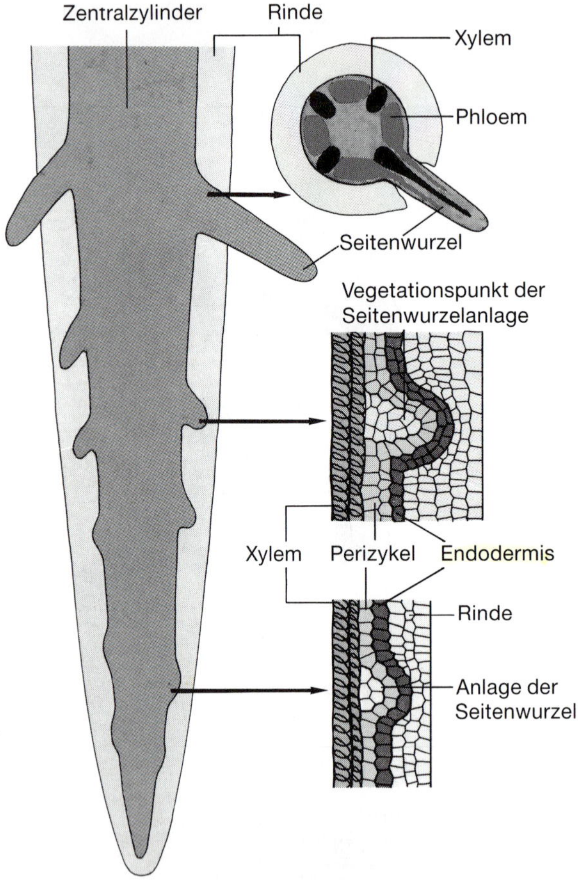

Abb. 21-6. Die Bildung von Seitenwurzeln. Die Abbildung zeigt links einen schematischen Längsschnitt durch eine Wurzel mit Zentralzylinder (grau) und Rinde (hell). Die Ausbuchtungen des Zentralzylinders stellen Seitenwurzelanlagen in verschiedenen Entwicklungsstadien dar. Rechts sind die an der Seitenwurzelbildung beteiligten Gewebe gezeigt, und zwar bei den Anlagen der Seitenwurzel (unten) im Längsschnitt, bei der fertigen Seitenwurzel (oben) im Querschnitt.

21.2.2 Sekundäres Dickenwachstum

Vor allem die mehrjährigen Pflanzen bilden durch sekundäre Verdickung teilweise mächtige oberirdische Sprosse. Um solche verdickten Sprosse wirkungsvoll verankern und durch entsprechende Ausbreitung des Wurzelbereiches hinreichend mit Wasser versorgen zu können, muß auch die Wurzel mitwachsen. Dabei erfolgt nicht nur Wachstum in die Länge, sondern auch durch Neubildung von Geweben hervorgerufenes Dickenwachstum. Diese Dickenzunahme bezeichnet man als sekundäres Dickenwachstum.

Für die Neubildung von Wurzelgewebe beim sekundären Dickenwachstum sorgt ein im Zentralzylinder angelegtes *Kambium.* Unter dem Begriff Kambium versteht man ein einschichtiges Meristem, das nach beiden Seiten hin Tochterzellen abgliedert. Im Fall der Wurzel entsteht ein solches Kambium dadurch, daß im Zentralzylinder Zellen des Parenchyms, die in der primären Wurzel die Xylem- von den Phloem-Strängen trennen, wieder Teilungsfähigkeit erlangen. Durch Vereinigung dieser meristematischen Zellen untereinander und mit den über den Xylem-Teilen liegenden Zellen des Perizykels (der ja bereits ein Meristem darstellt) entsteht ein geschlossener, sternförmig ausgebuchteter Ring von teilungsfähigen Zellen: das Wurzelkambium (Abb. 21-7). Dieses Kambium scheidet nach außen hin Zellen ab, die sich zu (sekundärem) Phloem, nach innen hin Zellen, die sich zu (sekundärem) Xylem differenzieren. Man bezeichnet das *sekundäre Phloem* zusammenfassend als Bast (hier also *Wurzelbast* oder sekundäre Rinde), das *sekundäre Xylem* dagegen als Holz (hier also *Wurzelholz).*

Bei der Neubildung von Xylem- und Phloem-Gewebe

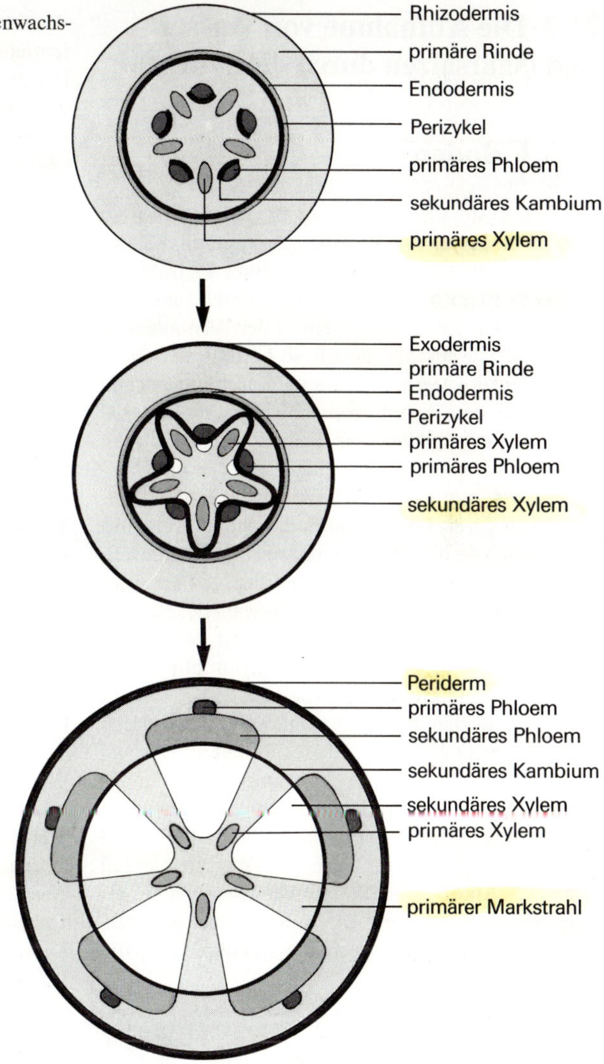

Abb. 21-7. Der Verlauf des sekundären Dickenwachstums einer Wurzel.

werden die Einbuchtungen des Kambium-Ringes zunächst bevorzugt. Auf diese Weise gleicht sich bald nach Einsetzen des sekundären Dickenwachstums die sternförmige Anordnung des Kambiums zu einer gleichmäßigen Zylinderform aus (Abb. 21-7). Über den primären Xylem-Strängen bildet das Kambium kein Leitbündelgewebe, sondern Parenchymzellen. Daher bleiben zwischen den Strängen des sekundären Phloems bzw. Xylems mit Parenchym gefüllte Lücken frei (Abb. 21-7). Diese werden *primäre Markstrahlen* genannt. Sie ziehen von der Peripherie bis ins Innere der Wurzel. Beim Fortschreiten des sekundären Dickenwachstums werden dann auch innerhalb der sekundären Phloem- und Xylem-Blöcke noch Markstrahlen ausgespart *(sekundäre Markstrahlen)*. Beim sekundären Dickenwachstum der Wurzel reißen das ursprüngliche Abschlußgewebe und die primäre Wurzelrinde auf und werden durch ein neues Abschlußgewebe, das Wurzelperiderm, ersetzt. Das *Periderm* (Kap. 22.5.4, Abb. 22-17) besteht aus mehreren Schichten suberinisierter Zellen. Ein derartiges Abschlußgewebe wird auch als *Kork* bezeichnet. Das Wurzelperiderm wird von dem in ein Korkkambium umgewandelten Perizykel erneuert, weil sich die äußeren Zellschichten ständig abnutzen und damit verloren gehen.

21.3 Die Aufnahme von Wasser und Nährsalzen durch die Wurzeln

21.3.1 Boden

Der Boden stellt ein aus einer *festen,* einer *flüssigen* und einer *gasförmigen Phase* zusammengesetztes System dar. Er ist zudem noch von einer Vielzahl von Mikroorganismen besiedelt und unter anderem durch deren Tätigkeit in dauernder Veränderung begriffen. Die feste Bodenphase besteht aus durch die Bodenverwitterung entstandenen mineralischen und durch den Abbau von biologischem Material gebildeten organischen Partikeln. Zwischen diesen Partikeln befinden sich unzählige größere und kleinere Hohlräume bis hin zu den kleinsten Kapillarräumen (Abb. 21-8). Diese Hohlräume sind teilweise mit Luft (Gasphase des Bodens), teilweise mit einer wäßrigen Lösung, dem Bodenwasser (flüssige Phase des Bodens), erfüllt. Eine gute Durchlüftung des Bodens ist für eine ungehinderte Wurzelatmung zur Bereitstellung der Energie für die wichtigen physiologischen Wurzelfunktionen erforderlich.

Ein beträchtlicher Teil des *Bodenwassers* wird durch starke Matrixkräfte quellfähiger Bodenpartikel so festgehalten, daß dieses Quellungswasser der Pflanze kaum zugänglich ist. Anders ist es mit dem Wasser in den Bodenkapillaren: Dieses kann durch die Wurzel aufgenommen werden, wenn das Wasserpotential (Kap. 5.3, Abb. 5-3) der Wurzelzellen negativer ist als das des Kapillarwassers. Da im Kapillarwasser stets Stoffe gelöst sind und auch die Kapillarkräfte die Wasserverfügbarkeit beeinflussen, hat das Wasserpotential des Bodens (Ψ_{Boden}) einen negativen Wert. Bei gut befeuchteten Böden liegt Ψ bei ca. -1 bis -3 bar. *Bodenwasserpotentiale* dieser Größenordnung können von den meisten Pflanzen leicht kompensiert werden. In Salzböden z. B. kann aber durch den hohen Anteil gelöster Stoffe im Bodenwasser das Potential Ψ bis auf Werte um -100 bar abfallen. Nur speziell angepaßte Pflanzen können aus derartigen Böden noch Wasser aufnehmen, indem sie z. B. Salze in den Vakuolen der Wurzelzellen anreichern und damit deren Ψ noch unter das des umgebenden Bodens absenken. Derartige Anpassungen findet man z. B. bei den Salzpflanzen (Halophyten; Kap. 24.6.1)

21.3.2 Radialer Transport von Wasser und Nährstoffen durch die Wurzeln

Die Wurzel dringt mit ihren Wurzelhaaren in die Hohlräume des Bodens vor und kommt hier mit dem Kapillarwasser und mit Bodenkolloiden in Kontakt (Abb. 21-8 und 24-13).

Der *radiale Transport* von Wasser und Nährsalzen quer durch die Wurzel (Abb. 21-9) kann durch die Wurzelhaare und die primäre Wurzelrinde von Zelle zu Zelle sowohl *im Symplasten* als auch in den Zellwänden *im Apoplasten* (Kap. 4) erfolgen. Die passive Diffusion im Apoplasten, die Aufnahme durch das Plasmalemma in den Symplasten und der passive Transport im Symplasten gehorchen dabei den in den Kapiteln 4 und 5 dargestellten Gesetzen.

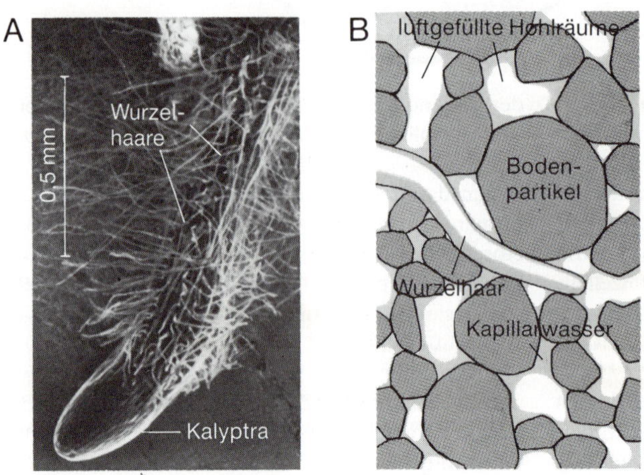

Abb. 21-8. (A) Junge Wurzel von *Sinapis alba* (Senf) mit Kalyptra und Wurzelhaaren (Aufnahme: N. VARTANIAN). (B) Schema eines Wurzelhaares im Boden-Gefüge (in Anlehnung an STOCKER).

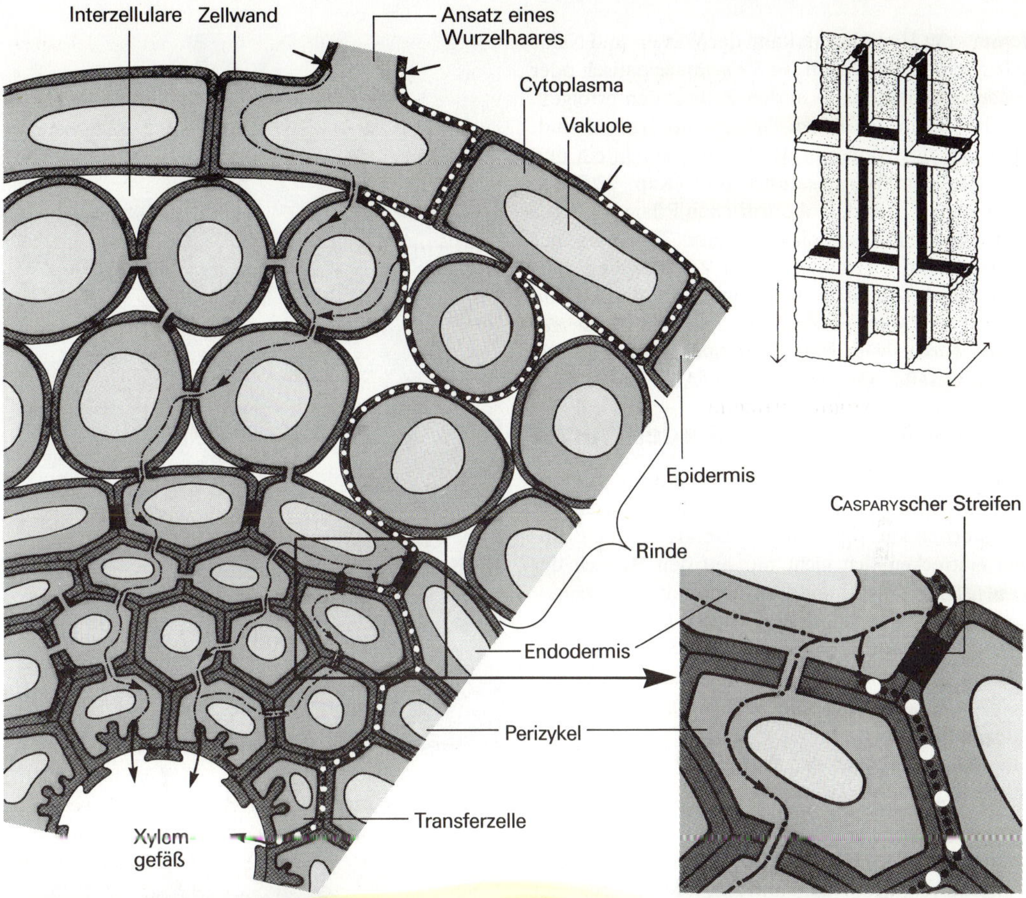

Abb. 21-9. Die Wege beim Radialtransport von Wasser und Nährsalzen in der primären Wurzel, in Höhe der Wurzelhaarzone. Gepunktete Linien: apoplasmatischer Transport, gestrichelte Linie: symplasmatischer Transport. Der Detailausschnitt unten rechts zeigt die Unterbrechung des apoplasmatischen Transportes am CASPARYschen Streifen. Das dreidimensionale Schema oben rechts zeigt die räumliche Anordnung des CASPARYschen Streifen (= schwarzes Band), wobei vorne die Rinde und hinten der Zentralzylinder zu denken sind (aus U. LÜTTGE and N. HIGINBOTHAM, Transport in Plants, Springer, New York 1979).

Der apoplasmatische Wasser- und Nährsalztransport wird jedoch in den Radiärwänden der Endodermis durch den CASPARYschen Streifen unterbrochen. Wegen der speziellen räumlichen Anordnung des CASPARYschen Streifens müssen die Wasser- und Salzmoleküle spätestens hier durch das Plasmalemma in das Cytoplasma der Endodermis-Zellen übertreten, wenn sie nicht schon weiter außen in den Symplasten aufgenommen wurden. Der CASPARYsche Streifen erzwingt also beim radialen Transport der Nährsalze durch die Wurzel spätestens an der Endodermis eine Kontrolle durch den Membrantransport am Plasmalemma. Ob diese erst an der Endodermis oder schon weiter außen, in Rinden-, Rhizodermis- und Wurzelhaar-Zellen erfolgt, hängt von den jeweiligen thermodynamischen Bedingungen ab, denen der passive Transport im Apoplasten unterworfen ist. Unter normalen Bedingungen findet die Aufnahme in den Symplasten meistens unmittelbar an der Wurzeloberfläche statt, und der radiale Transport von Nährsalzen und von Wasser durch die Wurzel ist hauptsächlich symplasmatisch. Auf jeden Fall ist aber die *Endodermis eine wichtige physiologische Scheide,* die eine Selektion und Regulation der aufgenommenen Nährsalze durch Membrantransport in der Wurzel sicherstellt (Abb. 21-9).

Jenseits der Endodermis kann der Wasser- und Nährsalztransport prinzipiell weiter symplasmatisch oder erneut apoplasmatisch in den Zellwänden erfolgen, bis die Zellen des Xylem-Parenchyms erreicht sind. Hier tritt das Wasser in die Xylem-Bahnen ein und wird mit dem Transpirationsstrom (Kap. 22.7.1, s. auch Kap. 5.3) in den oberirdischen Pflanzenkörper verfrachtet. Ein apoplasmatischer Transport der gelösten Stoffe (Nährsalze) im Zentralzylinder ist aber unwahrscheinlich. Man nimmt an, daß sie von den oft als *Transfer-Zellen* ausgebildeten Zellen *des Xylem-Parenchyms* unter Energieaufwand in die Xylem-Gefäße exkretiert werden (Abb. 21-9).

21.4 Die Metamorphosen der Wurzel

Den vielfältigen aus den Standortfaktoren erwachsenden Anforderungen begegnen die Pflanzen mit entsprechenden Anpassungen. Derartige Anpassungen erstrecken sich nicht nur auf den Bereich der Lebensäußerungen, sondern auch auf den Grundaufbau der Pflanzenorgane. Dieser kann, entsprechend den Anforderungen durch die Standortbedingungen, in vielfältiger Weise abgewandelt werden. Solchen Gestaltswandel bezeichnet man als Metamorphose.

Die Metamorphosen der Wurzel werden besonders durch folgende speziellen Aufgaben bestimmt:

- *Speicherung:* Wurzeln können zu wasserspeichernden (sukkulenten) Organen umgewandelt werden (vgl. Kap. 22.6 und 23.7). Man bezeichnet dies als Wurzelsukkulenz. Ein Beispiel hierfür liefert *Kedrostis* (Abb. 21-10). Kompakte Verdickungen von Pflanzenorganen werden Knollen genannt. *Wurzelknollen* (Abb. 21-10) dienen der Speicherung von Kohlenhydraten. Daher werden diese Gebilde oft vom Menschen zu Nahrungszwecken genutzt. So spielt in Ostasien die stärkespeichernde Jamswurzel *(Dioscorea batata)* als Nahrungsmittel eine große Rolle.

  Auch *Rüben* sind Speicherorgane für Kohlenhydrate. Am Aufbau der Rüben kann sowohl die Wurzel selbst als auch das Hypokotyl (Kap. 22.1), in einigen Fällen auch die Sproßbasis beteiligt sein. Dabei kann der Anteil der genannten Grundorgane am Aufbau der Rübe zwischen verschiedenen Kulturvarietäten der gleichen Pflanzenart variieren (Abb. 21-11). Rüben speichern nicht nur Polysaccharide. So ist die Zuckerrübe wegen ihres hohen Gehaltes an Saccharose (ein Disaccharid, vgl. Kasten 6-1) als Nutzpflanze von Bedeutung.

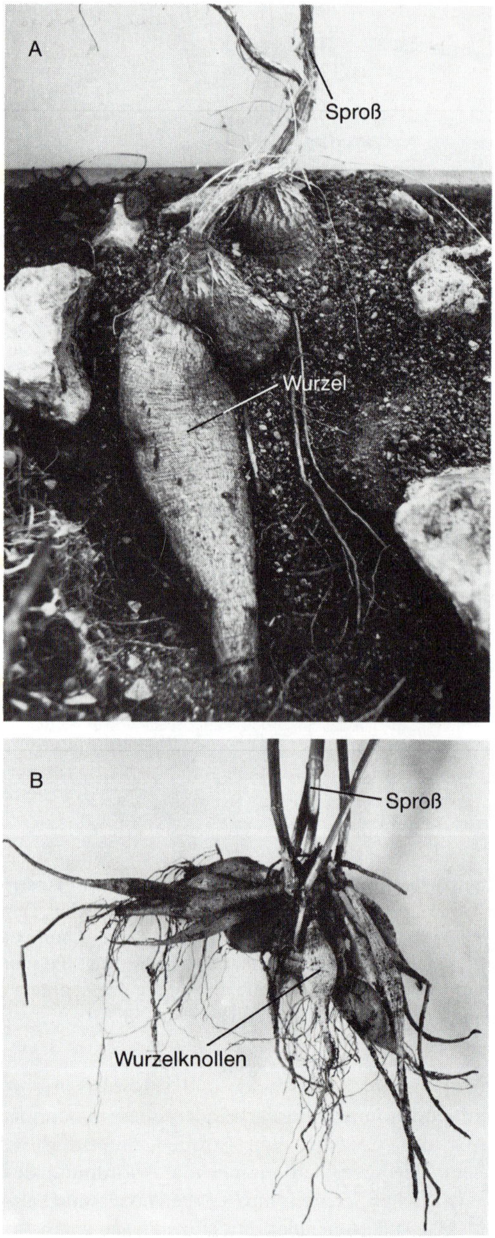

Abb. 21-10. Speicherwurzeln. (A) Wasserspeichernde Wurzel (Wurzelsukkulenz) bei *Kedrostis spec.*, einem in den Trockengebieten Kenias beheimateten Kürbis-Gewächs. (B) Stärkespeichernde Wurzelknollen der Dahlie.

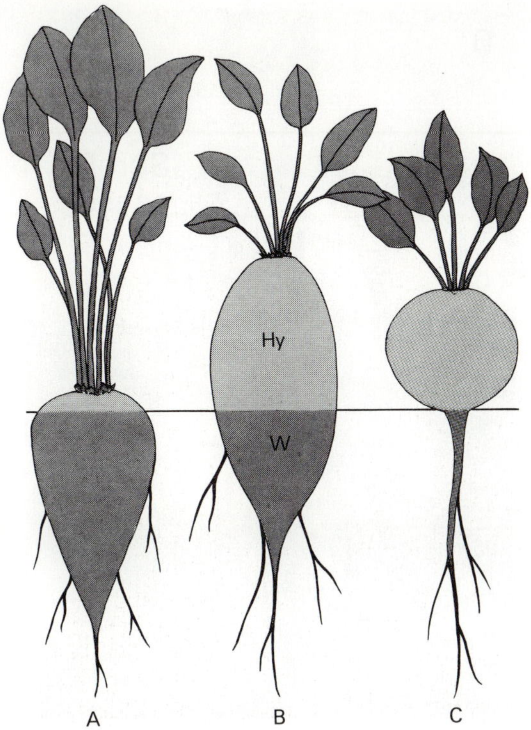

Abb. 21-11. Beteiligung von Wurzel, W, und Hypokotyl, Hy, bei Rüben, gezeigt bei verschiedenen Varietäten der Art *Beta vulgaris.* (A) Zuckerrübe, (B) Futterrübe, (C) Rote Rübe.

- *Befestigung:* Wurzeln können bei Kletterpflanzen zum Anheften an die Unterlage dienen. Dies kann durch *Wurzelranken* (Beispiel: die Orchidee *Vanilla planifolia),* oder durch *Haftwurzeln* (Beispiel: der Efeu *Hedera helix)* geschehen (Abb. 21-12). Bei vielen oft schnell in die Höhe wachsenden und daher ungenügend verankerten Bäumen der tropischen Regenwälder können *Brettwurzeln* ausgebildet werden (Beispiel: *Ficus*-Arten, Abb. 21-12). Die Maispflanze wird durch sproßbürtige Stützwurzeln vor dem Umfallen bewahrt (Abb. 21-12).
  Der tropische Schraubenbaum *(Pandanus)* oder viele der die Gezeitenzone tropischer Meere besiedelnden Mangrove-Bäume besitzen *Stelzwurzeln,* die den Pflanzenkörper über das mittlere Hochwasserniveau erheben (Abb. 21-13).

- *Wasseraufnahme:* Bei einigen Epiphyten (vgl. Kap. 23.8.1.2) werden Luftwurzeln zunächst frei durch die Luft in den Boden abgesenkt. *Luftwurzeln* findet man z. B. bei vielen Orchideen-Arten, bei dem auch als Zimmerpflanze geschätzten Aronstabgewächs *Philodendron,* bei *Ficus*-Arten (Abb. 21-14) u. a. Die Luftwurzeln vieler epiphytischer Monokotyledonen, vor allem Orchideen und Aronstabgewächse, besitzen ein spezielles Gewebe – das *Velamen radicum* – welches der Aufnahme von Regenwasser dient (Abb. 21-15). Das Velamen besteht aus einer mehrfachen, außerhalb der Exodermis liegenden Schicht abgestorbener und daher mit Luft erfüllter Zellen. Bei Benetzung durch Regen saugen die Velamen-Zellen das Wasser kapillar auf und leiten es über Durchlaßzellen der Exodermis an den Wurzelkörper weiter.

- *Gasaustausch:* Pflanzen in schlecht durchlüfteten Böden (Sumpf, Schlickböden) bilden negativ gravitrop wachsende *„Atemwurzeln“* aus, die das Wurzelsystem mit Sauerstoff versorgen können. Beispiele finden wir bei Mangrove-Arten oder bei der Sumpfzypresse (Abb. 21-16).

- *Photosynthese:* Luftwurzeln können in den Rindenzellen Chloroplasten besitzen und Photosynthese betreiben. Eine Besonderheit stellen dabei manche epiphytischen Orchideen dar, z. B. *Taeniophyllum* und *Chiloschista* (Abb. 21-17). Hier sind die Blätter reduziert, und deren Funktion als Photosynthese-Organ wird von bandförmig verbreiterten *grünen Luftwurzeln* wahrgenommen.

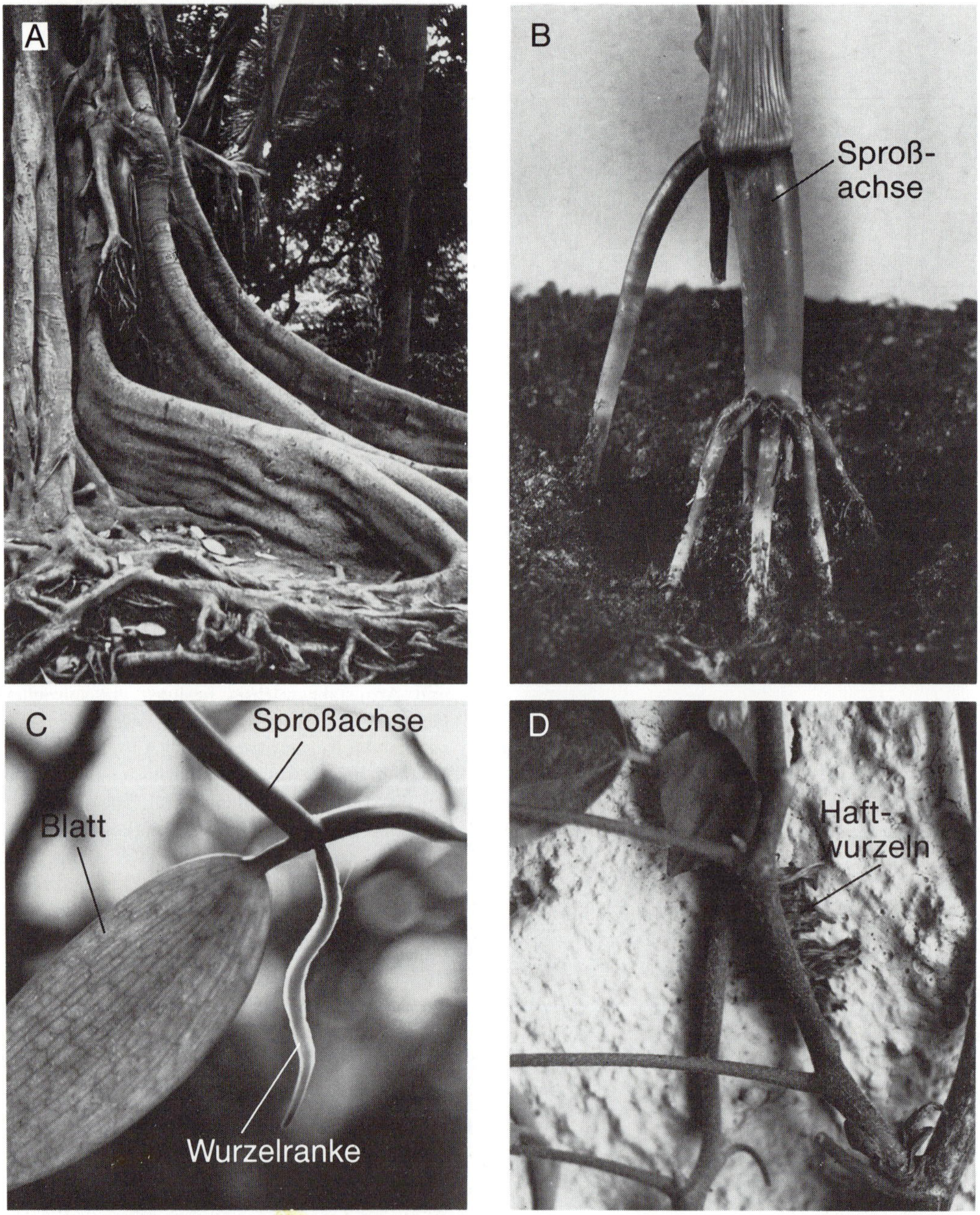

Abb. 21-12. Der Befestigung dienende Metamorphosen der Wurzel. (A) Brettwurzeln bei einem *Ficus*-Baum aus dem Regenwald (Singapore). (B) Sproßbürtige Stützwurzeln bei einer Mais-Pflanze. (C) Wurzelranke bei einer kletternden Orchidee *(Vanilla)*. Die junge Wurzelranke ist noch mit Wurzelhaaren bedeckt. Sie kann bei Kontakt mit einer Unterlage nicht nur der Anheftung, sondern auch der Wasser- und Nährsalzaufnahme dienen. (D) Haftwurzeln beim Efeu *(Hedera helix)*.

Abb. 21-13. Stelzwurzeln. Oben, *Pandanus* (Schraubenbaum); unten, *Rhizophora,* ein Mangrove-Baum.

Abb. 21-14. (A) Luftwurzeln bei einem *Ficus*-Baum aus dem Regenwald im Nord-Osten Australiens. (B) Luftwurzeln des Baumwürgers *Clusia.* Die Pflanze beginnt ihren Lebenszyklus als Epiphyt (Kap. 20.3), der schnell wachsende Luftwurzeln zum Boden sendet. Andere Wurzeln klammern sich an den Trägerbaum. Diese Wurzeln führen dabei starkes sekundäres Dickenwachstum durch. Es entstehen so mächtige stammartige Gebilde, welche die inzwischen zu einer regelrechten Baumkrone herangewachsene *Clusia* tragen und die Unterlage letztlich zum Absterben bringen. St Stamm des Trägerbaums; Cl Verdickte Luftwurzel der *Clusia.*

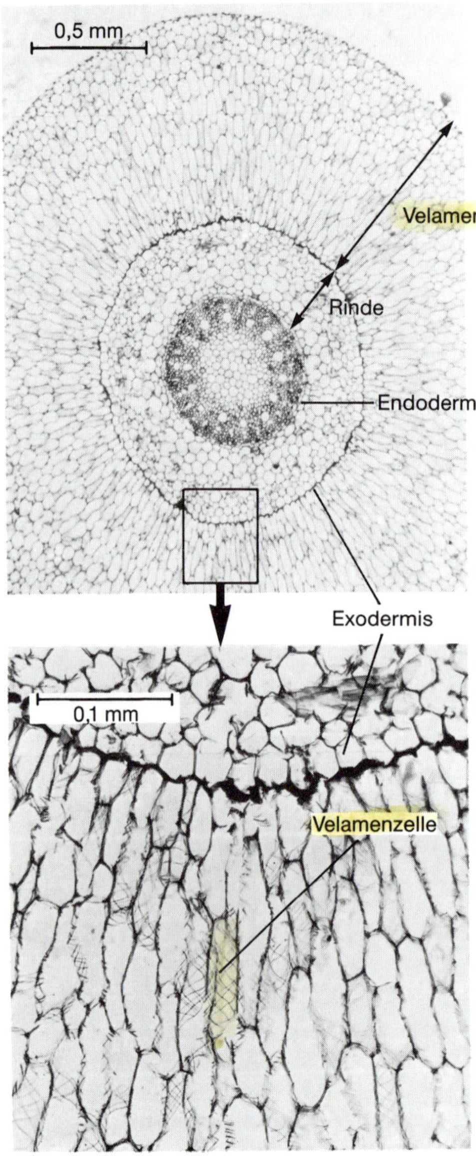

Abb. 21-15. *Velamen radicum* im Querschnitt durch die Luftwurzel einer epiphytischen Orchidee *(Cyrtopodium punctatum)*. Oben ist eine Übersicht gezeigt. Das vielschichtige, aus toten Zellen bestehende Velamen umgibt die Wurzel wie ein geschlossener Mantel. Der stärker vergrößerte Ausschnitt (unten) zeigt die Wasser aufnehmenden Zellen des Velamens mit ihren typischen Aussteifungen der Zellwand.

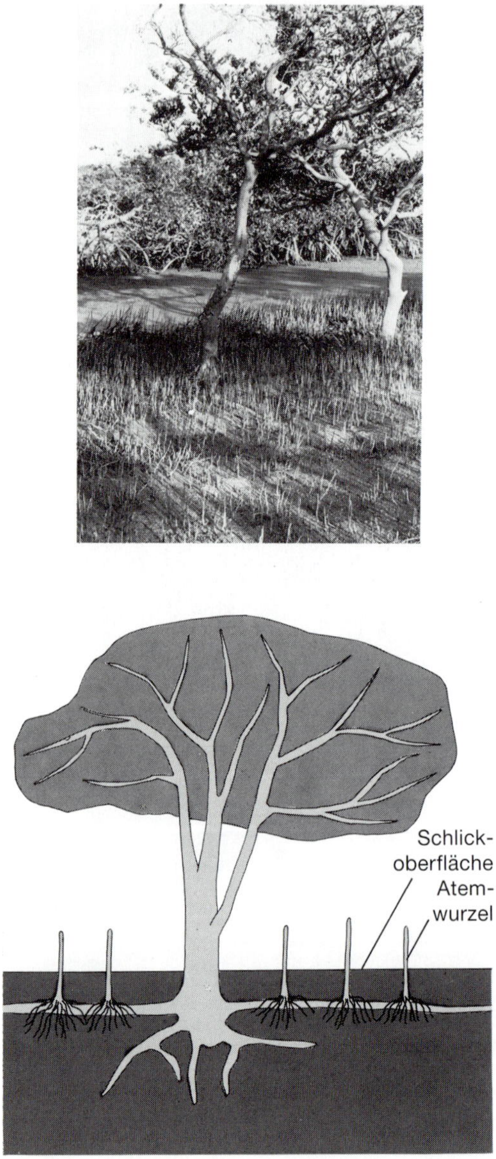

Abb. 21-16. Atemwurzeln bei Mangrovebäumen *(Avicennia)*. oben, Habitusbild. Man beachte den dichten Rasen der aus der Schlickoberfläche herausragenden Atemwurzeln. Bei Hochwasser der Gezeiten sind die Wurzeln überflutet. unten, Schematische Darstellung des Wurzelsystems.

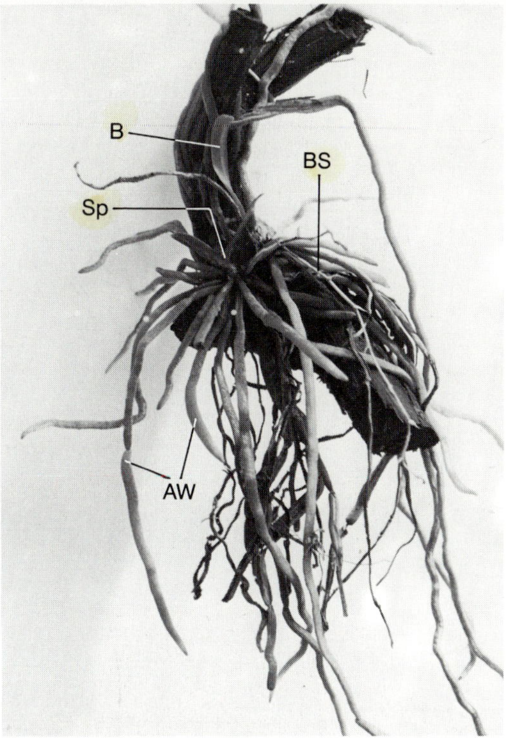

Abb. 21-17. Assimilationswurzeln, AW, bei der epiphytischen Orchidee *Chiloschista lunifera.* Blätter, B, und Sproß, Sp, sind stark zurückgebildet. Es sind auch die Reste des abgeblühten Blütenstandes, BS, zu sehen.

Zum weiteren Studium

ESAU, K.: *Pflanzenanatomie.* Fischer, Stuttgart 1969.

JURZITZA, G.: *Anatomie der Samenpflanzen.* Thieme, Stuttgart 1987.

STRASBURGER, E.: *Lehrbuch der Botanik für Hochschulen.* Fischer, Stuttgart – Jena – New York 1991.

TROLL, W.: *Praktische Einführung in die Pflanzenmorphologie.* Vol. I. Fischer, Jena 1954.

22 Die Sproßachse: Bau und Funktionsweise

Stengel
Stamm

Die Sproßachse verbindet die der Ernährung dienenden Grundorgane, also Blatt und Wurzel, miteinander. Sie sorgt für den Stofftransport zwischen Wurzeln und Blättern in beiden Richtungen. Darüber hinaus übernimmt sie mechanische Aufgaben, indem sie das Traggerüst für das Blätterdach bildet und dieses möglichst günstig dem Licht entgegenhebt.
Bei den krautigen Pflanzen ist die Sproßachse nicht durch Verholzung der Zellen verfestigt; man bezeichnet sie dann als *Stengel.* Bei den mehrjährigen Pflanzen hingegen ist die Sproßachse verholzt, damit verfestigt und wird hier als *Stamm* bezeichnet.

22.1 Die äußere Gliederung der Sproßachse

Das Sproßstück, das zwischen dem Ansatz der Wurzel und dem der Keimblätter liegt, heißt *Hypokotyl.* Es ist der erste Abschnitt des Sprosses, der bei der Keimung gebildet wird. Zwischen den Keimblättern und dem Ansatz des ersten Folgeblattes (Kap. 23.2) liegt das *Epikotyl* (Abb. 22-1).
An den Ansatzstellen der Blätter ist die Sproßachse oft knotig verdickt. Daher bezeichnet man die Stelle, an denen ein Blatt am Sproß ansetzt, als *Nodium (Knoten).* Der Abschnitt zwischen zwei Nodien heißt *Internodium* (Abb. 22-2).
Bei der Keimpflanze sind die Internodien noch nicht ausgewachsen, sondern „gestaucht". Dadurch sitzen die an den Nodien inserierenden Blätter noch dicht aufeinander. Durch Streckungswachstum der Internodien *(„interkalares Wachstum")* rücken die Nodien auseinander, wodurch sich die Sproßachse im Ganzen streckt (Abb. 22-3). Eine Sproßachse mit vollständig gestreckten Internodien nennt man *Langtrieb.*

Das interkalare Bildungsgewebe liegt vor allem an der jeweiligen Basis eines Internodiums, also direkt über dem jeweils unteren Knoten (Abb. 22-2 und 22-3). Wenn ein Internodium seine endgültige Länge erreicht hat, stellt das zugehörige interkalare Bildungsgewebe seine Tätigkeit ein.
Bei einigen Pflanzen unterbleibt die Streckung der Internodien. Der Sproß bleibt dann gestaucht und die an ihm inserierenden ausgewachsenen Blätter bilden eine Rosette. Ein typisches Beispiel ist der Breitwegerich *(Plantago major,* Abb. 23-11). Bei manchen Pflanzen, z. B. der Dachwurz *(Sempervivum tectorum,* Abb. 22-4), bilden Sproß und Blätter zunächst eine Rosette, und erst bei der Blütenbildung streckt sich der Sproß zu einem Langtrieb.

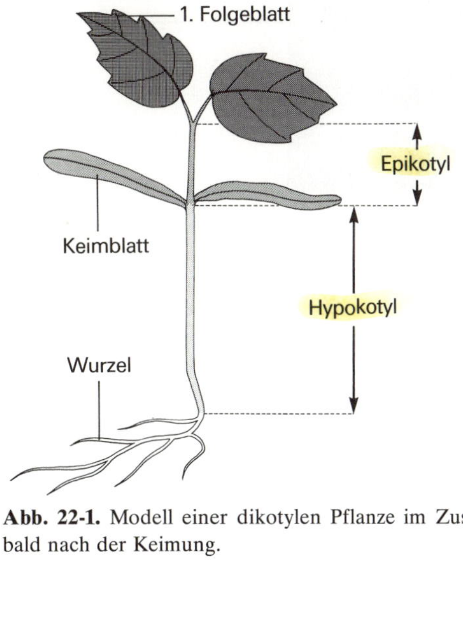

Abb. 22-1. Modell einer dikotylen Pflanze im Zustand bald nach der Keimung.

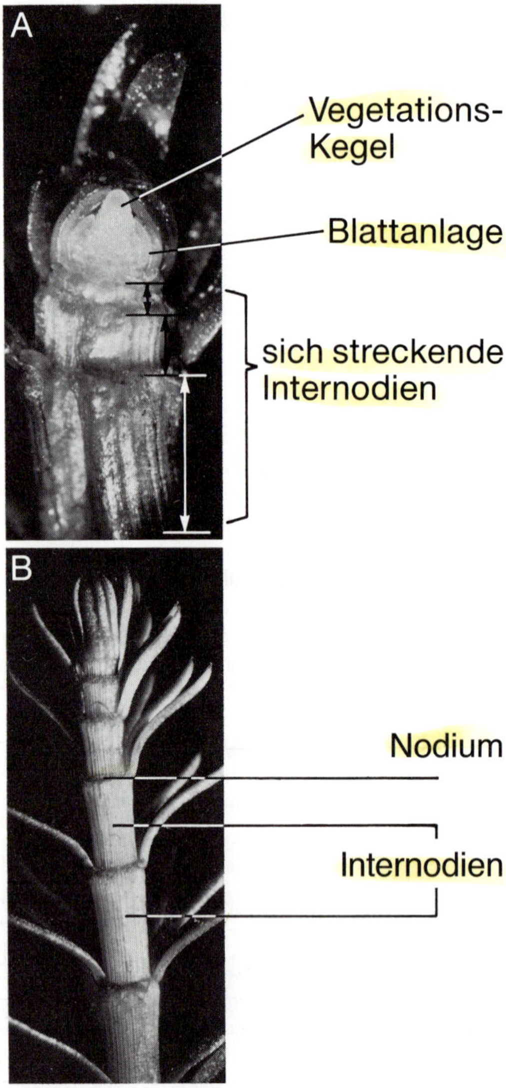

Abb. 22-2. Nodien und Internodien beim Tannenwedel *(Hippuris vulgaris)*. (A) Sproßscheitel. Die vornliegenden Blätter an den Nodien wurden teilweise wegpräpariert. (B) Oberer Abschnitt des Sprosses mit sich noch in Streckung befindlichen (oben) und nahezu völlig gestreckten (unten) Internodien. Auch hier wurden die vorderen Blätter beseitigt.

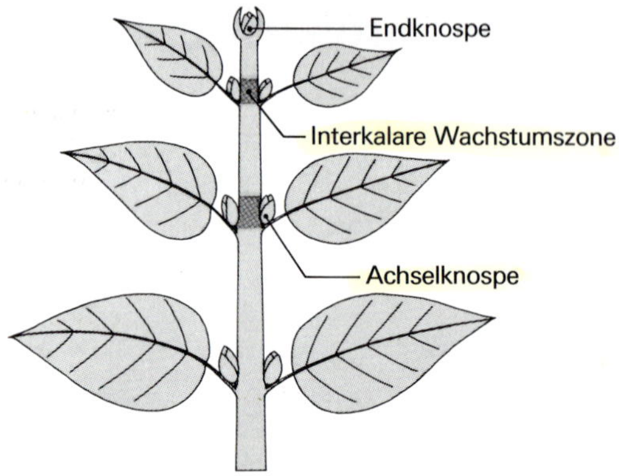

Abb. 22-3. Interkalares Wachstum des Sprosses durch Wachstumszonen an der Basis noch nicht völlig gestreckter Internodien.

Abb. 22-4. *Sempervivum tectorum* (Dachwurz). Links eine Pflanze mit gestauchter Sproßachse und daher eine Blattrosette bildend. Rechts eine Pflanze im Zustand der Blütenbildung, bei der sich die Internodien strecken.

22.2 Die Verzweigung der Sproßachse

Die Telome der Ur-Landpflanzen waren gabelig (dichotom) verzweigt. Die als ursprünglich geltende Dichotomie tritt auch bei rezenten Moosen und Farnpflanzen noch auf, z.B. bei *Psilotum* (Abb. 17-5).

Dichotome Verzweigung geht von der Scheitelzelle (Kap. 16.1.6.3) aus, die sich in gewissen Abständen längs teilt. Aus den so gebildeten Tochterzellen gehen die beiden Gabeläste der Verzweigung hervor.

Die Sprosse der Samenpflanzen verzweigen sich ausgehend von seitlich angelegten Knospen. Eine Knospe ist ein von schützenden Niederblättern (Knospenschuppen, Kap. 23.3) eingehüllter Vegetationskegel. Die Seitenknospen liegen in den zwischen Blattansätzen und Sproß bestehenden Zwickeln, den Blattachseln (Abb. 22-3). Je nach Pflanzenart können die Blattachseln je eine oder auch mehrere Knospen tragen. *Die Verzweigungen der Sproßachse entstehen durch das Austreiben der Seitenknospen.* Bleibt eine seitliche Sproßachse gestaucht, spricht man von einem *Kurztrieb.* Bei vielen Laubbäumen, z. B. bei den Obstbäumen, tragen solche Kurztriebe die Blüten und damit die Früchte. Man bezeichnet derartige Kurztriebe dann als Fruchtholz (Abb. 22-5). Die Nadelblätter der Lärche oder der Kiefer sitzen ebenfalls auf Kurztrieben (Abb. 22-6). Bei vielen Gehölzen verlängert sich die Sproßachse im ersten Jahr durch einen Langtrieb, während im folgenden Jahr seitliche Kurztriebe angelegt werden (Abb. 22-6).

Bei aller Vielfalt der bei den verschiedenen Pflanzen auftretenden Sproßverzweigungen lassen sich zwei Grundtypen erkennen, nämlich die *monopodiale* und die *sympodiale Verzweigung* (Kasten 22-1). Für das Erscheinungsbild eines Kormus ist besonders bedeutungsvoll, welche der Seitenknospen zur Entwicklung gelangen. Hier unterscheidet man zwischen *akrotonem und basitonem Wuchs* (Kasten 22-1). Die für die Sprosse bestehenden Gesetzmäßigkeiten der Verzweigung gelten auch für die Blütenstände, welche besondere Sproßabschnitte darstellen (Kap. 19.2).

22.3 Der Vegetationskegel

Wie bei der Wurzel vollzieht sich auch beim Sproß der Längenzuwachs an der Spitze. Man bezeichnet diese wachsende Spitze als Apex oder, wegen ihrer kegelförmigen Gestalt, als Vegetationskegel (Abb. 22-2A).

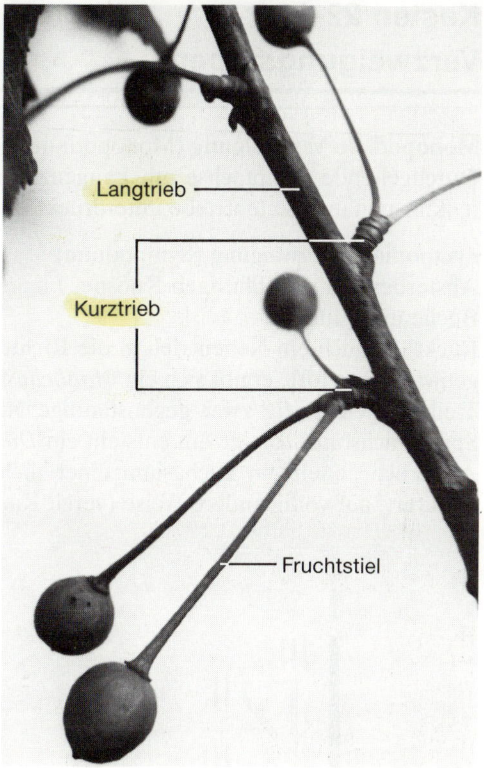

Abb. 22-5. Lang- und Kurztriebe bei der Kirsche. Der Kurztrieb wird auch als Fruchtholz bezeichnet.

Der Vegetationskegel ist in verschiedene Entwicklungszonen gegliedert (Abb. 22-7). Seine äußerste Spitze wird von einer nur etwa 50 µm langen *Bildungszone* eingenommen, in der die neuen Zellen entstehen. Bei den Samenpflanzen besteht die Bildungszone aus einem embryonalen Gewebe, dem *apikalen Meristem.* Bei den ursprünglicheren Schachtelhalmen und Farnpflanzen werden die neuen Zellen hingegen von einer *dreischneidigen Scheitelzelle* erzeugt (Kap. 16.1.6.3, Abb. 16-13). Bei manchen hochentwickelten Gymnospermen und bei den Angiospermen ist das apikale Meristem in zwei Bereiche untergliedert, die als Corpus und Tunica bezeichnet werden. Der *Corpus* ist ein zentral gelegener Gewebekomplex, dessen Zellen die Grundmasse des apikalen Meristems bilden. Die *Tunica* ist eine Gewebeschicht, die – abhängig von der Pflanzengruppe –

Kormus: Pflanzenkörper aus Sproßachse, Blatt u. Wurzel aufbaut
starke Zelldifferenzierung
bei Farn- u Samenpflanzen

Kasten 22-1
Verzweigungstypen

Monopodiale Verzweigung (Monopodium)
Durchgehende Hauptachse mit Längenzuwachs durch endständige Knospe an der Spitze; Seitenknospen und Seitentriebe unterdrückt (z. B. Fichte und Eiche).

Sympodiale Verzweigung (Sympodium)
Absterben der endständigen Knospe, Längenzuwachs durch austreibende Seitenknospen (z. B. Buche und Linde).
Rückt lediglich ein Nebentrieb in die Richtung der Hauptachse ein und setzt damit deren Längenwachstum fort, ergibt sich ein *Monochasium* (Beispiel: Linde).
Treiben gleichzeitig zwei gegenständige Knospen aus, deren Triebe die Hauptrichtung des Sproßwachstums fortsetzen, entsteht ein *Dichasium* (Beispiele: Flieder, Mistel).
Äußerlich ähnelt ein Dichasium einer dichotomen Verzweigung. Letztere entsteht aber, wie erläutert, auf völlig andere Weise (vergl. Kap. 16.1.6.5).

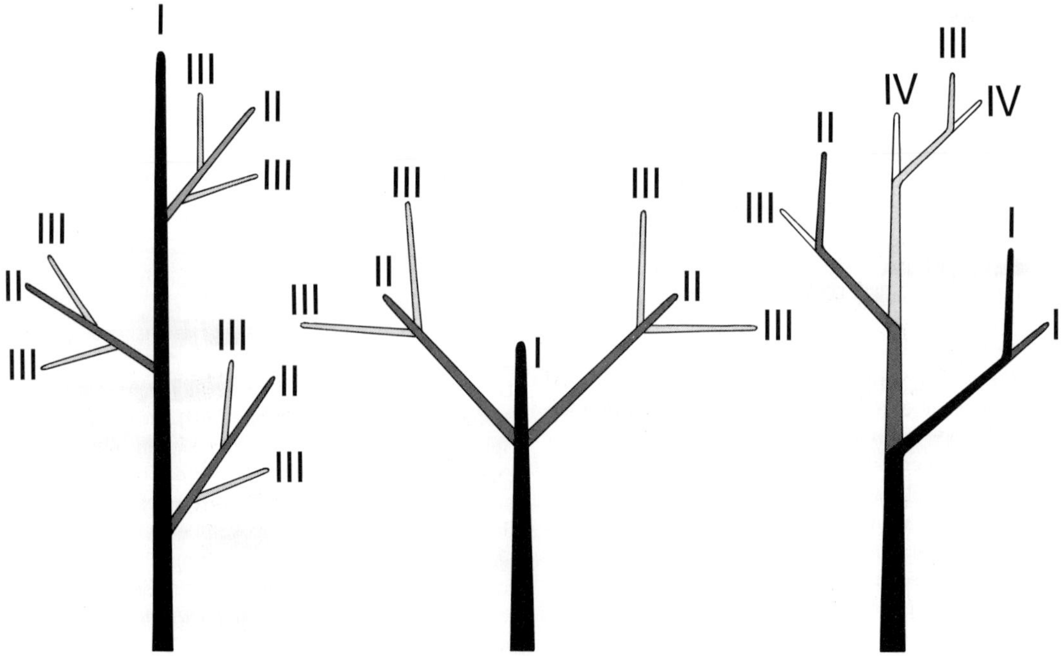

Die römischen Zahlen geben die Reihenfolge der Sproßachsen an.

Kasten 22-1 (Fortsetzung)

Akrotoner Wuchs (Akrotonie)
In diesem Fall treiben vor allem die Knospen der Zweigspitzen bevorzugt aus, während die anderen Knospen gehemmt sind und daher als ruhende Knospen verbleiben.

Basitoner Wuchs (Basitonie)
Hier entstehen die Seitentriebe vorwiegend aus den Knospen des unteren Sproßbereichs. Diese Seitentriebe entwickeln sich besonders kräftig, während die Hauptachse schwach bleibt. Es ergibt sich daher eine *buschförmige Wuchsform,* wie wir sie bei Sträuchern und Stauden antreffen.

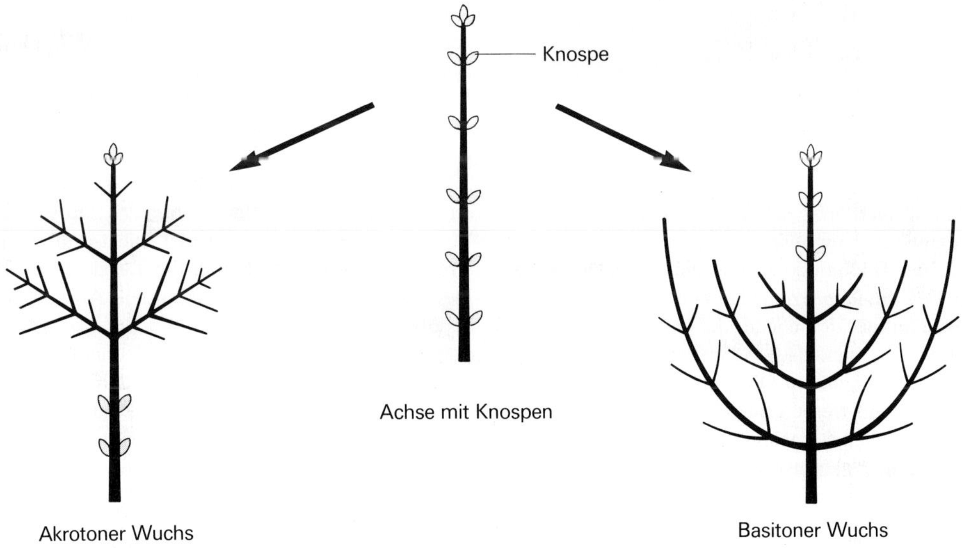

Abb. 22-6. Lang- und Kurztriebe bei der Lärche *(Larix decidua)*.

aus ein bis mehreren Zellagen besteht und den Corpus mantelartig umhüllt.

Hinter der Bildungszone liegt eine etwa 50–80 μm lange *Determinationszone.* Hier entscheidet sich, welche Bestandteile der in jeder der embryonalen Zellen gespeicherten genetischen Information abgelesen und bei der folgenden Differenzierung verwirklicht werden. Damit werden die künftigen Aufgaben der einzelnen Zellen festgelegt.

In der Determinationszone läßt sich die Gliederung des Vegetationskegels in einen zentralen Gewebekomplex *(Urmark)* und ein diesen umhüllendes Gewebe (*Urrinde*) erkennen. Zwischen Urmark und Urrinde bleibt ein *Restmeristem* erhalten (Abb. 22-7).

Auf die Determinationszone folgt basalwärts die *Streckungszone.* Hier durchlaufen die embryonalen Zellen ihr Streckungswachstum und die ihrer Determination entsprechende Differenzierung. Dabei entstehen die einzelnen Gewebe. So werden hier die Vorstufen der Leitelemente erkennbar. Sie werden von dem zwischen Urmark und Urrinde verbliebenen Restmeristem erzeugt, das sich in der Streckungszone zu einem *Prokambium* differenziert. Das Prokambium erzeugt dabei zunächst nach außen hin erste Phloem-Elemente *(Protophloem)*, etwas später nach innen erste Xylem-Elemente *(Protoxylem,* Abb. 22-7). Wir werden das Xylem und das Phloem und ihre Aufgaben bei der Besprechung der Leitbündel noch näher kennenlernen.

Das Urmark differenziert sich zu einem parenchymatischen Gewebe, dem *Mark.* Aus der Urrinde gehen das primäre Abschlußgewebe *(Epidermis)* und die *Rinde* hervor. Die Urrinde erzeugt auch die Blattanlagen *(Blattprimordien),* die ebenfalls in der Streckungszone entstehen. Die Blattprimordien treten zunächst als rings um den Vegetationskegel angeordnete Gewebehöcker in Erscheinung (Abb. 22-7 und 22-8). Mit zunehmendem Abstand differenzieren sich aus den Blattprimordien junge Blättchen, welche sich zunächst dem wachsenden Vegetationskegel anlegen und ihn wie eine Schutzhülle umgeben, ehe sie sich vom Sproß abspreizen und ihre endgültige Form annehmen (Abb. 22-8). Den von den schützenden Blättchen eingehüllten Vegetationskegel der Sproßachse bezeichnet man als *Endknospe.* Bei Gehölzen aus Klimabereichen mit wechselnden Jahreszeiten kann die Endknospe während vieler Monate ruhen. Sie ist dann, wie erwähnt, von Knospenschuppen eingehüllt (Kap. 23.3). Bei günstiger Jahreszeit, bei uns im Frühjahr, treibt die Endknospe aus und setzt das Längenwachstum des Sprosses fort. In der Streckungszone erfolgt nicht nur Längsstreckung der Zellen. Durch die Tätigkeit des Prokambiums nimmt mit zunehmendem Abstand vom Sproßscheitel auch die Dicke des Sprosses zu *(primäres Dickenwachstum).* Daraus ergibt sich die kegelförmige Gestalt der wachsenden Sproßspitze (Abb. 22-7 und 22-8). Bei den Monokotyledonen allerdings wird die künftige Dicke des Sprosses bereits am Vegetationspunkt angelegt.

22.4 Der Bau der primären Sproßachse

22.4.1 Gewebe der primären Sproßachse

Unterhalb der Streckungszone ist die Differenzierung der Zellen und damit die Ausbildung der primären Gewebe abgeschlossen. Bei der primären

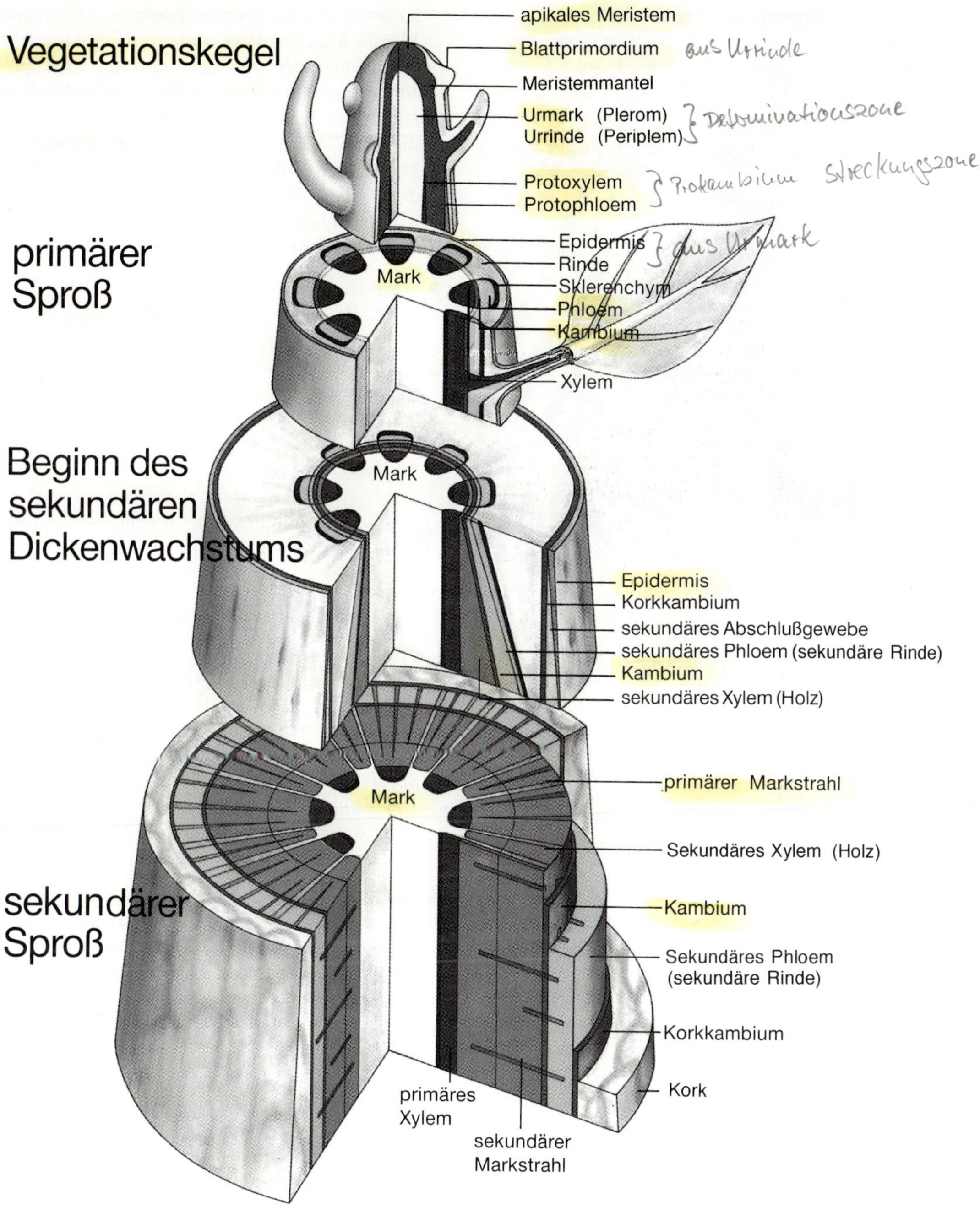

Abb. 22-7. Räumliches Modell der Sproßachse eines Kormophyten mit sukzessiven Ausschnitten in Höhe des Vegetationskegels, des primären Sprosses, des beginnenden sekundären Dickenwachstums und des sekundären Sprosses.

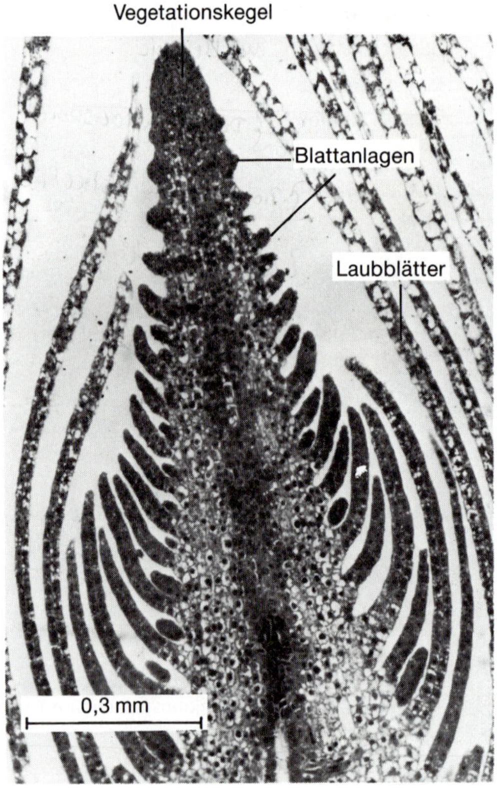

Abb. 22-8. Längsschnitt durch die Sproßspitze der Wasserpest *(Elodea canadensis)* mit in fortschreitendem Entwicklungszustand befindlichen Blattanlagen. Die ausgewachsenen Laubblätter sind bei der untergetaucht wachsenden Wasserpest nur zweischichtig.

Sproßachse (Abb. 22-7) lassen sich folgende Gewebe unterscheiden:

- *Abschlußgewebe.* Nach außen hin wird die primäre Sproßachse durch eine meist einschichtige Epidermis abgegrenzt. Diese besitzt Spaltöffnungen und eine Cuticula.
- *Festigungsgewebe.* Diese Gewebe bestehen meist aus prosenchymatischen, d.h. langgestreckten Zellen, die verdickte Wände besitzen. Man unterscheidet bei den Festigungsgeweben zwischen Sklerenchymen und Kollenchymen (Abb. 22-9). *Sklerenchyme* bestehen aus toten Zellen; die Wände sind allseitig derartig verdickt, daß der Protoplast isoliert wird und abstirbt.
  Kollenchyme bestehen aus lebenden Zellen, deren Wände lokal verdickt sind. Beschränkt sich die Verdickung der Zellwand auf die Zellkanten, spricht man von *Kantenkollenchymen.* Sind aber einige der Seitenwände verdickt, andere unverdickt, so spricht man von *Plattenkollenchymen.* Man findet Kollenchyme meist an der Peripherie der Rinde des primären Sprosses, während Sklerenchyme oft in Verbindung mit den Leitbündeln auftreten (Abb. 22-7).
- *Grundgewebe.* Sie bestehen aus Zellen, die in jeder Richtung nahezu gleichen Durchmesser haben, also isodiametrisch gebaut sind. Man bezeichnet ein aus derartigen Zellen aufgebautes Gewebe als *Parenchym.* Das Parenchym der primären Sproßachse gliedert sich in drei Bezirke: die primäre Rinde, die primären Markstrahlen und das Mark.
  Die *primäre Rinde* ist der zwischen Epidermis und den Leitbündeln liegende Gewebezylinder (Abb. 22-7). Die Zellen dieses Gewebes enthalten oft Chloroplasten und sind somit photosynthetisch aktiv.
  Im Zentrum der primären Sproßachse liegt das *Mark* (Abb. 22-7). Es dient in vielen Fällen der Speicherung von Stoffen. Bei einigen krautigen Pflanzen kann durch Auflösen oder Zerreißen des Markgewebes ein Hohlraum, die Markhöhle, entstehen. Solche Pflanzen besitzen dann eine hohle Sproßachse (Beispiel: Taubnessel).
  Die Verbindung zwischen Mark und Rinde wird durch die *primären Markstrahlen* hergestellt (Abb. 22-7).
- *Leitgewebe.* Die dem Ferntransport dienenden Gewebe sind zu Strängen zusammengefaßt, die als Leitbündel bezeichnet werden (Kasten 22-2). Die Leitbündel werden im folgenden im einzelnen besprochen.

22.4.2 Leitbündel

Die Leitbündel bestehen aus dem Xylem und dem Phloem, zwei Gewebekomplexen mit unterschiedlichen Aufgaben. Das Xylem dient vor allem dem Ferntransport von Wasser und Nährsalzen. Ausnahmsweise können aber Zucker (z. B. im Frühjahrsblutungssaft der Bäume) oder Aminosäuren (z. B. beim Export von organisch gebundenem Stickstoff aus den Wurzelknöllchen der Leguminosen; vgl. Kap. 24.3.2) im Xylem verfrachtet werden.

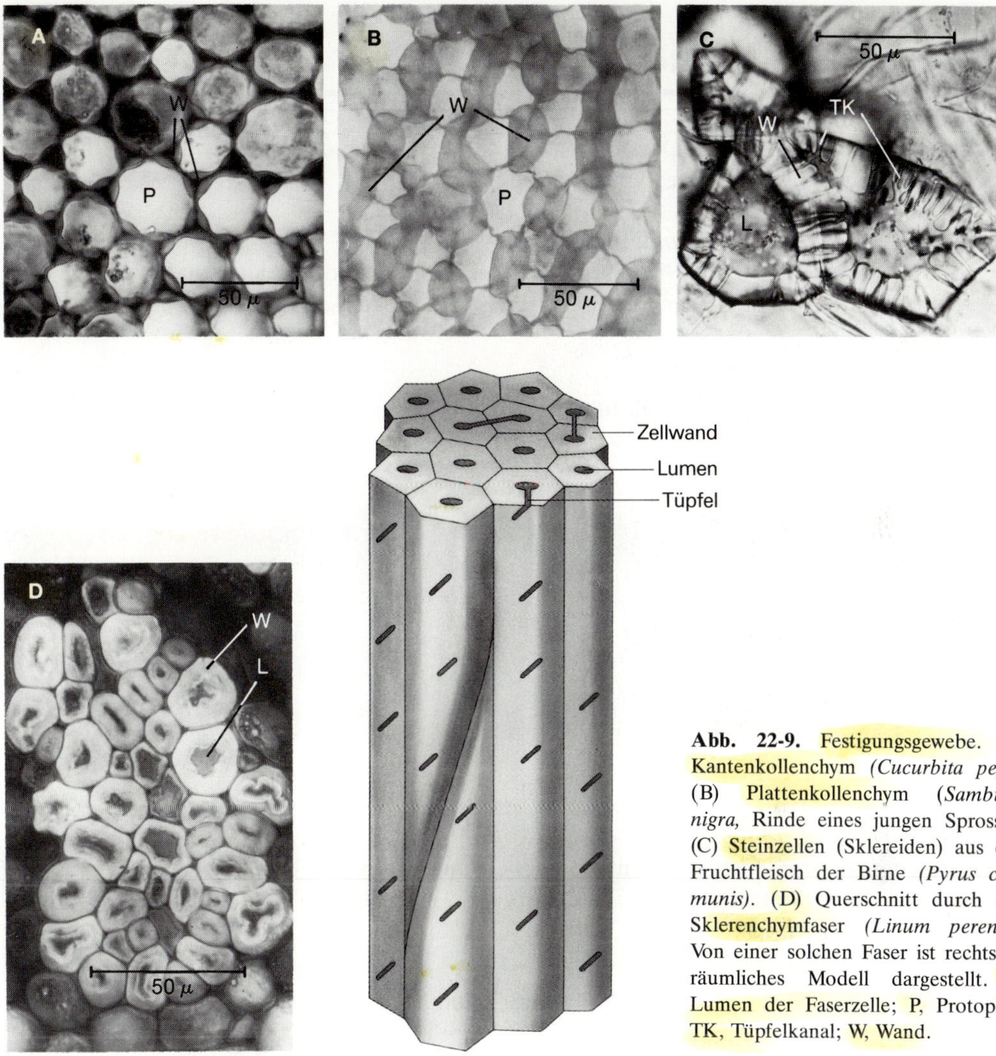

Abb. 22-9. Festigungsgewebe. (A) Kantenkollenchym *(Cucurbita pepo)*. (B) Plattenkollenchym (*Sambucus nigra,* Rinde eines jungen Sprosses). (C) Steinzellen (Sklereiden) aus dem Fruchtfleisch der Birne *(Pyrus communis)*. (D) Querschnitt durch eine Sklerenchymfaser *(Linum perenne)*. Von einer solchen Faser ist rechts ein räumliches Modell dargestellt. L, Lumen der Faserzelle; P, Protoplast; TK, Tüpfelkanal; W, Wand.

Im Phloem hingegen werden die Assimilate aus den Blättern exportiert und in der Pflanze verteilt. Hinsichtlich der Anordnung von Xylem und Phloem innerhalb eines Leitbündels können wir verschiedene Leitbündeltypen unterscheiden, über die Kasten 22-2 eine Übersicht gibt.

22.4.2.1 Xylem

Das Xylem besteht aus verschiedenen Elementen, nämlich Tracheïden, Tracheen, Holzfasern und Holzparenchymzellen. Der *Ferntransport des Wassers* erfolgt in den Tracheïden und Tracheen. In beiden Fällen handelt es sich im funktionsfähigen Zustand um tote Gebilde; die Protoplasten sind abgestorben. *Tracheïden* sind langgestreckte, an den Enden manchmal spindelförmig zugespitzte Einzelzellen mit verholzten und stark getüpfelten Zellwänden (Abb. 22-10). *Tracheen* hingegen sind Röhren, die durch Fusion mehrerer Zellen entstehen (Abb. 22-10). Dabei werden die Querwände der Zellen aufgelöst. Tracheïden sind zwischen 0,3 mm bis 10 mm lang und haben einen Durchmesser von rund 30 μm. Die Ein-

Kasten 22-2
Die Typen der Leitbündel

Der Kasten zeigt schematische Darstellungen und entsprechende mikroskopische Bilder von Querschnitten durch verschiedene Typen von Leitbündeln.

A *Geschlossen kollaterales Leitbündel*
Xylem und Phloem grenzen ohne Trennung durch ein Kambium direkt aneinander.
Beispiel: *Zea mays* (Mais). Dieser Leitbündeltyp ist für die Achsen der Monokotyledonen charakteristisch.

kollateral, geschlossen

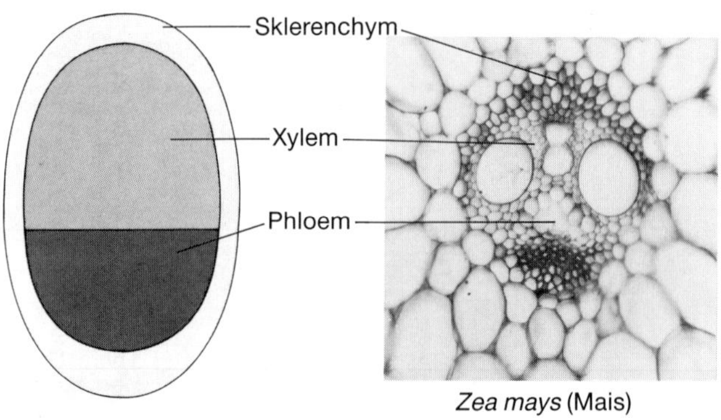

Zea mays (Mais)

B *Offen kollaterales Leitbündel*
Xylem und Phloem sind durch ein Kambium voneinander getrennt.
Beispiel: *Vicia faba* (Pferdebohne). Offene Leitbündel sind für die Achsen der Gymnospermen und Dikotyledonen typisch.

kollateral, offen

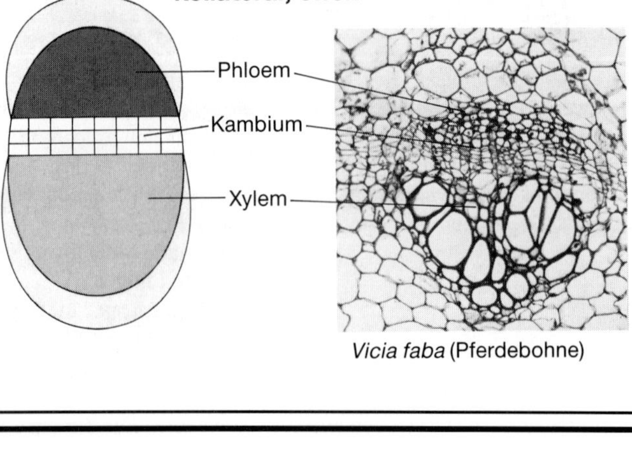

Vicia faba (Pferdebohne)

Kasten 22-2 (Fortsetzung)

C *Bikollaterales Leitbündel*

Wie beim offen kollateralen Leitbündel sind Phloem und Xylem durch ein Kambium getrennt. Allerdings schließt sich an den Xylemteil noch ein weiterer Phloemteil an, ohne daß dabei ein Kambium dazwischen liegt.

Beispiel: *Cucurbita pepo* (Kürbis). Dieser Typ kommt bei einigen krautigen Dikotyledonen (besonders Cucurbitaceae und Solanaceae) vor.

bikollateral

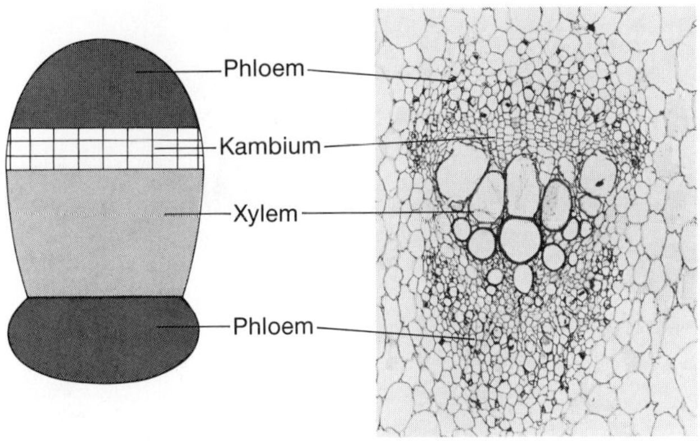

Cucurbita pepo (Kürbis)

D *Konzentrische Leitbündel*

Hier gibt es zwei Typen, nämlich Leitbündel mit innen liegendem Phloem und konzentrisch darum herum angeordnetem Xylem, oder Leitbündel mit Innenxylem und Außenphloem.

Das Beispiel zeigt ein Leitbündel aus dem Rhizom von *Convallaria majalis* (Leitbündel mit Innenphloem). Konzentrische Leitbündel mit Innenxylem treten bei Farngewächsen auf.

konzentrisch

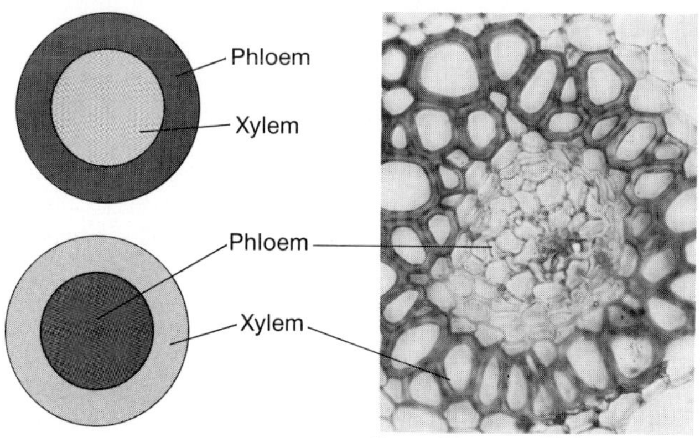

Convallaria majalis (Maiglöckchen)

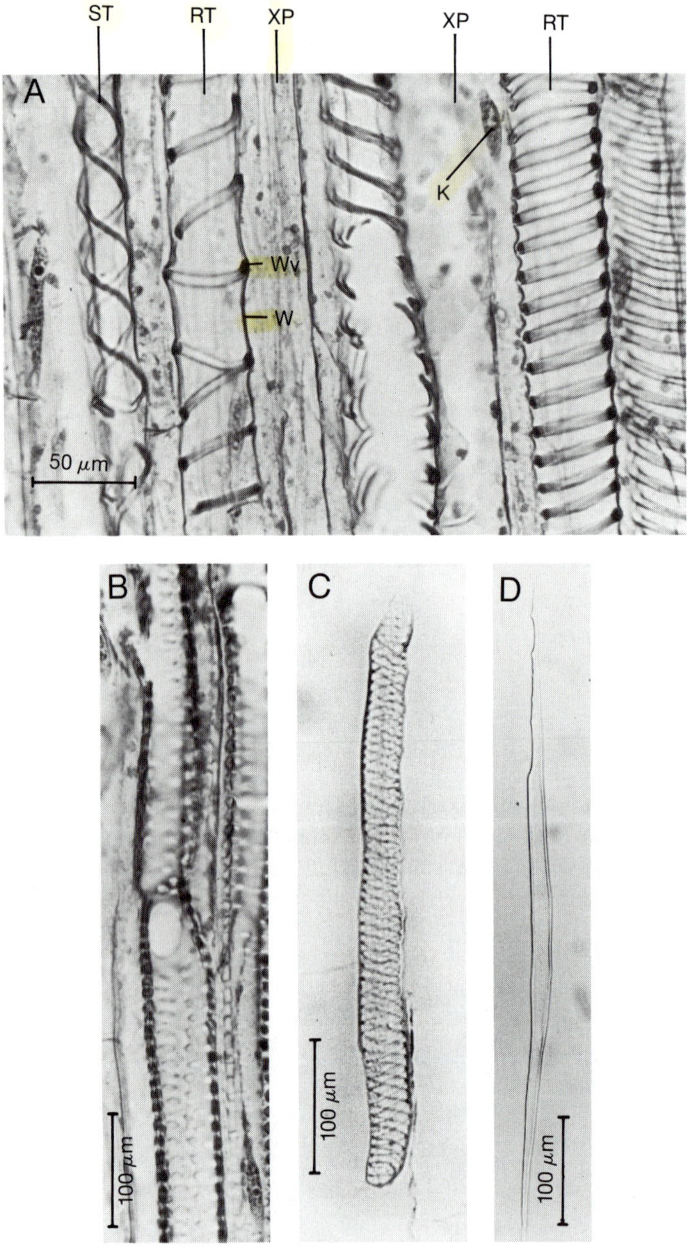

Abb. 22-10. Leit- und Festigungselemente des Xylems. Oben ein Längsschnitt durch das Xylem von *Vicia faba* mit Ring-und Spiraltracheen ST = Spiraltrachee, RT = Ringtrachee, XP = Xylemparenchym, K = Kern, W = Wand, Wv = Wandverstärkung. Unten links eine Tüpfeltrachee (Längsschnitt) aus dem Xylem von *Fraxinus* (Esche), daneben eine Tracheide und eine Xylemfaser, ebenfalls aus dem Xylem von *Fraxinus* (Mazerationspräparate).

zelglieder der Tracheen haben ähnliche Länge wie die Tracheïden, bilden jedoch durchgehende Röhren, die mehrere Meter lang sein können. Der Durchmesser der Tracheen beträgt 10 bis 400 μm, bei Lianen bis 700 μm.

Die Xylem-Elemente sind, wie erwähnt, tote Gebilde und besitzen daher keinen Turgor. Durch die Sogwirkung der Transpiration stehen sie unter einer Spannung (einem negativen Druck, Kap. 22.7.1). Es ist daher erforderlich, daß die Tracheïden und Tracheen gegen Kollabieren geschützt sind. Dies wird durch *Aussteifungen der Zellwände mittels netzartiger, spiraliger oder ringförmiger Leisten* erreicht (Abb. 22-10). Die ringförmige bzw. spiralige Aussteifung läßt noch Streckungswachstum der Gefäße vor deren Absterben zu. Man findet sie daher vor allem in den jungen Leitbündeln hinter dem Sproßscheitel (Abb. 22-7).

Die Zellwände der Tracheïden bei den Gymnospermen sind im Ganzen stärker verdickt, sodaß weitere Aussteifung nicht erforderlich ist. Diese Zellen können daher zusätzlich zu ihrer Transportfunktion auch als Festigungselemente dienen.

Alle Wände der Leitelemente sind stark von *Tüpfeln* (Kap. 10.3.5) durchbrochen. Dadurch kann Wasser im Xylem nicht nur in Längsrichtung fließen, sondern auch in benachbarte Leitbahnen übertreten.

Durch den Verlust des cytoplasmatischen Inhaltes der Leitelemente ist der *Transportwiderstand beim Wassertransport* im Xylem stark herabgesetzt (vgl. Kap. 22.7.1). Verständlicherweise ist er jedoch bei den aus Einzelzellen mit Querwänden bestehenden Tracheïden größer als bei den Tracheen, die ja weitgehend kontinuierliche Röhren darstellen. Transportphysiologisch gesehen bilden die Tracheen im Verlauf der Evolution eine Weiterentwicklung. Daher ist ein nur aus Tracheïden bestehendes Wasserleitgewebe ein ursprüngliches Merkmal. Wir finden Tracheïden-Xylem bei fast allen Pteridophyten und Gymnospermen. Die phylogenetisch höherstehenden Angiospermen haben in ihrem Xylem sowohl Tracheïden als auch Tracheen. Tracheen kommen aber auch schon bei einigen höher entwickelten Farnen (Beispiel: Rhizom des zu den Filicatae gehörenden Adlerfarns) und Gymnospermen (Beispiel: Sproßachse der zu den Gnetatae gehörenden *Welwitschia mirabilis,* eine in der Namib-Wüste beheimatete Pflanze) vor.

Holzfasern sind wie die Leitelemente des Xylems tote Zellen (Abb. 22-10). Es sind spindelförmige, langgestreckte Zellen mit dicken, stark verholzten Zellwänden, die ausschließlich der Festigung dienen. Bei den Gymnospermen fehlen die Holzfasern im Xylem, da hier die Festigung durch die Tracheïden erzielt wird.

Das *Xylem-Parenchym* besteht, im Gegensatz zu den bisher besprochenen Xylem-Elementen, aus lebenden Zellen. Diese umgeben die Tracheen- und Tracheïden-Stränge. Es wurde schon darauf hingewiesen, daß die Zellen des Xylem-Parenchyms oft als *Transfer-Zellen* ausgebildet sind (Kap. 21.2.2). Dies zeigt, daß hier besondere Transportaufgaben zu erfüllen sind. Die Zellen des Xylem-Parenchyms dienen vor allem der kontrollierten Abgabe von Ionen und anderen gelösten Stoffen in das Lumen der Leitelemente. Bei manchen Pflanzen können die Zellen des Xylem-Parenchyms am Ende der Vegetationsperiode durch Tüpfel in die Tracheen hineinwachsen und sich dort zu blasenartigen, als *Thyllen* bezeichneten Gebilden aufblähen (Abb. 22-11). Thyllen setzen die betroffenen Tracheen irreversibel außer Funktion.

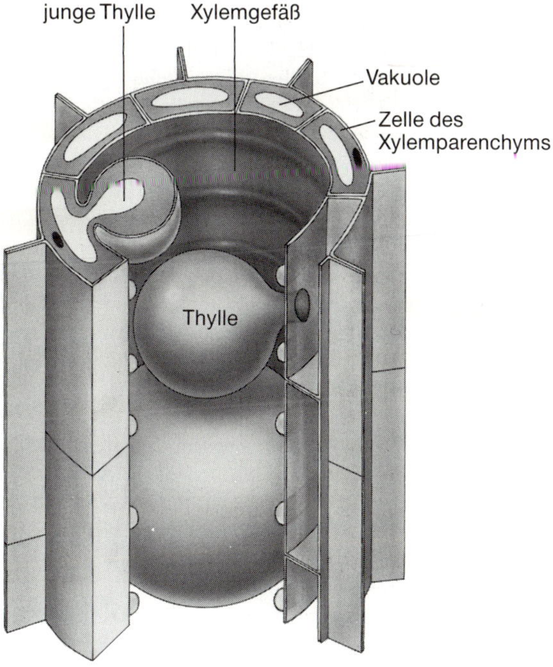

Abb. 22-11. Die Bildung von Thyllen. Das räumliche Modell zeigt ein längs aufgeschnittenes Gefäß des Holzes mit den blasenförmigen Thyllen und die angrenzenden Zellen des Xylemparenchyms.

22.4.2.2 Phloem

Wie das Xylem besteht auch das Phloem aus unterschiedlichen Zellelementen, nämlich aus Siebzellen bzw. Siebröhren mit Geleitzellen, Phloem-Parenchymzellen und Phloem-Fasern.
Siebzellen und *Siebröhren* bilden die Leitbahnen für den *Transport der Assimilate.* Sie sind im funktionsfähigen Zustand lebendig. Dies ist ein fundamentaler Unterschied zu den leitenden Elementen des Xylems, die ihre Funktion im toten Zustand erfüllen.
Siebzellen verkörpern die stammesgeschichtlich ursprünglichere Form der leitenden Phloem-Elemente und kommen bei den Farngewächsen und den Gymnospermen vor. Sie bestehen aus länglichen Zellen mit stark schräggestellten endständigen Zellwänden, die siebartig von Poren *(Siebporen)* durchbrochen sind (Abb. 22-12). Die Leitbahnen kommen durch Aneinanderreihung vieler Siebzellen zustande. Den Siebzellen morphologisch und funktionell entsprechende Zellen finden sich bereits bei den großen Tangen (Kap. 16.1.6.5, Abb. 16-18). Dabei handelt es sich jedoch nicht um homologe, sondern um konvergente Gebilde (Kap. 20.2).
Siebröhren (Abb. 22-12) sind phylogenetisch höher entwickelt als Siebzellen. Sie bestehen aus langgestreckten Siebröhren-Gliedern, die wie die Siebzellen zu langen Zellreihen verbunden sind. Das Lumen von Siebröhren ist weiter als das von Siebzellen. Die Querwände der Siebröhren sind durch große Siebporen durchbrochen und werden deshalb als *Siebplatten* bezeichnet. Siebporen-Felder kommen aber auch in den mit benachbarten Siebröhren gemeinsamen Längswänden vor. Die Siebporen der Siebröhren und Siebzellen entstehen aus umgestalteten Plasmodesmen und sind mit *Kallose,* einem Poly-ß($1 \rightarrow 3$)-Glucan, ausgekleidet.
Die Siebporen sind offen und daher für Lösungen, ja selbst für Virus-Partikel, wegsam. Sie werden aber auch von Plasmasträngen durchzogen. Auch endoplasmatisches Retikulum kann durch die Siebporen hindurchtreten. Die Siebröhren-Glieder bzw. Siebzellen bilden also über die Siebporen hinweg ein cytoplasmatisches Kontinuum.
Der *Protoplast der Siebröhren-Glieder* (nicht der Siebzellen) hat bei der Differenzierung für Pflanzenzellen ungewöhnliche Eigenschaften erworben:

- Der *Zellkern ist zurückgebildet.* Dadurch begegnen wir hier dem bei Eukaryonten einmaligen Fall, daß lebende Zellen (sekundär) keinen Zellkern besitzen.
- Der *Tonoplast ist „eingeschmolzen".* Siebröhren-Glieder haben daher keine Vakuolen. In ihrem Lumen strömt der *Phloem-Saft,* eine wäßrige Lösung von Assimilaten (Kap. 22.7.2.2).

Die Siebröhren-Glieder besitzen einen dünnen Saum von dichterem wandständigen Cytoplasma, der nach außen durch das semipermeable Plasmalemma abgegrenzt ist. Daher können die Siebröhren als osmotische Systeme funktionieren, eine Eigenschaft, die für den Mechanismus des Assimilattransportes unabdinglich ist (Kap. 22.7.2.2).
Die Siebröhren sind nur für eine Vegetationsperiode funktionsfähig (mit einigen Ausnahmen, z. B. bei den kollateralen Leitbündeln mehrjähriger Monokotyledonen, wie den Palmen). Mehrjährige Pflanzen müssen daher die Siebröhren alljährlich durch neue ersetzen. Trotzdem ist es erstaunlich, daß die Siebröhren-Glieder als kernlose Zellen mehrere Monate lebendig und funktionsfähig bleiben können. Dies ist nur möglich, weil die Siebröhren mit den an ihnen anliegenden Geleitzellen funktionell eine Einheit bilden und von ihnen am Leben erhalten werden.
Geleitzellen und Siebröhren-Glieder gehen durch inäquale Längsteilung aus gemeinsamen Mutterzellen hervor. Sie bleiben durch zahlreiche Plasmodesmen untereinander verbunden (Abb. 22-12). Die *Geleitzellen* haben die Aufgabe, die Assimilate in die Siebröhren zu transportieren und sie von dort zu entnehmen. Bei diesen Vorgängen handelt es sich um aktiven und damit Stoffwechselenergie verbrauchenden Transport (Kap. 22.7.2.3). Dementsprechend sind die Geleitzellen besonders reich mit Mitochondrien ausgestattet.
Bei den Farnpflanzen und Gymnospermen, wo keine Geleitzellen vorkommen, übernehmen die Zellen des *Phloem-Parenchyms* das Be- und Entladen der Transportbahnen mit Assimilaten.
Die *Phloem-Fasern* bilden das Festigungsgewebe, das aus langen, stark verholzten und damit toten Zellen (Sklerenchymzellen) besteht. Dieses Festigungsgewebe umfaßt die Stränge der Leitbahnen wie eine schützende Rinne und verhindert so, daß die Siebröhren durch den Druck des umliegenden Gewebes kollabieren.

22.4.2.3 Anordnung der Leitbündel

Der Kormus der Landpflanzen wird durch den Winddruck vor allem in Hinsicht auf *Biegefestigkeit* beansprucht. Eine Röhre weist größere Biegefestigkeit auf

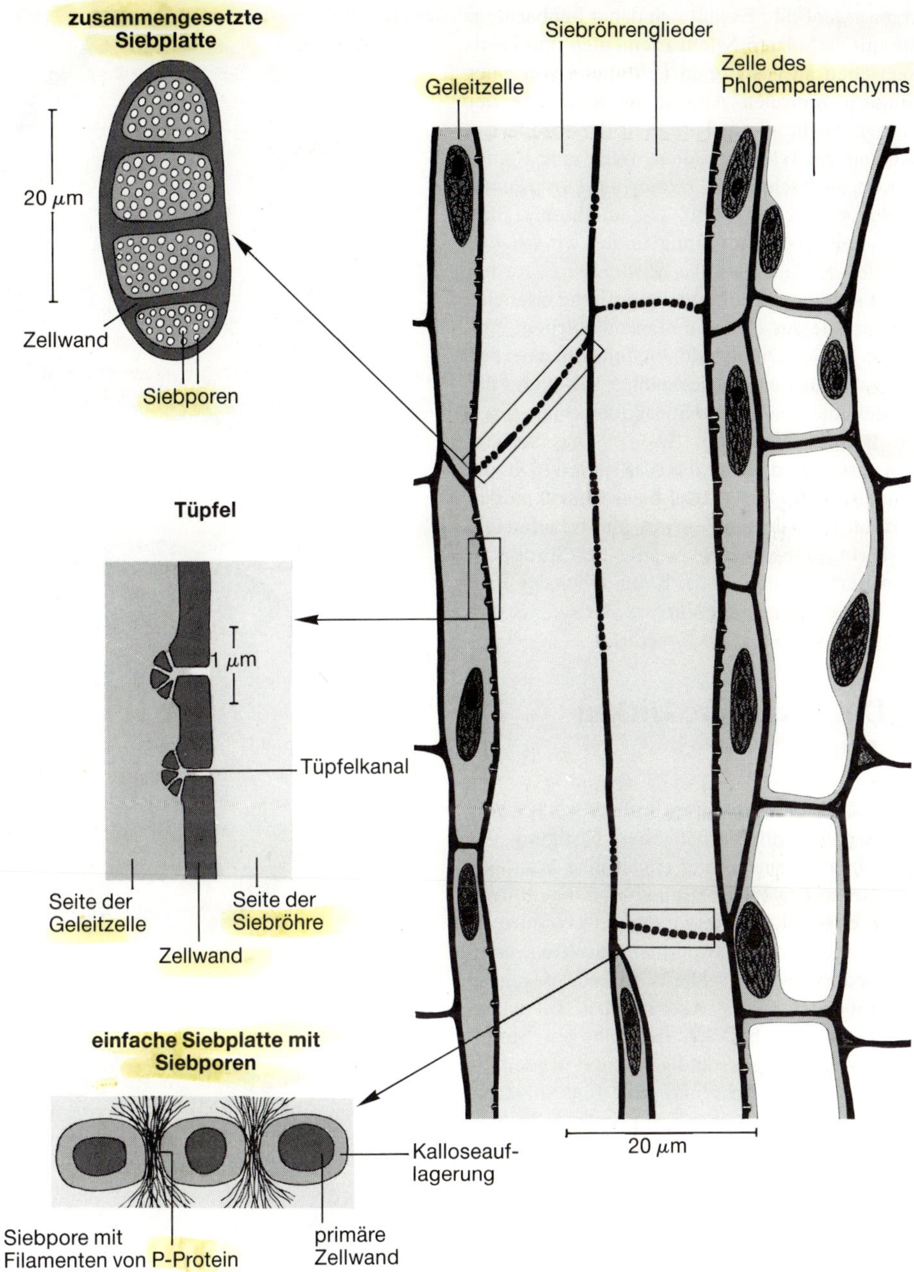

Abb. 22-12. Elemente des Phloems. Die Abbildung zeigt einen stark schematisierten Längsschnitt durch das Phloem der Passionsblume (*Passiflora* spec.) (nach KOLLMANN). Links daneben sind stärker vergrößerte Ausschnitte zu sehen. Oben: die Aufsicht auf eine zusammengesetzte Siebplatte mit durch Zellwandstege unterteilten Tüpfelfeldern. Darunter: Längsschnitt durch die Geleitzelle und Siebröhren trennende Zellwand. Diese Wand ist von vielen verzweigten Tüpfeln durchbrochen. Unten: Längsschnitt durch eine Siebplatte. Die von Kallose ausgekleideten Siebporen sind mit fibrillärem P-Protein durchsetzt.

als ein massiver Stab. Es läßt sich daher beobachten, daß die mit verholzten Xylem-Elementen und Festigungsgeweben ausgestatteten Leitbündel von einer ursprünglich zentralen Anordnung im Laufe der Stammesgeschichte an die Peripherie der Sproßachse gerückt sind. Sie bilden auf diese Weise eine Röhre, die sich im Querschnitt als *ringförmige Anordnung der Leitbündel* darstellt (Abb. 22-7 und 22-13). Eine derartige Leitbündelanordnung finden wir *bei den Dikotyledonen.* Aufgrund der *Stelärtheorie* (Kasten 22-3) läßt sich diese Leitbündelanordnung zwanglos von der Urstele der Ur-Landpflanzen ableiten.
Anders als bei den Dikotyledonen findet man bei den *Monokotyledonen* eine gleichmäßige Verteilung der Leitbündel über den ganzen Sproßquerschnitt *(„zerstreute" Anordnung,* Abb. 22-13). Dies kommt dadurch zustande, daß hier die Blattspuren (d. h. die Leitbündelstränge der Blätter) beim Eintritt in den Sproß zunächst zu dessen Zentrum hin verlaufen und sich in Richtung Sproßbasis wieder der Sproßperipherie nähern (Kasten 22-3). Kaum eines der Leitbündel verläuft also parallel zur Sproßachse, wie dies bei den Dikotyledonen die Regel ist.

22.5 Das sekundäre Dickenwachstum

Eine Sproßachse mit primärem Aufbau genügt wohl der Versorgung und mechanischen Festigung des relativ kleinen Kormus einer einjährigen krautigen Pflanze. Bei mehrjährigen strauch- und baumförmigen Pflanzengestalten, wie wir sie bei Gymnospermen und dikotylen Angiospermen antreffen, ergeben sich jedoch weitaus höhere Anforderungen an Leitungskapazität und mechanische Festigkeit. Außerdem müssen bei den mehrjährigen Sproßpflanzen die Leitbahnen ständig erneuert werden, da diese nur für eine beschränkte Zeit funktionsfähig bleiben. Der solcherart über den primären Zustand hinaus erweiterte Bedarf an Leitungs- und Festi-

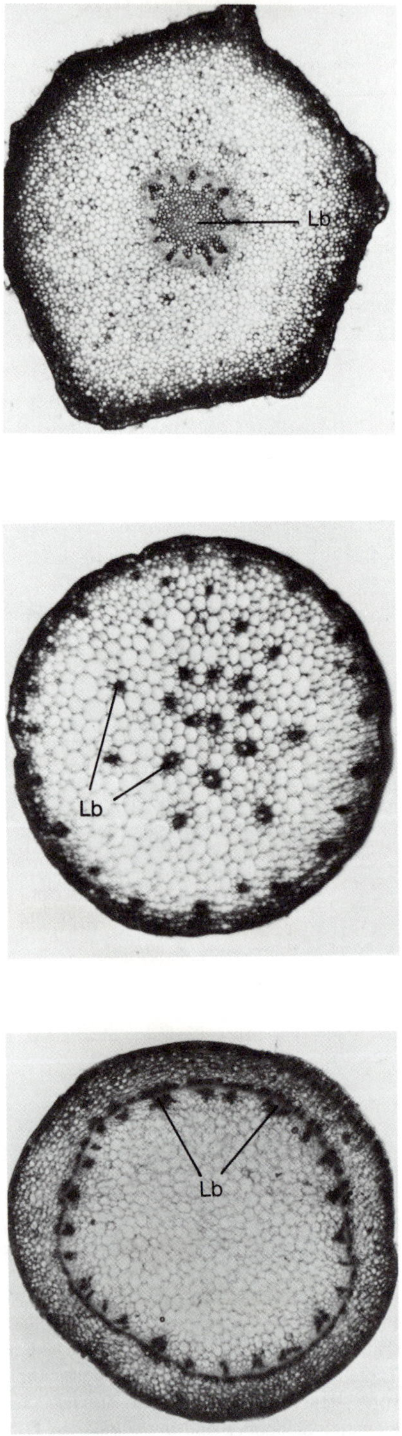

Abb. 22-13. Anordnung der Leitbündel im Querschnitt durch den Stengel eines Urfarns (*Psilotum* spec., oben), einer monokotylen (*Zebrina pendula,* Mitte) und einer dikotylen Pflanze (*Kalanchoë tubiflora,* unten). Der Urfarn besitzt ein zentrales Leitbündel (Lb) mit Innenxylem und Außenphloem. Bei der Monokotylen sind die Leitbündel zerstreut, bei der Dikotylen ringförmig angeordnet.

Kasten 22-3

Die Stelärtheorie und die Typen der Leitbündelanordnung im Sproß

Die Vielfalt der in den Sproßachsen der Kormophyten vorkommenden Leitbündelanordnungen wird durch die Stelärtheorie auf einen einfachen Nenner gebracht. Nach dieser Theorie bildet die Gesamtheit der Leitgewebestränge in Sproß und Wurzel eine morphologisch-funktionelle Einheit. Sie wird als Stele bezeichnet. Nach der Stelärtheorie lassen sich alle Stelentypen auf die ursprüngliche Protostele der Urlandpflanzen (vergl. Kap. 17.2) zurückführen. Die Protostele besteht aus einer zentralen Tracheïden-Säule, die von einem einfachen Phloem umgeben ist. Protostelen finden sich bei den Urfarnen *(Rhynia)* und bei den Jugendstadien rezenter Farne.
Als nächsten Schritt in der Evolution der Stelen kann man sich die Auflösung der Protostele in wenige Einzelstränge vorstellen, so daß eine zerklüftete Protostele (Actinostele) entstand.
Die weitere Auflösung in Einzelstränge führt zur Eustele. Hier sind die Leitgewebestränge in mächtigeres Mark eingebettet, und sie verlaufen zunehmend wellenförmig (in Anlehnung an Raven, Evert und Curtis).
Die Eustele kommt in mehreren Varianten vor, die sich im Verlauf der Leitbündel im Sproß unterscheiden. Im Kasten ist der Leitbündelverlauf bei Monokotyledonen (Längsschnitt), bei Dikotyledonen mit wechselständiger und bei Dikotyledonen mit wirteliger Blattstellung dargestellt.

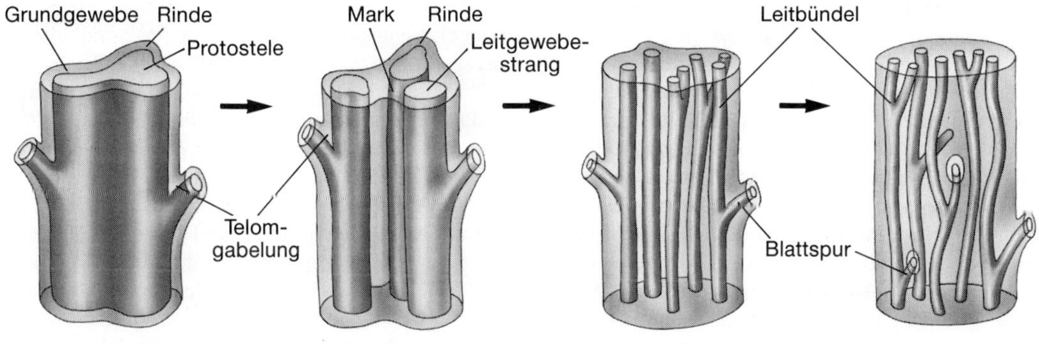

Protostele **Zerklüftete Protostele** **Polystele** **Eustele**

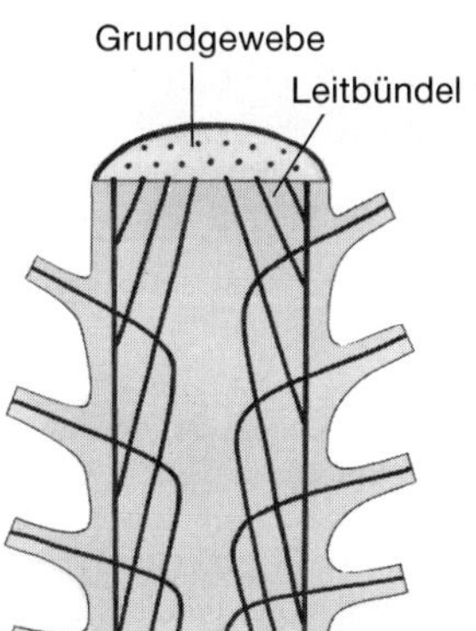

Monokotyledonen-Sproß (durch die Sproßmitte geführter Längsschnitt)

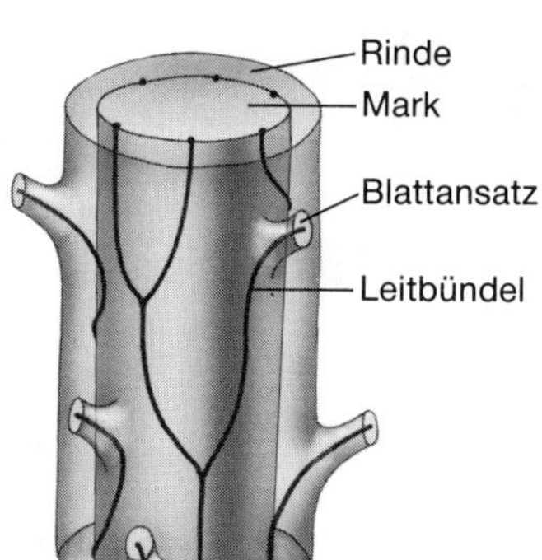

Dikotyledonen-Sproß (wechselständig beblättert)

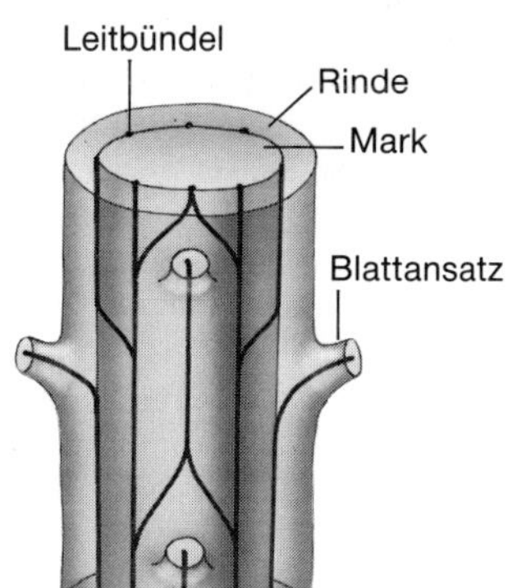

Dikotyledonen-Sproß (wirtelig beblättert)

gungsgewebe wird durch das sekundäre Dickenwachstum gedeckt.
Sekundäres Dickenwachstum in seiner typischen Form (Abb. 22-7) kommt unter den rezenten Pflanzen bei den baum- und strauchförmigen Gymnospermen und dikotylen Angiospermen vor. Bei den Monokotyledonen ist sekundäres Dickenwachstum hingegen selten und verläuft dann anders als bei Gymnospermen und Dikotyledonen.

22.5.1 Kambium

Das sekundäre Dickenwachstum geht bei den Gymnospermen und Dikotyledonen von der Aktivität eines zylinderförmigen Meristems, des Kambiums, aus. Das Kambium besteht aus prismatischen, unten und oben zugespitzten Zellen (Abb. 22-14). Der für das sekundäre Dickenwachstum erforderliche geschlossene Kambium-Zylinder kann auf zweierlei Weise zustande kommen. Bei manchen Pflanzen, vor allem bei Bäumen, liegt von Anfang an ein geschlossener, das Xylem (innen) und das Phloem (außen) der Leitbündel trennender *Kambium-Ring* vor. Er geht direkt aus dem Zylinder des Urmeristems am Sproßscheitel hervor und stellt somit primäres Bildungsgewebe dar. Bei anderen Pflanzen besitzen zunächst nur die Leitbündel ein Kambium *(faszikuläres Kambium),* nicht aber der Markstrahlbereich zwischen den Leitbündeln. Hier wird nun sekundär ein Kambium angelegt, indem Zellen des Markstrahl-Parenchyms wieder Teilungsfähigkeit erlangen. Dieses *sekundäre interfaszikuläre Kambium* schließt sich mit dem primären Kambium der Leitbündel zu einem geschlossenen Kambium-Ring zusammen (Abb. 22-7).
Beim sekundären Dickenwachstum teilen sich die Kambium-Zellen fortwährend vor allem in tangentialer Richtung, wobei wechselweise nach innen und nach außen Tochterzellen abgegeben werden (Abb. 22-14). Diese differenzieren sich und bilden sekundäre Dauergewebe. Das vom Kambium nach innen hin produzierte Gewebe heißt insgesamt *Holz,* obwohl keineswegs alle Zelltypen dieses Gewebes tatsächlich auch verholzt (lignifiziert) sind (Kap. 10.3.4). Das vom Kambium nach außen hin produzierte Gewebe heißt insgesamt *sekundäre Rinde* oder *Bast* (Abb. 22-7).
Das Holz besteht vor allem aus Zellelementen des Xylems, der Bast aus solchen des Phloems. Holz und Bast sind von den parenchymatischen *Markstrahlen* durchzogen (Abb. 22-7). Diese verlängern sich im Verlauf des sekundären Dickenwachstums ständig (und zwar auf beiden Seiten des Kambiums), weil die Kambium-Zellen im Bereich der Markstrahlen keine Xylem- oder Phloem-Elemente, sondern Markstrahl-Parenchymzellen produzieren. Neben den primären Markstrahlen, die tatsächlich eine parenchymatische Gewebebrücke zwischen dem Mark und der Rinde herstellen, gibt es auch sekundäre Markstrahlen. Sie werden erst im Verlauf des sekundären Dickenwachstums angelegt und enden daher blind im Holz (Abb. 22-7). Man bezeichnet die sekundären Markstrahlen je nach ihrer Lage als *Holz-* bzw. *Baststrahlen.*
Die Neubildung von Gewebe durch das sekundäre Dickenwachstum führt zu einer ständigen Vergrößerung des Sproßumfanges. Dementsprechend muß der Kambium-Zylinder fortwährend erweitert werden (Abb. 22-7). Dies geschieht dadurch, daß sich die Kambium-Zellen nicht nur tangential, sondern gelegentlich auch radial teilen. Man bezeichnet diese Neubildung von Gewebe in radialer Richtung als *Dilatation.*
Bei Pflanzen aus geographischen Breiten mit unterschiedlichen Jahreszeiten und entsprechendem Klimawechsel (kalt/warm; trocken/feucht) vollzieht sich das sekundäre Dickenwachstum in jahreszeitlichen Schüben. Dabei ändert sich die Häufigkeit und Anordnung der Bauelemente im Bast und vor allem im Holz. Auf diese Weise entstehen die im Querschnitt des Sprosses bereits mit bloßem Auge sichtbaren *„Jahresringe"* (Abb. 22-16). Je größer der jährliche Zuwachs, umso größer ist ihr Abstand voneinander. Da der jährliche Zuwachs von den klimatischen Bedingungen des betreffenden Jahres abhängt, erlaubt die Ausmessung von Jahresringen bei Hölzern Aussagen über die Klimabedingungen in bestimmten Jahren. Aus der Jahresringfolge läßt sich also nicht nur das Alter eines Baumes ablesen, sondern man kann unter Umständen auch auf längerfristige positive oder negative Veränderungen der Wachstumsbedingungen rückschließen *(Jahrringchronologie).*

Abb. 22-14. Das Sproßkambium und seine Derivate. ► Rechts: Schema der zeitlichen Abfolge tangentialer Teilungen einer Kambiumzelle (dunkel) nach innen und nach außen (in Anlehnung an JOST). Links: Möglichkeiten der Differenzierung einer Kambiumzelle in unterschiedliche Zelltypen des Bastes und des Holzes (in Anlehnung an STOCKER).

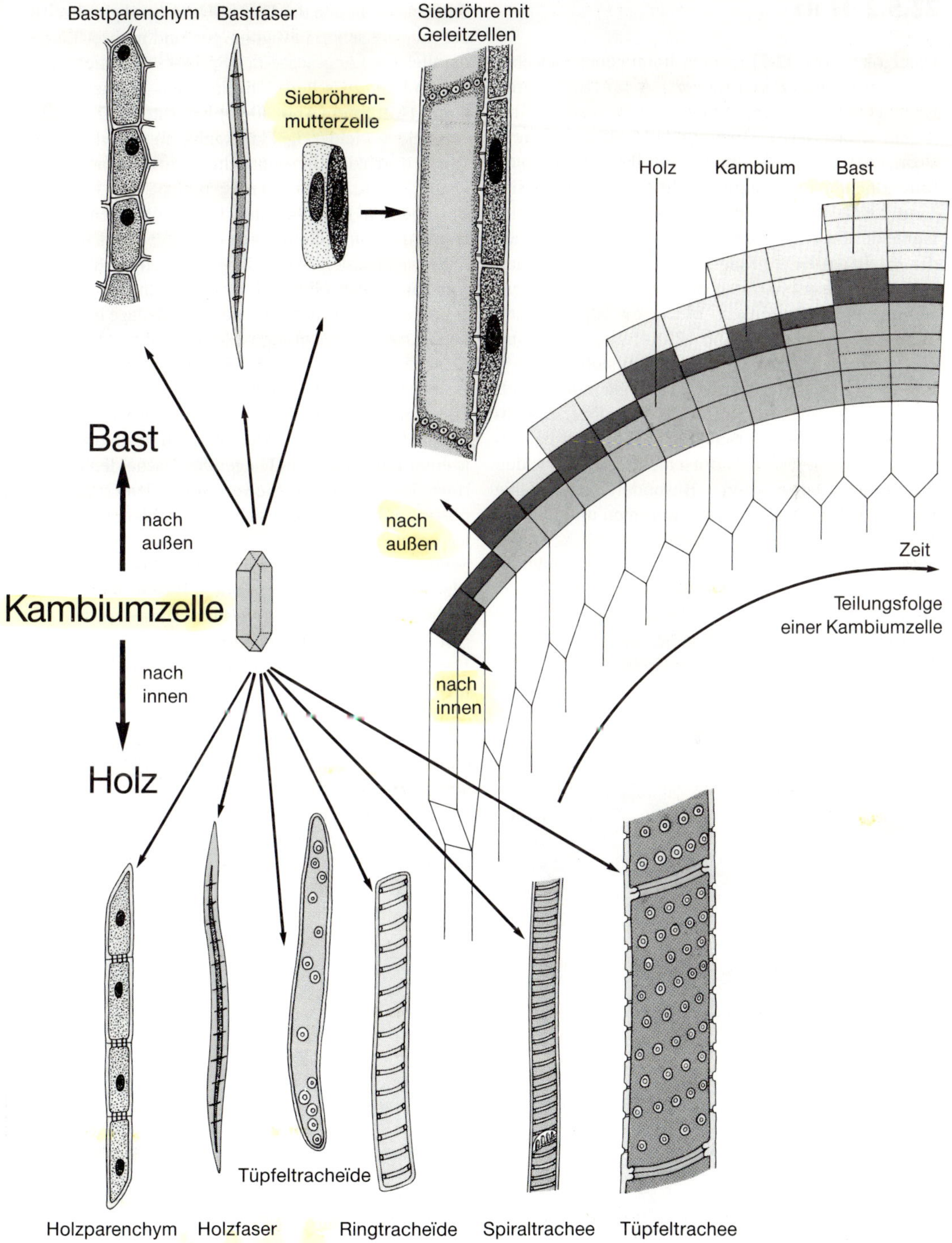
Bastparenchym
Bastfaser
Siebröhren-
mutterzelle
Siebröhre mit
Geleitzellen
Holz
Kambium
Bast
Bast
nach
außen
Kambiumzelle
nach
innen
Holz
nach
außen
nach
innen
Zeit
Teilungsfolge
einer Kambiumzelle
Tüpfeltracheïde
Holzparenchym
Holzfaser
Ringtracheïde
Spiraltrachee
Tüpfeltrachee

22.5.2 Holz

Das Holz (Abb. 22-7) ist kein homogener Gewebeblock, sondern setzt sich aus verschiedenen zellulären Elementen zusammen, nämlich aus Tracheïden, Tracheen, Holzfasern, Holz- und Markstrahl-Parenchym. Alle diese Zelltypen mit ihrer vielfältigen funktionellen und damit strukturellen Spezialisierung gehen ebenso wie die verschiedenen Zellelemente des Bastes von der gleichen Basis aus, nämlich der Kambium-Zelle (Kambium-Initiale). Hier sehen wir sehr eindrucksvoll, welche vielfältigen Differenzierungsmöglichkeiten in einer meristematischen Zelle verborgen sind (Abb. 22-14; Kap. 26.3 und 26.4) und sozusagen auf Abruf bereitstehen.

Sowohl bezüglich der relativen Häufigkeit der einzelnen Zellelemente des Holzes als auch ihrer räumlichen Anordnung innerhalb des Gewebeverbandes gibt es beträchtliche Unterschiede zwischen den einzelnen Pflanzenarten. Besonders augenfällig unterscheiden sich hier Gymnospermen und Dikotyledonen. Wir wollen den Aufbau des Holzes eines Nadelbaumes (z. B. der Kiefer) und eines Laubbaumes (z. B. der Eiche) miteinander vergleichen.

Abb. 22-15 zeigt, daß das *Gymnospermen-Holz* recht einfach und deshalb regelmäßig aufgebaut ist. Es besteht letztlich nur aus drei Zelltypen, nämlich Tracheïden, Holz- und Markstrahl-Parenchym. Die Tracheïden dienen der Wasserleitung und gleichzeitig der mechanischen Festigung. Sie sind in ihrer Länge parallel zur Längsachse des Sprosses orientiert. Die Verbindung zwischen den einzelnen Tracheïden ist durch Hoftüpfel (Abb. 10-10) hergestellt. Das Holzparenchym kleidet die Harzkanäle aus. Solche Harzkanäle durchziehen bei manchen Nadelbäumen (z. B. Kiefer, Fichte, Tanne) den Holzkörper des Kormus. Bei anderen Nadelbäumen (z. B. Eibe) fehlen die Harzkanäle und damit auch das Holzparenchym.

Die Markstrahlen (Abb. 22-7) bestehen aus Strängen von Parenchymzellen, die in mehreren Lagen übereinander angeordnet, aber nur eine Zellage breit sind und in radialer Richtung verlaufen (Abb. 22-15). Sie dienen der Versorgung des Holzkörpers mit den im Bast herantransportierten Assimilaten, aber auch als Speicherzellen (Stärke, Fette). Auf der Ober- und Unterseite werden die Markstrahlen des Holzes von je einer Lage horizontal liegender Tracheïden (Quertracheïden) begleitet. Sie vermitteln den Quertransport von Wasser. Da es sich bei den Markstrahl-Zellen vorwiegend um lebende Zellen handelt, muß für Sauerstoffzufuhr gesorgt sein. Deshalb findet sich im Markstrahl-Gewebe ein mit dem Bast in Verbindung stehendes Interzellularen-System. Dieses fehlt hingegen im tracheïdalen Gewebe.

Der Wassertransport erfolgt bei den Nadelbäumen im Holzzuwachs von wenigstens der letzten zehn

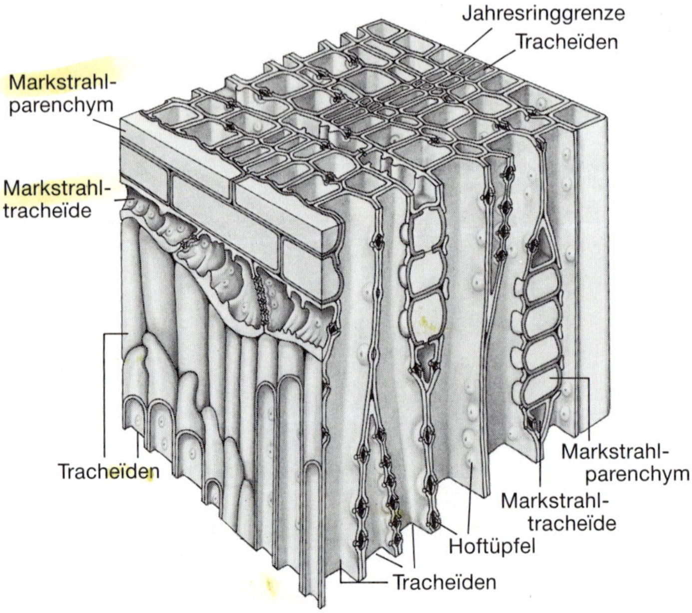

Abb. 22-15. Räumliches Modell aus dem Gymnospermenholz *(Pinus)*. Die Schnittfläche oben ist der Querschnitt, die Fläche links der radiale Längsschnitt und rechts der tangentiale Längsschnitt (nach BRAUNE, LEMAN und TAUBERT).

Jahre, also auf einem vergleichsweise großen Querschnitt. Dies ist wohl deshalb erforderlich, weil der Strömungswiderstand in den Tracheïden groß und dadurch die Transportgeschwindigkeit relativ niedrig ist. Sie beträgt bei Nadelbäumen etwa 1,2 bis 1,5 m · h^{-1}.
Der Aufbau des *Angiospermen-Holzes* (Abb. 22-16) ist im Vergleich zu dem der Gymnospermen weitaus vielgestaltiger. Neben den Tracheïden dienen hier vor allem Tracheen („Gefäße") dem Wassertransport. Die mechanische Festigung wird durch Holzfasern gewährleistet. Das Holzparenchym begleitet die Gefäße in Längsrichtung. Die Markstrahlen sind mächtiger ausgebildet als im Gymnospermen-Holz.
Nicht nur im Vergleich zu den Gymnospermen, sondern auch untereinander zeigen Hölzer der Angiospermen Unterschiede. Diese Unterschiede betreffen vor allem die Anordnung und Weite der wasserleitenden Elemente. *Zerstreutporige Hölzer* besitzen Tracheen von recht gleichmäßigem Durchmesser, die zudem regelmäßig über den jährlichen Zuwachs des Holzkörpers verteilt sind. Die Tracheen im zerstreutporigen Holz sind weniger als 100 µm weit und nicht mehr als 1 bis 2 m lang.
Die *ringporigen Hölzer* besitzen hingegen Tracheen mit einer Weite von mehr als 100 µm und Längen bis zu 10 m. Solche Tracheen werden hier jedoch nur beim Holzzuwachs des Frühjahrs angelegt, während das Kambium später im Verlauf der Vegetationsperiode vorwiegend nur noch Tracheïden und Holzfasern produziert: es entstehen Ringe von weitporigem Holz (Abb. 22-16). Die anatomischen Unterschiede zwischen ring- und zerstreutporigen Hölzern machen sich verständlicherweise beim Wassertransport bemerkbar (vgl. Kap. 22.7.1). So kann das Wasser im ringporigen Holz mit Geschwindigkeiten bis annähernd 45 m · h^{-1} transportiert werden. Im zerstreutporigen Holz wird hingegen nur eine Transportgeschwindigkeit bis etwa 6 m · h^{-1} erreicht (Kasten 22-4). Der Vorteil weiter Gefäße für den Wassertransport wird jedoch durch den Nachteil größerer Anfälligkeit gegenüber Funktionsstörungen erkauft. So verlieren die Gefäße der ringporigen Hölzer bereits nach einem Jahr ihre Funktionsfähigkeit durch Eindringen von Luft (vgl. Kap. 22.7.1.4). Daher leiten ringporige Hölzer Wasser nur im letztjährigen Holzzuwachs. Bei den zerstreutporigen Hölzern mit ihren vergleichsweise engeren Gefäßen verbleibt hingegen der Holzzuwachs einiger Jahre im funktionsfähigen Zustand. Der dadurch bedingte größere Querschnitt des transportierenden Gewebes gleicht den Nachteil bei der Transportgeschwindigkeit wieder aus.

Der für den Wassertransport noch funktionsfähige Teil des Holzkörpers heißt *Splintholz*. Es umschließt das *Kernholz*, in dem kein Wasser mehr transportiert wird, das kein lebendes Holzparenchym mehr besitzt und das nur noch der Festigung der Sproßachse dient. Durch Einlagerung von Tanninen, Gerbstoffen und anderen sekundären Pflanzenstoffen in die Zellwände des Kernholzes („Verkernung") ist dieses oft dunkler gefärbt als das helle Splintholz. Durch die Verkernung wird das tote Kernholz vor dem Abbau durch Mikroorganismen geschützt.

Tannin: aus Galläpfeln gewonnene Gerbsäure

22.5.3 Sekundäre Rinde (Bast)

Die sekundäre Rinde (Abb. 22-7) dient vor allem dem Assimilattransport. Es können hier aber auch Reservestoffe gespeichert werden. Die sekundäre Rinde besteht aus den uns bereits bekannten Phloem-Elementen sowie aus Zellen des Bastparenchyms, des Baststrahl-Parenchyms und aus Bastfasern. Es handelt sich bei den Elementen der sekundären Rinde also vorwiegend um lebende Zellen. Wie erwähnt, verlieren vor allem die Phloem-Bestandteile relativ bald ihre Funktionsfähigkeit, werden dann vom Gewebedruck zusammengepreßt und schließlich durch neue ersetzt. Daher bildet die sekundäre Rinde selbst bei mächtigen alten Bäumen meist nur eine wenige Millimeter dicke Gewebeschicht, in der nichtsdestoweniger der gesamte Assimilattransport vonstatten geht. — Dehnungswachstum
Durch *Dilatation* (Kap. 22.5.1) des Bastparenchyms wird gewährleistet, daß die Erweiterung des Bastringes mit dem Dickenwachstum des Holzkörpers Schritt halten kann, der Bastring also nicht zerreißt.
Die Gewebeelemente im Bast zeigen oft eine typische Anordnung, die darin besteht, daß vor allem aus lebenden Phloem-Elementen bestehende Gewebeschichten *(„Weichbast")* mit sklerenchymatischen Schichten *(„Hartbast")* abwechseln. Der Hartbast enthält langgestreckte Faserzellen mit engem Lumen und stark verdickten Zellwänden. Diese Faserzellen verhelfen dem Hartbast zu großer Reißfestigkeit. Daher wurden die Hartbaststränge von Weiden und Linden früher u.a. als Bindematerial („Bindebast") verwendet.
Die Markstrahlen des Bastbereichs (Baststrahlen) sind radiale Verlängerungen der Markstrahlen des Holzes (Holzstrahlen). Hier vollzieht sich der Quertransport der im Phloem der sekundären Rinde ankommenden Assimilate in Richtung Kambium und

Sklerenchym: Festigungsgewebe der ausgewachsenen Pflanzenteile, bestehend aus Sklerenchymfasern (Holz-/Bastfasern) o. aus Sklerenchymzellen (Steinzellen) beide sind tote u. meist englumige Zellen mit sehr stark verdickten u. häufig verholzten Zellwänden

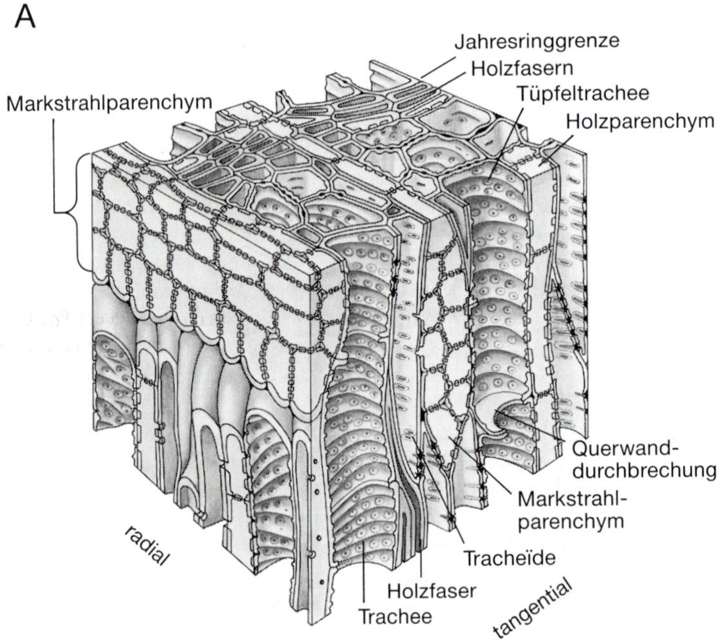
A
Jahresringgrenze
Holzfasern
Tüpfeltrachee
Holzparenchym
Markstrahlparenchym
Querwand-
durchbrechung
Markstrahl-
parenchym
Tracheïde
Holzfaser
Trachee
radial
tangential

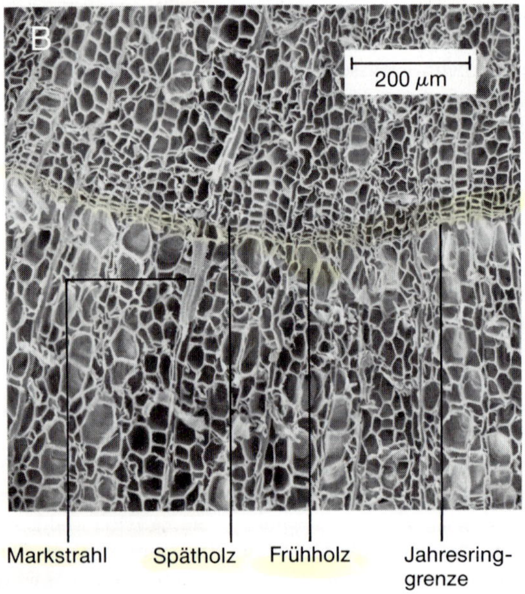
B
200 μm
Markstrahl
Spätholz
Frühholz
Jahresring-
grenze

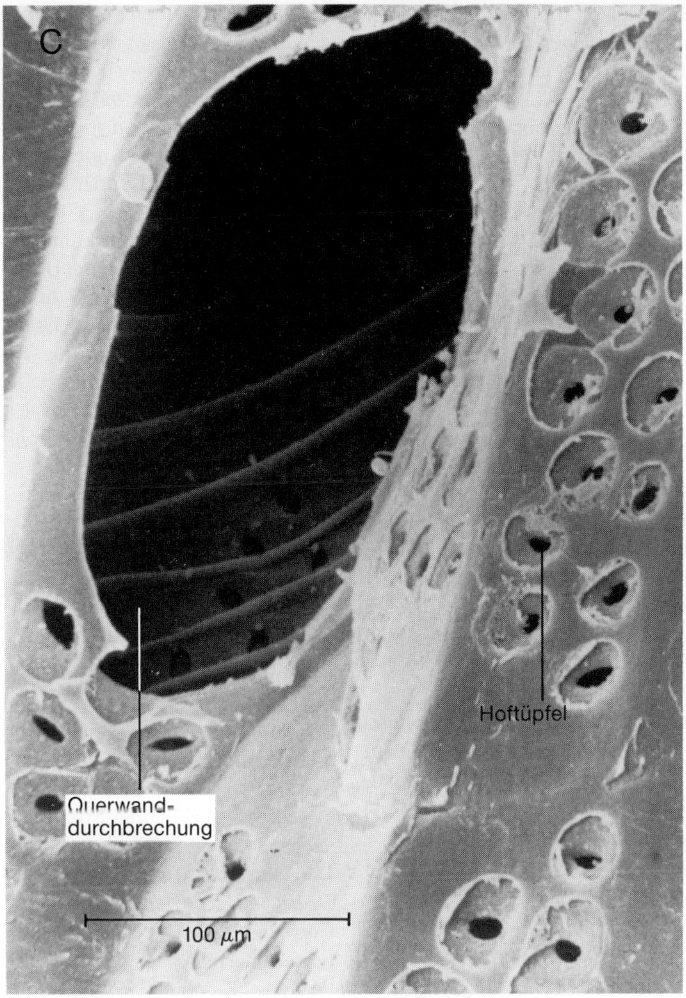

Abb. 22-16. Aufbau des Angiospermenholzes, gezeigt am Beispiel der Linde *(Tilia cordata)*. (A) Räumliches Modell eines Ausschnittes aus dem Holzkörper. Die obere Schnittfläche ist der Querschnitt, links der radiale Längsschnitt, vorn der tangentiale Längsschnitt (nach BRAUNE, LEMAN und TAUBERT). (B) Aufsicht auf den Holzkörper von *Tilia cordata* im Bereich einer Jahrringgrenze (Raster-EM-Aufnahme: R. STELZER). (C) Querwanddurchbrechung einer Tüpfeltrachee aus dem Holz von *Tilia cordata*. Die Hoftüpfel sind einfacher aufgebaut als bei den Gymnospermen und besitzen keinen Torus (vergl. Abb. 10–10); (Raster-EM-Aufnahme: R. STELZER).

Holzkörper. Die Baststrahlen dienen wie die Holzstrahlen zudem der Stoffspeicherung.
Auch das Phloem-Parenchym ist an der Stoffspeicherung beteiligt. Es sorgt darüberhinaus für das Be- und Entladen der Assimilat-Leitbahnen. Dies trifft besonders für die Gymnospermen zu, bei denen die Geleitzellen im Phloem fehlen.

22.5.4 Sekundäres Abschlußgewebe

Da die Zellen der primären Epidermis nicht mehr teilungsfähig sind, ist auch keine Erweiterung des durch die Epidermis gebildeten Mantels mehr möglich. Mit dem Einsetzen des sekundären Dickenwachstums wird der Epidermis-Mantel bald zu eng und zerreißt. Er wird durch ein als *Periderm* bezeichnetes sekundäres Abschlußgewebe ersetzt (Abb. 22-7). Das Periderm setzt sich aus dem *Kork (Phellem)*, dem *Korkkambium (Phellogen)* und dem *Phelloderm* zusammen. Das Korkkambium ist ein sekundäres Bildungsgewebe, das in der äußeren Schicht der primären Rinde entsteht und nach außen hin die Zellen des Korkes, nach innen die des Phelloderms erzeugt (Abb. 22-17).
Der Kork besteht aus toten Zellen ohne Interzellularen. Die Wände sind meist suberinisiert (Kap. 10.3.4). Das Phelloderm hingegen besteht aus wenigen Schichten lebender Zellen, die denen der Rinde ähneln und Chloroplasten enthalten können.
Die Gewebe der Sproßachse müssen mit Sauerstoff versorgt werden. Der Kork stellt jedoch wegen der Suberinisierung der Zellwände und wegen der fehlenden Interzellularen eine wirkungsvolle Barriere für den Gaswechsel dar. Für den erforderlichen Gasaustausch mit der Umgebung sorgen die Korkporen *(Lentizellen)*. Es handelt sich um kanalartige Durchbrechungen des Korkmantels, die mit einem aus losen Korkzellen bestehenden „Mehl" ausgefüllt sind (Abb. 22-18). Aus dem hier mehrere Zentimeter dicken Kork der Korkeiche (*Quercus Suber*) werden Verschlußstopfen für Weinflaschen geschnitten.
Bei älteren Sproßachsen, besonders bei Bäumen, treffen wir die *Borke* als sekundäres Abschlußgewebe an (Abb. 22-7). Auch die Borke besteht aus toten, verkorkten Zellen und kann bis zu mehreren Zentimetern dick werden.
Die Borke entsteht dadurch, daß in zunehmend tieferen Schichten der primären Rinde (im weiteren Verlauf des sekundären Dickenwachstums auch in der sekundären Rinde) Korkschichten eingezogen werden. Diese schneiden die außerhalb liegenden lebenden Gewebe von der Nährstoff- und Wasserversorgung ab und bringen sie damit zum Absterben. Mit fortschreitendem sekundären Dickenwachstum reißt die Borke auf und löst sich je nach Pflanzenart flächig, streifenförmig oder schuppig ab. Die abgestoßene Borke wird durch Neubildung fortwährend ergänzt.
Kork und Borke sind nicht nur ein sehr guter Schutz gegen Wasserverlust, sondern schützen die Sproßachse auch vor Infektionen durch Mikroorganismen und der Einwirkung starker Licht- und Wärmestrahlung. Die Borke ist dank der isolierend wirkenden toten Zellen ein derart guter Wärmeschutz, daß bei einigen Pflanzen die Sproßachse sogar kurze Feuereinwirkung (z. B. bei Waldbrand) überleben und danach neu austreiben kann.

22.5.5 Sekundäres Dickenwachstum der Monokotyledonen

Bei den Monokotyledonen ist die sekundäre Verdickung der Sproßachse eine Ausnahme. Vielmehr erstarkt der Sproß bereits dicht hinter dem Vegetationspunkt durch primäres Dickenwachstum zur endgültigen Dicke. Deshalb zeigen die Stämme der zu den Monokotyledonen gehörenden Palmen nach oben keine Verjüngung, sondern sie sind säulenartig ausgebildet.
Die baumförmigen Liliengewächse der Gattungen *Dracaena* (Drachenbaum, Abb. 22-19), *Yucca* und *Cordyline* zeigen jedoch sekundäres Dickenwachstum. Dabei bildet ein in den tieferen Rindenschichten liegendes Kambium vorwiegend nach innen Grundgewebe, aus dem sich fortlaufend ganze konzentrische Leitbündel herausdifferenzieren (Abb. 22-19). Diese sind, wie für Monokotyledonen typisch, zerstreut angeordnet.

22.6 Die Metamorphosen der Sproßachse

Wie bei Blättern und Wurzeln kann auch die Gestalt der Sproßachse durch Metamorphosen an spezielle Aufgaben angepaßt sein.

- *Überwinterung*. Wir haben bereits die Knospen als Überwinterungsform der Vegetationskegel ken-

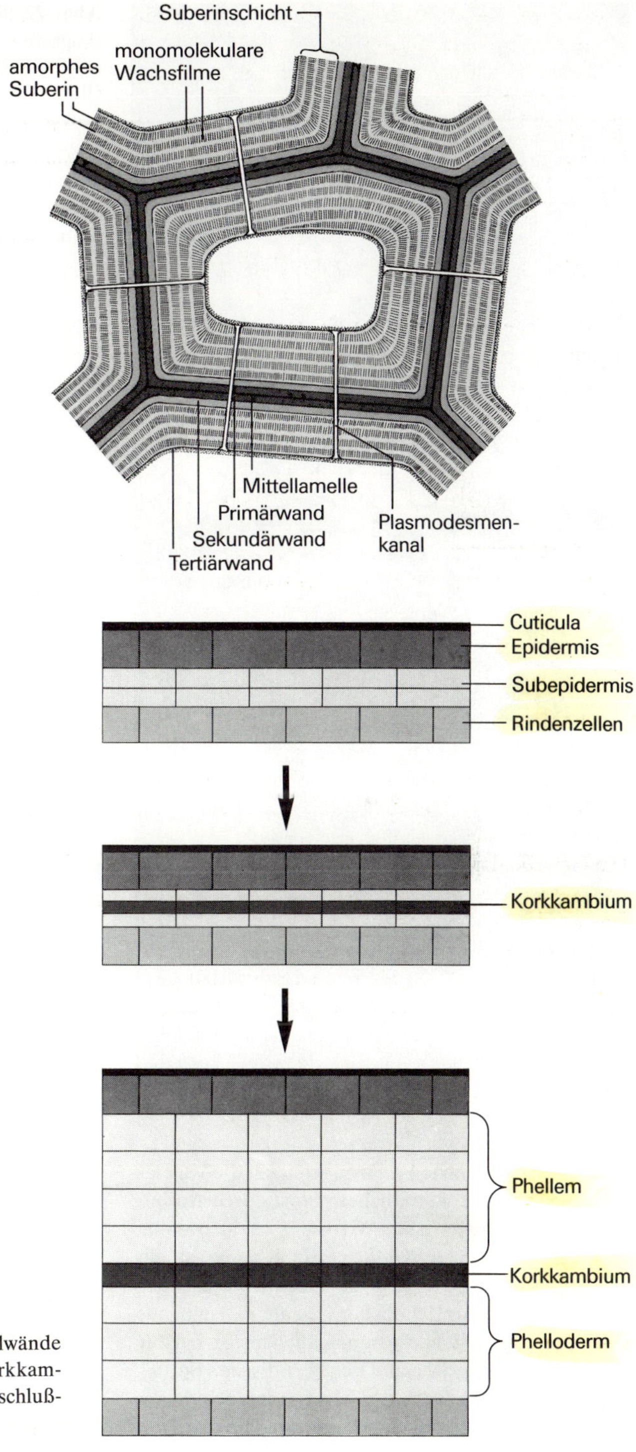

Abb. 22-17. Der Aufbau verkorkter Zellwände (oben), und Schema der Tätigkeit des Korkkambiums bei der Bildung des sekundären Abschlußgewebes (unten).

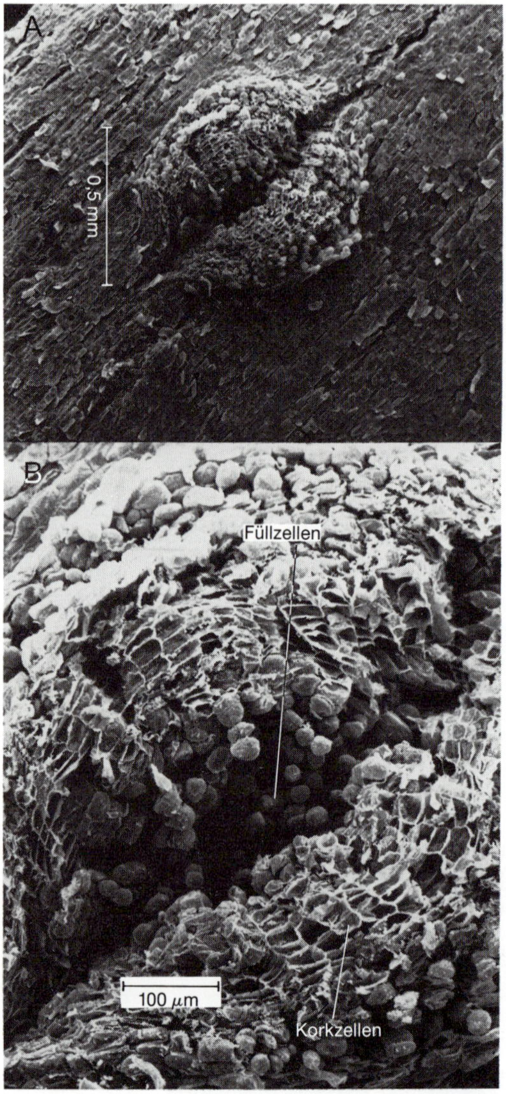

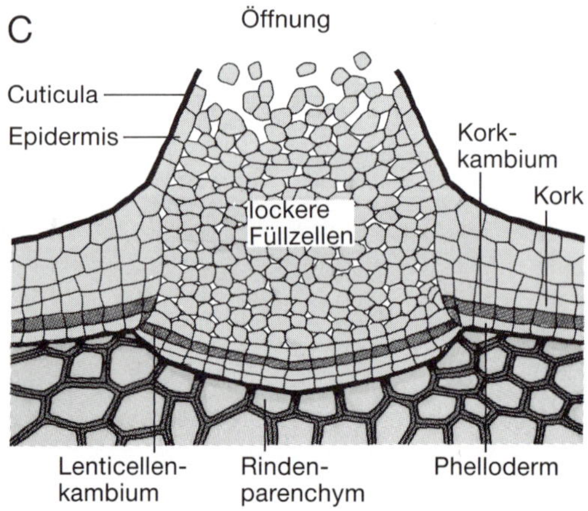

Abb. 22-18. Lentizellen. (A) Raster-elektronenmikroskopisches Bild einer Lentizelle von *Avicennia marina*. (B) Stärkere Vergrößerung der in A gezeigten Lentizelle (Raster-EM-Aufnahmen B und C: R. Stelzer). (C) Schematischer Schnitt (radial) durch eine Lentizelle.

nengelernt. Manche Pflanzen schützen die Vegetationspunkte vor winterlichem Frost durch Ausbildung von Erdsprossen. Wir unterscheiden dabei *Rhizome* und *Sproßknollen.* Ein Rhizom ist ein plagiotrop (Kap. 27.2.1) im Boden wachsendes Gebilde von wurzelähnlicher Gestalt, von dem aus Blätter oder Seitenachsen negativ geotrop hin zur Erdoberfläche wachsen. Die oberirdischen Sproßteile sterben am Ende der Vegetationsperiode ab, während das Rhizom überwintert und im nächsten Frühjahr wieder austreibt. Pflanzen mit Rhizomen sind also Geophyten (Kap. 23.7). Die Rhizome können gleichzeitig als Speicherorgane dienen. Typische Rhizome besitzen z. B. das Buschwindröschen *(Anemone nemorosa,* Abb. 22-20), das Maiglöckchen *(Convallaria majalis)* und die Schwertlilie *(Iris)*. Ebenfalls der Überwinterung und gleichzeitig der Speicherung dienen knollenförmige Erdsprosse (Sproßknollen). Die Kartoffelknolle ist ein derartiges Organ. Die neue Kar-

plagiotrop: Krümmungswachstum als Reaktion auf Reiz ode Schwerkraft

Rhizom: unterirdische, mehr o. weni verdickte Sproßachse

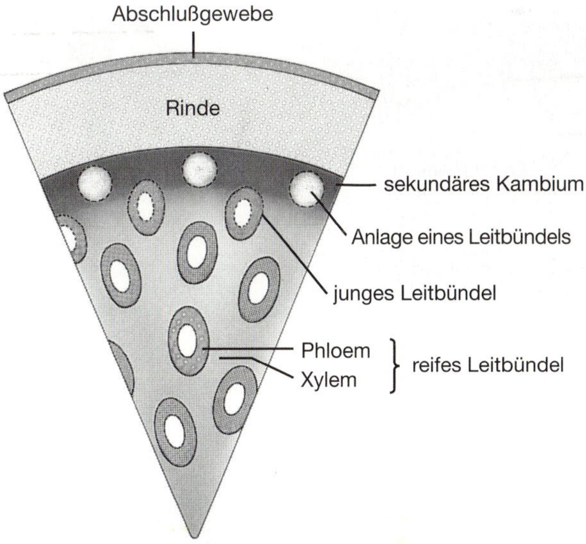

Abb. 22-19. *Dracaena draco* (Drachenbaum) auf Teneriffa. Der mächtige Stamm dieser monokotylen Pflanze wird durch sekundäres Dickenwachstum gebildet. Der Verlauf des sekundären Dickenwachstums bei Monokotylen ist in dem schematischen Sproßquerschnitt dargestellt (unten), Foto: P. KELLER.

A
Rhizom
Wurzel
B
Rhizom
D
E
Laubblatt
Sproßachse
Areolen mit
Blattdornen
Rudiment
des Laubblattes
G
Sproßknolle
Wurzel
H
Tochterpflanze
Kriechsproß

toffelpflanze entsteht aus den „Augen“ der Knolle, die letztlich Knospen für Seitenachsen sind.

- *Speicherung.* Die Speicherung von Reservestoffen in den Rhizomen und Sproßknollen wurde bereits erwähnt. Die Sproßachse kann auch zum wasserspeichernden Organ umgewandelt werden. Durch die Anlage wasserspeichernder Gewebe bekommt sie ein fleischiges Aussehen *(Stammsukkulenz,* Abb. 20-4, Abb. 22-20). Bei den Stammsukkulenten sind die Blätter entweder stark reduziert oder fehlen völlig. Die Photosynthese findet daher in den Rindenzellen der Sproßachsen statt. Sie verläuft häufig in Form des CAM (Kap. 23.8.3.3). Das günstigste Verhältnis zwischen speicherbarer Wassermenge und Wasserverlust ergibt sich, wenn die Sproßachse größtmögliches Volumen bei kleinstmöglicher Oberfläche annimmt. Daher nähern sich viele Stammsukkulenten der Kugelgestalt. Stammsukkulenz tritt in verschiedenen Pflanzenfamilien auf (Abb. 20-4) und ist das klassische Beispiel einer konvergenten Entwicklung.

- *Befestigung an Unterlagen.* Viele Kletterpflanzen halten sich mit dem Sproß an der Unterlage fest und klimmen mit seiner Hilfe höher. Dabei können Teile der Sproßachse zu besonderen Kletterorganen *(Sproßranken)* umgewandelt sein (Beispiele: Wein, Passionsblume, Abb. 22-20). Bei anderen Kletterpflanzen windet sich die ganze Achse um die Unterlage (Beispiele: Windenge-

◄ **Abb. 22-20.** Metamorphosen des Sprosses. (A) Rhizom des Buschwindröschens *(Anemone nemorosa)*. (B) Rhizom der Schwertlilie *(Iris pseudacorus)*. (C) Sproßranke des Weins *(Vitis vinifera)*. (D) Wuchsformen stammsukkulenter Kakteen. Vorne der Kugelkaktus *(Echinocactus grusonii.)*, im Hintergrund Säulenkakteen *(Trichocereus)*. (E) Ableitung eines stammsukkulenten, blattlosen (rechts) von einem ursprünglichen, noch Laubblätter tragenden Kaktus (Gattung *Pereskia*) (links) (in Anlehnung an TROLL). Die Achselknospen sind zu Blattdornen tragenden Gebilden („Areolen“) umgewandelt. (F) Zu Assimilationsorganen umgewandelte Flachsprosse (Phyllocladien) des Mäusedorns *(Ruscus aculeatus)*. In der Mitte einiger Phyllocladien sind Blüten zu sehen. (G) Sproßknolle bei der Kartoffel *(Solanum tuberosum)*. (H) Kriechsproß der Erdbeere *(Fragaria)*. (I) Sproßdornen bei *Gleditsia,* einer aus Nordamerika stammenden Leguminose.

Sukkulente: wasserspeichernde Pflanzen mit verdicktem, häufig blattlosem Stamm o. mit aufgetriebenen dicken Blättern wächse, u. a. *Cuscuta,* Abb. 25-8, Hopfen, Stangenbohnen).

- *Ausbreitung*. Einige Pflanzen bilden dünne, blattlose *„Kriechsprosse"*, die von der Mutterpflanze ausgehend plagiotrop in die Umgebung wachsen (Abb. 27-3). Aus Knospen entstehen junge Pflänzchen, die zunächst noch über den Kriechsproß ernährt werden, dann aber Wurzeln schlagen und Blätter ausbilden. Anschließend stirbt der Kriechsproß zwischen Mutter- und Tochterpflanze ab. Typische Kriechsprosse bildet die Erdbeere (Abb. 22-20). Auch durch Rhizome kann eine wirkungsvolle Ausbreitung der Pflanze erfolgen, z. B. bei einigen Gräsern (Quecke, Strandhafer).
- *Abwehr*. Seitensprosse können zu *Sproßdornen* (Abb. 22-20) umgewandelt sein (Beispiele: *Gleditsia triacanthos,* Schlehe, Weißdorn).
- *Photosynthese.* Bereits im Zusammenhang mit der Stammsukkulenz wurde erwähnt, daß Sprosse die Photosynthese übernehmen können. Bei manchen Sukkulenten sind diese assimilierenden Sproßachsen zu flächigen Gebilden, den Flachsprossen *(Platycladien),* ausgebildet (Beispiel: Kakteen der Gattung *Opuntia*). Bei nichtsukkulenten Pflanzen ergeben sich bei Verflachung der Sproßachse unter gleichzeitiger Rückbildung der echten Blätter blattförmige Flachsprosse *(Phyllocladien;* Beispiel: *Ruscus aculeatus,* Abb. 22-20).

22.7 Die physiologischen Leistungen der Sproßachse

22.7.1 Wassertransport im Xylem

22.7.1.1 Transpiration

Wie zum Trocknen aufgehängte Wäsche verlieren die oberirdischen Teile der landbewohnenden Pflanzen durch die Abgabe von Wasserdampf ständig Wasser an die Atmosphäre. Dies liegt an dem großen Wasserdampfdruckdefizit oder, anders ausgedrückt, dem sehr negativen Wasserpotential (Ψ) der Atmosphäre (Abb. 5–3). Die Verdunstung über freien Wasserflächen oder auch von der aufgehängten Wäsche nennen wir *Evaporation,* die Wasserdampfabgabe von Pflanzenorganen, insbesondere den Blättern, *Transpiration* oder neuerdings vielfach *Evapotranspiration.*

Selbst bei sehr hoher relativer Luftfeuchte nahe 100 % bestehen noch beträchliche Wasserpotentialgradienten ($\Delta\Psi$) zwischen der Atmosphäre und den inneren Lufträumen der Blätter, d. h. dem Interzellularsystem (Kap. 23.4.2.2). Die relative Luftfeuchte (RH, %) ist definiert durch

$$\% \ \mathrm{RH} = \frac{P^{WD}}{P^{WD*}} \times 100. \qquad \text{(Gl. 22-1)}$$

Dabei gibt P den Wasserdampfpartialdruck, d. h. den Anteil von Wasserdampf am gesamten Atmosphären- oder Gasdruck an, und zwar bei Wasserdampfsättigung der Atmosphäre (P^{WD*}) bzw. im tatsächlich beobachteten Zustand (P^{WD}). Bei $P^{WD} = P^{WD*}$ ist die Luftfeuchte 100 %, bei $P^{WD} < P^{WD*}$ ist die Luft trockener und hat ein Wasserdampfdruckdefizit. P^{WD*} ist temperaturabhängig. Je wärmer die Luft ist, umso mehr Wasser kann sie in der Gasphase aufnehmen.

Da wir annehmen können, daß in dem geschlossenen und nur durch die mehr oder weniger weit geöffneten Poren der Stomata (Kap. 5.5 und Kap. 23.4.2.1) nach außen offenen Interzellularsystem der Blätter (Kap. 23.4.2.2) die Luftfeuchte immer ganz nahe bei 100 % liegt, helfen uns diese Überlegungen unmittelbar bei der Abschätzung der treibenden Kraft für die Transpiration. Diese ist ja der Wasserpotentialgradient, $\Delta\Psi$, zwischen der Atmophäre und der Interzellularenluft (Kap. 5.3), und es gilt die Beziehung

$$\Delta\Psi_{A-I} \text{ ist proportional } P_A^{WD} - P_I^{WD} \qquad \text{(Gl. 22-2)}$$

und $P_I^{WD} = P^{WD*}$, wobei die Indices A und I die Atmosphären- bzw. Interzellularenluft bezeichnen.

Werte für P^{WD*} kann man für breite Temperaturbereiche aus Tabellenwerken entnehmen, RH kann man messen, und dann läßt sich P^{WD} nach Gl. 22-1 bestimmen. Um von den Partialdrucken zum Wasserpotential in der Gasphase (Ψ^{WD}) zu kommen, brauchen wir uns nur an die Definition des Wasserpotentials zu erinnern (Gl. 5-1):

$$\Psi^{WD} = \frac{\mu^{WD} - \mu^{WD*}}{\overline{V}_{H_2O}}, \qquad \text{(Gl. 22-3)}$$

wobei μ^{WD} jetzt das chemische Potential des Wassers in der Gasphase ist (μ^{WD*} bei Sättigung!) und $\overline{V}_{H_2O}$ wieder das partielle Molvolumen des Wassers darstellt (Kasten 5-1). Ähnlich wie für die chemischen Potentiale gelöster Substanzen in Kap. 4-2 (Kasten 4-1) können wir für das Wasser formulieren

$$\mu^{WD} - \mu^{WD*} = RT \ln \frac{P^{WD}}{P^{WD*}}, \qquad \text{(Gl. 22-4)}$$

und aus den Gleichungen 22-1, 22-3 und 22-4 ergibt sich die einfache Beziehung

$$\Psi^{WD} = \frac{RT}{\overline{\overline{V}}_W} \ln \frac{\% \, RH}{100}. \qquad \text{(Gl. 22-5)}$$

Für die Zusammenhänge zwischen Ψ^{WD} und der Temperatur erhält man für verschiedene Luftfeuchten eine Schar von Geraden (Abb. 22-21). Ψ^{WD*}, d. h. das Wasserpotential wasserdampfgesättigter Luft ist natürlich gleich Null und entspricht dem Wasserpotential der Interzellularenluft (Ψ_I). Man sieht, daß auch bei sehr hoher Luftfeuchte noch ein deutliches Gefälle von

$$\Delta\Psi_{A-I} = \Psi^{WD} - \Psi^{WD*} = \Psi^{WD} - \Psi_I \qquad \text{(Gl. 22-6)}$$

besteht, bei 25° C wäre es für 99 % RH –13,8 bar und für 98 % RH –27,7 bar.

Derart hohe Luftfeuchten treten aber in der Natur kaum auf, z. B. höchstens für bestimmte Zeiten in den Morgenstunden während der Tau- und Nebelbildung in feuchten tropischen Wäldern oder beim Unterschreiten der Taupunkttemperatur in kühlen Nächten der gemäßigten Breiten. Auch in den feuchten Tropen ist fast ständig eine treibende Kraft für die Transpiration gegeben.

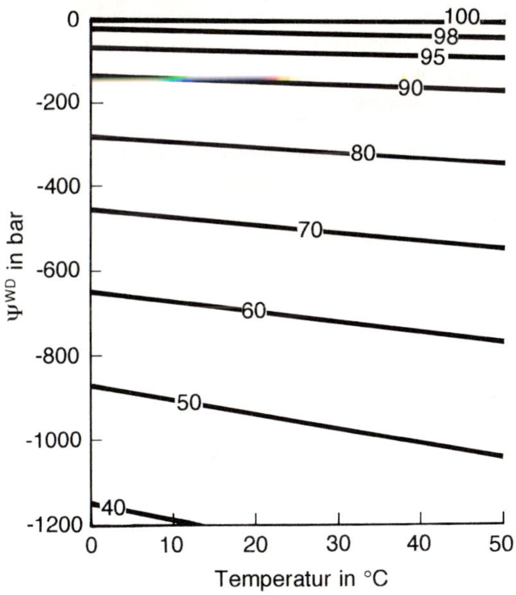

Abb. 22-21. Zusammenhänge zwischen dem Wasserpotential in der Gasphase (Ψ^{WD}), der Temperatur und der relativen Luftfeuchte (% RH: Zahlen an den Geraden).

22.7.1.2 Transpirationsstrom

Das verlorene Wasser muß durch die Versorgung aus dem Wurzelmilieu ersetzt werden. Dies gehört zu den wichtigsten Lebensprozessen der landbewohnenden Kormophyten. Diese Pflanzen leisten hier Erstaunliches, gilt es doch, das Wasser entgegen der Schwerkraft in oft beträchtliche Höhen zu verfrachten, und zwar bei manchen Bäumen bis zu über 100 m.

Die Pflanzen sind Bestandteil eines aus Luft-Pflanze-Boden gebildeten Kontinuums (Abb. 5-3). In diesem Kontinuum weist die Atmosphäre das negativste Ψ auf. Am geringsten negativ ist Ψ hingegen im Boden. Da Wasser spontan vom Ort des weniger negativen zum Ort des stärker negativen Ψ strömt, muß der Gradient des Wasserpotentials $\Delta\Psi_{\text{Atmosphäre-Wurzel}}$ zu einem Wasserstrom durch die Pflanze hindurch führen. Der durch die *Transpiration* bedingte Wasserverlust erzeugt einen *Sog*, der Wasser über den Apoplasten der Blattzellen, von dort über die feinen Xylem-Verästelungen der Blattspreite und schließlich über die Xylem-Bahnen der Blattnerven, Blattstiele und letztendlich der Sproßachse aus den Wurzeln nachzieht. Das Wasser wird infolge der Transpiration gleichsam in Form von Wasserfäden durch die Leitbahnen des Xylems nach oben gezogen. Man bezeichnet den durch die Transpiration in Gang gehaltenen Wasserstrom im Xylem als *Transpirationsstrom*.

Abb. 22-22 zeigt ein physikalisches Modell, mit dem sich die Sogwirkung der Transpiration demonstrieren läßt.

Das Wasserdampfsättigungs-Defizit der Atmosphäre und damit das den Wassertransport im Xylem antreibende $\Delta \Psi_{\text{Luft-Blatt}}$ wird letztlich durch Sonnenenergie bewirkt. Die Pflanze braucht also keine eigene Stoffwechselenergie für das Aufrechterhalten des Transpirationsstromes zu investieren.

Wenn der Wassertransport tatsächlich im wesentlichen durch den Transpirationssog bewirkt wird, so muß man erwarten, daß das Wasser im Xylem unter negativen Drücken *(Saugspannung)* steht, wenn die Pflanze transpiriert. Solcher Unterdruck läßt sich mit verschiedenen Methoden (u. a. mit der Druckkammer nach SCHOLANDER und neuerdings auch mit der Druckmeßsonde; Kap. 5.4, Abb. 5-5 und Abb. 5-4) tatsächlich nachweisen. Der Unterdruck ist so beträchtlich, daß der Stamm eines stark transpirierenden Baumes einen meßbar geringeren Umfang hat als zu einer Zeit, in der die Transpiration niedriger ist (also z. B. nachts). Es leuchtet ein, daß dieser Unterdruck zum Kollabieren der aus toten Zellen

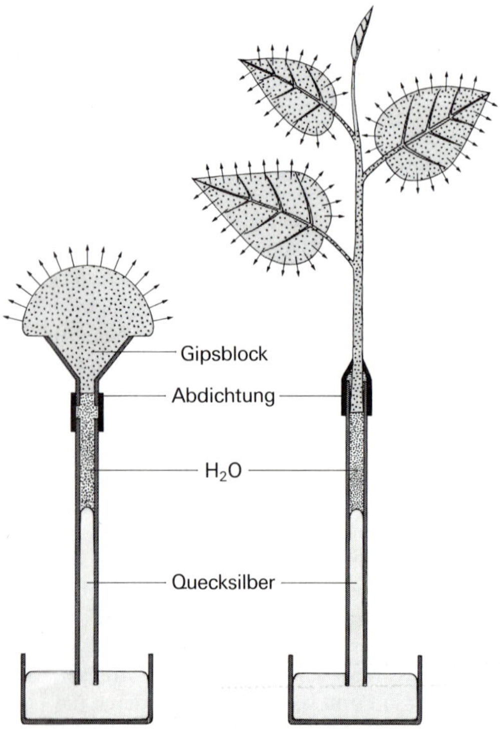

Abb. 22-22. Physikalisches Modell zur Demonstration der Sogwirkung des Transpirationsstromes. Das Modell besteht aus einem mit Wasser getränkten Gipsblock, der luftblasenfrei auf ein mit Wasser gefülltes Glasrohr montiert ist. Dieses wiederum taucht in Quecksilber ein. Die Verdunstung an der Oberfläche des Gipsblockes erzeugt einen Sog, der eine Quecksilbersäule über das ursprüngliche Niveau hinaus anzuheben vermag. Der gleiche Effekt läßt sich mit einem transpirierenden belaubten Zweig erzielen. Die Pfeile an den Oberflächen des Gipsblocks und der Blätter symbolisieren die Verdunstung von Wasser.

bestehenden und daher über keinen Turgor verfügenden Leitelemente des Xylems führen müßte, wäre nicht Vorsorge getroffen. Das Kollabieren der leitenden Xylem-Elemente wird durch die mannigfaltig verschiedene Aussteifung ihrer Zellwände verhindert (Kap. 22.4.2.1), ähnlich wie man auch den Schlauch eines Staubsaugers oder einer Vakuumpumpe durch ringförmige oder spiralige Aussteifung vor dem Kollabieren bewahrt.

22.7.1.3 Kräftebedarf

Welche Kräfte sind für den Langstreckentransport des Wassers erforderlich? Wir müssen dabei eine statische und eine dynamische Komponente unterscheiden. Um eine senkrechte, unbewegte Wassersäule von 10 m Höhe zu erzeugen, ist ein Druck von ungefähr 1 bar erforderlich, bei einer Wassersäule von 100 m somit ca. 10 bar. Der *hydrostatische Druckgradient* in einer solchen Wassersäule beträgt also ca. $0{,}1\ \text{bar} \cdot \text{m}^{-1}$. Er stellt die *statische Komponente* des Kräftebedarfs dar. Das Wasser im Xylem ist aber keine unbewegte *Wassersäule,* sondern *strömt* durch die Xylem-Bahnen, also durch Kapillaren, nach oben. Das ist die *dynamische Komponente.* Die bei Pflanzen beobachtete Geschwindigkeit des Transpirationsstromes liegt in der Größenordnung von 1 bis über $100\ \text{m} \cdot \text{h}^{-1}$, je nach Pflanzenart und äußeren Bedingungen. Einen Überblick über Transpirationsstrom-Geschwindigkeiten und die Methode ihrer Messung gibt Kasten 22-4. Dabei sind *Strömungswiderstände* zu überwinden, deren Größe von der anatomischen Beschaffenheit der Xylem-Bahnen und der Strömungsgeschwindigkeit abhängt. Im wesentlichen trägt zur Minderung der Strömungswiderstände im Xylem bei, daß den Leitbahnen des Xylems ein cytoplasmatischer Inhalt fehlt. Weitlumige und aus längeren Einheiten bestehende Tracheen weisen geringere Strömungswiderstände auf als die engen, aus Einzelzellen bestehenden Tracheïden.

Dieser Zusammenhang wird sehr deutlich, wenn man Lianen (Kap. 20.3 und 23.8.1.2) und Nadelbäume miteinander vergleicht. Lianen besitzen besonders weite Tracheen (Durchmesser bis 700 μm), und hier sind auch die Strömungsgeschwindigkeiten am höchsten (Kasten 22-4), während der Durchmesser der Nadelholz-Tracheïden nur etwa 40 μm beträgt und die Strömungsgeschwindigkeit besonders gering ist (Kasten 22-4).

Doch zurück zur Frage nach dem Kräftebedarf. Man hat berechnet, daß Druckgradienten in der Größenordnung von $0{,}15$ bis $0{,}20\ \text{bar} \cdot \text{m}^{-1}$ erforderlich sind, um in den Pflanzen das Wasser unter den jeweils gegebenen Strömungswiderständen und mit den beobachteten Geschwindigkeiten nach oben zu ziehen. Es müßte also ein Druckgradient von ca. 10 bar vorhanden sein, um bei einem 50 m hohen Baum das Wasser von der Wurzel bis in die höchsten Wipfel zu verfrachten.

Die vorhandenen Gradienten reichen durchaus, um in den Blättern ein genügend negatives Ψ zu erzeu-

Kasten 22-4
Geschwindigkeit des Transpirationsstromes

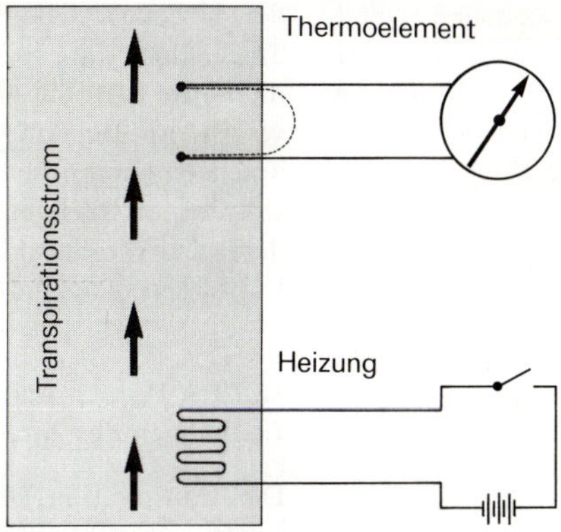

Versuchsanordnung zur thermoelektrischen Messung der Strömungsgeschwindigkeit im Xylem. Das Wasser im Xylem wird durch eine in den Sproß eingebrachte Heizdrahtschleife kurz aufgeheizt. In definierter Entfernung von der Heizung ist ein Thermoelement montiert. Die Front des erwärmten Saftes wird mit dem Transpirationsstrom nach oben verfrachtet und trifft zuerst auf die untere Lötstelle des Thermoelementes. Der dadurch erzeugte Temperaturunterschied zwischen den beiden Lötstellen des Thermoelementes führt zu einer elektrischen Spannung, die vom Meßgerät (z. B. Galvanometer) angezeigt wird. Die Zeitdauer, die für die Verfrachtung der Wärmefront von der Heizung zum Thermoelement benötigt wird, ist das Maß für die Geschwindigkeit des Transpirationsstromes. Die Tabelle zeigt auf diese Weise gemessene Geschwindigkeiten des Transpirationsstromes.

Spitzengeschwindigkeiten des Transpirationsstromes bei einigen Pflanzentypen. Die Werte wurden mittags mit Hilfe der thermoelektrischen Methode ermittelt (nach B. HUBER).

Pflanzentyp	Geschwindigkeit in $m \cdot h^{-1}$
Nadelgehölze (immergrün)	1,2
mediterrane Hartlaubgewächse	0,4–1,5
Laubhölzer, zerstreutporig	1–6
Laubhölzer, ringporig	4–44
krautige Pflanzen	10–60
Lianen	150

gen, das den Wassertransport bis in die höchsten Wipfelregionen eines Baumes in Gang halten kann. Tatsächlich ist Ψ in den Blättern der Baumwipfel um 20 bis 30 bar negativer als in der Wurzel. Bei einem erforderlichen Druckgradienten von 0,15 bis 0,20 bar $\cdot m^{-1}$ zur Überwindung der Reibungswiderstände (s. o.) ergibt sich daraus, daß die maximalen Wipfelhöhen von Bäumen, die noch durch den Transpirationsstrom versorgt werden können, zwischen 100 und 200 m liegen müßten. In der Tat sind die höchsten bekannten Einzelindividuen von Mammutbäumen in Kalifornien um die hundert Meter hoch (*Sequoia gigantea* etwa 90 m, *Sequoia sempervirens* 114 m); unter den Rieseneukalypten wurden bei einigen Exemplaren Höhen bis zu 150 m gemessen. Das Erreichen größerer Wipfelhöhen wird offensichtlich vor allem durch den Nachschub für in der Transpiration verlorenes Wasser limitiert.

22.7.1.4 Kohäsion der Wassermoleküle im Xylem

Der Transpirationsstrom kann nur unter der Voraussetzung funktionieren, daß trotz der beträchtlichen Zugspannung, unter der das Wasser nach oben bewegt wird, die Wasserfäden im Xylem nicht abreißen. Im physikalischen Experiment läßt sich nachweisen, daß eine Zugspannung von ungefähr 300 bar aufgewendet werden müßte, um einen sich in einer Kapillare befindenden Wasserfaden zum Abreißen zu bringen. Die Wassermoleküle hängen also mit großer Kraft aneinander. Man nennt diese Erscheinung *Kohäsion* der Wassermoleküle. Sie hat ihre Ursache in den Wasserstoffbrücken, die sich zwischen den Wassermolekülen aufgrund des Dipolcharakters ausbilden (vgl. Kasten 14-3). Die Kohäsionskräfte in der Größenordnung von 300 bar reichen völlig aus, um die Kontinuität der Wasserfäden im Xylem zu gewährleisten. Auch *Adhäsion*, also die Kraft, mit der die Wassermoleküle an den Wänden der leitenden Xylem-Elemente haften, trägt hierzu bei.

Die Wasserfäden im Xylem können abreißen, wenn sich Luftblasen in den Leitbahnen bilden oder von außen in diese eindringen, wobei sich solche Blasen durch den im Xylem herrschenden Unterdruck vergrößern. Solche *Embolien* entstehen bei Verletzung, z. B. wenn man Blumen abschneidet. Obwohl wieder in Wasser gestellt, verwelken diese oft recht schnell, weil an den Schnittstellen die Xylem-Bahnen durch Luftblasen blockiert sind und damit der Transpirationsstrom unterbrochen ist. Daher schneidet man die Blumen unter Wasser ein Stück zurück, um die blockierten Xylem-Strecken zu entfernen und damit die Kontinuität der Wasserfäden wieder herzustellen. Luftblasen können sich auch bilden, wenn das Xylem-Wasser gefriert und dabei die in ihm ursprünglich gelösten Gase frei werden. Man nimmt an, daß der spezielle Bau der Hoftüpfel der Gymnospermen-Tracheïden (Kap. 10.3.5, Abb. 10-10) vor allem dazu dient, die Ausbreitung von Luftblasen im Xylem zu verhindern. Bei den Angiospermen mit ihren langen Tracheen kann durch die reiche Tüpfelung der Wassertransport auf benachbarte Gefäße umgeleitet werden, wenn die eine oder andere der Leitbahnen durch Luftblasen blockiert sein sollte.

22.7.1.5 Wasser- und Nährsalzversorgung durch die Leitbahnen des Xylems

Die Transpiration, der Wasserverlust an die Atmosphäre, ist wohl primär eine für die Pflanzen unerwünschte Folge des Landlebens. Aber die Pflanzen haben eine Anpassung gefunden durch den Wasserstrom in den Leitelementen des Xylems. Wie so oft in der Evolution scheint auch hier die Anpassung nicht nur die Bewältigung einer neuen Streßsituation, sondern auch die Möglichkeit der Erfüllung neuer wichtiger Funktionen mit sich zu bringen. Der Wasserstrom in den Leitelementen des Xylems hält zusammenhängende Wassersäulen zwischen den Wurzeln im Boden und den höchsten Baumwipfeln aufrecht. Daraus kann nicht nur das an die Atmosphäre verlorene Wasser ersetzt werden, es können auch wachsende Gewebe versorgt werden, deren Zellen beim Streckungswachstum osmotisch Wasser aufnehmen müssen. Außerdem enthält der Wasserstrom in den Leitelementen des Xylems aus dem Boden aufgenommene Nährsalze und trägt wesentlich zur Verteilung der Nährelemente in der ganzen Pflanze bei. Viele anorganische Ionen können auch zwischen den Strömen in den Leitbahnen des Xylems und Phloems übertreten, so daß eine regelrechte Zirkulation in der ganzen Pflanze möglich wird, die zur Gesamtregulation des Ionenhaushalts wesentlich beitragen kann.

22.7.1.6 Xylem-Transport unter Druck: Guttation

Viele Pflanzen können Wasser über *Hydathoden* von Blättern (Kap. 23.8.4, Abb. 23-28) als Tropfen ausscheiden. Man beobachtet dies vor allem, wenn einmal die Luft mit Wasserdampf gesättigt oder nahezu

Hydathoden: Wasserspalten, die bei Guttation zur tropfenförmige H_2O-Ausscheidung dienen gesättigt ist und das Wasserdampfdruckgefälle $\Delta\Psi_{\text{Atmosphäre-Interzellularenluft}}$ nahezu Null ist, und bezeichnet diesen Vorgang als *Guttation.*

Im Gegensatz zum Transpirationsstrom erfolgt der Xylem-Transport des Wassers bei der Guttation unter Druck. Dieser Druck wird in den Wurzeln erzeugt. Man nennt ihn daher *Wurzeldruck*. Er kommt dadurch zustande, daß durch energieabhängigen Transport aus den lebenden Zellen des Xylem-Parenchyms osmotisch wirksame Ionen oder anorganische Salze in die toten Leitelemente des Xylems abgeschieden werden. Auf diese Weise wird das Ψ der Xylem-Elemente negativer als das der Parenchymzellen: Es entsteht ein osmotischer Gradient. Durch diesen Gradienten strömt Wasser in die Leitelemente des Xylems ein, wobei sich ein hydrostatischer Druck, der Wurzeldruck, aufbaut (vgl. Kap. 5.2, Abb. 5-1). Dieser führt, wie erläutert, im intakten Sproß zur Guttation. Schneidet man den Sproß jedoch ab, so tritt infolge des Wurzeldrucks aus der basalen Schnittstelle des verbliebenen Stumpfes Flüssigkeit aus: Der Stumpf „blutet". Guttation und *Wurzelbluten* unterbleiben, wenn die Atmung der Wurzel durch Hemmstoffe oder anaerobe Bedingungen blockiert wird. Dies beweist, daß zur Erzeugung des Wurzeldruckes Stoffwechselenergie erforderlich ist. Der Wurzeldruck beträgt meist nur wenige bar. Bei Bäumen kann ein Xylem-Druck auch durch energieabhängigen Ionentransport aus dem Holzparenchym in die Xylem-Bahnen entstehen.

22.7.2 Ferntransport der Assimilate im Phloem

Die bei der Photosynthese in den Blättern gebildeten organischen Moleküle, die Assimilate, werden in wäßriger Lösung über die Siebröhren bzw. Siebzellen des Phloems in alle Teile der Pflanze verfrachtet. Dieser Ferntransport unterscheidet sich grundsätzlich von dem des Wassers im Xylem.

Im Gegensatz zum Transpirationsstrom, der stets aufwärts erfolgt, wird die Richtung des Assimilattransportes von den Orten des Bedarfs, den *Senken,* bestimmt. Da ein großer Teil der Assimilate in den Wurzeln gespeichert wird, verläuft ein wesentlicher Teil des Assimilattransportes abwärts. Aber auch die Wachstumszonen sowie sich entwickelnde Früchte und Samen verbrauchen Assimilate. Sie können daher aufwärts gerichteten Transport bewirken. Im Gegensatz zum Transpirationsstrom ist der *Assimilatstrom* also *bidirektionell*.

Während der Transpirationsstrom in toten Zellen, also strikt apoplasmatisch vor sich geht, läuft der Assimilattransport in lebenden Zellen ab. Und schließlich: Der Wassertransport im Xylem erfolgt, wie wir schon wissen, durch Sogwirkung der Transpiration, also unter negativem Druck in den Gefäßen. Der Transport im Phloem vollzieht sich hingegen als Strömung einer unter positivem Druck stehenden Lösung *(Druckströmung)*.

22.7.2.1 Transportierte Stoffe

Will man die Zusammensetzung der im Phloem transportierten Assimilatlösung analysieren, benötigt man *Siebröhren-Saft*. Man kann ihn durch Anritzen der Baumrinde erhalten. In besonders reiner Form gewinnt man ihn mittels der Blattlaus-Methode. Die Blattläuse (Aphiden) stechen mit ihren Mundwerkzeugen gezielt die Siebröhren an. Um diese anzuzapfen, brauchen die Parasiten nicht einmal zu saugen, sondern der unter Druck stehende Siebröhren-Saft wird ihnen durch den Rüssel in den Magen-Darm-Trakt gepreßt. Man kann nach Betäubung der Blattlaus den Rüssel vorsichtig abschneiden, so daß sein Ende in der angestochenen Siebröhre verbleibt. Durch den Rüsselstumpf wird nun wie durch eine Kanüle Siebröhren-Saft nach außen gepreßt, der sich in winzigen Tröpfchen auffangen und analysieren läßt.

Der Siebröhren-Saft stellt mit seinem Gehalt an Trockensubstanz von 50 bis 300 g $\cdot$ l^{-1} eine sehr konzentrierte Lösung dar. Über 90% der Trockensubstanz des Siebröhren-Saftes besteht aus Zuckern, vor allem aus *Saccharose*. Bei manchen Pflanzen kommen daneben auch andere Oligosaccharide, z.B. Raffinose und Stachyose, sowie Zuckeralkohole vor. Monosaccharide (z.B. Glucose, Fructose) werden nicht transportiert. Hingegen enthält der Siebröhren-Saft auch Aminosäuren, Amide, Nucleotide, organische Säuren und anorganische Ionen (jedoch kein Ca^{2+}). Alle diese Stoffe treten aber mengenmäßig gegenüber den Zuckern deutlich zurück. Blattläuse und andere Phloem-Parasiten benötigen aber Zucker und Begleitstoffe, wie vor allem die stickstoffhaltigen Verbindungen, in ausgewogenerem Verhältnis. Sie scheiden daher die bei dem geschilderten Nahrungserwerb zwangsläufig zuviel aufgenommenen Zucker als *„Honigtau"* wieder aus.

Die Siebröhren enthalten ein besonderes Protein, das *P-Protein* (Abb. 22-12). Es neigt dazu, sich in der

Nähe der Siebplatten fibrillär zusammenzulagern. Das P-Protein wird nicht transportiert. Man nimmt an, daß es bei Verletzung einer Siebröhre die defekte Stelle verstopft und dadurch ein Auslaufen der unter Druck stehenden Siebröhren verhindert.

22.7.2.2 Mechanismus des Assimilattransportes

Der Mechanismus des Assimilattransportes ist noch nicht in allen Einzelheiten aufgeklärt. Einfache Diffusion scheidet als Erklärungsmöglichkeit aus, da die Transportgeschwindigkeit im Phloem 0,05 bis 0,10 $m \cdot h^{-1}$ beträgt und damit für Diffusion zu hoch ist. Andererseits verläuft der Assimilattransport wesentlich langsamer als der Transpirationsstrom. Man hat die Geschwindigkeit des Assimilatstromes durch Messung der Wanderung radioaktiv markierter Moleküle oder kleiner lokalisierter Wärmeimpulse im Phloem bestimmt.

Die derzeit am besten fundierte Hypothese interpretiert den Assimilattransport als einen unter Druck verlaufenden Volumenfluß *(„Massenströmung“)*. Der Forstbotaniker F. MÜNCH hat 1930 ein hydraulisches Modell für das Zustandekommen eines solchen Druckstromes vorgeschlagen (Abb. 22-23). Die Anordnung besteht aus zwei osmotischen Zellen (vgl. Kap. 5.2, Abb. 5-1), die in je ein Becherglas mit Wasser eintauchen. Die Bechergläser sind über eine mit Wasser gefüllte Brücke miteinander verbunden, so daß ihr Inhalt ein Kontinuum darstellt. Auch die beiden osmotischen Zellen sind über eine mit Flüssigkeit gefüllte Kapillare miteinander verbunden. Wird nun die eine der beiden Zellen *(„Quelle“)* mit einer konzentrierten Zuckerlösung gefüllt, während die andere *(„Senke“)* zunächst eine schwach konzentrierte Lösung enthält, so beginnt die Zuckerlösung durch die Verbindungskapillare zwischen beiden osmotischen Zellen von der Quelle zur Senke zu strömen, während das Wasser in Gegenrichtung zurückfließt.

Wie ist das Phänomen zu erklären? Auch hier hilft uns der Begriff des Wasserpotentials weiter: Die hohe Zuckerkonzentration in der Quelle erzeugt ein stark negatives Ψ und damit ein osmotisches Gefälle. Daher strömt Wasser in die Zelle mit der konzentrierten Zuckerlösung ein. Dieser Zufluß sorgt für einen hydrostatischen Druck im osmotischen System. Er führt dazu, daß auf der Seite der Senke das Ψ in der Zelle weniger negativ ist als außen. Es muß daher Wasser aus der Senke ausströmen. Dieses wird durch den Zufluß neuer Lösung von der Seite der „Quelle“ ersetzt. Auf diese Weise erfolgt eine stete Kreislaufströmung, die solange dauert, bis die Zuckerkonzentration in beiden osmotischen Zellen gleich ist, also kein $\Delta\Psi$ zwischen „Quelle“ und „Senke“ mehr besteht.

Wo finden wir die Analogien zwischen dem Modell und dem Assimilattransport? Der *„Quelle“* entsprechen die Endglieder des Siebröhren-Systems in den Blättern. Hier wird durch *Beladen der Siebröhren* mit den in der Photosynthese erzeugten Zuckern ein stärker negatives Ψ, d. h. ein osmotisches Gefälle nach außen erzeugt, sodaß Wasser einströmen kann. Der „Quelle“ und „Senke“ verbindenden Kapillare entsprechen die Leitbahnen des Phloems, in denen sich die Druckströmung vollzieht. Der *„Senke“* schließlich entsprechen die Endglieder des Phloems, wo die *Assimilate entnommen* werden. Dadurch bleibt Ψ hier weniger negativ, so daß Wasser aus den Siebröhren ausströmt; es wird über das Xylem (ihm entspricht die Brücke zwischen den Wasserbehältern) wieder zurück in die Blätter transportiert.

Das Modell erklärt, warum der Transport im Phloem an *lebende Zellen* gebunden ist. Nur sie besitzen semipermeable Plasmalemma-Membranen und können daher Bestandteil eines osmotischen Systems sein.

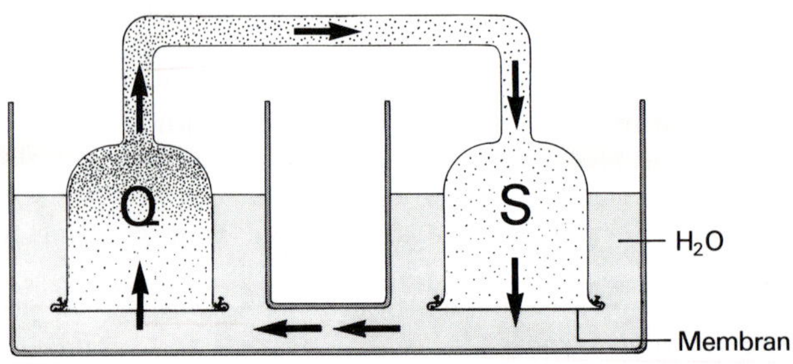

Abb. 22-23. Physikalisches Modell von MÜNCH zum Nachweis einer Lösungsströmung, die von einem osmotischen Gefälle zwischen den Kompartimenten Q (Quelle) und S (Senke) angetrieben wird.

22.7.2.3 Beladen des Phloems

Es ist bekannt, daß der Assimilattransport Stoffwechselenergie erfordert. Wir haben aber gesehen, daß die Druckströmung als solche direkter Energiezufuhr nicht bedarf. Es handelt sich um einen rein osmotischen Prozeß. Hingegen verbraucht das Beladen des Phloems mit Assimilaten Stoffwechselenergie. Hier handelt es sich um *sekundär aktiven* und damit *ATP verbrauchenden H^+-Cotransport von Zuckermolekülen* (Kap. 4.6) aus den angrenzenden Parenchymzellen und Geleitzellen in die Siebröhren. Die Beladung der Siebröhren ist selektiv, d. h. es werden nur bestimmte Moleküle aufgenommen. So gelangen keine Zucker mit reduzierenden Molekülgruppierungen in die Siebröhren, ebensowenig wie Asparaginsäure und Ca^{2+}. Sind Moleküle aber einmal in die Siebröhren aufgenommen, werden sie ohne erkennbare Bevorzugung transportiert. Auch dies ist ein Beleg für die rein physikalische Natur des Transportprozesses selbst.

Zum weiteren Studium

ESAU, K.: *Pflanzenanatomie.* Fischer, Stuttgart 1969.

HOPPE, W., LOHMANN, W., MARKL, H. und ZIEGLER, H. (eds): *Biophysik.* Springer, Berlin – Heidelberg – New York 1977.

JURZITZA, G.: *Anatomie der Samenpflanzen.* Thieme, Stuttgart 1987.

NOBEL, P. S.: *Biophysical Plant Physiology and Ecology.* Freeman and Comp., New York 1983.

STRASBURGER, E.: *Lehrbuch der Botanik für Hochschulen.* Fischer, Stuttgart – Jena – New York 1991.

TROLL, W.: *Praktische Einführung in die Pflanzenmorphologie.* Fischer, Jena 1954.

23 Das Blatt: Bau und Funktionsweise

Blätter sind Anhangsorgane des Sprosses und für die höheren Pflanzen besonders typisch. Die Aufgaben von Blättern sind vielfältig und dementsprechend auch ihre Gestalt. Vor allem aber dienen Blätter der Photosynthese und der Abgabe von Wasserdampf (Transpiration). Daher sind Blätter meist flächig ausgebildete Organe. Nach der *Telomtheorie* (Kap. 17.2.3) sind die Blätter Makrophylle, also Gebilde, die aus der flächigen Verwachsung von in einer Ebene angeordneten Telomen hervorgegangen sind (Planation und Verwachsung, vgl. Kasten 17-1).

Im Gegensatz zu Sproß und Wurzel, die spitzenwärts ständig weiterwachsen, erreichen die Blätter bald eine endgültige Größe. Die Blattmeristeme (bei den Farnen die Scheitelzelle) stellen dann ihre Tätigkeit ein. Eine Ausnahme können wir bei den Gräsern (Gramineen) und vielen anderen einkeimblättrigen Pflanzen beobachten: Hier bleiben die basalen Meristeme ständig aktiv und erzeugen neues Blattgewebe. Daher kann man einen Rasen auch immer wieder mähen, wenn man die Blätter der Gräser niedrig halten will, ohne die Pflanzen gravierend zu schädigen.

23.1 Die Entwicklung der Blätter

Die Blattanlagen *(Blatt-Primordien)* entstehen in ständiger Folge dicht hinter dem wachsenden Sproßscheitel. Sie werden durch Zellteilung in der Tunika des Sproßscheitels (Abb. 22-7 und 22-8), also *exogen* gebildet. Die Blattprimordien wachsen zunächst, wie der Sproßscheitel, an der Spitze (Spitzenmeristem). Das Spitzenwachstum wird jedoch bald eingestellt. Stattdessen übernimmt ein an der Blattbasis liegendes Meristem-Band *(basales Meristem)* die Aufgabe, neue Zellen für das Längenwachstum zu produzieren. Das Breitenwachstum wird dagegen durch *randständige Meristeme* gefördert (Abb. 23-1). Sind solche Randmeristeme an bestimmten Bezirken des Blattrandes bevorzugt aktiv, entstehen gelappte oder gefingerte Blätter (Beispiele: Ahorn, Eiche). Unmittelbar hinter den Meristemen findet die Streckung der neu gebildeten Zellen statt *(Streckungszone)*.

Bei den Farnen entstehen die Blätter durch eine an der Spitze gelegene *Scheitelzelle.* Sie scheidet nach zwei Richtungen Tochterzellen ab (ist also zweischneidig) und behält ihre Aktivität bis zur Fertigstellung des Blattes bei.

23.2 Die Blatt-Typen: ein Überblick

Die Pflanzen bilden an ihrem Sproß meist morphologisch und funktionell verschiedenartige Blätter aus (Abb. 23-2). Bei Keimpflanzen erkennen wir am weitesten unten die *Keimblätter.* Auf diese können bei einigen Pflanzen unscheinbare *Niederblätter* folgen. Es schließen sich die *Laubblätter* als die eigentlichen Photosynthese-Organe an. Zur Sproßspitze und damit zur Blütenregion hin können *Hochblätter* ausgebildet sein. Auch die Bestandteile der Blüten, also die *Kelch-*, *Kron-*, *Frucht-* und *Staubblätter* (vgl. Kap. 19.2), sind umgewandelte Blätter. Gebilde, die in ihrer Anlage auf den gleichen Ursprung zurückgehen, bezeichnet man als homolog. Die verschiedenen Blatt-Typen sind also *homologe Organe,* unbeschadet ihrer manchmal bis zur Unkenntlichkeit abgewandelten Gestalt (Metamorphosen) und speziellen Funktionen.

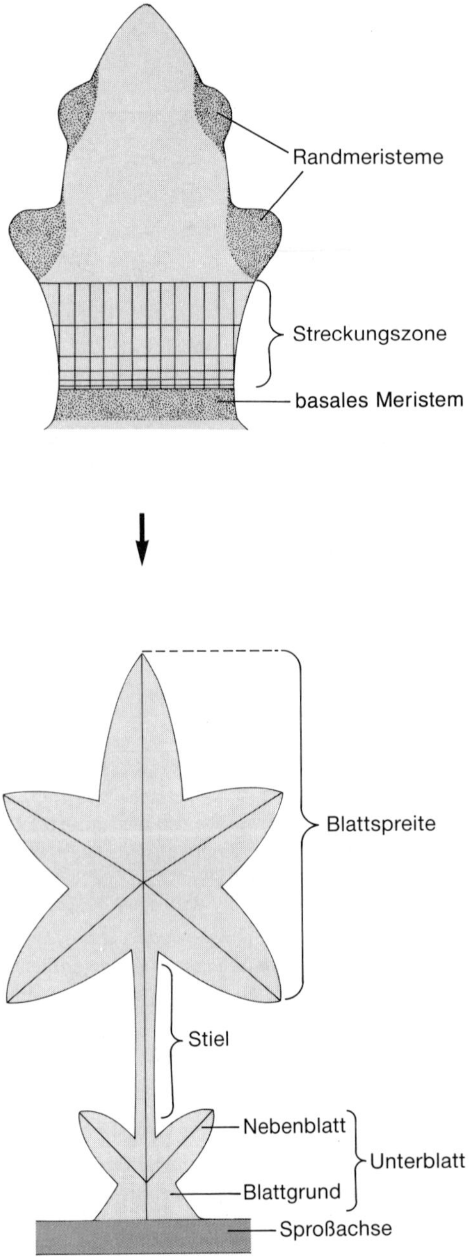

Abb. 23-1. Die Entwicklung eines Laubblattes. Die Abbildung zeigt oben die Lage der Meristeme und die Streckungszone an einer Blattanlage (in Anlehnung an LAETSCH) und unten ein Schema des voll entwickelten Blattes.

23.3 Die Keimblätter und die Niederblätter

Die Keimblätter (Kotyledo; Plur. *Kotyledonen*) sind bereits bei der noch im Samen eingeschlossenen embryonalen Pflanze angelegt. Die einkeimblättrigen Pflanzen (Monokotyledonen) besitzen ein Keimblatt, die zweikeimblättrigen (Dikotyledonen) deren zwei und die meisten Gymnospermen sogar mehrere Keimblätter.

Bei manchen Pflanzen bleiben die Keimblätter bei der Keimung unterirdisch im Samen eingeschlossen *(hypogäische Keimung)*. Sie treten dann am oberirdischen Sproß gar nicht in Erscheinung; sie stellen vielmehr unterirdische Speicherorgane für Reservefette und Kohlenhydrate dar, die den jungen Keimling ernähren, bis dieser mit der Ausbildung der Laubblätter in der Lage ist, Photosynthese zu betreiben. Bei der *epigäischen Keimung* werden die Keimblätter aus dem Boden herausgehoben. In manchen Fällen ergrünen sie sogar, und sie können dann wenigstens kurzfristig zum photosynthetischen Stoffgewinn der Pflanze beitragen (Abb. 26-40).

Keimblätter sind, verglichen mit Laubblättern, jedoch recht kurzlebig und verschwinden daher bald nach der Samenkeimung.

Niederblätter stellen meist sehr kleine, schuppenartige Gebilde dar, die oft nicht einmal Blattpigmente besitzen und dann bräunlich gefärbt sind. Die *Knospenschuppen,* welche die Knospen (Kap. 22.3) schützend einschließen, leiten sich von Niederblättern ab. Bei einigen Pflanzen findet man Niederblätter als unscheinbare Anhängsel des Sprosses im Bereich zwischen Keimblättern und Laubblättern.

23.4 Die Laubblätter

23.4.1 Äußere Gestalt

Bereits das junge, noch nicht voll ausdifferenzierte Blatt gliedert sich in zwei Abschnitte, nämlich in das basalwärts gelegene Unterblatt und das spitzenwärts gelegene Oberblatt (Abb. 23-1). Aus dem *Unterblatt* gehen die verbreiterte Basis des Blattes *(Blattgrund)* und die für gewisse Familien der Dikotyledonen typischen *Nebenblätter* (vgl. z. B. Rosaceae) hervor. Die eigentliche Blattfläche, Blattspreite *(Lamina)* genannt, und der sie tragende Blattstiel entwickeln sich aus dem *Oberblatt.* Die Blattspreite kann entweder als ungeteilte Fläche ausgebildet, gelappt oder in sogenannte Blattfiedern unterteilt und dadurch gefingert oder gefiedert sein (Abb. 23-3). Bei einigen Monokotylen, vor allem bei Gräsern, besitzen die Blätter keinen Blattstiel, sondern die Blattspreite verbreitert sich an ihrer Basis zu einer die Sproßachse umgreifenden *Blattscheide.* Sie wird vom Unterblatt gebildet.

Besitzen die zuerst ausgebildeten Laubblätter eine andere Gestalt als die später gebildeten, unterscheidet man zwischen *Primärblättern* und *Folgeblättern.* Ein Beispiel hierfür ist der Efeu *(Hedera helix).* Diese

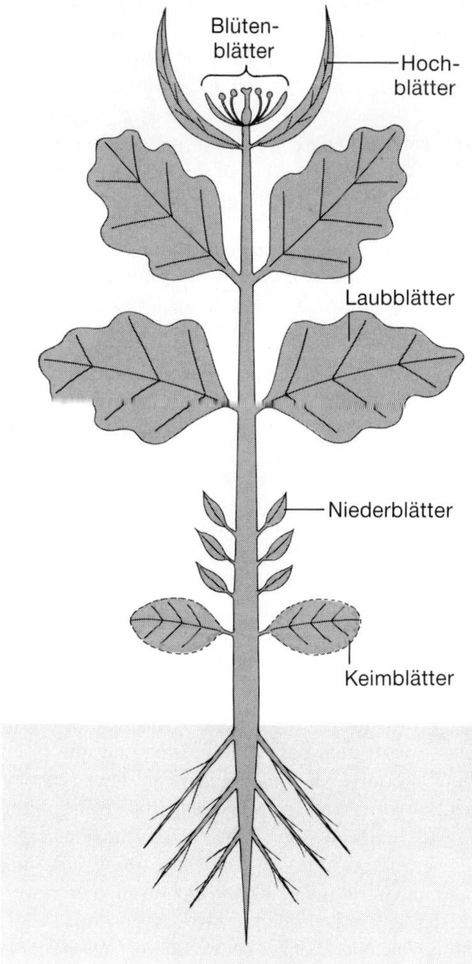

Abb. 23-2. Schema eines Sprosses mit den Ansatzstellen der verschiedenen Typen von Blättern.

Abb. 23-3. Formen von Laubblättern. (A) Einfach, ganzrandig (Buche); (B) einfach, gezähnt (Ulme); (C) handförmig, gespalten (Ahorn); (D) fiederlappig (Eiche); (E) unpaarig gefiedert (*Corydalis* spec.), (F) gefingert (*Potentilla* spec.), (G) doppelt gefiedert (*Acacia* spec.).

Pflanze bringt zunächst die typisch dreilappig geformten Primärblätter hervor. Die Folgeblätter sind dagegen spitz eiförmig ausgebildet und erscheinen nur unter günstigen Lichtverhältnissen (Kap. 26.7.4, Abb. 26-42). Manche Pflanzen, z. B. *Selaginella* (Bärlappgewächse), besitzen dorsiventrale Sprosse, die an ihrer Oberseite bzw. Unterseite *unterschiedlich große* Blätter tragen. Diese Erscheinung bezeichnet man als *Anisophyllie.* Bei den Seitenzweigen des Spitzahorns und bei der Roßkastanie wird Anisophyllie durch die Schwerkraft induziert (Abb. 23-4).

Bei einigen Pflanzen sind die Folgeblätter *unterschiedlich gestaltet.* Man nennt diese Erscheinung *Heterophyllie.* Ein Beispiel ist der Wasserhahnenfuß *(Ranunculus aquatilis),* bei dem zuerst unter Wasser zerschlitzte Laubblätter ausgebildet werden. Nach

Abb. 23-4. Anisophyllie. (A) Induzierte Anisophyllie bei der Roßkastanie *(Aesculus hippocastanum)*. Aufsicht auf einen am Baum schräg orientierten Zweig. Die zum Erdmittelpunkt gerichteten Blättchen des gefingerten Blattes sind im Wachstum gefördert. (B) Genotypisch bedingte Anisophyllie bei einem Bärlappgewächs *(Selaginella)*. Aufsicht von oben auf ein dorsiventral beblättertes Sproßende. An jedem Nodium stehen jeweils ein kleines Dorsalblatt und ein großes Ventralblatt.

Erreichen der Wasseroberfläche entstehen dagegen dieser flach aufliegende gelappte Schwimmblätter. Es handelt sich hier um eine *induzierte* Heterophyllie.

Die Blattspreite ist von einem System von Leitbündeln durchzogen. Man bezeichnet diese Leitbündel als *Blattadern* oder (mißdeutbar) als Blattnerven. Die Blattadern erschließen die Blattspreite nicht nur im Hinblick auf den durch die Leitbündel vermittelten Stofftransport, sondern tragen sehr wesentlich zur mechanischen Aussteifung der meist nur sehr dünnen Blattspreite bei. Die Anordnung der Blattadern ist ein wichtiges Unterscheidungsmerkmal zwischen Monokotylen und Dikotylen (Abb. 23-5). Bei den Monokotylen verlaufen die Blattadern parallel, stehen jedoch an manchen Stellen durch Querstränge untereinander in Verbindung. Bei den Dikotylen hingegen bilden die Blattadern ein filigranartiges Netzwerk. Dabei zweigen von einem Hauptstrang („Mittelrippe“) die Nebenstränge ab, welche sich dann untereinander zu einem Netzwerk verbinden. Die zwischen den Leitbündelsträngen verbleibenden Flächen heißen *Interkostalfelder.* Sie werden durch feinst verästelte und schließlich blind endende Blattadern versorgt. Die Dicke der Blattadern und damit der Leitbündel nimmt, ausgehend von der Mittelrippe bis hin zu den feinsten Enden, ständig ab.

Eine phylogenetisch noch sehr ursprüngliche Blattaderung trifft man bei vielen Farnen und unter den Gymnospermen bei *Ginkgo biloba* an. Hier verzweigen sich die Blattadern zweigabelig (dichotom), ohne daß zwischen den Adern Querverbindungen hergestellt werden (Abb. 23-5). Diese *Gabeladerung* gleicht noch weitgehend der dichotomen Verzweigung der Urtelome und ihrer Stelen (vgl. Kap. 17.2.3, Kasten 17-1). Sie ist daher ein wichtiges Argument für die Annahme, daß die Makrophylle durch Planation und Verwachsung von Telomen entstanden sind.

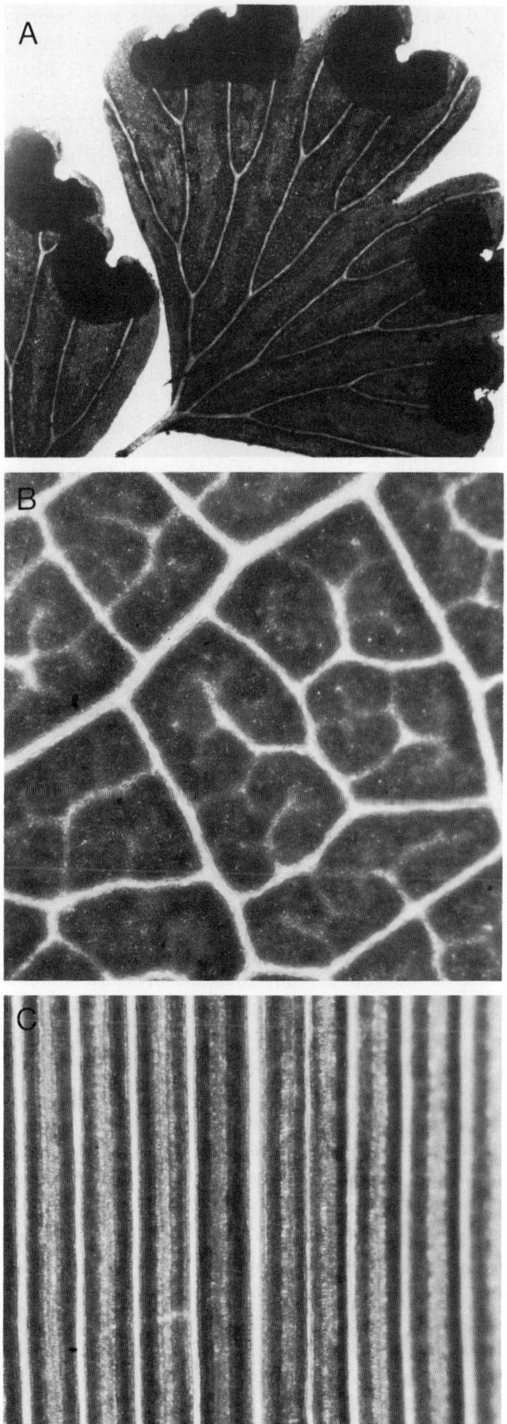

23.4.2 Innerer Aufbau der Blattspreite

Der innere Aufbau der Blattspreite ist vor allem zwei Erfordernissen angepaßt:

- Durchführung der *Photosynthese,*
- Einschränkung und Kontrolle des durch *Transpiration* bedingten Wasserverlustes.

Wir haben bereits in Kap. 17 erfahren, welche Anpassungsprobleme sich hier für die Landpflanzen ergeben. Diese Frage wird uns auch weiterhin beschäftigen. Zunächst aber wollen wir uns mit dem inneren Grundaufbau der Blätter, insbesondere der assimilierenden und transpirierenden Blattspreite, vertraut machen.
Am Aufbau der Blattspreite sind vor allem drei Gewebetypen beteiligt (Abb. 23-6), nämlich

- Abschlußgewebe *(Epidermis),*
- Assimilationsgewebe *(Mesophyll),*
- *Leitbündel.*

Im Hinblick auf die Anordnung dieser Gewebe in der Blattspreite unterscheidet man *bifaziale, äquifaziale* sowie *unifaziale* Blätter. Die Merkmale dieser Blatt-Typen sind in Kasten 23-1 dargestellt.

23.4.2.1 Epidermis

Die Blatt-Epidermis muß zwei auf den ersten Blick als miteinander unvereinbar erscheinende Aufgaben erfüllen: Einerseits hat sie die Pflanze vor Austrocknung zu schützen, indem sie die Abgabe von Wasserdampf (Transpiration) unterbindet. Auf der anderen Seite muß sie jedoch den *Gasaustausch* der Pflanze mit der Umgebung zulassen. Die Lösung des Problems wird dadurch erreicht, daß die Epidermis das Blatt als für Gas weitgehend undurchlässige Haut umgibt. Sie ist jedoch von Poren durchbrochen, die dem Gasaustausch dienen (Abb. 23-7). Diese Poren können in ihrer Öffnungsweite bis hin zum völligen Schließen verändert werden. Damit wird der Gasaus-

Abb. 23-5. Verschiedene Typen der Blattaderung. (A) Dichotome Typen der Blattaderung bei einem Farn *(Adiantum)*. (B) Netzförmige Blattaderung einer zweikeimblättrigen Pflanze (*Liriodendron,* der Tulpenbaum). (C) Parallele Blattaderung bei einer einkeimblättrigen Pflanze *(Arundo donax)*.

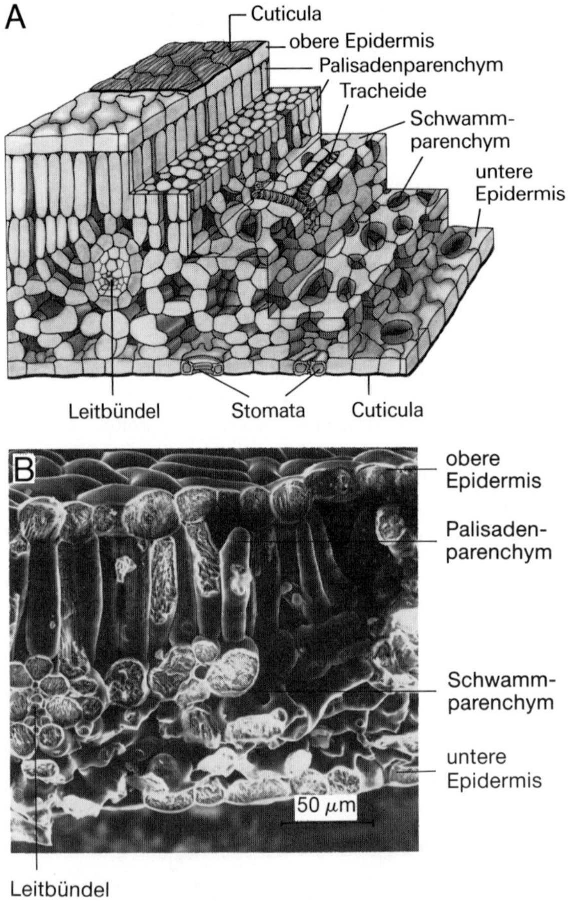

Abb. 23-6. Aufbau der Blattspreite eines bifazialen Flachblattes (vergl. Kasten 23-1). (A) Räumliches Modell eines Ausschnittes aus der Blattspreite. (B) Raster-elektronenmikroskopisches Bild eines Blattquerschnittes von *Gossypium hirsutum* (Baumwolle); (Aufnahme: R. STELZER).

tausch reguliert. Die Poren heißen Spaltöffnungen *(Stomata)* (s. auch Kap. 5.5, Abb. 5-8).

Neben der Kontrolle des Gasaustausches hat die Epidermis die Blattspreite vor übermäßiger Strahlung, vor mechanischer Beschädigung und vor Infektion durch Mikroorganismen zu schützen.

Die Epidermis ist meist einschichtig und besteht aus lebenden Zellen. Diese sind wie Steine eines Puzzlespieles oder eines Verbundpflasters durch Ausbuchtungen der seitlichen Zellwände fugenlos (d. h. ohne Interzellularen) miteinander verzahnt und ergeben dadurch einen gegen seitliche Verschiebung stabilisierten Gewebeverband (Abb. 23-7).

Epidermis-Zellen besitzen in der Regel keine Chloroplasten. Sie können jedoch durch Farbstoffe, die im Saft der Vakuolen gelöst sind (z. B. Flavanderivate, Kasten 15-2), auffällig gefärbt sein. Auf diese Weise werden manche der auf Blättern oft auftretenden Farbmuster hervorgerufen.

Die äußeren Zellwände der Epidermis sind häufig verdickt und zudem mit lipophilen Substanzen (Cutinen, Wachsen) imprägniert. Auf der Außenseite der Epidermis-Zellen ist zudem ein aus Cutin bestehendes Häutchen, die *Cuticula,* aufgelagert. Vor allem der Cuticula verdankt die Epidermis ihre äußerst geringe Durchlässigkeit für Wasserdampf und andere Gase. Dieser Barrieren-Effekt wird durch Auflagerung von Wachsen auf die Cuticula, wie man es bei manchen Pflanzen beobachten kann, noch verstärkt. Solche Wachsauflagerungen fallen besonders bei dunklen Blättern (z. B. Rotkohl) als weißlicher, abwischbarer Belag auf. Sie machen die Blätter für Wasser unbenetzbar.

Kasten 23-1
Laubblatt-Typen

In diesem Kasten sind schematische Querschnitte von verschiedenen Typen der Laubblätter dargestellt. Die Pfeile geben an, wie sich die einzelnen Blatt-Typen voneinander ableiten. Eine Ableitung des äquifazialen Nadelblattes aus dem äquifazialen Flachblatt ist problematisch, denn ersteres wird als Abkömmling von Mikrophyllen (Kasten 17-1), letzteres als Abkömmling von Makrophyllen (Kasten 17-1) aufgefaßt (in Anlehnung an Troll und Rau).

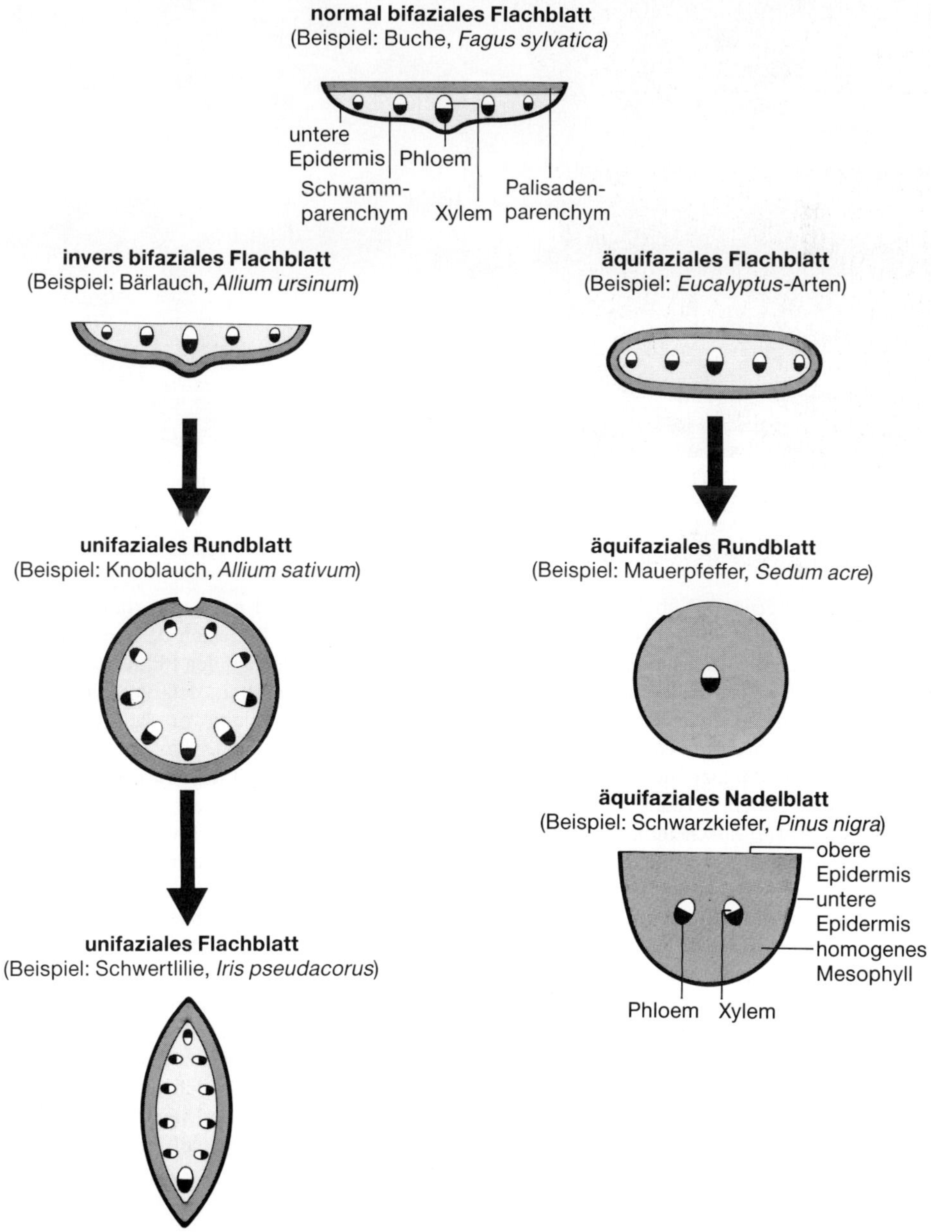

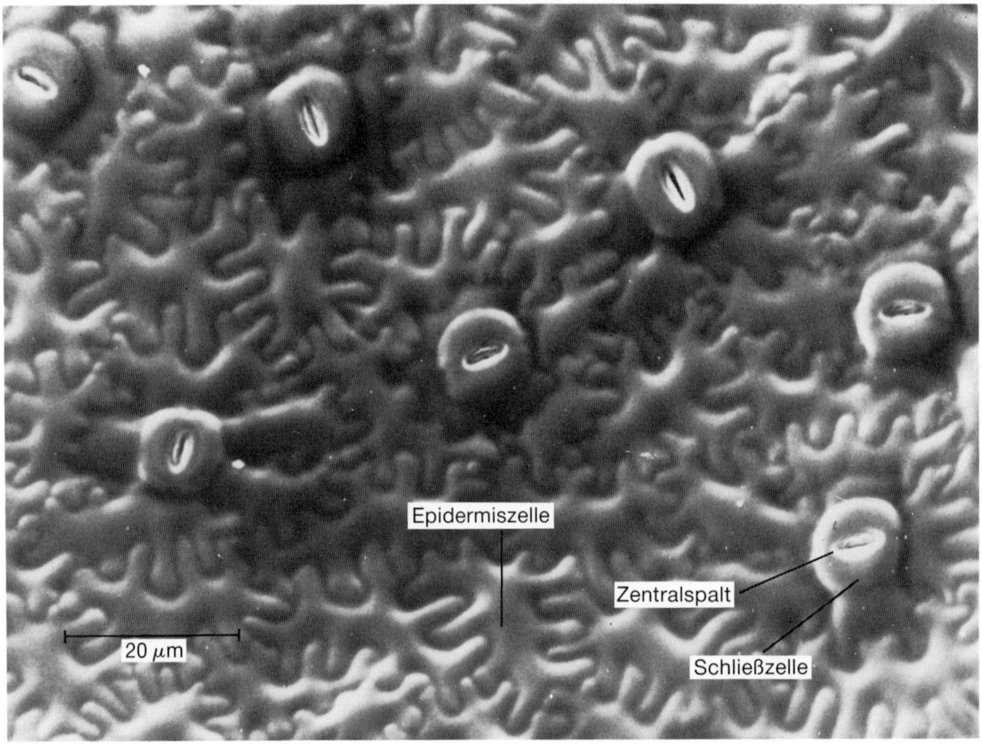

Abb. 23-7. Aufsicht auf die Unterseite eines Blattes der Buche, mit Epidermiszellen und Spaltöffnungen (Raster EM-Aufnahme: R. Stelzer).

- *Haare und Emergenzen* (Abb. 23-8). Bei einigen Pflanzen bildet die Epidermis der Blätter Haare aus. Haare können einzellig oder mehrzellig sein, entstehen jedoch stets aus einer einzelnen Epidermis-Zelle. Es gibt lebende und tote Blatthaare. Die *lebenden Haare* zeigen oft eine lebhafte Plasmaströmung, die sich hier auch besonders gut beobachten läßt. Lebende Haare können in manchen Fällen Stoffe ausscheiden (z. B. ätherische Öle). Man bezeichnet sie dann als *Drüsenhaare* (Abb. 23-8).

Brennhaare kommen vor allem in der Familie der Brennesselgewächse (Urticaceae) vor. Durch die Einlagerung von Kieselsäure besitzen diese Haare eine besonders spröde Zellwand. Daher bricht die Spitze des Haares an einer vorgeformten Bruchstelle bei Berührung leicht ab. Das Haar dringt nun wie eine Injektionsspritze in die Haut ein und injiziert dabei den zu Hautreizungen führenden Zellinhalt (Histamin und Acetylcholin, Abb. 23-8).

Tote Haare sind mit Luft erfüllt und erscheinen wegen totaler Reflexion des einfallenden Lichtes weiß. Sie bilden auf den Blättern oft einen dichten Filz. Man nimmt an, daß dieser Filz gegen übermäßige Einstrahlung vor allem vor kurzwelligem Licht schützen kann.

Eine Besonderheit stellen die *Schuppenhaare* oder Trichome dar, die wir auf den Blättern der Bromeliaceen (Ananasgewächse) vorfinden (Abb. 23-8). Zwischen der Epidermisoberfläche und dem Haarschild befindet sich ein Zwischenraum, in dem Wasser (und darin gelöste Nährsalze) kapillar zur Basis des Schildhaares gesaugt wird. Das Haarschild besteht aus toten Zellen, aber der Stiel und die Basis werden von lebenden Zellen gebildet, die das kapillar zugeführte Wasser und die darin gelösten Stoffe resorbieren. Bei Wassermangel legt sich das Schildhaar dicht an die Epidermisoberfläche an und verschließt damit die Pore (Abb. 23-8). Die Schildhaare der Bromelien sind

eine Anpassung an die vorwiegend epiphytische Lebensweise dieser Pflanzen. Da bei Epiphyten ein Wurzelsystem meist nur sehr spärlich ausgebildet ist, müssen hier die Blätter für die Aufnahme von Wasser und Nährsalzen sorgen.
Emergenzen sind mehrzellige Gebilde, an deren Aufbau neben der Epidermis auch noch das subepidermale Gewebe beteiligt ist. Die „Tentakel" auf den Blättern des tierfangenden Sonnentaus *(Drosera,* Kap. 25.4 und 27.1.2, Abb. 27-1) sowie der Sockel der Brennhaare der Brennessel *(Urtica dioica,* Abb. 23-8) stellen derartige Emergenzen dar.

- *Spaltöffnungen.* Sie bestehen aus einem Komplex spezialisierter Epidermis-Zellen. Er wird als *Spaltöffnungsapparat* bezeichnet und setzt sich aus einem Paar *Schließzellen* sowie zwei bis mehreren *Nebenzellen* zusammen (Abb. 23-9, vgl. Kap. 5.5). Das Öffnen und Schließen der Spaltöffnung wird durch die beiden Schließzellen bewerkstelligt. Sie haben meist bohnenförmige Gestalt und besitzen Chloroplasten.

Die Schließzellen einer Spaltöffnung sind paarig angeordnet. Ihre aneinanderliegenden Zellwände sind jedoch nicht durch eine Mittellamelle miteinander verkittet, sondern lassen zwischen sich den Zentralspalt (Abb. 23-9) frei. Die Öffnungsweite dieses Spaltes vergrößert sich, wenn der Turgor der Schließzellen zunimmt und diese dadurch anschwellen. Umgekehrt schließt sich der Spalt bei Abnahme des Turgors und dadurch bedingtem Schrumpfen der Schließzellen (Kap. 5.5).
Bei den Spaltöffnungen ist die Richtung ihrer Bewegungen durch die Anatomie des Spaltöffnungsapparates bedingt. Spaltöffnungen vollführen also *nastische Turgorbewegungen* (Kap. 27.1). Wir können dabei eine mechanische und eine physiologische Komponente unterscheiden.
Bei der physiologischen Komponente der Spaltöffnungsbewegung geht es um die Ursachen der die Bewegung hervorrufenden Turgoränderung (Kap. 5.5 und Abb. 5-8).
Bei der mechanischen Komponente geht es um die Frage, auf welche Weise die durch Turgoränderung bedingte Volumenänderung der Schließzellen in gerichtete Bewegung umgesetzt wird. Diese Umsetzung beruht stets darauf, daß die Wände der Schließzellen einseitig verdickt sind und Volumenänderungen daher eine Verformung der Schließzellen nur in bestimmten Richtungen zulassen. In den anatomischen Einzelheiten, die zur Umsetzung von Turgoränderungen in Bewegung führen, können wir jedoch verschiedene Spaltöffnungstypen unterscheiden (Kasten 23-2).
Hinsichtlich der Verteilung der Spaltöffnungen auf den Blattoberflächen ergeben sich verschiedene Möglichkeiten:
- *Hypostomatische Blätter.* Die Spaltöffnungen befinden sich nur auf der Blattunterseite.
- *Epistomatische Blätter.* Die Spaltöffnungen befinden sich nur auf der Blattoberseite (z. B. Schwimmblätter von Wasserpflanzen, u. a. *Nymphaea,* „Seerose").
- *Amphistomatische Blätter.* Die Spaltöffnungen sind über die ganze Blattoberfläche verteilt, wobei sich Ober- und Unterseite in der Zahl der Spaltöffnungen unterscheiden können (Tab. 23-1); amphistomatische Blätter findet man bei einigen krautigen Pflanzen.

Die Anzahl der Spaltöffnungen ist sehr unterschiedlich und reicht von ca. 15 bis zu mehr als 800 pro mm^2 (Tab. 23-1). Die Anordnung und die Zahl der Spaltöffnungen spiegeln ökologische Anpassung an die für den jeweiligen Standort typische Beanspruchung des Wasserhaushaltes wider. Solche ökologischen Aspekte der Blattanatomie werden in anderem Zusammenhang besonders behandelt (Kap. 23.8.3.1 und 23.8.4). Die Abstände der Stomata untereinander werden durch *Musterbildungsmechanismen* reguliert (endonome und aitionome Determinationen: Kasten 26-1).

23.4.2.2 Mesophyll

Das zwischen der ober- und unterseitigen Epidermis liegende Blattgewebe heißt Mesophyll. In den Zellen des Mesophylls läuft die Photosynthese ab.
Bei den *bifazialen Laubblättern* (Kasten 23-1, Abb. 23-6), wie wir sie bei den meisten Dikotyledonen antreffen, ist das Mesophyll asymmetrisch gebaut. Dabei findet sich an der Blattoberseite das *Palisadenparenchym* (Abb. 23-6). Es ist aus säulenförmigen, chloroplastenreichen Zellen zusammengesetzt. Diese Zellen sind senkrecht zur Blattoberfläche orientiert und lassen zwischen sich Interzellularen frei, die für gute Durchlüftung dieses Gewebes sorgen.
Das Palisadenparenchym ist meist einschichtig, kann jedoch bei Pflanzen oder Blättern, die starkem Son-

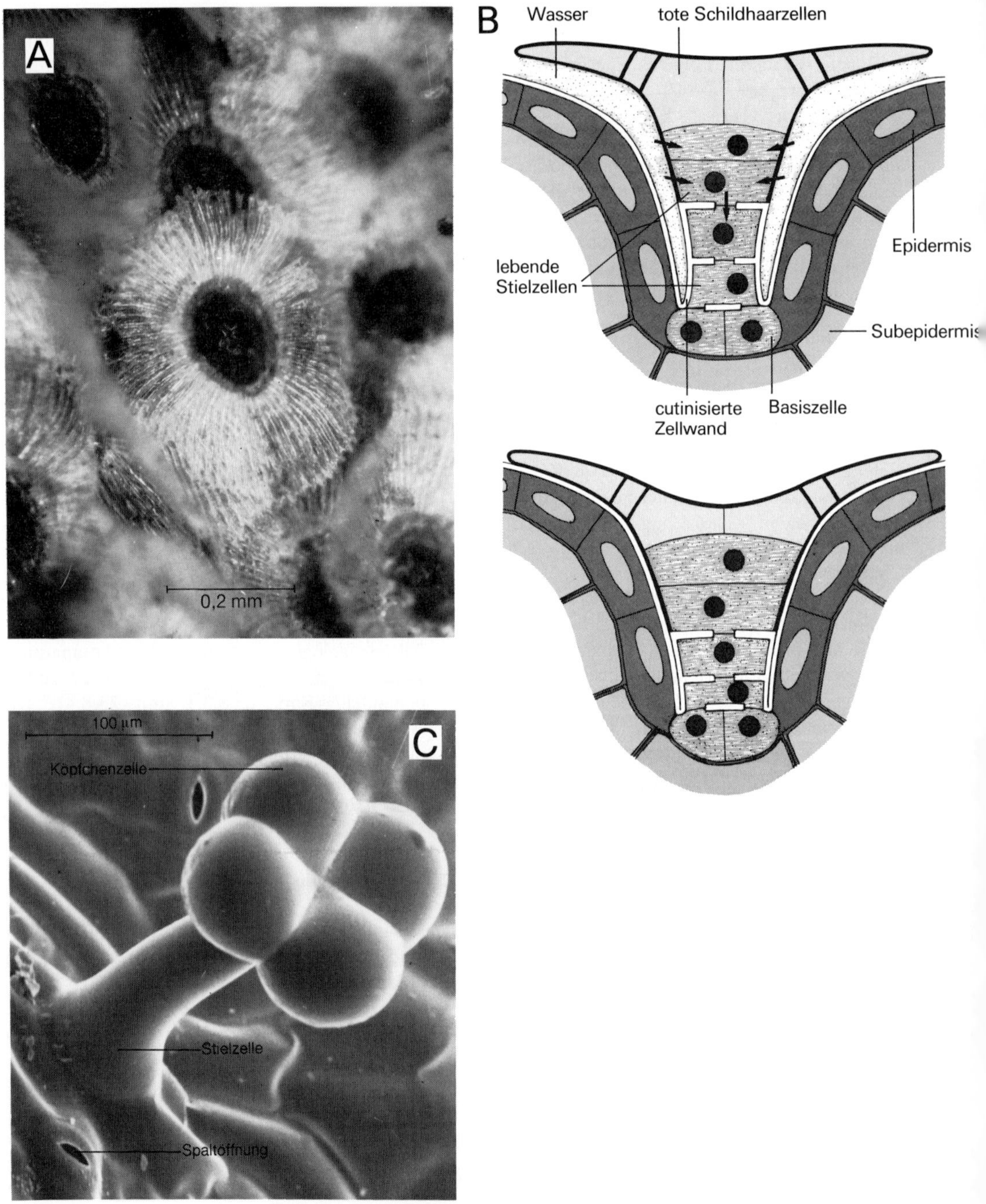
A
0,2 mm
B
Wasser
tote Schildhaarzellen
Epidermis
lebende
Stielzellen
Subepidermis
cutinisierte
Zellwand
Basiszelle
100 µm
C
Köpfchenzelle
Stielzelle
Spaltöffnung

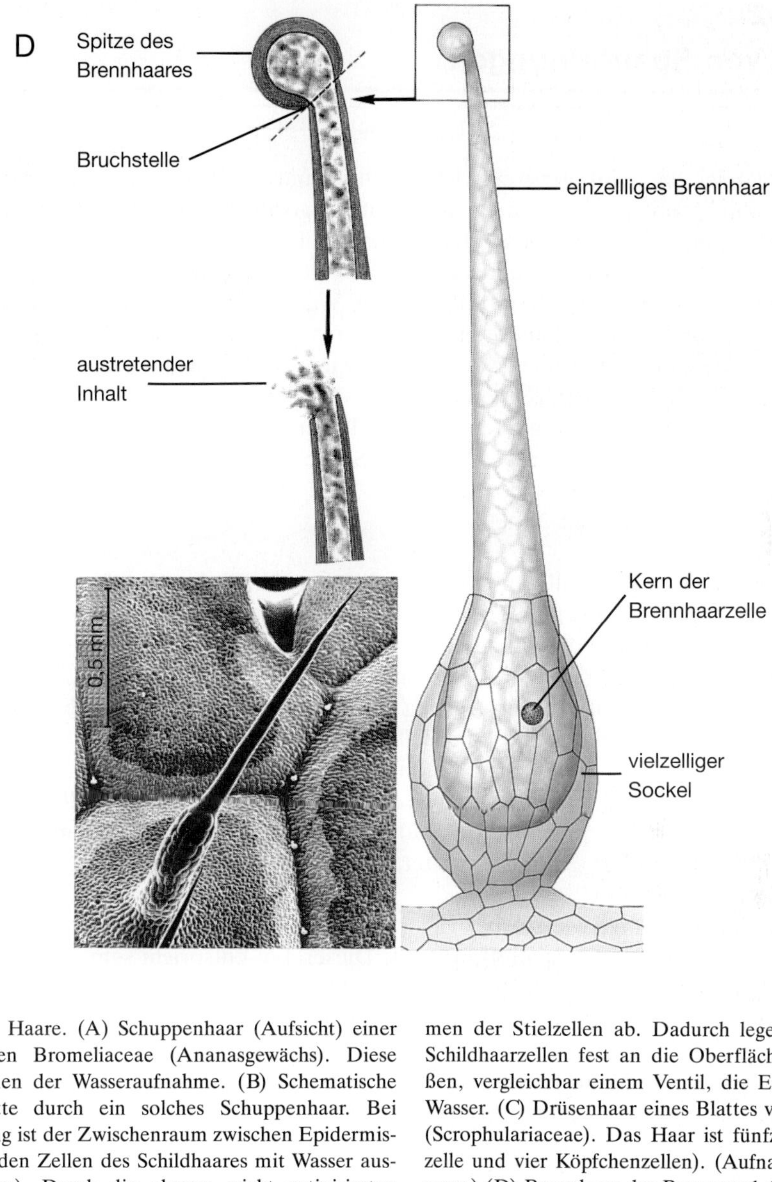

Abb. 23-8. Haare. (A) Schuppenhaar (Aufsicht) einer epiphytischen Bromeliaceae (Ananasgewächs). Diese Haare dienen der Wasseraufnahme. (B) Schematische Längsschnitte durch ein solches Schuppenhaar. Bei Bewässerung ist der Zwischenraum zwischen Epidermiszellen und den Zellen des Schildhaares mit Wasser ausgefüllt (oben). Durch die oberen, nicht cutinisierten Stielzellen werden das Wasser und die darin gelösten Nährsalze aufgenommen und über die anderen Stielzellen und die Basiszellen weitergeleitet. Bei Trockenheit (darunter) nimmt der Turgor und damit das Volumen der Stielzellen ab. Dadurch legen sich die toten Schildhaarzellen fest an die Oberfläche und verschließen, vergleichbar einem Ventil, die Eintrittsstellen für Wasser. (C) Drüsenhaar eines Blattes von *Uncaria* spec. (Scrophulariaceae). Das Haar ist fünfzellig (eine Stielzelle und vier Köpfchenzellen). (Aufnahme W. Barthlott.) (D) Brennhaar der Brennessel *(Urtica urens)* auf der Epidermis der Blattoberseite (Raster-EM-Aufnahme: R. Stelzer) und schematisierte Darstellung des Feinbaus eines Brennhaares.

Kasten 23-2
Bau-Typen von Spaltöffnungen

Die Darstellung zeigt die Funktionsweise von Spaltöffnungen. Wie bereits ausgeführt (Kap. 5.5), beruht das Funktionieren der Stomata auf einem Turgormechanismus. Die Turgorzunahme bewirkt eine Ausdehnung der paarigen Schließzellen, wobei die Richtung dieser Ausdehnung durch zwei mechanische Einschränkungen vorgegeben ist. Die eine Einschränkung besteht in der radialen Ausrichtung der Cellulosefibrillen in den Wänden der Schließzellen, die andere in der Tatsache, daß die Schließzellen an ihren Enden durch eine gemeinsame Wand fest aneinandergeheftet sind. Die radiale Fibrillenanordnung erzwingt, daß sich die Schließzellen bei Turgorzunahme nur in Längsrichtung dehnen können, während seitliche Ausdehnung verhindert wird. Da die gemeinsamen Wände an den Schließzellenenden ihre Länge während der Bewegung nicht ändern, muß sich die äußere Wand der Schließzelle stärker dehnen als die innere, den Spalt begrenzende. Die Kraft dieser Dehnung wird durch die radiären Fibrillen auf die innere Wand übertragen: der Spalt öffnet sich.

Linke Reihe: Mechanisches Modell zur Veranschaulichung der Bedeutung der radialen Anordnung der Fibrillen. (a) Zwei geschlossene Schläuche sind mit ihren Enden aneinander fixiert und leicht aufgeblasen, so daß die Innenseiten noch lose aneinander liegen. Dieser Zustand entspricht den geschlossenen Stomata. (b) Füllt man die Schläuche zusätzlich mit einer bestimmten Menge Luft (entspricht dem Anstieg des Turgors in den Schließzellen), wölben sich diese etwas nach außen, wobei sich die Innenseiten voneinander entfernen und so einen leicht geöffneten Spalt freigeben. (c) Die gleiche Maßnahme führt jedoch zur Bildung eines viel weiteren Spaltes, wenn die seitliche Ausdehnung der paarigen Schläuche durch radial angeordnete Bandagen aus Klebeband (entsprechend den radialen Fibrillen der Schließzellenwände) eingeschränkt wird. Der Spalt öffnet sich um so weiter, je höher der Binnendruck (Turgor) ist.

Mittlere Reihe: Spaltöffnung, wie sie bei vielen dikotylen Pflanzen auftritt (z. B. bei *Helleborus,* daher Helleborus-Typ der Spaltöffnungen). Dieser Typ entspricht sehr weitgehend dem links gezeigten mechanischen Modell. (a) Stoma geschlossen, (b) Stoma offen, (c) Anordnung der Cellulosefibrillen in den Zellwänden (nach Raschke).

Rechte Reihe: Spaltöffnung vom Gramineen-Typ, der bei den Gräsern (Gramineen) verbreitet ist. Die erweiterten Enden der hantelförmigen Schließzellen sind dünnwandig und über eine Durchbrechung der Zellwand miteinander verbunden, während die parallel zum Spalt verlaufenden Wände der Schließzellen verdickt sind. (a) Bei Erschlaffung der endständigen Erweiterungen liegen die den Spalt begrenzenden Zellwände aufeinander: der Spalt ist geschlossen. (b) Bei Turgorzunahme blähen sich die enständigen Erweiterungen auf: der Spalt öffnet sich. (c) Anordnung der Cellulosefibrillen in den Wänden der Schließzellen und der Nebenzellen. Die Zeichnung stellt eine Ebene dar, in der das den Spalt begrenzende Lumen der Schließzellen nicht sichtbar ist.

Kasten 23-2
Bau-Typen von Spaltöffnungen

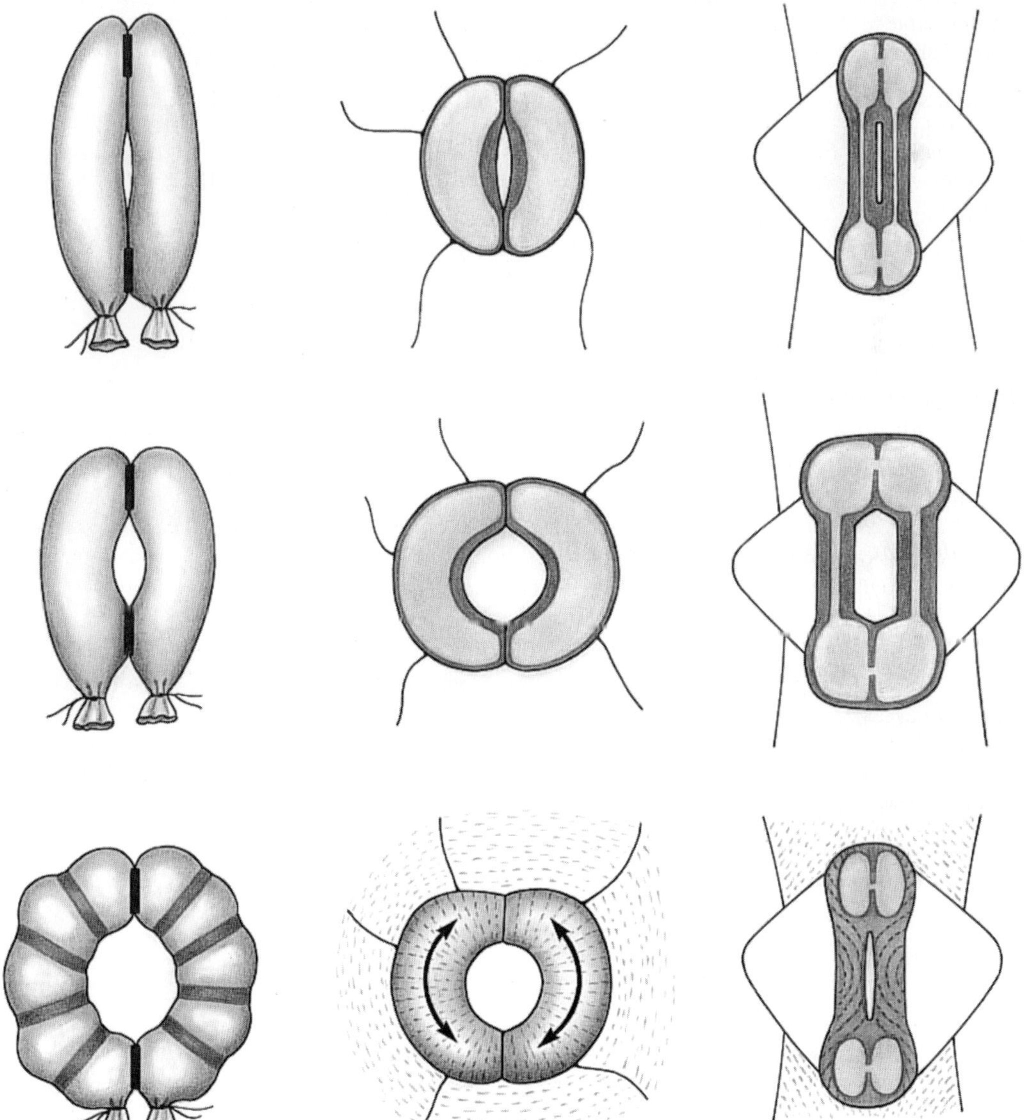

Tab. 23-1. Spaltöffnungsdichte bei verschiedenen Pflanzen (Daten von verschiedenen Autoren).

Pflanzenart	Photosynthesetyp	Zahl der Stomata pro mm^2 Blattfläche Oberseite	Unterseite
Krautige Nutzpflanzen			
Brassica rapa (Weiße Rübe)	C_3	376	726
Helianthus annuus (Sonnenblume)	C_3	207	250
Pisum sativum (Erbse)	C_3	100	220
Zea mays (Mais)	C_4	95	160
Bäume			
Acer pseudoplatanus (Bergahorn)	C_3	0	860
Olea europaea (Ölbaum)	C_3	0	550
Fagus silvatica (Buche)	C_3	0	340
Ficus elastica (Gummibaum)	C_3	0	207
Blatt-Sukkulenten			
Crassula argentea (Silber-Dickblatt)	CAM	24	33
Agave americana (Amerikanische Agave)	CAM	21	21
Sedum acre (Mauerpfeffer)	CAM	18	18

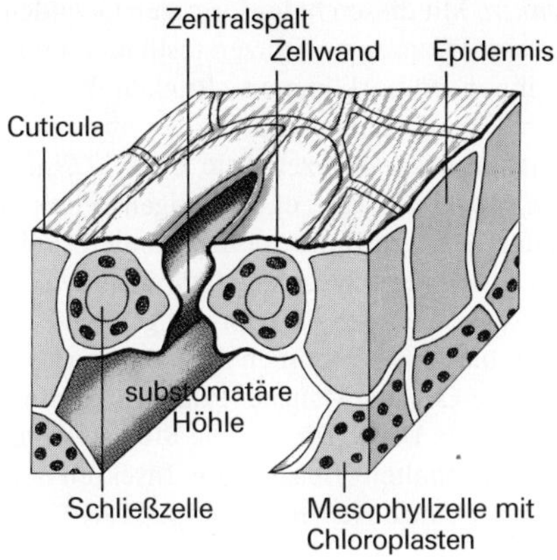

Abb. 23-9. Räumliches Modell einer Spaltöffnung.

nenlicht ausgesetzt sind, auch mehrschichtig sein (vgl. Kap. 23.8.1.2: Sonnen- und Schattenpflanzen). Unterhalb des Palisadenparenchyms liegt das *Schwammparenchym* (Abb. 23-6). Es besteht aus unregelmäßigen Zellen, die großlumige Interzellularräume freilassen und dadurch dem Gewebe eine schwammartige Struktur verleihen. Im Bereich der Spaltöffnungen sind die Interzellularen oft besonders weitlumig und bilden dann substomatäre Höhlen. Die Zellen des Schwammparenchyms enthalten nur ca. 20 % der Chloroplasten eines Blattes, während 80 % in den Palisadenzellen vorliegen.
Die *Leitbündel* der Blattspreite verlaufen im Grenzbereich zwischen Palisaden- und Schwammparenchym. Sie sind kollateral (vgl. Kasten 22-2) und geschlossen. Der Xylem-Teil liegt der Blattoberseite, der Phloem-Teil der Blattunterseite zugewandt. In den Hauptadern sind die Leitbündel von einem Festigungsgewebe (Sklerenchym, Kap. 22.4.1) begleitet. In den äußersten Verästelungen der Blattadern bestehen die Leitbündel nur noch aus Tracheïden des Xylems (vgl. Kap. 22.4.2.1), die schließlich blind im Gewebe enden. Die Blattleitbündel sind jedoch bis zu ihrem Ende von einer *Bündelscheide* umschlossen. Diese besteht aus Parenchymzellen, die ohne Interzellularen aneinanderliegen. Die Bündelscheide vermittelt den Stofftransport vom Mesophyll in die Leitbündel. Bei den Pflanzen mit C_4-Photosynthese sind die Zellen der Bündelscheide mit Chloroplasten ausgestattet und übernehmen besondere Aufgaben bei der photosynthetischen Kohlenstoff-Assimilation (Kap. 23.8.3.3).

23.5 Die Hochblätter

Hochblätter dienen entweder als Schutz von Blüten und Blütenständen, indem sie diese einhüllen (Deckblätter oder *Brakteen;* Beispiel: Nieswurz, *Helleborus),* oder als auffällig gefärbte Schaublätter der Anlockung von Blütenbestäubern (Beispiele: Spatha des Aronstabs, Abb. 19-20; violette Schaublätter der tropischen Kletterpflanze *Bougainvillea;* Schaublätter des „Weihnachtssterns", *Euphorbia pulcherrima* und der Kornelkirsche, *Cornus,* Abb. 23-10).

23.6 Die Stellung und Ausrichtung der Blätter

Die Blätter sind am Sproß in bestimmten geometrischen Mustern inseriert. Diese Muster werden als Blattstellung bezeichnet. Sie sind artspezifisch und damit ein wichtiges Merkmal bei der Klassifizierung von Pflanzen. Die Blattstellung erfolgt stets so, daß eine Beschattung der älteren Blätter durch die neu gebildeten möglichst vermieden und damit optimale Photosynthese gewährleistet wird.
Die Vielfalt der Blattstellungsmuster läßt sich von einigen Grundtypen ableiten. Diese sind in Kasten 23-3 erläutert. Die Blattstellung wird bereits durch die Position der Blattanlagen am Vegetationspunkt des Sprosses festgelegt.
Neben der Vermeidung gegenseitiger Beschattung gilt es für die Pflanze, die Blätter in günstige Position zur Einfallsrichtung des Lichtes zu bringen. Die Blattflächen sind daher in der Regel so orientiert, daß sie bei Sonnenhöchststand möglichst steil vom Licht getroffen werden. Bei sehr starker Einstrahlung, wie sie an sonnigen Standorten häufig auftritt, kann sich hieraus jedoch die Gefahr übermäßiger Erwärmung der Blattspreite ergeben.
Die sogenannten *„Kompaßpflanzen"* (Beispiel: Kompaßlattich, *Lactuca serriola)* umgehen das Problem dadurch, daß sie die Spreite ihrer Blätter hochkant stellen (vertikal) und sie zudem wie eine Kompaßnadel in Nord-Süd-Richtung orientieren. Daher trifft das schwächere Morgen- und Abendlicht die hier meist äquifazial ausgebildeten Blattspreiten, das starke Mittagslicht hingegen die Blattkanten.

Abb. 23-10. Hochblätter bei *Cornus kousa.*

23.7 Die Metamorphosen des Blattes

So wie bei den anderen Grundorganen der Pflanze lassen sich auch bei den Blättern Metamorphosen (Definition Kap. 21.4) beobachten. Wir wollen einige Beispiele kennenlernen und uns dabei wiederum an den speziellen Funktionen dieser Metamorphosen orientieren.

- *Dornen.* Diese spitzen, aus sklerenchymatischem Gewebe bestehenden Gebilde verschaffen den Pflanzen Selektionsvorteile, indem sie vor Tierfraß schützen. Es gibt nicht nur Sproßdornen (Kap. 22.6), sondern auch Blattdornen, d.h. zu Dornen umgewandelte Laub- und Nebenblätter. *Laubblattdornen* finden wir z.B. bei der Berberitze (Abb. 23-12), die viele Zwischenformen vom normal ausgestalteten Blatt bis hin zu dreistrahligen Blattdornen ausbildet, und bei Kakteen. *Nebenblattdornen,* die immer paarig auftreten, kommen z.B. bei der Robinie oder bei den sukkulenten Wolfsmilchgewächsen vor.

- *Ranken.* Mit diesen fadenförmigen Gebilden können sich Pflanzen an Stützen festhalten und damit an ihnen emporklimmen. Ranken können von allen Grundorganen des Blattes abgeleitet sein. Blattranken besitzt z.B. die Erbse *(Pisum sativum),* bei der die endständigen Fiedern der Fiederblätter zu Ranken umgewandelt sind (Abb. 23-12). Bei der Platterbse *(Lathyrus aphaca)* wird die Ranke von der Blattspreite gebildet, und die Nebenblätter übernehmen die Funktion als Photosynthese-Organ. Manche Pflanzen klettern, indem sie die Blattstiele um die Stütze winden und sich so festhalten (Beispiel: die Insekten fangende Kannenpflanze *Nepenthes,* Kap. 25.4).

- *Speicherorgane.* Bei manchen Pflanzen wasserarmer Standorte sind die Blätter zu Speicherorganen für Wasser umgewandelt. Solche Blätter sind oft äquifazial gebaut (Kasten 23-2). An der *Wasserspeicherung* können die Epidermis und subepidermales Gewebe beteiligt sein, oder sie findet im Mesophyll statt. Stets besitzen die wasserspeichernden Zellen riesige Saftvakuolen. Insgesamt zeichnen sich die wasserspeichernden Blätter durch ein dickfleischiges, „saftiges“ (sukkulentes) Aussehen aus (Abb. 23-12). Pflanzen mit derartigen Blättern bezeichnet man daher als *Blattsukkulenten* (vgl. Sproßsukkulenten, Kap. 22.6, Wurzelsukkulenten, Kap. 21.4).
Blattsukkulenz (und Sproßsukkulenz) ist meist mit dem Auftreten des Crassulaceen-Säurestoffwechsels (Kap. 23.8.3.3) bei der betreffenden Pflanze verbunden. Typische Blattsukkulenten sind die Agaven, die Dachwurz-Arten *(Sempervivum), Kalanchoë, Sedum* u.a.
Zwiebeln sind unterirdische Gebilde, die aus einem äußerst reduzierten Sproß bestehen, dem dickfleischige, schalenförmig übereinanderliegende Schuppenblätter aufsitzen (Abb. 23-13). Diese Schuppenblätter gehen aus dem Blattgrund abgestorbener Laubblätter hervor und dienen der Speicherung von Reservestoffen. Zwiebeln kommen bei Monokotylen vor (Beispiele: Küchenzwiebel, *Allium cepa;* Tulpe, Lilien, Narzissen u.a.). Sie stellen die Dauerformen der Pflanze dar, welche die Überbrückung ungünstiger Jahreszeiten erlauben. Bei Beginn der neuen Vegetationsperiode treiben Achselknospen, die zwischen den Schuppenblättern sitzen, zu neuen Vegetationskörpern aus und verbrauchen dabei die gespeicherten Reservestoffe.

Kasten 23-3
Blattstellungsmuster

Man unterscheidet wirtelige, zweizeilige und zerstreute Blattstellung.

- *Wirtelige Blattstellung*
  Wenn ein Knoten (Kap. 22.1) mit mehr als einem Blatt besetzt ist, liegt ein Blattwirtel vor. Zweizählige Wirtel (zwei Blätter an einem Knoten) sind typisch für die Lippenblütler, die Nelkengewächse u. a. Dreizählige Wirtel besitzt z. B. der Oleander, und vielzählige Wirtel der Tannenwedel (*Hippuris*).

Für die Blattstellung am Wirtel gelten zwei Regeln:

- Der Winkel, mit dem die einzelnen Blätter eines Wirtels zueinanderstehen, ist stets gleich (*Äquidistanz*).
- Bei am Sproß aufeinander folgenden Wirteln stehen die Blätter eines Wirtels genau über den Blattlücken des vorangehenden Wirtels (*Alternanz*).

Abbildung 23-11 zeigt, daß als Konsequenz der Äquidistanz- und Alternanzregel die Blätter eines Wirtels mit denen des jeweils übernächsten wieder übereinander stehen. Auf diese Weise entstehen längs der Sproßachse Geradzeilen (*Orthostichen*) von Blättern. Bei zweizähligen Wirteln ergeben sich 4 Orthostichen („kreuzgegenständige" Blattstellungen), bei dreizähligen deren 6 usw.

- *Zweizeilige (disticle) Blattstellung*
  Hier trägt jeder Knoten nur ein Blatt, wobei die aufeinander folgenden Blätter sich alternierend gegenüberstehen. Der *Divergenzwinkel* beträgt somit 180°, und es ergeben sich zwei Orthostichen (Abb. 23-11). Distiche Blattstellung finden wir bei den Gräsern und anderen Monokotyledonen (z. B. *Clivia*); sie kommt jedoch auch bei Dikotyledonen vor (Beispiel: Buche). Bei manchen im Prinzip distichen Pflanzen ist der Divergenzwinkel zwischen den aufeinander folgenden Blättern geringfügig kleiner als 180°. Dann entsteht ein leicht schraubiger Verlauf der Orthostichen; so bei *Gasteria* (einer Gattung sukkulenter Pflanzen) oder beim Schraubenbaum (*Pandanus*).

- *Zerstreute (schraubige) Blattstellung*
  Auch hier trägt jeder Knoten nur ein Blatt. Der Divergenzwinkel ist jedoch deutlich kleiner als 180°. Auf diese Weise sind die Blätter entlang einer spiralig um die Sproßachse verlaufenden gedachten Linie angeordnet. Projiziert man auf die Ebene, ergibt sich die *Grundspirale* (Abb. 23-11). Mit ihrer Hilfe läßt sich der *Divergenzwinkel* bei einer schraubigen Blattstellung wie folgt ermitteln: Man bestimme die Zahl der Umläufe auf der Spirale, die erforderlich sind, um von einem Blatt ausgehend das nächste über ihm stehende Blatt zu erreichen. Diese Zahl wird durch die Anzahl der Blätter dividiert, die während der Umläufe auf der Spirale berührt wurden. Die Multiplikation dieses Bruches mit 360° ergibt den Divergenzwinkel. Beispiel: Beim gestauchten Sproß (Rosette) des Wegerichs (*Plantago media*) werden 3 Umläufe benötigt und dabei 8 Blätter berührt (Abb. 23-11). Die Blattstellung ist daher 3/8, der Divergenzwinkel 360° x 3/8 = 135.

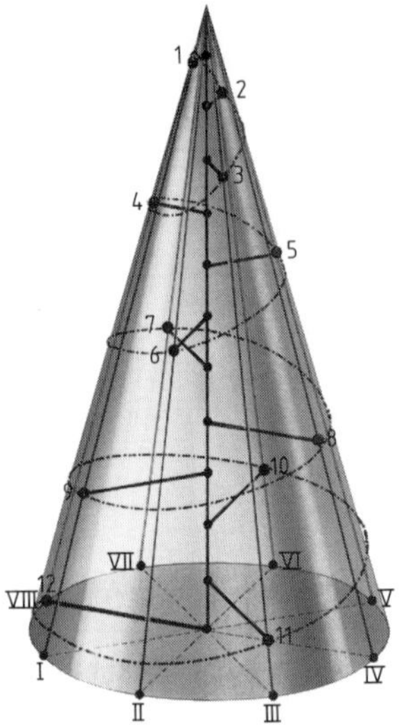

Abb. 23-11. Blattstellungsmuster. Links ist die schraubige Blattstellung (3/8) dargestellt, und zwar links oben: Kegelmodell, dessen Achse der Sproßachse mit den Ansatzstellen der Blätter entspricht. Die Blätter sind beginnend mit dem jüngsten mit arabischen Ziffern durchnumeriert. Auf dem Kegelmantel ist die Blattspirale eingezeichnet. Die römischen Ziffern bezeichnen die Orthostichen. Unter dem Kegelmodell ist dessen Grundriß mit eingezeichneten Blättern und der Blattspirale dargestellt. Darunter die Aufsicht auf die Blattrosette des Wegerichs, für den das Modell gilt. Mitte: Wirtelige Blattstellung („kreuzgegenständig") bei *Kalanchoë daigremontiana.* Rechts: Zweizeilige Blattstellung bei *Tradescantia navicularis.*

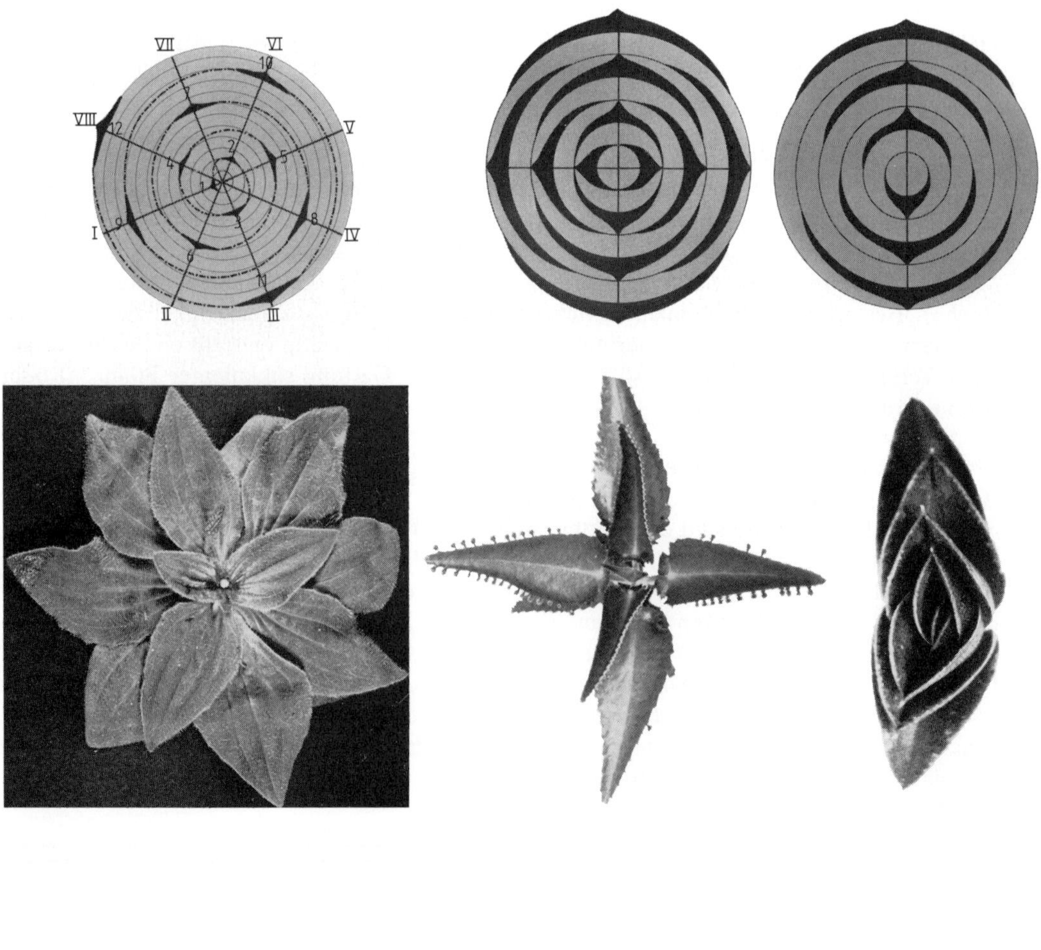

Abb. 23-12. Metamorphosen des Blattes. (A) Nebenblattdornen am Sproß einer stammsukkulenten Wolfsmilch *(Euphorbia ammak)*. (B) Laubblattdornen am Langtrieb der Berberitze *(Berberis vulgaris)*. Die Blätter entstammen Kurztrieben, die in den Achselknospen der Blatt-Dornen liegen. (C) Blattranken bei der Erbse *(Pisum sativum)*. (D) Phyllodien bei *Acacia heterophylla.* In der Mitte ist ein Blatt zu sehen, dessen Stiel zu einem Phyllodium verbreitert ist, bei noch vorhandener Spreite des Fiederblattes. (E) Blattsukkulenz bei *Sedum oaxacanum.*

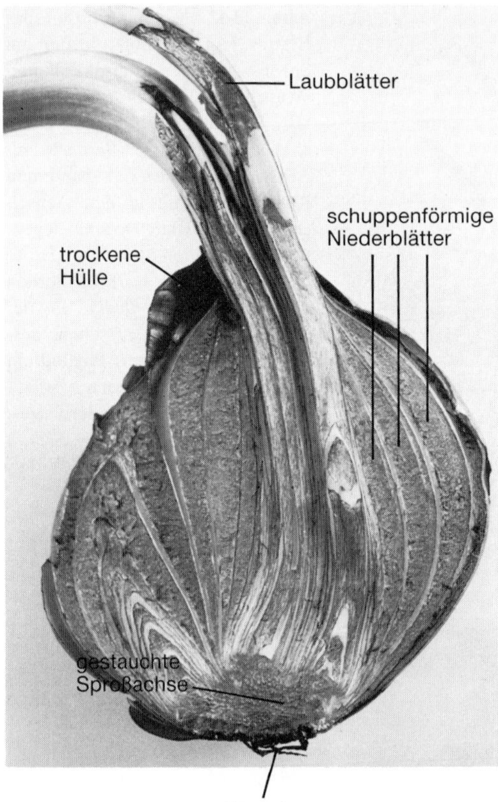

Abb. 23-13. Längsschnitt durch eine Küchenzwiebel *(Allium cepa)*. Besonders auffällig sind die als Speicherorgane ausgebildeten fleischigen Niederblätter.

Pflanzen, die mittels unterirdischer Dauerformen überwintern, sei es als Zwiebeln, als Wurzelknollen (Kap. 21.4) oder als Sproßknollen (Kap. 22.6), nennt man *Geophyten.*

- *Phyllodien.* Phyllodien sind Blattstiele, die zu Photosyntheseorganen umgewandelt wurden. In solchen Fällen ist die Blattspreite weitgehend reduziert. Besonders charakteristisch ist *Acacia heterophylla,* wo Übergänge von typischen Fiederblättern bis hin zu spreitenlosen Phyllodien an der gleichen Pflanze vorkommen (Abb. 23-12). Auch die sukkulenten, stiftförmigen Assimilationsorgane von *Kalanchoë tubiflora* (einer Pflanze mit Crassulaceen-Säurestoffwechsel, Kap. 23.8.3.3) sind Phyllodien.

- *Organe zum Tierfang.* Bei den tierfangenden Pflanzen *(Carnivoren)* sind die Blätter zu Organen umgewandelt, die dem Beutefang dienen. Wir werden die Carnivoren im Zusammenhang mit Besonderheiten des Nahrungserwerbes besprechen (Kap. 25.4).

23.8 Die Funktionsweise der Blätter

23.8.1 Liebigs „Gesetz des begrenzenden Faktors“

Nachdem wir den Aufbau der Blätter kennengelernt haben, wollen wir uns nun der Frage zuwenden, auf welche Weise die von den Blättern getragenen Lebensprozesse durch Standortfaktoren geprägt werden und welche Anpassungserscheinungen hier zu beobachten sind. Dabei sollen die Photosynthese und der Gasaustausch im Vordergrund stehen.

Am natürlichen Standort der Pflanzen wird jeder physiologische Prozeß von mehreren Standortfaktoren gleichzeitig beeinflußt. Dabei gilt das von Justus von Liebig (1803–1873) bei seinen Untersuchungen über den Nährsalzgehalt von Pflanzen (Kap. 24) formulierte „Gesetz des begrenzenden Faktors“. Es besagt: Hängt ein Prozeß von mehreren Faktoren ab, so kann seine Intensität nur durch denjenigen Faktor gesteigert werden, der jeweils im Minimum ist und daher begrenzend wirkt.

Dieses Gesetz gilt auch für die Photosynthese. Sie kann vor allem durch die Faktoren Licht, Temperatur und CO_2-Konzentration begrenzt werden.

23.8.1.1 Lichtsättigungskurve der Photosynthese

Wir wollen uns hier mit den quantitativen Beziehungen zwischen der Beleuchtungsstärke und der Photosyntheserate befassen. Als Maß für die Beleuchtungsstärke werden wir dabei die „Quantenflußdichte“ (μmol Lichtquanten $\cdot$ $m^{-2} \cdot s^{-1}$) der photosynthetisch aktiven Strahlung (PAR, 400–700 nm; vgl. Kap. 8.2.1) verwenden.

Im Dunkeln wird der Gasaustausch von Pflanzen durch die Atmung geprägt: Sie geben CO_2 ab und nehmen O_2 auf. Bei Beleuchtung setzt die Photosynthese ein und bewirkt einen gegenläufigen Gaswechsel, also CO_2-Verbrauch und O_2-Produktion. Wird die Quantenflußdichte fortlaufend erhöht, so steigt die Photosyntheserate (und damit der für die Photosynthese typische Gasaustausch) zunächst direkt proportional zur Quantenflußdichte an. Mit höherer Quantenflußdichte verlangsamt sich der Anstieg der Photosyntheserate und erreicht schließlich eine Sättigung. Stellt man diesen Sachverhalt in einem Diagramm dar, ergibt sich die Lichtsättigungskurve der Photosynthese. Ihr Verlauf kann bei verschiedenen Pflanzentypen sehr unterschiedlich sein und liefert wichtige Anhaltspunkte für den Lichtbedarf von Pflanzen.

Abb. 23-14 zeigt, daß im Schwachlichtbereich der Netto-Gasaustausch (Kap. 9.3.1) noch von der Atmung bestimmt wird: Die CO_2-Produktion (bzw. der O_2-Verbrauch) ist hier noch größer als der gleichzeitig durch Photosynthese bewirkte CO_2-Verbrauch (bzw. die O_2-Produktion).

Bei Steigerung der Quantenflußdichte erreicht diese einen Wert, bei dem die Photosyntheserate gerade groß genug ist, um der Atmung die Waage zu halten oder, in anderen Worten, diese zu kompensieren. Der Netto-Gasaustausch ist hier also Null. Man bezeichnet diesen Punkt der Lichtsättigungskurve als *Lichtkompensationspunkt.* Die zugehörige Lichtintensität nennt man Kompensations-Beleuchtungsstärke (Abb. 23-14). Steigert man die Quantenflußdichte über den Lichtkompensationspunkt hinaus, so dominiert die Photosynthese zunehmend über die Atmung: Die Pflanze produziert nun mehr O_2 als sie verbraucht und verbraucht mehr CO_2 als sie abgibt. Einen Netto-Kohlenstoff-Gewinn durch Photosynthese erzielen und damit auf Dauer überleben kann eine Pflanze also nur bei Quantenflußdichten, die oberhalb des Lichtkompensationspunktes liegen. Dieser ist daher eine ökologisch wichtige Kenngröße für die Photosynthese von Pflanzen. Die Lichtsättigungskurve ist jedoch nicht nur in dieser Hinsicht aufschlußreich, sondern auch ein Beleg dafür, daß sich

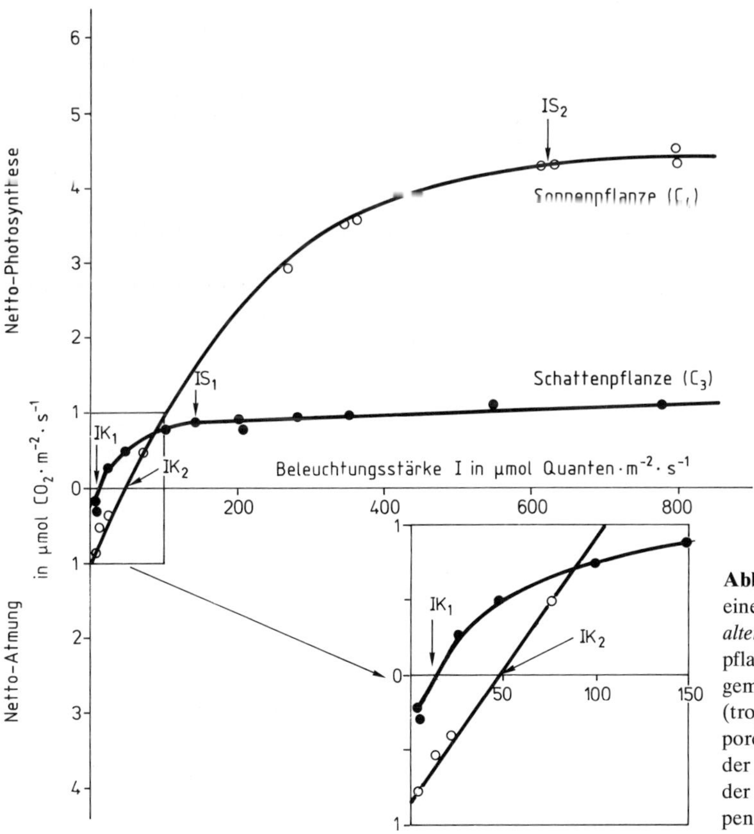

Abb. 23-14. Lichtsättigungskurven einer Sonnenpflanze *(Ploiarium alternifolium)* und einer Schattenpflanze *(Lycopodium cernum)*, gemessen am natürlichen Standort (tropischer Sekundärwald in Singapore). IS_1, IS_2: Sättigungsintensität der Beleuchtung der Schatten- bzw. der Sonnenpflanze; IK_1, IK_2: Kompensationsbeleuchtungsstärken.

der Gesamtprozeß der Photosynthese in einen photochemischen und einen biochemischen Reaktionsbereich unterteilen läßt (Kap. 8.2).
Der *linear ansteigende Ast* der Lichtsättigungskurve wird vom photochemischen Bereich der Photosynthese bestimmt. Hier wird die Photosyntheserate von der Quantenflußdichte begrenzt. Die Steilheit des Kurvenverlaufes gibt dabei Auskunft über die *Quantenausbeute.* Je steiler der Kurvenverlauf, umso weniger Lichtquanten sind erforderlich, um eine bestimmte Menge von CO_2-Molekülen zu fixieren.
Im *Sättigungsbereich* der Kurve hingegen hängt die Photosyntheserate nicht mehr von der Quantenflußdichte ab, sondern sie wird durch die Leistungsfähigkeit der CO_2-Assimilation begrenzt. Das heißt: Eine weitere Steigerung der Produktion von NADPH + H^+ und ATP durch die photochemischen Prozesse bleibt ohne Auswirkung auf die Photosyntheserate, weil die Weiterverarbeitung der Reduktions- und Energieäquivalente durch die CO_2-Assimilation nicht mehr Schritt halten kann.
Die den Sättigungsbereich der Lichtsättigungskurve bestimmende Leistungsfähigkeit der CO_2-Assimilation hängt ihrerseits von der Kapazität der beteiligten Enzyme, der Temperatur und der Verfügbarkeit von CO_2 ab. Bei den Blättern wird die Verfügbarkeit vonCO_2 für die Photosynthese weitgehend durch den Öffnungszustand und die Zahl der Spaltöffnungen bestimmt. Daher kann der Verlauf der Lichtsättigungskurve auch von den Spaltöffnungen beeinflußt werden.
Sind Blätter sehr hoher Quantenflußdichte ausgesetzt, ohne daß dem Photosynthese-Apparat gleichzeitig hinreichend CO_2 zur Verfügung steht, kann es zu einer Hemmung der Photosyntheserate kommen. Man bezeichnet diesen Effekt als *Photoinhibition.* Unter natürlichen Bedingungen könnte er dann eintreten, wenn bei starker Sonneneinstrahlung die Blätter wegen Wassermangels die Stomata schließen müssen und dadurch die CO_2-Versorgung der Chloroplasten verhindert wird (vgl. Kap. 23.8.3).
Photoinhibition beruht wahrscheinlich auf einer Hemmung der Photosynthese, die dadurch hervorgerufen wird, daß die Photosysteme durch hohe Quantenflußdichte voll energetisiert sind, auf der anderen Seite wegen Substratmangels aber kein CO_2 reduziert werden kann. Da die Ableitung der Anregungsenergie (Energiedissipation) durch Fluoreszenz und Wärme nur bis zu einem gewissen Ausmaß möglich ist, wird im Starklicht überschüssige Anregungsenergie in photochemische Arbeit investiert, die in der Erzeugung von Sauerstoffmolekülen mit ungepaarten Elektronen (Sauerstoffradikalen) besteht (vgl. Abb. 8-7). Diese Radikale sind extrem reaktionsfreudig und vermögen daher den Photosyntheseapparat zu zerstören.
Man nimmt an, daß interne CO_2-Produktion über die Photorespiration (Kap. 9.3.1) oder den Crassulaceen-Säurestoffwechsel den Pflanzen einen gewissen Schutz vor Photoinhibition und -destruktion bietet. Mit dem Xanthophyllzyklus verfügt die Pflanze über einen weiteren Schutzmechanismus. Dieser Zyklus besteht in der reversiblen Umwandlung von Violaxanthin in Zeaxanthin (Abb. 23-15), ein endergoner Prozeß, der überschüssige Anregungsenergie aus den Photosystemen abzieht und damit als Puffer wirkt.

23.8.1.2 Sonnen- und Schattenpflanzen

Die Pflanzenstandorte können sich hinsichtlich der Lichtverhältnisse stark voneinander unterscheiden. Es vermögen nur solche Pflanzen zu überdauern, deren Photosynthese an die jeweils herrschenden Lichtverhältnisse angepaßt ist. Wir unterscheiden hier zwei Anpassungstypen, nämlich Sonnenpflanzen (Starklichtpflanzen) und Schattenpflanzen. Sonnenpflanzen sind Bewohner sonniger Standorte (z.B. Wiesen, alpine Matten), Schattenpflanzen hingegen bevorzugen schattige Lebensräume (z.B. die Krautzone dichter Wälder). Entsprechende Anpassungstypen gibt es auch bei den Blättern von Bäumen. Sie werden Sonnen- bzw. Schattenblätter genannt und finden sich in besonnten bzw. beschatteten Bereichen der Baumkronen. Die Licht- und Schattentypen unter den Pflanzen oder Blättern unterscheiden sich nicht nur physiologisch, sondern auch morphologisch. Charakteristisch für die Sonnentypen ist ein zwei- bis mehrschichtiges Palisadenparenchym gegenüber dem einschichtigen der Schattentypen. Abb. 23-16 zeigt diese Unterschiede am Beispiel der Buche *(Fagus sylvatica).* Strukturelle Unterschiede sind auch bei den Chloroplasten zu entdecken: Bei den Schattentypen sind wesentlich mehr Thylakoide pro Granum (Kap. 8.1.2) übereinandergestapelt als bei den Sonnentypen (Abb. 23-16). Wir werden auf die Bedeutung dieser strukturellen Unterschiede später zu sprechen kommen. Die Anpassung der Photosynthese an die Lichtverhältnisse des jeweiligen Standortes zeigt sich am deutlichsten in den Lichtsättigungskurven. Sie unterscheiden sich bei den Sonnen- und Schattentypen in folgender Hinsicht (Abb. 23-14):

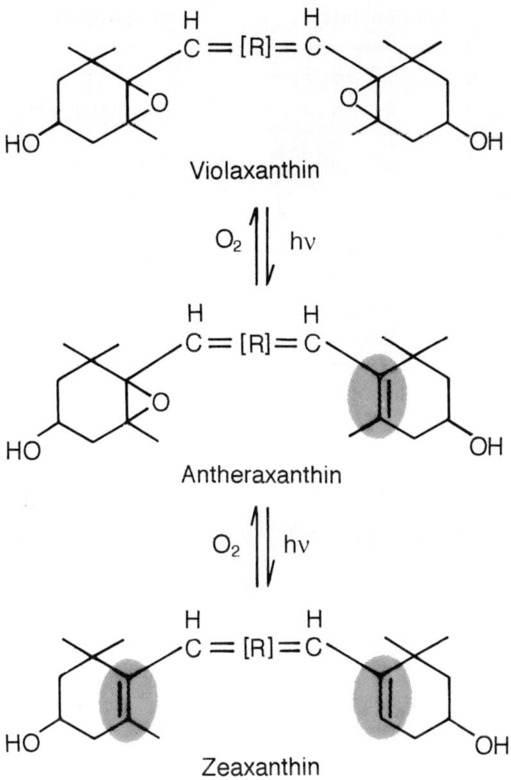

Abb. 23-15. Der Xanthophyll-Zyklus. Überschüssige Anregungsenergie (hν) wird benutzt, um schrittweise die beiden endständigen Ringe des Violaxanthins zu reduzieren, wobei zunächst ein Xanthophyll mit einem ungesättigten Ring (Antheraxanthin), anschließend eines mit zwei ungesättigten Ringen (Zeaxanthin) entsteht. Die gerasterten Flächen kennzeichnen die durch Reduktion entstandenen Doppelbindungen. Diese können durch Sauerstoff wieder oxidiert werden. Die Kohlenwasserstoffketten der Tetraterpene (Kasten 15-1) zwischen den Ringen sind hier verkürzt dargestellt (=[R]=). Die vollständige Strukturformel eines Xanthophylls (Lutein) ist in Kasten 8-2 gezeigt.

- Schattentypen haben einen niedrigeren *Lichtkompensationspunkt* als Sonnentypen. Sie benötigen daher geringere Quantenflußdichte, um einen Netto-Stoffgewinn durch Photosynthese erzielen zu können (Tab. 23-2).
- Bei den Schattentypen tritt die *Sättigung der Photosynthese* schon bei geringerer Quantenflußdichte ein. Dabei bleibt die bei Lichtsättigung erreichte Photosyntheserate viel niedriger als bei den Sonnentypen (Tab. 23-2).

Bei den hier beschriebenen physiologischen Merkmalen der Sonnen- und Schattentypen kann es sich um genetisch fixierte Eigenschaften handeln, die im Laufe der Evolution erworben wurden. Andererseits kennt man auch Pflanzen, bei denen die während der Entwicklung herrschenden Außenbedingungen bestimmen, ob Sonnen- oder Schattenformen ausgebildet werden. So bildet ein und derselbe Buchenbaum sowohl Sonnen- als auch Schattenblätter.

Worauf beruhen die Unterschiede im Photosynthese-Verhalten der Licht- und Schattentypen?

Die Schattentypen haben auf die Blattfläche bezogen eine im Vergleich zu den Sonnentypen geringere *Atmung*. Sie benötigen daher eine geringere Lichtintensität, um diese Atmung photosynthetisch kompensieren zu können. Damit erniedrigt sich der Lichtkompensationspunkt. Hinzu kommen Unterschiede im Photosynthese-Apparat selbst. Die bei den Schattenpflanzen besonders stark ausgeprägten *Grana-Stapel* wurden schon erwähnt. Zudem sind hier die Pigmentkollektive (Kap. 8.2.1) reichhaltiger mit *Antennenpigmenten* ausgestattet als bei den Sonnentypen. Die Pigmentkollektive der Schattentypen können also ein geringeres Angebot von Lichtquanten effektiver ausnutzen.

Im Zusammenhang mit der Ausnutzung des Lichtes ist auch der erwähnte unterschiedliche Bau von Sonnen- und Schattenblättern zu sehen (Abb. 23-16).

Im Schwachlicht genügt eine einzige Schicht von *Palisadenzellen,* um die eingestrahlten Lichtquanten zu absorbieren. Daher wäre ein mehrschichtiges Palisadenparenchym für die Schattentypen eine unnötige Investition und damit Verschwendung wertvoller Baustoffe. Bei Starklicht ist eine derartige Investition jedoch lohnend, da eine einzelne Zellschicht dann nicht ausreicht, um das einfallende Licht zu absorbieren.

Betrachten wir nun die Ursachen für die Unterschiede im Sättigungsbereich der Lichtkurve (Abb. 23-14). Im Schwachlicht bleibt die Anlieferung von Reduktions-und Energieäquivalenten durch den photochemischen Prozeß der Photosynthese niedrig. Die Schattentypen verhalten sich auch hier ökonomisch und dimensionieren die Kapazität der nachgeschalteten CO_2-Assimilation (vor allem die Enzyme des CALVIN-Zyklus) gerade ausreichend, damit sie unter den natürlichen Lichtverhältnissen der schattigen Standorte die Photosynthese nicht begrenzt. Bei

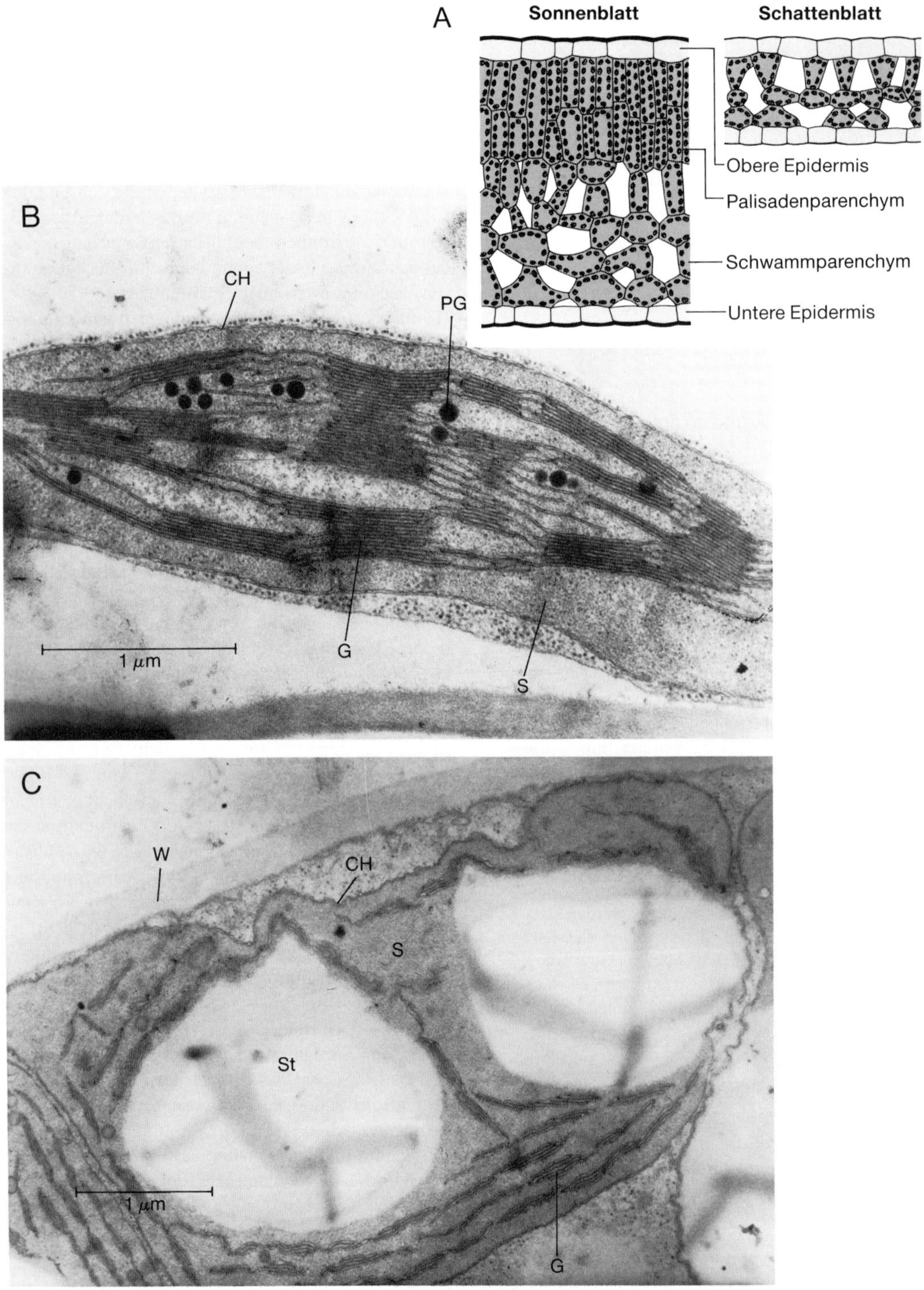
A
Sonnenblatt
Schattenblatt
Obere Epidermis
Palisadenparenchym
Schwammparenchym
Untere Epidermis
B
CH
PG
G
S
1 µm
C
W
CH
S
St
1 µm
G

◀ **Abb. 23-16.** Sonnen- und Schattenblätter. (A) Schematische Querschnitte durch ein Sonnen- und ein Schattenblatt der Buche. (B) EM-Aufnahme eines Chloroplasten aus einer im Schwachlicht kultivierten Pflanze *(Raphanus sativus)*. CH, Chloroplasten-Hülle; G, Granum; PG, Plastoglobulus; S, Stroma. (C) Chloroplast aus einer in Starklicht kultivierten Pflanze *(Raphanus sativus)*. Im Gegensatz zu den Chloroplasten der Schwachlicht-Pflanze enthalten die Chloroplasten in Starklicht viel Stärke, und die Zusammenlagerung der Thylakoide zu Grana ist weitaus geringer ausgeprägt (Aufnahme: H. LICHTENTHALER).

einer wesentlich über die Standortbedingungen hinausgehenden Quantenflußdichte reicht dann die geringe Kapazität der CO_2-Fixierung allerdings nicht mehr aus, um mit der gesteigerten Anlieferung von $NADPH + H^+$ und ATP Schritt halten zu können. Daher ist die Photosynthese der Schattentypen bereits bei Lichtintensitäten gesättigt, bei denen die mit einer größeren Kapazität der CO_2-Fixierung ausgestatteten und damit zur Bewältigung eines reichlicheren Angebots an $NADPH + H^+$ und ATP befähigten Lichttypen ihre maximale Photosyntheserate noch längst nicht erreicht haben.
Fassen wir zusammen: Im Schwachlicht sind die Schattentypen überlegen, da sie bereits bei geringer Lichtintensität photosynthetisch Netto-Gewinn an Kohlenstoff erzielen. Ihre maximale Photosyntheserate und damit ihre *photosynthetische Produktivität* bleiben aber im Vergleich zu den Sonnentypen gering. Diese sind im Starklicht überlegen, da sie dank hoher Kapazität der CO_2-Assimilation auch eine verstärkte Anlieferung von $NADPH + H^+$ und ATP aus den photochemischen Reaktionen in Kohlenstoff-Gewinn umsetzen können. Daher erzielen die Starklichttypen bei der Photosynthese eine wesentlich höhere Produktivität. Hohe *landwirtschaftliche Erträge* lassen sich also nur mit Sonnenpflanzen erzielen. Alle wichtigen Nutzpflanzen gehören zu diesem Anpassungstyp.
Da hohe Produktivität Selektionsvorteil im Kampf um das Überleben bietet, sind viele Pflanzen bestrebt, aus dem Schatten heraus an das Licht zu gelangen. Eindrucksvolle Beispiele hierfür sind die Kletterpflanzen und hier insbesondere die *Lianen* (Kap. 22.7.1.3), die am Boden dichter Wälder keimen, dann aber, die Bäume als Stütze nutzend, schnell zum Licht hin wachsen und im Kronenbereich ihre Blätter entfalten.
In den tropischen Regenwäldern wird der durchsonnte Kronenbereich der Bäume von *Epiphyten* besiedelt. Hierunter versteht man Pflanzen, die ihrerseits auf anderen Pflanzen wachsen. Man nimmt an,

Tab. 23-2. Aus Lichtsättigungskurven abgeleitete Kardinalwerte der Photosynthese bei Sonnen- und Schattenpflanzen (nach LÜTTGE).

Pflanzentyp	Lichtkompensationspunkt in µmol Quanten $\cdot m^{-2} \cdot s^{-1}$	Lichtsättigung der CO_2-Aufnahme in µmol Quanten $\cdot m^{-2} \cdot s^{-1}$	CO_2-Aufnahme bei Lichtsättigung in µmol $\cdot m^{-2} \cdot s^{-1}$
Sonnenpflanzen	20 bis 30	400 bis 600	10 bis 20
Schattenpflanzen	0,5 bis 10	60 bis 200	1 bis 3
Tropischer Regenwald			
Oberer Kronenbereich			
Sonnentypus	12	250 bis 370	13 bis 19
Schattentypus	6 bis 12	125 bis 185	6 bis 10
Unterer Kronenbereich			
Schattentypus	6 bis 12	125	4 bis 5
Kräuter des Unterwuchses	2,6 bis 6	25 bis 37	1,3 bis 1,9

daß die meisten Epiphyten von bereits im Verlauf der Evolution an hohen Lichtgenuß präadaptierten Steppen- und Wüstenpflanzen abstammen und daher in der Lage sind, die hellen Baumkronen als ökologische Nischen zu erobern. Den Vorteil des hohen Lichtgenusses müssen die Epiphyten allerdings mit dem Nachteil erschwerter Wasserversorgung erkaufen. Daher zeigen viele Epiphyten anatomische und physiologische Anpassung an Wassermangel (vgl. Kap. 23.8.3). Typische Epiphyten sind die meisten Bromelien, viele Orchideen und viele Farne.

23.8.1.3 Einfluß der Temperatur auf die Photosynthese

Bei Temperaturerhöhung verändert sich der Verlauf der Lichtsättigungskurve in folgender Hinsicht: *Lichtkompensationspunkt* und Beginn der *Lichtsättigung* verschieben sich in Richtung höherer Lichtintensität, und die im Sättigungsbereich erzielte Photosyntheserate wird gesteigert (Abb. 23-17). Wie kommen diese Veränderungen zustande?

Eine Temperaturerhöhung steigert die *Atmung,* und zwar für jeweils 10 °C auf ungefähr den doppelten Wert. Daher ist eine erhöhte Photosyntheserate, d. h. eine erhöhte Lichtintensität erforderlich, um die Atmungssteigerung zu kompensieren. Dieser Zusammenhang macht verständlich, warum es oft schwierig ist, Pflanzen im warmen Zimmer zu überwintern. Im geheizten Zimmer ist die Atmungsrate so hoch, daß das im Winter schwache Licht zur Kompensation der Atmung nicht ausreicht, geschweige denn einen photosynthetischen Kohlenstoff-Gewinn zu ermöglichen. Daher müssen die Pflanzen entweder kühl überwintert werden, oder sie bedürfen einer hinreichend starken Zusatzbeleuchtung, um den Lichtkompensationspunkt überschreiten zu können.

Abb. 23-17 zeigt, daß die Temperatur die *Steigung* der Lichtsättigungskurve in ihrem linearen Anfangsbereich kaum beeinflußt. In diesem Abschnitt sind, wie erwähnt, die photochemischen Reaktionen der Lichtsättigungskurve geschwindigkeitsbestimmend. Wir können also schließen, daß die Rate der *photochemischen Reaktionen* von der Temperatur *nicht beeinflußt* wird.

Anders der biochemische Bereich der Photosynthese, also die Reaktionen der *CO_2-Assimilation.* Diese werden, wie alle chemischen Reaktionen, in ihrer Intensität durch Temperaturerhöhung gesteigert. Temperaturerhöhung führt also zur Erhöhung der Kapazität der CO_2-Assimilation und damit zu einem erhöhten Bedarf an „assimilatory power" (Kap. 8.2.2). Dies bewirkt die Verschiebung des Beginns der Lichtsättigung weiter in Richtung Starklicht und die Erhöhung der maximalen Photosyntheserate.

Unabhängig von den hier aufgeführten Zusammenhängen gibt es ein *Temperaturoptimum* der Photosynthese. Dieses ist bei den Pflanzen verschiedener Klimabereiche unterschiedlich und spiegelt Anpassungen an die jeweiligen Standorte wider (Tab. 23-3). Bei den meisten C_3-Pflanzen liegt das Temperaturoptimum zwischen 15 und 25 °C, bei den C_4-Pflanzen zwischen 30 und 45 °C. Höhere Temperaturen als 50 °C führen jedoch in den meisten Fällen zu irreversibler Schädigung der Photosynthese. Es gibt aller-

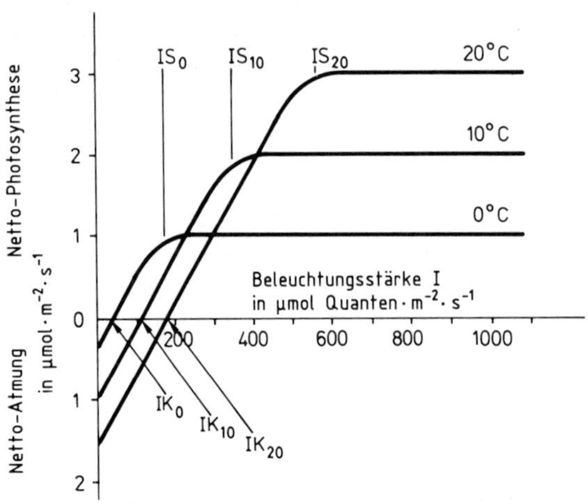

Abb. 23-17. Verlauf von Lichtsättigungskurven der Photosynthese bei unterschiedlichen Temperaturen (nach Daten von MÜLLER aus STÅLFELT). IS: Sättigungs-Beleuchtungsintensität; IK: Kompensations-Beleuchtungs-Intensität.

Tab. 23-3. Temperaturabhängigkeit der Netto-Photosynthese bei natürlicher CO_2-Konzentration und Lichtsättigung (nach LARCHER). Für die Definition der Kardinalpunkte vergl. Abb. 26-28.

Pflanzentyp	Temperaturminimum in °C, d. h. Kältegrenze	Temperatur-optimum	Temperaturmaximum in °C, d. h. Hitzegrenze
C_4-Pflanzen heißer Standorte	5 bis 7	35 bis 45	50 bis 60
Landwirtschaftliche Nutzpflanzen (C_3)	–2 bis etwas über 0	20 bis 30	40 bis 50
Sonnenpflanzen	–2 bis 0	20 bis 30	40 bis 50
Schattenpflanzen	–2 bis 0	10 bis 20	40 bis 50
Immergrüne Laubbäume der Tropen	0 bis 5	25 bis 30	45 bis 50
Laubbäume gemäßigter Breiten	–3 bis –1	15 bis 25	40 bis 45
Nadelbäume	–5 bis –3	10 bis 25	35 bis 45
Flechten kalter Gebiete	–15 bis –10	5 bis 15	20 bis 30

dings auch in dieser Hinsicht Spezialisten unter den Pflanzen. So können heiße Quellen bewohnende Cyanobakterien selbst bei 70 bis 80 °C noch Photosynthese betreiben (vgl. Abb. 26-28).

23.8.1.4 Einfluß der CO_2-Konzentration auf die Photosynthese

Die CO_2-Konzentration der Luft beträgt 0,03 bis 0,04 Volumen-%. Unter Normalbedingungen (bei einem Druck von 1 atm und einer Temperatur von 20 °C) nimmt 1 Mol Gasmoleküle das Volumen von 22,4 l oder 0,0224 m^3 ein. 1 m^3 Luft enthält also 13 bis 18 mmol CO_2 oder 160 bis 220 mg Kohlenstoff. Um photosynthetisch 1 g Glucose (enthält 400 mg Kohlenstoff) herstellen zu können, muß eine Pflanze also das CO_2 aus 2 bis 3 m^3 Luft extrahieren und assimilieren.

Für die Pflanzen, die CO_2 über den C_3-Weg der Photosynthese (CALVIN-Zyklus) assimilieren, ist die natürliche CO_2-Konzentration unteroptimal. Die Photosyntheserate nimmt bei diesen Pflanzen daher zu, wenn man im Experiment die CO_2-Konzentration der Atmosphäre erhöht; vorausgesetzt, die Lichtintensität ist hoch genug, um nicht ihrerseits die Photosyntheserate zu begrenzen. Die Abhängigkeit der Photosyntheserate von der CO_2-Konzentration folgt wiederum einer Sättigungskurve (Abb. 23-18). Der Schnittpunkt dieser Kurve mit der Null-Linie des apparenten Gasaustausches wird *CO_2-Kompensationspunkt* (Γ) genannt. Γ gibt an, welche CO_2-Konzentration erforderlich ist, um eine die (reelle) Atmung kompensierende Photosyntheserate zu erzielen. Erst bei über dem CO_2-Kompensationspunkt liegenden CO_2-Konzentrationen erzielt die Pflanze Netto-Photosynthese und damit Kohlenstoff-Gewinn. Darunter dominiert die Atmung, d. h. die Pflanzen erleiden in der Bilanz einen Kohlenstoff-Verlust.

Bei Pflanzen mit *C_3-Photosynthese* (Kap. 8.2.2.1) liegt Γ bei etwa 0,005 bis 0,01 Volumen-% CO_2, und die Sättigung der Photosynthese tritt bei ca. 0,05 bis 0,1 Volumen-% ein. Höhere CO_2-Konzentrationen als etwa 1 Volumen-% können die Pflanzen schädi-

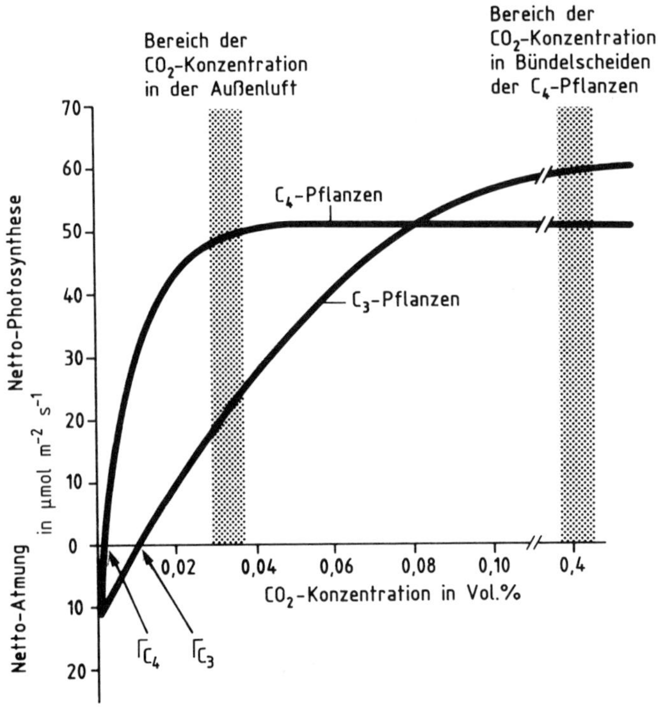

Abb. 23-18. Abhängigkeit der Photosynthese bei Lichtsättigung von der CO_2-Konzentration in der Umgebung. Die gerasterten Flächen markieren den Bereich der CO_2-Konzentration in normaler Außenluft bzw. in den Bündelscheiden der C_4-Pflanzen. ΓC_4 bzw. ΓC_3: die CO_2-Kompensationspunkte der entsprechenden Pflanzentypen (unter Verwendung von Daten von BERRY und DOWNTON).

gen. Bei Pflanzen mit *C_4-Photosynthese* (Kap. 23.8.3.3) verschiebt sich der Verlauf der CO_2-Sättigungskurve (Abb. 23-18). Γ wird hier bereits bei weniger als 0,001 Volumen-% CO_2 erreicht. C_4-Pflanzen vermögen daher schon bei viel geringeren äußeren CO_2-Konzentrationen positive Kohlenstoff-Bilanz zu erzielen. Bei den C_4-Pflanzen ist zudem die bei natürlicher CO_2-Konzentration erzielte Photosyntheserate wesentlich höher als bei den C_3-Pflanzen. Die Photosynthese der C_4-Pflanzen arbeitet also bei der geringen natürlichen CO_2-Konzentration der Atmosphäre effektiver als die C_3-Photosynthese. Wir werden später bei der Besprechung der C_4-Photosynthese die Ursachen für diese Unterschiede kennenlernen.

Die Tatsache, daß die natürliche CO_2-Konzentration für die Photosynthese-Leistung und damit für die Produktivität der C_3-Pflanzen nicht optimal ist, legt den Gedanken nahe, etwa in Gewächshäusern die CO_2-Konzentration künstlich zu erhöhen. In der Tat vermag diese als *CO_2-Düngung* bezeichnete Maßnahme den gärtnerischen Ertrag der so kultivierten Pflanzen um ungefähr das Dreifache zu steigern. CO_2-Düngung ist aber nur dann sinnvoll, wenn die Lichtintensität zum Erzielen höherer Photosyntheseraten ausreicht. Kann solche Lichtintensität nur durch künstliche Zusatzbeleuchtung erhalten werden, sind die dafür aufzuwendenden Energiekosten meist höher als der Wert der durch CO_2-Düngung erzielten Ertragssteigerung.

23.8.2 Gasaustausch

23.8.2.1 Diffusionswiderstände

Der Gasaustausch der Blätter mit der Umgebung erstreckt sich vor allem auf CO_2, O_2 und Wasserdampf. Der den Gasaustausch bewirkende physikalische Prozeß ist die *Diffusion.* Daher sind die für die Diffusion geltenden Gesetzmäßigkeiten (1. FICKsches Gesetz, Kap. 4.2, Gl. 4-1) auch für den Gasaustausch bestimmend. Nach dem 1. FICKschen Gesetz ist Netto-Gasdiffusion nur in Richtung eines Potential-, d. h. *Konzentrationsgefälles* möglich. Dabei gilt: Je steiler das Konzentrationsgefälle und damit die treibende Kraft, umso größer ist die Diffusionsrate. Bei der Diffusion von Wasserdampf aus dem Blatt in die Umgebung spricht man von Transpiration (Kap. 5.3 und 22.7.1). Im Fall des CO_2 gibt die Diffusions-

rate die CO_2-Aufnahme oder -Abgabe wieder, je nach der Richtung, in welche die Netto-Diffusion jeweils verläuft.
So wie in einem elektrischen Stromkreis der Widerstand der Leitung bei gegebener Spannung die Stromstärke bestimmt (OHMsches Gesetz, Kap. 5.3, Gl. 5-6), so wird die Rate der Transpiration und des CO_2-Austausches bei gegebenem Konzentrationsgefälle durch eine Serie von in den Diffusionsweg eingeschalteten *Transportwiderständen* beeinflußt (Abb.23-19).

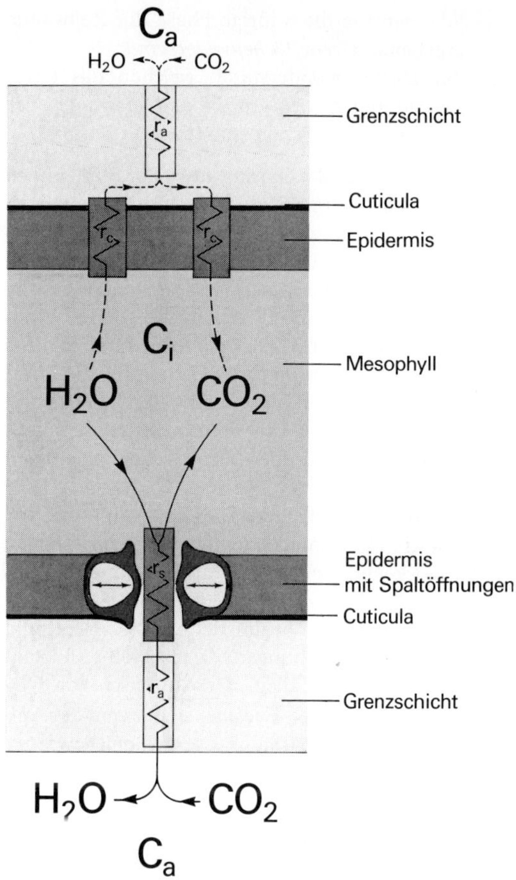

Abb. 23-19. Schema der Transportwiderstände, die beim Gasaustausch eines Blattes auftreten können (in Anlehnung an LARCHER, vereinfacht). C, CO_2-Konzentrationen, außen (C_a) bzw. innen (C_i); r_a, Grenzschichtwiderstand; r_c, cuticulärer Widerstand; r_s, stomatärer Widerstand.

- Eine Komponente dieser Widerstände ist der *cuticuläre Widerstand.* Hierunter versteht man den Diffusions-Widerstand, den die Epidermis mit ihrer die eigentliche Diffusionsbarriere darstellenden Cuticula bei geschlossenen Stomata bietet. Der cuticuläre Widerstand ist für die Diffusion von CO_2 und H_2O unter den natürlichen Konzentrationsgradienten sehr hoch und macht die Epidermis für diese beiden Gase praktisch unpassierbar. Der geringe Gasaustausch, der sich trotz des hohen Widerstandes durch die Cuticula hindurch vollzieht, heißt *cuticulärer Gasaustausch.* Er spielt quantitativ für die meisten Pflanzen kaum eine Rolle. Wegen des hohen cuticulären Widerstandes können sich der CO_2-Austausch und die Transpiration nur über die geöffneten Stomata wirksam vollziehen *(stomatärer Gasaustausch).*
- Auch die Stomata leisten Diffusionswiderstand. Er wird als *stomatärer Widerstand* bezeichnet. Im Gegensatz zum cuticulären ist der stomatäre Widerstand und damit der stomatäre Gasaustausch durch Öffnen und Schließen der Stomata weitgehend regulierbar. Dies ist für die Pflanze das wirksamste Mittel, den Gasaustausch mit der Umgebung unter Kontrolle zu halten. Wir müssen dabei beachten, daß die Stomata die gemeinsamen Pforten für den CO_2- und H_2O-Austausch darstellen und eine Veränderung des stomatären Widerstandes zwangsläufig die Wegsamkeit für beide Gase betreffen muß. Wir werden später sehen, daß sich aus diesem Umstand für die Landpflanzen sozusagen ein „Interessenkonflikt“ ergibt. Der stomatäre Widerstand hängt nicht nur vom aktuellen Öffnungszustand der Spaltöffnungen ab, sondern auch von deren Dichte (Anzahl pro Flächeneinheit) und Bau.
- Bei vollkommen geöffneten Stomata wird für die CO_2-Aufnahme der *„Mesophyllwiderstand“* begrenzend. Dieser Begriff ist nur im Zusammenhang mit dem CO_2-Austausch, nicht aber mit der Transpiration von Bedeutung. Er faßt eine Serie von Widerständen zusammen, die sich bei der Aufnahme und Assimilation des CO_2 in den Mesophyllzellen ergeben.

Die wichtigsten Komponenten des Mesophyllwiderstandes sind

- der *Diffusionswiderstand in den Interzellularen,*
- der sich beim Übertritt des CO_2 aus der Interzel-

lularenluft in die wäßrige Phase der Zellwände ergebende *Grenzflächenwiderstand,*
- der Diffusionswiderstand, welchen das *Cytoplasma* und die *Chloroplasten-Membranen* der CO_2- Aufnahme entgegensetzen.

- Schließlich wird der Gasaustausch der Blätter noch durch den *Grenzschichtwiderstand* der unmittelbar an die Blattoberfläche angrenzenden Luftschicht beeinflußt. Hier finden keine Konvektionen statt. Der Grenzschichtwiderstand ist umso größer, je dicker die Grenzschicht ist. Bei Windstille kann sie mehrere Millimeter dick sein. Sie wird aber beseitigt, wenn der Wind über die Blattoberfläche streicht und damit für Konvektion sorgt. Deshalb ist die Transpirationsrate eines Blattes bei Windstille (Grenzschichtwiderstand hoch) relativ gering, bei Wind (minimaler oder kein Grenzschichtwiderstand) dagegen hoch. Wir werden im Zusammenhang mit den Anpassungen an Trockenheit sehen, daß durch besondere Anatomie der Pflanzenoberflächen die Ausbildung einer Grenzschicht begünstigt und stabilisiert und damit die Transpirationsrate gedrosselt sein kann. Bisher wurde vor allem der Austausch von CO_2 und H_2O betrachtet. Wie aber steht es mit der Aufnahme des für die Atmung essentiellen O_2? Natürlich unterliegt auch der Austausch von O_2 den Diffusionsgesetzen. Der Unterschied zu den bisher betrachteten Fällen liegt vielmehr im Konzentrationsgradienten. Wir erinnern uns: Die CO_2-Konzentration der Luft beträgt lediglich 0,03 bis 0,04 Volumen-%, die des O_2 hingegen 21 Volumen-%. Am Ort ihres Verbrauches ist die Konzentration von CO_2 bzw. O_2 nahezu Null. Damit ergibt sich für CO_2 zwischen dem Blattinneren und der Außenluft ein geringer, für O_2 aber ein vergleichsweise gewaltiger Konzentrationsunterschied. Hinter der Diffusion von CO_2 in das Blattinnere steht also eine geringe treibende Kraft, bei O_2 jedoch eine sehr große. Daher wird die CO_2-Diffusion in das Blatt bereits durch geringfügige Widerstände merklich behindert. Im Falle des O_2 aber ist die treibende Kraft dank des großen Konzentrationsunterschiedes so groß, daß der cuticuläre Widerstand überwunden wird und hinreichend O_2 in das Blatt strömen kann, selbst wenn die Stomata geschlossen sind.

23.8.2.2 Einfluß äußerer und innerer Faktoren auf die Spaltöffnungsbewegungen

Wir haben bereits erfahren, daß die Spaltöffnungsbewegungen durch Turgoränderungen der Schließzellen bewirkt werden und haben den Mechanismus dieser Turgoränderungen kennengelernt (Kap. 5.5). Nun wollen wir uns mit der Beeinflussung der Stomatabewegungen durch äußere und innere (d. h. physiologische) Faktoren befassen.
Die wichtigsten dieser Faktoren sind Licht, Temperatur, CO_2-Konzentration sowie das Wasserpotential der Atmosphäre und des Blattgewebes. Die Spaltöffnungsbewegungen können daher photonastisch, thermonastisch, chemonastisch und hydronastisch sein (vgl. Kap. 27.1.3, Tab. 27-2).

- *Photonastie.* Licht veranlaßt normalerweise die Stomata zum Öffnen. Sehr niedrige Lichtintensitäten genügen bereits, um diese Bewegung auszulösen. Wahrscheinlich wirkt das Licht vorwiegend über die Photosynthese in den Mesophyllzellen. Diese sorgt für eine Verarmung der Interzellularen des Blattes an CO_2. Diese Verarmung ist der eigentliche Reiz, auf den die Stomata dann mit Öffnen reagieren. Zusätzlich tritt auch noch ein direkter Einfluß von blauen Lichtquanten auf die Stomata auf. Der Mechanismus dieses Blaulicht-Effektes ist derzeit noch unklar.
- *Thermonastie.* Die Temperatur wirkt sich weniger auf den Öffnungszustand der Stomata als vielmehr auf die Schnelligkeit ihrer Bewegungen aus. Bei niedrigeren Temperaturen reagieren die Stomata träger als bei höheren. Da die Temperatur auch andere Faktoren verändert, z. B. das Wasserpotential in der Pflanze, die Intensität der Photosynthese und der Atmung u.a., sind direkte Temperatureinwirkungen auf die Stomata von indirekten nur schwer zu unterscheiden.
- *Chemonastie.* Die Stomata reagieren chemonastisch auf Änderungen der *CO_2-Konzentration der Luft in den Interzellularen.* Änderungen des CO_2-Gehaltes der Außenluft haben hingegen kaum einen Effekt, wenn die Stomata erst einmal geschlossen sind. Dies läßt den Schluß zu, daß die „Meßfühler" für die CO_2-Konzentration auf der Innenseite der Schließzellen sitzen müssen. Niedrige CO_2-Konzentrationen induzieren Öffnen, höhere CO_2-Konzentrationen hingegen Schließen der Stomata. Daher führt, wie erwähnt, photosynthetische Verarmung der Interzellularenluft an CO_2 zum Öffnen der Stomata.

Beim Crassulaceen-Säurestoffwechsel tritt solche CO_2-Verarmung in den Interzellularen durch CO_2-Fixierung im Dunkeln ein. Daher können die betroffenen Pflanzen ihre Stomata nachts öffnen (Kap. 23.8.3.3).

Der Mechanismus der Spaltöffnungssteuerung durch das CO_2 ist noch nicht bekannt. Man hat die Spaltöffnungen mit einem technischen *Regelsystem* verglichen (Abb. 23-20). Das Regelsystem der Spaltöffnung hat dabei die Aufgabe, die CO_2-Konzentration im Mesophyll auf einem für die Photosynthese günstigen „Sollwert" zu halten. Wird dieser unterschritten, öffnen sich die Stomata, um durch erneuten Zustrom von externem CO_2 den Sollwert wieder zu erreichen. Wird dieser überschritten, z. B. bei Ungleichgewicht von CO_2-Produktion infolge Atmung und CO_2-Verbrauch durch Photosynthese, tritt Schließbewegung ein. Dadurch wird verhindert, daß CO_2 bei Umkehr des Konzentrationsgradienten nach außen verloren geht.

- *Hydronastie.* Spaltöffnungsbewegungen können sowohl durch Änderungen des Wasserpotentials Ψ in den Blattzellen als auch in der Außenluft ausgelöst und kontrolliert werden. Da der kontrollierende Faktor das Wasser ist, handelt es sich hier um hydronastische Bewegung.

Man unterscheidet dabei *hydropassive und hydroaktive Stomatabewegungen.* Bei den hydropassiven Bewegungen bleibt der osmotische Zustand und damit der Turgor in den Schließzellen unverändert. Die Stomatabewegung entsteht vielmehr durch Turgor- und damit Volumenänderungen in den übrigen Epidermis-Zellen, wobei die Schließzellen passiv zusammengeschoben oder auseinandergezogen werden.

Die hydroaktiven Stomatabewegungen sind von größerer Bedeutung. Sie werden von den bereits besprochenen Turgoränderungen in den Schließzellen selbst verursacht (Kap. 5.5). Für die Regulation des Wasserhaushaltes der Pflanze besonders wichtig ist der bei Wassermangel einsetzende hydroaktive Spaltenschluß. Diese Schließbewegung beruht auf einer durch *Abscisinsäure* (ABA; Kasten 26-3) vermittelten Rückkoppelung zwischen Mesophyll und Schließzellen (Abb. 23-20). Sinkt infolge Wassermangels das Wasserpotential der Mesophyllzellen unter einen kritischen Wert, setzt hier verstärkte ABA-Bildung ein. Dieses Phytohormon wird zu den Schließzellen transportiert und löst dort vermutlich durch Beeinflussung der Ionentransport-Mechanismen der Schließzellen eine Abnahme des Turgors und somit den Spaltenschluß aus. ABA wirkt dabei wie ein *Verstärker.* Für die Ankurbelung der ABA-Bildung genügt nämlich bereits ein so geringes Absinken von Ψ, wie es für eine merkliche Turgorabnahme direkt noch längst nicht ausreichen würde. Dank dieses Verstärkereffektes können die Stomata schon sehr frühzeitig auf einsetzenden Wassermangel reagieren und durch Spaltenschluß den Wasserhaushalt der Pflanze schützen.

Der hydroaktive Spaltenschluß setzt die anderen Steuermechanismen der Stomata außer Kraft, insbesondere die durch CO_2 regulierte Chemonastie. Dies ist physiologisch sinnvoll, denn bei Wassermangel kommt es für die Pflanze vor allem darauf an, die Transpiration einzuschränken. Bessert sich die Wasserversorgung der Pflanze, wird Ψ der Mesophyllzellen wieder weniger negativ. Damit wird die ABA-Synthese gedrosselt. Nachdem das vorhandene Hormon im Stoffwechsel abgebaut wurde, öffnen sich die Stomata erneut.

Auch das *Wasserpotential der Außenluft* kann die Stomatabewegungen beeinflussen. Hohe Luftfeuchte bewirkt Öffnen, geringe Luftfeuchte dagegen Schließen der Stomata. Dies läßt sich demonstrieren, wenn man durch ein feines Glasrohr Luft verschiedener Feuchte über die Blattoberfläche bläst und dabei das Verhalten der Stomata im Mikroskop beobachtet. Es ist naheliegend anzunehmen, daß die „Fühler" für die Luftfeuchte an der Außenseite der Stomata sitzen.

Die Regulation der Stomata durch die Feuchte der Außenluft ist deshalb besonders vorteilhaft, da bei trockener Luft (stark negatives Ψ der Atmosphäre) bei geöffneten Stomata die Transpiration für den Wasserhaushalt schädliche Ausmaße annehmen würde. Es ist daher sinnvoll, daß die Stomata nur dann weit geöffnet sind, wenn infolge hoher Luftfeuchte $\Delta \Psi$ zwischen Blatt und Außenluft niedrig und die Transpiration daher gering bleibt.

23.8.3 Wasserverlust und CO_2-Aufnahme – ein Dilemma der Landpflanzen

Wir haben gesehen, daß sich Wasserdampfabgabe und CO_2-Austausch gemeinsam durch die Spaltöffnungen vollziehen und Änderungen des stomatären

Widerstandes daher unvermeidlich beide Prozesse gleichermaßen betreffen müssen: Werden die Stomata weit geöffnet, um die CO_2-Aufnahme für die Photosynthese möglichst wenig zu behindern, nimmt zwangsläufig auch die Transpiration und damit die Gefahr des Austrocknens der Pflanze zu. Schließt die Pflanze jedoch die Stomata, um dieser Gefahr zu begegnen, wird auch die CO_2-Aufnahme und damit die Photosynthese blockiert. Landpflanzen haben also zwischen *„Verdursten“ oder „Verhungern“* zu wählen. Dieses Dilemma verschärft sich, wenn Wasser am Standort der Pflanze knapp ist.

Die Pflanzen hätten das Festland als Lebensraum nicht erobern können, wenn die „Landnahme“ nicht von der Evolution von Anpassungsmechanismen begleitet worden wäre, die das Gaswechsel-Dilemma entweder umgehen oder zumindest entschärfen (vgl. Kap. 17).

23.8.3.1 Morphologisch-anatomische Auswege aus dem Dilemma: Xerophyten

Pflanzen, die keine Resistenz gegen Austrocknung besitzen, müssen das Wasserpotential ihrer Zellen möglichst konstant halten. Man bezeichnet sie daher auch als *homoiohydre* (d. h. gleichfeuchte) *Pflanzen.* Für sie gilt zu gewährleisten, daß beim Öffnen der Stomata die dann unausweichlich einsetzende Transpiration möglichst niedrig gehalten wird. Hierfür können bestimmte anatomische Anpassungen dienen. Man bezeichnet Pflanzen mit derartiger an Wassermangel angepaßter Anatomie als xeromorphe Pflanzen oder Xerophyten (Abb. 23-21).

Die wirksamste Maßnahme zur Einschränkung der Transpiration ist die *Verkleinerung der verdunstenden Oberflächen.* Im Extremfall führt dies dazu, daß die Pflanzen keine Blätter mehr ausbilden und die Photosynthese von anderen Organen, vor allem vom Sproß (Metamorphosen des Sprosses, Kap. 22.6) übernommen wird.

Bei anderen Xerophyten sind die Blätter zu *Rollblättern* (z. B. beim Heidekraut, *Calluna vulgaris* und beim Schafschwingel, *Festuca ovina)* oder zu *Nadelblättern* (z. B. bei den Nadelbäumen Kiefer, Tanne, Fichte) umgewandelt. Bei den Nadelbäumen ergibt sich die Notwendigkeit xeromorpher Anpassungen aus dem Umstand, daß hier die Blätter im Winter nicht abgeworfen werden. Im Winter sind aber Was-

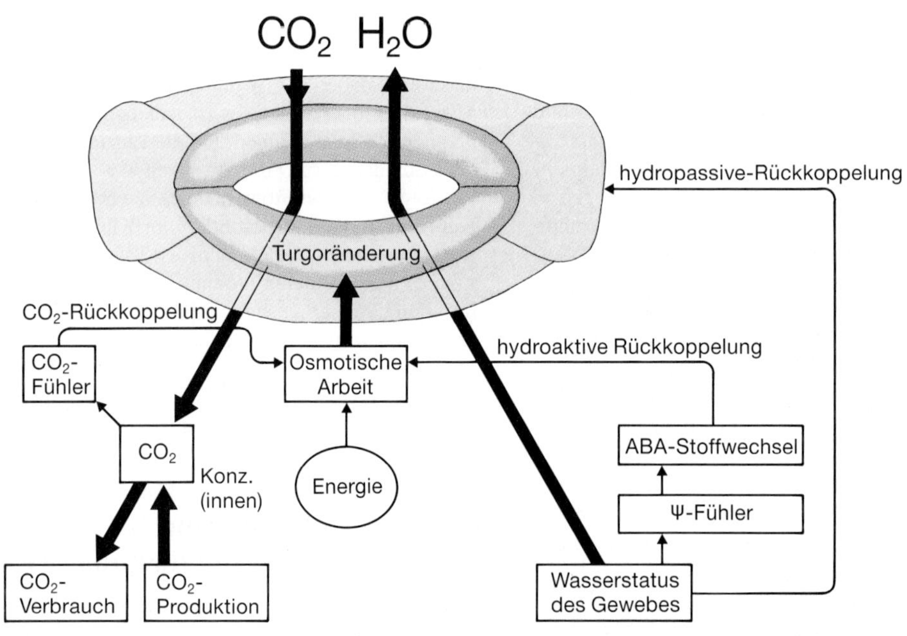

Abb. 23-20. Modell des bei der Kontrolle der Spaltöffnungsbewegungen wirksamen Rückkopplungssystems. Die Fühler für die CO_2-Konzentration und für das Blattwasserpotential (ψ) befinden sich in den Schließzellen. ABA: Abscisinsäure (nach RASCHKE).

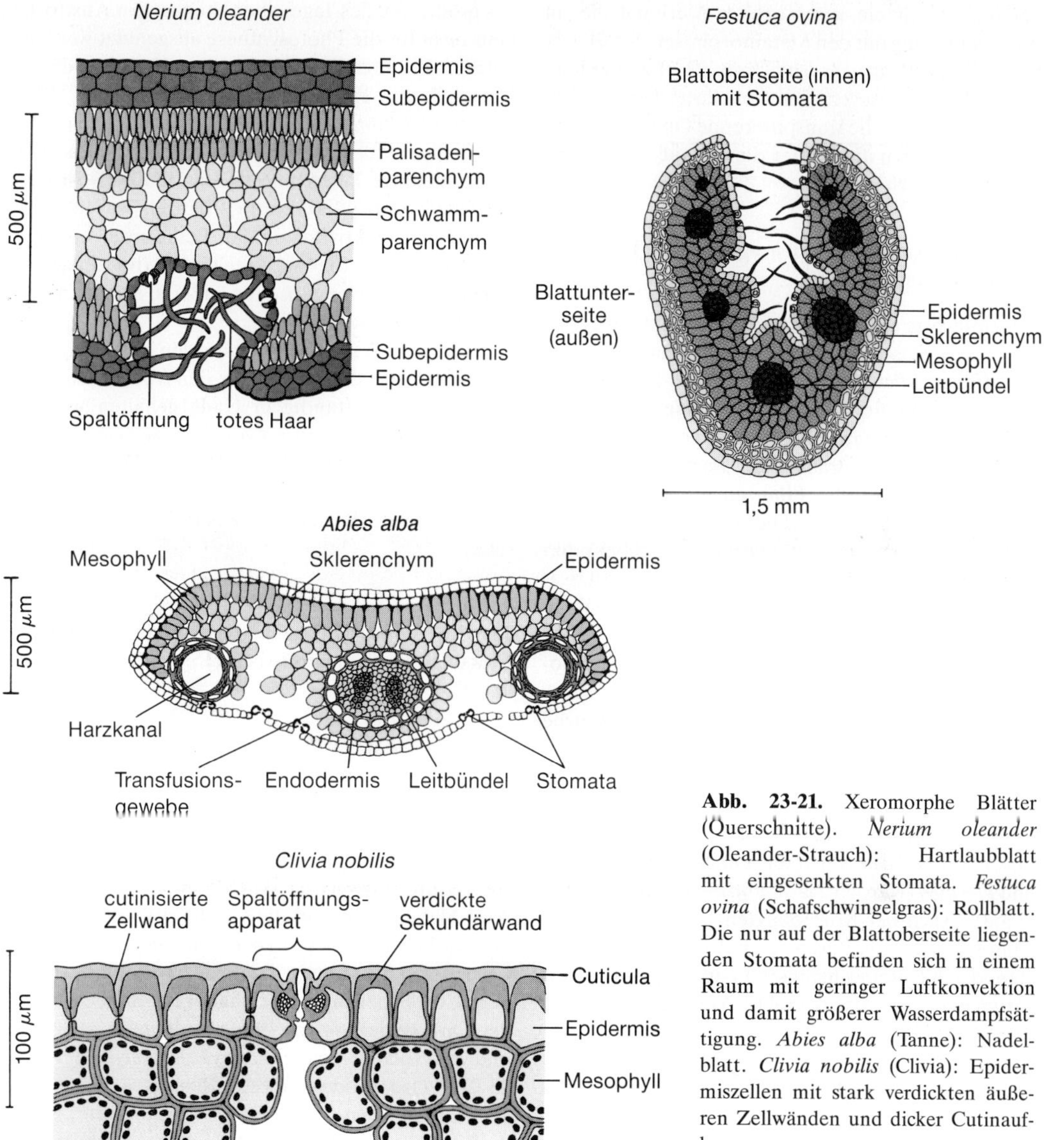

Abb. 23-21. Xeromorphe Blätter (Querschnitte). *Nerium oleander* (Oleander-Strauch): Hartlaubblatt mit eingesenkten Stomata. *Festuca ovina* (Schafschwingelgras): Rollblatt. Die nur auf der Blattoberseite liegenden Stomata befinden sich in einem Raum mit geringer Luftkonvektion und damit größerer Wasserdampfsättigung. *Abies alba* (Tanne): Nadelblatt. *Clivia nobilis* (Clivia): Epidermiszellen mit stark verdickten äußeren Zellwänden und dicker Cutinauflagerung.

seraufnahme und -transport durch Frost blockiert. Ohne Verdunstungsschutz würden die Blätter wintergrüner Pflanzen im Winter also vertrocknen.

Zu den xeromorphen Merkmalen gehört auch die Ausbildung einer sehr dicken *Cuticula* mit Wachsauflagerung, oft verbunden mit der Ausbildung einer mehrschichtigen Epidermis. Dies reduziert vor allem die cuticuläre Transpiration. Xerophyten sind meist hypostomatisch, und die *Stomata* sind oft in Vertiefungen der Blattoberfläche *versenkt* oder hinter dichtem *Haarfilz* versteckt (Beispiel: *Nerium oleander*, Abb. 23-21). Beides begünstigt die Ausbildung und Stabilisierung der Grenzschicht und trägt damit zur Erhöhung des Grenzschichtwiderstandes (Kap. 23.8.2.1) bei der Transpiration bei.

Letztlich ist als ein xeromorphes Merkmal die im Zusammenhang mit den Metamorphosen der Blätter besprochene *Blattsukkulenz* (Kap. 23.7) zu nennen. Hier ist im Gegensatz zu den Rollblättern und Nadelblättern nicht nur die transpirierende Oberfläche verkleinert, sondern die Blätter dienen außerdem noch als Wasserspeicher.

23.8.3.2 Physiologische Auswege aus dem Dilemma: Austrocknungstoleranz

Der einfachste und wohl ursprünglichste Ausweg aus dem Gaswechsel-Dilemma ist die Fähigkeit der betroffenen Pflanzen, zeitweilig völlig austrocknen zu können und die Lebensprozesse dann zu aktivieren, wenn die Pflanze über Wasser verfügt und ihre Zellen daher im hydratisierten Zustand vorliegen. Man bezeichnet solche Pflanzen als wechselfeucht *(poikilohydre Pflanzen)*. Die Austrocknungsfähigkeit setzt Resistenz des Cytoplasmas gegenüber praktisch vollständigem Wasserverlust voraus. Die Ursachen solcher Resistenz sind noch nicht im einzelnen bekannt.
Austrocknungstoleranz tritt vor allem bei den Thallophyten auf und kann daher als ein sehr ursprüngliches physiologisches Merkmal gelten. So können manche Bakterien und die Hyphen mancher Pilze ohne Schaden austrocknen. Über diese Fähigkeit verfügen auch die Dauerformen der Thallophyten, also Sporen, Conidien und Zygoten.
Besonders typische Vertreter poikilohydrer Pflanzen sind *Flechten* (Kap. 25.2.2.2) und einige *Moose* (Kap. 17.3.3). Auch bei Kormophyten kommt Austrocknungstoleranz vor. Beispiele sind der an trockenen Standorten Europas heimische Farn *Ceterach officinarum* oder die südafrikanische Angiosperme *Myrothamnus flabellifolia.*
Im ausgetrockneten Zustand sind die Lebensprozesse poikilohydrer Pflanzen bis zur Unmeßbarkeit reduziert. Bei Wiederbefeuchtung durch Tau, Regen oder – bei bestimmten Flechten – auch Wasserdampf quillt das Cytoplasma auf. Innerhalb kurzer Zeit werden dann die Photosynthese und die anderen physiologischen Vorgänge reaktiviert und bis zur nächsten Austrocknungsphase aufrechterhalten. Für die poikilohydren Pflanzen sind also die Gelegenheiten, Photosynthese betreiben und damit Zuwachs erzielen zu können, zeitlich eingeschränkt. So können z. B. Krustenflechten auf besonnten Felsen nur am Morgen in der kurzen Zeitspanne assimilieren, in der sie vom Taufall der Nacht her noch feucht sind. Der weitaus größte Teil des Tages aber kann wegen Austrocknens nicht für die Photosynthese ausgenutzt werden. Solche Flechten-Thalli haben aufgrund dieser Umstände nur eine Zuwachsrate von wenigen Millimetern pro Jahr. Man kann daher abschätzen, daß der Thallus einer Krustenflechte bei einer Fläche von 1 dm^2 mehrere Jahrzehnte alt sein muß. Es ist einleuchtend, daß poikilohydre Pflanzen wegen ihrer geringen Produktivität nur an Standorten konkurrenzfähig sind, die stärker produktive Pflanzen wegen der für sie ungünstigen äußeren Bedingungen nicht besiedeln können.
Der geregelte Wasserhaushalt bei den homoiohydren Pflanzen bietet demgegenüber den Vorteil, daß die Lebensprozesse ständig in Gang gehalten werden können. Hiervon profitiert vor allem auch die Photosynthese und damit die Produktivität. Daher haben sich im Verlauf der Evolution die homoiohydren Pflanzen bei der Besiedelung des Festlandes durchgesetzt.

23.8.3.3 Biochemische Auswege aus dem Dilemma: Crassulaceen-Säurestoffwechsel und C_4-Photosynthese

Im Verlauf der Evolution haben sich zwei Varianten der photosynthetischen CO_2-Assimilation entwickelt, die den transpirationsbedingten Wasserverlust bei der CO_2-Aufnahme reduzieren können. Diese Photosynthese-Varianten sind der Crassulaceen-Säurestoffwechsel (**CAM:** engl. **C**rassulacean **A**cid **M**etabolism) und die C_4-Photosynthese. CAM und C_4-Photosynthese haben gemeinsam, daß dem Calvin-Zyklus (Kap. 8.2.2, Abb. 8-14) eine besondere CO_2-Fixierung vorgeschaltet ist. Sie besteht in der Carboxylierung von Phosphoenolpyruvat (PEP) und wird von der *PEP-Carboxylase* katalysiert (Abb. 23-22). Das Produkt dieser Reaktion, Oxalessigsäure, wird in eine stabile C_4-Dicarbonsäure, meist Äpfelsäure, umgewandelt. Diese wird decarboxyliert und liefert dabei wieder CO_2, das die RUBISCO dann endgültig fixiert und damit der Assimilation über den Calvin-Zyklus zuführt.
Biochemisch sind sich also CAM und C_4-Photosynthese weitgehend ähnlich. Der wesentliche Unterschied zwischen beiden Stoffwechselwegen besteht darin, daß beim *CAM* die CO_2-Fixierung durch die *PEP-Carboxylase* und die sekundäre CO_2-Fixierung durch den Calvin-*Zyklus* in den gleichen Zellen, jedoch auf Nacht und Tag verteilt und damit *zeitlich*

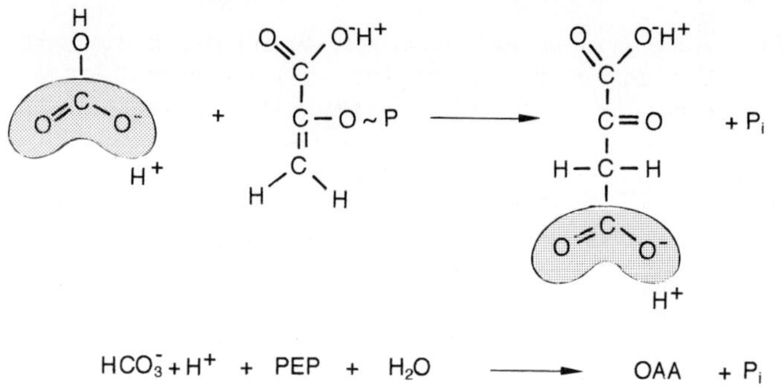

Abb. 23-22. Die Carboxylierung von Phosphoenolpyruvat (PEP) durch die PEP-Carboxylase zu Oxalacetat (OAA).

getrennt ablaufen. Bei der *C_4-Photosynthese* hingegen laufen beide Prozesse gleichzeitig im Licht ab, sind aber durch Verteilung auf verschiedene Gewebe *räumlich* voneinander *getrennt.* Damit kommen CAM und C_4-Photosynthese auf verschiedene Weise zum gleichen Erfolg, nämlich den Wasserverlust bei der CO_2-Aufnahme zu mindern.

Der Crassulaceen-Säurestoffwechsel (CAM). Der CAM findet sich bei vielen Sproß- und Blattsukkulenten (Kap. 22.6 und 23.7), jedoch nur bei solchen, die in derselben Zelle große Äpfelsäure speichernde Vakuolen und Chloroplasten besitzen. Der Stoffwechselweg ist nach der Familie Crassulaceae (Dickblatt-Gewächse) benannt, da er hier entdeckt wurde und besonders weit verbreitet ist. Er kommt aber darüberhinaus in Pflanzenfamilien verschiedener Äste des Stammbaumes der Kormophyten vor. Bisher sind 28 Familien mit CAM-Pflanzen bekannt, unter ihnen Monokotyledonen und Dikotyledonen. Besonders aufschlußreich ist das Vorkommen des CAM auch bei sukkulenten tropischen Farnen. Es besagt, daß der CAM bereits auf einer recht frühen Stufe der pflanzlichen Phylogenie entwickelt wurde. Die breite Streuung seines Vorkommens im System der höheren Pflanzen spricht jedoch dafür, daß der CAM unabhängig an verschiedenen Stellen des Stammbaumes, also konvergent (Kap. 20.2) entstanden ist.

Der *Stoffwechselweg des CAM* ist in Abb. 23-23 wiedergegeben. Er wird eingeleitet durch die nächtliche Fixierung von CO_2 aus der Außenluft in der Carboxylierung von Phosphoenolpyruvat (PEP). Die Verbindung ist uns als Zwischenprodukt der *Glykolyse* (Kap. 6.3.3.2) bereits begegnet. Beim CAM entsteht PEP über den glykolytischen Abbau von Speicherkohlenhydraten, vor allem von Stärke. Die nächtliche CO_2-Fixierung führt letztlich zur Bildung von *Äpfelsäure,* die in die Vakuole transportiert und dort zunächst gespeichert wird. Am folgenden Tag wird die Äpfelsäure aus der Vakuole entlassen und wieder decarboxyliert. Das freigesetzte CO_2 wird dem CALVIN-Zyklus als endogenes Substrat zugeführt und durch ihn zu Kohlenhydraten assimiliert. Da dem CALVIN-Zyklus am Tage endogenes CO_2 zur Verfügung steht, ist er zu diesem Zeitpunkt nicht auf die Zufuhr von CO_2 der Außenluft angewiesen: Die photosynthetische Kohlenstoff-Assimilation kann bei der CAM-Pflanze somit auch dann weiterlaufen, wenn die Stomata geschlossen sind.

Die Äpfelsäure spielt beim CAM also die Rolle eines CO_2-Speichers. Dieser wird in der Nacht durch die Fixierung des CO_2 der Außenluft gefüllt und am Tage durch Zerlegung der Äpfelsäure zu CO_2 und dessen photosynthetische Assimilation wieder geleert. Diese Vorgänge machen sich als dem Tag-Nacht-Wechsel folgende Änderungen des Säurespiegels in den Zellen *(„diurnaler Säurerhythmus")* bemerkbar, mit „Ansäuerung" in der Nacht und „Absäuerung" am Tage.

Zwei zellbiologisch interessante Probleme wollen wir im Zusammenhang mit dem Stoffwechselgeschehen des CAM noch herausheben, nämlich die Äpfelsäure-Speicherung in den Vakuolen und die Regulation des Stoffwechselweges während des Tages.

- Die *Äpfelsäure-Speicherung.* Der nächtliche Transport von Äpfelsäure aus dem Cytoplasma in die Vakuole erfolgt gegen ein Konzentrationsgefälle und verbraucht daher Energie in Form von ATP. Der energieverbrauchende Schritt ist vermutlich der primär aktive Protonentransport durch die *H^+-ATPase am Tonoplasten* (Kap. 4.3, Abb. 4-5). Bei dem leicht alkalischen pH-Wert des Cytosols

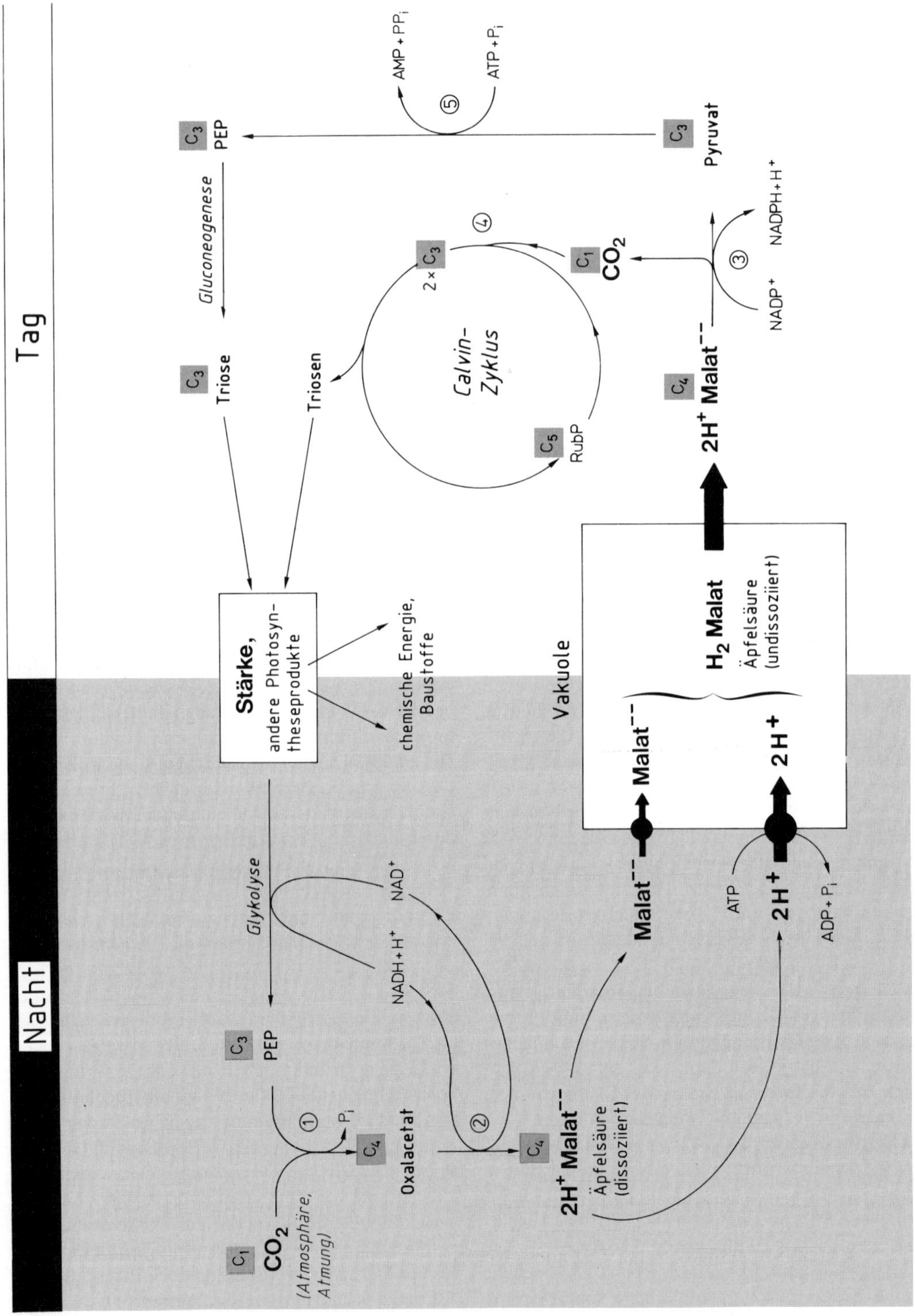

Abb. 23-23. Die Reaktionsfolge beim Crassulaceen-Säurestoffwechsel und ihre Verteilung auf die Dunkel- und Lichtperiode. Die Zahlen hinter dem Kohlenstoff-Symbol geben die Zahl der C-Atome in der jeweiligen Verbindung an; die Zahlen in den Kreisen bezeichnen Enzyme: 1, PEP-Carboxylase; 2, Malat-Dehydrogenase (NAD^+ abhängig); 3, $NADP^+$-abhängige decarboxylierende Malat-Dehydrogenase („$NADP^+$-malic enzyme"); 4, RUBISCO; 5, Pyruvat-P_i-Dikinase.

(pH 7,5–8,0) ist die Äpfelsäure vollständig in $2H^+$ und 1 $Malat^{2-}$ dissoziiert. Man kann sich vorstellen, daß das $Malat^{2-}$-Anion den durch die H^+-ATPase in die Vakuole transportierten Protonen durch *sekundär aktiven Carrier-Transport* (Kap. 4.6) nachfolgt (Abb. 23-23). Der am Tage dominierende *Efflux* von Äpfelsäure ist ein *passiver Transportmechanismus.* Bei den sauren pH-Werten in der Vakuole verlagert sich das Dissoziationsgleichgewicht in Richtung der nicht-dissoziierten Äpfelsäure, die als nicht elektrisch geladenes Teilchen entlang ihres Konzentrationsgefälles gut durch die Tonoplasten-Membran diffundieren kann (Kap. 4.2).

- *Regulation des Stoffwechsels am Tage.* Wie erwähnt, laufen beim CAM die primäre und sekundäre CO_2-Fixierung in der gleichen Zelle ab. Damit ergibt sich für den am Tage ablaufenden Prozeß ein Regulationsproblem: Es muß gewährleistet werden, daß das aus der Äpfelsäure freigesetzte CO_2 möglichst vollständig dem CALVIN-Zyklus zugute kommt, ohne wieder durch die PEP-Carboxylase abgefangen zu werden und damit in erneuter Äpfelsäure-Synthese zu münden. Das Einhalten des korrekten Stoffwechselweges beruht auf der *Feed-back-Regulation der PEP-Carboxylase* (Abb. 23-22, Abb. 23-23). Dieses allosterische Enzym wird durch Äpfelsäure gehemmt. Daher blockiert die am Tage aus der Vakuole austretende Äpfelsäure die CO_2-Fixierung durch die PEP-Carboxylase und beseitigt damit eine unerwünschte Konkurrenz dieses Enzyms zum CALVIN-Zyklus.

Wir kommen nun zur Frage, auf welche Weise der CAM zur Wassereinsparung verhilft. Der „Trick" besteht darin, daß beim CAM die Aufnahme von externem CO_2 vor allem in die Nacht verlegt ist. Daher zeigen CAM-Pflanzen *nächtliche Netto-CO_2-Aufnahme,* eine im Pflanzenreich nur hier anzutreffende Erscheinung (Abb. 23-24).

Natürlich erfordert auch die nächtliche CO_2-Aufnahme ein Öffnen der Stomata. Während der Nacht herrscht bei dann in der Regel niedrigeren Temperaturen hohe relative Luftfeuchte. Damit ist der Gradient des Wasserpotentials zwischen Blatt und Außenluft wesentlich geringer als am Tage, und die Transpirationsrate bleibt nachts, selbst bei weit geöffneten Stomata, niedrig. Am Tage dagegen, während der Zeit stärkerer Gefährdung des Wasserhaushaltes, schließen die CAM-Pflanzen ihre Stomata und vermeiden damit Wasserverlust. Wir haben schon erwähnt, daß dank der internen CO_2-Produktion zu Lasten der Äpfelsäure die *Photosynthese* auch *bei geschlossenen Stomata* weiterläuft.

Das ökologisch vorteilhafte Verhalten der Stomata der CAM-Pflanzen wird von den biochemischen Prozessen des CAM in den Mesophyllzellen gesteuert. Die Steuerung erfolgt über Änderungen der CO_2-Konzentration in den Interzellularen. Dank der intensiven Dunkel-CO_2-Fixierung ist die CO_2-Konzentration nachts niedrig. Dies führt zum chemonastischen Öffnen der Stomata. Tagsüber ist die interne CO_2-Konzentration infolge der Zerlegung der Äpfelsäure hoch. Hohe CO_2-Konzentrationen aber induzieren das Schließen der Stomata (vgl. Kap. 23.8.2.2). Es wird auch angenommen, daß die CO_2-Anreicherung im Mesophyll der CAM-Pflanzen während des Tages zur Verminderung der Photorespiration (Kap. 9.3.1) und der Photoinhibition (Kap. 23.8.1.1) beiträgt.

Der CAM hilft nicht nur, Wasser zu sparen, sondern auch aufzunehmen. Die nächtliche Äpfelsäure-Anhäufung erhöht den osmotischen Druck in den Vakuolen der assimilierenden Organe beträchtlich und schafft eine treibende Kraft für die *Wasseraufnahme* (Kap. 5.2) aus der Umgebung, vor allem nach Taufall in der Nacht.

Die durch den CAM erzielte *Wassereinsparung* ist beträchtlich (Tab. 23-4). Eine nicht angepaßte C_3-Pflanze verliert durch die hier unvermeidliche Koppelung von CO_2-Aufnahme und hoher Transpiration bei der photosynthetischen Erzeugung von 1 g Trokkenmasse ca. 1000 g H_2O, eine CAM-Pflanze jedoch nur 50 bis 100 g, also meist weniger als ein Zehntel. Terrestrische blatt- und stammsukkulente CAM-Pflanzen sind typische Bewohner von ariden und semiariden Standorten, bei denen Niederschläge mit Dürreperioden abwechseln. Ist Wasser verfügbar, nehmen es die CAM-Pflanzen aus dem Boden auf und speichern es in ihren Wasserspeichergeweben. Durch den CAM können die Pflanzen diesen Vorrat lange strecken und deshalb auch längere Trockenperioden überstehen. Viele CAM-Pflanzen, vor allem Orchideen und Bromeliaceen, besiedeln epiphytische Standorte, die auch in den feuchten Tropen Wasserhaushaltsprobleme mit sich bringen (Kap. 23.8.1.2).

Der ökologische Vorteil des CAM wird jedoch durch eine *geringere Produktivität der CAM-Pflanzen* erkauft (Tab. 23-4). An den natürlichen Standorten der CAM-Pflanzen geht es jedoch weniger um das

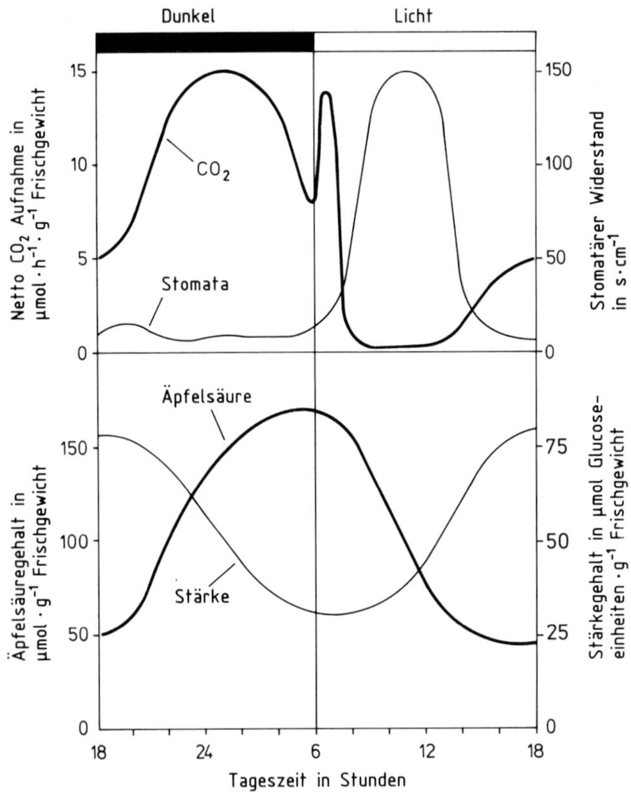

Abb. 23-24. Der Verlauf einiger typischer Äußerungen des Crassulaceen-Säurestoffwechsels im Nacht-Tag-Zyklus. Oben: Netto-CO_2-Aufnahme der Blätter und Diffusionswiderstand der Stomata. Unten: Äpfelsäure- und Stärkegehalt der Blätter. Die angegebenen Dimensionen der Vorgänge sind Durchschnittswerte, die sich je nach Pflanzenart und äußeren Bedingungen stark ändern können.

Tab. 23-4. Einige Daten zur Wasser- und Kohlenstoffökonomie bei der Photosynthese von C_3-, C_4- und CAM-Pflanzen (nach C. BLACK). Der Transpirationsquotient gibt an, wieviel Gramm Wasser durch Transpiration verloren gehen, wenn 1 g Kohlenstoff aus der Atmosphäre aufgenommen und photosynthetisch assimiliert wird.

	C_3	C_4	CAM
Transpirationsquotient in g $H_2O \cdot g^{-1}$ Kohlenstoff	450 bis 950	250 bis 350	18 bis 100 (für CO_2-Fixierung in der Nacht) 150 bis 600 (für CO_2-Fixierung am Tage)
Maximale Rate der Netto-Photosynthese in mg $CO_2 \cdot m^{-2}$ Blattfläche $\cdot s^{-1}$	0,41 bis 1,10	1,1 bis 2,2	0,027 bis 0,360
Maximale Zuwachsrate in g Trockenmasse $\cdot m^{-2}$ Blattfläche $\cdot$ Tag^{-1}	50 bis 200	400 bis 500	1,5 bis 1,8

Erzielen hoher Wachstumsraten als vielmehr um das Überleben bei Wassermangel. Dafür allerdings sind die CAM-Pflanzen gut gerüstet, und zwar nicht nur durch ihren wassersparenden Photosyntheseweg, sondern auch dank oft zusätzlich vorhandener xeromorpher Anatomie.

Hierin steckt eine Lehre, die wir verallgemeinern können: *Ökologische Anpassungen an extreme Bedingungen sind in der Regel „qualitative Anpassungen" für das Leben und Überleben, nicht aber „quantitative Anpassungen" für die maximale Produktion von Biomasse.*

Einige CAM-Pflanzen werden vom Menschen genutzt, so die Ananas oder die Sisal-Agave (Fasergewinnung).

Die C_4-Photosynthese. Die Bezeichnung charakterisiert die Tatsache, daß bei der dem CALVIN-Zyklus vorgeschalteten primären CO_2-Fixierung als erstes stabiles Zwischenprodukt eine C_4-Dicarbonsäure entsteht, d. h. eine aus vier Kohlenstoff-Atomen bestehende, über zwei Carboxyl-Gruppen verfügende organische Säure. Dies gilt zwar auch für den CAM, doch hat sich der Begriff C_4-Photosynthese für den im folgenden zu besprechenden Stoffwechselweg eingebürgert.

C_4-Pflanzen weisen stets den *„Kranz-Typ" des Blattaufbaues* auf, bei dem die Leitbündel kranzförmig von einer *Bündelscheide* umgeben sind, an die das *Mesophyll* angrenzt (Abb. 23-25). Zwischen beiden photosynthetisch aktiven Geweben findet beim Ablauf der C_4-Photosynthese Arbeitsteilung statt. Bei manchen C_4-Pflanzen beobachtet man *Chloroplasten-Dimorphismus:* Die Chloroplasten der Mesophyllzellen besitzen Grana, während diese in den Chloroplasten der Bündelscheide fehlen („agranale Chloroplasten").

Die primäre CO_2-Fixierung läuft im Cytoplasma der Mesophyllzellen ab (Abb. 23-26). Die PEP-Carboxylase kommt nur hier, nicht aber in den Bündelscheiden-Zellen vor. Das Produkt der Startreaktion, *Oxalacetat,* wird in den meisten Fällen zu *Malat* (Anion der Äpfelsäure) reduziert. Einige C_4-Pflanzen bilden stattdessen *Aspartat.* Wir wollen diesen Fall aus unserer Betrachtung ausklammern, da er am Prinzip der C_4-Photosynthese nichts ändert.

Zur Reduktion des Oxalacetats zu Malat dient beim photosynthetischen Elektronentransport gebildetes $NADPH + H^+$. Daher findet diese Reduktion in den Chloroplasten des Mesophylls statt. Hier unterscheidet sich die C_4-Photosynthese biochemisch vom CAM. Bei diesem wird Oxalacetat (Anion der Oxalessigsäure) durch $NADH + H^+$ reduziert, das aus der Glykolyse der Stärke stammt (Abb. 23-23).

Der wesentlichste Unterschied zum CAM besteht jedoch darin, daß bei der C_4-Photosynthese das Malat nicht gespeichert, sondern sofort in die Leitbündelscheiden transportiert und dort durch oxidative Decarboxylierung weiterverarbeitet wird. Dabei entstehen CO_2, Brenztraubensäure und $NADPH + H^+$. Das CO_2 wird durch den CALVIN-Zyklus, dessen Enzyme nur in den Chloroplasten der Bündelscheiden vorkommen, fixiert und reduziert. Dabei dient das bei der Malat-Decarboxylierung entstandene $NADPH + H^+$ als Reduktionsmittel. In den agranalen Chloroplasten der Bündelscheiden-Zellen fehlt in vielen Fällen das Photosystem II. Es unterbleibt also die photosynthetische $NADPH + H^+$-Bildung. Da jedoch das bei der Malat-Decarboxylierung entstandene $NADPH + H^+$ nicht ausreicht, um alle im CALVIN-Zyklus gebildeten Moleküle der 3-Phosphoglycerinsäure zu reduzieren, muß ein Teil von ihnen in die Mesophyllzellen verfrachtet werden. Dort findet ihre Reduktion zur Triose statt (Abb. 23-26). Diese gelangt dann zurück in die Bündelscheiden.

Das bei der Malat-Decarboxylierung verbleibende C_3-Bruchstück (Brenztraubensäure) wird ebenfalls wieder in das Mesophyll transportiert und hier in einer zwei energiereiche Phosphatbindungen (letztlich also 2 ATP) verbrauchenden Reaktion in PEP umgewandelt. Damit ist der CO_2-Akzeptor für die primäre Carboxylierung regeneriert und der Kreislauf geschlossen.

Die für die C_4-Photosynthese charakteristische *Zusammenarbeit zwischen Mesophyll und Leitbündelscheide* ist also mit einem umfangreichen *Hin- und Rücktransport von Kohlenstoff-Skeletten* verbunden. Die Zellwände, an denen Mesophyll- und Bündelscheiden-Zellen aneinandergrenzen, besitzen daher eine besonders hohe Dichte von Plasmodesmen (Kap. 10.3.5), die diesen Transport erleichtern (Abb. 23-25).

Was aber wird mit dem hohen Transportaufwand, den die C_4-Photosynthese erfordert, erreicht?

Der wesentliche Effekt besteht in einer *Erhöhung der CO_2-Konzentration in den Bündelscheiden-Zellen* infolge der hier ablaufenden Decarboxylierung des aus dem Mesophyll importierten Malats. Durch diesen Anreicherungs-Mechanismus ist die CO_2-Konzentration in den Bündelscheiden ca. 15 bis 20 mal höher als in der Außenluft. Bei manchen C_4-

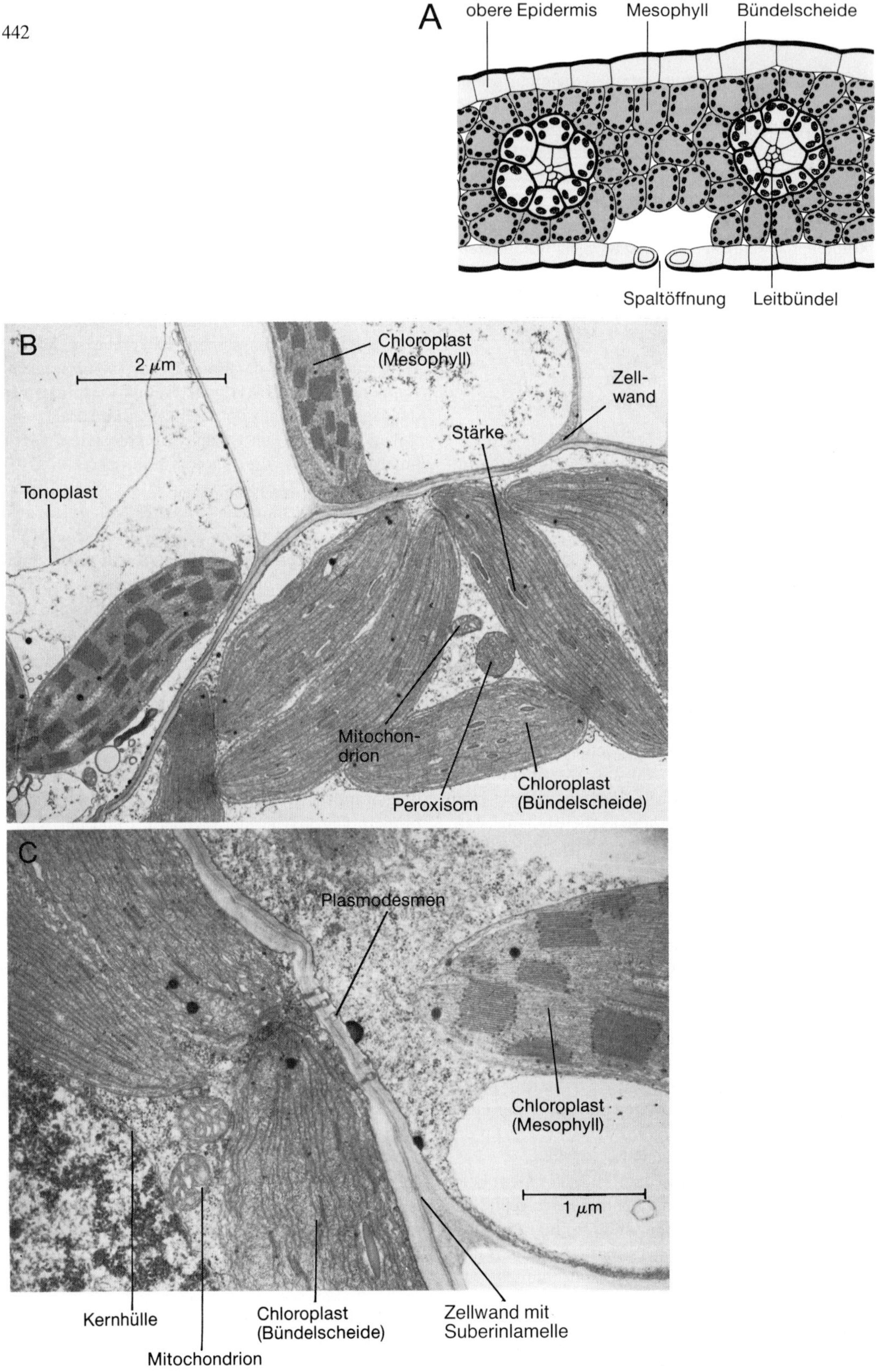
A
obere Epidermis
Mesophyll
Bündelscheide
Spaltöffnung
Leitbündel
B
2 μm
Chloroplast (Mesophyll)
Zell-wand
Stärke
Tonoplast
Mitochondrion
Peroxisom
Chloroplast (Bündelscheide)
C
Plasmodesmen
Chloroplast (Mesophyll)
1 μm
Kernhülle
Mitochondrion
Chloroplast (Bündelscheide)
Zellwand mit Suberinlamelle

◄ **Abb. 23-25.** Aufbau des Blattes einer C_4-Pflanze. (A) Schema eines Querschnittes durch ein Blatt des Mais *(Zea mays)*. Die Zellen der Leitbündelscheiden sind vom Mesophyll umgeben. (B) Zwei Zellen aus dem Mesophyll (oben) und eine Zelle der Bündelscheide. Die Zellwand zwischen Mesophyll- und Bündelscheidenzelle weist eine dunkel erscheinende Suberineinlagerung auf. Die Chloroplasten der Mesophyllzellen besitzen beim Mais Grana, während die Chloroplasten der Bündelscheide keine Grana aufweisen. (C) Stärkere Vergrößerung der Mesophyll- und Bündelscheidenzelle trennenden Zellwand. Die Abbildung zeigt deutlich die Plasmodesmen und die in die Zellwand eingelagerte Suberinlamelle (EM-Aufnahmen: D. KRAMER).

Pflanzen ist daher in die Wand der Bündelscheiden-Zellen sogar eine Suberinlamelle eingelagert, um ein Entweichen des CO_2 nach außen (Umkehr des normalen Konzentrationsgradienten!) zu verhindern (Abb. 23-25). Die Anhebung der CO_2-Konzentration bewirkt mehrere Vorteile. Erstens katalysiert die in den Leitbündelscheiden lokalisierte RUBISCO in Gegenwart höherer CO_2-Konzentration überwiegend die Carboxylierung des RubP, während die Oxygenierung behindert ist. Damit wird die *Photorespiration* und der mit ihr verbundene Kohlenstoff-Verlust unterdrückt (vgl. Kap. 9.3.1). Außerdem steigert höhere CO_2-Konzentration die Carboxylierungsrate der RUBISCO und damit die Leistungsfähigkeit des CALVIN-Zyklus. Die RUBISCO hat gegenüber CO_2 eine relativ geringe *Affinität* (K_M-Wert ca. 450 µmol · l^{-1}), die bei der niedrigen CO_2-Konzentration der Außenluft nur geringe Carboxylierungsraten zuläßt (vgl. Abb. 23-17). Das „Einfangen" des CO_2 der Außenluft ist bei den C_4-Pflanzen aber der PEP-Carboxylase übertragen, einem Enzym mit sehr hoher Affinität zum CO_2 (*K_M-Wert ca. 70* µmol · l^{-1}) und damit der Fähigkeit, auch bei geringster CO_2-Konzentration noch effektiv arbeiten zu können. (Zum Zusammenhang zwischen K_M und Affinität vgl. Kap. 2.6.4.)

Diese durch die C_4-Photosynthese bewirkten Vorteile zeigen sich deutlich beim Vergleich der *CO_2-Sättigungskurven* von C_4- und C_3-Pflanzen (Abb. 23-18). Dank fehlender Photorespiration und höherer Affinität des CO_2-einfangenden Enzyms zum CO_2 ist der CO_2-*Kompensationspunkt* Γ bei den C_4-Pflanzen mit 0,0005 Volumen-% viel niedriger als bei C_3-Pflanzen (Γ ca. 0,005 Volumen-%). Zusammen unter Dauerlicht in einem geschlossenen Behälter gehalten, vermögen C_4-Pflanzen daher C_3-Pflanzen Kohlenstoff zu entziehen und sie damit zum Absterben zu bringen.

Der Vorteil des C_4-Weges zeigt sich auch in den *Lichtsättigungskurven*. Die Anreicherung von CO_2 in den Bündelscheiden bewirkt nämlich, daß die CO_2-Konzentration bei *Starklicht* nicht zum die Photosynthese begrenzenden Faktor wird. Daher können C_4-Pflanzen Starklicht viel besser ausnutzen als C_3-Pflanzen. Doch zurück zum *Wasserhaushalt*. Wir hatten postuliert, daß die C_4-Photosynthese zur Einsparung von Wasser verhilft. Wie kommt diese Einsparung zustande? Dank der Besonderheiten ihrer Photosynthese können es sich die C_4-Pflanzen erlauben, ihre Stomata auch längerfristig relativ weitgehend (jedoch nicht völlig!) zu schließen und damit die *Transpiration einzuschränken*. Die damit verbundene Minderung der CO_2-Aufnahme wird durch die hohe Effizienz der CO_2-Bindung und das Fehlen der sonst Kohlenstoff-Verlust bewirkenden Photorespiration ausgeglichen. Steht den C_4-Pflanzen jedoch genügend Wasser zur Verfügung, so daß die Stomata voll geöffnet werden können, wird die Überlegenheit des C_4-Weges bei der CO_2-Fixierung in *hohe photosynthetische Produktivität* umgemünzt (Tab. 23-4).

Wir wollen nicht übersehen, daß die C_4-Photosynthese im Hinblick auf den *ATP-Verbrauch* „teurer" ist als die C_3-Photosynthese. Wir erinnern uns: Der C_3-Weg verbraucht pro assimiliertes CO_2 3 ATP und 2 NADPH + H^+. Der C_4-Weg benötigt bereits im Mesophyll 1 NADPH + H^+ sowie zwei energiereiche Phosphatbindungen (2 ATP) zur Regeneration des PEP (Abb. 23-25) und in den Bündelscheiden 3 ATP und 1 NADPH + H^+ für den CALVIN-Zyklus. Er verbraucht insgesamt also 5 ATP und 2 NADPH + H^+ pro assimiliertes CO_2. An den natürlichen Standorten der C_4-Pflanzen ist jedoch die Versorgung mit Lichtenergie und damit die photosynthetische Produktion von ATP kein Problem, wohl aber die Wasserversorgung. Der höhere Energiebedarf der C_4-Photosynthese mindert daher den Selektionsvorteil dieses Stoffwechselweges nicht.

Dank ihrer besonderen Anpassung bewohnen die C_4-Pflanzen vor allem stark besonnte, wasserarme Standorte. Ihr Vorkommen im System der Pflanzen ist weit gestreut, umfaßt jedoch *nur Angiospermen.* C_4-Pflanzen finden sich sowohl bei den Monokotyledonen (hier vor allem unter den Gräsern) und bei den Dikotyledonen (z. B. Vertreter der Gattung *Atriplex,* i. e. Meldengewächse). Zu den C_4-Pflanzen gehören auch wichtige Nutzpflanzen, z. B. das Zuckerrohr,

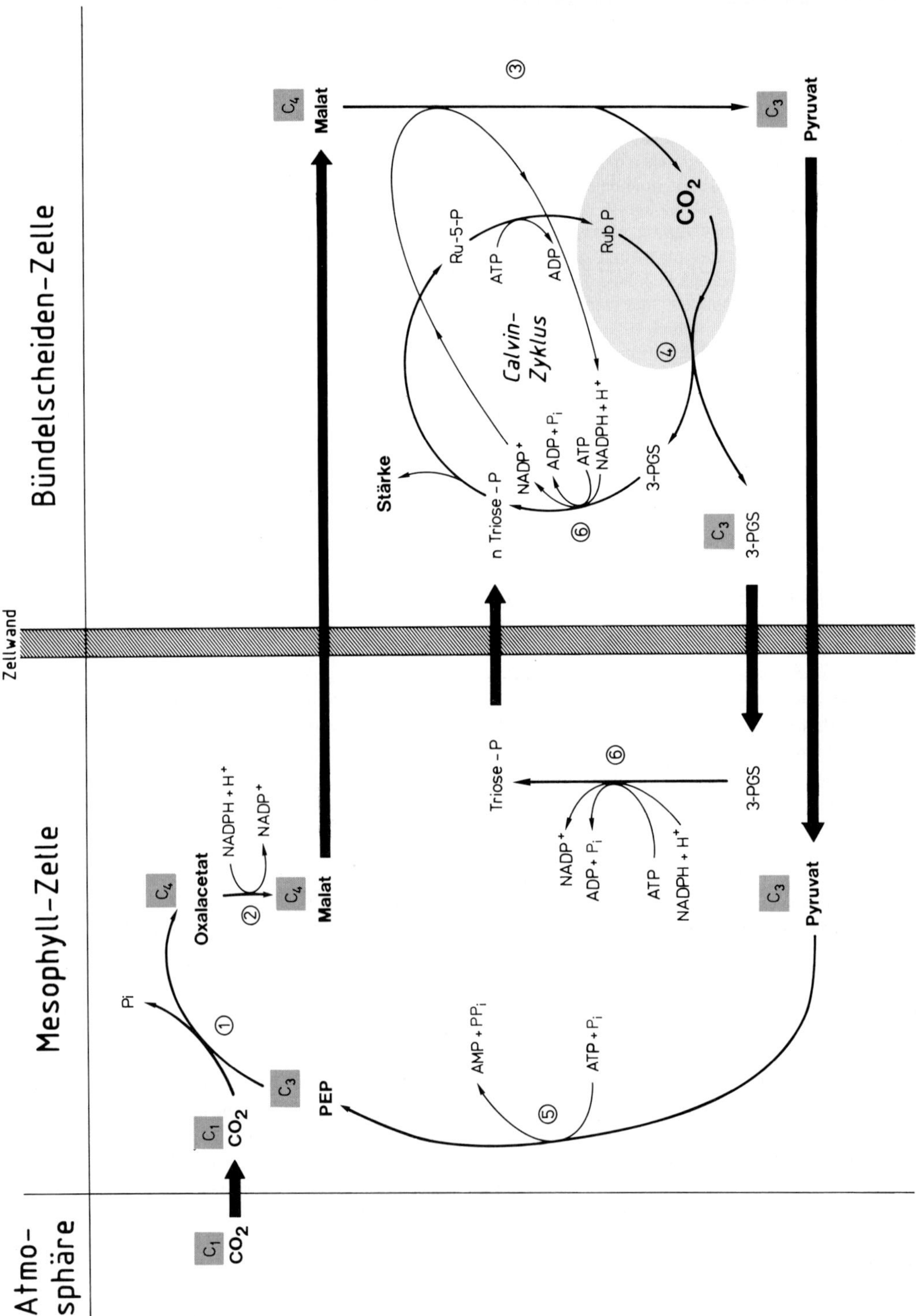

Abb. 23-26. Schema des C_4-Weges der Photosynthese und die Verteilung der beteiligten Schritte des Stoffwechsels auf das Mesophyll und die Leitbündelscheide. Die Ziffern bei den Kohlenstoffsymbolen geben die Zahl der C-Atome des betreffenden Stoffwechselprodukts an. Die Ziffern in den Kreisen bezeichnen einige Enzyme des C_4-Weges: 1, PEP-Carboxylase; 2, Malat-Dehydrogenase ($NADP^+$-abhängig); 3, $NADP^+$-abhängige decarboxylierende Malat-Dehydrogenase („$NADP^+$-malic enzyme"); 4, RUBISCO; 5, Pyruvat-P_i-Dikinase; 6, Triosephosphat-Dehydrogenase. Die dicken Pfeile symbolisieren Transportwege, die dünnen Pfeile Reaktionswege und Zulieferung von Kofaktoren und die Schattierung die CO_2-Anreicherung in der Bündelscheiden-Zelle.

Sorghum („Mohrenhirse") und Mais. Dank der C_4-Photosynthese sind gut bewässerte Zuckerrohr- und Maisanpflanzungen Agrarökosysteme mit der höchsten bekannten photosynthetischen Produktivität.

23.8.4 Hygrophyten und Hydrophyten

Für die Landpflanzen kann nicht nur trockene, sondern auch sehr feuchte Luft ein Problem bedeuten. Transpiration kann zwar den Wasserhaushalt gefährden, und die Pflanzen müssen sich entsprechend schützen; auf der anderen Seite ist sie aber zur Aufrechterhaltung des *Wasser- und Nährsalztransportes* in den Gefäßen (vgl. Kap. 22.7.1) erforderlich. Bei sehr feuchter Luft ist jedoch das Wasserpotentialgefälle zwischen Blatt und Außenluft und damit die treibende Kraft für die Transpiration (vgl. Kap. 5.3) gering.

Pflanzen, die dauernd von feuchter Luft umgeben sind, z. B. Bewohner des Unterbewuchses tropischer Regenwälder, werden als *Hygrophyten* (Feuchtpflanzen) bezeichnet. Die Anatomie ihrer Blätter ist dergestalt angepaßt, daß auch bei hoher Luftfeuchte die Transpiration noch möglich bleibt (*Hygromorphie,* Abb. 23-27).

Bei den Hygrophyten besteht die Epidermis aus dünnwandigen, nur mit dünner Cuticula überzogenen Zellen. *Lebende Haare* vergrößern die transpirierende Oberfläche. Außerdem sind die *Stomata* oft durch Vorwölbung der Epidermis *über die Grenzschicht herausgehoben,* wodurch der Grenzschichtwiderstand bei der Transpiration erniedrigt wird.

Die Blätter der Hygrophyten sind häufig reich mit *Hydathoden* ausgestattet. Hydathoden (Abb. 23-28) dienen der Ausscheidung von Wasser *(Guttation).* Häufig sind Hydathoden Spalten in der Blattoberfläche, die über den Apoplasten mit den Tracheïden der freien Blattaderendigungen in Verbindung stehen. Manchmal werden die Spalten von großen, bohnenförmigen und paarigen Epidermis-Zellen, d. h. funktionslos gewordenen Spaltöffnungs-Schließzellen gebildet. Die Guttationsflüssigkeit wird hier durch den *Wurzeldruck* ausgepreßt (Kap. 22.7.1.6). Der Wurzeldruck entsteht durch aktiven Ionentransport in das Xylem der Wurzeln und durch das osmotisch nachfolgende Wasser. Er kann sich bis in die Blätter krautiger Pflanzen fortsetzen. Ein anderer Typ von Hydathoden sind die Trichom-Hydathoden. Sie arbeiten wie Drüsen. Durch die Ausscheidung

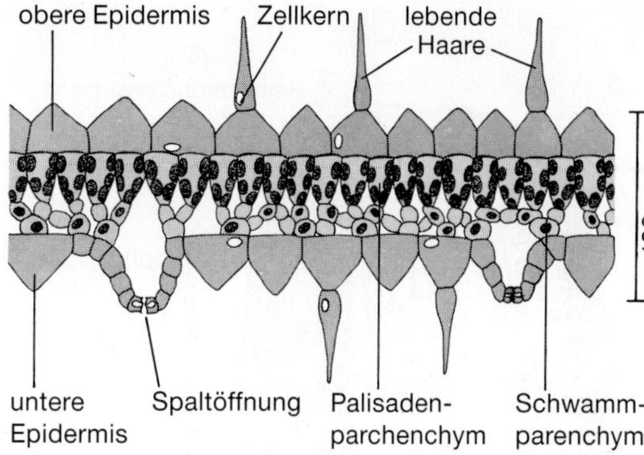

Abb. 23-27. Querschnitt durch das Blatt von *Ruellia portellae.* Die Pflanze wächst in tropischen Regenwäldern und zeigt den für Hygrophyten typischen Blattbau mit emporgehobenen Spaltöffnungen der unterseitigen Epidermis (nach FITTING).

osmotisch wirksamer Substanzen (anorganische Ionen, organische Säuren) und des osmotisch nachfolgenden Wassers geben sie eine verdünnte Lösung ab.

Hydathoden sind auf den Blättern der Hygrophyten besonders zahlreich, kommen aber auch bei anderen Angiospermen vor. Meist finden sie sich an den Blattspitzen, wo die größeren Blattadern enden. Die Lage der Hydathoden läßt sich an den Guttationstropfen erkennen, die sich bei hoher Luftfeuchte – etwa morgens nach einer kühlen Nacht – an den Blattspitzen der Gräser oder den Blatträndern vieler Dikotylen gebildet haben. Besonders schön läßt sich dies bei Erdbeerblättern oder der Wiesenpflanze *Alchemilla* (Frauenmantel) beobachten.

Hydrophyten (Wasserpflanzen) leben entweder untergetaucht (submers) oder ihre Blätter schwimmen auf der Wasseroberfläche. Die *Schwimmblätter* sind epistomatisch (Tab. 23-1) und wie normale Laubblätter gebaut. Sie besitzen aber besonders weitlumige Interzellularen im Blattgewebe, die dem Auftrieb der Blätter dienen. Diese Interzellularen stehen mit weiten Luftkanälen in den Blattstielen in Verbindung, die sich als *Aërenchym* (Durchlüftungsgewebe) bis zu den im Bodenschlamm wachsenden Rhizomen und Wurzeln fortsetzen und diese mit Sauerstoff versorgen. Dieser Aufbau ist ebenso eine Anpassung an O_2-Mangel im Wurzelbereich wie die in anderem Zusammenhang erwähnten „Atemwurzeln" (Kap. 21.4, Abb. 21-16).

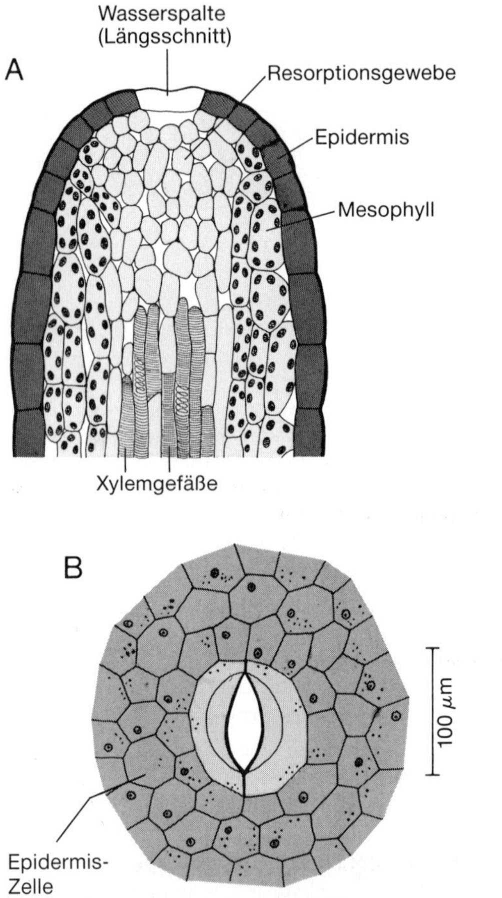

Abb. 23-28. (A) Schematisierter Längsschnitt durch eine Epithemhydathode von *Saxifraga lingulata* (nach TROLL). Unter der Wasserspalte liegt ein Resorptionsgewebe (Epithem), welches Salze und organische Stoffe aus dem Guttationswasser rückresorbiert, ehe dieses aus der Spalte ausgeschieden wird. (B) Aufsicht auf die Wasserspalte am Blattrand der Kapuzinerkresse (nach STRASBURGER).

Die *submersen Blätter,* wie sie bei vielen Hydrophyten auftreten (z. B. *Ranunculus aquatilis,* vgl. Kap. 23.4.1), dienen oft der Stoffaufnahme aus dem Wasser. Die Epidermis-Zellen besitzen nur eine sehr zarte Cuticula und sehr dünne Zellwände, was den Diffusionswiderstand bei der Stoffaufnahme verringert. Die Unterwasserblätter sind oft fädig zerschlitzt. Einerseits wird dadurch die resorbierende Blattoberfläche vergrößert, aber andererseits auch der Zerstörung der Blattspreite durch die Scherkräfte des strömenden Wassers vorgebeugt.

Zum weiteren Studium

EDWARDS, G. UND WALKER, D.: *C_3, C_4: mechanisms, and cellular and environmental regulation, of photosynthesis.* Blackwell Scientific Publications, Oxford – London – Edinburgh – Boston – Melbourne 1983.

ESAU, K.: *Pflanzenanatomie.* Fischer, Stuttgart 1969.

HOPPE, W., LOHMANN, W., MARKL, H. UND ZIEGLER, H. (eds): *Biophysik*. Springer, Berlin – Heidelberg – New York 1977.

JURZITZA, G.: *Anatomie der Samenpflanzen.* Thieme, Stuttgart 1987.

LARCHER, W.: *Ökologie der Pflanzen.* UTB Ulmer, Stuttgart 1980.

STRASBURGER, E.: *Lehrbuch der Botanik für Hochschulen.* Fischer, Stuttgart – Jena – New York 1991.

TROLL, W.: *Praktische Einführung in die Pflanzenmorphologie.* Springer, Jena 1954.

24 Die Pflanzenernährung

Nekrose: Absterben von Pflanzengewebe das noch im räuml. Zusammenhang mit dem lebenden Organismus steht

24.1 Die essentiellen Elemente

Bei den für autotrophe und heterotrophe Organismen essentiellen Elementen kann man zwischen Nähr- und Spurenelementen unterscheiden. Die völlig *autotrophen Organismen* können alle diese Elemente in anorganischer Form verwerten. Dies ist besonders bemerkenswert für die Elemente Kohlenstoff (C), Stickstoff (N) und Schwefel (S), die hauptsächlich in oxidierter Form (CO_2,NO_3^-, SO_4^{2-}) zur Verfügung stehen und zum Einbau in pflanzeneigene organische Substanzen reduziert werden müssen. Dazu sind die *heterotrophen Tiere* nicht in der Lage. Sie können C, N und S nicht in anorganischer Form metabolisieren (bei N und S auch nicht in der reduzierten Form NH_4^+ bzw. S^{2-}), und müssen sie in Form organischer Verbindungen zugeführt bekommen. *Nährelemente* werden in größeren Mengen gebraucht, unter ihnen sind die am Aufbau der organischen Substanzen des Bau- und Betriebsstoffwechsels beteiligten Elemente. *Spurenelemente* sind in kleinsten Mengen als Bestandteile von Enzym- und Cofaktor-Systemen essentiell.

Die Erkenntnis, daß einfache anorganische Verbindungen für die Pflanzenernährung vollkommen ausreichen und keinerlei organische Verbindungen aus der Humusauflage des Bodens benötigt werden, geht auf den Chemiker Justus von Liebig (1803–1873) zurück (Widerlegung der Humustheorie 1840). Die Anwendung dieser Erkenntnis in der Landwirtschaft führte zur Düngung mit anorganischen Salzen. Sie legte aber auch den Grundstein für die Einführung der *Wasserkultur (Hydroponik)* um 1860 durch den Begründer der experimentellen Pflanzenphysiologie Julius Sachs (1832–1897).

Die Wasserkultur spielte bei der Feststellung, welche Elemente für Pflanzen essentiell sind, eine entscheidende Rolle. Man kann hierbei von genau definierten Versuchslösungen ausgehen. Vielfach arbeitet man rein phänomenologisch durch die Beobachtung von Symptomen, d. h. des Auftretens oder Ausbleibens von *Mangelerscheinungen* (z. B. Vergilben, Nekrosen, kümmerliches Wachstum) beim Weglassen bestimmter Elemente in der Nährlösung. Bei Spurenelementen ist besondere Vorsicht geboten, denn sie können als ungewollte Verunreinigungen in die Versuchslösungen geraten. Bei dem in der Natur häufigen, auch im Glas enthaltenen Natrium ist es z. B. sehr schwierig nachzuweisen, ob es als Spurenelement nötig ist. Bei vielen Elementen kennt man neben den Symptomen von Mangelerscheinungen auch ihre molekulare Funktion (Kasten 24-1).

24.2 Die Rolle von Pflanzen im Stickstoff- und Schwefel-Kreislauf von Ökosystemen

Da autotrophe Pflanzen CO_2, NO_3^- und SO_4^{2-} reduzieren und die Elemente C, N und S in organische Bindung überführen können, spielen sie in *C-, N- und S-Kreisläufen von Ökosystemen* eine entscheidende Rolle. Sie sind die primären Produzenten solcher organischer Verbindungen, die den heterotrophen Tieren direkt oder indirekt als Nahrung dienen. Beim Abbau von Tierausscheidungen und von Tier- und Pflanzenleichen durch Mikroorganismen werden die Elemente schließlich wieder in anorganischer Form frei und können autotrophen Pflanzen erneut als Ausgangsmaterial dienen. Wir werden uns später mit den Stoffkreisläufen der Natur ausführlicher befassen (Kap. 29.2). In den Abb. 24-1 und 24-2 sehen wir zunächst spezielle Einzelheiten des N- und S-Kreislaufes. Dabei interessieren uns besonders die Assimi-

Pflanzen: primär Produzenten org. Verb. → Nahrung für Tiere

Kasten 24-1
Essentielle Elemente

Nährelemente

C H O	N P S	K^+ Ca^{2+} Mg^{2+}
kommen aus CO_2, O_2, H_2O (z. T. aus HCO_3^-)	kommen aus anorganischen Ionen	liegen in Form freier Ionen oder gebunden an organische Moleküle vor

Elemente organisch chemischer Verbindungen

Spurenelemente
B, Cl, Cu, Mn, Fe, Zn, Mo. Bestimmte Pflanzen benötigen auch Si, Co, Se. Im Gegensatz zu Tieren brauchen die Pflanzen in der Regel kein Na^+.

Molekulare Funktionen von essentiellen Elementen
(außer C, H und O, die Bestandteil aller organischen Verbindungen sind)

B: Wichtig für das Wachstum von Meristemen. Eventuell dient es der Orientierung von Proteinen in Membranen.

N: Bestandteil aller Aminosäuren und damit von Proteinen und von Purin- und Pyrimidinbasen in Nucleinsäuren und Coenzymen.

Mg: Bestandteil von Chlorophyll. Wichtig für ATP-abhängige Reaktionen, da ATP nur in Form des Mg-ATP-Komplexes reagiert. Gegenion von $-COO^-$-Gruppen der Zellwandpectine.

P: Als PO_4-Gruppe für eine Unzahl phosphorylierter Verbindungen im Stoffwechsel wichtig. Bestandteil der Nucleinsäuren und Phospholipide.

S: Bestandteil bestimmter Aminosäuren und damit von Proteinen und von Coenzymen (Coenzym A, Biotin, Liponsäure, Ferredoxin) und Sulfolipiden.

K: Hohe K^+-Konzentrationen im Cytoplasma (mindestens 50 mM) sind Voraussetzung für Enzymfunktionen; wichtig für die Osmoregulation (u. a. beim Streckungswachstum) und als Osmotikum bei nastischen Turgorbewegungen.

Ca: Gegenion von $-COO^-$-Gruppen der Zellwandpectine; wichtig für die Integrität von Lipoproteinmembranen und damit für die Zellorganisation. Regulation zellphysiologischer Vorgänge.

Mn: Cofaktor von Enzymen des Zitronensäure-Zyklus und bei der photosynthetischen O_2-Entwicklung.

Fe: Bestandteil von Porphyrinen, den prosthetischen Gruppen verschiedener Enzyme (Häm-Eisen: Cytochrome, Katalase, Peroxidase, Leghämoglobin) und anderer Enzymproteine (Nicht-Häm-Eisen: Ferredoxin, Nitrogenase). Wichtig für die Chlorophyllsynthese.

Kasten 24-1 (Fortsetzung)

Cu: Bestandteil von Enzymen, besonders der Cytochromoxidase und des Plastocyanins als Redoxsystem der Thylakoide.

Zn: Bestandteil einer großen Zahl von Enzymen.

Mo: Bestandteil von Enzymen des N-Stoffwechsels: NO_3-Reduktase, Nitrogenase.

Knop*'sche Nährlösung*. Optimale Nährlösung für *Hydrokultur* (aus der Zeit von Julius Sachs):

1000 cm^3 H_2O
1,0 g $Ca(NO_3)_2$
0,25 g $MgSO_4 \cdot 7H_2O$
0,25 g KH_2PO_4
0,25 g KNO_3
Spur $FeSO_4$

Heute fügt man dieser Lösung noch Spurenelemente zu, durch die Zugabe eines Tropfens der *A-Z-Lösung nach* Hoagland, die in 1 l Wasser mg-Mengen der Salze folgender Elemente enthält: Li, B, Al, Cl, Ti, Mn, Co, Ni, Cu, Zn, Br, Sn, J.

lation von NO_3^- und SO_4^{2-} sowie die Fixierung von Luftstickstoff (N_2) durch Mikroorganismen in Symbiosen mit Pflanzen. Einige Reaktionen von Mikroorganismen, die beim Abbau von N- und S-Verbindungen wichtig sind, haben wir schon im Zusammenhang mit der Evolution von Energieübertragungsmechanismen kennengelernt. Hierzu gehören die Verwendung von H_2S als [2H]-Donator bei der Bakterien-Photosynthese (Kap. 1.4.2) und die Nitrifikation und Sulfurikation als die energieliefernden Prozesse der Chemosynthese (Kasten 1-10). Bei den umgekehrten Vorgängen, Denitrifikation und Desulfurikation, dienen NO_3^- und SO_4^{2-} anaeroben Bakterien anstelle des Luftsauerstoffes als Oxidationsmittel.

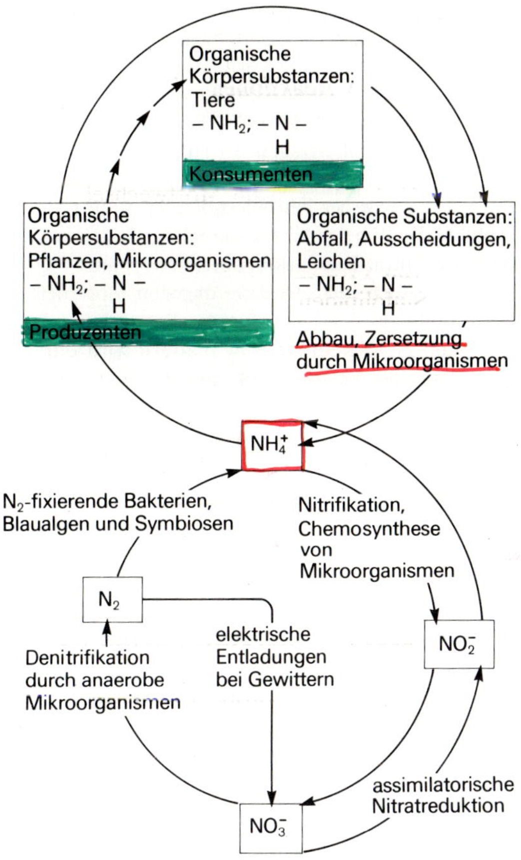

Abb. 24-1. Der Kreislauf des Stickstoffs.

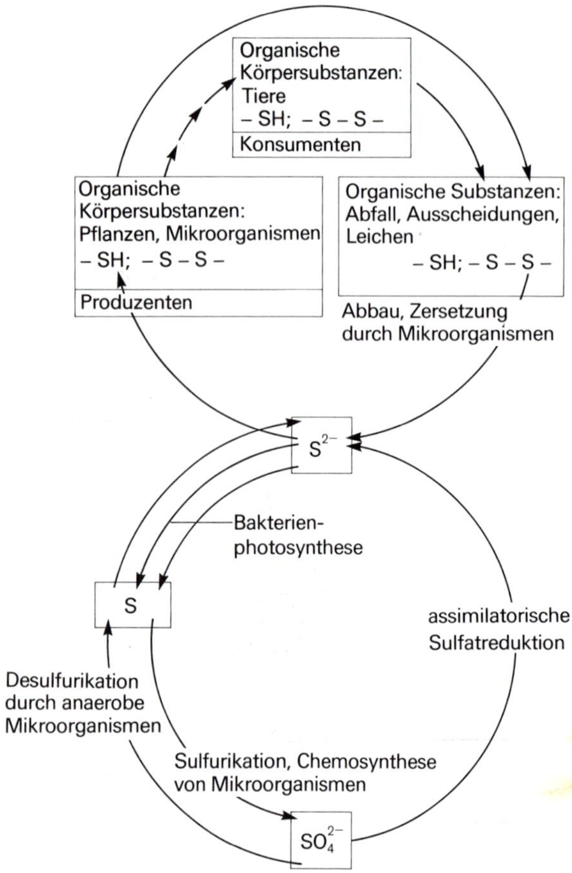

Abb. 24-2. Der Kreislauf des Schwefels.

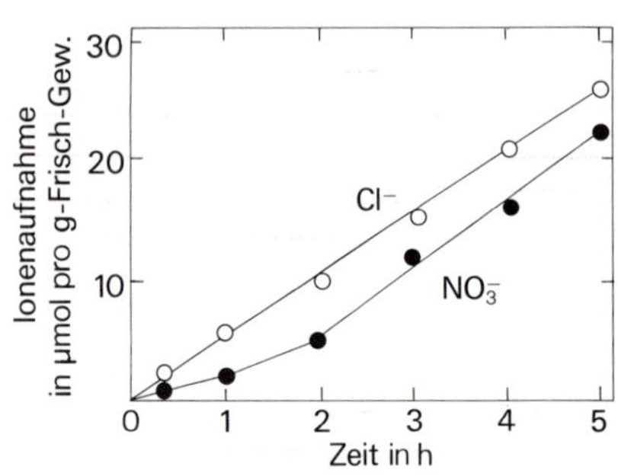

Abb. 24-3. Induktion der Nitrataufnahme bei Maiswurzeln. Die Wurzeln wurden chlorid- und nitratfrei angezogen, Cl^- wurde nach der Zugabe sofort aufgenommen, NO_3^- erst nach einer Induktionsphase (nach Daten von JACKSON et al., *Plant Physiol.* **51**: 120, 1973).

24.3 Der Stoffwechsel des Stickstoffs

24.3.1 Nitrat-Aufnahme und Nitrat-Reduktion

Pflanzenzellen haben in ihrem Plasmalemma Carrier-Mechanismen für die NO_3^--Aufnahme, die durch NO_3^- induziert werden, also nur in Gegenwart von NO_3^- aktiv sind. So nimmt eine Wurzel, die längere Zeit in einer NO_3^--freien Lösung gehalten wurde, bei NO_3^--Zugabe das Nitrat erst nach einer bestimmten Latenzzeit auf. Dabei werden die NO_3^- transportierenden Carrier-Proteine synthetisiert. Zum Vergleich kann man zeigen, daß das Chlorid (Cl^-) sofort nach seiner Zugabe transportiert wird (Abb. 24-3). Bei nicht zu hohen NO_3^--Konzentrationen im Wurzelmilieu kann ein guter Teil des aufgenommenen NO_3^- in der Wurzel selbst zu NH_4^+ reduziert werden. Im wesentlichen erfolgt die *assimilatorische NO_3^--Reduktion* bei vielen Pflanzenarten aber in den grünen Blättern (Abb. 24-4).

Die Arbeitsteilung zwischen Wurzeln und Blättern bei der NO_3^--Reduktion wird auch von verschiedenen inneren und äußeren Faktoren beeinflußt und ist ein typisches Beispiel für eine Korrelation zwischen Wurzel- und Sproßsystem (s. Abb. 26-8).

Beim Gesamtprozeß der NO_3^--Reduktion werden acht Elektronen übertragen. Er gliedert sich in zwei Teilschritte, die NO_3^-- und NO_2^--Reduktion, die im Cytoplasma bzw. in den Plastiden lokalisiert sind (Abb. 24-5). Wie das Nitrat-Aufnahme-System wird auch die Nitrat-Reduktion durch NO_3^- und NO_2^- induziert, durch NH_4^+ wird sie dagegen reprimiert. Die Expression der Gene für die Biosynthese der NO_3^-- und NO_2^--Reduktase in Blättern wird durch Licht über das Phytochromsystem reguliert (Kap. 26.6.3.1, Abb. 26-8). Die regulatorische Funktion dieser Förderungen und Hemmungen ist offensichtlich.

Die cytoplasmatische *Nitratreduktase* ist ein Protein mit Flavin-adenin-dinucleotid, Eisen und Molybdän als Cofaktoren der Elektronenübertragung vom $NADH + H^+$ zum NO_3^-. Der Elektronendonator für die in den Chloroplasten lokalisierte *Nitritreduktase* ist Ferredoxin. In nicht-grünen Zellen liefert $NADPH + H^+$ die Reduktionsäquivalente für die NO_2^--Reduktion. Der photosynthetische Elektronentransport in den Chloroplasten stellt in Form von $NADPH + H^+$ auch die Reduktionsäquivalente für

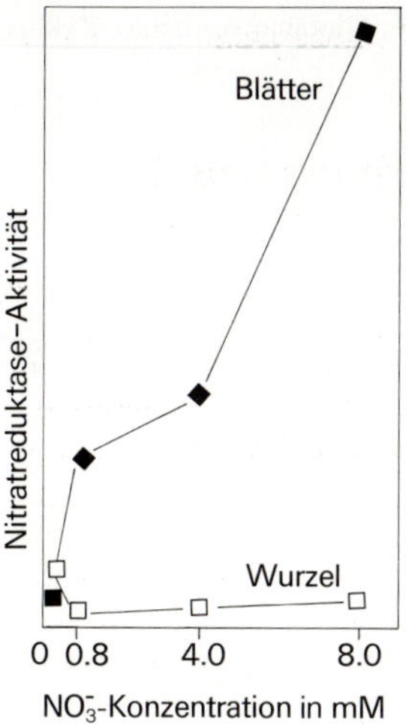

Abb. 24-4. Nitratreduktase-Aktivität in Blättern und Wurzeln von Erbsenpflanzen in Abhängigkeit von der NO_3^-- Konzentration im Wurzelmilieu (nach Daten von WALLACE und PATE, *Ann. Bot.* **31**: 213, 1967).

die reduktive Aminierung von α-Oxosäuren und damit für die Bindung des reduzierten N in organischen Molekülen bereit (Abb. 24-5).
Gebildetes NH_3 wird in höheren Pflanzen durch den *Glutamatsynthetase-Zyklus* assimiliert (Abb. 24-6). Zu bedenken ist noch, daß bei der Reduktion von 1 Mol NO_3^- zu 1 Mol NH_3 immer 1 Mol OH^- entsteht. Dieses würde die Zellen im Inneren stark alkalisieren, wenn nicht weitere Regulationsmechanismen wirksam wären. Nur Algen oder Wurzeln im Boden können die *OH^--Entgiftung* durch direkten Ionenaustausch mit dem Außenmedium, etwa durch einen OH^-/NO_3^--Austausch bei der NO_3^--Aufnahme, erreichen. In Blättern kann die Neutralisierung des OH^- durch die Biosynthese organischer Säuren erfolgen, vorwiegend durch Bildung von Äpfelsäure durch CO_2-Dunkelfixierung, ähnlich wie beim Streckungswachstum und bei der Öffnungsbewegung der Stomata (Kap. 5.5, Abb. 5-7). Das abdissoziierende Proton der neugebildeten −COOH-Gruppe bildet mit OH^- Wasser, und das Malat-Anion kann mit dem bei

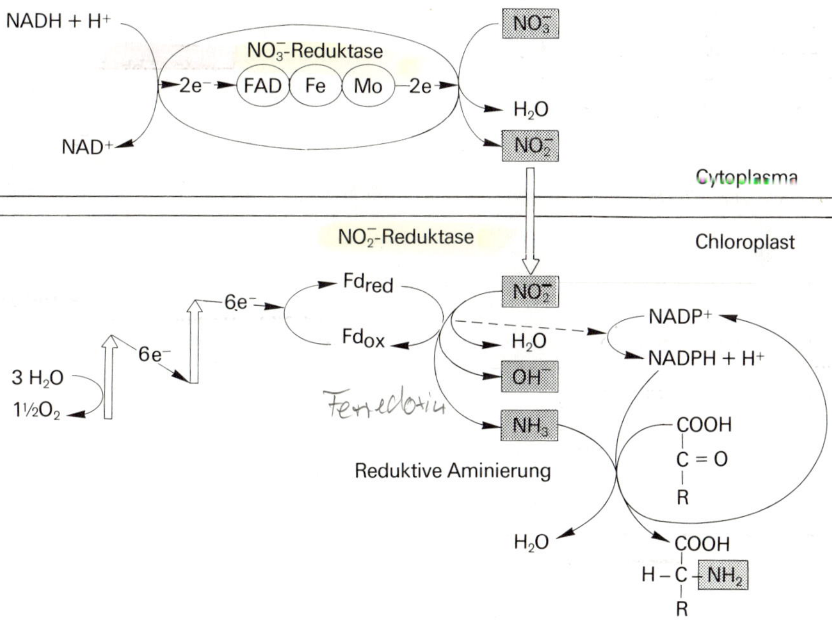

Abb. 24-5. Nitratreduktion in grünen Zellen.

- Cytoplasma: NO_3^--Reduktion
  $NO_3^- + 2e^- + 2H^+ \rightarrow NO_2^- + H_2O$
- Chloroplasten: NO_2^--Reduktion
  $NO_2^- + 6e^- + 6H^+ \rightarrow NH_3 + H_2O + OH^-$

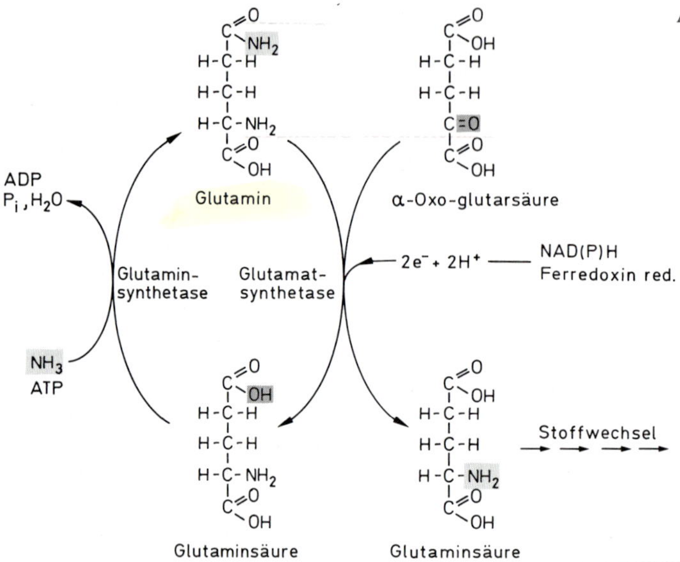

Abb. 24-6. Glutamatsynthetase-Zyklus.

der Nitrat-Aufnahme zugleich aufgenommenen Kation (z. B. K^+) in den Blattzellen akkumuliert oder im Phloem abtransportiert werden.

24.3.2 Fixierung von Luftstickstoff

Die Luft enthält 78 % Stickstoff. Diese gewaltige N-Quelle wird zur industriellen N-Dünger-Herstellung nach dem HABER-BOSCH-Verfahren genutzt. Die biologische N_2-Fixierung ist auf einige Gruppen von Prokaryonten (Bakterien und Cyanobakterien) beschränkt, die allerdings in Assoziationen und Symbiosen auch für die N-Versorgung höherer Pflanzen erhebliche Bedeutung haben können (Tab. 24-1).
Das Schlüsselenzym der N_2-Fixierung durch Prokaryonten ist die *Nitrogenase*. Ihre Struktur ist sehr kompliziert und noch nicht in allen Einzelheiten aufgeklärt. Die Nitrogenase besteht aus einem eisenhaltigen Protein mit 2 Untereinheiten und einem eisen- und molybdänhaltigen Protein mit 4 Untereinheiten, die je 2 Molybdän-Atome und etwa 22 bis 24 Eisen-

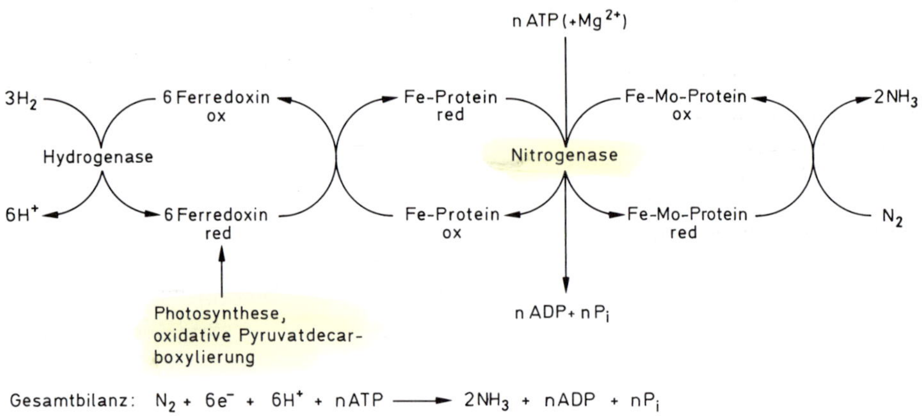

Gesamtbilanz: $N_2 + 6e^- + 6H^+ + n\,ATP \longrightarrow 2NH_3 + n\,ADP + n\,P_i$
wobei $n \geq 6$

Abb. 24-7. N_2-Reduktion. Elektronentransportkette bei der Nitrogenasereaktion.

Schwefel-Gruppen enthalten. Elektronendonator für die N_2-Reduktion ist Ferredoxin; der Elektronenfluß vom Ferredoxin über die Fe- und Mo-Atome und die Fe-S-Gruppen der Nitrogenase ist von ATP-Energie abhängig. Die Reduktionsäquivalente für die Ferredoxin-Reduktion können aus der Photosynthese, der oxidativen Decarboxylierung des Pyruvats oder bei anaeroben Bakterien aus einer Hydrogenase-Reaktion stammen (Abb. 24-7).

Eine wichtige Eigenschaft der Nitrogenase ist ihre *Sauerstoff-Empfindlichkeit.* Sie ist nur unter Anaerobiose aktiv und wird durch O_2 irreversibel inaktiviert. Bei anaeroben Bakterien ist dies zwar kein Problem, es schränkt aber die N_2-Fixierung durch freilebende Bakterien in durchlüfteten Böden stark ein. Bei Cyanobakterien ist die Nitrogenase in den *Heterocyten* (Kap. 1.7.2, Abb. 1-7) lokalisiert, deren dicke Zellwände O_2 aus der Luft fernhalten, und die kein Photosystem II besitzen, so daß auch keine photosynthetische O_2-Entwicklung erfolgen kann. Dadurch ist N_2-Fixierung bei erniedrigtem Sauerstoff-Partialdruck möglich. Reduktionsäquivalente und notwendige Kohlenstoff-Gerüste für die NH_3-Bindung müssen dazu aus den benachbarten photo-autotrophen Zellen in die Heterocyten transportiert werden.

Unter den mannigfaltigen *Symbiosen* (Kap. 25.2.1) zwischen N_2-fixierenden Prokaryonten und Eukaryonten sind die *Knöllchen der Wurzeln von Leguminosen,* eine Symbiose zwischen höheren Pflanzen und Bakterien der Gattung *Rhizobium,* für die Pflanzenernährung in der Landwirtschaft am bedeutendsten. Zu den Leguminosen gehören sehr viele Kulturpflanzen (Erbsen, Bohnen und Linsen; Kleearten als wichtige Weidepflanzen). Unter optimalen Bedingungen kann ein mit Klee bebautes Feld mit Hilfe der Knöllchenbakterien bis zu 400 kg Luftstickstoff pro ha und Jahr fixieren.

Die Knöllchen müssen besonders gut mit Leitbündeln versorgt sein. Das Phloem dient der Zulieferung von Substraten aus den CO_2-assimilierenden Teilen der Pflanzen und das Xylem dem Abtransport der N-Fixierungsprodukte. Der oxidative Abbau von Zucker im Knöllchen-Gewebe ist wesentlich für die Bereitstellung von ATP, von Reduktionsäquivalenten und von Kohlenstoff-Gerüsten – vornehmlich aus Intermediärverbindungen des Zitronensäure-Zyklus – für die N_2-Reduktion und NH_3-Bindung (Abb. 24-6 und 24-7). Die Substratreserven der Wurzeln reichen dazu auf die Dauer nicht aus, und eine kontinuierliche Versorgung mit Saccharose und teilweise auch

Tab. 24-1. Stickstoffumsetzungen auf der Erde.

Art der Stickstoff-Umsetzung	Menge des umgesetzten Stickstoffs in Millionen Tonnen pro Jahr	
N_2-Fixierung		
Biologische N_2-Fixierung		60–120
Symbiosen der Leguminosen	14–35	
Symbiosen von Nicht-Leguminosen	5	
Assoziationen in Reisfeldern (vor allem mit Cyanobakterien)	4	
Freilebende N_2-Fixierer und Assoziationen in anderen Böden und Pflanzengesellschaften	30–36	
Ozeane	10–36	
Industrielle N_2-Fixierung (Haber-Bosch-Verfahren)		30
Atmosphärische N_2-Fixierung (Blitzentladungen)		7,6
NO_3-Reduktion (Denitrifikation)		
Auf dem Land		43
Im Meer		40

organischen Säuren über das Phloem ist ganz entscheidend. Eine der wesentlichsten Transportformen des assimilierten N_2 für den Export aus den Knöllchen im Xylem und die Verteilung in der Pflanze ist das Glutamin.

Ein kompliziertes Problem ist der *O_2-Haushalt der Knöllchen*. Einerseits braucht der wichtige Energie- und C-Stoffwechsel eine gute O_2-Versorgung, andererseits verlangt die Nitrogenase für ihre Aktivität einen stark erniedrigten O_2-Partialdruck. Allein die intensive *Atmungsaktivität* der Knöllchen kann schon den O_2-Gehalt des gesamten Knöllchen-Gewebes niedrig halten. Strukturelle Besonderheiten und die spezielle Anordnung von bakteroidhaltigen Zellen (Kap. 25.2.1), atmungsaktiven Zellen – Orte des O_2-Verbrauchs – und Leitbündeln können zu einer regelrechten O_2-Kompartimentierung in den Knöllchen führen. Dabei spielt das Hämoglobin der Leguminosen *(Leghämoglobin)* eine wichtige Rolle. Es erfüllt vermutlich eine doppelte Funktion. Durch O_2-Bindung hält es den O_2-Partialdruck im Bereich der Bakteroide niedrig und durch den Transport des gebundenen Sauerstoffs versorgt es die Atmungssysteme.

24.4 Der Stoffwechsel des Schwefels

Ebenso wie bei der Reduktion des Nitrats zum Ammoniak müssen bei der Reduktion von Sulfat zum Sulfid acht Elektronen übertragen werden:

$$SO_4^{2-} + 8e^- + 8H^+ \rightarrow S^{2-} + 4H_2O.$$

Es wird also eine beträchtliche Menge von Reduktionsäquivalenten benötigt, die besonders effektiv durch den photosynthetischen Elektronentransport gebildet werden können. Auch hier beobachten wir daher bei höheren Pflanzen eine Kooperation zwischen Wurzel und Sproßsystem: Aufnahme von SO_4^{2-} durch die Wurzeln, Transport im Xylem in den Sproß, SO_4^{2-}-Reduktion hauptsächlich in den Blättern.

Das SO_4^{2-} wird in aktivierter Form als *Adenosin-5'-phosphoryl-sulfat (APS)* und *3'-Phosphoryl-adenosin-5'-phosphoryl-sulfat (PAPS)* im Stoffwechsel umgesetzt (Abb. 24-8 und 24-9). Dabei dient PAPS hauptsächlich als SO_4^{2-}-Überträger zur Bildung von Sulfat-Estern und APS als Ausgangsverbindung für die SO_4^{2-}-Reduktion. Die *SO_4^{2-}-Reduktase* besitzt ein „Träger-Protein" mit zwei freien HS-Gruppen. Nach der Bindung von SO_4^{2-} an eine dieser HS-Gruppen werden über Ferredoxin sechs Elektronen übertragen. Bei nicht-grünen Zellen kann auch im oxidativen Pentosephosphat-Zyklus gebildetes $NADPH + H^+$ als Elektronendonator dienen. Der reduzierte Schwefel wird dann auf O-Acetylserin übertragen, wodurch die schwefelhaltige Aminosäure Cystein gebildet wird. Das Träger-Protein liegt dann in der oxidierten Form mit einer –S–S–-Bindung vor. Durch Übertragung eines vierten Elektronenpaares mit $NADPH + H^+$ als Donator werden zur Vollendung des SO_4^{2-}-Reduktionszyklus die beiden freien HS-Gruppen des Träger-Proteins wieder regeneriert.

24.5 Der Stoffwechsel des Phosphors

Im Gegensatz zu Stickstoff und Schwefel wird der Phosphor im Stoffwechsel in der gleichen oxidierten Form (in der Oxidationsstufe des Phosphats) benötigt, in der er den Pflanzen in ihrer Umgebung zur Verfügung steht. Die Phosphorylierung organischer Verbindungen, d. h. die Bildung der verschiedenen Phosphat-Ester, wurde bereits ausführlich beschrieben (Kasten 1-8; Kap. 2.5). Es ist hier noch von Interesse, auf die Speicherformen des Phosphats hinzuweisen. In niederen pflanzlichen Organismen, vor allem in Algen, kommen hauptsächlich *Polyphosphat*-Körnchen mit bis zu 10^6 Phosphat-Resten vor. Mit der Phosphat-Speicherung ist dabei eine Energiespeicherung verbunden, denn die freie Energie der Spaltung der Esterbindung zwischen den einzelnen Phosphat-Resten liegt in der gleichen Größenordnung wie die freie Energie der ATP-Hydrolyse.

In höheren Pflanzen wird Phosphat oft in Form der Phosphorsäure-Ester des *Inositols* gespeichert, besonders bei der Reservestoffbildung in Samen (Kasten 24-2).

24.6 Anorganische Ionen als spezielle Standortfaktoren

Anorganische Salze und Ionen spielen als Standortfaktoren ökologisch und landwirtschaftlich (s.o.: Düngung) eine bedeutende Rolle. Interessante Sonderfälle sind Serpentin-Böden mit hohen Mg-Gehalten, Fluor-und Selen-Böden und andere metallhaltige Böden (mit Zn, Cu, Ni, Pb) z. B. auf Abraumhalden des Bergbaues. Anpassungen von Pflanzenarten und -varietäten können genetisch fixiert sein. Diese

Abb. 24-8. Aktivierung des Sulfats.

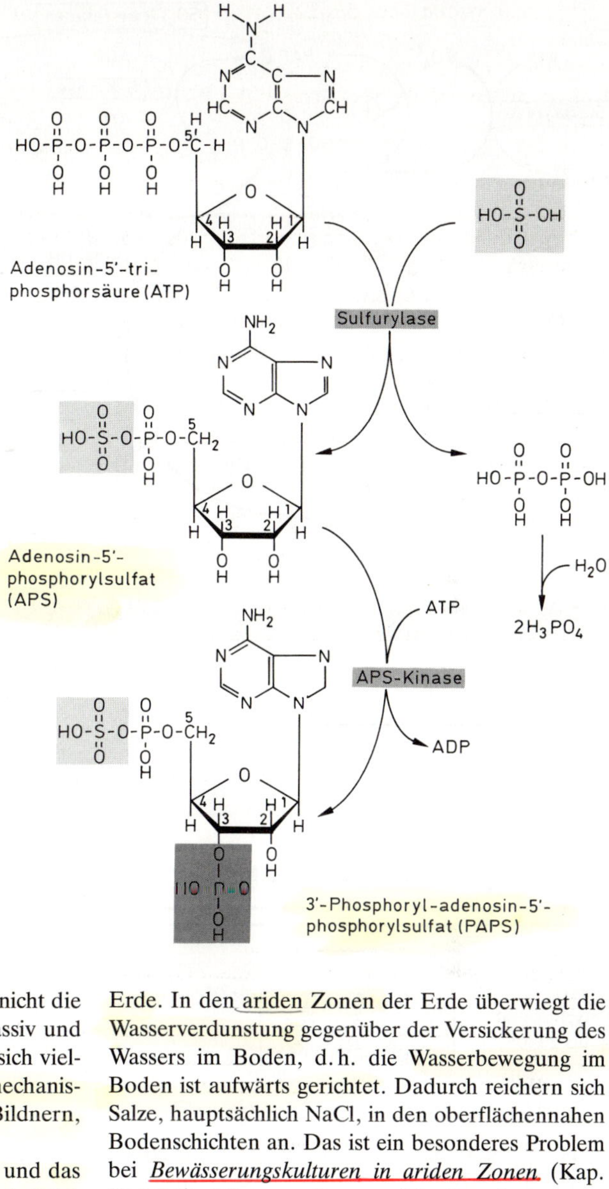

Standortspezialisten schränken in der Regel nicht die Aufnahme der Metalle ein, die großteils passiv und durch Ionenaustausch erfolgt. Sie schützen sich vielmehr durch Ausfällungs- und Ablagerungsmechanismen und durch die Synthese von Chelat-Bildnern, die die Metalle binden.

Wir greifen hier das Kochsalz, das Calcium und das Eisen als ökologisch und auch landwirtschaftlich besonders wichtige Beispiele heraus.

24.6.1 Salinität

Salzreiche Standorte finden wir entlang der Meeresküste, in feuchten Salzmarschen, aber auch im Landesinnern, vor allem in den Trockengebieten der Erde. In den ariden Zonen der Erde überwiegt die Wasserverdunstung gegenüber der Versickerung des Wassers im Boden, d.h. die Wasserbewegung im Boden ist aufwärts gerichtet. Dadurch reichern sich Salze, hauptsächlich NaCl, in den oberflächennahen Bodenschichten an. Das ist ein besonderes Problem bei *Bewässerungskulturen in ariden Zonen* (Kap. 29.3.1.4). Pflanzen, die an solche Standorte angepaßt sind, nennt man *Halophyten.* Manche Pflanzen zeigen bei einer bestimmten Salzbelastung verstärktes Wachstum und eine erhöhte Primärproduktion; man kann sie als salzliebend *(halophil)* bezeichnen. Im engeren Sinne halophil sind allerdings nur einige Bakterien (Halobakterien, Kap. 1.4.1), die obligatorisch an hohe Salzkonzentrationen in ihrem Medium gebunden sind.

Salinus: salzliebend, an salzigen Orten wachsend

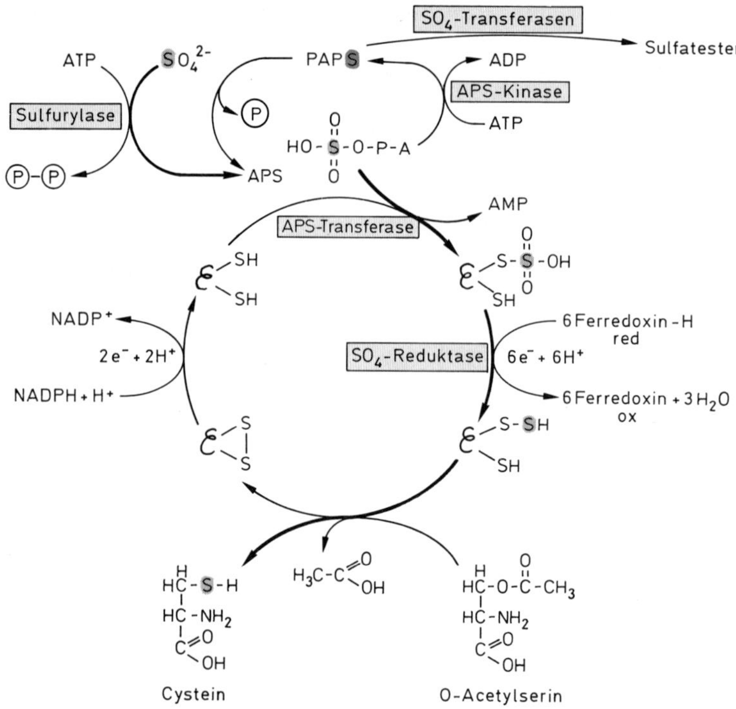

Abb. 24-9. Sulfatreduktion und Schwefelstoffwechsel. $\mathcal{E}\!<^{SH}_{SH}$ ist ein noch hypothetisches Carrier Protein.

Kasten 24-2 Speicherformen des Phosphates

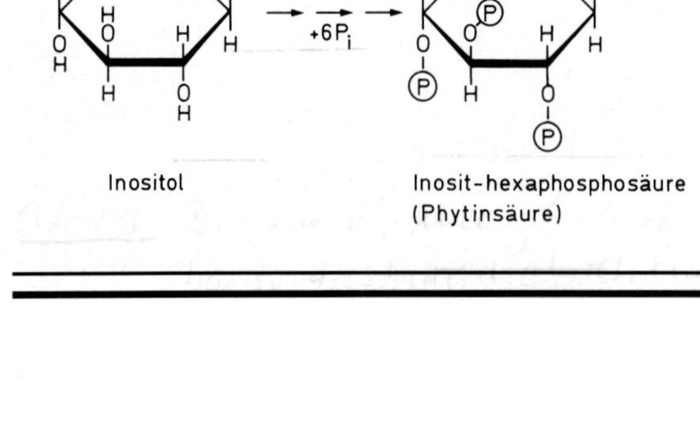

Halophyten kommen durch verschiedene Mechanismen mit der besonderen NaCl-Belastung ihrer Umgebung zurecht. Sie müssen immer soviel osmotisch wirksame Substanzen in ihren Zellen akkumulieren, daß das Wasserpotential in der Pflanze negativer bleibt als das Wasserpotential im Boden. Nur so wird ein *Wasserpotentialgradient* aufrecht erhalten, der die H_2O-Aufnahme und -versorgung der Pflanzen gewährleistet.

Als Osmotikum dient meist das NaCl, das aus der Umgebung aufgenommen werden kann. Hohe Na^+-Konzentrationen schädigen aber die cytoplasmatischen Enzym- und Reaktionssysteme, die bei Halophyten genauso salzempfindlich sind, wie bei Nicht-Halophyten (Glykophyten). Das Na^+ umgibt sich mit einer besonders großen Hydrathülle und stört so die *molekularen Wasserstrukturen* im Cytoplasma (Kap. 14.3, Kasten 14-3). Deshalb wird das als Osmotikum aufgenommene NaCl sehr stark in den Vakuolen angereichert und das Cytoplasma bleibt Na^+-arm. Zur NaCl-Speicherung bilden die Zellen von Halophyten vielfach besonders große Vakuolen aus, die Pflanzen werden dickfleischig und sukkulent (Abb. 24-10). Durch entsprechendes Wachstum kann die Bildung neuer NaCl-Speicher mit der NaCl-Aufnahme korreliert sein.

Das wirft aber ein zusätzliches Problem auf. An der Tonoplasten-Membran kann kein osmotischer Gradient zwischen Cytoplasma und Vakuole aufgebaut werden, da hier der Gegendruck durch die Zellwand fehlt. Die Zellen müssen Gleichgewichtszustände erreichen, in denen die osmotische Aktivität des NaCl in den Vakuolen durch die osmotische Aktivität anderer Substanzen im Cytoplasma ausgeglichen wird. Bei der Anpassung an Salinität dient hierzu die Biosynthese verschiedener niedermolekularer organischer Substanzen, die mit den Protein-Strukturen und Membransystemen des Cytoplasmas verträglich sind und deshalb im Cytoplasma angereichert werden können (Kasten 24-3). Die absoluten Mengen dieser sogenannten *kompatiblen Substanzen* müssen nicht besonders groß sein, um den osmotischen Druck im

Abb. 24-10. Halophyten: *Halocnemum strobilaceum* (oben und unten links) in einem Schott in Nordafrika mit stark ausgebildeter Salzkruste und *Salicornia ramosissima* (unten rechts, Original S. TREICHEL) in einer Salzpfanne im Salzwiesenbereich an der Nordseeküste.

Cytosol auf dem Niveau des Vakuolen-Saftes zu halten, denn in sukkulenten Zellen beträgt das Volumen des Cytoplasmas nur wenige Prozente des Vakuolen-Volumens.

Eine übermäßige Salzaufnahme können Halophyten durch *Salzausschließung* im Bereich der Wurzeln und der unteren Sproßachse verhindern. Dabei spielt oft eine Rückresorption des Na^+ aus den Gefäßen des Xylems und ein Austausch gegen K^+ durch die Xylem-Parenchym-Zellen und das umliegende Wurzel- und Sproßparenchym eine wichtige Rolle.

Weitere Anpassungen sind die aktive Ausscheidung von NaCl durch *Salzdrüsen* und die Ablagerung von NaCl in den großen Blasenzellen von Salzhaaren, die man an den Blattoberflächen vieler Halophyten beobachten kann (Abb. 24-11).

Einen anschaulichen Vergleich der Wirksamkeit verschiedener Anpassungsmechanismen bietet die Betrachtung zweier Mangrove-Arten. *Mangroven* wachsen mit Stelzwurzeln im regelmäßig überspülten Schlick der Gezeitenzone tropischer und subtropischer Meere (Kap. 20.3). Die Art *Rhizophora mucronata* schließt NaCl teilweise aus dem Transpirationsstrom aus. Die Cl^--Konzentration im Xylem-Saft wurde als 17 mmol · l^{-1} gemessen. Die Art *Aegialitis annulata* enthält dagegen 100 mmol · l^{-1} an Cl^- im Xylem-Saft. Dafür hat sie Salzdrüsen, die große Mengen NaCl eliminieren können. Trotz der sehr unterschiedlichen Zulieferung erreichen die Blätter beider Arten fast die gleichen NaCl-Konzentrationen, die bei den voll ausgewachsenen Blättern von *Ae. annulata* sogar noch etwas niedriger sind als bei *Rh. mucronata* (*Ae. annulata:* ca. 380 mmol · l^{-1} NaCl; *Rh. mucronata:* ca. 450 mmol · l^{-1} Na^+ und ca. 520 mmol · l^{-1} Cl^-).

Kasten 24-3
Kompatible Substanzen im Cytoplasma von Halophyten bei der NaCl-Akkumulation

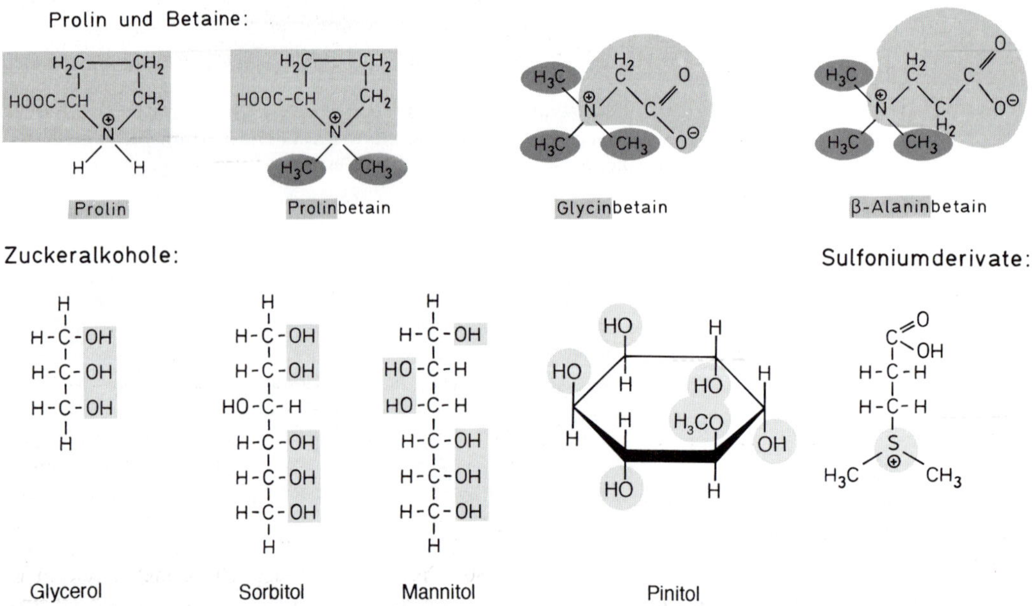

Abb. 24.11. (A) Salzdrüse von *Limonium vulgare* (Strandflieder). (B) Blasenhaar der Salzpflanze *Atriplex hymenelytra*. In diesen Haaren wird Salz abgelagert. (Raster-EM-Aufnahme: R. STELZER) Durchmesser des Blasenhaars ca. 150 µm. (C) Blatt der Mangrove *Avicennia germinans* mit Kristallen des durch Salzdrüsen ausgeschiedenen NaCl.

24.6.2 Calcium und Eisen

- Pflanzen, die an kalkreiche *Böden mit hohem Ca^{2+}-Gehalt und hohem pH-Wert* gebunden sind, nennt man *calcicol.*
- Pflanzen, die nur auf *Böden mit hohem Silikat-Gehalt und niedrigem pH-Wert* gedeihen, sind *calcifug.*

Ein vergleichend physiologisch besonders gut untersuchtes Paar sind die beiden Fabaceen *Vicia faba* (Pferde- oder Saubohne; *calcicol*) und *Lupinus luteus* (gelbe Lupine; *calcifug*).
Die calcicolen Pflanzen enthalten größere Mengen gelöstes Ca^{2+}. Unter den organischen Säuren überwiegt in den Zellen die Äpfelsäure. Bei den calcifugen Pflanzen wird das wenige aufgenommene Ca^{2+} in den Zellen, in denen die Oxalsäure überwiegt, als unlösliches Ca-Oxalat ausgefällt. Daneben spielen in den calcicolen und calcifugen Pflanzen wahrscheinlich besondere Membraneigenschaften und Mecha-

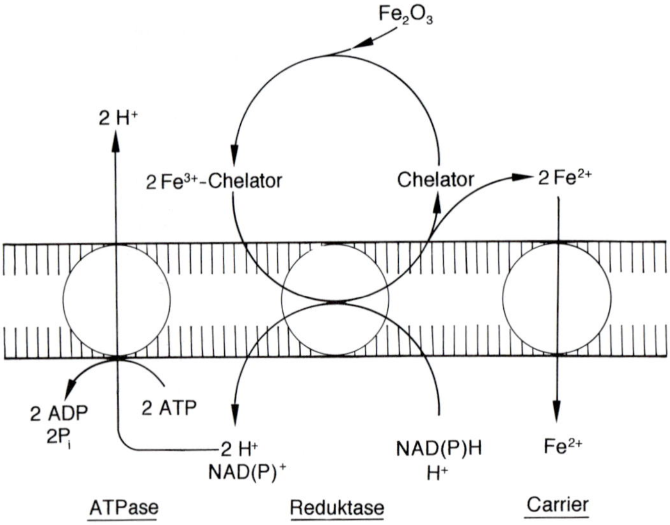

Abb. 24-12. Zusammenwirken einer Reduktase, eines Carriers und der H^+-ATPase im Plasmalemma bei der Eisenaufnahme. Bei Gräsern kennt man diesen Mechanismus nicht, findet aber die Ausscheidung besonderer Fe-Chelatoren, sogenannter Phytosiderophore.

nismen des Ca^{2+}-Transportes eine Rolle bei der Standortanpassung.

Auf kalkreichen alkalischen Böden können sich *Eisen-Mangelerscheinungen* ergeben, selbst wenn Eisen an sich in ausreichender Menge vorhanden ist. Das Eisen liegt in diesen Böden vorwiegend in der oxidierten Form (Fe^{3+}) als $Fe(OH)_3$ oder Fe_2O_3 vor. Eisen kann aber von Pflanzen nur in der reduzierten Form als Fe^{2+}-Ion aufgenommen werden.

Bei den Dicotyledonen kennt man sogenannte *eisen-effiziente Pflanzen.* Dazu gehören z. B. Kulturpflanzen wie die calcicole *Vicia faba*, andere Fabaceen (*Phaseolus vulgaris*, Gartenbohne; *Pisum sativum*, Gartenerbse; *Arachis hypogaea*, Erdnuß), Brassicaceen (*Brassica napus*, Raps), Cucurbitaceen (*Cucumis sativus*, Gurke), Solanaceen (*Solanum tuberosum*, Kartoffel; *Lycopersicum esculentum*, Tomate; *Capsicum annuum*, Paprika) und die Sonnenblume, *Helianthus annuus.* Bei manchen Pflanzen (z. B. der Kichererbse, *Cicer arietinum*) gibt es genetisch fixierte Unterschiede der Eisen-Effizienz bei Varietäten derselben Art.

Die eisen-effizienten Pflanzen können in solchen Mangelsituationen Protonen abscheiden und an ihrer Wurzeloberfläche eine besondere *Reduktionskapazität* ausbilden (Abb. 24-12). Dadurch mobilisieren sie das Eisen aus der unlöslichen Form (Fe_2O_3) und reduzieren es zur Transportform. Damit sind meist anatomische und cytologische Veränderungen verbunden. Die Saugwurzeln verdicken sich lokal etwas und die epidermalen und subepidermalen Zellen vergrößern ihre Oberfläche enorm, indem sie wie Transfer-Zellen (Kap. 21.2.1.2, Abb. 21-5) ein *Zellwand-Protuberanzen-Labyrinth* ausbilden (Abb. 24-13).

Eine gute Illustration bietet der „Zweiphasenversuch" nach H. JENNY (Abb. 24-14). Eine eisenfreie Nährlösung mit einem pH-Wert von 8 zirkuliert kontinuierlich durch zwei Kulturgefäße. In einem Kulturgefäß befinden sich neben normalem Sand noch mit Fe_2O_3 überzogene Sandkörner, im anderen Gefäß nur normale Sandkörner. Fe_2O_3 ist bei pH 8 sehr schwer löslich. Die Pflanzen im Sand mit Fe_2O_3 wachsen trotzdem normal, während die Pflanzen im reinen Sand chlorotisch werden und degenerieren. Dies zeigt, daß die Pflanzen das Eisen, nachdem es gelöst und zu Fe^{2+} reduziert worden ist, durch *Ionenaustausch an der Wurzeloberfläche* direkt aus dem Fe_2O_3 aufnehmen, aber nicht in größeren Mengen in die Nährlösung freigeben, die auch die kümmernden Pflanzen im Fe_2O_3-freien Sand umspült.

Chlorose: "Bleichsucht", mangelnde Ausbildung d. Chlorophyllfarbstoffs häufig bestimmt durch Eisenmangel

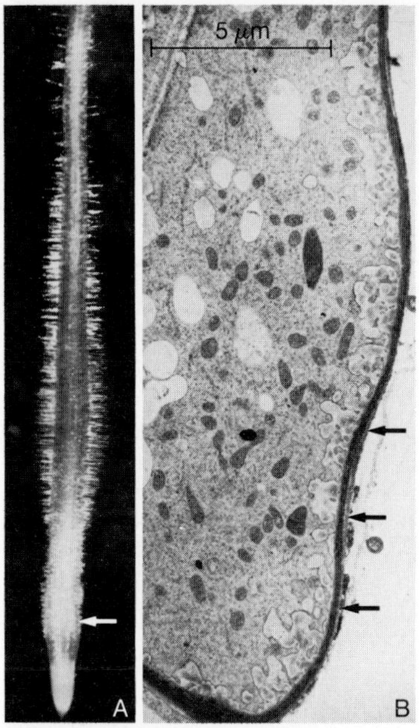

Abb. 24-13. Anatomische Veränderungen der Wurzeln von Tomatenpflanzen bei Eisenmangel. (A) Saugwurzel mit lokaler Verdickung hinter der Spitze (Pfeil). (B) Elektronenmikroskopische Aufnahme einer Zelle der Wurzelepidermis mit einem Zellwandlabyrinth an der äußeren Oberfläche (Pfeile). (Originalaufnahmen A. KREUZER.)

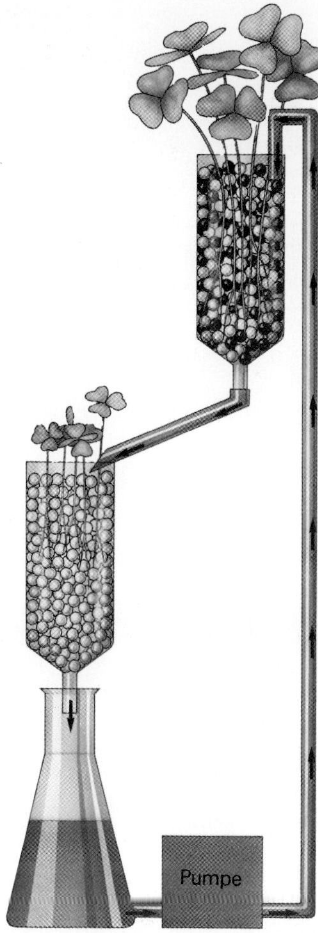

Abb. 24-14. Zweiphasenversuch mit zirkulierender eisenfreier Nährlösung. Das obere Gefäß enthält neben normalen Sandkörnern Fe_2O_3-überzogene Sandkörner; die Pflanzen können das Eisen aus dieser unlöslichen Verbindung aufnehmen und wachsen gut; sie setzen aber nicht viel Eisen in Lösung frei. Das untere Gefäß enthält nur normale Sandkörner; die Pflanzen erhalten auch über die Nährlösung aus dem oberen Gefäß kein Eisen und wachsen schlecht (nach JENNY).

Zum weiteren Studium

KINZEL, H.: *Pflanzenökologie und Mineralstoffwechsel.* Ulmer, Stuttgart 1982.

MARSCHNER, H.: *The Mineral Nutrition of Higher Plants.* Academic Press, London 1986.

MENGEL, K.: *Ernährung und Stoffwechsel der Pflanze.* VEB-Fischer, Jena 1984.

MENGEL, K. und KIRBY, E.A.: *Principles in Plant Nutri tion.* International Potash Institute, Worblaufen – Bern 1982.

WERNER, D.: *Pflanzliche und mikrobielle Symbiosen.* Thieme, Stuttgart 1987.

25 Ernährungsphysiologische Besonderheiten: Symbiose, Parasitismus, Carnivorie

25.1 Definitionen und allgemeine Gesichtspunkte

Neben dem autotrophen Nahrungserwerb gibt es im Pflanzenreich ernährungsphysiologische Besonderheiten, nämlich Symbiose, Parasitismus und Carnivorie. Hierbei handelt es sich um sekundäre Anpassungen, die auf den ersten Blick einen phylogenetischen Rückschritt darstellen. Daher bezeichnet man derartige Anpassungen als *Regressionen.* Wir wollen zunächst die Bedeutung der Begriffe klären, ehe wir uns den Beispielen zuwenden (vgl. Kasten 1-7).

- *Symbiose und Parasitismus* sind Formen des engen Zusammenlebens artverschiedener Organismen. Ziehen die Partner zumindest zeitweise zu gleichen Teilen Vorteile aus ihrem Zusammenleben, bezeichnet man solche Partnerbeziehung als Symbiose. Liegt hingegen der Vorteil völlig einseitig bei einem der Partner, spricht man von Parasitismus. Symbiose und Parasitismus stellen *Kampfgleichgewichte* dar. Dabei steht dem Angriff des einen Partners die Abwehr des anderen Partners gegenüber. Im Symbiose genannten Gleichgewicht halten sich beide Aktivitäten ungefähr die Waage. Beim Parasitismus dominiert hingegen die Kraft des Angriffs über die der Abwehr: Der angreifende Partner erhält ein Übergewicht; er wird zum Parasiten.
  Diese Zusammenhänge sind insbesondere für die richtige Einordnung des Phänomens „Symbiose“ wichtig. Die oft anzutreffende Meinung, daß sich bei einer Symbiose die Partner aufgrund einer Art „Nächstenliebe“ gegenseitig *fördern,* trifft nicht zu. Vielmehr versucht jeder der Symbiose-Partner zum eigenen Überleben vom anderen Partner so viel wie möglich zu bekommen, wobei es nicht nur um Nährstoffe im eigentlichen Sinne, sondern oft auch um Wirkstoffe oder um das Wasser geht. Die Stabilität eines solchen Kampfgleichgewichtes ist umso ausgeprägter, je mehr es unter den jeweils herrschenden Standortfaktoren Selektionsvorteile für die einzelnen Partner bietet. Fehlt Selektionsdruck, so daß einer oder alle Partner auch ohne Symbiose-Beziehung optimale Lebensbedingungen vorfinden, lösen sich Symbiosen oft auf oder kommen gar nicht erst zustande. Ein wichtiges Merkmal *echter Symbiose* besteht zudem darin, daß sie eine *permanente Einrichtung im Lebenszyklus* der Symbiose-Partner darstellt.
  Die Vielfalt der symbiontischen und parasitischen Beziehungen im Organismenreich ist sehr groß. Wir müssen uns daher bei unseren Betrachtungen auf einige besonders auffällige und interessante Fälle beschränken. Insgesamt lassen sich die verschiedenen Ausprägungsformen der Symbiosen und des Parasitismus in zwei Kategorien zusammenfassen. Man spricht von *Endosymbiose (-parasitismus),* wenn ein Partner innerhalb der Zellen des anderen Partners lebt. Wir haben die Bedeutung solcher rezenter Endosymbiosen als Modelle für die Endosymbiontentheorie bereits in Kap. 1.8.3 kennengelernt (Abb. 1-6). *Ektosymbiose (-parasitismus)* liegt hingegen vor, wenn keine Besiedelung der Zellen des Partners auftritt. Es kommen jedoch auch Übergänge vor, etwa beim Anzapfen der Zellen des Partners durch Saugorgane (Haustorien).

- *Carnivorie* ist eine Ernährungsweise, bei der photo-autotrophe Pflanzen sich durch Einfangen und Verdauen kleiner Tiere aus deren Körpersubstanz mit Mineralstoffen versorgen. Diese Ernährungsform ist eine Anpassung an nährstoffarme Böden, wie man sie u. a. in Hochmooren (Kap.

17.3.3) antrifft. Die Pflanzen erhalten aus der gefangenen Beute notwendige Mineralstoffe, vornehmlich die Nährelemente N, P und S, wahrscheinlich auch K^+, Ca^{2+} und Mg^{2+} und Spurenelemente (vgl. Kasten 24-1). Pflanzen mit Carnivorie bezeichnet man als *Carnivoren* (übers. „Fleischfresser") oder – falls ausschließlich Insekten gefangen und verdaut werden – als Insectivoren. Solcher der Ernährung dienender Insektenfang darf nicht verwechselt werden mit Fällen, wo Insekten kurzfristig von Blumen festgehalten werden, um die Verbreitung des Pollens und die Befruchtung zu gewährleisten (Kap. 19.6.1, Abb. 19-20).

25.2 Die Symbiosen

25.2.1 N_2-fixierende Symbiosen

Symbiosen zwischen N_2-fixierenden Prokaryonten und Eukaryonten sind mannigfaltig. Hierzu gehören Symbiosen von *Cyanobakterien* mit Pilzen, mit Lebermoosen, Wasserfarnen, Cycadeen und der Angiosperme *Gunnera* sowie Symbiosen von *Actinomyceten* (einer speziellen Gruppe der Bakterien) mit den Wurzeln höherer Pflanzen. Beispiele aus unserer einheimischen Flora für solche Actinomyceten-Symbiosen bieten der in Heidemooren heimische Gagelstrauch *(Myrica gale)*, die Silberwurz der Kalkalpen *(Dryas octopetala)*, der karge Sandböden besiedelnde Sanddorn *(Hippophaë)* und die Erlen *(Alnus)*. Von größter landwirtschaftlicher Bedeutung und daher am eingehendsten untersucht sind jedoch die sich durch Wurzelknöllchen manifestierenden Symbiosen von *Bakterien (Rhizobien)* mit Leguminosen (Abb. 25-1). Wir haben diese Symbiosen im Zusammenhang mit dem Mechanismus der Stickstoff-Bindung bereits kennengelernt (Kap. 24.3.2). Hier wollen wir uns vor allem mit der Entwicklung der Wurzelknöllchen befassen.

Die bakteriellen Partner der Leguminosen leben, wie erwähnt, frei im Boden. Die Symbiose wird durch das Anheften der Bakterien an die *Wurzelhaare* (wahrscheinlich vermittelt durch spezifische Erkennungssubstanzen, i. e. *Lectine*) und schließlich Eindringen der Bakterien in die Wurzelhaare eingeleitet. In den Wurzelhaaren werden die Bakterien in ein aus Schleimen bestehendes schlauchartiges Gebilde, den *Infektionsschlauch,* eingeschlossen (Abb. 25-1). Dieser Infektionsschlauch schiebt sich unter fortwährender Vermehrung der in ihm eingeschlossenen Bakterien in der Wurzelrinde von Zelle zu Zelle in Richtung auf den Zentralzylinder vor. Beim Passieren der im Wurzelhaarbereich jungen Zellwände werden die hier noch lockeren Cellulose-Fibrillen beiseite geschoben, die inkrustierenden Protopectine und Hemicellulosen aber enzymatisch aufgelöst. In der Nähe des Zentralzylinders angekommen, löst der Infektionsschlauch den Beginn von Zellteilungen in der Wurzelrinde aus. Es bildet sich ein *Meristem,* das durch fortlaufende Produktion von Zellen für die Bildung einer äußerlich als charakteristisches *Knöllchen* erkennbaren Wucherung sorgt (Abb. 25-1). Der zentrale Teil des Knöllchens ist mit einem *Ring von Leitbündeln* umgeben, die an das Leitbündelsystem der Wurzel angeschlossen sind. Bei den Leitbündeln der Knöllchen befindet sich, anders als es in Wurzeln normalerweise der Fall ist, das Xylem außen und das Phloem innen. Auf die Bedeutung einer ausreichenden Versorgung der Knöllchen mit Leitbündeln wurde bereits hingewiesen (Kap. 24.3.2).

Die Zellen der Knöllchen werden bald nach ihrer Bildung unter starker Vermehrung der Bakterien von diesen besiedelt. Dabei gelangen die Infektionsformen der Bakterien durch *endocytotische Membraneinstülpung* (Abb. 1-11) in das Innere der Zellen. Die nicht N_2-fixierende stäbchenförmige *Infektionsform* der Bakterien macht dabei einen Gestaltwandel durch, wobei sich die viel größeren kugeligen N_2-fixierenden *Bakteroide* bilden. Diese können, eingeschlossen in membranumgebene *Infektionsvakuolen,* einen erheblichen Teil des Zellvolumens einnehmen (Abb. 25-1). Später werden die Membranen der Infektionsvakuolen von den Pflanzenzellen aufgelöst und die Bakteroide verdaut.

Die Fähigkeit zur Stickstoff-Bindung bei den Leguminosen-Knöllchen ist eine Gemeinschaftsleistung der Symbiose, denn weder die frei im Boden lebenden Rhizobien noch die Wurzelzellen sind für sich allein dazu in der Lage. Wie fest sich diese Symbiose im Verlauf der Evolution etabliert hat, zeigt sich in der Tatsache, daß es hier bereits zum *Zusammenwirken zwischen den Genomen der Symbiose-Partner* kommt. So ist die Synthese des *Leghämoglobins* (vgl. Kap. 24.3.2) das Ergebnis derartiger Zusammenarbeit: Die genetische Information für die Synthese der Häm-Gruppe ist nämlich in der DNA der Bakterien, die für die Bildung des Protein-Anteils (Globulin) dagegen in der Kern-DNA der Wirtszellen gespeichert.

Die Entwicklung der Wurzelknöllchen führt besonders deutlich vor Augen, daß Symbiosen Kampfgleichgewichte darstellen: Am Anfang steht der Angriff der Bakterien auf die Pflanze. Er führt zur Infektion. Diese wird durch die Pflanze mit einer Abwehrreaktion (Einschließen der Bakterien in einen Infektionsschlauch, Knöllchenbildung, Umwandlung der Bakterien in Bakteroide) beantwortet. In den Knöllchen-Zellen halten sich die Lebensfähigkeit der Bakterien und die Abwehrkräfte der Pflanze die Waage (Symbiose-Gleichgewicht). Schließlich gewinnt die Pflanze die Oberhand, indem sie die Bakterien verdaut und damit zum Parasiten der Bakterien wird.

Es gibt auch freilebende Mikroorganismen, die Stickstoff fixieren können, ohne dazu Symbiose-Beziehungen eingehen zu müssen. Hierher gehören u. a. die Bakterien *Azotobacter* und *Clostridium* sowie einige Cyanobakterien.

25.2.2 Symbiosen zwischen Pflanzen und Pilzen

25.2.2.1 Mykorrhiza

Als Mykorrhiza bezeichnet man die *Symbiose zwischen Pilzen und den Wurzeln von Landpflanzen.* Sie ist aus dem engen Zusammenleben von Pilzen und Wurzeln im Boden hervorgegangen. Mykorrhiza ist bei den Landpflanzen so weit verbreitet, daß Pflanzen ohne Mykorrhiza Ausnahmen darstellen.

Bei den Mykorrhiza-Pilzen finden sich vor allem Vertreter der Ascomyceten und der Basidiomyceten (Kap. 18.2.2), darunter viele der bekannten Speise- bzw. Giftpilze.

Der Mykorrhiza-Pilz breitet sein Myzel im Boden aus und nimmt dort saprophytisch organische Verbindungen auf. Gleichzeitig umspinnen Teile des Myzels die jungen Wurzeln des Wirtes mit einem dichten Gewirr von Hyphen (Abb. 25-2). Diese wachsen auch in die Wurzel selbst hinein, wobei sie sich entweder nur in die Interzellularen der Wurzelrinde vorschieben (*ektotrophe Mykorrhiza;* vor allem bei den Bäumen) oder in die Rindenzellen selbst eindringen (*endotrophe Mykorrhiza;* vor allem bei den Orchideen).

Das Spitzenmeristem der Wurzeln bleibt vom Pilzbefall ausgespart, ebenso der Zentralzylinder.

Bei der Mykorrhiza übernimmt der Pilzpartner die Funktion der Wurzelhaare, d. h. die *Aufnahme von Wasser und Nährsalzen* aus dem Boden und deren Weitergabe an den Wirt. Entsprechend bildet die Wurzel bei erfolgreich etablierter Mykorrhiza kaum noch Wurzelhaare aus. Dies wird sehr anschaulich, wenn man das Verhältnis von absorbierender Wurzeloberfläche zu transpirierender Fläche bei Pflanzen vergleicht. Bei einer Roggenpflanze (keine Mykorrhiza) verhalten sich diese beiden Größen wie 140 : 1, bei Mykorrhiza-Nadelbäumen – ohne Berücksichtigung des Pilzes – jedoch nur ca. 0,5 : 1.

Bilanzversuche an Jungpflanzen der Kiefer mit Mykorrhiza ergaben im Vergleich zu Kontrollpflanzen ohne Mykorrhiza einen 234 % höheren Gehalt an Phosphor, 86 % mehr Stickstoff und 75 % mehr Kalium. Diese Daten unterstreichen die Bedeutung der Mykorrhiza für den Baum.

Bei den Orchideen kommt ohne Mykorrhiza-Pilze die Keimung der extrem kleinen und daher über keine Nährstoffreserven verfügenden Samen schnell zum Stillstand. Der Pilz liefert nicht nur Nähr-, sondern auch Wirkstoffe, u. a. Vitamine.

Der Vorteil für den Pilzpartner der Mykorrhiza ist durch dessen Versorgung mit den vom Wirt hergestellten *Photosynthese-Produkten* gegeben. Dies zeigt sich unter anderem darin, daß die Mykorrhiza umso ausgeprägter ist, je besser für den Wirt die Bedingungen zur Durchführung der Photosynthese sind.

Auch die Mykorrhiza ist das Ergebnis eines Kampfgleichgewichtes. Bei der ektotrophen Mykorrhiza reicht die Abwehr des Wirtes aus, um das Eindringen des Pilzes in die Zellen zu verhindern. Bei der endotrophen Mykorrhiza gelingt es dem Pilz zwar, die Zellen der äußeren Rindenschicht zu besiedeln; in der inneren Rinde wird dagegen der Pilz von den Wirtszellen abgetötet und verdaut.

In manchen Fällen schlägt die Mykorrhiza hinsichtlich der Nährstoffversorgung zu einem einseitigen Parasitismus des Wirtes gegenüber seinem Pilzpartner um. Ein Beispiel hierfür ist die in unseren Wäldern heimische Erdorchidee *Neottia nidus-avis* (Vogelnestwurz). Diese chlorophyllfreie Pflanze ist sekundär heterotroph geworden, betreibt also keine Photosynthese mehr. Sie läßt sich vielmehr vollständig durch den Pilzpartner ihrer endotrophen Mykorrhiza ernähren, der die benötigten organischen Verbindungen saprophytisch aus dem Boden bezieht. Es ist jedoch denkbar, wenngleich schwierig nachzuweisen, daß der Pilz gewisse Spurenstoffe (z. B. Vitamine) oder andere Verbindungen, die er weder selbst herstellen noch saprophytisch erwerben kann, vom Wirt bezieht. Damit wäre der Vorteil dieser Mykorrhiza doch nicht so einseitig verteilt, wie es zunächst den Anschein hat.

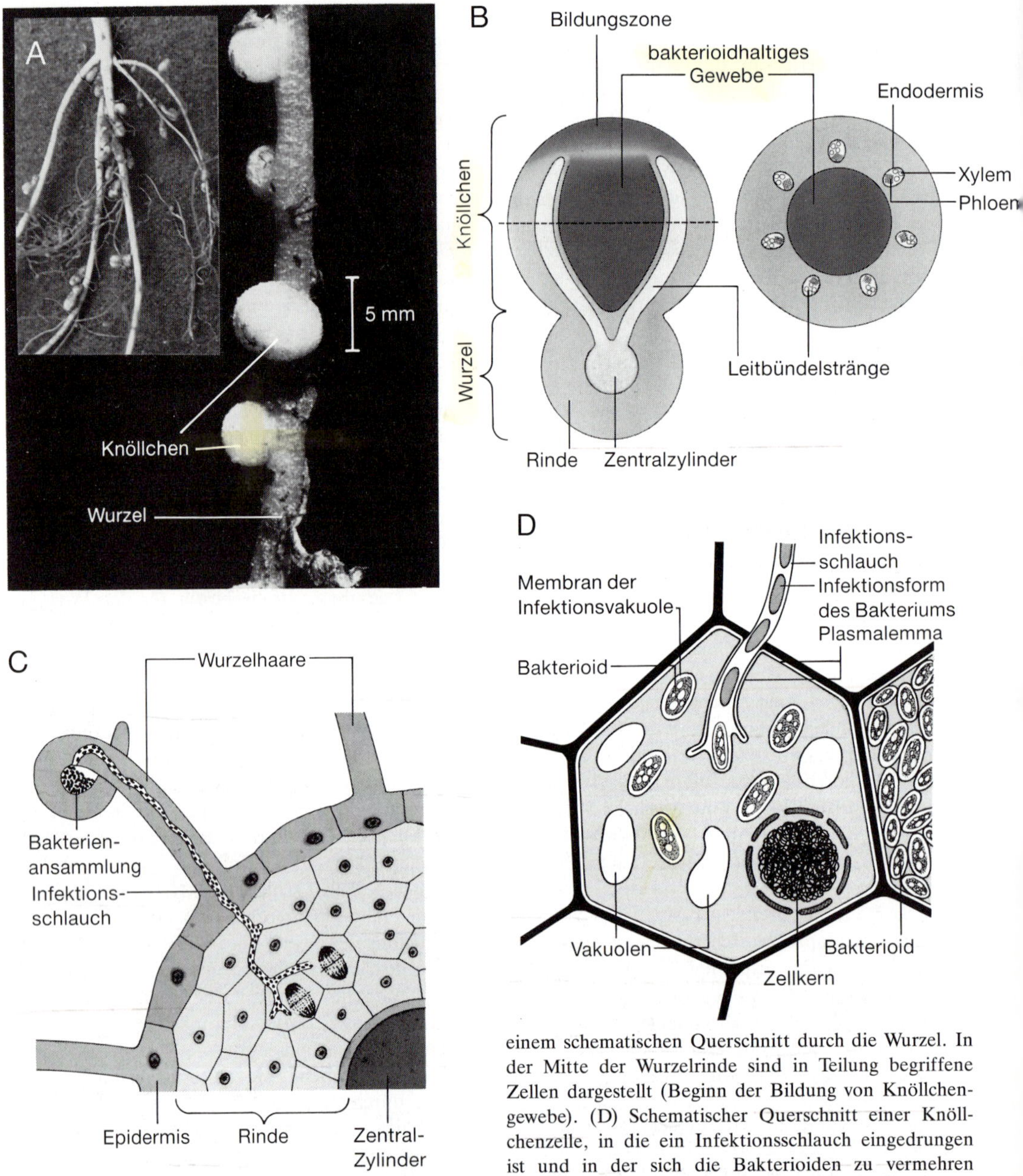

Abb. 25-1. Symbiose zwischen Bakterien und Wurzeln der Leguminosen. (A) Bakterienhaltige Knöllchen bei der Pferdebohne *(Vicia faba)*. (B) Schematische Schnitte durch Wurzel- und Knöllchenbereich. (C) Der Infektionsvorgang bei der Knöllchenbildung, gezeigt an einem schematischen Querschnitt durch die Wurzel. In der Mitte der Wurzelrinde sind in Teilung begriffene Zellen dargestellt (Beginn der Bildung von Knöllchengewebe). (D) Schematischer Querschnitt einer Knöllchenzelle, in die ein Infektionsschlauch eingedrungen ist und in der sich die Bakterioiden zu vermehren beginnen. Die benachbarte Zelle ist bereits dicht mit Bakterioiden besetzt. (E) Infektionsschlauch mit Bakterioiden in einer Zelle der Wurzelrinde von *Vicia faba*. (EM-Aufnahme: D. WERNER). (F) Ausschnitt aus einer mit Bakterioiden dicht besetzten Zelle eines Wurzelknöllchens der Soja-Bohne *(Glycine max)*; (Aufnahme: D. WERNER).

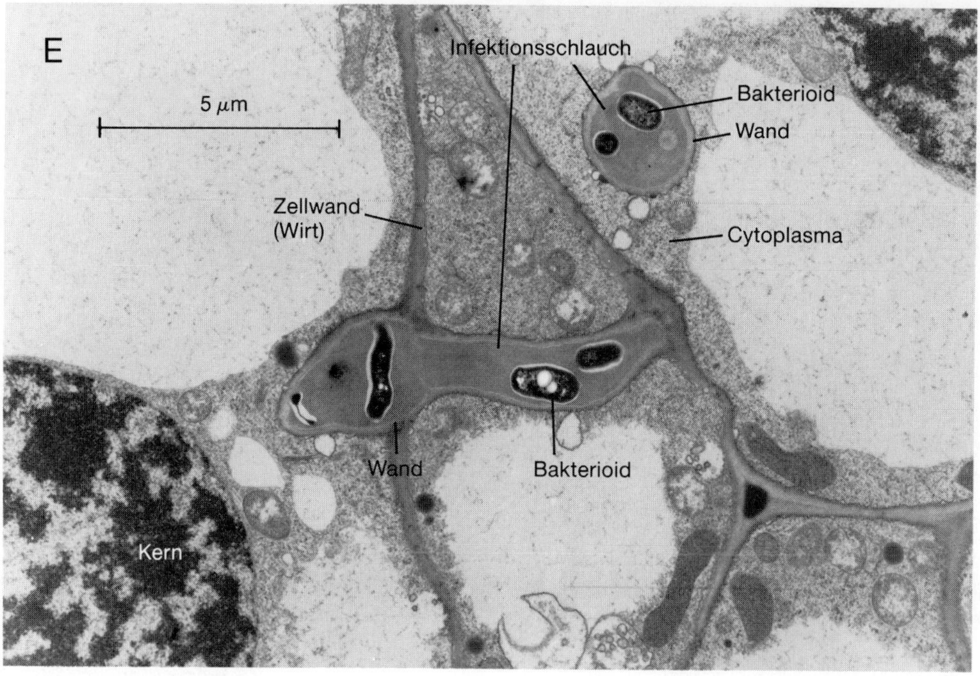
E
5 µm
Infektionsschlauch
Bakterioid
Wand
Zellwand (Wirt)
Cytoplasma
Wand
Bakterioid
Kern

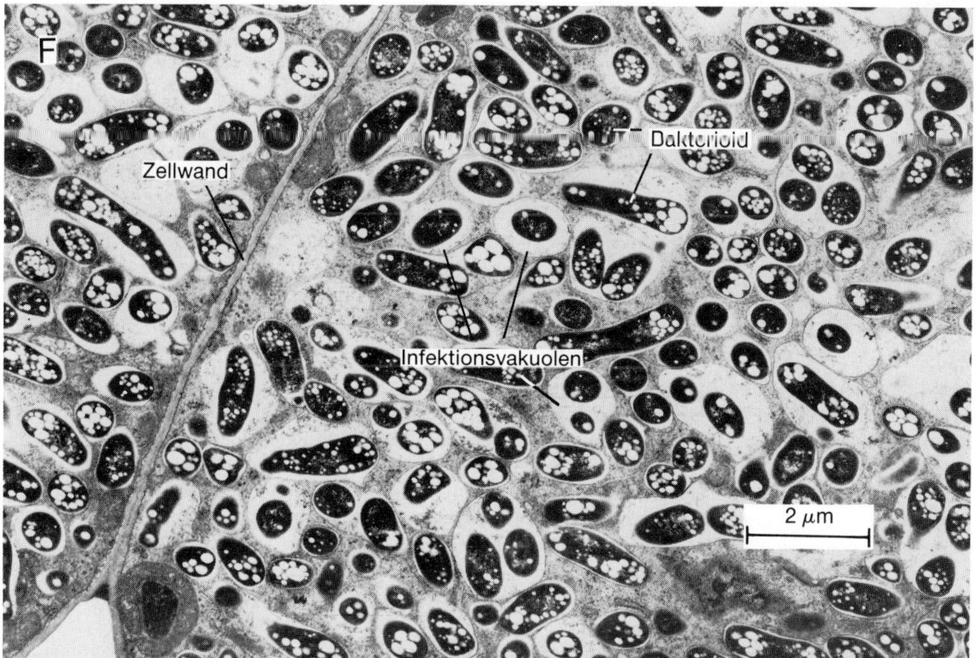
F
Bakterioid
Zellwand
Infektionsvakuolen
2 µm

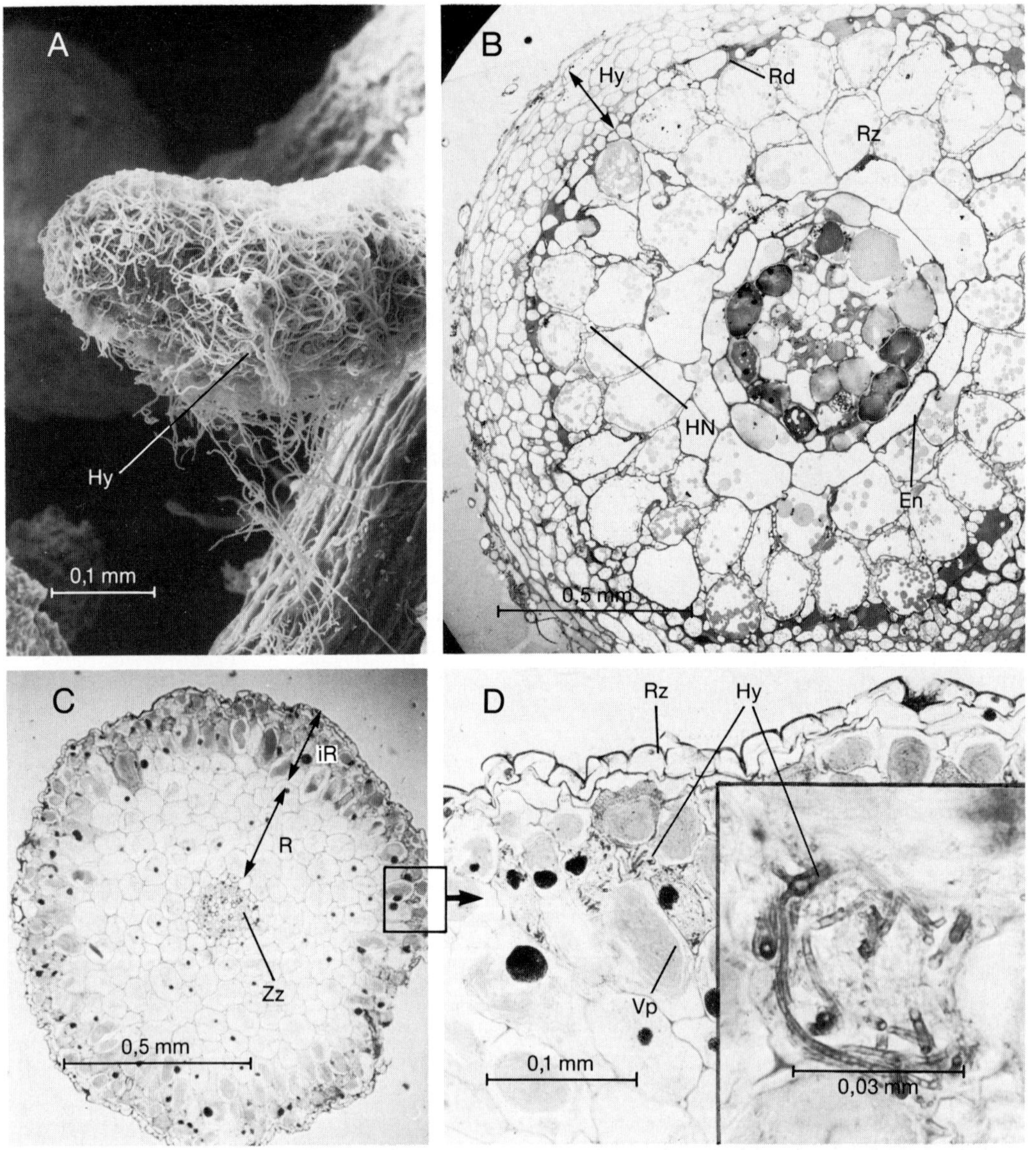

Abb. 25-2. Ektotrophe und endotrophe Mykorrhiza. (A) Seitenwurzel einer sechsjährigen Tanne *(Abies alba)* mit dichtem Gewirr der die ektotrophe Mykorrhiza bildenden Pilzhyphen, Hy (Raster-EM-Aufnahme: H. ZIEGLER). (B) Querschnitt durch eine junge Wurzel der Buche *(Fagus sylvatica)* mit ektotropher Mykorrhiza. Außerhalb der Rhizodermis, Rd, liegt ein Mantel aus Pilzhyphengeflecht, Hy. Zwischen den großlumigen Rindenzellen, Rz, sind im Querschnitt getroffene Pilzhyphen zu sehen, die in ihrer Gesamtheit an ein Netzwerk erinnern („HARTIGsches Netz", HN). Das „HARTIGsche Netz" dringt nur bis zur Endodermis, En, vor (Aufnahme: H. P. HOFMANN). (C) Querschnitt durch eine Wurzel der Erdorchidee *Neottia nidus avis* mit endotropher Mykorrhiza. Im äußeren Bereich der Rinde sieht man als dunkler gefärbte Zone die von Pilzen infizierten Rindenzellen, iR, während der weiter innen liegende Rindenbereich, R, pilzfrei bleibt (Zz, Zentralzylinder). (D) Ausschnittvergrößerungen aus dem in C gezeigten Bild. Die Rhizodermis, Rz, ist pilzfrei, während in vielen der darunter liegenden Zellen intakte Pilzhyphen, Hy, zu erkennen sind. In anderen Zellen sind die Pilze bereits vom Wirt verdaut. Die Verdauungsprodukte, Vp, füllen als amorphe Masse die betreffenden Zellen aus.

25.2.2.2 Flechten

Flechten sind Pflanzengestalten, die aus der *Symbiose zwischen Pilzen und Algen* hervorgehen. Der Pilz-Partner gehört meist der Klasse der Ascomyceten, häufig auch der Basidiomyceten an. Der Algen-Partner ist meist ein Vertreter der coccal, seltener der trichal organisierten *Grünalgen*, in vielen Fällen aber auch eine Blaualge *(Cyanobakterien)*. Flechten bilden eigenständige und taxonomisch unterscheidbare Formen, deren Zustandekommen eine Gemeinschaftsleistung der Symbiose-Partner ist. Die Formenvielfalt der Flechten ist groß.

Man unterscheidet folgende Typen:

- *Gallertflechten* bestehen im gequollenen Zustand aus einer nahezu formlosen, gallertigen Masse, die beim Austrocknen zu einer papierdünnen Haut zusammenschrumpft.
- *Haarflechten* bestehen aus einem dichten Rasen nur wenige Millimeter langer haarförmiger Thalli, welche die Unterlage wie Samt überziehen.
- *Krustenflechten* (Abb. 25-3) besiedeln krustenartig die Unterlage (Steine, Baumrinden u. a.).
- *Laubflechten* (Abb. 25-3) haben einen sich lappig über der Unterlage aufrichtenden Thallus.
- *Strauchflechten* (Abb. 25-3) haben einen in feine Verästelungen aufgelösten Thallus.

Der Aufbau eines typischen Flechten-Thallus ist in Abb. 25-4 gezeigt. Man kann je eine obere und untere *Rindenschicht* unterscheiden. Beide bestehen aus eng aneinanderliegenden und miteinander verwobenen Pilzhyphen, die ein Scheingewebe bilden (*Plektenchym*, Kap. 16.1.6.2 und 18.2.2). Zwischen den Rindenschichten befindet sich eine Schicht lockeren Hyphengeflechts, in das die Algen-Zellen eingelagert sind. Die Pilzhyphen treten mit den Algen in engen Kontakt oder senden in manchen Fällen sogar *„Saughyphen“* als Haustorien in das Innere der Algen-Zellen. Unterhalb der *Algen-Schicht* („Gonidienschicht“) liegt die *Markschicht*, ein Geflecht aus Pilzhyphen, das keine Algen-Zellen enthält und der Durchlüftung des Thallus dient.

Bei den Gallertflechten werden die Algen-Partner von Cyanobakterien repräsentiert. Deren Gallerthüllen quellen auf und sind für die gelatinöse Beschaffenheit der Gallertflechten verantwortlich. Diese Gallerthüllen werden von den Pilzhyphen regellos durchwuchert. Ein ernährungsphysiologischer Vorteil der Gallertflechten liegt darin, daß ihre Cyanobakterien-Symbionten in vielen Fällen N_2 fixieren können. Einige Flechten mit Grünalgen als Algen-Partner nehmen Cyanobakterien als zusätzlichen Symbionten auf und verschaffen sich auf diese Weise den ernährungsphysiologischen Vorteil der Stickstoff-Bindung. Diese Cyanobakterien werden in köpfchenförmigen Thallus-Abschnitten *(Cephalodien)* angesiedelt, die der Oberseite des eigentlichen Flechten-Thallus aufsitzen.

Die Flechten vermehren sich vor allem vegetativ. Dies geschieht am einfachsten durch Verbreitung von Thallus-Bruchstücken. Es werden aber auch speziell der ungeschlechtlichen Fortpflanzung dienende Gebilde hervorgebracht, nämlich die Isidien und die Soredien (Abb. 25-5).

- *Isidien* sind zapfenartige Thallus-Ausstülpungen, die leicht abbrechen und wieder zu einem Thallus auswachsen können.
- *Soredien* sind staubfeine Gebilde. Sie bestehen aus einer bis mehreren Algen-Zellen, die durch ein Gespinst von Pilzhyphen zusammengehalten werden. Soredien werden in besonderen Thallus-Abschnitten, den *Soralen*, gebildet und vom Wind verbreitet. Auch die Soredien wachsen zu neuen Thalli heran, wenn sie günstige Lebensbedingungen vorfinden.

Bei den Flechten pflanzt sich nur der Pilzpartner geschlechtlich fort, nicht aber die Alge. Auf der Oberfläche oder am Rand des Thallus bildet der Pilz dabei seine für ihn typischen *Fruchtkörper* und in diesen die *Sporangien* (Abb. 25-3). Die aus den Pilzsporen entstehenden Hyphen müssen wieder mit entsprechenden Algen-Zellen zusammentreffen, damit ein neuer Flechten-Thallus entstehen kann.

Die beiderseitigen Stoffwechselbeziehungen zwischen den Symbiose-Partnern von Flechten sind noch nicht in allen Einzelheiten bekannt. Eindeutig sind die Vorteile für den Pilz: Er beschafft sich die von den Algen hergestellten *Endprodukte der Photosynthese*. Dabei handelt es sich im Falle der symbiontischen Grünalgen um Zuckeralkohole (z. B. Ribitol), bei den Cyanobakterien um Glucose. Diese Produkte werden von den Algen nicht „freiwillig“ an den Partner abgegeben. Vielmehr erhöht der Pilz auf bisher unbekannte Weise die Permeabilität des Plasmalemmas der Algen-Zelle spezifisch nur für das von ihr hergestellte Photosyntheseprodukt. Die Algen-Partner werden also vom Pilz regelrecht „gemolken“. Der Vorteil der Symbiose für die Alge ist weniger klar. Er

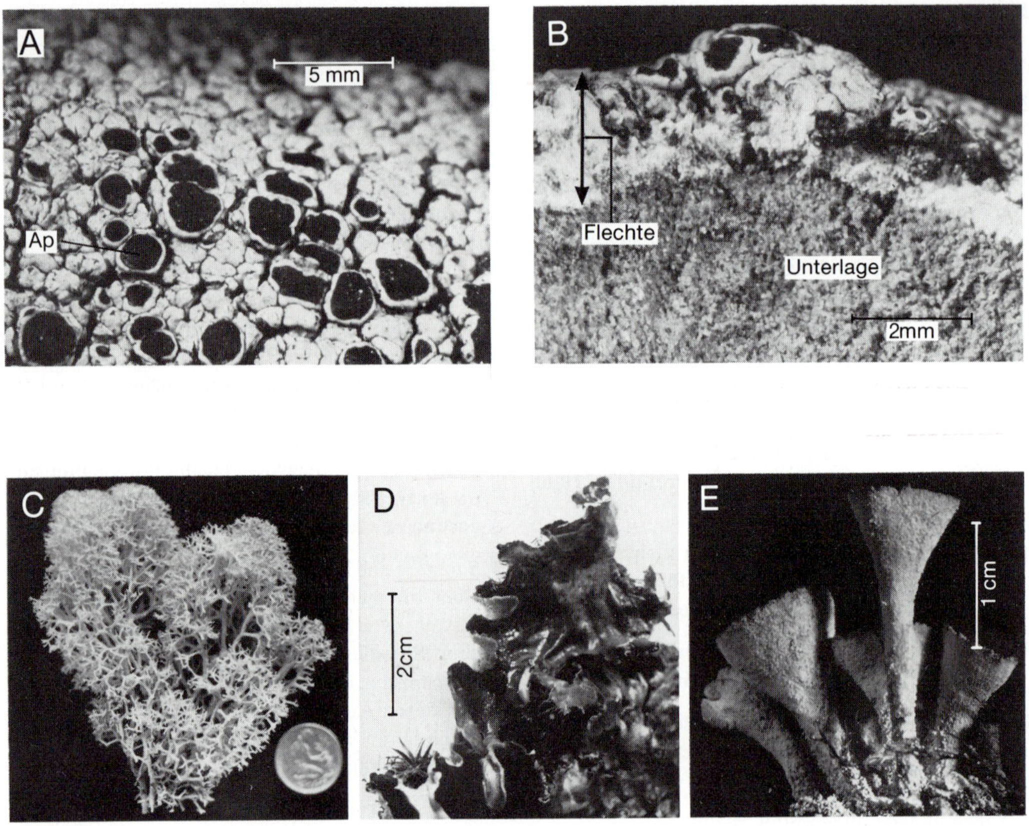

Abb. 25-3. Habitus einiger Flechten. (A) Aufsicht auf eine Krustenflechte *(Lecanora)*. Die dunklen Flächen auf dem Thallus sind Apothecien, also die Fruchtkörper des Pilzes. (B) Anschnitt der in (A) gezeigten Flechte und der Unterlage (ein Sandstein). An der Grenzfläche zwischen Flechte und Unterlage wird diese von Ausscheidungen der Flechte zersetzt. (C) *Cladonia subtenuis*, eine Strauchflechte. (D) Der blattartige Thallus der Laubflechte *Peltigera*. (E) *Cladonia chlorophaea*, deren Thallus becherförmige Vegetationskörper (Podetien) bildet. (F) Dichter Besatz von Laubflechten *(Pseudevernia)*, auf dem Ast einer Lärche (montane Stufe).

könnte darin bestehen, daß der Pilz die Versorgung der Alge mit Wasser erleichtert und durch seine Atmung CO_2 liefert.

Die Flechten-Symbionten sind nicht unbedingt aufeinander angewiesen. Dies zeigt sich darin, daß sie sich getrennt kultivieren lassen. Auch innerhalb der Flechte können sie sich verselbständigen und dabei den Partner überwuchern. Dies tritt dann ein, wenn einem der Partner optimale Lebensbedingungen geboten werden, z.B. durch Zufuhr bestimmter Nährstoffe von außen, während der andere Partner darbt. Eine Flechte hat also nur dann Bestand, wenn in ihr alle Partner unterhalb ihres Existenzoptimums leben. Die *Flechten-Symbiose* ist also *eine Notgemeinschaft.* Diese bewährt sich selbst noch unter Standortbedingungen, die für andere Pflanzen bereits ausgesprochen lebensfeindlich sind. Dank ihrer ausgeprägten Toleranz gegen Austrocknen (Kap. 23.8.3) sowie Kälte und Hitze können Flechten als Pionierpflanzen selbst extreme Standorte besiedeln. So findet man sie in Trockenwüsten ebensogut wie auf Felsen der Gletscherregion und der Antarktis. In der arktischen Tundra (Kap. 20.3), wo Dauerfrost im Boden kaum noch die Existenz höherer Pflanzen zuläßt, werden Flechten zum wichtigsten Primärproduzenten. Hier dienen vor allem die Flechtenarten *Cladonia stellaris, Cladonia rangiferina* („Rentierflechte") und *Cetraria islandica* (fälschlich „isländisches Moos" genannt) den Rentieren und den Caribus (wildlebende Verwandte der Rentiere in der nordamerikanischen Tundra) als wichtigste Nahrung.

Obwohl resistent gegenüber ausgefallenen Außenbedingungen wie Trockenheit und extremen Temperaturen, sind Flechten sehr empfindlich gegenüber dem die Luft verunreinigenden *Schwefeldioxid* (SO_2). Das Innere der Städte und die Umgebung von SO_2-ausschüttenden Industrieanlagen sind daher äußerst arm oder gar frei von Flechten-Vegetation (*„Flechtenwüsten"*). Man kann aufgrund der artspezifisch abgestuften SO_2-Empfindlichkeit der Flechten durch Kartierung der Flechtenarten und der Häufigkeit ihres Auftretens die längerfristige SO_2-Belastung eines Gebietes abschätzen.

Viele Flechten synthetisieren *Flechten-Stoffe,* Naturstoffe, die nur bei den Flechten vorkommen. Diese Substanzen sind oft für die charakteristische Farbe von Flechten verantwortlich. Die Synthese der Flechten-Stoffe ist, wie die typische Gestalt der Flechten, eine spezifische Leistung der Symbiose, denn weder Alge noch Pilz allein sind zur Bildung der Flechten-Stoffe in der Lage.

Es sei noch eine Partnerschaft zwischen einem Pilz und einem Cyanobakterium erwähnt, die nicht zu den Flechten zählt, da es sich um eine *Endosymbiose* handelt. Der Pilzpartner, *Geosiphon pyriforme* (Abb. 25-6), wächst mit seinen Hyphen auf feuchter Erde. Dort findet sich auch das Cyanobakterium *Nostoc.* Der Pilz nimmt die *Nostoc*-Zellen durch Phagocytose in seine siphonal gebauten Hyphen auf und lagert sie in bläschenförmig aufgeblähten Hyphenabschnitten ab, ohne sie zu verdauen. Die Algen-Partner werden durch eine von der Wirtszelle gebildete Membran gegen das Plasma des Wirtes abgegrenzt. Die Cyanobakterien betreiben in den Pilz-Bläschen Photosynthese und beliefern den Wirt mit deren Produkten. Wahrscheinlich fixieren die *Nostoc*-Zellen außerdem auch Stickstoff.

Da die Cyanobakterien-Partner von *Geosiphon* praktisch die Rolle von Chloroplasten spielen, gilt diese Symbiose als eines der Modellbeispiele für die Endosymbiontenhypothese (Kap. 1.8.3).

25.3 Der Parasitismus bei Angiospermen

Im Gegensatz zu den primär heterotrophen Prokaryonten, Pilzen und Tieren (Abb. 1-13), gibt es unter den ursprünglicheren Taxa im primär autotrophen Pflanzenreich keine Parasiten. Unter den Algen treten Parasiten nur in der schon sehr abgeleiteten Abteilung der Rotalgen auf, bei einigen Dutzend stark reduzierten Formen, die vornehmlich auf anderen Rotalgen parasitieren. Parasitismus üben auch einige Flechten aus, die sich in anderen Flechten einnisten. Unter den Kormophyten ist Parasitismus erst wieder bei den am höchsten entwickelten Angiospermen als sekundäre Regression entstanden. Man unterscheidet dabei *Halbschmarotzer (Hemiparasiten)* und *Vollschmarotzer (Holoparasiten).*

Hemiparasiten betreiben Photosynthese und sind daher hinsichtlich des Kohlenstoffs autotroph. Sie beziehen vom „Wirt" (d.h. vom parasitierten Partner) jedoch *Wasser und Nährsalze.* Die meist sehr ausgeprägte Wirtsspezifität weist allerdings darauf hin, daß die Halbschmarotzer auch bestimmte organische Stoffe vom Wirt bekommen.

Holoparasiten führen selbst keine Photosynthese durch. Sie beziehen daher vom Wirt außer *Wasser* und *Nährsalzen* auch *Assimilate.*

Der Parasitismus bei Blütenpflanzen ist, gleichgültig ob Halb- oder Vollschmarotzer, stets obligat; d.h. der Parasit ist auf seinen Wirt angewiesen.

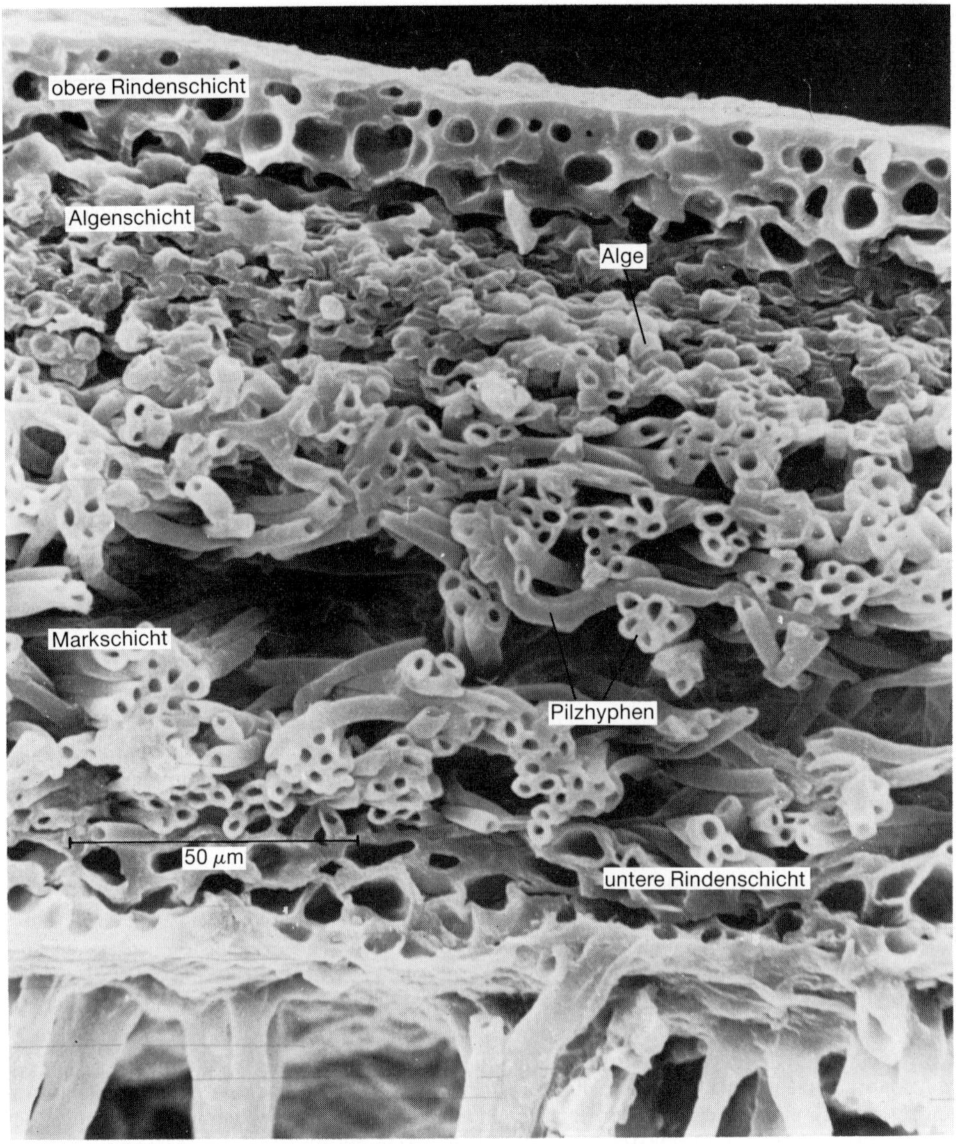

Abb. 25-4. Aufbau eines Flechtenthallus. (oben) Querschnitt durch einen Flechtenthallus *(Pseudevernia)*. Die Algen sind durch die erforderliche Präparationstechnik teilweise kollabiert und daher nicht besonders deutlich sichtbar (Raster-EM-Aufnahme: H.-M. JAHNS). (rechts) Schema des Querschnitts eines Flechtenthallus und einer Kontaktstelle zwischen Pilzhyphe und Algenzelle.

Epiphyten: Aufsitzerpflanzen, die sich vorwiegend in den Laubkronen der Bäume ansiedeln u. so an das Sonnenlicht heranlangen

25.3.1 Halbschmarotzer (Hemiparasiten)

Halbschmarotzer bilden keine funktionsfähigen Wurzeln aus, wie wir sie in Kap. 21 besprochen haben. Sie setzen sich vielmehr mittels *Haustorien* auf dem Wirt fest und zapfen dessen Xylem an. Dies geschieht bevorzugt im Wurzelbereich des Wirtes. Manche Halbschmarotzer setzen sich jedoch auch auf dem Sproß des Wirtes fest und stellen dort den Anschluß an das Xylem des Wirtes her. Hiervon strikt zu unterscheiden sind die Epiphyten im eigentlichen Sinne (Kap. 23.8.1.2), die andere Pflanzen lediglich als Unterlage benutzen, aber nicht auf ihnen parasitieren. Besonders die Familie der Rachenblütler (Scrophulariaceae) ist reich an hemiparasitischen Arten. In unserer einheimischen Vegetation gehören zu ihnen u. a. der Wachtelweizen *(Melampyrum)*, der Augentrost *(Euphrasia)*, der Klappertopf *(Rhinanthus)*, das Läusekraut *(Pedicularis)*.

Ein besonders auffälliger einheimischer Halbschmarotzer ist die mehrjährige, wintergrüne *Mistel (Viscum album)*. Sie besiedelt die Kronen von Bäumen, wobei eine Unterart der Mistel auf Laubbäume (u. a. Pappel, Apfel, Birne), eine andere auf Nadelbäume (Kiefer) spezialisiert ist.

Die Verbreitung der Mistel erfolgt durch Vögel, welche die klebrigen Beerenfrüchte der Mistel mit ihrem Schnabel an den Zweigen der Wirtsbäume abstreifen, wobei die Samen dort haften bleiben. Aus

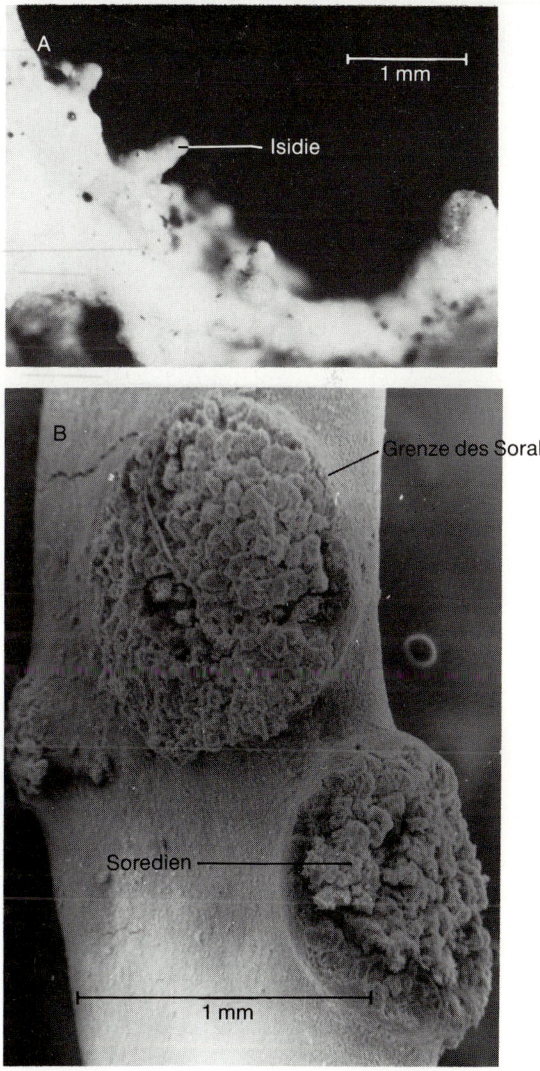

Abb. 25-5. Isidien und Soredien bei Flechten. (A) Stiftförmige Isidien auf dem Thallus von *Pseudevernia*. (B) Zwei Sorale mit Soredien der Flechte *Rocella fuciformis*. Die Sorale stellen Aufbrüche der Thallusoberfläche dar, aus denen die staubfeinen Soredien freigesetzt werden (Raster-EM-Aufnahme: H. M. Jahns).

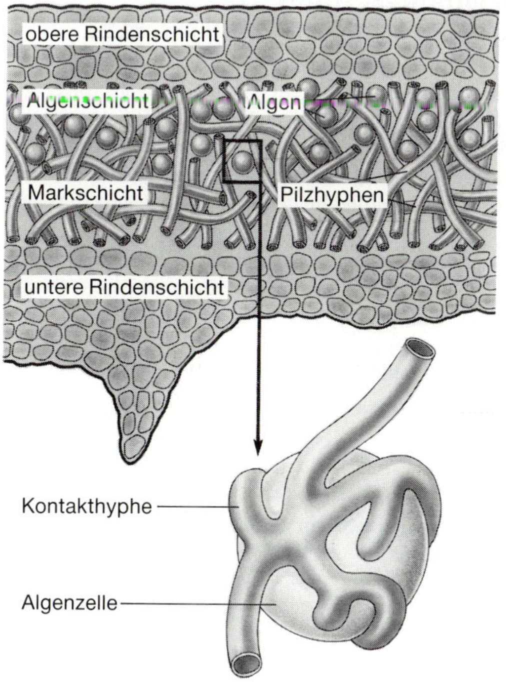

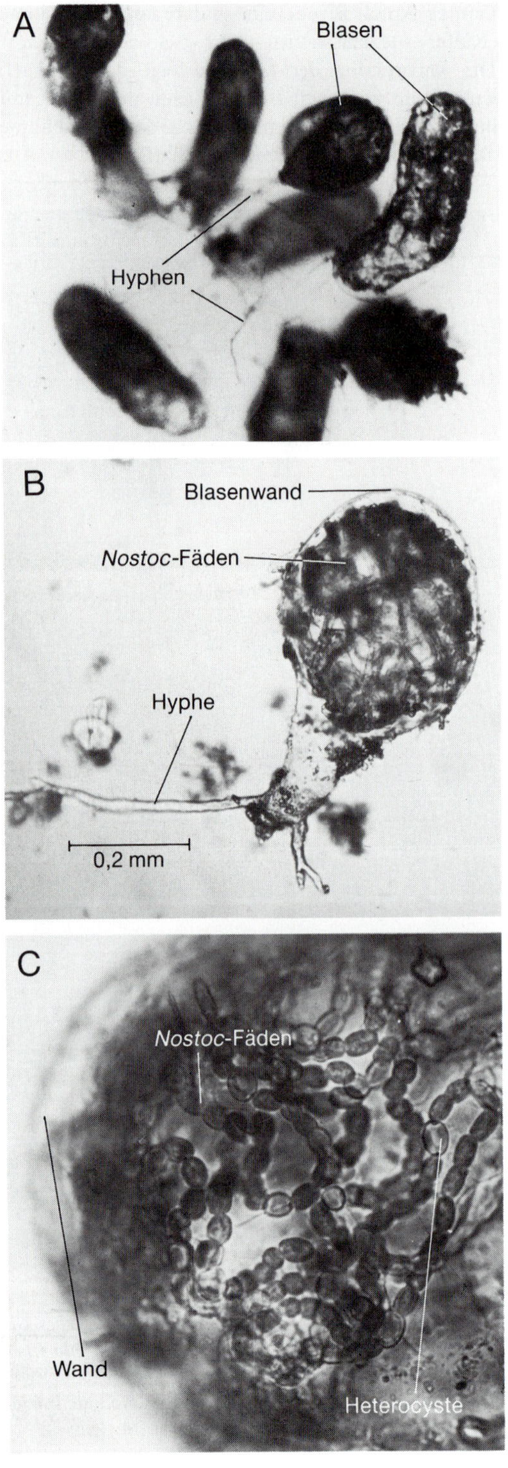

dem Keimling wachsen dem Ast des Wirtes anliegende wurzelähnliche Ausläufer. Aus ihnen entwickeln sich Haustorien („Senker"), die sich dem Kambium des Wirtes anschließen und mit dem sekundären Dickenwachstum seiner Äste gleichmäßig Schritt halten, so daß sie sich mit zunehmendem Alter immer tiefer im Holz befinden (Abb. 25-7).

Xylem-Parasiten können nur dann Wasser aus dem Xylem des Wirtes in ihr eigenes umleiten, wenn sie ein negativeres Wasserpotential aufweisen. Sie erreichen das erforderliche Wasserpotentialgefälle, indem sie viel stärker transpirieren als der Wirt.

Die Halbparasiten *Tozzia* und *Bartsia* sowie der Xylem parasitierende Vollschmarotzer *Lathraea* (alles Vertreter der Scrophulariaceae) scheiden durch „Wasserdrüsen" Wasser aus und erniedrigen auf diese Weise ihr Wasserpotential. Diese Wasserdrüsen sitzen auf der Oberfläche unterirdischer Schuppenblätter. Wie bei der Guttation (Kap. 22.7.1.6) erfolgt die Wasserausscheidung mittels der Wasserdrüsen dadurch, daß diese Ionen aktiv nach außen pumpen. Dieser Ionentransport erzeugt ein osmotisches Gefälle, das den Wasseraustritt aus den Drüsenzellen bewirkt.

25.3.2 Vollschmarotzer (Holoparasiten)

Vollschmarotzer müssen sich die Assimilate des Wirtes beschaffen. Daher zapfen sie in der Regel dessen Siebröhren an. Wir haben allerdings bereits den Xylem-Parasiten *Lathraea* als Ausnahme von dieser Regel kennengelernt. Diese Pflanze wächst vor allem im zeitigen Frühjahr und resorbiert aus dem Xylem-Saft des Wirtes die darin beim Frühjahraustrieb enthaltenen organischen Verbindungen. Das überschüssige Wasser wird dann über die erwähnten Wasserdrüsen ausgeschieden.

Ein Phloem parasitierender Vollschmarotzer der einheimischen Pflanzenwelt ist das Windengewächs *Cuscuta*, auch „Kleeseide" oder „Teufelszwirn" genannt

Abb. 25-6. *Geosiphon pyriforme*. Der Pilz besteht aus normal ausgebildeten Hyphen und aus *Nostoc*-Fäden beherbergenden Blasenhyphen. (A) Übersicht (Aufnahme: M. MOLLENHAUER). (B) Detail mit Blasenhyphe und normaler, querwandloser Hyphe. (C) *Nostoc*-Fäden in der Blasenhyphe. Das Cyanobakterium besitzt Heterocyten, was auf vorhandene Fähigkeit zur Stickstoff-Fixierung hinweist.

(Abb. 25-8). Der Vegetationskörper dieses Parasiten ist zu einem oft meterlangen fädigen Gebilde reduziert. Die Wurzel stirbt bald nach der Keimung des Samens ab, und nur winzige Blattschuppen als Reste regulärer Blätter sowie die Blüte verraten die Zugehörigkeit zu den Blütenpflanzen.

Der fädige *Cuscuta*-Sproß umwindet den Wirt nach Art einer rankenden Kletterpflanze und legt sich ihm dabei eng an. Das freie Ende vollführt kreisende Suchbewegungen (Kap. 28.1), bis es auf einen weiteren Wirtssproß trifft und auch diesen umwindet. An den Kontaktstellen zwischen Wirt und Parasit senkt *Cuscuta* Saugorgane (Haustorien) in das Wirtsgewebe und stellt dabei mittels fädiger Gewebestränge („Suchhyphen") den Anschluß an die Siebröhren des Wirtes her (Abb. 25-8). Die Entnahme von Assimilaten aus den Siebröhren erfolgt über Transfer-Zellen (Kap. 21.2.1.2).

Cuscuta parasitiert bevorzugt auf krautigen Pflanzen und kann auch Kulturpflanzen schädigen. Ein einzelner *Cuscuta*-Strang kann gleichzeitig auf zwei bis mehreren Individuen von Wirtspflanzen parasitieren und bildet dann eine Brücke zwischen dem Phloem dieser Pflanzen. Dies eröffnet die Möglichkeit für Übertragungsexperimente, z. B. bei der Erforschung der Pflanzenviren und ihres Transportes.

Man hat auch beobachtet, daß die hinsichtlich Blühinduktion tagneutrale *Cuscuta* im Kurztag blüht, wenn sie auf einer Kurztagpflanze parasitiert, dagegen im Langtag, wenn der Wirt eine Langtagpflanze ist (Kap. 26.6.3.2). Aus derartigen Beobachtungen läßt sich schließen, daß es sich bei dem blühauslösenden Agens um einen Stoff handeln muß, der im Phloem transportiert wird und über die Phloem-Brücke vom Wirt in den Parasiten gelangt.

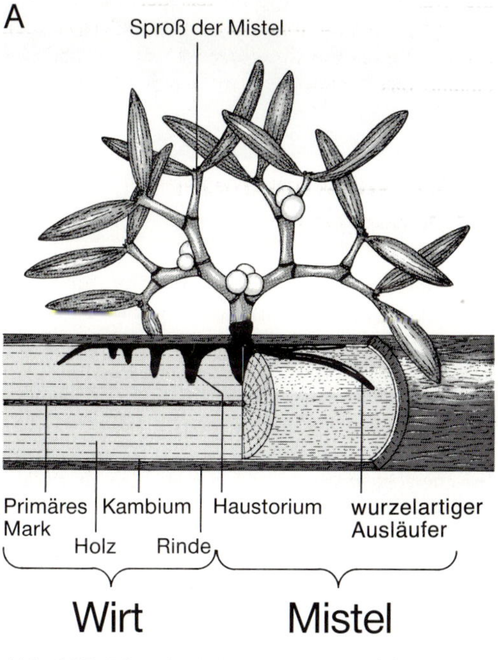

Abb. 25-7. Die Mistel *(Viscum album)*. (A) Schematische Darstellung einer jungen Pflanze mit beerenartigen Früchten, auf einem Ast des Wirtes, der links halb aufgeschnitten, rechts teilweise mit abgeschälter Rinde dargestellt ist (in Anlehnung an STOCKER). (B) Keimling auf der Rinde eines Apfelbaumes. (C) Ein von vielen Misteln befallener Laubbaum im Winter. Die immergrünen Misteln treten als kugelige Büschel in der entlaubten Baumkrone deutlich in Erscheinung.

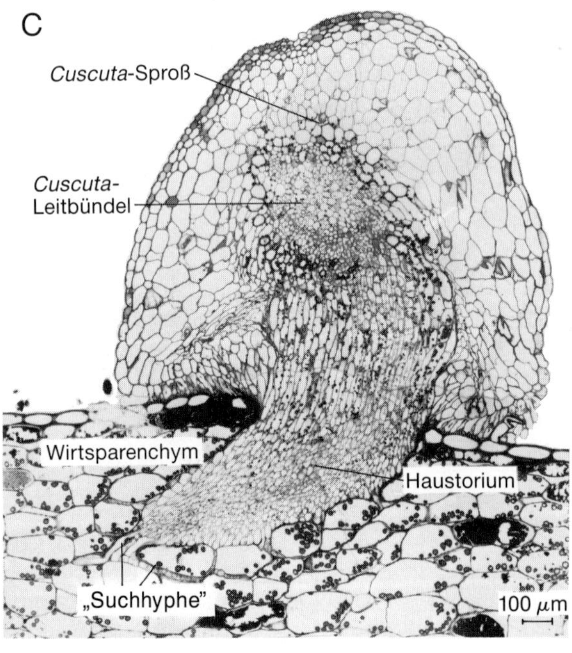

Abb. 25-8. Kleeseide *(Cuscuta)*. (A) Die fädigen Sprosse der *Cuscuta* umwinden eine Wirtspflanze *(Artemisia)*. (B) Zwei Windungen einer *Cuscuta* am Stengel einer Wirtspflanze. Die saugnapfähnlichen Ansätze der in den Sproß eindringenden Haustorien sind deutlich zu sehen. (C) Querschnitt durch Sproß und Haustorium einer *Cuscuta* und das Stengelgewebe des Wirtes. (Aufnahme: I. DÖRR).

Ein weiterer bei uns heimischer Vollschmarotzer ist der Wurzelparasit *Orobanche* (Abb. 25-9). Der oberirdische Teil dieser Pflanze besteht aus einem chlorophyllfreien blütentragenden Sproß, dessen Blätter zu Schuppen reduziert sind. Die Samen dieses Parasiten keimen nur in Gegenwart der Wurzeln eines geeigneten Wirtes.

Die extremsten Vollschmarotzer unter den Blütenpflanzen findet man bei in den tropischen Regenwäldern Südostasiens beheimateten Rafflesiaceen, unter anderem bei *Rafflesia arnoldii*. Bei dieser Pflanze besteht der Vegetationskörper nur noch aus hyphenähnlichen Gewebesträngen, die vollständig innerhalb der Wurzeln des Wirtes (Bäume des Regenwaldes) leben. Die Blüten des Parasiten brechen aus oberflächennahen Wurzeln des Wirtes hervor. Die Blüte von *Rafflesia arnoldii* ist mit einem Meter Durchmesser eine der größten im Pflanzenreich (Abb. 25-10). Sie verströmt Aasgeruch und lockt auf diese Weise Insekten an, die für die Bestäubung sorgen.

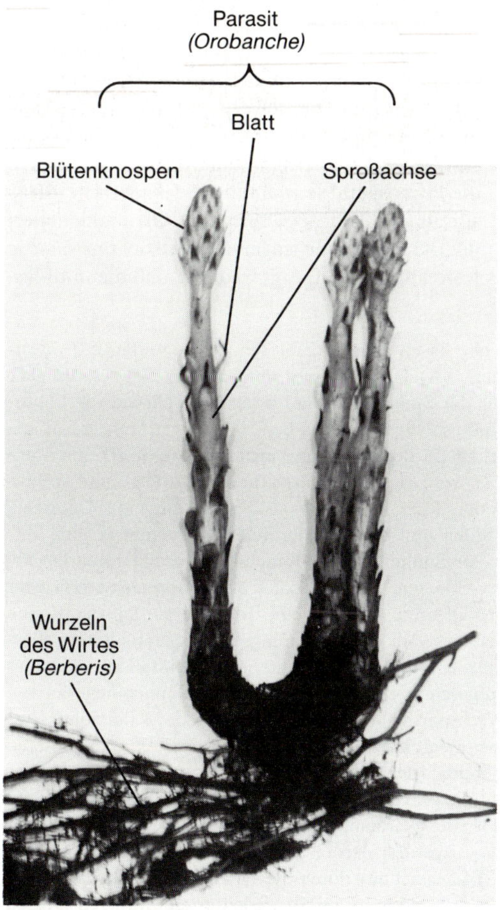

Abb. 25-9. Der Wurzelparasit *Orobanche lucorum* auf der Wurzel des Wirtes (*Berberis*, Berberitze).

25.4 Die Carnivorie

Carnivore Pflanzen sind völlig autotroph und können bei genügendem Angebot an Nährsalzen ohne jegliche tierische „Zusatznahrung" wachsen. Allerdings bedeutet die Fähigkeit, sich durch Tierfang zusätzlich Mineralstoffe beschaffen zu können, bei der *Besiedelung nährstoffarmer Standorte* Selektionsvorteile.

Im Verlauf der Evolution hat sich ein sehr vielfältiges Repertoire an Methoden entwickelt, mit dem die Carnivoren ihre Beute fangen. Einige dieser Methoden erscheinen verblüffend raffiniert und machen die Beschäftigung mit den Carnivoren zu einem reizvollen Gebiet der Botanik.

Die *Fangorgane* sind in der Regel mehr oder weniger stark umgewandelte Blätter (Metamorphosen). Man kann die Carnivoren nach der Methode des Beutefangs einteilen:

- *Klebefallen*. Die Blätter der betreffenden Pflanzen scheiden auf ihrer Oberfläche klebrige Drüsensekrete aus. Kommen Insekten mit diesen Sekreten in Berührung, so bleiben sie wie auf einer Leimrute haften. Bewegungen unterstützen den Fangvorgang.
  Die einfachsten Klebefallen sind die Blätter des in den mitteleuropäischen Gebirgen auf feuchten Standorten vorkommenden Fettkrautes (*Pinguicula*). Komplexe Bewegungen liegen nicht vor, aber die Blattränder können sich beim Fangvorgang einrollen. Abgefeimter sind die Klebefallen des auch bei uns auf nährstoffarmen Wiesen und Hochmooren heimischen Sonnentaus (*Drosera*). Auf den Blattspreiten dieser Pflanzen stehen Emergenzen („Tentakel"), die in ein Drüsenköpfchen auslaufen. Diese scheiden in der Sonne wie Tau glitzernde Sekrettröpfchen aus. Insekten bleiben daran haften und werden durch komplexe Bewegungsvorgänge schließlich ganz von Tentakeln eingehüllt (Kap. 27.1.2, Abb. 27-1).

Emergenzen: mehrschichtige Auswüchse z.B. Stacheln, Haare, Schuppen

Abb. 25-10. *Rafflesia.* Das Bild zeigt einen Busch-Ranger und Studenten der Universität Singapore mit einer *Rafflesia*-Blüte, gefunden auf einer Exkursion im Regenwald der malaysischen Insel Pulau Tioman (Aufnahme: S. SUTARI).

- *Klappfallen.* Der typische Vertreter dieses Carnivorentyps ist die in Nordamerika beheimatete Venus-Fliegenfalle (*Dionaea muscipula*). Das Zuklappen der Falle ist der schnellste im Pflanzenreich bekannte Bewegungsvorgang, einer der faszinierendsten Vorgänge der pflanzlichen Reiz- und Bewegungsphysiologie (Kap. 26.5.1, Abb. 26-17; Kap. 27.1.4, Abb. 27-2).
- *Gleitfallen.* Carnivoren vom Gleitfallen-Typ besitzen Blätter, die zu tüten-, schlauch- oder kannenförmigen Behältern umgewandelt sind. Diese Behälter sind oben offen. An ihrem Grund befindet sich eine wäßrige Flüssigkeit, die Verdauungsenzyme enthält und von Drüsen der inneren Oberfläche des Behälters ausgeschieden wird. Diese Behälter sind die dem Insektenfang dienenden Fallen. Der Rand ihrer Öffnung ist durch Wachsablagerung und Schleimabscheidung sehr glatt. Hier befinden sich zudem extraflorale Nektarien. Durch deren Nektar und durch die oft auffällige Färbung der Fallenblätter werden die Insekten angelockt. Sie lassen sich auf dem Rand der Falle nieder, verlieren früher oder später den Halt und stürzen in die Flüssigkeit. Das Entweichen der Beute durch Zurückklettern kann auf vielfältige Weise verhindert sein: durch Einschmieren mit von Drüsen abgesondertem Schleim, durch abwärtsgerichtete Haare, durch körnige Wachspartikel, die sich beim Versuch des Anheftens mit den „Klauen" der Insektenbeine ablösen (Abb. 25-11), und durch dachziegelig nach unten gerichtete Emergenzen, die bei *Nepenthes* die Drüsen überdecken (Abb. 25-11).

Zu den Gleitfallen-Carnivoren gehören die in Nord-Californien und Oregon beheimatete *Darlingtonia*, die in den Tropen vorkommenden Gattungen *Sarracenia, Cephalotus* und als besonders typischer Vertreter die Gattung *Nepenthes*, die ihren Verbreitungsschwerpunkt auf dem Malaiischen Archipel hat.

Bei *Nepenthes* übernimmt der flächige Blattgrund die Photosynthese, während die eigentliche Blattspreite den Fangapparat bildet. Oft umklammert der die Fangkanne tragende Blattstiel rankenartig feste Stützen und sorgt so dafür, daß die mit Flüs-

Abb. 25-11. Fangapparat der Kannenpflanze (*Nepenthes*). (A) Habitus einer fangbereiten Kanne. Sie geht aus der Spreite des Blattes hervor, während die Photosynthese vor allem von dem flächig verbreiterten Blattgrund (in der Abbildung nicht mehr gezeigt) übernommen wird. Der den Blattgrund und die Kanne verbindende Stiel kann sich als Ranke um eine Unterlage winden und bringt dabei den Fangapparat in eine aufrechte Stellung. Junge Kannen sind durch einen Deckel verschlossen, der sich später öffnet und als Schirm über der Öffnung stehen bleibt. Im unteren Teil der Kanne befindet sich die Verdauungsenzyme enthaltende Flüssigkeit, in welche die Beutetiere hineinfallen. (B) Längs aufgeschnittene Kanne. Im oberen Bereich liegt ein von Wachspartikeln überlagertes Gewebe (Gleitzone), wo die Beuteinsekten keinen Halt finden. Im unteren Bereich, der in der intakten Kanne mit Flüssigkeit gefüllt ist, befinden sich Drüsen, welche der Produktion der Verdauungsenzyme und der Resorption der Produkte der Beuteverdauung dienen (Drüsenzone). (C) Längsschnitt durch die Drüsenzone (stärker vergrößerter Ausschnitt aus B). Jede der mehrzelligen Drüsen ist durch einen abwärtsgerichteten Gewebewulst überdacht. ▶

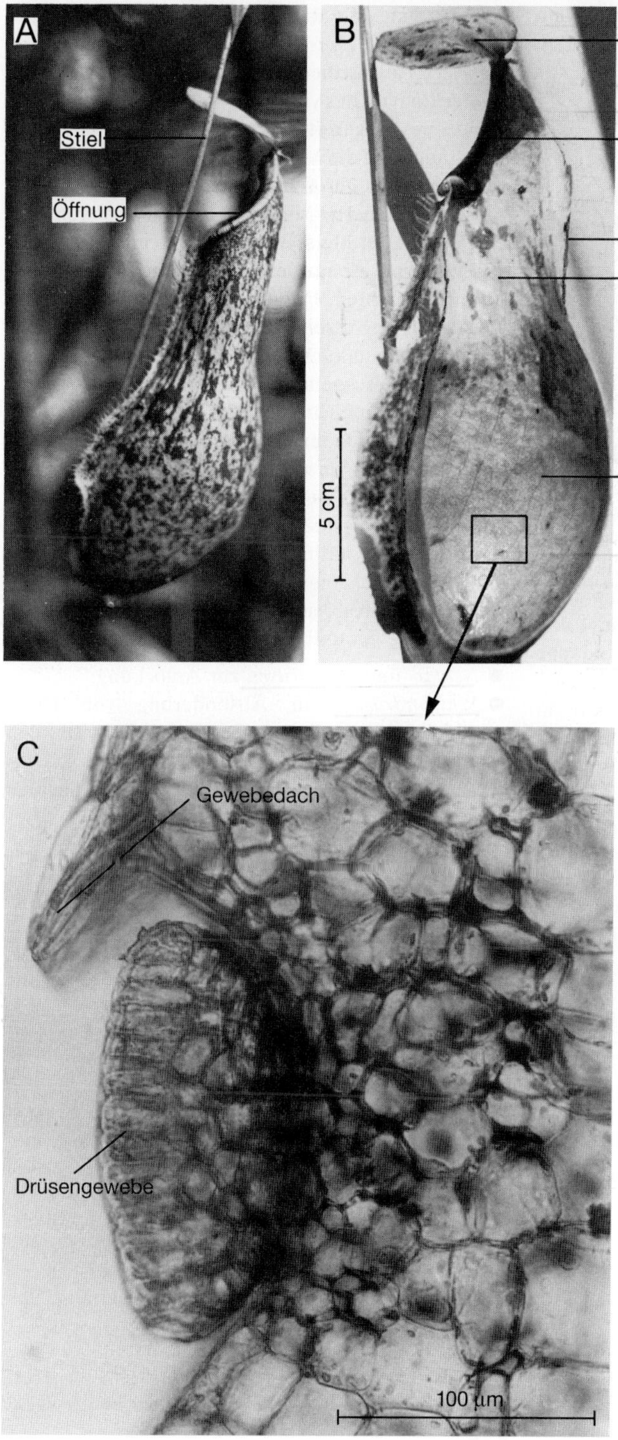
A
Stiel
Öffnung
B
Deckel
Rand der Öffnung
Schnittkante
Gleitzone
Drüsenzone
5 cm
C
Gewebedach
Drüsengewebe
100 µm

submers: untergetaucht, unter Wasser lebend

sigkeit gefüllten Kannen stets aufrecht und zudem in günstiger Fangposition hängen (Abb. 25-11).

- *Schluckfallen*. Einen hochkomplizierten Fangapparat besitzt auch der bei uns heimische Wasserschlauch *(Utricularia)*. Diese submers lebende Pflanze bewohnt nährstoffarme stehende Gewässer. An den fädig zerschlitzten Blättern trägt sie ein bis zwei Millimeter große Fangblasen (Abb. 25-12). Die Fangblase ist durch eine sich nach innen öffnende Klappe zunächst wasserdicht verschlossen und mit Wasser gefüllt. Durch „Wasserdrüsen" werden Ionen – und mit ihnen wird auf osmotischem Wege Wasser – aus der Blase nach außen gepumpt. Weil dank der Verschlußklappe kein Wasser von außen in die Blase zurückströmen kann, verringern die Pumpvorgänge den Blaseninhalt auf ca. 50 % seines Volumens. Da die Wassermoleküle durch Adhäsion an den Blasenwänden und durch Kohäsion untereinander festhaften, werden beim Schwinden des Füllwassers die elastischen Seitenwände der Blase dellenartig nach innen gezogen. Damit ist die Falle gespannt und fangbereit. Die Außenseite der Verschlußklappe der Fangblase ist mit Borsten („Fühlantennen") besetzt, welche in die Umgebung ragen und ein Hindernis bilden. Werden diese Borsten von Planktonkrebschen oder anderen Beutetieren berührt, öffnet sich die Klappe und die eingedellten elastischen Blasenwände entspannen sich schlagartig. Dabei wird schluckartig eine Portion Wasser, und mit ihr das Beutetier, in das Innere der Fangblase gerissen. Gleichzeitig springt die Klappe wieder in Verschlußstellung: Die Beute ist gefangen. Von Drüsenzellen ins Blaseninnere sezernierte Enzyme sorgen für die Verdauung der Beute. Ist dieser Vorgang beendet, wird die Fangblase wieder leergepumpt und damit ihre Fangbereitschaft erneuert.

Die Verdauung der gewonnenen Beute erfolgt bei den Carnivoren stets außerhalb der Zellen und Gewebe der Pflanze mit Hilfe von *Exoenzymen*. Dies sind Enzyme, die durch Drüsen nach außen sezerniert werden. Die in die Kannenflüssigkeit von *Nepenthes* abgeschiedene *Protease* ist ein eiweißspaltendes Enzym, das viele Eigenschaften mit dem Pepsin unseres Magens teilt, so auch das stark saure pH-Optimum. Wie die Magenflüssigkeit ist auch das Verdauungssekret der Carnivoren vielfach durch Salzsäure angesäuert. Meistens reichen die von den Pflanzen selbst abgeschiedenen Enzyme nicht zum vollständigen Abbau der Beute. Es treten immer Mikroorganismen hinzu, die ein breites Enzym-Muster zur Zersetzung der gefangenen Tiere beisteuern und sich an der Mahlzeit beteiligen. Diese *Kommensalen* („Tischgenossen") kann man durchaus als Symbionten bezeichnen.

Die bei der Verdauung entstandenen niedermolekularen Verbindungen werden durch Drüsen resorbiert. Meist handelt es sich dabei um dieselben Drüsen, die auch der Enzymsekretion dienen. Schließlich bleiben nur die leeren Chitin-Skelette der gefangenen Tiere zurück.

Bei der Carnivorie sind in vielfältiger Weise *Drüsen* beteiligt, die unterschiedliche Funktionen aufweisen:

- *Nektar-* und *Duftdrüsen* zur Anlockung,
- *Schleimdrüsen* zur Absonderung von Fangschleim, der meist aus sauren Polysacchariden besteht,
- *Verdauungsdrüsen* zur Sekretion von Enzymen und zur Resorption.

Zum weiteren Studium

HENSEN, A. UND JAHNS, H. M.: *Lichenes. Eine Einführung in die Flechtenkunde.* Thieme, Stuttgart 1983.

SCHAEDE, R.: *Die pflanzlichen Symbiosen.* Fischer, Stuttgart 1962.

STRASBURGER, E.: *Lehrbuch der Botanik für Hochschulen.* Fischer, Stuttgart – Jena – New York 1991.

WERNER, D.: *Pflanzliche und mikrobielle Symbiosen.* Thieme, Stuttgart 1987.

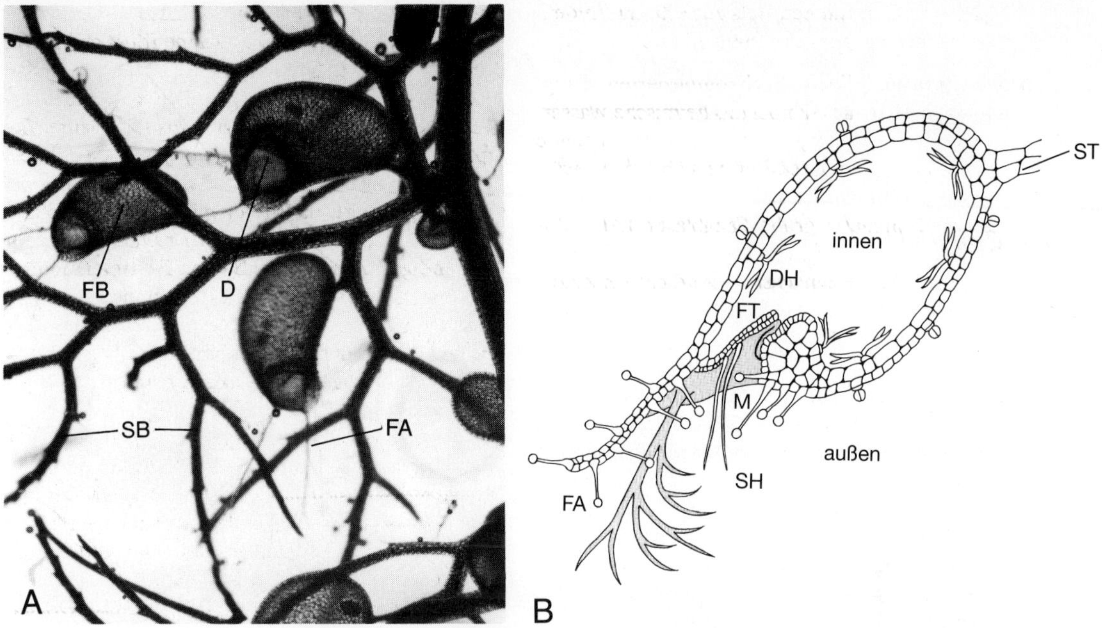

Abb. 25-12. Der Wasserschlauch *(Utricularia)*. (A) Die Abbildung zeigt die fein verästelten, im Wasser untergetaucht wachsenden (d. h. submersen) Blätter, SB, und die ca. 1 mm großen Fangblasen, FB. Am Deckel, D, jeder Fangblase befinden sich zwei „Fühlantennen", FA. (B) Schematischer Längsschnitt durch eine Fangblase (nach SCHMUCKER und LINNEMANN). FA, Fühlantenne; FT, Fallentür; SH, Sinneshaare; M, Mund der Falle; DH, Drüsenhaare zur Verdauung; ST, Stielansatz der Blase.

annuell: einjährig, d.h. gesamte Lebenslauf der Pflanze von der Keimung bis zur Fruchtreife u. zum Absterben vollzieht sich innerhalb von 12 Monaten ≙ eine Vegetationsperiode

- sommerannuelle
- überwinternde Pflanzen

perennierend: ausdauernd d.h. Pflanze blüht u. fruchtet mehrere Jahre → ausdauernde Kräuter u. Holzgewächse

26 Wachstum, Entwicklung, Altern und Tod

26.1 Einzeller, annuelle und perennierende Pflanzen

Das Wachstum einzelner Zellen beruht auf der *Assimilation* „fremder" anorganischer Substanzen (autotrophe Zellen) oder organischer Substrate (heterotrophe Zellen) zu „eigener" Körpersubstanz. Für die Einzelzelle ist Wachstum immer eine *irreversible Volumen-* und *Substanzzunahme*. Nach Erreichen einer bestimmten Größe kann die Größenzunahme nur durch Zellteilung rückgängig gemacht werden. Wenn eine Einzelzelle dabei mit ihrer ganzen Körpersubstanz vollständig in den Tochterzellen aufgeht, hat sie zwar aufgehört als Individuum zu leben, ist aber eigentlich nicht gestorben. In diesem Sinne sind *Einzeller*, die sich durch mitotische Teilungen vegetativ oder durch fakultative Sexualität generativ vermehren, *potentiell unsterblich* (Kap. 16.1.2).
Gleichermaßen sind wachsende und sich teilende Zellen in einem *Meristem* unsterblich. Die potentielle Unsterblichkeit der Zellen wird auch dadurch deutlich, daß ausgewachsene, differenzierte und spezialisierte Zellen aus einem Gewebeverband eines höheren Organismus wieder teilungsfähig werden können, wenn mehr oder weniger drastische Änderungen in ihrer unmittelbaren oder mittelbaren Umgebung auftreten. Dies zeigt uns aber auch schon die Ursachen für *Altern und Tod*. Sie sind eine *Folge der Differenzierung*. Aus diesem Grunde ist das Beispiel der *Volvox*-Kugel (Kap. 16.1.2) so aufschlußreich. Dort beobachten wir zum ersten Mal eine Leichenbildung, weil erstmals eine Arbeitsteilung verschiedener Zellen in einem Organismus aufgetreten ist. Aber die Differenzierung als solche scheint nicht die Ursache für den Tod zu sein, sonst könnten differenzierte Zellen bei Änderung ihrer Umgebung auch nicht wieder teilungsaktiv werden. Altern und Tod der Zellen ergeben sich also aus ihren wechselseitigen Beziehungen. (Es sollte angemerkt werden, daß hier vom „natürlichen" Tod die Rede ist. Von außen herangetragene Katastrophen können auch bei Einzellern zum Tod führen. Einzeller sind nicht unbedingt, sondern eben nur „potentiell" unsterblich.)
Diese Zusammenhänge sollen im folgenden durch das Betrachten der Entwicklung einer Population von Einzellern, einer annuellen und einer perennierenden Pflanze veranschaulicht werden.
Die Zellzahl von *Einzellern in einer Kultur* (Abb. 26-1) stagniert zunächst während einer Phase reiner Größenzunahme der Zellen. Dann setzen die ersten Zellteilungen ein, die Tochterzellen wachsen heran, bis sie sich erneut teilen können, usw. In dieser Phase steigt die Geschwindigkeit des Wachstums der Kultur durch Zellteilungen. Es stellt sich dann eine konstante Zellteilungsrate ein, in einer Phase, in der aus den Tochterzellen mit konstanter Geschwindigkeit erneut Tochterzellen hervorgehen. Entstehen bei jeder Teilung zwei Tochterzellen, ergibt sich die Zellzahl der Kultur aus $a \cdot 2^n$, wobei a die Anzahl der Ausgangszellen und n die Anzahl der Teilungsschritte ist. Entstehen bei jeder Teilung b Tochterzellen, gilt für die Zellzahl $a \cdot b^n$. Bei konstanter Teilungsrate, d.h. konstantem n pro Zeiteinheit, ergibt der Logarithmus der Zellzahl in einem Diagramm gegen die Zeit aufgetragen eine Gerade *(logarithmische Wachstumsphase)*. Die Teilungsrate verzögert sich danach wieder, die Zellzahl stagniert und nimmt schließlich sogar wieder ab. Dies beruht auf verschiedenen Ursachen. Die Nährstoffe im Kulturmedium erschöpfen sich. Die Anhäufung von Stoffwechselprodukten im Nährmedium kann toxisch wirken, so daß Zellen absterben. Erneuert man das Kulturmedium in regelmäßigen Abständen, beispielsweise durch Verdünnung der Zellzahl pro Volumeneinheit zurück auf den Aus-

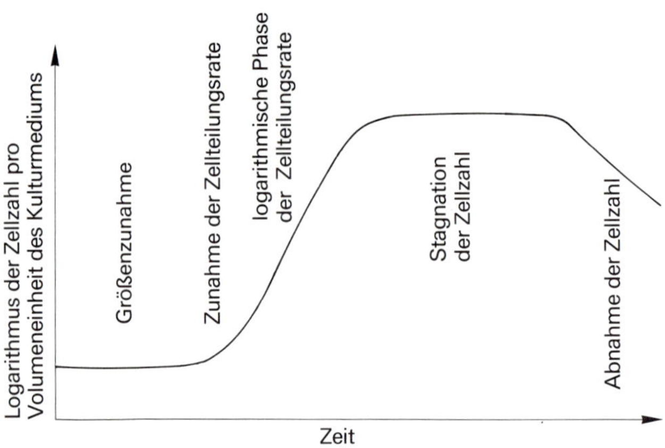

Abb. 26-1. Entwicklung der Zellzahl oder Wachstum einer Kultur von Einzellern.

Synchronkultur: Kultur, in der durch entsprechend künstl. Bedingungen sich alle Zellen zu jedem Zeitpunkt in annähernd dem gleichen (=synchronen) Stadium der Entwicklung o. d. mitotischen Zyklus befinden.

gangswert, kann man zu *Synchronkulturen* gelangen. Dabei erfolgt das logarithmische Anwachsen der Zellzahlen in einem gleichmäßigen Rhythmus, und die Zellgrößen sind zu jedem gegebenen Zeitpunkt sehr homogen (Abb. 26-2).

Im Prinzip gilt auch eine ähnliche Kinetik für die Entwicklung der Individuenzahl von *Populationen* höherer Organismen. Die menschliche Population der Erde hat die Phase der Zunahme der Wachstumsrate um die Jahrhundertwende verlassen und befindet sich in der logarithmischen Phase (Abb. 26-3).

Bei *annuellen Pflanzen* entsteht bei der Samenkeimung aus dem Embryo eine Keimpflanze, die sich zur geschlechtsreifen Pflanze differenziert, selber Samen bildet und noch in derselben Vegetationsperiode abstirbt. Unter den mehrjährigen, *perennierenden Pflanzen* werden einige Bäume mehrere tausend Jahre alt:

- Pappeln und Ulmen 300 bis 600 Jahre
- Eichen 500 bis 1000 Jahre
- Linden 800 bis 1000 Jahre

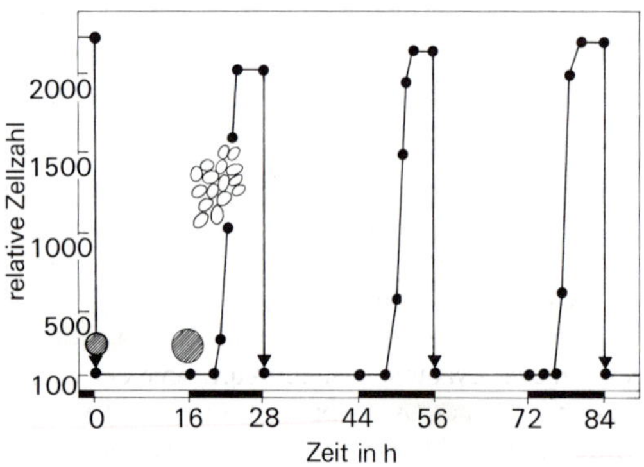

Abb. 26-2. Synchronkultur der einzelligen Grünalge *Chlorella*. Künstlicher Tag-Nacht-Rhythmus von 16:12 h; Verdünnung jeweils zu Beginn der Lichtphase auf eine relative Zellzahl von 100 Zellen pro Volumeneinheit des Kulturmediums; Heranwachsen der Zellen während der Lichtphase und Teilung in 16 Tochterzellen während der Dunkelphase (nach Daten von LORENZEN, *Flora* **153**: 554, 1963).

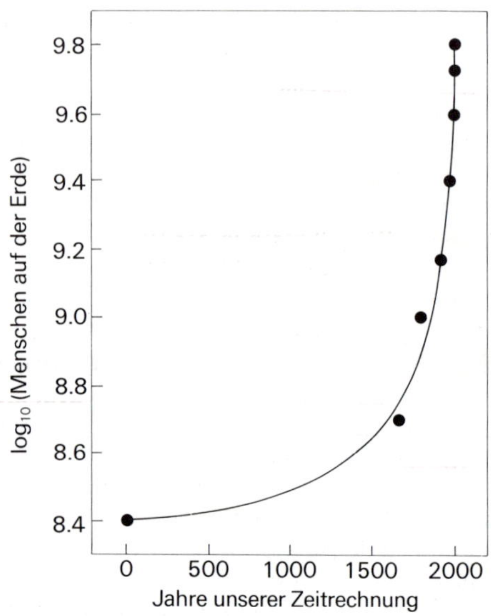

Abb. 26-3. Anstiegsrate der Zahl der Menschen auf der Erde.

- Eiben 900 bis 3000 Jahre
- *Sequoiadendron giganteum* (Mammutbaum) bis 4000 Jahre
- *Pinus longaeva* bis 4600 Jahre

Es vergehen oft viele Jahre nach der Keimung der Samen bis diese Bäume blühreif sind. Dann können sie ihr Leben lang in jährlich wiederkehrenden Zyklen Samen bilden und sich beim Absterben von Teilen ihres Kormus auch wieder verjüngen, entweder durch Regeneration aus ruhenden Anlagen (schlafenden Knospen) oder durch echte Neubildung von Organen aus Meristemen.

26.2 Die Polarität

Die meisten Organismen besitzen eine irgendwie geartete Polarität. Bei Bakterien kann sie durch die Anordnung der Geißeln bedingt sein. Bei Flagellaten zögern wir nicht, das Ende mit Geißelgrube und Augenfleck als das Vorderende zu bezeichnen. Bei den *Volvox*-Kugeln kann man einen vorderen und einen hinteren Pol unterscheiden (Kap. 16.1.2). Kormophyten haben einen Sproßpol und einen Wurzelpol. Die Polarität der Kormophyten steckt auch in einzelnen Sproßstückchen. Dies wird z. B. bei der Regeneration von Wurzeln und Sprossen an abgeschnittenen Weidenzweigen deutlich (Abb. 26-4).

Einen starken Kontrast dazu bildet die Tatsache, daß sich alle diese polaren Organismen ontogenetisch aus Einzelzellen entwickeln, die zunächst nicht den geringsten Anhaltspunkt für eine Polarität erkennen lassen. Sporen und Zygoten sind vollkommen unpolar. Aber schon die erste Zellteilung bei der Sporen- oder Zygotenkeimung zeigt Polarität. Es handelt sich um *inäquale Zellteilungen*, wie wir sie auch bei der Bildung von Wurzelhaaren in der Rhizodermis und von Spaltöffnungen in der Blattepidermis beobachten (Abb. 26-5).

Vor der inäqualen Teilung muß die Mutterzelle durch die Brechung der Symmetrie eine Polarität erhalten haben. Die *Polarität* kann autonom entstehen, meistens muß sie aber *induziert* werden. Bei der Keimung der Zygote in einer Samenanlage (Abb. 19-15) sind die inäquale Teilung und die Ausprägung der Polarität des Proembryos und des Embryos durch die Polarität der umgebenden Gewebe der Samenanlage determiniert, die sich der Zygote mitteilt. Wie aber wird die Polarität bei freien Zellen induziert, z. B. bei einer Algen-Zygote oder einer Pteridophyten-Spore? Die Zygoten der Braunalgen *Fucus* und *Pelvetia* und

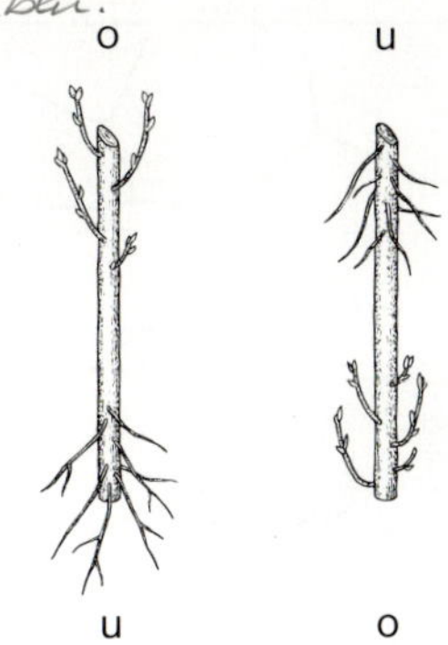

Abb. 26-4. Polarität. Austrieb von abgeschnittenen Weidenzweigen beim Aufhängen in einer feuchten Kammer mit dem ursprünglich oberen Ende (o) oder unteren Ende (u) nach oben. Unabhängig von der „richtigen" oder „falschen" Aufhängung bilden sich am ursprünglich oberen Ende Seitensprosse und am ursprünglich unteren Ende Wurzeln (nach Pfeffer).

die Sporen von *Equisetum* werden häufig als Objekte für die Erforschung dieses Problems verwendet. Es zeigt sich, daß die Polarität durch richtende Außenfaktoren induziert wird. Hierzu gehören vor allem das Licht, die Schwerkraft, Drücke und chemische Gradienten. Diese Faktoren geben die räumliche Information dafür, wo ein Rhizoid-Pol bzw. wo der grüne Thallus-Teil gebildet werden soll (Abb. 26-6). Werden im Experiment alle Umweltgradienten ausgeschaltet, wachsen die Rhizoiden an zufälligen Stellen aus (*Fucus*) oder bei *Equisetum* an einer präformierten Stelle, die nur in solchen Experimenten in Erscheinung tritt. Kurze Zeit nach der Induktion kann die Polarisierung durch anders gerichtete Gradienten noch aufgehoben oder geändert werden. Später wird sie sehr stabil und irreversibel, wie auch das Beispiel der Weidenzweige zeigt (Abb. 26-4).

Die ersten Phänomene der Polarisierung, die man bei Sporen und Zygoten nach der Aufnahme einer richtenden Information nachweisen kann, sind elektrischer Natur. Mit einer geeigneten Meßapparatur kann man beobachten, daß die Zellen einen von anorganischen Kationen getragenen elektrischen Strom durch sich hindurchleiten. An der Stelle, wo die positiven Teilchen in die Zellen eintreten, liegt später der stark wachsende Pol, z. B. das Rhizoid bei Zygoten und Sporen oder die Spitze bei einem Wurzelhaar. Man stellt sich vor, daß der richtende Reiz lokale Änderungen in der Zellmembran hervorruft.

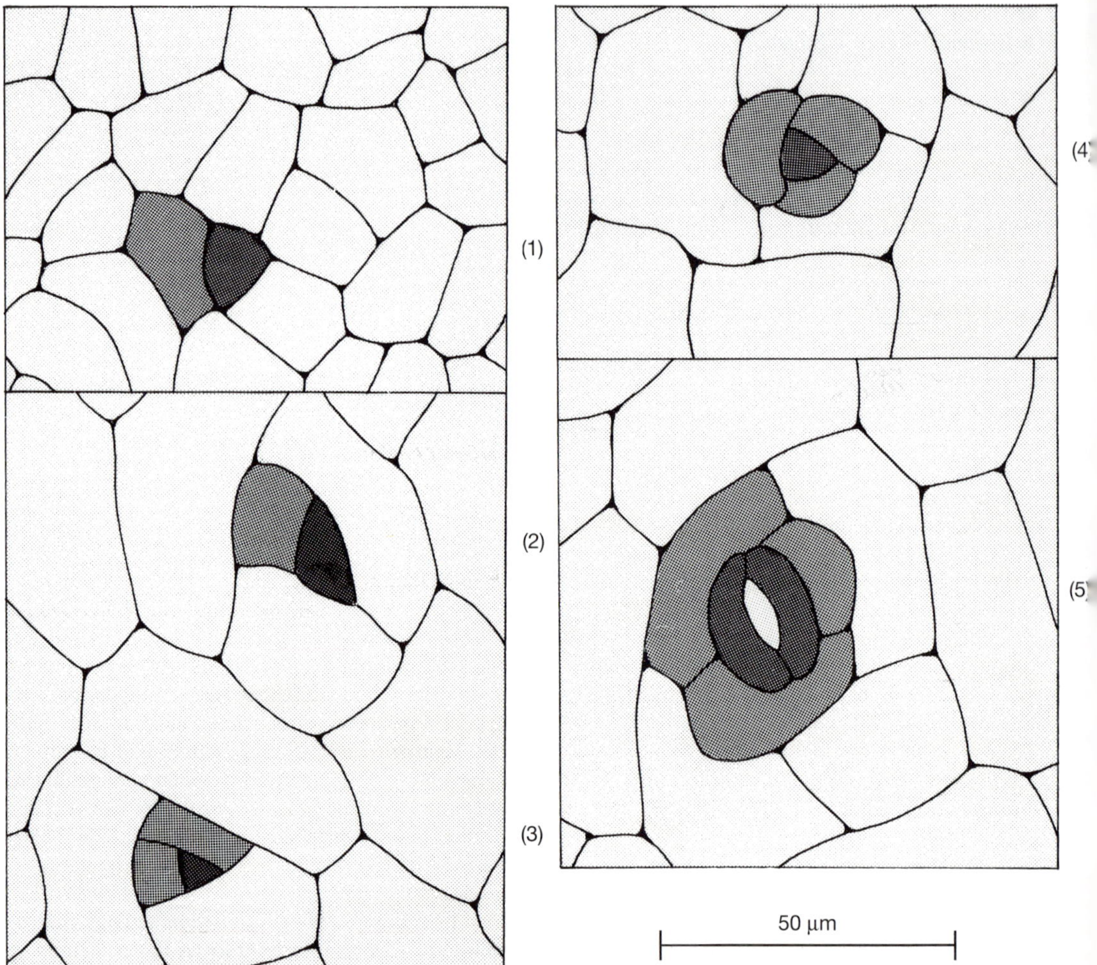

Abb. 26-5. Inäquale Teilung einer Zelle in der Blattepidermis von *Kalanchoi beharensis* (1), die zur Bildung von Schließzellen führt (2–5). Nach mikroskopischen Aufnahmen gezeichnet.

inäquale Teilung: Zellteilung, in deren Verlauf zwei versch. Tochterzellen entstehen

Thallus: Pflanzenkörper, der sich nicht aus den Grundorganen (Sproßachse, Blatt u. Wurzel) aufbaut u. sich durch geringe Zelldifferenzierung auszeichnet
-> Blaualgen, Algen, Pilze, Flechten, Moospflanzen

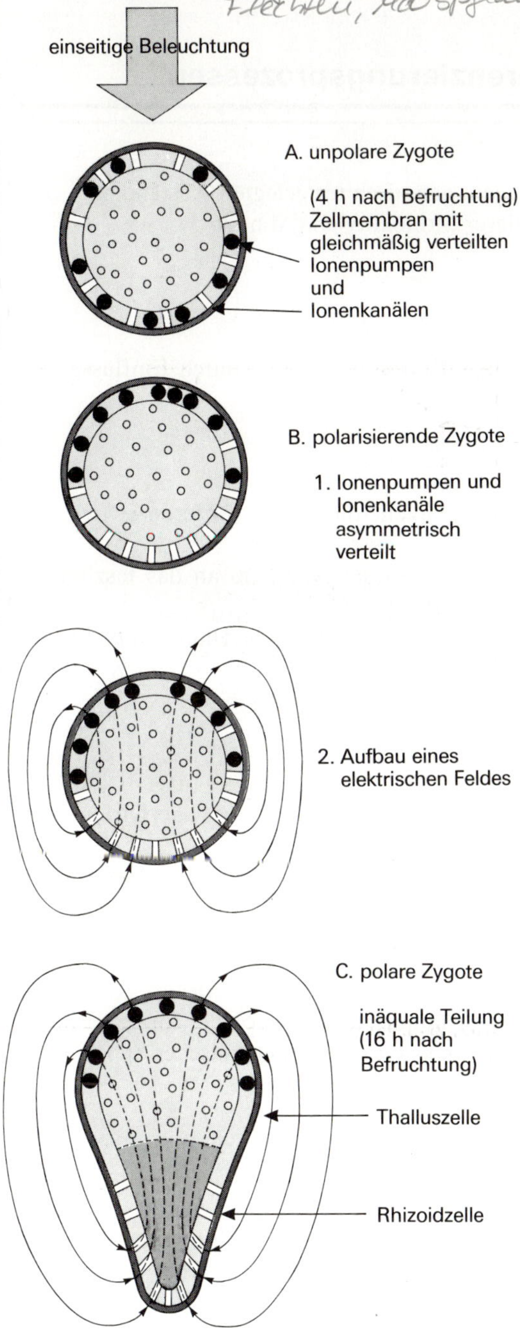

Abb. 26-6. Polaritätsinduktion, Aufbau eines elektrischen Feldes und inäquale Teilung bei der *Fucus*-Zygote (nach WEISENSEEL, *Biologie in unserer Zeit* **10**: 39, 1980).

Das kann durch eine ungleichmäßige Verteilung von vorher gleichmäßig über die ganze Membran verstreuten Pumpen für den aktiven Ionentransport und Carriern oder Kanälen für die passive Ionendiffusion geschehen. Das so gebildete *elektrische Feld* kann zur Verlagerung elektrisch geladener Zellbestandteile führen (z. B. Enzymproteine, geladene Vesikel und Membrankomponenten). Die erste sichtbare strukturelle Veränderung von *Fucus*-Zygoten und *Equisetum*-Sporen vor der inäqualen Teilung ist die Verlagerung der Chloroplasten aus dem Rhizoid-Pol in den Thallus-Pol.

Determinierung: Festlegung einer ganz best. Entwicklungsrichtung unter mehreren ursprünglich möglichen

26.3 Differenzierung und Korrelationen

Die Zellen höherer Pflanzen durchlaufen beim Wachstum nacheinander

- das *Teilungswachstum* mit der *Zellvermehrung,*
- das *Streckungswachstum* mit der *Zellvergrößerung,*
- das *Differenzierungswachstum* mit der *Arbeitsteilung* zwischen verschiedenen Zelltypen bei der Gewebe- und Organbildung.

Die *Determination* einer bestimmten Differenzierung erfolgt im Zusammenhang mit der Induktion von Polarität. Die Expression ganz bestimmter Gene wird an-, die anderer Gene abgeschaltet. (Verschiedene Arten der Determination sind in Kasten 26-1 erläutert.)

Korrelationen (Wechselwirkungen) äußern sich in sehr allgemeiner Weise in der harmonischen Entwicklung einer Pflanze, der Ausnutzung ihres Lebensraumes, der normalen Anordnung der Organe, Gewebe usw. Ein anschauliches Beispiel für Korrelationen mit Förderungen und Hemmungen durch stoffliche Wechselwirkungen ist auch die Arbeitsteilung zwischen Sproß-und Wurzelsystem in der intakten Pflanze (Abb. 26-8). Besonders deutlich wird das Wirken dieser Mechanismen aber, wenn Veränderungen in den normalen Korrelationen auftreten. Dies kann in der freien Natur durch Verletzungen, z. B. durch Tierfraß, geschehen. Der Mensch macht sich die einsetzenden Regenerationsprozesse durch bewußte Eingriffe zunutze, bei der vegetativen Vermehrung von Pflanzen durch Stecklinge, beim jährlichen Verjüngungsschnitt (z. B. im Obst- und Weinbau), beim Pfropfen und in jüngster Zeit auch bei der Gewebekultur.

Korrelation: Wechselwirkung, die gegenseitige Beeinflussung der Organe u. Zellen

Kasten 26-1
Arten der Determination von Differenzierungsprozessen

Endonome Determination

Eintreten einer inäqualen Zellteilung in regelmäßigen, genetisch festgelegten Abständen.

Beispiele:
- Spaltöffnungen der Gräser und anderer Monokotylen (Abb. 26-7)
- Wurzelhaare mancher Pflanzen

Aitionome Determination

Determination durch außerhalb der Zelle liegende Faktoren, vielfach durch Einflüsse von Nachbarzellen oder durch die Lage im Organ.

Aitionome Determination mit homoiogenetischer Induktion

Eine ausdifferenzierte Zelle induziert bei einer Nachbarzelle die gleiche Differenzierung, die sie selber durchgemacht hat.

Beispiele:
- Ausbildung eines interfaszikulären Kambiums im Anschluß an das faszikuläre Kambium im Dikotylensproß (Kap. 22.5.1)
- Anschluß der Leitelemente, Phloem und Xylem, zwischen Haupt- und Seitenwurzeln
- Anschluß der Leitelemente in Wundkalli und bei Pfropfungen

Aitionome Determination mit heterogenetischer Induktion

Eine ausdifferenzierte Zelle induziert bei einer Nachbarzelle eine andersartige Differenzierung als sie selbst durchgemacht hat.

Beispiel:
- Häufung der Durchlaßzellen in der Wurzelendodermis über den Xylemstrahlen des radiären Leitbündels (Abb. 21-4)

Aitionome Determination mit Induktion durch korrelative Hemmungen und Förderungen

Benachbarte Zellen, Gewebe und Organe üben aufeinander hemmende oder fördernde Wirkungen aus. Korrelative Wechselwirkungen beruhen auf Gradienten chemischer Substanzen. Diese Gradienten kommen zustande durch
- gegenseitige Versorgung mit Nährstoffen,
- Konkurrenz um Nährstoffe,
- Beeinflussung von Phytohormonverhältnissen.

Der *Sperreffekt* ist eine korrelative Hemmung:

Eine in bestimmter Weise differenzierte Zelle verhindert, daß sich in ihrer unmittelbaren Nachbarschaft gleichartige Differenzierungsprozesse vollziehen. Bei größerem Abstand ist die Sperre aufgehoben. Dies ist ein Mechanismus von *Musterbildungen.*

Beispiel:
- Spaltöffnungsmuster der Dikotylen mit regelmäßigen Abständen zwischen den Stomata, wenn auch nicht so gleichmäßig wie bei der endonomen Determination der Monokotylen (Abb. 26-7)

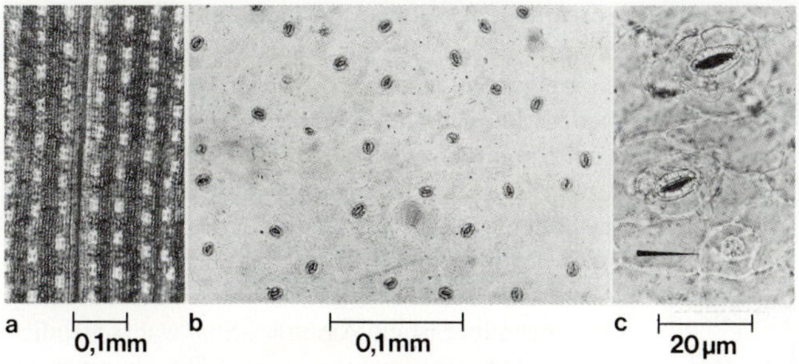

Abb. 26-7. Spaltöffnungsmuster bei der Monokotylen *Commelina benghalensis* (a) und der Dikotylen *Kalanchoë daigremontiana* (b, c). Die Neuanlage einer Spaltöffnung mit Schließzellenmutterzellen ist in (c) durch einen Pfeil gekennzeichnet.

Chimäre: Individuen o. Organe die erblich aus versch. Geweben aufgebaut sind, was durch Mutationen, Störungen der Mitose o. Pfropfungen verursacht sein kann

Beim *Verjüngungsschnitt* erfolgt die Regeneration aus ruhenden Knospen. Bei *Stecklingen* aus verholzten Achsen kann die Regeneration ebenfalls aus Knospen, aber auch aus dem Wundkallus erfolgen (Abb. 26-9). Primär ist der *Wundkallus* eine Gewebewucherung zum Verschluß von Wunden bei Verletzungen. Er entsteht bei verholzten Sprossen meist aus dem Kambium, kann aber auch auf Parenchymzellen zurückgehen, die wieder teilungsfähig werden und ein neues, sekundäres Meristem bilden.

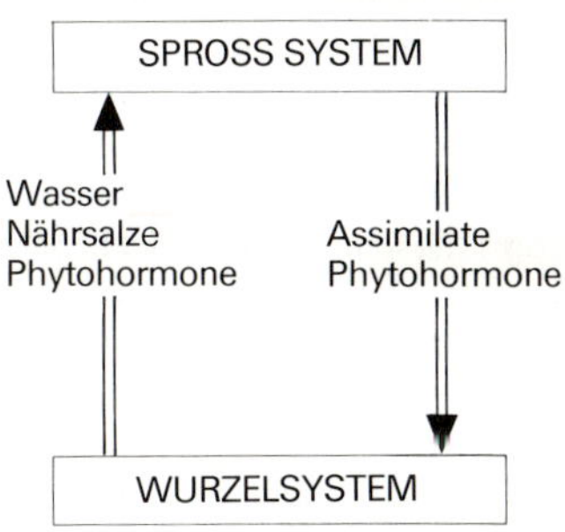

Abb. 26-8. Korrelationen zwischen Wurzel und Sproß.

aitionom: induzierter Vorgang, der durch einen äußeren Reiz ausgelöst wird

Beim *Pfropfen* eines *Pfropfreises* auf eine *Unterlage* bilden sich im Wundkallus durch aitionome Determination mit homoiogenetischer Induktion (Kasten 26-1) neue Leitbündelverbindungen aus. Pfropfungen gelingen normalerweise nur zwischen Varietäten einer Pflanzenart oder sehr nahe verwandten Arten. Eine besondere Kuriosität sind die *Pfropfbastarde*. Man erhält sie, indem man nach dem Verwachsen von Pfropfreis und Unterlage das Reis an der Pfropfstelle abschneidet. Dort bilden sich durch Regeneration neue Sprosse, die teils aus Zellen der Unterlage, teils aus Zellen des Reises aufgebaut werden.

Varietät: Abart, systematische Kategorie unterhalb der Art von geringerem systemat. Rang als die Unterart

Da die Regenerationen rein mitotisch erfolgen, behalten die beiden aus der Unterlage und dem Reis hervorgegangenen Gewebearten ihre genetische Identität. Lediglich modifikatorische Veränderungen durch gegenseitige stoffliche Beeinflussung sind möglich. Man bevorzugt deshalb den Begriff *Chimären*, denn es handelt sich nicht um richtige Bastarde. Je nach Anordnung der Gewebe der beiden Partner unterscheidet man *Sektorialchimären*, bei denen am Sproß Blattypen beider Partner nebeneinander gefunden werden, und *Periklinal- oder Mantelchimären*, bei denen das Gewebe des einen Partners das des anderen umhüllt (Abb. 26-10).

Ein wichtiges Beispiel für Korrelationen finden wir bei der Beobachtung der Raumausnutzung durch Pflanzen. Es ist die Bevorzugung der Gipfelknospe (*Apikaldominanz*). Diese kann sehr stark sein, wie bei der Sonnenblume, die sich kaum verzweigt, oder relativ schwach, wie bei der Tomate, die dicht unter der Spitze Seitenachsen bildet. Wird die Gipfelknospe entfernt (durch Frostschaden, Tierfraß,

apikal: oben befindlich, an der Spitze

Abb. 26-9. Regeneration aus einem über dem Kambium eines durchgesägten Buchenstammes gebildeten Wundkallus.

Abschneiden), entwickeln sich die obersten Seitenknospen stärker, der am schnellsten wachsende Seitenzweig gelangt in die Vertikale und beginnt bald wieder die Apikaldominanz zu übernehmen. Die Apikaldominanz wird hormonell gesteuert und nicht durch die Zufuhr von Assimilaten. Schließlich sind die Seitenknospen den ausdifferenzierten, Assimilate exportierenden Blättern viel näher als die Gipfelknospe.
Demgegenüber ist ein Assimilat-Stau wahrscheinlich für die Regeneration von neuen Pflänzchen verantwortlich, wie man es an durchgetrennten Blattachsen von Begonien beobachten kann.

26.4 Zell- und Gewebekulturen und die Totipotenz somatischer Zellen

Aus allen Organen von Pflanzen kann man Gewebe isolieren, die regenerationsfähig sind, und die man in steriler Kultur ziehen kann. Dies geht so weit, daß einzelne somatische Zellen vollständige Pflanzen mit Wurzeln, Sproß, Blättern und Blüten regenerieren können (Abb. 26-11).
Isolierte Wurzelvegetationspunkte regenerieren meistens nur neue Wurzelsysteme. Allerdings wurde bei einigen Winden-Arten *(Convolvulus)* die Regeneration von Sproßknospen aus Wurzelzellen beobachtet. Apikale Sproßvegetationspunkte regenerieren dagegen ohne weiteres ganze Pflanzen. Sproßabschnitte (ohne schlafende Knospen) wachsen in steriler Kultur zu wenig differenzierten *Kalli,* Zellhaufen oder amorphen Geweben heran, die man auch durch Überimpfen auf neue Nährmedien weiter züchten kann. Die Nährmedien müssen neben anorganischen Ionen und organischen Substraten auch bestimmte Phytohormone und Vitamine enthalten. Überimpft man kleine Stücke solcher Kalli in ein flüssiges Nährmedium in einem Kolben, der in ständiger langsamer Rotation gehalten wird, zerfallen die Kalli in einzelne Zellen oder kleine Aggregate weniger Zellen. Man erhält eine *Zellsuspensionskultur,* in der die Zellen heranwachsen und sich durch mitotische Teilungen vermehren. Aus solchen vegetativ vermehrten Einzelzellen des Phloems der Speicherwurzeln von *Daucus carota* (Karotte) und des Marks von Tabaksprossen konnte man neue Pflanzen gewinnen, die unter-

Abb. 26-10. Chimären.

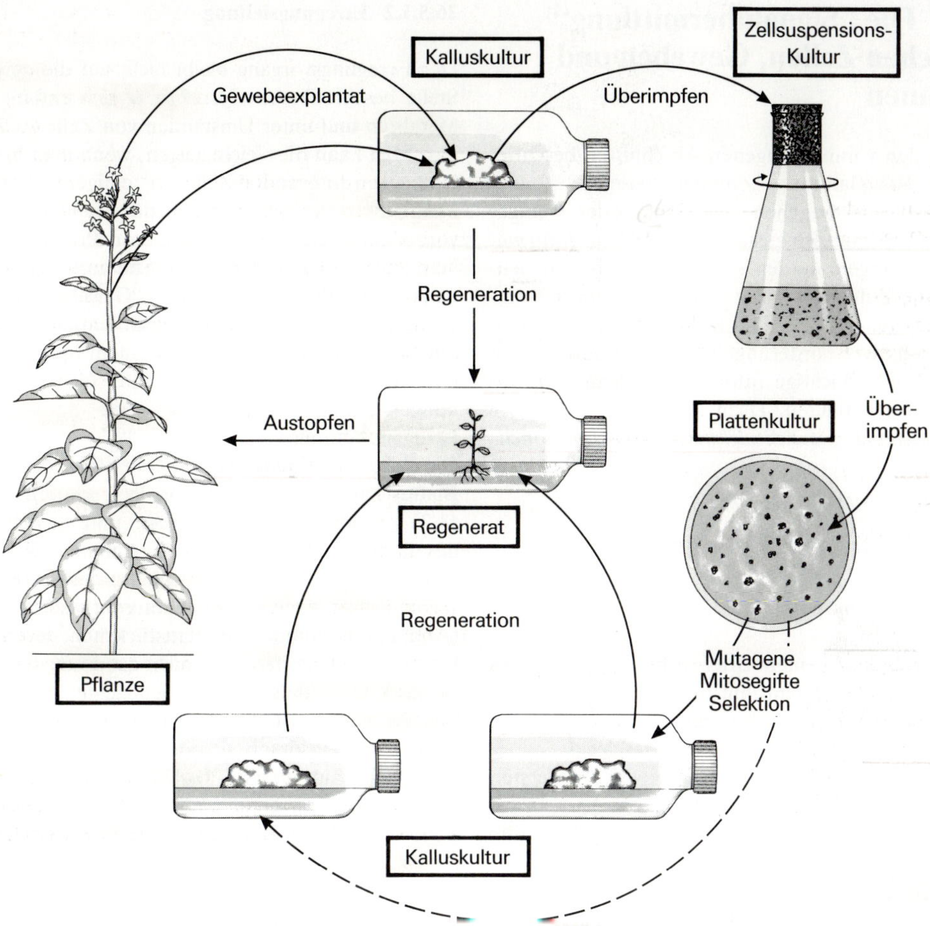

Abb. 26-11. Möglichkeiten der Kallus- und Zellsuspensionskultur.

einander genetisch völlig identisch sind, also *Klone* darstellen. Diese Techniken sind für die Anwendung moderner Methoden der Pflanzenzüchtung, wie der Haploidenzüchtung und der somatischen Hybridisierung (Kap. 29.3.1.2) von großer Bedeutung.

Der Erfolg der Gewebe- und Zellkultur, bei der aus einer einzelnen somatischen Zelle eine ganze neue Pflanze entsteht, ist aber auch von kaum zu überschätzender Tragweite für unser grundsätzliches Verständnis von Differenzierung und Entwicklung. Er beweist, daß jede somatische Zelle die vollständige genetische Information für die Ausbildung aller Funktionen einer noch so komplexen höheren Pflanze enthält, daß sie *totipotent* ist wie die Zygote. Er beweist weiterhin, daß die Differenzierung nur auf dem An- und Abschalten bestimmter Gene beruht, daß die Gene aber durch all die vielen Mitosen beim Aufbau eines Pflanzenkörpers in jeder einzelnen somatischen Zelle erhalten bleiben und bei der Embryonalisierung durch das Aufheben von Korrelationen wieder aktiviert werden können. Er widerlegt alle Spekulationen über ungleiche Verteilung von Genen, Genverluste oder irreversible Blockierung von Genen während der Differenzierung.

26.5 Die „Signalübermittlung" zwischen Zellen, Geweben und Organen

Die in den vorangegangenen Abschnitten beschriebenen Korrelationen kommen zwischen Zellen, Geweben und Organen über mehr oder weniger große Entfernungen zustande. Dazu muß *Information* übertragen werden. Wie wir gesehen haben, spielt die Zulieferung bzw. der Abzug von Substraten, die dem Energie- und Baustoffwechsel dienen, bei korrelativen Förderungen bzw. Hemmungen eine große Rolle. Wichtige Information ist im *Substratfluß* selbst enthalten. Dazu kommen aber feinere Signalsysteme, nämlich *elektrische und hormonelle Signale.*

26.5.1 Elektrische Signale

26.5.1.1 Aktionspotentiale

Ausgelöst durch einen Briefwechsel mit CHARLES DARWIN und nachdem ihm dieser zwei Exemplare der tierfangenden carnivoren Pflanze *Dionaea muscipula* (Venus-Fliegenfalle) geschickt hatte, entdeckte G. BURDON-SANDERSON 1873 die ersten Aktionspotentiale (*AP*) bei Pflanzen. Elektrische Reizerscheinungen gehören also nicht allein zum Tierreich. Sie sind eine Grundeigenschaft des lebenden Plasmas.

Die entscheidenden Ionen beim pflanzlichen Aktionspotential sind Cl^- und K^+, im Gegensatz zu Na^+ und K^+ bei höheren Tieren. Allerdings spielen auch bei vielen tierischen Systemen Cl^- und K^+ die Hauptrolle und auch noch andere Ionen wie das Ca^{2+}. Bei den großen Internodial-Zellen von Characeen und bei *Acetabularia* konnte der Ablauf der Ereignisse beim pflanzlichen Aktionspotential besonders genau untersucht werden, so daß unsere Kenntnisse hauptsächlich auf der Beobachtung von Algen beruhen (Abb. 26-12 und Kasten 26-2).

26.5.1.2 Erregungsleitung

Der Erregungsvorgang bleibt nicht auf die gereizte Stelle beschränkt, sondern breitet sich entlang der Membran und unter Umständen von Zelle zu Zelle aus. Man kann dies leicht zeigen, wenn man in eine Characeen-Internodial-Zelle in einigem Abstand zwei Elektroden einsticht und das Signal an ihnen vorbeilaufen läßt. Bei Reizung von Pflanzen kann man auch durch an der Oberfläche angelegte Elektroden oder durch grobe, in das Gewebe eingestochene Metallelektroden Aktionspotentiale ableiten und so die Erregungsleitung in einem Sproßsystem nachweisen (Abb. 26-13). Mit Hilfe solcher Anordnungen erhält man auch die Geschwindigkeit der Erregungsleitung.

Die *elektrische Koppelung* von Zellen innerhalb eines Blattes kann man anhand von Panaschüren (Kap. 13.2) gut demonstrieren. Das An- und Ausschalten des Lichtes löst in grünen Blattzellen elektrische Signale aus, die auf dem Umsteuern des Stoffwechsels zwischen Atmung und Photosynthese beruhen (Abb. 26-14). Nimmt man Blattstückchen, deren Zellen ausschließlich farblose, nicht zur Photosynthese befähigte Plastiden besitzen, beobachtet man diese Signale nicht. In Blattstückchen, die neben den bleichen Gewebebezirken auch normal grüne Bereiche enthalten, kann man bei Licht-Dunkel-Wechsel mit der Elektrode in einer photosynthetisch inaktiven Zelle des bleichen Bereiches das Signal aber wieder auffangen. Da es in der bleichen Zelle natürlich nicht durch An- oder Abschalten der Photosynthese ausgelöst werden konnte, muß es aus den grünen Zellen zu der Elektrode in der bleichen Zelle geleitet worden sein.

Die rasche *Erregungsleitung* kann nach einem biophysikalischen Mechanismus *„elektrotonisch"* erfolgen. Danach übt ein an einer Stelle der Membran ablaufendes *AP* einen elektrischen Reiz auf den unmittelbar danebenliegenden Membranbereich aus, der hier ein neues *AP* auslöst, usw. Auf diese Weise kann das *AP* sehr rasch an der Membran entlanglaufen. Da die Membranen des Plasmalemmas

Abb. 26-12. Aktionspotentiale (Begriffserklärungen s. Kasten 26-2). Oben: Allgemeines Schema, Zeitachse nicht maßstabgetreu. Mitte: Tatsächlicher Ablauf bei einer Characeen-Internodialzelle (nach HOPE und WALKER). Unten links: Aktionspotentiale bei der Mimose zur Illustration des Alles-Oder-Nichts-Gesetzes: kein *AP* bei der Reizstärke 1,57, volles *AP* bei der Reizstärke 1,59 (nach SIBAOKA). Unten rechts: Aktionspotentiale zur Illustration des Refraktärstadiums: kein *AP* bis zu 210 s nach vorangegangenem *AP* (absolutes Refraktärstadium), kleines *AP* nach 250 s (relatives Refraktärstadium), volles *AP* nach 270 s (nach SIBAOKA). ▶

panaschiert: Bezeichnung für gestreifte o. gefleckte Blätter, in denen trotz Belichtung die Chlorophyllbildung innerhalb der Plastiden stellenweise unterbleibt.

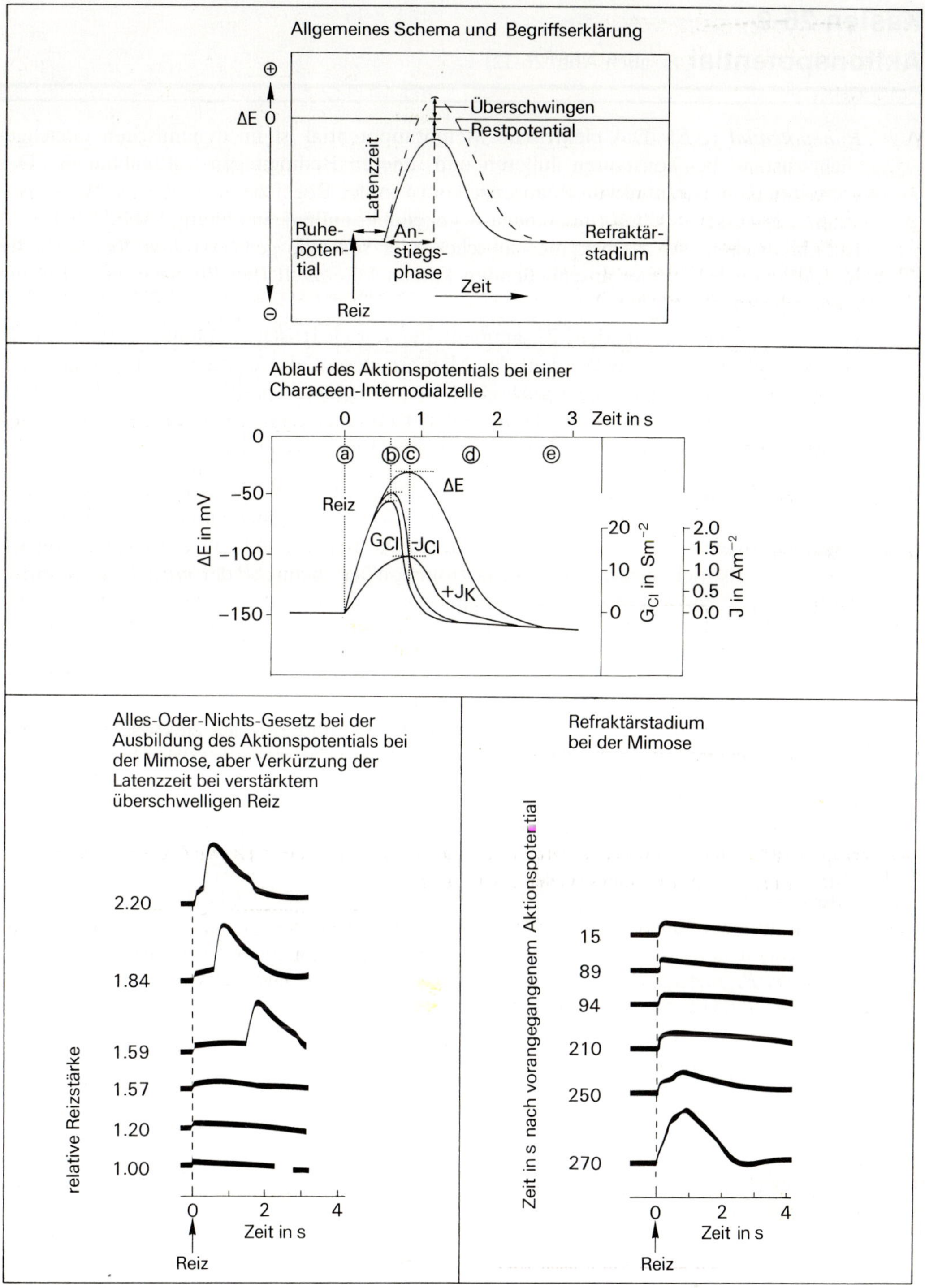

Kasten 26-2
Aktionspotential (s. auch Abb. 26-12)

A. *Ruhepotential (ΔE).* Das elektrische Membranpotential ist im dynamischen Gleichgewichtszustand bei konstanten äußeren und inneren Bedingungen zeitunabhängig. Das konstante Ruhepotential von Pflanzenzellen ist in der Regel ziemlich negativ. Werte zwischen -200 und -300 mV (innen negativ gegenüber außen) sind häufig (Abb. 4-5).
Ein chemischer, elektrischer, mechanischer oder sonstwie gearteter *Reiz* löst nach der *Reizaufnahme* und einer anschließenden kurzen Latenzzeit (bei Pflanzen ca. 0,1 s) ein *Aktionspotential (AP)* aus.

Aktionspotential. Kurzfristiges Zusammenfallen der elektrischen Potentialdifferenz, d. h. Anstieg (Weniger-Negativ-Werden) des Membranpotentials. Meistens verbleibt ein kleines *Restpotential,* es kann aber auch ein *Überschwingen* zu positiven Potentialen auftreten. Die Membran repolarisiert dann wieder, kann aber erst nach Ablauf einer gewissen *Refraktärzeit* wieder erregt werden.

B. ⓐ bis ⓑ: Rascher Anstieg der Membranleitfähigkeit für Cl^- (G_{Cl^-}); damit verbunden rascher Cl^--Ausstrom (J_{Cl^-}) aus der Zelle, gleichbedeutend mit einem Ausstrom negativer Ladung und einem Anstieg von ΔE. Der Ausstrom von Cl^- entspricht elektrisch dem Einstrom von Na^+ beim *AP* der Wirbeltiernerven.

ⓑ bis ⓒ: G_{Cl^-} sinkt wieder, J_{Cl^-} nimmt ab.

ⓐ bis ⓒ: Durch den Anstieg des Membranpotentials wird ein Ausstrom positiver Teilchen, und zwar von K^+-Ionen (J_{K^+}) wie beim *AP* der Wirbeltiernerven ausgelöst.

ⓒ: Der Gipfel des *AP* ist erreicht, wenn J_{Cl^-} und J_{K^+} sich elektrisch gerade die Waage halten: $-J_{Cl^-} = +J_{K^+}$.

ⓓ: G_{Cl^-} steigt weiter und ΔE kehrt zu seinem ursprünglichen Niveau zurück.

ⓔ: Durch aktiven Transport müssen wieder Cl^--Ionen akkumuliert werden.

C. *Schwellenreiz.* Die Intensität des Reizes muß zur Auslösung des *AP* eine bestimmte Schwelle überschreiten, führt dann bei weiterer Steigerung aber nicht zu größeren Aktionspotentialen *(Alles-Oder-Nichts-Gesetz).*
Refraktärstadium.
Absolutes Refraktärstadium. Es ist gar keine Erregung möglich.
Relatives Refraktärstadium. Ein gerade überschwelliger Reiz kann ein abgeschwächtes, ein besonders starker Reiz kann ein normales *AP* auslösen. (Das relative Refraktärstadium dauert länger als das absolute Refraktärstadium.)

und des endoplasmatischen Retikulums in Geweben durch die Plasmodesmen hindurch ein Kontinuum bilden, kann das *AP* auch von Zelle zu Zelle fortgeleitet werden.
Daneben wird auch ein *chemischer Mechanismus der Erregungsleitung* diskutiert. Diese Hypothese beruht auf der Beobachtung, daß bei Mimosen die Erregungsleitung auch zwischen Sproßstücken erfolgen kann, die nicht mehr durch Gewebe, sondern nur über eine wäßrige Lösungsphase miteinander in Kontakt stehen. Eine Erregungsleitung durch den Transport von chemischen Substanzen muß aber viel lang-

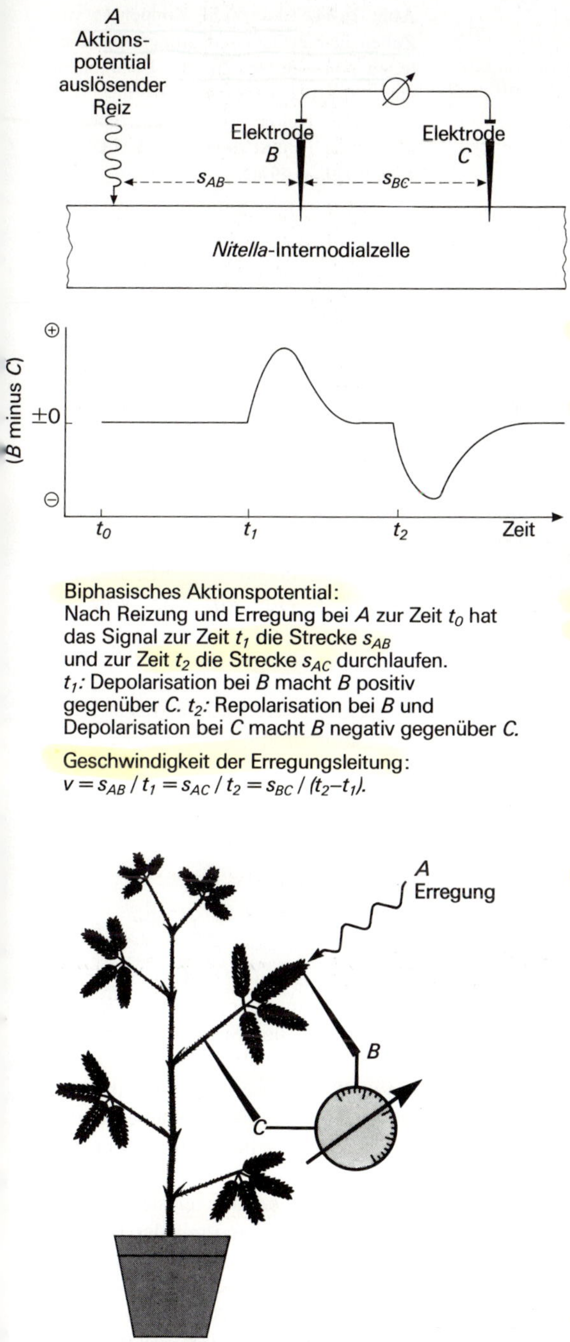

Abb. 26-13. Nachweis der Erregungsleitung und Ermittlung ihrer Geschwindigkeit durch die Ableitung biphasischer Aktionspotentiale.

samer sein als der eben beschriebene elektrotonische Mechanismus. Zudem scheint sie nur bei sehr starker Reizung aufzutreten, die mit einer Verwundung des Gewebes verbunden ist. Es könnten verschiedene Substanzen im Spiel sein, die dabei mobilisiert werden.

Zusammenfassend läßt sich sagen, daß Erregungsvorgänge in Pflanzenzellen genauso ablaufen können wie in tierischen Zellen. Der Hauptunterschied besteht darin, daß in den höchstentwickelten tierischen Systemen, z. B. in den Nerven der Säugetiere, die Ereignisse wesentlich schneller ablaufen. Aber dazu gehören auch besondere strukturelle Differenzierungen. Die Übergänge sind gleitend; die schnellsten pflanzlichen Systeme reichen an die des Tierreichs heran (Tab. 26-1).

26.5.1.3 Reaktionen

Man erwartet bei Erregungsvorgängen Reaktionen. Bei Pflanzen können Aktionspotentiale ohne erkennbare Reaktionen beobachtet werden. Oft sind Reaktionen nur im mikroskopischen Bereich festzustellen. Bei den Internodial-Zellen der Characeen kann es z. B. zu einem Stillstand der Plasmaströmung kommen. Vielfach findet man aber auch bei Pflanzen deutlich sichtbare *Bewegungsreaktionen.*

Tab. 26-1 zeigt die schnellsten pflanzlichen Reaktionen der Mimose und der Insektenfallen der fleischfressenden Pflanze *Dionaea muscipula.* Bei der Mimose klappen die Blattstiele und die Blattfiedern erster und zweiter Ordnung an Blattgelenken um (Abb. 26-15). Die Gelenke sind besonders dadurch charakterisiert, daß die peripher liegenden Leitbündel sich zu einem zentralen Strang vereinigen, der von großen dünnwandigen Zellen umgeben wird. Bei einem kräftigen Reiz laufen die Bewegungen der einzelnen Fiedern eines Blattes und einiger Blätter entlang des Sprosses nacheinander ab, und man kann so die Erregungsleitung anhand der Reaktion sichtbar verfolgen.

26.5.1.4 Organe der Reizaufnahme

Die Blätter der Venus-Fliegenfalle sind in zwei Hälften geteilt, die sich um eine Mittelrippe wie um ein Scharnier bewegen können (Abb. 26-16). Auf der Oberseite trägt jede der Blatthälften drei langgezogene Borsten. Sie haben am unteren Ende eine kleine Einschnürung, an der sich besonders große

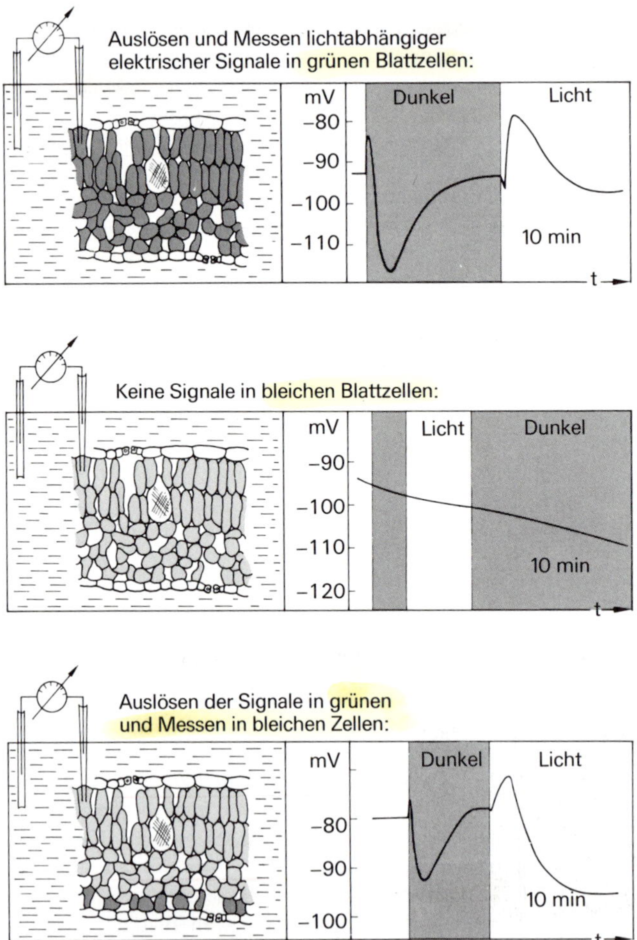

Abb. 26-14. Elektrische Koppelung von Zellen in bleichen und grünen Gewebeteilen panaschierter Blätter. Lichtabhängige elektrische Signale werden von grünen in bleiche Gewebeteile übertragen (nach Brinckmann und Lüttge, *Planta* **119**: 4, 1971).

Papillen: kurze, kegelförmige Haargebilde bzw. Ausstülpungen der Oberhautzellen; Membranwarzen ohne hervortretenden Zellinnenraum

dünnwandige Zellen befinden. Die Berührung der oberen Teile der Borsten löst ein Aktionspotential aus, und bei zweimaligem Reiz schließt sich die Klappfalle über dem Insekt, das die Reize ausgelöst hat.

Wahrscheinlich wird bei Berührung der Borsten das Plasma der dünnwandigen Zellen an der Einschnürung durch eine Hebelwirkung besonders intensiv mechanisch gereizt. Wenn man ein *Sinnesorgan* als eine besondere morphologische Differenzierung für die Reizaufnahme auffaßt, kann man die Fühlborsten von *Dionaea* als pflanzliches Sinnesorgan ansehen. Es gibt noch einige andere Beispiele, z.B. die Fühltüpfel von Ranken, Fühlhaare und Fühlpapillen, die alle für eine möglichst starke mechanische Reizung des Plasmas sorgen (Abb. 26-17). Auch die Augenflecken freischwimmender Algenarten könnte man noch zu den pflanzlichen Sinnesorganen rechnen.

Die Entwicklung von Sinnesorganen ist aber bei Pflanzen nicht über diese primitiven Stadien hinaus gediehen, obwohl die Reizerscheinungen wie bei den Tieren entwickelt sind.

Die Reaktionen auf Reize beschränken sich nicht auf Bewegungen. Im Zusammenhang mit der Betrachtung der Entwicklung von Pflanzen ist die Feststellung wichtig, daß Reizen auch mannigfaltige *Formveränderungen* folgen können. Eine mehrfach am Tage mechanisch gereizte Mimosenpflanze zeigt z.B. einen ganz anderen Habitus als eine völlig ungereizte Pflanze (Abb. 26-18).

Tab. 26-1. Vergleich des zeitlichen Verlaufs von Aktionspotentialen im Pflanzen- und Tierreich.

	System	Dauer der Anstiegsphase in s	Erregungsleitung in $mm \cdot s^{-1}$	Dauer des Refraktärstadiums absolut in s	relativ in s
PFLANZEN	Characeen, Internodial-Zelle	1	10– 20	4–40	60–150
	Mimose, Blattstiel	0,5	20– 30		
	Venusfliegenfalle	0,1–0,2	60–170	0,6	<30
TIERE	Süßwassermuschel *(Anodonta)*, Verbindungsnerv	0,1	45		
	Octopus, Mantelnerv	0,01	3 000		
	Eledone moschata, Mantelnerv	0,003	4 500		
	Säugetiere, Nervenfasern	0,0004	100 000	0,0005	0,001–0,01

Abb. 26-15. Erschütterungsbedingte (seismonastische) Blattbewegungen der Mimose *(Mimosa pudica)*. Oben: Pflanzen am natürlichen Standort in Malaysia. Links: Ungereizt, alle Blätter sind gut zu sehen. Rechts: Gereizt, die Blätter sind kaum noch zu erkennen. Mitte: Bewegungsverlauf in drei aufeinanderfolgenden Photographien. Unten: Lage und Aufbau der Blattgelenke.

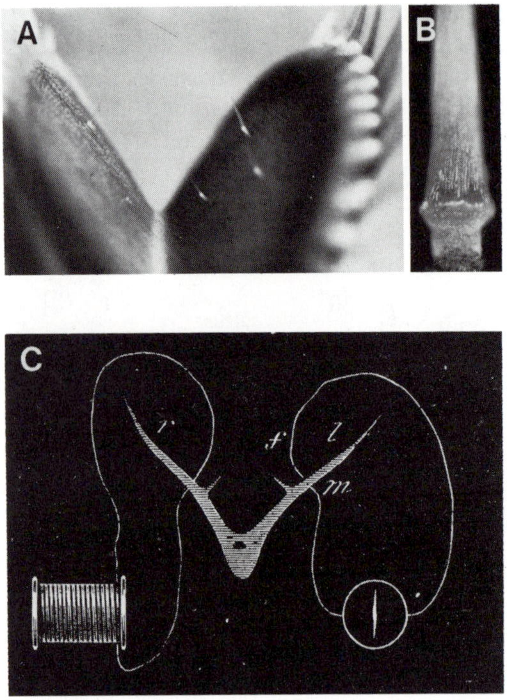

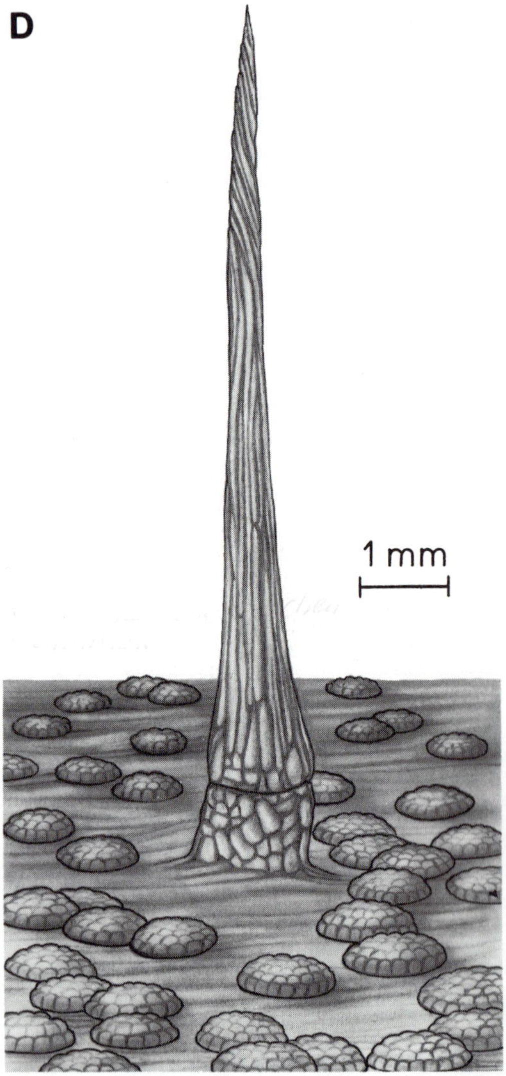

Abb. 26-16. Klappfallen der Venusfliegenfalle *(Dionaea muscipula)*. (A) Aufsicht auf das in zwei Hälften geteilte Blatt, auf der rechten Hälfte sind die drei Fühlborsten zu erkennen. (B) Teil einer Fühlborste mit einem Wulst und der empfindlichen Einschnürung am unteren Ende. (C) Die elektrische Ableitung, mit der BURDON-SANDERSON die ersten pflanzlichen Aktionspotentiale gemessen hat (*Phil. Trans. Roy. Soc. London* **173**: 1, 1882). (D) Blattoberfläche mit Drüsen und einer Fühlborste.

In Experimenten mit Keimlingen der Asteracee *Bidens pilosa* gelang es, die morphogenetische Wirkung und die Leitung von mechanischen Stimuli aufzuzeigen. Das Austreiben der beiden gegenüberliegenden Achselknospen der Kotyledonen wird normalerweise durch die Apikaldominanz (Kap. 26.3) des Sproßvegetationspunktes gehemmt. Schneidet man die Gipfelknospe ab, treiben beide Achselknospen aus, wenn die Pflanzen unter optimalen Bedingungen gehalten wurden. Unter Mangelbedingungen gewinnt einer der beiden Seitentriebe rasch die Oberhand. Dies beruht auf einer spontanen *Symmetriebrechung,* aber man kann nicht vorhersagen, welcher der beiden Seitentriebe bevorzugt ist. Insofern verhält sich die ganze Population von Keimlingen auch symmetrisch. Reizt man dagegen vor oder nach dem Abschneiden der Gipfelknospe eines der Keimblätter durch mehrfaches Einstechen einer Nadelspitze, dann ist das Austreiben der dem gereizten Keimblatt gegenüberliegenden Achselknospe

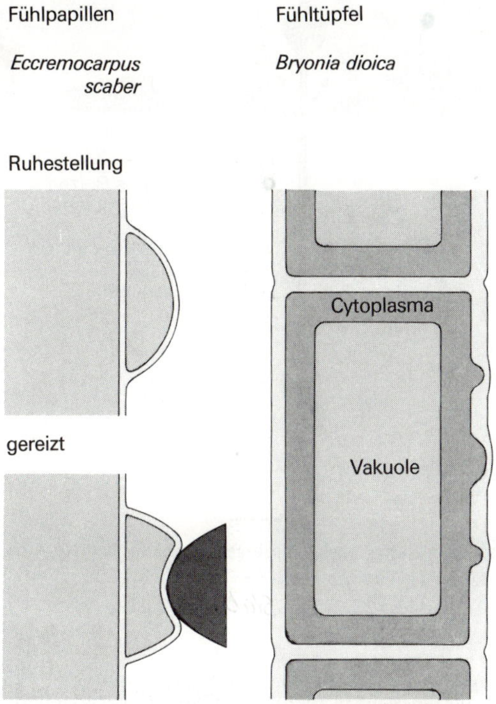

Abb. 26-17. Fühlpapillen und Fühltüpfel von Ranken (nach TRONCHET).

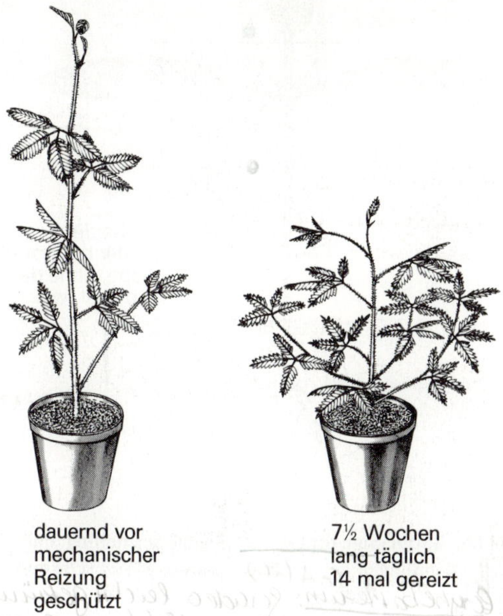

Abb. 26-18. Formative Reizwirkungen bei Mimosen (nach Photographien von BÜNNING gezeichnet).

gefördert. Nun ist die Asymmetrie der Entwicklung eine Eigenschaft der ganzen Population entsprechend behandelter Pflanzen geworden. Wartet man mit dem Abschneiden des Gipfeltriebes eine Weile nach dem Reizen des Keimblattes, kann man zeigen, daß das Austreiben noch bis zu zwei Wochen später asymmetrisch gefördert ist (Abb. 26-19).

26.5.2 Phytohormone

Der Hormonbegriff wird in der Pflanzenphysiologie vielfach verwendet und vielfach kritisiert. Hormone haben bei Tieren spezielle Organe als klar definierte zentrale Syntheseorte, und sie müssen zum Wirkungsort transportiert werden. Diese Trennung ist bei pflanzlichen Hormonen bei weitem nicht so scharf. Trotzdem ist der Begriff Hormon auch in der Botanik sehr nützlich. Indem wir ausdrücklich von *Phytohormonen* sprechen, machen wir den Unterschied zum tierphysiologischen Hormonbegriff bewußt.

Phytohormone wirken in sehr niedrigen Konzentrationen (µmol bis höchstens mmol pro Liter) auf Wachstum und Differenzierung. Oft, wenn auch nicht immer, sind ihr *Bildungs- und Wirkungsort* in der Pflanze räumlich getrennt. Sie können dann als Botenstoffe eines hormonellen Signalsystems dienen. Der *Transport* kann *unpolar* passiv durch Diffusion entlang eines Phytohormon-Gradienten erfolgen. Vielfach ist er sehr spezifisch *polar* gerichtet, dann ist er von der Stoffwechselenergie abhängig. Dieser Transport hat je nach Phytohormon und Pflanzengewebe eine Geschwindigkeit von 2 bis 30 mm · h^{-1}. Für die Regulation zwischen entfernter liegenden Organen in der ganzen Pflanze ist es wichtig, daß alle Phytohormone in den beiden Systemen von Fernleitungsbahnen, d. h. *im Xylem und im Phloem,* transportiert werden können. *Ethylen* kann über die Gasphase auch zwischen einzelnen Pflanzen einer Art oder verschiedener Arten transportiert werden und seine Wirkungen auslösen. Man bezeichnet es auch als *Pheromon:*

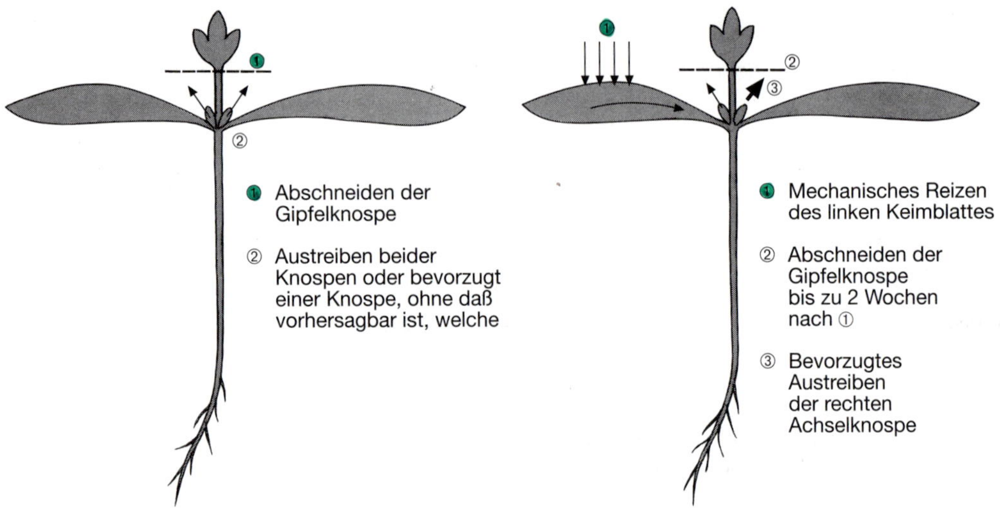

Abb. 26-19. Signaltransport, Signalspeicherung und Symmetriebrechung nach einseitiger mechanischer Reizung von Keimlingen der Asteracee *Bidens pilosa* (DESBIEZ, BOYER und Thellier, *La Recherche* **240:** 188, 1992).

Corynebakterium: gerade o. leicht gekrümmte, grampositive Stäbchen, an den Enden oft verdickt -> Erreger der Diphtherie

- Hormon: Botenstoff innerhalb eines Individuums,
- Pheromon: Botenstoff zwischen verschiedenen Individuen.

Die chemische Struktur, die Bildungsorte und die Wirkungen der Phytohormone sind so vielfältig, daß man sich zunächst am besten an Hand einer Tabelle einen Überblick verschafft (Kasten 26-3).

26.5.2.1 Chemische Charakterisierung der Phytohormone

Die Phytohormone sind im wesentlichen chemisch charakterisiert. Neben der *Abscisinsäure* und dem gasförmigen *Ethylen* kennt man die Phytohormon-Gruppen der *Auxine, Gibberelline* und *Cytokinine*. Die Abscisinsäure und die Gibberelline entstehen aus dem Terpenoid-Stoffwechsel. Es sind bisher 51 verschiedene natürlich vorkommende Gibberelline bekannt, von denen etwa ein Drittel physiologisch aktiv sind. Sie sind alle durch das Gibban-Skelett charakterisiert. Für die einzelnen Derivate verwendet man die Abkürzung GA_x; eines der wirksamsten Derivate ist die Gibberellinsäure (GA_3), für die die Substitutionen am Gibban-Skelett in Kasten 26-3 eingezeichnet sind. Das Grundgerüst der Cytokinine ist die Purinbase Adenin. Man kennt viele synthetische und natürlich vorkommende physiologisch wirksame Derivate. Bei allen von ihnen ist ein H-Atom am N-Atom der Position 6 des Adenins durch einen lipophilen Rest substituiert. Die Art des Substituenten hat keinen Einfluß auf die Wirkung des Phytohormons. Kinetin ist ein künstliches, Zeatin und Isopentenylaminopurin sind natürlich vorkommende Cytokinine. Eine Ausnahme bilden die Auxine. Sie sind durch ihre Wirkung, die Förderung des Streckungswachstums, und nicht durch die chemische Struktur und Biosynthese definiert. Das natürlich vorkommende Auxin ist die Indol-3-Essigsäure (IES), die aus der Aminosäure Tryptophan gebildet wird. Es gibt aber außerdem eine Reihe chemisch andersartiger Analoga und synthetischer Auxine.

26.5.2.2 Wirkungen der Phytohormone

Wie Kasten 26-3 zeigt, sind die Wirkungen der Phytohormone überaus vielfältig. Verschiedene Phytohormone haben oft ähnliche Wirkungen. Die Effekte sind aber keineswegs identisch. Vielfach ergänzen sich verschiedene Phytohormone in ihrer Wirkung. Im Prinzip fördernde Phytohormone können einander sogar entgegenwirken, z. B. bei der Apikaldomi-

Hexenbesen: durch Schlauch- o. Rostpilze hervorgerufene abnorme Astwucher an Bäumen; nestartig dichte Zweigbüsche mit zahlreichen kurzen Trieben, die auf lokale, sehr dichte Knospenanhäufung beruhen

Kallus: 1. Wundgewebe, das in der Regel entsteht, wenn eine Wunde junges Gewebe bloßlegt u. die Wunden durch Überwallung geschlossen werden.
2. wichtige Zwischenstufe bei der Anlage von Zell- o. Organkulturen entstehen als Wundgewebe

nanz. Auxine fördern die Gipfelknospe und bedingen damit Apikaldominanz, Cytokinine stimulieren das Auswachsen der Seitenknospen und hemmen damit die Apikaldominanz. *In aller Regel wirken die Phytohormone bei der Regulation von Wachstum und Differenzierung in komplexer gegenseitiger Beeinflussung.* Die Bedeutung von Phytohormonverhältnissen läßt sich sehr schön in Experimenten mit Kalluskulturen (s. Abb. 26-11) zeigen. Je nach dem Mischungsverhältnis von IES und Kinetin (s. Kasten 26-3) regenerieren Wurzeln oder Sprosse, oder es bilden sich nur undifferenzierte Zellhaufen aus (Abb. 26-20). Nur in Ausnahmefällen, z. B. bei Verarmung einer Pflanze an einem Phytohormon oder bei Mutanten mit Defekten einer Phytohormon-Biosynthese, kann ein einzelnes Phytohormon zum begrenzenden und damit entscheidenden Faktor für Wachstum und Differenzierung werden.

Diese Wechselwirkungen erschweren eine klare Darstellung der ohnehin schon mannigfaltigen Wirkungen der Phytohormone noch mehr (Kasten 26-3). Es ist kein Wunder, daß die meisten Phytohormone sehr spät entdeckt und noch später chemisch identifiziert wurden. Dabei spielten Mikroorganismen als Parasiten von Pflanzen eine gewisse Rolle. Ein solcher Parasitenbefall hat meistens morphogenetische Wirkungen. Die Zypressenwolfsmilch kann z. B. keine Seitensprosse und Blüten mehr ausbilden, wenn sie von dem Rostpilz *Uromyces pisi* befallen ist (Abb. 26-21). Viele andere durch Bakterien, Pilze oder Tiere ausgelöste Gallbildungen könnte man hier ebenfalls als Beispiele anführen. Oftmals sind die Gallen sehr spezifisch nach den Bedürfnissen des Verursachers ausgebildet, wie die Rosen- oder Buchenblattgallen, die durch die Eiablage einer Gallwespe bzw. einer Gallmücke entstehen und der Larvenaufzucht dienen. Phytohormone, vor allem aber auch andere, für den Verursacher typische Wirkstoffe, sind an der Auslösung solcher Formbildungen beteiligt.

Die Gibberellin-Wirkungen wurden 1926 in Japan erkannt, als man die Infektion von Reispflanzen durch den Pilz *Gibberella fujikoroi* (Ascomycetes) untersuchte. Der Pilzbefall löst ein anormales Längenwachstum der Reiskeimlinge aus; im Filtrat von Pilzkulturen fand man eine Substanz, die die gleiche Wirkung erzielt. Die weitere Charakterisierung und Strukturaufklärung der Gibberelline erfolgte dann erst in den 50er Jahren. *Corynebacterium fascians* scheidet das Cytokinin Isopentenylaminopurin in sein Kulturmedium aus. Vermutlich löst ein Befall mit Corynebakterien auf diese Weise das Phänomen der Hexenbesen aus. Man kann es vielfach an Bäumen beobachten; das Auswachsen zahlreicher Seiten-

Morphogenie: ontogenetische u. phylogenetische Entwicklung der Gestalt der Organismen

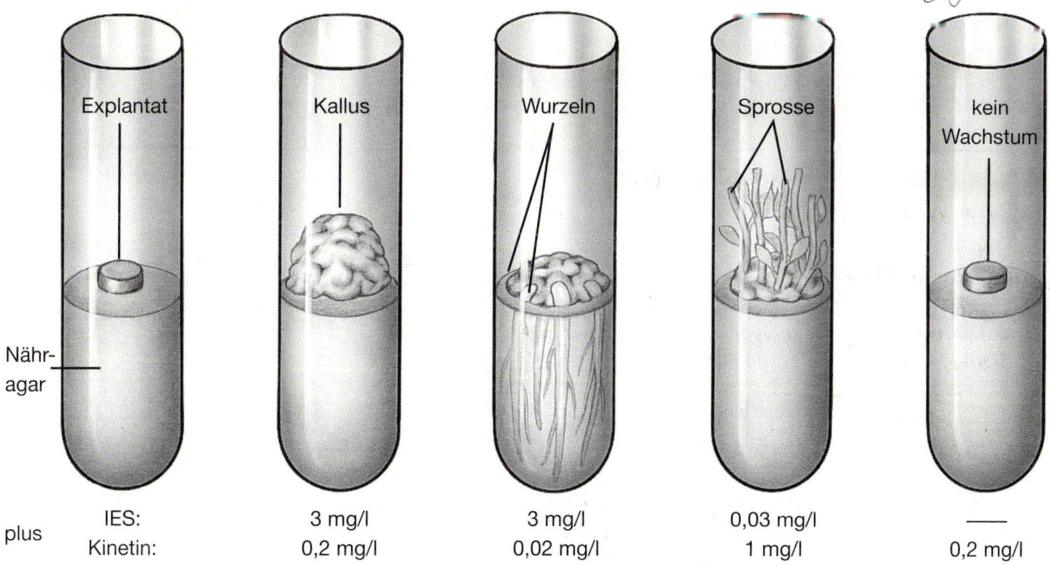

Abb. 26-20. Beeinflussung des Wachstums und der Differenzierung eines Kallus aus Tabaksproßmarkexplantaten durch das Mischungsverhältnis von IES und Kinetin (RAY; MOHR und SCHOPFER).

Gallen: meist durch Stich u. Eiablage von Gallwespen o. Milben o. durch parasitische Pilze hervorgerufene Bildungsabweichung der Pflanze

Kasten 26-3
Phytohormone

(linke Hälfte)

Phytohormongruppe	Chemischer Bau und Biosynthese
Auxine	**Shikimisäureweg**
Gibberelline	**Diterpen**
Cytokinine	**Purinbiosynthese**
Abscisinsäure	**Sesquiterpen**
Ethylen	**Methionin**

Auxine – Shikimisäureweg

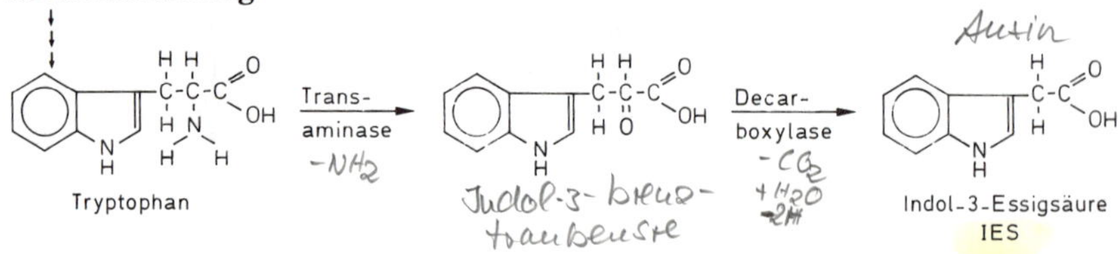

Gibberelline – Diterpen

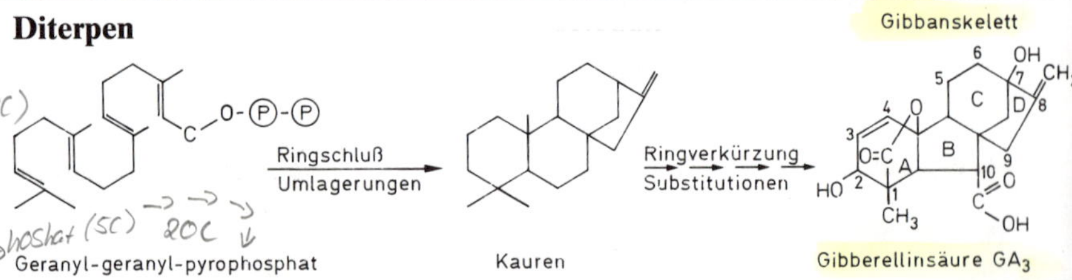

Cytokinine – Purinbiosynthese

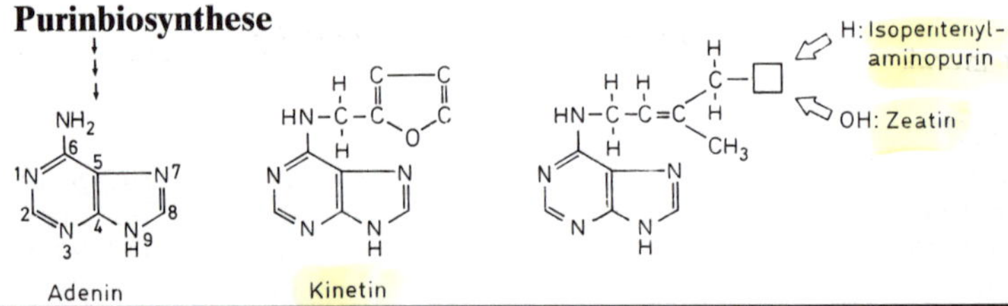

Abscisinsäure – Sesquiterpen

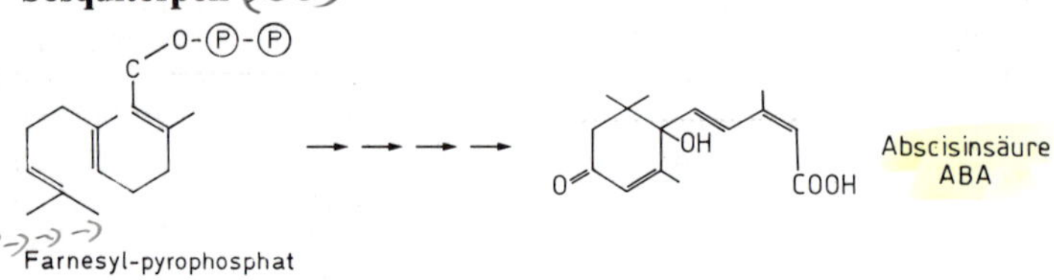

Ethylen – Methionin

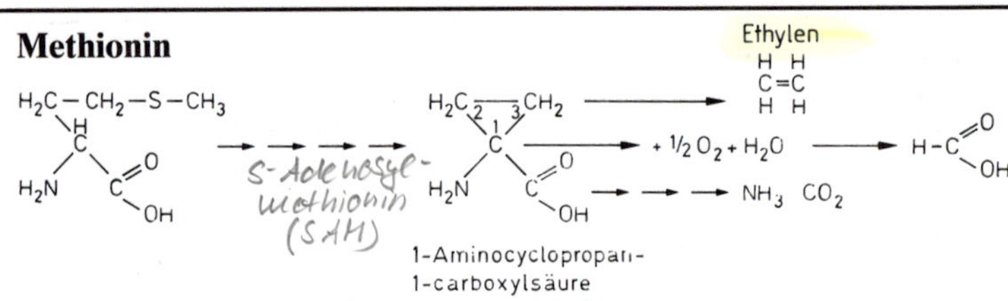

Kasten 26-3
Phytohormone

(rechte Hälfte)

Vorwiegende Bildungsorte	Transport in der Pflanze	Wirkungen
– Meristeme – Embryonen – Laubblätter	– im Sproß, in Koleoptilen: von der Spitze zur Basis – in der Wurzel zur Spitze – ungerichtete Diffusion	Fördern: – Streckungswachstum – Kambiumteilungsaktivität – Seitenwurzelbildung, Stecklingsbewurzelung – Apikaldominanz
– Sproß- und Wurzelmeristeme – unreife Samen und Früchte – junge Blätter	– unpolar – in manchen Wurzeln polar von der Spitze zur Basis	Fördern: – Streckungswachstum – Kambiumteilungsaktivität – Apikaldominanz Induzieren Blütenbildung Heben Ruhezustände auf bei – Samen – Knospen
– keimende (aber nicht ruhende) Samen – Wurzelspitzen – wachsende Gewebe mit intensiver Proteinbiosynthese	– unpolar	Fördern: – Stoffwechsel allgemein – Zellteilung – Zellstreckung – Auswachsen der Seitenknospen (= hemmen Apikaldominanz) Heben Keimruhe der Samen auf Verzögern Senescenz
– Blätter – reife Samen – verschiedene Pflanzenteile	– in jungen Sprossen und Internodien von oben nach unten, in älteren auch aufwärts	– Fördert Fruchtfall – Löst Ruhezustände aus – Kompensiert IES- und GA_3-Wirkung – Steuert als Streßhormon Anpassungen an H_2O-Mangel (Stomataverschluß) – Blütenbildung wird bei Kurztagspflanzen gefördert, bei Langtagspflanzen gehemmt
– reifende Früchte – verschiedene Pflanzenteile	– in Gasphase, Interzellularen	Fördert: – Blattfall – Fruchtreife – Senescenz

Abb. 26-21. Gallenbildungen der Fichte (oben links), an Ahornblättern (oben rechts) und bei der Zypressen-Wolfsmilch (unten), wo bei Befall mit dem Rostpilz *Uromyces pisi* (unten rechts) ein völlig anderer Wuchs ohne Verzweigung und Blütenbildung zu beobachten ist.

knospen führt zu einer starken Verzweigung auf engstem Raum. Erst in den letzten Jahren fand man in dem Pilz *Fusicoccum amygdali,* der eine Welkekrankheit bei Obstbäumen auslöst, ein für die Wissenschaft interessantes Toxin, das Fusicoccin. Es fördert hochspezifisch die Protonenabgabe-Pumpe am Plasmalemma aller höheren Pflanzen (Kap. 4.3) und wirkt dadurch beim Streckungswachstum ähnlich wie die Auxine (Kap. 5.5). Das Toxin führt zu weiter Öffnung der Stomata und löst damit bei angespannter Wasserversorgung das Welken aus.

26.5.2.3 Wirkungsweise der Phytohormone

Der genaue molekulare Wirkungsmechanismus von Phytohormonen ist in keinem einzigen Fall bekannt. Theoretisch bestehen verschiedene Möglichkeiten, die sich gegenseitig nicht ausschließen und nebeneinander bestehen können (Abb. 26-22).

Einen Wirkungsmechanismus auf dem Niveau der *Gene* kann man sich bei der Transkription mit Hilfe des *Regulator-Operator-Modells* von JACOB und MONOD (Kap. 13.4.4) gut vorstellen; Phytohormone könnten als niedermolekulare Effektoren aktive Repressoren allosterisch inaktivieren oder inaktive Repressoren aktivieren. Einzelne Effektoren (z. B. Phytohormone) und ganz generell einzelne Faktoren (z. B. auch Außenfaktoren, s. Kap. 26.6) können dabei ganze Ketten von Entwicklungsprozessen steuern. Wie kann ein einzelner Faktor die differentielle Aktivierung und Inaktivierung einer Vielzahl von Genen beeinflussen? In Anlehnung an die Regulator-Operator-Hypothese (Abb. 13-11) kann man das durch Koppelung von Operons erklären (Abb. 26-23). Jedes beteiligte Operon könnte neben Gen-

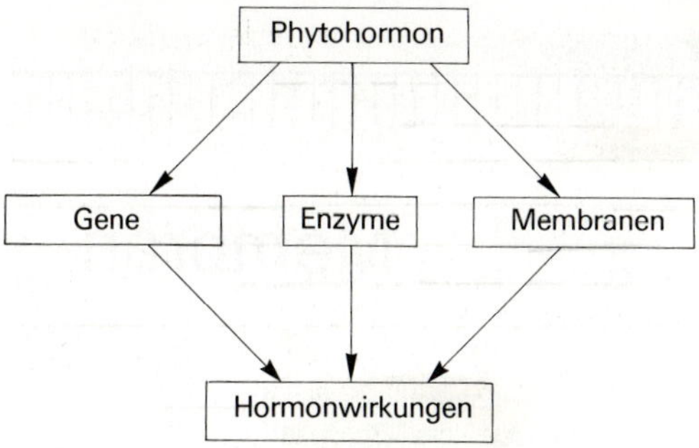

Abb. 26-22. Mögliche Wirkungsweisen der Phytohormone.

produkten für bestimmte Zellfunktionen (Enzyme) auch Faktoren kodieren, die ihrerseits ein anderes Operon beeinflussen. So kommen Kaskadeneffekte zustande, und es werden sehr komplexe Wirkungen erzeugt.
Durch *allosterische Effekte* könnten Phytohormone aber auch bereits vorhandene *Enzyme* beeinflussen und so direkt auf Stoffwechselvorgänge einwirken.
Durch Binden an katalytische Membranbestandteile (ATPasen, Ionenpumpen, Carrier) könnten elektrische Membranpotentiale und elektrochemische Gradienten an *Membranen* beeinflußt werden.
Es gibt eine Fülle von experimentellen Hinweisen dafür, daß diese Wirkungsmechanismen wirklich vorliegen. Spezifische Bindeorte für Phytohormone wurden an Membranen und anderen Bestandteilen von Zellfraktionen gefunden. IES stimuliert die Protonen exportierende ATPase am Plasmalemma, wirkt aber vermutlich nicht auf die ATPase selbst. Zur Wirkung anderer Phytohormone auf Membrantransportprozesse ist eine außerordentlich große Fülle von Phänomenen bekannt. Vom Embryo abgegebene Gibberelline induzieren die Bildung von Hydrolasen im Endosperm keimender Getreide-Karyopsen, die zur Mobilisierung der Nährstoffe notwendig sind (vor allem α-Amylase). Es ist aber noch unklar, ob diese Induktion auf der Ebene der Transkription oder der Translation erfolgt.
Wirkungen von Hormonen als Effektoren können aber auch über Reaktionsketten und die Beteiligung von „Sekundärbotschaftern" *(secondary messengers)*

Karyopse: eine aus einem oberständigen Fruchtknoten entstandene Nuß, bei der Fruchtwand u. Samenschale miteinander verwachsen sind.

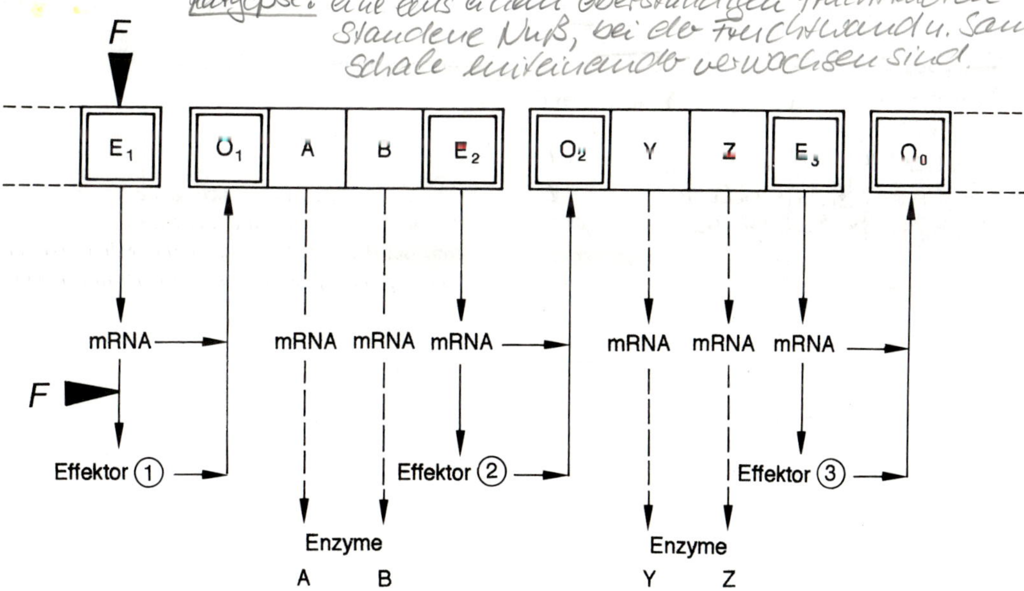

Abb. 26-23. Differentielle Genaktivierung und -inaktivierung durch Koppelung von Operons. Ein Faktor F könnte direkt auf das Gen für die Synthese eines Effektors 1 (E_1), d. h. auf der *Transkriptionsebene*, oder auf die Umsetzung der m-RNA für das Effektorprotein, d. h. auf der *Translationsebene,* einwirken. Wenn der Effektor 1 oder seine m-RNA auf ein anderes Operon (O_1) wirkt, das wiederum ein Gen für einen Effektor (E_2) besitzt und auf ein weiteres Operon (O_2) wirkt, könnte sich der Vorgang fortsetzen und ein regelrechter Kaskadeneffekt entstehen. (O = Operon; A, B ... Y, Z = Strukturgene, E = Gene für Effektoren) (Nach ZIEGLER).

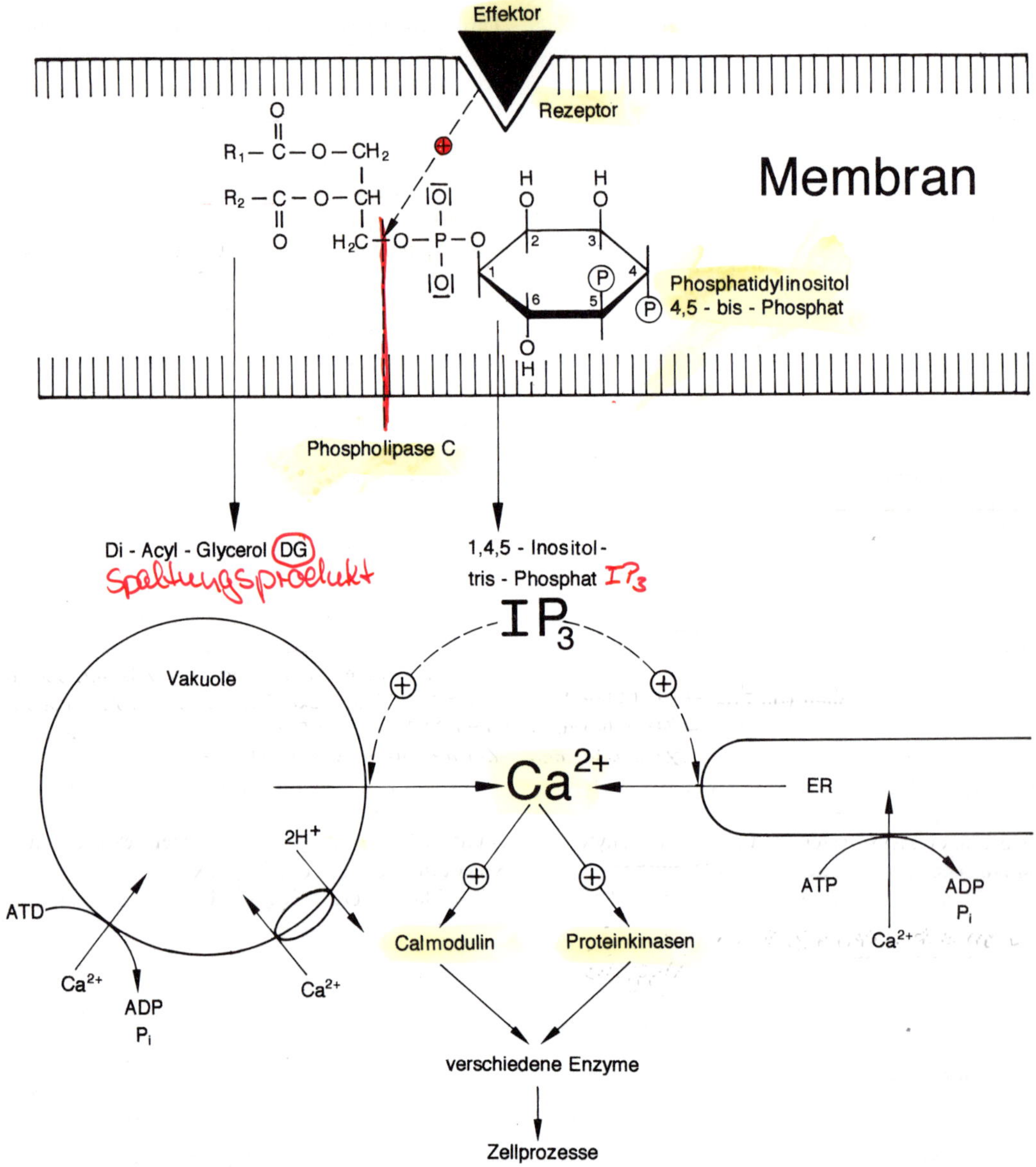

Abb. 26-24. Regulationsmechanismen mit Ca^{2+} als *secondary messenger.*

zustande kommen. Solche Systeme sind vor allem aus dem Tierreich bekannt. Die wichtigsten Elemente des im folgenden beschriebenen Mechanismus unter Beteiligung von Inosit-tris-Phosphat und Ca^{2+} sind aber auch in Pflanzen verwirklicht. Wenn ein Effektor, der „Primärbotschafter" oder das Hormon, an einen Rezeptor in einer Membran bindet, kann das Enzym Phospholipase C aktiviert werden. Phospholipase C spaltet das Membranlipid Phosphatidylinositol-4,5-bis-Phosphat in Di-Acyl-Glycerol (DG) und 1,4,5-Inositol-tris-Phosphat (IP_3). Bei Tieren hat auch das DG regulatorische Wirkungen; bei Pflanzen ist dies ungewiß. Das IP_3 fördert den Ca^{2+}-Efflux aus den Vakuolen und aus den Zisternen des endoplasmatischen Retikulums (ER). Ca^{2+} kann als *secondary messenger* fungieren, weil seine Konzentration im Cytoplasma sehr niedrig ist (~ 10^{-7} M). Dies beruht darauf, daß Ca^{2+} durch primär aktiven Transport (Ca^{2+}-ATPasen) am Plasmalemma, ER und Tonoplasten und an letzterem auch durch sekundär aktiven Transport ($2\,H^+$-Ca^{2+}-Austausch) aus dem Cytoplasma heraustransportiert wird. Der Ca^{2+}-Efflux aus der Vakuole und dem ER kann also die cytoplasmatische Ca^{2+}-Konzentration stark beeinflussen. Das Ca^{2+} wirkt dann stimulierend auf Calmodulin und Proteinkinasen. *Calmodulin* ist ein Peptid, das als Effektor Enzyme beeinflußt; *Proteinkinasen* steuern Enzymaktivitäten durch Phosphorylierung des Enzymproteins (s. Kap. 2.6.5). Dadurch können mannigfaltige Zellprozesse reguliert werden (Abb. 26-24).

26.5.2.4 Nachweis von Phytohormonen: biologische Tests

Spezifische Reaktionen von Pflanzen auf Phytohormone haben in der Geschichte der Phytohormon-Forschung von Anfang an eine große Rolle beim qualitativen und quantitativen Nachweis der Phytohormone gespielt. Obwohl chemische Analysenmethoden immer mehr verfeinert werden und Phytohormone in den geringen in Zellen und Geweben wirksamen Konzentrationen auch durch chemische Tests nachgewiesen werden können, sind in vielen Fällen biologische Verfahren immer noch unersetzlich. Der Phytohormon-Nachweis ist ein gutes Beispiel für die prinzipielle Erläuterung von biologischen Tests: Besonders anschaulich ist der *Avena-Krümmungstest* auf IES nach F. Went (Abb. 26-25). Bei Graskeimlingen, z. B. beim Hafer *(Avena)*, sind die Primärblätter beim Austreiben zunächst von einem Gewebehohlzylinder, der Koleoptile, umgeben. Enfernt man die Spitze und setzt sie auf ein Agarblöckchen, kann die in der Spitze von oben nach unten polar transportierte IES aus der Schnittstelle in den Agar hineindiffundieren und sich dort anreichern. Dann setzt man das Agarblöckchen einer derart dekapitierten Koleoptile einseitig auf. Da die Koleoptil-Spitze fehlt, ist das Koleoptil-Gewebe an IES verarmt, kann aber einseitig aus dem Agarblöckchen IES aufnehmen. Auf dieser Seite strecken sich die Koleoptil-Zellen verstärkt, und es kommt zur Koleoptil-Krümmung. Der Grad der Krümmung hängt von der IES-Konzentration im Agar ab. Man kann diesen Versuch zu einem quantitativen Test ausbauen. Wenn man Agar mit IES-Lösungen verschiedener bekannter und unbekannter Konzentrationen (z. B. mit den zu testenden Pflanzenextrakten) ansetzt, kann man mit Agarblöckchen eine Eichkurve erstellen und die IES-Konzentration in den unbekannten Proben ermitteln. Dabei entfällt natürlich das vorherige Aufsetzen der Koleoptil-Spitzen. Einfacher ist der heute meist benutzte Koleoptil-Zylindertest. Man schneidet aus Koleoptilen 5 bis 10 mm lange Abschnitte, zieht die Primärblätter heraus, legt die Koleoptil-Zylinder in

Koleoptile ≙ Keimscheide: Schutzorgan für das aufgehende erste Blatt einer Graspflanze

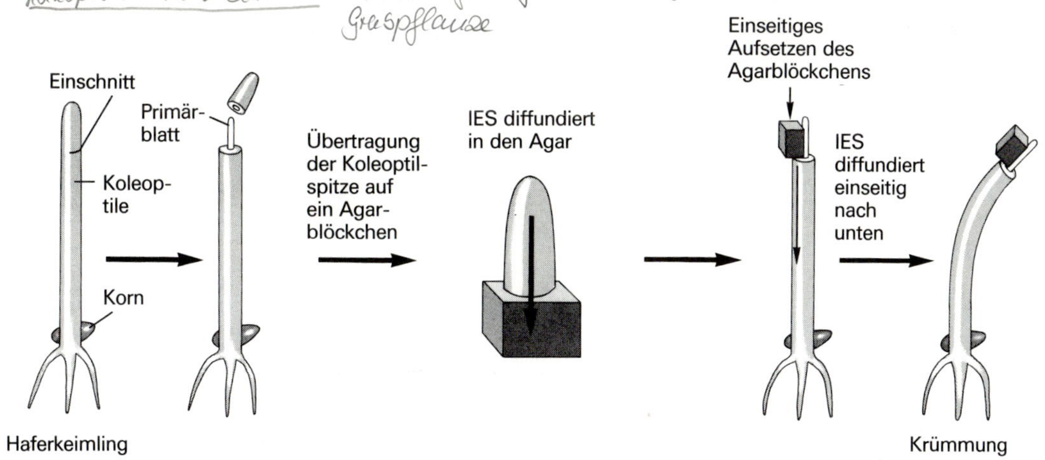

Abb. 26-25. Went-Test oder *Avena*-Krümmungstest für den IES-Nachweis.

IES-Lösungen und mißt nach einiger Zeit die IES-abhängige Längenzunahme. Die Genauigkeit kann man erhöhen, indem man eine größere Zahl von Koleoptil-Hohlzylindern hintereinander auffädelt.
Gibberelline kann man mit Hilfe von *Zwergmutanten* (Mais oder Erbsen) testen. Beim Mais gibt es eine Mutante d_1, die nur die Hälfte der Gibberellin-Konzentration normaler Pflanzen enthält, und eine Mutante d_5, in der gar kein endogenes Gibberellin nachweisbar ist. Der genetische Block liegt bei der Bildung der Gibberellinvorstufe Kauren aus dem Geranyl-geranyl-pyrophosphat. Der Zwergwuchs beruht auf dem Gibberellin-Mangel und kann durch externe Gibberellin-Gaben aufgehoben werden. Man kann das sehr gut für einen biologischen Gibberellin-Test ausnutzen (Abb. 26-26).

26.6 Die Wirkungen von Außenfaktoren

Die artspezifische Entwicklung jedes Organismus hängt von der Erbinformation, dem Genotyp ab. Die Differenzierung der Embryonen von Samenpflanzen im Embryosack ist von Außenfaktoren weitgehend unabhängig *(Entwicklungshomeostasis)*. Von der Samenkeimung an spielen Umweltfaktoren bei der Ausbildung der Gestalt, d. h. bei der Morphogenese, aber eine große Rolle. Bei Individuen mit identischem Genom kann es zu beträchtlichen Gestaltunterschieden *(Modifikationen)* kommen (Kap. 13.3). *Außenfaktoren* können als Stoff- und Energiequellen Wachstum und Entwicklung über die *Ernährung* beeinflussen. Sie können *Streß* auslösen, d. h. als *Stressoren* wirken, und schließlich können sie auch *Signalwirkungen* haben. Dabei wirken sie durch differentielle Genaktivierung und vielfach auch über die Beeinflussung von Phytohormon-Gleichgewichten.
Die wichtigsten Außenfaktoren für die Morphogenese sind die *Temperatur* und das *Licht*. Aber auch andere Faktoren sollen kurz genannt werden. Die *Schwerkraft* bedingt z. B. die Dorsiventralität der Eiben- und Tannenzweige. Dann gibt es formative *mechanische Reize* (Abb. 26-18 und 26-20) oder die vielfältigen stofflichen Wechselwirkungen zwischen benachbarten Pflanzen (d. h. *allelopathische Beziehungen*).

26.6.1 Das biologische Streßkonzept

Jeder Faktor kann zum Stressor werden, wenn seine Dosis zu niedrig oder zu hoch ist. Diese einfache Überlegung führt unmittelbar zur Diskussion von Optimumskurven mit Kardinalpunkten wie Minimum, Optimum und Maximum (Inset in Abb. 26-28). Das biologische Streßkonzept umfaßt aber noch

Morphogenese: ontogenet. u. phylogenet. Entwicklung der Gestalt der Organismen

dorsiventral: Bezeichnung für Gebilde die nur durch eine Symmetrieebene in spiegelbildlich gleiche Hälfte zerlegbar sind. Sie weisen eine unterschiedl. Rücken- u. Bauchseite auf.

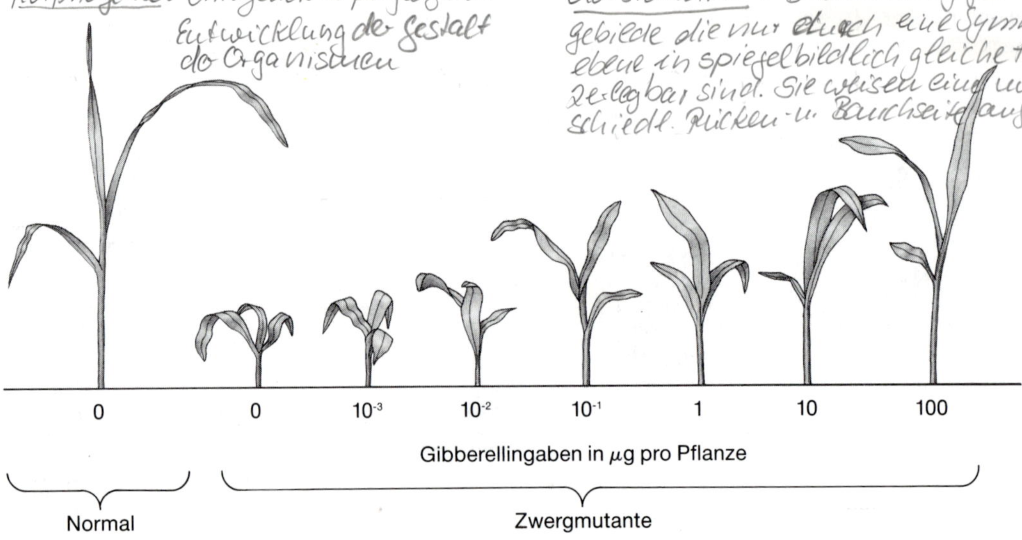

Abb. 26-26. Gibberellinnachweis und biologischer Test mit Hilfe einer Zwergmutante des Mais (nach PHINNEY und WEST).

viel komplexere Zusammenhänge und Wechselwirkungen und eignet sich besonders gut für eine allgemeine Erörterung der möglichen Wirkungen von Außenfaktoren.
Ein gutes physikalisches Analogon zur Entwicklung der Terminologie ist eine Spiralfeder. *Streß* wird auf die Feder durch Anlegen von *Strain* (Zug) ausgeübt. *Reversibler Streß* wird durch Strain im elastischen Bereich der Feder *(elastischer Strain)* verursacht. *Irreversibler Streß* beruht auf Strain außerhalb des elastischen Bereiches *(plastischer Strain)*.
Das biologische Streßkonzept wurde von SELYE in die Medizin eingeführt und von LEVITT und LARCHER für Pflanzen entwickelt. Die wichtigsten Begriffe sind in Abb. 26-27 eingetragen. Die verschiedenen Möglichkeiten der Reaktion auf Streß lassen sich am besten durch eine Besprechung von 4 unterschiedlichen Fällen anhand der Abb. 26-27 verdeutlichen:

(a) Starker Streß
Starker Streß führt mehr oder weniger rasch in eine *Erschöpfungsphase,* die von *akuter Schädigung* und Tod gefolgt wird. Der Streß hat negative Auswirkungen; es ist ein *Distreß.*

(b) Schwacher Streß gefolgt von der Entfernung des Streß
Schwacher Streß führt zunächst in eine *Alarmphase,* in der Erholungsmechanismen aktiviert werden. In einer *Erholungsphase* entwickelt sich das System aus dem Bereich heraus, wo der Streß negative Wirkungen hat, und kommt in einen Bereich, wo der Streß positive Wirkungen hat und stimuliert; es ist ein *Eustreß.* Während einer *Härtungsphase* stabilisiert sich das System und erreicht eine *Resistenzphase,* in der es bleibt, es sei denn, die Streßstärke ändert sich oder *innere oder äußere Reserven,* die für die Resi-

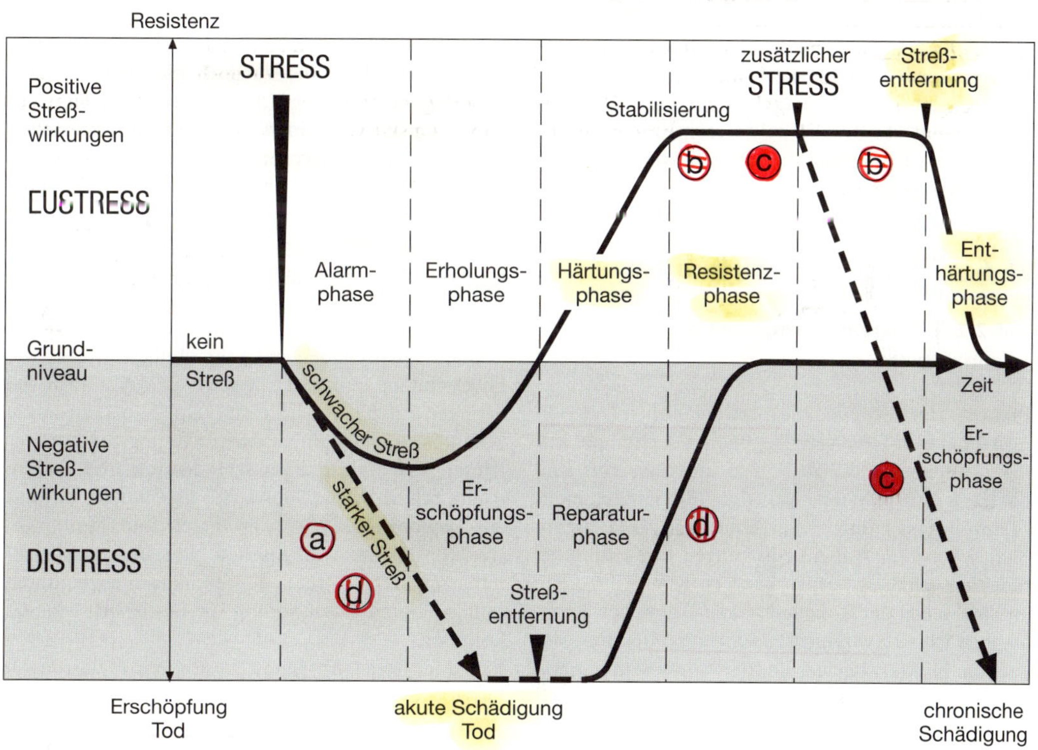

Abb. 26-27. Das biologische Streßkonzept (nach E. BECK und U. LÜTTGE, *Biologie in unserer Zeit* **20:** 237, 1990). Erklärung der Buchstaben a–d s. Text.

stenz wichtig sind, erschöpfen sich. Dabei spielt natürlich auch die *Streßdauer* eine wichtige Rolle. Nach der Entfernung des Streß tritt das System in eine *Enthärtungsphase* ein und kehrt zum Grundniveau zurück.

(c) Schwacher Streß gefolgt von zusätzlichem Streß
Das System entwickelt sich zunächst wie im Fall (b), aber dann setzt zusätzlicher Streß ein, entweder indem der ursprüngliche Stressor stärker wird oder indem zusätzliche Stressoren einwirken. Das System gelangt nun in den Bereich des Distreß, eine Erschöpfungsphase und *chronische Schädigung*.

(d) Starker Streß mit akuter Schädigung gefolgt von Reparatur nach Entfernung des Streß
Das System entwickelt sich zunächst wie im Fall (a), aber dann folgt eine streßfreie Periode, und während einer *Reparaturphase* kann sich das System wiederherstellen und zum Grundniveau zurückkehren.

Der *Streßresistenz* durch *Streßtoleranz*, etwa im oben besprochenen Fall (b), steht eine Streßresistenz durch *Streßvermeidung* gegenüber. Bei letzterer sorgen verschiedene Mechanismen dafür, daß sich das System dem Stressor eigentlich gar nicht aussetzt. Das bekannteste Beispiel in unseren Breiten ist das herbstliche Laubabwerfen zur Vermeidung von Kälte- und Froststreß.

26.6.2 Temperaturwirkungen

26.6.2.1 Temperaturabhängigkeit der Lebensvorgänge

Pflanzen sind nicht wie die *homoiothermen Organismen* unter den Tieren zur Regulation der Temperatur ihrer Organe befähigt. Umso interessanter sind natürlich Ausnahmen, wo die Temperatur eines Pflanzenorgans durch die Atmungsaktivität unabhängig von den Außenbedingungen in bestimmten Grenzen gehalten werden kann (s. Kap. 7.2.6). Ein Beispiel bietet der Kolben des amerikanischen Aronstabgewächses *Symplocarpus foetidus*, bei dem von Februar bis März bei viel niedrigeren Außentemperaturen die Organtemperatur zwischen +15 und +35 °C gehalten wird. In der Regel wird aber die Temperatur von Pflanzen im wesentlichen von den Außenfaktoren bestimmt, zu denen neben der Außentemperatur selbst auch noch direkte Bestrahlung bzw. Beschattung, Luftbewegungen u.a. gehören. Mit einer durch Umweltfaktoren beeinflußten, erhöhten Transpiration kann z. B. ein beträchtlicher Kühleffekt verbunden sein.

Die Abhängigkeit der Intensität von Lebensvorgängen der Pflanzen von der Temperatur der Umgebung folgt typischen *Optimumskurven*, die durch die *Kardinalpunkte Minimum, Optimum* und *Maximum* charakterisiert sind. Dazu kommen die *Tötungspunkte* und die Zustände der *Kälte-* und *Wärmestarre* zwischen dem Minimum und dem Kältetötungspunkt bzw. dem Maximum und dem Wärmetötungspunkt. Abb. 26-28 veranschaulicht diese Begriffe und zeigt einige Beispiele. Die Lage der Kardinal- und Tötungspunkte ist für verschiedene Pflanzen, aber auch für verschiedene Pflanzenorgane und Entwicklungsstadien sehr unterschiedlich. Trotz ihrer starken Abhängigkeit von der Außentemperatur haben Pflanzen vielfach für ihre verschiedenen Funktionen sehr breite Optimumskurven.

Bei niederen Temperaturen entstehen Schäden durch Erkältung und Frost. Verschiedene Enzyme oder ganze Stoffwechselwege können unterschiedliche Temperaturabhängigkeiten zeigen. Erkältungsschäden beruhen auf der Störung der Harmonie der einzelnen Lebensvorgänge. Frostschäden basieren auf einer Eisbildung. Eiskristalle im Inneren von Zellen verursachen mechanische Verletzungen und führen immer zum Zelltod. Vielfach bilden sich Eiskristalle in den Zellwänden und Interzellularen aus. Dies führt zur Frostresistenz. Der Dampfdruck von Wasser über Eis ist niedriger als über einer unterkühlten Lösung. Es entsteht also ein Dampfdruckgefälle, durch das den Zellen Wasser entzogen wird. Dadurch können Frostschäden auf sehr ähnliche Weise wie Hitzeschäden und sogar in gewisser Weise auch wie Schäden durch NaCl-Salinität (Kap. 24.6.1) zustande kommen, nämlich durch Austrocknung. Es konzentrieren sich Salze, organische Säuren und andere osmotisch wirksame Substanzen im Cytoplasma, was zur Denaturierung von Proteinen und Membranstrukturen führt. Abgesehen von den Austrocknungsschäden können Hitzeschäden auch durch unmittelbare Denaturierung von Proteinen zustande kommen.

Bei der Resistenz gegen besondere Belastungen durch extreme Temperaturen können wir nach dem Streßkonzept zwischen *Vermeidung* und *Toleranz* unterscheiden. Vielfach vermeiden es Pflanzen, ihre empfindlichen Organe den extremen Temperaturen auszusetzen, z. B. durch Blattabwurf oder durch Aus-

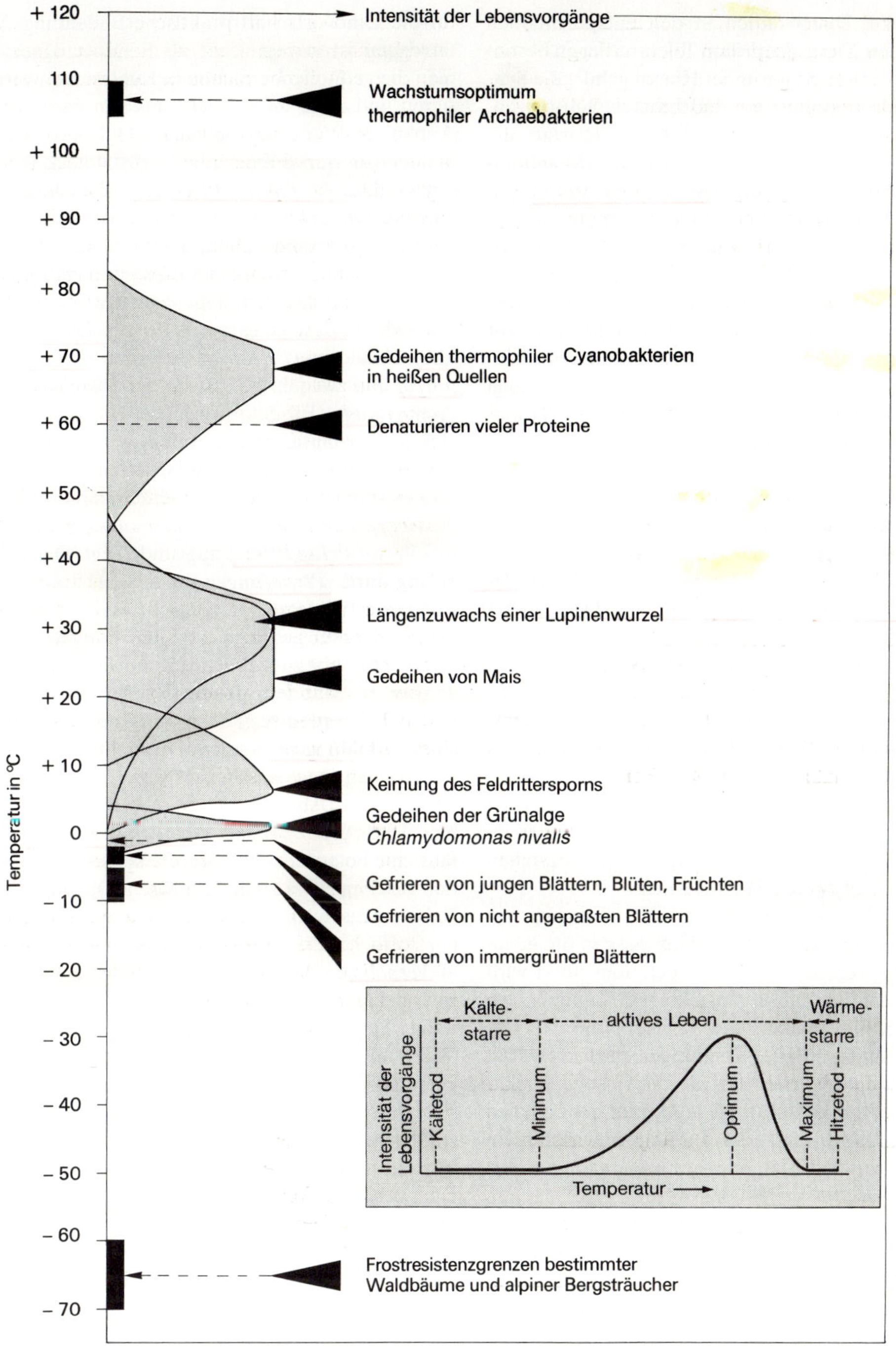

Abb. 26-28. Temperaturabhängigkeit verschiedener Lebensvorgänge und Definition der Kardinalpunkte von Optimumkurven (Inset).

bildung von Dauerstadien in den entsprechenden Jahreszeiten. Der eigentlichen Toleranz liegen besondere Mechanismen zugrunde. Hierzu gehört die Synthese und Akkumulation bestimmter Substanzen, wie Aminosäuren, Zucker und Zuckerderivate, die mit den cytoplasmatischen Protein- und Membranstrukturen verträglich sind (*„kompatible Stoffe“*, vgl. Kasten 24-3), der Gefrierpunkterniedrigung in den Zellen dienen und als Schutzstoffe Proteine und Membranen vor der Denaturierung bewahren können. Die Toleranz kann jahreszeitlich schwanken. Eine Frosthärtung kann innerhalb weniger Tage vor Beginn der Kälteperiode zu einer maximalen Resistenz führen, mit Abschluß der Kälteperiode erfolgt eine Enthärtung.

26.6.2.2 Signalwirkung der Temperatur: Stratifikation und Vernalisation

Die Signalwirkung der Temperatur wird bei *der Induktion der Samenkeimung (Stratifikation)* und *der Blütenbildung (Vernalisation)* deutlich:
Viele Samen benötigen eine mehrwöchige Abkühlung auf 0 bis +5 °C, um keimen zu können, die Samen einiger Hochgebirgspflanzen sogar Temperaturen unter dem Gefrierpunkt. Diese Stratifikation ist aber nur im gequollenen Zustand der Samen wirksam. Andere Samen müssen hohen Temperaturen oder Temperaturwechseln im Tagesgang ausgesetzt werden. Ähnliche Temperaturwirkungen bestehen beim Austreiben mancher Knospen.
Durch die Blüteninduktion wird der Übergang von der rein vegetativen Entwicklungsphase in die generative Phase eingeleitet. Der Vegetationspunkt wird umgestimmt, so daß er anstelle von Laubblättern Kelch-, Kron-, Staub- und Fruchtblätter hervorbringt. Manche Pflanzen benötigen dazu eine Kälteeinwirkung entweder auf die entwickelte beblätterte Pflanze oder auf den Embryo im gequollenen Samen. Erfolgt nach zu kurzer Kälteeinwirkung ein Übergang zu wärmeren Temperaturen, kann die Vernalisation wieder aufgehoben werden.
Zu den *Winterannuellen*, die nur nach Einwirken niederer Temperaturen von +1 bis +9 °C zum Blühen und Fruchten kommen, gehören die Winterformen der Getreidearten (Roggen, Gerste und Weizen). Ihnen stehen die Sommervarietäten gegenüber, die keiner Vernalisation durch niedere Temperaturen bedürfen. Daß die Vernalisation des Roggens schon im Zustand des gequollenen Samens wirksam ist, hat für die Landwirtschaft praktische Bedeutung. Winterroggen ist ertragreicher als Sommerroggen. Da man die gequollenen Samen in Kühlräumen vernalisieren und dann im Frühjahr aussäen kann, ist der Anbau von Winterroggen auch in Gebieten möglich, in denen zu starke Fröste die Herbstaussaat vernichten würden. *Zweijährige Pflanzen*, die im ersten Jahr eine dem Untergrund anliegende Rosette ausbilden, benötigen die Winterkälte, um im zweiten Jahr blühen zu können; im warmen Gewächshaus gehalten, bleiben sie oft jahrelang rein vegetativ. Hierzu gehören Rüben (*Beta vulgaris*), Sellerie (*Apium graveolens*), Kohlarten (*Brassica*), Fingerhut (*Digitalis purpurea*) und zweijährige Rassen der Solanacee *Hyoscyamus niger* (Bilsenkraut).
Bei der Vernalisation des Embryos im Samen oder des Vegetationspunktes von Rosetten wird die Blütendetermination über viele Zellteilungen hinweg weitergegeben. Man hat deshalb angenommen, daß ihr ein *stoffliches Prinzip* zugrunde liegt. Der Beweis gelang durch *Pfropfungen* beim Bilsenkraut. Diese Pflanzenart bildet einjährige und zweijährige Rassen aus; außerdem gehört sie zu den Langtagpflanzen und kommt nur zum Blühen, wenn Tageslängen von 10 bis 11 Stunden überschritten werden (Kap. 26.6.3.2). Werden blühfähige Reiser der einjährigen Rasse von *H. niger* auf nicht-vernalisierte Pflanzen der zweijährigen Rasse gepfropft, kommen diese zum Blühen (Abb. 26-29). Man kann sogar blühfähige Sprosse des Tabaks (*Nicotiana tabacum*, ebenfalls eine Solanacee) als Pfropfreiser verwenden und den gleichen Effekt damit auslösen. Die blühfähigen Reiser müssen an die nicht-vernalisierte Unterlage ein stoffliches Prinzip weitergegeben haben, das man als *Vernalin* bezeichnet hat. Seine chemische Struktur ist unbekannt. Es könnte sein, daß es sich um Gibberelline handelt. Außerdem postuliert man noch das Vorkommen eines Blühhormons (*Florigen*), das ebenfalls noch nicht isoliert und chemisch charakterisiert werden konnte. Vielleicht ist das stoffliche Prinzip Florigen ein besonderes Mischungsverhältnis von Phytohormonen. Man kann zwar nicht sagen, daß eines der Phytohormone generell als blühinduzierendes Hormon wirkt, jedes der in Kasten 26-3 aufgeführten Phytohormone kann aber bei der einen oder anderen Pflanze blühinduzierend wirken.

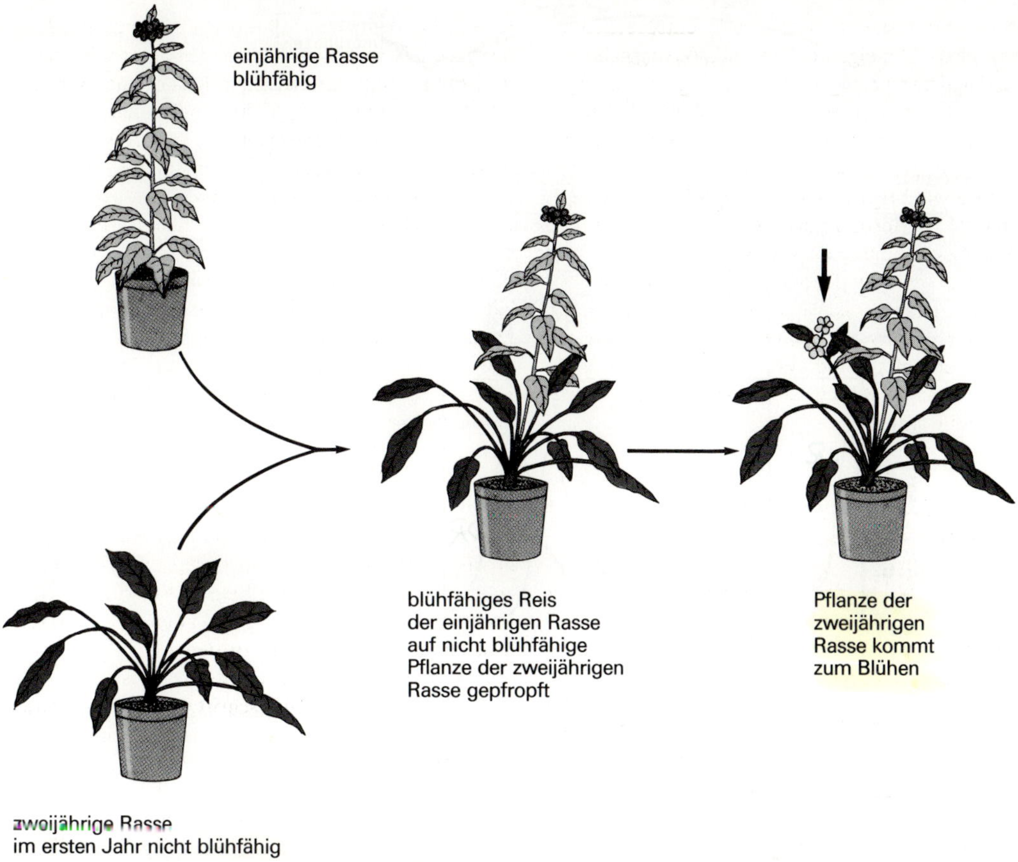

Abb. 26-29. Übertragung des das Blühen induzierenden Faktors von einem Propfreis auf die Unterlage bei *Hyoscyamus niger* (Bilsenkraut).

Photomorphosen: Morphosen, bei denen das Licht Reizanlaß ist
Morphosen: Abwandlungen der Pflanzengestalt, bedingt durch Umweltfaktoren

26.6.3 Lichtwirkungen

26.6.3.1 Photomorphosen und das Phytochromsystem

Licht ist als Energiequelle der Photosynthese für die Entwicklung aller grünen Pflanzen von Bedeutung. Seine Signalwirkung äußert sich darin, daß es bei allen potentiell grünen Pflanzen auch unabhängig von der Photosynthese zahlreiche morphologische und molekulare Mechanismen beeinflußt. Alle diese Erscheinungen faßt man als *Photomorphosen* zusammen. Von „potentiell" grünen Pflanzen muß man sprechen, da höhere Pflanzen nur im Licht grünes Chlorophyll bilden können, aber auch nicht-grüne Keimlinge oder durch Anzucht im Dunkeln bleich gebliebene Sprosse und Blätter dieser Pflanzen Photomorphosen zeigen können. Dies beweist die Unabhängigkeit der Photomorphosen von der Photosynthese.

Im Dunkeln angezogene Pflanzen sind nicht nur bleich, sie zeigen auch eine stark veränderte Gestalt. Die Internodien und Blattstiele sind stark verlängert, das Flächenwachstum der Blätter ist reduziert, die Festigungselemente und Leitbündel der Sprosse sind schwach ausgebildet. Man bezeichnet diese Erscheinung als *Etiolement.* Praktisch nutzt man sie in der Landwirtschaft z. B. im Spargelanbau. Ihr adaptiver Nutzen liegt darin, daß die Pflanze unter Aufwendung aller Stoff- und Energiereserven für ein

Etiolement: starkes Streckungswachstum u. Ausbleiben der Chlorophyllbildung durch Lichtmangel u. andere ungünstige Umweltbedingungen

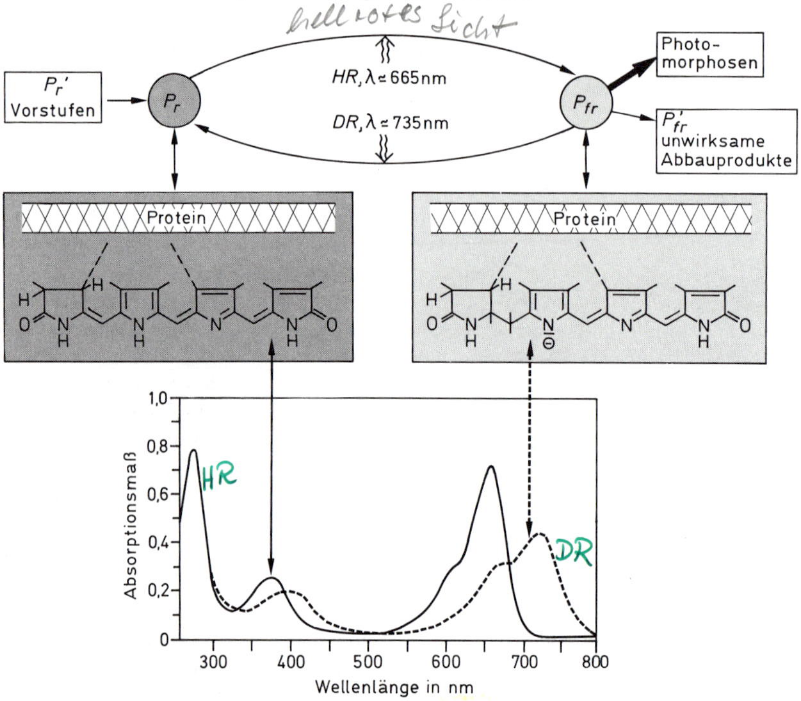

Abb. 26-30. Das reversible Phytochromsystem (nach GRUMBEIN, KLEIN, KRAUS, RÜDIGER und SCHEER; MUMFORD und JENNER; MOHR und SCHOPFER).

bevorzugtes Längenwachstum versucht, die Photosynthese-Organe aus dem Dunkeln ans Licht zu bringen. Schon kurze Lichteinwirkung kann zur Ausbildung der normalen Pflanzengestalt führen *(Deetiolement)*.

Versuche mit bestimmten Belichtungsprogrammen zeigen, daß solchen Photomorphosen ein reversibles System zugrunde liegt, das durch Absorption von hellrotem Licht aktiv und durch dunkelrotes Licht inaktiv wird (Abb. 26-30). Der Lichtrezeptor ist das *Phytochrom.* Es liegt in zwei Formen vor, einer Hellrotform (P_r) mit einem Absorptionsmaximum von ≈ 665 nm (*HR*) und einer Dunkelrotform (P_{fr}; *fr* vom engl. „far red") mit einem Absorptionsmaximum von ≈ 735 nm (*DR*). Durch Absorption von hellrotem Licht (*HR*) wird P_r in P_{fr} überführt; P_{fr} wird bei Bestrahlung mit dunkelrotem Licht (*DR*) wieder zu P_r. Dies bedingt die *strikte Reversibilität aller phytochrom-gesteuerten Photomorphosen*. Die zuletzt eingestrahlte Lichtqualität entscheidet über das Einsetzen bzw. Ausbleiben der entsprechenden Entwicklungsabläufe. So wird z.B. der etiolementauslösende Effekt einer *DR*-Bestrahlung durch anschließendes Einwirken von *HR* aufgehoben. Ein anderes Beispiel ist die Samenkeimung. Es gibt lichtunabhängige Samen, *Dunkelkeimer* (bei denen Licht die Keimung hemmt) und *Lichtkeimer* (deren Keimung durch Phytochrom gesteuert wird). Lichtkeimer-Samen müssen im gequollenen Zustand belichtet werden, um keimen zu können. Dabei kann schon eine Tageslichteinwirkung von wenigen Minuten oder ein starker Lichtblitz von 1 ms genügen. Zu den Lichtkeimern gehört der Kopfsalat *(Lactuca sativa)*, bei dem die *HR-DR*-Reversibilität der Keimung über viele Bestrahlungsfolgen hinweg verfolgt werden kann. Die Keimungsrate ist immer nach *DR* hoch und nach *HR* niedrig (Abb. 26-31).

Demnach ist P_{fr} die aktive, die Photomorphosen auslösende Form des Phytochroms. Das P_r wird aus Vorstufen (P'_r) gebildet, und das P_{fr} kann im oxidativen Stoffwechsel zu unwirksamen Produkten (P'_{fr}) abgebaut werden. Durch Neubildung, Abbau und $P_r \rightleftharpoons P_{fr}$ Konversionen kann sich ein dynamisches Gleichgewicht (Fließgleichgewicht) der einzelnen Komponenten einstellen (Abb. 26-30).

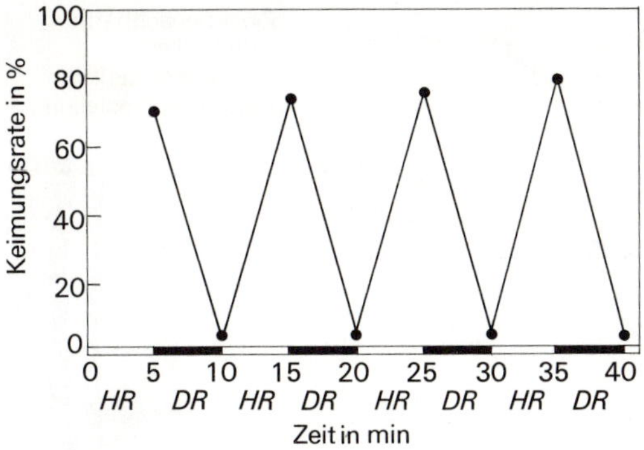

Abb. 26-31. Keimungsraten von Salatsamen, die in 5-min-Abständen *HR-DR*-Bestrahlungsfolgen ausgesetzt waren (nach BORTHWICK, HENDRICKS, PARKER, TOOLE und TOOLE).

Das Phytochrom liegt als *Sensorpigment,* im Gegensatz zu den *Massenpigmenten* (Chlorophyll, Farbstoffe von Blüten, Früchten und anderen Speicherorganen), in ganz kleinen Konzentrationen vor (10^{-8} bis 10^{-6} mol l^{-1}).

Spektralanalysen zeigen, daß P_r eine blaugrüne und P_{fr} eine gelbgrüne Farbe hat. Chemisch besteht Phytochrom aus einem offenen Tetrapyrrol-System, das als Chromophor an ein Protein gebunden ist. Bei der Konversion vom P_r zum P_{fr} erfolgt eine Hydrierung des Chromophors und damit verbunden auch eine Strukturänderung des Proteins (Abb. 26-30).
Versuche mit polarisiertem *HR*- und *DR*-Licht zeigen, daß bei der Grünalge *Mougeotia* das Phytochrom eine *dichroitische Anordnung* an der Zelloberfläche oder sogar im Plasmalemma aufweist, die sich bei der P_r-P_{fr}-Konversion ändert. Bei *Mougeotia* wird die lichtabhängige Plastidenbewegung, eine Rotation des flachen, plattenförmigen Chloroplasten in den Fadenzellen, durch das Phytochrom gesteuert. Wird eine Fadenzelle nur punktförmig belichtet, erfolgt nur an dieser Stelle eine teilweise Bewegung des Chloroplasten. Polarisiertes *HR*-Licht wirkt nur, wenn sein elektrischer Vektor parallel, nicht wenn er senkrecht zur Zelloberfläche schwingt. Das Umgekehrte gilt für polarisiertes *DR*-Licht. Zur optimalen Lichtabsorption sollten die Phytochrom-Moleküle in der Schwingungsrichtung des polarisierten Lichtes orientiert sein. Demnach zeigen die beschriebenen Versuche, daß die P_r-Moleküle parallel und die P_{fr}-Moleküle senkrecht zur Zelloberfläche orientiert sein müssen (Abb. 26-32). Es ist allerdings zweifelhaft, ob sich dies für andere Phytochrom abhängige Photomorphosen verallgemeinern läßt. Versuche mit Zellfraktionierungen zeigen, daß das P_r in den Zellen meistens diffus verteilt ist, während das P_{fr} an Partikel, vermutlich an Membranen, gebunden ist.
Zur Wirkungsweise des Phytochroms gibt es verschiedene Hypothesen. Ähnlich wie die Phytohormone könnte es auf der Ebene der Gene, der Enzyme oder der Membranen wirken (Abb. 26-22). Wahrscheinlich bestehen *verschiedene Primärwirkungen* des P_{fr} nebeneinander. Es gibt sehr schnelle und langsame Primärwirkungen. Letztere können durch *DR*-Einwirkungen noch fünf Minuten nach einer Hellrotbestrahlung aufgehoben werden. Eine Wirkung durch differentielle Genaktivierung bedarf längerer Zeit als eine Wirkung über membranabhängige Mechanismen.
Schöne Beispiele für die Wirkung des Phytochroms über *Genaktivierungen* sind die Steuerung der Anthocyansynthese über die Regulation der Synthese von *Phenylalanin-Ammonium-Lyase* (Abb. 15-5) und die Synthese von NO_3^-- und NO_2^--Reduktase in Blättern (Abb. 26-33). Die Genaktivität für die Reduktasen kann durch direkte Signalübertragung oder nach Abruf aus einem Signalspeicher angeschaltet werden, wenn erst Modulatoren, wie ein noch unbekannter Plastidenfaktor und vor allem NO_3^-, verfügbar werden müssen.
Membranwirkungen des Phytochroms sind an Phytochrom abhängigen photoelektrischen Effekten und an den Schlafbewegungen von Fiederblättchen beteiligt.
Viele Fiederblätter, insbesondere die der Leguminosen (Ordnung Fabales), führen *Schlafbewegungen* durch, d.h. die in der Tagstellung ausgebreiteten Fiedern legen sich aneinander. Diese Bewegungen gehören zu den Nastien (Kap. 27.1.2). Beliebte Versuchsobjekte sind Mimosen *(Mimosa pudica)* und die nicht gleichzeitig erschütterungsempfindliche *Albizzia julibrissin.* Die Nachtstellung kann nur eingenommen werden, wenn bei Einsetzen der Dunkelperiode genügend P_{fr} vorliegt. Wird dies durch vorherige *DR*-Bestrahlung verhindert, bleibt die Schlafbewegung aus (Abb. 26-34). Der Mechanismus der Bewegung beruht auf differentiellen Turgoränderungen der Zellen der Fiederblattgelenke: eine Turgorzunahme der Unter- oder Ventralseite und eine Turgorabnahme der Ober- oder Dorsalseite bei der Schließbewegung und eine Umkehrung dieser Turgoränderungen bei der Öffnungsbewegung. Hierbei ändern sich die

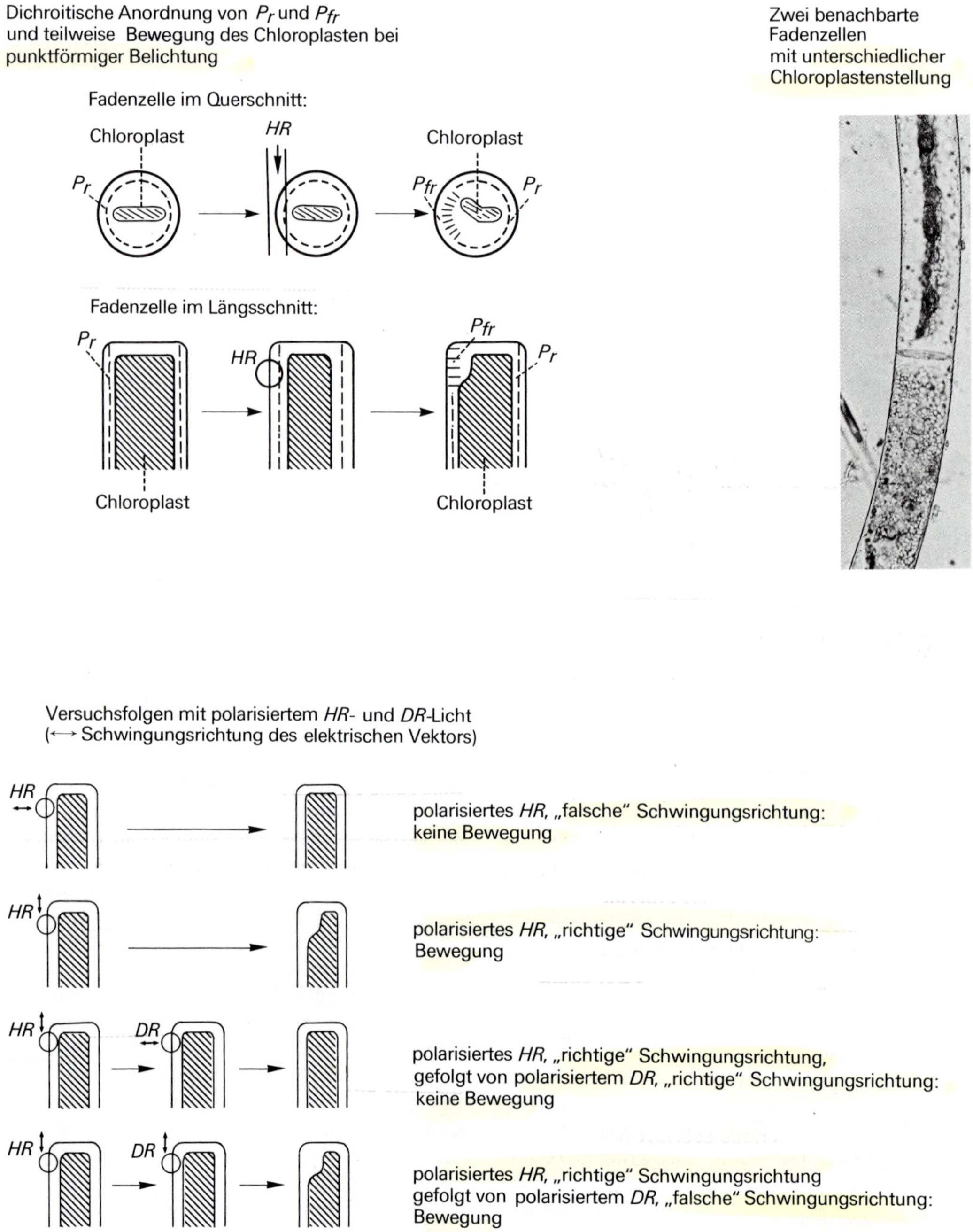

Abb. 26-32. Phytochromabhängige Chloroplastenbewegung von *Mougeotia* im polarisierten Licht (nach HAUPT, MÖRTEL und WINKELNKEMPER, *Planta* **88**: 183, 1969).

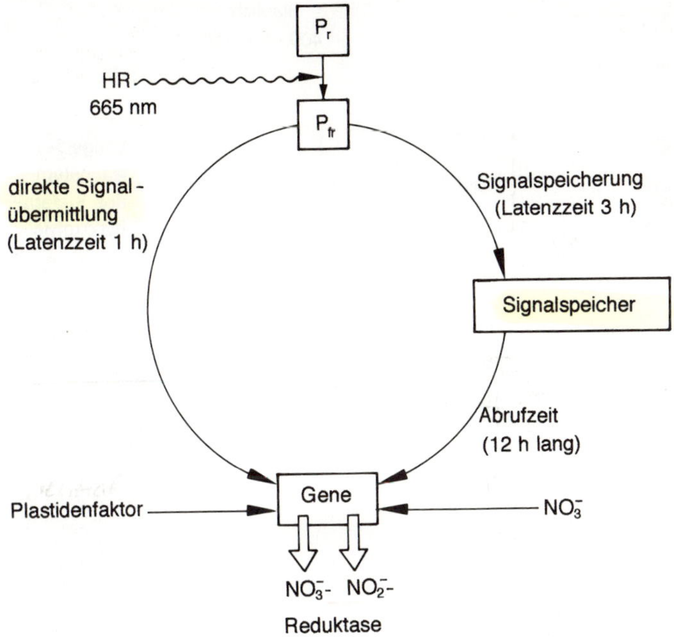

Abb. 26-33. Regulation der Biosynthese der NO_3^-- und NO_2^--Reduktase in Blättern durch das Phytochrom. Die direkte Signalübertragung in Anwesenheit aller Modulatoren (NO_3^-, Plastidenfaktor) erfolgt mit einer Latenzzeit von 1 h. In Abwesenheit von NO_3^- kann dieser Weg der Signalübertragung umgangen werden, und das Signal wird mit einer Latenzzeit von 3 h gepeichert und kann 12 h lang abgerufen werden, wenn NO_3^- verfügbar wird (SCHUSTER, OELMÜLLER, MOHR, *Planta* **171:** 136, 1987).

Malate: Salze der Apfelsäure

Konzentrationen osmotisch wirksamer Substanzen zwischen der Dorsal- und Ventralseite, u. a. durch Verlagerung von Kaliumionen und Bildung und Abbau von Malat (Kap. 5.5, Abb. 5-7), woran Membrantransportprozesse beteiligt sind (Abb. 26-34).
Die Absorptionsspektren von P_r und P_{fr} überlappen sich im ganzen sichtbaren Spektralbereich (Abb. 26-30). Beim P_r-P_{fr}-Gleichgewicht im Sonnenlicht liegt das Phytochrom bis zu 50 % als P_r vor; im Sonnenlicht ist immer mehr P_{fr} vorhanden als im Dunkeln. Dadurch wirkt Sonnenlicht morphogenetisch wie *HR*, obwohl es gleiche Teile *HR* und *DR* enthält. Es ergibt sich die Frage, warum die Fiederblättchen am Tage geöffnet bleiben können, wenn doch P_{fr} in ausreichender Menge für die Schließbewegung vorliegt. Vermutlich ist dafür der *Blaulichtanteil des Tageslichtes* verantwortlich, der die Fiedern bis zum Beginn der Dunkelperiode geöffnet hält.
Andere Lichteffekte sind die sogenannten *Hochintensitätsphänomene*. Sie werden durch mehrstündige Einstrahlung hoher Intensitäten ultravioletten, blauen oder dunkelroten Lichtes ausgelöst. Sie unterscheiden sich damit stark von den *HR*-*DR*-Effekten, bei denen schon eine wenige Minuten lang dauernde Behandlung mit schwachen Intensitäten ausreicht. Möglicherweise ist auch bei Hochintensitätsphänomenen das Phytochrom der Lichtrezeptor. Phytochrom hat auch im blauen Spektralbereich ein Absorptionsmaximum (Abb. 26-30). Als *Blaulichtrezeptoren* kommen aber vor allem verschiedene Flavine, gelbe Pigmente, in Frage. Da Blaulichtrezeptoren noch nicht chemisch identifiziert werden konnten, spricht man auch vom *Cryptochrom*. Ein Zusammenwirken von Phytochrom und Cryptochrom ließ sich z. B. bei Untersuchungen des Längenwachstums von Kiefernkeimlingen zeigen (Abb. 26-35).

26.6.3.2 Photoperiodismus

Eine Reihe von Prozessen der Gestaltbildung werden durch die Tageslänge induziert. Besonders bekannte Beispiele bilden

- *Blühinduktionen*.

Zu den von der Tageslänge abhängigen, d. h. photoperiodisch gesteuerten Morphosen gehören u. a. aber auch

- der Beginn und die Beendigung von *Ruheperioden*,
- die *Kambium-Aktivität*, *Wachstumsraten* und *Internodienlängen*,

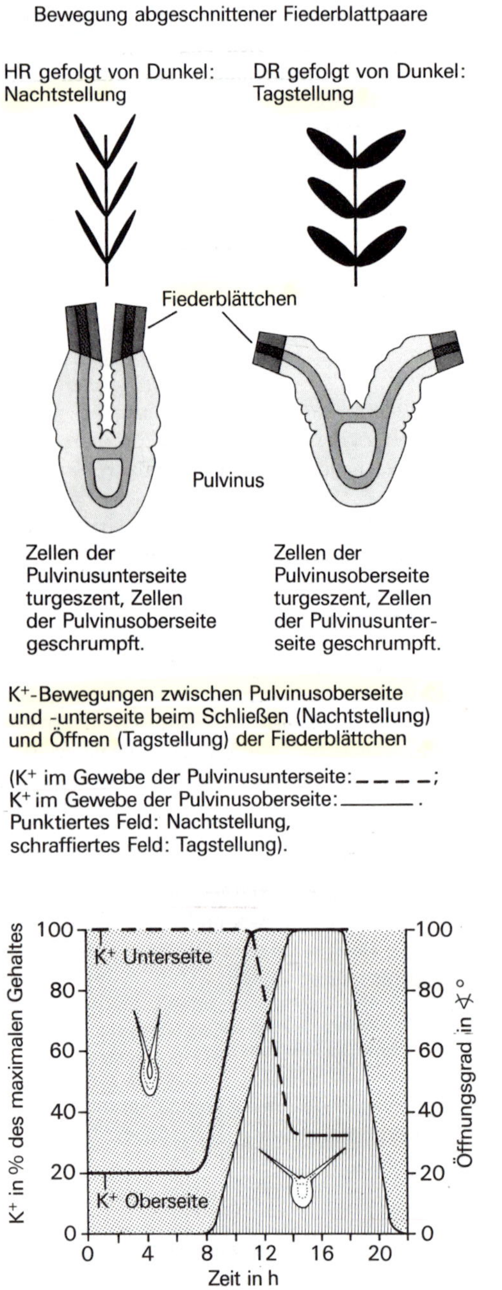

Abb. 26-34. Phytochromabhängige nyktinastische Blattfiederbewegung von *Albizzia julibrissin* und K^+-Verlagerungen im Fiederblattgelenk (nach SATTER et al., *Plant Physiol.* **54**: 280, 1974, aus LÜTTGE und HIGINBOTHAM).

Nyktinastie: Bezeichnung für die sog. Schlafbewegung, also Veränderung der Blattstellung als Folge der bei Tag und Nacht verschieden starken Belichtung

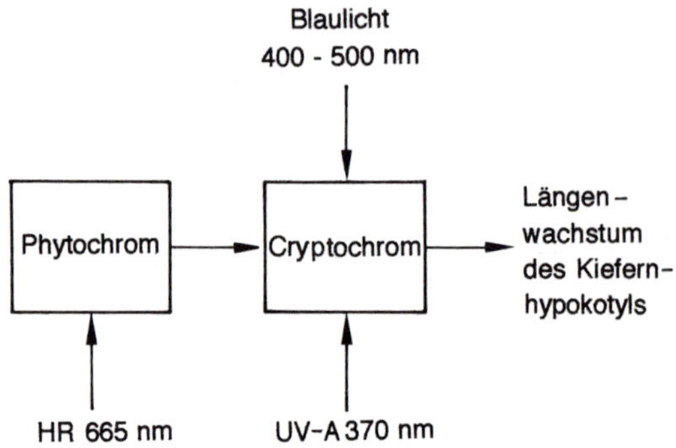

Abb. 26-35. Zusammenwirken von Phytochrom und Cryptochrom. HR-Licht wirkt nur, wenn auch das Cryptochrom durch UV-A-Strahlung oder Blaulicht aktiviert ist (nach Experimenten von MOHR und Mitarbeitern).

- die *Verzweigung* und die *Blattgestalt*,
- die *Ausbildung von Speicherorganen* wie Knollen und Zwiebeln und von Ausläufern,
- der *Blattfall*,
- die *Frostresistenz*.

Zur Auslösung der photoperiodisch induzierten Morphosen muß bei den *Langtagpflanzen* (*LTP*) eine bestimmte *minimale kritische Tageslänge überschritten*, bei den *Kurztagpflanzen* (*KTP*) eine *maximale kritische Tageslänge unterschritten* werden. Die kritische Tageslänge ist artspezifisch. Ihre Größe an sich besagt nichts über das Vorliegen einer Kurztags- oder Langtagsreaktion. Entscheidend ist, ob es sich um einen *Tageslängenminimalwert* (bei *LTP*) oder *-maximalwert* (bei *KTP*) handelt. Die kritische Tageslänge der *KTP Xanthium pennsylvanicum* (Spitzklette) ist mit 15,5 Stunden länger als die der *LTP Hyoscyamus niger* (10 bis 11 Stunden). Minimalwerte von *LTP* und Maximalwerte von *KTP* können sich also überlagern; im Überlagerungsbereich werden die entsprechenden Morphosen, z. B. das Blühen, bei beiden ausgelöst (Abb. 26-36). Dabei ist mindestens ein Zyklus mit der richtigen Tageslänge für die Induktion erforderlich. Meist sind es mehrere Zyklen.

Langtag- und Kurztagpflanzen, bei denen die spezifischen photoperiodischen Bedingungen für entsprechende Morphosen unbedingte Voraussetzung sind, nennt man auch *qualitative LTP* bzw. *KTP*. Ihnen stehen die *quantitativen LTP* bzw. *KTP* gegenüber,

Perzeption: Wahrnehmung, die entweder direkt zur Reaktion führt o. unter Zwischenschaltung einer Reizleitung andere z.T. entfernt liegende Zellen erregt u. nachfolgende zur Reaktion bringt.

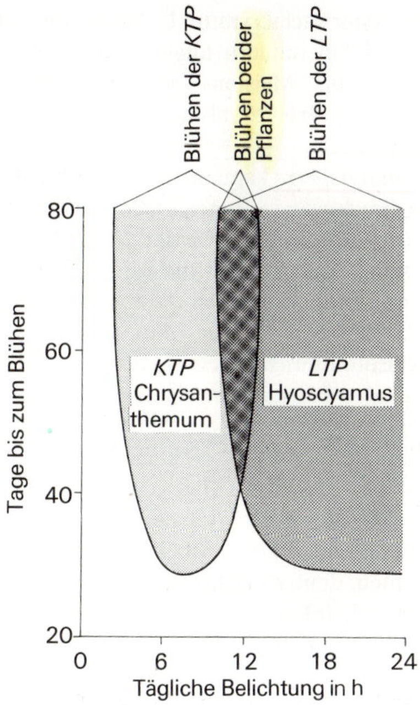

Abb. 26-36. Photoperiodische Regulation des Blühens einer Kurztagspflanze und einer Langtagspflanze.

die z.B. bei allen natürlichen Tageslängen blühen können, aber nicht streng tagneutral sind, da die Photoperiode quantitativ gesehen fördern oder hemmen kann. Weiterhin gibt es *Kurz-Langtag-* (*KLTP*) und *Lang-Kurztagpflanzen* (*LKTP*), bei denen eine zeitliche Reihenfolge entsprechender Photoperioden erforderlich ist. Eine *LKTP* wird nur im Herbst-Kurztag, aber nicht im Frühjahrs-Kurztag zum Blühen kommen.

Die *ökologische Bedeutung* dieser Erscheinungen wird deutlich, wenn man sich die jahreszeitlich bedingten Änderungen der Tageslängen vergegenwärtigt, die mit wachsender Entfernung vom Äquator immer größer werden, z.B.:

- 30° N (Kairo, Delhi) Tageslänge zw. 14 und 10 h,
- 45° N (Bordeaux, Minneapolis) Tageslänge zw. 15,5 und 9 h,
- 60° N (Stockholm, Leningrad) Tageslänge zw. 19 und 6 h.

Für die Pflanzen wirkt die *Tageslänge* als *ein Maß der Jahreszeit*. Versuche in den Tropen in Äquatornähe haben gezeigt, daß Pflanzen die Tageslänge bis auf 10–15 min genau erfassen können. Der Photoperiodismus sorgt für eine Entwicklungssteuerung, die sichert, daß beim Eintreten ungünstiger Perioden (Kälte- oder Trockenperioden) das Blühen und Fruchten abgeschlossen und Samen als Dauerstadien gebildet sind. In hohen Breiten sind die Pflanzen meist *LTP* und blühen damit rechtzeitig im Sommer. In mittleren Breiten gibt es *KTP* und *LTP*. In Gebieten mit Sommertrockenheit sind *LTP* und in Gebieten mit Wintertrockenheit *KTP* besser angepaßt, sie kommen jeweils rechtzeitig zum Blühen und zur Samenbildung.

Die *Lichtperzeption* beim Photoperiodismus erfolgt in den Blättern. Das induzierte Prinzip kann von einem einzigen behandelten Blatt weitergeleitet werden (Abb. 26-37), vermutlich im Phloem. Auch durch Pfropfreiser kann es übergeben werden. Interessant ist, daß die tagneutrale Schmarotzerpflanze *Cuscuta* auf einem *KTP*-Wirt im Kurztag und auf einem *LTP*-Wirt im Langtag blüht. Das *stoffliche Prinzip*, das hierbei eine Rolle spielen muß, ist das Blühhormon Florigen oder das entsprechende Hormongemisch (vgl. Kap. 26.6.2.2).

Die *Lichtintensität* ist für den Effekt von Langtagbedingungen nicht ausschlaggebend. Schon *Vollmondlicht* kann beim Photoperiodismus tagverlängernd wirken. Unterbricht man dagegen eine Dunkelperiode, die lang genug ist, um eine Morphose bei einer *KTP* auszulösen und bei einer *LTP* zu verhin-

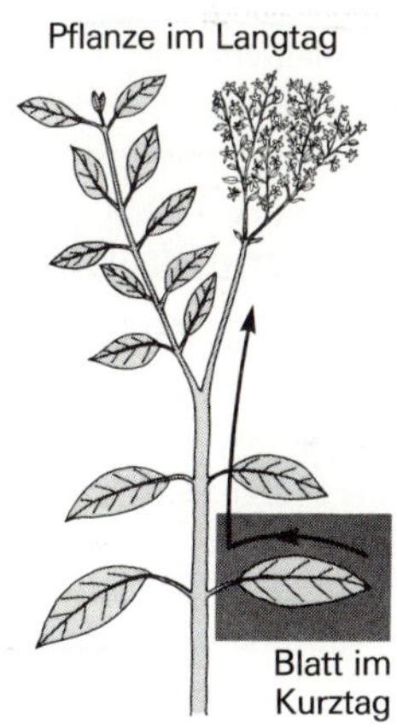

Abb. 26-37. Photoperiodische Induktion über ein Blatt. Ein einziges Blatt wird im Kurztag gehalten, und die Kurztagspflanze kommt zum Blühen, obwohl die ganze übrige Pflanze einem Langtag ausgesetzt ist. Pfeile: Richtung des vermutlichen Transportes des das Blühen auslösenden Faktors im Phloem.

dern, durch eine kurze Lichtperiode *(Störlicht)*, zeigen die Pflanzen umgekehrte Reaktionen. Die *LTP* zeigt die Morphose, die *KTP* nicht. Das Störlicht wirkt über das Phytochrom-System; *HR* ist wirksam und *DR* hebt den Störlichteffekt auf (Abb. 26-38). Ein „Stördunkel" während einer Lichtperiode hat dagegen keinerlei Wirkung. Es ist also die Dunkelperiode, die den Photoperiodismus bestimmt, nicht die Lichtperiode. Die historisch begründeten und heute eingebürgerten Begriffe Langtag- und Kurztagpflanzen sind also vom wirklichen Mechanismus her gesehen Fehlbezeichnungen, und man müßte von Kurznacht- bzw. Langnachtpflanzen sprechen.

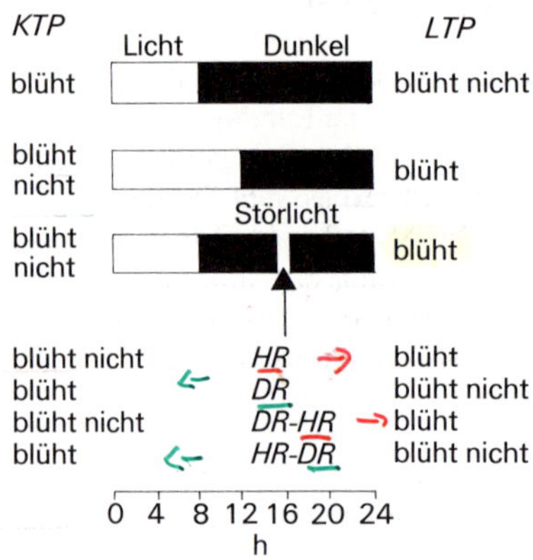

Abb. 26-38. Wirkung von Störlicht während der Dunkelphase auf das Blühverhalten von Kurztags- und Langtagspflanzen.

26.7 Von der Samenkeimung bis zur Samenbildung, zum Altern und zum Tod

Nachdem wir etwas über die Regulation der Entwicklung durch Innen- und Außenfaktoren gelernt haben, können wir uns nun den entscheidenden Stadien im Lebensrhythmus von Pflanzen zuwenden.

26.7.1 Samenkeimung

Die Samenkeimung schließt einen Ruhezustand ab. Der Ruhezustand kann zum einen nach der Lösung der Samen von der Mutterpflanze erforderlich sein, wenn der Embryo noch unvollständig entwickelt ist

Amygdalin: Glykosid in Blättern, Blüten u. Samen vieler Pflanzen, das durch Säurebehandlung o. Fermentierung (Emulsion) in Cyanwasserstoff, Traubenzucker u. Benzaldehyd zerfällt

und noch weiterwachsen muß. Er kann zum anderen auch für das Überdauern ungünstiger Jahreszeiten notwendig sein. Meistens sorgen verschiedene Hemm- und Sperrmechanismen für das Einhalten der Ruhephase.

Eine *Keimungssperre* kann durch die Undurchlässigkeit von Fruchtwand, Samenschale, Nucellus- und Endosperm-Resten für Wasser und Sauerstoff bedingt sein. Dann können die Samen erst quellen und ihren Stoffwechsel durch respiratorischen Energieumsatz beleben, wenn die undurchlässigen Außenschichten durch Mikroorganismen im Boden abgebaut oder künstlich mechanisch entfernt wurden.

Eine Keimungssperre wird oft auch durch chemische Hemmstoffe verursacht. Hierzu gehört die Blausäure der Rosaceen-Embryonen (Kern- und Steinobst). Diese Samen können bei der Quellung nicht gleich keimen, denn zunächst werden aus einem Glykosid (Amygdalin) durch eine β-Glucosidase Benzaldehyd und die atmungshemmende Blausäure freigesetzt (Abb. 26-39). Die Blausäure kann erst entwei-

Nucellus: innerer Teil der Samenanlage, der den Embryosack enthält.

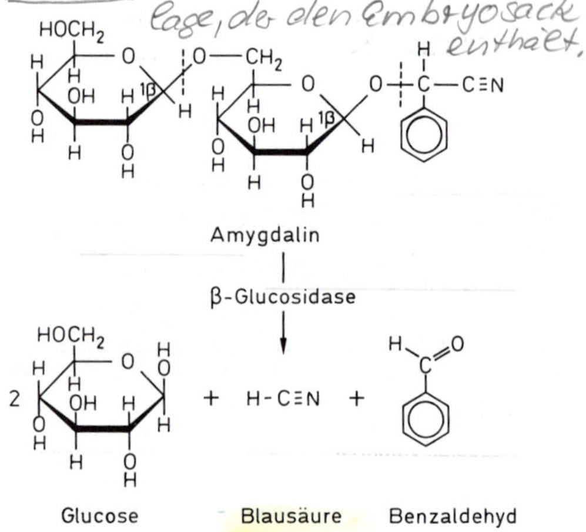

Abb. 26-39. Spaltung von Amygdalin in Blausäure, Benzaldehyd und Glucose.

Respiration ≙ Atmung: Gaswechsel aller Organismen, der in der Aufnahme von O₂ / Abgabe von bes…

chen, wenn das undurchlässige Endokarp verrottet ist. Erst dann kann der Samen keimen. In anderen Fällen kann Abscisinsäure die Funktion eines Keimungshemmers haben. Keimungshemmer sind u. a. wichtig, damit bei fleischigen Früchten die Samen nicht schon gleich in der Frucht unter den dort an sich sehr günstigen Bedingungen zu keimen beginnen.

Endokarp: innere Schicht der Fruchtwand

epigäisch: oberirdisch keimend

Spezifische Wirkungen der Außenfaktoren Temperatur und Licht bei der Aufhebung der Keimruhe wurden bereits geschildert. Zur Keimung selbst müssen dann die Außenfaktoren so beschaffen sein, daß eine intensive Stoffwechselaktivität des Embryos und der jungen Keimpflanze möglich ist. Zunächst werden die Reservestoffe des Samens aufgebraucht. Bei der *epigäischen Keimung* werden die Keimblätter durch das sich streckende Hypokotyl aus dem Boden herausgehoben. Im Laufe von komplexen zellphysiologischen Umstimmungen ergrünen die Keimblätter und beginnen mit der autotrophen Ernährung des Keimlings. Bei der *hypogäischen Keimung* bleiben die Keimblätter im Boden, der Sproßabschnitt oberhalb der Keimblätter, das Epikotyl, streckt sich, und die ersten Folgeblätter werden auch zu den ersten photosynthetisch aktiven Blättern (Abb. 26-40).

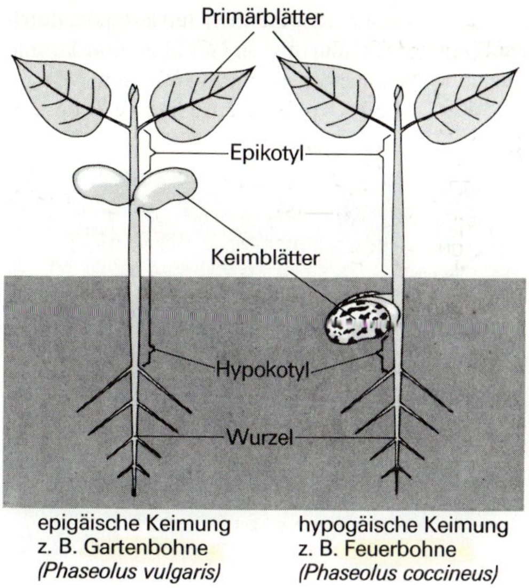

Abb. 26-40. Epigäische und hypogäische Keimung.

26.7.2 Fruchtwachstum und Samenbildung

Über die Blütenbildung wurde im Zusammenhang mit der Vernalisation schon ausführlich gesprochen. Das Wachstum der Fruchtknoten durch Zellvermehrung ist zum Zeitpunkt des Aufblühens meistens abgeschlossen. Danach erfolgt weiteres Wachstum nur noch in Form des IES-abhängigen Streckungswachstums. In bestimmten Fällen bringt erst der sehr IES-reiche Pollen die nötigen Hormonmengen für das Fruchtwachstum mit. Dann ist die weitere Fruchtentwicklung auch an die erfolgreiche Bestäubung gebunden. Oft genügt allein die *Bestäubung* für den Fruchtansatz. In anderen Fällen ist zusätzlich die *Befruchtung* für die Weiterentwicklung erforderlich. Hier produzieren die sich entwickelnden Samenanlagen zusätzlich IES. Entfernt man z. B. bei der Erdbeere alle Nüßchen, so bleibt das fleischige Anschwellen der Blütenachse zur Scheinfrucht aus. Behandelt man die Blütenachse nach Entfernen der Nüßchen mit IES, kommt es zur normalen Ausbildung der Beere, allerdings ohne die Einzelfrüchtchen.

26.7.3 Abscission

Das Abwerfen (Abscission) der Blüten, Früchte und Blätter gehört zu den normalen Lebenserscheinungen der Pflanzen. Mit der Abscission abgeblühter Blütenteile entledigen sie sich überflüssig gewordener Organe. Das Abstoßen der Früchte ist für die Verbreitung wichtig. Durch das Abwerfen der Blätter eliminieren die Pflanzen Ballast, wie z. B. Ca^{2+}, das über den Transpirationsstrom in die Blätter gebracht wird, aber nicht über das Phloem wieder exportiert und in der ganzen Pflanze rezirkuliert werden kann, da Ca^{2+} phloem-immobil ist. Bei sommergrünen mehrjährigen Pflanzen werden alle Blätter unabhängig von ihrem Alter gleichzeitig abgeworfen *(synchrone Seneszenz)*, bei immergrünen Arten sukzessiv immer nur die ältesten Blätter *(sequentielle Seneszenz)*. Nutzbare Abbauprodukte (Aminosäuren der Proteine, Basen der Polynukleotide, Ionen u. a.) werden aus den alternden Blättern noch mobilisiert und bei der synchronen Seneszenz den Speicherzellen im Stamm, bei der sequentiellen Seneszenz den jüngeren Blättern zugeführt.

Der eigentliche Abscissionsprozeß von Blättern und Früchten ist ein stoffwechselabhängiger Vorgang. Zunächst bildet sich ein *Trennungsgewebe* aus englumigen und abgeflachten Zellen aus (Abb. 26-41). Dann werden Pectinasen und Cellulasen gebildet, die Mittellamellen, Primärwände und manchmal ganze Zellen des Trennungsgewebes auflösen.

An der Steuerung der Abscission kann ein *Wechselspiel aller Phytohormone* beteiligt sein. Eine besondere Rolle spielen IES und Ethylen. Ein IES-Transport aus Blättern und Früchten in Richtung auf die Abscissionsstelle verzögert die Seneszenz und die Ausbildung des Trennungsgewebes. Die Ablösung selbst wird vor allem durch Ethylen gefördert.

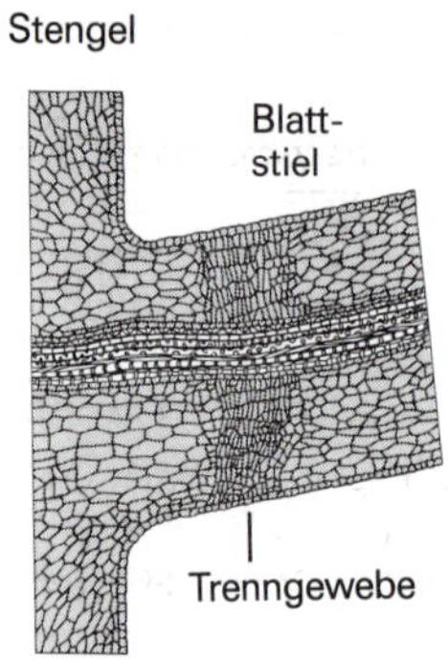

Abb. 26-41. Trennungsgewebe eines Dikotylenblattstiels (nach TORREY).

Sklerenchym: Festigungsgewebe der ausgewachsenen Pflanzenteile

26.7.4 Altern und Tod der ganzen Pflanze

-> Sklerenchymfasern o. Sklerenchymzellen

Der Tod einzelner Zellen ist oft eine Voraussetzung für ihre Funktion im Gesamtsystem der Pflanze, z. B. bei Tracheïden und Tracheen im Xylem, bei Festigungsgeweben (Sklerenchym) und beim Kork. Lebende Zellen und Organe der Pflanze können wie beim Blattfall auch sterben, ohne daß die Pflanze als Ganzes Seneszenzerscheinungen zeigt.

Einige Pflanzen unterscheiden sich morphologisch in ihrer *juvenilen und adulten Lebensphase*. In der artenreichen Gattung *Eucalyptus* sind die Blätter in der Juvenilphase ganz anders gestaltet als in der adulten Phase. Der Efeu hat in der juvenilen Phase gelappte Blätter, klettert mit Hilfe von Haftwurzeln und ist blühunfähig. Im adulten Zustand hat er ei- bis rautenförmige Blätter, zeigt aufrechten Wuchs und bildet Blüten und Früchte aus (Abb. 26-42). Aus Stecklingen der adulten Teile der Efeu-Pflanzen erhält man nur noch aufrecht wachsende, blühfähige Efeu-„Bäume". Man kann die adulten Reiser aber wieder „juvenilisieren", wenn man sie auf juvenile Unterlagen pfropft oder auch nur gemeinsam mit juvenilen Reisern in Wasser stellt. Es müssen wiederum übertragbare, stoffliche Faktoren mit im Spiel sein; hier sind es vielleicht Gibberelline.

Beim Altern und Tod der gesamten Pflanze müssen wir zwischen den Lebensrhythmen *hapaxanther* und *pollakanther* Pflanzen unterscheiden.

Bei den *hapaxanthen Pflanzen* sind Altern und Tod mit der Bildung der Fortpflanzungsorgane eng gekoppelt. Dies gilt für einjährige, zweijährige aber auch mehrjährige Pflanzen (z. B. Agaven), die mit Vollendung der Blüten-, Frucht- und Samenbildung absterben, also *nur einmal in ihrem Leben blühen*. Verhindert man bei normalerweise zweijährigen Pflanzen die Vernalisation, können sie viele Jahre vegetativ leben (vgl. Kap. 26.6.2.2). Altern und Tod kommen dabei nicht durch Konkurrenz der Samen und Früchte um Assimilate und andere Nährstoffe zustande. Beim diözischen Spinat sterben die männlichen Pflanzen nach der Blüte ebenso wie die allein samenbildenden weiblichen Pflanzen. Es muß das durch die Bildung der Fortpflanzungsorgane veränderte Hormongleichgewicht sein, das hier Altern und Tod auslöst.

Pollakanthe Pflanzen dagegen können *Jahr für Jahr blühen* und fruchten. Hier sind es wohl tatsächlich die immer größer werdenden Versorgungsschwierigkeiten der Meristeme, die letztlich zum Tod führen. Die Meristeme selbst sind potentiell unsterblich; durch Stecklingsvermehrung oder in Gewebekultur könnte man sie wohl unbegrenzt am Leben halten.

Abb. 26-42. Efeublätter im „juvenilen" (links) und „adulten" Zustand (rechts).

Mit der Ausbildung der Samen schließt sich der Lebenszyklus der Pflanzen. Die *Samen* sind weitgehend ausgetrocknet, ihr Stoffwechsel ist nahezu vollkommen stillgelegt. Der damit erreichte *Ruhezustand*, aus dem nach Aufheben der Keimruhe ein neuer Anfang möglich wird, kann mehr oder weniger lange dauern. Samen tropischer Pflanzen, die nicht an das Überdauern ungünstiger Jahreszeiten angepaßt sind, bleiben kaum ein Jahr lang keimfähig. Bei vielen anderen Arten liegt die Höchstgrenze der Keimfähigkeit bei 100 bis 200 Jahren, bei manchen Unkräutern bleibt die Keimfähigkeit viele hundert Jahre lang erhalten, bei der Lotusblume *(Nelumbo nucifera)* sogar 1000 Jahre. Die viel erzählte Geschichte vom „Mumienweizen“, von keimfähigen Weizenkörnern aus altägyptischen Gräbern, ist aber eine Legende. Weizen bleibt nur 10 Jahre lang keimfähig.

diözisch: Archegonien u. Antheridien auf versch. eingeschlechtl. Pflanzen -> Zweihäusigkeit

Zum weiteren Studium

HAUPT, W.: *Bewegungsphysiologie der Pflanzen.* Thieme, Stuttgart 1977.

HESS, D.: *Pflanzenphysiologie. Molekulare und biochemisch-physiologische Grundlagen von Stoffwechsel und Entwicklung.* Ulmer, Stuttgart 1976.

LÜTTGE, U.: *Stofftransport der Pflanzen.* Springer, Berlin – Heidelberg – New York 1973.

LÜTTGE, U. und HIGINBOTHAM, N.: *Transport in Plants.* Springer, New York – Heidelberg – Berlin 1979.

MOHR, H. und SCHOPFER, P.: *Lehrbuch der Pflanzenphysiologie.* Springer, Berlin – Heidelberg – New York 1992.

STRASBURGER, E.: *Lehrbuch der Botanik für Hochschulen.* Fischer, Stuttgart – Jena – New York 1991.

monadal: Organisationsstufe der niederen Pflanzen mit stets begeißelten Formen

Gonosporen: Meiosporen
sporen, deren Bildung mit einer Meiose verbunden ist

Zoospore: Schwärmer, Zoosporangium, Schwärmspore
in einem Zoosporangium ungeschlechtlich gebildete Spore, die durch den Besitz von Geißeln aktiv beweglich ist

Gameten: männl. und weibliche Keimzellen mit haploidem Chromosomensatz, die sich bei der Kopulation o. Konjugation vereinigen.

mixotroph: Bezeichnung für gleichzeitig sich heterotroph und autotroph ernährende Mikroorganismen

Seismonastie: durch Erschütterung ausgelöste Bewegung, die unabhängig von der Reizwirkung abläuft

27 Die Ausnutzung des Lebensraumes: die Bewegungen

27.1 Phänomene

Wir haben bereits gesehen, daß Pflanzen auf äußere Reize mit Bewegungen reagieren können (Kap. 26.5.1.3). Einen Überblick über die große Mannigfaltigkeit pflanzlicher Bewegungsreaktionen gewinnen wir durch die Diskussion verschiedener Einteilungskriterien.

27.1.1 Äußerer Bewegungsverlauf

Nach dem äußeren Bewegungsverlauf kann man unterscheiden:

- *freie Ortsbewegungen* (Plur. *Taxien*, Sing. *Taxis*),
- *Bewegungen an den Standort gebundener Pflanzen.*

Freie Ortsbewegungen kennen wir im Pflanzenreich bei begeißelten Einzellern, bei Kolonien (monadale Organisationsstufe) und bei einzelligen Entwicklungsstadien höher organisierter Formen (Gonosporen, Zoosporen, Gameten). Diese Bewegungen sind für die betreffenden Organismen wichtig, um sich in ihrem Lebensraum nach den optimalen Bedingungen zu orientieren: bei photosynthetisch aktiven Organismen nach dem Lichtgenuß, bei heterotrophen oder mixotrophen Organismen nach dem Substratangebot. Viele dieser Bewegungen sind daher *Photo-* und *Chemotaxien.* Neben positiven Taxien, Bewegungen auf den Reiz hin, kommen negative Taxien (vom Reiz weg) vor, durch die Bereiche übermäßig hoher Strahlungsintensität oder toxischer Chemikalienkonzentration gemieden werden. Durch hochspezifische Lockstoffe ausgelöste Chemotaxis spielt oft bei der Zusammenführung von Gameten eine große Rolle. Genauso wichtig für die Ausnutzung des Lebensraumes sind die Bewegungen der an den Standort gebundenen Pflanzen. Hier gehen bewegungsphysiologische und entwicklungsphysiologische Reaktionen oft gleitend ineinander über.

27.1.2 Reaktionsarten

Bei der Bewegung an den Standort gebundener Pflanzen oder ihrer Organe unterscheiden wir zwei Reaktionsarten:

- *Nastien.* Die Bewegungsrichtung ist durch den Bau des sich bewegenden Organs bestimmt und unabhängig von der Reizrichtung.
- *Tropismen.* Das sich bewegende Organ orientiert sich in Abhängigkeit von der Richtung des Reizgefälles. Tropismen sind *positiv* bei Bewegung auf den Reiz hin, *negativ* bei Bewegung vom Reiz weg, *plagiotrop* oder *diatrop* bei Einstellung des Organs quer zur Reizrichtung.

Oft sind diese Unterscheidungen ganz eindeutig zu treffen. Die Bewegungen der Stomata-Schließzellen (Kap. 5.5), die nyktinastischen Schlafbewegungen und die seismonastischen Bewegungen von Blättern (Kap. 26.5.1 und 26.6.3.1) gehören zu den reinen Nastien.
Andererseits können *gleitende Übergänge* zwischen nastischer und tropistischer Reaktionsart vorkommen, wie bei den *Ranken.* Ranken können sich bei einem Berührungsreiz durch verstärktes Wachstum einer Rankenseite einrollen und so um eine Stütze herumlegen. Bei Blattranken (Kap. 23.7) oder zu Ranken umgewandelten Seitensprossen kann man entsprechend der Morphogenese eine adaxiale oder Oberseite und eine abaxiale oder Unterseite unterscheiden. Entspricht dieser morphogenetischen Dor-

siventralität eine physiologische Dorsiventralität, d. h. reagiert immer nur dieselbe Seite mit verstärktem Wachstum, ganz gleich welche Seite gereizt wird, dann können wir von *Thigmonastie* sprechen. Dagegen liegt ein *Thigmotropismus* vor, wenn die Lage des Reizes auch die Lage der Reaktion bestimmt (Tab. 27-1).

Ähnlich kompliziert sind die Bewegungen der insektenfangenden *Tentakel* der Sonnentau-Blätter (*Drosera*, Abb. 27-1). Hier überlagern sich zusätzlich noch Reaktionen auf verschiedenartige Reize, d. h. den Berührungsreiz durch angelockte Insekten und den chemischen Reiz durch von den Insekten bei ihrem Befreiungskampf ausgeschiedene Substanzen. Die Tentakel des Blattrandes sind dorsiventral und bewegen sich immer auf die Blattmitte zu, sie reagieren thigmo- und chemonastisch. Die Tentakel der Blattspreite sind radiär und zeigen tropistische Reaktion. Dazwischen gibt es Reaktionen, die in der Richtung der Resultante zwischen der rein nastischen und der rein tropistischen Bewegung erfolgen. Die Reizschwelle für die Reaktion der Randtentakel ist kleiner als für die der Scheibententakel, die Reaktionsgeschwindigkeit der Randtentakel aber größer. Das

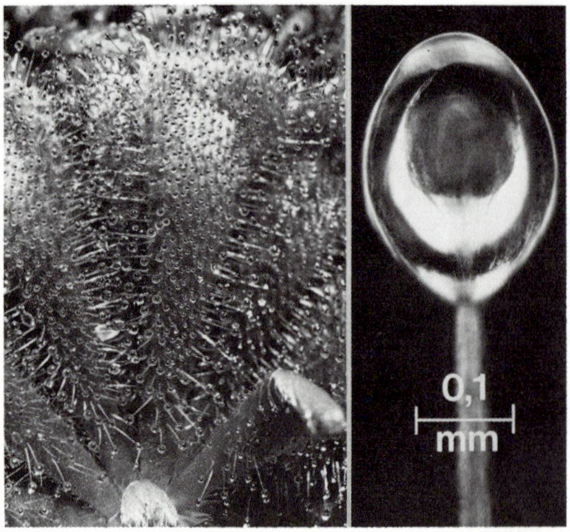

Abb. 27-1. Sonnentau *(Drosera spathulata)*. Rechts Vergrößerung eines Tentakels.

komplizierte Reaktionsmuster der Tentakel koordiniert ihre Aktion und führt zu einem sehr wirkungsvollen Einschließen der gefangenen Beute.

Tab. 27-1. Rankenbewegungen.

Beispiel	Oberseite	Unterseite	Physiologische Dorsiventralität
Cissus discolor	Ranke allseitig reizbar und allseitig reaktionsfähig		keine
Sechium edule	reizbar, schwache positive Krümmung	reizbar, starke positive Krümmung	schwach
Passiflora gracilis (Passionsblume) *Curcurbita melanosperma* (Kürbisart)	keine Krümmungsreaktion; aber reizbar, da ein Reiz die Unterseitenreizung aufhebt	reizbar und reaktionsfähig	stark
Bryonia dioica (Zaunrübe) *Cucumis sativus* (Gurke) *Sicyos angulatus* (Haargurke)	Ranke allseitig reizbar aber stets nur Reaktion der Unterseite		extrem

Thigmotropismus ⇕ Thigmonastie

Tab. 27-2. Reizarten und Bewegungen.

Außenfaktoren (Reize)	Beispiele tropistisch	nastisch
Schwerkraft *Gravi-*	verschiedene Pflanzenteile (s. Abb. 27–3)	
Licht *Photo-*	Sprosse positiv, Wurzeln negativ, Blätter diaphototrop	Stomata, Blätter, Blüten
Chemische Faktoren *Chemo-*	Algen, Pilzhyphen, Pollenschläuche, *Drosera*-Tentakel, Wurzeln, Sprosse, Haustorien	Stomata (CO_2!) Fangorgane carnivorer Pflanzen: *Drosera*-Tentakel, Venus-Fliegenfalle, *Pinguicula*-Blattrand
Wasser *Hydro-*	Pilze, Flechten, Lebermoose, Wurzeln, Sprosse, Pollenschläuche	Stomata
Berührung *Thigmo- (Hapto-)* und Erschütterung *Seismo-*	Ranken *Drosera*-Tentakel	Ranken *Drosera*-Tentakel, *Mimosa*-Blätter, Venus-Fliegenfalle, Staubfäden

27.1.3 Reizarten

Die *Reize*, die pflanzliche Bewegungen auslösen können, sind ebenfalls mannigfaltiger Natur. Die wichtigsten dieser Faktoren mit dem aus ihrer Bezeichnung abgeleiteten Präfix für die entsprechenden Tropismen und Nastien sind in Tab. 27-2 aufgelistet. Dazu kommen u. a. Reize durch Verwundung (Traumatonastien zeigen z. B. alle Organe, die auch auf Berührung reagieren) und elektrische Reize (Galvano- oder Elektrotropismen). Alle diese Reize sind zugleich *Außenfaktoren*, die für die Entwicklung der Pflanzen von großer Bedeutung sind (Kap. 26.6).

27.1.4 Bewegungsmechanismen

Die Bewegungsmechanismen kann man grob in zwei Gruppen einteilen:

- *Passive Mechanismen*. Die Bewegungsmechanik funktioniert nach rein physikalischen Prinzipien aufgrund vorgeformter Strukturen. Hierzu gehören Quellungs- und Kohäsionsmechanismen (Abb. 19-2, Kap. 19.7).
- *Aktive Mechanismen*. In diesem Fall sind stoffwechselabhängige Prozesse beteiligt. Die Mechanik aktiver Bewegungen erfolgt durch:
  – *Kontraktion fibrillärer Proteine* (wie bei den Muskeln der Tiere),

- einseitige Hemmung (bzw. Förderung) von *Wachstum (Nutationsbewegungen)*,
- lokale *Turgor*erniedrigung oder -erhöhung (*Variationsbewegungen*).

Bewegungen durch kontraktile Protein-Fibrillen spielen bei Pflanzen längst keine so zentrale Rolle wie bei Tieren, sind aber nicht so selten, wie man denken möchte. Bewegungen durch Geißeln (Kap. 1.8.1, Abb. 1-10) und auch der Mechanismus der Plasmaströmung gehören hierzu.

Die meisten Bewegungen der an den Standort gebundenen Pflanzen und ihrer Organe sind aber Wachstums- oder Turgorbewegungen. Daher ist das Begriffspaar Nutations- und Variationsbewegung sehr wichtig. Aber auch diese verschiedenen Bewegungsmechanismen können bei bestimmten Bewegungsvorgängen ineinandergreifen. Das schnelle Zuklappen der Blatthälften der Venus-Fliegenfalle (*Dionaea muscipula*) bei Berührung der Tastborsten ist eine Thigmonastie und Variationsbewegung, das langsamere festere Verschließen der Falle durch Aneinanderdrücken der Ränder der Blatthälften eine Chemonastie und Nutationsbewegung (Abb. 27-2, vgl. Abb. 26-16).

27.2 Die Orientierung im Raum

Für die optimale Ausnutzung des Lebensraumes von Pflanzen sind schwerkraft- und lichtgesteuerte Tropismen von entscheidender Bedeutung.

27.2.1 Gravitropismus

27.2.1.1 Nachweis des Gravitropismus

Die unterschiedlichen Reaktionsweisen verschiedener Organe höherer Pflanzen auf den Schwerereiz der Erdanziehung (geïscher Reiz, *Gravitationsreiz*) sind für die harmonische Ausrichtung der einzelnen Organe der Pflanze im Raum von fundamentaler Bedeutung (Abb. 27-3). Daß es sich wirklich um Schwerereize handelt, die damit auch für die normale Entwicklung der Pflanzen entscheidend sind, kann man auf verschiedene Art nachweisen:

- Durch *Querlegen* einer Pflanze:
  Die Hauptwurzel und der Sproß krümmen sich wieder in die Senkrechte und wachsen positiv bzw. negativ orthotrop (Abb. 27-4).

Nutationen: selbsttätige (autonome) Wachstumskrümmungen die vor allem durch einseitig erhöhten Wuchsstoffgehalt bedingt werden

orthotrop: annähernd senkrecht wachsend

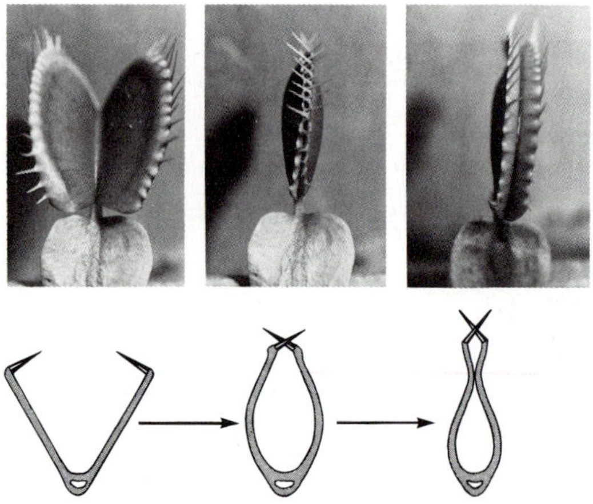

Abb. 27-2. Thigmonastische und chemonastische Bewegungen bei der Venus-Fliegenfalle (*Dionaea muscipula*). Photographien mit dazugehörigen schematischen Querschnitten. Man beachte das Glitzern des Verdauungssaftes an den chemonastisch aneinandergedrückten Blatthälften (oben rechts).

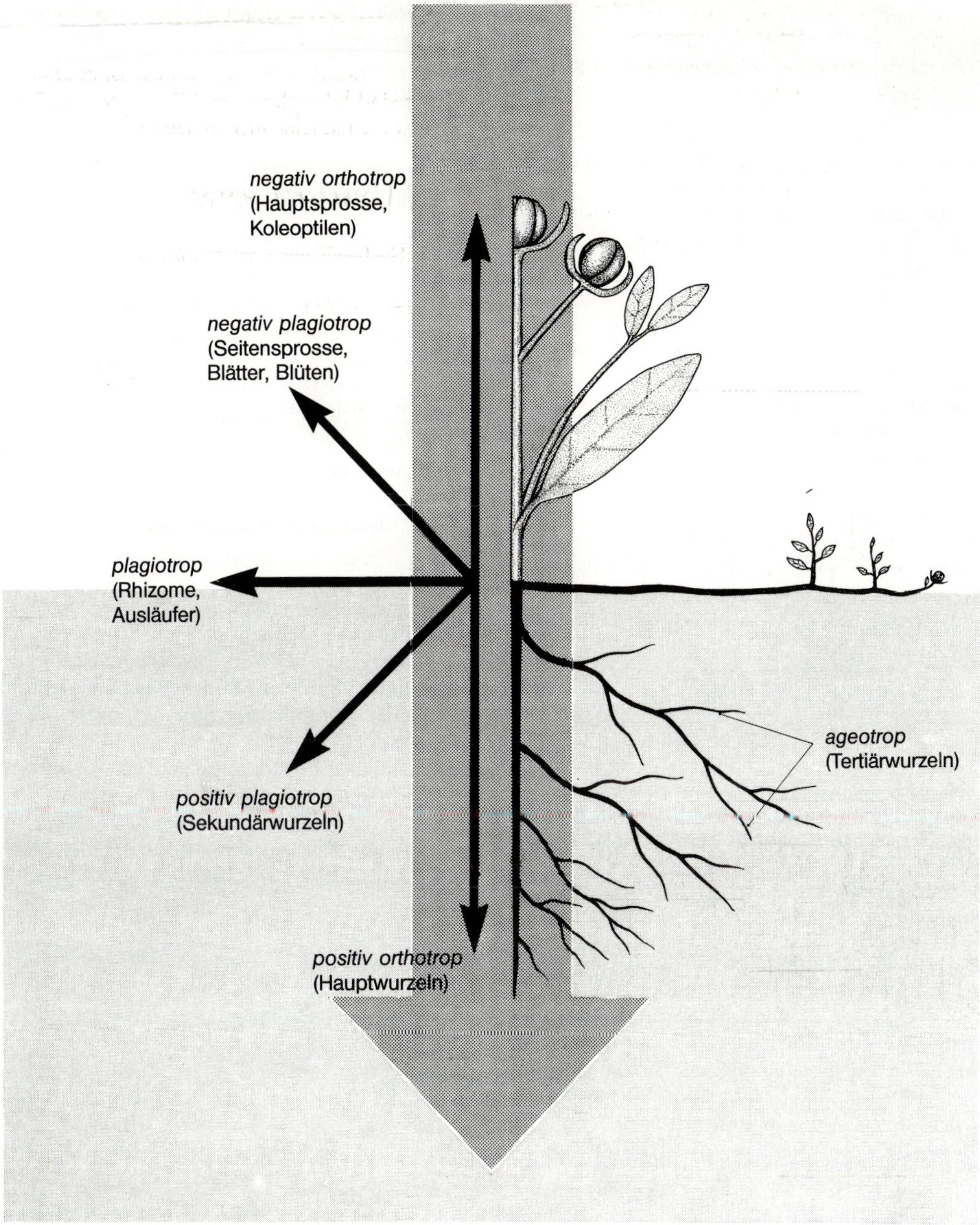

Abb. 27-3. Schwerereaktionen (Gravitropismen).

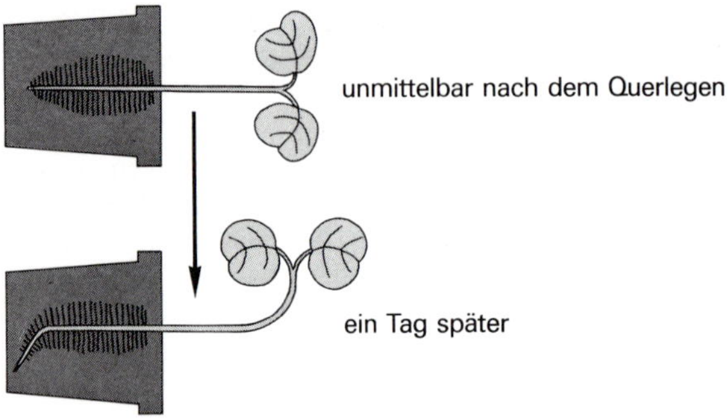

Abb. 27-4. Einfacher Nachweis des Gravitropismus durch Querlegen eines Keimlings.

Statolithen: leichtbewegliche Stärkekörner, die in der Wurzelhaube u. in den Stärkescheiden von Luftsprossen eingelagert sind.
Koleoptile ≙ Keimscheide: Schutzorgan für das aufgehende erste Blatt einer Graspflanze

- Durch den *Zentrifugalapparat:*
  Wurzel und Sproß stellen sich positiv bzw. negativ in der Resultierenden des Kräfteparallelogramms der beiden Schwerereize Fliehkraft und Erdanziehungskraft ein (Abb. 27-5).

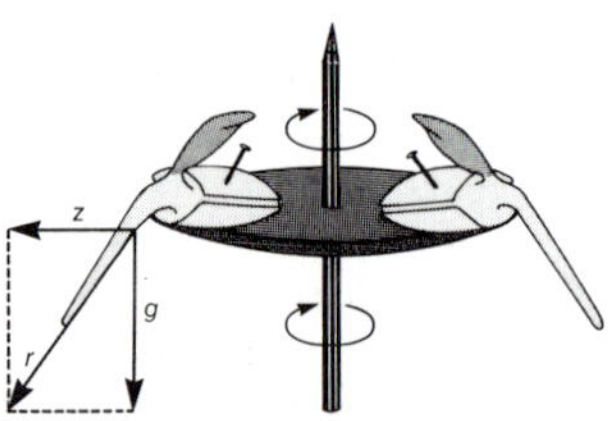

Abb. 27-5. Zentrifugalapparat. Einstellung der Wurzel in der Richtung der Resultanten *(r)* zwischen Zentrifugalbeschleunigung *(z)* und Erdbeschleunigung *(g)* und des Sprosses in der Gegenrichtung (nach LIBBERT).

- Durch den *Klinostat:*
  Die Pflanze rotiert langsam in der Horizontalen und zeigt keine Reaktionen auf Schwerereize; nicht etwa weil die Erdanziehung aufgehoben wäre, sondern weil diese unmittelbar nacheinander auf alle Seiten einwirkt und damit ein räumlich gerichteter Reiz aufgehoben ist (Abb. 27-6).

- In *Weltraumstationen:*
  In diesem Fall ist die Erdanziehung aufgehoben.

Bei der Ausnutzung des Raumes durch die verschiedenen gravitropischen Reaktionsweisen bleibt die Anpassungsfähigkeit erhalten. Wenn bestimmte Außenfaktoren (Licht, Feuchtigkeit) begrenzend wirken, können Reaktionen auf entsprechende Reize (Phototropismus, Hydrotropismus) die geïsche Reaktion ganz oder teilweise aufheben (Abb. 27-7), eine vorteilhafte, ökologisch sinnvolle Orientierung im Raum bleibt erhalten.

27.2.1.2 Reizaufnahme und Bewegungsmechanismus

Zur Reizaufnahme dienen den Pflanzenorganen *Statolithen,* schwere Körperchen oder Organelle in bestimmten Zellen der Wurzelspitzen, der Koleoptilspitzen und des Sprosses. Meistens handelt es sich um stärkehaltige Amyloplasten *(Statolithenstärke)*, aber nicht immer.
Die Statolithen in den Rhizoidspitzen von Characeen bestehen aus *Bariumsulfat.* Barium kommt in den Gewässern, in denen Characeen wachsen, nur in ganz geringen Konzentrationen vor. Die Rhizoide

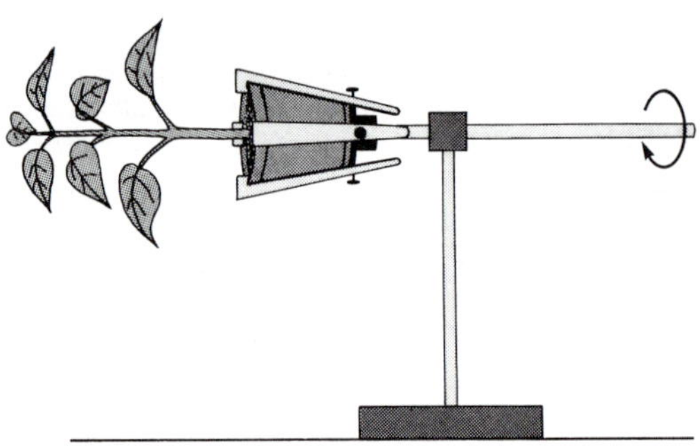

Abb. 27-6. Klinostat. Aufhebung der einseitigen Wirkung der Schwerkraft durch langsames Rotieren in der Horizontalen. Ausbleiben gravitropischer Krümmung (nach POHL).

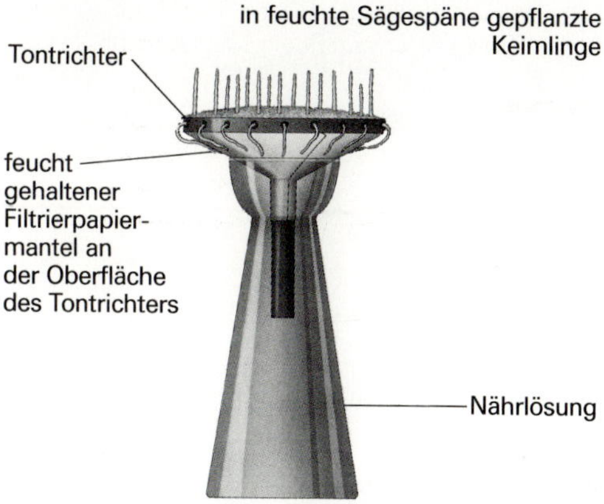

Abb. 27-7. Trichterversuch nach MOLISCH (1883). Positiver Hydrotropismus überlagert den positiven Gravitropismus. Bei rein gravitropischer Reaktion könnten die Wurzeln nur senkrecht nach unten in die Luft wachsen und würden vertrocknen.

reichern die relativ schweren Ba^{2+}-Ionen (Atomgewicht 137,3) in membranumgebenen Vesikeln an und fällen sie als $BaSO_4$ aus. Bei der normalen vertikalen Lage des Rhizoids liegen die Statolithen im Zentrum des Rhizoids, etwas hinter der eigentlichen Spitze. Das Material für den Aufbau der wachsenden Rhizoidwand wird von weiter hinten liegenden Dictyosomen geliefert. Es wird in GOLGI-Vesikeln zur Spitze transportiert. Diese können die Statolithen-Gruppe ringsherum passieren und werden auf diese Weise rundum gleichmäßig an der Peripherie des Plasmas der Rhizoidspitze verteilt. Dadurch kommt ein allseitig gleichmäßiges Rhizoid-Wachstum zustande. Sobald die Statolithen nun bei einer Verlagerung des Rhizoids aus der Vertikalen auf die physikalische Unterseite absinken, versperren sie dort den GOLGI-Vesikeln den Weg. Die Vesikel gelangen dann bevorzugt auf die Oberseite des Rhizoids, was dort zu einem verstärkten Wachstum führt, bis sich das Rhizoid wieder in die Vertikale gekrümmt hat (Abb. 27-8).

Bei mehrzelligen Organen sind die Verhältnisse viel komplizierter. Wir wollen sie am Beispiel der Wurzeln näher beschreiben. Die *Graviperzeption* erfolgt hier sehr rasch, die erforderliche Applikationszeit des Schwerereizes *(Präsentationsdauer)* liegt unter 30 Sekunden. Pflanzen können also sehr kurzzeitige Veränderungen ihrer Lage im Raum wahrnehmen. Man muß deshalb nach schnellen Mechanismen der Reizaufnahme suchen. Eine Verlagerung der Statolithen innerhalb der Zelle bis zum Ausüben eines Druckes auf eine neue Unterlage erscheint vielfach zu langsam. Die Statolithenstärke findet sich in Wurzeln in besonders geformten Zellen *(Statocysten)* der Wurzelhaube beidseitig der Längsachse der Wurzel. Die Statolithen ruhen auf einem „Polster" von Membranen des endoplasmatischen Retikulums (ER). Die Statocysten sind so gestaltet, und die ER-Polster sind so angeordnet, daß bei einer Drehung der Wurzel aus der Vertikalen der Statolithendruck auf das ER der Statocysten auf einer Seite momentan aufgehoben wird. Bei einer Rechtsdrehung wird der Druck links der Längsachse, bei einer Linksdrehung rechts der Längsachse aufgehoben (Abb. 27-9). Dadurch läßt sich die rasche Graviperzeption erklären, denn die Aufhebung des Statolithendruckes auf die ER-Polster links oder rechts der Wurzelachse hängt unmittelbar mit der Verlagerung der Wurzel zusammen; die Statolithen müssen nach dieser Vorstellung nicht erst allmählich auf eine neue Unterlage sinken, um ein Signal über die Verlagerung der Wurzel aus der Normallage und über die Richtung dieser Verlagerung zu erzeugen.

Das Signal muß zur Streckungszone hinter der Wurzelspitze weitergeleitet werden, denn nur dort kann das Organ durch ungleiches Wachstum seiner Flanken mit einer Krümmung reagieren. *Reaktionsort* und *Perzeptionsort sind* also *getrennt.* Die Präsentationszeiten des geïschen Reizes, die für eine Reaktion erforderlich sind, liegen zwischen 2 und 85 Minuten, sie sind also viel länger als die kürzesten Reizeinwirkungen, die noch wahrgenommen werden können. Dadurch wird auch vermieden, daß die gravitropisch reagierenden Organe bei jeder kleinen und kurzen Reizeinwirkung eine Krümmungsbewegung vollführen. Dies ist z. B. bei oberirdischen Organen nach Auslenkungen durch den Wind wichtig.

Es ist heute noch völlig unklar, in welcher Form die *Signalübermittlung* zwischen Perzeptions- und Reaktionsort vor sich geht. Es wäre denkbar, daß das Signal nach Aufhebung des mechanischen Statolithendruckes auf das ER-Membransystem entlang von Membranen elektrisch geleitet wird. Die Graviperzeption könnte auch in ein hormonelles Signal umgesetzt werden.

Wenn man auch die zeitliche Abfolge der Ereignisse in der Kausalkette nicht kennt, kann man doch elektrische und hormonelle Asymmetrien beobachten, die der gravitropischen Rückkrümmung in die Vertikale durch einseitig verstärktes Streckungswachs-

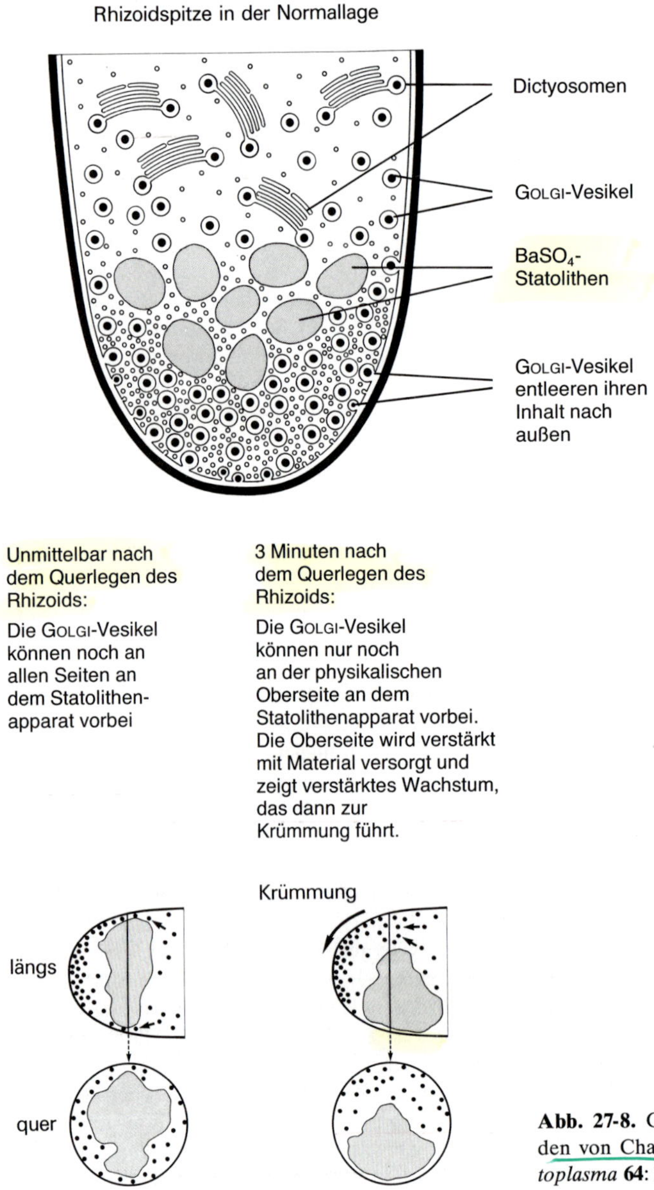

Abb. 27-8. Gravitropismus bei den einzelligen Rhizoiden von Characeen (nach SIEVERS und SCHRÖTER, *Protoplasma* **64**: 225, 1967; *Planta* **96**: 339, 1971).

tum vorausgehen. Quergelegte orthotrope Pflanzenorgane bauen Gradienten der IES-Konzentration und des elektrischen Feldes senkrecht zur Organachse auf (Abb. 27-10 A). Diesen *geoelektrischen Effekt* konnte man auch durch intrazelluläre Ableitungen von elektrischen Membranpotentialen mit Mikroelektroden (s. Abb. 4-4) nachweisen. Bei der senkrecht nach unten wachsenden Wurzel tritt von Ionen getragener elektrischer Strom an der Wurzelspitze ein und in weiter hinten gelegenen Abschnitten aus der Wurzel aus. Die Membranpotentiale an den Statocysten sind auf beiden Seiten der Längsachse symmetrisch. An den nach der Peripherie hin gelegenen Wänden der Statocysten lag das Potential jeweils

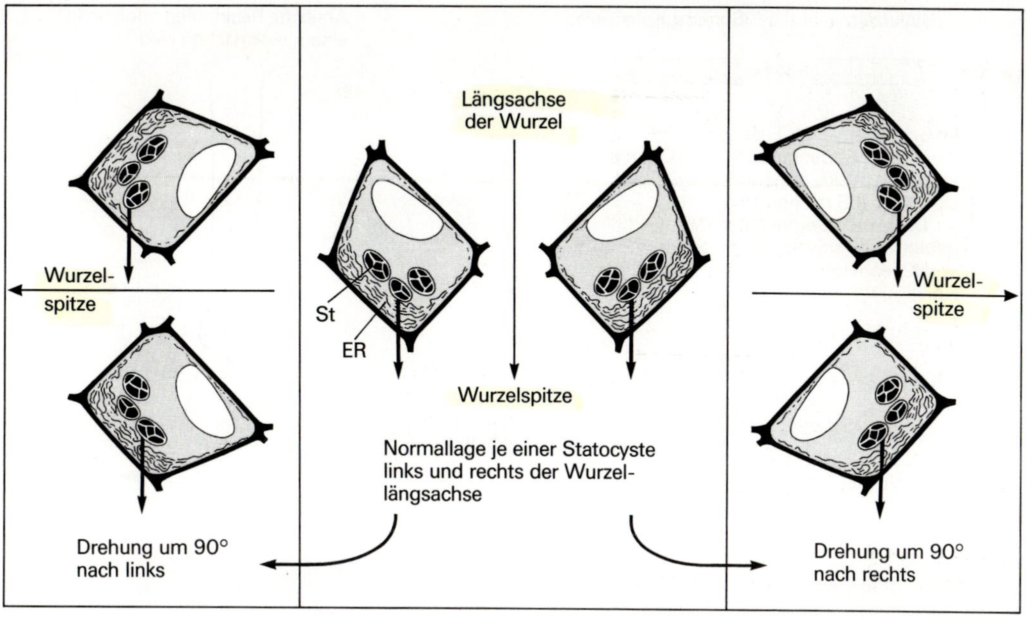

Abb. 27-9. Graviperzeption bei Wurzeln der Kresse *(Lepidium sativum)*. Man erkennt, daß beim Querlegen das Membranpolster des endoplasmatischen Retikulums (ER) der jeweils an die physikalische Oberseite gelangten Statocysten sofort vom Druck der als Statolithen (St) wirkenden Amyloplasten entlastet wird (nach Sievers und Volkmann, *Planta* **102**: 160, 1972).

bei –118 mV. Nach dem Auslenken um 45° aus der Vertikalen trat elektrischer Strom an der unteren Flanke in die Wurzelspitze ein, aber an der oberen Flanke aus. Das Membranpotential an der zur Peripherie der Wurzelspitze hin gelegenen Zellwand der nach oben gekommenen Statocysten wurde um 13 mV negativer (–131 mV). Auf der gegenüberliegenden Seite, d. h. in den nach unten gelangten Statocysten wurde das Membranpotential um 15 mV positiver (–93 mV) (Abb. 27-10C). Eine Krümmungsreaktion der Wurzeln läßt sich wie durch Auslenken aus der Vertikalen auch in einem künstlich von außen angelegten elektrischen Feld auslösen (Abb. 27-10B).

Da IES das Streckungswachstum reguliert (Kap. 26.5.2), scheint die Bedeutung des IES-Gradienten für die gravitropische Krümmung auf der Hand zu liegen. Gerade hier ergeben sich aber noch Probleme. Die IES-Anreicherung erfolgt bei Wurzeln und Sprossen (oder Koleoptilen) auf der physikalischen Unterseite. Nur die Sprosse (Koleoptilen) reagieren aber auf dieser Seite mit verstärktem Wachstum und damit negativ gravitropischer Aufwärtskrümmung. Bei den Wurzeln geschieht genau das Umgekehrte, das Wachstum ist auf der Unterseite gehemmt bzw. wird auf der Oberseite gefördert, und somit erfolgt positiv gravitropische Abwärtskrümmung. Man hat dies dadurch zu deuten versucht, daß die IES-Konzentration in der Wurzel normalerweise überoptimal ist und eine IES-Anreicherung somit zu einer Wachstumshemmung führt, während in den Sprossen und Koleoptilen die IES-Konzentration unteroptimal ist und eine Konzentrationserhöhung wachstumsfördernd wirkt (Abb. 27-11). Diese Erklärung gilt aber nicht uneingeschränkt. Wahrscheinlich ist auch noch ein von der Wurzelspitze her kommender, noch unbekannter Hemmstoff mit im Spiel, und auch Ethylen kann bei der Graviperzeption eine Rolle spielen.

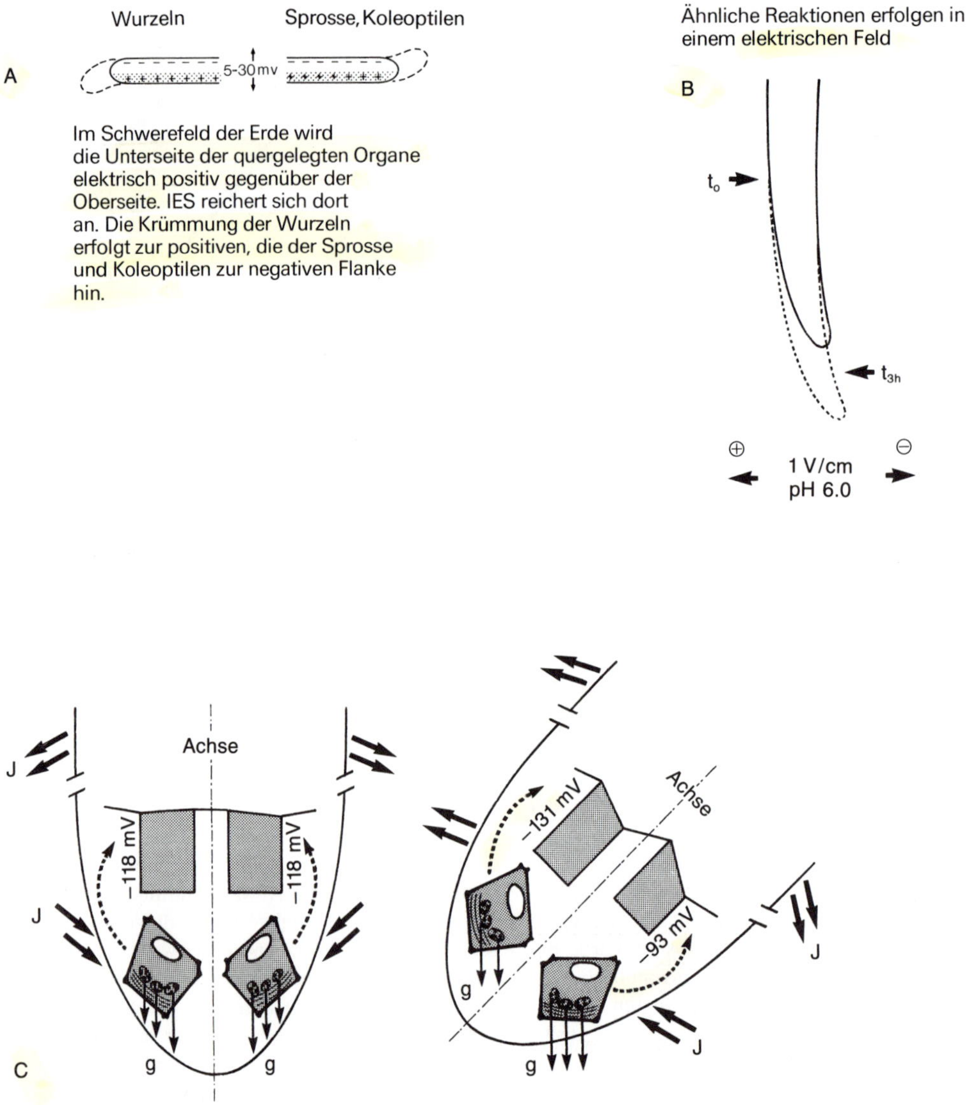

Abb. 27-10. Der geoelektrische Effekt. (A) Ungleichverteilung von Ladung und IES (nach BRAUNER und BÜNNING). (B) Wachstum der Wurzel von *Lepidium sativum* im künstlichen elektrischen Feld in einer gut gerührten Nährlösung bei pH 6,0; t_o = vor, t_{3h} = 3 Stunden nach Applikation eines elektrischen Feldes von 1 Volt cm^{-1} (nach STENZ und WEISENSEEL, *J. Plant Physiol.* **138**: 335, 1991). (C) Asymmetrie des intrazellulär abgeleiteten Membranpotentialprofils an den Statocysten von *Lepidium sativum* nach Auslenkung aus der Vertikalen um 45°. Die elektrischen Membranpotentiale am Plasmalemma an den zur Peripherie der Wurzelspitze hin gelegenen Zellwänden (gestrichelte Pfeile) waren beim vertikalen Wachstum gleich (–118 mV), danach an der oberen Seite negativer (–131 mV) und an der unteren Seite weniger negativ (–93 mV). Die Pfeile an den Flanken der Wurzel zeigen die Richtungen des elektrischen Stroms (J), die Pfeile an den symbolisierten Statocysten die Wirkung der Schwerkraft (g) an (BEHRENS, GRADMANN und SIEVERS, *Planta* **163:** 463, 1985).

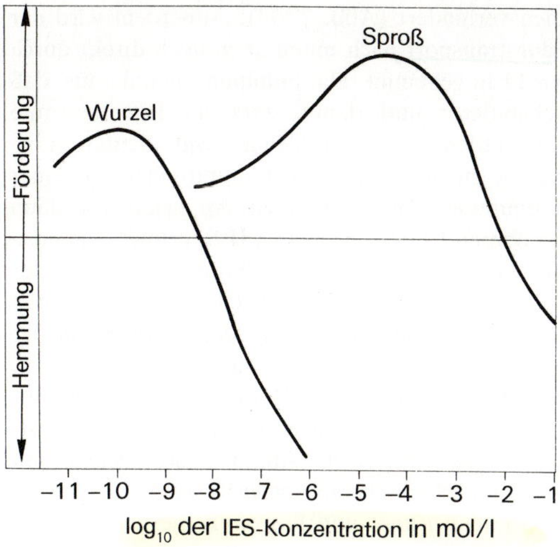

Abb. 27-11. IES-Optima von Wurzel und Sproß (nach THIMANN).

27.2.2 Phototropismus

Die unterschiedlichen phototropen Reaktionsweisen verschiedener Pflanzenorgane sind in Abb. 27-12 dargestellt.

Besonders viele Untersuchungen zum Phototropismus höherer Pflanzen sind mit Koleoptilen durchgeführt worden. Sie krümmen sich durch eine in ihrem zeitlichen Verlauf etwas komplizierte Reaktion positiv phototrop zum Licht. Wie schon beim Gravitropismus auf dem Zentrifugalapparat finden wir auch hier ein *Resultantengesetz* erfüllt. Bei gleichzeitiger Beleuchtung mit zwei verschieden starken Lichtquellen aus unterschiedlichen Richtungen erfolgt die positiv phototrope Krümmung in der Richtung der Resultierenden zwischen Lage und Intensität der beiden Lichtquellen (Abb. 27-13).

Perzipiert wird beim Phototropismus ein *Helligkeitsunterschied zwischen Licht- und Schattenseite.* Dies führt zu einer physiologischen Asymmetrie und zu Wachstumsunterschieden zwischen Licht- und Schattenseite. Beim positiven Phototropismus der Hafer-Koleoptile wird das Wachstum auf der Lichtseite gehemmt.

Zu den *Photorezeptoren,* den beteiligten lichtabsorbierenden Pigmenten, gehören das Phytochrom (beim Phototropismus der Moos-Protonemen und Farn-Prothallien) und Flavoproteide und Caroti-

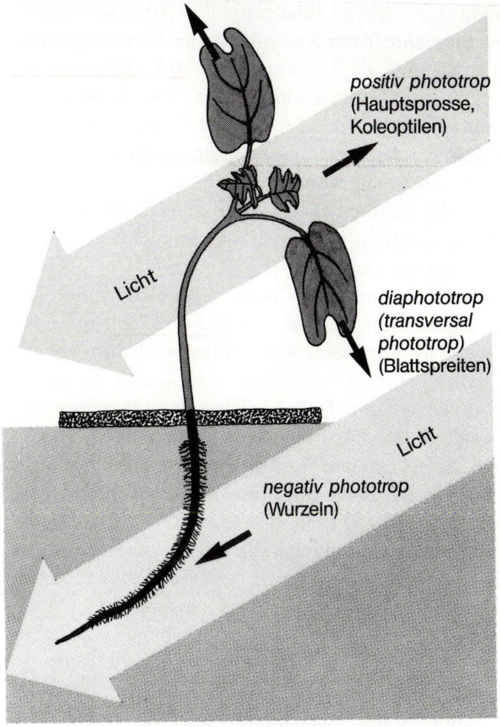

Abb. 27-12. Phototrope Reaktionen (nach NOLL).

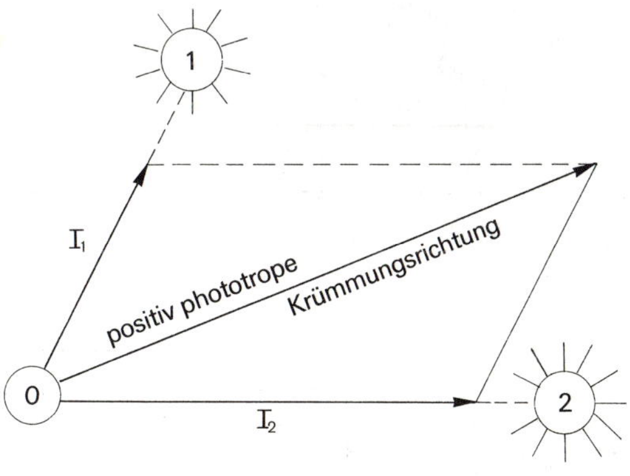

Abb. 27-13. Resultantengesetz beim Phototropismus. Das Objekt (O) wird von 2 Lichtquellen ① und ② bestrahlt. Maßgebend für die Richtung der positiv phototropen Krümmung ist die Richtung der beiden Lichtquellen und das Verhältnis der Strahlungsintensitäten (I_1, I_2), die das Objekt von den beiden Lichtquellen erhält.

Perzeption: Wahrnehmung, die entweder direkt zur Reaktion führt o. unter Zwischenschaltung einer Reizleitung andere z.T. entfernt liegende Zellen erregt u. nachfolgend zur Reaktion bringt.

noide (bei höheren Pflanzen). Die Rolle der einzelnen Pigmente in der Kausalkette des Phototropismus ist noch unklar. Sie können als *Antennenpigmente* fungieren, wie die Chlorophylle, Carotinoide und Xanthophylle bei den Lichtfallen der Photosynthese, und als *Beschattungspigmente*, um die Helligkeitsgradienten zu verstärken.

Auch die weiteren Glieder der Kausalkette von der Photoperzeption bis zum flankenungleichen Wachstum sind unbekannt.

Immerhin kann man beim Phototropismus der Koleoptilen zeigen, daß ein *IES-Gradient* quer zur Längsachse für dieses Krümmungswachstum verantwortlich ist und vor allem wie dieser Gradient zustande kommt. Dabei spielen der Quertransport und der Längstransport der IES in der Koleoptile eine entscheidende Rolle. Helligkeitsunterschiede führen in der Koleoptil-Spitze zu einem Quertransport von IES. Diesen IES-Quertransport und die phototrope Krümmung kann man verhindern, wenn man in die Koleoptil-Spitze senkrecht zum Lichteinfall ein kleines Glasplättchen einsetzt, nicht aber, wenn die Schmalseite des Glasplättchens in die Lichtrichtung zeigt. Der IES-Quertransport führt zu ungleicher IES-Verteilung auf den beiden Seiten der Koleoptil-Spitze und damit auch zu ungleichem Abwärtstransport, und dies wird durch das Glasplättchen verhindert (Abb. 27-14). Außerdem wird der Längstransport nach unten auch noch direkt durch das Licht gehemmt. Das entnimmt man daraus, daß dekapitierte und damit stark an IES verarmte Koleoptilen zwar einen Helligkeitsgradienten perzipieren, zunächst aber nicht unmittelbar mit einer Krümmung reagieren können. Appliziert man dann am oberen Ende gleichmäßig IES, erfolgt eine positive Krümmung, obwohl kein Quertransport an der Spitze zu ungleicher IES-Verteilung geführt haben kann. Dabei können zwischen der Perzeption und der IES-Applikation mehrere Stunden liegen.

Allerdings darf man diese Rolle der IES beim Phototropismus der Koleoptilen nicht für alle Pflanzenorgane verallgemeinern. Am Phototropismus von Sprossen scheint keine ungleichmäßige IES-Verteilung mitzuwirken, und hier muß die lichtbedingte Wachstumshemmung auf der lichtzugewandten Seite auf andere Weise erfolgen.

Zum weiteren Studium

HAUPT, W.: *Bewegungsphysiologie der Pflanzen.* Thieme, Stuttgart 1977.

HENSEL, W.: *Pflanzen in Aktion.* Spektrum Akademischer Verlag, Heidelberg – Berlin – Oxford 1993.

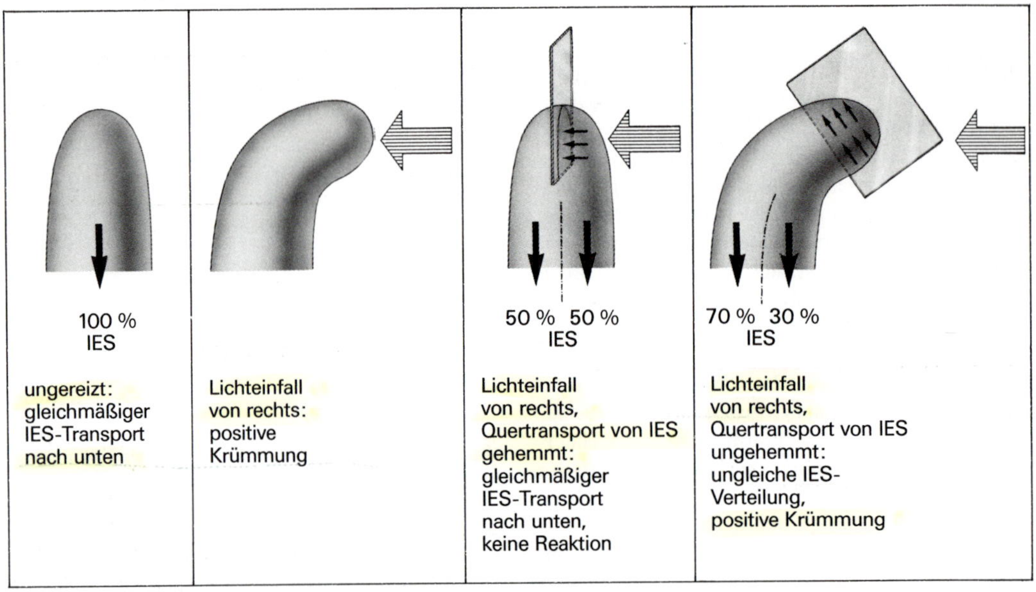

Abb. 27-14. Die Rolle von Quer- und Längstransport der IES bei der phototropen Krümmung einer Koleoptile.

28 Die endogenen Rhythmen und die biologische Uhr

28.1 Phänomene

Bei Pflanzen, bei Pilzen und bei Tieren, bis hin zum Menschen, gibt es eine Fülle sich periodisch wiederholender Aktivitäten (Kasten 28-1). Vielfach hängen diese Rhythmen mit *Umweltperiodizitäten* zusammen. Beobachtet man aber beim Eintreten konstanter Umweltbedingungen ein unabhängig von den Außenfaktoren, also *„freilaufendes" Weiterschwingen,* spricht man von endogenen Rhythmen. Sie beweisen die Fähigkeit der Organismen zur *Zeitmessung durch eine biologische Uhr.*
Die Phänomene endogener Rhythmen können wir nach den Periodenlängen in zwei Gruppen einteilen.

Kasten 28-1 Begriffe der Rhythmusforschung

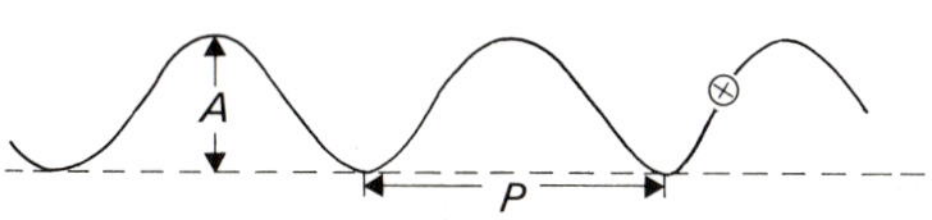

A = Amplitude

P = Periodenlänge [Zeit]; 1/*P* = Frequenz

⊕ = Phase = ein bestimmter Punkt oder Zustand des Rhythmus

- *Periodenlängen, die mit Umweltrhythmen zusammenfallen:*
  - *Tagesrhythmen:* die meisten bekannten endogenen Rhythmen (Kap. 28.2);
  - *Gezeiten- und Mondphasenrhythmen:* Eiproduktion der Braunalge *Dictyota dichotoma;*
  - *Jahresrhythmen:* Wurzelwachstum von Wasserlinsen *(Lemna)*, Lichtempfindlichkeit einiger Algen, Aktivitäten von Gewebekulturen.
- *Periodenlängen, die nicht mit Umweltrhythmen zusammenfallen* (hierbei gibt es Periodenlängen jeder vorstellbaren Größe):
  - 30 s, Schwingungen der Fiederblättchen einer tropischen Fabacee,
  - 4 bis 5 min, Richtungsänderungen der Plasmaströmung bei Schleimpilzen;
  - 7 min, Oszillationen der Glykolyse bei Hefezellen;
  - einige Zehner min, Spaltöffnungsweiten;
  - 1 bis 9 h, die kreisenden Suchbewegungen von Sprossen und Ranken von Windepflanzen (Abb. 28-1);
  - 30 bis 40 Jahre, die Bambusblüte.

28.2 Circadiane Rhythmen

Tagesrhythmen sind beonders weit verbreitet und schon seit langem bekannt. Eine sorgfältige Experimentiertechnik, die alle rhythmisch sich ändernden Außenfaktoren ausschließt, ist beim Nachweis endogener Rhythmen entscheidend. Aber schon mit den technischen Möglichkeiten des frühen 20. Jahrhunderts gelang es W. Pfeffer zu zeigen, daß die *nyktinastischen Schlafbewegungen von Blättern* als

circadiane Rhythmik: rhythmische Ablauf physiologischer Prozesse mit 24 h Periode, der nicht unmittelbar durch äußere Faktoren gesteuert wird sondern durch [illegible], zeitmessendes System die sog physiolog. Uhr

Abb. 28-1. Suchbewegung eines Sprosses.

freilaufende Rhythmen im Dauerlicht oder im Dauerdunkel schwingen können (Abb. 28-2). Andere Beispiele für endogene Tagesrhythmen sind:

- *Blütenblattbewegungen* von *Kalanchoë blossfeldiana:* Schließen der Blüten (normalerweise im Dunkeln) durch verstärktes Wachstum der Unterseite und Öffnen (normalerweise im Licht) durch verstärktes Wachstum der Oberseite;
- *Photosynthese-Rhythmus* bei Algen *(Acetabularia)* und höheren C_3-Pflanzen *(Lemna, Elodea)* und *Gaswechselrhythmen* bei der Gattung *Kalanchoë* mit Crassulaceen-Säurestoffwechsel (Abb. 28-3);
- *Biolumineszenz-Rhythmen* (biologisches Leuchten) bei dem marinen Dinoflagellaten *Gonyaulax polyedra.* Diese einzellige Alge kommt im Meer an der Westküste der USA in großen Massen vor. Bei mechanischer Reizung, z. B. durch den Kiel eines Bootes, wird die Biolumineszenz ausgelöst, und dies führt zur Erscheinung des Meeresleuchtens. Die Bereitschaft der Zellen, auf einen Reiz mit dem Leuchten zu reagieren, schwankt rhythmisch. Im Dauerlicht zeigt dieser Rhythmus viele endogene Schwingungen, ist aber im Dauerdunkel stark gedämpft (Abb. 28-4).

Die weite Verbreitung der tagesperiodischen Rhythmik läßt annehmen, daß es sich um eine im Laufe der Evolution genetisch fixierte Anpassung an die durch die Rotation der Erde um ihre eigene Achse gegebene strenge 24-Stunden-Rhythmik der Umgebung handelt. Die Periode der endogenen Rhythmik weicht immer ein wenig nach unten oder nach oben vom exakten 24-Stunden-Ablauf ab, z. B. beträgt sie bei den nyktinastischen Blattbewegungen von *Phaseolus multiflorus* 27 h. Die endogene Rhythmik ist also nur *circadian* (lat. *circa:* ungefähr, *dies:* Tag). Das tagesperiodisch exakte Verhalten der Organismen wird dadurch sichergestellt, daß der 24-h-Umweltrhythmus der circadianen Uhr einen richtigen Gang aufzwingt. Künstliche Umweltrhythmen können auch noch andere Periodenlängen erzwingen, aber nur wenn der künstliche Rhythmus vom natürlichen 24-h-Rhythmus nicht zu stark abweicht.

28.3 Der Mechanismus der biologischen Uhr

Die endogenen Rhythmen und ihre *Periodenlängen* sind *genetisch fixiert.* Die Rhythmen müssen aber erst einmal durch ein Außensignal ausgelöst werden. Werden Bohnenpflanzen aus den Samen im Dauerdunkel aufgezogen, finden keine endogenen Blattbewegungen statt. Es genügt aber ein einziger „Lichtimpuls" von ca. 200 min Dauer, um im anschließenden Dauerdunkel den endogenen Rhythmus hervorzubringen. *Gonyaulax*-Zellen, die 3 Jahre lang im konstanten Dauerlicht gehalten wurden, zeigen nach einem einzigen Lichtintensitätswechsel sofort eine endogene Biolumineszenz-Rhythmik. Zwingt man einer Blattbewegung einen unnatürlichen exogenen Rhythmus auf, schwingt sie anschließend im Dauerlicht wieder circadian. Das Gleiche gilt für die Biolumineszenz von *Gonyaulax*-Zellen, die monatelang bei 7 h Licht : 7 h Dunkel gehalten wurden. Es gibt kein Lernvermögen für einen neuen Rhythmus. Die Periodenlänge ist auch kaum temperaturabhängig; sie ist sogar temperaturkompensiert, wenn ein Organismus Temperaturschwankungen ausgesetzt ist.
Während die Periodenlänge also äußerst stabil ist, läßt sich die *Phase* der endogenen Rhythmen, d. h. der Punkt, an dem ein Zyklus gerade angelangt ist, *durch Außensignale verstellen.* Man kann hier die biologische Uhr mit der technischen Uhr vergleichen, deren Zeiger durch ein Rädchen verstellt werden

Abb. 28-2. Apparatur von W. Pfeffer zum Registrieren der Schlafbewegungen der Blätter und Beispiele endogener Rhythmen im Dauerdunkel und Dauerlicht (aus W. Pfeffer, *Abh. math. phys. Kl. kgl. sächs. Ges. Wiss.* **30 III,** 259–472, 1907; **34 I,** 1–154, 1915).

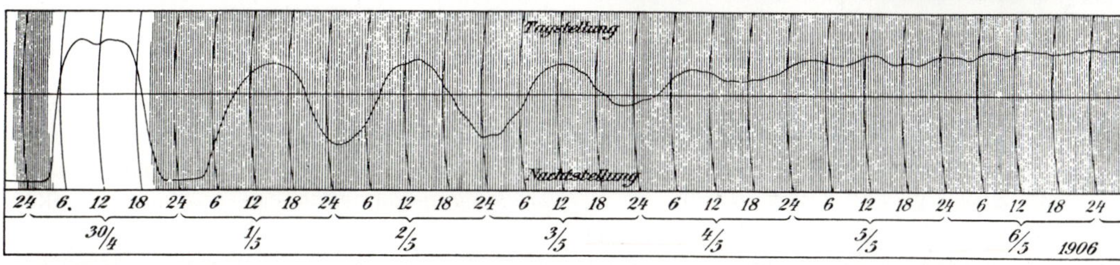

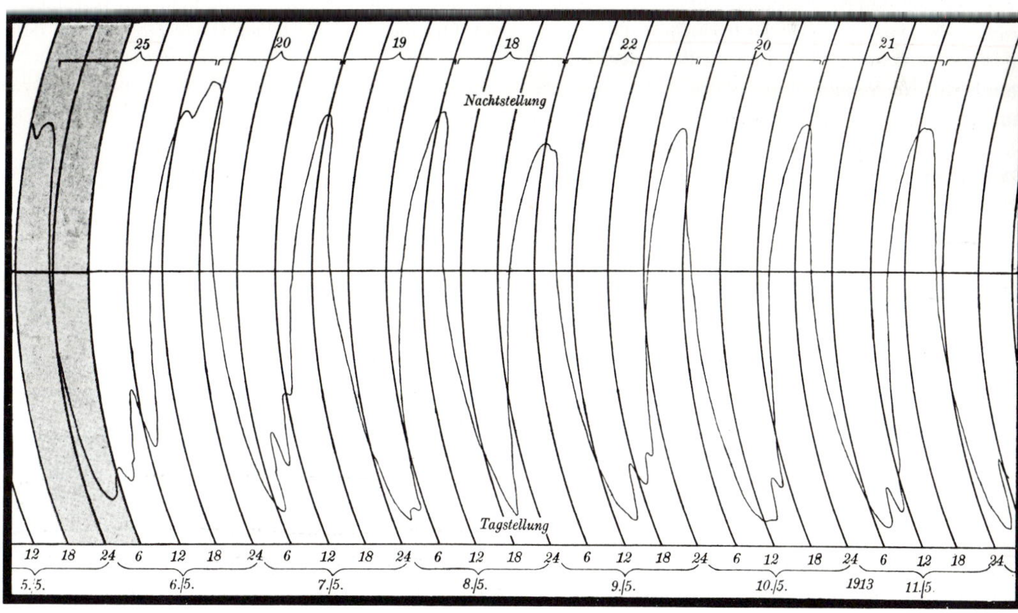

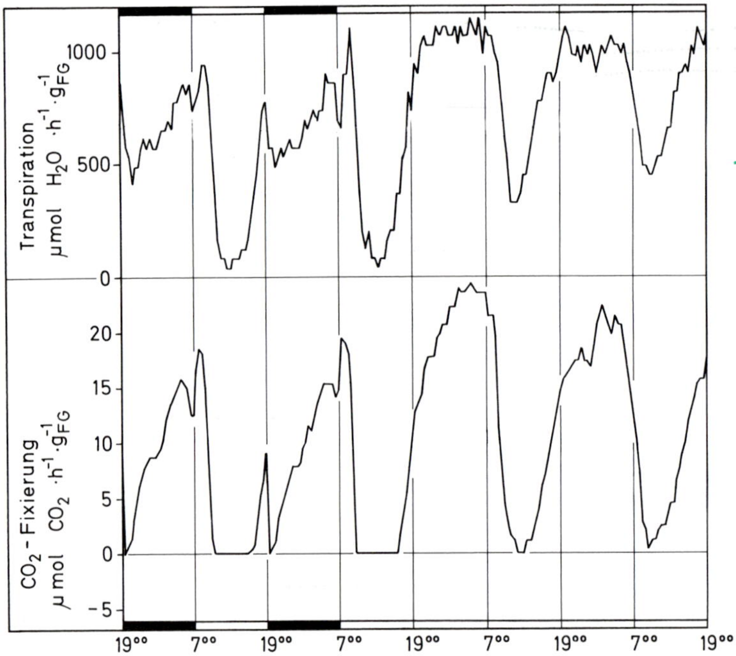

Abb. 28-3. Rhythmus des CO_2- und Wasserdampfaustausches von Blättern der Crassulaceen-Säurestoffwechsel-Pflanze *Kalanchoë daigremontiana* im Dauerlicht (nach LÜTTGE und BALL, *Z. Pflanzenphys.* **90**: 69, 1978).

können, deren Gang aber nicht so ohne weiteres beeinflußt werden kann.

Auch die *Amplitude* der Rhythmen wird *von äußeren Bedingungen* (Temperatur, Licht) *und vom physiologischen Zustand der Pflanzen beeinflußt*. Die rhythmischen Prozesse selbst sind natürlich energie- und damit stoffwechselabhängig (siehe z. B. auch die langanhaltende Biolumineszenz-Rhythmik im Dauerlicht gegenüber dem raschen Ausschwingen im Dauerdunkeln, wo keine photosynthetische Energiegewinnung möglich ist, Abb. 28-4).

Bei Einzellern muß die biologische Uhr, der endogene Oszillator, in jeder einzelnen Zelle lokalisiert sein. Bei Mehrzellern kann er auf bestimmte Zellen oder Organe beschränkt sein. Seine intrazelluläre Lokalisation hat man mit Transplantationsversuchen bei *Acetabularia* herauszubekommen versucht. Kernlose Stielstücke von *Acetabularia* zeigen noch eine endogene Photosynthese-Rhythmik. Sobald man aber den Zellkern einer anderen Zelle einsetzt, zwingt dieser der Empfängerzelle die Phasenlage der Donorzelle auf (Abb. 28-5). Kernhaltige *Acetabularia*-Zellen verlieren die Rhythmik in Gegenwart von Hemmstoffen der Transkription. Dies beruht darauf, daß die cytoplasmatische RNA kernloser Zellen stabil, die kernhaltiger Zellen aber labil und von ständiger Steuerung durch den Kern abhängig ist (Kap. 13.4.4).

Auch *Rhythmus-Mutanten*, die man von verschiedenen Organismen (der Fruchtfliege *Drosophila*, dem

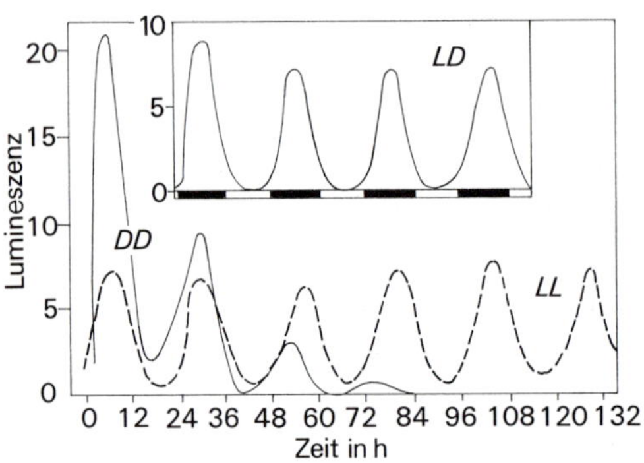

Abb. 28-4. Rhythmus der stimulierten Lumineszenz (d. h. der Reaktion auf einen mechanischen Reiz) von *Gonyaulax polyedra* im normalen Licht-Dunkelwechsel *(LD)*, im schwachen Dauerlicht *(LL)* und im Dauerdunkel *(DD)* (nach SWEENEY und HASTINGS, *J. Cell Comp. Physiol.* **49**: 115, 1957).

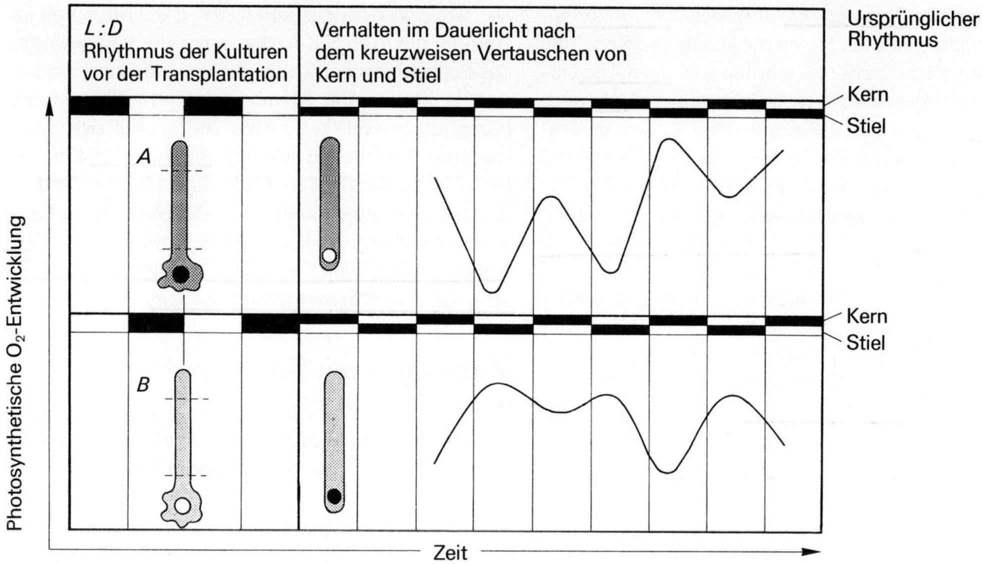

Abb. 28-5. Steuerung des Photosyntheserhythmus von *Acetabularia* durch den Zellkern.

- Zwei Kulturen von *Acetabularia* wurden unter inversen Licht-Dunkel-Rhythmen gehalten, 12 h *L* : 12 h *D;* breite weiße und schwarze Balken im linken Teil des Diagramms.
- Dann wurde ein Kern einer Zelle der Kultur *A* einem Stielstück einer Zelle der Kultur *B* eingepflanzt und umgekehrt (Transplantation).
- Dann wurde der endogene Photosyntheserhythmus der Transplantate mit kreuzweise vertauschtem Kern und Stiel im Dauerlicht beobachtet: Der endogene Photosyntheserhythmus entsprach jeweils dem Rhythmus, den der Kern vor der Transplantation hatte, und nicht dem Rhythmus, dem der Stiel vorher unterworfen war (schmale weiße und schwarze Balken im rechten Teil des Diagramms) (nach SCHWEIGER).

Abb. 28-6. Gekoppeltes Translation-Membran-Modell endogener Rhythmik. Das Niveau eines wichtigen Peptids wird durch Synthese an 80S-Ribosomen (Translation) und Peptidabbau im Turnover geregelt. Bei hohem Peptidniveau wird das Peptid in eine Membran eingebaut, die dadurch in den Zustand A kommt, in dem sie aber die Peptidsynthese hemmt. Das Peptid hat nur eine gewisse Lebensdauer und wird wieder abgebaut. Dadurch springt die Membran in den Zustand B über (Kippschalter), in dem die Peptidsynthese gefördert wird. Nach einer gewissen Zeit ist das Peptidniveau wieder groß genug, so daß die Membran wieder in den Zustand A springen kann. Schematisiert nach den Vorstellungen von G. SCHWEIGER.

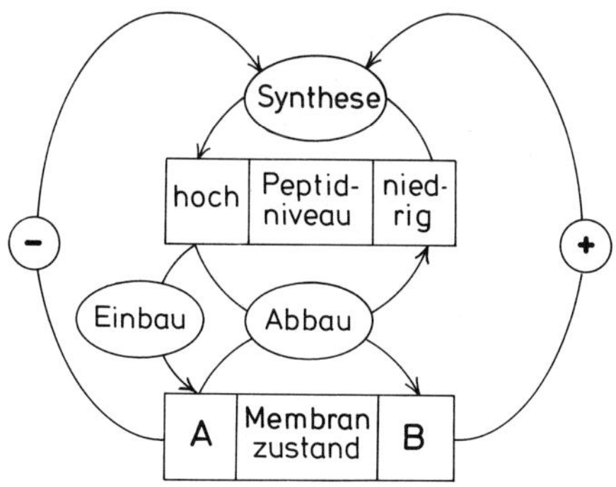

Schimmelpilz *Neurospora*, der Alge *Chlamydomonas*) erhalten konnte, zeigen die genetische Kontrolle endogener Rhythmik. Es wurden sog. *per-Gene* entdeckt, die Periodenlängen bestimmen. Bei *Acetabularia* fand man ein bestimmtes Peptid, dessen Synthese unter konstanten Bedingungen oszilliert, und da man außerdem weiß, daß Membranen bei der Rhythmik oft eine zentrale Rolle spielen, entwickelte G. SCHWEIGER ein *Translation-Membran-Modell* endogener Rhythmik (Abb. 28-6). Man sieht, daß die endogene Rhythmik nicht die Eigenschaft einzelner Makromoleküle oder bestimmter Elemente der Zelle ist. Im Spiel ist vielmehr die Funktion komplexer rückgekoppelter Systeme, die sich nichtlinear verhalten und *Kippfunktionen* enthalten. Durch die Kippfunktionen werden solche Systeme immer eine Weile in dem einen oder anderen Zustand festgehalten, wie etwa dem Zustand A bzw. B der Membran im Beispiel der Abb. 28-6, der durch die Lebensdauer des Peptids gegeben ist. In den beiden Zuständen A und B könnte die Membran weitere Phänomene beeinflussen (vgl. z. B. Abb. 26-22), die sich dann rhythmisch verhalten würden. *Kippschalter* können in der Zelle auch andere Grundlagen haben, als dies in Abb. 28-6 angenommen ist. Die Suche nach konkreten Oszillatoren ist im einzelnen wohl müßig. *Die Natur des Oszillators muß in der Funktion der Zelle als komplexem System zu suchen sein.*

Zum weiteren Studium

BÜNNING, E.: *The Physiological Clock. Circadian Rhythms and Biological Chronometry.* Springer, New York – Heidelberg – Berlin 1973.

E Pflanzen und die Krisen der Gegenwart

29 Umwelt – Ernährung – Energieversorgung

29.1 Die Motive für die Arbeit mit Pflanzen

Die Geschichte der Botanik ist alt. Die botanische Wissenschaft geht auf die Werke des ARISTOTELES-Schülers THEOPHRASTUS ERESIOS (371 bis 285 v. Chr.), „Ursachen des Pflanzenwuchses“ und „Naturgeschichte der Pflanzen“, zurück. Die Schönheit pflanzlicher Formen und Farben, die der Botanik auch den Namen *scientia amabilis* gegeben hat, zieht seit jeher Liebhaber an. Wissenschaftliche Neugierde drängt zur Untersuchung der Phylogenie der Pflanzen und pflanzensoziologischer, ökologischer und physiologischer Mechanismen. Ein noch ursprünglicherer Antrieb zur Beschäftigung mit Pflanzen ist der Gesichtspunkt der Nutzbarkeit. Er stand am Beginn der Landwirtschaft, als 10 bis 8 Jahrtausende v. Chr. im Zweistromland des Euphrat und Tigris im Nahen Osten, im Tehuacán-Tal in Mexiko und am Gelben Fluß in China Sammler und Jäger dazu übergingen, Pflanzen zu kultivieren. Auch für die erste deutsche Naturforscherin und Ärztin, die Benediktiner-Nonne HILDEGARD VON BINGEN (1098–1179), mit ihrem historisch bedeutenden Werk über Heil- und Nutzpflanzen gilt, daß sie die Gewächse „nur in ihrer Beziehung zum Menschen, d. h. als Nahrungs- und Heilmittel“ interessierten (KARL MÄGDEFRAU).

In den letzten Jahrzehnten ist das allgemeine Interesse an der Biologie so gewaltig angewachsen, daß man sich fragen muß, ob nicht besondere Motive dahinter stehen. Ist es der existentielle Drang, das Woher und Wohin des Lebens besser zu verstehen? Sind es die materiellen Sorgen um unsere Zukunft, einerseits mit der Befürchtung einer katastrophenartigen Entwicklung durch die immer stärker werdenden Eingriffe des Menschen in die Natur und andererseits mit dem Verlangen nach immer neueren Technologien zur Befriedigung unserer Bedürfnisse? Naturwissenschaftliche Antworten auf die Fragen nach dem Ursprung des Lebens und der Dynamik seiner Entfaltung in Millionen von Organismenarten werden durch die Evolutionsforschung gesucht (Kap. 1 und 16 bis 20).

Wir wollen in diesem letzten Kapitel einige Beispiele dafür betrachten, wie die Botanik zur Bewältigung der Probleme beitragen kann, die mit der zweiten der beiden oben gestellten Fragen umrissen sind. Diese Frage wurde absichtlich so formuliert, daß das grundlegende Problem der *Ambivalenz aller Entscheidungen über Eingriffe und Manipulationen* deutlich wird. Dieses Problem bestimmt das natürliche Spannungsverhältnis zwischen Grundlagenforschung und angewandter Forschung, zwischen Wissenschaft und Technik und viel mehr noch das Spannungsverhältnis zwischen Wissenschaft und Politik.

Jegliche Lebensaktivitäten führen auch ganz ohne das menschliche Bewußtsein zu dem Zwiespalt, daß sie durch die Nutzung der Umwelt eben diese Umwelt zu ihrem eigenen Nachteil verändern können. Schon die ersten Probionten haben sich im Urmeer eine Ernährungs- und Umweltkrise geschaffen (Kap. 1.3). Ethisch bewußte Entscheidungen über die praktische Anwendung wissenschaftlicher Erkenntnisse müssen den möglichen Nutzen, die Abwendung von Schaden und die Verhinderung von Schädigung sorgsam abwägen. Aber die Ambivalenz zwischen dem Vorteil und dem Nachteil durch unbeabsichtigte Nebenwirkungen oder durch die Möglichkeit absichtlichen Mißbrauches bleibt immer unausweichlich. Zur Abwägung gehören politische und ethische Aspekte ebenso wie wissenschaftliche Erkenntnisse. Sie kann nicht dem Wissenschaftler allein überlassen bleiben. Wissenschaftliche Kenntnisse sind aber erforderlich, sowohl für das Treffen von Entscheidungen als auch für Zustimmung oder Kritik an Entscheidungen.

Wir wollen uns hier zunächst mit der Funktion von Ökosystemen und ihren Stoffkreisläufen beschäftigen und dann fragen, welche Möglichkeiten sich aus der Botanik heraus für die Bewältigung unserer Probleme ergeben können.

29.2 Die Umwelt: Die Ökosysteme und ihre Stoffkreisläufe

Die wissenschaftliche Ökologie geht auf die Arbeit der großen Forschungsreisenden des 19. Jahrhunderts zurück. ALEXANDER VON HUMBOLDT (1769–1859) erkannte die Klimaabhängigkeit der Verbreitung von Pflanzen und die Beeinflussung der Physiognomie der Pflanzen durch die Lebensbedingungen. So begründete er die Pflanzengeographie. CHARLES DARWINS (1809–1882) Theorie der Evolution der Organismen durch natürliche Auslese beruht auf dem Verständnis des Selektionsdruckes von Umweltbedingungen. Auf diesem Hintergrund prägte 1866 ERNST HAECKEL (1834–1919) den damals schon sehr weit gefaßten Begriff „Ökologie": „... *die gesamte Wissenschaft von den Beziehungen des Organismus zur umgebenden Außenwelt, wohin wir im weiteren Sinne alle Existenzbedingungen rechnen können*".

Den gesamten durch Organismen belebten Raum der Erde nennt man die *Ökosphäre.* Sie gliedert sich in einzelne *Ökosysteme,* d.h. mehr oder weniger einheitliche Bereiche, die durch bestimmte Merkmale voneinander abgegrenzt sind. Am besten kann man das anhand von konkreten Beispielen deutlich machen. Aquatische Ökosysteme sind z.B. ein Fluß, ein See oder ein Meer; terrestrische Ökosysteme sind ein Wald, eine Wiese, eine Wüste usw. Es gibt auch künstliche Ökosysteme, z.B. ein Aquarium, ein Blumentopf in einem Wohnraum, ein Garten inmitten einer Großstadt, eine bemannte Raumstation (Kap. 20).

Wie Einzelindividuen in ihrer Umgebung sind auch die aus vielen Individuen vieler verschiedener Arten mit ihrer anorganischen Umwelt gebildeten *Ökosysteme offene Systeme.* Sie haben ihre internen Stoffkreisläufe, sind aber von benachbarten Ökosystemen nicht hermetisch abgegrenzt, und es erfolgt immer ein Energiefluß durch sie hindurch (Kap. 1.2).

Die Abb. 29-1 und 29-2 zeigen Schemata von *Stoffkreisläufen in Ökosystemen.* Sie knüpfen an die Schemata der Kreisläufe des Stickstoffes und des Schwefels an, die beim Mineralstoffwechsel besprochen wurden (Abb. 24-1 und 24-2). Ähnliche Kreislaufprozesse finden wir bei allen anderen biologisch wichtigen Stoffen, Kohlenstoff, Sauerstoff, Wasser, Spurenelementen usw.

Autotrophe Pflanzen sind in all diesen Kreisläufen die *Primärproduzenten* von organischer Substanz, d.h. von neuer Biomasse. Unter Absorption der Strahlungsenergie der Sonne assimilieren sie anorganisches Material zum Aufbau ihrer organischen Körpersubstanzen. Dabei werden die anorganischen Ausgangssubstanzen auf ein höheres Energieniveau gehoben. *Energie wird vom Ökosystem aufgenommen.* Ein Teil der durch die Bruttoprimärproduktion gebundenen Energie wird durch die Atmung der Primärproduzenten selbst wieder verbraucht. Eine Kette von heterotrophen Verbrauchern oder *Konsumenten (Nahrungskette)* schließt sich an. Sie endet mit der vollständigen Zerlegung der organischen Körpersubstanzen der Primärproduzenten in anorganische Endprodukte. Damit geht ein *sukzessiver Energieverlust* einher. Auf jeder Stufe der Nahrungskette wird Energie durch Atmung verbraucht, die dem Ökosystem letztlich als Wärme verloren geht. Der Wirkungsgrad der Transformation von Reduktionsäquivalenten aus organischen Substraten in ATP in der Atmungskette liegt bei etwa 46% (Kap. 7.2.4). So fließt Energie durch das Ökosystem. Die anorganischen Endprodukte des Abbaus können bei fortgesetzter Absorption von Strahlungsenergie den Primärproduzenten wieder als Ausgangsmaterial dienen, und der Stoffkreislauf kann sich schließen.

Die ersten Verbraucher in der Nahrungskette sind *Herbivoren* (Pflanzenfresser) und *Pflanzenparasiten,* darauf folgen die *Carnivoren* (Fleischfresser) und *Tierparasiten.* Abfälle von Pflanzen und Tieren, Leichen von Primärproduzenten und Konsumenten werden dann von den *Zersetzern* weiter abgebaut, hauptsächlich von Mikroorganismen, Bakterien und Pilzen. Die Herbivoren, Carnivoren und Zersetzer können anderen Konsumenten als Nahrung dienen, d.h. sie können als *Sekundärproduzenten* eine Rolle spielen.

Wie die aus Organellen, Geweben und Organen komplex aufgebauten Einzelorganismen, sind auch Ökosysteme mit ihren verschiedenen Populationen von Primärproduzenten, Konsumenten und Zersetzern zur *Selbststeuerung* fähig und können als offene Systeme *stabile dynamische Fließgleichgewichte* bilden. Dies ist bei alten Ökosystemen der Fall, die bei großem Energie- und Stofffluß eine große Biomasse enthalten, aber keinen Zuwachs, keine Nettoproduktion, aufweisen; alles neu assimilierte Material wird

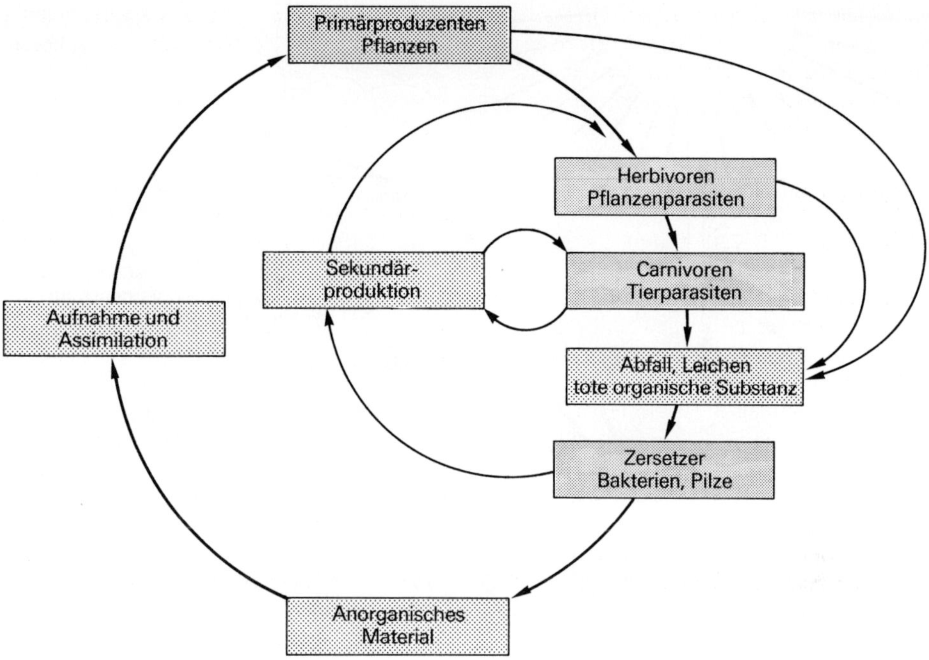

Abb. 29-1. Stoffkreisläufe und Nahrungsketten in Ökosystemen.

im Stoffkreislauf wieder umgesetzt. Dem stehen die jungen Ökosysteme gegenüber, die bei der Neubesiedelung von Standorten oder nach Zerstörungen durch Umweltkatastrophen zunächst eine geringe Biomasse haben und ihren Raum damit nicht voll ausnutzen. Sie sind instabil, aber produktiv und streben durch allmählichen Zuwachs der Biomasse den stabilen Zustand des dynamischen Gleichgewichtes an (Abb. 29-3).

Ein besonders gutes Beispiel für ein stabiles Ökosystem ist der tropische Regenwald (Kap. 20.3, Abb. 20-13), der bei großer Biomasse und sechsmal so hoher Bruttoprimärproduktion einen jährlichen Bestandeszuwachs aufweist, der nicht nur im Verhältnis zur Bruttoprimärproduktion, sondern sogar absolut gesehen geringer ist als bei einem Wald der gemäßigten Zone (Abb. 29-4).

Die Fähigkeit zur Selbstregulation eines Ökosystems beruht auf der Anpassungsfähigkeit der einzelnen Individuen und Arten im Ökosystem. Cytologische, anatomische und morphologische Gegebenheiten spielen dabei ebenso eine Rolle wie physiologische, biochemische und biophysikalische Anpassungsmechanismen. Sie alle muß der Ökologe berücksichtigen und dazu die Faktoren der nicht belebten Umwelt, edaphische und klimatische Gegebenheiten. Die kausalanalytische Ökologie muß das ganze Spektrum naturwissenschaftlicher Disziplinen integrieren und kann sich damit zum anspruchsvollsten Zweig der Biologie entwickeln.

Die *Belastbarkeit von Ökosystemen* hängt natürlich vom Grad ihrer Fähigkeit zur Selbstregulation ab. Dies müßte der Mensch erwägen bei einer Entscheidung, ob und bis zu welchem Grad er ungestraft durch Zugabe (Verschmutzung) oder Entnahme (Ausnutzung) von Material und Energie ein Ökosystem zu seinen Zwecken benutzen kann. Bei zu starker Belastung durch Verschmutzung oder maßloser Ausnutzung werden Ökosysteme zerstört. Hört die Belastung auf, können sich in Sukzessionen verschiedener aufeinanderfolgender Lebensgemeinschaften neue stabile Ökosysteme ausbilden (Kap. 20.1). In der Regel ist das nach einmaligen Naturereignissen zu beobachten, die durch außergewöhnliche Belastungen Ökosysteme zerstören, z. B. Überschwemmungen, Lawinen, Vulkanausbrüche, Frost, Brände, Dürre, Parasitenplagen usw.

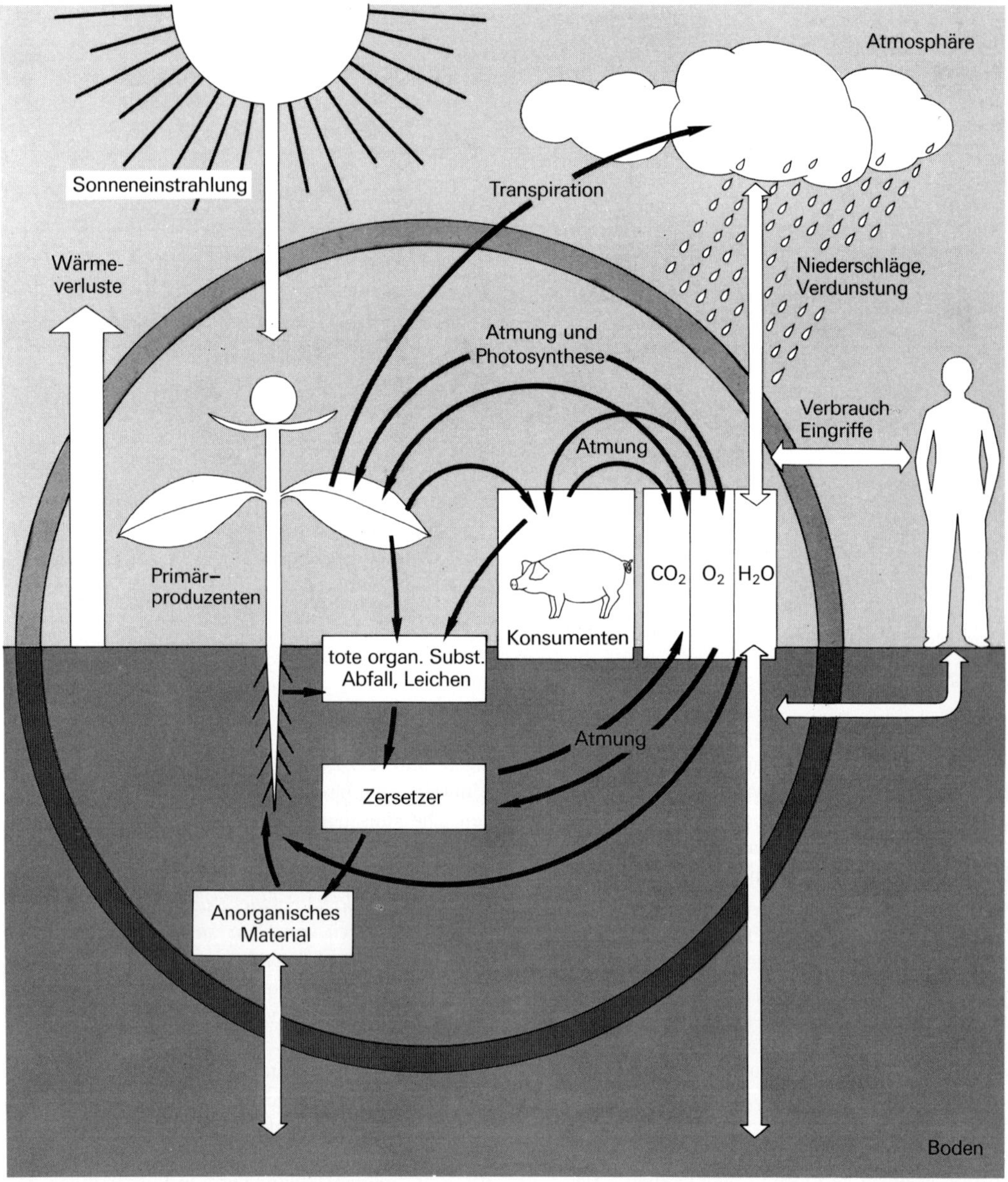

Abb. 29-2. Einige der wichtigsten Stoffkreisläufe in einem Landökosystem und seine Austauschvorgänge mit der Umgebung (nach LARCHER).

Abb. 29-3. Entwicklung eines einheitlichen Baumbestandes mit zunehmendem Alter (nach LARCHER).

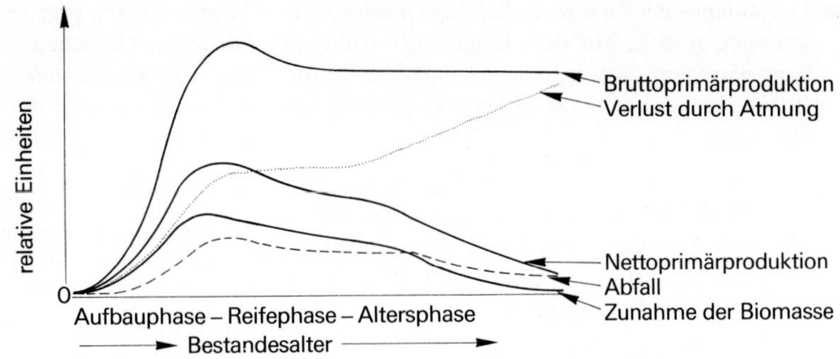

29.3 Die Nutzung der Primärproduktion der Pflanzen

Seit dem Auftreten der ersten grünen, Photosynthese betreibenden Organismen im Urmeer hängt alles Leben auf der Erde mit seinem Energie- und Nahrungsbedarf von der Primärproduktion durch die Pflanzen ab (Abb. 29-1 und 29-2). Auch die Ernährung und die traditionellen Energiereserven der Menschen beruhen auf der Produktivität von Pflanzen. Angewandte Wissenschaften, Agrar- und Forstwissenschaften und andere, beschäftigen sich mit der konkreten Nutzung der Pflanzenproduktivität. Sie bauen unter anderem auf der Botanik auf. *Eine breite und tiefgehende Kenntnis der Pflanzen und ihrer Lebensfunktionen schafft die Basis für praktische Anwendungen.*

In der Evolution selektionierte und genetisch fixierte anatomisch-morphologische und biochemische Eigenschaften machen die konstitutiven Charakteristika der heute lebenden, rezenten Pflanzen aus. Die Pflanzenphysiologie beschäftigt sich mit der Funktion der Pflanzen auf der Grundlage dieser Charakteristika und unter Kontrolle interner Faktoren. Wenn äußere Faktoren mit eingeschlossen werden, begeben wir uns in den Bereich der Ökophysiologie, und, wenn zusätzlich die Photosynthese mit in das Zentrum der Betrachtung rückt, dringen wir in das Grenzgebiet zwischen Ökophysiologie und Pflanzenproduktivität ein. So kann Grundlagenforschung auf allen Gebieten der Botanik den Nährboden für praktische Anwendungen bereiten, auch wenn die Problemstellungen dieser Forschung wissenschaftlicher Neugierde entspringen, und ohne daß bei der wissenschaftlichen Arbeit stets unmittelbar an neue Wege praktischer Nutzung der Pflanzenproduktivität gedacht wird.

29.3.1 Ernährung

29.3.1.1 Agrarökosysteme und die Ausnutzung der Sonnenenergie

In der Landwirtschaft nutzt der Mensch die Energieaufnahme und die Primär- oder Sekundärproduktion von Agrarökosystemen. Vier große Zäsuren lassen sich unterscheiden:

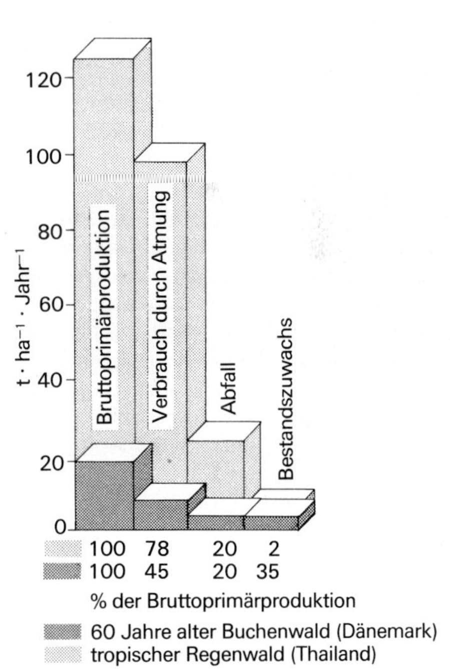

Abb. 29-4. Jährlicher Stoffumsatz in einem tropischen Regenwald und in einem Wald der gemäßigten Zone (Daten nach LARCHER).

- Die *Anfänge der Landwirtschaft* liegen zehn Jahrtausende zurück. Mit dem Beginn der Kultivierung von Pflanzen wurde der Grundstein für die Entwicklung der ersten *Hochkulturen der Menschheit* gelegt.
- Die nächsten entscheidenden Impulse ergaben sich erst viel später an der *Wende zwischen Mittelalter und Neuzeit,* als die Eroberungs- und Entdeckungsreisen der Europäer zu einem *globalen Austausch von Kulturpflanzen* führten.
- Der dritte Einschnitt lag im 18. und 19. Jahrhundert mit der *industriellen Revolution,* die die *technischen Voraussetzungen für eine moderne Landwirtschaft* geschaffen hat. Die wissenschaftliche Begründung der Mineralstoffernährung der Pflanzen 1840 durch JUSTUS VON LIEBIG (1803–1873, Kap. 24.1) und die Entwicklung der klassischen genetischen Gesetze 1865 durch GREGOR MENDEL (1822–1884, Kap. 13.1) sind wichtige Marksteine in dieser Zeit.
- Als letzter Abschnitt ist schließlich die *„grüne Revolution" der Gegenwart* zu nennen.

Bei der Bewirtschaftung der *Agrarökosysteme* lenkt der Mensch die Produktion in eine ganz bestimmte Richtung. Ein einfaches Beispiel für ein Agrarökosystem ist eine Kulturwiese. Hier werden 55 % der von Pflanzen produzierten Nahrungsenergie den Haustieren als Futter zugeführt, und ein großer Teil davon wird letztlich für die menschliche Ernährung entnommen. Um den Stoffkreislauf in Gang zu halten, müssen aber die Abfälle aus der Nutztierhaltung als Dünger dem Agrarökosystem wieder zugeführt werden, damit die Zersetzer den Kreislauf schließen können. Zusätzlich kann künstliche Düngung, Zufuhr anorganischer Substrate, eine mehr oder weniger dominierende Rolle spielen. Insgesamt sind der Entnahme aber Grenzen gesetzt, die durch die Produktivität des Agrarökosystems, die Belastbarkeit der beteiligten Arten und die Zufuhr an Energie gegeben sind.
Die *Grenzen der Ausnutzung der Sonnenenergie in Agrarökosystemen* kann man aufgrund des Quantenbedarfes der Photosynthese abschätzen (Kap. 8.2.3). Einige Schätzungen sind in Kasten 29-1 und Tab. 29-1 aufgeführt. Die tatsächlich erreichten Energieausbeuten bei technisch hochentwickelter Landwirtschaft liegen bei höchstens 4 %. Wesentlich ungünstiger fallen globale Abschätzungen aus, die etwa einen Wert von 0,1 % ergeben. Ein ganz kleiner Teil davon wird vom Menschen landwirtschaftlich genutzt.
Die *Energieausbeute durch die Primärproduktion* der Pflanzen *wird* durch eine Vielzahl von biologischen und nichtbiologischen Faktoren *eingeschränkt.* Zu den biologischen Faktoren gehören die Verluste durch die Photorespiration (Kap. 9.3.1) und die mitochondriale Atmung (Kap. 7.2) der Pflanzen sowie die unterschiedliche Ausnutzung der Strahlungsenergie durch verschiedene Pflanzen, z. B. durch Licht- und Schattenpflanzen (Kap. 23.8.1.2). Zu den bedeutendsten Umweltfaktoren zählen Einschränkungen durch die Versorgung mit Wasser, Kohlendioxid und Mineralstoffen. Dazu kommt bei der oben gegebenen globalen Abschätzung natürlich, daß bei weitem nicht alle Landflächen Ökosysteme mit hoher Produktivität hervorbringen können.
Hier liegen Möglichkeiten der Verbesserung durch biologische und agrarwissenschaftliche Forschung. Einige neuere Entwicklungen entsprechender Arbeiten mit Pflanzen sollen in den folgenden Abschnitten kurz geschildert werden. Unabhängig davon, ob wir die Erfolgsaussichten nun im ganzen eher optimistisch oder eher pessimistisch betrachten, müssen wir uns immer vor Augen halten, daß diesen Bemühungen entsprechend der Daten von Kasten 29-1 und Tab. 29-1 enge Grenzen gesetzt sind. Wir können die Situation bestenfalls um bestimmte Faktoren linear verbessern. Dem steht das exponentielle Wachstum der menschlichen Bevölkerung gegenüber (Abb. 26-3). Alle diese Anstrengungen, so notwendig sie sind, nützen der Menschheit für die Zukunft nicht, wenn sie nicht das Grundproblem, die eigene maßlose Vermehrung, unter Kontrolle bekommt.

29.3.1.2 Pflanzenzüchtung

Erfolge mit herkömmlichen Methoden. Die ersten Kultivierer von Pflanzen müssen rasch zu den ersten Pflanzenzüchtern geworden sein. Dies läßt sich besonders gut anhand der Getreidearten Weizen in der alten Welt, im Nahen Osten und in Europa, und Mais in Amerika, in Mexiko, dokumentieren. Archäologische Funde zeigen, daß schon im 7. Jahrtausend v. Chr. aus Wildsippen des Weizens mit brüchigen Ährenspindeln festspindelige Kulturformen ausgelesen wurden, und zwar aus *Triticum boeóticum* die Kulturform *T. monococcum* (das Einkorn) und aus *T. dicoccoides* die Kulturform *T. dicoccon* (der Emmer, Abb. 29-5).

Kasten 29-1
Abschätzung des Wirkungsgrades der photosynthetischen Primärproduktion

- Wirkungsgrad nach dem theoretischen Quantenbedarf der Photosynthese:
  - Die Assimilation von 6 Mol CO_2 zu 1 Mol Glucose braucht 18 Mol ATP und 12 Mol $NADPH+H^+$ und dazu theoretisch 60 Mol Quanten (Kap. 8.2.3).
  - Für die Annahme roter Quanten von der Wellenlänge $\lambda = 670$ nm entspricht dies einer Energie von $10{,}8 \cdot 10^6$ Joule. Der kalorimetrische Brennwert der Glucose ist $2{,}8 \cdot 10^6$ Joule $\cdot$ mol^{-1}. Das ergibt einen Wirkungsgrad von 26 % der Ausnutzung der Lichtenergie von monochromatischem Licht von $\lambda = 670$ nm.
- Wirkungsgrad nach dem tatsächlichen Quantenbedarf der C_3- Photosynthese:
  - Der experimentell ermittelte tatsächliche Quantenbedarf der Photosynthese ist doppelt so groß, wie der theoretische Quantenbedarf, nämlich 120 Mol Quanten pro 6 Mol CO_2 oder 1 Mol Glucose. Dies beruht auf der Photorespiration und anderen Verlusten.
  - Die Sonnenstrahlung enthält nicht nur rote Quanten. Nur 45 % dieser Strahlung liegt im sichtbaren Bereich, nur 80 % der auf grüne Pflanzen auftreffenden Strahlung wird absorbiert. Die Energieausbeute der energiereicheren blauen Quanten ist geringer als die der roten Quanten (Kap. 8.2.1).
  - Die Verluste durch die Atmung sind etwa 30 %.
  - Dadurch sinkt die Obergrenze für die Ausnutzung der Sonnenenergie durch die Primärproduktion der Pflanzen auf etwas unter 10 %.
- Globale Schätzung:
  - Die auf die Erde jährlich auftreffende Strahlungsenergie ist $2{,}3 \cdot 10^{24}$ Joule/a. Da die Landoberfläche 30 % der Gesamtoberfläche der Erde ausmacht, kommen davon auf die Landoberfläche $0{,}7 \cdot 10^{24}$ Joule/a.
  - Die jährliche Primärproduktion ist:

in den Ozeanen	$0{,}055 \cdot 10^{18}$ g Trockensubstanz
auf der Landoberfläche	$0{,}125 \cdot 10^{18}$ g Trockensubstanz

  - Für die Landoberfläche entspricht dies $0{,}7 \cdot 10^{15}$ Mol Glucose/a oder mit dem kalorimetrischen Energiewert der Glucose $2 \cdot 10^{21}$ Joule/a.
    Das sind 0,3 % der auf die Landoberfläche auftreffenden Strahlung.
- Vergleich mit dem Energieverbrauch der Menschheit:
Primärproduktion auf dem Land	$2 \cdot 10^{21}$ Joule/a
Primärproduktion der Meere	$1 \cdot 10^{21}$ Joule/a
Globale Primärproduktion	$3 \cdot 10^{21}$ Joule/a

  - Der Energieverbrauch der Menschheit betrug im vergangenen Jahrzehnt $0{,}3 \cdot 10^{21}$ Joule/a. Das sind zwar nur 1/8000 der auf die Erde auftreffenden Strahlungsenergie aber 1/10 der Primärproduktion. 5 % dieses Energieverbrauches der Menschheit wird durch die Landwirtschaft gedeckt.

Tab. 29-1. Ausnutzung der eingestrahlten Sonnenenergie durch die Primärproduktion auf der Landoberfläche der Erde.

Theoretische Obergrenze durch den Quantenbedarf der Photosynthese	26 %
Empirischer Wert aufgrund des gemessenen Quantenbedarfs der Photosynthese	<10 %
Tatsächlich erreichte Werte:	
in Zuckerrohrplantagen	4 %
auf anderen Anbauflächen unter optimalen Bedingungen	2 %
Geschätzte globale Ausbeute	0,3 %

Bis zur Entdeckung der Vererbungsgesetze durch Gregor Mendel (1865) beruhte Züchtung auf reiner Empirie. Erst durch Mendels Kreuzungsexperimente im Klostergarten der Augustinermönche in Brünn wurde die Pflanzenzüchtung auch wissenschaftlich begründet (Kap. 13.1). Auf der Grundlage dieser Erkenntnisse war es möglich, die *Züchtungsgeschichte des Weizens* zurückzuverfolgen. Der Weizen ist eine unserer ältesten Kulturpflanzen. Wir wählen ihn hier als Beispiel, um die *Bedeutung der Genetik und Pflanzenzüchtung für die Ernährung der Menschen* aufzuzeigen.

Die Ausgangsformen für die vor fast zehntausend Jahren begonnene Auslese geeigneter Kulturformen des Weizens waren diploid *(Triticum boeóticum)* und tetraploid *(T. dicoccoides)*. Der tetraploide Weizen ist durch generative Polyploidisierung bei der Kreuzung des diploiden *T. boeóticum* mit dem diploiden *Aegilops speltoides* entstanden. Er ist allopolyploid (AABB, Kap. 13.3). Allopolyploide sind Autopolyploiden in mancherlei Hinsicht überlegen und werden deshalb auch bevorzugt selektiert. Sie kommen in der Natur häufig vor. Viele Kulturpflanzen sind allopolyploid. Aus *T. boeóticum* entstand die Kulturform *T. monococcum,* aus *T. dicoccon* wurde durch weitere Hybridisierung mit *Aegilops squarrosa* (Genom D) der hexaploide Weizen (AABBDD) von *T. spelta* und der heute dominierenden Kulturform *T. aestivum* gewonnen (Abb. 29-5). Einige dieser Formen wurden auch in Mitteleuropa angebaut, *T. monococcum* seit der Pfahlbauzeit, *T. dicoccon* seit der Steinzeit; beide sind heute vom Aussterben bedroht. *T. spelta* wird seit der Bronzezeit bei uns kultiviert, findet sich heute aber nur noch zerstreut als Winterfrucht im schwäbischen Jura, da der Spelzweizen oder Dinkel weniger klimaempfindlich ist als gewöhnlicher Weizen und wertvolle kleberreiche Körner für Mehlspeisen liefert.

Die traditionelle Pflanzenzüchtung beschreitet also dieselben Wege wie die natürliche Evolution:

- *räumliche Isolation von Sippen,*
- *Selektion* für die Weiterkultivierung,
- Auswahl von Mutationen *(Mutationszüchtung),*
- Auswahl von Rekombinationen nach Kreuzungen *(Rekombinationszüchtung).*

Eine wichtige Voraussetzung für die erfolgreiche Auslese aus einer großen Zahl von Einzelindividuen ist die *genetische Vielfalt des Ausgangsmaterials.* Sie wird bei der Verwirklichung der Zuchtziele eingeschränkt. Da die traditionellen Züchtungsziele der Resistenz gegen Schaderreger und vor allem der Ertragssteigerung unter optimalen Bedingungen gelten, werden z. B. Gene für die Anpassung an Standorte mit bestimmten Mangelerscheinungen eliminiert und gehen verloren. Für die Verwirklichung neuer Zuchtziele könnten sie aber essentiell sein. Besonders gravierende Folgen für die Pflanzenzüchtung hat die Dezimierung genetischer Reserven durch das Aussterben von primitiveren Kulturformen und von Wildarten bei der Veränderung und Zerstörung ihrer Biotope. Zur Sammlung und Erhaltung der wichtigen genetischen Resourcen werden daher jetzt in aller Welt *Samen- oder Genbanken* eingerichtet.

Unser Beispiel des Weizens macht diese Probleme deutlich. Wir können es auch zum Veranschaulichen weiterer züchterischer Arbeit noch etwas verwenden. Man wollte z. B. die Gelbrost-Resistenz von *Aegilops*

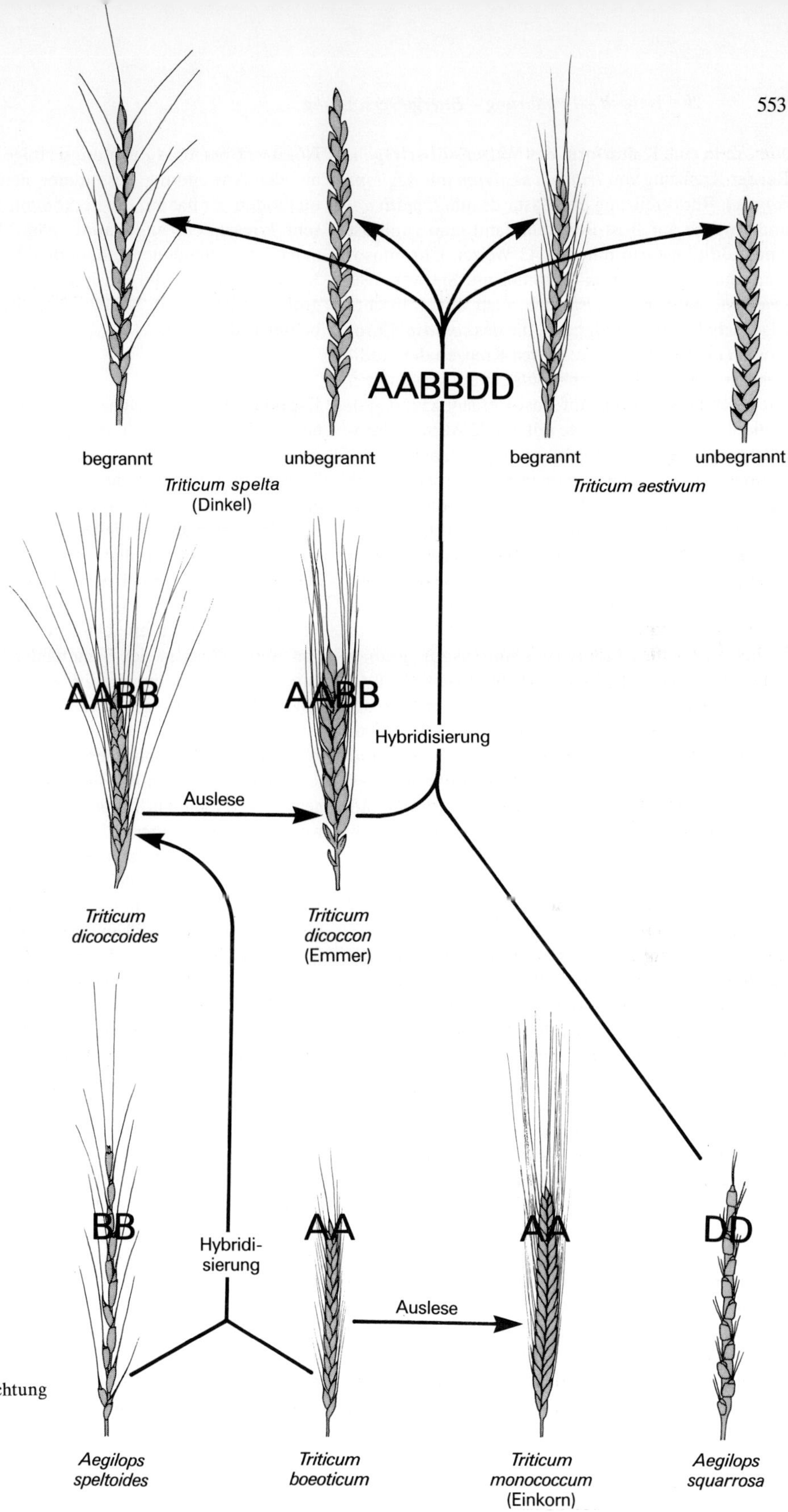

Abb. 29-5. Züchtung des Weizens.

comosa in eine Kulturform des Weizens übertragen. Bei der Kreuzung von *Triticum aestivum* mit *Aegilops comosa,* Rückkreuzung des Bastards mit *T. aestivum* und Auslese auf Rost-Resistenz fand man zunächst eine Additionsform mit den 42 Weizen-Chromosomen und einem *comosa*-Chromosom. Sie war rostresistent, hatte aber zusätzlich auch unerwünschte Eigenschaften des Wildgrases, die das *comosa*-Chromosom mitgebracht hatte. Durch Kreuzen der Additionsform mit *Aegilops speltoides,* Rückkreuzungen mit Weizen und Auslese auf Rost-Resistenz fand man schließlich eine Weizensorte mit nur 42 Weizen-Chromosomen und einem resistenz-tragenden *comosa*-Segment, das durch natürliches Crossing-over (Kasten 16-1) auf ein Weizen-Chromosom gelangt war. Die Sorte ist heute unter dem Namen „Compair" auf dem Markt. Dieses Beispiel zeigt auch, wie bei einer Vielfalt von Merkmalen die gewünschten Zuchtergebnisse genetisch zusammengetragen werden müssen.
Schließlich hat die Züchtung des Weizens zur *„grünen Revolution"* der letzten 30 Jahre beigetragen. Bis 1944 hatte Mexiko durch Schwarzrost-Epidemien verursachte katastrophale Weizen-Mißernten und mußte die Hälfte seines Bedarfes an Weizen einführen. Dann begann das Resistenzzüchtungsprogramm des CIMMYT (Centro International de Mejoramiento de Maiz y Trigo) unter der Leitung des späteren Friedensnobelpreisträgers Norman Borlaug. Ein kurz- und steifhalmiger Zwergweizen wurde entwickelt, der sehr gut auf zusätzliche Düngung und Bewässerung anspricht und an eine Vielfalt verschiedener Bedingungen angepaßt ist. Nach 12 Jahren (1956) war Mexiko Selbstversorger für Weizen. 1959 gründeten die Rockefeller- und Fordstiftung ein internationales Züchtungszentrum für Reis in Los Baños auf den Philippinen, und inzwischen gibt es viele große Entwicklungsinstitute für verschiedene Kulturarten.
Man ist bestrebt, die mexikanischen Erfolge mit den neuen Weizensorten auf andere Entwicklungsländer zu übertragen. Dies erzeugt neben Ertragssteigerungen aber auch erhebliche Probleme, die sich aus den sozialen Strukturen in diesen Ländern ergeben, vor allem aber aus der mangelnden technischen Entwicklung. Bodenbearbeitung, Aussaattechniken, Düngeverfahren, Schädlingsbekämpfung und Erntemethoden müssen die Züchtungserfolge ergänzen. Es ist deshalb nur scheinbar paradox, daß sich die grüne Revolution in Wirklichkeit vor allem in den Industrieländern vollzogen hat, die heute hohe Nahrungsmittelüberschüsse erwirtschaften.
Norman Borlaugs Züchtungserfolge beruhten nicht auf der Anwendung besonderer neuer Züchtungsmethoden. Er hat nur die herkömmlichen Methoden sehr konsequent angewandt, nämlich die Ausnutzung der vorhandenen genetischen Variabilität durch Kreuzungen und die Auslese aus einer besonders großen Zahl an unterschiedlichen Standorten angebauter Individuen.

Haploidenzüchtung. Neuartige Möglichkeiten eröffnen sich durch die Züchtung haploider Pflanzen. Bei Angiospermen können haploide Individuen ohne Befruchtung aus den in der Meiose gebildeten Gonen entstehen, und zwar durch *Androgenese* aus den haploiden primären Pollenzellen und durch *Parthenogenese* aus den unbefruchteten Eizellen. Nach einer Bestäubung mit fremdem oder geschädigtem Pollen kann z. B. die Eizelle ohne Befruchtung zum Embryo heranwachsen. Umgekehrt kann sich auch der Spermakern in der Samenanlage ohne Beteiligung des Eikerns entwickeln. Alle diese Fälle sind selten. Das Isolieren von haploiden Individuen ist mühsam, da man mit sterilen und in ihrer optimalen Zusammensetzung langwierig zu erprobenden Nährlösungen arbeiten muß. Bei einigen Nachtschattengewächsen, wie beim Tabak, gelingt es dagegen ohne weiteres, durch *Antheren-Kultur* eine größere Anzahl haploider Individuen zu erzeugen, die man auf verschiedene Weise weitervermehren kann.
Will man durch Auslese aus haploiden Pflanzen bestimmte Eigenschaften selektionieren, braucht man natürlich auch hier eine besonders große Anzahl von Individuen. Wenn man bedenkt, daß eine ganz bestimmte, brauchbare Mutation als eines in 10^6 bis 10^9 Ereignissen auftritt, erlangt man eine Vorstellung von der Erfolgsaussicht. Man kann die Zellkultur nutzen, die entsprechend große Zahlen von Zellen für das Auslösen von Mutanten durch Bestrahlung oder Behandlung mit mutagenen Chemikalien und die ausschließende Selektion bietet (Abb. 26-11). Züchtet man z. B. auf Resistenz gegen ein bekanntes Toxin, setzt man dem Nährmedium das Toxin zu. Dann wachsen nur die zur Resistenz mutierten Zellen und können, z. B. beim Tabak, auch wieder neue Pflanzen regenerieren (Kap. 26.4).
Nun ist Tabak nicht gerade eine Kulturpflanze, deren Ertragssteigerung zum Wohle der Menschheit unbedingt nötig wäre, aber die Haploidenforschung mit Tabak kann die Wege für Anwendungen bei anderen Kulturpflanzen bahnen.

Hat man die gewünschte Eigenschaft einmal gefunden, ist das Züchtungsziel schon erreicht. Man muß nur die ausgelesene haploide Pflanze wieder diploid bekommen. Dann liegt die gewünschte Eigenschaft in beiden Allelen vor (homozygot). Die Diploidisierung der haploiden Individuen erfolgt zum Vorteil für den Pflanzenzüchter oft spontan. Sie kann auch künstlich ausgelöst werden, z. B. mit Hilfe des Mitosegiftes Colchicin (Kap. 12.3). Die Verwendung haploider Pflanzen kann den Zeitaufwand für die Züchtung erheblich verringern.

Somatische Hybridisierung. *Isolierte Protoplasten* bilden die Grundlage für Versuche somatischer Hybridisierung. Man kann Zellen aus einem Gewebe durch Auflösen der Mittellamellen mit Hilfe des Enzyms Pectinase isolieren, ihre Zellwand mit einem weiteren Enzym, Cellulase, abbauen und erhält auf diese Weise nackte Zellen, Protoplasten, in großer Anzahl. Unter somatischer Hybridisierung versteht man die Verschmelzung isolierter Körperzellen verschiedener Varietäten oder Arten, d. h. somatischer Zellen im Gegensatz zu Gameten. Kreuzungsversuchen durch die Verschmelzung der Gameten von Eltern, die verschiedenen Arten angehören, steht meistens die *Inkompatibilität* (Kap. 19.6.2) bei der künstlichen Bestäubung entgegen. Wenn es gelänge, diese Artgrenzen durch somatische Hybridisierung zu umgehen, würden sich bedeutende neue Möglichkeiten für die Pflanzenzüchtung ergeben, auch in Kombination mit dem Einsatz haploider Protoplasten. Vielfach gelingt es, die Verschmelzung isolierter Protoplasten durch Zugabe chemischer Faktoren auszulösen. Dies führt allerdings zu sekundären Komplikationen. Im elektrischen Feld ist die *Fusionierung* dagegen meistens kein Problem mehr (Abb. 29-6).

Inkompatibilität wirkt aber nicht nur beim Verschmelzungsvorgang selbst. Fusionierte Zellen sehr verschiedener Partner bilden keine neuen hybriden Organismen aus. Bisher gibt es somatisch hybridisierte Pflanzen nur in Fällen, wo alle diese Hybriden auch durch ganz normale sexuelle Kreuzung erzeugt werden könnten. Man kann zwar durch Fusionierung sehr unterschiedliches genetisches Material in einer Zelle vereinigen, eine „Regeneration" solcher Zellen zu neuen Individuen, eine Aufzucht von Monstern zwischen Pflanze und Tier, Tier und Mensch oder Pflanze und Mensch ist aber zur Zeit undenkbar.

29.3.1.3 Molekularbiologische Techniken

Die im letzten Abschnitt beschriebenen Versuche somatischer Hybridisierung führen uns weiter zur Gentechnologie. Es handelt sich dabei um gezielte Eingriffe in den Genbestand einer Zelle oder eines Organismus durch die gezielte Übertragung von Genen zwischen verschiedenen Objekten. Auch hier

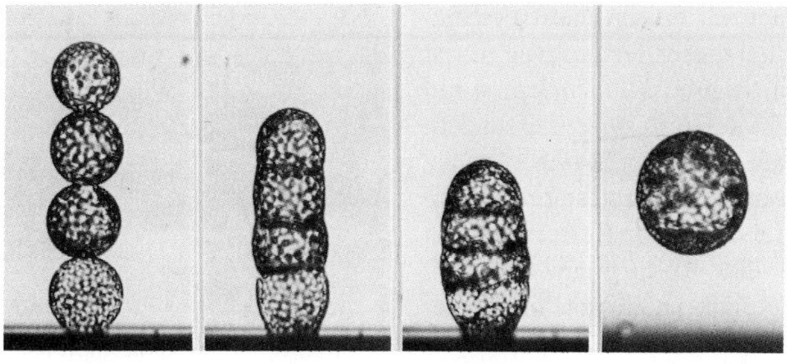

Abb. 29-6. Fusion von vier isolierten Mesophyllzellprotoplasten von *Avena sativa* (Radius 15 μm) im elektrischen Feld. Die vier Protoplasten wurden in den Zwischenraum zweier zylindrischer Elektroden pipettiert, die im Abstand von 200 μm parallel zueinander auf einen Objektträger aufgeklebt waren. Durch Anlegen eines inhomogenen elektrischen Wechselfeldes (Frequenz 500 kHz, Feldstärke 200 V/cm) kommt es zur Wanderung der Zellen (Dielektrophorese), zur Ausbildung eines engen Membrankontaktes und zur Bildung von „Perlenketten" (links). Die Applikation eines Durchbruchpulses von 0,8 kV/cm Feldstärke und 20 μs Dauer führt zur Fusion der Protoplasten. Der Durchbruchpuls stört die Membranstruktur im Bereich der Kontaktzone, so daß sich ein Cytoplasmakontinuum und Membranbrücken zwischen den Zellen ausbilden können. Die Abbildungen zeigen von links nach rechts den Fusionsablauf 30 s, 2 min und 5 min nach Applikation des Durchbruchpulses (Original U. ZIMMERMANN).

steht die Entscheidung, das Potential der neuen Methode für praktische Anwendungen zu nutzen, unter dem Dilemma der Ambivalenz.

Wirkliche Erfolge hatte die Gentechnologie bisher nur bei Bakterien. Dabei spielen die *Plasmide* und die *Restriktionsenzyme* eine große Rolle. Restriktionsenzyme können DNA in definierte Bruchstücke zerlegen. Verschiedene Restriktionsenzyme greifen dabei spezifisch an bestimmten Stellen der DNA an, die durch 4–6 Basenpaare charakterisiert sind. Restriktionsenzyme benutzt man deshalb auch zur Aufklärung der Struktur des genetischen Materials. In der Gentechnologie sind sie wichtig, da die durch Zerschneiden von DNA verschiedener Herkunft mit Restriktionsenzymen gewonnenen Teilstücke sich unter bestimmten Umständen an den Schnittstellen aneinanderlagern können. Damit ergibt sich die Möglichkeit, Gene aus höheren Organismen in Bakterienplasmide einzubauen.

Durch die Verwendung von Plasmiden, die Antibiotikaresistenzen tragen, kann man bei Kultur auf antibiotikahaltigem Medium die Bakterien, die die entsprechenden Gene enthalten, selektionieren (Abb. 29-7). Dadurch lassen sich diese Gene dann vermehren (*klonieren*), und unter bestimmten Bedingungen auch exprimieren, so daß man die entsprechenden Genprodukte biotechnisch herstellen kann. In der Medizin findet dies bereits Anwendungen bei der Herstellung therapeutisch wichtiger menschlicher Peptide, wie des Insulins, von Wachstumshormonen, Interferonen und einem Plasminogenaktivator.

Auch im botanischen Bereich erwägt man verschiedene Einsatzmöglichkeiten dieser Technologie. Es ist z. B. gelungen, gentechnologisch *Kulturpflanzen mit Resistenzen gegen* bestimmte *Herbizide* zu erzeugen, die nicht unmittelbar auf Tiere und Mikroorganismen wirken. Beim Einsatz des betreffenden Herbizids werden dann die unerwünschten Begleitpflanzen eliminiert, ohne daß die Kulturpflanzen selbst geschädigt werden. Allerdings ist ein solches Vorgehen in Agrarökosystemen auch nicht unproblematisch, da die Diversität der Pflanzenarten weiter eingeschränkt wird und dies indirekte Wirkungen auf andere Organismen haben kann.

Ein anderes Beispiel für die Benutzung der Gentechnologie ist der Gedanke, dadurch die *Stickstoffver-*

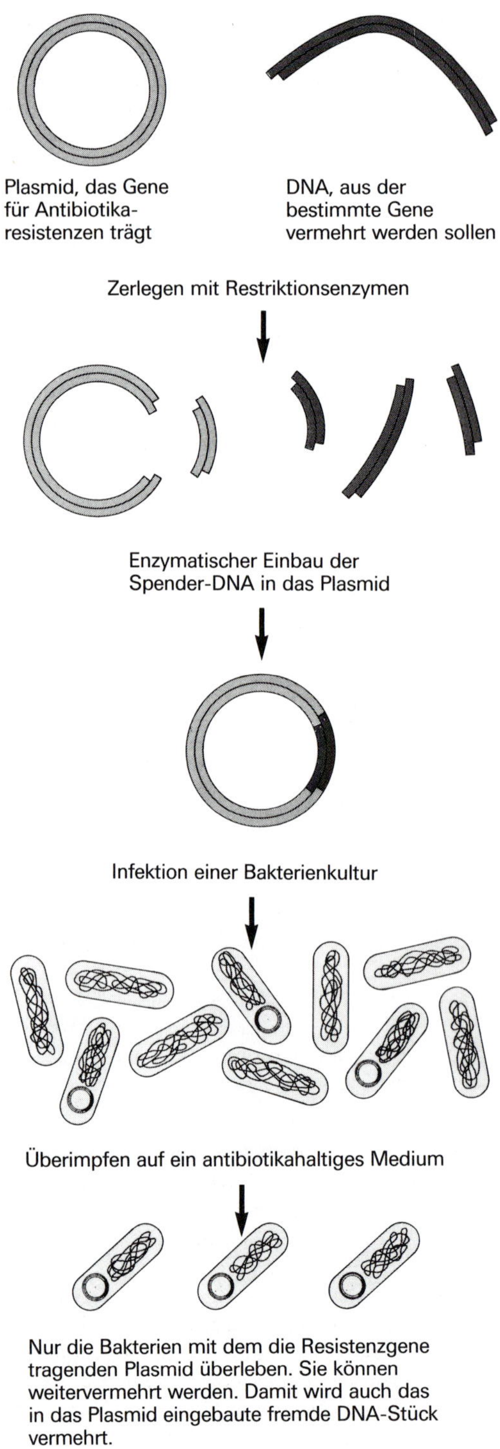

Abb. 29-7. DNA-Technologie mit Hilfe von Restriktionsenzymen, Plasmiden und Vermehrung (Klonierung) in Bakterien (nach KLINGMÜLLER).

sorgung von Kulturpflanzen zu verbessern. Das Beispiel ist lehrreich, denn es zeigt einen großen Teil der Problematik auf. Der für die Ertragsbildung wesentliche Faktor Stickstoff begrenzt oft die volle Ausschöpfung des Potentials ertragreicher Neuzüchtungen, vor allem in den Entwicklungsländern. Die technische Nutzung des großen Reservoirs des Luftstickstoffs (≈80% der Atmosphäre) ist möglich, seit es F. HABER im Jahre 1909 gelang, die Ammoniak-Synthese

$$N_2 + 3\,H_2 \rightleftharpoons 2\,NH_3$$

zu verwirklichen. Aber diese Reduktion des N_2 in Gegenwart von Katalysatoren, unter Erhitzen und hohen Drücken im technischen HABER-BOSCH-Verfahren ist äußerst energieaufwendig und daher teuer.

Eine biologische Nutzung des Luftstickstoffs erfolgt in den Knöllchenbakterien-Symbiosen der Leguminosen (Kap. 24.3.2 und 25.2.1). Unmittelbar ist diese Möglichkeit auf wenige Kulturpflanzen beschränkt. Man beschäftigt sich aber sehr intensiv mit der Nutzung der N_2- Fixierung durch Prokaryonten, d. h. durch bestimmte Bakterien- und Cyanobakterienarten. Verschiedene praktische Möglichkeiten werden erwogen:

- Natürlicherweise *N_2-fixierende Bakterien* können in *Großkulturen* gezogen werden. Sie geben NH_4^+ an das Medium ab. Als Energiequelle muß ihnen Glucose, d. h. auch als Nahrungsmittel wertvoller Traubenzucker, geboten werden. Eventuell könnte diese Energiequelle durch Cellulose aus Papier und aus der Forstwirtschaft, durch Rückstände aus der Zuckerrübenverarbeitung oder andere Abfallprodukte ersetzt werden. Beim Einsatz autotropher Cyanobakterien wäre der Energiebedarf durch Sonnenlicht zu decken.

- Frei lebende *N_2-fixierende Bodenbakterien* können *in der Rhizosphäre der Kulturpflanzen* reduzierte N-Verbindungen anreichern. Die Ausscheidung organischer Verbindungen (Substrate, Vitamine) durch die Pflanzenwurzeln kann dabei das Bakterienwachstum fördern. Bei dem tropischen Gras *Digitaria decumbens* fand man eine solche *Assoziation* mit dem N_2-fixierenden Bakterium *Spirillum lipoferum.* Auf ähnliche Weise spielen auch N_2-fixierende Cyanobakterien in den überfluteten Reisfeldern eine gewisse Rolle. Normalerweise sind aber N_2-fixierende Bakterien nicht so zahlreich, und ihr Beitrag zur N_2-Bindung in Böden ist minimal. Bei Assoziationen und noch mehr bei Symbiosen ist die Artspezifität der Partner eine bedeutende Barriere. Hier könnte die Gentechnologie durch die Übertragung der Gene für die N_2-Fixierung *(nif^+-Gen)* von N_2-bindenden Bakterien in andere, häufig im Wurzelraum von Kulturpflanzen vorkommende Bakterien helfen. Ein Gentransfer ist neben der normalen Konjugation von Bakterien (Kap. 16.2.1) auch durch künstliche Übertragung von Plasmiden möglich. Eine Übertragung des nif^+-Gens zwischen verschiedenen freilebenden Bakterienarten ist auch schon gelungen. Probleme der landwirtschaftlichen Anwendung liegen in der Instabilität der erhaltenen Transformanten und bei der Expression des nif^+-Gens im Milieu der neuen Wirtszellen, insbesondere auch in der O_2-Empfindlichkeit der Nitrogenase (Kap. 24.3.2), so daß die Methode hier noch nicht von praktischer Bedeutung ist.

- Ein viel weiterreichenderes Ziel der Gentechnologie wäre die *Übertragung der nif^+-Gene* direkt in das Genom der eukaryotischen Kulturpflanzen. Es gibt einen ganz natürlichen Fall, wo Bakterien-Gene in das Genom von Angiospermen eingebaut werden. Es handelt sich um das Bakterium *Agrobacterium tumefaciens,* das bei Pflanzen *krebsartige Tumoren* hervorruft (Abb. 29-8). Ein Plasmid von *A. tumefaciens* trägt Gene, die in das Eukaryontengenom der Wirtszellen eingebaut werden, nämlich die Gene für die Transformation der normalen Wirtszellen zu Krebszellen *(Onkogene)* und Gene für die Bildung spezieller Aminosäuren (die *Opine:* Octopine, Nopaline), die sonst von den Wirtszellen nicht synthetisiert werden. Man bezeichnet dieses *A. tumefaciens*-Plasmid als *Ti-Plasmid* (Tumor-induzierendes Plasmid). Die Zellen des Krebsgewebes selbst enthalten nach der Transformation keine *A. tumefaciens*-Zellen. Sie scheiden die produzierten Opine nach außen ab, so daß sie dort von den Bakterien als Substrat genutzt werden können. Aus *A. tumefaciens*-infizierten Gewebekulturen konnten nichttumoröse Pflanzen regeneriert werden, bei denen die Gene für die Opin-Synthese exprimiert sind und nach den MENDELschen Regeln vererbt werden.

Man kann dies gentechnisch nutzen, um transgene Pflanzen zu machen, indem man Gene, die man isoliert hat, in das *Ti*-Plasmid einbaut und dann

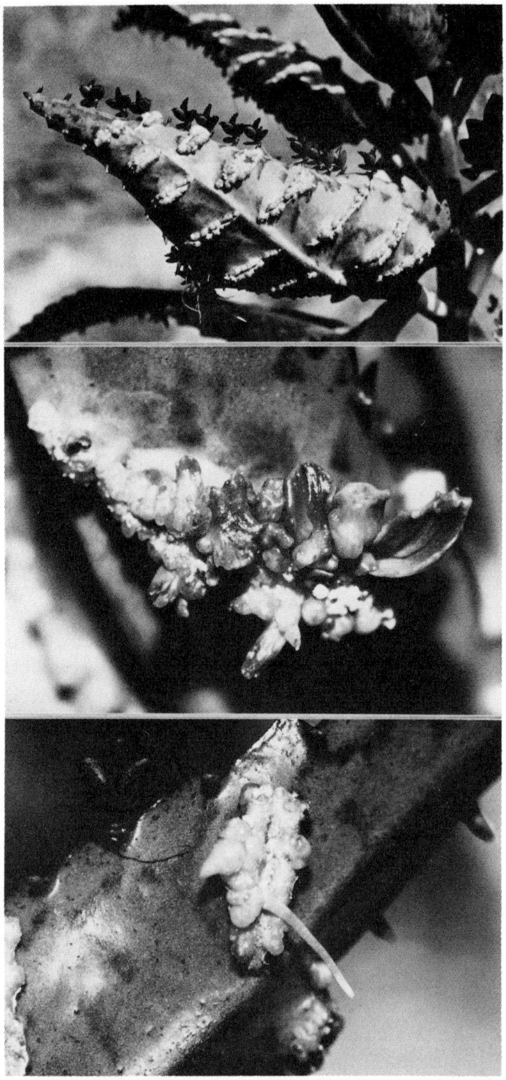

Abb. 29-8. Ausbildung von krebsartigen Tumoren auf einem Blatt von *Kalanchoë daigremontiana* nach Infektion mit *Agrobacterium tumefaciens* (oben). Aus dem Tumorgewebe können durch Regeneration blatt- und wurzelartiger Organe Teratome herauswachsen (Mitte und unten) (Originale S. Malsy).

mit dem Plasmid in die Pflanzenzellen einschleust. Wegen der oben schon erwähnten Schwierigkeiten ist bezüglich der Übertragung der Eigenschaften, die für die N_2-Fixierung wichtig sind, dieser Weg aber zur Zeit nicht erfolgversprechend. Neben der Exprimierung des nif^+-Gens wären viele weitere Voraussetzungen und Manipulationen nötig.

- So bleibt es am erfolgversprechendsten, den Einsatz herkömmlicher Methoden zu verbessern. In einer „Fruchtfolge" können nicht unmittelbar als Kulturpflanzen nutzbare Leguminosen angebaut und zur *Gründüngung* untergepflügt werden. Beim Reisanbau nutzt man auf diese Weise auch andere *Symbiosen,* z. B. die von Cyanobakterien mit dem Wasserfarn *Azolla* (Kap. 25.2.1), der auch gut auf nicht überfluteten feuchten Böden wächst. Auch Leguminosen, wie *Aeschynome afraspera* und *Sesbania rostrata,* die an den Sprossen N_2-fixierende Knöllchen tragen, werden zur Gründüngung in der tropischen Landwirtschaft herangezogen. *S. rostrata* kann bis zu 200 kg Stickstoff pro Hektar und Vegetationsperiode fixieren und bei Gründüngung 50–150 kg Stickstoff pro Hektar und Jahr in den Boden eintragen. Dies erlaubt eine zwei- bis dreifache Steigerung der Reisproduktion. Die Selektion der Makrosymbionten (Pflanzen) und Mikrosymbionten (Bakterien, Cyanobakterien) auf besonders produktive Symbiosen trägt weiterhin zur Verbesserung der Stickstoff-Versorgung bei.

Immerhin kann der potentielle Nutzen der Gentechnologie beträchtlich sein. Wie berechtigt aber sind die Befürchtungen, daß diese neue Forschungsrichtung unbeabsichtigte Gefährdungen oder die Möglichkeiten absichtlichen Mißbrauchs hervorbringen kann? Bleiben wir zunächst bei dem oben näher ausgeführten Beispiel. Im Boden kommen auch humanpathogene Bakterien vor. Bei der Arbeit mit resistenztragenden Plasmiden könnte eine Übertragung der Resistenz-Gene in diese Bakterien erfolgen. Die Gefahr, daß auf diese Weise durch künstlich veränderte Krankheitserreger neue verheerende Seuchen entstehen, ist allerdings gering. Unter Normalbedingungen vermehren sich Bakterien ohne Plasmid im Boden viel besser als die plasmidhaltigen Bakterien. Die plasmidfreien Bakterien haben einen Selektionsvorteil, gegenüber dem sich die plasmidhaltigen Bakterien nicht durchsetzen können. Es gibt auch Bodenbakterien, die natürlicherweise schon resistent sind, und die Übertragung hätte auch in der Natur längst stattfinden können. Daß dies in der Evolution nicht erfolgt ist, zeigt die geringe Wahrscheinlichkeit eines solchen Vorgangs. Trotzdem wird man aus Sicherheitsgründen in der Zukunft mit

anderen als den resistenztragenden Plasmiden arbeiten müssen.
Die gezielte Herstellung neuer Rekombinanten bleibt jedoch eine reale Gefahr. Eine Reihe von Wissenschaftlern hat darauf 1974 in verschiedenen Zeitschriften hingewiesen. Daraufhin kam es 1975 zu einer Konferenz mit dem Ergebnis begrenzter Versuchsstops für besonders gefährliche Experimente und der Ausarbeitung strenger Sicherheitsvorschriften für andere Versuche. Insbesondere sollen als Wirtsorganismen und Spenderzellen nur durch Mutationen geschwächte und außerhalb des Labors nicht lebensfähige Bakterien verwendet werden. Die Forschungen gänzlich abzubrechen, hielt man wegen der vorteilhaften Anwendungsmöglichkeiten nicht für verantwortbar.
In der Botanik trägt die molekularbiologische Technik gegenwärtig vor allem zu einem bedeutenden methodischen Fortschritt der Grundlagenforschung in fast allen Bereichen der Pflanzenphysiologie bei, und da sich das ganz besonders auch auf ökophysiologische Fragestellungen erstreckt, sind auch viele wichtige praktische Implikationen zu erwarten. Die Molekularbiologie erlaubt durch die Identifizierung von Genen und Genprodukten

- den Vergleich der Sequenzen in homologen Makromolekülen verschiedener Organismen und damit phylogenetische Schlußfolgerungen,
- das Studium von Veränderungen spezifischer Genprodukte bei ökologischen Anpassungen und damit die präzise Lokalisierung von Schlüsselstellen solcher Anpassungen,
- die Überprüfung und Aufklärung von regulativen Funktionen von spezifischen Genprodukten *in vitro* und durch die Herstellung transgener Pflanzen auch *in vivo*,
- die tiefergehende Analyse des Mechanismus der selektiven Genaktivierung und -inaktivierung (Kap. 13.4.4, 26.5.2.3).

29.3.1.4 Nutzung der Wüsten

Die Nutzung der Primärproduktion der Pflanzen für die Bedürfnisse des Menschen ließe sich neben der Ertragssteigerung auf vorhandenen Anbauflächen durch Züchtung und Gentechnologie auch durch die *Ausdehnung der Anbauflächen* steigern. Nur 3 % der Erdoberfläche sind intensiv genutztes Ackerland. Tropische Wälder, Savannen, Steppen und Wüsten dominieren riesige Areale. Der Mensch hat aber durch sein Wirtschaften in historischer Zeit nicht Ackerland gewonnen, sondern kontinuierlich die Versteppung und Wüstenbildung gefördert. Durch Entwaldung, übermäßige Nutzung, Versalzung und Erosion geht ständig Agrarland verloren, ganz abgesehen von der Bautätigkeit und Zersiedelung in den Industrieländern. Besonders gefährlich ist die falsche Nutzung tropischer Regenwälder im großen Maßstab. Der tropische Regenwald selbst hat nur eine geringe Nettoprimärproduktion (Abb. 29-4). Das Abholzen großer Flächen des Regenwaldes und die Nutzung der tropischen Böden mit ihrer dünnen Humusauflage als Kulturflächen führt oft binnen weniger Jahre zur Auswaschung der Nährstoffe aus dem Boden, zu irreversibler Erosion und Versteppung.
Bei der Bewässerung von Kulturen in Trockengebieten geht Agrarland durch *Versalzung* verloren. Welche Qualität das Irrigationswasser auch haben mag, es besteht immer die Tendenz zur Ausbildung von Salzkrusten in oberflächennahen Bodenschichten, da das Wasser nicht wie in feuchten, humiden Gebieten nach unten durch den Boden versickert, sondern an der Oberfläche verdunstet und dabei das gelöste Salz zurückläßt.
Ehe der Mensch sich überlegt, ob er bisher ungenutztes Land für die Bewirtschaftung hinzugewinnen kann, sollte er sich fragen, wie der selbst verursachten *Desertifikation* der Erde Einhalt zu gebieten und verlorenes Land zurückzugewinnen ist. Technisch ist eine Rehabilitation des erodierten, versteppten und versalzten Ackerlandes nur mit großem Aufwand zu leisten, und die Erfolgsaussichten sind vielfach fragwürdig. Unter dem Zwang steigender Energiepreise und von Energieversorgungsschwierigkeiten kommt biologischen Wegen eine zunehmende Bedeutung zu. Viele neue Bemühungen konzentrieren sich auf die Nutzung natürlich vorkommender wilder Wüstenpflanzen als Rohstoffquellen und auf die Züchtung salzresistenter Kulturpflanzen.
Die traditionellen Ziele der Pflanzenzüchtung galten einer größtmöglichen Produktion auf ertragfähigem Ackerland unter natürlichen oder künstlich herstellbaren optimalen Bedingungen der Wasser- und Mineralstoffversorgung, Bodenstruktur und anderer Produktionsfaktoren. Dagegen ist bei Wildpflanzen das Ergebnis ökologischer Anpassungen an mehr oder weniger extreme Bedingungen nicht eine besonders hohe Produktivität, sondern es sind Mechanismen für die Existenz und das Überleben (Kap. 23.8.3.3). Wertvolles Genmaterial dafür ist aus unseren Kulturpflanzen allmählich eliminiert worden.

Natürliche Salzresistenz ist unter den Kulturpflanzen bei *Beta vulgaris* (Zucker-, Futter-, rote Rübe) und der Dattelpalme am größten. Unter den Getreidearten hat Gerste *(Hordeum vulgare)* die höchste Resistenz. Aus umfangreichem Material der amerikanischen Gen- und Samenbanken und neuen Kreuzungen gelang in Californien die Isolation von Formen, die zum Anbau unter *Bewässerung mit Meerwasser* in küstennahen, sandigen Wüsten geeignet sind (Abb. 29-9). Sie liefern dabei Erträge, die dem weltweiten jährlichen Durchschnitt von Gerste-Erträgen nahekommen:

Gerste-Erträge einer Kultur auf Sanddünen in Californien bei Bewässerung mit Meerwasser und N-und P-Zusatz (in kg · ha^{-1}):

Standardformen vor der Selektion	833
Erster Versuch mit selektionierten Formen	1082
Zweiter Versuch mit selektionierten Formen	1500
Welt-Durchschnittsertrag	2000

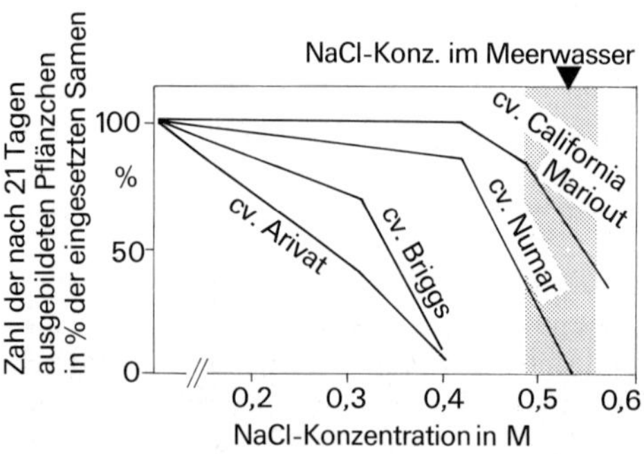

Abb. 29-9. Ausbildung von Pflänzchen bei 4 verschiedenen Gerste-Varietäten in Abhängigkeit von der NaCl-Konzentration im Medium (nach EPSTEIN et al., *Science* **210**: 399, 1980).

Ähnliche Versuche werden mit Weizen unternommen. Bei Tomaten gelangen Erfolge durch Einkreuzen von Genen der salzresistenten Art *Lycopersicon cheesmanii* in die Speisetomate *Lycopersicon esculentum. L. cheesmanii* ist auf den Galapagos-Inseln beheimatet. Sie bildet nur sehr kleine, ungenießbare Früchte aus. Die Produkte verschiedener Kreuzungen und Rückkreuzungen bei jeweils anschließender Selektion auf Salztoleranz in um die Hälfte verdünntem Meerwasser tragen in 70% Meerwasser Früchte, die einen viel intensiveren Geschmack haben sollen als bekannte Speisetomaten.

Einen ganz anderen Weg wählten israelische Wissenschaftler bei der *Begrünung von Wüstentälern* im Negev mit den Methoden eines ausgestorbenen Kulturvolkes. Der durchschnittliche jährliche Niederschlag beträgt dort nur 100 bis 120 mm, wobei aber die höchsten und niedrigsten Werte mit 285 mm und 25 mm Niederschlag pro Jahr weit auseinanderliegen. Man findet in dem 12500 km^2 großen Gebiet die Reste vieler hunderter von Wüstenfarmen der Nabatäer aus dem 4. bis 7. Jahrhundert n. Chr. Sie sind verfallen, nicht weil sich das Klima verändert hat, sondern weil die Bewohner abwanderten und die Farmen nicht mehr gepflegt wurden. Die seit 1958 von dem Botaniker und Ökologen MICHAEL EVENARI unternommenen Rekonstruktionen der historischen Farmen beweisen, daß auch heute noch im Negev ein ertragreicher Anbau von Obst und Gemüse, von Feldfrüchten und Weidepflanzen ohne künstliche Bewässerung allein aufgrund der natürlichen Niederschläge möglich ist.

Die Wüstenfarmen der Nabatäer arbeiteten nach dem *Sturzflutsystem.* Entscheidend ist dafür die Gelände-und Bodenbeschaffenheit. Die eigentlichen Farmen liegen in Tälern und Flutebenen mit 2–3 m tiefen Lößböden, die wenig Salz enthalten und fast steinlos sind. Die Lößhänge des umgebenden Hügellandes von 20- bis 30mal so großer Ausdehnung dienen als Ablauffläche. Bei einem etwas stärkeren Regen kleben die Bodenteilchen zusammen und bilden schnell eine dünne, wasserundurchlässige Kruste, auf der das Regenwasser zu Tal fließt, ohne schon auf den Ablaufflächen in den Boden einzusickern. Ausgedehnte Systeme von Steinhaufen und Steinstreifen auf den Hügelketten des Negev zeugen davon, daß die Nabatäer zusätzlich die Steine abgesammelt haben, unter denen das Wasser kapillar in den Boden hätte eindringen können. Bei einem Niederschlag von 100 mm erhält die Farmfläche auf diese Weise zusätzlich 600 mm salzfreies Wasser. Dies reicht aus, um den Lößboden der Farm in seiner ganzen Tiefe zu durchfeuchten und etwa versalzten Boden zu entsalzen. Die große Speicherkapazität des tiefen Lößbodens kann den Wasserbedarf der Kulturen eine ganze Vegetationsperiode lang decken; die Farmen kommen ohne jegliche künstliche Bewässerung aus.

Die Sturzflutlandwirtschaft war in biblischer und historischer Zeit im Nahen Osten und in Nordafrika weit verbreitet. Am Nordrand der Sahara hat sie sich bei den Djessur-Nomaden bis zum heutigen Tag erhalten. Man hofft, daß ihre Wiederbelebung zur Eindämmung des Hungers in Wüstenzonen der ganzen Erde beitragen kann.

29.3.2 Energieversorgung

Auch die herkömmlichen Energiequellen der Menschen sind durch die *Primärproduktion der Pflanzen* gespeist. Wälder liefern *Holz;* aber die Regeneration dieser Quelle dauert viele Jahrzehnte. Die Waldzerstörung in den letzten Jahrzehnten, besonders in den Tropen, ist verheerend. *Erdöl, Steinkohle* und *Braunkohle* sind fossile Energiequellen, die überhaupt nicht regenerierbar sind. Erdöl ist in Jahrmillionen aus Ablagerungen von Lebewesen des Planktons in Meeren und Seen entstanden. Steinkohle geht auf die ersten großen Wälder zurück, die die Erde in der Karbonzeit vor 345–280 Millionen Jahren besiedelt haben (Abb. 29-10), Braunkohle auf Wälder des Tertiärs (vor 25 Millionen Jahren).

Abb. 29-10. Wald des Oberkarbons mit baumförmigen Pteridophyten und frühen gymnospermen Samenpflanzen. Schachtelhalmbäume (*Calamites,* Kl. Equisetatae, Abt. Pteridophyta) mit unverzweigten (1) oder quirlig beasteten Stämmen (2) bis zu 20 m hoch, in den karbonischen Waldmooren. – Bärlappbäume (Kl. Lycopodiatae, Abt. Pteridophyta) mit wenig verzweigten Stämmen (3) *(Sigillaria)* und durch starke gabelige Verzweigung gebildeten Kronen 30 m hoher Bäume (4) *(Lepidodendron).* – Baumförmige (5) und krautige Farne (6) (Kl. Filicatae, Abt. Pteridophyta). – Gymnospermen, Samenfarne (Kl. Lyginopteridatae) als kleine Bäumchen (7) oder Lianen (8) und Cordaiten (9) (Kl. Pinatae), die höchsten Bäume des karbonischen Waldes, deren glatte Stämme sich erst in großer Höhe verzweigten, mit mächtigen Schöpfen langer bandförmiger Blätter an den Enden der Zweige. (Aus K. Mägdefrau: *Vegetationsbilder der Vorzeit.* G. Fischer, Jena, 1952; mit freundlicher Genehmigung des G. Fischer Verlages).

Zukunftsvisionen, die primäre Absorption der Sonnenenergie durch grüne Pflanzen direkt technisch nutzen zu können, bleiben Träume der Science Fiction. Es ist Geschmackssache, ob man sich dabei Bäume mit Steckdosen oder mit Zapfhähnen vorstellen will. Vielleicht kann unser Wissen über die molekulare Struktur der Thylakoidmembranen von Chloroplasten (Kap. 8.1.3 und 8.2.1) der Konstruktion analog gebauter photo-elektrischer Zellen zur Ladungstrennung durch Absorption von Lichtquanten und damit zur Gewinnung elektrischer Energie dienen. In semibiologischen Modellsystemen, mit Chlorophyll oder mit dem Bakteriorhodopsin von *Halobacterium halobium* (Kap. 1.4.1), eingebaut in künstliche Membranen, kann man Spannungsdifferenzen von 0,4 Volt aufbauen und Ströme von $2{,}4 \cdot 10^{-5}$ Ampère erzeugen. Der Wirkungsgrad der Strahlungsausnutzung solcher Systeme liegt bei 0,002 %. Ein Vergleich mit den Daten von Tab. 29-1 zeigt, daß solche Versuche eher für unser Verständnis der Mechanismen der biologischen Energieübertragung interessant als von praktischem Wert sind.

Biologische Alternativen sind ohne die Nettoprimärproduktion der Pflanzen zur Zeit nicht denkbar. Die *Nutzung regenerierbarer Biomasse* zur Energiegewinnung für technische Zwecke wird in verschiedenen Ländern intensiv erprobt. So wurde in Brasilien das „Proalcool"-Programm entwickelt, die Herstellung von Ethanol als Kraftstoff durch die Vergärung von pflanzlichem Material aus dem Zuckerrohranbau. Vor Beginn des Programms 1975 produzierte Brasilien jährlich $0{,}5 \cdot 10^6$ m³ Ethanol, 1979/80 waren es $3{,}8 \cdot 10^6$ m³, und für 1985 war eine Produktion von $10{,}7 \cdot 10^6$ m³ geplant. Aber solange dies nicht ausschließlich aus Rückständen und Abfallprodukten der Zuckerherstellung erfolgt, ergibt sich eine Überlagerung mit dem anderen hier behandelten Problem, der notwendigen Eindämmung der Ernährungskrisen in den Entwicklungsländern. Einen anderen Weg geht das chinesische Biogas-Programm. Über das ganze Land verstreut werden Anlagen zur Produktion von Wasserstoff und Methan durch bakterielle Zersetzung von Biomasse gebaut.

Die *Grenzen der Energiegewinnung aus erneuerbarer Biomasse* sind durch die Daten über die Ausnutzung der Sonnenenergie gegeben (Kasten 29-1, Tab. 29-1). Der gesamte Energieverbrauch der Menschheit lag im vergangenen Jahrzehnt bei nur 1/8000 der Strahlungsenergie, die die ganze Erde im Jahr erhält, aber bei 10 % der gesamten Primärproduktion. Nur 1/20 des Energiebedarfes der Menschheit wird gegenwärtig von der Landwirtschaft gedeckt, nämlich im wesentlichen der Teil, der auf unsere Ernährung entfällt. Denken wir aber gleichzeitig an die Hungersnöte auf der Erde, dann wird deutlich, welche gewaltigen Ertragssteigerungen und Ausweitungen nutzbarer Landflächen global für die biologische Lösung des Energieversorgungsproblems nötig wären. Eine weitere Zerstörung natürlicher Ökosysteme würde damit einhergehen. Und dennoch könnte ein solches Ziel nicht verwirklicht werden. Alles, was Wissenschaft und Technik in den hochentwickelten Ländern in der nahen Zukunft erreichen können, sind Verbesserungen um einige wenige Prozente. Optimismus, der hier eine vollkommene oder wenigstens quantitativ bedeutende Teillösung des Problems erwartet, ist nicht angebracht.

29.4 Globale Veränderungen

Die herausragende globale Bedeutung des Pflanzenkleides der Erde beruht darauf, daß die grünen Pflanzen in den Ökosystemen die Primärproduzenten sind (Kap. 29.2). Dadurch bestimmen die Pflanzen Physiognomie und Charakter der großen Lebensräume und schaffen die Voraussetzung für alles andere Leben. Was dies global quantitativ bedeutet, wird aus der Übersicht von Kasten 29-1 klar. Globale Veränderungen, die uns heute ängstigen und uns viele Probleme bereiten, betreffen ganz primär auch das Pflanzenkleid der Erde, und es stellen sich viele Fragen an die Wissenschaft der Botanik. Diese Fragen beziehen sich auf Diagnosen und Voraussagen und die Hoffnung auf Auswege.

29.4.1 Diagnosen

Zur Diagnose von globalen Veränderungen kann man heute eine zunehmend ausgefeilte Technik einsetzen. Dazu gehören Probennahmen über größere Räume hinweg, die durch moderne Verkehrsmittel (geländegängige Fahrzeuge, Helicopter u. a.) möglich geworden sind, und die anschließend den Einsatz mannigfaltiger Analysenverfahren erlauben. Besonders wichtig ist aber die *Fernerkundung* durch meteorologische Flüge und aus Satelliten geworden. Eigenschaften und Funktionen von Pflanzen spielen dabei eine entscheidende Rolle.

Durch die *Infrarotgasanalyse* kann man auch vom Flugzeug aus Atmung und Photosynthese über der Vegetation messen. CO_2 und Wasserdampf (H_2O) gehören zu den infrarotaktiven Gasen, die wegen der Zusammensetzung ihrer Moleküle aus unterschiedlichen Atomen eine ungleichmäßige Verteilung der elektrischen Ladung tragen, also ein Dipolmoment (Kasten 14-3) besitzen und daher ein charakteristisches Absorptionsspektrum im infraroten Bereich haben. Dadurch werden sie einer quantitativen Analyse zugänglich, und durch geeignete Strahlungssensoren kann der Gaswechsel der Vegetation vom Flugzeug aus erfaßt werden. Die Atmosphäre der unteren Troposphäre wird dabei gewissermaßen als Gaswechselkammer angesehen und der Gasaustausch zwischen der Biosphäre und der Atmosphäre betrachtet. Das unterschiedliche Verhalten verschiedener Ökosysteme, wie von Wäldern, Feuchtbiotopen und Flüssen, läßt sich deutlich auflösen und unterscheiden.

Eine besonders intensive Anwendung findet auch die Analyse elektromagnetischer Strahlung durch geeignete Sensoren in Flugzeugen und Satelliten. Ihre große Aussagekraft beruht auf den Eigenschaften des Photosyntheseapparates der Pflanzen. Sensoren, die im Bereich der Strahlungsreflexion durch die grünen Pflanzen bzw. der Strahlungsabsorption durch das Chlorophyll (Kap. 8.2.1.3, Abb. 8-6) arbeiten, erlauben eine differenzierte Analyse des Zustands der Vegetation. Die Messung der durch starke Laser induzierten Chlorophyllfluoreszenz vermittelt sogar einen Eindruck von der physiologischen Aktivität der Photosynthese (Kap. 8.2.1.3, Abb. 8-6; Kap. 23.8.1.1). Zu den mannigfaltigen Aussagen, die dadurch möglich werden, gehören Angaben über

- die Vegetationsdichte auf der Landoberfläche,
- die Planktondichte in den Meeren,
- die Vegetationstypen, die Struktur und Dynamik von Ökosystemen,
- die Produktivität landwirtschaftlich genutzter Flächen und natürlicher Vegetation,
- jahreszeitliche Entwicklungen von Wachstum und Blühen,
- Veränderungen durch Entwaldung, Feuer, Stürme, Schädlingskalamitäten und andere Naturkatastrophen, Erosion usw.,

u. v. a. m. Durch zeitlich wiederholte Beobachtungen und Kalibrierungen mit Hilfe von punktuellen bodengebundenen Untersuchungen führt diese Technik zu erstaunlich detaillierten Diagnosen großräumiger Vegetationsdynamik.

29.4.2 Verlust der Artenvielfalt

Die Diversität der Organismenarten wird durch das Wirtschaften des Menschen zunehmend eingeschränkt. Wir haben oben schon gesehen, daß durch bestimmte landwirtschaftliche Praktiken die Desertifikation gefördert wird (Kap. 29.3.1.4). Unmittelbar sind genetische Diversität und Artenvielfalt durch Landwirtschaft auf verschiedene Weise betroffen:

- spezifische Zuchtziele schränken den Genpool innerhalb einzelner Kulturarten ein (Kap. 29.3.1.2),
- der Mensch nutzt insgesamt global nur sehr wenige Kulturarten,
- durch moderne Bewirtschaftungsmethoden (Monokultur, Pestizideinsatz, Düngeverfahren, Bodenbearbeitung usw.) wird die Artenvielfalt (Pflanzen, Kleintiere) in Agrarökosystemen sehr stark verringert.

Weiterhin sind durch die anthropogene Veränderung oder Zerstörung von Lebensräumen viele Arten gefährdet oder schon ausgestorben. Am dramatischsten, weil gegenwärtig von beängstigender Dynamik, erscheint der Verlust an Diversität durch die Zerstörung tropischer Wälder. Jede Sekunde geht in den Tropen eine Waldfläche von der Größe eines Fußballfeldes verloren. Gerade in diesen tropischen Wäldern findet sich die größte natürliche Artendiversität. Dort lebt vielleicht die Hälfte aller Pflanzen- und Tierarten, die es auf der Erde überhaupt gibt, und die mit dem Vergehen dieser Wälder aussterben, ehe wir sie kennenlernen und die Grundlagen ihrer Diversität verstehen lernen konnten. Dem Schutz der Biotope steht gerade in den Entwicklungsländern der Tropen mit ihren besonders stark wachsenden Bevölkerungen die Notwendigkeit der Ernährung der Menschen gegenüber. Die Wissenschaft der Botanik muß mit dazu beitragen, daß Wirtschaftsformen entwickelt werden können, die beides vereinigen.

29.4.3 Klimaänderungen

Durch die großflächigen Abholzungen tropischen Waldes erwartet man Klimaänderungen zumindest in lokalem und regionalem Maßstab. Globale Klimaänderungen werden besonders wegen des Anstiegs der Konzentration sogenannter *Treibhausgase* in der Atmosphäre befürchtet, vor allem des CO_2 und des CH_4. Die Erhöhung des CO_2-Gehaltes der Atmosphäre ist weitgehend anthropogenen Ursprungs. Durch das Verbrennen von Kohle, Erdöl und Holz setzen wir in den fossilen Brennstoffen und in der Biomasse gebundenen Kohlenstoff als CO_2 frei. Das meiste Methan (CH_4) ist biogenen Ursprungs. Seine Bildung beruht auf der Stoffwechselaktivität anaerober Archaebakterien (methanogene Bakterien, Kap. 1.7.1), wird aber durch den Eingriff des Menschen anthropogen gesteigert (u. a. auch durch die Zucht von Rindern, in deren Verdauungstrakt sich CH_4 entwickelt und beim Reisanbau). Diese Gase haben ein Dipolmoment und sind deshalb infrarotaktiv. Aus dem gleichen Grund, warum sie der Infrarotgasanalyse zugänglich sind (Kap. 29.4.1), verhindern sie durch Absorption das Abstrahlen von Wärmestrahlung von der Erdoberfläche und verursachen damit eine Erwärmung (*Treibhauseffekt*).

Verschiedene Modelle führen auf Grund der beobachteten Konzentrationsänderungen der Treibhausgase zu mehr oder weniger apokalyptischen Vorhersagen der globalen Klimaveränderung. Aber, so dramatisch z. B. der Anstieg der CO_2-Konzentration in unserer Atmosphäre ist – der CO_2-Partialdruck betrug 1850 ca. 290 µbar/bar, 1950 310 µbar/bar und liegt gegenwärtig schon bei 345 µbar/bar –, so bedrohlich dies auf jeden Fall für eine erwünschte Homöostase der Lebensbedingungen auf der Erde sein muß – weshalb einschränkende Maßnahmen hohe Dringlichkeit haben –, so sehr sind doch alle Modelle und Hochrechnungen von Unsicherheiten betroffen. Die Treibhausgase, deren Konzentration sich jetzt so sehr erhöht, sind Spurengase. Das quantitativ wichtigste Treibhausgas ist Wasserdampf, ohne dessen Wärmeabsorption es auf der Erdoberfläche für das Leben auch viel zu kalt wäre. Seine Berücksichtigung in Hypothesen über die Klimaentwicklung kann die Ergebnisse von Modellen stark beeinflussen.

Die Vegetation wirkt auf die Spurengasgehalte der Atmosphäre ein und reagiert auf sie, durch die Transpiration und den CO_2-Gaswechsel der Atmung und Photosynthese. Es ist noch viel Forschungsarbeit nötig, um zu klären, wie sich das auswirkt. Beim Abholzen tropischer Wälder würde das Verbrennen des Holzes den CO_2-Gehalt der Atmosphäre erhöhen. Neue sekundäre und junge Ökosysteme – auch Agrarökosysteme – mit großer Nettoprimärproduktion würden aber stärkere Sinks für CO_2 darstellen als das im stabilen Fließgleichgewicht befindliche System des Waldes (Kap. 29.2). C_3-Pflanzen, die weit unterhalb der optimalen CO_2-Konzentration der Photosynthese arbeiten (Kap. 23.8.1.4, Abb. 23-18), könnten mit erhöhter Produktivität reagieren, falls nicht andere, hemmende Parameter in der Gesamtregulation die Oberhand gewinnen. Die Photorespiration (Kap. 9.3.1) wird durch gesteigerte CO_2-Konzentrationen eingeschränkt. Die Auswirkungen solcher Zusammenhänge auf den Komplex rückgekoppelter Systeme der Pflanze (s. auch Kap. 28.3) sind durch Langzeitversuche über die Photosynthese bei höheren CO_2-Konzentrationen noch längst nicht hinreichend geklärt.

Schließlich kann die Botanik auch durch die Erforschung der Vegetations- und Florengeschichte (*Paläobotanik*) zum Verständnis gegenwärtiger Entwicklungen beitragen. Da wir nicht in die Zukunft schauen können, müssen wir bemüht sein, aus den Klimaschwankungen vergangener Epochen der Erdgeschichte, die uns unter anderem durch die Vegetationsentwicklung angezeigt werden, zu lernen.

Zum weiteren Studium

Evenari, M.: *Ökologisch-landwirtschaftliche Forschungen im Negev.* Technische Hochschule, Darmstadt 1982.

Hess, D.: *Biotechnologie der Pflanzen.* Ulmer, Stuttgart 1992.

Larcher, W.: *Ökologie der Pflanzen auf physiologischer Grundlage.* Ulmer, Stuttgart 1980.

Mägdefrau, K.: *Geschichte der Botanik*, 2. Aufl. Fischer, Stuttgart – Jena – New York 1992.

Mohr, H.: *Lectures on Structure and Significance of Science.* Springer, New York – Heidelberg – Berlin 1977.

Mooney, H. A. and Hobbs, R. J.: *Remote sensing of biosphere functioning.* Springer, Berlin – Heidelberg – New York 1990.

Strasburger, E.: *Lehrbuch der Botanik für Hochschulen.* Fischer, Stuttgart – Jena – New York 1991.

Walter, H. und Breckle, S.-W.: *Ökologie der Erde, Band 1, Ökologische Grundlagen in globaler Sicht.* Fischer, Stuttgart 1983.

Register*

* Die Seitenzahlen geben einzelne Seiten oder Textbereiche wieder, wo das entsprechende Stichwort behandelt wird. Wenn das Stichwort auf einer Seite ausschließlich in einer Abbildung, einem Kasten oder einer Tabelle vorkommt, ist dies durch die Buchstaben A, K oder T hinter der Seitenzahl vermerkt.

A

ABA s. Abscisinsäure
Abgrenzung 5f., 20
Abies (Tanne) 301, 335, 343, 384, 434, 508
Abies alba 435A, 468A
Abraumhalde 454
Abschlußgewebe 159, 355, 372
– sekundäres 149, 371A, 388, 389A
Abscisinsäure (ABA) 213K, 433, 500, 502K, 520
Abscission 521
Absorptionsmaximum 122f.
Absorptionsspektren, Chlorophyll 115ff.
Abstammungslehre 177
Acacia 405A
Acacia heterophylla 421A, 422
Acer pseudoplatanus (Bergahorn) 416T
Acetabularia 169, 191, 235, 238A, 492, 538ff., 541A
Acetabularia mediterranea 238A
Acetabularia wettsteinii 238A
Acetaldehyd 85, 86A, 94A
Acetat (Essigsäure) 222A
Acetyl-CoA (aktivierte Essigsäure) 40K, 94, 94A, 95A, 103ff., 106A, 107A, 108, 137A, 138, 140, 141A, 145, 167A, 209, 210A, 212A
Acetyl-CoA-Carboxylase 137A
N-Acetyl-Glucosamin 151, 152A
Acetylrest 94
O-Acetylserin 454, 456A
Achselknospe 498, 500A
cis-Aconitat 95A
Acrasiomycota 284
Actin 25, 75, 76A
Actinomyceten 464
Actinostele 381K
acyl carrier protein 138
Acyl-CoA 40K, 107A
Acylcarnitin 105, 107A
Acylrest 142K
Adenin 183K, 184, 219K, 500, 502K
Adeninnucleotid-Carrier 103
Adenosin 188
Adenosin-5′-phosphoryl-sulfat (APS) 454, 455A
Adenosindiphosphat s. ADP
Adenosinmonophosphat, zyklisches s. cAMP
Adenosintriphosphat s. ATP
Adenylat-Carrier 105A
Adenylat-System 85, 87, 164, 166
Adenylat-Träger 167A
Adenylat-Translokator 166
adenylate energy charge 164
Adenylmethionin 40K
Adhäsion 296A, 398, 480
Adiantum 407A
Adkruste 159
Adlerfarn 377
ADP (Adenosindiphosphat) 15K
Aegialitis 342
Aegialitis annulata 458
Aegilops comosa 554
Aegilops speltoides 552, 553A, 554
Aegilops squarrosa 552, 553A
Aërenchym 445
Aeschynome afraspera 558
Aesculus hippocastanum (Roßkastanie) 405, 406A
Affinität 443
Agave 418, 522
Agave americana 416T
Agrarland 559
Agrarökosystem 549f., 556, 563f.
Agrobacterium tumefaciens 557, 558A
Ahorn (*Acer*) 264A, 336, 403, 405, 405A, 416T, 504A
Akrotonie 369K
Aktionspotential 492, 492A, 493A, 494K, 495f., 495A, 497T, 498A
– biphasisches 495A
Aktionsspektrum 120A
Aktivator 43, 44A, 87, 87A
Aktivierungsenergie 38f.
Alanin 189A, 194K, 208K
β-Alaninbetain 458K
Alaria 265A
Albizzia julibrissin 515, 518A
Alchemilla (Frauenmantel) 445
Aldosen 78K
Aleuron 201, 202A
Algen 109ff., 115, 240, 264, 306, 311, 469, 471, 473A, 492
– Entwicklungsgänge 255A
– Entwicklungstendenzen 227ff., 259
– eukaryotische 227ff.
– Pigmente 227ff.
Algengruppen 227
Alismatidae 325A, 328K
Alkaloide 209ff., 210A, 218T, 219K, 347
Alkohol 85
Alkohol-Dehydrogenase 86A
Allel 177, 178K, 179f.
allelopathische Beziehungen 508

Allergie 308
Alles-oder-Nichts-Gesetz 492 A, 494 K
Allium cepa (Küchenzwiebel) 73, 418, 422 A
Allium sativum (Knoblauch) 409 K
Allium ursinum (Bärlauch) 409 K
Allogamie 316 K, 317, 317 A
Allopolyploidie 552
allosterisch-kooperative Beeinflussung 163
allosterische Effekte 505
Alluaudia procera 335 A
Alm 333
Alnus (Erle) 464
Alnus viridis 343
Alpen 343 f., 344 A
Alpenmatte 331
alpine Stufe 343
Alsophila 270
Altern 483, 520, 522
Alternanzregel 419 K
Amide 399
Aminierung
- primäre 206
- reduktive 451, 451 A
Amino-Gruppe 193, 199 K
Aminoacyl-t-RNA-Synthetase 188, 188 A, 189 A
1-Aminocyclopropan-1-carboxylsäure 502 K
δ-Aminolaevulinsäure 222, 222 A
Aminopeptidasen 207
Aminosäuren 4 K, 5, 77, 104, 106 A, 135, 147, 188 A, 189 A, 193 ff., 195 K, 220, 448 K, 512
- Aktivierung 189 A
- aliphatische 210 A
- aromatische 207, 208 K, 210 A, 217 K
- basische 194 K
- Familien 207, 208 K
- Gruppen 207
- Ladungszustände 196 A
- Positionen, essentielle 201
- proteinogene 182, 188, 193, 194 K, 206 f.
- saure 194 K
- Seitenketten 196
- Sequenz 188, 201
- Synthese 206
- Transport 372, 399
Aminotransferasen 206
Ammoniak 206
- Synthese 557
Amöben 284
amöboide Zellen 149, 228
Amphigastrien 270
amphistomatisches Blatt 411
Amygdalin 520, 520 A
α-Amylase 506
Amylasen 80, 81 A
Amyloplast 80, 109, 110 A, 530, 533 A
Amylose 152 A
Anabasin 219 K
Ananas 207
Anaphase 75, 173 A, 174, 174 A, 245, 246 K
Androeceum 323 K
Androgenese 554
Anemochorie 319 K
Anemone nemorosa (Buschwindröschen) 390, 393 A
Anemophilie 313, 316 K
- sekundäre 316
Angiospermen 5 K, 25, 267 A, 298 A, 305 K, 307 ff., 308 A, 310 A, 313 A, 327 K, 328 K, 329 A, 350, 367, 377, 380 f., 398, 443, 471
- Bestäubung 313 ff.
- dikotyle 267 A
- Entwicklungstendenzen 311, 316 f., 322
- Früchte 317 ff.
- Holz 385, 387 A
- monokotyle 267 A
- Parasitismus bei- 471 ff.
- Pollen 308 A
- Stammbaum 324 A
Animalia 5 K, 30, 30 A
Anionen-Uniport 63
Anionenkanäle 60
Anisogamie 248 A, 249 K, 252, 259, 285
- physiologische 248
Anisophyllie 405
- genotypisch bedingte 406 A
- induzierte 406 A
Ankistrodesmus 85, 233
Annuelle 342 K, 484
Anodonta 497 T
Anpassung 248, 261 f., 264, 267, 277, 331, 422, 428, 454, 463, 559
- ökologische 441
Anregungsenergie 122 f.
Antennenpigmente 122 f., 122 A, 425, 536
Antheraxanthin 425 A
Antheren s. Staubblätter
Antheren-Kultur 554
Antheridien 252, 252 A, 273 A, 277 f., 279 A, 281 A, 287 A, 290 K, 293, 294 A, 298, 300 A, 302 A, 303 A, 308, 326 K
Antheridienstand 252, 272 A, 273 A, 274 A, 275 A
Anthocerotopsida 270
Anthocyanidine 215 K
Anthocyansynthese 515
Anthropochorie 319 K
Anthurium 322
Antibiotika 290
Anticodon 188, 188 A, 189 A
Antipoden 309, 312 A
Antithamnion 265 A
Antithamnion plumula 239 A
Anulus 295, 296 A, 301, 307
Apertur 308
Apex 367
Apfel (*Malus*) 155, 320, 321 A, 473
Äpfelsäure (Malat) 16 K, 65, 72 f., 94, 95 A, 104 A, 106 A, 134 K, 140, 140 A, 144, 167, 195 K, 436 ff., 438 A, 439, 440 A, 444 A, 451, 459
Apikaldominanz 489 f., 498, 501, 503 K
Apium graveoles (Sellerie) 512
Aplanosporen 230, 232 A, 245
Apoplast 53, 56 A, 67, 68 A, 72 A, 162 A, 217 K, 356 f., 395, 445
Apothecien 470 A
Apposition 157
APS (Adenosin-5′-phosphoryl-Sulfat) 454, 455 A
APS-Kinase 456 A
APS-Transferase 456 A
Äquator 340
Äquatorialplatte 173 ff., 246 K
Äquidistanzregel 419 K
äquifaziales Blatt 407
Arabinogalactan 154 A
Arabinose 150, 152 A
Araceae 316 A
Arachis hypogaea (Erdnuß) 305 T, 460

Araucarie 335
Arbeit 31 ff., 32 A, 37 A, 96 f.
- chemische 34, 34 T, 122
- elektrische 34, 34 T
- mechanische 33, 34 T
- Oberflächen- 34, 34 T
- photochemische 122, 125
- photomechanische 121, 121 A
Arbeitskern 169, 175
Arbeitsteilung 49, 159, 161, 228 f., 261 f., 267, 268 K, 483, 487
Archaebacteria 21 f., 28 f., 30 A, 564
- thermophile 511 A
Archegonien 272 A, 273 A, 277, 279 A, 281 A, 293 f., 294 A, 300 A, 304 f., 326 K
Archegonienstand 272 A, 273 A, 275 A
Archespor 295, 307
Arecidae 322, 325 A, 328 K
Areole 392 A
Arginin 170, 194 K, 208 K
Armleuchteralgen s. Characeae
Aronstab (*Arum maculatum*) 102, 315, 316 A, 317, 322, 417, 510
Artemisia 340, 476 A
Artenvielfalt 563
Arundo donax 407 A
Ascillatoria 22 A
Asclepiadaceae 335 A
Ascogon 287 A, 290 K
Ascomycetes 287, 287 A, 288 K, 465, 469
Ascophyllum nodosum 242 A, 265 A
Ascosporen 287, 287 A, 289 K
Ascus 287, 289 K
Asparagin 193, 194 K, 208 K, 220
Asparaginsäure 194 K, 207 A, 208 K, 220, 220 A, 221 A
Aspartat 441
Assimilate 373, 384, 471, 474 f., 489 A, 522
- Ferntransport 240, 399
- Transport 271, 378, 385, 400 f.
- Transportform 79 K
Assimilation 417, 483, 547 A, 551 K
Assimilationsgewebe 281 A
Assimilationslamelle 276 A
Assimilationsparenchym 271
Assimilationswurzeln 363 A
Assimilatleitbahnen 244 A
Assimilatoren 270, 272 A
Assimilatstau 490
Assoziation 452, 453 T, 557
Asterales 322
Asteridae 267 A, 324 A, 328 K
Asymmetrie 499
Atemwurzel 342, 359, 362 A, 445
ätherische Öle 213 K
Atmosphäre 17 f., 69 A, 130 f., 261 f., 394, 398, 438 A, 440 T, 444 A, 548 A,
- CO_2-Gehalt 429 f., 563 f.
- Filterwirkung 115
- Luftstickstoff 557
- Wasserpotential 68 f., 394, 432 ff.
Atmung 50 A, 81 A, 87 A, 91 ff., 103 T, 106 A, 123, 145, 147, 167 A, 399, 422 f., 423 A, 425, 428 f., 430 A, 432 f., 471, 492, 546, 548 A, 549 A, 550, 551 K, 563 f.
- ATP-Bildung 97 ff.
- Energiebilanz 102
- Evolution 19 f.
- Wärmeproduktion 315
- Wurzelknöllchen 454
Atmungskette 21, 36 A, 37, 85, 96 ff., 97 A, 98 K, 100 K, 101 A, 103, 105 f., 145, 167 A
- alternativer Seitenweg 102
- Enzyme 30, 102
- Wirkungsgrad 546
ATP (Adenosintriphosphat) 12, 15 K, 40 K
ATP-Bilanz 83 f.
ATP-Bildung 58, 87 A, 97 A, 101 A, 125 f., 128 K, 129
- Atmung 97 ff.
- Glykolyse 83 f.
ATP-Gewinn 103 T
ATP-Hydrolyse 129
ATP-Spiegel 87
ATP-System 36 A
ATP/ADP-System 37, 37 A
ATPase 14 A, 15 K, 25, 58, 62 f., 92 A, 101 A, 112 A, 127 K, 129, 129 A, 174, 197 A, 505
- membrangebundene 91, 102, 126 f., 127 K
- Plasmalemma- 58, 127
- Tonoplasten- 58
- Vakuolen- 127 K
Atrichum undulatum 275 A
Atriplex 443
Atriplex hymenelytra 459 A
Atropa bella-donna (Tollkirsche) 218 T
Atropin 218 T
Aufspaltung
- F_1-Generation 181
- F_2-Generation 179
Augenfleck 25, 25 A, 228 f., 485, 496
Augentrost (*Euphrasia*) 473
Ausbreitung 394
Ausläufer 518, 529 A
Auslese 332, 546, 552, 553 A, 554
Austausch, von Kationen 62 f.
Austauschmechanismen 59 A, 60, 166
Austrocknung 281, 510
Austrocknungsresistenz 282
Außenfaktoren 163, 485, 504, 508 ff., 520 f., 527, 527 T, 530, 537
Autochorie 319 K
Autogamie 316 K, 317
- fakultative 317
- obligatorische 317
Autolyse 139
Autopolyploidie 182, 552
autotroph 11 K, 12, 19, 24, 30, 30 A, 447, 463, 471, 477, 483
Auwald 332 A
Auxine 500 ff.
- synthetische 500
auxothroph 11 K
Auxozygote 248, 251 A
Avena sativa (Hafer) 57 K, 58, 306, 507, 555
Avena-Krümmungstest 507, 507 A
Avicennia 342, 362 A
Avicennia germinans 459 A
Avicennia marina 390 A
Azolla 558
Azotobacter 465

B

Bacillen 21 K
Bäckerhefe 85
Bakterien 21 f., 131 T, 436, 452, 465, 485, 556 ff., 556 A
- anaerobe 449, 453

- DNA 22
- Konjugation 557
- methanbildende 22, 564
- N_2-fixierende 449 A, 557
- Photosynthese 13 ff., 22, 125, 449, 450 A
- schwefelfreie grüne 17
- thermophile 22
Bakteriochlorophyll 13, 115
Bakteriorhodopsin 12, 13 A, 14 A, 562
Bakteroid 454, 464 f., 466 A, 467 A
Balgfrucht 318 K, 320, 321 A
Balsaminaceae 320 A
Bambusblüte 537
Bariumsulfat 530
Bärlappbäume 561 A
Bärlappgewächse s. auch Lycopodiatae 266 f., 267 A, 268 K, 295, 340, 405
Bärlauch (*Allium ursinum*) 409 K
Bartsia 474
Basalkorn 25 A
Basalkörper 25
Basen 4 K, 5 f., 8 K, 182, 183 K, 184, 212, 219 K
Basenpaarung 184, 185 A
Basentripletts 190
Basidie 290, 291 A
Basidiomycetes 287 f., 288 K, 291 A, 465, 469
Basidiosporen 291 A
Basitonie 369 K
Bast 354, 382, 383 A, 384 ff.
Bastardisierung 179
Bastfaser 383 A, 385
Bastparenchym 383 A, 385
Baststrahl 382, 385
Bauchkanalzelle 277 f., 281 A
Baum 270, 380 ff., 396
Baumgrenze 343
Baumwipfel 398
Baumwolle (*Gossypium*) 305 T, 408 A
Beere 318 K
Befestigung 359, 360 A
Befruchtung 149, 256, 304 f., 309 f., 487 A, 521
- doppelte 311, 312 A
Begonie 490
benthisch 240, 243 A
Benzaldehyd 520 A
Berberitze (*Berberis vulgaris*) 418, 421 A, 477 A
Berg-Eukalyptus (*Eucalyptus regnans*) 263
Bergahorn (*Acer pseudoplatanus*) 416 T
Bergwald 331
Bernsteinsäure (Succinat) 94 f., 95 A, 106 A, 140, 140 A, 144
Berührung 527 T
Beschattungspigmente 536
Bestäubung 263, 304, 309, 313 ff., 314 A, 315 A, 521
Bestäubungstropfen 304, 313
Beta vulgaris (Futter-, Rote -, Zuckerrübe) 359 A, 512, 560
Betula (Birke) 282 A
Betula nana 336, 343
Betula pubescens 308 A
Bevölkerung, exponentielles Wachstum 550
Bewässerung 559
Bewässerungskultur 455
Beweglichkeit 230
Bewegung 477 f., 496, 525, 527 T
- amöboide 75
- hygroskopische 278, 319, 320 A
- intrazelluläre 75
- Reaktionsarten 525
- seismonastische 72, 525
- Turgor- 528
- Verlauf 525
- Wachstums- 528
Bewegungsmechanismen 318, 319 K, 320 A
- aktive 527
- passive 527
Bewegungsreaktionen 495
Bidens pilosa 498, 500 A
Biegefestigkeit 378
Bier 290
bifaziales Blatt 407, 408 A
Bildungsgewebe 350
- primäres 382
- sekundäres 388
Bildungszentrum 240
Bildungszone 367 f.
Bilsenkraut (*Hyoscyamus niger*) 512, 513 A, 518, 519 A
Bindung, energiereiche 15 K
- glykosidische 79 K
Biocönose 332, 334 K
Bioenergetik 31 ff.
Biogas 562
Biokatalyse 20, 38 ff.
- Kinetik 41 f.
biologische Tests 507
Biolumineszenz 227, 538, 540 A
Biom 334 ff., 334 K, 335 A, 337 A, 343, 344 A
Biomasse 546 f., 549 A, 564
- regenerierbare 562
Biopolymere, präbiotische Synthese 5
Biosphäre 563
Biotechnologie 556
Biotin 40 K, 212 A, 220, 448 K
Biotop 248, 334 K
Birke (*Betula*) 282 A, 308 A, 336, 343
Birne (*Pyrus communis*) 155, 320, 321 A, 373 A, 473
Bivalente 246 K
Blasenhaar 459 A
Blatt 68 ff., 69 A, 261 f., 262 A, 392 A, 394 f., 398, 410 A, 431 A, 432 f., 445 A, 450, 451 A, 454, 503 K, 521
- adultes 522, 522 A
- amphistomatisches 411
- äquifaziales 407
- Bau 403 ff.
- bifaziales 407, 408 A, 411
- C_4-Pflanze 440 A
- Entwicklung 268 K
- epistomatisches 411
- Flachblatt 409 K
- hypostomatisches 411
- juveniles 522, 522 A
- Metamorphosen 403, 418 f., 421 A
- panaschiertes 180, 180 A, 496 A
- Primordien 403
- sukkulentes 342, 418
- Typen 403 ff., 405 A, 409 K
- unifaziales 407
Blattachsel 367
Blattaderung 406, 407 A, 417, 445
Blattanlage 366 A, 370, 372 A, 404 A
Blattbewegungen
- nyktinastische 538
- seismonastische 497 A
Blattdorn 392 A, 418
Blattepidermis 486 A
Blattfall 503 K, 518
Blattfiederbewegung, nyktinastische 518 A

Blattgrund 404, 404 A, 418, 478 A
Blattprimordium 370, 371 A
Blattranke 421 A
Blattscheide 405
Blattspreite 404, 404 A, 407 ff., 408 A, 422
Blattspur 380, 381 K
Blattstellung 417
– distiche 419 K
– kreuzgegenständige 419 K, 420 A
– schraubige 419 K, 420 A
– wirtelige 419 K, 420 A
– zerstreute 419 K
– zweizeilige 419 K, 420 A
Blattstiel 404 f.
Blattstielgelenk 497 A
Blattsukkulenz 418, 421 A, 436 f.
Blattwirtel 419 K
Blaualgen s. Cyanobakterien
Blaulicht 432, 517, 518 A
– Rezeptoren 517
Blausäure 520, 520 A
Blauschimmelkrankheit 285
Blühhormon 512, 519
Blüte 209, 263, 298 A, 300 A, 302 A, 303 A, 306, 313 ff., 316 K, 323 K, 393 A, 417, 477, 521
– Evolution 293 ff.
Blütenbildung 503 K, 521
– Induktion 475, 512, 517
Blütenbiologie 313
Blütenblätter 405 A
– Bewegung 538
Blütenduft 213 K
Blütenfarben 213 K, 313
Blütenfarbstoffe 215 K
Blütenhüllblatt 298
Blütenhülle 301, 323 K
Blütenpflanzen 256
Blütenstand 301, 302 A, 314 f., 316 A, 317, 323 K, 367, 417
Boden 69 A, 85, 262, 265, 398, 455 f., 459 f., 464 f.
– Kalkgehalt 459 f.
– Samenkeimung 340
– Wasserpotential 68 f., 395
Bodenbakterien 558
Bodenerosion 341, 559
Bodenkapillaren 356
Bodenkolloide 356
Bodenverwitterung 356
Bodenwasser 356
Bohne (*Phaseolus*) 353 A, 394, 453, 460, 512 A, 538
Borke 159, 388
Botenstoffe 499 f.
Botrychium lunaria 297 A
Botrydium 235
Bougainvillea 417
Brachsengewächse 267 A
Braktee 417
Brassica (Kohl) 512
Brassica napus (Raps) 460
Brassica rapa 416 T
Brassicaceae 310 A, 311 A, 460
Braunalgen s. Phaeophyceae
Braunkohle 561
Brennessel (*Urtica*) 177, 410 f., 413 A
Brennhaar 410 f., 413 A
Brenztraubensäure (Pyruvat) 80, 81 A, 82 A, 83 ff., 86 A, 87, 93 f., 102, 104, 106 A, 167 A, 206, 208 K, 210 A, 216 A, 438 A, 441, 444 A
– oxidative Decarboxylierung 94 A, 103 T
Brettwurzeln 359, 360 A
Brombeere (*Rubus fruticosus*) 320, 321 A
Bromeliaceae 410, 413 A, 439
Bromelien 428
Bronzezeit 552
Bruchfrucht 318, 318 K
Brunnenlebermoos (*Marchantia polymorpha*) 270, 272 A
Brutbecher 272 A, 273 A
Brutkörper 278
Bruttoprimärproduktion 546 f., 549 A
Bryonia dioica 499 A, 526 T
Bryophyta s. Moose
Bryopsida 270 f.
Buche (*Fagus*) 262, 335 f., 343, 368 K, 405 A, 409 K, 410 A, 416 T, 424 f., 427 A, 468 A, 489 A
Buchenwald 343, 549 A
Bündelscheide 417, 430 A, 441, 442 A, 443, 444 A
Buschwindröschen (*Anemone nemorosa*) 390, 393 A

C

C_3-Pflanzen 130, 428, 430, 430 A, 440 T, 564
C_3-Photosynthese 130, 416 T, 429 f.
C_4-Pflanzen 428, 429 T, 430 A, 440 T
– Blatt 440 A
C_4-Photosynthese 111, 145, 206, 416 T, 417, 430, 436 f., 441 ff., 444 A
Ca^{2+}-ATPasen 507
Ca^{2+}-Konzentration, cytoplasmatische 507
Cactaceae 335 A
Calamites 270, 561 A
calcicol 459
calcifug 459
Calcium 151 A, 459, 506 f., 506 A, 521
Calciumcarbonat 159
Calciumoxalat 459
Calluna vulgaris (Heidekraut) 434
Calmodulin 506 A, 507
Calvin-Zyklus 88, 111, 130, 132 A, 133 A, 134 K, 135, 136 A, 147, 146 A, 206, 210 A, 216 A, 233, 425, 429, 436 ff., 438 A, 444 A
CAM (Crassulaceen-Säurestoffwechsel) 46 A, 65, 197 A, 206, 335, 393, 416 T, 418, 424, 433, 436 ff., 438 A, 440 A, 538, 540 A
CAM-Pflanzen 440 T
Camellia sinensis 218 T
cAMP (Adenosinmonophosphat, zyklisches) 284, 285 A
Caprificus 315
capsale Organisationsstufe 230, 245 A
Capsella bursa pastoris (Hirtentäschelkraut) 310 A, 311 A
Capsicum annuum (Paprika) 71 A, 109, 460
Caralluma burchardii 335 A
Carbamylphosphat 221 A
Carbonsäuren 4 K
Carbonyl-Gruppe 199 K
Carboxyl-Gruppe 193, 199 K
Carboxylase 131 A
Carboxylierung 130 ff., 131 A, 138
Carboxypeptidasen 207
Carica papaya 207
Carnitin 105, 107 A
Carnivoren 11 K, 207, 422, 463 f., 477 ff., 492, 527 T, 546, 547 A

α-Carotin 119 K, 214 K
β-Carotin 119 K, 214 K
Carotine 25, 118 K, 123, 228 T
Carotinoide 109, 113, 116, 120 A, 213 K, 227, 270, 535 f.
Carrier 21, 54 A, 59 A, 60 ff., 62 A, 87, 91, 103, 134 K, 135, 144, 167 A, 191, 205 f., 450, 460 A, 487, 505
– Konformationsänderung 59 A, 60
Carrier-Transport, sekundär aktiver 439
Carrier-Zyklus 60
Caryophyllidae 267 A, 324 A, 328 K
Casparyscher Streifen 349 A, 351, 352 A, 357, 357 A
Castanea 316
Caulerpa 235, 237 A
Cauloid 240, 244 A, 259
Cellobiose 151, 152 A
Cellulasen 521, 555
Cellulosane 150
Cellulose 25, 30 A, 78 K, 149 ff., 152 A, 154 A, 156 ff., 217 K, 227 f., 285, 319, 557
Cellulosefibrille 152 A, 157 f., 217 K, 414 K, 464
Centaurea cyanus 308 A
Centrales 233, 235 A
Centromer 172 K
Cephalodien 469
Cephalotus 478
Ceriops 342
Ceterach officinarum 436
Cetraria islandica 471
Chaetophorales 237
Chalaza 308, 310, 310 A
Chamaephyten 342 K
channels s. Kanäle
Chara 75, 240
Characeae 240, 252, 252 A, 256, 492, 497 T, 530, 532 A
– Internodial-Zellen 75, 240, 492, 492 A, 493 A, 495, 497 T
Charakterart 331
Charophyceae 228 T, 240, 241 A, 252 A, 259, 259 A
Chelat-Bildner 455
chemi-osmotische Koppelung 126
chemo-autotroph 11 K, 19
chemo-lithotroph 11 K, 30 A
Chemonastie 432 f., 527 T, 528, 528 A
Chemosynthese 19, 20 K, 22, 449, 449 A, 450 A
Chemotaxis 278
Chemotaxonomie 209
Chemotropismus 286 A, 527 T
Chenopodium rubrum *61 A*
Chiloschista 359
Chiloschista lunifera 363 A
Chimären 489, 490 A
Chinin 218 T
Chinolinsäure 220, 220 A
Chinon-Pool 123
Chinone 96, 124 K, 215 K
Chitin 30 A, 78 K, 151, 152 A, 285
Chitobiose 152 A
Chlamydomonas 229 A, 542
Chlamydomonas botryoides 249 K
Chlamydomonas braunii 249 K
Chlamydomonas nivalis 511 A
Chlorella 191, 230, 232 A, 484 A
Chlorella vulgaris 87, 192 A
Chlorobiaceae 17, 18 A
Chlorococcales 131 T, 230 f., 232 A, 233 A
Chlorococcum 230, 232 A
Chloroflexaceae 17, 18 A
Chlorogonium oogamum 249 K
Chlorophyceae (Grünlagen) 131 T, 227 ff., 228 T, 229 A, 230 A, 231 A, 232 A, 233 A, 236 A, 237 A, 240, 248, 248 A, 249 K, 252 A, 256, 257 A, 264, 265 A, 270
– coccal 469
– trichal 469
Chlorophyll 22, 109, 113 ff., 118 K, 201, 222 T, 227, 228 T, 259, 264, 270, 448 K, 515, 536, 562 f.
– Absorptionsspektren 115 ff.
– Anregung 120
– Anregungszustand 121 A
– Fluoreszenz 122, 563
– Grundstruktur 11
– Phytylrest 213 K
– Synthese 448 K
Chlorophyll a 115, 117, 123, 124 K
Chlorophyll-a-Protein-Komplexe 122
Chlorophyll b 115 f., 123
Chlorophyta 227 ff., 228 T, 229 A, 230 A, 231 A, 232 A, 233 A, 234 A, 235 f., 236 A, 237 A, 240, 248, 249 K, 250 A, 252 A, 256, 257 A, 259, 259 A, 329 A
Chloroplasten 25 A, 25 ff., 27 A, 43, 51 K, 75, 80, 99 K, 109 ff., 110 A, 111 A, 113 A, 124 K, 127 K, 143 K, 162 A, 165 K, 166, 167 A, 215 K, 262, 276 A, 372, 388, 411 f., 424, 427 A, 432, 437, 440 A, 471, 487, 562
– Bewegung 515, 516 A
– Dimorphismus 441
– DNA 181
– Fettsäuresynthese 136
– Flagellaten- 228
– Glykolatweg 145 ff., 146 A, 147 A
– Hülle 25, 111, 134 K, 135, 136 A
– Nitritreduktase 450, 451 A
– reduktiver Pentosephosphatzyklus 88, 164
– Stroma 127 K, 129
Chloroxybakterien 18 A
Cholin 9 K, 143 K
Chondriom 181
Chondrus crispus 265 A
Chorikarpie 323 K
Chromatiaceen 14, 18 A
Chromatiden 172 K, 173 ff., 246 K
– Tetrade 246 K
Chromatin 169 ff., 171 A, 172 K
– Fibrille 171, 172 K
Chromatophoren 227
Chromomeren 171, 172 K
Chromonema 171, 172 K
Chromoplast 109, 110 A
Chromoproteide 23, 201
Chromosomen 20, 24 f., 25 A, 50 A, 76 A, 169 ff., 171 A, 172 K, 174 A, 206, 245, 254 A
– homologe 171, 177 ff., 178 K, 182, 246 K, 256
– Neukombination 247 K
– Stückaustausch 246 K
– Transportform 171
Chromosomenmutation 181
Chromosomenpaare 246 K
Chromozentrum 172 K
Chroococcales 23, 23 A

Chrysanthemum 519 A
Chrysanthemum vulgare 308 A
Chrysophyceae 227, 228 T, 229 A
Cicer arietinum 460
Ciliaten 28
Cinchona succiruba 218 T
Cissus discolor 526 T
Cissus quadrangularis 335 A
Citrat (Zitronensäure) 87, 94, 95 A, 106 A, 140, 141 A, 167 A
Citrat-Synthase 140 A
Citratzyklus s. Zitronensäurezyklus
Cladonia chlorophaea 470 A
Cladonia rangiferina 471
Cladonia stellaris 471
Cladonia subtenuis 470 A
Cladophora 235, 236 A, 256, 257 A
Cladophorales 236 A
Cleistogamie 316 K, 317
Clivia 419 K
Clivia nobilis 435 A
Closterium 234 A
Clostridium 465
Clusia 361 A
Co-Evolution 313, 316 K, 317
CO_2-Assimilation 17, 121 A, 129 ff., 130 A, 424 ff., 436
CO_2-Aufnahme 434, 440 A
CO_2-Düngung 430
CO_2-Fixierung 440 T, 441, 540 A
CO_2-Kompensationspunkt 429, 443
CO_2-Konzentration 429 f., 430 A, 431 A, 432, 434 A, 439 ff.
CO_2-Sättigung 430
CO_2-Sättigungskurve 443
Cobalamin 222 T
Cocain 218 T
coccale Organisationsstufe 245 A, 259, 230 ff.
Cocos nucifera (Kokospalme) 305 T
Code
– DNA- 184
– genetischer 182
– RNA- 184
Codium 237 A, 253, 256, 257 A
Codogen 184, 188 A
Codon 184, 188 A, 189 A
Coelastrum 233
Coelastrum cambricum 233 A
Coenobien 23, 23 A, 234
Coenokarpie 323 K
Coenozygote 286 A
Coenzym 39, 40 K, 93, 96, 448 K
Coenzym A 40 K, 94, 94 A, 448 K
Cofaktor 39, 40 K, 43, 85, 96, 164 ff., 209, 212, 447, 450
Coffea arabica (Kaffeestrauch) 218 T
Coffein 218 T, 219 K
Cola verticillata (Kola-Baum) 218 T
Colchicin 175, 218 T, 555
Colchicum autumnale (Herbstzeitlose) 175, 218 T
Coleochaete 237, 252 A
Columella 278, 281 A
Commelina benghalensis 73 A, 489 A
Commelina communis 73 A
Compositae (Korbblütler) 322, 335 A
Conidien 285 ff., 290, 436
Coniferen 25, 159, 160 A, 169, 298 f., 298 A, 304, 305 K, 306 f.
Coniferophytina 298, 298 A, 303 A, 322, 328 K
Coniferylalkohol 217 K
Coniin 218 T
Conium maculatum (Schierling) 218 T
Conjugatae 248
Conocephalum conicum 270, 272 A
Convallaria majalis (Maiglöckchen) 213 K, 242 K, 375 K, 390
Convolvulus 490
Cordaiten 561 A
Cordyline 388
Cornus 417
Cornus kousa 418 A
Corpus 367
Corralina 265 A
Corydalis 405 A
Corynebacterium fascians 501
Corynebakterien 21 K
Cosmarium 234 A
Cotransport 54 A, 59 A, 60, 62 f., 62 A, 103
Crassula argentea 416 T
Crassulaceae 436 ff.
Crassulaceen-Säurestoffwechsel s. CAM
Cristae 91, 92 A
Crossing-over 246 K, 554
Cryptochrom 517, 518 A
Cryptophyta 227, 228 T, 259, 259 A
Cucumis sativus (Gurke) 460, 526 T
Cucurbita melanosperma 526 T
Cucurbita pepo (Spritzgurke) 319, 320 A, 373 A, 375 K
Cucurbitaceae 320 A, 375 K, 460
p-Cumarsäure 216 A
Cumarylalkohol 217 K
Cuscuta 394, 474 f., 476 A, 519
Cuticula 281, 350 f., 372, 389 A, 390 A, 408, 408 A, 431, 431 A, 435, 445 f.
Cutin 408, 435 A
Cutleria 256, 257 A
Cutleria multifida 249 K
Cutleriales 249 K
Cyanelle 28
Cyanobakterien (Blaualgen) 17 f., 18 A, 22 ff., 22 A, 23 A, 28, 115 ff., 125, 131 T, 222 T, 227, 259, 259 A, 429, 449 A, 469 f., 452 f., 464 f., 474 A, 557 f.
– N_2-fixierende 557
– symbiontische 23
– thermophile 311 A
Cyanome 28
Cyathea 270
Cycadatae 298 A, 306, 307 A, 328 K, 329 A
Cycadeen 25, 169, 298 A, 306, 307 A, 313, 316, 464
Cycadophytina 267 A, 298, 298 A, 306, 307 A, 322, 328 K
Cycas media 298 A, 307 A
Cydonia oblonga (Quitte) 320
Cyrtopodium punctatum 362 A
Cyste 230, 238 A
Cystein 194 K, 196, 208 K, 454, 456 A
Cytochrom 96, 100 K, 101, 124 K, 126, 222 T, 448 K
– b_6f-Komplex 129 A
Cytochrom c 30
Cytochrom f 123
Cytochromoxidase 100 K, 101 A, 449 K
Cytokinine 347, 500 f., 502 K

Cytoplasma 43, 56f., 56A, 57K, 58A, 70A, 72, 72A, 75, 88, 102, 107A, 149, 153, 162A, 170A, 172K, 190, 206, 230, 234, 432, 448K, 450, 451A, 457f., 458K, 507, 510
cytoplasmatisches Kontinuum 228
Cytosin 183K, 184, 219K
Cytoskelett 75, 76A, 158
Cytosol (Grundplasma) 24f., 27, 50A, 75ff., 90f., 93, 103T, 104A, 105A, 127K, 134K, 135, 136A, 139f., 140A, 144f., 155, 159A, 164, 165K, 166, 167A, 458
Cytosomen 139ff., 147A

D

Dahlie 358A
Dalton 197
Darlingtonia 478
Dasycladaceen 235
Dattelpalme 560
Daucus carota (Karotte) 213K, 490
Dauerstadien 512
Decarboxylierung 94
Deetiolement 514
Dehydrochinasäure 216A
Dehydrogenasen 88
Dehydroshikimisäure 216A
Delesseria 265A
Denaturierung, Proteine 204, 512
Denitrifikation 449, 449A, 453A
Deprimieren 191
Desertifikation 559, 563
Desmidiaceae 233, 234A, 248
Desoxyribonucleinsäure s. DNA
Desoxyribose 8K, 183K, 184
Destruenten 290
Desulfurikation 449, 450A
Determination 163, 370, 487, 488K
– aitionome 411, 488K, 489
– endonome 411, 488K
Determinationszone 370
Devon 264, 267A
Di(acyl)glyceride 143K
Di(acyl)glycerol 505, 506A
Diabetes 358
Diakinese 246K
Diasporen 317f., 318K
Diatomeae (Kieselalgen) 228T, 233, 235A, 248, 251A, 253
– Gürtenansicht 234A
– Schalenansicht 234A
Dichasium 368K
Dichogamie 316K, 317
Dichotomie 367
Dickenwachstum
– primäres 370, 388
– sekundäres 348, 351, 354f., 355A, 361A, 371A, 474, 380ff., 388, 391A
Dicksonia 270
Dicotyledonae 298A, 313A, 322, 324A, 328A, 329K, 374K, 375K, 380ff., 380A, 381K, 404, 406, 411, 419K, 437, 443, 460,
Dictyopteris polypodioides 240
Dictyosom 26, 27A, 50A, 155f., 156A, 158A, 531, 532A
Dictyota 252, 256, 257A
Dictyota dichotoma 240, 244A, 249, 252A, 537
Dictyotales 240, 249K
Didiereaceae 335A
Differenzierung 157, 234, 350, 370, 483, 487, 488K, 491, 499, 501, 501A, 508
Differenzierungswachstum 487
Differenzierungszone 349A
Diffusion 6, 10A, 54ff., 54A, 55K, 400, 430ff., 503K
– durch Membranen 55
– elektrisch neutraler Teilchen 55, 55K
– freie 60A
– katalysierte 60, 60A
– von Ionen 55f., 55K, 58
Diffusionskoeffizient 55
Diffusionspotential 55, 58
– elektrisches 55f., 57K
Digitalis purpurea (Fingerhut) 213K, 512
Digitaria decumbens 557
Dihydroorotsäure 221A
Dihydroxyaceton 78K
Dihydroxyacetonphosphat 81f., 82A, 104A, 134K, 135, 136A, 144A, 165K, 166, 167A
Dihydroxyacetonphosphat/3-Phosphoglycerinsäure-Shuttle 166
Dilatation 382, 385
Dilleniidae 267A, 324A, 328K
Dimethylallyl-pyrophosphat 209, 211A
Dinkel (*Triticum spelta*) 552, 553A
Dinobryon 228, 229A
Dinoflagellaten 227, 538
Dinophyceae 229A
Dinophyta 227, 228T, 229A, 259, 259A
Dionaea muscipula (Venusfliegenfalle) 478, 492, 495f., 497T, 498A, 527T, 528, 528A
Dioscorea batatas (Jamswurzel) 358
Diözie 316K, 317
Dipeptidasen 207
Dipeptide 196, 207
1,3-Diphosphoglycerinsäure 82A, 83, 84A, 132A, 165K
Diplo-Haplonten 253K, 255A, 257A
Diploidisierung 555
Diplonten 245, 248, 253K, 255A, 256, 257A, 259
Diplotän 180, 245, 246K
Dipol 197, 198K, 398
Dipolmoment 563f.
Disaccharide 78K, 80, 151
Distreß 509f., 509A
Disulfidbrücke 203f., 203A
Diterpene 211A, 213K, 502K
– zyklische 213K
Divergenzwinkel 419K
Diversität
– Arten 563
– genetische 563
DNA (Desoxyribonucleinsäure) 6, 8K, 182ff., 183K
– autokatalytische Funktion 182f., 186A
– Code 184f.
– Doppelhelix 182A, 184
– heterokatalytische Funktion 182f., 186A
– Replikation 173, 175, 184, 186A
– Synthese 173
DNA-Doppelstrang 170, 172K, 185A, 186A
– Bakterien 22
DNA-Polymerase 184, 188A
Dorn 418, 421A
Dorsiventralität 508
– morphogenetische 525f.
– physiologische 526, 526T

Dracaena draco 391 A
Drachenbaum (*Dracaena*) 388, 391 A
Drogen 212
Drosera (Sonnentau) 156, 411, 477, 526, 527 T
Drosophila 540
Druck 67 K
– hydrostatischer 66 f., 400
Druckfestigkeit 158
Druckgradient 398
– hydrostatischer 396
Druckkammer 70, 70 A
Druckmeßsonde 70 A, 71
Druckrelaxation 71 A
Druckströmung 399 ff.
Drüse 156, 175, 213 K, 445, 477 f., 479 A, 480, 498 A
Drüsenhaar 213 K, 410, 413 A, 481 A
Drüsenzelle 91
Dryas octopetala (Silberwurz) 320, 321 A, 343, 464
Duftdrüsen 480
Duftstoffe 209, 213 K
Düne 331
Düngung 447, 550, 554, 563
Dunkelkeimer 514
Durchlaßzelle 349 A, 352 A, 353, 359, 488 K
Dürre 439
Dynein 25, 174

E

Ecballium 320 A
Ecballium elaterium 319
Eccremocarpus scaber 499 A
Echinocactus grusonii 393 A
Ectocarpales 249 K
Ectocarpus siliculosus 249 K
Efeu (*Hedera helix*) 359, 360 A, 405, 522
Effektor 44 A, 45 A, 87, 191, 191 A, 504, 505 A, 506 f., 506 A
– allosterischer 43, 145
– isosterischer 43
Eibe (*Taxus*) 267 A, 384, 485, 508
Eiche (*Quercus*) 331, 336, 368 K, 384, 388, 403, 405 A, 484
Einblattfrucht 318 K
Einhäusigkeit 277 f., 316 K, 317
Einkorn (*Triticum monococcum*) 550 f., 553 A
Einkrümmung 266, 268 K
Einzeller 483
– Kultur 484 A
– Population 483
Eisbildung 510
Eisen 100 K, 124 K, 450, 452, 459 f., 461 A
– Aufnahme 460 A
– Mangel 460, 461 A
– Effizienz 460
Eisen-Schwefel-Proteine 96, 99 K
Eisenbakterien 20 K
Eiswüsten 337 A
Eiszeit 334, 340
Eiweiße s. Proteine
Eizelle 180, 248, 277 f., 281 A, 295, 295 A, 300 A, 301 ff., 302 A, 309 f., 312 A, 326 K, 554
Ektoparasitismus 463
Ektosymbiose 463
Elaeis guinensis (Ölpalme) 305 T
Elaiosomen 319 K
Elastizitätsmodulus, volumetrischer 71
Elateren 278
Eledone moschata 497 T
elektrisches Feld 487, 487 A
elektrochemischer Gradient 505
elektromagnetische Strahlung 115, 117 A
π-Elektron 120 f.
Elektronen 96
– Akzeptor 122 A
– Defizit 123 ff.
– Donator 122 A
– Fluß 17
Elektronentransport 19 f., 22, 93, 97, 101, 101 A, 113, 123, 127 K
– gerichteter 126
– nicht-zyklischer 17 f., 18 A, 125 A, 126, 130 A
– photosynthetischer 100 K, 123, 124 K, 125 ff., 129 A, 450
– zyklischer 17 f., 18 A, 125 A, 126, 130 A
Elektronenübertragung 19, 215 K
Elektrophorese 196, 197 A
Elementarfibrille 153, 154 A
Elementarprozesse, Telomtheorie 265, 268 K
Elemente
– essentielle 447, 448 K
– Nähr- 447, 448 K
– Spuren- 447, 448 K
Elodea 538
Elodea canadensis (Wasserpest) 75, 372 A
Emanzipation 5 f., 49, 161
Embolie 398
Embryo 298, 300 A, 302 A, 304 f., 305 K, 310 f., 310 A, 311 A, 312 A, 326 K, 484 f., 503, 505, 512, 520 f., 554
Embryonalentwicklung 311 A
Embryosack 302 A, 304, 309, 310 A, 312 A, 327 K, 508
Embryosackkern 309 f.
Embryosackmutterzelle 301, 309, 327 K
Embryosackzelle 302 A, 304, 309
Emergenzen 411
Emmer (*Triticum diococcon*) 550 f., 553 A
Encelia farinosa 69 A
endergon 35 ff., 36 A
Endknospe 370
endocytotisch 464
Endodermis 351 f., 352 A, 354 A, 355 A, 357, 362 A, 466 A, 468 A
– primäre 349 A, 352 A
– sekundäre 349 A, 352 A, 353
– tertiäre 349 A, 352 A, 353
Endokarp 318 f., 318 K
Endomembransystem 26
Endomitose 175
Endoparasitismus 463
Endopeptidasen 207
endoplasmatisches Retikulum (ER) 26, 27 A, 50 A, 114 A, 153 f., 156 A, 158 A, 159, 159 A, 162 A, 169, 173, 175, 190, 190 A, 378, 494, 507, 531, 533 A
Endopolyploidie 175
Endosperm 201, 202 A, 311, 312 A, 505
– primäres 302 A, 304, 305 K
– sekundäres 305 K, 310 f.
Endospermkern 310
Endosporen 285, 287
Endosymbiontenhypothese 27 f., 130, 463, 471
Endosymbiosen 22 A, 24, 463, 471
– rezente 28
Endothecium 307
Endoxidation 93 f.

Endozoochorie 319 K
Energide 235
Energie 11 K, 15 K, 31 ff., 32 A, 38 A, 54, 67 K, 72 A, 80, 85, 88, 105 f., 116 K, 120 ff., 122 A, 135 f., 143 K, 145, 147, 209, 315, 351, 356, 358, 395, 437, 438 A, 443, 453 f., 499, 513, 549 f., 551 K, 557, 559, 561
- Aktivierungs- 38
- Assimilattransport 401
- Atmung 19 f., 93 ff.
- Bewegung 25 f.
- chemische 115
- elektrische 97, 562
- freie 14, 35, 37 A, 83, 102 f.
- Glykolyse 84, 165
- in Kohlenhydraten 77 ff.
- Photosynthese 17
- Sonnen- 12
- Stoffwechsel- 12
- Transportprozesse 62 f.
- Wurzeldruck 399
Energiefluß 546
Energiekoppelung 15 K, 35 ff., 36 A, 50 A, 97, 101 f., 163
Energiekrise 11, 19
Energieladungszustand 164
Energiequellen, fossile 561
Energiespeicherung 454
Energieübertragung 20, 36, 116, 121, 121 A, 123, 449, 562
Energieumsetzungen 33
Energieumwandlung 12
- lichtabhängige 115
Enhancer 184
Enteromorpha 265 A
Enthalpie 35
Enthalpieänderung 33
Enthärtungsphase 509 A, 510
Entkoppler 102, 126
Entropie 34 ff., 96 f.
Entwicklung 491, 496
Entwicklungshomeostasis 508
Entwicklungsphysiologie 190
Entwicklungstendenzen
- Algen 227, 259
- Angiospermen 322
- generative 245 ff.
- Gymnospermen 304 f.
- morphologische 245 A
- vegetative 227 ff.
Enzian 343
Enzym-Substrat-Komplex 39, 39 A
Enzymaktivität 43
Enzyme 38 ff., 39 A, 40 K, 60, 84 A, 163, 209, 447, 505 A
- Affinität 41
- aktives Zentrum 84 A, 204
- allosterische 43, 44 A, 46 A, 87, 87 A, 439
- allosterisches Zentrum 204 f.
- der Atmungskette 102
- der Glykolyse 81 f.
- Exo- 480
- homologe 30
- hydrolytische 65
- Klassifizierung 46
- Konformationszustand 43
- konservierte 30
- lytische 139
- Nomenklatur 46
- pH-Optimum 43
- Regulation 43, 44 A
- Sekretion 480
- Temperaturoptimum 43
- und Reaktionsgeschwindigkeit 41 ff., 42 A, 45 A
- Verdauungs- 480
Enzymkatalyse s. Biokatalyse
Enzymphosphorylierung 43, 507
Enzymprotein 39, 206 f.
Enzymsynthese 184 ff.
Epidermis 73, 265, 270, 272 A, 370 f, 371 A, 388, 389 A, 390 A, 407 ff., 408 A, 409 K, 410 A, 426 A, 431, 431 A, 433, 435, 435 A, 445 f., 445 A, 446 A, 466 A
Epikotyl 365, 365 A, 521, 521 A
Epilobium angustifolium 308 A
Epiphyten 341, 359, 361 A, 363 A, 411, 427 f., 473
epistomatisches Blatt 411
Epitheka 234
Epizoochorie 319 K
Equisetatae s. auch Schachtelhalme 266, 267 A, 295 f., 298 A, 328 K, 329 A, 561 A
Equisetum 298, 298 A, 485, 487
ER s. endoplasmatisches Retikulum
Erbgang
- dominanter 179
- dominant-rezessiver 180
- intermediärer 179
Erbse (*Pisum sativum*) 416 T, 418, 421 A, 451 A, 453, 460, 508
Erbsenpflanzen, Kreuzungsversuche 177
Erdanziehung 530
Erdbeere (*Fragaria*) 320, 321 A, 393 A, 394, 445, 521
Erdgeschichte 329 A
Erdnuß (*Arachis hypogaea*) 305 T, 460
Erdöl 561, 564
Erdsproß 390
Erkältung 510
Erle (*Alnus*) 343, 464
Ernährung 261, 508, 549
Ernährungskrise 11, 19
Ernährungsweise 11 K, 30
Erneuerungsknospe 342 K
Erosion 559, 563
Erregung 494 K, 495 A
Erregungsleitung 492, 494 f., 497 T
- chemische 494
- elektrotonische 492
- Geschwindigkeit 495 A
Erregungsvorgänge, Reaktionen 495
Erschöpfung 509 A
Erschütterung 527 T
erste Reifeteilung 245, 246 K, 254 A
Erstlingszelle 248
Erythrose 78 K
Erythrosephosphat 132, 216 A
Erythroxylum coca (Koka-Strauch) 218 T
Esche (*Fraxinus*) 336, 376 A
Escherichia coli 22, 190, 248
Esothecium 300 A
Essigsäure (Acetat) 222 A
- Rest 94
Essigsäure, aktivierte s. Acetyl-CoA
Ethan 4 K
Ethanol 85, 86 A, 562
Ethanolamin 143 K
Ethylen 4 K, 499 f., 502 K, 521, 533
Etiolement 513
Etioplast 110 A, 113, 114 A
Eubacteria 21, 28 f., 30 A, 259 A
Eucalyptus 213 K, 409 K, 522
Eucalyptus regnans (Berg-Eukalyptus) 263
Euchromatin 172 K, 184
Eucytenschema 129

Eudorina 228, 230 A
Euglena 24 ff., 25 A, 131 T, 222, 227
Euglenophyta 227, 228 T, 259, 259 A
Eukaryonten 24 ff., 30, 30 A, 259 A
Eumycota 285, 287
Euphorbia ammak 421 A
Euphorbia pseudocactus 335 A
Euphorbia pulcherrima (Weihnachtsstern) 417
Euphorbiaceae (Wolfsmilchgewächse) 335 A, 418, 421 A
Euphrasia (Augentrost) 473
Eusporangiatae 293, 328 K
Eustele 381 K
Eustreß 509, 509 A
Evaporation 394
Evapotranspiration 394
Evolution 3 ff., 3 K, 4 K 217 K, 245, 259, 278, 306, 331, 381 K, 425, 428, 449, 464, 538, 545 f., 549, 558
– Atmung 19 f.
– Carnivorie 477
– chemische 4 K, 5
– der eukaryotischen Zelle 24, 26 ff.
– der Pflanzenzelle 130 ff.
– der prokaryotischen Zelle 161
– Landpflanzen 261, 264 ff., 267 A, 268 K, 436
– Leitbündel 377
– Photosynthese 11 f., 14 ff., 115
– Relikte 28
– Ribulose-bisphosphat-Carboxylase 19
– zoophile 313, 316
exergone Reaktion 35 ff., 36 A, 83 f.
Exine 301, 302 A, 308
Exkretion 65
Exocytose 156
Exodermis 351, 355 A, 359, 362 A
Exokarp 318 K, 319
Exon 184 f.
Exoskelett, Insekten 151
Exosporen 285, 290
Exosymbiose 23
Exothecium 301, 302 A, 307
Explosionsmechanismus 320 A

F
Fabaceae 459 f.
FAD (Flavin-adenin-dinucleotid) 94, 98 K, 450
Fadenthallus 236 A
Fagus sylvatica (Rotbuche) 409 K, 416 T, 424, 468 A
Faktoren
– abiotische 332, 334 K
– biotische 332, 334 K
Fallenpigmente 122 f.
Fangblase 480, 481 A
Fangorgane 477
Faraday-Konstante 14, 15 K
Farben 115, 116 K, 117
Farbstoffe 110 A, 209
Farne (Filicatae) 240 f., 266, 267 A, 270, 293 ff., 295 A, 306, 328 K, 329 A, 340, 348 A, 350, 377, 403, 406, 407 A, 428, 437, 561 A
– eusporangiate 295, 297 A
– heterospore 298 f., 300 A, 307, 326 K
– isospore 293 f., 307, 326 K
– leptosporangiate 295
– Prothallien 535
Farnesol 213 K
Farnesyl-pyrophosphat 211 A, 213 K, 502 K
Farnpflanzen (Pteridophyta) 264, 267 A, 293, 295 A, 297 A, 298 A, 300 A, 307, 328 K, 329 A, 367, 377 f., 561 A
Fe-Chelatoren 460 A
Feige (*Ficus carica*) 314, 315 A, 317 f.
Felsküste 265 A
Fernleitungsbahnen 499
Ferntransport 372 f.
Ferredoxin 123, 124 K, 126, 129 A, 448 K, 450, 452 A, 453 f., 456 A
Festigung 384
Festigungselement 376 A, 377
Festigungsgewebe 149, 263, 372, 373 A
Festuca ovina 434, 435 A
Fette s. auch Lipide 4 K, 9 K, 90, 106 A, 139, 142 K, 145, 209, 210 A, 283, 305 K, 384, 404
– Mobilisierung 140
Fettkraut (*Pinguicula*) 477, 527 T
Fettsäuren 9 K, 77, 88, 105, 106 A, 108, 135, 140, 141 A, 159, 210 A
– Abbau 50 A, 90 f., 105
– Biosynthese 50 A, 90, 136 ff., 137 A, 165, 212
– gesättigte 142 K
– Transport 107 A
– Transportform 105
– ungesättigte 142 K
Fettsäureoxidation, ATP-Ausbeute 108
Fettsäuresynthetase 138
Fetttröpfchen 111, 112 A
Feuer 388
Feuerbohne (*Phaseolus coccineus*) 521 A
fibrilläres Protein, Kontraktion 527
Fibrillen 153
Fichte 335, 343, 368 K, 384, 434, 504 A
Ficksches Gesetz 55, 65, 430
Ficus 360 A, 361 A
Ficus carica (Feigenbaum) 314, 315 A, 317 f.
Ficus elastica (Gummibaum) 416 T
Fiederblatt 515, 517, 518 A, 537
Fiederblattgelenk 515, 518 A
Filament 308 A, 313
Filialgeneration 179 A, 180 A
– Aufspaltung, F1 181
– Aufspaltung, F2 179
– Uniformität, F2 179
Filicatae s. Farne
Fingerhut (*Digitalis purpurea*) 213 K, 512
Flachblatt
– äquifaziales 409 K
– invers bifaziales 409 K
– normal bifaziales 409 K
– unifaziales 409 K
Flagellaten 24 ff., 131 T, 149, 228 f., 229 A, 245, 259, 485
Flagellin 22, 26 A
Flagellum s. Geißel
Flaumeichenwald 341
Flavan 215 K, 217 K
Flavanderivate 215 K, 408
Flavin-adenin-dinucleotid s. FAD
Flavin-Coenzyme 40 K
Flavin-mononucleotid s. FMN
Flavine 517

Flavinnucleotide 98 K
Flavone 215 K
Flavonole 215 K
Flavoproteide 535
Flechten 23, 237, 292, 336, 343, 429 T, 436, 469, 470 A, 471, 473 A
Flechtenstoffe 471
Flechtenthallus 472 A
Flechtenwüsten 471
Flechtthallus 245 A
Flieder 368 K
Fließgleichgewicht 6, 31, 32 A, 546
– Serie 96
Florengeschichte 564
Florigen 512, 519
Fluoreszenz 121 ff., 121 A, 424
Flußkoppelung 62 A, 63
FMN (Flavin-mononucleotid) 96, 98 K
Folgeblatt 405, 521
Folsäure 40 K
Förderung, korrelative 492
Formaldehyd 4 K
Fortpflanzung 261, 263
– generative 254 A
– Moose 277 f.
– vegetative 254 A
Fragaria (Erdbeere) 320, 321 A, 393 A, 394, 445, 521
Fraßschutz 212
Frauenmantel (*Alchemilla*) 445
Fraxinus (Esche) 336, 376 A
freie Ortsbewegungen 525
Fremdbestäubung 316 K, 317
Frost 342 K, 390, 435, 510
Frosthärtung 512
Frostresistenz 510, 511 A, 518
Froststreß 510
Fruchtblatt (Karpell) 298, 307 ff., 309 A, 317, 318 K, 319 f., 323 K, 327 K, 403
Früchte 80, 110 A, 209, 263, 305 T, 307, 317 ff., 318 K, 321 A, 399, 503 K, 520 ff.
– Bildung 309
– Evolution 293 ff.
– Reifung 155
Fruchtfall 503 K
Fruchtfolge 558
Fruchtholz 367, 367 A
Fruchtknoten 308 f., 313 f., 318 K
– chorikarper 309 A, 318 K
– coenocarper 309 A, 318 K
– synkarper 309 A
Fruchtkörper 287 f., 287 A, 291 A
Fruchtreife 503 K
Fruchtstand 318
Fruchtwachstum 521
Fruchtwand 318 f., 318 K
Fructose 78 K, 79 K, 399
Fructose-1,6-bisphosphat 81, 82 A, 87, 87 A, 136 A, 144, 144 A
Fructose-2,6-bisphosphat 144 A, 145
Fructose-6-phosphat 81, 82 A, 87, 87 A, 136 A, 144 f., 144 A
Fructose-bis-P-Phosphatase 144, 144 A
Fructose-1,6-bis-P-Phosphatase 145
Frühjahrsblutungssaft 372
Frullania 271, 281
Frullania tamarisci 273 A
Fucales 242 A, 243 A
Fucus 252 f., 252 A, 256, 257 A, 259, 265 A, 485, 487, 487 A
Fucus serratus 240
Fucus vesiculosus 242 A
Fühlborsten 496, 498 A
Fühlhaare 496
Fühlpapillen 496, 499 A
Fühltüpfel 496, 499 A
Fumarat 94, 95 A, 106 A, 140 A
Funaria hygrometrica 281 A
Fungi s. Pilze
Funiculus 308, 310 A
Furcellaria 265 A
Fusicoccin 504
Fusicoccum amygdali 504
Futterrübe (*Beta vulgaris*) 359 A, 560

G

Gabeladerung, Blatt 406
Gagelstrauch (*Myrica gale*) 464
Galactose 79 K, 143 K, 150, 152 A, 190
Galactosid 190
β-Galactosidase 190
Galacturonsäure 150, 150 A, 151 A, 152 A
Gallen 501, 504 A
Gallenfarbstoffe 23, 222 T
Gallensäuren 213 K
Gallerte 22, 237
Gallmücke 501
Gallwespe 314 f., 501
Gametangien 252, 252 A, 259, 285, 286 A, 290 K
– männliche 277 f.
– weibliche 277 f.
Gametangienstand 278, 279 A
Gametangiogamie 285 ff., 286 A
Gameten 25, 149, 171, 175, 179 ff., 238 A, 245 ff., 246 K, 253 K, 255 A, 256 f., 263, 277, 285, 306, 525, 555
– männliche 248, 259
– weibliche 248
Gametenbildung 256
Gametophyt 253 K, 255 A, 257 A, 258 A, 266, 274 A, 275 A, 277 A, 277 f., 279 A, 281, 281 A, 293, 294 A, 298, 300 A, 302 A, 303 A, 304, 312 A, 326 K
– männlicher 267, 272 A
– weiblicher 267, 272 A
Gametophyten-Generation 265
Gamocysten 286 A
Gartenbohne (*Phaseolus vulgaris*) 353 A, 460, 521 A
Gärung 81 A, 93, 165
– alkoholische 85, 86 A, 290
– Milchsäure- 85, 86 A
Gasaustausch 145, 155, 359, 407 f., 422 f., 430, 431 A
– cuticulärer 431 f.
– stomatärer 431 f.
Gase, infrarotaktive 563
Gasteria 419 K
Gefäßpflanzen s. Kormophyten
Gefrierbruchelektronen-mikroskopie 53, 54 A
Gefrieren 511 A
Gefrierpunkterniedrigung 512
Geißel (Flagellum) 21 A, 23, 25, 227 ff., 232 A, 263, 277, 485, 528
– Eukaryonten- 25, 26 A, 75
– Prokaryonten- 22, 26 A
Geißelbewegung 26, 206
Geißelgrube 485
Geißelkammer 25
Gel 150
Gelbrost-Resistenz 552
Geleitzelle 91, 378, 379 A, 383 A, 388, 401
Gelenkzellen 72

Gemini 246K
Gen(e) 6, 10K, 163, 190, 487, 491, 504, 505A, 515, 555ff., 556A, 559f.
– Aktivierung 163
– differentielle Aktivierung 504, 505A, 508, 515
– differentielle Inaktivierung 504
– dominantes 177ff.
– freie Kombinierbarkeit 179
– Neukombination 245, 247K, 256
– mobiles 182
– rezessives 177ff.
– selektive Aktivierung 190, 559
Genbanken 552, 560
Generation 245, 266
– diploide 254A, 255A
– generative 254A
– haploide 255A
Generationswechsel 254A, 258A, 278, 279A, 281A, 293ff., 295A, 300A, 303A, 307, 311, 313A, 322
– antithetischer 253K, 256
– dreigliedriger 258
– Entwicklungstendenzen 253
– heteromorpher 253f., 253K, 255A, 270, 277, 293
– heterophasischer 253K, 255A, 256, 270, 277, 293
– isomorpher 253f., 253K, 255A, 256
Genetik, klassische 178K
genetische Information 207
genetischer Code 201, 204
Geninaktivierung
– differentielle 505A
– selektive 559
Genkoppelung 180
Genmutation 181
Genom 181f., 188
Genommutation 182
Genotyp 177, 508
Genpool 563
Genprodukte 556, 559
Gentechnologie 555ff.
Gentransfer 557
geoelektrischer Effekt 532, 534A
Geophyten 336, 340, 342K, 390, 422
Geosiphon pyriforme 471, 474A
Geranyl-geranyl-pyrophosphat 211A, 502K, 508
Geranyl-pyrophosphat 209, 211A
Gerbstoffe 159, 385
Gerste (*Hordeum vulgare*) 560, 560A
Geschichte der Botanik 545
Gestalt 71
Gesteinsbildung 235
Getreide 201, 305K, 306, 560
Getreidearten
– Sommervarietäten 512
– Winterformen 512
Geum 320,321A
Gewebe 49, 68, 162A, 163, 237, 240, 370f., 490, 492
Gewebedruck 68
Gewebekultur 487, 490f.
Gewebethalli 240, 243A, 245A, 259
Gewitter 449A
Gezeiten 265A, 362A
– Algen 264
– Rhythmus 342
– Zone 264
Gibbanskelett 500, 502K
Gibberella fujikoroi 501
Gibberelline 213K, 500f., 502K, 505, 508, 508A 512, 522
Gibberellinsäure (GA_3) 500, 502K
Gibberellintest, biologischer 508, 508A
Gifte 212
Ginkgo biloba 25, 267A, 298, 306, 406
Ginkgoatae 267A, 298, 306, 328K, 329A
Ginster 320A
Gipfelknospe 489f., 498, 500A, 501
Gipfeltrieb 499
Gleditsia 393A
Gleditsia triacanthos 394
Gleichgewicht 55f., 55K, 66ff.
– chemisches 60
– dynamisches 547
– thermodynamisches 35, 38f.
Gletscherhahnenfuß (*Ranunculus glacialis*) 343
Gluconeogenese 140A, 144f., 144A, 438A
Glucose 77ff., 78K, 79K, 81A, 82A, 86A, 103T, 143K, 150, 152A, 167A, 190, 192A, 399, 469, 551K, 557
– Carrier 87
– Energiegehalt 84
– Enzymgehalt 102
β-D-Glucose 150f., 158
Glucose-1-phosphat 80, 82A, 136A
Glucose-6-phosphat 80f., 87f., 89A, 136A
β-Glucosidasen 217K
Glutamat 146A, 222
Glutamat-Oxalacetat-Transaminierung 206, 207A
Glutamatsynthetase 452A
Glutamatsynthetase-Zyklus 451
Glutamin 193, 194K, 196, 208K, 220, 221A, 452A, 454
Glutaminsäure 194K, 206, 207A, 208K, 221A, 452A
Glutaminsynthetase 452A
Glutathion 196
Glycerat 146A
Glycerin 9K, 106A, 140, 141A, 142K, 147, 210A, 220A
Glycerinaldehyd 78K, 195K
Glycerinaldehyd-3-phosphat 81f., 82A, 84A, 132, 132A, 144A, 165K
Glycerinaldehyd-3-phosphat-Dehydrogenase 83, 84A, 132A
α-Glycerinphosphat 104A
α-Glycerinphosphat-Dehydrogenase 104A
Glycerin-3-phosphat-Dehydrogenase 84A
Glycerinphosphatide 143K
Glycerol 458K
Glycin 146f., 146A, 186A, 189A, 193f., 194K, 207, 208K, 220, 222
Glycinbetain 458K
Glycine max (Sojabohne) 305T, 466A
Glykogen 80, 283
Glykolat 145ff., 146A, 207
Glykolatweg 145ff., 146A
Glykolipide 143K
Glykolyse 50A, 75f., 80ff., 81A, 82A, 86A, 93, 96, 103f., 103T, 123, 140, 144, 164ff., 165K, 167A, 205A, 206,

208 K, 216 A, 437, 438 A, 441, 537
– aerobe 80
– anaerobe 80
– ATP-Bildung 83 f.
– Energiebilanz 84
– Regulation 85 f., 87 A
Glykophyten 333, 457
Glykoproteide 201
Glykoproteine 151
glykosidische Bindung 79 K
Glyoxylat 140, 141 A, 146
Glyoxylsäurezyklus 50 A, 140, 140 A, 163
Glyoxysomen 90, 139 ff., 139 A, 141 A
Gnetatae 377
Goldmann-Gleichung 56, 57 K
Golgi-Apparat 155
Golgi-Vesikel 153, 156, 156 A, 158 A, 175, 531, 532 A
Gonen 246 K, 248, 251 A, 253 K, 256
Gonium 228, 230 A
Gonosporen 525
Gonyaulax 538
Gonyaulax polyedra 538, 540 A
Gossypium (Baumwolle) 305 T
Gossypium hirsutum 408 A
Gradient
– chemischer 485, 488 K
– osmotischer 66, 457
Gramsche Färbung 21 A
Grana 111 ff., 112 A
– Stapel 425
Granathylakoide 111, 129 A
Gräser 111, 305 K, 336, 342 K, 403, 405, 414 K, 443, 488 K
Grassteppe 337 A, 339 A
Gravinastie 527 T
Graviperzeption 531, 533, 533 A
Gravitropismus 347 f., 527 T, 528, 529 A, 530 A, 532 A, 535
– negativ 359, 533
– negativ orthotrop 529 A
– negativ plagiotrop 529 A
– plagiotrop 529 A
– positiv 531 A, 533
– positiv orthotrop 529 A
– positiv plagiotrop 529 A
Grenzplasmolyse 68, 68 A
Griffel 313 ff.
Grünalgen s. Chlorophyceae
Grundgewebe 372
Grundplasma s. Cytosol
Grundspirale 419 K
Gründung 558
Guanin 183 K, 184, 219 K
Gunnera 22 A, 464
Gurke (*Cucumis sativus*) 460, 526 T
Gürtelansicht von Kieselalgen 234, 234 A
Guttapercha 214 K
Guttation 398 ff., 445, 446 A, 474
Gymnospermen 25, 267 A, 298 ff., 298 A, 301, 306 f., 327 K, 329 A, 350, 367, 374 K, 377 ff., 398, 561 A
– Blatt 404, 406
– Blüten 301 f.
– Entwicklungstendenzen 304 f., 311, 316 f., 322
– Holz 384 A
– Samen 298 f.
Gynoeceum 323 K
– chorikarpes 308
– coenokarpes 308

H

H^+-Anionen-Cotransport 62 A, 63
H^+-ATPase 72, 437, 460 A
H^+-Cotransport 401
H^+-Kationen-Austausch 62 A, 63
H^+-Zucker-Cotransport 62 A, 63
H^+/K^+-Austausch 72 A
$2H^+/Ca^{2+}$-Austausch 507
Haar 435, 445 A, 459 A
– lebendes 410, 445
– totes 410
Haarmützchenmoos (*Polytrichum*) 271, 275 A, 276 A, 281 A
Haber-Bosch-Verfahren 452, 453 T, 557
Habitat 245
Haemanthus 76 A
Hafer (*Avena sativa*) 57 K, 58, 306, 507, 555
Haftpunkte 157
Haftwurzeln 359, 360 A, 522
Hagebutte 320
Hainbuche 331
Hakenbildung 288 K
Halbwüsten 337 A
Halicystis-Derbesia 256, 257 A
Halimeda 237 A
Halobacterium halobium 12, 13 A, 14 A, 562
Halobakterien 12 f., 22, 455
Halocnemum strobiaceum 457 A
halophil 455
Halophyten 333, 356, 455 ff., 457 A, 458 K
Halskanalzelle 277 f.
Häm 100 K
Häm-Eisen 448 K
Hamamelididae 267 A, 324 A, 328 K
Hämin 222 T
Hämoglobin 454
hapaxanthe Pflanzen 522
Haploidenzüchtung 491
Haplonten 245, 248, 253, 253 K, 255 A, 256, 257 A, 259
Haptonastie 527 T
Haptophyta 228 T, 259, 259 A
Haptotropismus 527 T
Harnstoff 4 K
Hartbast 385
Hartigsches Netz 468 A
Hartlaubgewächse 397 K
Hartlaubvegetation 336 f., 337 A, 338 A
Harze 215 K
Harzkanal 384, 435 A
Hauptwurzel 347, 353, 488 K
Haustorium 278, 295, 298, 463, 473, 475, 476 A, 527 T
Hedera helix (Efeu) 359, 360 A, 405, 522
Hefe 85 f., 290, 537
Hefepilze 287
Heidegesellschaft 333
Heidekraut (*Calluna vulgaris*) 434
Helianthus annuus (Sonnenblume) 139 A, 416 T, 460, 489
α-Helix 203, 204 A, 205 A
Helleborus 414 K, 417
Hemicellulose 22, 25, 149 f., 153, 156 f., 305 K, 464
Hemikryptophyten 342 K
Hemiparasiten 471, 473
Hemiterpen 213 K
Hemmung
– kompetitive 43, 163
– korrelative 492

Heptosen 78 K
Heptosephosphat 88, 132, 133 A
Herbivoren 11 K, 546, 547 A
Herbizide 556
Herbstzeitlose (*Colchicum autumnale*) 175, 218 T
Herzglykoside 213 K
Heterochromatin 172 K, 184
Heterocysten 474 A
Heterocyten 23, 453
Heterokontophyta 227, 228 T, 229 A, 233, 234 A, 235, 240, 243 A, 244 A, 248, 249 K, 251 A, 257 A
Heterophyllie 405
– induzierte 406
Heteropolysaccharide 53, 53 A
Heterosporie 267
heterotriche Thalli 237, 245 A
heterotroph 11, 11 K, 19, 22, 24, 27, 30 A, 283, 447, 471, 483
– sekundär- 465
heterozygot 177 ff., 178 K
Heuschnupfen 308
Hevea brasiliensis (Kautschuk) 214 K
Hexenbesen 501
Hexosane 150
Hexose-Isomerase 81
Hexosen 78 K, 96, 132, 133 A
– Aufnahme 191
Hexosephosphat 144, 165
Hibiscus syriacus 350 A
Himanthalia lorea 242 A
Himbeere (*Rubus idaeus*) 320, 321 A
Hippophaë 464
Hippuris vulgaris (Tannenwedel) 366 A, 419 K
Hirse (*Sorghum*) 445
Hirtentäschelkraut (*Capsella bursa pastoris*) 310 A, 311 A
Histidin 194 K
Histone 170, 172 K
Hitzetod 511 A
Hochblatt 403, 405 A, 417, 418 A
Hochgebirge 337
Hochintensitätsphänomene, Lichteffekte 517
Hochkulturen 550
Hochmoor 281 f., 282 A, 341, 463, 477
Hoftüpfel 160, 160 A, 384, 384 A, 387 A, 398
– einseitiger 353 A
Höhenstufen 343 f., 344 A
höhere Pflanzen 259 A
Holoparasiten 471, 474
Holz 354, 371 A, 382 ff., 383 A, 474, 564
– radialer Längsschnitt 384 A, 387 A
– ringporig 385, 397 K
– tangentialer Längsschnitt 384 A, 387 A
– zerstreutporig 385, 397 K
Holzfaser 373 f., 383 A, 384 f., 386 A
Holzparenchym 373, 383 A, 384 f., 386 A, 399
Holzstoff s. Lignin
Holzstrahl 382, 385 f.
homoiohydre Pflanzen 434, 436
homoiotherme Organismen 510
Homologien 30, 293, 322, 403
homozygot 177 ff., 178 K, 179 A, 555
Honigtau 399
Hopfen 394
Hordeum vulgare (Gerste) 560, 560 A
Hormogonales 23, 23 A
Hormonbegriff 499
Hormone s. auch Phytohormone 191, 499 f., 506
Hormongemisch 519
Hormongleichgewicht 522
Hormonwirkungen 505 A
Hornmoose 270
HS-Gruppe 83, 84 A, 203
Hülse 318 K
Hülsenfrüchte 305 K
Humus 290, 447
Hutpilze 237
Hybride 178 K
Hybridisierung 179, 553 A
– somatische 491 ,555
Hydathode 398, 445, 446 A
Hydrathülle 197 f., 200 K, 457
hydraulische Leitfähigkeit 70 f.
Hydrochinon 215 K
Hydrochorie 319 K
Hydrodictyon 232 A, 235
Hydrodictyon reticulatum 233
Hydrogenase 452 A, 453
Hydroid 271, 275 A
Hydrokultur 449 K
Hydrolasen 50 A, 163
Hydrolyse 80, 83
Hydronastie 433, 527 T
hydrophil 9 K, 196, 199 K, 205
hydrophob 9 K, 196, 199 K, 205
hydrophobe Wechselwirkungen 199 K, 203, 203 A, 206
Hydrophyten 445 f.
Hydroponik 447
Hydropterides 298, 328 K
Hydrotropismus 527 T, 530
– positiver 531 A
p-Hydroxybenzoat 216 A
p-Hydroxyphenylpyruvat 216 A
Hydroxyprolin 151, 208 K
Hydroxypyruvat 146 A, 147
Hydrozoen 28
Hygromorphie 445
Hygrophyten 340, 445, 445 A
Hymenium 291 A
Hyoscyamus niger (Bilsenkraut) 512, 513 A, 518, 519 A
Hyphen 285 ff., 286 A, 287 A, 288 K,
– ascogene 289 K
Hypodermis 349 A
Hypokotyl 359 A, 365, 365 A, 521, 521 A
hypostomatisches Blatt 411
Hypotheka 234
Hydroxyl-Gruppe 199 K

I

Idioblasten 351
IES s. Indol-3-Essigsäure
Illicium religiosum 212
Impatiens (Springkraut) 318, 320 A
Indolessigsäure 212
Indol-3-Essigsäure (IES) 72, 212, 216 A, 500 f., 501 A, 502 K, 507 f., 507 A, 521, 534 A, 536
– Konzentration 533
– Optima 535 A
Induktion 192 A, 506
– heterogentische 488 K
– homoiogenetische 488 K, 489
Indusium 294 A, 295
Infektionsschlauch 464 f., 466 A, 467 A
Infektionsvakuole 464, 466 A, 467 A
Information 5 f., 182, 492
– genetische 10 K
– Speicherung 6, 20

Infrarotgasanalyse 563f.
Infrarotstrahlen 117A
Inhibitor 43, 44A
– allosterischer 87A, 144
Initialzellen 240
Inkompatibilität 316K, 317, 555
Inkruste 157ff.
Inosin 219K, 220, 221A
Inosit 143K
Inosit-hexaphosphosäure 456K
Inosit-tris-Phosphat 506
Inositol 454, 456K
Inositol-tris-Phosphat 505, 506A
Insectivoren 464
Insekten, Exoskelett 151
Insektenfalle 495
Insulin 556
Integration, Ebenen 49
Integrationsstufe 331
Integument 301, 302A, 304, 305K, 308, 310, 310A
Intensitätsfaktor 33, 34T
Interferone 556
interfibrilläre Räume 153, 158
Interkinese 246K
Interkostalfeld 406
Intermicellarraum 153, 154A
Internodialzellen, Characeen 240, 492, 492A, 493A, 495, 497T
Internodienlänge 517
Internodium 365, 366A, 513
Interphase 173, 173A, 175
Interzellularen 85, 155, 157A, 384, 388, 408, 411f., 431ff., 439, 445
Interzellularenluft 395
Interzellularsystem 394
Intine 301, 302A
Intron 184f.
Ionenaustausch 460
Ionenbindung 203A, 204
Ionendiffusion, passive 487
Ionengradienten 57K
– elektrochemische 15K
Ionenkanäle 60, 61A, 487A
Ionenpumpe 487A, 505
Ionentransport 12, 433, 445, 474
– aktiver 487
α-Iononring 119K, 213K
β-Iononring 119K, 213K
Iris (Schwertlilie) 390
Iris germanica 352A
Iris pseudacorus 393A, 409K
Isidien 469, 473A
Isocitrat (Isozitronensäure) 94, 95A, 106A, 140, 141A
Isocitrat-Lyase 140, 140A
isoelektrischer Punkt 193, 196A, 197
Isoetales 267A
Isogamie 248, 248A, 249K, 259, 285
Isoleucin 194K, 208K
Isopentenylaminopurin 500f., 502K
Isopentenylpyrophosphat 209, 211A
Isosporie 267, 295

J

Jahresring 382
Jahresringgrenze 384A, 386A
Jahreszeiten 512, 519f.
Jahrringchronologie 382
Jamswurzel (*Dioscorea batatas*) 358
Juglans regia (Walnuß) 305K, 308A
Jura 267A
Juvenilphase 522

K

K^+-Gradient 73A
– elektrochemischer 12
Kaffeestrauch (*Coffea arabica*) 218T
Kakaobaum (*Theobroma cacao*) 218T
Kakteen 393A, 394, 418
Kalanchoë 418, 538
Kalanchoë beharensis 486A
Kalanchoë blossfeldiana 538
Kalanchoë daigremontiana 93A, 128K, 197A, 420A, 489A, 540A, 558A
Kalanchoë tubiflora 380A, 422
Kalium 465, 517, 518A
– Kanäle 14A, 73
Kalk 235
Kallose 378, 379A
Kallus 490, 501A
Kalluskultur 491A, 501
Kältestarre 510, 511A
Kältestreß 510
Kältetod 511A
Kalyptra (Wurzelhaube) 156, 278, 279A, 281A, 347ff., 348A, 349A, 356A
Kalyptrogen 350
Kambium 354f., 371A, 374K, 375K, 383A, 383A, 388, 489, 489A
– Aktivität 503K, 517
– faszikuläres 382ff., 488K
– interfaszikuläres 382ff., 488K
– Ring 382
– sekundäres 355A, 382ff., 391A
– Zylinder 382
Kambrium 267A
Kamille 213K
Kampfgleichgewicht 463, 465
Kanäle 60ff., 487
– Kalium- 14A, 73
– Ionen- 60, 61A, 487A
– Natrium- 52, 61A
– Protonen- 102
Kannenpflanze (*Nepenthes*) 418, 478A, 480
Kantenkollenchym 372, 373A
Kapazitätsfaktor 33, 34T
Kapillarwasser 356, 446A
Kapuzinerkresse 135A
Karbon 267A, 270, 561, 561A
Kardinalpunkte 508, 510, 511A
Karotte (*Daucus carota*) 213K, 490
Karpell s. Fruchtblatt
Karpospore 258A
Karposporohyt 258A
Kartoffel (*Solanum tuberosum*) 342K, 390, 393A, 460
Karyogamie 245, 284A, 286A, 287A, 289K, 291A
Karyolymphe s. Kernplasma
Karyopse 505
Käse 290
Kaskadeneffekt 505, 505A
Katalase 146, 222T, 448K
Katalysator s. Enzyme
Katalyse s. Biokatalyse
Katharinenmoos 275A
Kationen-Uniport 63
Kationenaustausch 62
Kationenkanäle 60
Kauren 502K, 508
Kautschuk (*Hevea brasiliensis*) 214K
Kedrostis 358, 358A
Keimblätter (Kotyledonen) 139A, 295, 302A, 304, 306, 310, 311A, 322, 365, 365A, 403f., 405A, 499, 500A, 521, 521A

Keimfähigkeit 523
Keimpflanze 312 A, 404, 484, 521
Keimruhe 503 K, 522
Keimung 306, 521
– epigäische 404, 521, 521 A
– hypogäische 404, 521, 521 A
Keimungssperre 520
Kelchblatt 403
Kernäquivalent 21 A, 22 f.
Kernholz 385
Kernhülle 26, 50 A, 169, 170 A, 173, 175, 246 K
Kernmembran 25, 169, 173 ff.
Kernphasenwechsel 245, 253, 254 A, 258, 258 A, 295 A, 300 A, 303 A, 313 A, 322
– gametischer 253 K, 255 A, 259
– zygotischer 253 K, 255 A, 256
Kernplasma (Karyolymphe) 27, 169
Kernpore 169, 170 A
Kernteilung 153, 171, 173, 230, 238 A
Kernteilungsspindel 172 K, 174, 246 K
Kesselfalle 315
α-Ketoglutarat 208 K
α-Ketoglutarsäure 207 A
3-Keto-6-Phosphogluconsäure 89 A
Ketosen 78 K
Kiefer (*Pinus*) 264 A, 282 A, 298 A, 301 ff., 303 A, 306 A, 335 f., 343, 367, 384, 384 A, 409 K, 434, 465, 473, 485, 518 A
Kieselalgen s. Diatomeae
Kieselsäure 159
– Panzer 233 f., 248
Kinetin 500 f., 501 A, 502 K
Kinetochor 172 K, 174
Kippfunktionen 542
Kippschalter 541 A, 542
Kirsche (*Prunus avium, P. cerasus*) 320, 367 A
Klappertopf (*Rhinantus*) 473
Klappfalle 496, 498 A
Klee 453
Klette 319 K
Kletterpflanzen 359
Klima 563 f.
Klimaänderungen, globale 563 f.
Klimaxgesellschaft 333, 334 K, 336
Klimazone 334 K
Klinostat 530, 530 A
Klon 245, 491
Klonieren 556
Knallgasbakterien 20 K
Knallgasreaktion 19, 96
Knoblauch (*Allium sativum*) 409 K
Knöllchen, N_2-fixierende 558
Knolle 358, 518
Knospe 277, 367, 368 K, 369 K, 388, 503 K, 512
– ruhende 489
– schlafende 490
Knospenschuppe 367, 370, 404
Knoten 365
Koazervat 6, 10 A
Koeleria glauca 340
Kohäsion 198 K, 296 A, 398, 480
Kohäsionsmechanismus 295, 296 A, 301, 306, 527
Kohl (*Brassica*) 512
Kohle 564
Kohlenhydrate 78 K, 115, 129, 132, 136, 139 f., 140 A, 149, 209, 210 A
– Abbau 80, 103
– Speicherung 358, 404
Kohlenmonoxid 240
Kohlenstoff 447
– Atom, glykosidisches 79 K
Kohlhernie 285
Koka-Strauch (*Erythroxylum coca*) 218 T
Kokken 21 K
Kokospalme (*Cocos nucifera*) 305 T
Kola-Baum (*Cola verticillata*) 218 T
Koleoptile 503 K, 507, 507 A, 529 A, 533, 534 A, 535 f., 535 A
– Krümmung 507
– Spitze 507, 507 A
– Zylinder 507
Koleptilzellen 58
Kollenchym 372
kolline Stufe 343
Koloniebildung 232 A, 233 A
Kolonien 23, 161, 228 ff., 234, 245 A, 525
– Chlorococcales 232 A, 233 A
– Kieselalgen 235 A
– Volvocales 230 A
Kommensalen 480
Kommunikation 159
Kompartiment 26 f., 43, 49, 50 A, 162 A, 164, 166
Kompaßpflanzen 417
kompatible Substanzen 457, 458 K, 512
Konformation 203
Konformationsänderung 205
Konjugation 250 A
– Bakterien 248
konjugierte Doppelbindungen 117, 118 K, 213 K
Konkurrenz 332, 334 K
Konnektiv 307, 308 A, 313
Konsumenten 548 A, 449 A, 450 A, 546, 548 A
Kontakthyphe 473 A
Kontinuum
– cytoplasmatisches 378
– symplastisches 53
Konvergenz 335, 335 A, 393
– biochemische 220
Konzentrationsgradient 15 K
Konzeptakel 252, 252 A
Kooperativität, positive 43, 44 A, 45 A
Köpfchenschimmel 286 A, 287
Kopfsalat (*Lactuca sativa*) 514
Koppelung 101 A, 102
– elektrische 492, 496 A
– Energie- 14 A
– Ionenfluß- 14 A
Koppelungsfaktor 14 A, 58, 113
Kopulation 254 A
Korallen 28
Korbblütler (Compositae) 322, 335 A
Kork 149, 355, 371 A, 388, 390 A, 522
Korkeiche (*Quercus suber*) 336, 388
Korkkambium 355, 371 A, 388, 389 A, 390 A
Korkpore 388
Korkstoff 159
Kormophyten (Gefäß-, Sproßpflanzen) 237, 259 A, 261, 262 A, 295, 350, 371 A, 395, 485
– Evolution 264 ff.
– Taxa 328 K
Kormus 261, 262 A, 264, 267, 367, 378 f., 384
Korrelationen 163, 450, 487, 489 A, 491 f.

korrelative Förderung 488 K
korrelative Hemmung 488 K
kosmische Strahlung 117 A
Kosmologie 3
Kotyledonen s. Keimblätter
Kraft 67 K
Krankheitserreger, Pilze 290
Krebs 188, 557, 558 A
Krebs-Martius-Zyklus s. Zitronensäurezyklus
Kreide 267 A, 322
Kresse (*Lepidium sativum*) 533 A
Kreuzung 178 K, 179, 179 A, 180 A, 554 f., 560
– Experimente 177, 552
Kriechbewegung 23, 234
Kriechsproß 392 A, 394
Krokus 342 K
Kronblatt 403
Krummholz 343
Krümmungsreaktion 533
Krustenflechte 265 A
Kryptophyten 342 K
Küchenzwiebel (*Allium cepa*) 73, 418, 422 A
Kulturarten 554, 563
Kulturpflanzen 182, 305 T, 319 K, 453, 460, 550, 552, 556 ff.
– salzresistente 559 f.
Kupfer 124 K
Kurare 218 T
Kürbis 375 K
Kurz-Langtagpflanzen 519
Kurzsproß 295 f., 301
Kurztagpflanzen 475, 503 K, 519 A, 520 A
– qualitative 518
– quantitative 518
Kurztrieb 367, 367 A, 370 A, 421 A

L

Lactat (Milchsäure) 86 A
Lactat-Dehydrogenase 86 A
Lactose 190 f.
Lactose-Permease 190
Lactuca sativa (Kopfsalat) 514
Lactuca serriola 417
Ladungstrennung 12, 15 K, 17, 20, 102, 127 K
Laguncularia 342
Lamiaceae 314 A
Lamiidae 324 A, 328 K
Lamina 404
Laminaria 240, 256, 257 A
Laminaria digitata 243 A, 265 A
Laminaria hyperborea 242 A, 265 A
Laminaria saccharina 242 A, 265 A
Laminariales 240, 242 A, 243 A, 244 A
Lamium 317
Landleben 5 K, 261 ff., 285, 287, 306, 398
Landpflanzen 65, 407
– Evolution 261, 264 ff., 267 A, 268 K, 436
Landwirtschaft 464, 545, 549 f., 551 K, 562 f.
– Energieausbeuten 550
– Erträge 427
– tropische 558
Lang-Kurztagpflanzen 519
Längenwachstum 514
Langtag 475
Langtagpflanzen 475, 503 K, 512, 518, 519 A, 520 A
– qualitative 518
– quantitative 518
Langtrieb 365 f., 367 A, 370 A, 421 A
Lärche (*Larix decidua*) 335, 343, 367, 370 A
Latenzzeit 493 A, 494 K
Latex 214 K
Lathraea 474
Lathyrus aphaca (Platterbse) 418
Laubbaum 384
Laubblatt 403 ff., 404 A, 405 A, 409 K
Laubhölzer
– ringporig 397 K
– zerstreutporig 397 K
Laubmischwald 338 A
Laubmoose 267 A, 270 f., 275 A, 277 f., 279 A, 281 A
Laubwald 334 K, 335 f., 335 A, 343
– sommergrüner 337 A
Läusekraut (*Pedicularis*) 473
Lebensformen 334 K, 342 K
Lebensgemeinschaft 331, 334 K
Lebensraum 331 ff., 562
Lebensrhythmen
– hapaxanthe 522
– pollakanthe 522
Lebermoose 267 A, 278, 464
– foliose 270 f.
– thallöse 270 f., 272 A
Lecanora 470 A
Lectine 464
Leghämoglobin 222 T, 448 K, 454, 464
Leguminosen 453 T, 515, 557 f.
– Knöllchen 372, 453 f., 464
Leiche 231 A
Leichenbildung 483
Leitbündel 149, 262 A, 268 K, 271, 372 ff., 374 K, 382, 406 f., 408 A, 417, 435 A, 441, 442 A, 453, 464, 466 A, 513
– Anordnung 378 f., 380 A, 381 K
– bikollaterales 375 K
– geschlossen kollaterales 374 K
– kollaterales 378
– konzentrisches 375 K, 388
– offen kollaterales 374 K
– radiäres 351, 488 K
– Scheide 440 A
– Typen 373, 374 K
– Verbindung 489
– zentrales 380 A
Leitelement 159, 488 K
Leitgewebe 372
Lemna (Wasserlinse) 62 A, 537 f.
Lentizelle 388, 390 A
Lepidium sativum (Kresse) 533 A, 534 A
Lepidodendrales 270, 304, 328 K
Lepidodendron 561 A
Leptoid 271, 275 A
Leptosporangiatae 293, 328 K
Leptotän 246 K
Leucin 186 A, 194 K, 208 K, 248
Leukoplasten 109, 110 A
Lianen 341, 377, 396, 397 K, 427
Licht 262 f., 341, 417, 424 ff., 432, 450, 485, 508, 521, 527 T, 535 A, 536
– Absorption 113, 120, 120 A, 122 f.
– Energie 115, 125, 443
– Falle 536
– Geschwindigkeit 116 K
– Intensität 117
– polarisiertes 515, 516 A
– Wirkungen 513 ff.
Lichtkeimer 514

Lichtkompensationspunkt 423, 425, 427 T, 428
Lichtpflanzen 550
Lichtquanten s. Quanten
Lichtsättigung 427 T, 429 T, 430 A
Lichtsättigungskurve 427 T, 443
Lignin 153, 158, 209, 217 K, 263
Liliaceae 309 A
Lilie 418
Liliidae 325 A, 328 K
Limonium vulgare (Strandflieder) 459 A
Linde (*Tilia*) 213 K, 336, 368 K, 387 A, 484
Linolensäure 142 K
Linolsäure 142 K
Linse 453
Linum perenne 373 A
Lipasen 140, 143 K
Lipiddoppelfilm 6, 53 A
Lipide s. auch Fette 4 K, 5, 9 K, 53, 80, 90, 105, 113, 135, 140, 201
Lipidtheorie, Permeation 54
Lipidtropfen 110 A
Liponsäure 94 A, 448 K
Lipoproteide 201
Lipoprotein-Mosaik 205
Liriodendron 407 A
litho-autotroph 19
Litoral 265 A
Lockstoffe 525
Lophophora 218 T
Lorbeerwald 342
Lotusblume 523
Löwenzahn 181, 181 A, 264 A
Luftfeuchte 433
– relative 394 f., 395 A, 439
Luftkammer 270, 272 A
Luftkanal 270, 272 A
Luftstickstoff 557
– Fixierung 449, 452
Luftwurzeln 359, 361 A
Lupine (*Lupinus luteus*) 459, 511 A
Lutein 119 K, 214 K
Lycopersicon cheesmanii 560
Lycopersicon esculentum (Tomate) 109, 213 K, 460, 461 A, 489, 490 A, 560
Lycopodiales 267, 267 A, 295, 298 A
Lycopodiatae s. auch Bärlappgewächse 266, 295, 298 A, 300 A, 304, 328 K, 329 A, 561 A
Lycopodium 295, 298 A
Lycopodium cernum 423 A
Lyginopteridatae 561 A
Lysin 170, 194 K, 208 K, 219 K, 220
Lysosomen 139

M

m-RNA (messenger-RNA) 163, 184, 188
– Lebensdauer 191
– Reifung 163
Macchie 336, 338 A
Macrocystis 240, 263
Macrocystis luetkeana 244 A
Macrocystis pyrifera 242 A
Magnesium 164
Magnolia 298 A
Magnoliidae 267 A, 324 A, 328 K
Maiglöckchen (*Convallaria majalis*) 213 K, 342 K, 375 K, 390
Mais (*Zea mays*) 85, 350 A, 352 A, 360 A, 374 K, 416 T, 440 A, 445, 450 A, 508, 508 A, 511 A, 550
Makrofibrille 152 A, 153, 158
Makrogametangien 252
Makrogameten 248
Makrophylle 268 K, 295, 297 A, 306, 403, 406, 409 K
Malat (Äpfelsäure) 16 K, 65, 72 f., 94, 95 A, 104 A, 106 A, 134 K, 140, 140 A, 144, 167 A, 195 K, 436 ff., 438 A, 439, 440 A, 444 A, 451, 459
Malat-Dehydrogenase 438 A, 444 A
Malat-Synthese 72 A
Malat/Oxalacetat-Shuttle 103, 104 A, 166
Malatsynthetase 140, 140 A
Malonat 212
Malonyl-CoA 137 A, 138, 210 A, 212 A
Maltase 80, 81 A
Maltose 80, 152 A
Malus (Apfel) 155, 321 A, 473
Malus sylvestris 320
Mambranpotentiale, elektrische 505, 534 A
Mammutbaum 263, 263 A, 398, 485
Mangan 125
Mangelerscheinungen 447
Mangrove 342, 343 A, 359, 361 A, 362 A, 458, 459 A
Mannitol 458 K
Mannose 150
Mantelchimären 489
Mantelnerv 497 T
Marchantia 278
Marchantia polymorpha (Brunnenlebermoos) 270, 272 A
Marchantiopsida 270
Mark 370, 372, 381 K
Markhöhle 372
Markstrahl 382 ff.
– primärer 355, 355 A, 371 A, 372
– sekundärer 355, 371 A
Markstrahlparenchym 384, 384 A, 386 A
Markstrahltracheïde 384 A
Massenpigment 515
Massenströmung 400
Mauerpfeffer (*Sedum*) 409 K, 416 T, 418, 421 A
Maximum 508, 510, 511 A
Medikamente 212
Meeresleuchten 227, 538
Meersalat (*Ulva lactuca*) 234, 236 A
Meerwasser, Bewässerung 560
Megaprothallium 298, 300 A, 302 A, 304, 305 K, 306, 326 K
Megasporangium 298 ff., 300 A, 302 A, 305 K, 326 K
Megaspore 267, 298, 300 A, 302 A, 304, 309, 312 A, 326 K
Megasporenmutterzelle 301, 309, 312 A, 326 K
Megasporophyll 298, 300 A, 302 A, 306 ff., 307 A, 326 K
Mehltau, falscher 285
Mehrzelligkeit 230
Meiogameten 253 K
Meiose s. auch Reduktionsteilung 179 ff., 245 f., 246 K, 251 A, 253 K, 254 A, 256, 257 A, 295, 301, 307, 309, 312 A, 554
Meiosporangium 287, 290
Meiospore 246 K, 253 K, 255 A, 258 A, 295 A, 306
– Mitose 253

Melampyrum (Wachtelweizen) 473
Membran 6, 14 A, 15 K, 17, 20 ff., 50 A, 55 K, 62 A, 70, 126, 127 K, 140, 155 f., 163, 205, 213 K, 448 K, 457, 459, 466 A, 471, 487, 492, 505, 505 A, 506 A, 510 f., 515, 531, 541 A, 542, 562
- Auflösung 139
- Bau 53 ff.
- Carrier 60 ff.
- Mitochondrien- 91, 99 K, 102, 105
- Permeabilität 54 ff.
- Plastiden- 109 ff.
- Proteine 206
- semipermeable 66 f., 66 A, 400
Membranfluß 27, 50 A
Membranlipide 53, 54 A
Membranmodell 53 A
Membranpotential 58
- elektrisches 15 K, 56, 56 A, 57 K, 60, 63, 494 K, 532 f.
Membranproteine 53 f., 54 A
- integrale 53, 62
- periphere 53
Membrantransport 357, 505, 517
Membrantransportprozesse 60
Mendelsche Regeln 177 f., 181, 550, 557
Mensch 30
Mentha (Pfefferminze) 213 K
Menthol 212 A, 213 K
Merculius tremellosus 291 A
Meristem 85, 173, 348 A, 350, 354, 382, 448 K, 464 f., 483, 503 K, 522
- apikales 367, 371 A
- basales 403, 404 A
- randständiges 403
- sekundäres 489
Meristemmantel 371 A
Merkmal 177 ff., 178 K
Mescalin 218 T
Mesembryanthemum crystallinum 54 A, 128 K, 197 A
Mesokarp 71 A, 318, 318 K
Mesophyll 407, 409 K, 411, 431 A, 433, 435 A, 439 f., 442 A, 442 A, 443, 444 A, 446 A
Mesophyllwiderstand 431
Mesophyllzelle 431 f.
Mesosom 21, 21 A
messenger-RNA s. m-RNA
Metaboliten, Transport 102 f.
Metallproteide 201
Metamorphosen 298, 358, 477
- Blatt 403, 418 f., 421 A
- Sproßachse 388 ff., 393 A, 434
- Wurzel 358, 360 A
Metaphase 173, 173 A, 174 A, 246 K
metastabil 38
Metaxylem 349 A
Methan 562, 564
Methanbildung 222 T
Methionin 194 K, 196, 208 K, 248, 502 K
Mevalonsäure 210 A, 211 A, 212
Micellarstrang 153, 154 A
Micellarstruktur 151
Micelle, Fransen- 153, 154 A
Michaelis-Konstante 41
Microbodies 50 A, 139
Mikrofibrille 153, 154 A, 156, 319
Mikrofilamente 75
Mikrofossilien 21
Mikrogametangium 252
Mikrogameten 248
Mikrogametophyt 298
Mikroorganismen 447, 449, 449 A, 450 A, 480, 501
- anaerobe 449 A
Mikrophylle 268 K, 295, 297 A, 298 A, 409 K
Mikroprothallium 306, 326 K
Mikropyle 302 A, 304, 308 ff., 310 A, 313
Mikrosporangium 298 f., 300 A, 302 A, 307 f., 326 K
Mikrospore 267, 298, 300 A, 307 f., 312 A, 326 K
Mikrosporenmutterzelle 301, 312 A, 326 K
Mikrosporentetrade 301, 302 A, 303 A
Mikrosporophyll 298 f., 300 A, 302 A, 306 f., 308 A, 326 K
Mikrosporophyllstand 298 A, 302 A
Mikrotubuli 75, 76 A, 77 A, 153, 156 A, 158, 172 K, 173 ff., 206
Mikrowellen 117 A
Milch 85
Milchröhre 214 K
Milchsaft 214 K
Milchsäure (Lactat) 86 A
Milchsäurebakterien 85 497 A, 515
Mimose (*Mimosa pudica*) 72, 493 A, 494 ff., 497 A, 497 T, 499 A, 515, 527 T
Mineralstoffe 463 f., 477
Mineralstoffernährung 550
Minimum 508, 510, 511 A
Mirabilis jalapa 177 f.
mischerbig 177, 178 K
Mistel (*Viscum album*) 368 K, 473, 475 A
Mitchell-Hypothese 102
Mitochondrien 25 ff., 25 A, 27 A, 43, 50 A, 51 K, 75 f., 90 ff., 99 K, 101 A, 103 T, 104 A, 105 A, 107 A, 114 A, 126, 127 K, 129, 139 f., 140 A, 144 ff., 146 A, 147 A, 162 A, 166, 167 A, 215 K, 351, 378, 442 A
- Anzahl 91
- Cristae-Typ 91, 93 A
- DNA 181
- Matrix 91 f., 127 K, 129
- Tubuli-Typ 91, 93 A
Mitogameten 253 K
Mitoplasma 27, 27 A
Mitose 75, 173, 173 A, 175, 184, 231 A, 245, 246 K, 253 K, 254 A, 255 A, 256, 277, 304, 491
Mitosegift 218 T
Mittellamelle 153 ff., 156 A, 157 A, 159, 159 A, 160 A, 389 A, 555
mixotroph 11 K
Mnium affine (Sternmoos) 275 A
Modifikation 181, 181 A, 508
Molekularbiologie 559
Molkereiwirtschaft 85
Molybdän 450, 452
monadale Organisationsstufe 227 f., 229 A, 245 A, 259, 525
Mono(acyl)glyceride 143 K
Monochasium 368 K
Monocotyledonae 322, 325 A, 328 A, 329 K, 370, 374 K, 378, 380 f., 380 A, 381 K, 388, 391 A, 404 ff., 419 K, 437, 443

Monokultur 290, 333, 563
Monopodium 368 K
Monosaccharide 78 K, 106 A, 399
Monosomie 182
Monoterpene 211 A, 212, 213 K
Monözie 316 K, 317
montane Stufe 343
Moor 331, 464
Moose (Bryophta) 237, 240, 264, 267 A, 270 ff., 293 f., 306, 329 A, 336, 340, 343, 367, 436
– Fortpflanzung 277 f.
– Protonen 535
– Vermehrung 277 f.
– Wasserhaushalt 281 f.
Moosfarne 267 A
Moospolster 281, 281 A
Moraceae 315 A
Moranta leuconeura 158 A
Moricandia arvensis 93 A
Morphin 218 T
Morphogenese 508
Morphose 518
Mougeotia 236 A, 516 A
Mucor mucedo 286 A, 287
Multienzym-Komplex 94 A
Mumienweizen 523
Murein-Sacculus 22, 30 A
Muskel 75, 527
Muskelbewegung 26
Muster 417, 419 K, 420 A
Musterbildung 411, 488 K
Mutagen 181
Mutation 181 f., 201, 552, 554
Mutationsrate 181
Mutationszüchtung 552
Mutterkorn 237
Mykobacterien 21 K
Mykorrhiza 292, 465
– ektotrophe 465, 468 A
– endotrophe 465, 468 A
Mykosen 290, 292
Myosin 25, 75
Myrica gale (Gagelstrauch) 464
Myrmecochorie 319 K
Myrothamnus flabellifolia 436
Myxamöben 283, 284 A
Myxoflagellaten 283, 284 A
Myxomyceten (Schleimpilze) 75, 149, 283 f., 284 A, 537
Myzel 285 ff., 286 A, 291 A, 465

N
Nabatäer 560
NaCl-Akkumulation 458 K
Nacktsamer s. Gymnospermen
NAD (Nicotinsäureamid-adenin-dinucleotid) 13, 16, 85, 164, 220 A
Nadelbaum 384, 396, 465
Nadelblatt 367, 434, 435 A
– äquifaziales 409 K
Nadelgehölze 397 K
Nadelhölzer 267 A
Nadelwald 334 K, 335 f., 335 A, 337 A, 338 A, 343
NADH-Dehydrogenase 96
NADH-Dehydrogenase-Komplex 99 K, 101 A
NADP/NADPH (Nicotinsäure-amid-adenin-dinucleotid-phosphat) 13, 16 K, 40 K
Nährelemente 447, 448 K, 464
Nährgewebe 298, 304, 310, 310 A
Nährlösung 447, 449 K, 460, 461 A
Nährsalze 262, 351, 358, 372, 398, 410 f., 413 A, 465, 471, 477, 489 A
– Aufnahme 347, 350, 356
Nährsalztransport 445
– apoplasmatischer 357
– radialer 357, 357 A
Nährstoffe 262, 463
Nahrungsaufnahme 262
Nahrungskette 12, 546, 547 A
Nahrungsvakuole 27, 28 A
Narbe 313 f., 316 f.
Narzisse 418
Nastie 515, 525, 527
– Chemo- 526
– Gravi- 527 T
– Hapto- 527 T
– Photo- 432, 527 T
– Seismo- 527 T
– Thermo- 432
– Thigmo- 526, 526 T
– Traumato- 527
Natrium 447
– Kanäle 52, 61 A
Natternzungenfarne (Ophioglossidae) 267 A
Naturstoffe 209 ff.
Nebenblatt 404, 404 A
Nebenvalenzen 203
Nebenwurzel 347
Nebenzelle 73 A, 411, 414 K
Negev 560
Nektar 313, 478
Nektardrüsen 480
Nektarien 313
– extraflorale 478
Nelumbo nucifera 523
Neophytikum 322
Neottia nidus avis 465, 468 A
Nepenthes (Kannenpflanze) 478, 478 A, 480
Nereocystis luetkeana 240, 242 A
Nerium oleander (Oleander) 435, 435 A
Nernstsche Gleichung 56
Nerv 62
– Säugetier- 495, 497 T
– Wirbeltier- 494 K
Nettofluß 55
Nettoprimärproduktion 546, 549 A, 559, 562, 564
Netznervatur 322
Neurospora 542
Nicht-Häm-Eisen 448 K
Nicotiana tabacum (Tabak) 218 T, 285, 347, 490, 501 A, 512, 554
Nicotin 218 T, 219 K, 347
Nicotinsäure 220, 220 A
Nicotinsäureamid 40 K, 220 A
Nicotinsäureamid-adenin-dinucleotid s. NAD
Nicotinsäureamid-adenin-dinucleotid-phosphat s. NADP/NADPH
Niederblatt 403 f., 405 A, 422 A
Nische 248
Nitella 240, 495 A
Nitella translucens 57 K, 58
Nitellopsis 240
Nitrat 450
Nitrataufnahme 191, 450 f., 452
– Induktion 450 A
Nitratreduktase 449 K, 450, 451 A, 515, 517 A
Nitratreduktion 191, 450, 451 A
– assimilatorische 449 A, 450
Nitrifikation 20 K, 449, 449 A
Nitritreduktase 450, 451 A, 515, 517 A
Nitritreduktion 450, 451 A
Nitrobacter 20 K

Nitrogenase 23, 448 K, 449 K, 452 ff., 452 A, 557
Nitrogenasereaktion 452 A
Nitrosomonas 20 K
nivale Stufe 343
Nodium 365, 366 A
Noea mucronata 113 A
Nopalin 557
Nornicotin 219 K
Nostoc 22 A, 23 A, 471
Nothofagus (Südbuche) 335
Nucellus 301 ff., 302 A, 305 K, 308 f., 310 A, 312 A, 327 K
Nucleinsäuren s.auch DNA, RNA 6, 88, 135, 139, 169, 201, 448 K
nucleocytoplasmatische Mischphase 27, 27 A, 169
Nucleolus 25 A, 26, 50 A, 169 f., 172 K, 173
Nucleolusorganisator 172 K
Nucleomeren 170, 172 K
Nucleoproteide 201
Nucleoside 8 K
Nucleosidmonophosphat 184
Nucleosidtriphosphat 184
Nucleosomen 170 f, 172 K
Nucleotide 4 K, 5, 8 K, 40 K, 77, 164, 212, 220, 399
Nüßchen 320, 321 A
Nußfrucht 264 A, 318 K, 321 A
Nutationsbewegung 528, 528 A
Nutzpflanzen 427, 429 T, 443
Nymphaea 411

O
Oberblatt 404
Obstbäume 367, 504
Ochromonas 228
Octopin 557
Octopus 497 T
Öffnungsfrüchte 317 ff., 318 K, 321 A
OH^--Entgiftung 451
Ohmsches Gesetz 69
Oidien 285
Ökologie 546 f.
Ökophysiologie 549, 559
Ökosphäre 546
Ökosystem 333, 334 K, 446 ff., 547 A, 548 A, 550, 562 ff.
– aquatisches 546
– Belastbarkeit 547
Ökotyp 331, 334 K
Ölbaum (*Olea europaea*) 305 T, 416 T
Öle 140, 142 K
Oleander (*Nerium oleander*) 435, 435 A
Oleosom 139 A, 140, 141 A
Oligopeptide 196
Oligosaccharide 78 K, 399
Ölkörper 319 K
Ölpalme (*Elaeis guinensis*) 305 T
Ölsäure 9 K, 142 K
Oltmannsiella 228
Onkogene 557
Ontogenese 163
Oogamie 248, 248 A, 249 K, 252, 258 f., 285, 306
Oogonien 252, 252 A, 258 A
Oomycota 285
Operator 191 A
Operator-Gen 190 f.
Operon 190 f., 504 f.
– Koppelung 505 A
Ophioglossidae (Natternzungenfarne) 267 A
Ophrys 315
Opine 557
Opium 218 T
Optimum 508, 510, 511 A
Optimumskurve 508, 510, 511 A
Opuntia 394
Orchideen 315, 319 K, 428, 439, 465
– Samen 465
Ordovicium 267 A
Organ 49, 68, 162 A, 163, 237, 240, 259, 267, 490, 492
Organelle 20, 24 ff., 49, 51 K, 75 f., 162 A, 139, 155
organische Säuren 135
Ornithin 208 K, 219 K
Orobanche 477
Orobanche lucorum 477 A
Orotsäure 221 A
Orthostiche 271, 419 K, 420 A
Oscillatoria 23, 23 A
Osmoregulation 26, 448 K
Osmose 65 ff., 149
Osmotikum 457
osmotische Zelle 400
osmotischer Druck 66 f., 67 K, 70, 72 A, 439
osmotischer Gradient 66, 457
osmotisches System 65 ff., 66 A
Osmunda cinnamomea 297 A
Osmunda regalis 297 A
Oszillator 542
– endogener 540
Oxalacetat (Oxalessigsäure) 16 K, 72, 94, 95 A, 104, 104 A, 106 A, 134 K, 140, 140 A, 144, 144 A, 167 A, 206, 207 A, 208 K, 436, 437 A, 438 A, 441, 444 A
Oxalacetat-Carrier 104 A, 134 K
Oxalis 317
Oxalsäure 459
Oxidation 13
Oxidationsmittel 13
oxidative Phosphorylierung 101
α-Oxoglutarsäure 452 A
Oxygenase 131 A, 145
Oxygenierung 130, 131 A
Ozeane 551 K

P
Pachytän 246 K
Paläobotanik 564
Palisadenparenchym 408 A, 409 K, 411, 417, 424 f., 426 A, 435 A, 445 A
Palmen 378, 388
Palmitinsäure 9 K, 136, 142 K
– Energiegehalt 108
Pampa 340
panaschierte Blätter 180, 180 A, 496 A
Panaschüren 181, 492
Pandanus 359, 361 A, 419 K
Pandorina 228, 230 A
Pantethein 138
Pantethein-Phosphat 41 K
Pantoinsäure 41 K
Pantothensäure 40 K
Papain 207
Papaver somniferum (Schlafmohn) 218 T
Papier 557
Pappel 473, 484
Pappus 264 A
Paprika (*Capsicum annuum*) 71 A, 109, 460
Parabiose 20 K
Parallelnervatur 322
Paralleltextur 153, 155 A, 158
Paramylum 25 A
Paraphyse 252 A, 281 A
Parasexualität 248

Parasiten 471 ff., 501, 546
- Halb- 473 f.
- Voll- 474 ff.
Parasitismus 283, 463, 465, 471 ff.
Parenchym 245 A, 259, 372
Parthenogenese 554
Passiflora gracilis 526 T
Passionsblume (*Passiflora*) 379 A, 393
Pasteur-Effekt 85
Patch-Clamp-Technik 60, 61 A
Pectinasen 521, 555
Pectine 25, 151 A, 233, 448 K
Pectinlamelle 175
Pectinsäure 150, 150 A
Pediastrum 232 A, 233
Pediastrum boryanum 233 A
Pedicularis (Läusekraut) 473
Pektine 22, 50 A
Pelagophycus 240
Pellicula 25, 25 A, 149
Peltigera 470 A
Pelvetia 485
Penicillin 290
Penicillium 290
Pennales 234, 234 A, 235 A
Pentosane 150
Pentosen 78 K, 88, 130, 132, 183 K
Pentosephosphate 88, 89 A, 133 A
Pentosephosphatzyklus 136, 163 f.
- oxidativer 88, 88 A, 89 A, 165 K, 210 A, 216 A, 454
- reduktiver 88, 163 ff.
PEP s. Phosphoenolpyruvat
Pepsin 480
Peptidbindung 5, 7 K, 189 A, 190, 196 f., 196 A, 203
Peptide 4 K, 5, 191, 196, 196 A, 203
- Turnover 541 A
Peptidhydrolasen 207 f.
Peptidkette 190 A, 204 A
- Quartärstruktur 203 A
- Sekundärstruktur 203 A
- Tertiärstruktur 203 A
Peptidsynthese 189 A
Peptidyltransferase 190
per-Gene 542
perennierende Pflanzen 484
Pereskia 393 A
Perianth 301, 323 K
Periderm 355, 355 A, 388
Peridinium 229 A
Perikambium 351
Perikarp 318 K
Periklinalchimäre 489, 490 A
perimitochondrialer Raum 91, 92 A, 101 A
perinucleärer Raum 169
Periodizitäten, Umwelt- 537
Periplem 371 A
Perisperm 305 K
Peristom 278, 281 A
- Zähne 278, 279 A
Perizykel 349 A, 351ff., 352 A, 354 A, 355 A
Perm 267 A
Permafrost 336
Permeabilität 54 ff., 469
- Ionen- 57
- Protonen- 102
- relative 57
Permeabilitätskoeffizient 55
Permeasen 21, 60
Permeation, passive 54 ff.
Peronospora tabacina 285
Peroxidasen 140 A, 146, 222 T, 448 K
Peroxisom 139, 145 ff., 146 A, 147 A, 442 A
Pestizid 563
Pfahlbauzeit 552
Pfefferminze (*Mentha*) 213 K
Pflanzenernährung 447 ff.
Pflanzenformation 334 K
Pflanzengeographie 546
Pflanzengesellschaft 331 ff., 334 K
Pflanzenhaare 75
Pflanzenkrankheiten 285, 292
Pflanzensoziologie 332
Pflanzenzüchtung 491
Pfropfbastarde 489
Pfropfreis 489, 490 A, 512, 513 A, 519
Pfropfung 488 K, 490 A, 512
pH-Wert 58 K, 63, 193, 197
- cytoplasmatischer 60
Phaeohyceae (Braunalgen) 227, 228 T, 240, 243 A, 244 A, 248, 248 A, 249 K, 252, 252 A, 256, 257 A, 259, 265 A, 311, 485
Phaeophyta 259, 259 A
Phagocytose 27, 28 A, 228, 284, 471
Phän 177
Phanerophyten 342 K
Phänotyp 177, 181
Phaseolus coccineus (Feuerbohne) 521 A
Phaseolus multiflorus (Gartenbohne) 538
Phaseolus vulgaris 353 A, 460, 521 A
Phellem 388, 389 A
Phelloderm 388, 389 A, 390 A
Phellogen 388
Phenole 209 f., 210 A, 212, 215 K, 216 A
Phenylalanin 194 K, 207, 208 K, 216 A, 217 K
Phenylalanin-Ammonium-Lyase 216 A, 515
Phenylpropanrest 215 K
Phenylpropanverbindungen 212, 216 A
Phenylpyruvat 216 A
Pheromon 499 f.
Philodendron 359
Phloem 79 K, 135, 266 A, 351, 354 f., 354 A, 370 ff., 374 K, 375 K, 378, 379 A, 381 K, 382, 385 f., 391 A, 398 f.,409 K, 417, 452 f., 464, 466 A, 474 f., 488 K, 499, 519, 521
- Beladen 401
- Faser 378
- Parenchym 378, 379 K, 388
- primäres 355 A
- Saft 378
- sekundäres 354 f., 355 A, 371 A
- Transportgeschwindigkeit 400 f.
Phodophyta 258 A
Phosphat 454
- anorganisches 87
- Carrier 105 A, 134 K, 136 A
- energiereiches 164, 166
- Gruppenübertragungspotential 83
- Speicherformen 454, 456 K
Phosphatidylinositol 505, 506 A
Phosphoenolpyruvat (PEP) 46 A, 82 A, 83 f., 87, 106 A, 140 A, 144, 216 A, 436 f., 437 A
Phosphoenolpyruvat-Carboxykinase 144, 144 A
Phosphoenolpyruvat-Carboxylase 46 A, 72, 206, 436, 437 A, 438 A, 439 ff., 444 A
Phosphofructo-Kinase 81, 87, 87 A, 144 A, 165

Phosphoglycerat-Kinase 165 K, 166
Phosphoglycerinsäure 167 A, 441
Phosphoglykolsäure 130, 131 A, 145, 146 A
Phospholipase C 505, 506 A
Phospholipide 143 K, 448 K
Phosphoproteide 201
Phosphor 465
– Stoffwechsel 454 ff.
Phosphoreszenz 121 A, 122
Phosphoribosylpyrophosphat 220, 221 A
Phosphorolyse 80, 83
3′-Phosphoryl-adenosin-5′-phosphoryl-sulfat (PAPS) 454
Phosphorylierung 36 A, 37, 123, 164, 454
– Enzym- 163
photo-autotroph 11, 11 K, 17, 21, 23, 463
photo-lithotroph 11, 11 K, 19
photo-organotroph 11 K, 17, 19
photochemische Reaktionen 115, 129, 130 A
Photodestruktion 121 A, 122, 424
photoelektrische Effekte 515
Photoinhibition 147, 213 K, 424, 439
Photolyse des Wassers 12, 17 f.
Photomorphose 513 ff.
Photonastie 432, 527 T
Photonen s. Quanten
photoperiodische Induktion 519 A
photoperiodische Regulation 519 A
Photoperiodismus 517, 519 f.
– Lichtperzeption 519
Photoperzeption 536
Photophosphorylierung 123, 126
– nicht-zyklische 126
– zyklische 126, 166
Photorespiration 50 A, 121 A, 130, 145, 146 A, 147, 147 A, 207, 208 K, 424, 439, 443, 550, 551 K, 564
Photorezeptor 25, 25 A, 535
Photosynthese 5 K, 11 ff., 20, 25, 50 A, 109 ff., 113 ff., 120 f., 120 A, 126, 147, 151, 166, 167 A, 209, 213 K, 233, 235, 240, 264, 270 f., 277 A, 282, 359, 394, 407, 417, 422 ff., 429 T, 430 A, 432 ff., 439, 440 T, 452 A, 453, 465, 469, 471, 478, 478 A, 492, 513, 536, 548 A, 549, 563 f.
– apparente 145
– Bakterien- 13 ff., 22 f.
– Bilanz 135
– C_3- 416 T, 429 f.
– C_4- 145, 416 T, 430, 436 f., 441, 444 A
– Elektronentransport 125 A
– Evolution 11 f., 14 ff.
– Kardinalwerte 427 T
– Lichtreaktion 18 A, 125 A
– Lichtsättigungskurve 422 ff., 423 A, 428, 428 A
– Mesophyll 411
– Quantenbedarf 551 K, 550, 552 T
– relle 145
– Wirkungsgrad 135, 551 K
Photosynthesemechanismus, anaerober 17
Photosynthesepigmente 117, 118 K, 120 A, 122
– primäre 115
photosynthetischer Elektronentransport, nicht-zyklischer 166
Photosystem I 13 ff., 129 A
– Reaktionszentrum 124 K
Photosystem II 17 ff., 18 A, 129 A, 441, 453
– Reaktionszentrum 124 K
Photosysteme 18 A, 122 ff., 122 A, 125 A
phototrop
– diaphototrop 535 A
– negativ 535 A
– positiv 535, 535 A
– transversal 535 A
Phototropismus 527 T, 530, 535 f., 535 A
Phragmoplast 76 A, 153, 156 A, 174 A, 175
Phycobiline 116, 118 K, 123, 201, 222 T, 223, 227, 228 T, 259
Phycobilisomen 22 A, 23
Phycocyane 23, 222 T, 259
Phycocyanin 116 f.
Phycocyanobilin 119 K
Phycoerythrin 23, 116 f., 222 T, 227, 259
Phyllocladien 392 A, 394
Phyllodium 421 A, 422
Phylloid 240, 244 A, 259
Phylogenetik 12, 293
Phylogenie 227, 293, 545
Phylylrest 118 K
Phytinsäure 456 K
Phytium debaryanum 285
Phytoalexine 212
Phytochrom 23, 222 T, 450, 513 ff., 516 A, 517, 517 A, 518 A, 520, 535
– dichroitische Anordnung 515
– Membranwirkungen 515
phytochromgesteuerte Photomorphose, Reversibilität 514
Phytochromgleichgewicht 514, 517
Phytohormone s. auch Hormone 72, 209, 212, 213 K, 347, 489 A, 490, 499 f., 502 K, 503 K, 504, 505 A, 507, 515
– Bindeorte 505
– Gleichgewichte 508
– Gradienten 499
– Verhältnisse 488 K, 501, 512
– Wechselspiel 521
Phytosiderophore 460 A
Pigment 121, 124 K
– Anregungszustände 120
Pigment-Kollektive 113, 116 ff., 120 ff.
Pigment-Protein-Komplexe 120
Pigmente 11, 118 K, 222 T, 270, 536
– akzessorische 115 ff., 120, 122, 213 K
– Algen 227, 228 T
– Hilfs- 115
– Photosynthese- 13, 209, 264
Pigmentmoleküle 122 A
Pilze (Fungi) 5 K, 30, 30 A, 80, 151, 169, 237, 264, 283 ff., 436, 464 f., 468 A, 469, 470 A, 471, 474 A, 501, 504
Pilzerkrankungen 290 ff.
Pilzsporen 285
Pinatae 267 A, 298, 298 A, 303 A, 306, 328 K, 329 A, 561 A
Pinguicula (Fettkraut) 477, 527 T
Pinitol 458 K
Pinus (Kiefer) 264 A, 282 A, 298 A, 301 ff., 303 A, 306 A,

335f., 367, 384, 384A, 434, 465, 473, 518A
Pinus longaeva 485
Pinus maritima 336
Pinus mugo 343
Pinus nigra 409K
Pioniergesellschaft 333
Pionierpflanze 317
Piperidin 219K, 220
Pirus s. *Pyrus*
Pisum sativum (Erbse) 416T, 418, 421A, 451A, 460, 508
plagiogeotrop 347
Plagiomnium undulatum 111A, 275A
Planation 266, 268K, 403, 406
Plancksche Konstante 12, 116K
Plankton 227f., 233, 480, 561
Planktondichte 563
Plantae 5K, 30, 30A, 259A
Plantago major 365
Plantago media 419K
Plasmabrücke 23, 228, 234
Plasmalemma (Plasmamembran) 21, 21A, 22A, 26, 50A, 53ff., 56A, 57K, 58A, 67, 72, 72A, 87, 114A, 129, 149, 153, 156, 156A, 159, 159A, 173f., 217K, 351, 357, 378, 450, 460A, 466A, 469, 492, 504f., 507, 515, 534A
Plasmalemma-ATPase 127K
Plasmaströmung 75, 91, 206, 234, 410, 495, 528, 537
Plasmid 21A, 22, 556ff., 556A
Plasminogenaktivator 556
Plasmodesmen 50A, 153, 159, 159A, 231A, 234, 237, 240, 378, 389A, 440A, 441, 494
Plasmodesmenfeld 159A
Plasmodium 149, 283, 284A
Plasmodium brassicae 285
Plasmogamie 284A, 286A, 287A, 291A
Plasmolyse 68, 68A
Plasmopara viticola 285
Plastiden 50A, 90, 109ff., 136, 180f., 222, 450, 492
- Bewegung 515
- Entwicklung 110A
- Hülle 114A
- Initiale 110A, 110A
Plastidenfaktor 515, 517A
Plastochinon 99K, 123ff., 124K, 129A, 215K
- bewegliches 123
- membrangebundenes 123, 124K
Plastochinon-Pool 124K
Plastocyanin 123, 124K, 129A, 449K
Plastoglobulus 112A
Plastom 181
Plastoplasma 27, 27A, 111
Plattenkollenchym 372, 373A
Platterbse (*Lathyrus*) 418
Platycladien 394
Plazenta 308
Plektenchym 237, 239A, 245A, 287, 469
Pleodorina 228
Plerom 371A
Ploiarium alternifolium 423A
Pocilopora 28
Podetien 470A
Podocarpaceae 335
poikilohydre Pflanzen 436
Polarisierung 485
Polarität 485, 485A
- Induktion 487, 487A
Polkappen 174
Polkern 309, 312A
pollakanthe Pflanzen 522
Pollen 263, 264A, 301, 302A, 306, 308, 313ff., 316K, 322, 327K, 334, 521, 554
Pollenanalyse 308, 334
Pollenkammer 313A
Pollenkorn 302A, 304, 307f., 308, 312A, 313A, 317, 327K
Pollenkörper 180
Pollenmutterzelle 303A, 313A, 327K
Pollensack 301, 302A, 307, 307A, 308A, 315, 327K
Pollenschlauch 301, 302A, 304f., 308f., 312A, 313, 527T
Pollenzelle 303A
Polsterpflanzen 343
Polyandrie
- primäre 323K
- sekundäre 323K
polyenergid 235, 283
Polygalacturonsäure 150, 151A
Polyketonsäuren 212, 212A
Polynucleotide 6, 30, 182, 188, 209, 212
Polypeptide 196, 201, 207
Polyphosphat 454, 456K
Polyploidie 175, 182, 552
- generative 175
- somatische 175
Polyploidisierung, generative 182
Polypodiidae 267A
Polysaccharide 78K, 139
- saure 50A, 150, 480
Polysom 190, 190A
Polystele 381K
Polytänie 175
Polyterpene 214K
Polytrichum (Haarmützchenmoos) 271
Polytrichum commune 276A, 281A
Polytrichum formosum 275A, 276A
Population, menschliche 484
- Wachstumskinetik 484
Porphobilinogen 222A
Porphyra 265A
Porphyrin 4K, 11, 209, 210A, 222, 222A, 448K
Porphyrinring 100K
Positionseffekt 182
Potential
- chemisches 56, 65, 67K, 70
- elektrisches 34, 56, 62A
- elektrochemisches 60, 70
Potentilla 320, 321A, 405A
Präkambrium 24, 267A
Prärie 340
Prephensäure 216A
Primärblatt 405, 521A
Primärbotschafter 506
primärer Sproß 371A
Primärpigment 117f.
Primärproduktion 12, 471, 546, 547A, 548A, 549, 551K, 552T, 559, 561f.
- Energieausbeute 550
Primärstruktur, Proteine 201f.
Primärtranskript 184
Primärwand 155f., 155A, 156A, 157A, 159, 159A, 160A, 389A
Primel (*Primula*) 317, 317A
Primula pulverulenta 215K
Primulaceae 317A
Probinbetain 458K
Probionten 49
Produkthemmung 163
Produktionsfaktoren 559
Produktivität 427, 436, 559, 564
- C_4-Planzen 443

– CAM-Pflanzen 439
Produzenten 449 A, 450 A
Proembryo 485
Progenoten 21, 30, 30 A, 161, 259 A
Prokambium 370
Prokaryonten 17, 20 ff., 30, 127 K, 248
– Systematik 21 A
Prolamellarkörper 110 A, 113, 114 A
Prolin 194 K, 208 K, 458 K
Promotor 184, 191 A
Promotor-Region 190
Prophase 173, 173 A, 174 A, 245, 246 K
Propionat 222 A
Proplastiden 109, 110 A, 145
Prostele 271
prostethische Gruppe 23, 39, 223
Proteasen 207, 480
Proteide 201
Proteinbiosynthese 50 A, 105, 147, 184, 188 f., 190 A, 191 A, 503 K
– Regulation 191 A
Proteine 4 K, 5, 10 K, 30, 80, 106 A, 113, 139, 149, 182, 188 f., 190 A, 193 ff., 209, 210 A, 305 K, 448 K
– Amino-Ende (N-Terminus) 197
– Carboxyl-Ende (C-Terminus) 197
– Denaturierung 204
– globuläre 205
– hydrophile Bereiche 53
– hydrophobe Bereiche 53
– kontraktile 206
– Primärstruktur 201 f.
– Quartärstruktur 205 f.
– Quellungszustand 197
– Sekundärstruktur 201 f.
– Tertiärstruktur 203 ff.
– Turnover 163
– Untereinheiten 205
– Zellwand- 151
Proteinhülle 149
Proteinkinasen 43, 506 A, 507
Proteinpartikel, membranintegrale 54 A
Proteinphosphatasen 43
Proterandrie 314, 316 K, 317
Proterogynie 315, 316 K, 317
Prothallium 293 f., 294 A, 298, 301, 302 A, 311, 535
– grünes 326 K
Prothalliumzelle 300 A
Protista 30, 30 A
Protofilament 75, 77 A
Protomeren 205 f.
Protonema 277 f., 279 A, 281 A
Protonen s. auch H^+ 58, 96 f., 129
Protonenfluß 101 A, 127 K
Protonengradient 73 A
– elektrochemischer 12, 17, 20, 58, 62, 93, 101 A, 102 f., 126
Protonenkanal 102
Protonenpumpe 58 A, 62, 62 A, 72, 504
Protonentransport 58, 126
– primär aktiver 62, 437
Protopectine 149 f., 153, 156 f., 464
Protophloem 370, 371 A
Protoplasma 75
Protoplasten 159, 555
– Fusion 555, 555 A
– haploide 555
– isolierte 60, 149
Protostele 381 K
Protoxylem 349 A, 370, 371 A
Prozessieren 188
Prunus 321 A, 367 A
Prunus amygdalus 320
Prunus armenica 320
Prunus avium 320
Prunus cerasus 320
Prunus domestica 320
Prunus persica 320
Pseudevernia 470 A, 472 A, 473 A
Pseudoparenchym 237
Pseudoplasmodium 284
Pseudopodium 227
Pseudotsuga 301
Pseudotsuga taxifolia 304 A
Psilophytatae 266 A, 295, 328 K, 329 A
Psilophytopsida 265
Psilotales 265
Psilotatae 298 A, 328 K, 329 A
Psilotum 265, 267 A, 298 A, 367, 380 A
Psilotum triquetrum 266 A
Pteridophyta s. Farnpflanzen
pulsierende Vakuole 25 A, 26
Pulvinus 497 A, 518 A
Punktmutation 181
Purinbasen 8 K, 183 K, 184, 219 K
Purinbiosynthese 220, 502 K
Purine 212, 219 K, 220, 221 A, 448 K, 500
Purpurbakterien 17
– schwefelfreie 14 f., 18 A
Pyrenoid 25 A
Pyridin 212, 219 K, 220
– Biosynthese 220, 220 A
Pyridinnucleotid 212
Pyridoxalphosphat 206
Pyrimidin 212, 219 K, 221 A, 448 K
– Biosynthese 220
Pyrimidinbasen 8 K, 183 K, 184, 219 K
Pyrophosphat 164, 184, 209
Pyrrol 219 K, 222, 222 A
Pyrrolidin 219 K
Pyrus communis (Birne) 155, 320, 321 A, 373 A, 473
Pyruvat (Brenztraubensäure) 80, 81 A, 82 A, 83 ff., 86 A, 87, 93 f., 102, 104, 106 A, 167 A, 206, 208 K, 210 A, 216 A, 438 A, 441, 444 A
– Decarboxylierung 94 f.
– oxidative Decarboxylierung 93, 452 A, 453
Pyruvat-Carrier 103, 105 A
Pyruvat-Decarboxylase 86 A
Pyruvat-Dehydrogenase-Komplex 94 A
Pyruvat-Kinase 87
Pyruvat-Oxidation 91
Pyruvat-P_i-Dikinase 438 A, 444 A

Q

Quanten (Lichtquanten Photonen) 11 ff., 115, 116 K, 117, 120 ff., 122 A, 126, 130 A, 135 f., 562
Quantenausbeute 424
Quantenflußdichte 422 ff.
Quartärstruktur
– identische 206
– limitierte 206
– nichtidentische 206
– nichtlimitierte 206
– Peptidketten 203 A
– Proteine 205 f.
Quecke 394

Quellbewegung 278
Quelle 319, 400, 400 A
Queller (*Salicornia*) 332 f., 333 A, 457 A
Quellungsmechanismen 527
Quellungswasser 356
Quercus ilex (Steineiche) 336
Quercus suber (Korkeiche) 336, 388
Quitte (*Cydonia oblonga*) 320

R

r-RNA (ribosomale RNA) 28, 29 K, 50 A, 188
Radiowellen 117 A
Raffinose 79 K, 399
Rafflesia 478 A
Rafflesia arnoldii 477
Rafflesiaceae 477
Randmeristem 403, 404 A
Ranke 418, 478, 478 A, 496, 499 A, 525, 526 T, 527 T, 537
Ranunculaceae 309 A
Ranunculidae 324 A, 328 K
Ranunculus aquatilis (Wasserhahnenfuß) 405, 446
Ranunculus glacialis (Gletscherhahnenfuß) 343
Raphanus sativus 427 A
Raphe 234, 234 A
Raps (*Brassica napus*) 460
Rassen 334 K
Reaktion 535
– photochemische 129, 130 A
– phototrope 535
Reaktionsgeschwindigkeit 38
– Enzymkatalyse 38 ff.
Reaktionskette 506
Redoxenergie 101
Redoxkette 13 ff., 16 K, 209
Redoxpotential 13 ff., 18 A, 96, 100 K, 123
Redoxpotentialdifferenz 125
Redoxpotentialgefälle 14, 17
Redoxreaktion 13, 16 K, 102
Redoxsystem 13 ff., 16 K, 20 f., 93, 96, 98 K, 100 K, 102, 123 ff., 124 K, 196, 449 K
– membrangebundene 127 K
Reduktase 460 A
Reduktion 13, 266, 268 K, 451 A
Reduktionsäquivalente 17 f., 84, 88, 103 ff., 103 T, 106 A, 145, 147, 164, 166, 450, 453 f.
– indirekter Transport 104 A
Reduktionsmittel 13
Reduktionsteilung s. auch Meiose 179 ff., 245, 248, 255 A, 278, 279 A, 283, 287, 289 K, 295 A, 300 A, 303 A, 303 A, 313 A
Reflexionskoeffizient 66
Refraktärstadium 492 A, 493 A, 494 K
– absolutes 492 A, 494 K, 497 T
– relatives 492 A, 494 K, 497 T
Regeneration 238 A, 489 f., 491 A
Regenwald 335 A, 339 A, 340 f., 341 A, 427, 427 T, 445, 445 A, 477, 478 A
– tropischer 547, 549 A, 559
Regression 463, 471
Regulation 43, 49, 144 A
– des Wasserhaushalts 73
– genetische 50 A, 163, 177 ff., 191 A
– Glykolyse 85 f., 87 A
– metabolische 38, 65, 83, 103, 161 ff.
– molekulare 190 f.
Regulator 191 A
Regulator-Gen 191
Regulator-Operator-Modell 504
Reiche 28
Reifeteilungen 287 A, 291 A
– Meiose 245, 246 K, 254 A
reinerbig 177, 178 K
Reis 554, 557 f., 564
Reisfeld 453 T
Reizarten 527, 527 T
Reizaufnahme 494 K, 495 f., 530 f.
Reize 493 A, 494 K, 495 A, 496, 527, 527 T, 530
– Berührungs- 526
– chemische 526
– elektrische 492
– formative 499 A, 508
– mechanische 496, 499 A, 500 A
– Präsentationszeiten 531
– Reaktionen 496
Reizrichtung 525
Reizschwelle 526
Reizstärke 492 A
Rekombinanten 248, 559
Rekombination 179 A, 246 K
Rekombinationszüchtung 552
Reliktstandort 340
Rentierflechte 471
Replikation, DNA 173, 175, 184, 186 A
Repressor 191, 191 A, 504
Reservestoffe 347, 351
Resistenz 509 f., 509 A, 512, 552, 554
– Antibiotika- 556, 556 A
– Gen 558
Resistenzzüchtung 554
Restitutionskern 175
Restmeristem 370
Restriktionsenzyme 556, 556 A
Resultantengesetz 535, 535 A
Retinal 12, 13 A
Retrovirus 188
Revolution
– grüne 550, 554
– industrielle 550
Rezeptor 505, 506 A
Reziprozität 179 f.
Rhamnoglucuronat 154 A
Rhamnose 150, 152 A
Rhinanthus (Klappertopf) 473
Rhizinus (*Ricinus communis*) 62 A, 147 A, 202 A
Rhizobium 453, 464
Rhizodermis 348 A, 350 ff., 355 A, 357, 468 A, 485
Rhizoid 169, 235, 240, 259, 265, 266 A, 270 f., 272 A, 277 f., 293, 347, 485, 487 A, 530 f., 532 A
Rhizoid-Pol 487
Rhizom 265, 336, 342 K, 375 K, 377, 390 f., 393 A, 394, 445, 529 A
Rhizophora 342, 361 A
Rhizophora mucronata 458
Rhizosphäre 557
Rhodophyta 227, 228 T, 237, 258 f., 259 A
Rhodopseudomonas sphaeroides 131 T
Rhodospirillaceen 14, 18 A
Rhoeo discolor 68 A
Rhynia 265 f., 266 A, 295, 381 K
Rhythmen 484, 484 A, 537
– Amplitude 540
– Biolumineszenz 538 f.
– circadiane 537 f.
– CO_2- 540 A
– endogene 537 ff., 539 A, 541 A, 542
– Gaswechsel- 538

– genetische Kontrolle 542
– Gezeiten- 537
– Jahres- 537
– Mondphase- 537
– Mutanten 540
– Periodenlängen 538
– Photosynthese- 538f., 541 A
– Tages- 537f.
– Umwelt- 537
– Wasserdampfaustausch- 540 A
Ribitol 469
Riboflavin 40 K
Ribonucleinsäure s. RNA
Ribose 78 K, 183 K, 184
ribosomale RNA s. r-RNA
Ribosomen 28, 50 A, 51 K, 91, 92 A, 109ff., 172 K, 173, 188, 190, 190 A, 541 A
Ribulose-1,5-bisphosphat 130, 132, 167 A
Ribulose-bisphosphat-Carboxylase 181
– Evolution 19
Ribulose-bisphosphat-Carboxylase-Oxygenase s. RUBISCO
Ribulose-5-Phosphat 89 A
Ricinus communis (Rhizinus) 62 A, 147 A, 202 A
Riesenchromosomen, polytäne 175
Rinde 348 A, 349 A, 350, 353, 354 A, 357, 362 A, 373 A, 466 A, 468 A
– primäre 355 A, 372, 388
– sekundäre 371 A, 382, 385f., 388
Ringschluß, intramolekularer 78 K
Ringtracheïde 383 A
Rittersporn 511 A
Rivularia 23 A
RNA (Ribonucleinsäure) s. auch m-RNA, r-RNA, t-RNA 8 K, 28, 183 K, 184
– Code 184f.
RNA-Polymerase 184, 188 A
Robinie 418
Rocella fuciformis 473 A
Roesleria pallida 287 A
Roggen 114 A, 465
Roggenkorn 202 A
Rohstoffkrise 19
Rollblatt 434, 435 A
Röntgenstrahlen 117 A
Rosa 321 A
Rosaceae 320, 321 A, 404
Rosette 365, 366 A, 419 K, 420 A, 512
Rosettenpflanzen 342 K
Rosidae 267 A, 324 A, 328 K
Rostpilz 501, 504 A
Roßkastanie (*Aesculus hippocastanum*) 405, 406 A
Rotalgen (Rhodophyceae) 116, 222 T, 227, 237f., 239 A, 258f., 258 A, 265 A, 306, 471
Rote Rübe (*Beta vulgaris*) 359 A, 512, 560
RUBISCO (Ribulose-bisphosphat-Carboxylase-Oxygenase) 130ff., 131 A, 145, 146 A, 147, 206, 436, 438 A, 443, 444 A
– Evolution 131 T
Rubus 320, 321 A
Rückkreuzung 180, 554, 560
Ruellia portellae 445 A
Ruhekern 246 K
ruhendes Zentrum 348 A, 350
Ruheperioden 517
Ruhepotential 493 A, 494 K
Ruhezustand 503 K, 520, 522
Rundblatt
– äquifaziales 409 K
– unifaziales 409 K
Ruscus aculeatus 393 A, 394

S

Saccharose 79 K, 135, 136 A, 358, 399, 453
Saccharosephosphat 136 A
Saccharosesynthese 134 K, 135, 136 A
Sacculus 21 A
Salatsamen, Keimungsrate 515 A
Salbei (*Salvia*) 313f., 314 A, 317
Salicornia (Queller) 332f.
Salicornia europaea 333 A
Salicornia ramosissima 457 A
Salinität 342, 455ff.
Salix herbacea 336, 343
Salsola kali 340
Salvia (Salbei) 313f., 314 A, 317
Salvia pratensis 313
Salzabgabe 63
Salzaufnahme 63
Salzausschließung 458
Salzböden 356
Salzdrüse 458, 459 A
Salzhaar 458
Salzmarsch 455
Salzresistenz 560
Salztoleranz 560
Salzwiese 333, 457 A
Sambucus nigra 373 A
Samen 80, 139, 201, 206, 263, 301, 302 A, 305 T, 306, 310, 315, 318 K, 319f., 320 A, 340, 342 K, 399, 454, 503 K, 512, 521f.
– Evolution 293ff.
Samenanlage 298, 301f., 302 A, 304, 306ff., 307 A, 309 A, 311f., 313 A, 317, 485, 521, 554
– anatrope 308, 310 A
– atrope 308, 310 A
– kampylotrope 308, 310 A
Samenbanken 552, 560
Samenbildung 304, 309, 521
Samenfarne 561 A
Samenkeimung 139, 404, 484, 508, 514, 520
– Induktion 512
Samenpflanzen s. Spermatophyta
Samenreife 317
Samenschale 304, 305 K, 310A
Sammelbecken 105
Sammelfrucht 318 K, 320, 321 A
Sammelpigmente 122
Sanddorn 464
Saprophyten 11 K, 30, 30 A, 151, 283, 290, 465
Sarracenia 478
Satellit 172 K
Saubohne (*Vicia faba*) 374 K, 376A, 459f.
Sauerkraut 85
Sauerstoff 3, 5 K, 12, 17ff., 23, 80, 84f., 93, 96, 100 K, 101ff., 125, 130, 140, 145ff., 359, 384, 388, 425 A, 432, 445, 449, 453f.
– Entgiftung 20
– Produktion 17f.
Sauerstoffradikale 121 A, 122, 424
Säuger 30
Saugspannung 395
Säureamid 193
Säurerhythmus, diurnaler 437
Säurewachstum 72

Savanne 24 A, 339 A, 340
Saxifraga lingulata 446 A
Scenedesmus 85, 232 A, 233
Scenedesmus communis 233 A
Schachtelhalme s. auch Equisetatae 266, 267 A, 295 f., 367
– Bäume 270, 561 A
Schalenansicht, von Kieselalgen 234, 234 A
Schattenblatt 424 f., 426 A
Schattenpflanze 341, 417, 423 A, 424 ff., 427 T, 429 T, 550
Schauapparat 313
Scheinblüte 322
Scheitelzelle 234, 367
– dreischneidige 240, 241 A, 270 f., 277, 367
– einschneidige 240, 241 A, 244 A
– fünfschneidige 240
– mehrschneidige 240
– vierschneidige 240, 241 A, 348 A, 350
– zweischneidige 240, 241 A, 403
Schierling (*Conium maculatum*) 218 T
Schilf 332 A
Schimmelpilze 287 f.
Schimpanse 30
Schlafbewegungen 515, 539 A
– nyktinastische 72, 525, 537
Schlafmohn (*Papaver somniferum*) 218 T
Schlauchalgen 237 A
Schlauchpilze 287
Schlehe 394
Schleim 478, 480
Schleimpilze s. Myxomyceten
Schleimstoffe 156
Schleudermechanismus 320 A
Schließfrucht 318, 318 K, 320, 321 A
Schließhaut 159 f.
Schließzelle 73, 73 A, 411, 414 K, 432 f., 486 A
Schließzellenmutterzelle 489 A
Schmarotzer s. Parasiten
Schnallenbildung 288 K, 291 A
Schnecken 28
Schnee 342 K
Schott 457 A
Schuppenblatt 418
Schuppenhaar 410, 413 A
Schutzsubstanzen 209
schwarzer Nachtschatten (*Solanum nigrum*) 490 A
Schwammparenchym 408 A, 409 K, 417, 426 A, 435 A, 445 A
Schwefel 447
– Kreislauf 447, 450 A
– Stoffwechsel 454, 456 A
Schwefelacylbindung, energiereiche 84 A
Schwefelbakterien
– farblose 20 K
– grüne 17, 18 A
Schwefeldioxid 471
Schwefelpurpurbakterien 14, 18 A
Schwellenreiz 494 K
Schwerefeld 348
Schwerereaktion 529 A
Schwerereiz 528, 530 f.
Schwerkraft 405, 485, 508, 527 T, 534 A
Schwertlilie (*Iris*) 352 A, 390, 393 A, 409 K
Schwimmblase 240, 244 A
Schwimmblatt 445
Scleranthus perennis 308 A
Scrophulariaceae 413 A, 473 f.
Sechium edule 526 T
secondary messenger 506 f., 506 A
Sedoheptulose-phosphat 132
Sedum (Mauerpfeffer) 418
Sedum acre 409 K, 416 T
Sedum oaxacanum 421 A
Segge 336
Segmentmutation 181
Seismonastie 527 T
Seismotropismus 527 T
Seitenknospe 367, 368 K, 490, 501, 503 K, 503
Seitentrieb 368 K
Seitenwurzel 349 A, 353, 354 A, 488 K
– Bildung 351, 353, 503 K
Sekretion, granulocrine 156
Sektorialchimäre 489, 490 A
Sekundärbotschafter 506
sekundäre Einschnürung 172 K
sekundäre Pflanzenstoffe 159
Sekundärproduktion 546, 547 A, 549
Sekundärstruktur
– Peptidketten 203 A
– Proteine 201 f.
Sekundärwand 153, 155 A, 157 ff., 157 A, 159 A, 160 A, 389 A
Selaginella 295, 298 f., 300 A, 304, 405, 406 A
Selaginella selaginoides 298 A
Selaginellales 267 A, 270, 295, 298 A, 300 A, 304, 328 K
Selbstbestäubung 180 A, 316 K, 317
Selbstorganisation 206
Selbstregulation 547
Selbststerilität 317
Selbststeuerung 546
Selbstverbreitung 318, 319 K, 320 A
Selektion 245 f., 247 K, 552, 554, 560 A
Selektionsdruck 335
Selenicereus nelsonii 335 A
self-assembly 206
Sellerie (*Apium graveolens*) 512
semipermeable Membran 66 f., 66 A, 400
Sempervivum 418
Sempervivum tectorum 365, 366 A
Senecio stapeliiformis 335 A
Seneszenz 503 K, 522
– Abbauprodukt 521
– sequentielle 521
– synchrone 521
Senke 399 f., 400 A
Senker 474
Sensorpigment 515
Sequoia gigantea 263 A
Sequoia sempervirens 263, 398
Sequoidendron giganteum 485
Serin 146 f., 146 A, 186 A, 189 A, 194 K, 196, 207, 208 K
Serpentin 454
Sesbania rostrata 558
Sesquiterpene 211 A, 502 K
– zyklische 213 K
Seta 279 A
Sexualität, fakultative 245 f.
Sexualvorgang 245
Shikimisäure 210 A, 216 A
Shikimisäureweg 207, 208 K, 212, 215 K, 216 A, 502 K
Shuttle, Malat/Oxalacetat 103, 104 A, 166
Sicyos angulatus 526 T
Siebplatte 244 A, 378, 379 A, 400

Siebpore 378, 379 A
Siebröhre 91, 378, 379 A, 383 A, 399, 401, 474 f.
– Beladen der 400
– Saft 399
Siebröhrenglieder 378, 379 A
Siebzelle 378, 399
Sigillaria 561 A
Signal
– elektrisches 163, 492, 496 A, 531
– hormonelles 163, 492, 499, 531
Signalspeicherung 500 A, 515, 517 A
Signalsystem 492
Signaltransport 500 A
Signalübermittlung 531
Signalübertragung 515, 517 A
Signalwirkungen 508
Silage 85
Silberwurz (*Dryas octopetala*) 320, 321 A, 343, 464
Silur 5 K, 19, 264, 267 A
Sinapis alba 356 A
Sinapylalkohol 217 K
Singulettzustand 121 ff., 121 A
Sinnesorgan, pflanzliches 496
siphonale Organisationsstufe 235, 237 A, 245 A, 256
Siphonales 235, 237 A
siphonocladale Organisationsstufe 235, 245 A
Sklereide 373 A
Sklerenchym 149, 351, 371 A, 372, 374 K, 417, 435 A, 522
Sklerenchymfaser 373 A
Sklerenchymzellen 378
Sojabohne (*Glycine max*) 305 T, 466 A
Solanaceae 375 K, 460
Solanum nigrum (schwarzer Nachtschatten) 490 A
Solanum tuberosum (Kartoffel) 342 K, 390, 393 A, 460
Solenoid 171, 172 K
Somatogamie 285 ff.
Sonnenblatt 424 f., 426 A
Sonnenblume (*Helianthus annuus*) 139 A, 416 T, 460, 489
Sonnenenergie 549 f., 552 T, 562
Sonnenpflanze 417, 423 A, 424 ff., 427 T, 429 T
Sonnenstrahlung 115, 117 A, 136, 548 A, 551 K
Sonnentau (*Drosera*) 156, 411, 477, 526, 527 T
Sonneratia 342
Sorale 469
Sorbitol 458 K
Soredien 469, 473 A
Sorghum (Hirse) 445
Sorus 294 A, 295, 297 A
Spacer 184
Spaltfrucht 318, 318 K
Spaltöffnungen (Stomata) 73, 265, 266 A, 270, 281 A, 372, 394, 408, 408 A, 410 A, 417 A, 424, 431 ff., 431 A, 437 f., 440, 442 A, 443, 445 A, 451, 485, 503 K, 504, 525, 527 T, 537
– Anzahl 411
– Gramineen-Typ 414 K
– Helleborus-Typ 414 K
– Steuerung 433
Spaltöffnungsapparat 73, 73 A, 411, 435 A
Spaltöffnungsbewegungen 432 f., 434 A
Spaltöffnungsdichte 416 T
Spaltöffnungsmuster 488 K, 489 A
Spargel 513
Spatha 102
Speicherfette 139 f., 140 A, 141 A
Speicherfunktionen, Vakuole 65
Speichergewebe 240, 305 K
Speicherkohlenhydrate 77 f., 106 A
Speicherorgane 390, 404, 418, 422 A, 518
Speicherproteine 201, 202 A, 206 ff.
Speicherung 358, 388, 393
Speicherwurzeln 206, 358 A
Spelzweizen 552
Spermakern 303 A, 313 A, 554
Spermatophyta (Samenpflanzen) 264, 267, 267 A, 298, 298 A, 303 A, 307 A, 313 A, 328 K, 329 A
Spermatozoid 25, 248, 277 f., 294 A, 295, 298, 252 A, 300 A, 306
– begeißelter 326 K
Spermazelle 302 A, 308, 310, 312 A, 327 K,
Sperreffekt 488 K
Sphagnaceae 271, 281
Sphagnum (Torfmoos) 271, 277 A, 281
– Torf 282 A
Spiegelbildisomerie 78 K, 193, 195 K
Spin 121 A, 122
Spinat 113, 522
Spindelapparat 76 A, 153, 175, 206
Spindelfasern 174
Spiraea 320, 321 A
Spiraltrachee 383 A
Spirillen 21 K
Spirillum lipoferum 557
Spirogyra 109, 250 A
Spitzenmeristem 240, 403
Spleißen 188
Splintholz 385
Sporangium 252, 265, 266 A, 283, 284 A, 286 A, 290, 294 A, 295, 296 A, 297 A, 307, 326 K, 469
Spore 22, 252, 258, 263, 277 f., 279 A, 283, 285, 287 A, 294 A, 296 A, 298, 306, 308 A, 326 K, 436, 485 f.
Sporenkapsel 274 A, 278, 279 A, 281 A
Sporenmutterzelle 295, 295 A, 326 K
Sporoderm 301, 302 A
Sporogon 278
Sporophyll 297 A, 298, 307 f., 308 A, 326 K
Sporophyllstand 295 ff., 298 A
Sporophyt 253 K, 255 A, 257 A, 266 f., 275 A, 278, 279 A, 281 A, 294 A, 295, 300 A, 301, 303 A, 305 K, 312 A, 327 K
Sporophyten-Generation 265
Sporopollenine 301
Springbrunnentypus 237, 239 A
Springkraut (*Impatiens*) 318, 320 A
Spritzgurke (*Cucurbita pepo*) 319, 320 A, 373 A, 375 K
Sprossung 287
Sproß 240, 261 f., 262 A, 265, 268 K, 365 ff., 366 A, 368 K, 372 A, 381 K, 403 ff., 404 A, 405 A, 418, 419 K, 420 A, 421 A, 450, 454, 458, 488 K, 501, 503 K, 513, 533, 534 A, 535 A, 536

– Metamorphosen 393 A, 434
Sproßachse
– Bau 365 ff.
– Funktion 394 ff.
– Metamorphosen 388 ff.
– primäre 370 ff.
– sekundäres Dickenwachstum 380 ff.
Sproßdorn 393 A, 394, 418
Sproßknolle 80, 206, 342 K, 390 f., 392 A, 422
Sproßmeristem 503 K
Sproßpflanzen s. Kormophyten
Sproßpol 485
Sproßranke 393, 393 A
Sproßsukkulenz 418, 437
Sproßsystem 489 A
Sproßvegetationspunkt 490, 498
Spurenelemente 447, 448 K, 464
Squalen 211 A, 213 K
Stachyose 79 K, 399
Stamm 365
Stammbaum 259, 322
– Angiospermen 324 A
– höhere Pflanzen 329 A
Stammsukkulenz 335, 335 A, 393 f., 393 A
Standardbedingungen 35
Ständerpilze 287
Standort 248, 331 f., 334 K, 342 K
– Bedingungen 427
– Faktor 422, 454
Stärke 78 K, 80, 81 A, 82 A, 109, 110 A, 112 A, 135, 152 A, 202 A, 283, 305 K, 358, 358 A, 384, 437, 438 A, 440 A, 441, 442 A, 444 A
– transitorische 110 A, 135, 135 A
Stärkekörner 111
Stärkespeicherung 50 A, 80, 110 A
Start-Tripletts 188
stationäer Gamet 250 A
Statocysten 531 f., 533 A, 534 A
Statolithen 530 f., 532 A, 533 A
Statolithenstärke 348, 530 f.
Staubblätter (Antheren) 298, 307 f., 307 A, 308 A, 313, 313 A, 314 A, 317, 323 K, 327 K, 403
Staubfaden 527 T
Staubfadenhaar 170 A
Stearinsäure 9 K, 142 K
Steckling 487, 489
Stecklingsbewurzelung 503 K
Steinfrucht 318 K, 321 A
Steinkohle 270, 561
Steinzeit 552
Steinzelle 373 A
Stelärtheorie 380, 381 K
Stele 265, 266 A, 268 K, 381 K, 406
Stelentyp 381 K
Stelzwurzel 342, 359, 361 A, 458
Stengel 365
Steppe 335 A, 336, 340
Steppenroller 318
Steran 213 K
Sterine 213 K
Sternmoos (*Mnium affine*) 275 A
Steroidalkaloide 220
Steroide 213 K
Steroidhormone 213 K
Stickstoff 151, 447, 453 T, 464 f., 556 f.
– Bindung 464, 469
– Fixierung 453 T, 474 A, 558
– Kreislauf 447 ff., 449 A
– Reserven 212
– Reduktion 452 A
– Stoffwechsel 450 ff.
Stigeoclonium 237
Stigma 230
Stipa capillata 340
Stipa pennata 340
Stoffaufnahme 351
Stoffkreisläufe 12, 290, 546 f., 547 A, 548 A, 550
Stoffleitungsbahnen 259
Stofftransport 365, 406
Stoffumsatz 549 A
Stomata s. Spaltöffnungen
Stomium 296 A
Stop-Tripletts 188
Störlicht 520, 520 A
Strahlung 408, 417, 422, 424
– elektromagnetische 115, 117 A
– ionisierende 181
– kosmische 117 A
– Sonnen- 115, 117 A, 136, 548 A, 551 K
– UV- 12, 117 A, 181
Strahlungsenergie 546
Strahlungsspektrum 115, 117 A
Strain 509
– elastischer 509
– plastischer 509
Strandflieder (*Limonium vulgare*) 459 A
Strandhafer 394
Stratifikation 512
Streckungswachstum 71 f., 350, 365, 377, 448 K, 451, 487, 500, 503 K, 521, 531 f.
Streckungszone 350 f., 370, 403, 404 A, 531
Streptococcus lactis 85
Stressoren 508, 510
Streß 508 ff., 509 A
– Alarmphase 509, 509 A
– Enthärtungsphase 509 A
– Erholungsphase 509, 509 A
– Erschöpfungsphase 509 f., 509 A
– Härtungsphase 509, 509 A
– irreversibler 509
– Reparaturphase 509 A, 510
– Resistenzphase 509, 509 A
– reversibler 509
– Toleranz 510
– Vermeidung 510
Streßhormon 503 K
Streßkonzept 508 ff., 509 A
Streßresistenz 510
Streufrucht 318 K
Streuungstextur 153, 155 A, 157
Stroma 27, 27 A, 109 ff., 112 A, 114 A, 115, 126, 129 A
Stromathylakoide 111, 129 A
Stromatolithen 24
Strömungswiderstand 385, 396
Strukturgen 190 f., 191 A, 505 A
Strukturlipide 143 K
Strukturproteine 206
Strychnin 218 T
Strychnos nux-vomica 218 T
Sturzflutlandwirtschaft 560
Stützwurzel 359, 360 A
subalpine Stufe 343
Subepidermis 389 A
Suberin 159, 388, 389 A, 442 A, 443
Sublitoral 265 A
submontane Stufe 343
subnivale Stufe 343
Substrataffinität 41, 45 A
Substratfluß 492
Substratinduktion 163, 190 f., 192 A
Substratkettenphosphorylierung 83, 84 A

Substratsättigung 60
Substratspezifität 39
Succinat (Bernsteinsäure) 94f., 95 A, 106 A, 140, 140 A, 144
Succinyl-CoA 95 A, 222
Suchbewegung 537, 538 A
Südbuche (*Nothofagus*) 335
Sukkulenz 340, 457f., 394
Sukzession 332ff., 334 K, 547
Sulfat 454
– Aktivierung 455 A
Sulfat-Reduktase 454, 456 A
Sulfat-Transferase 456 A
Sulfatreduktion 456 A
– assimilatorische 450 A
Sulfhydryl-Gruppe 199 K
Sulfid 454
Sulfolipide 143 K, 448 K
Sulfoniumderivate 458 K
Sulfonsäure 143 K
Sulfurikation 449, 450 A
Sulfurylase 456 A
Sumpfzypresse 359
Supralitoral 265 A
Suspensor 300 A, 310, 310 A, 311 A
Süßwasserhydra 28
Süßwassermuschel 497 T
Symbionten 480
Symbiose 292, 313, 449, 449 A, 452f., 453 T, 463ff., 469, 471, 557f.
– Gleichgewicht 465
– Knöllchen 557
– N_2-fixierende 464
Symmetriebrechung 485, 500 A
Symplast 53, 159, 162 A, 356
Symplocarpus foetidus 510
Sympodium 368 K
Synchronkultur 233, 484, 484 A
Synergide 309f., 312 A
System
– geschlossenes 31
– offenes 6, 10 A, 31, 546
Systematik 293
– Angiospermen 324 A
– biologische 3

T

t-RNA (transfer-RNA) 188
Tabak (*Nicotiana tabacum*) 218 T, 285, 347, 490, 501 A, 512, 554
Tabakalkaloide 219 K
Taeniophyllum 359
Tageslänge 517ff.
Taiga 336f., 337 A
Tang 240, 265 A, 378
Tanne (*Abies*) 301, 335, 343, 384, 434, 435 A, 468 A, 508
Tannenwedel (*Hippuris vulgaris*) 366 A, 419 K
Tannine 159, 172 K, 385
Tapetum 295, 300 A, 301, 307
Tau 436, 439
Täuschblume 313, 315
Taxa, Kormophyten 328 K
Taxidae 267 A
Taxus (Eibe) 384, 485, 508
Taxis 525
– Chemo- 525
– negative 525
– Photo- 525
– positive 525
Teestrauch (*Camellia sinensis*) 218 T
Teilung, inäquale 486 A, 487 A
Teilungswachstum 487
Telom 265, 266 A, 268 K, 295, 297 A, 367, 381 K, 406
Telomtheorie 265ff., 268 K, 295, 403
Telophase 75, 76 A, 153, 173 A, 174 A, 175, 246 K
Temperatur 343, 395, 428 A, 432, 439, 471, 508, 510, 511 A, 521
– Maximum 429 T
– Minimum 429 T
– Optimum 428, 429 T
– Signalwirkung 512
Tentakel 156, 411, 477, 526, 527 T
Teratom 558 A
Terpene 301
– zyklische 212
Terpenoide 88, 209f., 210 A, 212 A, 213 K, 500
– Biosynthese 211 A
Tertiär 267 A, 561
Tertiärstruktur 39, 205 A
– Peptidketten 203 A
– Proteine 203ff.
Tertiärwand 157 A, 389 A
Tetrahydrofolsäure 40 K, 220
Tetrapyrrolsysteme 23, 100 K, 222, 222 A, 222 T
– offene 222 T, 223, 515
– ringförmige 11, 222 T, 223
Tetrasaccharid 79 K
Tetrasporophyt 258 A
Tetraterpene 213 K, 214 K, 425 A
Tetrose-Phosphat 88
Tetrosen 78 K, 132, 133 A
Textur 153, 155 A, 157f.
Thallophyten 261
Thallus 240, 244 A, 261, 263, 270, 272 A, 273 A, 278, 285
– blattartiger 239 A
– Entwicklung 237f.
– siphonaler 285
Thallus-Pol 487
Theka 307, 308 A, 314 A
Theobroma cacao (Kakaobaum) 218 T
Theobromin 218 T, 219 K
Theophyllin 218 T, 219 K
Thermodynamik 31ff.
– 2. Hauptsatz 34ff.
Thermonastie 432
Thermophyten 340, 342 K
Thiamin 94 A
Thiaminpyrophosphat 94 A
Thigmonastie 527 T, 528, 528 A
Thigmotropismus 527 T
Thioethanolamin 41 K
Thiolyse 107 A, 108
Threonin 194 K, 208 K
Thuidium tamariscinum 275 A
Thujamoos 275 A
Thylakoide 21 A, 22f., 27, 111ff., 112 A, 113 A, 122, 128 K, 129, 162 A, 424, 449 K, 562
Thylakoidmembran 17, 22 A, 111ff., 120ff., 126, 129 A
Thylakoidstapel 22, 111, 112 A
Thylle 377, 377 A
Thymin 183 K, 184, 219 K
Thymol 212, 212 A
Ti-Plasmid 557
Tierblütigkeit 313, 316
Tiere 449 A
Tierfraß 487
Tilia cordata (Winterlinde) 387 A
Tintenstriche 23
Tod 483, 509, 509 A, 520, 522
Tollkirsche (*Atropa bella-donna*) 218 T
Tomate (*Lycopersicon esculentum*) 109, 213 K, 460, 461 A, 489, 490 A, 560
Tonoplast 50 A, 53ff., 54 A, 56 A, 57 K, 58 A, 65, 67, 72 A, 114 A, 128 K, 129, 197 A, 378, 437f., 442 A, 507

Torf 281
Torfmoor 277 A, 308
Torfmoose (*Sphagnum*) 271, 277 A, 281
Tortula muralis 282
Totipotenz 490
Tötungspunkt 510
Toxin 504, 554
Tozzia 474
Trabant 172 K
Trachee 373 f., 376 f., 384 f., 386 A, 396, 398, 522
Tracheïde 159, 373 f., 376 A, 384, 384 A, 386 A, 396, 398, 408 A, 417, 445, 522
Tradescantia 169, 170 A
Tradescantia navicularis 420 A
Transaminasen 206, 207 A, 208 K, 216 A, 502 K
Transaminierung 206, 207 A
transfer-RNA s. t-RNA
Transfer-Zellen 351, 353 A, 358, 377, 460, 475
Transformation 557
Transfusionsgewebe 435 A
transgene Pflanzen 557, 559
Transhydrogenase 164
Transkription 163, 184 f., 185 A, 186 A, 188 A, 190 f., 504, 505 A, 506, 540
– inverse 188, 188 A
Transkriptionseinheiten 184
Translation 188, 188 A, 189 A, 207, 505 A, 506, 541 A
Transpiration 69, 73, 377, 394 ff., 407, 430 ff., 439, 440 T, 443 f., 510, 540 A, 548 A, 564
– cuticuläre 435
Transpirationsquotient 440 T
Transpirationssog 395
Transpirationsstrom 358, 395 ff., 399, 458, 521
– Geschwindigkeit 396, 397 K
– physikalisches Modell 396 A
Transplantation 540, 541 A
Transport 50 A
– aktiver 378, 494 K
– apoplasmatischer 357 A, 358
– elektrogener 58
– Membran- 54 A
– primär aktiver 54 A, 58, 62 f., 71
– sekundär aktiver 54 A, 62 f., 71
– symplasmatischer 357, 357 A
Transportgeschwindigkeit 60, 60 A
Transportmetaboliten 164, 166
Transportprotein 205 f.
Transportwiderstand 69, 431, 431 A
Transposons 182
Treibhauseffekt 564
Treibhausgase 563 f.
Trennungsgewebe 521, 522 A
Tri(acyl)glceride 143 K
Trias 267 A
– alpine 235
trichale Organisationsstufe 234 f., 236 A, 240, 245 A, 259
Trichocereus 393 A
Trichogyne 258 A, 290 K
Trichom 410
Tridacna 28
Triglyceride 90
Triose-Isomerase 83
Triosen 78 K, 96, 132, 135, 438 A, 441
Triosephosphat 88, 106 A, 132, 133 A, 134 K, 136 A, 165, 444 A
Triosephosphat-Dehydrogenase 165 K, 166
Triosephosphat-Isomerase 165 K, 166, 205 A
Tripeptide 196
Triplett 182, 184, 188
Triplettzustand 121 A, 122
Trisaccharide 79 K
Trisomie 182
Triterpene 211 A, 213 K, 220
Triticum aestivum (Saatweizen) 553 A
Triticum boeóticum 550, 553 A
Triticum dicoccoides 550 f., 553 A
Triticum dicoccon (Emmer) 550 f., 553 A
Triticum monococcum (Einkorn) 550 f., 553 A
Triticum spelta (Dinkel) 552, 553 A
Trockenheit 471
Trockenwüsten 337 A
Trollblume 309 A
Trophophyll 295, 297 A, 300 A
Trophosporophyll 295, 297 A
tropische laubabwerfende Wälder 337 A
tropische Savannen 337 A
tropischer Busch 337 A
tropischer Regenwald 337 A
tropisches Grasland 337 A
Tropismen 525, 527 f.
– diatrope 525
– elektro- 527
– galvano- 527
– negative 525
– plagiotrope 525
– positive 525
– Thigmo- 526, 526 T
Troposphäre 563
Trüffel 287
Tryptophan 194 K, 207, 208 K, 212, 216 A, 220 A, 500, 502 K
Tubulin 25, 26 A, 76 A, 91, 92 A, 206
Tulpe 309 A, 342 K, 418
Tumoren 557, 558 A
Tundra 335 A, 336 f., 337 A, 338 A, 342 K, 343, 471
Tunica 367, 403
Tüpfel 157 A, 159, 159 A, 373 A, 377, 379 A
Tüpfelfelder 379 A
Tüpfeltrachee 383 A, 386 A
Tüpfeltracheïde 383 A
Turgor 26, 50 A, 65, 67, 68 A, 69 ff., 72 A, 318, 377, 411, 413 A, 414 K, 432 f., 515, 528
Turgoränderungen 515
Turgorbewegungen 72 f.
– nastische 411, 448 K
Turnover 192 A, 207
Tyrosin 194 K, 207, 208 K, 216 A, 217 K
Tyrosin-Ammonium-Lyase 216 A

U

Übergipfelung 266, 268 K
Überwinterung 388
Ubichinon 96, 99 K, 100 K, 124 K, 215 K
Ubihydrochinon 96
UDP-Glucose 136 A
Uhr, biologische 537 f., 540
Ulme 336, 405 A, 484
Ulothrix 256, 257 A
Ulotrichales 236 A
Ultrafiltertheorie, Permeation 54
Ulva lactuca (Meersalat) 234, 236 A
Umfallkrankheit 285
Umwelt 162 A, 546
Umweltfaktoren 181, 508, 510, 550

Umweltgradienten 485
Umweltkrise 19
Uncaria 413 A
unifaziales Blatt 407
Uniformität, F_1-Generation 179
Uniport 62 A, 63
Unsterblichkeit, potentielle 230, 483
Unterblatt 404 f., 404 A
Unterlage 489, 490 A, 512, 513 A
Uracil 183 K, 184, 219 K
Uratmosphäre 3 f., 12
- Gase 4 K
Urfarne 265, 266 A, 267 A, 380 A, 381 K
Uridin 221 A
Uridindiphosphat 136 A
Uridindiphosphatglucose 40 K
Uridinmonophosphat 221 A
Uridintriphosphat 136 A
Urknall 3, 4 K
Urkormophyten 265 f.
Urlandpflanzen 264 ff., 266 A, 270, 380, 381 K
Urmark 370, 371 A
Urmeer, Urozean, Ursuppe 3 ff., 4 K, 11, 549
Urmeristem 382
Uromyces pisi 501, 504 A
Uroporphyrinogen III 222, 222 A
Urorganismen 19
Urreiche 30
Urrinde 370, 371 A
Urstele 380
Urtelom 265, 406
Urtica (Brennessel) 177
Urtica dioica 410 f.
Urtica urens 413 A
Urticaceae 410
Urzellen 3, 4 K, 6
Utricularia (Wasserschlauch) 480, 481 A
UV-Strahlung 12, 117 A, 181

V

Vakuole 26, 27 A, 43, 50 A, 56 f., 56 A, 57 K, 58 A, 62 A, 65 ff., 68 A, 70 A, 72 A, 73, 114 A, 139, 149, 162 A, 378, 437 f., 438 A, 457 f., 466 A, 506 A, 507
- isolierte 60, 61 A
Vakuolen-ATPasen 127 K
Vakuom 139
Valin 194 K, 208 K
Valonia 235, 237 A
van't Hoffsches Gesetz 66
Vanilla 360 A
Vanilla planifolia 359
Variationsbewegung 71 f., 528, 528 A
Vaucheria 235
Vegetationsdichte 563
Vegetationsdynamik 563
Vegetationsgeschichte 308, 564
Vegetationskegel 366 A, 367 f., 370, 371 A
Vegetationskunde 334 K
Vegetationsperiode 336
Vegetationspunkt 347 f., 348 A, 351, 354 A, 490 A, 512
Vegetationstyp 563
Vegetationszonen 337 A
Velamen radicum 359, 362 A
Venusfliegenfalle (*Dionaea muscipula*) 478, 492, 495 f., 497 T, 498 A, 527 T, 528, 528 A
Verankerung 351
Verbindungsnerv 497 T
Verbreitung 261, 263, 317 f., 319 K
- Moose 278
- Wind 264 A
verdauend 30 A
Verdauungsdrüsen 480
Vererbung 177, 552
- extrachromosomale 180 f., 180 A
- mütterliche 181
- plasmatische 179 ff.
Veresterung 143 K
Verholzung 158
Verjüngungsschnitt 487, 489
Verkernung 385
Verkorkung 159
Verlandung 333
Verletzungen 487
Vermehrung 261, 263
- generative 254 A
- Moose 277 f.
- vegetative 254 A, 487
Vernalin 512
Vernalisation 512, 521 f.
Versalzung 559
Verseifung 143 K
Versteppung 559
Verteilungsmuster
- großräumiges 331
- lokales 331
Verwachsung 266, 268 K, 403, 406
Verwundung 495
Verzweigung 518
- dichotome 240, 244 A, 368 K
- echte 234
- monopodiale 367, 368 K
- sympodiale 367, 368 K
Vibrionen 21 K
Vicia faba (Saubohne) 374 K, 376 A, 459 f.
Vielzelligkeit 259
Viola 317
Violaxanthin 424, 425 A
Viren 188, 378, 475
Viscum album (Mistel) 368 K, 473, 475 A
Vitaceae 335 A
Vitamin A 213 K
Vitamin B 94 A
Vitamin B_6 206
Vitamin B_{12} 222 T
Vitamine 11 K, 40 K, 465, 490
Vitis vinifera (Weinrebe) 393, 393 A
Vögel 30
Vogelnestwurz 465
Vollmondlicht 519
Volumenfluß 68 ff., 72, 400
Volvocaceae 228
Volvocales 230 A, 231 A, 233, 248, 248 A, 249 K
Volvox 228 f., 483, 485
Volvox globator 228, 231 A
Vorkeim 277

W

Wachs 389 A, 408, 435, 478, 478 A
Wachstum 483, 484 A, 487, 499, 501, 501 A, 528
- interkalares 234, 365, 366 A
- logarithmisches 483
Wachstumsraten 517
Wachtelweizen (*Melampyrum*) 473
Wald 547
Wälder, tropische 563 f.
Waldzerstörung 561
Walnuß (*Juglans regia*) 305 K, 308 A
Wanddruck, elastischer 67
Wandergameten 248, 250 A, 251 A
Wandlabyrinth 351
Wärme 33 f., 37 A, 38, 96, 102, 121, 315, 424, 546, 548 A

Wärmeproduktion 102
Wärmeschutz 388
Wärmestarre 510, 511 A
Wärmestrahlung 564
Wasser 80, 83, 93 f., 143 K, 153, 158 f., 207, 261 ff., 270, 278, 281 A, 285, 295, 296 A, 306, 318, 350 f. 372, 394 ff., 397 K, 399 f., 405, 408 ff., 412 A, 418, 443 ff., 455, 463, 465, 471, 480, 489 A, 527 T, 559
– Aufnahme 347, 356, 359, 439
– Bildung 97
– Ferntransport 373 f.
– Photolyse 12, 17 f.
– Quertransport 384
– Radialtransport 357 A
– Verbreitung 319 K
– Versorgung 340, 428
Wasseraustausch, Halbwertszeit 71 A
Wasserdampf 430, 436, 564
Wasserdampfdruckdefizit 394
Wasserdampfdruckgefälle 399
Wasserdampfpartialdruck 394
Wasserdampfsättigungsdefizit 395
Wasserdipol 197, 198 K
Wasserdrüsen 474, 480
Wasserfarne 298, 464
Wasserfluß 70
Wasserhahnenfuß (*Ranunculus aquatilis*) 405, 446
Wasserhaushalt 261, 411, 433, 443 f.
– Moose 281 f.
Wasserhaushaltsparameter 70 f.
Wasserkultur 447
Wasserleben 261
Wasserleitung 271, 384
Wasserlinse (*Lemna*) 62 A, 537 f.
Wassermangel 424, 428
Wassernetz 233, 235
Wasserpest (*Elodea canadensis*) 75, 372 A
Wasserpflanzen 65, 411, 445
Wasserpotential 65 ff., 67 K, 149, 262, 356, 394, 395 A, 400, 432 ff., 434 A, 439, 445, 457, 474
– Boden 356
Wasserpotentialgradient 68 f., 69 A, 394 f., 457, 474
Wassersack 271, 273 A, 281
Wasserschlauch (*Utricularia*) 480, 481 A
Wasserspaltung 126
– photochemische 125
Wasserspeicherung 271, 277 A, 281 f., 393, 436, 439
Wasserstoff 562
– Akzeptor 85
– Übertragung 83
Wasserstoffbrücke 153, 154 A, 184, 198 K, 203, 203 A, 204 A, 398
Wasserstoffperoxid 140, 146
Wasserstruktur 457
Wassertransport 66, 69 f., 159, 373 f., 385, 394 ff., 445
– apoplasmatischer 357
Wasserzelle 271, 277 A, 281
Wattenmeer 332
Wechselwirkungen
– hydrophobe 199 K, 203, 203 A, 206
– korrelative 488 K
– stoffliche 487
Wegerich (*Plantago*) 365, 419 K, 420 A
Weichbast 385
Weide (*Salix*) 336, 343, 485, 485 A
Weihnachtsstern (*Euphorbia pulcherrima*) 417
Wein 290
Weinrebe (*Vitis vinifera*) 393, 393 A
Weißdorn 394
Weizen (*Triticum*) 30, 114 A, 262, 523, 550, 552, 553 A, 554, 560
Welkekrankheit 504
Welken 69, 71
Wellenlänge 116 K, 117, 117 A, 120 A, 135
Weltraumstationen 530
Welwitschia mirabilis 377
Went-Test 507 A
Widerstand
– cuticulärer 431 f., 431 A
– stomatärer 431 f., 431 A, 440 A
Wiese 331, 550
Wind 285, 306, 308, 313, 317 f., 351, 469, 531
– Konvektion 432
– Verbreitung 264 A, 278, 319 K
Windbestäubung 316 K
Windblütigkeit 313, 316
Winddruck 263
Windepflanzen 537
Winterannuelle 512
Wipfelhöhe, maximale 398
Wirkstoffe 463
Wirkungsgrad 97 ff., 116, 122, 562
Wolfsmilchgewächse (Euphorbiaceae), sukkulente 335 A, 418, 421 A
Wuchs
– akrotoner 367, 369 K
– basitoner 367, 369 K
Wundkallus 488 K, 489, 489 A
Wurzel 68 f., 69 A, 80, 85, 240, 261 ff., 262 A, 347 ff., 353 A, 365 A, 367, 392 A, 395, 398 ff., 403, 445, 450, 450 A, 451 A, 454, 458, 460, 461 A, 464 f., 466 A, 468 A, 473, 501, 503 K, 521 A, 529 A, 531 ff., 533 A, 534 A, 535 A
– Haupt- 529 A
– Metamorphosen 358
– primäre 347, 352 A, 349 A, 353 f., 357 A
– primärer Bau 348 ff.
– Tertiär- 529 A
Wurzelbast 354
Wurzelblut 399
Wurzeldruck 399, 445
Wurzelendodermis 188 K
Wurzelhaar 169, 347, 351, 356 f., 356 A, 360 A, 464 f., 466 A, 485, 488 K
Wurzelhaarzone 347, 349 A, 350 ff., 357 A
Wurzelhaube s. Kalyptra
Wurzelholz 354
Wurzelkambium 354
Wurzelknöllchen 372
Wurzelknolle 358, 358 A, 422
Wurzelmeristem 503 K
Wurzelparasit 477, 477 A
Wurzelperiderm 355
Wurzelpol 485
Wurzelranke 359, 360 A
Wurzelrinde 351, 464
Wurzelspitze 503 K, 533, 533 A, 534 A
Wurzelsukkulenz 358, 358 A
Wurzelsystem 347, 489 A, 490
– allorhizes 322, 347, 350 A
– homorhizes 322, 347, 350 A

Wurzelvegetationspunkt 348ff., 490
Wüste 335A, 340, 559f.
– Begrünung 560
Wüstenbildung 559
Wüstenfarmen 560
Wüstenpflanzen 347

X

Xanthium pennsylvanicum 518
Xanthophyceae 235
Xanthophylle 116, 118K, 123, 213K, 214K, 227, 228T, 270, 536
Xanthophyllzyklus 213K, 424, 425A
Xanthosin 219K
Xerophyten 336, 340, 434ff.
Xylem 71, 159, 266A, 349A, 351, 354A, 370ff., 374K, 375K, 382, 391A, 394ff., 397K, 400, 409K, 417, 445, 446A, 453f., 464, 466A, 473f., 488K, 499, 522
– primäres 355A, 371A
– sekundäres 354f., 355A, 371A
Xylem-Parasiten 474
Xylemfaser 376A
Xylemparenchym 91, 353A, 358, 376A, 377, 377A, 399, 458
Xyloglucan 154A
Xylose 150, 152A

Y

Yucca 388

Z

Zapfen 301
Zea mays (Mais) 85, 350A, 352A, 360A, 374K, 416T, 440A, 445, 450A, 508, 508A, 511A, 550
Zeatin 500, 502K
Zeaxanthin 424, 425A
Zebrina pendula 380A
Zeitmessung 537
Zelle 162A, 163, 492
Zellfäden 234
– Verflechtung 237
Zellfraktionierung 49, 51K
Zellkern 20, 24ff., 25A, 27A, 50A, 51K, 169ff., 173, 188, 238A, 378, 540, 541A
– Steuerung von Entwicklungsprozessen 235
Zellkultur 490f., 554
Zellmembran 487A
Zellorganellen 262
Zellplatte 76A, 153, 156A, 175
Zellstreckung 72, 503K
Zellsuspensionskultur 490, 491A
Zellteilung 23, 156A, 173, 180, 483, 503K
– antikline 353
– inäquale 485, 488K
– perikline 353
Zellteilungsrate 483
– logarithmische Phase 484A
Zellteilungsspindel 76A
Zellvergrößerung 487
Zellvermehrung 487
Zellwand 26, 28, 30A, 50A, 56A, 67, 68A, 70A, 114A, 149ff., 152A, 156A, 157A, 158, 160A, 173, 228, 234f., 263, 285, 457, 555
– Bakterien 21, 21A
– Cyanobakterien 22
– Elastizität 71
– Entwicklung 153ff.
– Feinbau 153
– Inkrustierung 217K
– Proteine 151, 157,
– Protuberanzen 351, 353A, 460
– Wachstum 151
– Zusammensetzung 149ff.
Zellwandlabyrinth 460, 461A
Zellwandsynthese 158A
Zentralfadentypus 237, 239A
Zentralzylinder 348A, 350ff., 354A, 358, 464, 466, 468A
Zentrifugalapparat 530, 530A, 535
Zentrifugation
– Dichtegradienten 51K
– fraktionierte 51K
Zentrum
– aktives 39, 39A, 44A, 45A
– allosterisches 43
– katalytisches 39, 43
Zersetzer 290, 546, 547A
Zersetzung 449A, 450A, 548A
Ziegenfeige 315
Zieralgen 233, 234A
Zimtsäure 216A
Zitronensäure (Citrat) 87, 94, 95A, 106A, 140, 141A, 167A
Zitronensäurezyklus 91, 94f., 95A, 103ff., 103T, 106A, 107A, 140, 140A, 144ff., 163, 206, 208K, 210A, 448K, 453
Zoochorie 319K
Zoophilie 313, 316, 316K
Zoosporen 149, 230f., 232A, 245, 255A, 285, 306, 525
Züchtung 550, 552, 553A, 554f., 559
– Haploiden- 554
Zucker 78K, 133A, 135, 372, 400f., 512
– Transportform 135
Zuckeralkohole 399, 458K, 469
Zuckerphosphate 132
Zuckerrohr 65, 85, 443f., 552T, 562
Zuckerrübe (*Beta vulgaris*) 65, 358, 359A, 557, 560
Zuckersäuren 150
Zugfestigkeit 158
Zuggeißel 25
Zugkräfte 351
Zweihäusigkeit 277f., 316K, 317
zweijährige Pflanzen 512
zweite Reifeteilung 246K, 254A
Zwerggehölze 336
Zwergmutante 508, 508A
Zwergsträucher 342K, 343
Zwiebel 336, 342K, 418f., 518
Zwitterblüte 317
Zwitterion 193, 196A, 200K
Zygnemataceae 236A, 248
Zygnematophyceae 228T, 234A, 236A, 250A
Zygomorphie 323K
Zygospore 286A
Zygotän 246K
Zygote 182, 238A, 245, 246K, 248, 250A, 252, 252A, 253K, 255A, 258A, 278, 279A, 287A, 295, 295A, 300A, 303A, 304, 310f., 313A, 326K, 436, 485, 487, 487A
– polare 487A
– polarisierende 487A
– totipotente 491
– unpolare 487A
Zygotenbildung 254A
Zygotenfrucht 252, 252A
Zygotenkeimungsporen 485
Zypresse 504A
Zypressenwolfsmilch 501, 504A